Sorg / Imhof

Biochemie und Klinische Chemie

für Pharmazeuten

Bernd Sorg, Frankfurt/M.
Diana Imhof, Bonn

unter Mitarbeit von
Sandra Ulrich-Rückert, Frankfurt/M.
Toni Kühl, Bonn

Mit 330 Abbildungen und 49 Tabellen

WVG Wissenschaftliche Verlagsgesellschaft Stuttgart

Zuschriften an
lektorat@dav-medien.de

Anschriften der Autoren

Dr. Bernd Sorg
Institut für Pharmazeutische Chemie
Goethe-Universität Frankfurt am Main
Max-von-Laue-Str. 9
60438 Frankfurt am Main

Prof. Dr. Diana Imhof
Pharmazeutische Biochemie und Bioanalytik
Pharmazeutisches Institut
Rheinische Friedrich-Wilhelms-Universität Bonn
An der Immenburg 4
53121 Bonn

 **Hinweis:**

Um die Lesbarkeit des Buches zu verbessern, verzichten wir auf die Nennung männlicher und weiblicher Sprachformen. Alle personenbezogenen Begriffe beziehen sich unterschiedslos auf Menschen jeden Geschlechts.

Bibliographische Informationen der Deutschen Nationalbibliothek
Die Deutsche Nationalbibliothek verzeichnet diese Publikation in der Deutschen Nationalbibliografie; detaillierte bibliografische Daten sind im Internet unter https://portal.dnb.de abrufbar.

1. Auflage 2021
ISBN 978-3-8047-3924-6 (Print)
ISBN 978-3-8047-4286-4 (E-Book, PDF)

Birkenwaldstraße 44, 70191 Stuttgart
www.wissenschaftliche-verlagsgesellschaft.de
Printed in Germany

Satz: primustype Hurler GmbH, Notzingen
Indexing: Walter Greulich, Birkenau
Druck und Bindung: aprinta druck GmbH, Wemding
Umschlagabbildung: smirkdingo/iStockphoto
Umschlaggestaltung: deblik, Berlin

Vorwort

Die Biochemie und die Klinische Chemie sind seit langem als feste Bestandteile in der pharmazeutischen Ausbildung etabliert. Eine umfassende Kenntnis der chemischen Prozesse im gesunden und kranken Körper ist erforderlich, um Krankheitsbilder im Detail zu verstehen und die Arzneimittelwirkung auf molekularer Ebene erfassen zu können. Auch für die pharmazeutische Praxis sind diese Felder von herausragender Relevanz – ohne biochemische und molekularbiologische Methoden ist die Entwicklung neuer Wirkstoffe unvorstellbar. Bislang spiegelt sich dies allerdings noch nicht in der pharmazeutischen Lehrbuchlandschaft wider. Das ist für die Lehre mitunter eine Herausforderung, denn die etablierten Standardwerke der Biochemie und Klinischen Chemie sind für die Erfordernisse der pharmazeutischen Ausbildung in der Mehrzahl zu umfangreich. Diese Lücke wollen wir mit dem vorliegenden Lehrbuch schließen. Wir haben eine Auswahl derjenigen Inhalte der Biochemie und Klinischen Chemie getroffen, die aus unserer Sicht durch ihren Wirkstoff- bzw. Therapiebezug von besonderer pharmazeutischer Bedeutung sind. Die entsprechenden Zusammenhänge haben wir an geeigneten Stellen durch ausgewählte Beispiele dargestellt, ohne jedoch zu tief in die Medizinische Chemie bzw. Pharmakologie eindringen zu wollen. Gleichzeitig haben wir bestimmte biochemische Grundlagen, wie beispielsweise Aufbau und Struktur der Kohlenhydrate und Fette, bewusst minimalistisch gehalten, da diese in den einschlägigen Lehrbüchern der allgemeinen Biochemie bereits sehr gut abgebildet werden. Uns ist bewusst, dass die Themenauswahl für ein solches Werk stets subjektiven Einflüssen unterworfen ist – zudem überlagern sich auf diesen Feldern die klassischen Lehrbereiche verschiedener pharmazeutischer Disziplinen, was die inhaltliche Festlegung zusätzlich herausfordert. Vor diesem Hintergrund hoffen wir auf eine breite Akzeptanz unseres Lehrbuchs und sind für konstruktive Rückmeldungen zu Inhalt und Auswahl der Themen dankbar.

An dieser Stelle möchten wir auch den Studierenden, die sich zum ersten Mal mit der Biochemie auseinandersetzen, zwei Hinweise mit auf den Weg geben: Zum einen gehört zu den Eigenheiten dieses faszinierenden Fachgebiets, dass zahlreiche Bezeichnungen und Abkürzungen verwendet werden, die sich im Gegensatz zur chemischen Nomenklatur nicht systematisch herleiten lassen. Diese werden Ihnen jedoch ohne Zweifel mit der Zeit vertraut, so dass sich der Lernaufwand lohnen wird. Zweitens ermuntern wir Sie, sich die gezeigten und beschriebenen Biomoleküle und deren Reaktionen in ihrer dreidimensionalen Struktur und Dynamik im Raum vorzustellen – dies ermöglicht Ihnen, sich mit etwas Übung der „biochemischen Realität“ zu nähern.

Für die Umsetzung eines Projekts wie des vorliegenden Lehrbuchs sind selbstverständlich nicht nur die Autoren gefordert. Daher danken wir an dieser Stelle allen, die an der Entstehung beteiligt waren: Unser herzlicher Dank geht an Frau Prof. Dr. Dr. med. Sina Coldewey und Prof. Dr. med. Michael Bauer, Universitätsklinikum Jena, Herrn Prof. Dr. Oliver Krämer, Institut für Toxikologie, Universitätsmedizin Mainz und Herrn Prof. em. Claus Liebmann für ihre bereitwillige und konstruktive Unterstützung bei der Bearbeitung verschiedener Themen. Für das kritische Gegenlesen des Textes gilt unser besonderer Dank Herrn Dr. Jan Kramer (Goethe-Universität Frankfurt) sowie Herrn Dr. Dr. Rupert Klosson (Klinikum Hanau), Frau Dr. Charlotte Bäuml (Universität Bonn), ebenso Herrn Max Molitor, Herrn Marius Hyprath und Frau Dr. Ilse Zündorf (Goethe-Universität Frankfurt). Für die Betreuung auf Verlagsseite bedanken wir uns herzlich beim Team der Wissenschaftlichen Verlagsgesellschaft Stuttgart mit Frau Luise Keller, Herrn Dr. Tim Kersebohm und ganz besonders Herrn Dr. Eberhard Scholz, der die Entstehung des Werks vom Anbeginn bis zur Vollendung mit großer Geduld und Umsicht begleitet hat. Nicht zuletzt schulden wir unseren Familien, die während der Arbeiten am Manuskript einige Entbehrungen auf sich genommen haben, herausragenden Dank.

Frankfurt/Main und Bonn
im Sommer 2021

Bernd Sorg
Diana Imhof

Inhaltsverzeichnis

Abkürzungen

A

A — Adenin
ACTH — adrenocorticotropes Hormon
Ado — Adenosin
ADP — Adenosindiphosphat
AFP — alpha-Fetoprotein
ALAS — δ-Aminolävulinatsynthase
ALAT — Alanin-Aminotransferase
AMP — Adenosinmonophosphat
AP — alkalische Phosphatase
APS — Ammoniumperoxodisulfat
Arg — Arginin
AS — Aminosäuren
ASAT — Aspartat-Aminotransferase
Asn — Asparagin
Asp — Asparaginsäure
ASS — Acetylsalicylsäure
ATP — Adenosintriphosphat
ATZ — Anilinothiazolinon

B

Bp — Basenpaare
BRCA1 — breast cancer 1
BTA — basaler Transkriptionsapparat

C

C — Cystein, Cytosin
CAP — catabolite activator protein
CBC — cap-binding complex
CDK — cyclinabhängige Kinasen
cDNA — copy DNA
CEA — karzinoembryonales Antigen
CK — Kreatinkinase
CML — chronisch myeloische Leukämie
CPSF — cleavage and polyadenylation specificity factor
CRE — chromatin remodelling engines, cAMP responsive elements
CREB — CRE binding protein
CRFR — Corticotropin-Releasing-Faktor-Rezeptoren
CSF — colony-stimulating factor
CStF — cleavage stimulatory factor
CT — Calcitonin
CTD — C-terminale Domäne
Cys — Cystein

D

D — Asparaginsäure
Da — Dalton
DD — death domains
dG — Desoxyguanosin
ddNTP — Didesoxyribonukleosidtriphosphat

E

E — Glutaminsäure
EDTA — Ethylendiamintetraacetat
EGF — epidermal growth factor
ELISA — enzyme-linked immunosorbent assay
EMSA — electrophoretic mobility shift assay
Epo — Erythropoetin
eRNA — enhancer RNA
ESE — exonic splicing enhancer
ESS — exonic splicing silencer

F

F — Phenylalanin
FAD — Flavinadenindinukleotid
FSH — Follikel-stimulierendes Hormon
FT — Fourier-Transformation

G

G — Guanin
GABA — γ-Aminobuttersäure
GalNAc — *N*-Acetylgalactosamin
GC — Gaschromatographie
G-CSF — granulocyte colony stimulating factor
GDP — Guanosindiphosphat
GFR — glomeruläre Filtrationsrate
GlDH — Glutamatdehydrogenase
Gln — Glutamin
Glu — Glutaminsäure
GPCR — G-Protein-gekoppelte Rezeptoren
GR — Glucocorticoidrezeptor
γGT — Gamma-Glutamyl-Transpeptidase
GTP — Guanosintriphosphat
Guo — Guanosin

H

H — Histidin
HAT — Histonacetyltransferase
HBB — hemoglobin subunit beta
hCG — humanes Choriongonadotropin
HDAC — Histondeacetylase
HDL — high-density-lipoprotein
His — Histidin
HPLC — Hochleistungsflüssigkeitschromatographie
HRE — hormone responsive element
HSP — Hitzeschockprotein

I

IDL — intermediate-density-lipoprotein
IEF — isoelektrische Fokussierung
IP_3 — Inositoltrisphosphat
ISE — intronic splicing enhancer
ISS — intronic splicing silencer

K

K — Lysin
Kb — Kilobasenpaar
kDa — Kilodalton
K_M — Michaelis-Konstante

L

LDH-1 — Lactatdehydrogenase-Isoenzym 1
LDL — low-density-lipoprotein
LH — Luteinisierendes Hormon
Lys — Lysin

M

M	Methionin
MCHC	mean corpuscular hemoglobin concentration
Met	Methionin
MHN	Morbus haemolyticus neonatorum
miRNA	microRNA
MS	Massenspektrometrie
mTOR	mammalian target of rapamycin
MW	Molekülmasse
m/z	Masse-Ladungs-Verhältnis

N

N	Asparagin
ncRNA	non coding RNA
NK-Zellen	natürliche Killerzellen
NMR	nuclear magnetic resonance
NOESY	nuclear Overhauser enhancement spectroscopy
NPG	Nüchternplasmaglucose
NSE	neuronenspezifische Enolase
Nt	Nukleotid
NTD	N-terminale Domäne
NTP	Nukleosidtriphosphat

O

oGTT	oraler Glucose-Toleranztest

P

PBP	Penicillinbindeprotein
PCR	Polymerase-Kettenreaktion
PDGF	platelet-derived growth factor
PFK	Phosphofructokinase
PH	Parathormon
Phe	Phenylalanin
P_i	Phosphat, anorganisch
PIP_2	Phosphatidylinositoldiphosphat
PITC	Phenylisothiocyanat
PKA	Proteinkinase A
PL	Phospholipide
PP_i	Diphosphat (Pyrophosphat), anorganisch
PSA	prostataspezifisches Antigen
PTB	Phosphotyrosin-Bindedomäne
PTC	Phenylthiocarbamoyl
PTEN	phosphatase and tensin homologue deleted from chromosome 10
PTH	Phenylthiohydantoin
PTHR	Parathyroidhormon-Rezeptor
PTH1R	Parathyroidhormon-1-Rezeptor
PTK	Protein-Tyrosinkinase
PTM	posttranslationale Modifikationen

Q

Q	Glutamin

R

R	Arginin
RAR	retinoic acid receptor
Ras	rat sarcoma
RISC	RNA-induced silencing complex
RNAi	RNA-Interferenz
rRNA	ribosomale RNA
RSV	Rous-Sarkom-Virus
RT	reverse Transkriptase
RTK	Rezeptor-Tyrosinkinasen
RT-PCR	Reverse-Transkriptase-Polymerase-Kettenreaktion
RXR	9-*cis*-Retinolsäurerezeptor

S

S	Serin
SAH	S-Adenosylhomocystein
SD	Shine-Dalgarno-Sequenz
SDS	sodium dodecyl sulfate
SDS-PAGE	SDS-Polyacrylamid-Gelelektrophorese
SEC	size exclusion chromatography
Ser	Serin
SGLT1	sodium coupled glucose transporter 1
SH2	Src-Homologie-Domäne 2
siRNA	small interfering RNA
snRNA	small nuclear RNA
SnRNP	small nuclear ribonucleoprotein particle
SP	Saure Phosphatase

T

T	Threonin, Thymin
TAG	Triacylglycerin
TEMED	Tetramethylethylendiamin
TG	Thyreoglobulin
TGF	transforming growth factor
Thr	Threonin
TPP	Thiaminpyrophosphat
TNF	Tumornekrosefaktor
TR	thyroid hormone receptor
TRAIL	TNF-related apoptosis-inducing ligand

U

UTR	untranslatierte Region

V

VDR	Vitamin-D-Rezeptor
VEGF	vascular endothelial growth factor
VLDL	very-low-density-lipoprotein

W

W	Tryptophan

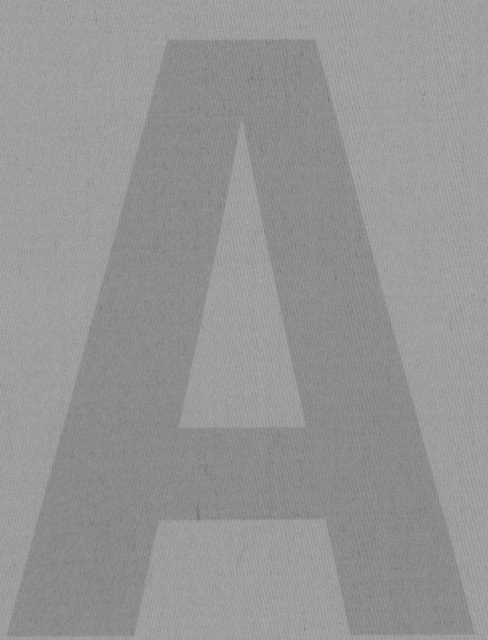

Grundbausteine

Bernd Sorg, Diana Imhof

Einleitung

Die Biochemie ist die Wissenschaft, die sich mit den chemischen Prozessen der belebten Welt befasst. An dieser „Chemie des Lebens" sind bestimmte Stoffklassen maßgeblich beteiligt. Hierzu gehören vor allem die **Proteine, Nukleinsäuren, Kohlenhydrate** (Polysaccharide) und die **Lipide**. Unter den Biomolekülen spielen die Proteine die aktivste und vielfältigste Rolle, unter anderem indem sie als Enzyme biochemische Umsetzungen katalysieren. Die Nukleinsäuren dienen als biologische Informationsträger, während die Kohlenhydrate Energielieferanten sind und zelluläre Erkennungsprozesse vermitteln können. Lipide können ebenfalls als Energieträger dienen, aber auch als Strukturbausteine von Biomembranen. Mit dem Aufbau und der Struktur dieser Biomolekülklassen müssen wir uns eingangs vertraut machen, um biochemische Prozesse verstehen zu können.

Neben der Bedeutung bestimmter Stoffklassen ist für biochemische Abläufe charakteristisch, dass die beteiligten Moleküle im Allgemeinen in zwei Kategorien fallen: die **biologischen Makromoleküle** (z. B. Proteine, Nukleinsäuren, komplexe Kohlenhydrate) und die **niedermolekularen Verbindungen**. Biochemische Prozesse umfassen zumeist ein Wechselspiel zwischen biologischen Makromolekülen oder deren Interaktion mit niedermolekularen Verbindungen. Letztere können als Edukte, Produkte oder Cofaktoren an den Prozessen beteiligt sein, beispielsweise indem sie als **Metabolite** (Stoffwechselprodukte) aus einer biochemischen Umsetzung hervorgehen.

Wir werden in diesem und den folgenden Kapiteln die wesentlichen Klassen von Biomolekülen besprechen, ihnen jedoch in unserer Darstellung unterschiedlichen Raum einräumen, da sie sich in ihrem Vorkommen und ihrer Bedeutung in biologischen Systemen unterscheiden. Den Proteinen, die wie erwähnt eine besondere Rolle in der Biochemie einnehmen, widmen wir ein eigenes Kapitel (▸Kap. 2). Von den ebenfalls biologisch sehr bedeutenden Nukleinsäuren wird im Folgenden der grundsätzliche Aufbau dargestellt, während die weiterführenden strukturellen und funktionellen Aspekte in ▸Kap. 4 aufgegriffen werden. Zu den Kohlenhydraten und Lipiden, die in verschiedenen Kapiteln Erwähnung finden, werden in diesem Kapitel die wichtigsten Grundlagen zusammengefasst.

1.1 Kohlenhydrate

Die Bedeutung der Kohlenhydrate als Energieträger sowie als strukturgebende Bestandteile wurde bereits in der ersten Hälfte des 20. Jahrhunderts erkannt. Zentrale Wege des Kohlenhydratstoffwechsels wie die Glykolyse (▸Kap. 6.1.2) konnten in dieser Zeit aufgeklärt werden. Die Erforschung komplexer Kohlenhydrate gewann allerdings erst in den 1980er-Jahren an Fahrt, nachdem die entsprechenden Techniken zur Verfügung standen. Seitdem hat sich das Feld der **Glykobiologie**, das die biologische Bedeutung der Kohlenhydrate erforscht, etabliert und stark entwickelt. Es ist davon auszugehen, dass unter anderem zur Funktion und pathophysiologischen Bedeutung von Kohlenhydratstrukturen in der Zell-Zell-Interaktion noch wesentliche Entdeckungen folgen werden.

Die Grundbausteine der Kohlenhydrate werden als **Monosaccharide** (Einfachzucker) bezeichnet. Strukturell handelt es sich bei ihnen um mehrfach hydroxylierte Aldehyde oder Ketone, die sich durch die allgemeine Summenformel $C_n(H_2O_n)$ beschreiben lassen. Aufgrund ihrer hydrophilen Struktureigenschaften sind Kohlenhydrate, wie z. B. die wichtigen Monosaccharide Glucose oder Fructose, gut wasserlöslich, was für bestimmte zelluläre Prozesse von großer Bedeutung ist. Der Begriff Kohlenhydrate umfasst die monomeren Einfachzucker und ihre kettenartigen Verknüpfungsprodukte, bei denen man je nach Kettenlänge zwischen **Di-, Oligo- oder Polysacchariden** unterscheidet.

Die Einteilung der Monosaccharide erfolgt über die Anzahl ihrer Kohlenstoffatome sowie danach, ob sie eine Aldehyd- oder eine Ketogruppe tragen. Die häufigsten Einfachzucker haben eine Kettenlänge von fünf bzw. sechs C-Atomen und werden daher als **Pentosen** bzw. **Hexosen** bezeichnet. Beispiele bedeutender Pentosen sind die Ribose und ihr Derivat Desoxyribose (○ Abb. 1.1 A), die Grundbausteine der Nukleinsäuren sind (▸Kap. 1.2). Zu den biochemisch wichtigsten Hexosen zählen Glucose, Galactose, Mannose und Fructose. Von diesen Beispielen gehört die Fructose zu den Einfachzuckern mit Keto-Funktion (**Ketosen**), während Ribose, Glucose, Galactose und Mannose endständige Aldehydgruppen tragen und damit **Aldosen** sind (○ Abb. 1.1 A).

Wie fast alle Monosaccharide weisen Pentosen und Hexosen mehrere chirale Zentren auf. Die einzelnen, diastereomeren Einfachzucker wie Glucose, Galactose etc. lassen sich in der Fischer-Projektion durch die charakteristische Anordnung der OH-Gruppen an den asymmetrischen Kohlenstoffatomen erkennen. Bei Glucose ist beispielsweise die OH-Gruppe am zweiten asymmetrischen Kohlenstoffatom (C-3) entgegengesetzt der OH-Gruppen an C-2, C-4 und C-5 orientiert – eine Abfolge, die man sich leicht durch den Merksatz „Ta-tü-ta-ta" einprägen kann. Von den einzelnen Monosacchariden existieren Enantiomerenpaare, die mithilfe der **D/L-Nomenklatur** voneinander unterschieden werden. Die Zuordnung zur D- bzw. L-Reihe lässt sich aus der Darstellung eines Monosaccharids in der Fischer-Projektion ableiten (○ Abb. 1.1 B). Neben der Verwendung zur Benennung der Kohlenhydrate wird die D/L-Nomenklatur auch bei den Aminosäuren verwendet (▸Kap. 2.2), wobei bemerkenswert ist, dass bei den Aminosäuren in der Natur die L-Formen die Hauptrolle

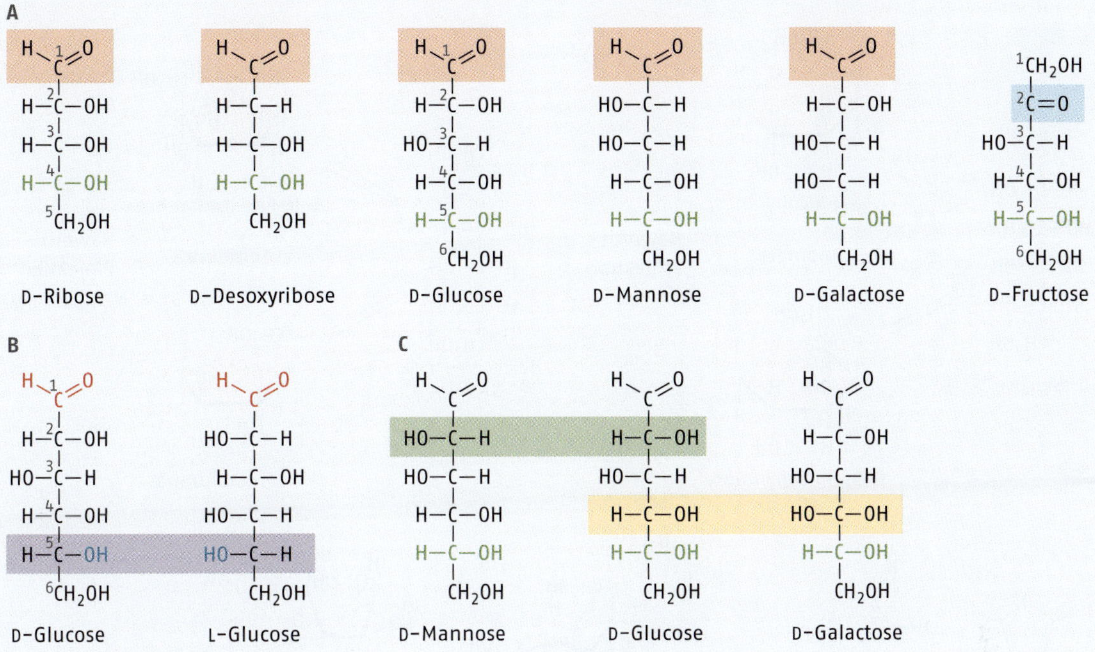

Abb. 1.1 A Strukturen häufig auftretender Pentosen und Hexosen. Dargestellt sind die D-Enantiomere der Pentosen Ribose und Desoxyribose und der Hexosen Glucose, Mannose, Galactose und Fructose in der Fischer-Projektion (für die Darstellung in der Fischer-Projektion wird die Kohlenstoffkette vertikal angeordnet, das höchstoxidierte C-Atom ist nach oben gerichtet und die horizontal liegenden Bindungen weisen zum Betrachter hin). Monosaccharide aus der Reihe der Aldosen sind an der Aldehydgruppe (rot unterlegt) erkennbar, Fructose als Ketose enthält eine Ketogruppe (blau unterlegt). Die Unterscheidung zwischen D- und L-Enantiomeren ist im Abbildungsteil B erläutert. B D- und L-Enantiomere der Glucose (Fischer-Projektion). An allen Stereozentren der Kohlenstoffkette (C-2 bis C-5) liegt die entgegengesetzte Konfiguration vor, es handelt sich um spiegelbildliche Isomere. Für die Zuordnung zur D-/L-Reihe wird die Konfiguration am höchstnummerierten asymmetrischen C-Atom herangezogen (hier: C-5). Bei Monosacchariden der D-Reihe ist diese OH-Gruppe nach rechts (lat. *dexter*) gerichtet, bei jenen der L-Reihe nach links (lat. *laevus*). C D-Mannose und D-Galactose als Epimere der D-Glucose. Die Aldohexosen D-Glucose und D-Mannose bzw. D-Glucose und D-Galactose unterscheiden sich lediglich in der Konfiguration an einem C-Atom (C-2, grün unterlegt bzw. C-4, gelb unterlegt), es handelt sich um Epimere.

spielen, während bei den Kohlenhydraten die D-Formen vorherrschen.

In Abb. 1.1 C sind die Formeln der Hexosen D-Glucose, D-Mannose und D-Galactose gegenübergestellt. Hierbei fällt auf, dass sich D-Mannose bzw. D-Galactose von der D-Glucose nur in der Konfiguration an C-2 bzw. C-4 unterscheiden: Solche Diastereomere, die nur in der Konfiguration an einem C-Atom voneinander abweichen, bezeichnet man als **Epimere**.

In Abb. 1.1 A–C werden die Monosaccharide in ihrer „offenen Kettenstruktur" gezeigt; allerdings treten Pentosen und Hexosen bevorzugt als **fünf- oder sechsgliedrige Ringe** auf. Diese entstehen, indem bestimmte Hydroxygruppen mit der Aldehyd- bzw. Ketogruppe zu Halbacetalen bzw. Halbketalen reagieren. Beispielsweise wird bei der Aldose D-Glucose durch Ringschluss zwischen C-1 und C-5 ein **Pyranosering** gebildet (Abb. 1.2 A), während die Verknüpfung zwischen C-2 und C-5 in der Ketose D-Fructose zu einem **Furanosering** führt (Abb. 1.2 B). Die beiden Bezeichnungen leiten sich von den fünf- bzw. sechsgliedrigen Heterocyclen Furan bzw. Pyran ab, die jeweils ein Sauerstoffatom im Ring tragen (Abb. 1.2 C). Die beiden Zucker D-Glucose und D-Fructose können prinzipiell sowohl in Furanose- als auch in Pyranoseform auftreten (d. h. D-Glucose auch in der Furanose- bzw. D-Fructose in der Pyranoseform), wobei es jedoch Präferenzen gibt: Freie D-Fructose liegt in Lösung hauptsächlich als Pyranose vor, während sie in kovalent verknüpfter Form, z. B. in Disacchariden wie der Saccharose (Abb. 1.3 A), hauptsächlich

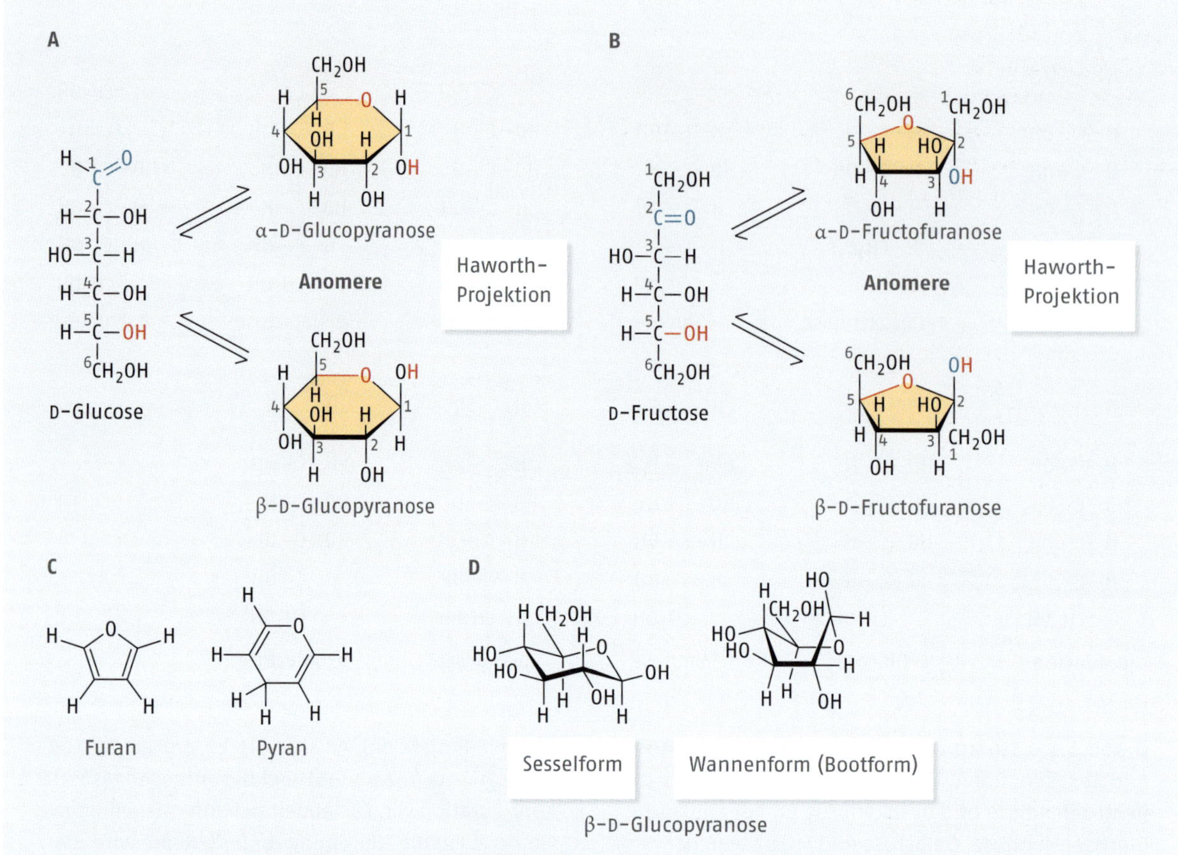

Abb. 1.2 **A** Pyranoseringformen der D-Glucose. Durch Bildung eines intramolekularen Halbacetals entstehen aus der offenkettigen Form der D-Glucose zwei Anomere, α- und β-D-Glucopyranose. Der Ringschluss erfolgt durch Angriff der OH-Gruppe an C-5 an die Aldehydfunktion an C-1. **B** Furanoseringformen der D-Fructose. Durch Bildung eines intramolekularen Halbketals entstehen aus der offenkettigen Form der D-Fructose zwei Anomere, α- und β-D-Fructofuranose. Der Ringschluss erfolgt durch Angriff der OH-Gruppe an C-5 an die Ketofunktion an C-2. **C** Struktur der Heterocyclen Furan und Pyran. Die beiden sauerstoffhaltigen Heterocyclen sind namensgebend für die fünf- bzw. sechsgliedrigen Ringformen von Monosacchariden. **D** Konformationsisomere (Konformere) der β-D-Glucopyranose. In der Sesselform liegen die sterisch anspruchsvolleren Substituenten am Ring in der äquatorialen Position, die kleinen H-Atome sind axial angeordnet. Die Sesselform ist daher gegenüber der Wannenform sterisch begünstigt und tritt bevorzugt auf.

als Furanose auftritt. Im Gegensatz dazu liegen die Aldohexosen D-Glucose, D-Mannose und D-Galactose hauptsächlich als Pyranringe vor, die Furanoseform spielt bei ihnen nur eine untergeordnete Rolle.

Die Ausbildung intramolekularer Halbacetale bzw. Halbketale hat stereochemische Konsequenzen, da sie zur Entstehung zweier Stereoisomere führt: Beim Ringschluss wird das Carbonyl-C-Atom zu einem zusätzlichen Asymmetriezentrum, sodass aus der offenkettigen Form zwei Diastereomere hervorgehen können. Sie werden als **Anomere** bezeichnet und unterscheiden sich nur in der Konfiguration am ehemaligen Carbonylkohlenstoff, dem **anomeren C-Atom**. Zur Unterscheidung der beiden Formen werden die Bezeichnungen α und β verwendet. Die Unterschiede zwischen α-und β-Konfiguration werden aus der räumlichen Darstellung der Ringformen in der Haworth-Projektion ersichtlich. Bei der α-Form von D-Zuckern liegt die OH-Gruppe am anomeren C-Atom (die **glykosidische OH-Gruppe**) unterhalb der Ringebene, in der β-Form weist sie nach oben (Abb. 1.2 A/B). Bei den seltener auftretenden L-Zuckern gilt das Gegenteil. Bringt man Monosaccharide in Lösung, so stellt sich ein charakteristisches Gleichgewicht zwischen den beiden Ringformen und der offenkettigen Struktur ein, wobei die Ringformen bei weitem dominieren. Bei der D-Glucose überwiegt in Lösung mit ca. 64 % die β-Form gegenüber der α-Form (ca. 36 %), während die offenkettige Form fast nicht ins Gewicht fällt.

Die Ringformen von Zuckern können verschiedene **Konformationen** einnehmen, die sich in ihrer Stabilität unterscheiden. Beispielsweise ist bei der Pyranoseform der β-D-Glucose die sessel- gegenüber der wannenförmigen Konformation bevorzugt (Abb. 1.2 D).

Monosaccharide können über ihre glykosidischen OH-Gruppen zu **komplexen Kohlenhydraten** verknüpft werden. Dabei werden unter Wasserabspaltung (Kondensation) O-glykosidische Bindungen in α- oder β-Konfiguration geknüpft. Nach diesem Prinzip können **Disaccharide** wie Saccharose (Rohrzucker), Maltose und Lactose gebildet werden, oder auch **Polysaccharide**, wie sie z. B. als Speicherkohlenhydrate in Zellen vorkommen. Beispielsweise ist das wichtigste Speicherkohlenhydrat der Pflanzen die Stärke (ein Gemisch aus den Komponenten Amylose und Amylopektin), während in tierischen Zellen Glykogen gespeichert wird.

Wie aus Abb. 1.3 A/B ersichtlich ist, sind die genannten Di- und Polysaccharide aus verschiedenen monomeren Einheiten zusammengesetzt, die auf unterschiedliche Arten glykosidisch verknüpft sein können:

- Saccharose: D-Glucose und D-Fructose, α,β-1,2-glykosidisch verknüpft,
- Lactose: 2 Moleküle D-Glucose, β-1,4-glykosidisch verknüpft,
- Maltose: 2 Moleküle D-Glucose, α-1,4-glykosidisch verknüpft,
- Amylose: Polymer aus D-Glucose, α-1,4-glykosidisch verknüpft,
- Glykogen bzw. Amylopektin: Polymer aus D-Glucose, α-1,4-glykosidisch verknüpft, mit α-1,6-glykosidischen Verzweigungen.

Neben den O-glykosidischen Bindungen sind in der Biochemie auch N-glykosidische Bindungen von Bedeutung. Beispielsweise trägt etwa die Hälfte aller menschlichen Proteine Oligosaccharid-Modifikationen und gehört damit zu den Glykoproteinen. Die enthaltenen Zuckerstrukturen können N- oder O-glykosidisch mit dem Proteinanteil verbunden sein (Abb. 1.3 C). Wie wir weiterhin im folgenden Kapitel sehen werden, sind die Zucker Desoxyribose bzw. Ribose in den Nukleinsäurearten DNA und RNA durch N-glykosidische Bindungen mit den Basen verknüpft.

1.2 Nukleinsäuren

Wie wir heute wissen, dienen Nukleinsäuren als Träger biologischer Information. Auf ihnen sind die Baupläne für diejenigen Biomoleküle gespeichert, die maßgeblich den Stoffwechsel und die Entwicklung unserer Zellen steuern. Hierbei werden zwei Arten von Nukleinsäuren unterschieden:

- die **Desoxyribonukleinsäure**, nach ihrem englischen Namen *deoxyribonucleic acid* unter der Abkürzung **DNA** bekannt, und
- die **Ribonukleinsäure** bzw. **RNA** (*ribonucleic acid*).

1

Die Entdeckung der DNA geht auf den Schweizer Johannes Friedrich Miescher zurück. Bei der chemischen Untersuchung der Bestandteile von Leukozyten stieß er im Jahr 1869 auf eine neue Substanz, die sich nicht wie Proteine verhielt (denen sein eigentliches Interesse galt) und große Mengen an Phosphor enthielt. Da er sie aus den Zellkernen isoliert hatte, gab er ihr den Namen „Nuklein" – heute weiß man, dass er erstmalig DNA isoliert und beschrieben hatte. Durch enorme Anstrengungen in den folgenden Jahrzehnten wurde vieles über Struktur und Funktion der DNA und ihres Schwestermoleküls, der RNA, bekannt. Diese üben in Zellen verschiedene Funktionen aus: DNA dient als vererbbarer Dauerspeicher für die genetische Information. RNA entsteht durch das „Abschreiben" informationstragender DNA-Abschnitte und spielt eine zentrale Rolle, wenn die Zelle, ausgehend von den Bauplänen der DNA, Proteine herstellt. Diese Funktionen werden wir in ▸ Kap. 4 näher beleuchten.

Nukleinsäuren sind **kettenartige Moleküle** (Oligo- oder Polymere), die jeweils aus vier verschiedenen **Nukleotiden** als Einzelbausteinen zusammengesetzt sind. Handelt es sich um DNA, werden diese als 2′-Desoxyribonukleotide (kurz: **Desoxyribonukleotide**) bezeichnet, bei der RNA als **Ribonukleotide**. Ein Nukleotid besteht grundsätzlich aus einer Base, einem Zucker und einem oder mehreren Phosphatresten. Bei den **Basen** der DNA handelt es sich um planare, stickstoffhaltige Heterocyclen. Im Einzelnen sind dies die bicyclischen **Purinbasen Adenin** (A) und **Guanin** (G) und die monocyclischen **Pyrimidinbasen Cytosin** (C) und **Thymin** (T). Der Basensatz der RNA verwendet anstelle des Thymins (T) das **Uracil** (U), entspricht ansonsten jedoch dem der DNA (Abb. 1.4 A). Die **Zucker** der DNA bzw. RNA sind die 2′-**Desoxyribose** (β-D-2′-Deosoxyribofuranose) und die **Ribose** (β-D-Ribofuranose). Wird eine Base über eine N-glykosidische Bindung mit dem C-Atom an Position 1′ des Zuckers verbunden, entsteht ein **Nukleosid**. Die Verknüpfung erfolgt bei den Pyrimidinbasen über das Stickstoffatom N-1, bei Purinbasen über N-9

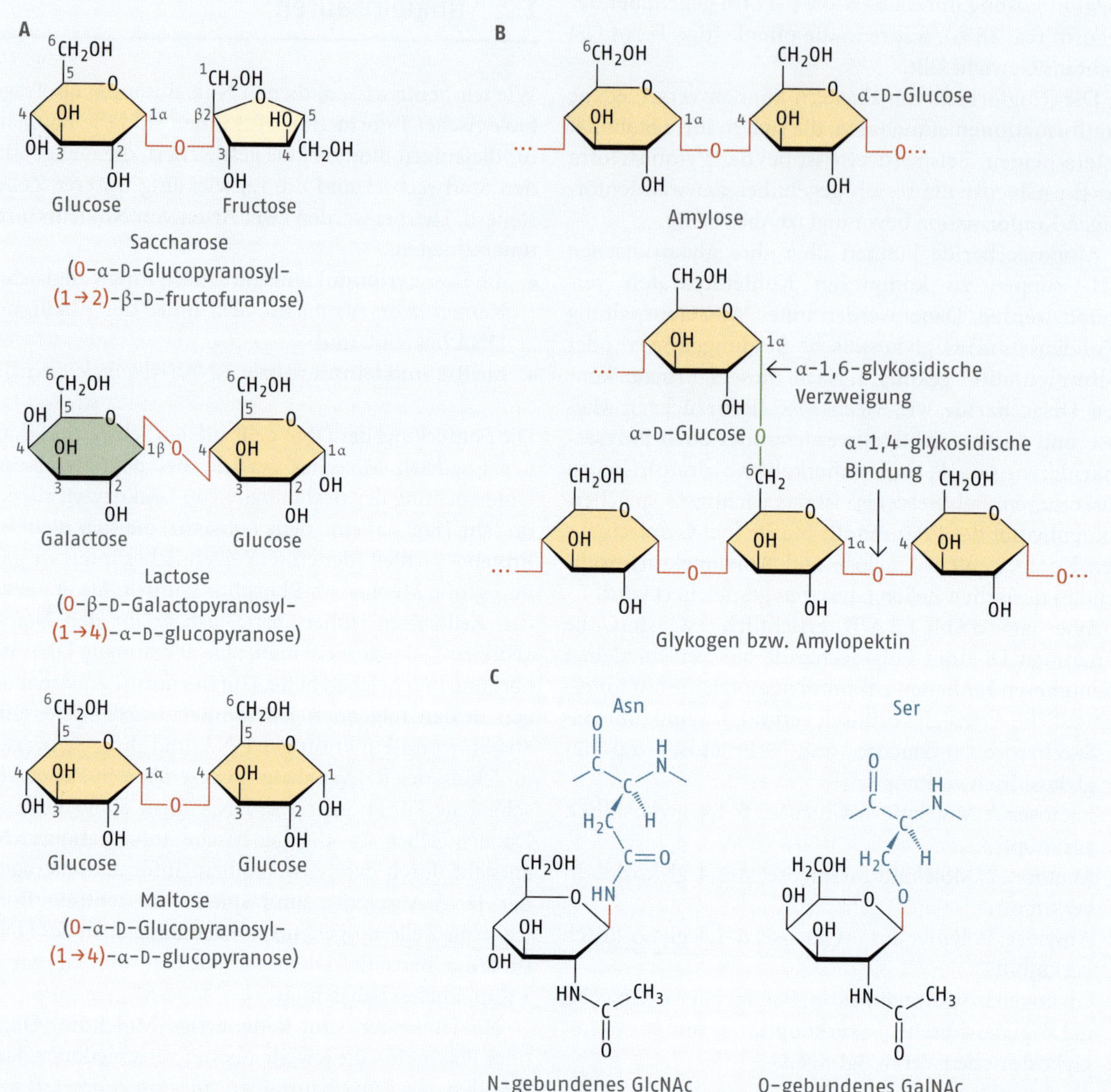

Abb. 1.3 A Aufbau und systematische Bezeichnungen der Disaccharide Saccharose, Lactose und Maltose. B Ausschnitt aus der Struktur der Speicherkohlenhydrate Amylose und Amylopektin (Bestandteile der Stärke) bzw. des Glykogens. Amylose besteht aus α-D-Glucose-Monomeren, die über 1,4-glykosidische Bindungen zu linearen Ketten verknüpft sind. Amylopektin bzw. Glykogen beinhalten ebenfalls lineare Ketten aus α-1,4-glykosidisch verknüpften Glucosemolekülen, jedoch in zweigartig verknüpfter Form. Die Verzweigungen erfolgen über über 1,6-glykosidische Bindungen. Das Glykogen ist häufiger verzweigt, als das Amylopektin. C In Glykoproteinen sind die Kohlenhydratanteile oftmals N-glykosidisch über die Seitenkette eines Asparaginrests oder O-glykosidisch über Serin- bzw. Threoninreste an das Protein gebunden. Vielfach sind in den Oligosacchariden modifizierte Monosaccharide, wie die gezeigten Aminozuckerderivate *N*-Acetyl-D-Glucosamin (GlcNAc) oder *N*-Acetyl-D-Galactosamin (GalNAc), enthalten. Charakteristisch für N-modifizierte Glykoproteine ist die Modifikation von Asparagin mit GlcNAc. In O-verknüpften Glykoproteinen tragen die Serin- bzw. Threoninreste zumeist GalNAc. Die beiden Aminozuckerderivate sind in Glykoproteinen i. A. Bestandteile komplexerer Oligosaccharidketten (nicht gezeigt).

(⭘ Abb. 1.4 A). Die Nukleoside der RNA werden präziser als **Ribonukleoside** bezeichnet, die der DNA als **Desoxyribonukleoside**. Nukleoside sind Teilstrukturen der Nukleotide (⭘ Abb. 1.4 A). Die vier Nukleosid-Bausteine der RNA werden **Adenosin, Guanosin, Cytidin und Uridin** genannt, die der DNA heißen **Desoxyadenosin, Desoxyguanosin, Desoxycytidin** und **(Desoxy)thymidin**. Beim Nukleosid Thymidin kann die Bezeichnung „Desoxy" entfallen, da es fast ausschließlich in der DNA vorkommt und somit in der Regel Desoxyribose enthält.

Wird ein Nukleosid über eine Hydroxygruppe seines Zuckers mit Phosphatresten verknüpft, entsteht ein **Nukleotid**. Natürlich auftretende Nukleotide sind fast ausschließlich an der 5′-Position phosphoryliert (⭘ Abb. 1.4). Je nach Anzahl der angefügten Phosphatreste unterscheidet man zwischen **Nukleosidmono-, -di- und -triphosphaten**. Beispielsweise entstehen durch sukzessive Phosphorylierung von Adenosin die Nukleotide Adenosinmonophosphat (AMP), Adenosindiphosphat (ADP) und Adenosintriphosphat (ATP) (⭘ Abb. 1.4 C), die analogen DNA-Bausteine sind Desoxyadenosinmono, -di-, bzw. -triphosphat und tragen die Kurzbezeichnungen dAMP, dADP und dATP. Bei den Di- bzw. Triphosphaten der Nukleoside kommt der Bindung zwischen den Phosphatresten eine besondere Bedeutung zu. Es handelt sich um sogenannte „energiereiche" Säureanhydridbindungen. Neben ihrer Funktion als Bausteine der Nukleinsäuren spielen Nukleotide auch eine bedeutende Rolle als Energielieferanten in verschiedenen biochemischen Prozessen (v. a. das ATP als „universelle Energiewährung der Zelle", ▸ Kap. 4.3.1 und ▸ Kap. 6.1.1) und in der Signaltransduktion, wo beispielsweise ATP und GTP als Vorläufer von Signalmolekülen und als Phosphatgruppenüberträger dienen.

Als Edukte für die zelluläre Biosynthese von RNA- und DNA-Strängen (▸ Kap. 4) kommen die dreifach phosphorylierten Nukleoside zum Einsatz: Für die RNA-Biosynthese bei der Transkription (▸ Kap. 4.4) sind dies die vier verschiedenen Ribonukleosidtriphosphate (NTPs), bei der Replikation des zellulären Erbguts (▸ Kap. 4.3) die Desoxyribonukleosidtriphosphate (dNTPs). Letztere werden auch als Reagenzien bei der In-vitro-DNA-Synthese durch Polymerase-Kettenreaktion (PCR, ▸ Kap. 5.3) eingesetzt. Wie wir bei der Besprechung der Transkription bzw. Replikation sehen werden, kommt es bei der Verknüpfung der Nukleotide während der Polymerisation zur Abspaltung zweier Phosphatreste von den Triphosphaten. So entsteht ein Polynukleotidstrang aus kettenartig verknüpften **Nukleosidmonophosphaten** (⭘ Abb. 1.4 A/B). Die jeweiligen Zuckerbausteine, d. h. die (Desoxy-)Ribosen, sind hierbei an ihren 5′- und 3′-Positionen durch Phosphodiesterbrücken miteinander ver**bunden, man spricht vom Zucker-Phosphat-Rückgrat** der DNA bzw. RNA (⭘ Abb. 1.4 B). Dieses gleichförmig aufgebaute Rückgrat (*backbone*) trägt den variablen, informationstragenden Teil der Struktur, die **Basen**.

Bei der zellulären Biosynthese von DNA- und RNA-Ketten werden neue Nukleotide stets an die 3′-OH-Gruppe des letzten Zuckers angehängt, die Ketten wachsen also immer in 5′-3′-Richtung. Diese gleichförmige Ausrichtung der Bausteine verleiht den Nukleinsäuren eine **Direktionalität**, d.h. sie haben zwei chemisch unterscheidbare Enden: Das 5′-Ende trägt die freie, d. h. nicht mit einem weiteren Nukleotid verknüpfte 5′-OH-Gruppe (die jedoch zumeist phosphoryliert vorliegt), das 3′-Ende die freie 3′-OH-Gruppe des Strangs. Der Informationsgehalt der Nukleinsäuren ist in der Abfolge der Basen niedergelegt. Anhand der beiden verschiedenen Enden kann eindeutig bezeichnet werden, in welcher Richtung die Sequenz einer Nukleinsäure wiedergegeben wird, per Konvention erfolgt dies durch **Angabe der Basenabfolge in 5′-3′-Richtung**.

1

In Zellen liegen **DNA-Moleküle** zumeist als **Doppelstränge** vor, wobei zwei DNA-Einzelstränge über ihre Länge hinweg durch spezifische Bindungen miteinander verbunden sind (⭘ Abb. 1.5). Dies beruht auf der besonderen Fähigkeit der DNA-Basen, über Wasserstoffbrücken definierte Paare auszubilden: **A bindet spezifisch an T, C paart mit G.** Es handelt sich um die sogenannten **Watson-Crick-Basenpaare**, die nach den Entdeckern der DNA-Doppelhelixstruktur, James Watson und Francis Crick, benannt sind. Wie wir in ▸ Kap. 4.2.1 näher beleuchten werden, ist diese Fähigkeit zur komplementären Basenpaarung eine maßgebliche Grundlage für die Eignung der DNA als Erbsubstanz.

DNA-Doppelstränge können in Zellen mit **freien Enden** oder in ringgeschlossener Form (**zirkulär**) vorliegen. In Eukaryoten ist das Genom in Form linearer Chromosomen organisiert, bei denen die DNA freie Enden aufweist. Im Gegensatz dazu besteht das Genom der meisten Prokaryoten aus zirkulärer DNA, ebenso in den Mitochondrien und Chloroplasten der eukaryotischen Zellen. Die DNA-Doppelstränge des zellulären Erbmaterials weisen eine beträchtliche Länge auf: Das Genom von *E. coli* besteht aus einer einzelnen, zirkulären DNA mit 4,6 Mio. Basenpaaren (bp), das längste menschliche Chromosom umfasst etwa 250 Mio. bp.

RNA-Moleküle liegen in Zellen im Allgemeinen **einzelsträngig** vor. Dabei existieren mehrere verschiedene RNA-Spezies mit unterschiedlichen Funktionen, deren Längen zwischen 20 und mehreren Tausend Basenpaaren variieren können. Die Funktion der DNA und RNA im Fluss der genetischen Information der Zelle wird in ▸ Kap. 4 ausführlich besprochen.

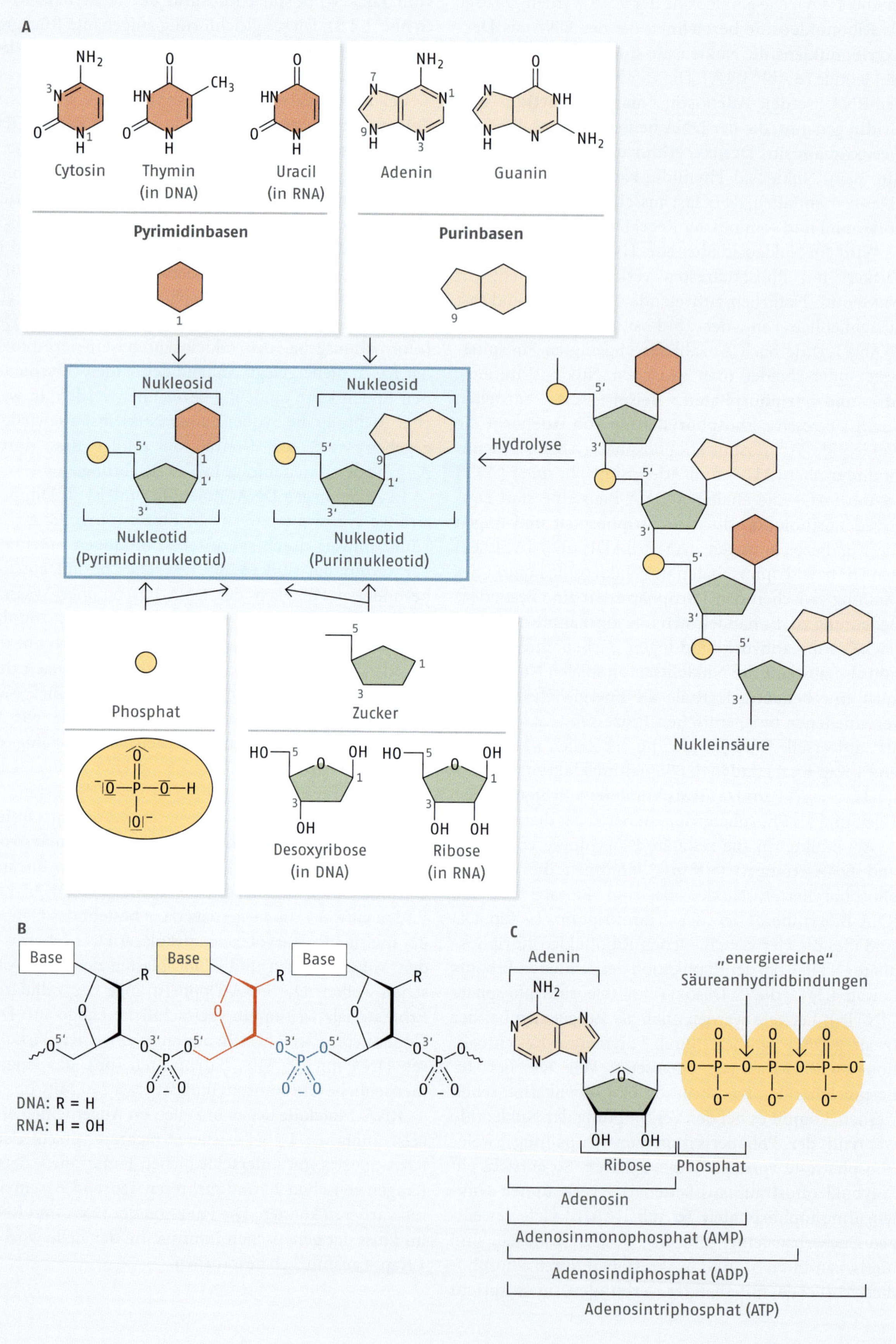
A
NH2
CH3
O
Cytosin
Thymin
(in DNA)
Uracil
(in RNA)
Adenin
Guanin
Pyrimidinbasen
Purinbasen
Nukleosid
Nukleotid
(Pyrimidinnukleotid)
Nukleotid
(Purinnukleotid)
Hydrolyse
Nukleinsäure
Phosphat
Zucker
Desoxyribose
(in DNA)
Ribose
(in RNA)
B
Base
DNA: R = H
RNA: H = OH
C
Adenin
„energiereiche"
Säureanhydridbindungen
Ribose
Phosphat
Adenosin
Adenosinmonophosphat (AMP)
Adenosindiphosphat (ADP)
Adenosintriphosphat (ATP)

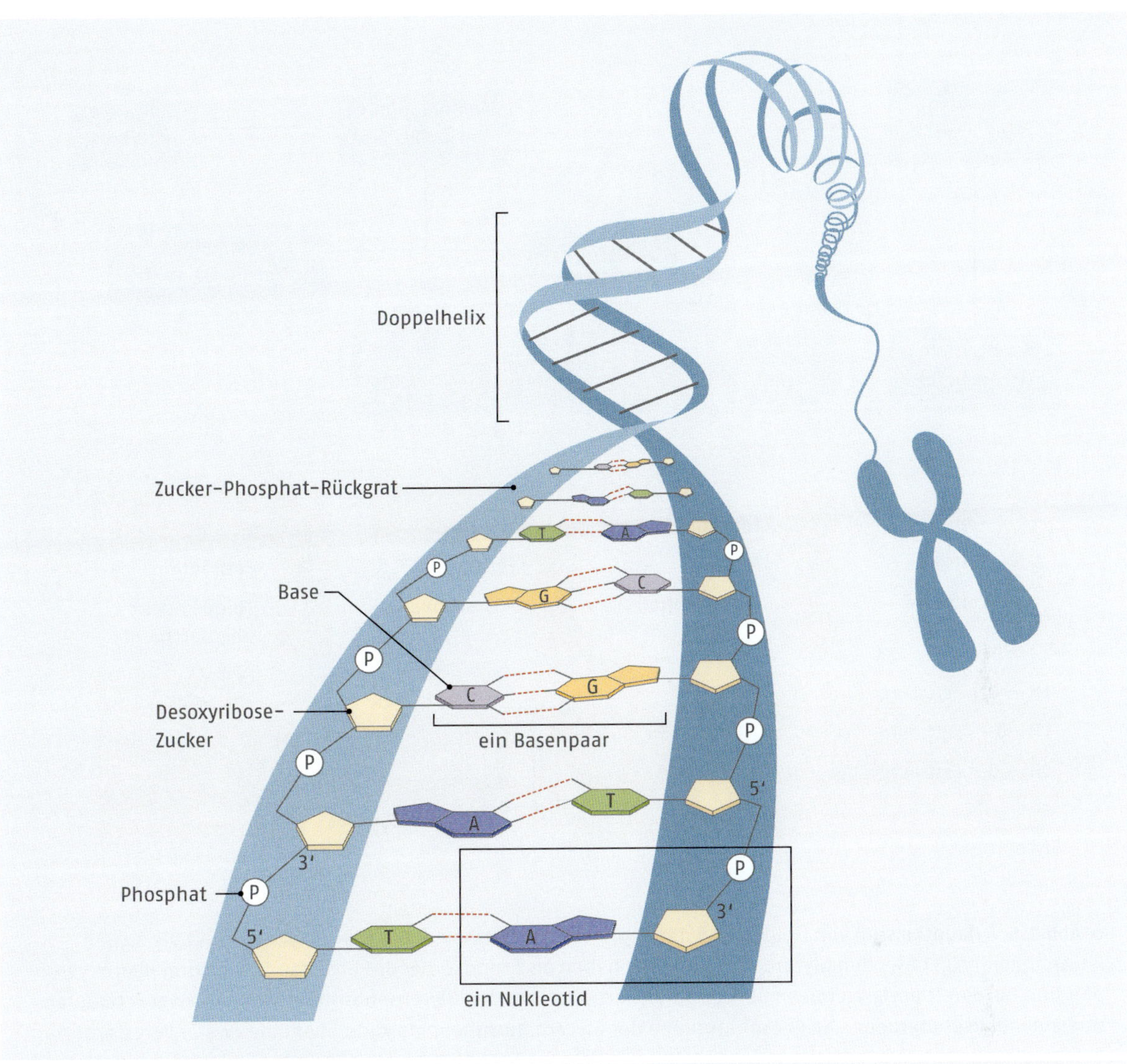

Abb. 1.5 Struktur doppelsträngiger DNA und Bezeichnung der DNA-Bausteine

1

Abb. 1.4 A Nukleotid-Struktur und Aufbau eines Nukleinsäure-Einzelstrangs. Nukleotide setzen sich aus den Komponenten Base, Zucker und Phosphat zusammen. Zu den Basen der DNA und der RNA gehören Cytosin (C), Thymin (T) und Uracil (U) als Pyrimidinbasen, sowie die Purinbasen Adenin (A) und Guanin (G). Die Basensätze der DNA und RNA unterscheiden sich lediglich bei den Pyrimidinen: DNA enthält Thymin, RNA stattdessen Uracil. Die Zucker der DNA bzw. RNA sind die Desoxyribose bzw. die Ribose. Aus der Verknüpfung von Zuckern und Basen über die gezeigten Positionen entstehen Nukleoside. Nukleotide werden durch Veresterung von Nukleosiden mit Phosphatresten (Phosphorylierung) gebildet. In einem Nukleinsäure-Strang sind die Nukleotide über 3'-5'-Phosphodiesterbrücken miteinander verknüpft. Durch Hydrolyse eines DNA-Strangs erhält man einzelne Nukleotide in Form von Nukleosidmonophosphaten. **B** Chemischer Aufbau eines DNA- bzw. RNA-Einzelstrangs **C** Die Nukleotide AMP, ADP und ATP. Im Nukleosid Adenosin ist die Base Adenin an das Monosaccharid Ribose geknüpft. Durch Phosphorylierung der Ribose entstehen die Nukleotide Adenosinmonophosphat (AMP), Adenosindiphosphat (ADP) und Adenosintriphosphat (ATP).

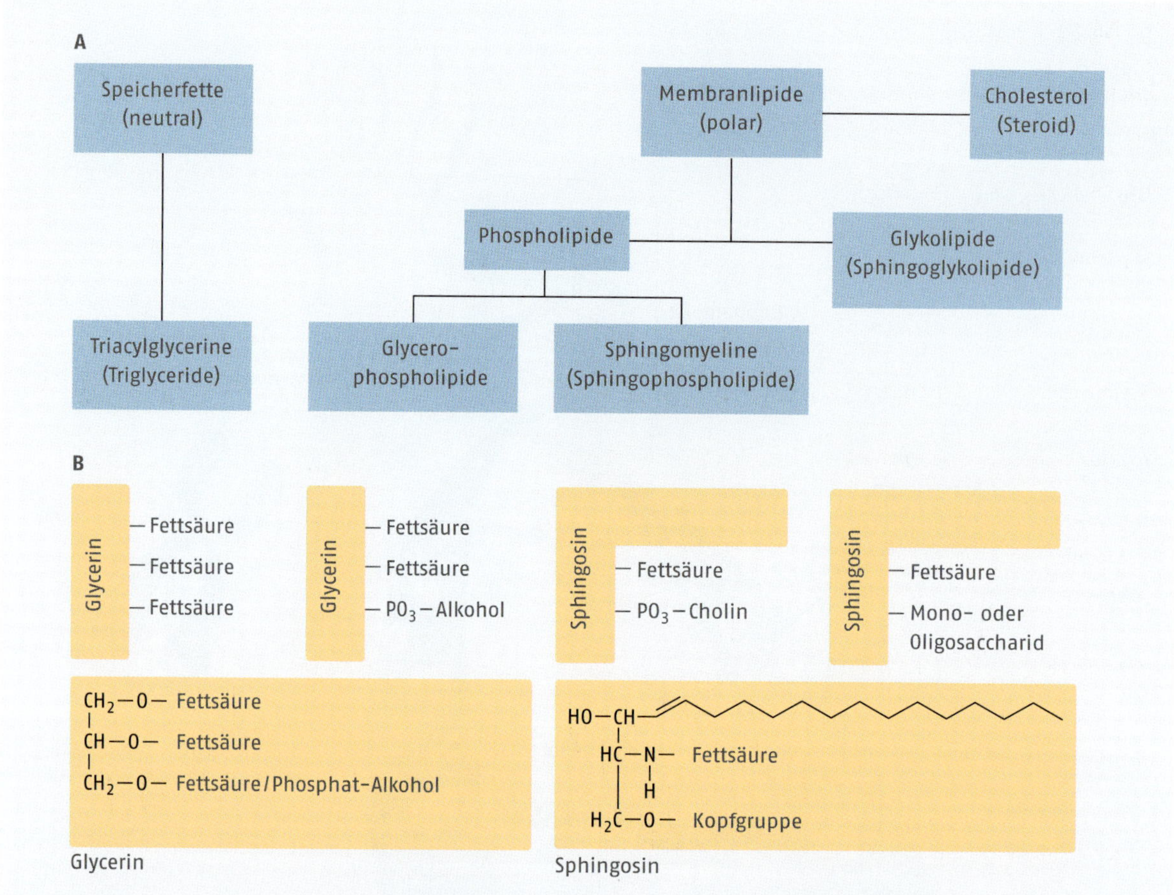

Abb. 1.6 A Hauptklassen von Lipiden und deren prinzipieller Aufbau. B Die Triacylglyceride und die zu den Phospholipiden gehörenden Glycerophospholipide haben als Grundkörper das Glycerol. Dessen drei Hydroxygruppen sind bei den Triacylglycerolen mit Fettsäuren verestert, bei den Glycerophospholipiden mit zwei Fettsäuren und einer Phosphatgruppe. Die Phosphatgruppe der Glycerophospholipide kann über eine zweite Veresterung an Alkohole gebunden sein, zumeist an Ethanolamin, Serin oder Cholin. Die zu den Phospholipiden zählenden Sphingomyeline und die Sphingoglykolipide tragen den Aminoalkohol Sphingosin als Grundkörper. Bei den Sphingomyelinen ist die Hydroxygruppe am C1 des Sphingosins mit einem Phosphorylcholin verestert, bei den Sphingolipiden ist an dieser Stelle stattdessen ein Mono- oder Oligosaccharid glykosidisch gebunden. Die Fettsäure ist in beiden Fällen über eine Aminogruppe an C2 als Säureamid gebunden. Zur Klasse der Membranlipide gehört weiterhin das Steroid Cholesterol.

1.3 Lipide

Lipide (*lipos*, Fett) sind eine sehr komplexe und vielfältige Verbindungsklasse, die im Allgemeinen in Wasser schwer löslich, dagegen in unpolaren organischen Lösungsmitteln gut löslich ist. Abb. 1.6 zeigt die Hauptklassen der Lipide, d. h. Triacylglycerine, Phospholipide und Sphingolipide (▸ Kap. 7.7), und deren prinzipiellen Aufbau. Triacylglycerine (TAG, auch Triglyceride) stellen den größten Teil der Lipide in Säugern dar, sind aber im Gegensatz zu Phospholipiden (PL) nicht am Aufbau von biologischen Membranen (▸ Kap. 8) beteiligt.

Wesentlicher Bestandteil aller komplexen Lipide sind Fettsäuren (Tab. 1.1). Triacylglycerine und Phospholipide (PL) bestehen aus Glycerin, dessen Hydroxygruppen mit drei Fettsäuren (TAG) bzw. zwei Fettsäuren und einer Phosphatgruppe (PL) verestert sind. Die Phosphatgruppe kann auf verschiedene Weise derivatisiert sein. Die für diese Modifikation am häufigsten vorkommenden Alkohole sind Ethanolamin, Serin und Cholin, die Biosynthese der zugehörigen Phospholipide ist in ▸ Kap. 7.7 (Abb. 7.11) gezeigt. Im Gegensatz dazu gibt es eine große Vielfalt an Fettsäuren (▸ Kap. 7.3), die in den genannten Lipiden vorliegen können. Tatsächlich sind mehr als 100 Fettsäuren bisher in verschiedenen

◻ Tab. 1.1 Merkmale von wichtigen gesättigten und ungesättigten Fettsäuren

Trivialname	IUPAC-Name	Anzahl C-Atome	Anzahl Doppelbindungen	Formel
Laurinsäure	Dodecansäure	12	0	$CH_3(CH_2)_{10}COOH$
Myristinsäure	Tetradecansäure	14	0	$CH_3(CH_2)_{12}COOH$
Palmitinsäure	Hexadecansäure	16	0	$CH_3(CH_2)_{14}COOH$
Stearinsäure	Octadecansäure	18	0	$CH_3(CH_2)_{16}COOH$
Arachinsäure	Eicosansäure	20	0	$CH_3(CH_2)_{18}COOH$
Palmitoleinsäure	(9*Z*)-Hexadec-9-ensäure	16	1	$CH_3(CH_2)_5CH{=}CH(CH_2)_7COOH$
Ölsäure	(9*Z*)-Octadec-9-ensäure	18	1	$CH_3(CH_2)_7CH{=}CH(CH_2)_7COOH$
Linolsäure	(9*Z*,12*Z*)-Octa-deca-9,12-diensäure	18	2	$CH_3(CH_2)_4(CH{=}CHCH_2)_2(CH_2)_6{-}COOH$
α-Linolensäure	9*Z*,12*Z*,15*Z*)-Octa-deca-9,12,15-triensäure	18	3	$CH_3CH_2(CH{=}CHCH_2)_3(CH_2)_6{-}COOH$
Arachidonsäure	(5*Z*,8*Z*,11*Z*,14*Z*)-Eicosa-5,8,11,14-tetraensäure	20	4	$CH_3(CH_2)_4(CH{=}CHCH_2)_4(CH_2)_2{-}COOH$

Spezies identifiziert worden. Ihre Unterscheidung basiert auf den Merkmalen Kettenlänge, Anzahl von Doppelbindungen, Positionen dieser Doppelbindungen und Anzahl von Verzweigungen (◻ Tab. 1.1). Hinsichtlich ihrer Bezeichnung werden häufig die Trivialnamen dem systematischen IUPAC-Namen bevorzugt.

Von besonderer Bedeutung in der Betrachtung der Fettsäuren ist das Vorkommen von Doppelbindungen. Man unterscheidet gesättigte (keine) von ungesättigten (eine oder mehrere) Fettsäuren. Die Doppelbindung liegt dabei vorrangig in der *cis*-Konfiguration vor. Anzahl und Position der Doppelbindungen sind in der IUPAC-Nomenklatur abgebildet:

- 1. Zahl: Anzahl der Kohlenstoffatome der Kette,
- Doppelpunkt,
- 2. Zahl: Anzahl der Doppelbindungen,
- Bindestrich,
- Symbol Δ^n für die Position der Doppelbindung(en) mit *n* als der Positionsnummer.

Beispielsweise ergibt sich somit für Palmitinsäure 16:0, Ölsäure 18:1-Δ^9 und α-Linolensäure 18:3-$\Delta^{9,12,15}$. In einer älteren Nomenklatur wurde die Position der Doppelbindung vom Kettenende, d.h. dem ω-Kohlenstoffatom (Omega-n-Fettsäuren), her benannt. Dadurch ergeben sich die Bezeichnungen ω-3 (Omega-3-Fettsäure, 18:3-$\Delta^{9,12,15}$) oder ω-6 (Omega-6-Fettsäure, 18:2-$\Delta^{9,12}$), die für den Menschen essentiell sind. Sie können vom Körper nicht synthetisiert werden und müssen somit über die Nahrung, z. B. aus bestimmten pflanzlichen Ölen und verschiedenen Fischarten, aufgenommen werden.

1

Proteine

Bernd Sorg

Einleitung

Im Aufbau der belebten Welt und bei den molekularen Grundprozessen des Lebens kommt den Proteinen eine Schlüsselfunktion zu. Sie sind diejenigen Biomoleküle, die die aktivste und vielseitigste Rolle in biologischen Systemen einnehmen.

Durch diese zentrale Bedeutung ist leicht verständlich, dass die meisten Arzneistoffe Proteine als Zielstrukturen haben und auch selbst Arzneistoffe sein können. Kenntnisse über die Struktur und Funktion von Proteinen sind daher entscheidend für das Grundverständnis biologischer Prozesse und folglich für das Verständnis der Arzneistoffwirkung.

2.1 Allgemeine Funktion von Proteinen

In einer durchschnittlichen Zelle macht der Anteil an Proteinen an der Trockenmasse mehr als die Hälfte aus, was bei Eukaryoten einer Anzahl von mehreren Milliarden Proteinmolekülen pro Zelle entsprechen kann. Diese gewaltige Anzahl ist nicht weiter verwunderlich, da Proteine aufgrund ihrer ausgeprägten Fähigkeit zur Erkennung verschiedenster Interaktionspartner an nahezu allen zellulären Prozessen maßgeblich beteiligt sind. Die wichtigsten Aspekte der großen Bandbreite ihrer Funktionen sind:

- die **Katalyse** chemischer Prozesse durch **Enzyme**, wodurch diese Proteinklasse im zellulären Stoffwechsel eine Hauptrolle übernimmt,
- der **Transport** von Stoffen zwischen Zellen, in Zellen oder durch zelluläre Membranen hindurch,
- die **Signalweitergabe und die Kontrolle von Zellfunktionen**, wobei Proteine selbst als Signalstoffe fungieren, als Rezeptoren Signale empfangen oder Teile der weiterleitenden Signalkaskaden sein können,
- die **Motorfunktion**, z. B. durch Motorproteine in Muskeln,
- die **Abwehrfunktion**, beispielsweise durch Antikörper, die körperfremde Stoffe gezielt erkennen können,
- die **Strukturgebung bzw. Stützfunktion**, beispielsweise durch die Proteine des Zytoskeletts oder des Bindegewebes,
- eine **Speicherfunktion**, z. B. bei der Eisenspeicherung.

In dieser Übersicht sind auch bereits die wichtigsten Klassen der Zielstrukturen von Arzneistoffen (Arzneistofftargets) aufgeführt. Hierzu gehören die Rezeptoren, die Enzyme sowie Transporter und Ionenkanäle. Darüber hinaus werden Vertreter einiger Proteinklassen selbst als Arzneistoffe eingesetzt (▸ Kap. 2.6).

2.2 Die proteinogenen Aminosäuren

2.2.1 Einteilung der Aminosäuren

Strukturell sind Proteine aus einzelnen Grundbausteinen aufgebaut, den Aminosäuren. Die Natur greift hier hauptsächlich auf einen Satz von 20 Aminosäuren zurück, die als **proteinogene Aminosäuren** (Standardaminosäuren bzw. kanonische Aminosäuren) bezeichnet werden.

Alle proteinogenen Aminosäuren weisen eine gemeinsame **Grundstruktur** auf, in der ein zentrales C-Atom (C_α) vier Substituenten trägt: eine Aminogruppe, eine Carboxygruppe, ein Wasserstoffatom und eine variable Seitenkette. Die oftmals als Aminosäurerest R bezeichnete Seitenkette ist für die jeweilige Aminosäure charakteristisch. Mit Ausnahme der Aminosäure Glycin, die als „Seitenkette" ein H-Atom besitzt, tragen alle proteinogenen α-Aminosäuren vier verschiedene Substituenten am α-Kohlenstoff. Damit sind sie chiral und treten in zwei spiegelbildlichen Konfigurationen (Enantiomeren) auf, die als D- und L-Formen bezeichnet werden (○ Abb. 2.1). In den Proteinen kommen ausschließlich L-**Aminosäuren** vor, und im Folgenden wird daher auf die Angabe der Konfiguration verzichtet, soweit es sich um proteinogene Aminosäuren handelt.

Die chemischen und strukturellen Möglichkeiten, die sich aus der Kombination der 20 Standardaminosäuren ergeben, führen zu der riesigen, in der Natur vorzufindenden Diversität von Proteinen mit ihren vielfältigen Funktionen. Die Kenntnis der chemischen Eigen-

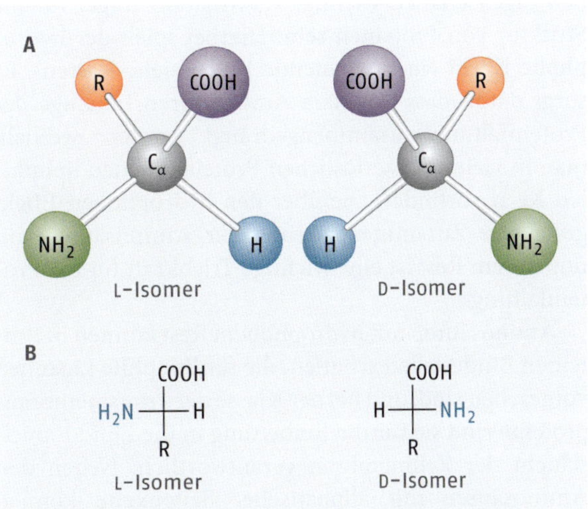

○ **Abb. 2.1** A Spiegelbildliche D- und L-Isomere von Aminosäuren. B Zuordnung einer Aminosäure zur D- bzw. L-Reihe. Maßgeblich ist die Stellung der NH_2-Gruppe in der Fischer-Projektion: L-Aminosäuren tragen die NH_2-Gruppe links, D-Aminosäuren rechts.

2

schaften der Aminosäuren, vor allem von deren Seitenketten, ist daher für das biochemische Grundverständnis essenziell. Dies gilt genauso für das Verständnis der Arzneistoffwirkung, da Arzneistoffe ihre Wirkung zumeist über die Interaktion mit den Aminosäuren des Zielproteins entfalten.

Die proteinogenen Aminosäuren können nach **chemischen Kriterien** in **Gruppen** eingeteilt werden:

- Aminosäuren mit aliphatischer Seitenkette,
- Aminosäuren mit aromatischer Seitenkette,
- Aminosäuren mit schwefelhaltiger Seitenkette,
- Aminosäuren mit hydroxygruppenhaltiger Seitenkette,
- Aminosäuren mit basischer Seitenkette,
- Aminosäuren mit saurer Seitenkette und deren Amide.

Dieser gängigen Einteilung liegen keine strikten Kriterien zugrunde. Beispielsweise wird die Aminosäure Glycin (o Abb. 2.2), die keine Seitenkette hat, oft zu den aliphatischen Aminosäuren gezählt und das den basischen Aminosäuren zugeteilte Histidin könnte aufgrund seines Imidazolrings ebenso gut bei den aromatischen Aminosäuren eingruppiert werden.

In den folgenden Abbildungen werden die einzelnen Klassen der Aminosäuren mit Angaben zu charakteristischen chemischen Eigenschaften, ihrer typischen Funktion und der häufigen Lokalisation in Proteinen dargestellt.

Die **Aminosäuren mit aliphatischer Seitenkette** (o Abb. 2.2) weisen zwar keine nennenswerte chemische Reaktivität auf, sie können jedoch durch ihre hydrophoben Eigenschaften wichtige Informationsträger für die Struktur von Proteinen sein. Hierbei spielt der hydrophobe Effekt eine bedeutende Rolle (siehe Kasten). Er sorgt dafür, dass unpolare Aminosäuren im Zuge der Proteinfaltung zusammengedrängt werden, weshalb man in vielen wasserlöslichen Proteinen einen lipophilen Kern vorfindet. Die über den hydrophoben Effekt gesteuerte Zusammenlagerung der Aminosäuren mit unpolarem Rest ist eine wichtige Triebkraft für die Proteinfaltung.

Aminosäuren mit hydrophobem Rest können in Proteinen Bindestellen schaffen, die für lipophile Liganden vorgesehen sind, und bei der Klasse der Transmembranproteine sind sie für die Einbettung in die Lipiddoppelschicht der Zellmembran verantwortlich. Neben den Aminosäuren mit aliphatischer Seitenkette können diese Funktionen ebenso durch andere Aminosäuren mit überwiegend hydrophoben Eigenschaften wahrgenommen werden, beispielsweise von Phenylalanin, Tryptophan oder Methionin.

In der Gruppe der Aminosäuren mit aliphatischen Resten ist auffällig, dass die Größe der Aminosäurereste stufenweise ansteigt. Sie reicht dabei vom Wasserstoffatom des Glycins (das anstelle einer Seitenkette vorliegt) über die C_1- und C_3-Seitenketten von Alanin und Valin bis hin zu den sterisch anspruchsvollen C_4-Ketten von Leucin und Isoleucin. Dadurch bietet diese Aminosäuregruppe einen abgestuften „hydrophoben Baukasten“, mit dem Räume in Proteinen nach Bedarf ausgefüllt werden können.

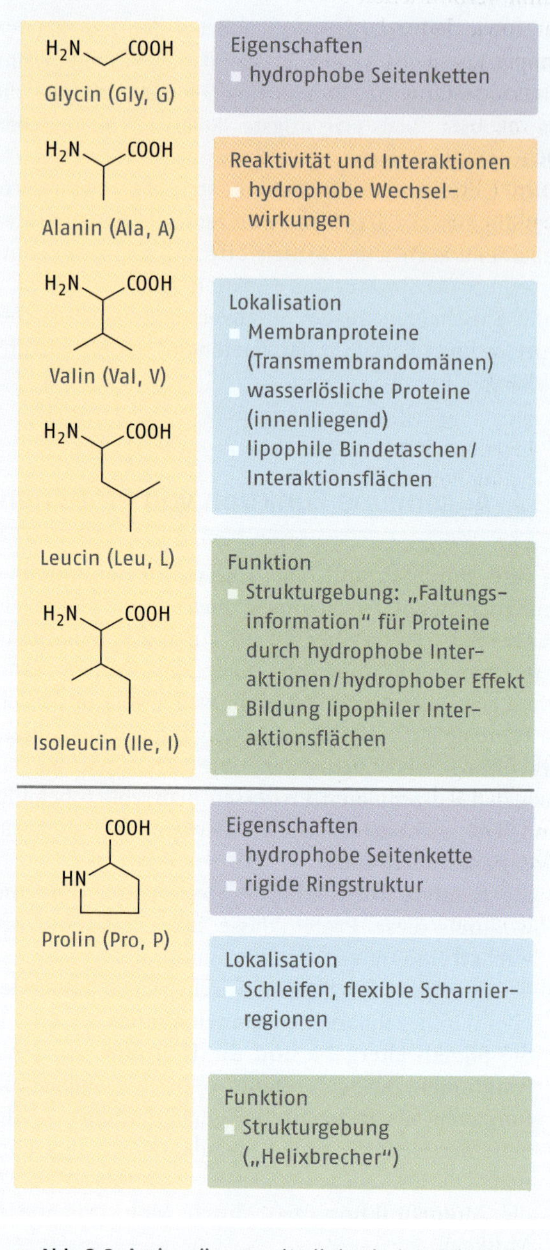

o **Abb. 2.2** Aminosäuren mit aliphatischer Seitenkette

Eine Sonderrolle bei den Aminosäuren mit aliphatischer Seitenkette nimmt das **Prolin** ein. Bei dieser Aminosäure bildet die α-Aminogruppe der Grundstruktur eine Ringstruktur mit der Seitenkette. Aufgrund der damit verbundenen konformationellen Einschränkungen sowie dadurch, dass die α-Aminogruppe nach Verknüpfung mit einer anderen Aminosäure nicht mehr als Wasserstoffbrückendonor zur Verfügung steht, ist Prolin mit bestimmten Strukturelementen von Proteinen nicht kompatibel („Helixbrecher“, ▸Kap. 2.4.2). Daher kommt Prolin eher in flexiblen Regionen der Proteinstruktur vor.

Merke

Wenn Wasser auf hydrophobe Strukturen trifft, bilden die Wassermoleküle an den Kontaktflächen entropisch ungünstige, starre Käfigstrukturen aus. Findet in diesem System jedoch eine Zusammenlagerung der hydrophoben Strukturen statt, wird die Kontaktfläche zum Wasser verkleinert und die Wassermoleküle sind insgesamt „freier" – der Entropieverlust wird minimiert. Dieses Phänomen wird als **hydrophober Effekt** bezeichnet und wird als entscheidend für die Stabilisierung der Raumstrukturen von Proteinen, aber auch der DNA angesehen (▸Kap. 4.1).

Die **Aminosäuren mit aromatischer Seitenkette** unterscheiden sich von den anderen Aminosäuren durch ihre Fähigkeit zur Ausbildung von Kation-π und π-π-Wechselwirkungen; ansonsten weisen sie, je nach Struktur des aromatischen Rests, heterogene chemische Eigenschaften auf (○Abb. 2.3). Von den physikochemischen Eigenschaften her sind sie hydrophob (Phenylalanin) bis schwach polar (Tyrosin). Da die aromatischen Reste dieser Aminosäuren UV-Licht absorbieren, sind sie auch für die Untersuchung von Proteinen mit spektroskopischen Methoden von Bedeutung.

Zu den Aminosäuren mit schwefelhaltiger Seitenkette gehören **Cystein** und **Methionin**. Das Cystein fällt durch seine vielfältige Reaktivität auf, die mehrere chemische Reaktionstypen möglich macht. Hierzu zählen Redox- und Protolysereaktionen, die Komplexbildung sowie Reaktionen, bei denen die SH-Gruppe als Nukleophil wirkt (○Abb. 2.4). Besondere Bedeutung hat die Fähigkeit des Cysteins zur Ausbildung kovalenter Bindungen in Form von **Disulfidbrücken** (▸Kap. 2.4.2, ○Abb. 2.19).

Die Aminosäure Methionin dient über die in der Abbildung genannten Funktionen hinaus als **Start-Aminosäure** bei der Proteinbiosynthese, entweder in Gestalt von Formylmethionin bei Prokaryoten oder in unveränderter Form bei Eukaryoten (○Abb. 2.4).

Bei den Aminosäuren **Serin** und **Threonin** sind vor allem die chemischen Möglichkeiten der OH-Gruppen von Bedeutung (○Abb. 2.5). Durch deren Reaktivität kommen die beiden Aminosäuren als zentrale Strukturen in aktiven Zentren von Enzymen zum Einsatz (▸Kap. 2.5.2) und sind in vielen Proteinen (zusammen

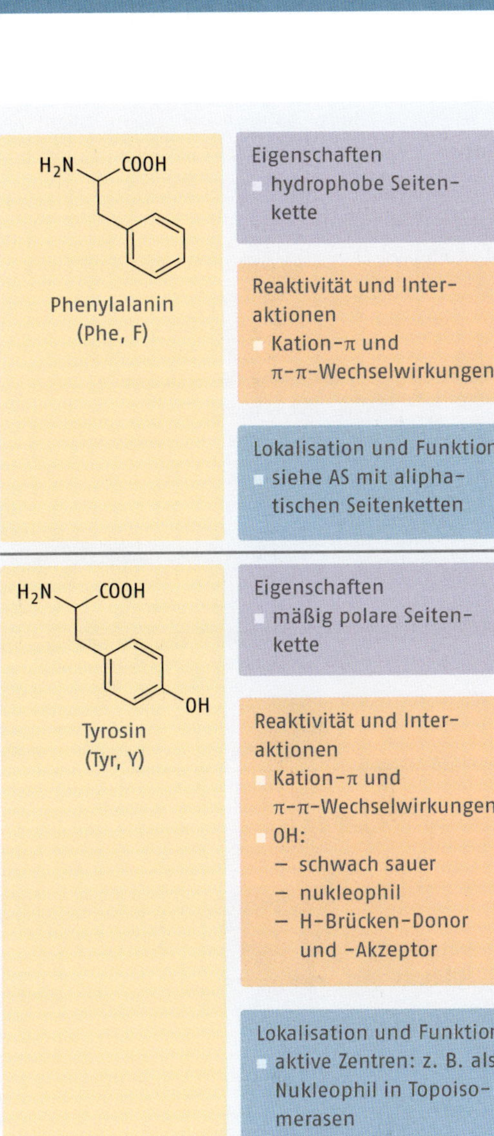

○ **Abb. 2.3** Aminosäuren mit aromatischer Seitenkette

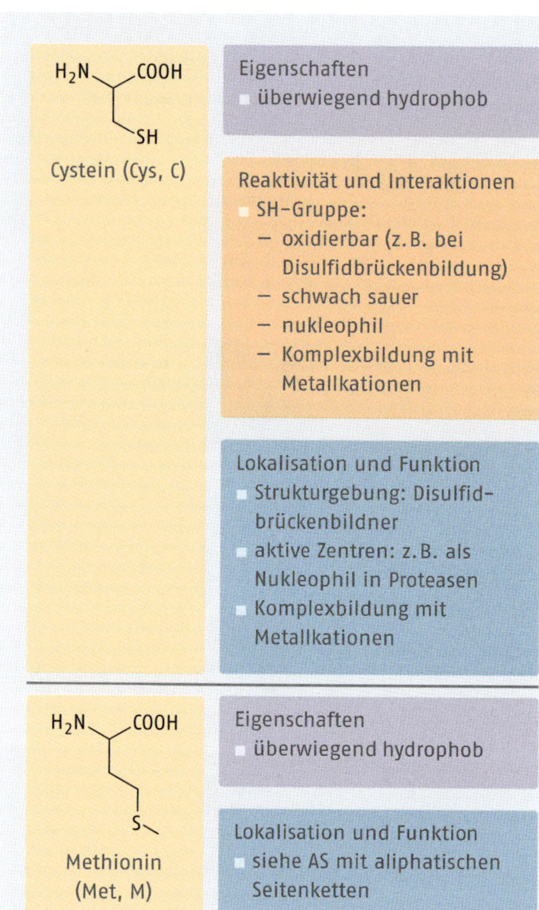

Abb. 2.4 Aminosäuren mit schwefelhaltiger Seitenkette

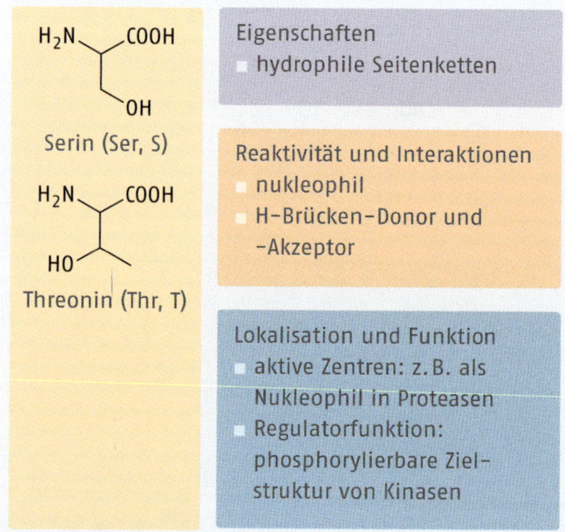

Abb. 2.5 Aminosäuren mit hydroxygruppenhaltiger Seitenkette

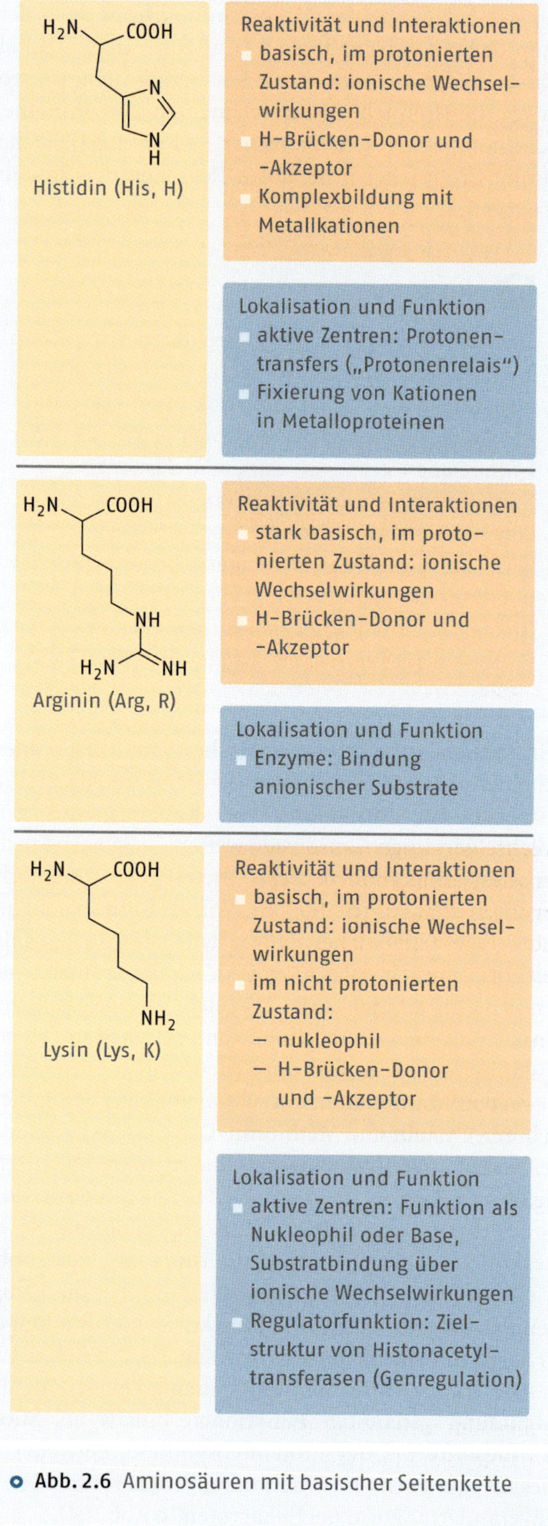

Abb. 2.6 Aminosäuren mit basischer Seitenkette

mit der Aminosäure Tyrosin) die Zielstrukturen für die Klasse der phosphatgruppenübertragenden Enzyme, die sogenannten **Kinasen** (▸ Kap. 2.5.4).

Die **Aminosäuren mit basischer Seitenkette** (Abb. 2.6) weisen abgestufte Basizitäten auf. Die Sei-

Abb. 2.7 Protonierung der Guanidin-Struktur in der Seitenkette des Arginins und mesomere Grenzstrukturen des entstehenden Kations

tenkette der Aminosäure Arginin reagiert am stärksten basisch, gefolgt von Lysin und Histidin. Der pKs-Wert des schwach basischen Histidins liegt bei 6,0 (Abb. 2.9) und damit in der Nähe des physiologischen pH-Werts von 7,4, wodurch die Aminosäure als flexibles „Protonenrelais" im Ablauf enzymatischer Reaktionen dienen kann.

Die hohe Basizität des Arginins beruht auf der Mesomeriestabilisierung des entstehenden Kations, wenn die Guanidin-Struktur in der Seitenkette protoniert wird (Abb. 2.7). Guanidin gilt als die stärkste bekannte organische Base.

Merke

Die Strukturen der **drei basischen Aminosäuren** lassen sich leichter einprägen, wenn man sich merkt, dass die Seitenketten jeweils vier Kohlenstoffatome aber eine unterschiedliche Zahl an Stickstoffatomen tragen (eines bei Lysin, zwei bei Histidin und drei bei Arginin).

Die beiden Aminosäuren **Asparaginsäure** und **Glutaminsäure** tragen Carbonsäuregruppen in ihren Seitenketten, die im deprotonierten Zustand ionische Wechselwirkungen eingehen können. Dies ist beispielsweise zur Substratbindung in Enzymen wie dem Trypsin wichtig

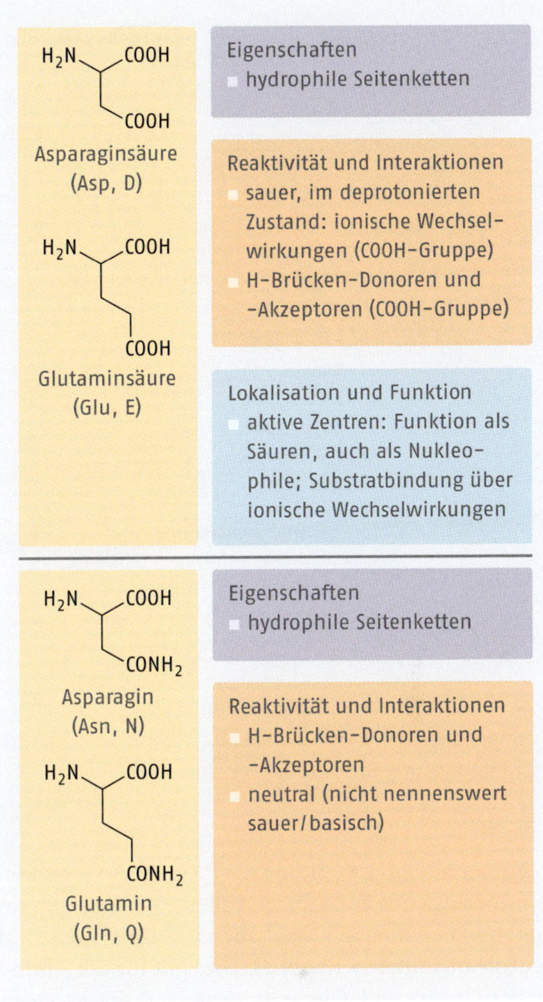

Abb. 2.8 Aminosäuren mit saurer Seitenkette und deren Amide

(Kap. 2.5.2). Da die beiden Aminosäuren bei physiologischem pH-Wert als Anionen vorliegen, werden sie häufig nur als Aspartat und Glutamat bezeichnet. Asparaginsäure und Glutaminsäure sind direkte Vorläufer der Aminosäuren **Asparagin** und **Glutamin**, welche physiologisch durch Stickstoffübertragung auf die Carboxygruppen der Seitenketten entstehen (Abb. 2.8).

Die bisher vorgestellten Aminosäuren bilden den Satz der 20 Standardaminosäuren. In seltenen Fällen kommen in Proteinen noch weitere proteinogene Aminosäuren wie das **Selenocystein** vor. Dabei handelt es sich um ein strukturelles Analogon des Cysteins, bei dem das Schwefelatom gegen Selen ausgetauscht ist. Diese seltene Aminosäure ist für die Klasse der Selenoproteine von Bedeutung, die an zellulären Redoxprozessen beteiligt sind. Beim Einbau des Selenocysteins in Proteine kommt ein spezieller Mechanismus zum Tragen, der in Kap. 4.5.2 erläutert wird.

Aminosäure	Säure-Base-Verhalten der Seitenkette	pKs-Wert der Säureform
Asparaginsäure Glutaminsäure	$-COOH \rightleftharpoons -COO^-$	4,1
Histidin	Imidazolium ⇌ Imidazol	6,0
Cystein	$-SH \rightleftharpoons -S^-$	8,3
Lysin	$-NH_3^+ \rightleftharpoons -NH_2$	10,8
Tyrosin	Phenyl–OH ⇌ Phenyl–O^-	10,9
Arginin	$-NH-C(=NH_2^+)NH_2 \rightleftharpoons -NH-C(=NH)NH_2$	12,5

Abb. 2.9 Eigenschaften der Aminosäureseitenketten. Die pKs-Werte hängen von den Bedingungen der Mikroumgebung (z. B. Ionenstärke) ab. Es kann auch in den hydrophoben Milieus von Taschen in Proteinen ein abweichendes Säure-Base-Verhalten auftreten.

Außerhalb ihrer Funktion als Proteinbausteine können Aminosäuren auch für sich alleine wichtige physiologische Funktionen innehaben, beispielsweise als **Neurotransmitter** (▸ Kap. 9.2). Dies gilt für die Aminosäuren Glycin und Glutaminsäure, für die es eigene Rezeptoren auf Zielzellen gibt, indirekt auch für die Aminosäuren Tyrosin, Histidin, Tryptophan und Glutaminsäure. Letztere sind Vorstufen der Neurotransmitter (Nor)Adrenalin, Histamin, Serotonin und γ-Aminobuttersäure (GABA).

2.2.2 Säure-Base-Eigenschaften

Das **Interaktionsverhalten eines Proteins**, und somit seine Funktion, hängt vielfach stark vom **Ladungszustand** seiner Aminosäuren ab. Dies spielt beispielsweise bei Enzymen eine wichtige Rolle, da die Substratbindung und der Ablauf der enzymatischen Reaktion maßgeblich vom Ladungszustand einzelner Aminosäureseitenketten abhängen können. Auch die Bindung eines Arzneistoffs an sein Zielprotein kann über geladene Aminosäuren erfolgen.

Die wichtigsten Faktoren für die Ladung eines Proteins sind die Säure-Base-Eigenschaften der Aminosäureseitenketten und der pH-Wert des umgebenden Milieus. Um daher eine Einschätzung der Interaktionsmöglichkeiten einer Proteinstruktur unter gegebenen pH-Bedingungen treffen zu können, ist es erforderlich, pKs-Werte der Aminosäuren mit sauren und basischen Seitenketten zu kennen (Abb. 2.9). Mithilfe der **Hendersson-Hasselbalch-Gleichung** kann daraus der Ionisationsgrad einer Aminosäureseitenkette berechnet werden:

$$pH = pKs + \lg \frac{[\text{Base}]}{[\text{korrespondierende Säure}]}$$

In Summe ergibt sich aus dem Säure-Base-Verhalten der Aminosäuren eines Proteins der **isoelektrische Punkt** (pI-Wert). Er entspricht dem pH-Wert, an dem die Nettoladung des Proteins gleich Null ist. Der isoelektrische Punkt ist wichtig für die Abschätzung des Ladungszustands eines Proteins. Bei einigen Methoden zur analytischen Erfassung oder Aufreinigung eines Proteins spielen die Ladungsverhältnisse eine entscheidende Rolle (▸ Kap. 3.3). Zudem ist es für die praktische Arbeit mit Proteinen wichtig zu wissen, dass die meisten Proteine am isoelektrischen Punkt ihre geringste Löslichkeit haben und daher ausfallen können.

2.3 Peptide

Aminosäuren können miteinander zu **Peptiden** verknüpft werden. Hierbei gehen die α-Carboxygruppe des einen Bindungspartners und die α-Aminogruppe des zweiten Partners eine Kondensationsreaktion ein. Unter

Wasseraustritt entsteht aus den beiden funktionellen Gruppen eine Peptidbindung (○ Abb. 2.10):

Da die Aminosäuren an ihren Enden zwei unterschiedliche funktionelle Gruppen tragen, ist diese Reaktion eine Möglichkeit, die beiden Reaktionspartner räumlich gerichtet zu verknüpfen. Dadurch können Aminosäuren als Monomere betrachtet werden, aus denen gezielt Strukturen höherer Ordnung – Peptide bzw. Proteine – aufgebaut werden können.

Der Begriff Peptid dient im weiteren Sinne als Überbegriff für alle nach dem Schema in ○ Abb. 2.10 verknüpften Aminosäureketten. Im engeren Sinne wird er nur für kürzerkettige Aminosäuren-Oligomere verwendet, da ab einer Länge von ca. 50 Einheiten eher der Begriff Protein verwendet wird. Der Übergang zwischen den Begriffen (Oligo-)Peptid und Protein ist jedoch nicht eindeutig festgelegt.

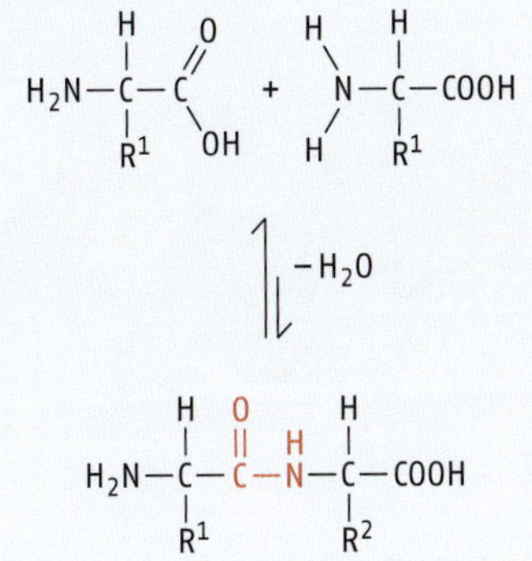

○ **Abb. 2.10** Verknüpfung von Aminosäuren zu Peptiden

○ **Abb. 2.11** Mesomere Grenzstrukturen der Peptidbindung.

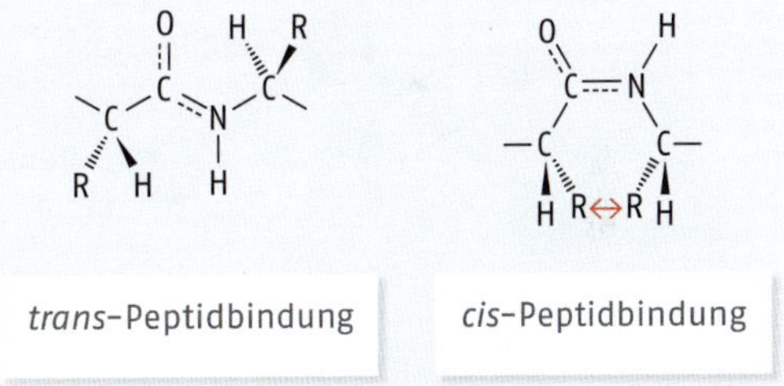

trans-Peptidbindung

cis-Peptidbindung

○ **Abb. 2.12** *trans*- und *cis*-konfigurierte Peptidbindungen. In *cis*-konfigurierten Peptidbindungen können sterische Interaktionen zwischen den Aminosäureresten auftreten (roter Doppelpfeil).

2.3.1 Die Peptidbindung

Damit Peptide bzw. Proteine im biologischen System ihre vielfältigen Funktionen wahrnehmen können, müssen sie zum einen definierte Raumstrukturen ausbilden können und zum anderen über eine ausreichende Stabilität verfügen. Was diese Anforderungen betrifft, spielt die **Peptidbindung** eine große Rolle, weshalb wir zunächst deren Eigenschaften näher betrachten.

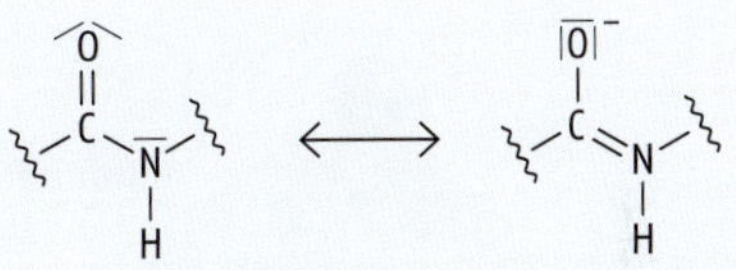

Peptidbindungen sind von ihrer räumlichen Struktur her **planar** und **starr** und die Bindung ist chemisch recht **stabil**. Die Carbonylreaktivität des Kohlenstoffs in der Bindung ist niedrig, der Stickstoff ist nicht basisch. Die Spaltung von Peptidbindungen erfordert dadurch recht harte Reaktionsbedingungen; standardmäßig werden Peptide durch 24-stündiges Kochen in halbkonzentrierter Salzsäure bei 110 °C hydrolysiert.

Die drei Eigenschaften Planarität, Rigidität und Stabilität sind durch die Resonanzstruktur der Peptidbindung zu erklären: Die Atome der Peptidbindung liegen in einer Ebene (Planarität). Das freie Elektronenpaar des Stickstoffs tritt in Resonanz mit der Carbonylgruppe, wodurch die C-N-Bindung partiellen Doppelbindungscharakter erhält (Rigidität). Auch die Stabilität der Bindung ergibt sich aus der Möglichkeit zur Mesomerie (○ Abb. 2.11).

Die Reaktionsträgheit der Peptidbindung bedingt, dass Peptide kinetisch stabil sind. Wird die nötige Aktivierungsenergie zur Spaltung der Peptidbindung aufgebracht, so liegt das chemische Gleichgewicht der Peptidbildung auf der Seite der monomeren Aminosäuren (○ Abb. 2.10).

Ein weiterer Aspekt bei der Betrachtung der Peptidgruppe ist die stereochemische Unterscheidung zwischen ***cis***- und ***trans*-Konfiguration**. In *trans*-konfigurierten Peptidbindungen liegen Carbonylsauerstoff und Amidwasserstoff (bzw. die beiden α-Kohlenstoffatome) auf entgegengesetzten Seiten (○ Abb. 2.12). In Aminosäureketten hat diese Anordnung den Vorteil, dass sterische Hemmnisse zwischen den Substituenten an den beiden benachbarten C_α-Atomen deutlich minimiert sind, wodurch die *trans*-Konfiguration in Peptiden klar gegenüber *cis* bevorzugt ist. Ausnahmen kommen hauptsächlich bei Peptidbindungen vor, an denen die Aminosäure Prolin beteiligt ist.

Wie oben erläutert ist die Peptidbindung planar aufgebaut, zusammen mit den zwei benachbarten

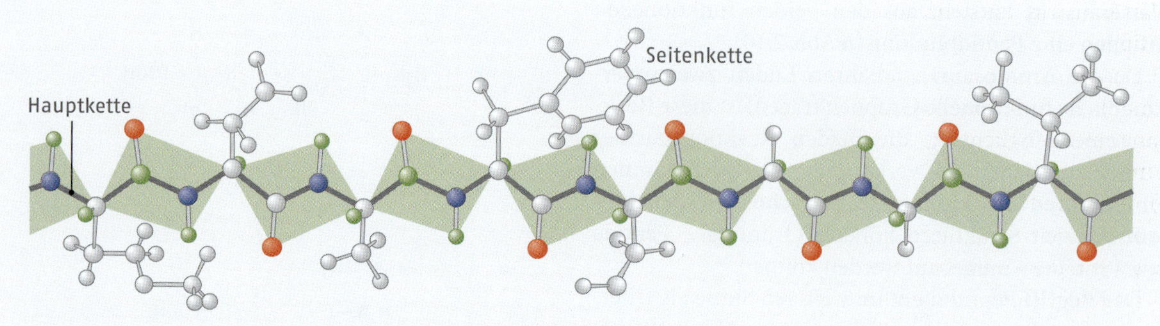

○ Abb. 2.13 Lineare Konformation eines Polypeptids. Die Ebenen, in denen die Atome der Peptidbindungen und die α-Kohlenstoffatomen liegen, sind durch Schattierung hervorgehoben. Die einzelnen Ebenen sind über die α-Kohlenstoffatome miteinander verknüpft. Die Zick-Zack-förmige Anordnung des Peptidrückgrats ist durch farbige Atombindungen kenntlich gemacht.

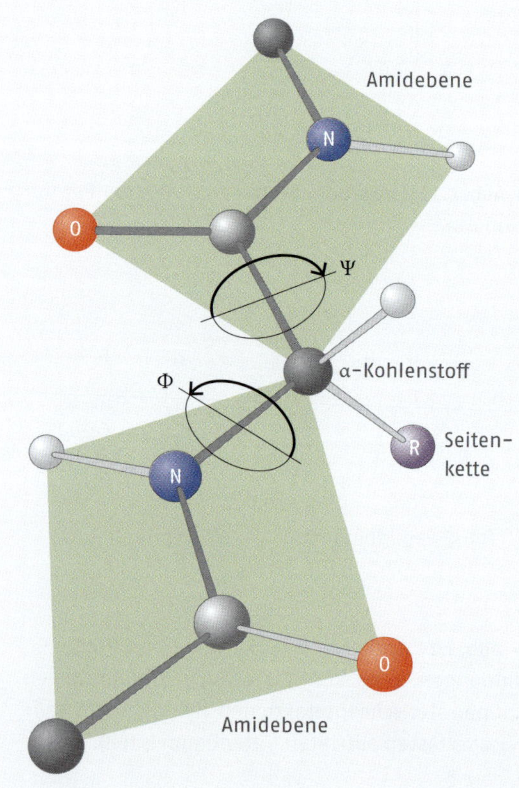

○ Abb. 2.14 Referenzpunkt für φ und ψ ist die Konformation, bei der eine Peptidkette (mit *trans*-Peptidbindungen) linear im Raum ausgestreckt ist. Die Peptidbindungen liegen dabei in einer Ebene und halbieren jeweils den Bindungswinkel zwischen dem Wasserstoffatom am α-Kohlenstoff und dem ersten Atom der Seitenkette. In dieser Konformation betragen die Torsionswinkel φ und ψ definitionsgemäß jeweils +180°. Sie nehmen – vom α-Kohlenstoff aus betrachtet – bei Drehung im Uhrzeigersinn zu.

α-Kohlenstoffatomen bildet sie eine Ebene aus sechs Atomen. Dadurch kann ein Peptidrückgrat insgesamt als kettenartige Abfolge dieser Ebenen betrachtet werden. ○ Abb. 2.13 zeigt ein Peptid mit seinen planaren Elementen in der linearen, voll ausgestreckten Konformation, in der das Peptidrückgrat eine Zick-Zack-Struktur aufweist.

Eine zentrale Voraussetzung für die Fähigkeit von Peptiden, Strukturen höherer Ordnung auszubilden, ist die grundsätzliche **Drehbarkeit der Bindungen** zwischen α-Kohlenstoffatom und Amidstickstoff (C_α-N-Bindung) sowie zwischen α-Kohlenstoffatom und Carbonylkohlenstoff (C_α-C-Bindung). Durch Rotation um diese Bindungen können die beiden Peptidgruppen, die ein α-Kohlenstoffatom flankieren, unterschiedlich im Raum angeordnet sein. Die genaue Raumanordnung lässt sich durch Angabe der Torsionswinkel Psi (φ) für die Drehung um die C_α-N-Bindung und Phi (ψ) für die C_α-C-Bindung charakterisieren (○ Abb. 2.14). Letztendlich kann die gesamte Konformation eines Peptidrückgrats über die Abfolge der Kombinationen von φ und ψ beschrieben werden.

Für die Faltungsmöglichkeiten eines Peptids ist nun entscheidend, inwieweit die Drehbarkeit um diese beiden Einzelbindungen Einschränkungen unterliegt. Tatsächlich sind aufgrund von Restriktionen in der Drehbarkeit viele Kombinationen von φ und ψ nicht möglich. Diese Restriktionen ergeben sich zum einen aus Kollisionen zwischen den Amid-Wasserstoffatomen bzw. den Carbonyl-Sauerstoffatomen benachbarter Peptidbindungen und zum anderen zwischen den genannten Atomen und den Seitenketten der verknüpften Aminosäuren. Zusammen mit der Rigidität der Peptidbindung schränken sie den möglichen Konformationsraum eines Peptids ein und nehmen daher maßgeblich Einfluss auf die Faltung eines Peptids nach der Biosynthese. Die erlaubten Kombinationen von φ und ψ lassen sich aus Ramachandran-Diagrammen (○ Abb. 2.15) ablesen.

Man kann aus ihnen erkennen, dass die meisten Kombinationen von Torsionswinkeln nicht erlaubt sind. Bemerkenswerte Ausnahmen treten bei den beiden Aminosäuren Prolin und Glycin auf. Prolin ist aufgrund seiner sterisch fixierten Seitenkette nur in einem engen Bereich um die C_α-N-Bindung drehbar (Torsionswinkel φ), während für Glycin als Aminosäure mit minimalen Raumanforderungen eine große Breite an Kombinationen von φ und ψ möglich sind.

Im Hinblick auf die Bedeutung der Peptidgruppe für die Ausbildung von Proteinstrukturen müssen abschließend noch deren **Interaktionsmöglichkeiten** betrachtet werden. Hierbei ist vor allem die Fähigkeit der CO-und der NH-Gruppe, als Akzeptor- bzw. Donorposition für Wasserstoffbrücken zu dienen, von Interesse. Für die Ausbildung von sogenannten Sekundärstrukturen, die wir in ▸ Kap. 2.4.4 kennenlernen werden, ist diese Interaktionsmöglichkeit entscheidend. Auch in dieser Hinsicht stellt die Aminosäure Prolin, wie in (▸ Kap. 2.2.1) vorgestellt, eine Ausnahme dar: Ihre sekundäre α-Aminosgruppe besitzt nach dem Knüpfen einer Peptidbindung kein Wasserstoffatom mehr, das als Donorposition dienen könnte.

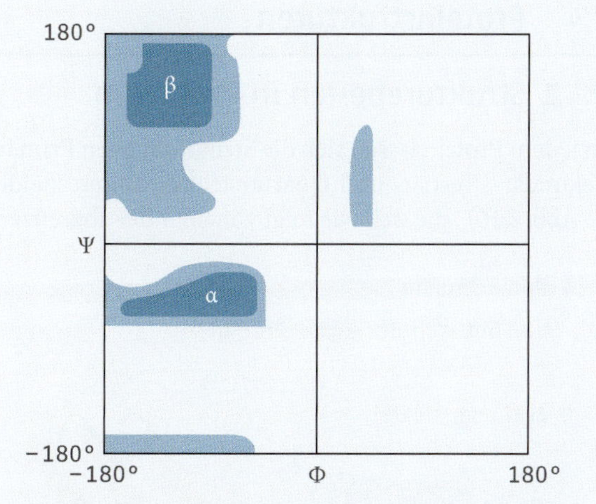

Abb. 2.15 Ramachandran-Plot. Aus den blau markierten Bereichen ergeben sich die erlaubten Kombinationen von φ und ψ. Dunkelblau gekennzeichnet sind die Bereiche, bei denen das Peptid charakteristische Strukturelemente (α-Helix, β-Faltblatt ▸ Kap. 2.4.4) ausbildet. Der vorliegende Ramachandran-Plot wurde anhand eines Modellpeptids (Polyalanin) erstellt.

2.3.2 Peptide: Sequenzangaben und Eigenschaften

Wie bereits erwähnt, sind Aminosäuren nicht symmetrisch aufgebaut, vielmehr verfügen sie in ihrer Grundstruktur über ein Amino- und ein Carbonsäureende. Peptide sind daher gerichtete Sequenzen. Dies ist wichtig für die chemischen, physiologischen oder auch pharmakologischen Eigenschaften eines Peptids, da sie von der **Raumrichtung der Aminosäureverknüpfungen** abhbängen. Für die Sequenzangabe von Peptiden existiert daher eine eindeutige Konvention:

Merke

Peptidsequenzen werden stets in der Raumrichtung **N-Terminus** (links) → **C-Terminus** (rechts) angegeben, diese Form des **NaC**heinanders ist leicht zu merken – sie entspricht auch der Orientierung, in der die Aminosäuren bei der Proteinbiosynthese miteinander verknüpft werden (▸ Kap. 4.5).

Wie oben erwähnt, können Peptide strukturell als Oligo- oder Polymere betrachtet werden, die aus aufeinanderfolgenden Aminosäuren als Monomeren aufgebaut sind. Unter einem anderen Blickwinkel betrachtet kann man Peptidstrukturen jedoch auch in zwei Teile gliedern: zum einen das regelmäßig aufgebaute Rückgrat, mit der sich wiederholenden Abfolge aus Peptidbindungen und den α-ständigen C-Atomen, zum anderen die Seitenketten, die sich je nach Aminosäure strukturell unterscheiden. Die Seitenketten sind um die C-C-Bindung zur Aminosäure-Grundstruktur frei drehbar.

Der gängige Größenbereich einzelner Proteine in biologischen Systemen liegt in etwa zwischen 50 und 2500 Aminosäuren. Dies entspricht einer Molekülmasse von etwa 5–250 Kilodalton.

Definition

Molekülmassen von Proteinen (und anderer Makromoleküle) werden häufig in **Dalton** (Da) bzw. Kilodalton (kDa) angegeben. Angaben in der Einheit Dalton entsprechen numerisch der Angabe in Gramm pro Mol (g/mol).

Die Molekülmasse von Proteinen lässt sich leicht anhand der Vereinfachung 1 Aminosäure entpricht 100 g/mol bzw. 100 Da grob abschätzen.

Bereits **kleine Peptide** können im menschlichen Körper physiologische Funktionen erfüllen, zumeist als **Botenstoffe** (▸ Kap. 9.1). Die Kettenlänge dieser Mediatoren reicht vom Tripeptid Thyreoliberin (Regulatorpeptid im Schilddrüsenhormon-Stoffwechsel) über Nonapeptide wie dem Bradykinin (gefäßaktiver Botenstoff) bis hin zum Insulin (Hormon im Energiestoffwechsel). Insulin kann mit seinen 51 Aminosäuren bereits als kleines Protein betrachtet werden.

2.4 Proteinstrukturen

2.4.1 Strukturebenen in Proteinen

In jedem Protein lassen sich die Strukturebenen Primär-, Sekundär-, Tertiär- und Quartärstruktur unterscheiden (o Abb. 2.16) , die sich wie folgt voneinander abgrenzen:

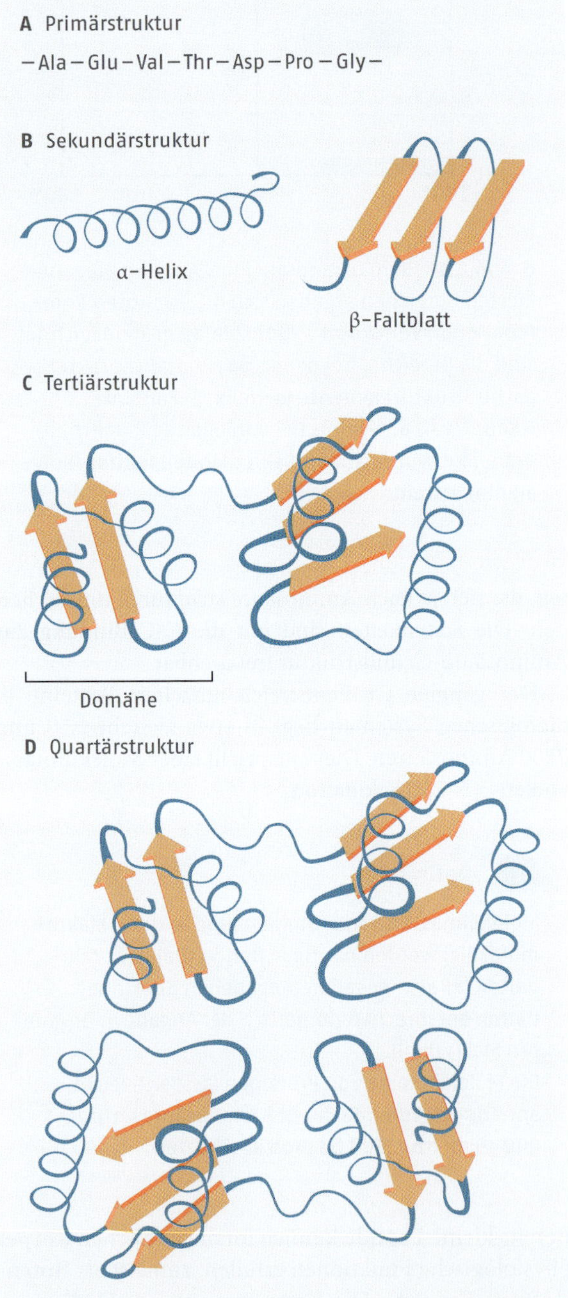

A Primärstruktur

–Ala–Glu–Val–Thr–Asp–Pro–Gly–

B Sekundärstruktur

α-Helix

β-Faltblatt

C Tertiärstruktur

Domäne

D Quartärstruktur

o **Abb. 2.16** Die Ebenen der Proteinstruktur. Die α-Helix und das β-Faltblatt sind Beispiele wichtiger Sekundärstrukturelemente (▸Kap. 2.4.4). Domänen sind Bereiche von Proteinen, die relativ stabile Struktureinheiten bilden und häufig auch funktionell unabhängig von anderen Bereichen im Protein sind.

- Die **Primärstruktur** gibt die Reihenfolge, also die Sequenz der Aminosäuren wieder, in der die einzelnen Aminosäuren über kovalente Peptidbindungen in der Proteinkette miteinander verknüpft sind.
- Die **Sekundärstruktur** beschreibt Raumstrukturen, die durch Wechselwirkungen zwischen Aminosäuren entstehen, die in der linearen Peptidsequenz nahe beieinanderliegen. Sekundärstrukturen kommen durch Wasserstoffbrücken zustande ▸Kap. 2.4.2. Bei der Darstellung von Sekundärstrukturen wird nur die räumliche Anordnung des Peptidrückgrats berücksichtigt, ohne die Aminosäurenseitenketten in Betracht zu ziehen.
- Die **Tertiärstruktur** stellt die räumliche Anordnung aller Atome des Proteins, einschließlich des Rückgrats, dar. Bei der Ausbildung dieser Strukturebene spielen verschiedene Wechselwirkungen eine Rolle, hierzu gehören sowohl kovalente Bindungen wie die Disulfidbrücken als auch nichtkovalente Wechselwirkungen (▸Kap. 2.4.2).
- Besteht ein Protein aus mehreren Untereinheiten, d. h. aus mehreren Peptidketten, die sich zu einer Einheit zusammengeschlossen haben, verfügt es über eine **Quartärstruktur**. Diese gibt die räumliche Anordnung der Untereinheiten mit allen Atomen an.

2.4.2 Wechselwirkungen in Proteinen

Proteine werden durch gezielte Wechselwirkungen zwischen funktionellen Gruppen der Seitenketten oder des Rückgrats der Peptidkette zusammengehalten (o Abb. 2.17).

Die wichtigsten Wechselwirkungen, die eine Proteinstruktur stabilisieren, sind

- **Disulfidbrücken** zwischen Cysteinresten,
- **Wasserstoffbrücken** zwischen H-Donor- und Akzeptorpositionen der Aminosäuregrundstruktur und/oder den Seitenketten,
- **Ionische Wechselwirkungen** (Salzbrücken) zwischen geladenen Aminosäureseitenketten, insbesondere zwischen den stark basischen Aminosäuren Lysin bzw. Arginin und den sauren Aminosäuren Glutaminsäure bzw. Asparaginsäure,
- **Hydrophobe Wechselwirkungen**, beispielsweise zwischen den aliphatischen Aminosäureseitenketten,
- **Kation-π-Wechselwirkungen**, z. B. zwischen protonierten basischen Aminosäuren und aromatischen Aminosäuren; sehr häufig ist die Aminosäure Tryptophan an Kation-π-Wechselwirkungen beteiligt.

Disulfidbrücken sind aufgrund ihrer kovalenten Natur durch sehr starke Bindungskräfte gekennzeichnet. Sie finden sich beispielsweise in Proteinen, die mit dem Extrazellulärraum in Kontakt treten, wie z. B. Zellober-

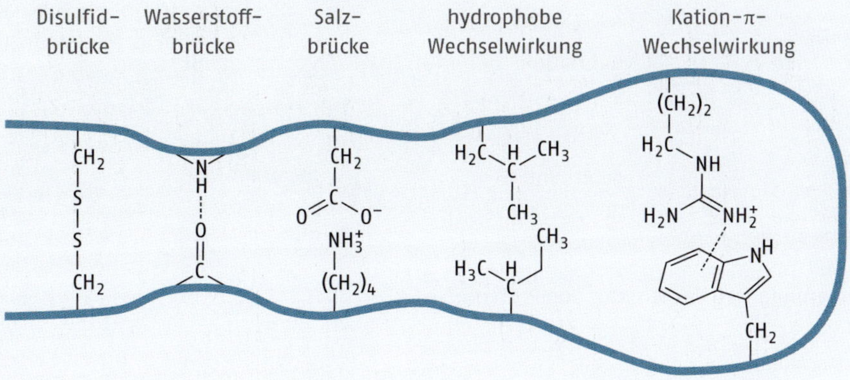

Abb. 2.17 Arten von Wechselwirkungen in Proteinen

2

flächen- oder sekretorische Proteine. Im Zellinneren herrscht mit Ausnahme der sekretorischen Kompartimente ein hoher reduktiver Tonus, sodass dort üblicherweise keine Disulfidbrücken auftreten.

Wasserstoffbrücken sind mittelstarke Bindungskräfte. Ihre Bedeutung für die Stabilisierung hängt davon ab, wie gut sie im Protein mit dem umgebenden Milieu, das im Allgemeinen wässrig ist, in Kontakt kommen können. Sind die entsprechenden Positionen leicht zugänglich, ist der Beitrag der Wasserstoffbrücken für die Stabilität des Proteins nicht sehr hoch, da die Donor- und -Akzeptorpositionen entweder durch intramolekulare Wechselwirkungen in der Peptidkette oder durch intermolekulare Wechselwirkungen mit Umgebungswasser abgesättigt sind und der Energieunterschied zwischen diesen beiden Zuständen gering ist. Jedoch können Wasserstoffbrücken, die eher „versteckt" vorliegen, vor allem in der Summe betrachtet, einen wichtigen Beitrag zur Proteinstabilisierung leisten. Weiterhin geht von den Wasserstoffbrücken eine Triebkraft zur korrekten Proteinfaltung aus, wenn das Protein „halb gefaltet" ist, und dabei ungesättigte H-Brücken-Donor- und -Akzeptor-Positionen vorliegen.

Ionische Wechselwirkungen (Salzbrücken) kommen hauptsächlich an der Oberfläche von Proteinen vor. Sie weisen zwar starke Bindungskräfte auf, dennoch ist deren Beitrag zur Stabilisierung der Proteinfaltung im Allgemeinen nicht sehr hoch, da auch hier vielfach ein energetisches „Nullsummenspiel" vorliegt: Da die ionischen Gruppen im ungefalteten Zustand durch Wasser solvatisiert sind, muss die Solvatation bei der Ausbildung einer ionischen Wechselwirkung unter Energieaufwand aufgehoben werden, bevor bei der anschließenden Bildung der Salzbrücken Energie frei wird. Die beiden Energiebeträge entsprechen sich jedoch in etwa, sodass kein nennenswerter Energiegewinn durch die Bildung der Salzbrücken resultiert. Dennoch sind Salzbrücken für Proteinstrukturen von Relevanz.

Die **hydrophoben Wechselwirkungen** sind durch den hydrophoben Effekt (▸ Kap. 2.2.1) von großer Bedeutung für die Proteinstruktur.

2.4.3 Determinanten der Proteinstruktur

Die erste Strukturebene eines Proteins, die **Primärstruktur**, ist **genetisch** determiniert. Die Aminosäureabfolge des Proteins ergibt sich aus der Nukleinsäuresequenz des zum Protein gehörenden Gens, oder präziser ausgedrückt: aus dem Leseraster der davon abgeleiteten Boten-RNA (mRNA, ▸ Kap. 4.5).

Nicht so leicht zu beantworten ist allerdings die Frage, wie die **Raumstruktur** des Proteins festgelegt wird. Wegweisende Informationen hierzu lieferte ein Experiment des Nobelpreisträgers Christian Anfinsen, der das Modellprotein Ribonuklease (RNase) für Experimente zur Proteinfaltung verwendet hat. In diesem Experiment wurde das Enzym RNase zunächst mit den Reagenzien Harnstoff und β-Mercaptoethanol behandelt. Die Einwirkung von Harnstoff auf Proteine führt zur Aufhebung nichtkovalenter Wechselwirkungen, während β-Mercaptoethanol Disulfidbrücken reduktiv spaltet (siehe Kasten). Durch diese Behandlung verliert die RNase ihre geordnete Raumstruktur, sie denaturiert. Als Konsequenz geht die Funktionalität des Enzyms verloren. Wurden die denaturierenden Reagenzien jedoch durch Dialyse wieder entfernt, war die RNase erstaunlicherweise wieder funktionell – offensichtlich faltete sie sich „automatisch" in ihre ursprüngliche Konformation zurück. Aus diesem Experiment wurde die allgemeine Erkenntnis abgeleitet, dass die **Information für die Raumstruktur eines Proteins** bereits **in der Primärstruktur enthalten** sein muss (Abb. 2.18).

Gen —Transkription/Prozessierung→ mRNA —Translation→ Protein

Nukleinsäuresequenz —determiniert→ Primärstruktur —determiniert→ Sekundär-/Tertiärstruktur

Abb. 2.18 Determinanten der Struktur von Proteinen

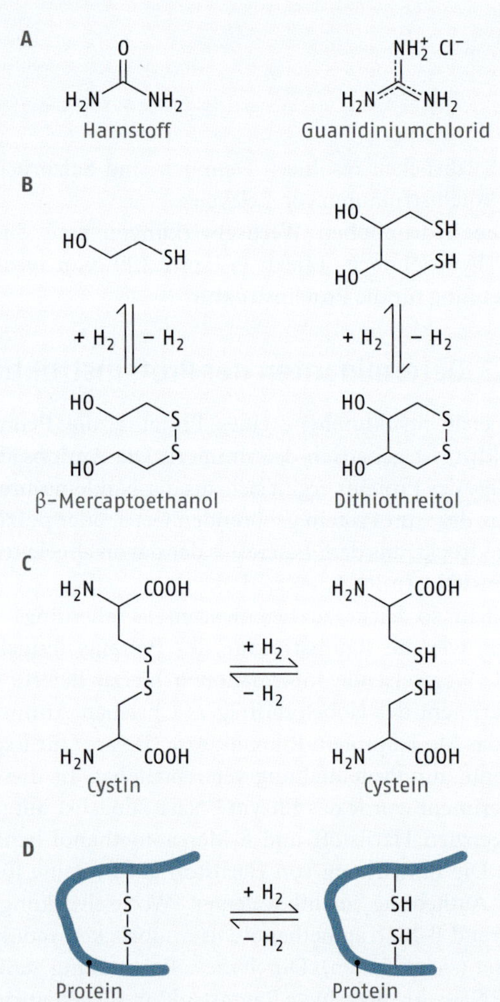

Abb. 2.19 Denaturierende Reagenzien. **A** Harnstoff und Guanidiniumchlorid werden in Konzentrationen, die im molaren Bereich liegen, zur Denaturierung von Proteinen eingesetzt. **B** β-Mercaptoethanol und Dithiothreitol sind reduzierende Agentien zur Denaturierung. **C** Reduktive Spaltung von Cystin. **D** Reduktive Spaltung von Disulfidbrücken in Proteinen

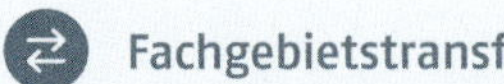

Fachgebietstransfer

Denaturierende Reagenzien

Zur Aufhebung nichtkovalenter Wechselwirkungen werden in der Proteinbiochemie chaotrope, also „Chaos stiftende" Reagenzien eingesetzt. Der Mechanismus der chaotropen Wirkung ist nicht geklärt. Es wird jedoch davon ausgegangen, dass chaotrope Verbindungen in einem wässrigen System die geordnete Wechselwirkung zwischen den Wassermolekülen stören, mehr Entropie erzeugen und damit den hydrophoben Effekt schwächen. Dies kann zur Denaturierung von Proteinen durch Aufhebung nichtkovalenter Wechselwirkungen zwischen den Aminosäuren führen. Häufig werden in der Proteinbiochemie **Harnstoff** und **Guanidiniumchlorid** als chaotrope Verbindungen eingesetzt (Abb. 2.19A).
Zur Spaltung von Disulfidbrücken werden **β-Mercaptoethanol** oder **Dithiothreitol** verwendet. Beide sind Reduktionsmittel, die ihren Thiolwasserstoff an ein Oxidationsmittel übertragen und dabei selbst Disulfidbrücken ausbilden können (Abb. 2.19B). Im Überschuss eingesetzt, vermögen die beiden Reagenzien Disulfidbrücken zwischen Cysteinresten in oxidierten Cystein-Dimeren (Cystin) zu spalten (Abb. 2.19C). Entsprechend können sie Disulfidbrücken in Proteinen aufheben (Abb. 2.19D). Die Möglichkeit, mithilfe von Reduktions- und Oxidationsmitteln Disulfidbrücken reversibel zu spalten und wieder zu bilden, findet auch im Alltagsleben Anwendung: Beim Legen von Dauerwellen im Friseursalon wird zunächst das Keratin der Haare durch Aufbrechen der Disulfidbrücken mit einem Reduktionsmittel formbar gemacht. Nach dem Aufwickeln der Haare auf Lockenwickler wird die Haarstruktur fixiert, indem durch Oxidationsmitteln neue Disulfidbrücken im Keratin der Haare eingeführt werden.

Fachgebietstransfer

Pathophysiologie: fehlgefaltete Proteine

Die Bedeutung der **Raumstruktur** für die Funktion von Proteinen zeigt sich auch darin, dass eine Reihe von Erkrankungen des Menschen eng mit der **Fehlfaltung von Proteinen** zusammenhängt. Das erste charakterisierte Krankheitsbild dieser Art war die Sichelzellenanämie, die durch das Auftreten sichelförmiger Erythrozyten im Blut gekennzeichnet ist (▸Kap. 14.4.4). Molekulare Basis dieser Erkrankung ist der genetisch bedingte Austausch eines hydrophilen Glutamats durch ein hydrophobes Valin in den β-Untereinheiten des Hämoglobins. Hämoglobin, das insgesamt aus zwei α- und zwei β-Untereinheiten zusammengesetzt ist, kann durch die Veränderung fehlgefaltet auftreten und über hydrophobe Stellen aggregieren. Die Aggregationsprozesse bedingen die sichelartige Zellmorphologie und haben eine verringerte Lebensdauer der Erythrozyten zur Folge, was schließlich über einen Erythrozytenmangel zur Anämie führt.

Die Fehlfaltung von Proteinen kann auch bei der Tumorentstehung eine Rolle spielen. So führen bestimmte Mutationen im Gen des zellzyklusregulierenden Transkriptionsfaktors p53 zu Faltungsfehlern im Protein, wodurch p53 instabil ist und rasch abgebaut wird. Die Funktion von p53 und dessen Rolle im Tumorgeschehen wird in ▸Kap. 10.3.2 im Detail erläutert.

Bei bestimmten neurodegenerativen Erkrankungen wie der Alzheimerkrankheit und der infektiösen Creutzfeldt-Jakob-Krankheit kommt es durch Fehlfaltung von Proteinen zur Ablagerung von pathogenen Proteinaggregaten in Nervenzellen. Im Falle der Creutzfeldt-Jakob-Krankheit gelten die fehlgefalteten Proteine sogar als das infektiöse Prinzip, da die Proteinmoleküle in den befallenen Nervenzellen eine „Kettenreaktion" auslösen können, indem sie die in der Zelle vorhandenen, „normalen" Analoga dieser Proteine in die fehlgefaltete Konformation bringen und so die Bildung neurotoxischer Aggregate auslösen.

Die von Christian Anfinsen als Modellprotein verwendete RNase stellt im Kontext der Proteinfaltung allerdings eher eine Ausnahme dar, da nicht alle Proteine so robust sind und sich aus dem ungeordneten Zustand rückfalten lassen. Wichtige Faktoren für die in vitro-Faltung von Proteinen sind neben der Primärstruktur auch die Umgebungsbedingungen (z. B. pH-Wert, Salzkonzentrationen, Temperatur), was die Suche nach optimalen Bedingungen im Labor aufwendig macht. Im Zellkontext sind oftmals Faltungshelferproteine, die sogenannten Chaperone, an der korrekten Faltung eines Proteins nach der Translation beteiligt.

2.4.4 Sekundärstrukturmotive

Die Sekundärstruktur bezeichnet eine Strukturebene in Proteinen, die entsteht, wenn in einer Peptidsequenz nahe beieinander liegende Aminosäuren charakteristische Raumanordnungen ausbilden. Die beiden wichtigsten Sekundärstrukturmotive sind die **α-Helix** und das **β-Faltblatt**. Ihnen ist gemeinsam, dass sie auf der Bildung von Wasserstoffbrücken innerhalb des Peptidrückgrats der beteiligten Sequenzabschnitte beruhen. Die Darstellung der Sekundärstruktur von Proteinen ist häufig im Wesentlichen auf die Anordnung dieser beiden Elemente reduziert, wobei nur die Anordnung des Peptidrückgrats im Raum gezeigt wird, ohne die Seitenketten zu betrachten.

Anhand des Auftretens von α-Helices oder β-Faltblättern in Proteinen können Proteine in Strukturklassen eingeteilt werden. Es gibt Proteinklassen, in denen hauptsächlich α-Helices oder β-Faltblätter vorherrschen (all-α- bzw. all-β-Proteine) sowie solche, in denen beide Motive jeweils in separaten Bereichen vorliegen (α+β-Proteine) oder als alternierende Abfolge (α/β-Proteine) auftreten.

In einer **α-Helix** ist das Peptidrückgrat spiralförmig angeordnet (○ Abb. 2.20). Dabei bilden die einzelnen Aminosäuren mit den CO- und NH-Gruppen ihrer Grundstrukturen Wasserstoffbrücken zu denjenigen Aminosäuren aus, die in den angrenzenden Windungen direkt unter bzw. über ihnen liegen. Auf diese Weise ist jede vierte Aminosäure miteinander verbrückt. Hierbei

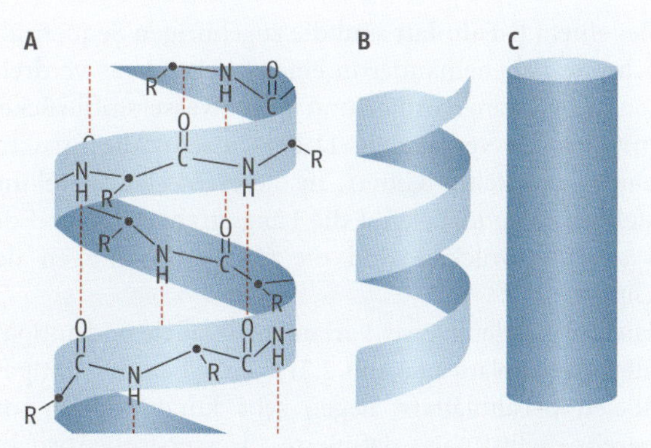

○ **Abb. 2.20** Die molekulare Struktur einer α-Helix. Die gestrichelten Linien zeigen die intramolekularen Wasserstoffbrücken (A). α-Helices werden in Proteinstrukturen häufig als Bänder (B) oder Stäbe (C) dargestellt.

2

dient die CO-Gruppe der ersten Aminosäure als H-Brücken-Akzeptor, die NH-Gruppe der drei Einheiten weiter liegenden Aminosäure als Donor. Genau betrachtet entspricht eine Spiralwindung in einer α-Helix jedoch einer Distanz von 3,6 Aminosäuren. Dies lässt sich aus Röntgenstrukturanalysen ersehen, die gezeigt haben, dass es zehn Windungen (entsprechend 36 Aminosäuren) erfordert, bis zwei Aminosäuren im Raum exakt übereinander liegen. α-Helices von Proteinen weisen eine charakteristische Windungsrichtung auf: Wenn man dem Verlauf der Peptidkette (vom Betrachter wegführend) vom N-Terminus zum C-Terminus folgt, stellt man fest, dass eine α-Helix im Uhrzeigersinn angeordnet ist. Sie ist damit rechtsgängig. Die Seitenketten der Aminosäuren zeigen in α-Helices nach außen. Die gängige Länge von α-Helices beträgt in „kugelförmigen", also globulären Proteinen (worunter die meisten wasserlöslichen Proteine fallen) etwa 3–4 Windungen.

Ergänzend sei noch angemerkt, dass die Bezeichnung „α" für die Helix keine tiefere Bedeutung hat. Sie kennzeichnet lediglich die Entdeckungsreihenfolge der beiden Sekundärstrukturen α-Helix und β-Faltblatt.

Partywissen

In Ritterburgen sind die Wendeltreppen meistens linksgängig – dies ist für den Verteidigungsfall günstig. Der (rechtshändige) Burgherr schickt sein Burgfräulein in den Bergfried und verteidigt es, auf der Wendeltreppe stehend, mit seinem Schwert. Der Burgherr kann im linksgängigen Treppenhaus frei mit seinem Schwert zuschlagen, während der von unten kommende Angreifer (zumeist ebenfalls ein Rechtshänder) gegen den Treppenpfosten schlagen muss.

Bei einem **β-Faltblatt** sind die zugehörigen Sequenzabschnitte nebeneinander in einer (meist etwas verdrehten) Ebene angeordnet und über Wasserstoffbrücken miteinander verbunden. Dabei entsteht die Struktur eines gewinkelten Gitters. In dieser Modellvorstellung stellt das Peptidrückgrat die Längsstreben dar und die Wasserstoffbrücken sind die Querverbindungen des Gitters.

Hierbei existieren zwei Varianten: parallele und antiparallele β-Faltblätter (**o** Abb. 2.21). Zwischen den antiparallelen β-Faltblättern liegen sehr kurze Kehren, die bereits selbst als definierte, wasserstoffverbrückte Sekundärstrukturen gelten. Antiparallele Faltblätter sind durch längere, weniger definierte Schleifen miteinander verbunden.

Die Seitenketten der Aminosäuren ragen beiderseits aus der Faltblattebene hinaus, jeweils abwechselnd nach oben und unten.

Das antiparallele Faltblatt ist die häufigere und stabilere Form. In ihr liegen durchschnittlich etwa sechs Stränge nebeneinander, wobei ein Strang im Mittel sechs Aminosäuren umfasst. Die maximale Strangzahl bzw. Aminosäurezahl pro Strang liegt jeweils bei etwa 15 Einheiten.

Ob ein Sequenzabschnitt als α-Helix, β-Faltblatt oder in Form eines anderen Sekundärstrukturelements vorliegt, hängt von mehreren Parametern ab und ist bedingt vorhersagbar. Für die einzelnen Aminosäuren sind bestimmte Wahrscheinlichkeiten bekannt, mit denen sie in den einzelnen Sekundärstrukturmotiven angetroffen werden. Die hierzu verfügbaren Daten sind jedoch variabel. Recht eindeutig ist die Vorliebe der Aminosäure Prolin (Helixbrecher) für Schleifenregionen und Aminosäuren mit stark verzweigter bzw. sterisch anspruchsvoller Seitenkette (Val, Ile, Phe) werden relativ häufig in β-Faltblättern angetroffen. **o** Abb. 2.22 zeigt die Sekundärstrukturelemente des humanen Enzyms Acetylcholinesterase.

2.4.5 Posttranslationale Modifikationen

Proteine werden in Zellen durch Übersetzung des genetischen Codes (Translation, ▸ Kap. 4.5) synthetisiert und erhalten durch Faltung der bei der Translation entstehenden Peptidkette eine Raumstruktur. Diese Struktur ist jedoch nicht unveränderlich, vielmehr werden Proteine in Zellen oftmals noch nach der Biosynthese durch enzymatische Prozesse modifiziert. Diese Veränderungen werden folgerichtig als **posttranslationale Modifikationen (PTM)** bezeichnet. Bei diesen Prozessen werden zumeist bestimmte Strukturelemente kovalent an einzelne Aminosäuren angefügt, es können jedoch auch Teile der Primärstruktur abgespalten werden. ▫ Tab. 2.3 gibt einen Überblick über die bedeutendsten PTM.

Von den Ausmaßen her handelt es sich bei den PTM häufig um recht kleine Veränderungen in Bezug auf die Größe des gesamten Moleküls, sie können jedoch die Funktion und/oder Lokalisation eines Proteins entscheidend beeinflussen. Posttranslationale Modifikationen stellen für zelluläre Systeme, hauptsächlich bei Eukaryoten, einen wichtigen Steuerungsmechanismus für Zellfunktionen dar. Dies betrifft beispielsweise die Regulation der Signalweiterleitung (▸ Kap. 9), der Genexpression (▸ Kap. 4.6) oder anderer biologischer Schlüsselprozesse. Die Enzyme, die posttranslationale Modifikationen durchführen, sind wichtige Angriffspunkte für Arzneistoffe (▫ Tab. 2.3).

Eine prototypische posttranslationale Modifikation, die bei verschiedenen zellulären Steuerungsprozessen eine Rolle spielt, ist die **Phosphorylierung**. Verantwortlich hierfür ist eine Gruppe von Enzymen, die als Kinasen bezeichnet werden. Sie übertragen die endständige Phosphatgruppe von Adenosintriphosphat (ATP,

o Abb. 2.21 Parallele (A) und antiparallele β-Faltblatt-Struktur (B)

▸ Kap. 1.3, o Abb. 1.4) auf Aminosäuren. Hauptzielorte der Phosphorylierung sind die OH-Gruppen der Aminosäuren Serin, Threonin und Tyrosin, wobei Enzyme aus den Klassen der Serin-Threonin- und der Tyrosinkinasen zum Einsatz kommen. Generell können Phosphorylierungen bei Proteinen Schalterwirkung haben und Proteinfunktionen aktivieren bzw. inaktivieren. Vom Mechanismus her kann dies durch Konformationsänderungen erfolgen oder dadurch, dass die Interaktion mit Bindungspartnern des modifizierten Proteins durch die Phosphorylierung ermöglicht oder verhindert wird.

Die **Acetylierung** von Histon-Proteinen ist ein wichtiger Regulationsmechanismus in der eukaryotischen Genregulation. Histone weisen zahlreiche Lysinreste auf, sind dadurch bei physiologischem pH-Wert positiv geladen und dienen der „Verpackung" der negativ geladenen DNA bei Eukaryoten. Durch die Acetylierung verlieren die Lysinreste ihre Basizität und somit ihre Affinität zur DNA. Dies macht Gene für die Expression zugänglich (▸ Kap. 4.6).

Die **γ-Carboxylierung** von Glutamatresten findet bei Proteinen der Blutgerinnungskaskade statt. Durch die Einführung einer zweiten Carboxygruppe in der Glutamat-Seitenkette entstehen benachbarte COOH-Gruppen, die Chelatkomplexe mit Calciumionen bilden können. Über solche Komplexe werden Proteine der Gerinnungskaskade an den Membranen des verletzten

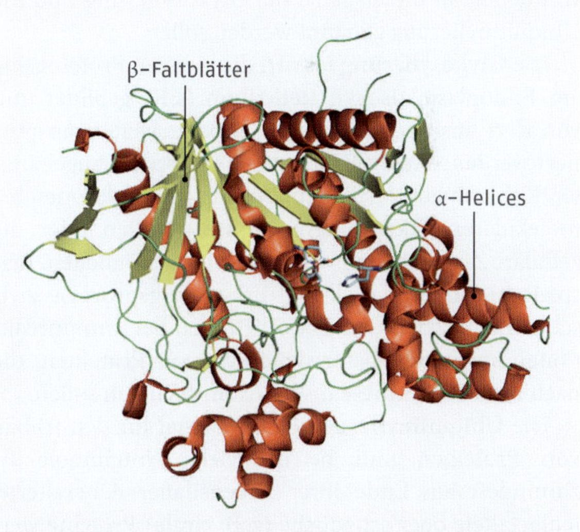

o Abb. 2.22 Das humane Enzym Acetylcholinesterase spielt eine Schlüsselrolle im Parasympathikus, wo es den Nervenbotenstoff Acetylcholin inaktiviert. Es weist sowohl helicale (rot) als auch faltblattartige Abschnitte (gelb) auf.

Blutgefäßes verankert, um dann lokal aktiv werden zu können. Die γ-Carboxylierung ist ein Vitamin-K-abhängiger Prozess, der arzneilich angegriffen werden kann.

Eine **Farnesylierung** kann als Membrananker für Proteine dienen. Ein prominentes Beispiel für ein farnesyliertes Protein ist das Onkoprotein Ras (▸Kap. 9.7.1), welches Wachstumssignale übermittelt und über den lipophilen Farnesylrest in der Zellmembran verankert ist. Die Farnesylierung kann pharmakotherapeutisch in den knochenabbauenden Osteoklasten verhindert werden, sodass deren Wachstum durch die Ras-Inaktivierung gehemmt wird. Dies wird in der Therapie der Osteoporose ausgenutzt.

Die **Hydroxylierung** von Prolinresten im Kollagen ist für die Ausbildung einer stabilen Struktur des Bindegewebsproteins essenziell. Cofaktor dieser Reaktion ist Vitamin C.

Die **proteolytische Spaltung von Peptiden** ist eine PTM, die als Steuerungsmechanismus dienen kann, um Proteine gezielt zu aktivieren oder zu inaktivieren. Beispiele für die aktivierende Rolle sind die Blutgerinnungskaskade (▫Tab. 2.1), die Aktivierung von Schlüsselenzymen der Verdauung, wie dem Trypsin, aus ihren Proenzymen im Darm oder die Entstehung von Peptidhormonen wie Adrenocorticotropin (ACTH) und β-Endorphin aus Vorläuferpeptiden (▸Kap. 9).

Neben den in ▫Tab. 2.1 genannten und hier erläuterten PTM existieren noch zahlreiche weitere Formen, von denen an dieser Stelle die Glykosylierung und die Ubiquitinylierung genannt werden sollen.

Die **Glykosylierung** betrifft die meisten Proteine, die am Endoplasmatischen Reticulum (ER) gebildet und von dort aus über den Golgi-Apparat weitertransportiert werden. Die im ER bzw. Golgi-Apparat angehängten Kohlenhydratreste können wichtige Funktionen bei molekularen Erkennungsprozessen erfüllen oder die zelluläre Zielsteuerung von Proteinen ermöglichen. Beispiele hierfür sind Zell-Zell-Erkennungsprozesse zwischen Leukozyten und Endothelzellen bei Immunreaktionen sowie die Zielortsteuerung von Proteinen, die nach ihrer Biosynthese ins Lysosom gelangen sollen.

Die **Ubiquitinylierung** ist ein Signal für den Abbau von Proteinen und betrifft viele Proteinmoleküle zumindest am Ende ihrer Lebensdauer. Überalterte, fehlgefaltete oder schädliche (z. B. virale) Proteine werden in der Zelle durch Konjugation mit Ubiquitin, das selbst ein kleines Protein ist, markiert und im sogenannten **Proteasom** zersetzt.

2.4.6 Proteine: Struktur und Funktion

Räumliche Struktur

Wie bereits erläutert, weisen **Proteine** eine äußerst breite funktionelle Vielfalt in biologischen Systemen auf. Der Grund hierfür lässt sich auf eine kurze Formel bringen: Proteine sind wahre Meister darin, **spezifische Interaktionen mit anderen Strukturen** einzugehen. Die Interaktionspartner können hierbei vielfältiger Natur sein, es kann sich um andere Proteine, nieder- oder hochmolekulare Biomoleküle, Metallionen oder Xenobiotika verschiedenster Struktur handeln.

Antikörper, Enzyme und Transkriptionsfaktoren sind prototypische Beispiele von Proteinen, die selektive Interaktionen mit Bindungspartnern eingehen können. Antikörper sind bekanntermaßen Effektormoleküle der Immunabwehr, deren prinzipieller Zweck die spezifische Erkennung von Fremdstoffen ist, wobei die erkannten Strukturen dabei von verschiedenster chemischer Natur sein können. Auch Enzyme weisen häufig eine sehr hohe Bindungsspezifität auf, sie können mit ihren jeweiligen Substraten auch in komplexen biochemischen Gemischen spezifisch interagieren. Transkriptionsfaktor-Proteine sind hingegen in der Lage, an einzelne, charakteristische DNA-Sequenzen auf Genomen zu binden, um das gezielte An- bzw. Ausschalten von Genen in Zellen zu ermöglichen.

Die meisterhafte Erkennung von Interaktionspartnern ist jedoch an eine Voraussetzung gebunden – das Protein muss, zumindest in seinen relevanten Teilen, eine bestimmte Raumstruktur einnehmen können. Für Proteine gilt somit, dass **Funktion und Struktur** eng aneinander **gekoppelt** sind.

Im Umkehrschluss bedeutet dies, dass eine Strukturänderung in einem Protein eine Änderung der Funktion mit sich bringen kann. Dieser Zusammenhang ist die Grundlage für ein bedeutendes Prinzip für die Regulation der Proteinaktivität im biologischen Kontext, die **Allosterie.** Die allosterische Regulation beruht auf der Induktion einer (reversiblen) Konformationsänderung des Proteins, die eine Änderung der Funktion zur Folge hat.

Neben dieser reversiblen Strukturänderung können sich jedoch auch **Mutationen** auf die Struktur und damit die Funktion eines Proteins auswirken. Mutationen geschehen in der Natur auf ungezielte Weise. Sie können jedoch, wie im Folgenden erläutert, auch in der pharmazeutischen Forschung gezielt zur Untersuchung der Funktion von Proteinen eingesetzt werden.

Allosterie

Die allosterische Regulation der Proteinaktivität, kurz Allosterie, beruht auf der Induktion einer Konformationsänderung am Zielprotein. Diese wird durch die Bindung eines Liganden – des allosterischen Regulators – am Protein hervorgerufen. Der Regulator bindet dabei nicht an derjenigen Stelle am Protein, die für die Proteinaktivität maßgeblich ist, z. B. dem aktiven Zentrum eines Enzyms (▸Kap. 2.5.1), sondern an einer separaten Ligandbindestelle. Der Hinweis auf diese räumliche Distanz findet sich bereits im Begriff „Allosterie". Er

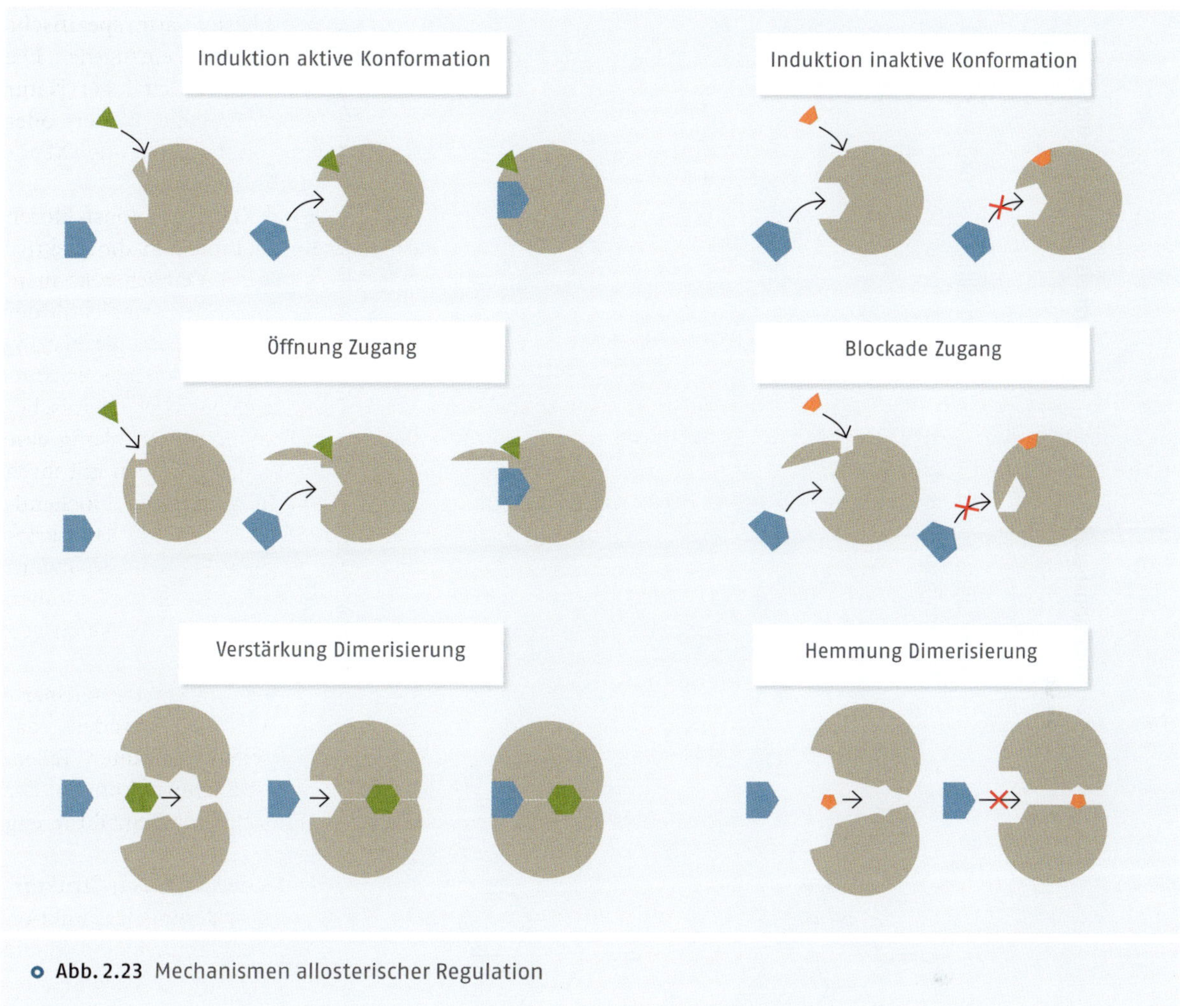

Abb. 2.23 Mechanismen allosterischer Regulation

setzt sich aus den griechischen Wortstämmen *allos* (ein anderer) und *steréos* (Raum) zusammen und kann sinngemäß mit „an einer anderen Stelle" übersetzt werden.

Eine allosterische Regulation kann sich auf die Proteinwirkung sowohl aktivatorisch als auch inhibitorisch auswirken. Mechanistisch gibt es hierbei verschiedene Optionen, um die Aktivität von Proteinen zu regulieren (Abb. 2.23).

Die Allosterie ist ein wichtiges **Wirkprinzip für Arzneistoffe**. Beispielsweise sind die hypnotisch und krampflösend wirkenden Benzodiazepine und Barbiturate allosterische Aktivatoren eines chloridleitenden Rezeptor-Ionenkanals, der die Erregbarkeit von Nervenzellen herabsetzt.

Änderung der Proteinstruktur durch Mutationen

Während sich die allosterische Regulation auf die Konformation eines Proteins auswirkt, kann durch eine **Mutation** in einem proteinkodierenden Gen die Änderung der Primärstruktur, also der Konstitution des Proteins, hervorgerufen werden. Derartige Änderungen sind für das Protein irreversibel.

Bei der Beurteilung der Auswirkung einer Mutation auf die Funktion eines Proteins müssen verschiedene Faktoren berücksichtigt werden. Entscheidend ist zum einen das **Ausmaß** der Strukturänderung, beispielsweise ob ganze Domänen des Proteins fehlen bzw. hinzukommen, oder ob es sich lediglich um Punktmutationen handelt. Sind ganze Domänen betroffen, ist eine Funktionsänderung sehr wahrscheinlich. Bei einer Punktmutation ist die Art der Strukturänderung entscheidend. Werden beispielsweise hydrophobe Aminosäuren gegeneinander ausgetauscht (z. B. Leu → Ile) ist es gut möglich, dass keine gravierenden Funktionsänderungen auftreten. Durch den Austausch chemisch unterschiedlicher Aminosäuren, z. B. Ser → Ala kann jedoch beispielsweise das aktive Zentrum einer Serinprotease zerstört werden. Als weiterer Faktor ist die Lokalisation der Strukturänderung zu beachten. Oftmals sind Änderungen an den Termini eines Proteins oder in Scharnierregionen möglich, ohne dass die Funktion stark beeinflusst wird.

Tab. 2.1 Posttranslationale Modifikationen

PTM	Reaktionsablauf, Modifikation	Funktionsbeispiel	Arzneistoffbeispiel, Indikation
PTM durch Anfügen von Strukturelementen			
Phosphorylierung	Ser–Thr-Kinase: + ATP, – ADP; Phosphatase: + H_2O, – P_i (Ser: R = H; Thr: R = CH_3) Tyr-Kinase: + ATP, – ADP; Phosphatase: + H_2O, – P_i	Wachstumssignalling durch Tyrosinkinase-Rezeptoren	Imatinib: Tyrosinkinase-Inhibitor/Tumortherapie
Acetylierung	Histonacetyltransferase (HAT): + Acetyl-CoA, – CoA; Histondeacetylase (HDAC): + H_2O, – Essigsäure	Histonacetylierung in der Genregulation	Panobinostat: HDAC-Inhibitor/Tumortherapie

Carboxylierung	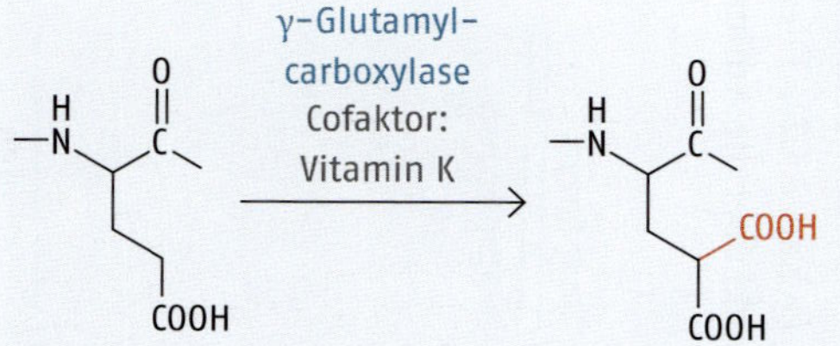 γ-Glutamyl-carboxylase Cofaktor: Vitamin K —NH—CH(CH₂CH₂COOH)—C(=O)— → —NH—CH(CH₂CH(COOH)COOH)—C(=O)—	Carboxylierung von Gerinnungsfaktoren	Vitamin-K-Antagonisten/ Gerinnungshemmung, Vitamin-K/Vitamin-K-Mangel
Farnesylierung	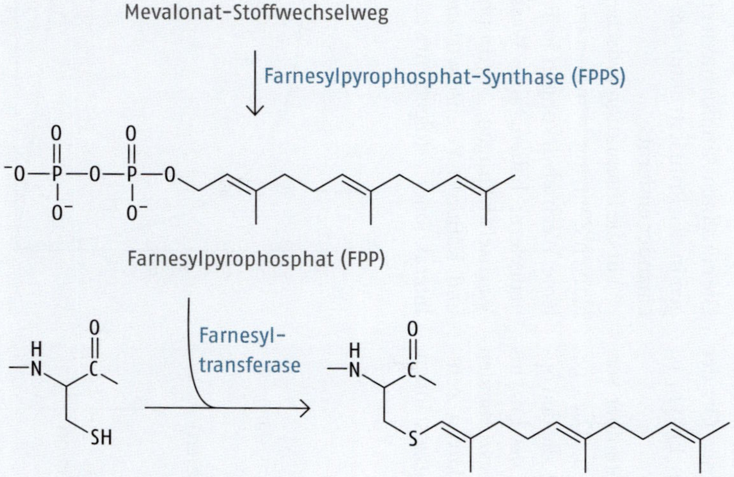 Mevalonat-Stoffwechselweg ↓ Farnesylpyrophosphat-Synthase (FPPS) Farnesylpyrophosphat (FPP) Farnesyl-transferase —NH—CH(CH₂SH)—C(=O)— → —NH—CH(CH₂S-Farnesyl)—C(=O)—	Farnesylierung von G-Proteinen der Wachstumssignalkaskade	Alendronat (ein Bisphosphonat): Hemmung der FPP-Synthese/Osteoporose
Hydroxylierung	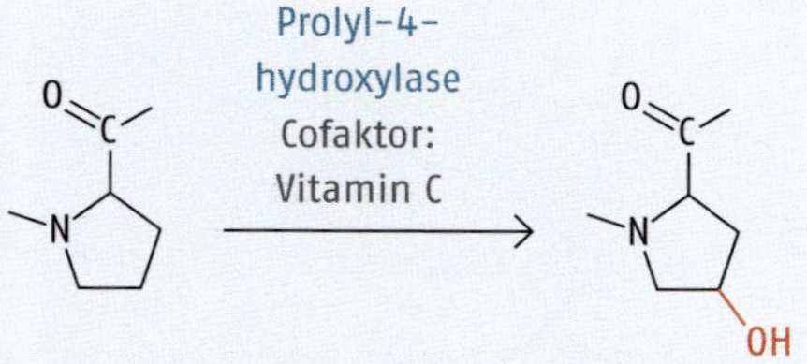 Prolyl-4-hydroxylase Cofaktor: Vitamin C Prolin → 4-Hydroxyprolin (OH)	Prolyl-4-hydroxylase (Cofaktor: Vitamin C)	Vitamin-C/Vitamin-C-Mangel
PTM durch Abspalten von Strukturelementen			
Abspaltung von Peptiden aus Pro-Proteinen	Aktivierung von Fibrinogen zu Fibrin → Blutgerinnung durch Abspaltung zweier 18-mere und zweier 20-mere	Thrombin	Rivaroxaban: Thrombin-Inhibitor, Antithrombotikum

2

Die absichtliche Erzeugung von Proteinmutanten ist eine wertvolle Technik in der pharmazeutischen Forschung. So kann z. B. der Bindungsmodus eines Arzneistoffs durch gezielten Austausch von Aminosäuren in der vermuteten Bindetasche aufgeklärt werden. Wenn ein Arzneistoff nach einer gezielten Mutation nicht mehr an das Target bindet (und die Mutation keine grundsätzliche Fehlfaltung des Proteins zur Folge hatte), ist dies ein Hinweis auf die Beteiligung der entsprechenden Aminosäureposition an der Bindung des Arzneistoffs.

2.5 Enzyme

2.5.1 Allgemeines Prinzip der Enzymfunktion

Enzyme sind biologische Makromoleküle, die als **Katalysatoren** chemische Umsetzungen beschleunigen. Mit dem Begriff werden hauptsächlich enzymatisch wirksame **Proteine** bezeichnet, es können jedoch auch andere Biomoleküle wie RNAs katalytische Eigenschaften haben (▸ Kap. 4.4.5). Die von den Enzymen umgesetzten Stoffe werden als Substrate bezeichnet, Ort der Bindung und Umsetzung der Substrate im Enzym ist das aktive Zentrum des Enzyms.

Im aktiven Zentrum werden die Substrate über verschiedene intermolekulare Kräfte gebunden. Dies geschieht in einer definierten Raumanordnung, die den optimalen Zugriff katalytisch aktiver Gruppen des Enzyms und damit die Stabilisierung von Übergangszuständen erlaubt. Oftmals sind relevante Teile des aktiven Zentrums komplementäre Abbilder von Übergangszuständen. Als Resultat wird die Aktivierungsenergie der Reaktion erniedrigt (o Abb. 2.24) und dadurch die Reaktionsgeschwindigkeit in hohem Maße (bis zu > 10^6-fach) erhöht.

Durch ihre katalytische Funktion beschleunigen Enzyme also chemische Reaktionen. Allerdings ist dabei zu beachten, dass dies auf Hin- und Rückreaktion gleichermaßen zutrifft (o Abb. 2.25).

 Merke

Enzyme beschleunigen die Einstellung von chemischen Reaktionsgleichgewichten, ohne jedoch die Lage des Reaktionsgleichgewichts zu beeinflussen.

Oftmals sind nur wenige Aminosäuren eines Enzyms unmittelbar an Bindung und Umsatz der Substrate beteiligt und werden damit im engeren Sinne zum aktiven Zentrum gerechnet. Die anderen Aminosäuren im Molekül haben hauptsächlich „Gerüstfunktion", das heißt sie gewährleisten lediglich die notwendige räumliche Anordnung derjenigen Aminosäuren, die die Substrate binden und Übergangszustände stabilisieren. Die einzelnen Aminosäuren eines aktiven Zentrums liegen in der Primärstruktur des Enzyms häufig weit voneinander entfernt.

Für die Interaktion zwischen Enzym und Substrat im aktiven Zentrum kommen im Wesentlichen nichtkovalente Wechselwirkungen in Frage, die wir bereits kennengelernt haben, also Wasserstoffbrücken, ionische Wechselwirkungen, hydrophobe Wechselwirkungen und Kation-π-Wechselwirkungen (▸ Kap. 2.4.2). Diese Interaktionen erfolgen entweder direkt über die Amino-

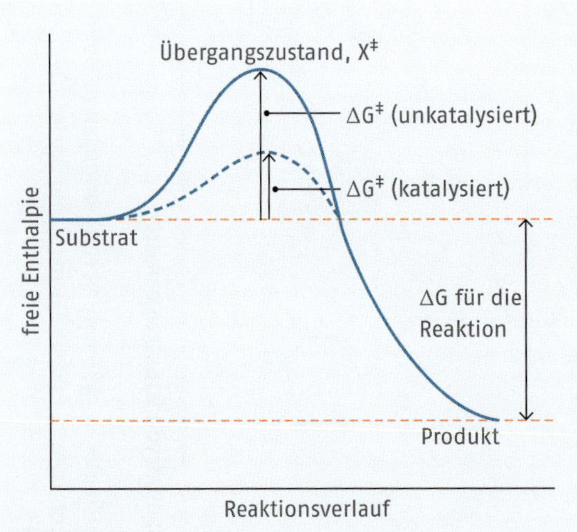

o **Abb. 2.24** Energieprofil einer unkatalysierten und katalysierten Reaktion im Vergleich

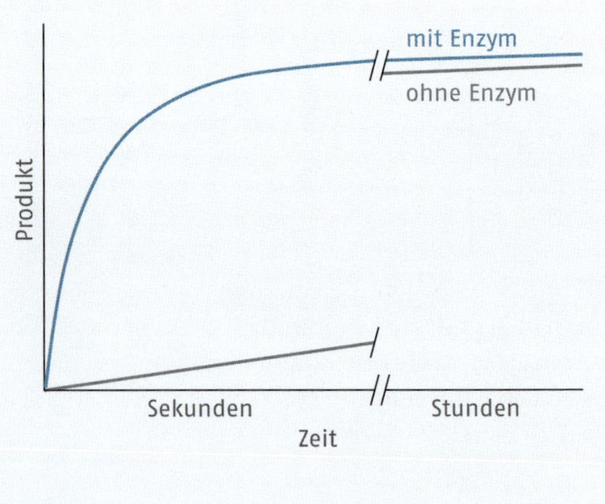

o **Abb. 2.25** Zeitlicher Verlauf der Gleichgewichtseinstellung bei einer enzymkatalysierten und nicht katalysierten Reaktion

säuren des aktiven Zentrums oder über daran gebundene Cofaktoren wie z. B. Metallionen.

Vom Aufbau her sind aktive Zentren häufig höhlenartige und hydrophobe Strukturen. Beispielsweise verfügt das in ▸ Kap. 2.4 „Sekundärstrukturen" vorgestellte Enzym Acetylcholinesterase über ein tiefes, spaltenförmiges aktives Zentrum, das viele hydrophobe aromatische Aminosäuren beinhaltet (○ Abb. 2.26).

Partywissen

Die südenglische Stadt Salisbury ist durch ihre weltbekannte Kathedrale und das nahegelegene Steinzeitmonument Stonehenge ein beliebtes Reiseziel. 2018 gelangte die Stadt jedoch anderweitig in die internationalen Schlagzeilen: Nach offiziellen britischen Angaben wurden der in Salisbury ansässige, ehemalige russischen Doppelagent Sergej Skripal und seine Tochter von russischen Agenten in ihrem Haus mit Kampfstoffen der sogenannten Nowitschok-Reihe vergiftet. Diese Nervengifte hemmen irreversibel das Enzym Acetylcholinesterase (○ Abb. 2.22, ○ Abb. 2.26). Die daraus folgende „Überflutung" des Körpers mit dem Nervenbotenstoff Acetylcholin führt zu Symptomen einer massiven Parasympathikusaktivierung (u. a. starker Tränen- und Speichelfluss, verlangsamter Herzschlag) und kann, zumeist durch zentrale Atemlähmung, zum Tod führen.

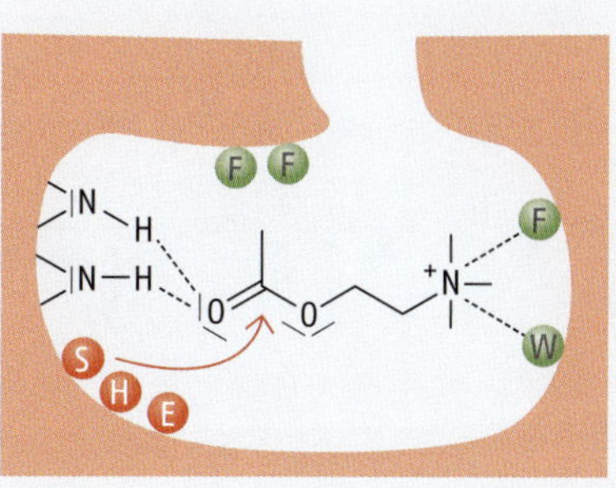

○ **Abb. 2.26** Aktives Zentrum der Acetylcholinesterase. Das kationische Stickstoffatom des Substrats Acetylcholin wird über Kation-π-Wechselwirkungen mit Phenylalanin (F) und Tryptophan (W) fixiert. Die Acetylgruppe wird über H-Brücken zu Aminogruppen aus dem Rückgrat der Peptidkette gebunden. Am Acetyl-Ende des Moleküls sorgen Phenylalanine (F) für geeignete sterische Verhältnisse zur passgenauen Bindung des kleinen Substratmoleküls. Für den Umsatz des Acetylcholins sind hauptsächlich die Aminosäuren Serin (S), Histidin (H) und Glutaminsäure (E) in Verbindung mit den Aminogruppen aus dem Rückgrat zuständig.

2.5.2 Funktionsweise der Enzyme am Beispiel der Proteasen

Proteasen: Klassen und prinzipielle Funktionsweise

Die Funktionsweise der Enzyme kann gut am Beispiel der Proteasen veranschaulicht werden, da deren Bindungs- und Reaktionsmechanismen weitgehend bekannt sind. Darüber hinaus sind in allen Protease-Klassen bedeutende Arzneistofftargets anzutreffen, weshalb sich ihre Betrachtung auch aus pharmakologischer Sicht lohnt.

Proteasen spalten die Bindungen zwischen Aminosäuren in Peptiden unter Einsatz von Wasser, somit katalysieren sie Hydrolysereaktionen. Mechanistisch handelt es sich dabei um nukleophile Substitutionen. Man kann dabei zwischen Proteasen unterscheiden, bei denen die Reaktion in zwei Schritten abläuft, und solchen, die die Peptidbindung in einem Schritt spalten (○ Abb. 2.27). Beim **zweistufigen Ablauf** greift zunächst eine nukleophile Aminosäureseitenkette des Enzyms an der Peptidbindung an und bewirkt die Abspaltung des carboxyterminalen Teils des Substrats (○ Abb. 2.27 A). Daraus geht ein Zwischenprodukt hervor, bei dem der aminoterminale Teil noch kovalent als Acylrest am Nukleophil gebunden ist. Dieses Intermediat wird im zweiten Schritt durch den Angriff von Wasser hydrolytisch gespalten.

Beim **einstufigen Ablauf** kommt direkt Wasser als Nukleophil zum Einsatz. Das Wassermolekül wird dabei durch eine funktionelle Gruppe des Enzyms – entweder ein Carboxylatrest oder ein komplexiertes Metallion – aktiviert. Die Peptidspaltung läuft daraufhin in einem Schritt ab (○ Abb. 2.27 B).

Die vier wichtigsten Klassen von Proteasen werden nach den essenziellen Strukturen in ihren aktiven Zentren benannt. Es handelt sich um die **Serinproteasen, Cysteinproteasen, Aspartatproteasen** und **Metalloproteasen.** ○ Abb. 2.28 zeigt in prototypischer Weise, wie die wichtigsten Strukturelemente in den aktiven Zentren dieser vier Familien mechanistisch zusammenwirken. Neben der Klassifizierung aufgrund mechanistischer Unterschiede können Proteasen auch aufgrund ihres Spaltungsmusters in Gruppen eingeteilt werden. Man unterscheidet hierbei zwischen den **Endopeptidasen**, die innerhalb von Peptidketten schneiden, und den **Exopeptidasen**, die entweder vom Amino- oder vom Carboxyende her einzelne Aminosäuren abtrennen (○ Abb. 2.29).

Die Serinprotease Trypsin

Bei den enzymatischen Prozessen Substratbindung und -umsatz wirken einzelne Aminosäuren aufgrund ihrer charakteristischen chemischen Eigenschaften elegant zusammen. Diese Mechanismen lassen sich anschaulich am Beispiel der Serinprotease Trypsin zeigen.

2

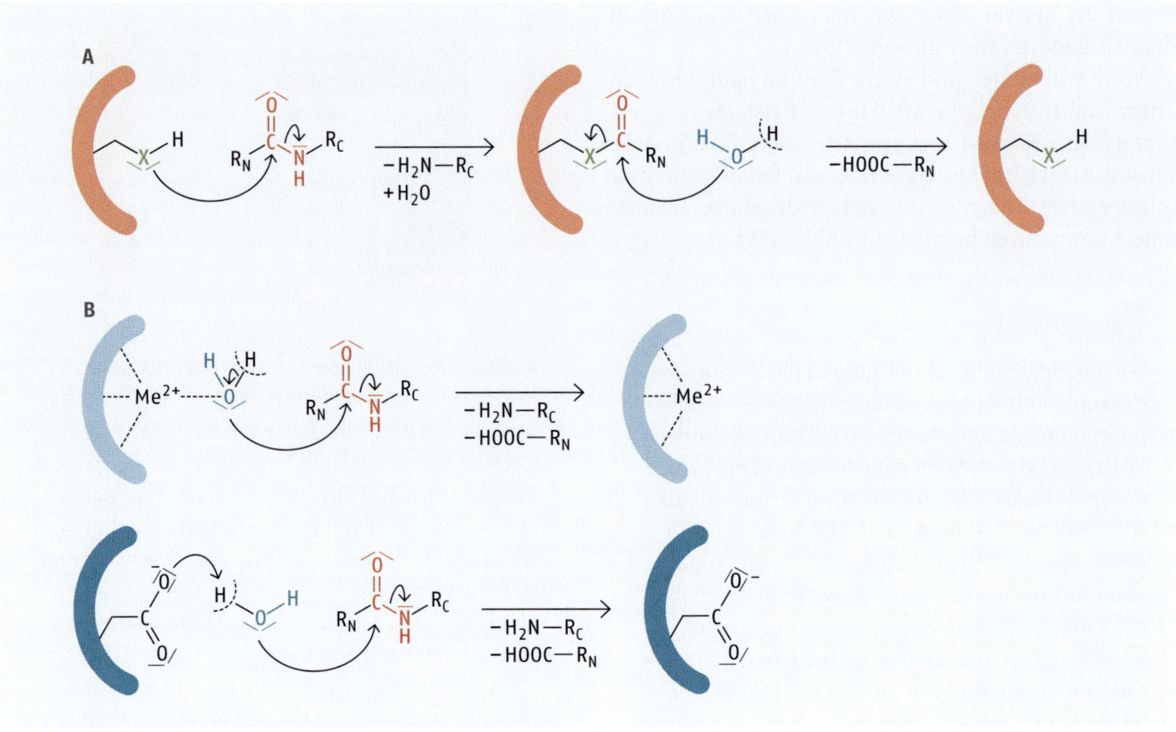

Abb. 2.27 Funktionsweisen von Proteasen. A Zweistufiger Ablauf, B einstufiger Ablauf (R_N = N-terminaler Rest, R_C = C-terminaler Rest)

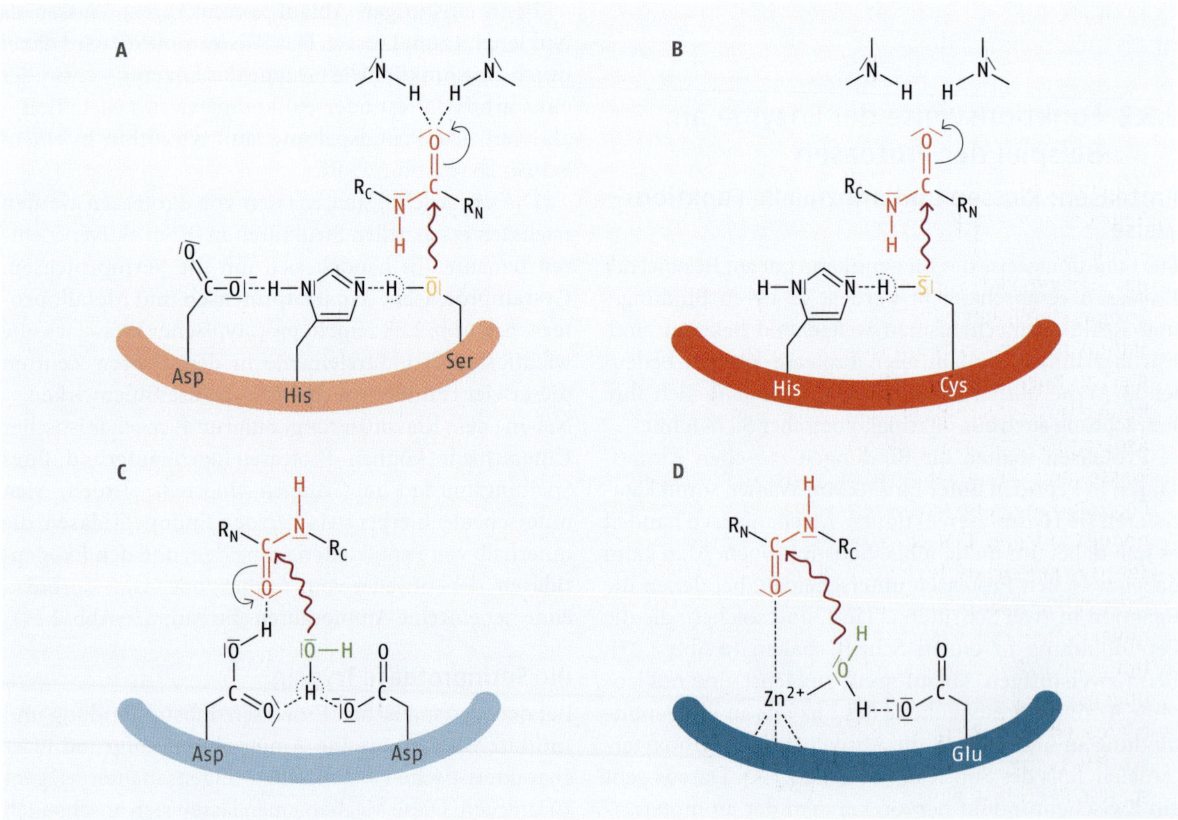

Das Trypsin ist ein Verdauungsenzym mit einer charakteristischen Substratspezifität, es erkennt innerhalb von Peptiden gezielt die basischen Aminosäuren **Lysin** oder **Arginin**. Die Peptidspaltung erfolgt dabei zwischen dem Lysin bzw. Arginin und dem jeweiligen C-terminal gelegenen Nachbarn (o Abb. 2.30).

Die gezielte Bindung des Substrats durch Erkennung der Aminosäuren Lysin oder Arginin geschieht maßgeblich durch einen Aspartatrest am Boden einer Bindetasche, die den katalytisch aktiven Aminosäuren benachbart ist (o Abb. 2.31 A und B). Die Seitenketten der erkannten Lysine bzw. Arginine liegen bei physiologischem pH-Wert kationisch vor und können daher über ionische Wechselwirkungen mit dem negativ geladenen Aspartat der Bindetasche interagieren.

Beim Substratumsatz wirkt im Trypsin die sogenannte **katalytische Triade** aus den Aminosäuren Serin, Histidin und Asparaginsäure zusammen. Diese Anordnung ist typisch für Serinproteasen und -esterasen (o Abb. 2.31 A).

Die Seitenkette des Serins fungiert in der katalytischen Triade als Nukleophil, das bei der Reaktion am elektrophilen Carbonyl-Kohlenstoff der Peptidbindung angreift. Der dem Serin benachbarte Histidinrest erhöht die Nukleophilie des Serins durch Übernahme des Protons der OH-Gruppe. Der Asparaginsäurerest dient zur Ausrichtung des Histidins und erhöht dessen Basizität durch elektrostatische Effekte.

Zum Substratumsatz im aktiven Zentrum des Trypsins ist neben der katalytischen Triade auch die Oxyanion-Tasche wichtig. Sie beinhaltet zwei Aminogruppen aus dem Rückgrat des Enzyms, die ihre partiell positiv geladenen Wasserstoffatome für die Katalyse zur Verfügung stellen. Diese stabilisieren den negativ geladenen Übergangszustand, der bei der Spaltungsreaktion auftritt. o Abb. 2.31 B zeigt den Reaktionsablauf der Peptidspaltung durch Trypsin im Detail.

◂ o **Abb. 2.28 A Serinproteasen:** Die Hydroxygruppen tragende Seitenkette des Serins nimmt die zentrale Rolle des angreifenden Nukleophils wahr. Durch den Angriff auf die Peptidgruppe entsteht ein Oxyanion, das über zwei Aminogruppen aus dem Rückgrat des Enzyms stabilisiert wird. **B Cysteinproteasen:** Die Seitenkette des Cysteins mit ihrer Thiolgruppe fungiert als Nukleophil. Der Ablauf entspricht weitgehend dem der Serinproteasen. **C Aspartatprotease:** Asparaginsäure- bzw. Aspartatreste aktivieren ein Wassermolekül für den nukleophilen Angriff auf die Peptidbindung und stabilisieren das daraus entstehende Oxyanion. **D Metalloprotease:** Ein im aktiven Zentrum komplexiertes Metallion, im allgemeinen Zn^{2+}, aktiviert zusammen mit Glutamat ein Wassermolekül für den nukleophilen Angriff auf die Peptidbindung. Das daraus entstehende Oxyanion wird über das Metallion stabilisiert. Serin- und Cysteinproteasen gehören zu den Enzymen, die in zwei Schritten arbeiten, Aspartat- und Metalloproteasen spalten Peptide in einem Schritt.

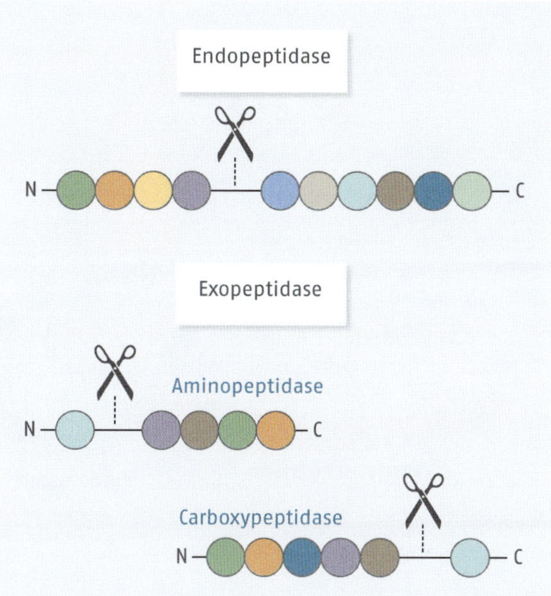

o **Abb. 2.29** Klassifizierung der Proteasen nach ihrem Spaltungsmuster. Endopeptidasen schneiden Peptidbindungen, die im Inneren einer Aminosäurenkette liegen. Exopeptidasen spalten am N-Terminus (Aminopeptidasen) oder am C-Terminus (Carboxypeptidasen).

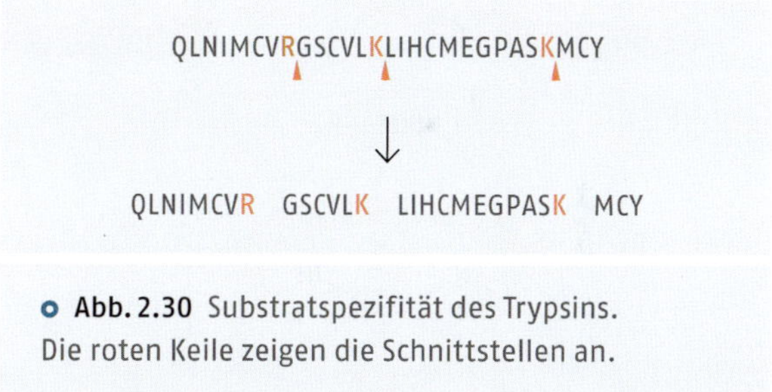

o **Abb. 2.30** Substratspezifität des Trypsins. Die roten Keile zeigen die Schnittstellen an.

Proteasen als Arzneistofftargets

Proteasen sind in Organismen an den verschiedensten Prozessen aktiv beteiligt. Beim Menschen gehört hierzu die Verdauung, die Regulation des Blutdrucks über das Renin-Angiotensin-System, die Steuerung der Protease-Kaskaden bei der Blutgerinnung sowie die Ausführung der Apoptose (programmierter Zelltod, ▸ Kap. 11).

Darüber hinaus werden Proteasen auch beispielsweise von Viren wie dem Retrovirus HIV benutzt. Wäh-

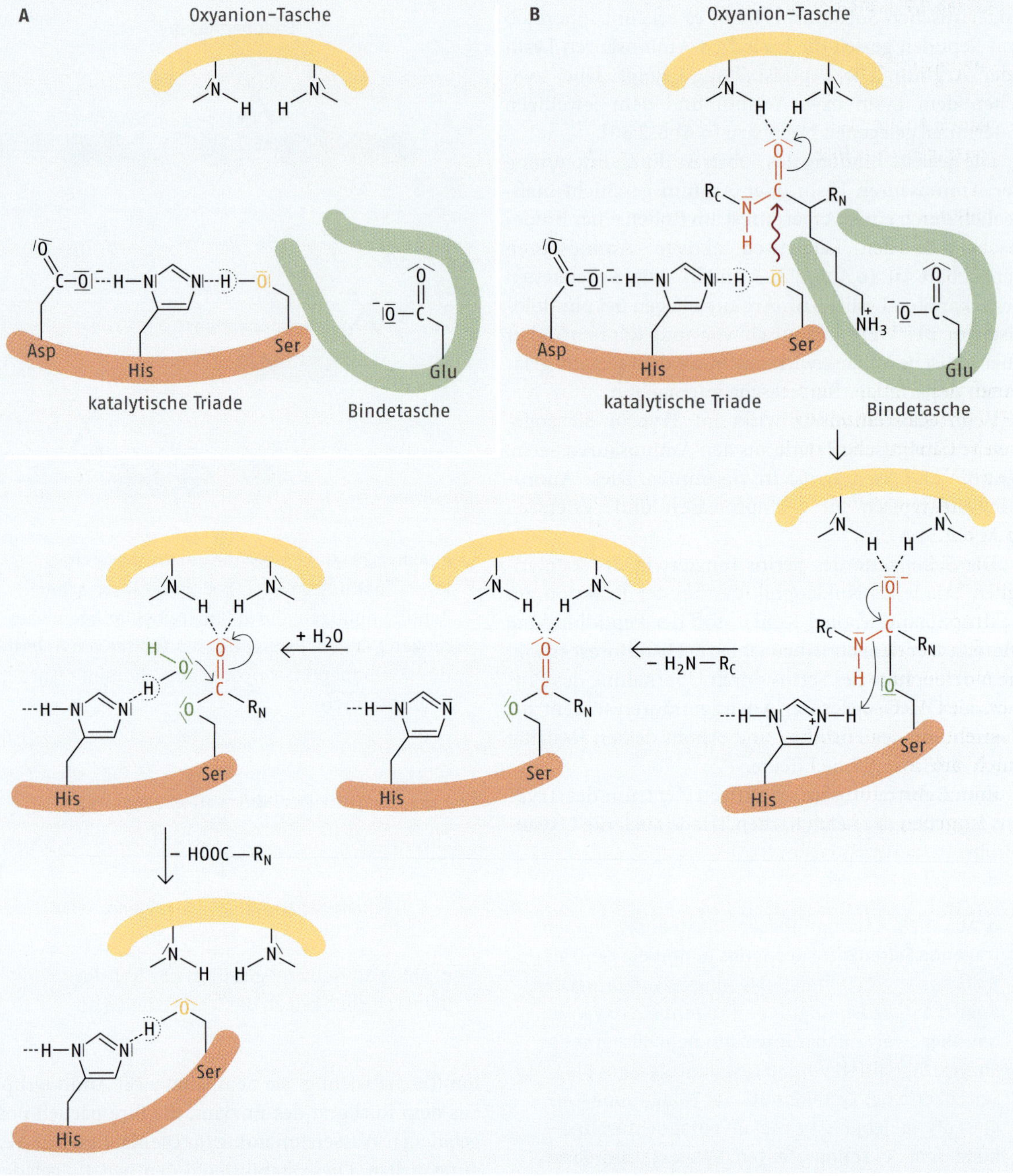

Abb. 2.31 Molekulare Details der Trypsinwirkung. **A** Aktives Zentrum der Serinprotease Trypsin mit katalytischer Triade, Oxyanion-Tasche und benachbarter Bindetasche. **B** Reaktionsablauf der tryptischen Peptidspaltung. Das Substrat – hier beispielhaft mit Lysin im Erkennungsmotiv – wird über ionische Wechselwirkungen in der Bindetasche fixiert. Die zu spaltende Peptidbindung wird dadurch zwischen Nukleophil und Oxyanion-Tasche positioniert. Substratumsatz: Der Serinrest der katalytischen Triade gibt sein Proton an das benachbarte Histidin ab und greift die Peptidbindung nukleophil an. Die Verschiebung eines Elektronenpaars der angegriffenen Carbonylgruppe zum Sauerstoffatom führt zur tetraedrischen Oxyanion-Zwischenstufe. Danach erfolgen die Stabilisierung der Zwischenstufe in der Oxyanion-Tasche und die Abreaktion durch Rückverschiebung des Elektronenpaars am Sauerstoff sowie der Austritt des carboxyterminalen Teils des Peptids. Ein Wassermolekül tritt in die Reaktion ein, es kommt zur Polarisierung des Wassers durch Protonenübertragung auf Histidin, gefolgt von einem nukleophilen Angriff auf die Estergruppe. Die Abreaktion erfolgt wieder über eine Oxyanion-Zwischenstufe, danach tritt das aminoterminale Spaltfragment aus.

Tab. 2.2 Proteasen als etablierte Arzneistofftargets

Arzneistofftarget	Funktion	Arzneistoffbeispiel (Markteinführung)
Renin: Angiotensin Converting Enzyme (ACE)	Renin-Angiotensin-System: Blutdruckregulation	Aliskiren (2007), Captopril (1980), Ramipril (1989), Lisinopril (2004)
Thrombin	Blutgerinnung	Argatroban (2005), Dabigatran (2008)
HIV-Protease	Virusvermehrung: Spaltung von Polyproteinen	Indinavir (1996), Ritonavir (1996), Darunavir (2006)

rend des viralen Vermehrungszyklus schneidet eine HIV-Protease einzelne Protein-Monomere aus polymeren Vorläufern zurecht, die dann für den Zusammenbau neuer Virionen verwendet werden.

Proteasen stellen somit bedeutende Arzneistofftargets dar, was sowohl für bereits etablierte Arzneistoffe (Tab. 2.2), als auch für neue Arzneistoffkandidaten gilt.

Interessante Entwicklungsfelder für neue Arzneistoffe ergeben sich unter anderem auf dem Feld der Tumortherapie, da Proteasen sowohl am kritischen Prozess der Metastasierung beteiligt sind, indem sie das Gewebe für den Zelldurchtritt zugänglich machen, als auch am Prozess der Apoptose (▸ Kap. 11.1), der in Tumorzellen häufig gestört ist.

Aufgrund der immensen, weltweit vorherrschenden Problematik der Antibiotikaresistenzen sind auch bakterielle β-Lactamasen interessante Arzneistofftargets. Diese mit den Proteasen verwandten Enzyme vermitteln eine Resistenz gegen β-Lactam-Antibiotika und sind daher in Erregern anzutreffen, die in der Klinik aufgrund der eingeschränkten Therapieoptionen gefürchtet sind.

2.5.3 Grundlagen der Enzymkinetik: die Michaelis-Menten-Gleichung

Wie in den vorangegangenen Kapiteln erwähnt wurde, sind einige Arzneistoffe Enzyminhibitoren: Ihre Wirkung beruht also auf der Herabsetzung der Reaktionsgeschwindigkeit von Enzymen. Das Feld, das sich mit der Untersuchung der Geschwindigkeit enzymatischer Umsetzungen befasst, ist die **Enzymkinetik.** Um die Wirkung von Arzneistoffen charakterisieren zu können, werden bestimmte Grundbegriffe der Enzymkinetik verwendet, die im Folgenden vorgestellt werden.

Zur Analyse der Kinetik eines Enzyms wird in der Praxis so vorgegangen, dass mit dem Enzym in einem Experiment mehrere Reaktionsansätze durchgeführt werden, bei denen jeweils die Substratkonzentration variiert und die Menge an Enzym konstant gehalten wird. Für jeden Ansatz wird die **Reaktionsgeschwindigkeit (v)** ermittelt, indem die Abnahme der **Substratkonzentration (S)** pro Zeiteinheit gemessen wird (alternativ kann auch die Zunahme der Produktkonzentration bestimmt werden). Anschließend wird durch Auftragung der Reaktionsgeschwindigkeit gegen die Substratkonzentration ein Diagramm erstellt, aus dem sich die wichtigsten enzymkinetischen Parameter ableiten lassen. Bei dieser Herangehensweise ergibt sich natürlich die Schwierigkeit, dass sich die Substratkonzentration bei fortschreitender Reaktionsdauer ändert. Man behilft sich an dieser Stelle dadurch, dass man nur die **Anfangsgeschwindigkeit v_0** betrachtet – also die Reaktionsgeschwindigkeit zu einem Zeitpunkt erfasst, an dem die Abnahme der Substratkonzentration noch nicht ins Gewicht fällt.

Wie bereits 1902 von Adrian Brown festgestellt wurde, erhält man bei einem solchen Experiment ein für enzymatische Reaktionen charakteristisches Bild: Im Bereich niedriger Substratkonzentrationen steigt die Reaktionsgeschwindigkeit linear mit dem Substratkonzentration an, dann flacht die Zunahme der Geschwindigkeit bei einer weiteren Erhöhung der Substratkonzentration allmählich bis auf null ab – die Reaktionsgeschwindigkeit nähert sich einem Maximum an. Der Verlauf entspricht somit dem einer **Sättigungskurve** (Abb. 2.32 A).

Dieses Verhalten lässt sich erklären, wenn man sich vorstellt, dass es für die einzelnen Substratmoleküle bei niedrigen Substratkonzentrationen vergleichsweise einfach ist, „freie" Enzyme zu finden, sodass die Reaktionsgeschwindigkeit über einen bestimmten Bereich hinweg mit zunehmendem Substratangebot linear ansteigt. Bei zunehmender Substratkonzentration geben sich jedoch die eintretenden Substrate und die austretenden Produkte an den aktiven Zentren der Enzyme immer mehr „die Klinke in die Hand", bis die Enzyme schließlich im Bereich ihrer maximalen Kapazität arbeiten – die **Maximalgeschwindigkeit v_{max}** ist nahezu erreicht (Abb. 2.32 B und Abb. 2.33).

Ein mathematisches Modell zur Beschreibung dieses Verlaufs wurde 1913 von Leonor Michaelis und Maud

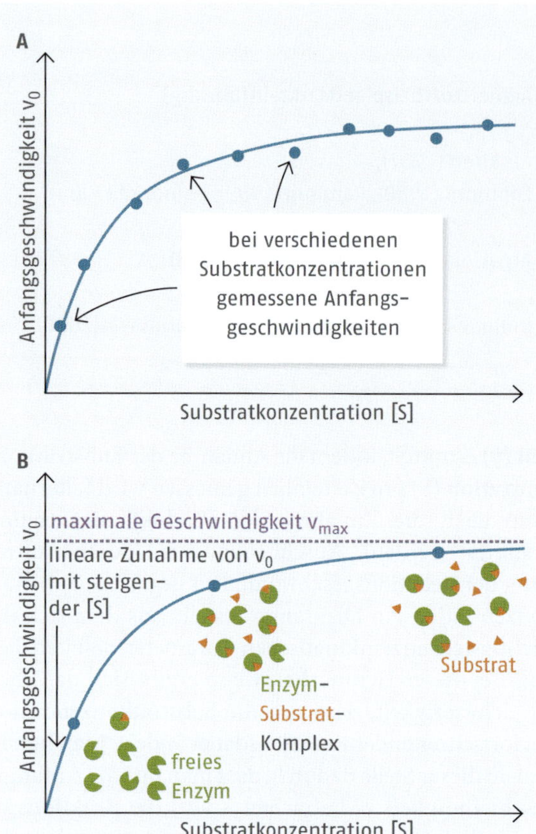

Abb. 2.32 **A** Enzymkinetisches Experiment: Sättigungskurve. **B** Zusammenhang zwischen Substratkonzentration und Anfangsgeschwindigkeit: Bei zunehmender Sättigung der Enzyme nähert sich die Anfangsgeschwindigkeit v_{max} an.

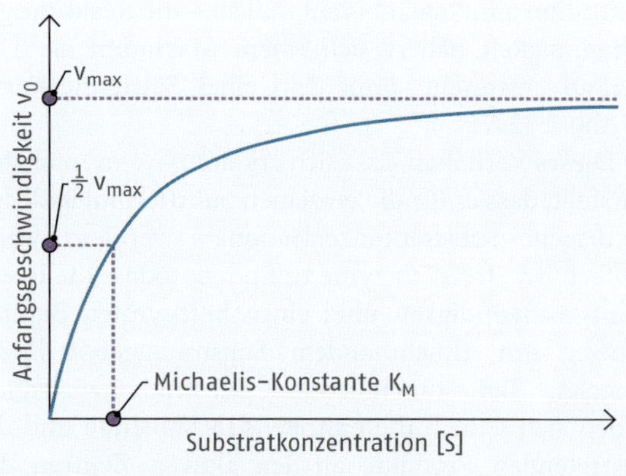

Abb. 2.33 Michaelis-Menten-Kinetik. Der K_M-Wert entspricht der Substratkonzentration bei halbmaximaler Anfangsgeschwindigkeit (1/2 v_{max})

Menten eingeführt. Die nach ihnen benannte **Michaelis-Menten-Gleichung** ist die grundlegende Formel der Enzymkinetik:

$$v_0 = v_{max} \frac{[S]}{[S] + K_M}$$

Die in der Gleichung vorkommende **Michaelis-Konstante K_M** hat die Einheit einer Konzentration. Einprägsam am K_M-Wert ist, dass er der Substratkonzentration entspricht, bei der die Hälfte der Maximalgeschwindigkeit (½ v_{max}) erreicht ist (Abb. 2.33). Die Michaelis-Konstante dient auch als Maß für die Affinität des Enzyms zum Substrat – je niedriger K_M, desto höher die Substrataffinität.

Ein weiterer bedeutender enzymkinetischer Parameter ist die **katalytische Konstante k_{cat}**, die auch als **Wechselzahl** bezeichnet wird. Sie bezeichnet die Anzahl der Substratmoleküle, die von einem einzigen Enzymmolekül pro Zeiteinheit maximal (also unter Sättigungsbedingungen) in das Produkt umgesetzt werden können. Multipliziert man k_{cat} mit der totalen Enzymkonzentration $[E]_T$, ergibt sich die Maximalgeschwindigkeit v_{max}:

$$v_{max} = k_{cat}\,[E]_T$$

Aus der katalytischen Konstante lässt sich zusammen mit der Michaelis-Konstante ein gängiges Maß für die Leistungsfähigkeit eines Enzyms errechnen. Hierzu wird der **Quotient k_{cat}/K_M** gebildet, der als **katalytische Effizienz** bezeichnet wird. Diese Beziehung spiegelt wider, dass zur Beurteilung des Leistungsvermögens von Enzymen beide Parameter betrachtet werden müssen: Zum einen ist eine hohe maximale Umsatzrate entscheidend für die „Performance" eines Enzyms, gleichzeitig muss jedoch berücksichtigt werden, dass auch genügend Affinität zum Substrat gegeben sein muss (sprich: ein niedriger K_M-Wert vorliegen muss), um die Fähigkeit zu hohen Umsatzraten „ausspielen" zu können.

Um die enzymkinetischen Parameter K_M und v_{max} aus den Ergebnissen eines Enzymkinetik-Experiments (siehe oben) zu bestimmen, wird gerne eine graphische Auftragung verwendet, die sich als sehr praktisch erwiesen hat: Hierzu bildet man den Kehrwert der Michaelis-Menten-Gleichung, sodass sich eine lineare Funktion ergibt:

$$\frac{1}{v_0} = \frac{K_M}{v_{max}} \frac{1}{S} + \frac{1}{v_{max}}$$

Durch Auftragung von $1/v_0$ gegen $1/[S]$ erhält man somit eine Gerade. Diese Art der Darstellung wird als **Lineweaver-Burk-Diagramm** bezeichnet (Abb. 2.34). Aus den Schnittpunkten der extrapolierten Geraden mit der x-Achse bzw. der y-Achse können K_M und v_{max} bestimmt werden: Der x-Achsenabschnitt ergibt $-1/K_M$, während der y-Achsenabschnitt $1/v_{max}$. liefert. Die Steigung der Geraden entspricht dem Quotienten K_M/v_{max}.

Über solche Untersuchungen lässt sich auch der Hemmtyp von Arzneistoffen, die an Enzymen angreifen, bestimmen. Bei den reversibel bindenden Inhibitoren, also solchen, die über nichtkovalente Wechselwirkungen mit Enzymen wechselwirken und wieder abdissoziieren können ▸Kap. 2.6), wird zwischen drei Inhibitionsformen unterschieden. Diese Formen können anhand charakteristischer Änderungen der enzymkinetischen Parameter K_M und v_{max} im Lineweaver-Burk-Diagramm voneinander unterschieden werden (○ Abb. 2.35).

Kompetitive Inhibition: Der Inhibitor konkurriert mit dem Substrat um die Bindung an das aktive Zentrum, im Allgemeinen handelt es sich bei solchen Inhibitoren um Substratanaloga. In Anwesenheit des Inhibitors erhöht sich der im Experiment bestimmte K_M-Wert, der neue Wert wird als K_M^{app} („apparenter" K_M-Wert) bezeichnet. Die Maximalgeschwindigkeit v_{max} bleibt jedoch gleich – das bedeutet, der Inhibitor lässt sich durch hohe Substratkonzentrationen wieder „aus dem aktiven Zentrum verdrängen".

Unkompetitive Inhibition: Der Inhibitor bindet nur an den Enzym-Substrat-Komplex (sprich: wenn das Enzym bereits mit Substrat „belegt" ist), und nicht an das freie Enzym. Der Umsatz des Substrates zum Produkt im Enzym-Substrat-Inhibitor(ESI)-Komplex wird gehemmt. K_M^{app} und v_{max}^{app} nehmen ab.

Nichtkompetitive Inhibition: Der Inhibitor kann sowohl mit dem freien Enzym als auch mit dem Enzym-Substrat-Komplex interagieren, der Umsatz des Substrates im ESI-Komplex wird inhibiert. Bei diesem Hemmtyp bleibt K_M unverändert und v_{max}^{app} nimmt ab – ein nichtkompetitiver Inhibitor verhält sich demnach so, als wäre die Menge an Enzym im System reduziert.

Irreversible Enzyminhibitoren: Diese Inhibitoren (▸Kap. 2.6) sind in der Regel dadurch gekennzeichnet, dass sie in einer Weise kovalent an das Zielprotein binden, die zur Inaktivierung des Enzyms führt, sie ziehen das Enzym dadurch sozusagen „aus dem Verkehr". In einem Enzymkinetik-Experiment würde man bei ihnen im Allgemeinen ein Verhalten feststellen, das dem eines nichtkompetitiven Inhibitors entspricht. Allerdings könnte die Wirkung eines reversiblen, nichtkompetitiven Inhibitors aufgehoben werden, indem man den Inhibitor entfernt (z. B. durch Dialyse), was bei einem irreversiblen Inhibitor nicht der Fall ist.

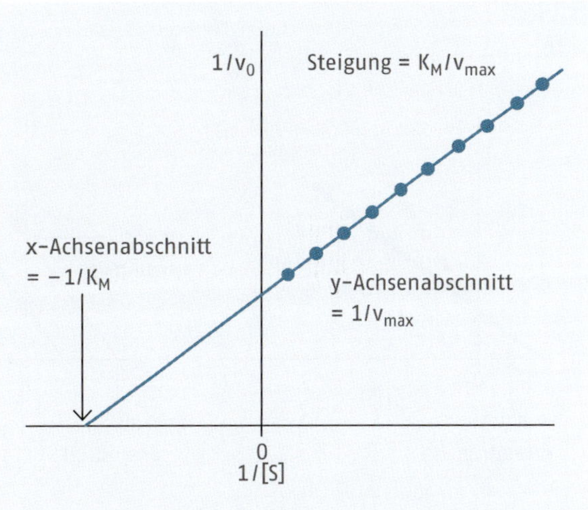

○ **Abb. 2.34** Lineweaver-Burk-Diagramm. Durch Extrapolieren der experimentell erhaltenen Geraden lassen sich aus den Achsenabschnitten die enzymkinetischen Parameter K_M und v_{max} bestimmen.

2.6 Pharmakologische Bedeutung der Proteine

Wie wir bereits zu Beginn dieses Kapitels erfahren haben, ist die Biomolekülklasse der **Proteine** in der Pharmakologie von zentraler Bedeutung. Zum einen werden verschiedene Typen von Proteinen selbst als **Arzneistoffe** verwendet, zum anderen beruht die Wirkung der meisten Arzneistoffe auf einem Angriff an Proteinen, womit aus dieser Klasse von Biomolekülen die **wichtigsten Arzneistofftargets** hervorgehen. Beides spiegelt die Schlüsselrolle wider, die die Proteine mit ihrer strukturellen und funktionellen Vielfalt in der menschlichen Physiologie einnehmen.

Zu den Proteinen, die selbst als Arzneistoffe eingesetzt werden, zählen hauptsächlich

- **Antikörper** (▸Kap. 3.4.1), deren Anteil am Arzneischatz seit einigen Jahren kontinuierlich zunimmt,
- **Peptidhormone** wie das Insulin (▸Kap. 9.2),
- **Enzyme** wie die Serinprotease Urokinase, die bei Herzinfarkten zur Auflösung von Blutgerinnseln eingesetzt wird.

Als biologische Zielstrukturen für Arzneistoffe sind folgende Proteinklassen von besonderer Bedeutung:

- **Rezeptoren,** die als Zelloberflächenrezeptoren (▸Kap. 9) oder als nukleäre Rezeptoren vorkommen (▸Kap. 4.6.4). Innerhalb der Gruppe der Oberflächenrezeptoren spielen die G-Protein-gekoppelten Rezeptoren (GPCR, *G-protein coupled receptors,*

2

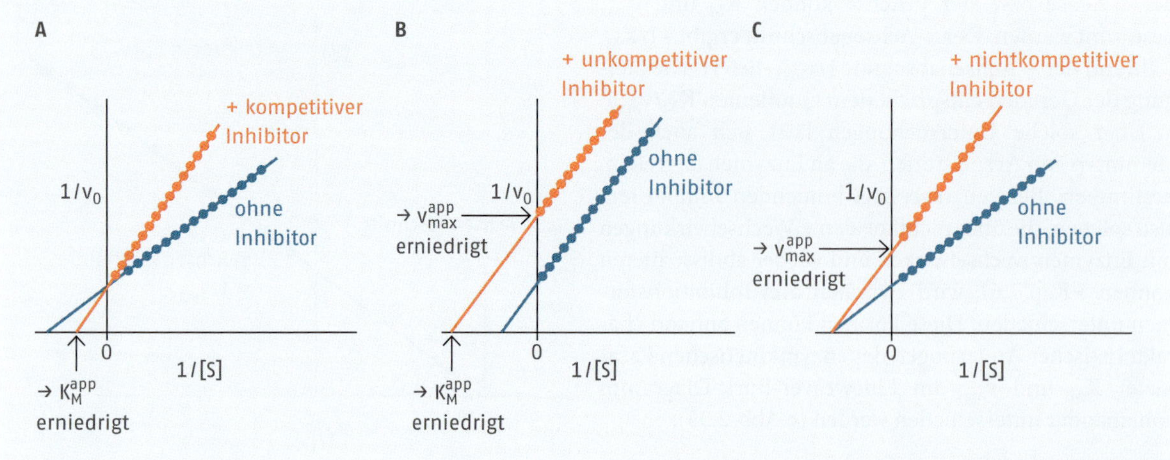

Abb. 2.35 Typen reversibler Inhibition: Lineweaver-Burk-Diagramme. **A** Kompetitive Inhibition, **B** unkompetitive Inhibition, **C** nichtkompetitive Inhibition. Aus den Graphen in B und C wird ersichtlich, dass sich $1/v_0$ in Anwesenheit des Inhibitors erhöht. Dadurch erniedrigt sich $v_{max}{}^{app}$. Entsprechende Überlegungen gelten für die Änderungen von $K_m{}^{app}$ in A und B.

▸ Kap. 9.6) die größte Rolle: Etwa die Hälfte aller Arzneistoffe greift an diesem Rezeptortyp an.

- **Enzyme** (▸ Kap. 2.5).
- **Transporter und Ionenkanäle** (▸ Kap. 8.1.2).

Neben den Proteinen gibt es auch andere Arten von Biomolekülen, die als Wirkstofftargets dienen können – einige Arzneistoffe verwenden **DNA, RNA** oder **Lipide** als Zielstrukturen. Beispiele hierfür sind Tumortherapeutika, die aufgrund ihrer DNA-alkylierenden Wirkung eingesetzt werden (▸ Kap. 4.2.1), Antibiotika, die spezifisch mit der ribosomalen RNA (rRNA) von Bakterien interagieren (▸ Kap. 4.5.4), oder bestimmte Therapeutika gegen Pilzinfektionen (Antimykotika), die mit Lipiden interagieren. Zu den Letztgenannten gehört unter anderem der Wirkstoff Nystatin, der mit dem pilzzelltypischen Membranlipid Ergosterol wechselwirkt und Poren in der Membran erzeugt, die zum Zelltod führen.

Die **Interaktion von Arzneistoffen mit ihren Targetproteinen** erfolgt zumeist in reversibler Weise. Hierbei kommen die Arten nichtkovalenter Wechselwirkungen zum Tragen, die wir bei der Besprechung der Proteinstrukturen kennengelernt haben, nämlich Wasserstoffbrücken, ionische Wechselwirkungen, hydrophobe Interaktionen und Kation-π-Wechselwirkungen (▸ Kap. 2.4.2). Über diese Interaktionen binden die Arzneistoffe entweder in Konkurrenz zu einem natürlichen Liganden an ihre Bindungsstelle am Targetprotein, was einem kompetitiven Wirkmechanismus entspricht, oder sie wirken, in den allermeisten anderen Fällen, als nichtkompetitive Regulatoren allosterisch auf das Zielprotein ein (▸ Kap. 2.4.6). Bei einigen Arzneistoffen beruht die Wirkung auch auf einer kovalenten Bindung an das Target. Die Bindung ist dann entweder irreversibel, womit der Effekt andauert, bis das Protein abgebaut wird, oder pseudo-irreversibel, wenn der Wirkstoff, z. B. durch eine Hydrolyse, nach längerer Zeit wieder vom Target entfernt wird. In vielen Fällen führt die reversible oder irreversible Arzneistoffbindung zu einer Konformationsänderung, durch die das Zielprotein gehemmt oder aktiviert wird. Umgekehrt können Arzneistoffe auch entscheidende, (patho)physiologisch stattfindende Konformationsänderungen an Proteinen verhindern. Die Beeinflussung der Konformation von Proteinen kann damit für die Arzneistoffwirkung wesentlich sein.

Zwei der ältesten und prominentesten Arzneistoffe, die wir kennen, sind die Acetylsalicylsäure (Aspirin®) und das Penicillin. Beide sind irreversible Hemmer ihrer Zielproteine und werden aufgrund der biochemischen Anschaulichkeit ihrer Wirkmechanismen im Folgenden kurz vorgestellt.

Die **Acetylsalicylsäure** wurde im Jahre 1899 unter dem Markennamen Aspirin® in die Pharmakotherapie eingeführt. Ihr Target ist das Enzym Cyclooxygenase (COX), welches in den zwei Isoformen COX-1 und COX-2 auftritt. Beide Enzyme wandeln das Membranlipid Arachidonsäure in Prostaglandin H_2 (PGH_2) um, welches zelltypabhängig als Vorstufe für Botenstoffe aus der Gruppe der Prostaglandine oder des Thromboxans A_2 dient. Diese Mediatoren üben im Körper zahlreiche physiologische Funktionen aus, unter anderem sind die Prostaglandine an der Entstehung von Schmerzen und Entzündungen beteiligt, während Thromboxan A_2 im Rahmen der Blutstillung (Hämostase) zur Thrombozytenaggregation führt. Durch Hemmung dieser Effekte kann die Acetylsalicylsäure als Schmerzmittel (Analge-

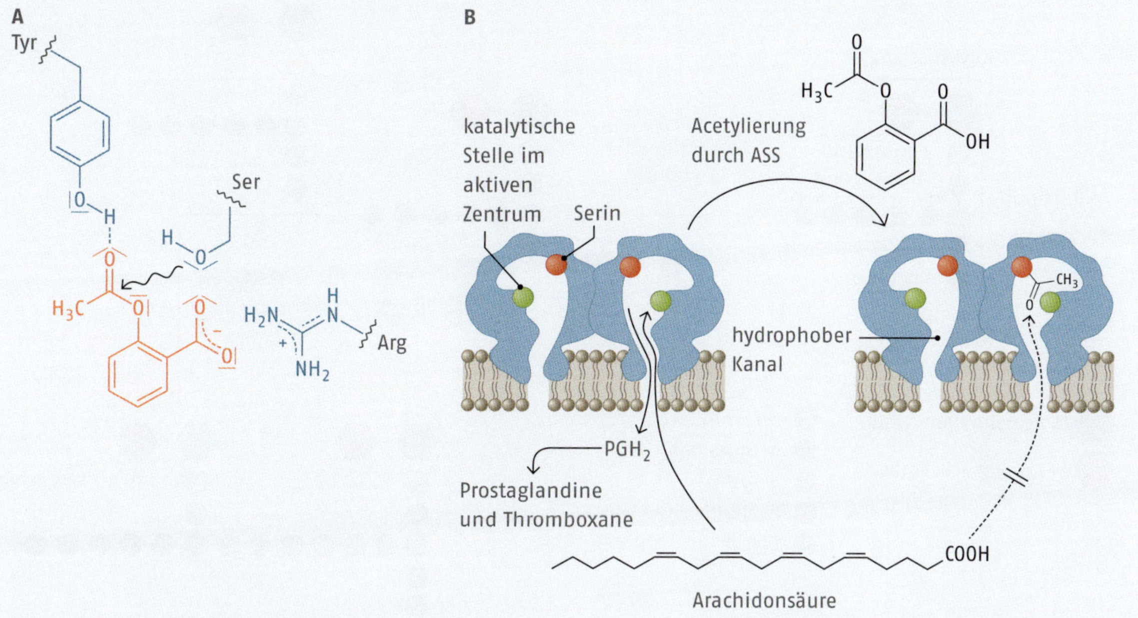

o Abb. 2.36 Wirkmechanismus der Acetylsalicylsäure (ASS). **A** Bindung von ASS an die COX-1 und nukleophiler Angriff von Serin. ASS interagiert mit Aminosäureresten im aktiven Zentrum. Wesentlich sind ionische Wechselwirkungen zwischen dem Carboxylatrest von ASS und einem Argininrest, weiterhin treten Wasserstoffbrücken mit Tyrosin auf. Ein definierter Serinrest im aktiven Zentrum greift nukleophil an der ASS an und wird acetyliert (siehe auch B). **B** Hemmung der Cyclooxygenasen durch Acetylierung von Serin. Das natürliche Substrat der COX, Arachidonsäure, gelangt über einen hydrophoben Kanal in das aktive Zentrum. Dieser Substratzutritt wird durch die Acetylierung eines definierten Serinrests im aktiven Zentrum durch ASS verhindert. Das COX-Enzym ist ein Homodimer; die Acetylierung einer Untereinheit bewirkt die Hemmung der Prostaglandinbiosyntheseaktivität beider Untereinheiten (im Falle der COX-2 besitzt die zweite, nicht acetylierte Untereinheit allerdings noch eine Restaktivität, die zur Synthese anderer Arachiodonsäuremetaboliten führt).

tikum), gegen Entzündungen (Antiphlogistikum) und als Thrombozytenaggregationshemmer (Antithrombotikum) eingesetzt werden.

Der molekulare Wirkmechanismus der Acetylsalicylsäure besteht darin, einen **Serinrest** der Cyclooxygenasen zu acetylieren, sodass das natürliche Substrat Arachidonsäure sterisch am Zutritt zum aktiven Zentrum der Enzyme gehindert wird. o Abb. 2.36 zeigt die Bindung der Acetylsalicylsäure an das Target und die Konsequenzen für die Enzymfunktion der Cyclooxygenase.

Der antibakteriell wirksame Naturstoff **Penicillin** wurde in den 1940er-Jahren entdeckt und als erstes industriell hergestelltes, modernes Antibiotikum in die Therapie eingeführt. Aus der Weiterentwicklung des Penicillins ging die große Gruppe der β-Lactam-Antibiotika hervor, die in der Therapie bakterieller Infektionen ihren festen Platz hat. Das Wirkprinzip der β-Lactame ist die Hemmung der Zellwandbiosynthese als lebensnotwendiger Vorgang in Bakterien: Der hohe osmotische Druck, der in einer Bakterienzelle herrscht, kann ohne eine durchgängige Zellwand nicht aufgefangen werden, sodass die darunterliegende Zellmembran aufreißt und die Zelle abstirbt.

Die Zellwand eines Bakteriums ist aus einem dreidimensional vernetzten Makromolekül aufgebaut, dem Peptidoglykan, das auch als **Murein** bezeichnet wird. Bei der Biosynthese des Mureins werden lange Glykan-Stränge (Aminozuckerketten), die verzweigte Oligopeptide als Seitenketten tragen, durch Verknüpfung der Peptidseitenketten miteinander verbunden. Die Verbrückung wird durch das Enzym **Transpeptidase** (Penicillin-bindendes Protein, PBP) bewerkstelligt, das die Zielstruktur für die β-Lactam-Antibiotika darstellt. o Abb. 2.37 A und o Abb. 2.37 B zeigen die Transpeptidase-Reaktion bei der Murein-Biosynthese des Bakteriums *Staphylococcus aureus*. Die noch unverknüpften Peptidseitenketten der Glykane bestehen aus Pentapeptiden, die an den letzten beiden Positionen die Amino-

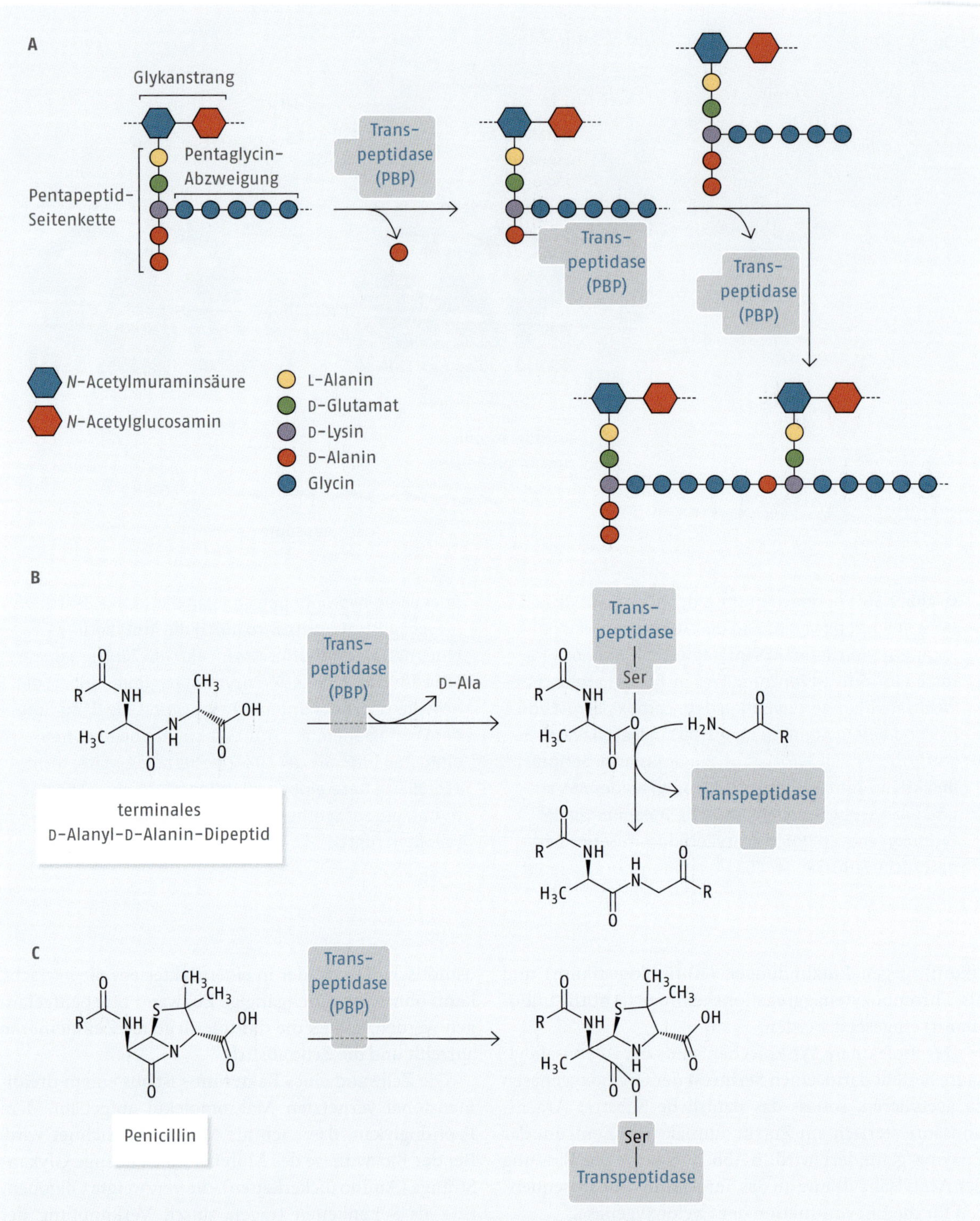

Abb. 2.37 Transpeptidase-Reaktion bei der Murein-Biosynthese von *S. aureus* und Wirkmechanismus des Penicillins. **A und B:** Verknüpfung von Glykan-Strängen durch die Transpeptidase. **C** Irreversible Hemmung der Transpeptidase durch Penicillin als prototypischem β-Lactam-Antibiotikum. Die spezifische Bindung an das Target beruht auf der Strukturanalogie zwischen dem Penicillin und dem terminalen D-Alanyl-D-Alanin-Dipeptid des natürlichen Substrats.

säure D-Alanin tragen und bei denen von der drittletzten Position eine Pentaglycinkette abzweigt. Im ersten Schritt der Verknüpfungsreaktion bildet die Transpeptidase ein kovalentes Intermediat mit der Peptidseitenkette eines Glykan-Strangs aus: der Serinrest im aktiven Zentrum des Enzyms greift am D-Alanyl-D-Alanin-Ende an und spaltet das letzte D-Alanin ab. Im zweiten Schritt greift die Pentaglycin-Abzweigung eines zweiten Glykan-Strangs an diesem Intermediat an und setzt die Transpeptidase wieder frei – es kommt zur Ausbildung einer Pentaglycin-Brücke zwischen den Seitenketten zweier Glykan-Stränge. β-Lactame wie das Penicillin greifen in diesen Prozess ein, indem sie als Strukturanaloga zur terminalen D-Alanin-D-Alaninstruktur wirken: Die Transpeptidase akzeptiert sie als Substrate und öffnet den gespannten β-Lactamring, wodurch das Antibiotikum irreversibel an das Enzym gebunden wird und dieses dauerhaft hemmt (◘ Abb. 2.37 C).

Pharmazeutisch relevante Methoden der Proteinbiochemie

Bernd Sorg

Einleitung

Arzneistoffe wirken im Körper auf unterschiedliche Zielstrukturen (Targets) ein. Betrachtet man den molekularen Aufbau dieser Targets, stellt man fest, dass die überwiegende Mehrzahl von Arzneistoffen an Proteinen angreift. Dies ist leicht nachvollziehbar, wenn man sich die zentrale Rolle der Proteine in der menschlichen Physiologie und Pathophysiologie vor Augen führt. Darüber hinaus sind Proteine in der Pharmazie nicht nur als Arzneistofftargets relevant, sondern können selbst Arzneistoffe sein, was bei zahlreichen neu zugelassenen Arzneimitteln der Fall ist. Beispielhaft für die Bedeutung proteinbiochemischer Techniken kann ihr Einsatz in unterschiedlichen Stadien der Entwicklung klassischer, niedermolekularer Arzneistoffe betrachtet werden. In der frühen Phase der Arzneistoffforschung – der sogenannten Targetfindung – werden Proteine als potenzielle Arzneistofftargets validiert. Um ihre physiologische oder pathophysiologische Funktion zu untersuchen, müssen sie mit geeigneten Methoden identifiziert und in komplexem biologischem Probenmaterial quantifiziert werden. Für die anschließende Arzneistoffentwicklung werden die Proteine aufgereinigt, strukturell charakterisiert und in ausreichender Menge verfügbar gemacht. Im Erfolgsfall bieten Raumstrukturdaten eine optimale Grundlage für das Design neuer Arzneistoffkandidaten durch computergestützte Verfahren. Daher ist die moderne Arzneistoffforschung ohne ein breites proteinbiochemisches Methodenarsenal nicht denkbar.

3.1 Methoden im Überblick

Grundlage für die Verwendung von Proteinen in der Forschung oder ihren Einsatz als Arzneistoffe sind geeignete **Methoden zur Gewinnung einzelner Proteine** aus biologischem Material. Im Gegensatz zu Nukleinsäuren können funktionell intakte Proteine nicht mit vertretbarem Aufwand durch organisch-chemische Synthese erzeugt werden, weshalb sie stets aus biologischen Systemen gewonnen werden.

Oftmals ist es am einfachsten, menschliche Proteine in Wirtszellen exprimieren zu lassen und sie anschließend daraus zu isolieren. Wie wir im Kapitel molekularbiologische Methoden erfahren werden (▸Kap. 5.5), kann man hierfür DNA-Konstrukte einsetzen, die für das Zielprotein codieren und dessen Expression in einem geeigneten Wirtszellsystem erlauben. Man spricht dann von der rekombinanten Expression von Proteinen. Häufig werden dabei Bakterien als einfach zu handhabendes und kostengünstiges Wirtszellsystem verwendet.

Es kann jedoch auch nötig sein, das Zielprotein direkt aus dem Zelltyp zu isolieren, in dem es natürlich vorkommt. Diese Herangehensweise entspricht dem klassischen Weg zur Gewinnung eines Proteins, der bereits vor der Einführung der rekombinanten Expression etabliert war. Dieser Weg ist oftmals etwas aufwendiger und beispielsweise dann erforderlich, wenn das Protein von Interesse spezifische posttranslationale Modifikationen aufweist (▸Kap. 2.4.5), die für die Funktion des Proteins entscheidend sind und nur im Ursprungsorganismus stattfinden.

Die Gewinnung von Proteinen aus zellulärem Material umfasst mehrere Schritte, die in den folgenden Kapiteln vorgestellt werden:

- der **Aufschluss** der Zellen und die Fraktionierung des Zellhomogenats durch Zentrifugation und
- die **präparative Aufreinigung** des Proteins aus den Fraktionen durch **chromatographische Methoden** (▸Kap. 3.3.1).

Um die Überwachung dieses Aufreinigungsprozesses zu ermöglichen, sind außerdem analytische Methoden zur Auftrennung von Proteingemischen und zum spezifischen Nachweis einzelner Proteine erforderlich. Die gängigsten Verfahren hierfür sind:

- **elektrophoretische Techniken** (▸Kap. 3.3.2) für die analytische Auftrennung und
- **antikörperbasierte Methoden** (▸Kap. 3.4), die in vielen Fällen den einfachen und spezifischen, qualitativen und quantitativen Nachweis eines Proteins in einer komplexen biologischen Matrix erlauben.

Wie wir erfahren werden, spielen die analytischen Methoden der Proteinbiochemie in der pharmazeutischen Forschung eine Rolle, die weit über die Anwendung bei der Proteingewinnung hinausgeht. Unter anderem erlauben sie eine Aussage über das Vorhandensein und die Menge eines Proteins in bestimmten Zelltypen oder auch in subzellulären Kompartimenten. Somit können sie beispielsweise Aufschluss darüber geben, ob und wie sich die Präsenz oder auch die zelluläre Lokalisation eines Proteins in Abhängigkeit von (patho)physiologischen oder pharmakologischen Stimuli ändert. Diese Fragestellungen sind für die meisten biomedizinischen Studien von zentraler Bedeutung. Weiterhin finden diese Methoden in der klinischen Diagnostik Anwendung.

Neben den Techniken, die eine Isolierung von Proteinen und den Nachweis im biologischen Kontext erlauben, sind im Rahmen der Erforschung von Proteinen oder deren arzneilichen Verwendung auch Methoden zur Sequenzbestimmung von Proteinen erforderlich. Sie ermöglichen die direkte, eindeutige Identifizierung und Charakterisierung von Proteinen durch die Bestimmung der exakten Primärstruktur. Hierfür dienen:

- die **Massenspektrometrie** (▸Kap. 3.5.1) und
- der klassische **Edman-Abbau** (▸Kap. 3.5.2).

Proteine, die aus Zellen isoliert wurden, müssen vor ihrer weiteren Verwendung durch diese oder andere

Methoden eindeutig identifiziert und charakterisiert werden.

Zum Abschluss der Methodenbesprechung werden die beiden Hauptverfahren zur Aufklärung der dreidimensionalen Raumstruktur vorgestellt, die ein besonders anspruchsvolles Feld der Proteinforschung repräsentieren. Es handelt sich dabei um:

- die **Röntgenkristallstrukturanalyse** (▸ Kap. 3.6.1) und
- die **Kernresonanzspektroskopie** (NMR, ▸ Kap. 3.6.2).

Kann die Raumstruktur eines Proteins aufgeklärt werden, so ist dies für die Arzneistoffentwicklung von großem Vorteil, da auf der Basis dieser Daten präzise In-silico-Molekülmodelle erstellt werden können, die als Grundlage für das Arzneistoffdesign mithilfe bioinformatischer Methoden dienen.

In einem abschließenden Kapitel (▸ Kap. 3.7) wird beispielhaft skizziert, wie die besprochenen proteinbiochemischen Methoden in den ersten Schritten der Arzneistoffentwicklung zum Einsatz kommen können.

3.2 Zellaufschluss und Fraktionierung

Zum Aufschluss von Zellen werden verschiedene Techniken angewendet, darunter physikalische Verfahren (starke Scherung oder Ultraschallbehandlung) oder die chemische Lyse.

Zunächst betrachten wir den Aufschluss und die Fraktionierung **eukaryotischer Zellen**, wie sie beim klassischen Weg der Proteingewinnung vorgenommen werden. Unter geeigneten Bedingungen wird beim Aufschluss eukaryotischer Zellen die Zellmembran zerstört, die Zellorganellen bleiben jedoch intakt. Eine gängige Methode nutzt hierfür Homogenisationsgefäße mit einem genau eingepassten Kolben aus Glas oder Teflon. Durch hin- und herbewegen des Kolbens können starke Scherkräfte erzeugt werden, die zur Ruptur der Zellen führen.

Das erhaltene Zellhomogenat kann nun durch **differenzielle Zentrifugation**, das heißt durch Anwendung unterschiedlicher Zentrifugationsgeschwindigkeiten, in Fraktionen getrennt werden. Die einzelnen Zellorganellen haben u. a. aufgrund unterschiedlicher Größe und Dichte ein unterschiedliches Sedimentationsverhalten im Schwerefeld.

Bei ansteigenden Zentrifugationsgeschwindigkeiten können als Pellets einzelne Fraktionen mit folgenden **Hauptkomponenten** erhalten werden:

- Zellkerne,
- Mitochondrien, Lysosomen, Peroxisomen, intakte Teile des Golgi-Apparats,
- Mikrosomen (aus dem endoplasmatischen Retikulum hervorgegangene Vesikel/Fragmente, Plasmamembran-Fragmente, Golgi-Fragmente, auch Ribosomen),
- Ribosomen und andere große Makromoleküle.

Nach dem letzten Zentrifugationsschritt (Ultrazentrifugation, höchste Geschwindigkeit) verbleibt als **Überstand**:

- die zytosolische Fraktion mit den löslichen Proteinen.

Die differenzielle Zentrifugation ermöglicht nur eine grobe Trennung der Zellorganellen. Beispielsweise können in der Zellkernfraktion auch bereits Mitochondrien enthalten sein. Die gewonnenen Zellfraktionen (○ Abb. 3.1) können nun für die weitere Aufreinigung verwendet werden.

Auch **Bakterienzellen**, die oftmals als Wirtszellen für die rekombinante Proteinexpression dienen (▸ Kap. 5.5), können durch physikalische oder chemische Verfahren lysiert werden. Um den Aufschluss zu erleichtern, können sie vorab mit dem Enzym Lysozym behandelt werden, das die bakterielle Zellwand hydrolytisch angreift. Nach dem Aufschluss wird eine Ultrazentrifugation durchgeführt, die das Lysat in eine lösliche Fraktion und ein Pellet auftrennt. Ist das gewünschte Protein in der löslichen Fraktion enthalten, kann diese direkt für die weitere Aufreinigung des Proteins durch präparative Methoden verwendet werden (▸ Kap. 3.3.1). Im weniger günstigen Falle sind die gewünschten Proteine in der unlöslichen Fraktion enthalten. Gegebenenfalls können die Proteine dennoch daraus in funktionell intakter und löslicher Form gewonnen werden, indem das Pellet unter denaturierenden Bedingungen gelöst wird und anschließend Bedingungen gesucht werden, die eine Rückfaltung der Proteine ermöglichen (▸ Kap. 2.4.3).

3.3 Methoden zur Auftrennung von Proteingemischen

In der pharmazeutischen Forschung, Entwicklung und Arzneistoffproduktion sind sowohl präparative als auch analytische Methoden zur Auftrennung von Proteingemischen von Bedeutung.

Der Hauptzweck **präparativer Trennungen** besteht darin, ausreichende Mengen an reinem Protein (häufig im Milligramm-Maßstab) für verschiedene Folgeanwendungen zur Verfügung zu stellen. Die gängigsten präparativen Methoden gehören zu den **chromatographischen Verfahren**. Folgende Ziele können mit der präparativen Aufreinigung verfolgt werden:

- funktionelle Studien, z. B. Testung von Arzneistoffkandidaten auf Bindung und/oder Beeinflussung der Proteinfunktion (Hemmung/Aktivierung),

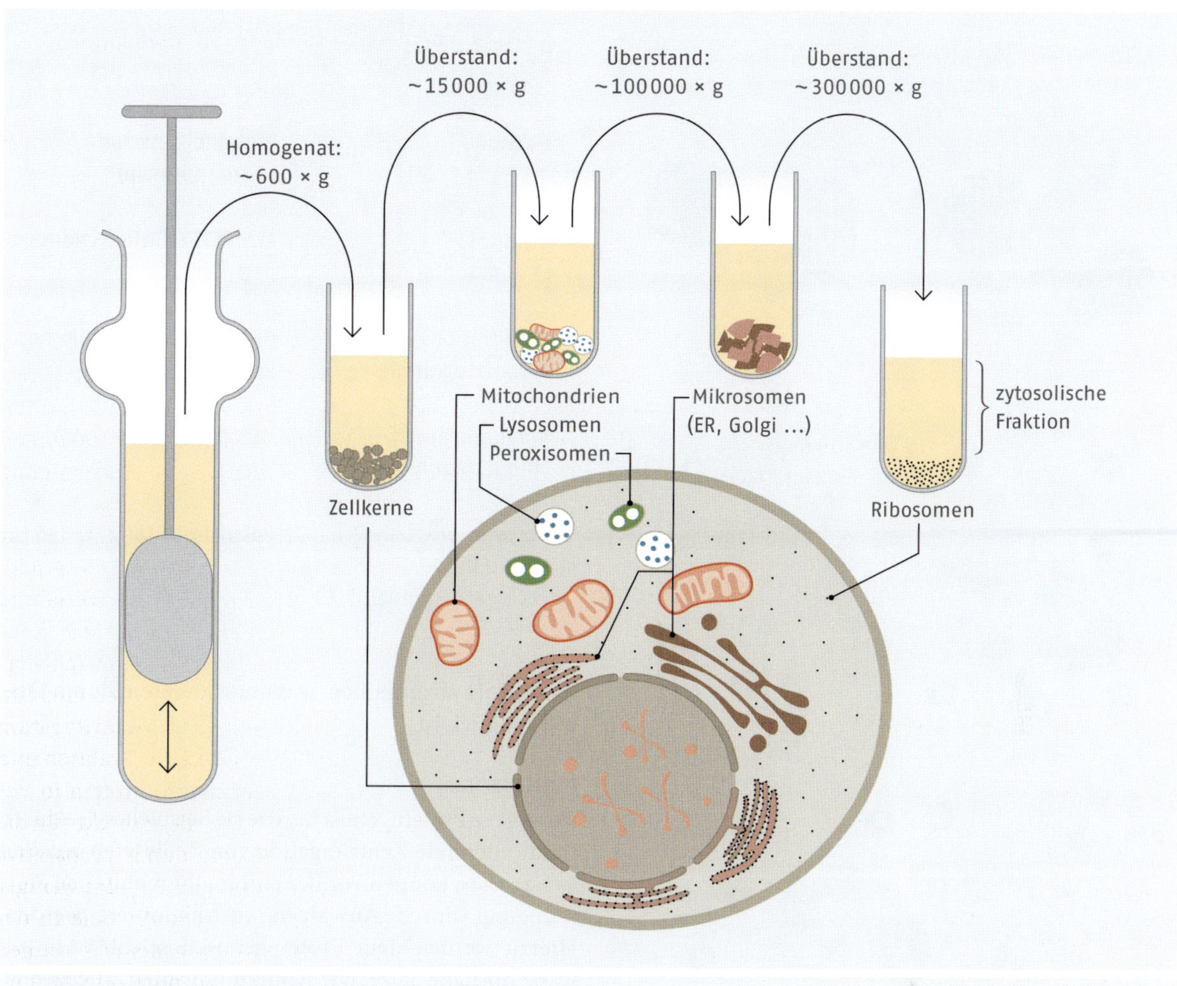

Abb. 3.1 Zellaufschluss und differenzielle Zentrifugation

- Strukturbestimmung, z. B. durch Kristallisation des Proteins mit anschließender Röntgenstrukturanalyse,
- Verwendung als Arzneistoff.

Analytische Trennungen werden für ein breites Feld an Anwendungen eingesetzt. Methodisch handelt es sich in der Regel um **Elektrophoresen**, bei denen häufig Mikrogramm-Mengen an Proteinen getrennt werden. Folgende Ziele sind für diese Anwendung typisch:

- Überwachung der Aufreinigung eines Proteins, z. B. Analyse chromatographischer Fraktionen (Sichtbarmachung der Proteine durch Färbeverfahren),
- Spezifische Identifizierung und Quantifizierung von Proteinen mithilfe von Antikörpern (Verfahren: Western Blotting, ▸Kap. 3.4.5), bei bekannten Proteinen auch Nachweis und Quantifizierung durch Anfärben,
- Molekülmassenbestimmung von Proteinen (Verfahren: SDS-Polyacrylamid-Gelelektrophorese (▸Kap. 3.3.2),
- Reinigung von Proteinen im analytischen Maßstab durch Ausschneiden einzelner Gelbanden zur Identifizierung/Charakterisierung der Proteine per Massenspektrometrie (▸Kap. 3.5.1) oder Edman-Abbau (▸Kap. 3.5.2).

3.3.1 Präparative Methoden

Wie bereits erwähnt, werden als Hauptmethoden zur Trennung und Aufreinigung von Proteinen **chromatographische Verfahren** eingesetzt. In einem vorangehenden Schritt kommt, wie im Folgenden erläutert, häufig noch das sogenannte **Aussalzen** zur groben Vortrennung des Proteingemischs zur Anwendung. Für die anschließenden Hauptaufreinigungsschritte stehen folgende Chromatographie-Techniken zur Verfügung:

- **Affinitätschromatographie**,
- **Ionenaustauschchromatographie**,
- **Gelfiltrationschromatographie**,
- **Adsorptionschromatographie** bzw. **Hochleistungsflüssigkeitschromatographie** (HPLC).

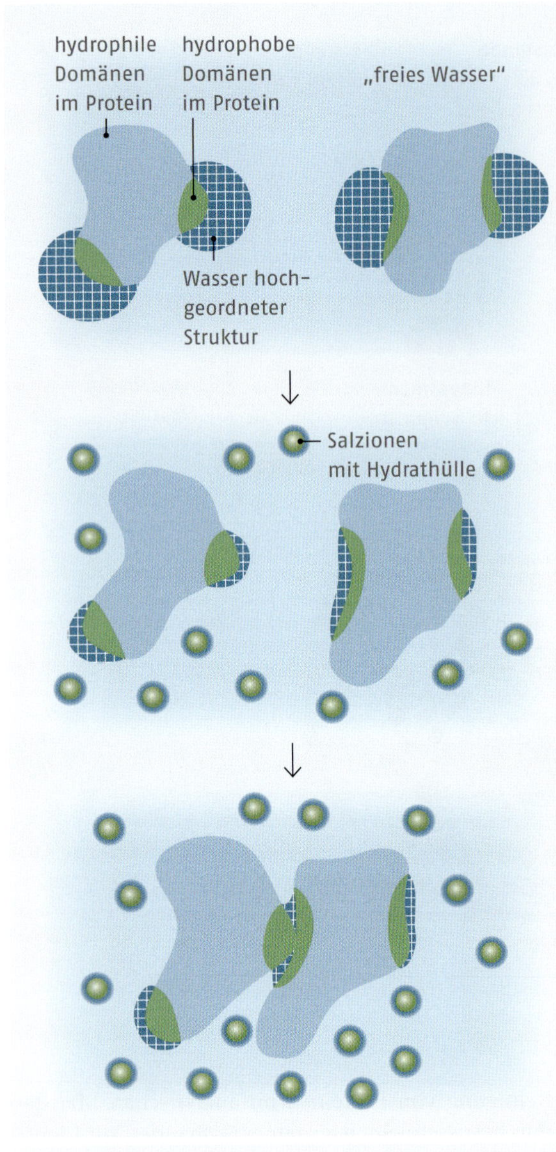

Abb. 3.2 Vorfraktionierung von Proteingemischen durch Aussalzen

Die Trennprinzipien dieser Verfahren basieren auf Unterschieden in den folgenden, grundlegenden Eigenschaften von Proteinen:

- Bindungsaffinität zu Interaktionspartnern,
- Ladung,
- Größe (bzw. der hydrodynamische Radius),
- Polarität.

Tab. 3.1 zeigt die Zugehörigkeit der Verfahren zu den jeweiligen Proteineigenschaften, auf denen die Trennprinzipien beruhen.

Im Anschluss an die chromatographische Reinigung eines Proteins kann es noch erforderlich sein, niedermolekulare oder ionische Begleitstoffe vom aufgereinigten Protein abzutrennen, was unter anderem durch **Dialyse** möglich ist.

Tab. 3.1 Präparative Methoden zur Trennung von Proteingemischen

Methode	Proteineigenschaft (→ Trennprinzip)
Affinitäts-chromatographie	Affinität zu Interaktions-partnern
Gelfiltrations-chromatographie	Größe (hydrodynamischer Radius)
Ionenaustausch-chromatographie	Ladung
Adsorptions- bzw. Verteilungs-chromatographie/HPLC	Polarität/Ladung

Aussalzen

Komplexe Proteingemische, wie sie beispielsweise durch fraktionierende Zentrifugation von Zelllysaten anfallen (▸ Kap. 3.2), können vor der chromatographischen Aufreinigung durch **Aussalzen** vorfraktioniert werden. Hierzu werden dem Proteingemisch schrittweise gut wasserlösliche Salze, wie Ammoniumsulfat, zugegeben. Dies führt zu einer Interaktion der eingebrachten Ionen mit der Hydrathülle der Proteine, die sich vor allem auf die hydrophoben Domänen eines Proteins auswirkt, da das Wasser an deren Oberflächen hoch geordnete Strukturen ausbildet: Werden diesen Strukturen Wassermoleküle entzogen, **aggregieren die Proteine über ihre hydrophoben Domänen**, fallen aus und können abgetrennt werden (Abb. 3.2). Dementsprechend werden die Proteine beim Aussalzen maßgeblich anhand von **Löslichkeitsunterschieden** vorfraktioniert.

Affinitätschromatographie

Bei der Aufreinigung nativer, nicht gentechnisch veränderter Proteine durch **Affinitätschromatographie** wird ein grundlegendes Funktionsprinzip von Proteinen ausgenutzt, nämlich deren meisterhafte Fähigkeit, bestimmte Interaktionspartner spezifisch und oft mit hoher Bindungsaffinität zu erkennen (▸ Kap. 2.4.6). Die Liganden verschiedener Proteine können strukturell sehr verschieden sein, jede Affinitätschromatographie erfordert somit eine individuell angepasste stationäre Phase. Diese erhält man, indem ein Ligand, der für das jeweilige Zielprotein spezifisch ist, kovalent an die Oberfläche eines partikulären Trägers gebunden wird.

Mit diesem Material ist es möglich, das Zielprotein (allerdings auch andere Proteine, die den entsprechenden Liganden binden) bei der Chromatographie gezielt auf der Säule zurückzuhalten und die restlichen Proteine durch Waschschritte zu entfernen. Die Ablösung der gebundenen Proteine kann zum einen **kompetitiv** erfolgen, wenn dem Elutionspuffer steigende Konzentrationen des Liganden zugesetzt werden, wodurch die Proteine von der stationären Phase verdrängt werden. Zum anderen kann durch bestimmte Puffermilieus im Elutionspuffer eine **reversible Konformationsänderung** bei den gebundenen Proteinen herbeigeführt werden, was zu einer Verringerung der Affinität des Proteins zum Liganden und damit zur Ablösung von der stationären Phase führt. Dies kann über einen Zusatz von Salzen (Änderung der Ionenstärke), Variation des pH-Werts oder durch Zusatz organischer Lösungsmittel bzw. chaotroper Salze erreicht werden (**o** Abb. 3.3 A). Verwendet man als Liganden pharmakologisch aktive Stoffe, deren Angriffspunkt in der Zelle noch nicht bekannt ist, so kann diese Methode auch zur Identifizierung von Targetproteinen herangezogen werden.

Für die Aufreinigung gentechnisch erzeugter Proteine kommen häufig sogenannte **Affinitätsmarkierungen** (*affinity tags*) zum Einsatz. Darunter versteht man spezielle Aminosäuresequenzen im Protein, die dafür sorgen, dass die Proteine leicht an gängige, kommerziell erhältliche Affinitätsmatrices binden. Um ein Protein mit einem Tag zu versehen, werden die proteincodierenden Sequenzen in den zugrundeliegenden DNA-Konstrukten so modifiziert, dass die Markierungssequenz bei der Proteinbiosynthese in das Protein eingebaut wird. Im Allgemeinen erfolgt der Einbau an einem der beiden Enden des Proteins (N- bzw. C-terminale Tags). Eine beliebte Affinitätsmarkierung ist der sogenannte His-Tag, der aus einer Sequenz von mehreren Histidinen besteht, die stark an stationäre Phasen mit Nickelionen komplexieren. Dadurch können His-markierte Proteine über Nickel-Säulen mithilfe der Metallchelat-Affinitätschromatographie aufgereinigt werden.

Eine weitere, elegante Variante der Affinitätschromatographie ist die **Immunaffinitätschromatographie**. Sie nutzt die ausgeprägte Spezifität und Affinität von **Antikörpern** gegenüber ihren Zielstrukturen. Bei dieser Methode werden Antikörper gegen das aufzureinigende Zielprotein auf dem Trägermaterial für die stationäre Phase gebunden. Die Elution der Proteine erfolgt durch Elutionspuffer, die aufgrund ihrer Eigenschaften (z. B. pH-Wert, Ionenstärke, Lösungsmittelanteile) Konformation und Ladungszustand von Antikörper und Zielprotein verändern können, wodurch die Bindung zwischen ihnen aufgehoben wird (s. oben).

Gelfiltrationschromatographie

Bei der **Gelfiltrationschromatographie** (Größenausschlusschromatographie, *size exclusion chromatography*, SEC) werden die Proteine nach ihrer **Größe** getrennt. Als stationäre Phase dienen hierbei poröse Partikel, die über Molekularsiebeigenschaften verfügen. Der Durchmesser der Poren weist eine gewisse Spannbreite auf, sodass die Proteine je nach ihrer Größe mehr oder weniger tief in die stationäre Phase eindringen können. Im Gegensatz zu anderen Trennverfahren, die nach dem Molekularsiebprinzip funktionieren (wie die Gelelektrophoresen, ▸ Kap. 3.3.2) liegt die stationäre Phase hier jedoch nicht als durchgängige Einheit vor, die von allen Probenmolekülen zwangsweise passiert werden muss, sondern in Form von Einzelpartikeln. Große Analyten können also den „kurzen" Weg an den Partikeln vorbei nehmen. Daher ist die Elutionsreihenfolge gegenüber anderen Molekularsiebverfahren umgekehrt: Große Proteine eluieren zuerst, da sie weniger weit oder gar nicht in die Poren eindringen, während sich kleinere Proteine stärker im Labyrinth der stationären Phase verirren und später eluieren (**o** Abb. 3.3 B).

3

Ionenaustauschchromatographie

Bei der **Ionenaustauschchromatographie** erfolgt die Trennung der Proteine nach ihrer **Ladung**. Die Partikel der stationären Phase sind an ihrer Oberfläche entweder negativ (Kationenaustauscher) oder positiv geladen (Anionenaustauscher). Dies wird erreicht, indem die Partikel an der Oberfläche entweder durch saure oder basische Gruppen modifiziert werden, die bei Verwendung entsprechender Laufpuffer als Anionen (häufig: Carboxylate) oder als Kationen (häufig: protonierte tertiäre Amine) vorliegen. Es können auch permanent geladene Gruppen verwendet werden, z. B. Sulfonate oder quartäre Ammoniumverbindungen. Durch die jeweilige Ladungsart können die Partikel entgegengesetzt geladene Proteine festhalten. Die Elution vom Austauscher erfolgt durch Erhöhung der Salzkonzentration (typischerweise NaCl) im Elutionspuffer und/oder Variation des pH-Werts. Bei Erhöhung der Salzkonzentration werden die Proteine mittels Verdrängung von der ionischen Bindung (steigende Konkurrenz durch die Na^+ bzw. Cl^- Ionen des Puffers) abgelöst. Bei Variation des pH-Werts erfolgt die Ablösung aufgrund der Neutralisation der Oberflächenladungen des Ionenaustauschers bzw. Proteins (**o** Abb. 3.3 C).

Adsorptions- bzw. Verteilungschromatographie (HPLC)

Bei der HPLC werden die Analyten nach den Prinzipien der **Adsorptions- bzw. Verteilungschromatographie** gemäß ihrer **Polarität/Ladung** aufgetrennt. Primär ist die HPLC als Standardverfahren in der pharmazeuti-

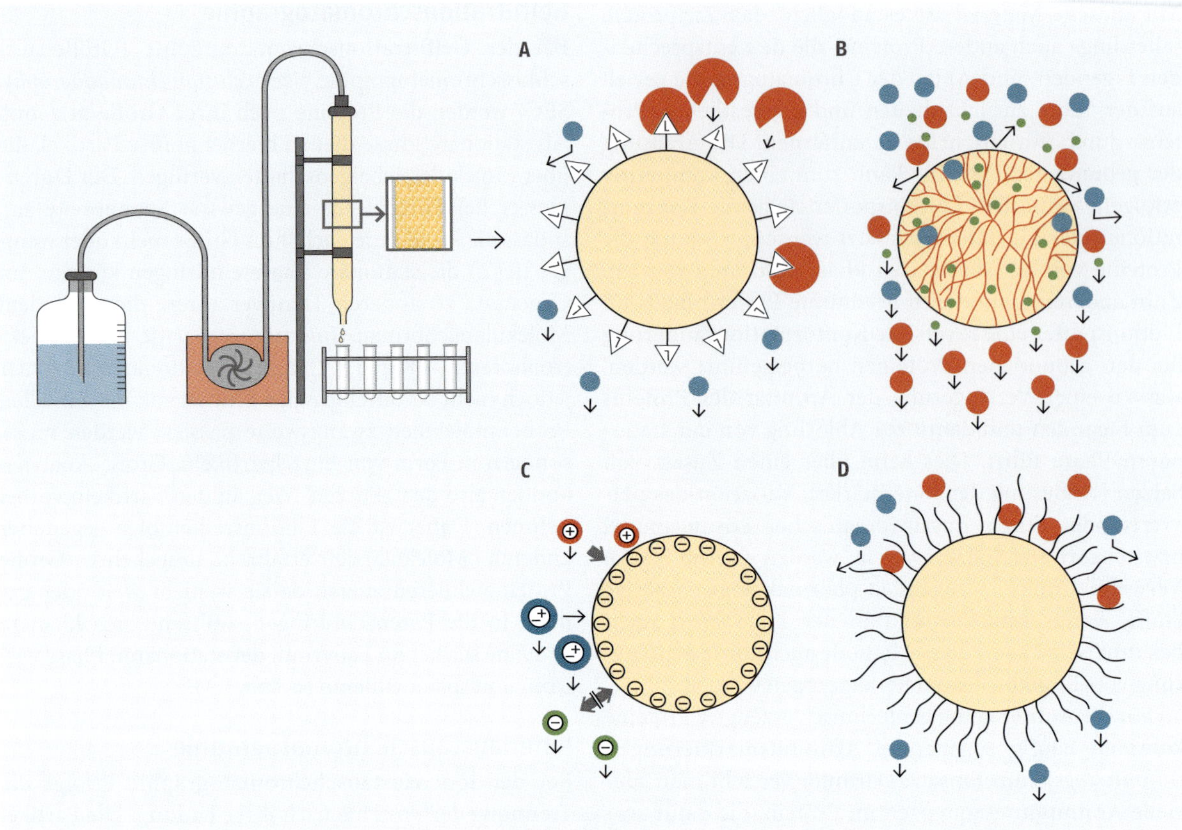

○ Abb. 3.3 Prinzipieller Aufbau einer Chromatographie-Apparatur (links); Trennprinzipien der chromatographischen Methoden zur präparativen Aufreinigung von Proteinen (rechts). **A** Affinitätschromatographie, **B** Gelfiltrationschromatographie, **C** Ionenaustauschchromatographie, **D** Adsorptions- bzw. Verteilungschromatographie/HPLC

schen Analytik zur Untersuchung niedermolekularer Substanzen, wie z. B. Arzneistoffe, bekannt. Sie wird jedoch auch zur Aufreinigung von Proteinen eingesetzt. Als stationäre Phase wird im Allgemeinen Reversed Phase(RP)-Material verwendet. Die Anwendung der **RP-HPLC** ist jedoch im Wesentlichen auf die Trennung relativ stabiler, kleiner Proteine beschränkt (○ Abb. 3.3 D).

Dialyse

Durch diverse Aufreinigungsschritte gewonnene Zielproteine sind gegebenenfalls noch mit niedermolekularen Verbindungen oder Salzen verunreinigt. Diese können unter anderem mittels **Dialyse** abgetrennt werden. Bei einer Dialyse wird ein Zweikompartiment-System verwendet, bei dem die beiden Bereiche durch eine semipermeable Membran getrennt sind.

Als eines der Kompartimente dient bei der Reinigung von Proteinen eine kleine Dialysekammer oder ein Dialyseschlauch, in die das Zielprotein eingebracht wird. Durch die winzigen Poren der Trennmembran können niedermolekulare Stoffe bzw. Ionen hindurchdiffundieren, Proteine als Makromoleküle werden jedoch zurückgehalten. Die Dialysekammer wird in einem großen Gefäß mit Dialysepuffer für längere Zeit (bis zu mehreren Tagen) unter Rühren bewegt. Die niedermolekularen Verunreinigungen bzw. Salze können durch die Membran in den Dialysepuffer übertreten. Dies geschieht so lange, bis ein Konzentrationsgleichgewicht zwischen den beiden Kompartimenten eingestellt ist (○ Abb. 3.4). Zur Erhöhung der Effektivität kann der Dialysepuffer auch wiederholt ausgetauscht werden.

Zur Abtrennung kleinerer Moleküle lassen sich aber auch vergleichbare Erfolge über **chromatographische Trennprinzipien**, die an die Gelfiltrationschromatographie angelehnt sind, oder Filtrierungsschritte über sogenannte Konzentratoren erreichen. Der Einsatz der jeweiligen Methode ist dabei in Abhängigkeit der verfügbaren Proteinmenge sowie der Stabilität der jeweiligen Proteine zu wählen.

Abschließend ist zur Aufreinigung von Proteinen zu erwähnen, dass die jeweils anzuwendende Strategie stark von der Art des Proteins abhängt. So werden für die Aufreinigung löslicher Proteine andere Protokolle verwendet als für die (herausfordernde) Isolierung von Membranproteinen, die spezielle Techniken, z. B. den Einsatz von Detergenzien, erfordert.

3.3.2 Analytische Methoden

Sollen Proteingemische zu analytischen Zwecken aufgetrennt werden, so sind elektrophoretische Techniken im Allgemeinen Mittel der Wahl. Dafür haben sich zwei Hauptmethoden durchgesetzt:

- **Polyacrylamid-Gelelektrophorese** (PAGE), zumeist in Form der SDS-PAGE (▸ Kap. 3.3.2), die die Proteine nach ihrer **Molekülmasse** trennt.
- **Isoelektrische Fokussierung** (IEF), die die Proteine aufgrund ihrer pH-abhängigen **Ladung**seigenschaften trennt.
- Beide Methoden werden auch miteinander kombiniert: Die zweidimensionale **(2D-)Gelelektrophorese** trennt in einer Dimension nach Molekülmasse, in der anderen nach den Ladungseigenschaften der Proteine.

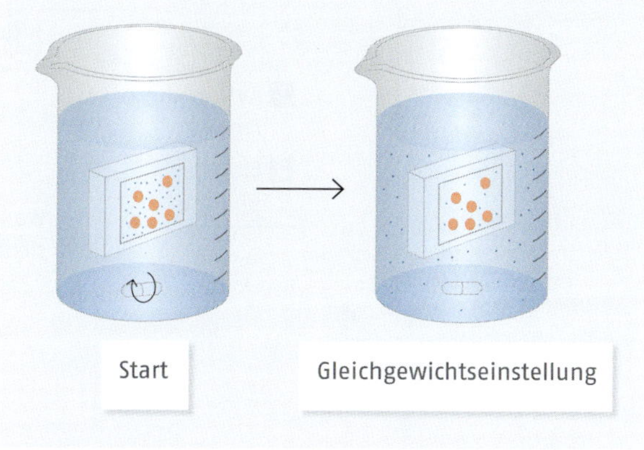

Abb. 3.4 Dialyse zur Abtrennung niedermolekularer bzw. ionischer Verunreinigungen von Proteinen

SDS-Polyacrylamid-Gelelektrophorese (SDS-PAGE)

Bei einer **Elektrophorese** wandern geladene Teilchen in einem elektrischen Feld (Migration). Findet die Elektrophorese in einem Gel als Träger statt, können Teilchen voneinander getrennt werden, da das Gel als Molekularsieb wirkt. Bei einem Molekularsiebeffekt gilt als grundsätzliche Logik, dass die Trennung nach dem Parameter Größe stattfindet: Große Teilchen sollten sich langsamer durch die Maschen des Molekularsiebs bewegen als kleine. Allerdings muss berücksichtigt werden, dass neben der Größe der Teilchen auch der Faktor Ladung eine Rolle spielt. Speziell bei Proteinen ist der Ladungszustand in Abhängigkeit von ihrer Aminosäurezusammensetzung und dem pH-Wert recht variabel. So gibt es Proteine, die überwiegend sauer sind und daher bei physiologischem pH-Wert anionisch vorliegen, was beispielsweise für viele Serumproteine zutrifft. Daneben gibt es solche, die überwiegend basisch und damit physiologisch kationisch sind, wie zahlreiche DNA-bindende Proteine. Daher kann bei einer Protein-Gelelektrophorese nicht ohne weiteres eine Aussage über die Größe (bzw. Masse) der Proteine getroffen werden. Wird die Gelelektrophorese jedoch in Gegenwart des Reagenzes **SDS** (*sodium dodecyl sulfate*, Natriumdodecylsulfat) durchgeführt, findet die **Trennung** der Proteine **nach dem Parameter Molekülmasse** statt. Die Einführung der SDS-Polyacrylamid-Gelelektrophorese (Ulrich Laemmli, 1970) stellt daher einen Meilenstein in der Proteinanalytik dar. Mit ihr ist sogar eine Bestimmung der Molekülmasse von Proteinen möglich.

Das Reagenz SDS, der Schwefelsäureester des Dodecanols (○ Abb. 3.5), weist Tensid-Eigenschaften auf. Durch SDS werden Proteine denaturiert und ummantelt, vermutlich durch Mizellenbildung um die Peptidkette. Diese Komplexbildung hat für die Elektrophorese mehrere Vorteile:

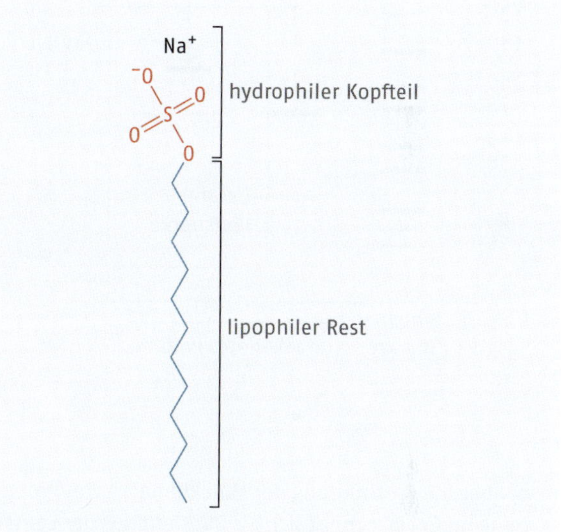

Abb. 3.5 Struktur und physikochemische Eigenschaften des Natriumdodecylsulfats

- Auch eher hydrophobe Proteine werden in Lösung gebracht.
- SDS überdeckt die Eigenladung der Proteine, die Proteine erhalten eine einheitliche Ladungsart (anionisch) und bekommen eine einheitliche Wanderungsrichtung bei der Elektrophorese.

SDS bindet in einem annähernd konstanten Verhältnis an die Proteine (ca. 1 Molekül SDS/2 Aminosäuren), die dadurch ein **konstantes Masse-Ladungs-Verhältnis** erhalten. Dadurch werden Proteine unterschiedlicher Größe bei der Elektrophorese prinzipiell gleich stark beschleunigt (der „Gewichtsnachteil" eines großen Proteins wird durch die höhere Ladung ausgeglichen) sodass im Endeffekt nur der Siebeffekt der Gelmatrix

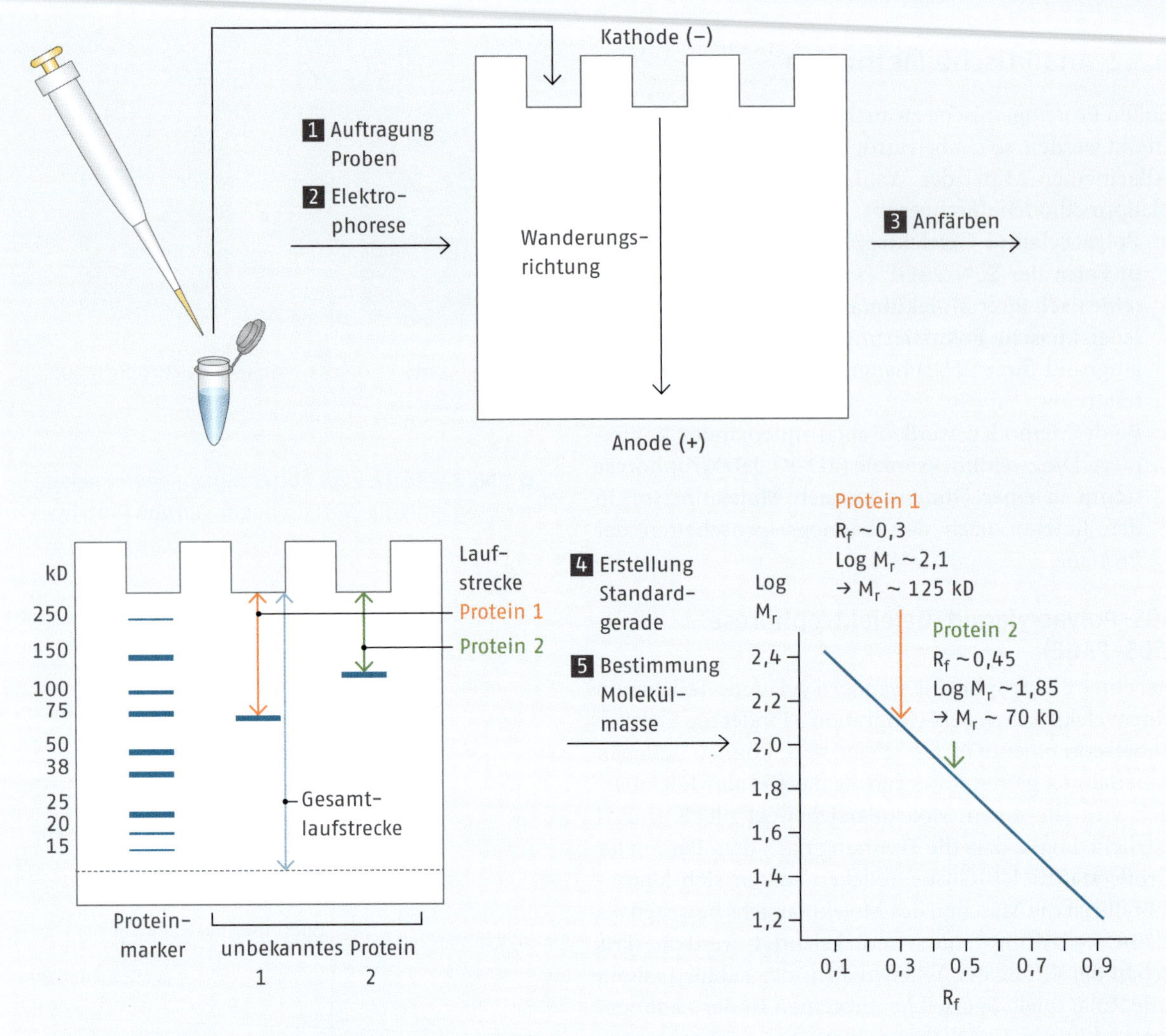

Abb. 3.6 Bestimmung der Molekülmasse von Proteinen durch SDS-PAGE. Die relative Beweglichkeit (R_f) der Proteine im Gel errechnet sich als Quotient aus der Laufstrecke eines Proteins und der Gesamtlaufstrecke. Nach der Elektrophorese und dem Anfärben des Gels (1–3) wird anhand der R_f-Werte und der bekannten Molekülmassen der Proteine im Marker eine Standardgerade erstellt (4). Die Molekülmassen der unbekannten Proteine lassen sich daraus über ihre R_f-Werte bestimmen (5).

für die Trennung der Proteine ausschlaggebend ist. Somit erfolgt die Trennung nach der Molekülmasse und der Faktor Ladung entfällt.

Für die SDS-PAGE gilt über einen weiten Bereich von Molekülmassen und Arten unterschiedlicher Proteine, dass der Logarithmus der Molekülmasse (log M_r) proportional zur relativen Beweglichkeit der Proteine im Gel (R_f) ist. Der Proportionalitätsfaktor in dieser Beziehung ist negativ.

$$\log M_r \sim R_f$$

Anhand eines Gemischs von Proteinen bekannter Molekülmasse (Proteinmarker) lässt sich eine Standardgerade für die Beziehung zwischen log M_r und R_f aufstellen. Mit deren Hilfe kann man die Molekülmasse eines unbekannten Proteins auf dem entsprechenden Gel ermitteln (Abb. 3.6).

Wie bereits erwähnt, findet die SDS-PAGE unter denaturierenden Bedingungen statt. Hierfür sorgt zum einen das SDS, welches als Zusatz sowohl im Probenauftrags- als auch im Laufpuffer der Elektrophorese enthalten ist und nichtkovalente Interaktionen innerhalb von Proteinen bzw. zwischen den Untereinheiten von Proteinkomplexen aufhebt. Zum anderen beinhaltet der Probenauftragspuffer standardmäßig auch das Reduktionsmittel **β-Mercaptoethanol**, welches intra- und intermolekulare Disulfidbrücken von Proteinen spaltet (Abb. 3.6). Zur Vorbereitung für die Elektrophorese wird die Probe mit dem Auftragspuffer versetzt und gekocht. Liegen Proteine mit einer Quartärstruktur bzw.

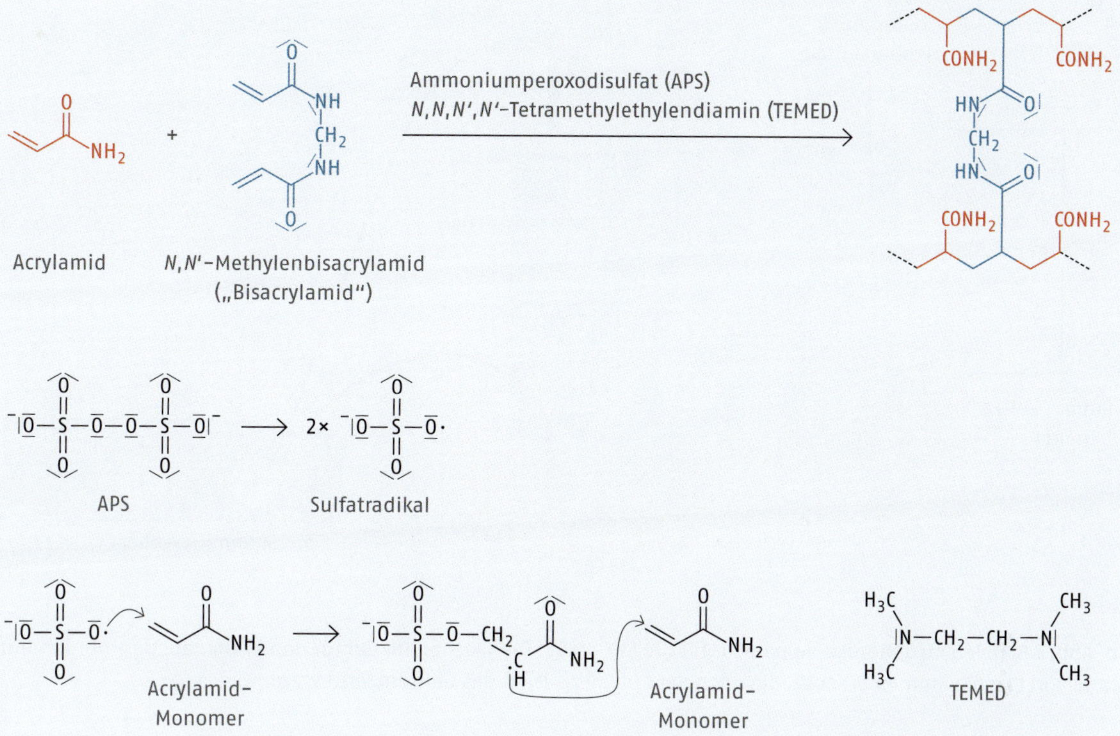

o Abb. 3.7 Entstehung eines Polyacrylamidgels durch radikalische Polymerisation. Polyacrylamidgele für die Gelelektrophorese werden durch Polymerisation der Monomere Acrylamid und Bisacrylamid hergestellt. Das Bisacrylamid dient als Quervernetzer und ermöglicht die Bildung eines räumlich vernetzten Gels. Über die absolute und relative Konzentration der beiden Monomere lässt sich die Maschenweite des Gels steuern, eine Erhöhung der Gesamtkonzentration beider Komponenten bzw. des Anteils an Quervernetzer erniedrigt die Maschenweite. Die Polymerisationsreaktion erfolgt nach einem radikalischen Mechanismus. Als Radikalbildner dient Ammoniumperoxodisulfat, welches durch homolytische Spaltung Sulfatradikale bildet, die die Monomere angreifen. Tetramethylethylendiamin dient bei der Reaktion als „Radikalstabilisator".

Multiproteinkomplexe vor, so werden diese bei der Probenvorbereitung durch Hitze, SDS und β-Mercaptoethanol vollständig denaturiert und es sind auf dem Gel nur die Untereinheiten detektierbar.

Die Durchführung der SDS-PAGE erfolgt in Elektrophoresekammern. Hierfür wird zunächst ein Polyacrylamidgel (o Abb. 3.7) zwischen zwei Glasplatten einpolymerisiert. Das Gel wird in den Glasplatten in eine Elektrophoresekammer eingebracht (o Abb. 3.8). In der Kammer steht sowohl die Oberseite mit den Geltaschen, als auch die Unterseite, mit Laufpuffer in Kontakt. In den Reservoirs für den Laufpuffer befinden sich Elektroden, über die mithilfe eines Spannungsgebers ein elektrisches Feld im Gel erzeugt werden kann. Nach dem Probenauftrag und dem Anlegen der Spannung wandern die negativ geladenen Proteine in Richtung der positiv geladenen Anode.

Die Detektion der Proteinbanden im Gel erfolgt durch **Färbetechniken**. Der am häufigsten verwendete Farbstoff ist Coomassie Brilliant Blue, ein Triphenylmethan-Farbstoff, der durch hydrophobe und ionische Wechselwirkungen an Proteine bindet und diese im Gel intensiv blau einfärbt (o Abb. 3.9). Aber auch Detektionen mittels Silberfärbung sind gängig und basieren auf der Bindung von Silberionen an Proteine und anschließender Reduktion zu elementarem Silber zur Sichtbarmachung der Proteine als schwarze Punkte oder Banden.

Man kann die Elektrophorese von Proteinen auch ohne Zusätze wie SDS durchführen, man spricht dann von einer **nativen Gelelektrophorese**. Nachteile dieses Verfahrens sind unter anderem, dass anionische und kationische Proteine nach dem Probenauftrag in entgegengesetzte Richtungen wandern. Um zumindest die überwiegend sauren bzw. basischen Proteine eines Gemischs

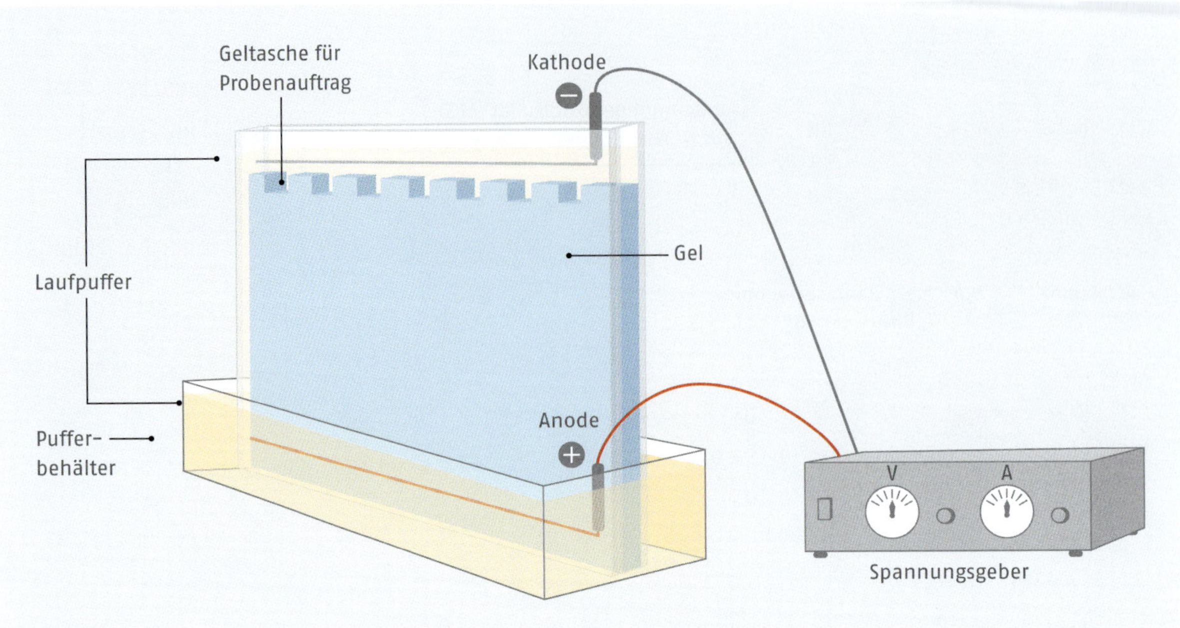

Abb. 3.8 Gelelektrophorese-Apparatur für die SDS-PAGE. Die Taschen im Gel für den Probenauftrag werden mithilfe von Plastikkämmen erzeugt, die nach der Polymerisation des Gels entfernt werden.

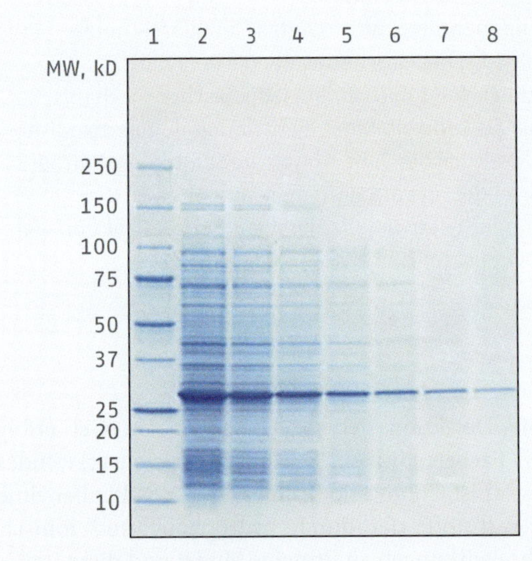

Abb. 3.9 Mit Coomassie Brilliant Blue angefärbtes SDS-Polyacrylamidgel. Aufgetragen wurden ein Größenmarker (Gelspur Nr. 1) und eine Verdünnungsreihe eines Zelllysats (Gelspuren Nr. 2–8).

in einem Lauf trennen zu können, werden Puffer mit unterschiedlichen pH-Werten eingesetzt, d. h. Laufpuffer mit niedrigem pH für basische Proteine und umgekehrt. Hinzu kommt, dass die Trennung nach mehreren Parametern erfolgt (Größe, Ladung, Konformation), was die Auswertung des Gelbilds erschwert. Allerdings hat auch diese Methode durchaus interessante Anwendungsbereiche: Mithilfe der nativen Gelelektrophorese können unter anderem intakte Proteinkomplexe voneinander getrennt werden oder verschiedene Faltungszustände von Proteinen untersucht werden.

Isoelektrische Fokussierung (IEF)

Die **isoelektrische Fokussierung** ist wie die SDS-PAGE ein trägergebundenes Elektrophoreseverfahren zur Trennung von Proteinen. Allerdings erfolgt die Trennung hier nicht aufgrund eines Molekularsiebeffekts, sondern durch einen stabilen pH-Gradienten im Träger. Entlang dieses pH-Gradienten werden die Proteine im elektrischen Feld nach ihren isoelektrischen Punkten getrennt. Der isoelektrische Punkt (pI-Wert) entspricht demjenigen pH-Wert, an dem die Nettoladung des Proteins gleich Null ist. Am Ort ihres pI-Werts weisen die Proteine im elektrischen Feld keine Mobilität mehr auf, sie werden daher dort fokussiert. Die Proteine werden dabei in ihrer nativen Form eingesetzt und nicht zuvor mit SDS denaturiert.

Die Wanderung der Proteine in Richtung ihres pI-Werts bei der IEF beruht darauf, dass sie bei pH-Werten, die nicht ihrem pI-Wert entsprechen, eine Nettoladung besitzen und somit durch die Kräfte des elektrischen Felds in Bewegung versetzt werden. Im Träger liegen in Richtung Anode die sauren pH-Bereiche des Gradienten, in Richtung Kathode liegen die basischeren Bereiche. Wird nun beispielsweise ein überwiegend

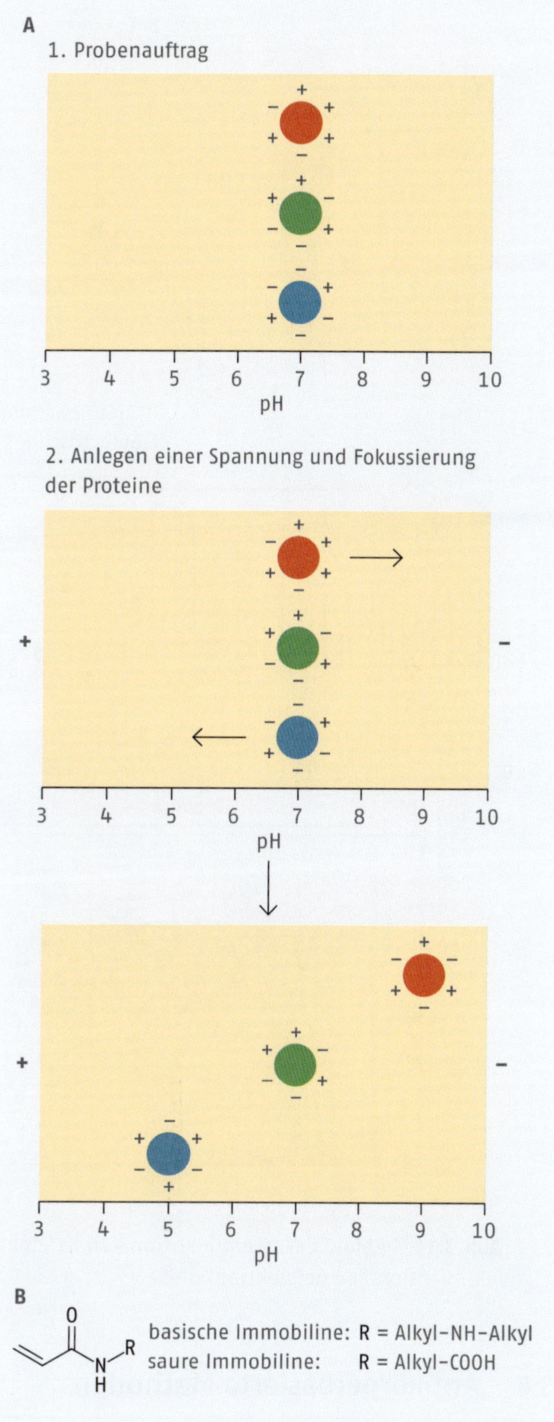

Abb. 3.10 A Isoelektrische Fokussierung. Exemplarisch sind drei Proteine mit unterschiedlichen isoelektrischen Punkten abgebildet. Nach dem Probenauftrag (1.) wird eine Spannung angelegt. Überwiegend basische Proteine (rot) wandern zur Kathode, und somit in den basischen Bereich des pH-Gradienten, bis sie ihren isoelektrischen Punkt erreicht haben. Analog wandern überwiegend saure Proteine (blau) zur Anode, also in Richtung saurer Bereiche (2.). B Allgemeine Struktur der Immobiline zur Erzeugung stabiler pH-Gradienten für die isoelektrische Fokussierung. Alkyl: Rest unterschiedlicher Länge, z.T. mit elektronenziehenden Substituenten

basisches Protein an einer Stelle mit relativ saurem pH-Wert aufgetragen, erhält es durch Protonierung eine positive Nettoladung und wandert in Richtung Kathode. In der Folge gelangt es in immer basischere Bereiche und wird sukzessive deprotoniert, bis seine Nettoladung gleich Null ist (pH = pI). Bewegt es sich von diesem Punkt durch Diffusion fort, kommt es wieder in Bereiche bei denen der pH nicht dem pI entspricht, wird erneut geladen und wandert zurück. Hierdurch wird eine starke Fokussierung der Banden erreicht.

Als Trägermaterialen für die IEF wird im Allgemeinen ein Polyacrylamidgel verwendet. Der stabile pH-Gradient kann erzeugt werden, indem bei der Polymerisation des Gels neben den üblichen Bausteinen Acrylamid und Bisacrylamid sogenannte Immobiline zum Einsatz kommen. Es handelt sich dabei um Acrylamidderivate, die schwach saure bzw. basische Gruppen mit unterschiedlichen pKs-Werten enthalten (Abb. 3.10). Sie werden beim sukzessiven Aufbau des Gels in variierenden Mengenverhältnissen eingesetzt und als Polymerbausteine mit in das Gel eingebaut. Durch die verschiedenen Säure-Base-Eigenschaften sind unterschiedliche pH-Werte einstellbar.

2D-Gelelektrophorese

Die **zweidimensionale Gelelektrophorese** (2D-GE) stellt eine Kopplung der beiden Methoden **isoelektrische Fokussierung** (IEF, ▸ Kap. 3.3.2) und **SDS-Polyacrylamid-Gelelektrophorese** (SDS-PAGE, ▸ Kap. 3.3.2) dar. Als erster Schritt wird bei der 2D-GE eine IEF auf einem streifenförmigen Träger durchgeführt. Die Proteine werden nach ihren Ladungseigenschaften (bzw. nach ihren isoelektrischen Punkten) eindimensional aufgetrennt. In der zweiten Dimension folgt eine SDS-PAGE senkrecht zur Laufrichtung der IEF, wodurch die Proteine zusätzlich nach dem Parameter Molekülmasse getrennt werden. Durch die Kopplung der beiden Methoden ergeben sich Gelbilder mit sehr hoher Auflösung, auf einem Gel können mehr als 1000 Proteine voneinander getrennt werden. Daher wird die 2D-GE zur Analyse besonders komplexer Proben, wie bei der Erforschung gesamter Proteome (▸ Kap. 3.5), verwendet. Die einzelnen Proteinflecken (*spots*) können zur weiteren Untersuchung aus dem Gel ausgeschnitten und massenspektrometrisch (MS) analysiert werden (Abb. 3.11).

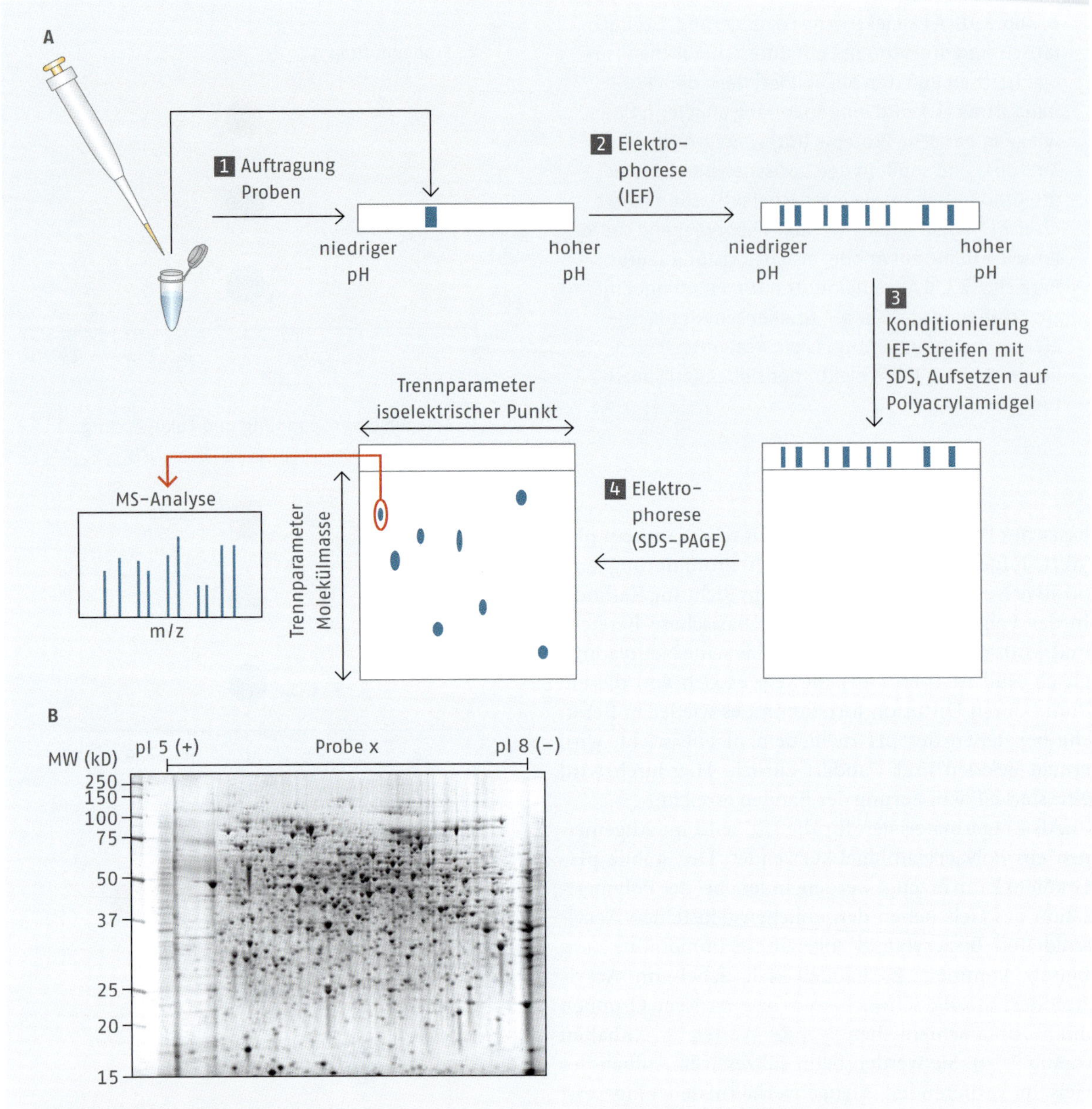

Abb. 3.11 A Ablauf der zweidimensionalen Gelelektrophorese (mit anschließender MS-Analyse), B Gelbild einer zweidimensionalen Gelelektrophorese

3.4 Antikörperbasierte Methoden

3.4.1 Antikörper und Antigene

Antikörper (Immunglobuline) sind Proteine der tierischen **Immunabwehr**. Zu ihrer Aufgabe im Körper gehört es, **Fremdstoffe spezifisch** und häufig auch mit sehr hoher **Affinität** zu erkennen. Im Rahmen der Immunabwehr werden die Antikörper von B-Lymphozyten als Antwort auf den jeweiligen Fremdstoff, das **Antigen**, produziert. Generell können Antigene von ihrer chemischen Struktur her verschiedenster Natur sein, häufig handelt es sich dabei um Peptide bzw. Proteine oder um Kohlenhydratstrukturen.

Aufgrund ihrer Fähigkeit zur spezifischen und festen Bindung anderer Strukturen, vor allem aber aufgrund der Möglichkeit zur **Erkennung anderer Proteine**, sind Antikörper unverzichtbare Werkzeuge in der biochemischen Forschung.

Im Menschen kommen fünf verschiedene Hauptklassen von Antikörpern vor, die als Immunglobulin G (IgG), IgA, IgD, IgE und IgM bezeichnet werden und sich in Aufbau und Funktion unterscheiden (▸ Kap. 13.1). Die Antikörper der Klasse IgG stellen den

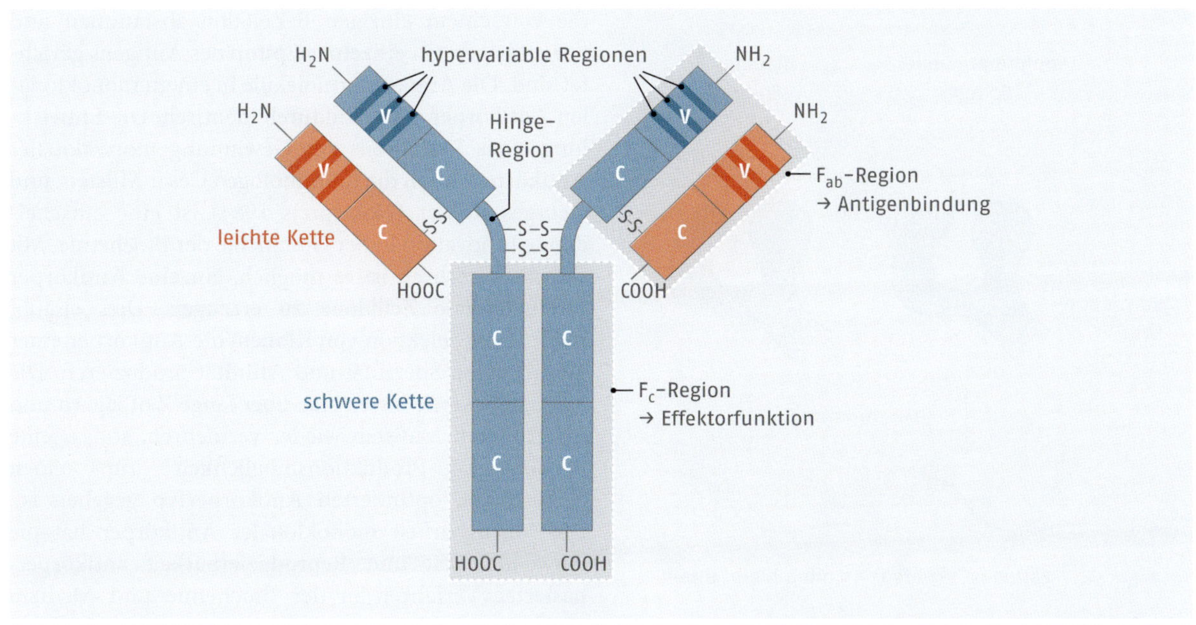

Abb. 3.12 Prototypischer Aufbau eines Antikörpers der Klasse IgG. Die variablen Domänen sind mit V, die konstanten mit C bezeichnet.

3

Grundtypus der Antikörper dar, Abb. 3.12 zeigt den prototypischen Aufbau eines IgG-Moleküls mit seinen strukturell und funktionell charakteristischen Regionen. Zweidimensional betrachtet sind Antikörpermoleküle Y-förmige Strukturen aus zwei leichten und zwei schweren Peptidketten, die über Disulfidbrücken miteinander verbunden sind. Innerhalb dieser Struktur unterscheidet man auf funktioneller Basis zwischen den beiden F_{ab}-Regionen (*fragment antigen-binding*), die bei IgG-Molekülen über eine Scharnierregion (Hinge-Region) mit dem F_c-Teil (*fragment crystallizable region*) verknüpft sind. Die drei Regionen lassen sich durch Verdau eines Antikörpers mit der Protease Papain voneinander trennen. Die F_{ab}-Regionen beinhalten die variablen Domänen der leichten und schweren Ketten, die sich zwischen den verschiedenen Antikörpern eines Isotyps innerhalb einer Spezies unterscheiden. Diese Domänen sind für die Bindung des Antigens zuständig. Der direkte Kontakt mit dem Antigen findet dabei maßgeblich über ihre hypervariablen Regionen statt, die mit ihren hoch charakteristischen Strukturen die Bindungsspezifität des jeweiligen Antikörpers determinieren. Die Antigen-Bindestellen der beiden F_{ab}-Regionen sind dabei identisch und können jeweils ein einzelnes Antigen binden. Die konstanten Domänen des Antikörpers sind charakteristisch für den Antikörper-Isotyp (IgG, IgM etc., ▸ Kap. 13.1) und die Spezies, aus der der Antikörper stammt. Die F_c-Region hat Effektorfunktion im Immunsystem, über sie kann der Antikörper das Komplementsystem aktivieren oder an F_c-Rezeptoren auf Zelltypen wie z. B. den Mastzellen binden. In der Folge können Reaktionen der zellulären Abwehr ausgelöst werden. Beim Komplementsystem handelt es sich um eine Gruppe von mehr als 30 Plasmaproteinen, die in einer kaskadenartigen Reaktion eindringende Mikroorganismen inaktivieren können – unter anderem indem die Zelllyse ausgelöst wird.

Für das Verständnis der Antikörperfunktion werden in den folgenden Abschnitten zunächst die Begriffe Epitop/Antigen sowie polyklonale/monoklonale Antikörper voneinander abgegrenzt.

3.4.2 Epitope

Als **Epitope** werden diejenigen (Sub-)Strukturen von Antigenen bezeichnet, die von Antikörpern erkannt werden. Ein Antigen kann dabei mehrere Epitope aufweisen.

Wenn es sich um Proteinantigene handelt, ist zudem die Unterscheidung zwischen linearen und konformationellen Epitopen von Interesse. **Lineare Epitope** bestehen aus einzelnen, zusammenhängenden Sequenzabschnitten eines antigenen Proteins, wohingegen **konformationelle Epitope** aus mindestens zwei verschiedenen Sequenzabschnitten des jeweiligen Proteins gebildet werden. Wie der Name bereits sagt, werden konformationelle Epitope vom zugehörigen Antikörper nur in einer definierten Konformation erkannt. Die Existenz eines solchen Epitops ist also an einen bestimmten Faltungszustand des Proteins gebunden und die Denaturierung des Proteins führt in diesem Fall zum Verlust der antigenen Eigenschaften dieser Bereiche (Abb. 3.13).

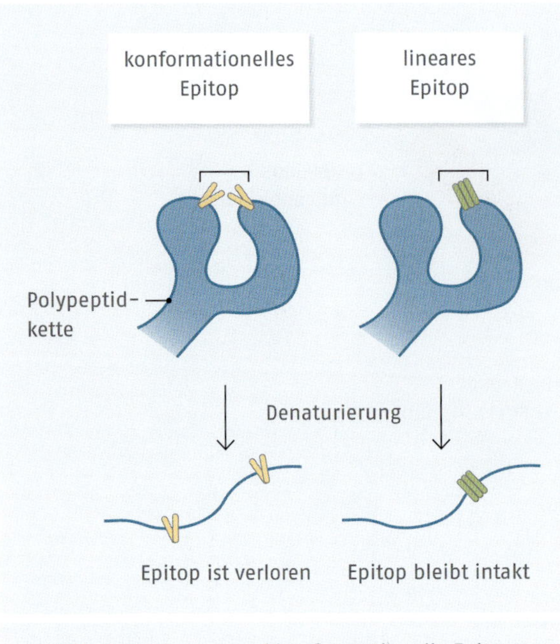

Abb. 3.13 Lineare und konformationelle Epitope

Erwähnenswert ist, dass ein Epitop auf einem Protein nicht nur aus Aminosäuren bestehen muss, sondern auch durch andere Strukturelemente wie beispielsweise Phosphatgruppen oder andere PTM (▸ Kap. 2.4.5) mitdefiniert werden kann. Dadurch ist es möglich, spezifische Antikörper gegen bestimmte Phosphorylierungsstellen eines Proteins zu verwenden, mit denen zwischen phosphorylierten und nicht phosphorylierten Formen dieses Proteins experimentell unterschieden werden kann. Da einige Arzneistoffe phosphorylierende Signalkaskaden ansteuern, sind solche Antikörper zum Nachweis der Arzneistoffwirkung nützlich.

3.4.3 Polyklonale und monoklonale Antikörper

Um Antikörper für den Einsatz in Forschung und Entwicklung zu gewinnen, können Versuchstiere mit dem zu untersuchenden (Protein-)Antigen immunisiert werden. Bei der Abwehrreaktion des Versuchstiers erkennen einzelne B-Lymphozyten jeweils ein bestimmtes Epitop des Antigens und werden durch diesen Stimulus klonal vermehrt. In der Folge produzieren die entsprechenden B-Zellklone spezifische Antikörper gegen die individuellen, von ihnen erkannten Epitope, sodass im Serum des Versuchstiers mehrere Immunglobuline neu auftreten. Das aus dem Serum gewonnene Antikörperkonzentrat wird als **polyklonaler Antikörper** bezeichnet und zeichnet sich dadurch aus, dass die enthaltenen Immunglobuline **verschiedene Epitope** des eingesetzten Antigens erkennen können.

Im Gegensatz zu einem polyklonalen Antikörper beinhalten **monoklonale Antikörper** Immunglobuline, die von einem einzigen B-Zellklon abstammen und jeweils gegen ein **einzelnes Epitop** des Antigens gerichtet sind. Die Antikörpermoleküle in einem monoklonalen Antikörper sind strukturell identisch. Die Entwicklung eines Verfahrens zur Gewinnung monoklonaler Antikörper durch die Immunologen César Milstein und Georges Köhler (Nobelpreis 1984) ist eine entscheidende Innovation in der Geschichte der Biochemie. Mit diesem Verfahren ist es möglich, einzelne Antikörper produzierende Zellklone zu erzeugen. Dies erlaubt zumeist die Selektion von Klonen, die Antikörper einer gewünschten Spezifität und Affinität produzieren. Die erzeugten Klone lassen sich über lange Zeit lagern und im größeren Maßstab wieder vermehren, sodass eine nachhaltige Produktionsmöglichkeit für einen bestimmten, optimierten Antikörpertyp gegeben ist. Die Verfügbarkeit monoklonaler Antikörper hat die Anwendbarkeit und Reproduzierbarkeit antikörperbasierter Verfahren in der Biochemie und Medizin deutlich verbessert. Darüber hinaus wird eine Vielzahl monoklonaler Antikörper als Arzneistoffe eingesetzt.

3.4.4 Herstellung monoklonaler Antikörper

Zur Herstellung monoklonaler Antikörper wird zunächst ein Versuchstier mit einem (Protein-)Antigen der Wahl immunisiert. Aus dem Versuchstier werden Antikörper produzierende **Milzzellen** gewonnen, die in Kultur genommen werden. Darunter befinden sich auch einige Plasmazellen, die Antikörper gegen das Zielantigen produzieren. Da die Milzzellen jedoch direkt aus dem lebenden Organismus entnommen wurden, handelt es sich um primäre Zellen, die unter Laborbedingungen nicht unbegrenzt teilungsfähig sind. Um diesen Nachteil auszugleichen, werden die primären Milzzellen mit **Myelomzellen**, die in vitro unbegrenzt teilbar sind, über eine Zellfusion zu **Hybridomzellen** verschmolzen. Die verwendeten Myelomzellen gehören zu einer Tumorzelllinie, die von Plasmazellen abstammt und genetische Aberrationen aufweist, die zur Immortalisierung sowie zur Überlebensfähigkeit außerhalb des Stammorganismus führen. Durch die Zellfusion werden bei den Hybridomzellen zwei zentrale Eigenschaften vereint: die Produktion von Antikörpern und die unbegrenzte Teilbarkeit unter Laborbedingungen.

Allerdings ist das Verfahren damit noch nicht am Ziel, da sich im Gemisch der Zellfusion auch unfusionierte Milz- und Myelomzellen befinden. Daher ist noch ein **Selektionsschritt** erforderlich, um gezielt an die Hybridomzellen heranzukommen. Die Entfernung der unfusionierten Milzzellen aus der Kultur ist recht einfach: Sie sind nicht unbegrenzt teilbar und sterben somit nach einer gewissen Kulturdauer von alleine ab.

Die Entfernung der Myelomzellen ist jedoch anspruchsvoller und erfordert einen Trick. Man ver-

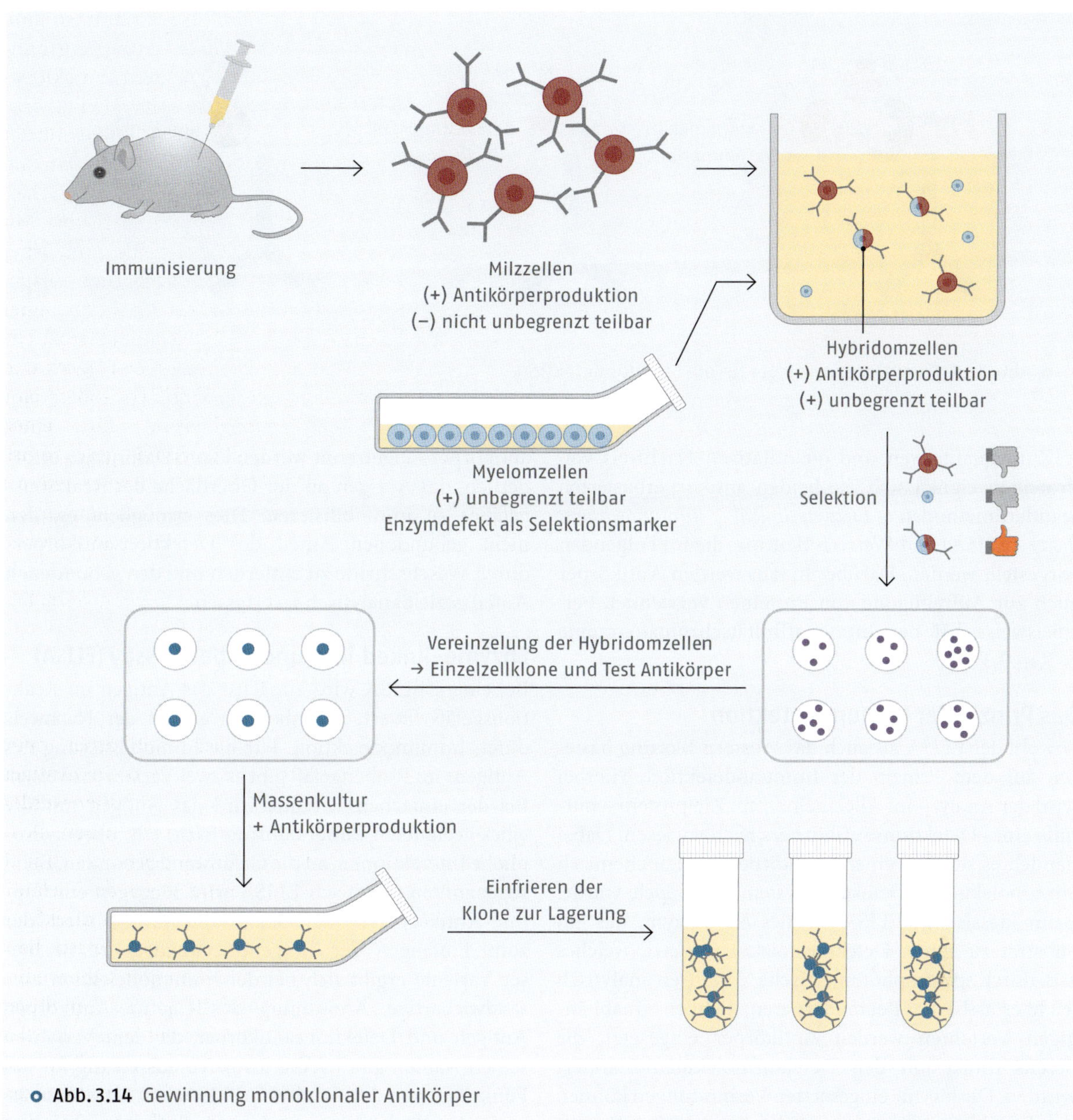

Abb. 3.14 Gewinnung monoklonaler Antikörper

wendet für die Fusion einen bestimmten Myelomzelltyp, der einen Enzymdefekt in einem bestimmten Seitenpfad der Nukleinsäuresynthese („salvage pathway") aufweist. Setzt man nun nach der Zellfusion ein Kulturmedium mit Inhibitoren der Nukleinsäuresynthese ein, können die Myelomzellen nicht notfallmäßig auf den genannten Seitenpfad ausweichen und sterben ab. Im Gegensatz dazu verfügen die Hybridomzellen durch den Erbgutanteil der primären Milzzellen über diesen Seitenpfad und überleben damit die Selektion. Die Hybridomzellen können anschließend vereinzelt und vermehrt werden, sodass **Einzelzellklone** erhalten werden. Aus dem Zellkulturüberstand können nun Antikörper gewonnen und qualitativ miteinander verglichen werden. Die Hybridomzellklone, die die geeignetsten Antikörper liefern, werden im größeren Maßstab kultiviert und eingefroren, sodass sie dauerhaft für die Antikörperproduktion zur Verfügung stehen (Abb. 3.14).

3.4.5 Einführung: antikörperbasierte Methoden

Antikörper sind äußerst wichtige Werkzeuge in der biochemischen Forschung. Ihre besondere Fähigkeit, an andere Proteine spezifisch zu binden, bietet sich als Lösung für ein biochemisches Grundproblem an, nämlich die Herausforderung, Zielproteine aus dem biologischen Material (z. B. Zelllysate) heraus qualitativ und quantitativ nachzuweisen und gegebenenfalls auch zu isolieren.

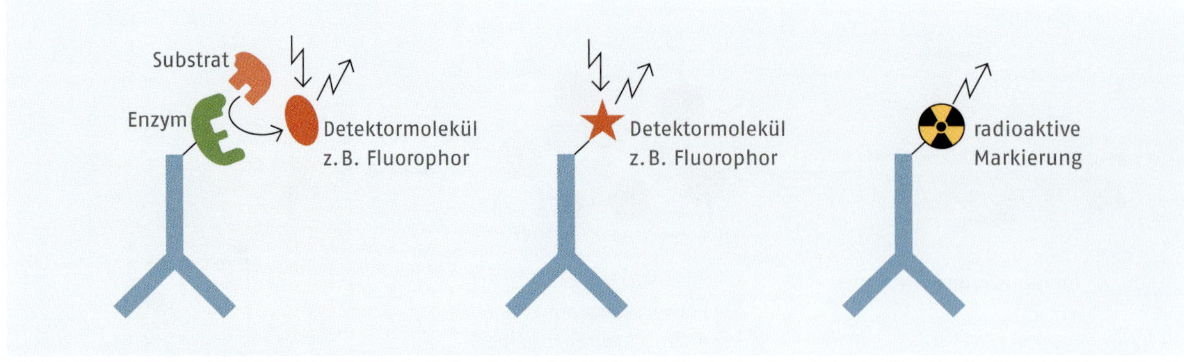

Abb. 3.15 Detektionsantikörper für die Immunodetektion

Zum qualitativen und quantitativen Nachweis von Proteinen eignen sich die beiden antikörperbasierten Standardmethoden *Enzyme-linked immunosorbent assay* (ELISA) und Western Blotting, die im Folgenden vorgestellt werden. Darüber hinaus werden Antikörper auch zur Aufreinigung von Proteinen verwendet, beispielsweise bei der Immunaffinitätschromatographie (▸ Kap. 3.3.1).

Das Prinzip der Immunodetektion

Sowohl der ELISA als auch das Western Blotting basieren auf dem Prinzip der Immunodetektion. Hierbei wird der Analyt – im Allgemeinen ein Zielprotein – mithilfe eines **Detektionsantikörpers** nachgewiesen. Dabei handelt es sich um einen Antikörper, an den chemisch ein „molekulares Detektionssystem" gekoppelt wurde: Beim klassischen ELISA ist dies ein Enzym, das ein Substrat zu einem Detektormolekül umsetzt, welches z. B. durch spektrophotometrische Verfahren analytisch leicht erfassbar ist. Bei moderneren, nicht enzymabhängigen Verfahren werden Antikörper eingesetzt, die bereits direkt mit den Detektormolekülen markiert wurden. Die hierfür eingesetzten Verbindungen können durch Licht verschiedenster Wellenlänge (z. B. UV-, Infrarot-Bereich) angeregt werden und emittieren dann eine gut messbare Strahlung, häufig werden Fluoreszenzfarbstoffe verwendet. Früher wurden zur Detektion auch radioaktiv markierte Antikörper eingesetzt – ein Verfahren, dass unter der Bezeichnung RIA (Radioimmunoassay) bekannt wurde (Abb. 3.15).

Detektionsantikörper können so ausgerichtet sein, dass sie entweder direkt an das zu erfassende Antigen binden (**direkte Methodik**) oder einen Erstantikörper erkennen, der spezifisch gegen das Antigen gerichtet ist (**indirekte Methodik**).

Quantitative Immunodetektionsverfahren beruhen darauf, dass der Detektionsantikörper im Überschuss zum experimentellen System zugegeben wird, in einem definierten Verhältnis an das nachzuweisende Antigen bindet und der nicht gebundene Anteil des Detektionsantikörpers abgetrennt werden kann. Dafür ist es erforderlich, das Antigen an der Oberfläche des Reaktionsgefäßes zu immobilisieren. Dies ermöglicht es, den nicht gebundenen Anteil des Detektionsantikörpers durch Waschschritte zu entfernen und den gebundenen Anteil gezielt analytisch zu erfassen.

Enzyme-linked immunosorbent assay (ELISA)

Bei einem ELISA wird zunächst das Antigen im Reaktionsgefäß fixiert, anschließend erfolgt der Nachweis durch Immunodetektion. Für die Immobilisierung des Antigens im Probengefäß gibt es zwei Verfahrensweisen. Bei der einfachen Variante wird das Antigen mithilfe eines geeigneten Puffers unspezifisch, z. B. über hydrophobe Interaktionen, an die Gefäßwand gebunden. Beim sogenannten Sandwich-ELISA wird hingegen ein Capture-Antikörper an der Gefäßwand immobilisiert, der zum „Einfangen" der Antigene verwendet wird. Bei dieser Variante ergibt sich bei der Immunodetektion eine sandwichartige Anordnung aus Capture-Antikörper, Antigen und Detektionsantikörper, die dem Verfahren seinen Namen gibt (Abb. 3.16). Voraussetzung für das Funktionieren des Sandwich-ELISAs ist, dass Primär- und Sekundärantikörper unterschiedliche, räumlich ausreichend voneinander entfernt liegende Epitope des Antigens erkennen, um sich bei der Bindung an die jeweiligen Zielstrukturen nicht gegenseitig zu behindern.

Wie bereits erwähnt, kann die Immunodetektion auf zwei Arten, direkt oder indirekt, ausgeführt werden. Beim **direkten ELISA** wird zum Nachweis des Antigens ein Detektionsantikörper verwendet, der unmittelbar an das Antigen bindet. Im Gegensatz dazu wird beim **indirekten ELISA** zunächst ein unmodifiziertes Immunglobulin, das gegen das Antigen gerichtet ist, als Primär- bzw. Erstantikörper eingesetzt. Anschließend wird der Detektionsantikörper als Sekundär- bzw. Zweitantikörper zugegeben. Der Detektionsantikörper ist gegen den Primärantikörper gerichtet und erkennt im Allgemeinen die speziesspezifische, konstante Region (den F_c-Teil) des Erstantikörpers. Stammt der Erstantikörper also bei-

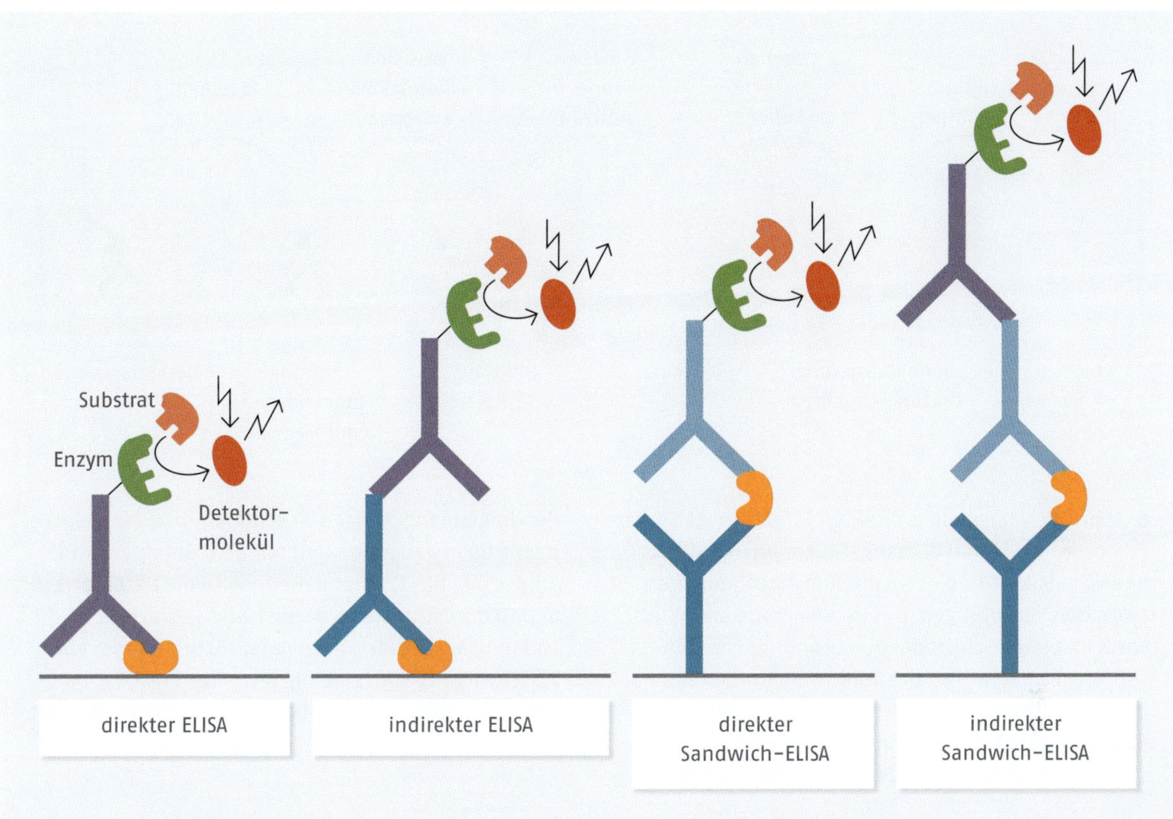

Abb. 3.16 Varianten des Enzyme-linked immunosorbent Assay (ELISA)

spielsweise aus der Maus, so könnte als Detektionsantikörper ein markiertes Anti-Maus-Immunglobulin aus der Ratte (*rat anti-mouse*) eingesetzt werden. Der Vorteil dieser Vorgehensweise ist, dass nicht für jedes Antigen ein passender Antikörper an ein molekulares Detektionssystem gekoppelt werden muss, sondern lediglich die entsprechenden Immunglobuline gegen die gängigen Tierspezies der Primärantikörper (Maus, Ratte, Ziege, Esel, etc.) einzusetzen sind.

Insgesamt ergeben sich aus den geschilderten Immobilisierungs- und Detektionsvarianten vier Arten des ELISA, die in Abb. 3.16 nebeneinander dargestellt sind. Abb. 3.17 zeigt schematisch den Ablauf eines direkten Sandwich-ELISAs mit seinen einzelnen Teilschritten.

Bei der klassischen, enzymvermittelten Detektion im ELISA ist darauf zu achten, dass es sich um eine **kinetische Methode** der Detektion handelt, nicht um eine Endpunktmethode. Somit muss anhand von Referenzreaktionen aus der Reaktionsgeschwindigkeit, mit der das detektierbare Produkt entsteht, auf die Antigenmenge geschlossen werden. In der Praxis wird häufig nach einem festgelegten Zeitpunkt während der Anfangsphase der ELISA-Reaktion gemessen und die Signalintensität mit einer Referenz verglichen (*fixed-time* Verfahren).

 **Definition**

Um biochemische Analyten (Substrate, Enzyme) zu quantifizieren, kann man sie in einer Messreaktion einsetzen, bei der ein leicht detektierbares Produkt entsteht, und daraus auf die Menge des Analyten zurückschließen. Hierbei müssen zwei Verfahren unterschieden werden:

Durch eine **Endpunktmethode** können Substrate als Reaktionsteilnehmer quantifiziert werden, indem sie vollständig zu einem leicht detektierbaren Produkt umgesetzt werden. Die Substratmenge wird aus der entstandenen Produktmenge errechnet.

Bei einer **kinetischen Methode** wird die Menge des Reaktionsteilnehmers (Substrat oder Enzym) dadurch bestimmt, dass die Geschwindigkeit des Substratumsatzes gemessen und als Maß für die zu bestimmende Substrat- oder Enzymmenge herangezogen wird. Anhand einer Referenzreaktion kann schließlich die Menge des Analyten errechnet werden. Hierbei ist zu beachten, dass die Bestimmung im Anfangsbereich der Reaktion erfolgen muss, in dem die Produktmenge linear ansteigt.

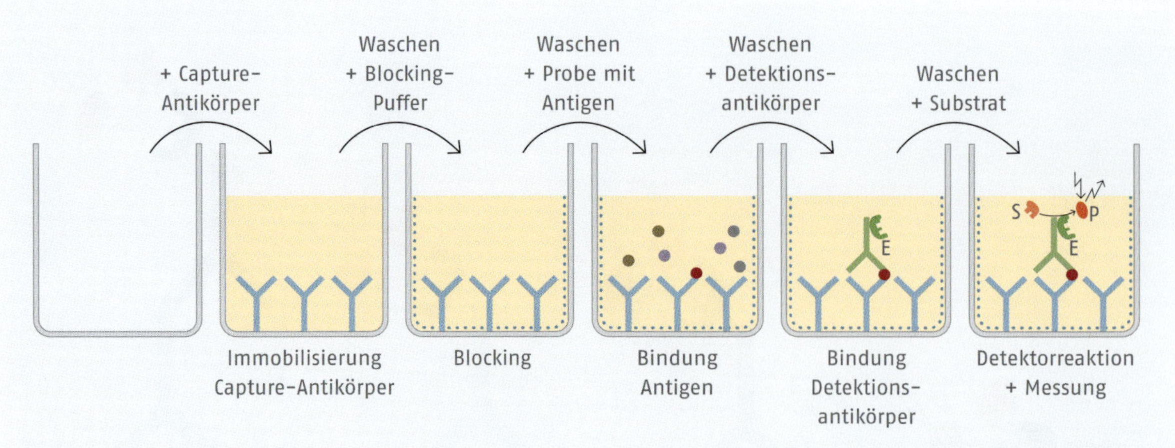

Abb. 3.17 Ablauf eines direkten Sandwich-ELISA. Ein ELISA wird in kleinen Probengefäßen durchgeführt, häufig in Mikrotiterplatten aus Kunststoff, in deren einzelnen Vertiefungen jeweils eine Probe analysiert wird. Im ersten Schritt der Durchführung wird ein Capture-Antikörper an der Gefäßwand immobilisiert. Danach werden unspezifische Bindungsstellen im Reaktionsgefäß mithilfe eines Proteingemischs abgesättigt, um die Spezifität der Bindungsvorgänge in den folgenden Schritten zu erhöhen. In diesen wird das Antigen gebunden und mit dem Detektionsantikörper inkubiert, anschließend wird die Detektorreaktion durch Zugabe des Substrates gestartet und die Messung ausgeführt. Nach jedem Schritt findet ein Waschvorgang statt, um die jeweiligen nicht gebundenen Anteile der zugegebenen Komponenten zu entfernen.

Western Blot

Das **Western Blotting** ist das zweite Standardverfahren der Proteinbiochemie, das nach dem Prinzip der Immunodetektion funktioniert und den Nachweis eines Zielproteins in einer komplexen biologischen Probe erlaubt.

Im Unterschied zum ELISA werden die einzelnen Proteine bei diesem Verfahren vor der Immunodetektion mithilfe der Gelelektrophorese aufgetrennt. Hierfür wird im Allgemeinen die **SDS-PAGE** (▸ Kap. 3.3.2) verwendet, bei der die Trennung der Proteine nach ihrer Masse erfolgt. Die Immobilisierung des Antigens geschieht durch Übertragung der Proteinbanden auf Membranen (Blotting-Verfahren, ▸ Kap. 5.6).

Im Gegensatz zum ELISA ist beim Western Blotting eine Aussage über die Molekülmasse des Zielproteins möglich. Dazu werden bei der vorgeschalteten Gelelektrophorese markierte Größenstandards mitgeführt, die ebenfalls beim Blotting auf die Membran übertragen werden. Dabei lassen sich auf einer Membran häufig auch mehrere Proteine verschiedener Molekülmasse parallel detektieren. Abb. 3.18 zeigt die einzelnen Schritte der Durchführung des Western Blottings. Bei der gezeigten Vorgehensweise entsteht auf der Membran ein Komplex aus Antigen, Erstantikörper und Detektionsantikörper, dessen Aufbau wir analog beim indirekten ELISA kennengelernt haben (▸ Kap. 3.4.5).

3.5 Massenspektrometrie von Proteinen und Edman-Abbau

Die eindeutige Identifizierung von Proteinen, die in einer biologischen Probe enthalten sind, ist von zentralem Interesse für die pharmazeutische Forschung. Die Breite der möglichen Fragestellungen erstreckt sich dabei von der Bestätigung der Identität eines einzelnen, gereinigten Proteins bis hin zur Identifizierung der unbekannten Bestandteile ganzer Proteome, also der Gesamtheit der Proteine einer Zell- oder Gewebeprobe.

3.5.1 Massenspektrometrische Identifizierung und Charakterisierung von Proteinen

Methodisch ist derzeit die **Massenspektrometrie (MS)** das Mittel der Wahl bei der Identifizierung von Proteinen. Massenspektrometrische Verfahren beruhen auf dem Nachweis charakteristischer Peptidsequenzen, die in eindeutiger Weise einem spezifischen Protein zugeordnet werden können.

Für die MS-basierte Identifizierung hat es sich als methodischer Standard etabliert, die Proteine zunächst mit der Protease **Trypsin** zu verdauen und die entstandenen Fragmente anschließend massenspektrometrisch zu analysieren.

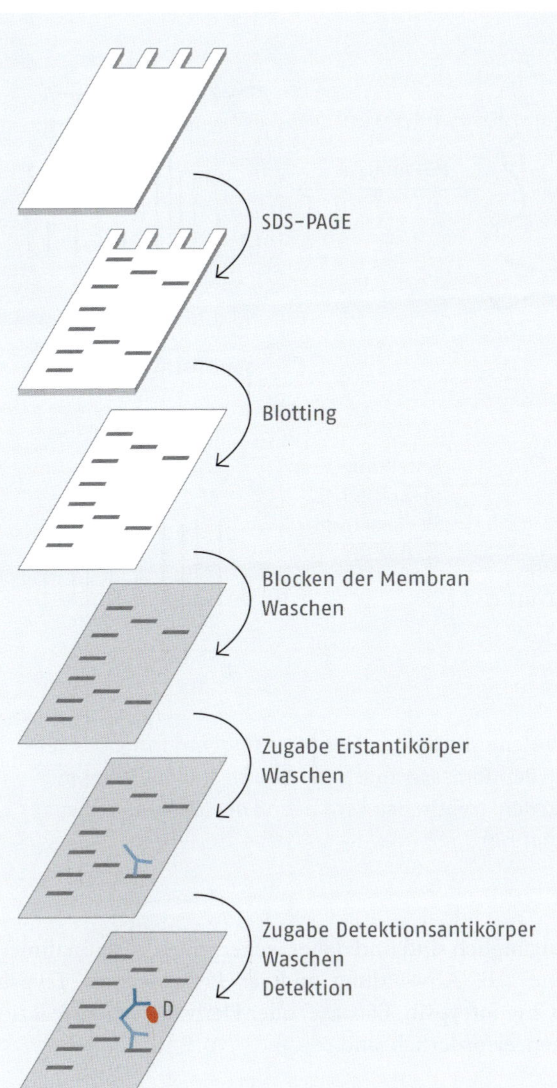

Abb. 3.18 Prinzip des Western Blottings. Hierfür werden die Proteine einer biologischen Probe durch Gelelektrophorese, im Allgemeinen durch SDS-PAGE, aufgetrennt. Anschließend werden die Proteine aus dem Gel auf eine polymere Membran übertragen (Blotting, ▸Kap. 5.6). Die Übertragung erfolgt elektrophoretisch: Gel und Membran werden in eine Kunststoffhalterung eingespannt, die Elektroden trägt (nicht gezeigt). Gängige Materialien für Blotting-Membranen zum Proteinnachweis sind Nitrocellulose oder Kunststoffe wie Polyvinyldifluorid (PVDF). Um unspezifische Bindungsstellen auf der Membran abzudecken, wird die Membran mit einem Proteingemisch (z. B. einer Milchpulver-Suspension) inkubiert. Danach erfolgt die Immunodetektion durch Inkubation der Membran mit dem Erstantikörper, gefolgt von der Zugabe des Detektionsantikörper (der im gezeigten Beispiel direkt an ein Detektormolekül (D) gekoppelt ist, ▸Kap. 3.4.5) und dem Auslesen der Signale auf der Membran. Die Membran wird nach den einzelnen Inkubationsschritten gewaschen, um die jeweiligen nicht gebundenen Anteile der zugegebenen Komponenten zu entfernen.

Hierfür sind zwei Herangehensweisen möglich:

- Untersuchung der tryptischen Fragmente auf charakteristische Peptidmassen-Muster anhand einer „einfachen“ Massenanalyse (MS). In Analogie zur Verwendung von Fingerabdrücken bei der Identifizierung von Menschen wird für diese Herangehensweise die Bezeichnung *peptide mass fingerprinting* (PMF) verwendet.
- Sequenzierung tryptischer Peptide durch Fragmentierungsexperimente (MS/MS-Analyse) und Identifizierung anhand charakteristischer Primärstruktur-Abschnitte.

Beim PMF wird von den tryptischen Fragmenten des Proteins ein einfacher Massenscan erstellt. Das erhaltene Peakmuster wird anschließend mit theoretischen Massenspektren verglichen. Die theoretischen Spektren werden aus Proteinsequenzen erhalten, die in Proteindatenbanken enthalten sind oder sich aus Genomdatenbanken ableiten lassen. Die Sequenzen aus der Datenbank werden elektronisch nach den Aminosäuren Arginin und Lysin (als Schnittstellen für Trypsin, ▸Kap. 2.5.2) in Fragmente zerlegt (in silico-Verdau), woraus sich ein theoretisches Massenspektrum ableiten lässt. Anschließend erfolgt ein statistischer Abgleich zwischen theoretischem und experimentell ermitteltem Spektrum. Anhand eines Wahrscheinlichkeitswerts (Score) wird beurteilt, ob das experimentell gefundene Peakmuster eine ausreichend sichere Identifizierung des Proteins zulässt (Abb. 3.19).

Für die Analyse eines Proteingemischs setzt dieses Verfahren häufig voraus, dass vor der massenspektrometrischen Messung eine analytische Trennung der Proteine erfolgt, sodass möglichst einzelne Proteine bzw. Gemische geringer Komplexität untersucht werden können. Hierfür eignet sich die SDS-PAGE (▸Kap. 3.3.2),

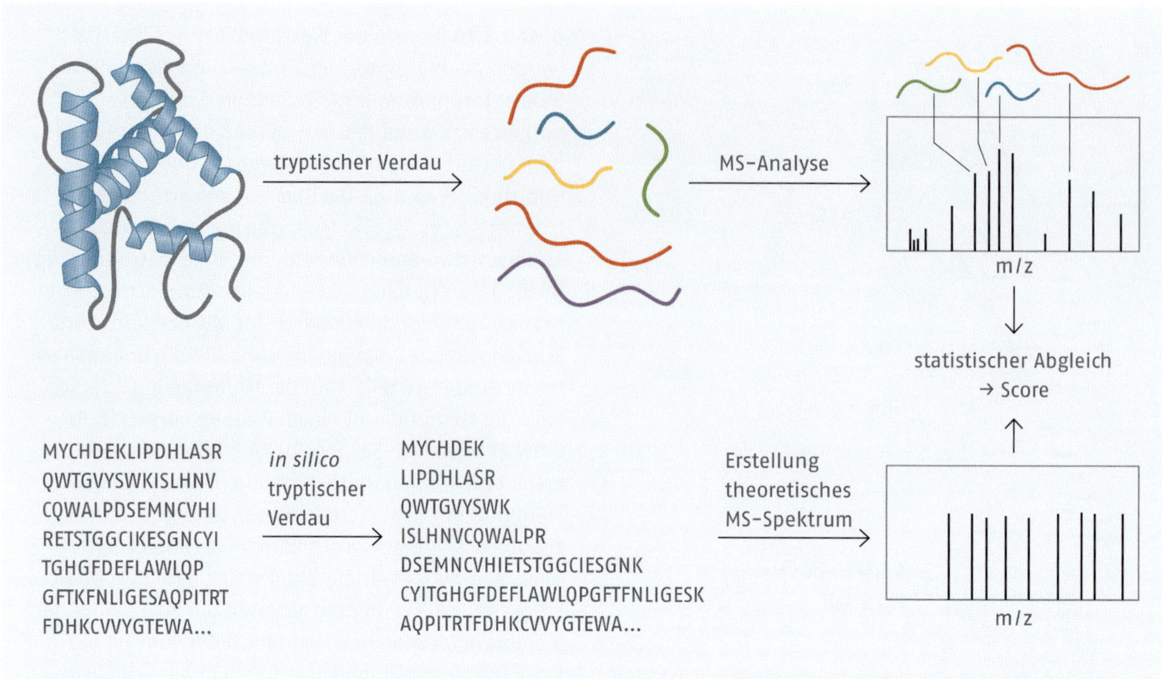

o Abb. 3.19 Massenspektrometrische Identifikation eines Proteins mittels *peptide mass fingerprinting*. Das Verfahren beruht auf der Identifizierung von charakteristischen Peptidmassenmustern, die sich eindeutig einem bestimmten Protein zuordnen lassen. Anmerkung: Zwischen dem tryptischen Verdau und der MS-Analyse liegt häufig noch ein Aufreinigungsschritt (z. B. eine Gelelektrophorese).

bei der einzelne Proteinbanden als Gelstücke aus dem Gel ausgeschnitten, verdaut und per MS analysiert werden können.

Die zweite Herangehensweise basiert auf der Tandem-Massenspektrometrie (**MS/MS-Analyse**). Sie erlaubt die **Sequenzierung** einzelner tryptischer Peptide durch Fragmentierungsexperimente. Hierfür werden im Massenspektrometer einzelne tryptische Peptide gezielt herausgefiltert und in einer Stoßkammer fragmentiert. Da sich die erzeugten Fragmente im Allgemeinen überlappen, kann die Sequenz der tryptisch verdauten Peptide aus deren Massen abgeleitet werden (o Abb. 3.20). Durch Abgleich der ermittelten Sequenzen mit Datenbanken lassen sich Proteine dann häufig statistisch eindeutiger identifizieren. Dieses Verfahren eignet sich auch für die Analyse komplexer Gemische.

Die Massenspektrometrie erlaubt auch die genaue **Charakterisierung** von Proteinen. Diese geht über den Nachweis und die Sequenzbestimmung einzelner Peptidsequenzen hinaus und hat zum Ziel, möglichst die gesamte Aminosäuresequenz des Proteins aufzuklären sowie posttranslationale Modifikationen (▸ Kap. 2.4.5) nachzuweisen. Eine solche Charakterisierung kann mit sehr hohem Aufwand verbunden sein, da nicht alle Abschnitte einer Proteinsequenz gleich gut für die Prozessschritte der massenspektrometrischen Analyse zugänglich sind und daher weitergehende Maßnahmen, wie z. B. Anwendung anderer Proteasen als Trypsin (Chymotrypsin, Elastase) oder Derivatisierungsreaktionen, erforderlich sind.

Fachgebietstransfer

Sequenzdaten und Proteinfunktion

Wurde die Sequenz eines bislang noch nicht bekannten Proteins bestimmt, so können mithilfe elektronischer Datenbanken Hypothesen zu dessen Zugehörigkeit zu einer Proteinfamilie und damit zu dessen Funktion aufgestellt werden. Hierzu wird die Sequenz des Proteins mithilfe entsprechender Software gegen die Sequenzen tausender anderer, bereits in Datenbanken vorhandener Proteine abgeglichen.

Häufig lassen sich damit in der Primärstruktur charakteristische Sequenzen identifizieren, beispielsweise Signalsequenzen für eine Kern- oder Membranlokalisation des Proteins.

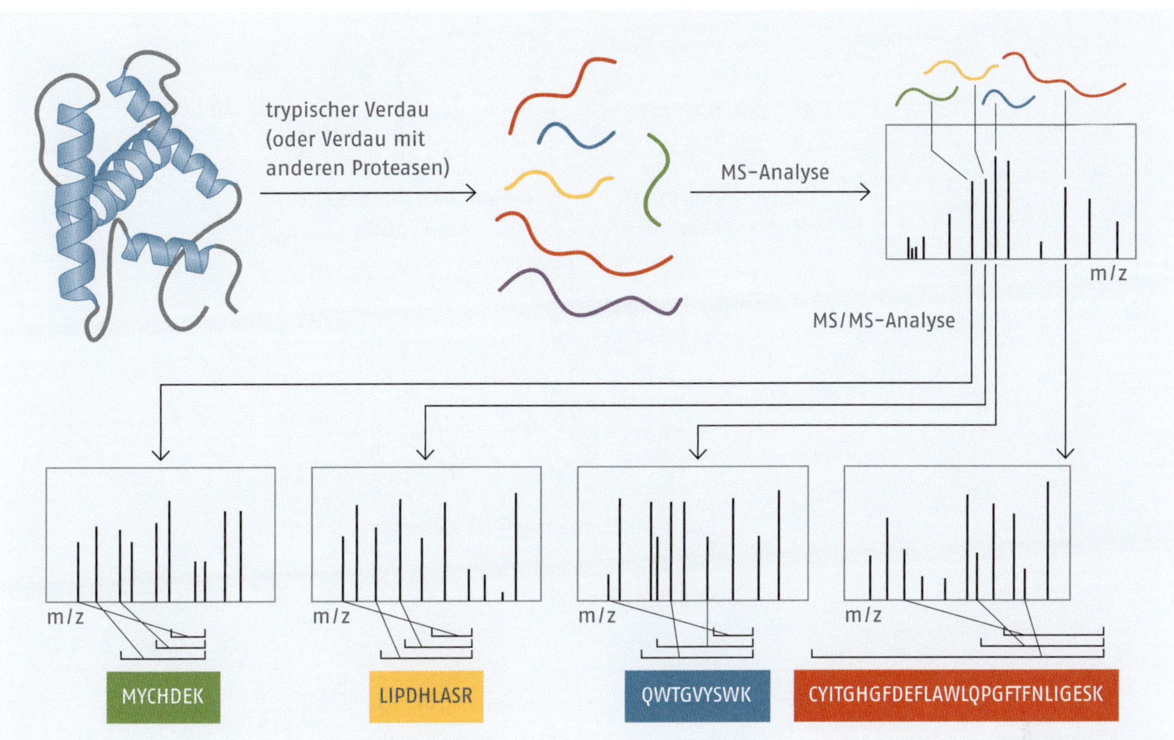

o Abb. 3.20 Massenspektrometrische Identifikation eines Proteins mittels Tandem-Massenspektrometrie. Das Verfahren beruht auf der Ermittlung von (Teil-)Sequenzen eines Proteins, die sich eindeutig einem bestimmten Protein zuordnen lassen. Anmerkung: Zwischen dem tryptischen Verdau und der MS-Analyse liegt häufig noch ein Aufreinigungsschritt (z. B. Reinigung durch HPLC).

3.5.2 Edman-Abbau

Im Jahr 1950 entwickelte der schwedische Biochemiker Pehr Edman ein chemisches Verfahren zur Sequenzierung von Proteinen, das heute noch zur Anwendung kommt, wenn mithilfe der Massenspektrometrie kein zufriedenstellendes Ergebnis bei der Proteinsequenzierung erzielt werden kann.

Der Edman-Abbau beinhaltet eine zyklische Reaktionsfolge, bei der eine Aminosäure nach der anderen vom N-Terminus des zu sequenzierenden Peptids abgespalten und per HPLC identifiziert wird. Die Abbaureaktion findet in einer Sequenziervorrichtung statt, bei der das Peptid fest auf einer Membran haftet, sodass die abgespaltenen Aminosäurederivate einzeln von der festen Phase eluiert und analysiert werden können.

Das zentrale Agens im Edman-Abbau ist das **Phenylisothiocyanat** (**PITC, Edman-Reagenz**). Es lässt sich unter schwach basischen Bedingungen elektrophil an die terminale α-Aminogruppe des Peptids addieren, was zu einem Phenylthiocarbamoylderivat (PTC-Derivat) der Aminosäure führt (o Abb. 3.21). Aus diesem Konjugat wird die N-terminale Aminosäure unter sauren Bedingungen als instabiles Anilinothiazolinon(ATZ)-Derivat abgespalten. Das entstehende Intermediat wird anschließend im sauren Milieu zu einem Phenylthiohydantoin-Derivat der Aminosäure (PTH-Aminosäure) umgelagert, welches vom Restpeptid abgetrennt und per HPLC identifiziert werden kann.

Der Edman-Abbau erlaubt allerdings nur die Identifizierung von höchstens 30–50 Aminosäuren am Stück, da die zyklische Reaktionsführung der Methode zur Akkumulation von Produkten aus vorangegangenen Schritten führt, was die weitere Analyse schließlich unmöglich macht. Aus diesem Grund müssen größere Peptide vor der Sequenzierung mit chemischen oder enzymatischen Mitteln in Bruchstücke geeigneter Größe vorgespalten werden, die anschließend einzeln dem Edman-Abbau unterzogen werden. Da sich die einzelnen Teilsequenzen partiell überlappen, lässt sich daraus die Gesamtsequenz ableiten. o Abb. 3.22 zeigt beispielhaft die Ableitung einer Gesamtsequenz aus Teilpeptiden, die durch chemische und enzymatische Spaltverfahren gewonnen wurden.

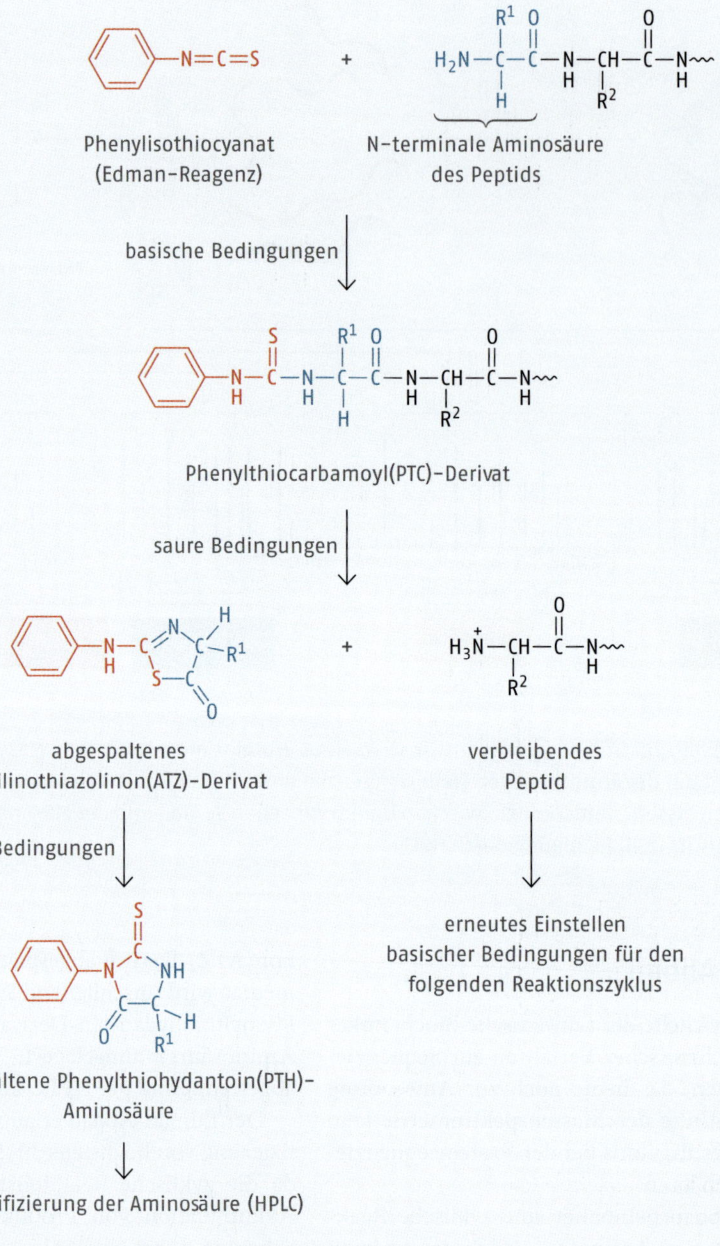

Abb. 3.21 Der Edman-Abbau

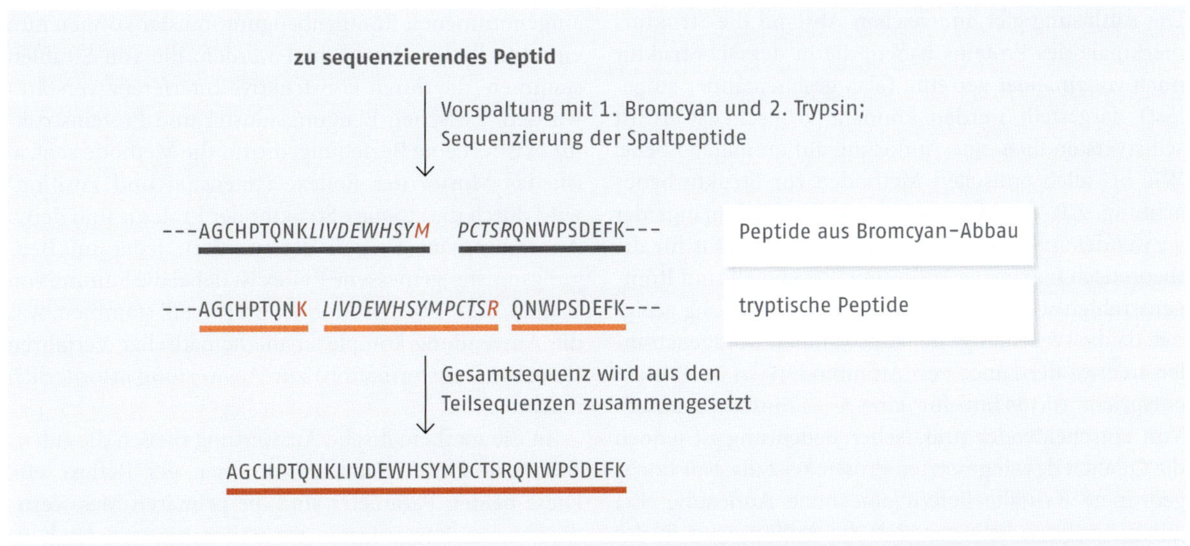

Abb. 3.22 Ableitung der Gesamtsequenz eines Peptids aus Teilsequenzen, die durch Edman-Abbau entschlüsselt wurden. Zur Vorspaltung des Peptids kann beispielsweise das Reagenz Bromcyan (Peptidspaltung nach der Aminosäure Methionin) und die Protease Trypsin (Spaltung nach Lysin und Arginin) verwendet werden. Die einzelnen Teilfragmente werden isoliert und durch Edman-Abbau sequenziert. Anhand der sich überlappenden Sequenzinformationen der Teilpeptide (kursive Sequenzabschnitte) lässt sich die Gesamtsequenz ableiten.

3

3.6 3D-Strukturaufklärung von Proteinen

Für Proteine gilt der Grundsatz: die Struktur bestimmt die Funktion. Wie bereits erwähnt (▸ Kap. 3.5.1), lassen sich bereits aus der Primärstruktur von Proteinen durch Sequenzvergleiche mit bekannten Proteinen wertvolle Aussagen zur Funktionsweise eines Proteins ableiten. Weiterhin können anhand von Strukturdaten, die von ähnlichen Proteinen vorliegen, Strukturmodelle (Homologiemodelle) erstellt werden, die bei der Erforschung eines Proteins nützliche Dienste leisten. Letztendlich bietet jedoch die tatsächliche Aufklärung der Raumstruktur mit experimentellen Methoden die beste Grundlage für das Verständnis der Funktionsweise eines Proteins. Für die pharmazeutische Forschung ist dabei besonders interessant, dass anhand der 3D-Struktur ein gezieltes Design von Arzneistoffkandidaten möglich ist. Dazu werden am 3D-Strukturmodell vielversprechende Bindestellen für potenzielle Inhibitoren oder Aktivatoren identifiziert, entsprechende Kandidatensubstanzen werden „einmodelliert" und können anschließend synthetisiert, getestet und optimiert werden.

Die beiden Kerntechniken im Feld der Strukturbiologie, die sich mit der Aufklärung und Analyse von Proteinstrukturen befasst, sind die **Röntgenkristallstrukturanalyse** und die **Kernresonanzspektroskopie** (NMR).

3.6.1 Röntgenkristallstrukturanalyse von Proteinen

Grundlage der Röntgenkristallstrukturanalyse ist die historische Beobachtung, dass Röntgenstrahlen an Kristallen gebeugt werden, sowie die Anwendung dieses Phänomens zur Aufklärung der Struktur verschiedener Kristalle (Max von Laue, Nobelpreis 1914; William H. Bragg und William L. Bragg, Nobelpreis 1915). Seither hat die Röntgenstrukturanalyse bahnbrechende Erkenntnisse zur Strukturbeschreibung von Biomolekülen geliefert. Sie ist derzeit die verbreitetste Methode zur Aufklärung von Proteinstrukturen.

Vereinfacht formuliert ist das Prinzip der **Proteinkristallographie** wie folgt:

- Ein **Röntgenstrahl** wird durch einen Proteinkristall geleitet, wobei ein Teil der Strahlung in verschiedene Richtungen gebeugt wird.
- Mithilfe eines Röntgendetektors können die gebeugten Röntgenstrahlen als Flecken (Reflexe) sichtbar gemacht werden. Die Signale erscheinen als regelmäßig angeordnete Signale in Form charakteristischer **Beugungsmuster**.
- Aus den Intensitäten und Positionen der Reflexe im Röntgenbeugungsmuster lässt sich durch mathematische Operationen die **dreidimensionale** (3D-) **Struktur** des Proteins rekonstruieren.

Optimalerweise werden bei der Proteinkristallographie Strukturinformationen in hoher Auflösung gewonnen.

Die Auflösung gibt an, welchen Abstand die Strukturmerkmale des Proteins haben, die in der 3D-Struktur noch voneinander getrennt (also gegeneinander aufgelöst) dargestellt werden können. Wünschenswert ist selbstverständlich eine Auflösung auf atomarer Ebene. Wie bei allen optischen Methoden zur Strukturbeobachtung, z. B. der Mikroskopie, ist die Wellenlänge der verwendeten Strahlung der limitierende Faktor für die theoretisch maximale Auflösung. Prinzipiell sind Röntgenstrahlen sehr gut für eine atomare Auflösung geeignet, da die Wellenlänge der angewandten Röntgenstrahlen in etwa der Länge von Atombindungen im Protein entspricht (0,154 nm für eine C-C-Einfachbindung). Von entscheidender praktischer Bedeutung ist jedoch die Qualität des eingesetzten Proteinkristalls. Nur hochgeordnete Kristalle liefern eine hohe Auflösung. Bei guten Analysen bewegen sich die Auflösungen in der Größenordnung von 2 Å (0,2 nm).

In der Proteinkristallographie ist also der erste Schritt im Arbeitsablauf die Züchtung möglichst geordneter Proteinkristalle. Je nach Fragestellung können Kristalle von Einzelproteinen erzeugt werden, es ist jedoch auch die Kristallisation und Untersuchung von Multiproteinkomplexen oder auch von Arzneistoff-gebundenen Proteinen möglich. Laborpraktisch stellt die Kristallisation häufig eine beachtliche Herausforderung dar. Zunächst muss eine hochkonzentrierte Lösung an sehr reinem Protein zur Verfügung gestellt werden, das auch hinsichtlich seiner Faltungszustände homogen ist. Anschließend wird unter einer Vielzahl von Kristallisationsbedingungen, (oftmals mehrere hundert) versucht, Kristallwachstum zu initiieren. Die hierbei einfließenden Parameter sind vielfältig (Proteinkonzentration, pH-Wert, Wahl eines Fällungsreagenzes, Salzzugabe, etc.), sodass dieser Schritt sehr aufwendig sein kann, viel Geduld und manchmal auch beträchtlichen finanziellen Einsatz erfordert.

Wurden erfolgreich reine Proteinkristalle gewonnen, erfolgt deren Bestrahlung. Dies geschieht häufig in physikalischen Großforschungseinrichtungen, die Synchrotrone (Teilchenbeschleuniger) betreiben, wobei hoch intensive, monochromatische Strahlung im Bereich der Röntgenwellen (Synchrotronstrahlung) anfällt.

Die Kristalle werden im Synchrotron in verschiedenen Raumorientierungen bestrahlt. Die Anwendung verschiedener Einstrahlungswinkel ist erforderlich, um einen für die Auswertung vollständigen Datensatz zu erhalten.

Die einfallende Röntgenstrahlung wird im Proteinkristall nun durch elastische Streuung an den Elektronen der Atome im Protein gebeugt. Anschließend können die gestreuten Strahlen wieder miteinander interagieren: Wenn die gestreuten Wellen in Phase sind, können sie sich verstärken, andernfalls schwächen sie sich ab (konstruktive und destruktive Interferenz). Im aufgenommenen Röntgenbeugungsmuster können nun einzelne Reflexe beobachtet werden, die von Strahlen stammen, die durch konstruktive Interferenz verstärkt wurden. Zwischen Beugungsmuster und Proteinstruktur existiert eine Beziehung, die für die Methode zentral ist: das Muster der Reflexe (Intensität und Position) wird durch die atomare Struktur der Proteine und deren Anordnung im Kristall determiniert. Jeder im Beugungsmuster gemessene Reflex ist dabei die Summe von Wellen, die von allen Atomen im Kristall stammen, was die Anwendung komplexer mathematischer Verfahren (Fourier-Transformation) zur Auswertung erforderlich macht.

In die mathematische Auswertung fließen die Intensitäten und die relativen Positionen der Reflexe ein. Diese beiden Parameter sind die primären Messwerte, die aus dem Beugungsmuster entnommen werden können. Zum anderen muss allerdings noch die Phase der Wellen, die die einzelnen Reflexe im Beugungsmuster erzeugt haben, berücksichtigt werden. Sie kann jedoch nicht direkt aus der jeweiligen Messung abgeleitet werden, sondern muss entweder anhand einer bekannten, ähnlichen Struktur berechnet oder aus separaten Experimenten abgeleitet werden. Wenn auch dieses „Phasenproblem“ für die betreffende Messung gelöst ist, kann durch die Anwendung der Fourier-Transformation eine dreidimensionale **Elektronendichtekarte** des Proteins erzeugt werden.

In diese Elektronendichtekarte lassen sich nun mithilfe spezieller Software Aminosäuren „einmodellieren“, sodass ein 3D-Strukturbild des Proteins entsteht. Da die Auflösung der Messung jedoch häufig nicht eine Elektronendichtekarte ergibt, bei der einzelne Atome voneinander abgegrenzt werden können, muss beim Einpassen der Aminosäuren auf die Sequenz des analysierten Proteins zurückgegriffen werden – diese muss hierfür also bekannt sein. ◦ Abb. 3.23 fasst den Ablauf der Strukturbestimmung von Proteinen durch Röntgenkristallographie zusammen.

Die Röntgenstrukturanalyse von Proteinen betrachtet kristalline, konformationell „starre“ Proteinstrukturen. Für die Konformationen der Proteine in den Kristallen kann jedoch häufig noch eine biologische Aktivität nachgewiesen werden, sodass die Strukturergebnisse der Röntgenkristallographie physiologisch relevant sind.

3.6.2 Kernresonanzspektroskopie

Zur Strukturaufklärung von Proteinen steht neben der Röntgenstrukturanalyse die **Kernresonanzspektroskopie** (*nuclear magnetic resonance spectroscopy*, NMR-Spektroskopie) als Haupttechnik zur Verfügung. Wie erläutert (▸ Kap. 3.6.1), werden bei der Röntgenkristallographie kristallin „erstarrte“ Proteinstrukturen betrach-

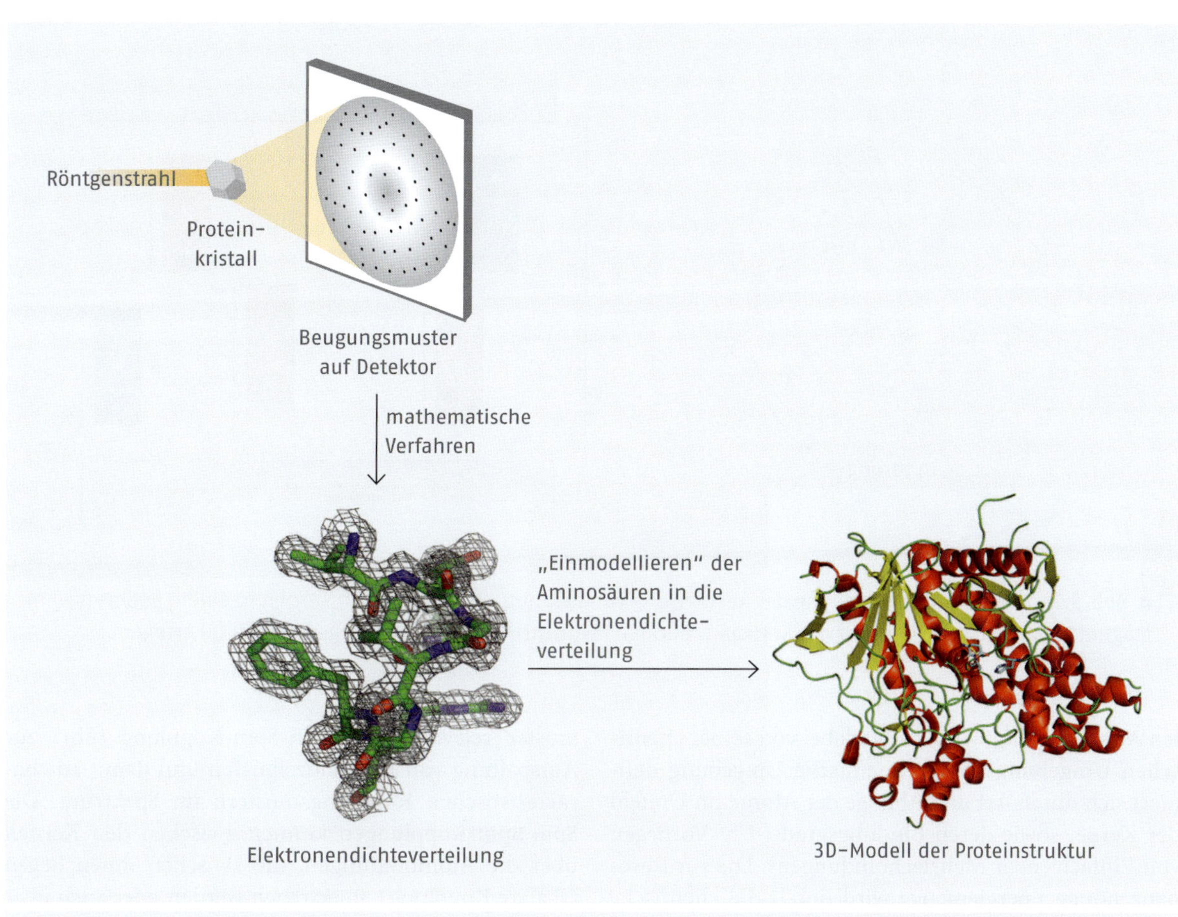

Abb. 3.23 Schematischer Ablauf der Strukturbestimmung von Proteinen durch Röntgenkristallographie

3

tet, jedoch können Proteine beliebiger Größe oder sogar Multiproteinkomplexe untersucht werden. Im Gegensatz dazu wird bei der NMR-Spektroskopie mit Proteinen in Lösung gearbeitet. Dadurch sind die Proteine konformationell beweglich (flexibel) und es können in gewissem Umfang dynamische Änderungen der Konformation (z. B. bei Ligandenbindung) analysiert werden. Allerdings ist bei der NMR-Spektroskopie der Größe der zu untersuchenden Proteine eine Grenze gesetzt (max. 50–100 kDa). Eine gemeinsame Hürde für die Anwendung beider Methoden ist, dass eine große Menge an reinem Protein (üblicherweise mehrere Milligramm) zur Verfügung gestellt werden muss. Für die NMR-Messung muss das Protein weiterhin über eine lange Messzeit hinweg stabil in Lösung gehalten werden können.

Grundlage der NMR-Spektroskopie ist, dass die **Atomkerne** bestimmter Elemente (z. B. ^{1}H. ^{2}D, ^{13}C, ^{15}N) ein kleines **magnetisches Feld** um sich aufweisen. Nach der gängigen Modellvorstellung kommt dies dadurch zustande, dass sich die Kerne dieser Atome, die bekanntlich geladene Teilchen sind, um sich selbst drehen (**Kernspin**). Dadurch entsteht ein Magnetfeld. Werden diese Kerne einem **äußeren Magnetfeld** ausgesetzt, richten sie sich entlang der Feldlinien des Magnetfelds parallel aus, können dabei jedoch **zwei Energiezustände** einnehmen: einen energieärmeren, wenn die Polung des Kern-Magnetfelds dem äußeren Feld entgegengesetzt ist, und einen energiereicheren, wenn die Polung dem äußeren Feld entspricht (Abb. 3.24).

Das Prinzip der NMR-Spektroskopie lässt sich in aller Kürze am besten anhand einer vereinfachten Modellvorstellung über die Effekte in einem klassischen NMR-Experiment erläutern. Organische Verbindungen, deren Struktur man aufklären möchte, werden in ein starkes äußeres Magnetfeld eingebracht, sodass sich die magnetischen Kerne im Feld ausrichten, wobei die genannten beiden Energiezustände entstehen. Nun wird die Probe mit **Radiowellen** kontinuierlich variierter Frequenzen bestrahlt, wobei die anregbaren Atomkerne diejenigen Radiowellen absorbieren, deren Energie (gemäß ihrer Frequenz) genau der Differenz zwischen dem energieärmeren und dem energiereicheren Zustand entspricht. Dadurch wird eine Spinumkehr der Kerne, die **Kernresonanz**, bewirkt. Diese Energieaufnahme wird im Messgerät als Absorption detektiert. Die Energiemenge, die für die Spinumkehr eines bestimm-

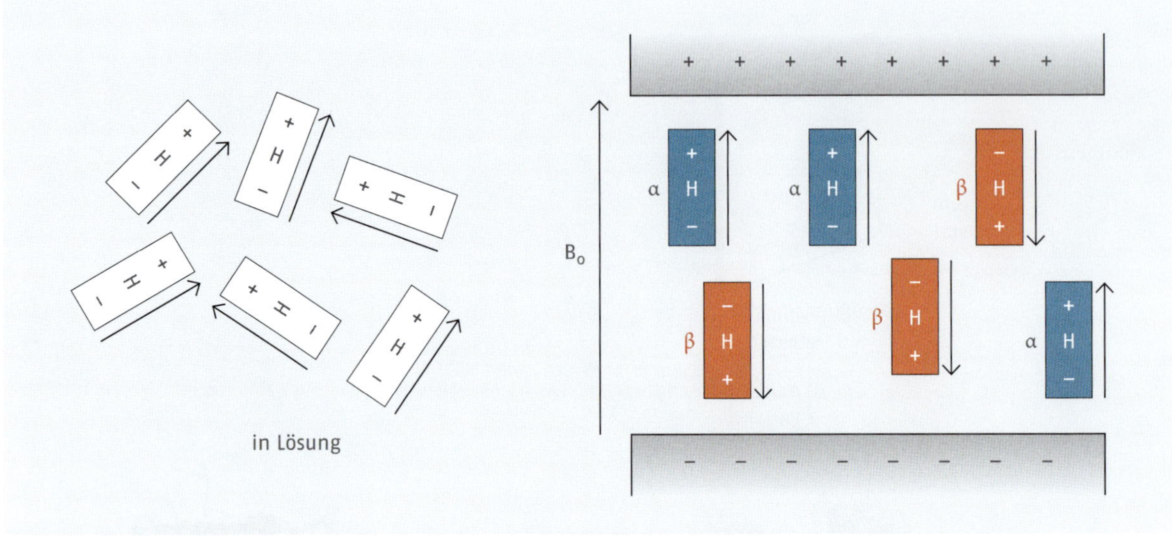

Abb. 3.24 Modellhafte Darstellung der Ausrichtung von magnetisch aktiven Atomkernen in einem äußeren Magnetfeld (B_0). Die Ausrichtung der Kernspins kann in Feldrichtung (α) oder entgegengesetzt (β) erfolgen.

ten Atoms benötigt wird, hängt dabei von seiner **chemischen Umgebung** ab. Die chemische Umgebung definiert sich durch Art und Abfolge der Atome im Umfeld der Kerne, sowie deren Bindungsgrad (d.h. Vorliegen von Einfach- oder Mehrfachbindungen). Die zur Resonanz nötige Energiemenge wird durch die chemische Umgebung hauptsächlich über die Elektronendichte beeinflusst, die sie im Umfeld der Kerne erzeugt: Die umgebenden Elektronen können das angelegte, äußere Magnetfeld geringfügig verstärken oder abschwächen (Entschirmung bzw. Abschirmung), wodurch sich höhere oder niedrigere Resonanzfrequenzen ergeben.

Die Differenzen in den einzelnen Resonanzfrequenzen werden im NMR-Spektrum relativ zu den Signalen einer Standardsubstanz (z.B. Tetramethylsilan, TMS) als sogenannte **chemische Verschiebungen** aufgetragen. Atome in einer bestimmten chemischen Umgebung (z.B. aromatische Wasserstoffatome) weisen eine spezifische chemische Verschiebung auf. Dadurch ergibt sich eine Beziehung zwischen Messwert und Molekülstruktur.

Die chemischen Verschiebungen werden in der Maßeinheit ppm (parts per million als Bruchteile des äußeren Magnetfelds) auf der x-Achse notiert, während die **Intensität** des Signals als Integral auf der y-Achse aufgetragen wird. Die Intensität des Signals ist dabei zur Anzahl der Kerne, die in Resonanz sind, proportional. Durch die Intensität wird eine weitere Information zur Strukturbestimmung geliefert.

Neben der chemischen Verschiebung durch die Elektronendichte in der Umgebung eines Kerns ist auch die Interaktion zwischen den einzelnen magnetisch aktiven Atomkernen, die **Spin-Spin-Kopplung**, für das Signalmuster relevant. Die Spin-Spin-Kopplung führt zur Aufspaltung von Resonanzsignalen und damit zu charakteristischen Kopplungsmustern im Spektrum. Die Spin-Spin-Kopplungen können zwischen den Kernen über die Atombindungen, die zwischen ihnen liegen (skalare Kopplung), übertragen werden oder auch über den Raum hinweg (dipolare Kopplung) stattfinden. Die Analyse von Raumkopplungen ist vor allem für die fortgeschrittenen NMR-Techniken der Proteinanalytik (s. unten) von Bedeutung. Anhand der drei Parameter chemische Verschiebung, Integral und Kopplungsmuster lassen sich einfache Strukturen per NMR-Spektroskopie leicht aufklären.

Moderne NMR-Techniken benutzen zur Anregung der Kerne Radiofrequenzpulse, die ein ganzes Frequenzband gleichzeitig abdecken, und messen die Energieabgabe bei der Rückkehr in den Ausgangszustand (Relaxation). Die erhaltenen Signale werden mittels Fourier-Transformation mathematisch in ein auswertbares Spektrum übersetzt (FT-NMR-Spektroskopie).

Routinemäßig wird die NMR-Spektroskopie bekanntlich als Standardmethode der Strukturaufklärung organisch-chemischer Verbindungen in Form der eindimensionalen 1H-NMR-Spektroskopie eingesetzt. Eindimensionale Spektren besitzen eine Frequenzachse und eine Intensitätsachse.

Zur Strukturaufklärung von Proteinen ist jedoch die eindimensionale 1H-NMR-Technik nicht ausreichend. Daher werden für die Analyse von Proteinen Einzelmessungen, bei denen bestimmte Parameter der Anregungsstrahlung systematisch variiert werden, in einem Spektrum zusammengeführt. Es resultieren mehrdimensionale Spektren mit mehreren Frequenzachsen,

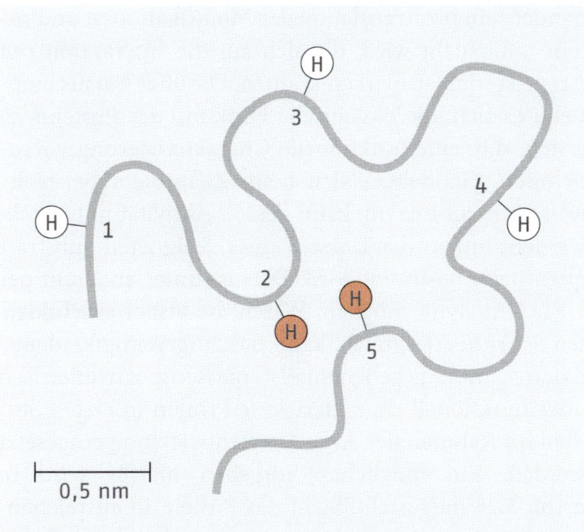

Abb. 3.25 Kern-Overhauser-Effekt: Atomkerne in einer Peptidkette, die eine bestimmte räumliche Nähe aufweisen (< 0,5 nm), können über den Raum hinweg miteinander koppeln.

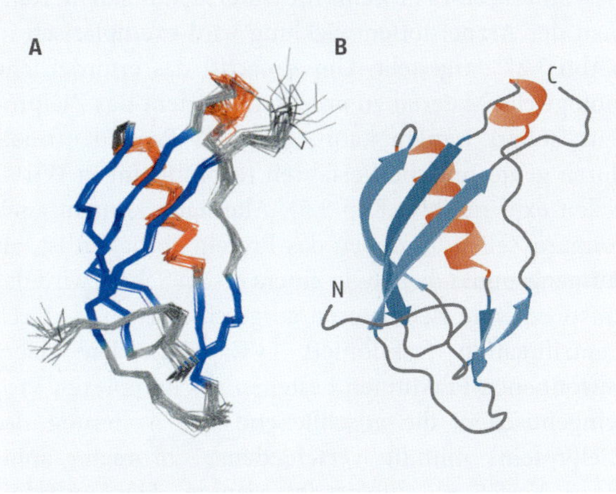

Abb. 3.26 Strukturmodell eines Fragments des Proteins TonB aus *Pseudomonas aeruginosa*. Es werden 20 errechnete Konformationen überlagert dargestellt (A). Daraus wurde eine Strukturdarstellung abgeleitet, die die Organisation der Sekundärstruktur zeigt (B)

3

häufig mit zwei oder drei Achsen (zwei- bzw. dreidimensionale NMR-Spektroskopie, 2D- bzw. 3D-NMR).

Innerhalb der mehrdimensionalen NMR ist die Variante der **NOESY-Spektroskopie** (*nuclear Overhauser enhancement spectroscopy*) für die Strukturanalyse von Proteinen besonders wichtig. Sie beruht auf dem sogenannten Kern-Overhauser-Effekt, der das Phänomen der Kopplung von Kernen über den Raum hinweg beschreibt. Gemeint ist, dass eine Kopplung zwischen Atomkernen stattfindet, die sich zwar aufgrund der jeweiligen Konformation des Moleküls räumlich in unmittelbarer Nähe befinden (< 0,5 nm Distanz), jedoch in der Bindungsabfolge der Atome im Molekül weit auseinander liegen können. Dadurch finden die Kopplungen nicht mehr über Atombindungen hinweg statt, sondern durch direkte Interaktion über den Raum (Abb. 3.25). Die hieraus gewonnenen Informationen sind besonders wichtig für die Aufklärung der Raumstruktur von Proteinen.

Eine weitere technische Besonderheit der NMR-Analyse von Proteinen ist das Erfordernis, bei Proteinen > 10 kDa eine Isotopenmarkierung mit Kernen wie ^{13}C, ^{15}N und ^{2}H durchzuführen, um heteronukleare Kopplungen besser auswerten zu können.

Aus den Messergebnissen der mehrdimensionalen NMR-Spektroskopie werden letztendlich in silico, also Software-gestützt, Strukturmodelle erstellt (Abb. 3.26). Da die Proteine im beweglichen Zustand gemessen werden und die Messungen eine gewisse Unschärfe aufweisen, ergeben sich aus den Berechnungen mehrere mögliche Konformationen für das Protein. Diese werden überlagert dargestellt. Bei den Abschnitten der Primärstruktur, die in den errechneten Konformationen Unterschiede aufzeigen, scheint es sich um flexible Regionen des Proteins zu handeln.

3.7 Proteinbiochemische Methoden in der pharmazeutischen Forschung und Entwicklung

Wie bereits gezeigt wurde, gehören die proteinbiochemischen Methoden zum Grundhandwerkszeug der pharmazeutischen Forschung und Entwicklung. Im Folgenden soll beispielhaft skizziert werden, wie die in den vorangegangenen Kapiteln vorgestellten Methoden in den ersten Schritten der Arzneistoffentwicklung eingesetzt werden können.

Als Ausgangspunkt für die Entwicklung neuer Arzneistoffe können Proteine dienen, die in biomedizinischen Studien als potenzielle Arzneistofftargets identifiziert wurden. Erkenntnisse über die Relevanz von Proteinen für die Entstehung von Krankheiten ergeben sich unter anderem aus Studien an Zell- und Gewebekulturmodellen, aus Tierversuchen oder durch vergleichende genetische Studien am Menschen.

Damit die entsprechenden Zielproteine für die Entwicklung bzw. Testung von Arzneistoffkandidaten eingesetzt werden können, müssen sie in reiner Form, ausreichender Menge und mit bestätigter Identität zur Verfügung gestellt werden. Ein gängiger Ablauf zur

Gewinnung eines Proteins für Untersuchungen im Rahmen der Arzneistoffentwicklung wird exemplarisch in ○ Abb. 3.27 dargestellt. Um zunächst das erforderliche biologische Material zu erhalten, aus dem das Zielprotein isoliert werden kann, wird das Protein oftmals durch gentechnische Verfahren rekombinant in Wirtszellen exprimiert (▸ Kap. 5.5). Alternativ können auch primäre Zellen, in denen das Protein enthalten ist, als Ausgangspunkt dienen. In einem ersten Schritt wird das entsprechende Zellmaterial aufgeschlossen und durch Zentrifugation fraktioniert (▸ Kap. 3.2). Die dabei gewonnenen Fraktionen bestehen aus komplexen Proteingemischen, die anschließend zur Isolierung des Zielproteins mithilfe verschiedener chromatographischer Verfahren aufgetrennt werden. Der Aufreinigungserfolg der einzelnen Chromatographien wird durch elektrophoretische Verfahren (hauptsächlich durch SDS-PAGE, ggf. auch mit anschließendem Western Blotting) überwacht und die Vorgehensweise bei der Aufreinigung auf diese Weise gesteuert. Um das Protein in ausreichender Menge zu gewinnen, sind im Allgemeinen mehrere aufeinanderfolgende Trennungen nach unterschiedlichen Prinzipien erforderlich. Hierbei kommen hauptsächlich Kombinationen aus Ionenaustauscher-, Gelfiltrations- und Affinitätschromatographien zum Einsatz (▸ Kap. 3.3 und ▸ Kap. 3.4). Die Identität des gewonnenen Proteins kann nun massenspektrometrisch bestätigt werden. Soweit erforderlich, kann auch eine massenspektrometrische Charakterisierung stattfinden (▸ Kap. 3.5), in der beispielsweise das Vorhandensein posttranslationaler Modifikationen im Protein untersucht wird, die sich auf die Interaktion mit Arzneistoffen auswirken können. Darüber hinaus empfiehlt es sich, die biologische Funktion des Proteins zu testen, d.h. eine funktionelle Charakterisierung vorzunehmen. Handelt es sich beim Zielprotein beispielsweise um ein Enzym, kann dessen Aktivität untersucht werden, indem der Umsatz eines geeigneten Substrats quantitativ bestimmt wird. Dies ist unter anderem per HPLC-Analytik möglich. Waren die bisher geschilderten Schritte erfolgreich, kann das aufgereinigte, identifizierte und gegebenenfalls massenspektrometrisch oder funktionell charakterisierte Protein in ersten Studien im Rahmen der Arzneistoffentwicklung eingesetzt werden. Ein mögliches Vorgehen hierfür wird in ○ Abb. 3.28 dargestellt. Steht das Protein in ausreichender Menge zur Verfügung, kann zunächst durch Röntgenstrukturanalyse oder NMR-Spektroskopie ein Strukturmodell des Proteins ermittelt werden (▸ Kap. 3.6). Solche Modelle eignen sich als Grundlage für das gezielte in silico-Design von Arzneistoffkandidaten mithilfe bioinformatischer Verfahren. Entsprechende Kandidaten können anschließend synthetisiert und am reinen Protein getestet werden. Alternativ können auch bereits vorhandene Wirkstoffsammlungen („Wirkstoffbibliotheken“) direkt zur Testung am Protein verwendet werden. Als Testverfahren bietet sich auch hier im Falle eines Enzyms die Bestimmung der Enzymaktivität, beispielsweise per HPLC, an.

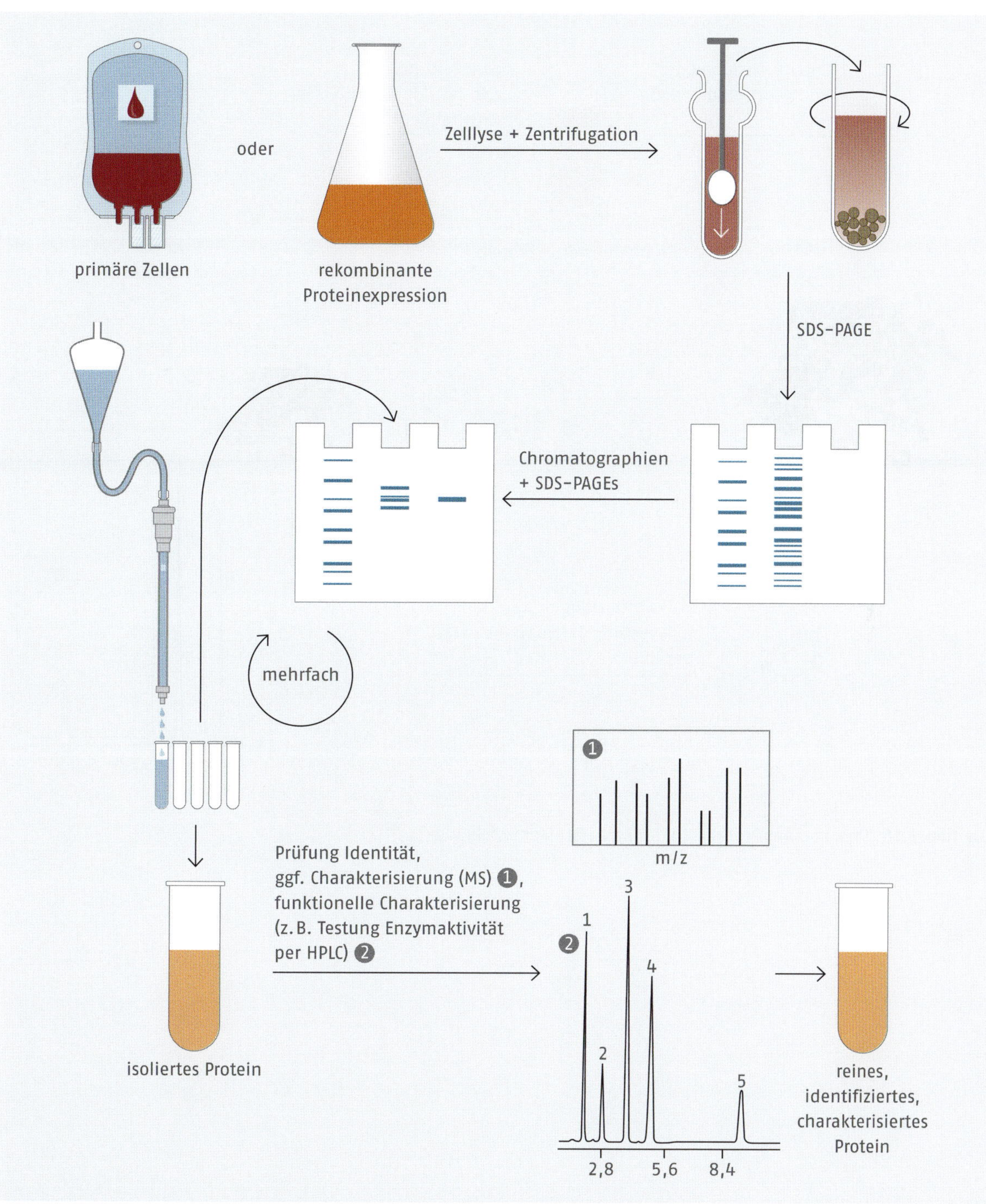

Abb. 3.27 Gewinnung eines Proteins zum Einsatz in der Arzneistoffentwicklung.

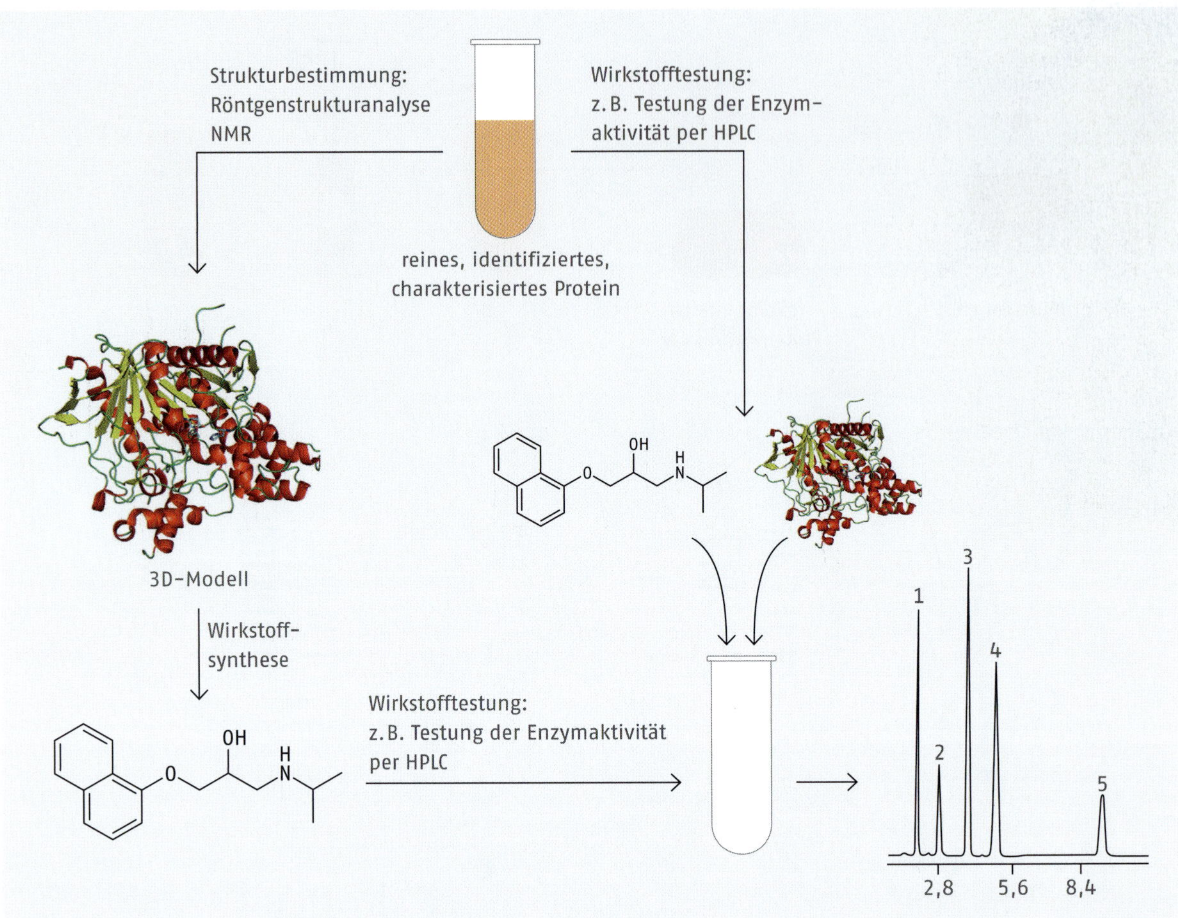

Abb. 3.28 Einsatz eines Proteins in der Arzneistoffentwicklung

Der Fluss der genetischen Information

Bernd Sorg

Einleitung

Innerhalb der belebten Welt gilt die **Zelle** als kleinste Organisationseinheit. In ihr können alle biologischen Grundprozesse, die Lebewesen charakterisieren, selbständig ausgeführt werden. Die molekulare Ausstattung einer Zelle, und damit die dort ablaufenden Prozesse, werden maßgeblich durch ihre genetische Information bestimmt. Diese Information ist auf dem zellulären Erbgut niedergelegt, dessen molekulare Basis Desoxyribonukleinsäure (DNA) ist. Ausgehend vom „zellulären Datenträger" DNA findet bei prokaryotischen und eukaryotischen Zellen ein Fluss genetischer Information statt. Bei der **Zellteilung** erfolgt dieser von Zelle zu Zelle, indem das Erbgut im Prozess der **DNA-Replikation** kopiert und an die Tochterzellen weitergegeben wird. Innerhalb der Zellen fließt die genetische Information beim Prozess der **Genexpression**. Hierbei werden einzelne, informationstragende Abschnitte (Gene) auf der DNA abgelesen und in funktionelle Genprodukte umgesetzt. Dabei ist der erste Schritt stets die **Transkription**, bei der ein betreffender DNA-Abschnitt in ein Molekül Ribonukleinsäure (RNA) umgeschrieben wird. Die RNA-Transkripte können anschließend noch einer Prozessierung unterliegen, beispielsweise indem Abschnitte daraus entfernt oder bestimmte Strukturen angefügt werden. Bei den proteincodierenden Genen entsteht durch die RNA-Biosynthese die Boten-RNA (messenger-RNA, mRNA), die als „Zwischenstufe" im Prozess der Genexpression dient. Ihre genetische Information wird im nachgeschalteten Prozess der **Translation** in ein Protein als funktionelles Genprodukt übersetzt. Bei einigen Arten von Genen sind jedoch bereits die entstehenden RNAs die funktionell aktiven Genprodukte, unter anderem bei den Genen für ribosomale RNA (rRNA) oder Transfer-RNA (tRNA).

Die Vorgänge im Fluss der genetischen Information stellen grundlegende Lebensprozesse dar, die Angriffspunkte für Arzneistoffe bieten. Mehrere Arzneistoffklassen regulieren die Expression von Genen in den Zielzellen. Hierzu gehören die Liganden der sogenannten nukleären Rezeptoren, einer Rezeptorklasse, die im Zellkern aktiv ist. Weitere Arzneistoffe greifen an Zelloberflächenrezeptoren an, deren nachgeschaltete, intrazelluläre Signalwege die Genexpression regulieren können.

Andere Arzneistoffklassen greifen am Fluss der genetischen Information an, um möglichst selektiv den Tod pathogener Zielzellen herbeizuführen. Dazu zählen Tumortherapeutika, die die menschliche DNA-Replikation hemmen. Schließlich greifen einige Antibiotika inhibitorisch in die bakterielle DNA-Replikation, Transkription oder Translation ein. Sie lösen entweder direkt den Tod der Bakterien aus oder unterstützen das Immunsystem bei deren Bekämpfung.

4.1 Grundlagen

Im Fluss der genetischen Information spielen die beiden Nukleinsäurearten **DNA** und **RNA** eine fundamentale Rolle. Die biochemischen Grundbausteine der Nukleinsäuren und deren prinzipieller Aufbau wurden bereits in ▸Kap. 1 vorgestellt. An zwei Aspekte, die diesen Molekülen ihre herausragende Bedeutung verleihen, soll an dieser Stelle noch einmal erinnert werden:

1. Nukleinsäuren eignen sich aufgrund ihrer Struktur als chemische **Informationsträger**. DNA- und RNA-Moleküle sind lineare Polymere, die in räumlich gerichteter Weise aus einem definierten Satz von je vier Nukleotid-Bausteinen aufgebaut werden. Ähnlich der Information, die in einem geschriebenen Wort über die Abfolge der Buchstaben enthalten ist, kann über die Abfolge (Sequenz) der Bausteine einer Nukleinsäure biologische Information gespeichert werden.

2. Nukleinsäuremoleküle und die darauf enthaltene Information können in Zellen für die Informationsweitergabe vervielfältigt werden. Dadurch eignen sich Nukleinsäuren, insbesondere DNA, als **Erbsubstanz**. Zentral dafür ist die **Fähigkeit** der Nukleotid-Bausteine **zur spezifischen Paarung** mit komplementären Bausteinen. Dies macht es möglich, Nukleinsäure-Stränge als Matrizen für einen Kopiervorgang zu verwenden: Durch sukzessives Aneinanderfügen der Nukleotide, die zur Matritze komplementär sind, entsteht ein „molekulares Abbild" der Information in Form eines Gegenstrangs – der Informationsgehalt des Elternstrangs ist in der Sequenz des Tochterstrangs abgebildet. Dieses Prinzip wird bei der Zellteilung auf beide Einzelstränge der doppelsträngigen zellulären DNA angewendet, sodass die Erbinformation für die Weitergabe von Zelle zu Zelle vollständig repliziert wird.

Die besonderen strukturellen und funktionellen Eigenschaften der DNA und RNA werden in ▸Kap. 4.2 im Detail vorgestellt.

Wie bereits erläutert, folgt der genetische Informationsfluss in prokaryotischen und eukaryotischen Zellen definierten Richtungen: Bei der **Zellteilung** wird die Information nach abgeschlossener DNA-Replikation von der Mutter- zur Tochterzelle weitergegeben, im Rahmen der zellulären **Genexpression** fließt sie von der DNA zur RNA (Transkription) und von dort aus zum Protein (Translation). Wie aus dem vereinfachten Schema in ○Abb. 4.1 ersichtlich wird, endet der Fluss der genetischen Information bei der Genexpression jedoch nur für die „mRNA-codierenden Gene" beim Protein. Sie werden besser als proteincodierende Gene bezeichnet und weisen die größte Zahl und Vielfalt der Gene auf. Die beiden anderen Hauptarten von Genen codieren für rRNA- und tRNA-Moleküle. Sie sind bereits nach der Transkription, gegebenenfalls nach Prozessierung der Primärtranskripte, voll exprimiert. Allerdings sind auch rRNA und tRNA an der Informationsweitergabe zum Protein beteiligt, da sie zusammen mit der mRNA essenzielle Bausteine der Translationsmaschinerie sind.

Im Folgenden werden die wichtigsten Faktoren, die an den Prozessen der DNA-Replikation, Transkription

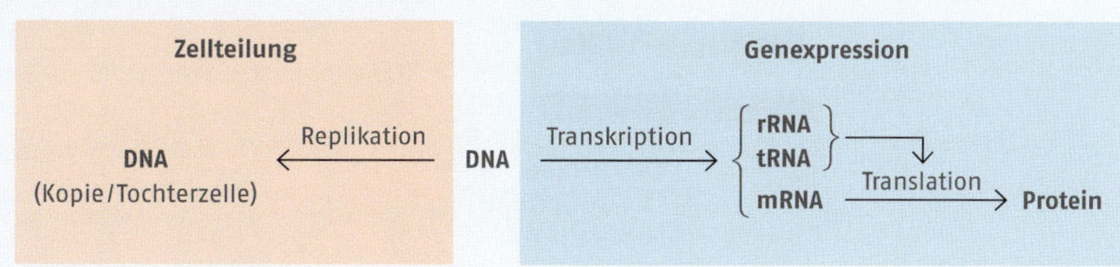

Abb. 4.1 Der Fluss der genetischen Information. Als Produkte der Genexpression werden lediglich die drei Hauptarten der RNA gezeigt. Weitere RNA-Arten mit spezifischen Funktionen werden in ▸Kap. 4.4.1 vorgestellt.

und Translation beteiligt sind, und teilweise Angriffsorte für Arzneistoffe darstellen, für die Besprechung in den einzelnen Kapiteln überblicksartig vorgestellt.

Da bei der **DNA-Replikation** (▸Kap. 4.3) das Erbgut in voller Länge kopiert werden muss, handelt es sich um einen vergleichsweise aufwendigen Prozess. An der Verdoppelung der DNA-Doppelstränge sind hauptsächlich fünf Proteine bzw. Proteinkomplexe beteiligt:

- **DNA-Helicase** zur Trennung der zu vervielfältigenden DNA-Doppelstränge in Einzelstränge,
- **DNA-Polymerase** als Hauptenzym der DNA-Vervielfältigung, welches die Nukleinsäurebausteine miteinander zu neuen DNA-Strängen verknüpft,
- **Primase** zur Erzeugung kurzer RNA-Sequenzen als Ansatzstücke (Primer) für die DNA-Polymerase,
- **DNA-Ligase**, zur Verknüpfung neu gebildeter DNA-Abschnitte, die nicht fortlaufend synthetisiert werden können,
- **Topoisomerase** zur Auflösung von Verwindungen in der DNA, die bei der Replikation auftreten können.

Von diesen Proteinen dienen die DNA-Polymerasen und die Topoisomerasen als Arzneistofftargets.

Die **Transkription** (▸Kap. 4.4), also das Umschreiben zu exprimierender DNA-Abschnitte in RNA-Sequenzen, wird hauptsächlich durch das Enzym **RNA-Polymerase** bewerkstelligt. Die bakterielle RNA-Polymerase ist ein direkter Angriffspunkt für bestimmte Antibiotika. Weiterhin kann die Aktivität menschlicher RNA-Polymerasen indirekt über Arzneistoffe gesteuert werden, die an genregulatorischen Rezeptoren angreifen.

Bei der **Translation** (▸Kap. 4.5) wird die genetische Information, die auf der mRNA enthalten ist, in ein Protein übersetzt. Hauptakteure der Proteinbiosynthese sind:

- **Ribosomen** als Orte der Proteinbiosynthese. Ribosomen sind Komplexe aus rRNA-Molekülen und Proteinen, welche die Verknüpfung der Aminosäuren zu Peptiden katalysieren können.
- **mRNA**-Moleküle als Überträger der genetischen Information. Sie dienen als Matrize für die Übersetzung der Nukleinsäuresequenz in eine Aminosäuresequenz auf Basis des genetischen Codes.
- Mit **Aminosäuren beladene tRNA**-Moleküle (**Aminoacyl-tRNAs**), die an die mRNA-Matrize binden können. Sie dienen damit als Adaptermoleküle zwischen der „Nukleinsäuresprache“ und der „Sprache der Aminosäuren“.
- Die **Aminoacyl-tRNA-Synthetasen**, die einen wesentlichen Teil der Umsetzung des genetischen Codes leisten, nämlich die Beladung der tRNAs mit passenden Aminosäuren.

Bei der Translation bietet das Ribosom Angriffspunkte für mehrere Gruppen antibakterieller Antibiotika.

Abb. 4.2 zeigt die Prozesse und Komponenten im Fluss der genetischen Information, die in den folgenden Kapiteln besprochen werden. Dabei wird an der bewährten Einteilung der Lebewesen in Prokaryoten und Eukaryoten festgehalten, wobei sich die Darstellung der prokaryotischen Verhältnisse auf die gut untersuchte Domäne der Bakterien bezieht. Die Besonderheiten der Archaea bleiben unberücksichtigt.

4.2 Struktur der Nukleinsäuren

4.2.1 DNA-Struktur

Die Erkenntnis, dass die DNA eine äußerst bemerkenswerte Raumanordnung aufweist, die den Schlüssel für den Mechanismus zur Weitergabe der genetischen Information beinhaltet, verdanken wir der Jahrhundertentdeckung von James D. Watson und Sir Francis Crick. Sie postulierten im Jahr 1953, dass die DNA in Form einer **Doppelhelix** vorliegt, die aus zwei komplementären, antiparallelen Strängen besteht – eine Entdeckung, die die moderne Molekularbiologie begründete.

Die Doppelhelixstruktur der DNA hat folgende Eigenschaften:

- Sie besteht aus zwei DNA-Einzelsträngen, die durch Basenpaarungen (**Watson-Crick-Basenpaarungen A:T bzw. G:C**) miteinander verknüpft sind.

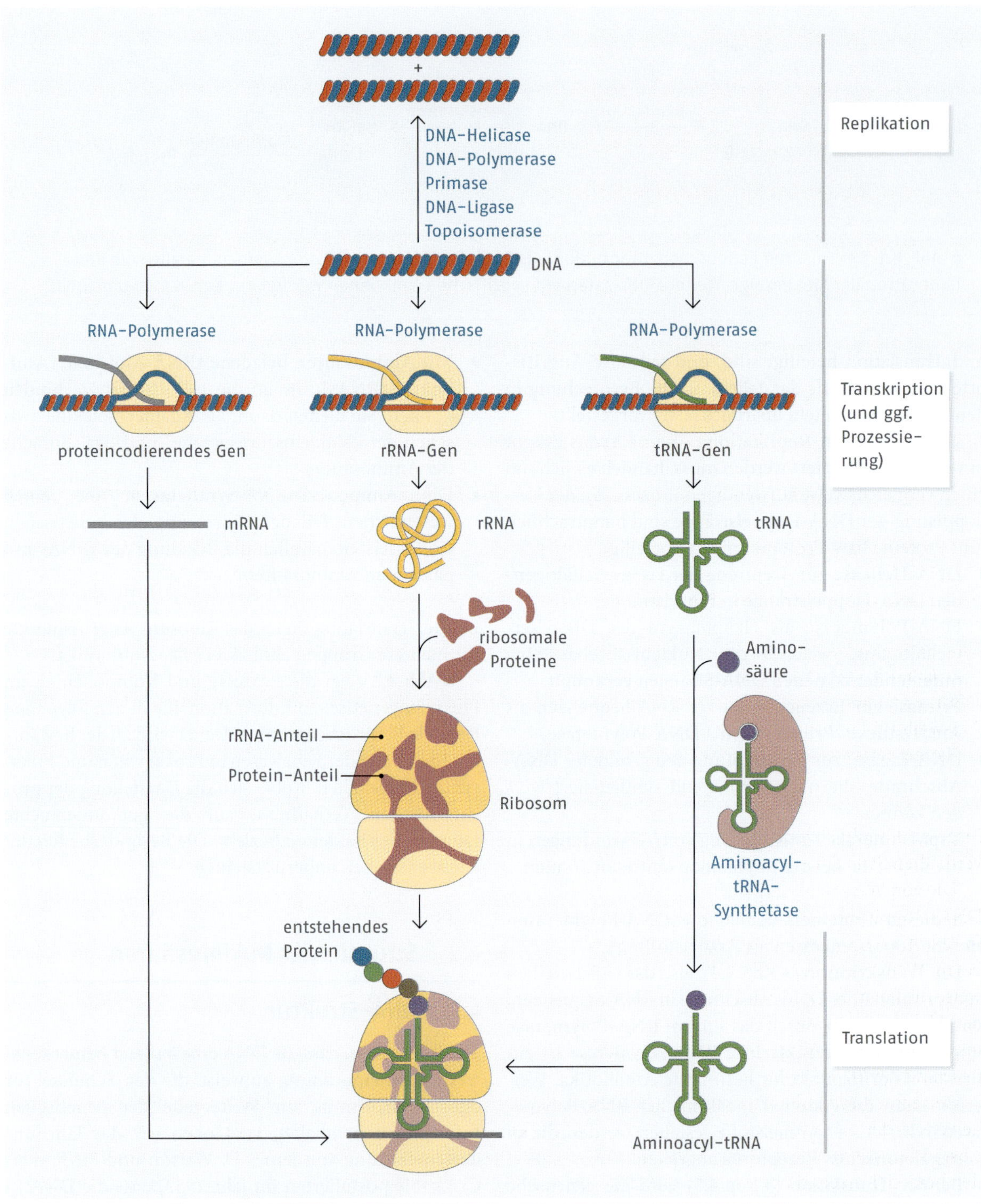

Abb. 4.2 Prozesse und Komponenten im Fluss der genetischen Information

- Die Einzelstränge sind spiralförmig (helikal) um eine zentrale Achse gewunden, wobei die Helix einen rechtsgängigen Drehsinn aufweist.
- Die Einzelstränge sind gegenläufig (**antiparallel**) angeordnet – das 5′-Ende (▸ Kap. 1.3) des einen Stranges paart also jeweils mit dem 3′-Ende mit dem Gegenstrangs.
- An der Außenseite der Doppelhelix liegt das hydrophile Zucker-Phosphat-Rückgrat.
- An der Innenseite liegen die eher hydrophoben DNA-Basen.
- Die Basenpaare stehen ungefähr senkrecht zur Achse und sind parallel übereinander gestapelt.

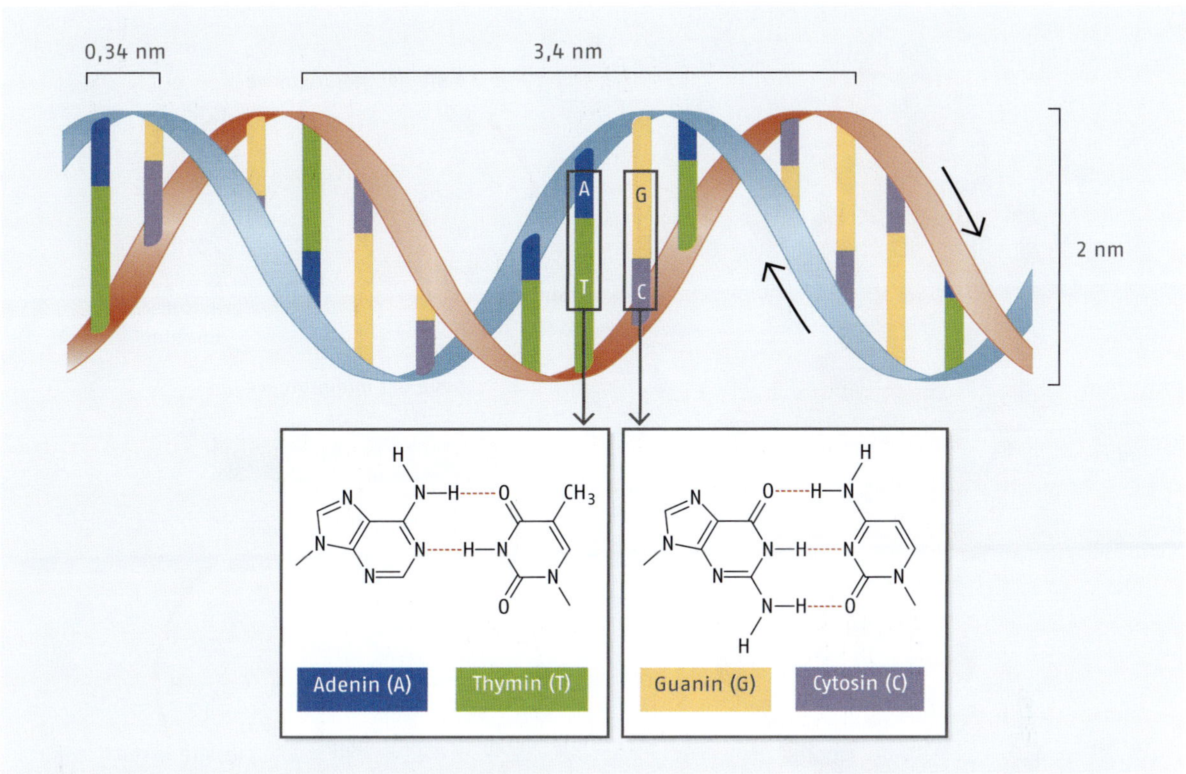

o Abb. 4.3 Raummodell der DNA-Doppelhelix und Struktur der Watson-Crick-Basenpaare. Die DNA-Doppelhelix hat einen Durchmesser von 2 nm. Die Ganghöhe einer Helixwindung beträgt 3,4 nm, die Basenpaare liegen dabei jeweils 0,34 nm auseinander. Die Einzelstränge winden sich, in 5'-3'-Richtung betrachtet, im Uhrzeigersinn vom Betrachter weg. Daraus ergibt sich die Rechtsgängigkeit der Helix.

Insgesamt ergibt sich dadurch die Struktur einer in sich verdrillten Strickleiter (o Abb. 4.3).

Die von Watson und Crick beschriebene Struktur der DNA-Doppelhelix wird als **B-DNA** bezeichnet (o Abb. 4.4 A), sie ist die physiologisch vorherrschende Form. Weitere Konformationen sind bekannt; beispielsweise die Form der A-DNA, bei der die Basen gegenüber der Helixachse etwas geneigt sind. Die A-Form wird unter Laborbedingungen bei nicht vollständiger Hydratisierung der DNA beobachtet.

Betrachtet man die Struktur der B-DNA-Doppelhelix von der Seite (o Abb. 4.4 A), so fällt auf, dass die Abstände zwischen den Zucker-Phosphat-Rückgraten der beiden Einzelstränge nicht gleich groß sind, sondern in der DNA-Struktur zwei ungleich große Vertiefungen vorliegen, die als ***major groove*** (große Furche) bzw. ***minor groove*** (kleine Furche) bezeichnet werden. Dies ist darauf zurückzuführen, dass sich die glykosidischen Bindungen der Nukleotide in der DNA räumlich nicht genau gegenüber stehen, sondern einen Winkel bilden (o Abb. 4.4 B). Über diese „Einbuchtungen" können Proteine auf die Basen zugreifen. Dies ist beispielsweise der Fall, wenn die DNA-Polymerase bei der DNA-Replikation über die Seite der *minor groove* auf neu gebildete Basenpaare zugreift und sie zur Qualitätskontrolle „abtastet" (▸ Kap. 4.3.1). Weiterhin können Transkriptionsfaktor-Proteine über die *major groove* spezifische Genkontrollsequenzen erkennen und dadurch die Transkription steuern (▸ Kap. 4.6.4).

Die **Stabilität** der DNA-Doppelhelix wird durch drei Faktoren gewährleistet:

- Wasserstoffbrücken zwischen den Basenpaaren,
- Stapelkräfte zwischen den parallelen Basenpaarebenen (schwache Van-der-Waals-Kräfte),
- den hydrophoben Effekt, der eine Zusammenlagerung der eher hydrophoben Basen begünstigt.

Andererseits wird der Zusammenhalt der Doppelhelix dadurch etwas geschwächt, dass die Phosphatbrücken des Rückgrats bei einem physiologischem pH-Wert negativ geladen sind, sodass sich die Einzelstränge abstoßen – diesem Effekt wird jedoch in der Zelle durch Interaktion der DNA mit Kationen entgegengewirkt.

Die **Wasserstoffbrücken** tragen trotz ihrer prominenten Bedeutung für die DNA-Struktur nicht so viel zur Stabilität der Doppelhelix bei, wie man womöglich erwarten würde, da die entsprechenden Donor- und Akzeptorpositionen der Basen bei einer Trennung der Einzel-

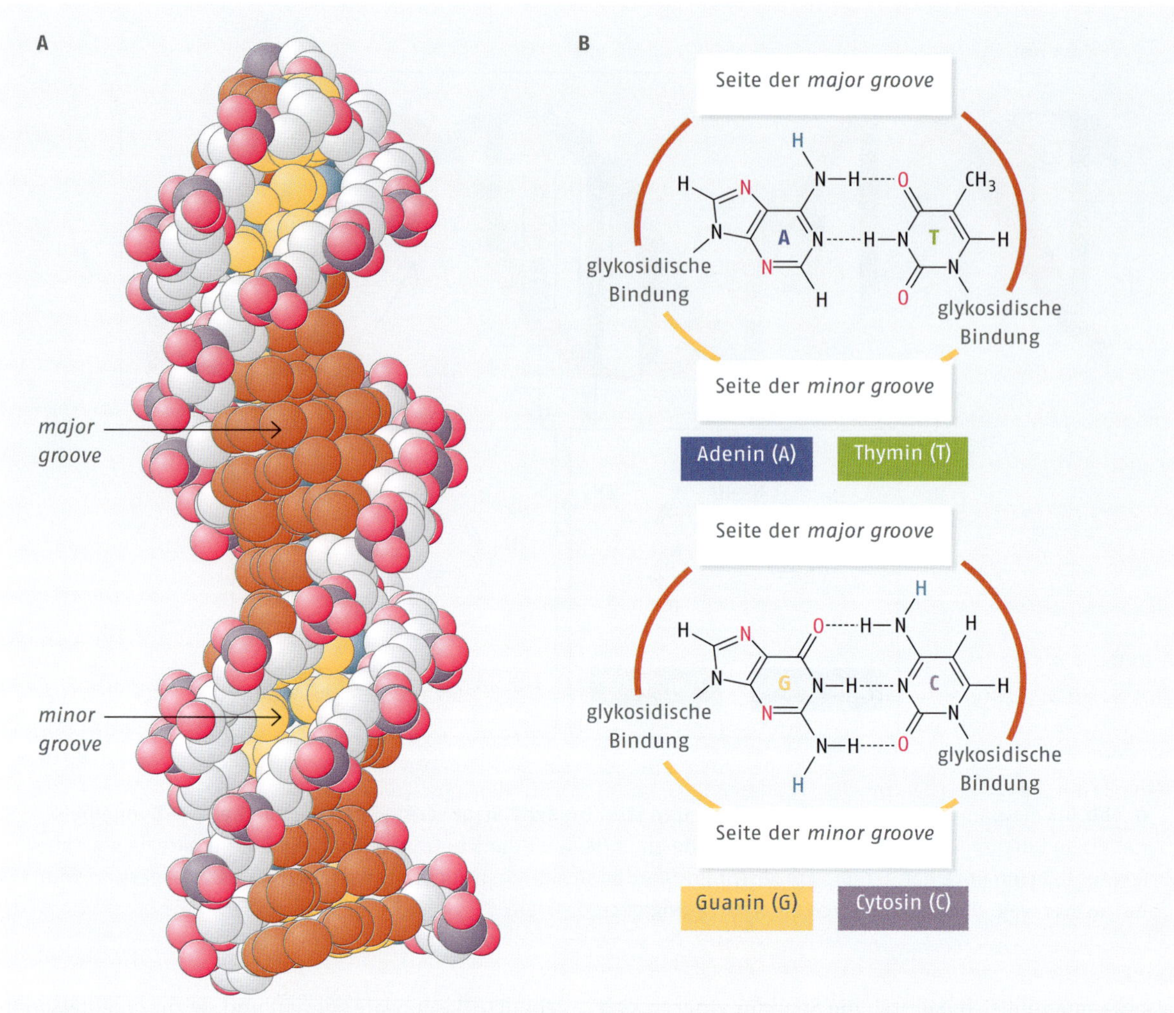

Abb. 4.4 A Kalottenmodell der DNA Doppelhelix in der B-Form, seitliche Ansicht. Das Zucker-Phosphat-Rückgrat der beiden Einzelstränge liegt außen, die Basen zeigen nach innen. Die Vertiefungen in der DNA-Struktur zwischen den Zucker-Phosphat-Rückgraten werden als *major* bzw. *minor groove* bezeichnet. Die Kohlenstoffatome des DNA-Rückgrats sind weiß dargestellt. B Strukturformeln der gepaarten Nukleotide

stränge im wässrigen Milieu „ersatzweise" mit Wassermolekülen interagieren. Dennoch kann sich der Beitrag der Wasserstoffbrücken in einem langen DNA-Molekül zu einer relevanten Summe aufaddieren. Auch die Stapelkräfte, die zu den schwachen intermolekularen Interaktionen gehören, machen sich in der Summe bemerkbar. Der **hydrophobe Effekt** ist, ähnlich wie wir es bei der Stabilisierung von Proteinstrukturen mit hydrophobem Kern kennengelernt haben (▸Kap. 2.4.2), für die Stabilität der Doppelhelix sehr wichtig: Da die eher hydrophoben Basen im Inneren der Doppelhelix liegen, wird deren Kontaktfläche mit dem umgebenden Wasser minimiert, sodass das Wasser dort keine starren Strukturen ausbilden muss. Dies erhöht die Entropie im System und begünstigt die Ausbildung der Doppelhelix.

Was den Beitrag der Wasserstoffbrücken für die Stabilität der DNA-Doppelhelix anbelangt, gibt es einen bemerkenswerten Unterschied zwischen den beiden Watson-Crick-Paarungen: **A:T-Basenpaare** werden durch **zwei Wasserstoffbrücken** zusammengehalten, während **G:C-Basenpaare** über **drei Wasserstoffbrücken** verfügen und damit fester verknüpft sind. Dadurch hängt die Energie, die man benötigt, um zwei DNA-Einzelstränge voneinander zu trennen, von der Basenzusammensetzung ab und steigt mit dem relativen GC-Gehalt der DNA an.

Wie der Chemiker Erwin Chargaff bereits vor Watson und Crick festgestellt hat, liegt das Verhältnis von A zu T bzw. C zu G in der DNA verschiedener Spezies stets nahe 1 – eine Beobachtung, die sich später durch das

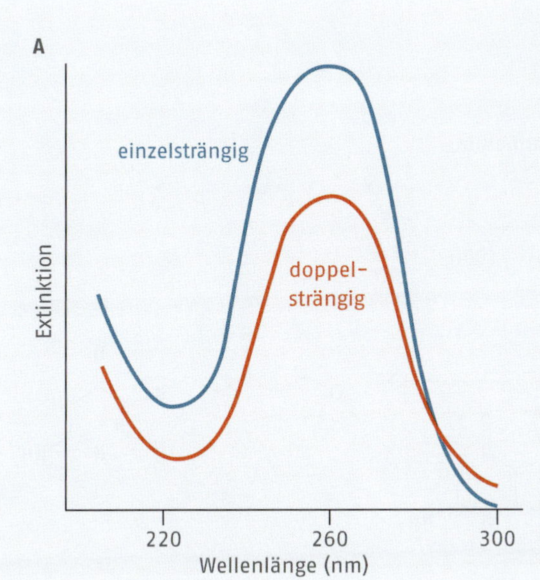

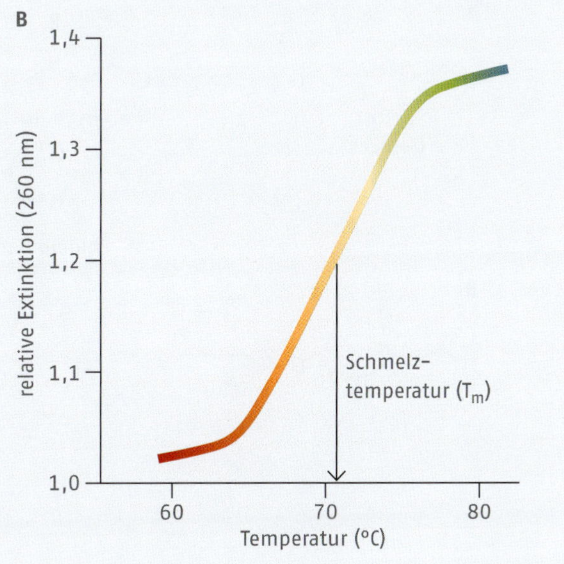

Abb. 4.5 Absorptionsspektrum von einzel- und doppelsträngiger DNA und Bestimmung der Schmelztemperatur. **A** Das Absorptionsmaximum von DNA liegt bei 260 nm, doppelsträngige DNA hat einen niedrigeren Extinktionskoeffizienten als die korrespondierenden Einzelstränge. **B** Verfolgt man bei einer Wellenlänge von 260 nm die relative Extinktion einer DNA-Lösung bei steigender Temperatur, zeigt sich ab einer bestimmten Temperaturschwelle ein Anstieg der Extinktion. Die Temperatur, bei der die Hälfte der Doppelstränge aufgetrennt ist, bezeichnet man als Schmelztemperatur.

Modell der spezifischen Basenpaarungen leicht erklären ließ. Bei seinen Betrachtungen hat Chargaff auch festgestellt, dass der relative AT- bzw. GC-Gehalt in den Genomen verschiedener Organismen deutlich variieren kann: Das menschliche Genom hat beispielsweise einen relativen GC-Gehalt von ca. 40 %, während er bei *E. coli* bei etwa 50 % liegt.

Denaturierung und Renaturierung von DNA

Im Labor kann eine DNA-Doppelhelix vollständig in ihre Einzelstränge aufgetrennt werden. Zumeist wird dies durch Erhitzen erreicht. Alternativ ist auch der Einsatz starker Säuren oder Basen möglich, was zu einer Ionisierung der Basen und damit zu deren Abstoßung führt. Diese Auftrennung wird als **Denaturierung** bezeichnet, bzw. wenn sie durch **Hitze** erfolgt, auch als **Schmelzen** der DNA. Der Schmelzvorgang lässt sich photometrisch verfolgen, da doppelsträngige DNA die Eigenschaft hat, UV-Licht weniger stark zu absorbieren als die freien Einzelstränge (Hypochromie-Effekt, Abb. 4.5 A). Dieser Unterschied lässt sich ausnutzen, um die Schmelztemperatur (T_m) einer DNA photometrisch zu bestimmen (Abb. 4.5 B). Einflussfaktoren sind die Länge des Doppelstrangs sowie die relative Basenzusammensetzung; durch die größere Anzahl von Wasserstoffbrücken bei G:C-Basenpaaren steigt T_m mit dem relativen GC-Gehalt einer DNA an.

Fachgebietstransfer

Die DNA als Angriffspunkt für Arzneistoffe

Die Verbindung Schwefel-Lost (S-Lost, Senfgas, Abb. 4.6 A) kam im ersten Weltkrieg unter der Bezeichnung „Gelbkreuz" als Kampfstoff zum Einsatz. Aufgrund von Beobachtungen zur zellteilungshemmenden Wirkung des Kampfstoffs wurde daraus in den 1940er-Jahren das weniger toxische N-Lost (Chlormethin) entwickelt und als Arzneistoff in die Therapie von Tumoren eingeführt. N-Lost gilt als das erste Zytostatikum, das den Weg in die allgemeine klinische Praxis gefunden hat. Später haben sich weniger reaktive und stabilere N-Lost-Derivate wie das Chlorambucil (Abb. 4.6 A) in der Chemotherapie etabliert. Die N-Lost-Derivate alkylieren unspezifisch DNA (Abb. 4.6 B) und andere Biomoleküle in der Zelle, wobei die Modifikation der DNA über eine Hemmung der DNA-Replikation und der Transkription zum Zelltod führt.

Von **Renaturierung** (alternativ: **Annealing** oder **Hybridisierung**) spricht man, wenn sich die komplementären Einzelstränge einer DNA nach deren Auftrennung wieder zum Doppelstrang zusammenlagern. Dies geschieht beispielsweise, wenn man DNA, die durch Hitze in Lösung

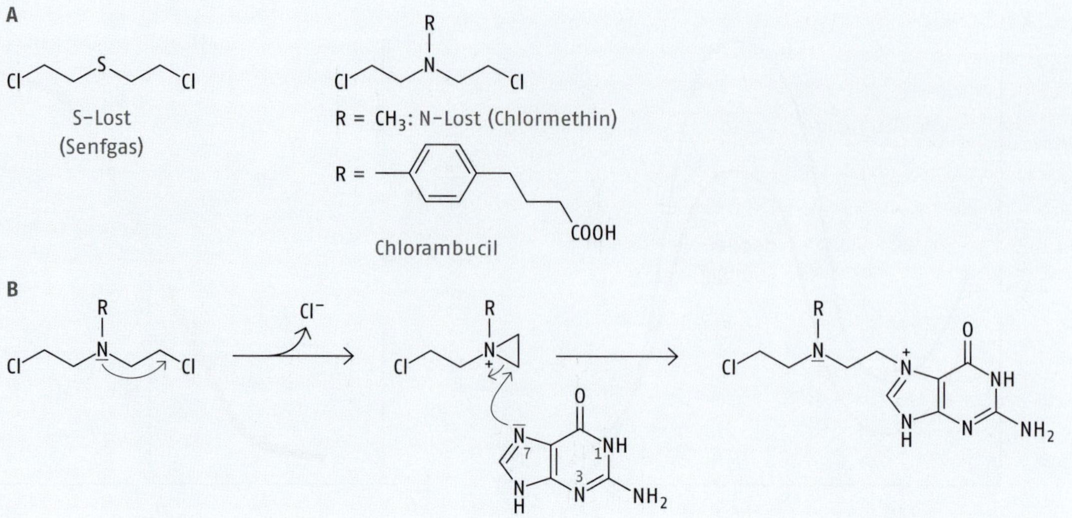

A

S-Lost (Senfgas)

R = CH_3: N-Lost (Chlormethin)

Chlorambucil

B

Abb. 4.6 DNA-Alkylanzien: Lost-Derivate. **A** Strukturen von S-Lost, N-Lost und Chlorambucil. **B** DNA-Alkylierung durch N-Lost-Derivate: Durch intramolekularen Angriff des Stickstoffatoms am chlorierten Kohlenstoffatom entstehen aus N-Lost-Derivaten Aziridiniumionen, die als DNA-Alkylanzien wirken. Bevorzugter Angriffsort innerhalb der DNA ist die Position N-7 des Guanins.

denaturiert wurde, langsam wieder unter die Schmelztemperatur abkühlen lässt. Das reversible Schmelzen und „Annealen" von DNA ist von großem praktischem Interesse, da es beispielsweise zum Prinzip der Polymerase-Kettenreaktion (PCR) gehört, die zur Vervielfältigung von DNA-Abschnitten dient (▸ Kap. 5.3). Auch die Hybridisierung zwischen komplementären DNA- und RNA-Molekülen ist möglich und wird bei molekularbiologischen Methoden angewandt: Beim sogenannten Northern Blotting werden auf diese Weise RNA-Moleküle mithilfe von DNA-Sonden nachgewiesen (▸ Kap. 5.6).

4.2.2 RNA-Struktur

Wie in ▸ Kap. 1.3 bereits vorgestellt wurde, entspricht die Struktur der RNA im Wesentlichen derjenigen der DNA, mit Ausnahme der folgenden chemischen Unterschiede:

- RNA enthält als Zuckerkomponente **Ribose** anstelle von Desoxyribose und besitzt damit eine **freie 2′-OH-Gruppe**.
- RNA enthält als Base das **Uracil** anstelle des Thymins.

Diese Unterschiede sind funktionell von Bedeutung: die 2′-OH-Gruppe der Ribose spielt eine Schlüsselrolle beim **Spleißen** von prä-mRNA bei der Genexpression (▸ Kap. 4.4.5). Andererseits ist die 2′-OH-Gruppe auch mit dafür verantwortlich, dass RNA chemisch weniger stabil ist als DNA, da sie als Nukleophil intramolekular am Phosphodiester-Rückgrat angreifen und die RNA spalten kann. Dies gilt vor allem unter alkalischen Bedingungen, wenn die OH-Gruppe deprotoniert vorliegen kann.

Ein weiterer Unterschied zwischen der Struktur von DNA und RNA besteht darin, dass zelluläre RNA-Moleküle im Gegensatz zur DNA im Allgemeinen einzelsträngig vorkommen. Allerdings bilden RNA-Moleküle dabei gerne Strukturen höherer Ordnung aus, was für bestimmte Arten von RNA eine wesentliche Voraussetzung für die biologische Funktion ist. Dies trifft beispielsweise auf die Transfer-RNAs zu, die eine zentrale Rolle bei der Proteinbiosynthese erfüllen und eine charakteristische Raumstruktur aufweisen (▸ Kap. 4.5.2).

Besonders in Eukaryoten kommen zahlreiche verschiedene RNA-Spezies vor. Diese werden in ▸ Kap. 4.4.1 näher vorgestellt.

4.3 DNA-Replikation

Beim Prozess der **Replikation** wird das Erbgut einer Zelle, das aus DNA besteht, **vollständig kopiert** und somit **verdoppelt**. Dies geschieht mit dem Ziel, die darauf enthaltene Erbinformation im Prozess der Zellteilung (▸ Kap. 10) vollständig an die Tochterzellen weitergeben zu können.

Grundlage für die effiziente Replizierbarkeit zellulärer DNA ist, dass sie in Form **komplementärer DNA-Doppelstränge** vorliegt. Wie bereits erläutert, beruht die Komplementarität darauf, dass ein eindeutiges Basenpaarungsmuster zwischen den DNA-Bausteinen festgelegt ist. Dieses Paarungsschema kommt bei der Replikation zur Anwendung: Die DNA-Doppelstränge werden aufgetrennt und jeder Einzelstrang dient als **Kopiervorlage** (Matrize) für die Bildung eines komplementären Gegenstrangs. Dadurch erhält dieser eine definierte Sequenz. Die Matrize wird zu einer vollständigen Kopie des Ausgangsmoleküls ergänzt (o Abb. 4.7).

4.3.1 Proteine der DNA-Replikation

Wie bereits eingeführt (▸ Kap. 4.1), sind für die komplexe Aufgabe, ein DNA-Molekül komplett zu vervielfältigen, folgende fünf Arten von Enzymen erforderlich: **DNA-Polymerase, Helicase, Primase, Ligase und Topoisomerase.** o Abb. 4.8 zeigt schematisch, an welchen Stellen des Replikationsgeschehens die einzelnen Proteine bzw. Proteinkomplexe aktiv sind und vermittelt einen ersten, vereinfachten Einblick in den Ablauf der Replikation. Wie sich daraus ergibt, werden die einzelnen Stränge des zu kopierenden DNA-Moleküls bei der DNA-Replikation nicht komplett voneinander getrennt, um sie einzeln ablesen zu können, sondern es findet eine sukzessive Strangtrennung statt. An der entstehenden, gabelförmigen Öffnung (**Replikationsgabel**) wird einer der beiden Matrizenstränge kontinuierlich abgelesen, wobei der sogenannte **Leitstrang** entsteht. Im Gegensatz dazu wird der zweite neu gebildete Strang,

o **Abb. 4.7** Grundprinzip der DNA-Replikation: Der zu replizierende DNA-Doppelstrang wird aufgetrennt, die beiden Einzelstränge dienen dann als Matrize zur Bildung komplementärer Stränge auf Basis der Watson-Crick-Basenpaarung.

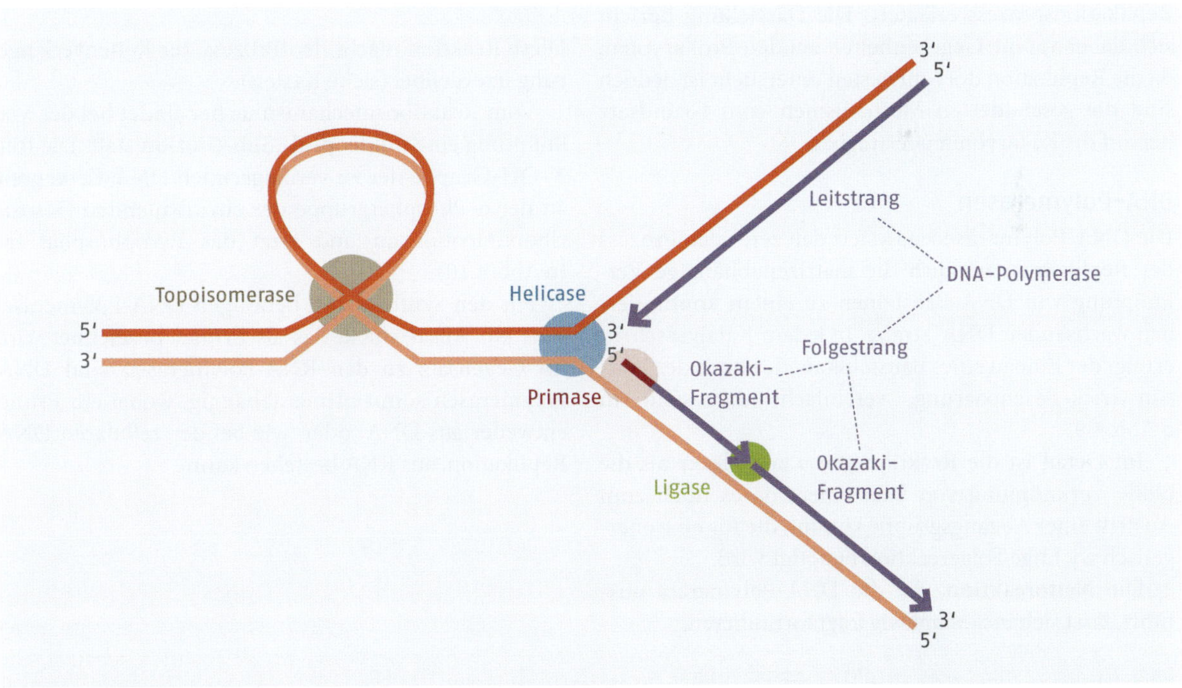

o **Abb. 4.8** Die Replikationsgabel mit den wichtigsten Proteinen der DNA-Replikation. Die Helicase öffnet den DNA-Doppelstrang, die Primase stellt kurze RNA-Primer für die Synthese der Leit- und Folgestrangabschnitte durch die DNA-Polymerase zur Verfügung. Topoisomerasen verhindern eine Spiralisierung der DNA. Die Funktion der Ligase ist im Text erläutert. Die Okazaki-Fragmente haben eine Länge von ca. 1000 Nukleotiden bei Prokaryoten und ca. 100–200 Nukleotiden bei Eukaryoten.

4

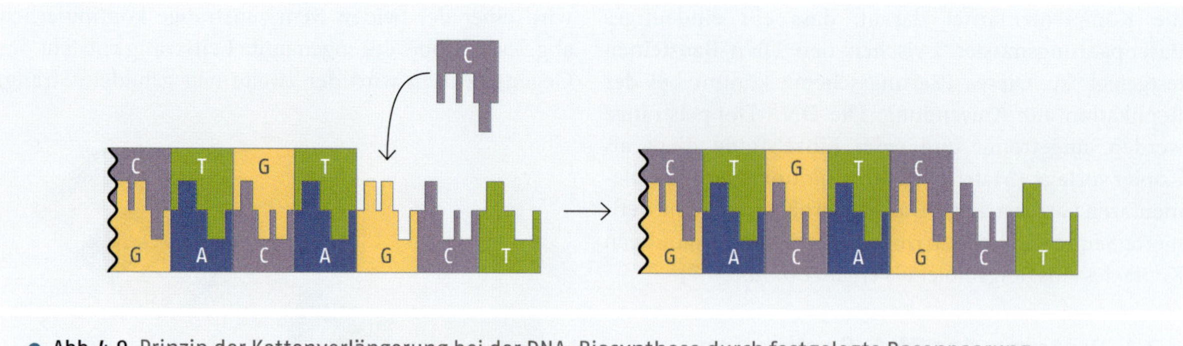

o Abb. 4.9 Prinzip der Kettenverlängerung bei der DNA-Biosynthese durch festgelegte Basenpaarung

der **Folgestrang**, diskontinuierlich in Form einzelner Abschnitte erzeugt, die nach ihren Entdeckern als **Okazaki-Fragmente** bezeichnet werden. Die Diskontinuität in der Synthese des Folgestrangs erklärt, weshalb für die Replikation auch Ligasen benötigt werden: Sie verknüpfen das jeweils aktuell synthetisierte Okazaki-Fragment mit dem zuvor entstandenen Abschnitt. Dieses „Versiegeln" der Stränge erfolgt allerdings erst, nachdem die kurzen, von der Primase stammenden RNA-Stücke am Anfang jedes neu synthetisierten Okazaki-Fragments entfernt und durch DNA ersetzt wurden.

In den folgenden Kapiteln werden die Funktion der einzelnen Proteinklassen und ihr Zusammenspiel im Replikationsprozess erläutert. Die Darstellung bezieht sich dabei auf die Gegebenheiten bei den Prokaryoten, da die Replikation dort am besten untersucht ist, jedoch sind die geschilderten Mechanismen vom Grundsatz her auf die Eukaryoten übertragbar.

DNA-Polymerasen

Die **DNA-Polymerase** katalysiert den zentralen Prozess der Replikation, nämlich die matrizenabhängige Verknüpfung von DNA-Bausteinen zu einem kontinuierlich wachsenden DNA-Strang. In jedem Katalyseschritt erfolgt der Einbau eines Bausteins auf der Basis der Watson-Crick-Basenpaarung, vereinfacht dargestellt in o Abb. 4.9.

Im Detail ist die Reaktion etwas komplexer als die bloße Verknüpfung von Bausteinen, da es noch zum Austritt einer Abgangsgruppe kommt, die für eine energetisch wichtige Folgereaktion benötigt wird.

Die **Nettoreaktion**, die die DNA-Polymerase ausführt, lässt sich insgesamt wie folgt formulieren:

$$\mathrm{DNA}_{(\text{x Einheiten verestertes dNMP})} + \underbrace{\mathrm{dNTP}}_{\text{Desoxyribonukleosid-triphosphat}} \rightleftharpoons \mathrm{DNA}_{(\text{x+1 Einheiten verestertes dNMP})} + \underbrace{\mathrm{PP_i}}_{\text{anorganisches Diphosphat}}$$

Wie daraus ersichtlich wird, verwendet die DNA-Polymerase als kettenverlängernde Substrate **Nukleotide in Form von Triphosphaten**. Dies erlaubt die Abspaltung von Diphosphat (PP_i, *inorganic pyrophosphate*), welches in einem energieliefernden Schritt durch das Enzym Pyrophosphatase in zwei einzelne Phosphatmoleküle gespalten wird:

$$\mathrm{PP_i} \xrightarrow[\ ]{\text{Pyrophosphatase}\ \ H_2O} 2 \times \underbrace{\mathrm{P_i}}_{\text{anorganisches Phosphat}}$$

Diese Reaktion macht den Prozess der Kettenverlängerung irreversibel (siehe Kasten).

Vom Reaktionsmechanismus her findet bei der Verknüpfung eine **nukleophile Substitution** statt: Die freie 3′-OH-Gruppe der zu verlängernden DNA-Kette greift an der α-Phosphatgruppe des einzubauenden Desoxyribonukleotids an und setzt das Pyrophosphat frei (o Abb. 4.10).

Für den Synthesestart benötigen DNA-Polymerasen stets ein Ansatzstück, das als Primer bezeichnet wird. Im Gegensatz zu den RNA-Polymerasen sind DNA-Polymerasen somit primerabhängig, wobei ein Primer entweder aus DNA, oder, wie bei der zellulären DNA-Replikation, aus RNA bestehen kann.

Abb. 4.10 Reaktionsmechanismus der Kettenverlängerung bei der DNA-Biosynthese

Wie sich aus dem Reaktionsmechanismus bei der DNA-Synthese ergibt (Abb. 4.10), arbeitet die DNA-Polymerase direktional, und zwar grundsätzlich in **5′-3′-Richtung.** Abb. 4.11 zeigt am Beispiel des Einbaus eines Adenin-Nukleotids den gesamten Prozess der DNA-Kettenverlängerung inklusive der dafür notwendigen Komponenten. Diese sind im Einzelnen:

- eine DNA-Matrize als Kopiervorlage,
- ein DNA- oder RNA-Primer,
- alle vier Desoxyribonukleotide (dATP, dCTP, dGTP, dTTP),
- Metallionen als Cofaktoren (im Allgemeinen: Mg^{2+}).

Die Magnesiumionen werden dazu benötigt, die negativen Ladungen der dNTPs zu kompensieren und sie mit dem wachsenden DNA-Strang zu koordinieren.

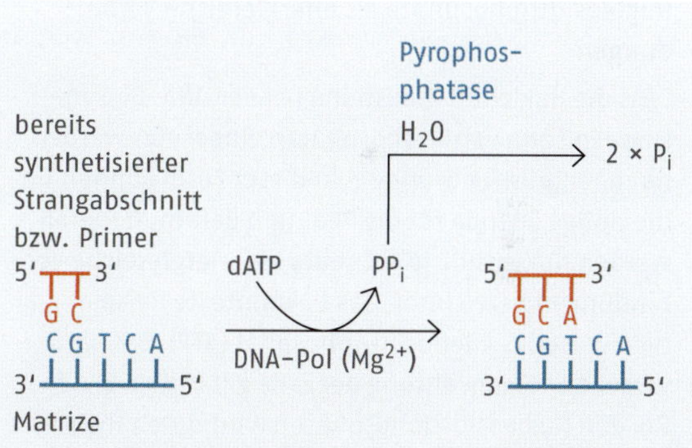

Abb. 4.11 Einbau eines Nukleotids in die DNA durch die DNA-Polymerase: Reaktionskomponenten, Direktionalität des Einbaus und energieliefernde Folgereaktion.

Tab. 4.1 Prokaryotische und eukaryotische DNA-Polymerasen

Polymerasetyp	Funktion
Prokaryotische DNA-Polymerasen	
DNA-Polymerase I	Abbau der RNA-Primer (zusammen mit dem Enzym RnaseH) und Auffüllen der Lücken im Folgestrang
DNA-Polymerase II	DNA-Reparaturenzym
DNA-Polymerase III	Hauptenzym der DNA-Synthese
Eukaryotische DNA-Polymerasen	
DNA-Polymerase α	Synthese RNA-Primer (Primase-Untereinheit) und Anhängen einer kurzen DNA-Kette
DNA-Polymerase β	DNA-Reparaturenzym
DNA-Polymerase γ	DNA-Polymerase der Mitochondrien
DNA-Polymerasen δ bzw. ε	Hauptenzyme der DNA-Synthese

Fachgebietstransfer

Nukleosidtriphosphate als energiereiche Verbindungen

Dass die Nukleotid-Bausteine bei der DNA-Biosynthese in Form von Triphosphaten eingesetzt werden, hat energetische Gründe – in dieser Form können sie die nötige Energie für die Reaktion liefern. Generell werden Nukleosidtriphosphate als **energiereiche Verbindungen** bezeichnet, das bekannteste Beispiel hierfür ist das Adenosintriphosphat (ATP), das als universelle Energiewährung der Zelle gilt (▶Kap. 6.1.1). Bei den Nukleosidtriphosphaten wird durch Hydrolyse der Phosphorsäureanhydridbindungen Energie frei:

- Triphosphate tragen bei physiologischem pH-Wert vier negative Ladungen auf engem Raum, die sich gegenseitig abstoßen. Die Hydrolyse der Anhydridbindungen führt zur energetisch günstigen **Ladungstrennung**.
- Bei den entstehenden Phosphaten handelt es sich um **hochsymmetrische, mesomeriestabilisierte Moleküle** mit geringen freien Enthalpien. Die Phosphate werden zudem stark durch Solvatation stabilisiert.

Sowohl bei den Prokaryoten als auch bei den Eukaryoten sind mehrere **DNA-Polymerasen** bekannt. Die Bezeichnung der einzelnen Typen erfolgte jeweils nach der Reihenfolge ihrer Entdeckung.

Die bedeutendsten DNA-Polymerasen der **Prokaryoten** sind die Typen I, II und III. Die Polymerase III dient als Hauptenzym der DNA-Synthese, Polymerase I wird für den Austausch des RNA-Primers an den Okazaki-Fragmenten benötigt und Typ II dient der DNA-Reparatur.

Bei den **Eukaryoten** sind die fünf Polymerase-Typen α bis ε gut charakterisiert, wobei die Polymerasen δ oder ε die Hauptenzyme der DNA-Replikation sind. Eine Besonderheit bei den eukaryotischen Enzymen ist der Polymerasewechsel: Polymerase α beginnt mit der DNA-Synthese, bevor eines der beiden Hauptenzyme δ oder ε den Prozess weiterführt. Die Synthese wird initiiert, indem die Polymerase α über ihre Primase-Untereinheit einen RNA-Primer erzeugt, an den sie noch einige DNA-Nukleotide anhängt. Danach übernimmt eines der Hauptenzyme die Kettenverlängerung. Diese Aufgabe wird bei den Prokaryoten durch die Primase als eigenständiges Enzym übernommen.

Tab. 4.1 bietet eine Übersicht der prokaryotischen und eukaryotischen Polymerasen.

DNA-Polymerasen sind **Multiproteinkomplexe**, die aus mehreren Untereinheiten aufgebaut sind. Die zentrale Untereinheit, die für die Verknüpfung der Nukleotide zuständig ist, weist bei allen Polymerasen eine ähnliche Raumstruktur auf: Sie ähnelt einer Hand, wobei die Daumen- und Fingerdomänen zusammen mit der „Handfläche" einen engen Raum schaffen. Diese sterischen Restriktionen begünstigen die Bildung korrekter Watson-Crick-Basenpaare, da diese im Vergleich zu

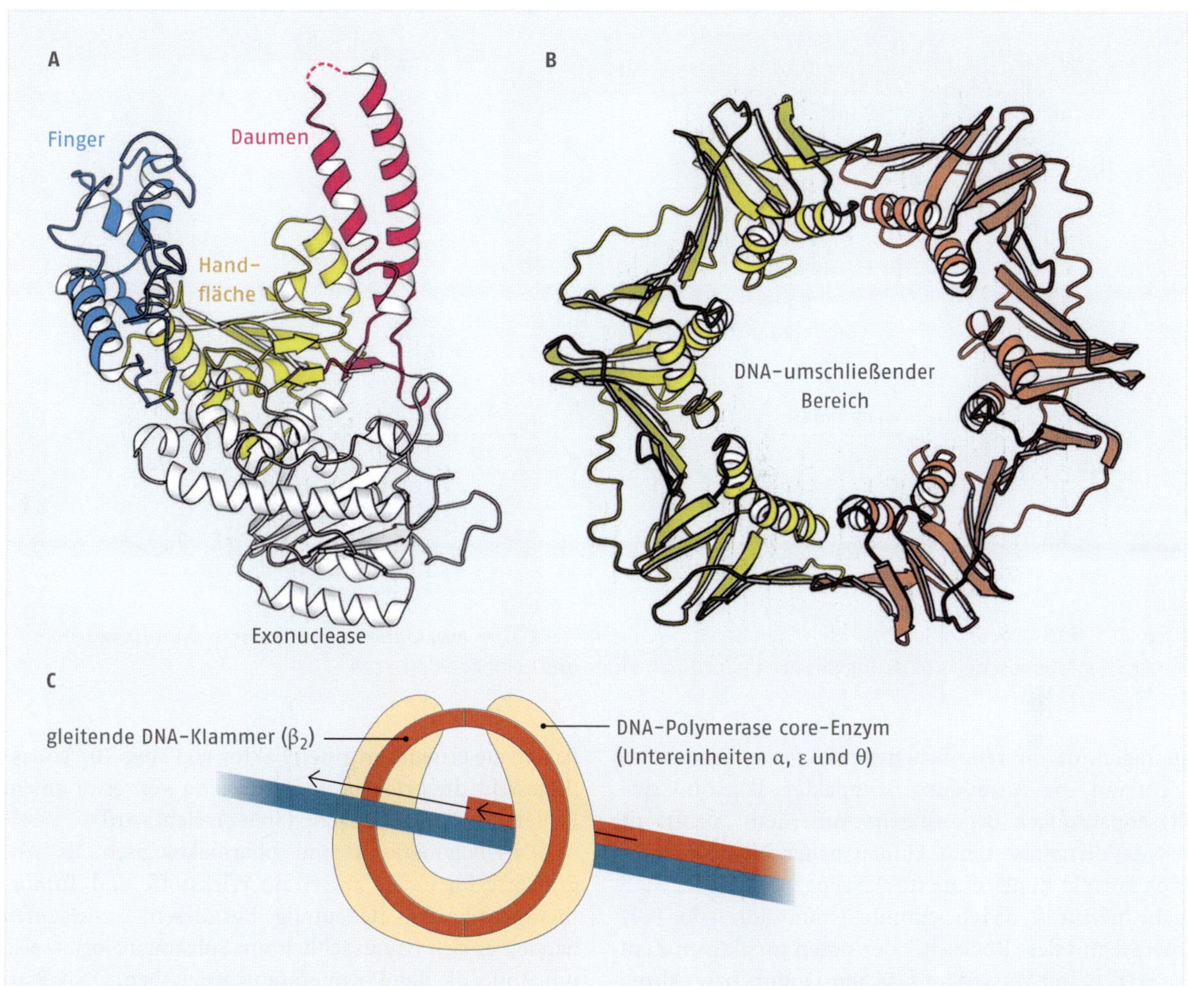

Abb. 4.12 DNA-Polymerasen: Core-Enzym und gleitende DNA-Klammer. **A** Struktur des Klenow-Fragments der DNA-Polymerase I aus *E. coli*. Bei diesem Fragment handelt es sich um ein aktives Teilstück der Polymerase, welches vom Biochemiker Hans Klenow durch partiellen enzymatischen Verdau des Enzyms gewonnen wurde. **B** Struktur der β_2-Untereinheit der DNA-Polymerase II aus *E. coli*, die als „gleitende DNA-Klammer" bezeichnet wird. **C** Schematische Darstellung des Komplexes aus Core-Enzym und gleitender DNA-Klammer bei der hochprozessiven DNA-Polymerase III

fehlgepaarten Basen kompakter sind. Das katalytische Zentrum der DNA-Polymerase, das auch die Magnesiumionen beinhaltet, liegt in der Handflächendomäne. Abb. 4.12 A zeigt die prototypische Struktur des sogenannten Klenow-Fragments der DNA-Polymerase I aus *E. coli*. Mit diesem Fragment gelang die erste Strukturaufklärung eines Polymerase-Moleküls.

Damit die Replikation eines ganzen Genoms zügig ablaufen kann, müssen die als Hauptenzyme dienenden DNA-Polymerasen entlang der Matrize weite Strecken in kurzer Zeit zurücklegen können. Voraussetzung dafür ist eine hohe **Prozessivität** der Enzyme, also die Fähigkeit, viele Katalyseschritte hintereinander auszuführen, ohne sich vom Substrat zu lösen. Bei der DNA-Polymerase III von *E. coli* wird dies mithilfe der β_2-Untereinheit (Abb. 4.12 B) erreicht: Sie umschließt die DNA und sorgt dafür, dass sich die polymerisierende Einheit (d. h. das Core-Enzym mit den Untereinheiten α, ε und θ) nicht vorzeitig von der Matrize ablöst, weshalb sie als „gleitende DNA-Klammer" bezeichnet wird (Abb. 4.12 C). Die Geschwindigkeit der DNA-Polymerase III bei der Replikation des *E.-coli*-Genoms beträgt ca. 1000 Nukleotide pro Sekunde.

Da die Integrität des Erbguts von herausragender Bedeutung für das Schicksal einer Zelle bzw. eines Organismus ist, muss die Replikation der DNA trotz hoher Geschwindigkeit mit großer **Präzision** ablaufen, was an die DNA-Polymerasen hohe Anforderungen stellt. Diesem Erfordernis wird zum einen, wie bereits erwähnt, durch die Struktur des aktiven Zentrums Rechnung

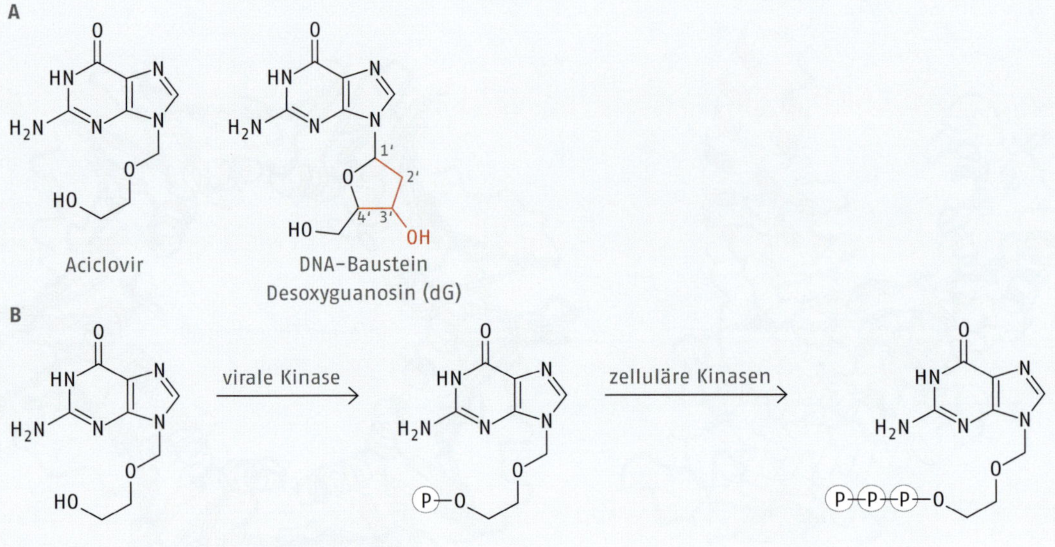

Abb. 4.13 A Strukturanalogie zwischen dem antiviralen Arzneistoff Aciclovir und dem Nukleosid Desoxyguanosin, B metabolische Aktivierung des Aciclovirs durch virale und zelleigene Kinasen

getragen, da die räumlichen Restriktionen im aktiven Zentrum die Ausbildung kompakter Watson-Crick-Basenpaarungen begünstigen. Außerdem „prüft" die DNA-Polymerase beim Einbau neuer Nukleotide, ob sich korrekt dimensionierte Basenpaare ergeben. Maßgabe hierfür ist, dass bestimmte Aminosäuren der Polymerase mit der „Rückseite" der Basen im aktiven Zentrum (d. h. mit Wasserstoffbrücken-Donor- bzw. Akzeptorpositionen, die Richtung *minor groove* liegen und nicht an der Basenpaarung beteiligt sind) spezifische Wasserstoffbrücken eingehen können. Sollte dennoch ein Fehleinbau stattgefunden haben, verfügen viele Polymerasen – wie auch die Hauptenzyme der Replikation bei Prokaryoten und Eukaryoten – über eine **Korrekturlesefunktion** in Form einer **3′-5′-Exonuclease-Aktivität**: Eine fehlerhafte Basenpaarung kann bewirken, dass die Polymerase in 3′-5′-Richtung einen Schritt zurückgeht und das betreffende Nukleotid entfernt.

Das **menschliche Genom** umfasst im einfachen Chromosomensatz die enorme Zahl von etwa 3×10^9 Basenpaaren. Damit eine Sequenz dieser Größenordnung fehlerfrei repliziert werden kann, ist insgesamt eine mehrstufige Qualitätssicherung erforderlich. Beim Syntheseprozess selbst, d. h. beim fortlaufenden Einbau neuer Nukleotide, tritt bei menschlichen DNA-Polymerasen eine Fehlerrate von etwa 1 pro 10^3–10^4 verknüpfter Nukleotide auf. Diese kann direkt durch die Korrekturlesefunktion der DNA-Polymerasen um den Faktor 10^3 auf einen Fehler pro 10^6–10^7 Nukleotide erniedrigt werden. Für verbleibende Fehler kommen spezielle DNA-Reparaturmechanismen zum Tragen, die an dieser Stelle nicht weiter ausgeführt werden. Sie senken die Fehlerrate erneut um einen Faktor von etwa 10^3, sodass insgesamt die erforderliche Präzision von etwa einem Fehler auf 10^9–10^{10} Basenpaaren erreicht wird.

DNA-Polymerasen sind pharmakologisch als Angriffsorte für einige **antivirale Wirkstoffe** und **Tumortherapeutika** von Bedeutung. Bei diesen Arzneistoffen handelt es sich hauptsächlich um Substratanaloga – also um Stoffe, die den Polymerasen vortäuschen, DNA-Bausteine zu sein. Das Wirkprinzip der Substratanaloga besteht häufig darin, dass sie in die wachsende DNA-Kette eingebaut werden und dort einen Kettenabbruch hervorrufen. Wie wir bereits beim allgemeinen Reaktionsschema der DNA-Biosynthese erfahren haben, sind die Nukleotid-Substrate der DNA-Polymerasen dreifach phosphoryliert. In dieser Form können die Wirkstoffe jedoch nicht direkt eingesetzt werden, da Triphosphate sehr hydrophil bzw. bei physiologischem pH-Wert geladen sind und somit keine Zellmembranen passieren können. Daher werden stattdessen „Vorläufersubstanzen" der Triphosphat-Wirkform verabreicht, die in der Zelle durch Phosphorylierung aktiviert werden können. Damit zählen diese Substanzen zu den sogenannten Prodrugs – also Wirkstoffe, die erst im Körper in die aktive Form umgewandelt werden.

Ein prototypisches Beispiel für ein kettenabbrechendes Substratanalogon ist der Wirkstoff **Aciclovir**, der gegen Herpesviren eingesetzt wird. Aciclovir ist ein Strukturanalogon des Nukleosids Desoxyguanosin, dem die verbrückende Ethylengruppe zwischen C-1′ und C-4′ des Ribosegrundgerüsts fehlt, an der die 3′-OH-Gruppe hängt (Abb. 4.13 A). Durch das Fehlen dieser Gruppe kommt es beim Einbau des aktivierten

Aciclovirs in die DNA zum Kettenabbruch bei der DNA-Synthese. Besonders elegant an diesem Wirkstoff ist, dass er eine Selektivität für virusbefallene Zellen aufweist. Grund hierfür ist die spezifische Aktivierung des Prodrugs zur Wirkform: der erste Phosphorylierungsschritt findet bevorzugt durch eine virale Kinase und somit vorrangig in von Viren befallenen Zellen statt. Die weiteren beiden Phosphorylierungen werden von zelleigenen Kinasen übernommen (o Abb. 4.13 B).

Helicase, Primase und DNA-Ligase

Im ersten Schritt der Replikation einer doppelsträngigen DNA werden die beiden Einzelstränge voneinander getrennt, um sie jeweils als Matrizen zugänglich zu machen. Dies ist im Wesentlichen die Aufgabe einer Helicase, in diesem Falle einer **DNA-Helicase**. Allgemein betrachtet sind Helicasen Enzyme, die sich ATP-getrieben an doppelsträngigen Nukleinsäureabschnitten entlangbewegen und die Stränge durch Lösen der Basenpaarungen voneinander trennen. Neben DNA-Helicasen gibt es auch RNA-Helicasen, die Sekundärstrukturen in RNA-Strängen auflösen können.

Die DNA-Helicase, die bei *E. coli* an der Replikation beteiligt ist, ist ein Proteinhexamer. Dieses umgibt die Matrize des Folgestrangs ringförmig und bewegt sich in 5′-3′-Richtung daran entlang, sodass die Matrize des Leitstrangs kontinuierlich davon abgelöst wird. Zur Offenhaltung der DNA dienen **einzelstrangbindende Proteine**, die sich an die geöffneten Bereiche anlagern (o Abb. 4.14).

Als Startpunkt der Replikation dienen DNA-Sequenzen mit charakteristischen Eigenschaften, die als **Replikationsursprünge** bezeichnet werden und von spezialisierten Proteinkomplexen erkannt werden. Diese Proteine sorgen auch für ein initiales „Aufschmelzen" des Doppelstrangs für die Helicase.

Nach der Öffnung des DNA-Doppelstrangs kann der Kopiervorgang durch die DNA-Polymerase prinzipiell starten. Allerdings sind DNA-Polymerasen, wie bereits erwähnt, primerabhängige Enzyme, d. h. sie sind selbst nicht in der Lage, eine Strangsynthese de novo zu beginnen. Hier kommt das Enzym **Primase** ins Spiel, das als Ansatzstück für die DNA-Polymerase ein kurzes Stück RNA synthetisiert (o Abb. 4.15). RNA-Polymerasen wie die Primase sind im Gegensatz zu DNA-Polymerasen zur De-novo-Strangbildung in der Lage.

Sobald die Matrizenstränge voneinander getrennt sind und ein Primer zur Verfügung steht, kann der Kopiervorgang beginnen. Wie bereits erläutert, erzeugt die DNA-Polymerase den sogenannten Leitstrang durch fortlaufende Synthese, während der Folgestrang diskontinuierlich in Form von Okazaki-Fragmenten entsteht. Um auch einen durchgängigen Folgestrang zu erhalten, werden die RNA-Primer der Okazaki-Fragmente entfernt und der vorangehende Strangabschnitt wird mit DNA verlängert,

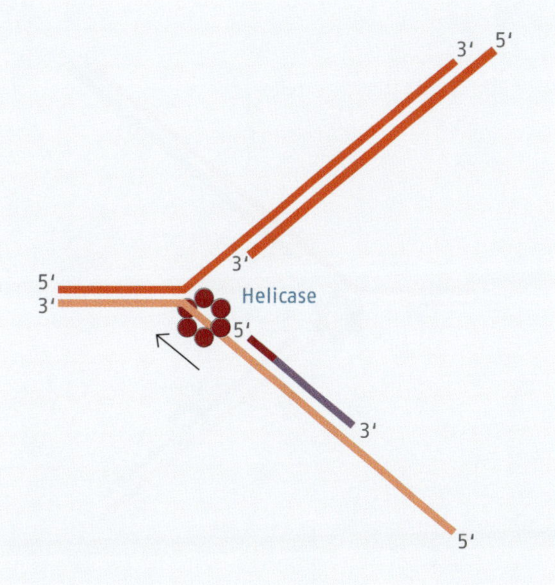

o **Abb. 4.14** Enzyme an der Replikationsgabel: DNA-Helicase (einzelstrangbindende Proteine sind nicht gezeigt).

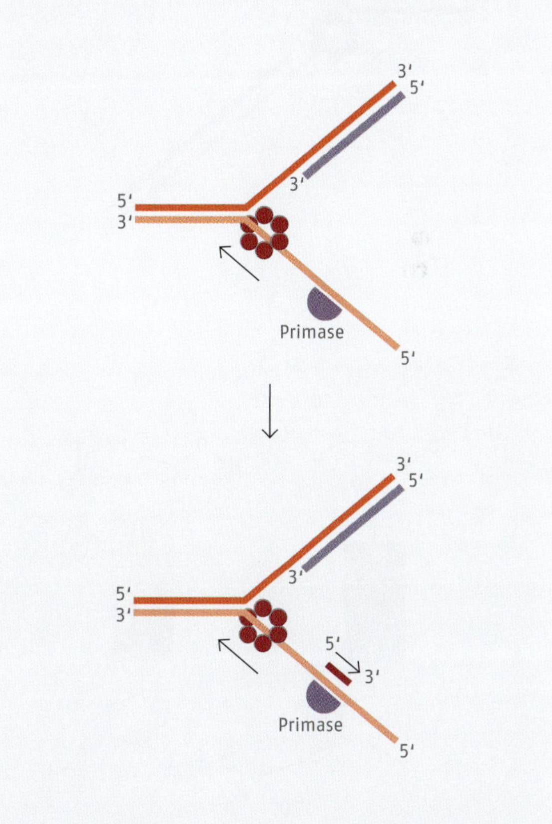

o **Abb. 4.15** Enzyme an der Replikationsgabel: Primase

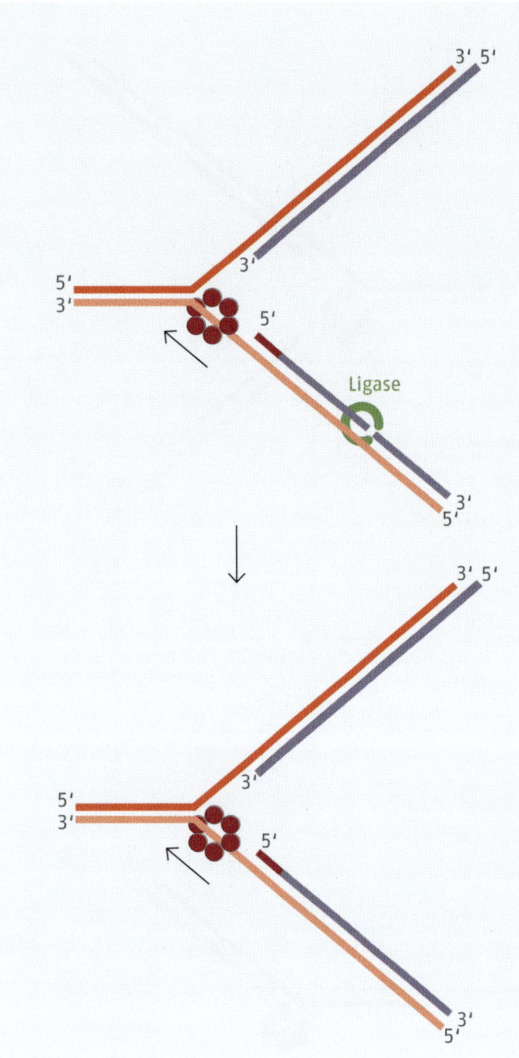

bis er bündig an das folgende DNA-Fragment anschließt. Anschließend werden die Fragmente durch **DNA-Ligase** miteinander verbunden (Abb. 4.16).

Prinzipiell sind DNA-Ligasen Enzyme, die zwei DNA-Stränge über eine **5'-3'-Phosphodiesterbindung** miteinander verknüpfen. DNA-Ligasen akzeptieren jedoch keine freien DNA-Einzelstränge als Substrate, sondern tun dies stets im Kontext eines DNA-Doppelstrangs. Weiterhin benötigen DNA-Ligasen für ihre Funktion Energie: Bei den eukaryotischen Vertretern dient **ATP** als Cofaktor, bei den Prokaryoten gibt es jedoch auch Ligase-Typen, die hierfür Nicotinamidadenindinuleotid (**NAD⁺**) verwenden (Abb. 4.17). Wie in (▸Kap. 6.1.1) ausgeführt wird, ist die klassische Funktion von NAD⁺ jedoch die eines wasserstoffübertragenden Cofaktors in Redoxreaktionen.

Beim Verknüpfen von DNA-Strängen durch Ligasen sind mehrere Konstellationen möglich Abb. 4.18. Neben dem Schließen offener Stellen im Rückgrat einer doppelsträngigen DNA, wie es im Zuge der DNA-Replikation oder bei der DNA-Reparatur von Einzelstrangbrüchen benötigt wird (Abb. 4.18 A), können sie auch komplementäre Überhänge miteinander verbinden (Abb. 4.18 B). Bestimmte Ligase-Typen können auch doppelsträngige DNA-Moleküle mit stumpfen Enden verknüpfen (Abb. 4.18 C). Voraussetzung ist jeweils, dass die zu verknüpfenden 5'-Enden phosphoryliert sind. Die beiden in Abb. 4.18 A und Abb. 4.18 B

Abb. 4.16 Enzyme an der Replikationsgabel: DNA-Ligase

Abb. 4.17 Verknüpfung von DNA-Strängen durch die DNA-Ligase. Im Beispiel wird ATP für die Verknüpfung eingesetzt. Bei bestimmten prokaryotischen DNA-Ligasen wird stattdessen NAD^+ zu NMN^+ und AMP umgesetzt.

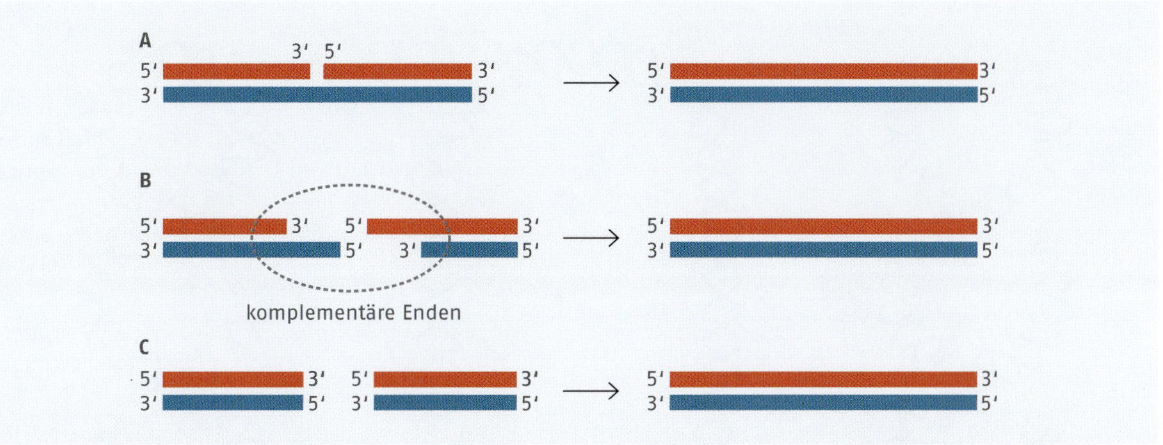

o Abb. 4.18 Mögliche Konstellationen bei der Verknüpfung von DNA-Strängen durch DNA-Ligase. **A** Schließen einer offenen Phosphodiesterbindung im Rückgrat einer doppelsträngigen DNA. **B** Verknüpfen zweier DNA-Moleküle mit komplementären Überhängen (*sticky ends*). **C** Verknüpfen zweier DNA-Moleküle mit stumpfen Enden (*blunt ends*), z. B. durch die virale T4 DNA-Ligase

gezeigten Konstellationen spielen bei der Klonierung von DNA (▸ Kap. 5.2) eine wichtige Rolle.

Topoisomerasen

Wie bereits erwähnt, wird die DNA-Doppelhelix während der Replikation durch die Arbeit der Helicase fortlaufend entwunden. Da DNA im chromosomalen Kontext jedoch nicht frei beweglich ist, führt die Trennung der Stränge zu Torsionsspannungen in den nachfolgenden, noch ungeöffneten Bereichen. In der Konsequenz können hinter der Replikationsgabel sogenannte **Superspiralen** aufgeworfen werden. Dieser Begriff beschreibt eine Ebene der DNA-Spiralisierung, die den Windungen der Watson-Crick-Doppelhelix übergeordnet ist (o Abb. 4.19 A). Wie aus der modellhaften Darstellung in o Abb. 4.19 B ersichtlich wird, käme es dadurch zu einer „Verknäuelung" der DNA, die den Fortgang der

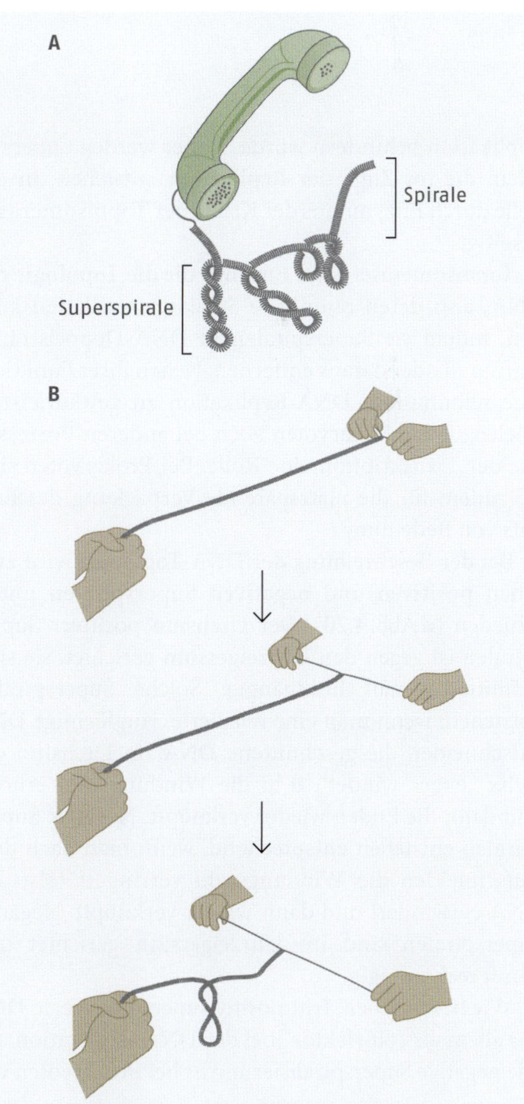

o Abb. 4.19 Superspiralen. **A** Spiralen und Superspiralen im verdrillten Kabel eines Schnurtelefons als Modell für die Spiralisierung einer DNA-Doppelhelix. **B** Experiment zur Öffnung helikal verwundener Seilstränge als Modell für die Vorgänge an der Replikationsgabel: Zwei helixartig umeinander gewickelte Schnüre werden von zwei Personen festgehalten. An einem Ende wird die „Helix" durch Auseinanderziehen der beiden Schnurenden geöffnet. In der Folge werden die Spiralen in den noch ungeöffneten Bereichen durch die Strangtrennung „überdreht", die Spannung führt zur Superspiralisierung. Ab einem gewissen Punkt lassen sich die Stränge nicht weiter trennen. Auf den biologischen Kontext bezogen würde die Replikation an dieser Stelle stoppen.

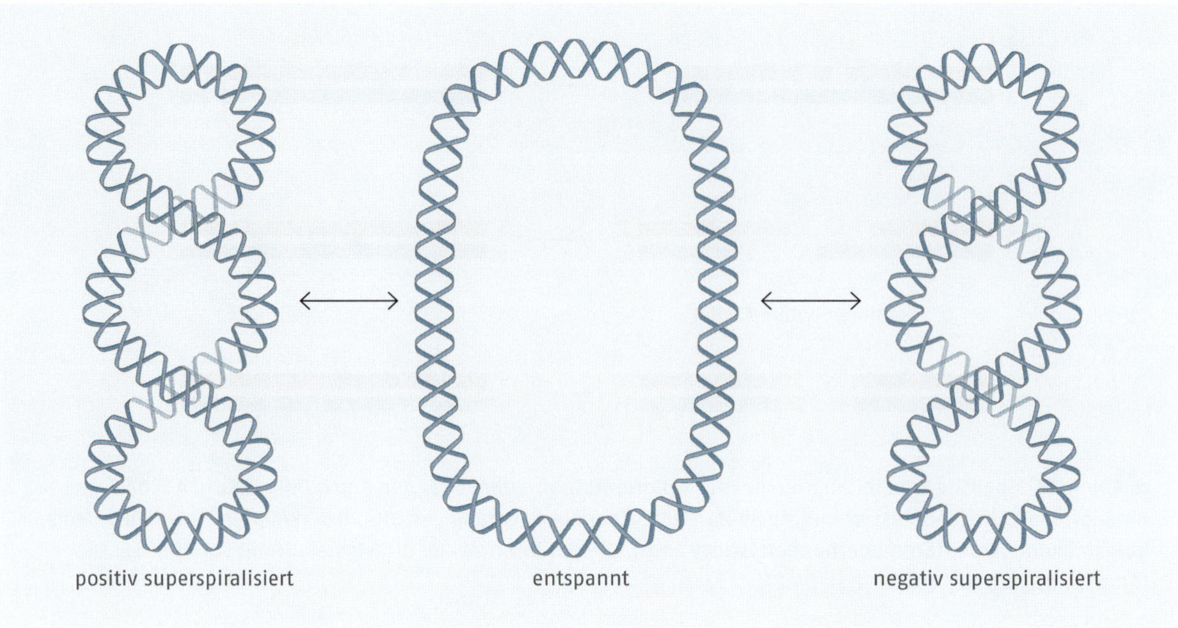

o Abb. 4.20 Topoisomere einer ringförmigen DNA: entspannte Form und positiv bzw. negativ superspiralisierte Form.

Replikation behindern würde. Daher werden Superspiralen, die im Zuge der Replikation entstehen, in der Zelle durch Enzyme aus der Klasse der **Topoisomerasen** beseitigt.

Topoisomerasen sind Enzyme, die die **Topologie der DNA**, also deren räumliche Struktur, regulieren können, indem sie Superspiralen in DNA-Doppelstränge einführen oder daraus entfernen. Neben ihrer Funktion, eine reibungslose DNA-Replikation zu gewährleisten, spielen sie bei Eukaryoten auch bei anderen Prozessen wie der Transkription eine Rolle. Bei Prokaryoten sind sie zudem für die platzsparende Verpackung des Erbguts von Bedeutung.

Bei der Beschreibung der DNA-Topologie wird zwischen **positiven** und **negativen Superspiralen** unterschieden (o Abb. 4.20). Der Drehsinn positiver Superspiralen ist gegen den Uhrzeigersinn gerichtet, sie sind definitionsgemäß linksgängig. Solche Superspiralen entstehen, wenn man eine relaxierte, ringförmige DNA aufschneidet, die geschnittene DNA im Drehsinn der Helix „enger windet", d. h. die Windungszahl erhöht, und dann die Enden wieder verknüpft. Negative Superspiralen entstehen entsprechend, wenn man nach dem Aufschneiden die Windungszahl verringert (also die DNA entwindet) und dann wieder verknüpft. Negative Superspiralen sind im Uhrzeigersinn gerichtet und damit rechtsgängig.

Wie beschrieben, tritt positiv superspiralisierte DNA vor allem als „Störfaktor" bei der DNA-Replikation auf. Die negative Superspiralisierung ist bei Prokaryoten von besonderer Bedeutung, sie dient dort als Mechanismus zur kompakten Unterbringung des Erbguts in der Zelle.

Die drei in o Abb. 4.21 gezeigten topologischen Varianten einer ringförmigen DNA (positive oder negative Superspiralisierung bzw. relaxierte Form) sind stereochemisch betrachtet **Topoisomere**. Darunter versteht man **Konformationsisomere**, die sich lediglich in ihrer **Verwindungszahl** unterscheiden. Diese Isomere können durch Topoisomerasen ineinander umgewandelt werden.

Innerhalb der Topoisomerasen werden die beiden Klassen I und II unterschieden. Vom prinzipiellen Mechanismus her gilt für beide, dass sie die umzuwandelnde DNA im ersten Schritt am Rückgrat aufschneiden, um eine Veränderung der Spiralisierung zu ermöglichen. In einem zweiten Schritt werden Superspiralen in die DNA eingeführt bzw. daraus entfernt und das DNA-Rückgrat wird im dritten Schritt wieder verschlossen. Die beiden Klassen weisen charakteristische Unterschiede in ihrer Struktur und Funktion auf: **Topoisomerasen der Klasse I** sind monomere Enzyme, die über Einzelstrangbrüche arbeiten und ohne ATP-Verbrauch arbeiten, im Gegensatz dazu sind **Topoisomerasen der Klasse II** dimere Proteine, oder auch Tetramere aus je zwei identischen Untereinheiten, die über Doppelstrangbrüche arbeiten und Energie in Form von ATP verbrauchen.

Beide Enzymklassen tragen in ihrem aktiven Zentrum bzw. ihren aktiven Zentren die Aminosäure **Tyrosin**, mit deren Hilfe sie das DNA-Rückgrat durch einen nukleophilen Angriff an der Phosphodiesterbrücke spalten (o Abb. 4.20).

o Abb. 4.21 Prinzipieller Reaktionsmechanismus der Topoisomerasen beim Auftrennen von DNA-Strängen: Die OH-Gruppe des Tyrosins greift nukleophil am Phosphatrest im DNA-Rückgrat an und setzt einen Teil des DNA-Strangs als Abgangsgruppe frei, während der andere Teil mit dem Enzym verknüpft bleibt. Bei den meisten Topoisomerase-Typen ist die DNA über das 5'-Ende an das Enzym gebunden (wie hier gezeigt), bei anderen über das 3'-Ende.

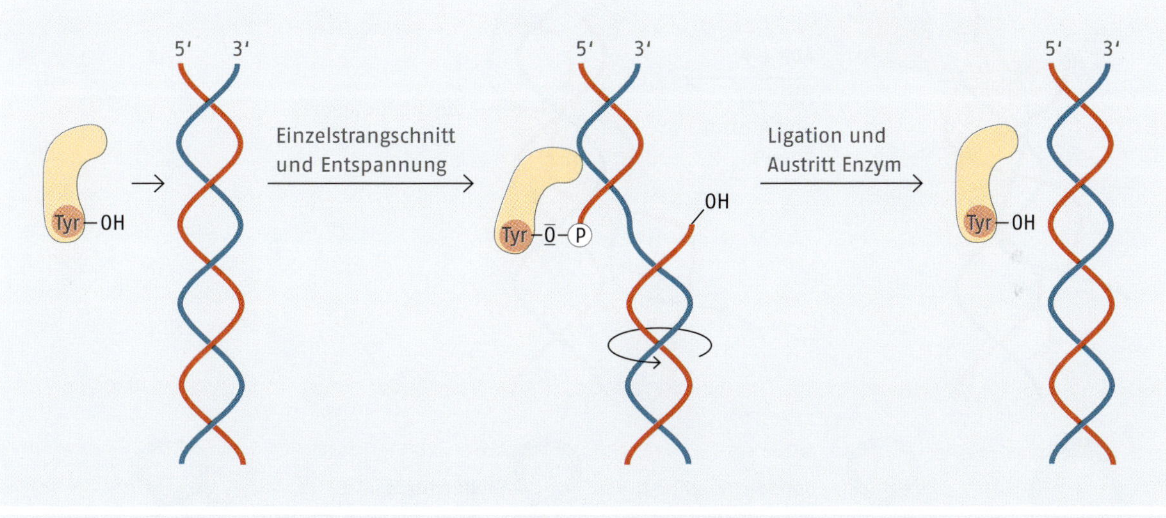

o Abb. 4.22 Funktionsweise der Topoisomerase I.

Topoisomerasen der **Klasse I** haben die Funktion, **Superspiralen** zu **entfernen**. Dazu binden sie an die superspiralisierte DNA und trennen einen der beiden Stränge nach dem in o Abb. 4.21 gezeigten Mechanismus auf. Dadurch kann der freigesetzte DNA-Stranganteil um den intakten Gegenstrang rotieren, bis die Torsionsspannung abgebaut ist. Am Ende wird die DNA durch Umkehrung der Spaltung wieder verschlossen, indem die freie OH-Gruppe des geschnittenen DNA-Strangs das Enzym wieder vom DNA-Rückgrat verdrängt (o Abb. 4.22).

Klasse II-Topoisomerasen können **Superspiralen** in DNA **einführen oder** daraus **entfernen**. Vom Ablauf her trennen Klasse-II-Topoisomerasen in einem ersten Schritt beide Einzelstränge der DNA-Doppelhelix über die Tyrosinreste in ihren aktiven Zentren auf. Anschließend tritt ein Abschnitt der DNA, der auf dem DNA-Molekül von der Schnittstelle weiter entfernt liegt, durch die Schnittstelle hindurch. Dieses „Überkreuzen" der

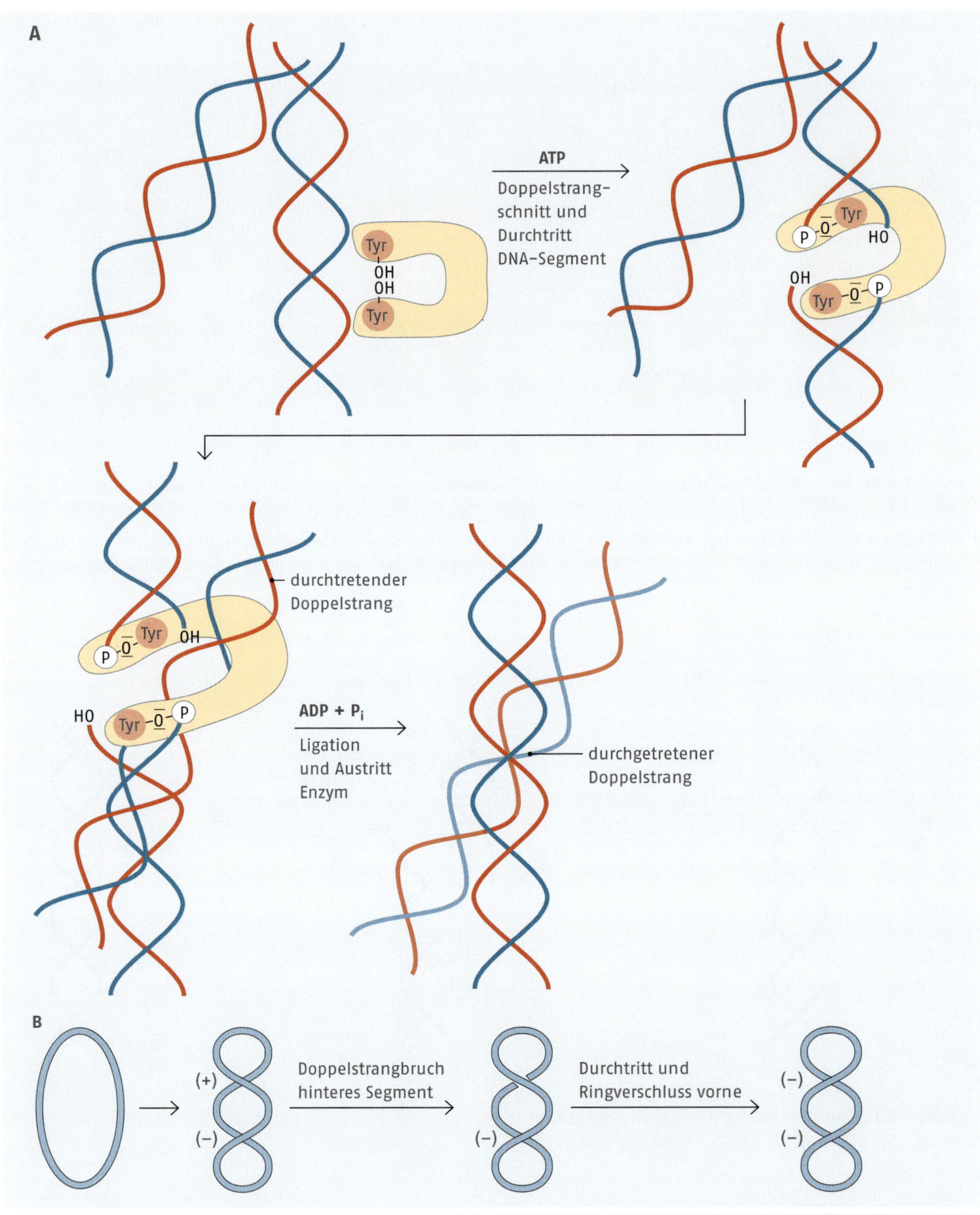

○ Abb. 4.23 **A** Funktionsweise der Topoisomerase II, **B** Ablauf der negativen Superspiralisierung einer ringförmigen DNA durch Topoisomerase II. Im ersten Schritt werden die Stränge lediglich übereinandergelegt, ohne dass eine stabile Superspiralisierung resultiert. Über die weiteren Schritte Doppelstrangbruch, Durchtritt und Ringschluss entstehen stabile (negative) Superspiralen.

DNA wird schließlich durch Wiederverknüpfen der DNA-Enden fixiert. Die bakterielle Topoisomerase II, die unter dem Namen Gyrase bekannt ist, führt nach diesem Mechanismus negative Superspiralen in ringförmige DNA ein (○ Abb. 4.23). Die Entfernung von Superspiralen einer bestimmten Polarität kann erreicht werden, indem die DNA-Topologie aktiv in Richtung der entgegengesetzten Polarität umgewandelt wird – d.h. positive Superspiralen können entfernt werden, indem der Mechanismus zur Erzeugung negativer Superspiralen zur Anwendung kommt.

Die Enzymklasse der Topoisomerasen gehört zu den etablierten Angriffspunkten für Arzneistoffe. Da die Hemmung von Topoisomerasen bei der Replikation den Tod der betroffenen Zellen zur Folge haben kann, eignen sich bestimmte Inhibitoren eukaryotischer Topoisomerasen zum Einsatz in der **Tumortherapie**, weiterhin werden Hemmstoffe der bakteriellen Topoisomerase II (Gyrase) als **Antibiotika** eingesetzt. Der bekannteste Vertreter der antibakteriellen Gyrasehemmer ist das Ciprofloxacin, das zur Gruppe der Chinoloncarbonsäuren gehört und ein recht breites antibakterielles Spektrum aufweist (o Abb. 4.24). Ein essenzielles Strukturmerkmal der Chinoloncarbonsäuren ist die Kombination der Ketofunktion des Chinolon-Grundgerüsts mit dem benachbarten Carboxyrest, die eine Komplexierung von Metallkationen erlaubt. Es wird davon ausgegangen, dass die komplexierten Kationen für die Bindung an das Arzneistofftarget, die DNA-gebundene Topoisomerase, erforderlich sind.

o Abb. 4.24 Strukturformel des Gyrasehemmers Ciprofloxacin; Komplexbildung mit Metallkationen

4.3.2 Mechanismus der DNA-Replikation

Bei der Replikation dienen beide Stränge des doppelsträngigen DNA-Elternmoleküls als Matrize für jeweils einen neu synthetisierten Tochterstrang. Dies hat zur Konsequenz, dass in jedem doppelsträngigen Produkt der DNA-Replikation ein „alter" Strang des Elternmoleküls erhalten bleibt, sodass diese Verfahrensweise als **semikonservative Replikation** bezeichnet wird.

Aufgrund des räumlichen Aufbaus der DNA und der Arbeitsweise der DNA-Polymerasen müssen die DNA-Stränge im Replikationsapparat in einer charakteristischen Raumanordnung „gehandhabt" werden. Wie bereits erläutert, wird die DNA im Zuge der Replikation sukzessive geöffnet und es entsteht eine Replikationsgabel. Allerdings können DNA-Polymerasen nur in 5′-3′-Richtung arbeiten und die beiden Elternstränge sind gegenläufig orientiert. Bei der vereinfachten Vorstellung einer Y-förmigen Replikationsgabel (o Abb. 4.8) würde dies bedeuten, dass sich zwei Moleküle DNA-Polymerase in entgegengesetzter Raumrichtung an den Matrizen entlangbewegen müssten. Tatsächlich sind jedoch die beiden DNA-Polymerase-Einheiten, die Leit- und Folgestrang synthetisieren, als Bestandteile eines einzigen Multiproteinkomplexes fest miteinander verbunden. Dies wird aus o Abb. 4.25 A am Beispiel der DNA-Polymerase III aus *E. coli* deutlich. Dass sich die beiden Core-Enzyme der DNA-Polymerase III gemeinsam an der DNA entlangbewegen und dennoch gegenläufige Stränge ablesen können, wird durch ein spezielles räumliches Arrangement der DNA-Stränge möglich gemacht: die Matrize des Folgestrangs bildet bei der Synthese jedes Okazaki-Fragments eine Schleife, die in die entsprechende Polymerase-Untereinheit eingefädelt wird (o Abb. 4.25 B). Bei der Synthese des Fragments vergrößert sich diese Schleife, bis die Polymerase den Primer des vorangehenden Okazaki-Fragments erreicht hat. Danach löst sie sich auf und die Matrize wird für die Synthese des nächsten Fragments (mit einem neuen Primer) erneut eingefädelt. Somit tritt bei der Replikation im rhythmischen Wechsel eine wachsende und sich auflösende DNA-Schleife auf, die bildlich an den Zug einer Posaune erinnert, der beim Musizieren bewegt wird. Durch dieses Bild wird dieses Modell der Replikation als **Posaunenmodell** bezeichnet (o Abb. 4.25 C).

Für den vollständigen Ablauf des Replikationsgeschehens fehlt noch ein letzter Schritt: die **RNA-Primer** der Okazaki-Fragmente müssen **durch DNA ersetzt** werden. Hierfür ist in *E. coli* die **DNA-Polymerase I** zuständig, die neben ihrer DNA-Polymerasefunktion und einer Korrekturlesefunktion (3′-5′-Exonuclease) auch über eine 5′-3′-Exonuclease-Aktivität verfügt. Die Polymerase I greift hierzu am letzten DNA-Nukleotid eines neu synthetisierten Okazaki-Fragments, das bis zum RNA-Primer des vorhergehenden Fragments reicht, an. Mithilfe der 5′-3′-Exonucleasefunktion „räumt" sie die vor ihr liegenden RNA-Bausteine ab und ersetzt sie gleichzeitig durch DNA, bei der Entfernung der RNA-Bausteine wird sie vom Enzym RnaseH unterstützt. Schließlich tritt noch die DNA-Ligase in Aktion und schließt die verbleibende offene Stelle im Rückgrat des Folgestrangs (o Abb. 4.26).

4.4 Transkription

Bei der **Transkription** werden informationstragende Sequenzen auf dem zellulären Speichermedium DNA „ausgelesen", indem sie in korrespondierende RNA-Sequenzen überführt werden. Die auf diese Weise aus

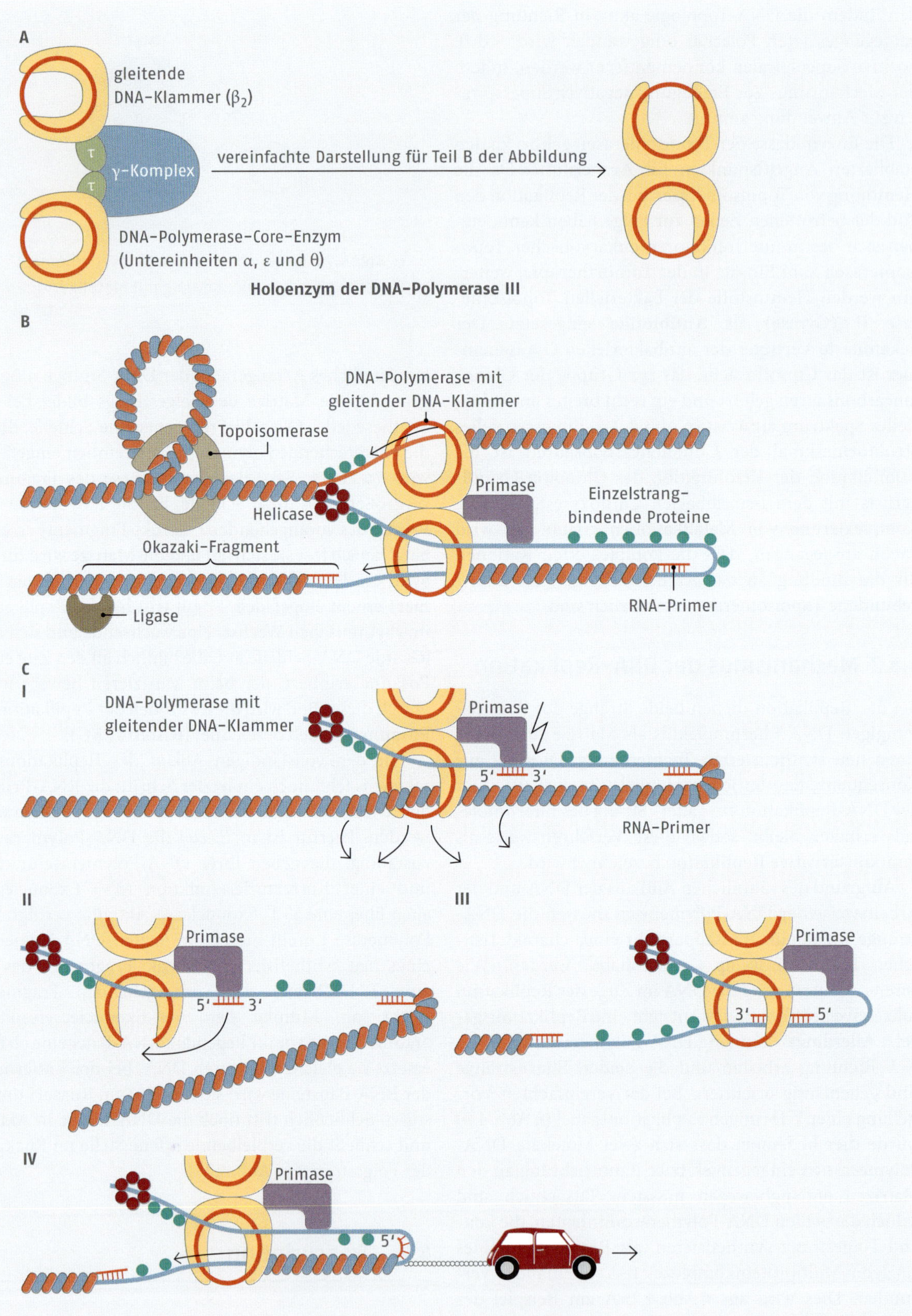
A
gleitende DNA-Klammer (β_2)
τ
γ-Komplex
τ
vereinfachte Darstellung für Teil B der Abbildung
DNA-Polymerase-Core-Enzym (Untereinheiten α, ε und θ)
Holoenzym der DNA-Polymerase III
B
DNA-Polymerase mit gleitender DNA-Klammer
Topoisomerase
Primase
Einzelstrang-bindende Proteine
Helicase
Okazaki-Fragment
RNA-Primer
Ligase
C
I
DNA-Polymerase mit gleitender DNA-Klammer
Primase
5' 3'
RNA-Primer
II
Primase
5' 3'
III
Primase
3' 5'
IV
Primase
5'

◀ **o Abb. 4.25** Posaunenmodell der Replikation. **A** Aufbau des DNA-Polymerase-III-Holoenzyms aus *E. coli*: Zwei Einheiten Core-Enzym mit jeweils einer gleitenden DNA-Klammer sind durch τ-Untereinheiten dimerisiert und hängen mit dem γ-Komplex zusammen, der unter anderem für die Beladung der gleitenden Klammern mit der DNA verantwortlich ist. Aus Gründen der Übersicht wird dieser Komplex im Abbildungsteil **B** wie rechts gezeigt dargestellt. **B** Enzyme und räumliche Organisation der DNA bei der DNA-Replikation; Schleifenbildung bei der Matrize des Folgestrangs. **C** Bildung und Wachstum der DNA-Schleife bei der Synthese von Okazaki-Fragmenten: Sobald die DNA-Polymerase nach Fertigstellung eines Okazaki-Fragments die Primersequenz des folgenden Fragments erreicht (Primer der Folgesequenz im Bild nicht mehr separat dargestellt, sondern als Teil der Doppelhelix), wird ein neuer Primer gesetzt (I) und die gleitende DNA-Klammer öffnet sich, um die lange DNA-Schleife aufzulösen (II). Die DNA wird neu „eingefädelt", um ausgehend vom Primer ein neues Okazaki-Fragment bilden zu können (III). Um sich das Wachstum der Schleife vorstellen zu können, muss man den eingefädelten DNA-Strang im Geiste durch die Polymerase ziehen (bzw. vom Auto ziehen lassen 🙂) (IV).

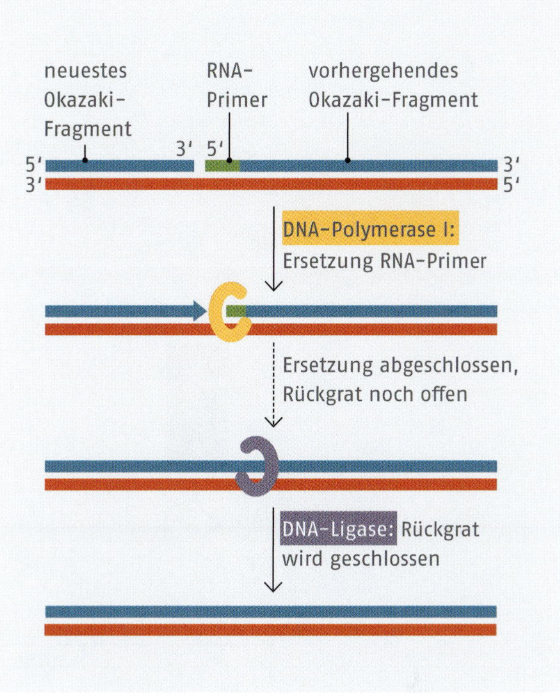

o Abb. 4.26 Bildung eines fortlaufenden Folgestrangs. Der RNA-Primer im Okazaki-Fragment wird durch DNA ersetzt und die offene Stelle im Rückgrat wird durch Ligase verschlossen.

dem Erbgut extrahierte Information steht der Zelle in der Folge zur Anwendung zur Verfügung, beispielsweise als Boten-RNA (mRNA) für die Proteinbiosynthese oder als rRNA-Baustein von Ribosomen. Da die Information auf der DNA in Form von Genen (s. Kasten) organisiert ist, die auf diesem Wege ihrer zellulären Ausprägung zugeleitet werden, ist die Transkription der erste Schritt der **Genexpression**.

Das Überführen der Sequenzinformation eines DNA-Abschnitts in RNA erfolgt durch einen Abschreibeprozess, in dem einer der beiden Stränge als Matrize dient. An diese Vorlage werden, analog zur DNA-Biosynthese (▸Kap. 4.3.1), nach dem Prinzip der Watson-Crick-Basenpaarung Schritt für Schritt komplementäre RNA-Nukleotide angelagert und zu einer Kette verknüpft. Da es sich bei den beiden Nukleinsäurearten DNA und RNA sozusagen um verschiedene „Dialekte" der Nukleinsäure-Sprache handelt (zu den Unterschieden zwischen DNA und RNA ▸Kap. 4.2.2) spricht man bei der Transkription vom **Umschreiben** von DNA in RNA.

Definition

Ursprünglich wurde unter dem Begriff **Gen** ein Abschnitt auf einer DNA verstanden, der für ein Protein codiert. Die Verwendung in diesem Sinne ist zwar heute noch weit verbreitet, allerdings wurde der Genbegriff mittlerweile in zweierlei Hinsicht erweitert:

- Ein Gen kann auch eine RNA (z. B. tRNA, rRNA) als genetisches Endprodukt haben.
- Neben den codierenden Abschnitten gehören auch die erforderlichen regulatorischen Abschnitte (z. B. Promotorbereiche, ▸Kap. 4.4.2) zum Gen.

Ein Gen ist somit ein Abschnitt auf einer DNA, der für ein Protein oder eine RNA als genetisches Endprodukt codiert und auch die hierfür erforderlichen regulatorischen Sequenzen beinhaltet.

Ausgeführt wird die Transkription durch **RNA-Polymerasen**. Wie in o Abb. 4.27 gezeigt, entspricht der Reaktionsmechanismus der RNA-Polymerasen dem der DNA-Polymerasen (o Abb. 4.10).

4

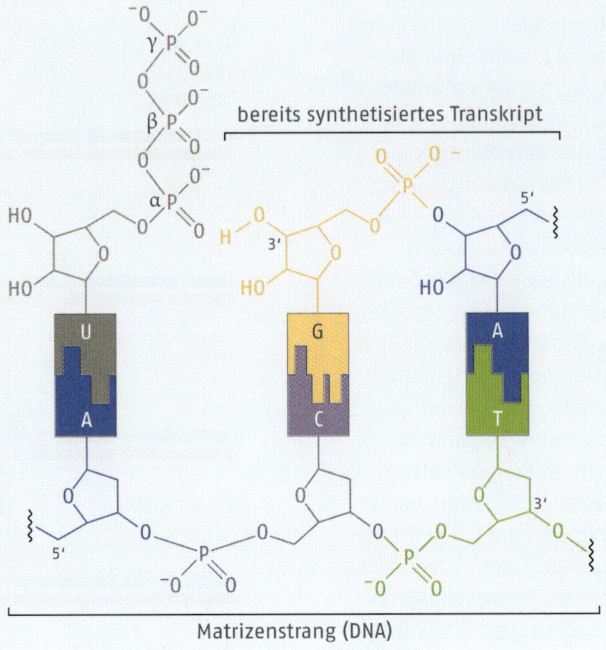

○ Abb. 4.27 Reaktionsmechanismus der RNA-Polymerasen. Zur Verknüpfung der Nukleotide greift die 3'-OH-Gruppe der endständigen Ribose des bereits gebildeten Transkripts (bzw. beim Polymerisationsstart: des Initiator-Nukleotids) am α-Phosphat des neu hinzukommenden Nukleotids an. Analog zum Reaktionsablauf bei der DNA-Biosynthese wird das austretende Pyrophosphat anschließend durch das Enzym Pyrophosphatase in zwei Moleküle anorganisches Phosphat gespalten, was die Reaktion antreibt (nicht gezeigt, ▸Kap. 4.3.1).

Trotz der Gemeinsamkeiten unterscheiden sich RNA- und DNA-Polymerasen in ihren Fähigkeiten: RNA-Polymerasen benötigen für den Polymerisationsstart im Gegensatz zu den DNA-Polymerasen keinen Primer (d. h. kein Oligonukleotid als Ansatzstück), sondern sind zur **De-novo-Synthese**, d. h. zum Kettenstart aus einem einzelnen Nukleotid, befähigt. Das aktive Zentrum der RNA-Polymerasen beinhaltet hierzu eine entsprechende Bindungsstelle, die in der Lage ist, das Initiator-Nukleotid festzuhalten und es mit dem ersten Verknüpfungspartner zu koordinieren. Diese Fähigkeit scheint jedoch zulasten der Präzision zu gehen, da RNA-Polymerasen generell höhere Fehlerraten beim Nukleotid-Einbau aufweisen als DNA-Polymerasen. Man geht davon aus, dass sich die Befähigung zur De-novo-Synthese und eine hohe Präzision beim Einbau für Nukleinsäure-Polymerasen gegenseitig ausschließen.

Generell sind RNA-Polymerasen vergleichsweise „selbständige" Polymerasen, was vor allem für die prokaryotischen Vertreter gilt. Neben der Befähigung zum De-novo-Start können sie ohne die Hilfe anderer Proteine

- **Initiationsstellen** der Transkription **erkennen**, die in Promotorregionen lokalisiert sind,
- die **DNA-Helix** abschnittsweise **entwinden**, um die Matrize freizulegen und
- mit bestimmten **Terminationsstellen** der Transkription interagieren.

Für eukaryotische RNA-Polymerasen trifft dies nur mit Einschränkungen zu, da bei ihnen die Initiation, und soweit bekannt auch die Termination, in der Regel die Einwirkung weiterer Proteinkomplexe erfordert (▸Kap. 4.4.4).

In den folgenden Abschnitten werden die **Transkription** und die **RNA-Prozessierung** als die beiden zentralen Prozesse der **RNA-Biosynthese** im Zuge der **Genexpression** beschrieben. Hierbei wird der Fokus auf den proteincodierenden Genen liegen. Da bei diesen Genen begrifflich zwischen den beiden Strängen der transkribierten DNA unterschieden wird, sollen die entsprechenden Bezeichnungen an dieser Stelle erläutert werden: Der DNA-Strang, der beim Umschreiben als Matrize dient, wird als **codogener** – also: Code erzeugender **Strang** bezeichnet, alternativ auch als (–)-Strang, Antisense-Strang oder Matrizenstrang. Der dazu komplementäre Gegenstrang ist der **codierende Strang** bzw. (+)-Strang oder Sense-Strang. Der codierende Strang enthält die

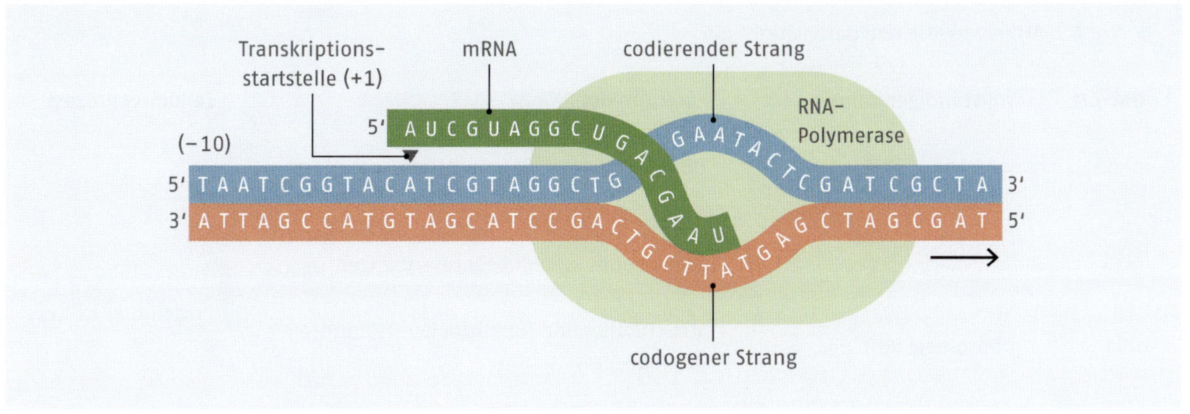

Abb. 4.28 Bezeichnung der DNA-Stränge in einem proteincodierenden Gen und Nummerierung der Nukleotide im codierenden Strang. Die Position, an der das erste Nukleotid eingebaut wird (Transkriptionsstartstelle), erhält die Bezeichnung +1, an der 5′-wärts davon gelegenen Position beginnt die Zählung mit −1 (eine Position 0 existiert also nicht).

genetische Information für das Protein und entspricht in seiner Sequenz der mRNA. Da die RNA-Polymerase bei der Kettenverlängerung stets in 5′-3′-Richtung arbeitet, bewegt sie sich beim Ablesevorgang in 3′-5-Richtung am codogenen Strang entlang (Abb. 4.28).

Oft wird für die Angabe von DNA-Sequenzen, die zu einem Gen gehören, nur die Basenabfolge eines Einzelstrangs angegeben. Gemäß Konvention handelt es sich dann um die Sequenz des codierenden Strangs, die in 5′-3′-Richtung notiert wird.

4.4.1 RNA-Arten

Lange Zeit beschränkte sich die Wahrnehmung der RNA hauptsächlich auf ihre Funktionen bei der Proteinbiosynthese, wodurch sie im Schatten der DNA stand, deren zentrale Bedeutung als genetischer Informationsspeicher schon lange bekannt ist. Allerdings hat sich das Verständnis der biologischen Rolle der RNA in den letzten zwanzig Jahren deutlich verändert, da einige neue Arten und Funktionen der RNA entdeckt wurden.

Wie später gezeigt wird, sind die verschiedenen RNA-Arten an folgenden zellulären Prozessen beteiligt:

- Proteinbiosynthese,
- Prozessierung von RNA,
- Regulation der Genexpression.

Tab. 4.2 bietet einen Überblick der bedeutendsten Arten der RNA. Die dort genannten RNA-Arten können mit Ausnahme der eukaryotischen RNA-Spezies miRNA und der eRNA sowohl bei Eukaryoten als auch bei bestimmten Prokaryoten vorkommen.

Insgesamt werden die RNA-Arten grob in zwei Klassen unterteilt: Die **mRNA** mit ihrer zentralen, proteincodierenden Funktion stellt eine eigene Klasse dar, während die anderen RNA-Spezies unter dem Begriff ***non-coding*** **RNA** (ncRNA) zusammengefasst werden.

In quantitativer Hinsicht gibt es deutliche Unterschiede im durchschnittlichen Vorkommen der einzelnen RNA-Arten in Zellen. Im Bakterium *E. coli* macht die rRNA mit etwa 80 % den Hauptanteil aus, gefolgt von der tRNA und der mRNA mit ca. 15 % bzw. 5 % der Gesamtmenge. Für menschliche Zellen wird von einer ähnlichen Verteilung ausgegangen. Betrachtet man die mRNA-Population menschlicher Zellen näher, so ist diese sehr heterogen zusammengesetzt: Es werden nur einige wenige der ca. 20 000 proteincodierenden Gene so intensiv transkribiert, dass etwa 10 000 mRNA-Kopien in der Zelle vorkommen – bei der großen Mehrzahl der Gene liegt das Expressionsniveau nur bei etwa 5–15 mRNA-Kopien pro Zelle.

4.4.2 Promotoren

Ausgangspunkt der Transkription sind Genabschnitte, die als **Promotoren** bezeichnet werden. Promotoren enthalten charakteristische Sequenzabfolgen, die dafür sorgen, dass die RNA-Polymerase an der **Initiationsstelle** der Transkription positioniert wird. Gleichzeitig können Promotoren durch ihre Struktur auch die **Initiationshäufigkeit**, also die Transkriptionsrate, beeinflussen – dementsprechend wird auch von „starken“ und „schwachen“ Promotoren gesprochen. Die Promotorstärke hängt dabei von der **Sequenz** und dem **Abstand** der Promotorelemente ab. Starke Promotoren besitzen Sequenzmotive, die

- mit den optimalen Bindemotiven für transkriptionsregulatorische Proteine stark übereinstimmen und
- in einem Abstand liegen, der eine optimale Bindung und Interaktion dieser Proteine erlaubt.

4

Tab. 4.2 Arten von RNA und deren Funktion

RNA-Art	Vollständiger Name	Funktion der RNA	Zellulärer Prozess
mRNA	messenger-RNA	Träger des Codes für Aminosäuresequenzen	Proteinbiosynthese
tRNA	transfer-RNA	Adapterfunktion bei Übersetzung des genetischen Codes in Aminosäuresequenzen	
rRNA	ribosomale RNA	Struktureller und funktioneller Bestandteil des Ribosoms	
7S-RNA	Alternative Bezeichnungen: 7SL-RNA, SRP-RNA	Bestandteil des *signal recognition particle* zur Zielsteuerung von Proteinen	
snRNA	small nuclear RNA	Bestandteil des Spleißapparats	RNA-Prozessierung
snoRNA	small nucleolar RNA	Steuerung der Modifikation von RNAs	
miRNA, siRNA	micro RNA small interfering RNA	Regulation der mRNA-Stabilität (miRNA und siRNA) bzw. der Translation der mRNA (miRNA)	Genregulation
eRNA	enhancer RNA	Regulation der Transkriptionsinitiation	

Es ist dabei jedoch anzumerken, dass eine solche Regulation der Transkriptionsrate über die Struktur des Promotors vor allem für Prokaryoten relevant ist.

Zur weiteren Steuerung der Transkriptionsrate kann der Transkriptionsapparat mit Proteinen interagieren, die an regulatorischen Genabschnitte außerhalb des Promotors gebunden sind. Damit haben Promotoren auch die Funktion von **Interaktions-Plattformen**, über welche die regulatorischen Bereiche eines Gens miteinander in Kontakt kommen. Dieser Mechanismus spielt besonders in der eukaryotischen Transkriptionsregulation eine große Rolle (▸ Kap. 4.6.4).

Prokaryotische Promotoren sind in ihrem Aufbau deutlich einheitlicher als eukaryotische. Durch systematischen Vergleich einer großen Zahl von Promotorsequenzen konnte für *E. coli* eine Standard-Promotorstruktur bestimmt werden. Generell bezeichnet man charakteristische Sequenzmotive, die durch Abgleich zahlreicher Genabschnitte vergleichbarer Funktion ermittelt werden, als **Konsensussequenzen**. Die Konsensussequenzen des *E.-coli*-Standardpromotors sind die „-35-Sequenz“ und die „-10-Sequenz“, die auch als „Pribnow-Box“ bekannt ist (○ Abb. 4.29). Die RNA-Polymerase bindet spezifisch an diese Elemente und wird dadurch am Transkriptionsstart positioniert.

Eukaryotische Promotoren sind, wie bereits erwähnt, heterogener in ihrem Aufbau als ihre prokaryotischen Analoga und werden auch nicht direkt von den eukaryotischen RNA-Polymerasen erkannt. Die Struktur eukaryotischer Promotoren und deren Interaktion mit Proteinen der Transkription ist Gegenstand des ▸ Kap. 4.4.4.

4.4.3 Transkription in Prokaryoten

Die E.-coli-RNA-Polymerase

Die Struktur der RNA-Polymerase von *E. coli* gilt als exemplarisch für prokaryotische RNA-Polymerasen. Die *E.-coli*-RNA-Polymerase ist ein Multiproteinkomplex mit der Untereinheitenzusammensetzung $\alpha_2\beta\beta'\sigma$ und wird in dieser Form als **RNA-Polymerase-Holoenzym** bezeichnet (○ Abb. 4.30). Funktionell ist das Enzym zweigeteilt: Die **σ-Untereinheit** erkennt die charakteristischen Promotorsequenzen am Transkriptionsstart und legt damit den Startpunkt der Transkription fest, sie dissoziiert kurz nach dem Start von der sogenannten Core-Polymerase ab. Die **Core-Polymerase** ist aus den restlichen Untereinheiten aufgebaut ($\alpha_2\beta\beta'$), enthält das aktive Zentrum und führt den Polymerisationsprozess aus. Im aktiven Zentrum befindet sich ein Metallkation, in der Regel Zn^{2+}, mit dessen Hilfe die Substratmoleküle räumlich koordiniert werden.

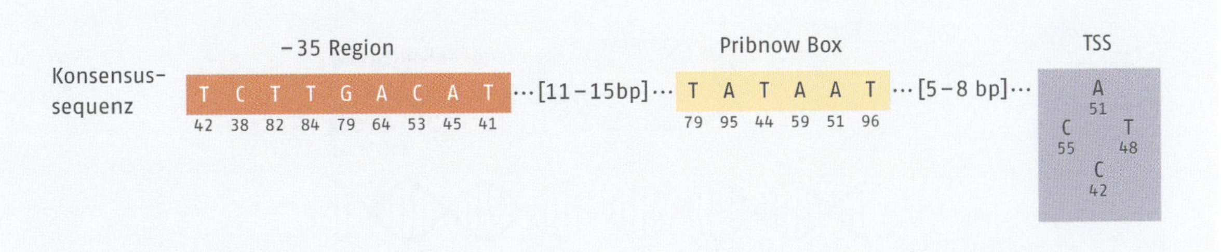

Abb. 4.29 Konsensussequenzen in *E.-coli*-Promotoren. Die Sequenzangaben transkriptionsregulatorischer DNA-Elemente beziehen sich gemäß Konvention auf den codierenden Strang. Die Zahlenangaben unter den Basen kennzeichnen den Grad der Konservierung der jeweiligen Position, d. h. wie häufig die betreffende „Konsensus-Base" an dieser Stelle im Durchschnitt vorkommt. Die Positionsbezeichnungen 35 bzw. 10 stehen für den Abstand, den diese Elemente von der Transkriptionsstartstelle (TSS) des Gens haben (gemessen von der Mitte des Elements aus). Neben diesem Standardpromotor existieren in *E. coli* auch Promotoren für Gene, die in bestimmten physiologischen Situationen aktiviert werden, z. B. Gene für Hitzeschockproteine, die über spezialisierte σ-Untereinheiten der RNA-Polymerase adressiert werden (nicht gezeigt).

Ablauf der Transkription

Bei der Transkription wird die Nukleotidabfolge eines Genabschnitts auf der DNA in die korrespondierende RNA-Sequenz umgeschrieben. Beim zugrundeliegenden Polymerisationsprozess unterscheidet man die drei Phasen Kettenstart (**Initiation**), Kettenverlängerung (**Elongation**) und Kettenabbruch (**Termination**).

Abb. 4.31 zeigt die Schritte bis zur Initiation und Elongation in Bakterien. Zu Beginn identifiziert das RNA-Polymerase-Holoenzym über seine σ-Untereinheit den Promotor und positioniert das Enzym damit am Transkriptionsstart. Danach wird die DNA-Doppelhelix um die Transkriptionsstartstelle herum teilweise entwunden, sodass das erste Nukleotid für die **Initiation** an Matrize und Enzym binden kann. In der Regel handelt es sich bei diesem um ein Purinnukleotid, wodurch prokaryotische mRNAs meist ein ATP oder GTP am 5′-Ende tragen. Von diesem Initiator-Baustein aus wird die Polymerisation begonnen. Hierfür benötigt die RNA-Polymerase meist mehrere Anläufe, sodass zunächst einige kurze, aberrante Transkripte entstehen. Wenn die Transkription nachhaltig in Gang gekommen ist, löst sich die σ-Untereinheit nach dem Einbau von ca. 10 Nukleotiden ab und die Core-Polymerase geht zur **Elongation** über. Sie bewegt sich dabei mit einer Einbaugeschwindigkeit von etwa 50 Nukleotiden pro Sekunde an der Matrize entlang.

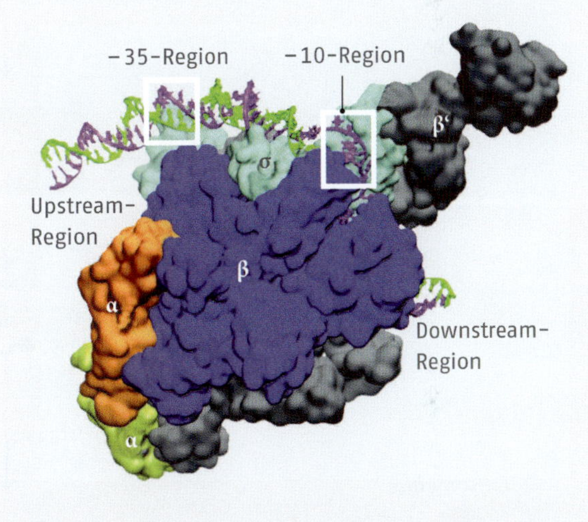

Abb. 4.30 Schnitt durch das promotorgebundene Holoenzym der *E.-coli*-RNA-Polymerase. Die σ-Untereinheit (orange) bindet spezifisch an die 35-Sequenz und die 10-Sequenz.

Die **Fehlerrate** der RNA-Polymerase liegt insgesamt bei ca. 1 pro 10^4–10^5 eingebauten Nukleotiden. Diese Präzision ist akzeptabel, da ein Fehler bei der Transkription im Gegensatz zur DNA-Replikation (▸ Kap. 4.3.1) keine erblichen Konsequenzen hat.

Es ist beschrieben, dass prokaryotische und eukaryotische RNA-Polymerasen zum Erreichen der genannten Präzision Mechanismen zur Fehlerkorrektur haben. Offensichtlich findet die Korrektur bei RNA-Polymerasen direkt im aktiven Zentrum statt, da sie im Gegensatz zu vielen DNA-Polymerasen kein eigenes „Korrekturlesezentrum" mit Nuklease-Aktivität besitzen.

Für die **Termination** der Transkription sind zwei Mechanismen bekannt, die jeweils durch spezifische Sequenzen ausgelöst werden, die am 3′-Ende des Gens auf der DNA lokalisiert sind. Diese Sequenzen werden als **Terminatoren** bezeichnet und erscheinen beim

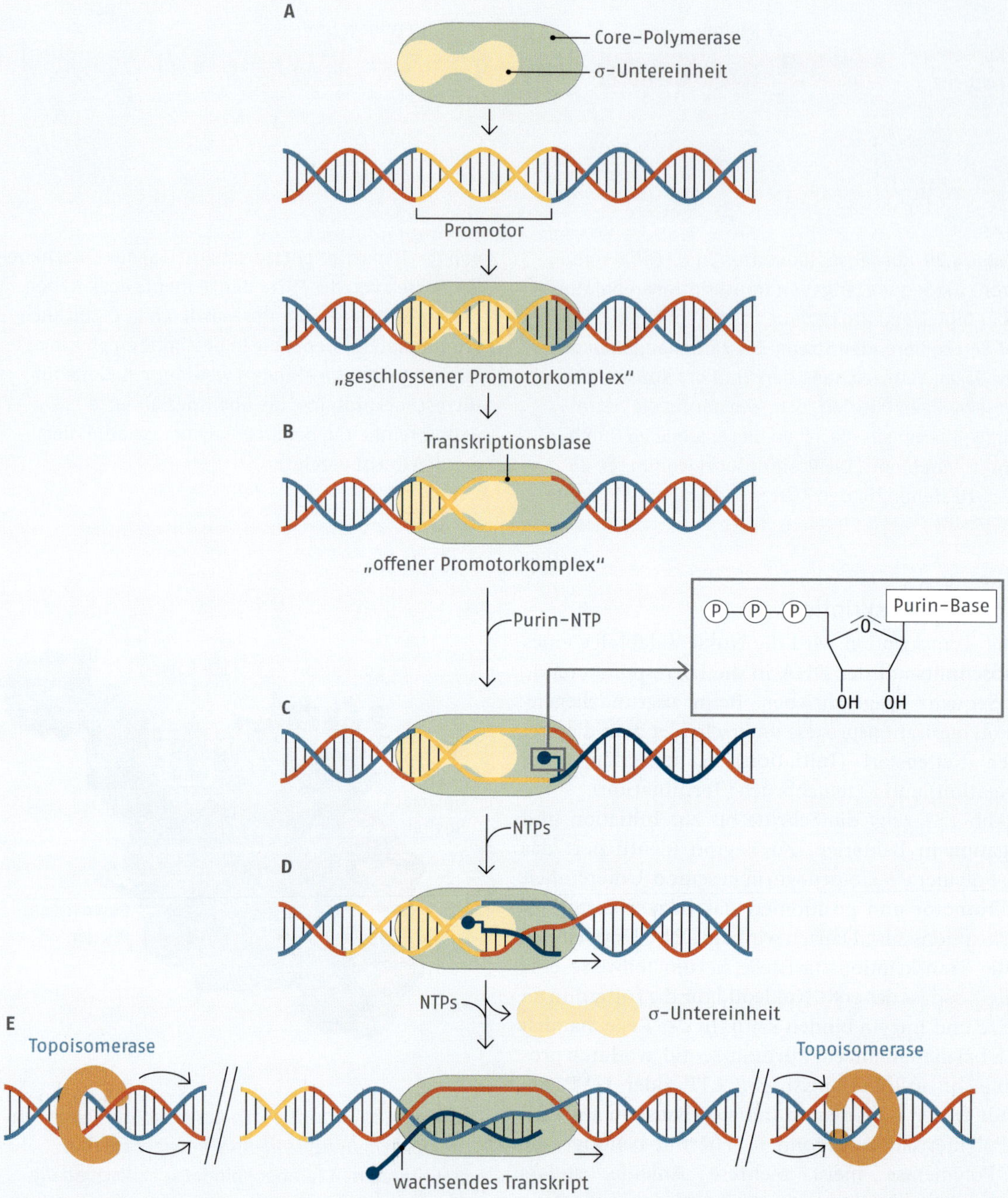

Abb. 4.31 Ablauf der Transkription bei Prokaryoten: Initiation und Elongation. **A** Die σ-Untereinheit des RNA-Polymerase-Holoenzyms erkennt den Promotor und positioniert das Enzym am Transkriptionsstart („geschlossener Promotorkomplex"). **B** Die RNA-Polymerase entwindet die DNA-Doppelhelix auf einer Strecke von ca. 15 Nukleotiden („offener Promotorkomplex"). Der entwundene DNA-Bereich wird dabei als Transkriptionsblase bezeichnet. **C** Das initiierende Nukleotid, in der Regel ein Purin-NTP, wird im aktiven Zentrum der Polymerase an die Transkriptionsstartstelle gebunden. **D** Für die Initiation werden einige Nukleotide miteinander verknüpft. Nach einem erfolgreichen Start verlässt die σ-Untereinheit bei einer Kettenlänge von ca. 10 Nukleotiden den Komplex und die Core-Polymerase führt die Synthese weiter (Elongation). **E** Während der Elongation tritt die entstehende mRNA über einen Austrittskanal aus der RNA-Polymerase aus. Auf einer Strecke von ca. 8 Nukleotiden bleibt die RNA in Form einer DNA-RNA-Hybridhelix an die DNA-Matrize gebunden. Durch das Öffnen der DNA zur Transkriptionsblase und ihr Fortschreiten entlang der Stränge verursacht die RNA-Polymerase Torsionsspannungen in der DNA, die durch Topoisomerasen abgebaut werden.

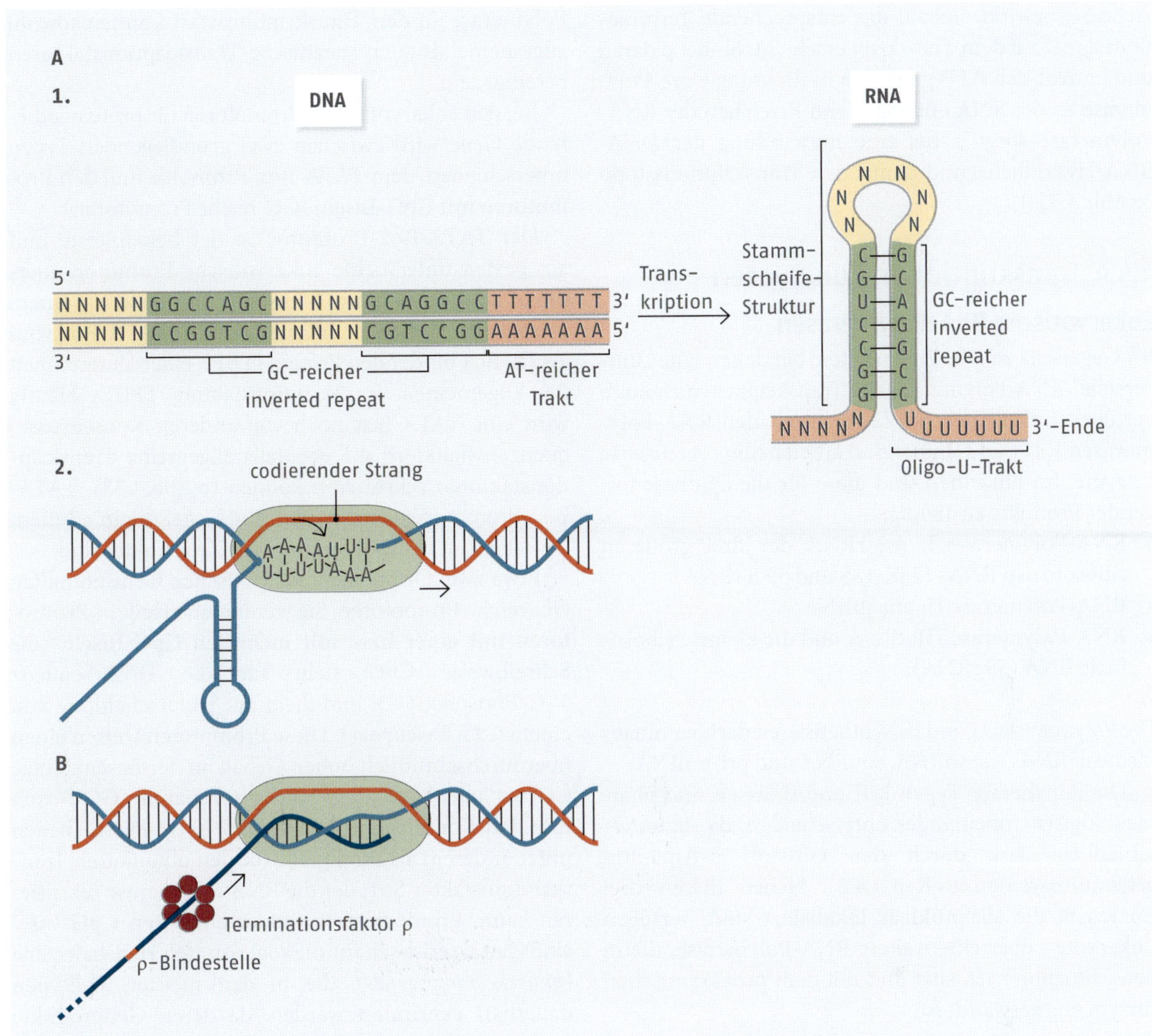

Abb. 4.32 A Intrinsische Termination der Transkription. 1 Sequenzeigenschaften eines Terminators für die intrinsische Termination und die korrespondierende RNA, die eine Stamm-Schleife-Struktur ausbildet. 2 Mechanismus der Termination: Die Stamm-Schleife-Struktur führt zum „Abbremsen" der RNA. Der codierende Strang verdrängt anschließend die schwach gepaarte RNA von der Matrize. B Rho-abhängige Termination der Transkription. Die Helicase ρ bindet an eine Terminatorsequenz, bewegt sich ATP-getrieben am Transkript entlang, bis sie die RNA-Polymerase erreicht und bewirkt dort die Ablösung der RNA von der DNA-Matrize.

Umschreiben der DNA als **Terminationssignale** auf der RNA.

Bei der häufiger auftretenden Form der **intrinsischen Termination** bildet die Sequenz des Terminationssignals eine stabile RNA-Sekundärstruktur aus, die zur Beendigung der Transkription führt. Diesem Mechanismus liegt die spezielle Sequenzarchitektur des Terminators zugrunde: ein *inverted repeat* zweier GC-reicher Trakte wird von einem AT-reichen Abschnitt gefolgt (Abb. 4.32 A1). Sobald der *inverted repeat* umgeschrieben wird, bildet sich durch dessen Selbstkomplementarität eine stabile Stamm-Schleife-Struktur aus, die die RNA-Polymerase abbremst. Da die Polymerase in dieser Situation mit dem Ablesen des AT-reichen Abschnitts befasst ist, wird das Transkript im DNA-RNA-Hybridbereich nur über schwache A:U-Basenpaare an die DNA-Matrize gebunden und der codierende DNA-Strang kann die RNA kompetitiv von der DNA verdrängen, da die entstehenden A:T-Basenpaare etwas stabiler sind als die A:U-Basenpaare (Abb. 4.32 A2).

Die seltener auftretende **Rho-abhängige Termination** wird durch den Terminationsfaktor ρ (Rho), eine

Helicase, bewirkt. Sobald das entsprechende Terminationssignal auf dem Transkript erscheint, bindet ρ daran und bewegt sich ATP-getrieben in Richtung Core-Polymerase an der RNA entlang. Beim Erreichen der RNA-Polymerase sorgt ρ für eine Entwindung der DNA-RNA-Hybridhelix und damit den Transkriptionsstopp (○ Abb. 4.32 B).

4.4.4 Transkription in Eukaryoten

Eukaryotische RNA-Polymerasen

Im Gegensatz zu den Prokaryoten, bei denen eine „universelle" RNA-Polymerase alle Transkriptarten erzeugt, verfügen **Eukaryoten** im Zellkern mit den **RNA-Polymerasen I, II und III** über drei arbeitsteilig organisierte Enzyme. Im Einzelnen sind diese für die Synthese folgender Produkte zuständig:

- **RNA-Polymerase I**: prä-rRNA der drei größeren ribosomalen RNAs (28S, 18S und 5,8S rRNA),
- **RNA-Polymerase II**: prä-mRNA,
- **RNA-Polymerase III**: tRNA und die kleinste ribosomale RNA (5S rRNA).

Die Polymerasen II und III synthetisieren darüber hinaus kleine ncRNAs wie snRNA, snoRNA und pri-miRNA.

Die Polymerase-Typen I, II und II lassen sind pharmakologisch voneinander unterscheiden, da sie unterschiedlich stark durch den Giftstoff α-Amanitin gehemmt werden (▸ Kap. 4.4.5). Neben diesen drei Enzymen, die alle **nukleär lokalisiert** sind, verfügen Eukaryoten über eine weitere RNA-Polymerase, die in den Mitochondrien sitzt und mit dem prokaryotischen Enzym eng verwandt ist.

Eukaryotische Promotoren

Wie für die Prokaryoten beschrieben, enthalten auch die eukaryotischen Promotoren charakteristische Sequenzelemente, die zur Rekrutierung der RNA-Polymerase an den Transkriptionsstart führen. Allerdings werden diese bei den Eukaryoten nicht direkt durch die RNA-Polymerasen erkannt, sondern indirekt über Proteine, die als **Transkriptionsfaktoren** bezeichnet werden. Bei diesen Proteinen gibt es zwei Arten: Die sogenannten allgemeinen Transkriptionsfaktoren sind an der Transkription aller Gene beteiligt, da sie zusammen mit der RNA-Polymerase den basalen Transkriptionsapparat ausbilden, während die spezifischen Transkriptionsfaktoren dazu dienen, zusammen mit anderen Proteinen die Komponenten des basalen Transkriptionsapparats an den Core-Promotor zu rekrutieren und die RNA-Polymerase zu aktivieren. Dazu binden sie an regulatorische Elemente von Zielgenen, die teilweise sehr weit vom Core-Promotor entfernt liegen. Sie spielen bei der Regulation der Genexpression eine tragende Rolle (▸ Kap. 4.6.4). An der Positionierung der RNA-Polymerase an den Transkriptionsstart können sowohl allgemeine als auch spezifische Transkriptionsfaktoren beteiligt sein.

Bei den eukaryotischen Promotoren für proteincodierende Gene wird zwischen zwei grundlegenden Typen unterschieden, dem **TATA-Box-Promotor** und den **Promotoren mit CpG-Inseln** (GC-reiche Promotoren).

Der **TATA-Box-Promotor** ist der bekannteste und am besten untersuchte eukaryotische Promotor, allerdings kommt er beim Menschen nur in etwa einem Viertel aller Gene vor. Erkannt wird die TATA-Box vom TATA-Box bindenden Protein (TBP), einer Untereinheit des allgemeinen Transkriptionsfaktors TFIID. Häufig wird eine TATA-Box noch von anderen Konsensussequenzen flankiert, die ebenfalls allgemeine Transkriptionsfaktoren rekrutieren können (○ Abb. 4.33). TATA-Box-Promotoren sind typisch für Gene, die in adultem Gewebe bzw. in ausdifferenzierten Zellen aktiv sind.

Etwa zwei Drittel der eukaryotischen Gene enthalten GC-reiche Promotoren. Sie werden unterteilt in **Promotoren mit einer bzw. mit mehreren CpG-Inseln** (die Schreibweise CpG steht für die DNA-Sequenz 5′-C-Phosphat-G-3′ und dient zur Unterscheidung von einem C:G-Basenpaar). Diese Promotoren weisen einen überdurchschnittlich hohen Gehalt an der Basenabfolge CG auf und beinhalten häufig sogenannte GC-Boxen mit der Konsensussequenz GGGCGG. Diese dienen unter anderem als Bindestelle für den ubiquitären Transkriptionsfaktor Sp1, der die RNA-Polymerase rekrutieren kann. Promotoren mit einer **einzelnen CpG-Insel** sind charakteristisch für die sogenannten Haushaltsgene (*housekeeping genes*), die in den meisten Zelltypen dauerhaft exprimiert werden, da deren Genprodukte fortlaufend für den Zellstoffwechsel benötigt werden. Im Gegensatz dazu regulieren GC-reiche Promotoren mit **mehreren CpG-Inseln** typischerweise Gene für Transkriptionsfaktoren, die eine Schlüsselfunktion bei der Entwicklung eines Organismus ausüben. Der Bereich der CpG-Inseln kann sich über mehrere hundert Basenpaare erstrecken. Typisch für Promotoren mit CpG-Inseln ist, dass die Transkriptionsstartstelle im Allgemeinen nicht präzise festgelegt ist. Vielmehr existieren in einer CpG-Insel, von der aus die Transkription beginnt, mehrere Startpunkte, die in unterschiedlicher Häufigkeit benutzt werden (○ Abb. 4.34).

Als sogenannte **Core-Promotorregion** wird üblicherweise ein Bereich von etwa –100 bis +50 bp relativ zur Transkriptions-Startstelle bezeichnet. Diese beinhaltet die Minimalsequenzen, die für eine Transkriptionsinitiation erforderlich sind. Typischerweise sind in einem eukaryotischen Gen in einem Bereich von bis zu mehreren 100 bp stromauf- oder abwärts (*upstream* oder 5′-wärts bzw. *downstream* oder 3′-wärts) davon noch zahlreiche weitere regulatorische Elemente enthalten, die Transkriptionsfaktoren binden und auf die Ini-

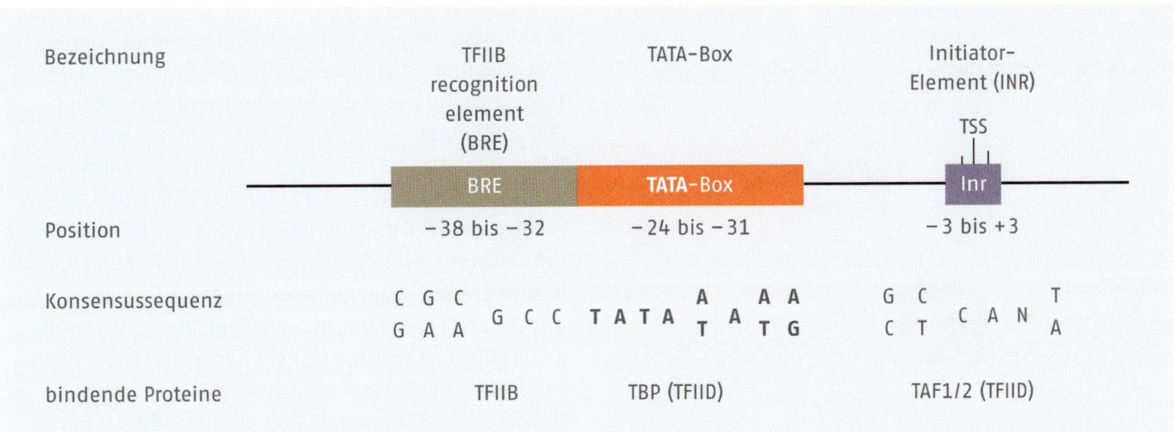

Abb. 4.33 Struktur von TATA-Box-Promotoren. Die TATA-Box liegt ca. 30 bp stromaufwärts von der Transkriptionsstartstelle. Sie kann von weiteren Elementen wie dem TFIIB recognition element (BRE) bzw. dem Initiator-Element (Inr), welches von TFIID-untereinheiten erkannt wird, umgeben sein. Ein Kennzeichen dieses Promotortyps ist, dass die Transkriptionsstartstelle zumeist relativ präzise festgelegt ist, sich also auf wenige Nukleotide eingrenzen lässt.

tiation der Transkription Einfluss nehmen, wie in Abb. 4.35 am Beispiel eines TATA-Box-Promotors vereinfacht dargestellt wird. Diese Bereiche nehmen im Zusammenspiel mit weiter entfernt liegenden Enhancer-Elementen eine bedeutende Rolle in der Regulation der eukaryotischen Genexpression ein (▸ Kap. 4.6.4).

Für die RNA-Polymerasen I und III sind ebenfalls charakteristische Promotorsequenzen bekannt. Da die proteincodierenden Gene jedoch aus pharmazeutischer Sicht die größte Relevanz haben, fokussiert sich die Betrachtung im Folgenden auf die Vorgänge rund um die RNA-Polymerase II.

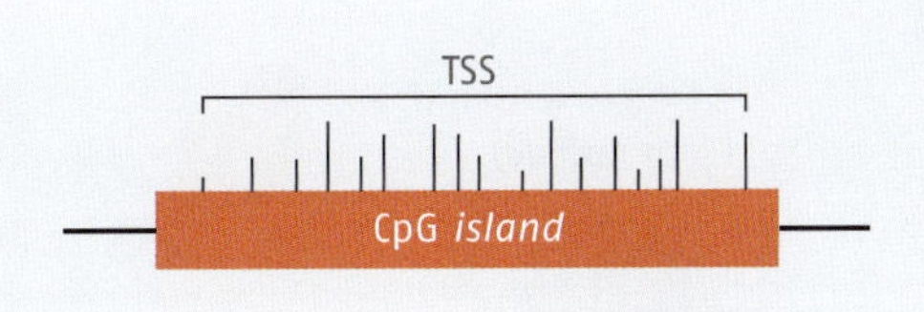

Abb. 4.34 Transkriptionsstartstellen (TSS) in einer CpG-Insel. Die einzelnen Startstellen sind durch senkrechte Striche dargestellt. Die Höhe der Striche kennzeichnet die Häufigkeit, in der sie zum Einsatz kommen.

Der basale Transkriptionsapparat: Aufbau und Transkriptionsstart

Wie bereits erläutert, sind eukaryotische RNA-Polymerasen beim Transkriptionsstart nicht ganz so autonom wie die prokaryotischen Vertreter, da sie bei diesem Schritt auf die Hilfe allgemeiner Transkriptionsfaktoren angewiesen sind. Die allgemeinen Transkriptionsfaktoren bilden zusammen mit den RNA-Polymerasen den **basalen Transkriptionsapparat** aus. Dieser Multiproteinkomplex ist zum Start der eukarytischen mRNA-Biosynthese befähigt.

Wie im Kapitel zur Kontrolle der Genexpression (▸ Kap.4.6.4) noch gezeigt wird, erfolgt die Rekrutierung und Aktivierung des basalen Transkriptionsapparats zumeist im Zusammenspiel mit weiteren Proteinen, allen voran dem Mediatorkomplex und den spezifischen Transkriptionsfaktoren. An dieser Stelle werden die Abläufe beim unmittelbaren Transkriptionsstart betrachtet.

Der Zusammenbau des basalen Transkriptionsapparats erfolgt bei der RNA-Polymerase II zusammen mit

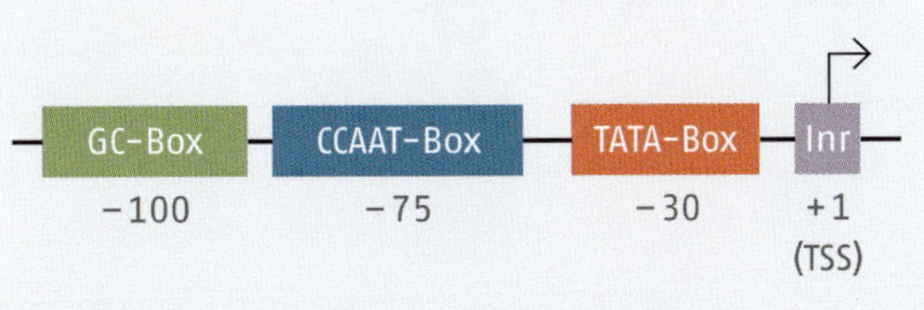

Abb. 4.35 TATA-Box-Promotor mit typischen, weiteren regulatorischen Elementen wie eine CCAAT-Box (Konsensussequenz CCAAT) oder einer GC-Box (Konsensussequenz GGGCGG), die unter anderem die Transkriptionsfaktoren C/EBP (*CCAAT enhancer binding protein*), bzw. Sp1 binden können (▸ Kap. 4.6.4). Die Positionsangaben sind lediglich beispielhaft zu verstehen. TSS Transkriptionsstartstelle

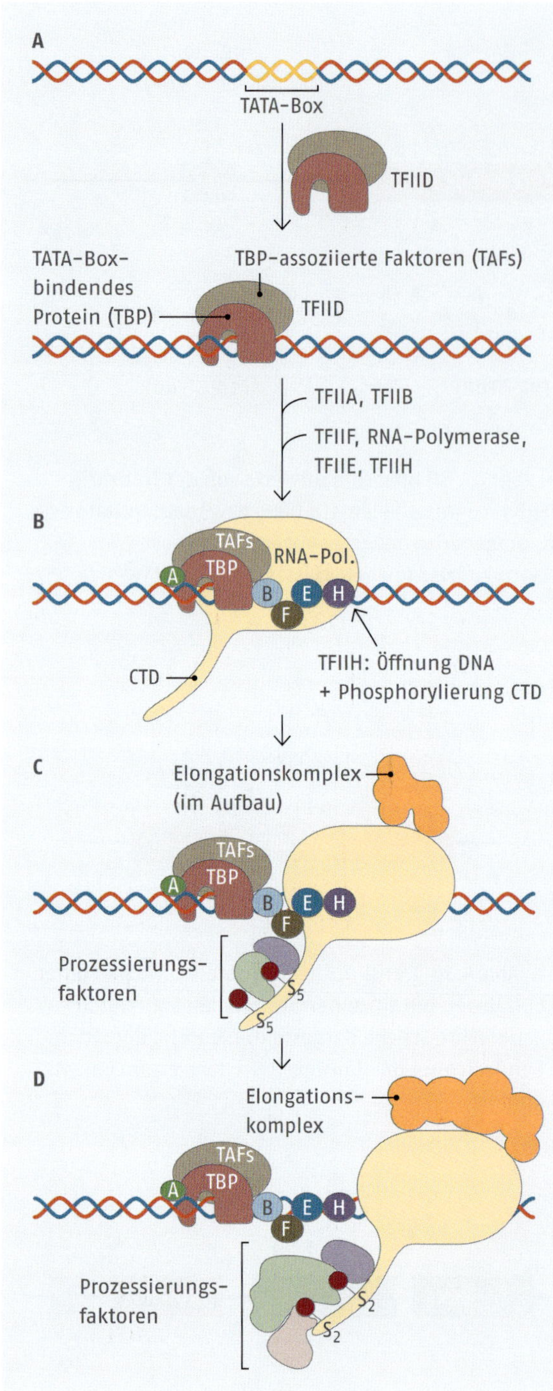

Abb. 4.36 Transkriptionsstart der eukaryotischen RNA-Polymerase an einem TATA-Box-Promotor. **A** Die TATA-Box wird durch das TATA-Box bindende Protein (TBP, eine Untereinheit von TFIID) spezifisch erkannt. **B** Der basale Transkriptionsapparat baut sich ausgehend von TFIID auf: Zunächst binden TFIIA und B, gefolgt von TFIIF und der RNA-Polymerase II, schließlich TFIIE und TFIIH. Für die Initiation spielt TFIIH eine besondere Rolle: Der Komplex öffnet die DNA und phosphoryliert die C-terminalen Domäne (CTD) jeweils an der fünften Position (S5) der Heptamer-Sequenzen. **C** Die RNA-Polymerase II löst sich von den basalen Transkriptionsfaktoren ab und pausiert oftmals kurz danach. Durch weitere Aktivierungssignale (nicht gezeigt) gelingt der Übergang zur Elongation, es baut sich der Elongationskomplex an der Polymerase auf. Die S5-phosphorylierte CTD beginnt, Proteinfaktoren der mRNA-Prozessierung zu rekrutieren. **D** Die elongierende Polymerase trägt den vollständigen Elongationskomplex und die Serin-2(S2)-phosphorylierte CTD hat bereits Proteinfaktoren für die mRNA-Prozessierung rekrutiert.

den „Transkriptionsfaktoren der RNA-Polymerase II", kurz **TFII-Proteine**. Wie bereits erläutert können bestimmte TFII-Proteine wie TFIIB und TFIID charakteristische Elemente eines Core-Promotors erkennen und die Polymerase dadurch am Transkriptionsstart positionieren. Das Protein TFIIH ist im Komplex dafür zuständig, die DNA für die Transkription zu öffnen und, als notwendigen Teil des Initiationsprozesses, die C-terminale Domäne der RNA-Polymerase II zu phosphorylieren.

Die C-terminale Domäne (CTD) der RNA-Polymerase II nimmt bei der RNA-Biosynthese proteincodierender Gene eine besondere Funktion wahr. Vom Aufbau her besteht sie aus mehreren Wiederholungen des Aminosäuren-Heptamers YSPTSPS. Die Serin-Positionen in dieser Sequenz weisen während der Transkription phasenspezifische Phosphorylierungsmuster auf: Bei der **Initiation** sind hauptsächlich die Serine an der 5. Position (**Serin-5**) phosphoryliert, was eine Voraussetzung für die Loslösung der Polymerase vom Transkriptionsstart ist; im Gegensatz dazu sind für die **Elongation** überwiegend Phosphorylierungen an den **Serin-2**-Positionen typisch. Die Serin-2-Modifikationen sind im weiteren Ablauf auch für die Interaktion mit Proteinen der mRNA-Prozessierung von Bedeutung. Generell hat die CTD der RNA-Polymerase II zwei Funktionen: Erstens ist sie eine Interaktionsfläche für Wechselwirkungen mit genregulatorischen Proteinen und damit „Antenne" für Signale der Transkriptionsregulation (▸ Kap. 4.6.4), zweitens dient sie als Plattform für die Rekrutierung von Enzymen der mRNA-Prozessierung (▸ Kap. 4.4.5).

Der **Zusammenbau des basalen Transkriptionsapparats** und die Vorgänge beim **Transkriptionsstart** sind für Promotoren mit TATA-Box gut untersucht und werden in Abb. 4.36 erläutert.

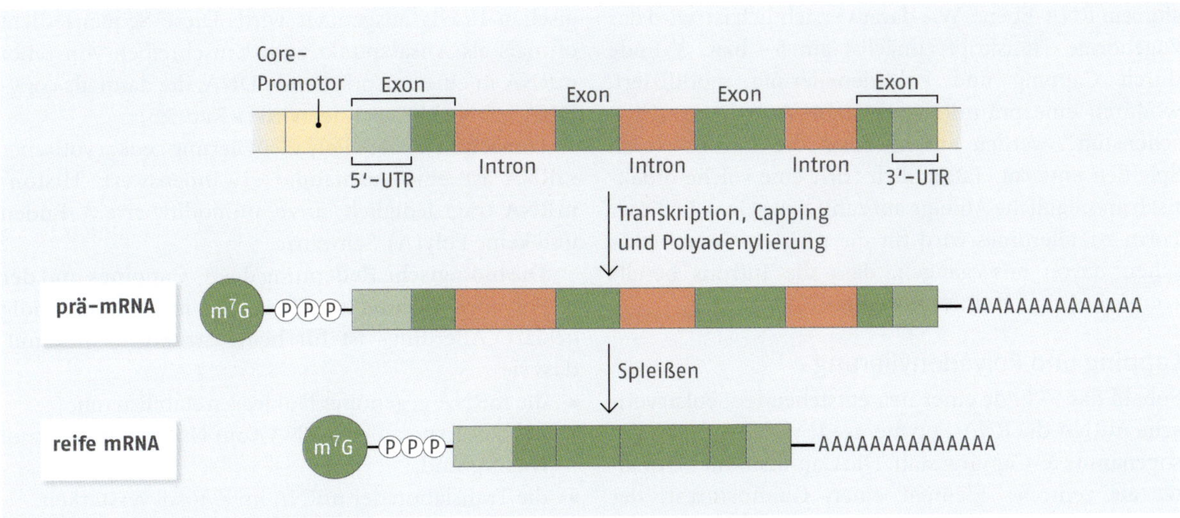

o Abb. 4.37 Schematischer Aufbau eines proteincodierenden eukaryotischen Gens und die Prozesse der Genexpression auf RNA-Ebene

4.4.5 RNA-Prozessierung

RNA-Prozessierung und der Aufbau eukaryotischer Gene

Eukaryotische und prokaryotische Gene zeigen, speziell bei den proteincodierenden Genen, bedeutende Unterschiede im Aufbau: Bei Eukaryoten ist der Proteincode in der Regel nicht fortlaufend auf dem Gen notiert, sondern in einzelnen Abschnitten. Man unterscheidet dabei zwischen den sogenannten **Exons** und den dazwischen liegenden **Introns**. Die Exons beinhalten das Leseraster für das Protein und gegebenenfalls untranslatierte Regionen (UTR, o Abb. 4.37). Diese Genarchitektur bedingt, dass ein proteincodierendes, eukaryotisches Primärtranskript vor der Proteinbiosynthese erst zurechtgeschnitten und in „bereinigter" Form zusammengebaut werden muss. Der Prozess, bei dem die Introns entfernt und die Exons zusammengesetzt werden, wird als **Spleißen** bezeichnet. Darüber hinaus werden die meisten eukaryotische mRNA-Vorläufer an ihren beiden Enden modifiziert: der **5′-Terminus** erhält die sogenannte **Cap-Struktur** und am **3′-Ende** werden etwa 200–250 Adeninnukleotiden angehängt, die als **Poly(A)-Schwanz** bezeichnet werden. Diese drei Schritte umfassen zusammen die eukaryotische **mRNA-Reifung bzw. -Prozessierung**, die wir im Folgenden näher kennenlernen werden.

In gewissem Umfang werden auch die Primärtranskripte eukaryotischer rRNAs und tRNAs prozessiert, z. B. durch das Herausschneiden von Introns. Diese Vorgänge werden jedoch im Folgenden nicht näher betrachtet; ebenso bleibt die RNA-Prozessierung bei Prokaryoten, die nur eine untergeordnete Rolle spielt, unberücksichtigt. Die speziellen Prozessierungsschritte bei der Biosynthese von miRNAs werden in ▸Kap. 4.6.4 dargestellt.

 **Fachgebietstransfer**

Die Funktion von Introns

Lange Zeit galten Introns als „Junk DNA" mit unbekannter Funktion. Intron-Abschnitte haben eine Länge zwischen ca. 30 und bis zu $<10^5$ Nukleotiden und wurden als unerklärliche Bürde für die Zelle betrachtet, die bei der DNA-Replikation lediglich Mehrarbeit verursacht. Inzwischen ist jedoch bekannt, dass sie eine wichtige Rolle für die Regulation der Genexpression spielen. Zum einen sorgen sie als *spacer* für den modularen Aufbau eukaryotischer Gene, wodurch über das „Alternative Spleißen" eine Regulation der Genexpression auf qualitativer Ebene ermöglicht wird: Alternatives Spleißen bedeutet, dass eine prä-mRNA auf verschiedene Arten prozessiert werden kann, sodass unterschiedliche Exon-Kombinationen resultieren und somit aus einem Gen unterschiedliche Proteine hervorgehen können. Zum anderen greifen Introns über mindestens zwei Wege quantitativ in die Genregulation ein: Erstens können sie regulatorische Sequenzen wie Enhancer beinhalten, die die Transkriptionsinitiation oder -elongation steuern, und zweitens können sie für genregulatorische miRNAs codieren, welche die Stabilität oder Translatierbarkeit einer mRNA beeinflussen (▸Kap. 4.6.4). Die Anzahl der Introns in Genen kann zwischen Null und im Extremfall über 100 schwanken, im Menschen sind es durchschnittlich etwa acht pro Gen.

o Abb. 4.37 zeigt den Aufbau eines proteincodierenden eukaryotischen Gens und die Schritte der Genexpression auf RNA-Ebene. Wie daraus ersichtlich ist, wird das zugehörige Transkript zunächst am 5′- bzw. 3′-Ende durch Capping und Polyadenylierung modifiziert, wodurch eine prä-mRNA entsteht. Aus dieser „Zwischenstufe" werden anschließend die Introns durch Spleißen entfernt. Tatsächlich trifft eine solche didaktisch anschauliche Abfolge auf zahlreiche Gene in dieser Form zu, allerdings wird für die meisten Gene inzwischen davon ausgegangen, dass die Introns bereits cotranskriptionell entfernt werden.

Capping und Polyadenylierung

Sobald das 5′-Ende einer neu entstehenden, eukaryotische mRNA die RNA-Polymerase II verlässt, findet das sogenannte **5′-Capping** statt. Die Cap-Struktur beinhaltet als zentrales Element einen **Guanosinrest**, der „umgekehrt", nämlich über eine ungewöhnliche **5′-5′-Triphosphatbrücke**, mit dem Primärtranskript verbunden ist. Als Teil des Cappings wird die RNA im 5′-Endbereich **methyliert**, wobei drei verschiedene Varianten möglich sind: Bei der „Basisversion" **Cap 0** wird lediglich eine Methylgruppe auf N-7 des aufgesetzten Guanylats übertragen, während bei **Cap 1** bzw. **Cap 2** noch das erste bzw. die ersten beiden Nukleotiden der RNA-Kette mit Methylgruppen versehen werden (o Abb. 4.38).

Am entgegengesetzten Ende des Primärtranskripts – also am **3′-Terminus** – findet als Prozessierungsschritt die **Polyadenylierung** statt. Diese wird die durch das sogenannte **Poly(A)-Signal** ausgelöst, eine Sequenz, die im Gen das 3′-Ende der Intron-Exon-Abfolge auf der DNA markiert. Sobald das Poly(A)-Signal in umgeschriebener Form auf dem Primärtranskript erscheint, wird die Sequenz von einem Proteinkomplex erkannt, der den mRNA-Vorläufer vom naszierenden Resttranskript abtrennt. An den Vorläufer wird durch das Enzym Poly(A)-Polymerase ein ca. 250 Adenylatreste langer Poly(A)-Schwanz angefügt, der somit nicht auf der DNA codiert ist.

Seit längerem ist bekannt, dass die Konsensussequenz **AAUAAA** (Alternativ auch: AUUAAA) für die Auslösung der Polyadenylierung maßgeblich ist. Inzwischen zählt jedoch auch eine **G/U-reiche Sequenz**, die einige Nukleotide stromabwärts von der Konsensussequenz liegt, als Teil des Poly(A)-Signals (o Abb. 4.39 A). Der mRNA-Vorläufer wird an einer GA-Basenabfolge, die zwischen diesen beiden Teilsignalen liegt, abgetrennt. Die Abspaltung erfolgt noch bei laufender Transkription. Die RNA-Polymerase synthetisiert noch ein Resttranskript gewisser Länge, bevor sie endgültig stoppt. Die genauen Mechanismen des Transkriptionsstops sind jedoch noch nicht bekannt (o Abb. 4.39 B).

Der 3′-Poly(A)-Schwanz ist ein **Charakteristikum eukaryotischer mRNA**, welches in der molekularbiologischen Praxis ausgenutzt wird. Diese Sequenz dient oftmals als Ansatzpunkt zum Umschreiben von reifer mRNA in eine entsprechende DNA, die dann als copy-DNA (cDNA) bezeichnet wird (▸ Kap. 5.5).

Hinsichtlich der Polyadenylierung eukaryotischer mRNA ist eine Ausnahme erwähnenswert: **Histon-mRNA** trägt lediglich kurze, unmodifizierte 3′-Enden und keine Poly(A)-Schwänze.

Die **biologische Bedeutung des 5′-Cappings und der 3′-Polyadenylierung** sind noch nicht vollständig geklärt. Allerdings ist für beide Strukturen bekannt, dass sie

- die mRNA gegenüber Nukleasen stabilisieren,
- für den Export der mRNA vom Nukleus ins Zytosol wichtig sind,
- die Translation der mRNA im Zytosol verstärken.

Diese Funktionen hängen eng mit speziellen Proteinen zusammen, die an die Modifikationen binden können, wie zum Beispiel die Proteine des *cap-binding complex* (CBC) oder das *poly(A)-binding protein* (PABP).

Eine wichtige Rolle für die **Regulation der Genexpression** nehmen die beiden Modifikationen insofern ein, als sie ein „Aufhänger" zur gezielten Steuerung des zellulären mRNA-Levels über Abbauprozesse darstellen. Man unterscheidet unter anderem zwischen dem **gezielten 5′-3′-Abbau** durch die **Exonuklease XrnI**, der durch **Decapping** initiiert wird, und dem **3′-5′-Abbau**, der durch **3′-Deadenylierung** ausgelöst wird und im sogenannten **Exosom** der Zelle stattfindet.

Spleißen

Beim Spleißvorgang werden die **Introns** aus den Primärtranskripten **herausgetrennt** und die Exons nahtlos aneinandergefügt, sodass in der reifen mRNA ein **durchgängiges Leseraster** für das codierte Protein vorliegt. Bei diesem Prozess ist absolute Präzision erforderlich, da eine Verschiebung von Spleißstellen in den allermeisten Fällen Auswirkungen auf die Struktur des Proteins oder die mRNA-Stabilität haben würde. Beispielsweise hätte ein Versatz um ein einziges Nukleotid in der codierenden Sequenz einer mRNA die Verschiebung des Protein-Leserasters zur Folge, sodass die Matrize ab diesem Punkt für eine aberrante Aminosäurensequenz codiert. Wenige Ausnahmen hiervon stellen Transkripte dar, bei denen die Introns in UTR-Bereichen liegen.

Voraussetzung für den korrekten Ablauf des Spleißens ist, dass die Spleißstellen auf Nukleinsäureebene genau definiert sind. Durch Sequenzvergleich vieler Gene ließen sich die Konsensussequenzen von **Spleißsignalen** ermitteln. Am Beginn bzw. Ende eines Introns finden sich stets die Basenabfolgen **GU** bzw. **AG** (Große Unterbrechung – **AufGehoben**), die zusammen mit einem charakteristischen, umgebenden Sequenzkontext

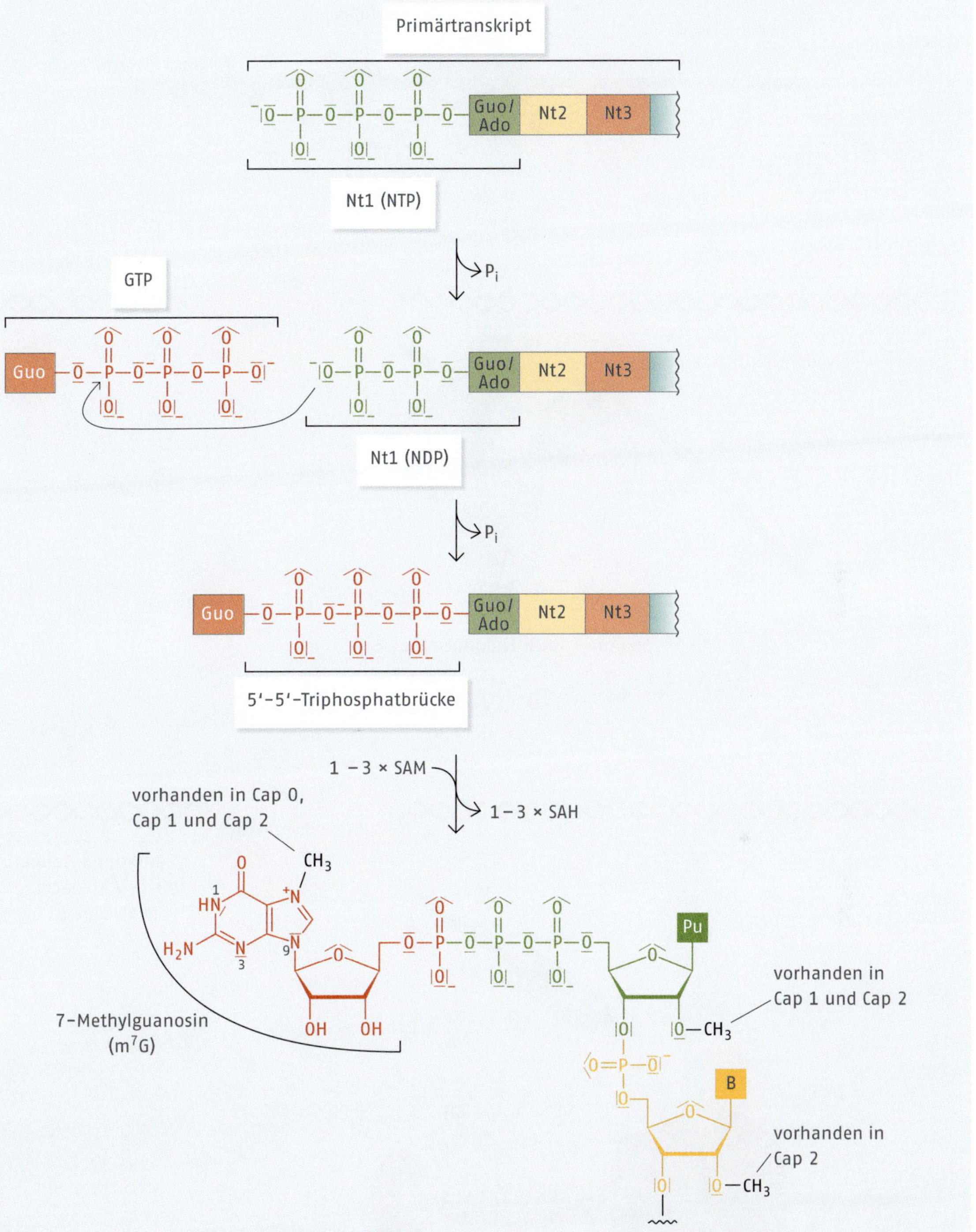

Abb. 4.38 5'-Capping einer eukaryotischen prä-mRNA. Im ersten Schritt wird vom 5'-Triphosphatende der mRNA ein Phosphatrest entfernt, sodass ein Diphosphat verbleibt. Dieses greift nukleophil am α-Phosphat eines GTPs an, sodass eine 5'-5'-Triphosphatbrücke zwischen Guanosinrest und dem Primärtranskript entsteht. Anschließend wird auf Position 7 des Guanylats eine Methylgruppe übertragen (Cap 0). Teilweise werden noch die ersten beiden Nukleotide der RNA-Kette an den freien 2'-OH-Gruppen ihrer Ribose-Reste methyliert (Cap 1 bzw. Cap2). Als methylgruppenübertragender Cofaktor dient dabei das S-Adenosylmethionin (**SAM**), das zu S-Adenosylhomocystein (**SAH**) umgesetzt wird. **Guo** Guanosin, **Ado** Adenosin, **B** RNA-Base **Nt** Nukleotid

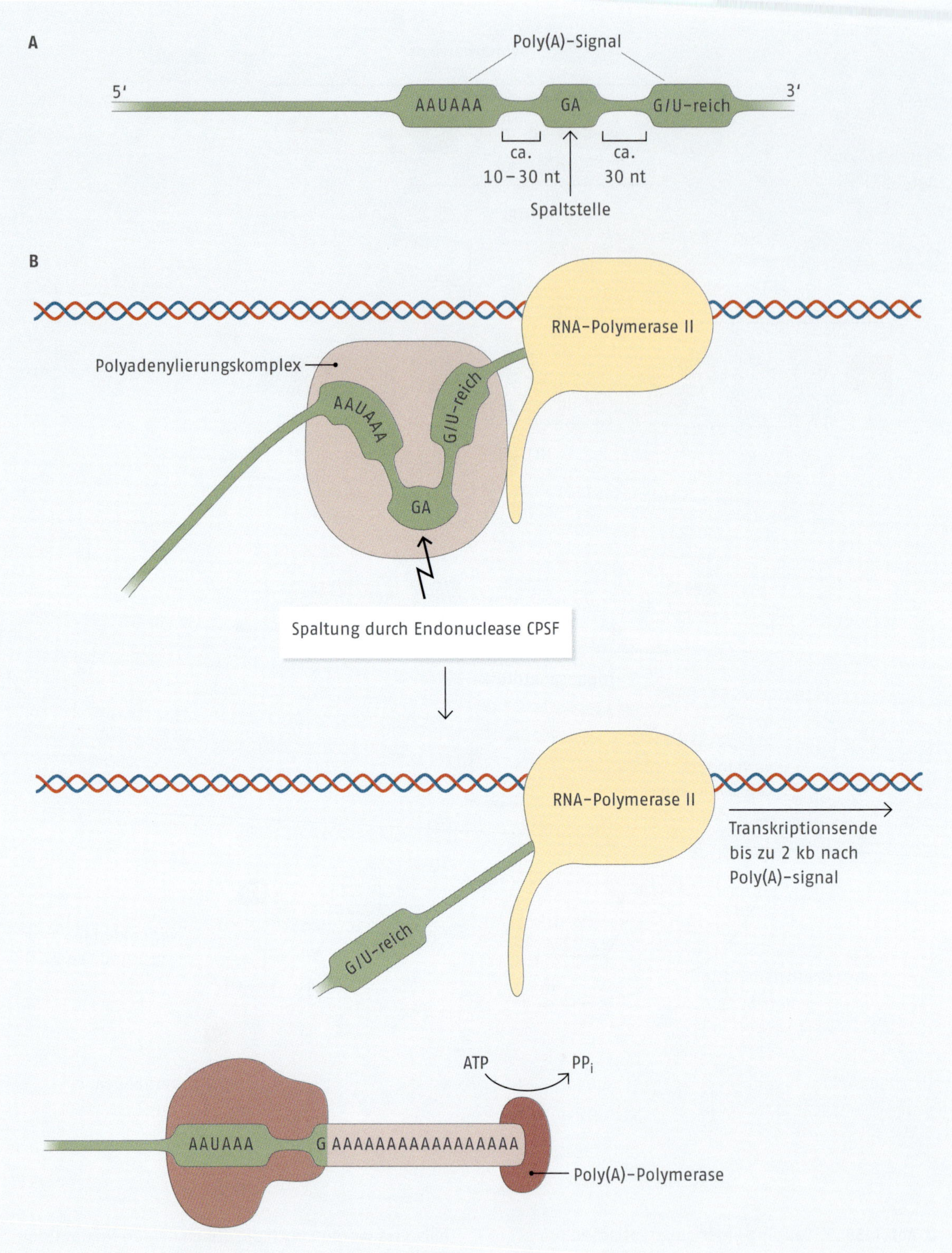
A
Poly(A)-Signal
5'
AAUAAA
GA
G/U-reich
3'
ca.
10–30 nt
ca.
30 nt
Spaltstelle
B
RNA-Polymerase II
Polyadenylierungskomplex
AAUAAA
G/U-reich
GA
Spaltung durch Endonuclease CPSF
RNA-Polymerase II
Transkriptionsende
bis zu 2 kb nach
Poly(A)-signal
G/U-reich
ATP
PPi
AAUAAA
G AAAAAAAAAAAAAAAAA
Poly(A)-Polymerase

Abb. 4.39 Polyadenylierung einer eukaryotischen prä-mRNA. **A** Polyadenylierungssignal und Spaltstelle im 3′-terminalen Bereich des Transkripts. **B** Ablauf der Polyadenylierung. Sobald das Polyadenylierungssignal auf dem neu gebildeten Primärtranskript erscheint, setzt sich an der C-terminalen Domäne der RNA-Polymerase II der Polyadenylierungskomplex zusammen. Hierzu gehören die Proteine des Komplexes CStF (*cleavage stimulatory factor*), der mit der G/U-reichen Sequenz interagiert, sowie des Komplexes CPSF (*cleavage and polyadenylation specificity factor*), der die Konsensussequenz AAUAAA erkennt und als Endonuklease an der Spaltstelle zwischen den Basen G und A schneidet. Weiterer Bestandteil ist die Poly(A)-Polymerase, die an den abgetrennten mRNA-Vorläufer ca. 200–250 Adeninnukleotide anhängt. Die RNA-Polymerase synthetisiert nach der Abspaltung vom Hauptranskript noch eine Kette von mehreren hundert bis ca. 2 kb (Kilobasenpaare) Länge, bevor sie zum Stehen kommt. Das Resttranskript wird abgebaut. (Aus Gründen der Übersicht wird die Polymerase hier ohne weitere assoziierte Proteinfaktoren und Phosphorylierungen an der C-terminalen Domäne dargestellt.)

die 5′- bzw. 3′-Spleißstellen definieren. Weiterhin gehört die sogenannte **Verzweigungsstelle** zu den Spleißsignalen. Dabei handelt es sich um einen Adenylatrest, der sich ca. 20–50 Nukleotide stromaufwärts der 3′-Spleißstelle befindet und als Startpunkt des Spleißens dient (Abb. 4.40). Der Spleißprozess verläuft in zwei Schritten: Im ersten Schritt wird das Adenylat der Verzweigungsstelle mit dem 5′-Ende des Introns verknüpft, wobei das stromaufwärts liegende Exon freigesetzt wird. Das freigesetzte Exon verbindet sich anschließend mit dem stromabwärts liegenden Exon und das Intron wird als „Lassostruktur“ abgespalten (Abb. 4.40 B). Der genaue Ablauf der Spleißreaktion ist in Abb. 4.40 C gezeigt.

Die Spleißreaktion findet in einem hochmolekularen Komplex statt, der als **Spleißosom** bezeichnet wird. Spleißosomen bestehen aus einem Proteinanteil und kleinen, nukleären RNA (snRNA), wobei der **RNA-Anteil** den **Hauptteil der katalytischen Funktion** übernimmt. Durch die katalytische Rolle des RNA-Anteils werden die Spleißosomen zu den **„Ribozymen“** gezählt. Sie ähneln insofern dem Ribosom (▸ Kap. 4.5.2), als dieses ebenfalls ein Komplex aus katalytisch aktiver RNA und Proteinen ist und eine vergleichbare Größe hat. Spleißosomen werden sukzessive aufgebaut, indem sich fünf vorgebildete *small nuclear ribonucleoprotein particles* (**snRNPs**, ausgesprochen „snurps“) in einer bestimmten Abfolge an die prä-mRNA anlagern. Die snRNPs tragen die Kürzel U1, U2, U4, U5 und U6 und bestehen jeweils aus einer snRNA von 100–200 Nukleotiden Länge sowie ca. 10 Proteinen. Zusammen mit zahlreichen Spleißfaktor-Proteinen wird aus ihnen der komplette Spleißosomen-Komplex zusammengesetzt. Die Funktion der snRNAs in diesem Apparat besteht darin, Spleißsignale auf der prä-mRNA zu erkennen, die RNA darüber innerhalb der Maschinerie korrekt zu positionieren und funktionelle Gruppen für die Katalyse zur Verfügung zu stellen.

Wie bereits bei der Besprechung der Funktion von Introns angedeutet, bietet der Spleißvorgang Möglichkeiten, die Größe des Proteoms einer Zelle zu steuern, d. h. mit darüber zu entscheiden, wie viele verschiedene Proteine in der Zelle gebildet werden können. Ursache hierfür ist die Möglichkeit zum **alternativen Spleißen**. Damit wird das Phänomen bezeichnet, dass der Spleißvorgang für die RNA eines Gens nach verschiedenen Mustern stattfinden kann, sodass die resultierenden mRNAs für verschiedene Aminosäuresequenzen codieren. Durch alternatives Spleißen können aus einem einzigen Gen mehrere Proteine mit unterschiedlicher Funktion entstehen, wodurch in einer Zelle bzw. einem Organismus eine weitaus größere **Proteinvielfalt** möglich ist, als es die Zahl der Gene im Genom vermuten lässt. Man geht inzwischen davon aus, dass über 95 % der humanen Gene alternativ gespleißt werden. Dabei wird, ausgehend von einem „konstitutiven“ Spleißmuster, zwischen verschiedenen Varianten unterschieden (Abb. 4.41). Dieser Regulationsmechanismus der Genexpression kommt häufig in gewebsspezifischer oder entwicklungsabhängiger Weise zur Anwendung.

Die **Regulation des alternativen Spleißens** – also die Frage, welche Spleißstellen auf der prä-mRNA genau verwendet werden – ist noch Gegenstand der Forschung. Allerdings konnten bereits Sequenzen in Exons und Introns identifiziert werden, die spleißverstärkende bzw. spleißhemmende Funktionen haben. Diese werden als *exonic splicing enhancer* (ESE), *intronic splicing enhancer* (ISE) bzw. *exonic splicing silencer* (ESS) und *intronic splicing silencer* (ISS) bezeichnet. Die Ansteuerung der Spleißstellen wird über daran bindende Proteine gesteuert.

Neben dem alternativen Spleißen von Transkripten ist für einige Gene noch ein anderer Mechanismus beschrieben, der zur Erzeugung von Proteinvielfalt dient: durch **RNA-Editing** kann die Basensequenz einer mRNA nach der Transkription gewebsspezifisch verändert werden (siehe Kasten auf der übernächsten Seite).

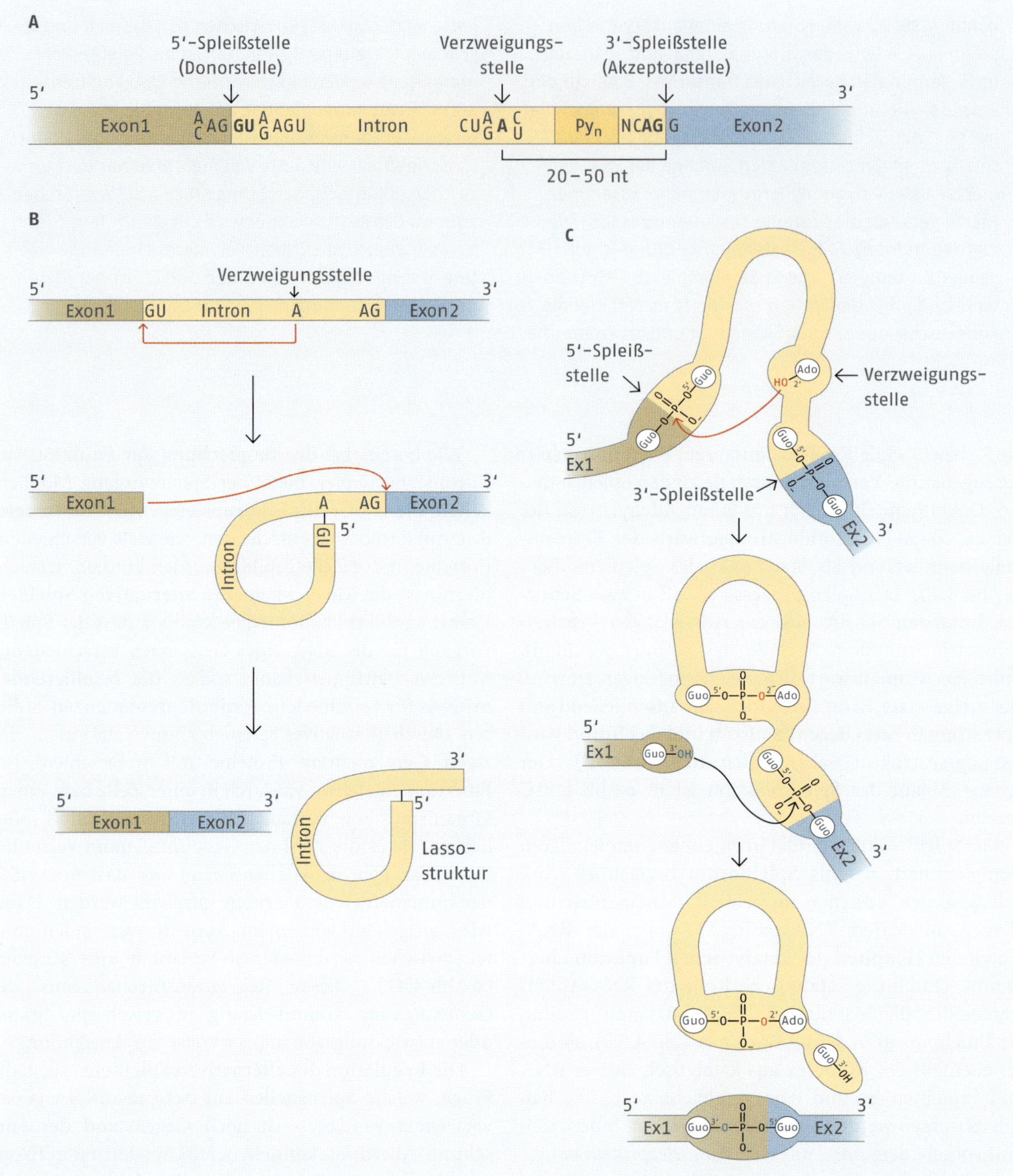

Abb. 4.40 Spleißen einer eukaryotischen prä-mRNA. **A** Ausschnitt aus einem eukaryotischen, proteincodierenden Gen mit zwei Exons, einem Intron und den Spleißsignalen. Diese umfassen die Konsensussequenzen für die 5'- und 3'-Spleißstellen und die Verzweigungsstelle. Zur Konsensussequenz der 3'-Spleißstelle gehört ein Abschnitt mit zahlreichen Pyrimidinresten (Py_n), der von der Sequenz NCAG gefolgt wird (N = beliebige Base). **B** Vereinfachter Ablauf des Spleißens: Das Adenylat der Verzweigungsstelle greift an der 5-Spleißstelle an und verdrängt Exon 1 aus der Bindung zum Intron. Das freigesetzte Exon 1 verbindet sich mit Exon 2 und setzt dabei das Intron als lassoartige Struktur frei. **C** Knüpfen und Lösen chemischer Bindungen beim Spleißen: Das freie 2'-OH des Adenosins (Ado) an der Verzweigungsstelle greift nukleophil an der Phosphodiesterbindung zwischen dem letzten Nukleotid des Exons 1 und dem ersten Nukleotid des Introns (5'-Spleißstelle) an, wodurch Exon 1 austritt. Das freigesetzte Exon 1 greift nun über seine terminale 3'-OH-Gruppe nukleophil an der 3'-Spleißstelle an und spaltet das Intron als Lassostruktur ab. Der Spleißvorgang umfasst somit zwei Umesterungsreaktionen.

Abb. 4.41 Varianten des alternativen Spleißens. Im Allgemeinen gilt das Spleißmuster als konstitutiv, bei dem kein Exon übersprungen wird, im Produkt keine Intron-Sequenzen mehr enthalten sind und „starke" Spleißstellen (d. h. solche mit hoher Ähnlichkeit zu den einschlägigen Konsensussequenzen) verwendet werden. Davon ausgehend existieren folgende Varianten: **A** Einzelne Exons werden beim Spleißen übersprungen, sodass die darauf codierte Aminosäurensequenz im Protein fehlt (*exon skipping*:). **B** Es werden einzelne Introns nicht herausgeschnitten, sodass die intronische Sequenz zur codierenden Sequenz wird und das Protein eine zusätzliche Domäne erhält (Intron-Retention). **C** Der Einbau einzelner Exons in die reife mRNA kann sich gegenseitig ausschließen. **D** und **E** Kommt in einem Exon eine alternative 5'- bzw. 3'-Spleißstelle zum Zuge, fehlt die 3'- bzw. 5'-wärts davon liegende Information dieses Exons im Protein.

Definition

Beim **RNA-Editing** wird die Basensequenz einer mRNA durch gezielte, enzymkatalysierte Desaminierung verändert. Dadurch kann unter anderem die Base C in U umgewandelt werden. Beispielsweise wird in Darmepithelzellen die mRNA des menschlichen Apolipoprotein-B-Gens durch gewebsspezifisch exprimierte Desaminasen auf diese Weise modifiziert. Dabei entsteht aus einer CAA-Sequenz im Leseraster des Proteins das Stoppsignal UAA. In der Folge wird in diesem Gewebe eine verkürzte Protein-Isoform exprimiert, wohingegen in den Leberzellen aus der unveränderten mRNA das Volllängen-Protein gebildet wird.

Spleißdefekte als Krankheitsursachen und Angriffspunkt für Arzneistoffe

Wenn von pathologisch relevanten Mutationen in Genen die Rede ist, wird oft primär an Veränderungen im Leseraster eines Proteins gedacht – beispielsweise solche, die den Austausch von Aminosäuren oder die Einführung vorzeitiger Stopcodons zur Folge haben. Allerdings wird mittlerweile vermutet, dass bis zu 50 % aller krankheitsrelevanten Mutationen den Spleißvorgang betreffen. Dabei kann es sich um Mutationen handeln, welche die **Spleißsignale**, also die 5'- bzw. 3'-Spleißstellen oder der Verzweigungsstelle, inaktivieren. Umgekehrt können Genveränderungen auch zur Entstehung neuer Spleißsignale und damit zu einer fehlerhaften Proteinexpression führen. Inzwischen wird davon ausgegangen, dass die Mehrzahl der pathologisch relevanten Mutationen spleißregulatorische Elemente wie ESE oder ESS beeinträchtigen, wodurch das alternative Spleißen fehlgesteuert wird. Daneben können auch **Komponenten des Spleißosoms** von Mutationen betroffen sein.

Tab. 4.3 Durch Spleißdefekte entstehende Krankheiten

Krankheit	Beschreibung	Betroffenes Gen	Funktion des Proteins
β-Thalassämie	Anämie in verschiedenen Schweregraden	*HBB* (*hemoglobin subunit beta*)	Sauerstofftransport
Brust- und Eierstockkrebs (erbliche Form)	Bösartiges Wachstum mit Organschädigung etc.	*BRCA1* (*breast cancer gene* 1)	Beteiligung an DNA-Replikation/Zellzykluskontrolle, Transkription, Apoptose
Spinale Muskelatrophie	Untergang motorischer Nervenzellen → Muskelschwund, Lähmungen	*SMN1* (*survival of motor neuron* 1)	Beteiligung am Zusammenbau von snRNPs als Bestandteilen des Spleißosoms

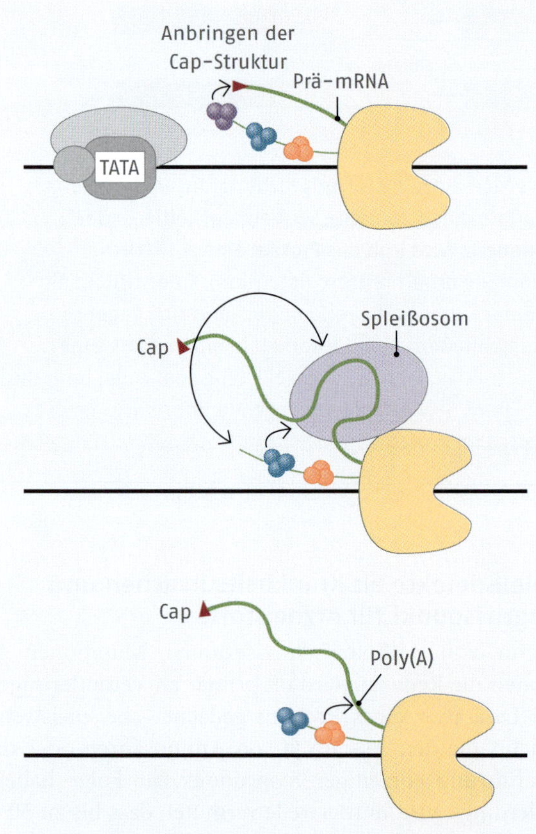

Abb. 4.42 Koordinierter Ablauf von Transkription, Capping, Spleißen und Polyadenylierung an der RNA-Polymerase II. An der C-terminalen Domäne der RNA-Polymerase II werden nach der Initiation der Transkription die wichtigsten Faktoren der RNA-Prozessierung zusammengeführt. Beim Austritt aus der Polymerase kann das Primärtranskript direkt dem 5′-Capping unterzogen werden; Introns können cotranskriptionell, also während der fortschreitenden Transkription, entfernt werden. Bereitstehende Faktoren der Polyadenylierung stehen für die finale 3′-Prozessierung bereit.

Tab. 4.3 beschreibt einige Erkrankungen, die durch Spleißdefekte hervorgerufen werden können. Die dort genannte **spinale Muskelatrophie (SMA)** gilt als die häufigste Ursache für die Kindersterblichkeit durch genetisch bedingte Erkrankungen. In den allermeisten Fällen liegen der SMA Veränderungen am Genort der *SMN*(*survival of motor neuron*)-Proteine 1 und 2 zugrunde, wobei der SMN2-Gendefekt zu einer Fehlsteuerung beim Spleißen führt. Inzwischen konnte ein Arzneistoff entwickelt werden, der an dieser Stelle eingreift: Das Antisense-Oligonukleotid Nusinersen bindet komplementär an eine intronische, spleißhemmende Sequenz (ISS) in der SMN2-prä-mRNA, wodurch die Bindung spleißinhibitorischer Proteine verhindert wird und das fehlerhafte Spleißen – zumindest in Teilen – korrigiert wird.

Kopplung von Transkription und RNA-Prozessierung

Bei der Expression eines proteincodierenden Gens können **Transkription** und **Prozessierung** an der RNA-Polymerase II in **räumlich und zeitlich koordinierter Weise** stattfinden. Hierbei spielt die C-terminale Domäne (CTD) der RNA-Polymerase II eine tragende Rolle, da sie bereits während der Transkription wichtige Faktoren der RNA-Prozessierung rekrutiert (Abb. 4.42). Wie eingangs im Kapitel erwähnt (Abb. 4.37), trifft der hier geschildete Ablauf nicht für alle Gene zu. Bei einigen Genen erfolgt das Spleißen post- und nicht cotranskriptionell, es wird also erst an der freigesetzten prä-mRNA vorgenommen.

Hemmstoffe der Transkription

Hemmstoffe der Transkription sind sowohl toxikologisch als auch pharmakologisch von Interesse. Die Prototypen dieser Verbindungen sind Naturstoffe, in der Therapie werden allerdings zumeist deren halbsynthetische Derivate verwendet.

Das Antibiotikum **Rifampicin** (Abb. 4.43 A), das bei Tuberkulose eingesetzt wird, blockiert den Austritts-

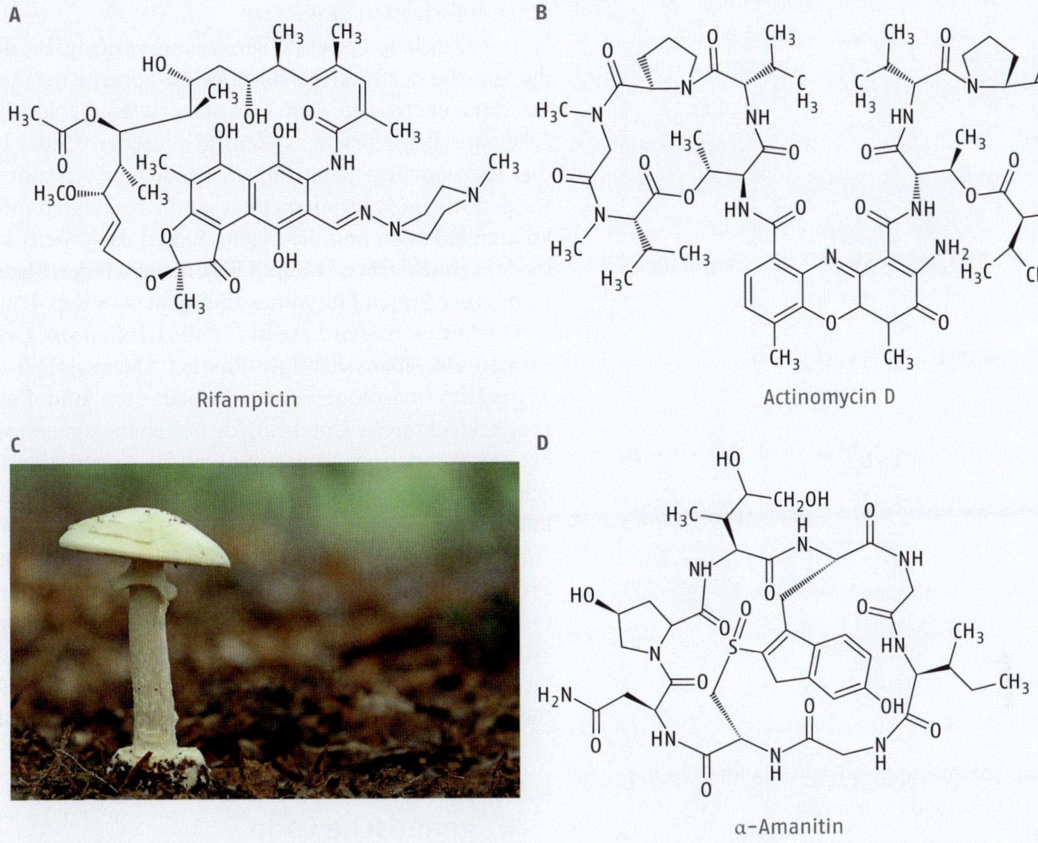

A Rifampicin

B Actinomycin D

C

D α-Amanitin

Abb. 4.43 **A** Struktur des Rifampicins: Ein Naphthohydrochinon-Grundgerüst wird henkelartig von einer aliphatischen Kette überspannt. **B** Struktur von Actinomycin D: Zwei zyklische Pentapeptide sind über ein planares Phenoxazin-Derivat miteinander verknüpft. **C** Der Knollenblätterpilz (*Amanita phalloides*). **D** Die Struktur seines Toxins α-Amanitin, eines zyklischen Peptids mit acht Aminosäuren.

kanal der bakteriellen RNA-Polymerase. Dadurch bricht die Initiation der Transkription nach der Verknüpfung der ersten beiden Nukleotide ab. Die Spezifität des Rifampicins für die bakterielle RNA-Polymerase beruht auf einer konservierten Bindetasche, die bei den eukaryotischen RNA-Polymerasen nicht vorhanden ist. Das Rifampicin wird halbsynthetisch aus einem der Rifamycine gewonnen, die als Naturstoff in Bakterien der Ordnung Actinomycetales vorkommen.

Ebenfalls aus Actinomycetales stammt das **Actinomycin D**, das in der Therapie maligner Tumoren eingesetzt wird. Die Struktur des Wirkstoffs umfasst ein planares Dreiringsystem, das mit zwei zyklischen Peptiden verknüpft ist (Abb. 4.43 B). Als Basis für dessen Wirkmechanismus gilt die Interkalation in die DNA, also eine Einlagerung in die Doppelhelix. Demzufolge schieben sich die planaren Molekülteile des Actinomycins zwischen die „Basenstapel" und die seitlich aus der DNA herausragenden Peptidringe hemmen die Fortbewegung der RNA-Polymerase. Die Wirkung des Actinomycins D betrifft sowohl die **prokaryotische** als auch die **eukaryotische Transkription**.

Das **α-Amanitin**, ein Inhaltsstoff des Knollenblätterpilzes *Amanita phalloides*, ist als Hemmer eukaryotischer RNA-Polymerasen von toxikologischer Bedeutung. α-Amanitin ist ein zyklisches Peptid mit acht Aminosäuren (Abb. 4.43 D), welches gemessen an seiner Molekülgröße und den vorhandenen hydrophilen Gruppen eine erstaunlich gute Bioverfügbarkeit aufweist. Es zeigt bei den verschiedenen eukaryotischen RNA-Polymerasen eine abgestufte Wirkung: die RNA-Polymerase II wird sehr gut inhibiert, die RNA-Polymerase I ist unempfindlich und die RNA-Polymerase III spricht erst in hohen Konzentrationen von α-Amanitin an. Die Hemmung der RNA-Polymerase II und damit der mRNA-Biosynthese führt beim Menschen zur Schädigung metabolisch aktiver Organe wie Leber und Niere, deren Ausfall zum Tod durch Multiorganversagen führen kann.

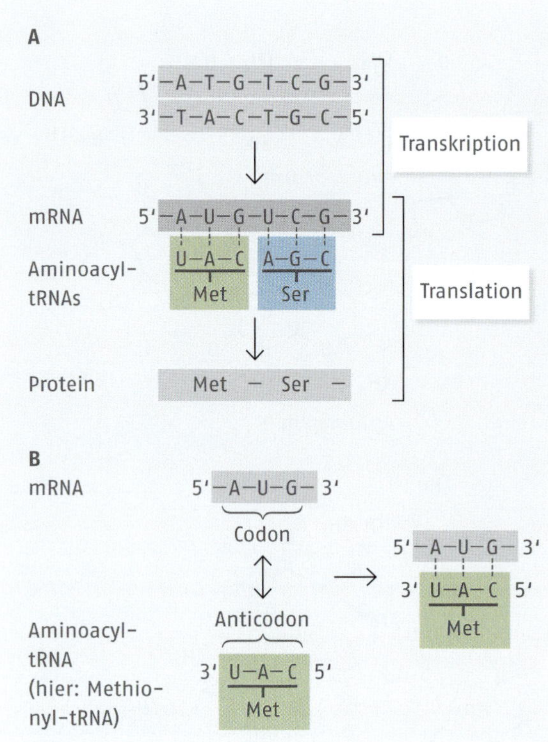

Abb. 4.44 Adapterfunktion der tRNA im Fluss der genetischen Information. **A** Die genetische Information für ein Protein wird durch Transkription von der DNA auf die mRNA überführt. Mit aktivierten Aminosäuren beladene tRNAs (Aminoacyl-tRNAs) dienen als Adapter für den Datentransfer von der mRNA- auf die Proteinebene: Sie tragen sowohl eine Erkennungssequenz, mit der sie an informationstragende Basenabfolgen auf der mRNA-Matrize binden können (das Anticodon, siehe **B**), als auch die passende Aminosäure, die von der entsprechenden Basenabfolge codiert wird. Die Aminosäuren werden so in die Proteinbiosynthese eingebracht. **B** Codon-Anticodon-Wechselwirkung bei der Dechiffrierung des genetischen Codes durch tRNAs.

4.5 Translation und Antibiotika als Hemmstoffe der Translation

4.5.1 Einführung

Die Translation ist der finale Schritt im zellulären Fluss der genetischen Information. Ausgehend vom genetischen Datenspeicher DNA erfolgt die Weitergabe der Information über die Transkription (Umschreiben der DNA in RNA, ▸ Kap. 4.4) zur Biosynthese der Proteine im Prozess der Translation. Da die Proteine hauptverantwortlich für das „operative Geschäft" in Zellen sind, wird in diesem Schritt ein wesentlicher Teil der genetischen Information umgesetzt.

Die Translation ist ein Übersetzungsvorgang, bei dem die Sprache der Nukleinsäuren in die Sprache der Aminosäuren übertragen wird. Diese Übersetzung folgt einer schematischen Vorschrift, dem genetischen Code. Um die zugrundeliegenden Abläufe verstehen zu können, werden wir im Folgenden zunächst die beteiligten molekularen Faktoren und die Eigenschaften des genetischen Codes kennenlernen (▸ Kap. 4.5.2), bevor wir den Mechanismus der Proteinbiosynthese betrachten (▸ Kap. 4.5.3).

Die Proteinbiosynthese ist für alle Klassen von Organismen ein lebenswichtiger Prozess. Da zwischen der Translationsmaschinerie von Prokaryoten und Eukaryoten strukturelle Unterschiede bestehen, ergeben sich bei der Translation Angriffspunkte für **Antibiotika** mit selektiv antibakterieller Wirkung. Diese Arzneistoffe kommen in ▸ Kap. 4.5.4 zur Sprache.

Wie bereits im Kapitel 2 besprochen wurde, können Proteine posttranslationale Modifikationen erfahren (▸ Kap. 2.4.5). Posttranslationale Modifikationen gehören zwar im strengen Sinne zur Proteinbiosynthese, aus Gründen der Einfachheit wird der Begriff Proteinbiosynthese im Folgenden synonym zu „Translation" gebraucht.

4.5.2 Faktoren der Translation und der genetische Code

Die wichtigsten molekularen Faktoren, die bei der Proteinbiosynthese zusammenwirken, sind die mRNA, die tRNAs und die Ribosomen. Im Einzelnen üben sie folgende Funktionen aus:

- Die **mRNA** dient als Überträgerin der genetischen Information. Sie ist die Matrize, die bei der Übersetzung abgelesen wird.
- Mit Aminosäuren beladene **tRNAs** (**Aminoacyl-tRNAs**) sind molekulare Übersetzungswerkzeuge. Sie führen aktivierte Aminosäuren an den Ort der Proteinbiosynthese heran und dienen als Adapter zwischen der „Nukleinsäure- und der Aminosäuresprache", indem sie spezifisch über Wasserstoffbrücken an die mRNA-Matrize binden (Abb. 4.44).
- Die **Ribosomen** besitzen die katalytische Funktion zur Verknüpfung der Aminosäurebausteine zu Peptiden.

Diese drei Hauptkomponenten wirken unter Mithilfe von Translationsfaktor-Proteinen im Translationsapparat zusammen.

Wie aus Abb. 4.44 A ersichtlich wird, erkennen tRNAs bei der spezifischen Bindung an die mRNA-Matrize jeweils ein **Triplett** von Basen. Diese Basentripletts sind die grundlegenden Informationseinheiten des genetischen Codes, die sogenannten **Codons**. Die dazu passenden Erkennungssequenzen auf den tRNAs werden als **Anticodons** bezeichnet (Abb. 4.44 B).

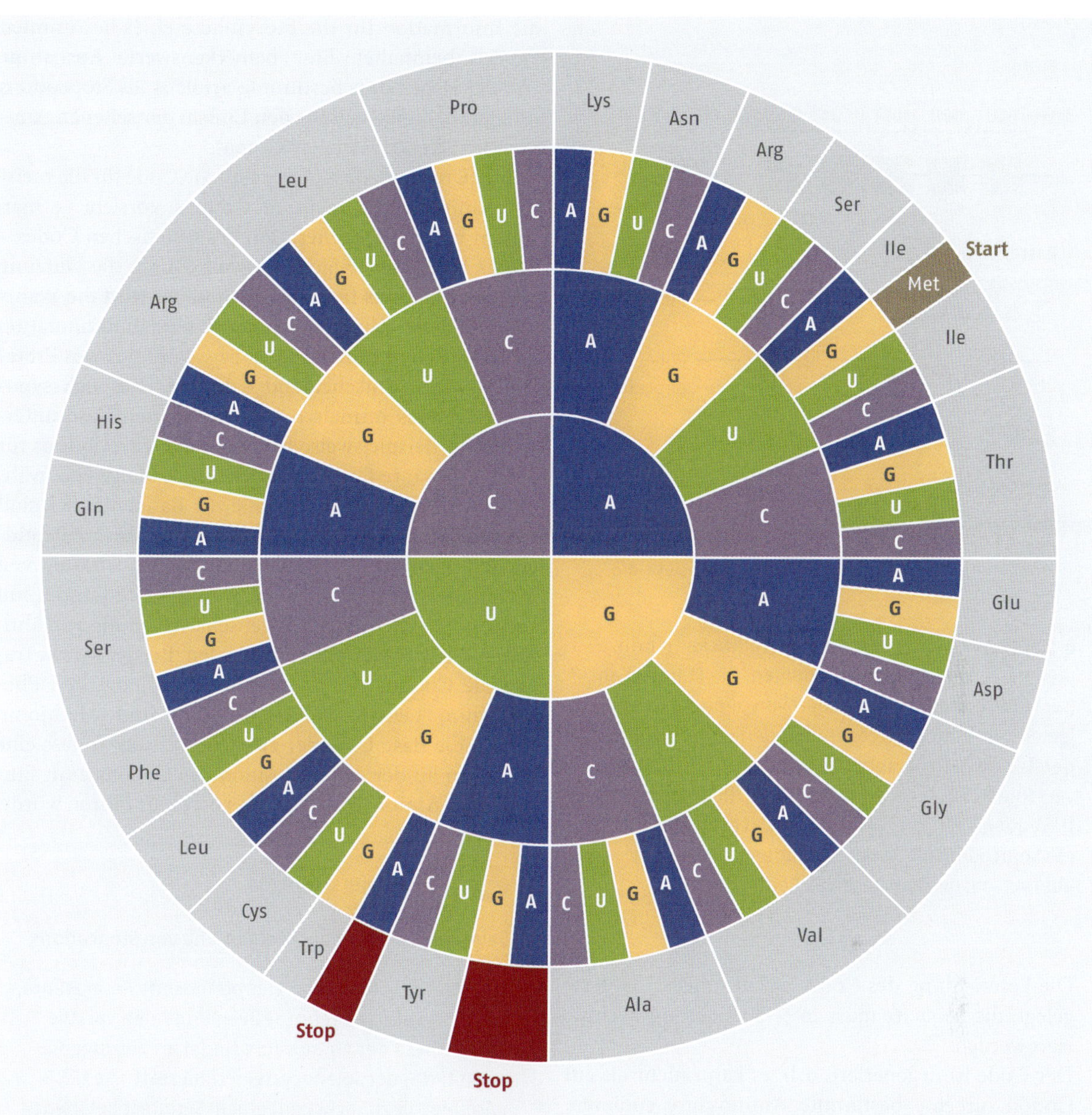

○ Abb. 4.45 Der genetische Code. Die „Code-Sonne" wird von innen nach außen gelesen: der innere Kreis enthält die 1. Base des Codons auf der mRNA (5´-Ende des Codons), in den umgebenden Ringen folgen die 2. und 3. Base. Am äußersten Ring sind die Übersetzungen in die zugehörigen Aminosäuren bzw. bei Start-/Stopcodons deren Funktion abzulesen.

Da der genetische Code aus Triplett-Einheiten aufgebaut ist und die Sprache der DNA und RNA jeweils vier Buchstaben umfasst, besteht der Nukleinsäure-Code insgesamt aus $4^3 = 64$ Codewörtern. Diese Anzahl ist mehr als ausreichend, um den Satz von 20 proteinogenen Aminosäuren verschlüsseln zu können. Tatsächlich codieren 61 der 64 Tripletts für Aminosäuren, die restlichen drei dienen als **Stopcodons** (Nonsense-Codons) zur Beendigung der Translation. ○ Abb. 4.45 zeigt die Bedeutung aller 64 Codons.

Insgesamt hat der **genetische Code** folgende **Eigenschaften:**

- Drei aufeinanderfolgende Basen (ein Codon) codieren für eine Aminosäure.
- Der Code ist nicht überlappend und fortlaufend (d. h. die Codons folgen direkt und ohne Abstand aufeinander).
- Der Code wird von einem definierten Startpunkt (Startcodon) aus gelesen, wodurch das Leseraster festgelegt wird.

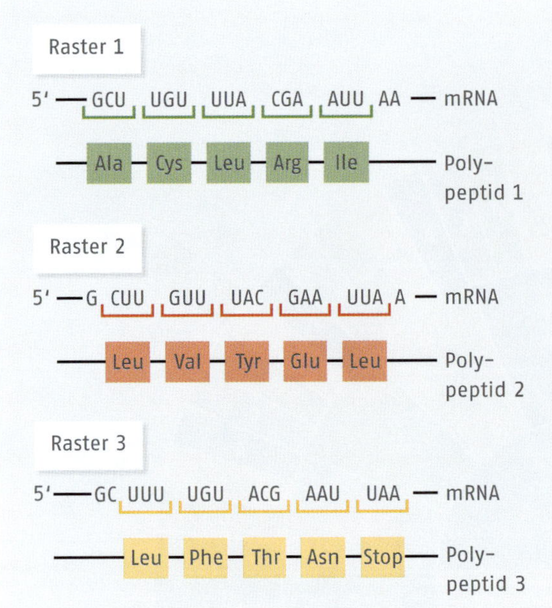

Abb. 4.46 Die Translation einer mRNA kann prinzipiell nach drei Leserastern erfolgen. Die Startstellen (nicht dargestellt) sind bei den Polypeptiden 2 und 3 jeweils um eine Base gegenüber den vorhergehenden Leserastern versetzt. Es ist erkennbar, dass die verschiedenen Leseraster zu unterschiedlichen Peptidsequenzen führen. Beim dritten Leseraster tritt ein Stopcodon auf, sodass es zudem zum Kettenabbruch bei der Synthese des Peptids käme.

- Die Leserichtung des Codes auf der mRNA ist festgelegt: die Sequenz muss in 5′-3′-Richtung dechiffriert werden.
- Der Code ist degeneriert, d. h. es kann mehr als ein Codon für eine bestimmte Aminosäure codieren, sodass synonyme Codons existieren.
- Der genetische Code ist nahezu universell, d. h. er gilt im Prinzip für alle Lebewesen. Ausnahmen finden sich beispielsweise bei einzelnen Codons in den Mitochondrien vieler Spezies.

Im Prinzip ermöglicht ein Triplett-Code drei Leseraster, die jedoch für unterschiedliche Peptide codieren (Abb. 4.46).

Daher ist die präzise Festlegung des Startpunkts über das **Startcodon** sehr wichtig für die korrekte Umsetzung des genetischen Codes. Mit wenigen Ausnahmen (▸ Kap. 4.5.3) handelt es sich dabei um die Basenabfolge AUG (Abb. 4.44). Zwischen dem Startcodon und dem nächsten, im Leseraster folgenden **Stopcodon** liegt der sogenannte **Leserahmen** (*open reading frame*, ORF), der die Information für die Biosynthese eines bestimmten Peptids beinhaltet. Eine bemerkenswerte Ausnahme von der Regel, dass bestimmte Tripletts als Stopcodons fungieren, ergibt sich für den Einbau der seltenen Aminosäure Selenocystein (s. Kasten).

Der Umstand, dass der genetische Code für die meisten Aminosäuren mehrere Codons vorsieht – man spricht von der **Degeneration** des genetischen Codes – ist aus biologischer Sicht sinnvoll: Durch die Nutzung mehrerer Codons für eine Aminosäure wird die Wahrscheinlichkeit minimiert, dass sich eine Punktmutation im Leseraster auf die Struktur bzw. Funktion des Proteins auswirkt. Entscheidend dafür ist, dass sich synonyme Codons oftmals nur in der dritten Base unterscheiden. Beispielsweise beginnen alle vier Codons für die Aminosäure Glycin mit der Basenabfolge GG, während an der dritten Position alle vier Basen möglich sind – eine Mutation an der 3. Position bliebe also auf Peptidebene folgenlos. Im Hinblick auf die Auswirkung von Mutationen ist bemerkenswert, dass Aminosäuren mit verwandten chemischen Eigenschaften häufig von ähnlichen Basentripletts codiert werden. Beispielsweise tragen die Codons der hydrophoben Aminosäuren Phenylalanin, Leucin, Isoleucin, Valin und Methionin jeweils die Base U an der zweiten Position, sodass eine Mutation an der ersten Position des Codons zum Einbau einer Aminosäure ähnlicher Struktur führen würde.

 Fachgebietstransfer

Selenocystein und die Recodierung von Stopcodons

Das Selenocystein, die 21. proteinogene Aminosäure, kommt in einigen redoxaktiven Proteinen vor. Die Biosynthese der Aminosäure findet an der zugehörigen tRNA, der Selenocystein-tRNA statt: die tRNA wird hierfür zunächst mit einem Serinrest beladen. Anschließend wird dessen OH-Funktion enzymatisch gegen die SeH-(Selenol-)Gruppe ausgetauscht. Liegt eine bestimmte mRNA-Struktur vor, kann die beladene Selenocystein-tRNA am Ribosom mit dem Codon UGA, das eigentlich als Stopcodon dient, paaren, sodass Selenocysteins in die Aminosäurenkette eingebaut wird – es kommt also zur Recodierung des Stopcodons. Voraussetzung hierfür ist, dass die mRNA sogenannte SECIS-Elemente (*selenocysteine insertion sequence*) enthält. Das sind Sequenzen, die charakteristische Sekundärstrukturen ausbilden können. Diese werden von spezifischen Translationsfaktoren erkannt, welche daraufhin die Bindung der beladenen Selenocystein-tRNA an das Codon UGA ermöglichen.

tRNA-Struktur, Beladung von tRNA und Codonerkennung

Als molekulare Vermittler zwischen der Nukleinsäure- und der Proteinsprache spielen die **Transfer-RNAs** (tRNAs) eine zentrale Rolle im Translationsprozess. Die folgenden Abschnitte beschreiben deren Struktur, die Mechanismen bei der Kopplung an die zugehörigen Aminosäuren und die Regeln der Codonerkennung.

Transfer-RNAs haben eine Länge von etwa **70–90 Nukleotiden**, von denen ungefähr die Hälfte durch Basenpaarungen miteinander interagiert. Bei zweidimensionaler Betrachtung nehmen sie eine **Kleeblattstruktur** ein, die vier Stammbereiche aufweist (○ Abb. 4.47 A). Die für die Adapterfunktion entscheidenden Abschnitte liegen sich in der 2D-Struktur gegenüber: der mittlere Stammbereich trägt am Ende die **Anticodon-Schleife**, der Stamm auf der anderen Seite beinhaltet an seinem ungepaarten 3′-CCA-Ende die Anheftungsstelle für die **Aminosäure** und wird als **Akzeptor-Stamm** bezeichnet. Das Basentriplett CCA, das zumeist nach der Transkription angefügt wird, findet sich am 3′-Ende aller tRNA-Moleküle. Neben diesen Strukturmerkmalen fällt bei tRNAs auf, dass sie einige ungewöhnlicher Nukleoside wie Dihydrouridin, Ribotyhimidin oder Pseudouridin (ψ) enthalten ○ Abb. 4.47 B).

Im Raum falten sich tRNAs zu einer **L-förmigen Struktur**, wobei die basengepaarten Bereiche Helices ausbilden. Das Anticodon und die Anheftungsstelle für die aktivierte Aminosäure (CCA-Ende) liegen dabei jeweils an den Enden der L-Struktur (○ Abb. 4.47 C).

Damit eine tRNA ihrer zentralen Rolle als Übersetzungswerkzeug in der Proteinbiosynthese erfüllen kann, müssen zwei Voraussetzungen gegeben sein:

- Sie muss mit der **„richtigen" Aminosäure** beladen sein – die Aminosäure muss also zum Codon passen, welches von dieser tRNA erkannt wird.
- Die betreffende Aminosäure muss bei der Verknüpfung an die tRNA **chemisch aktiviert** werden, sodass die nötige Reaktivität für die Verknüpfung mit einer anderen Aminosäure gegeben ist.

Diese beiden Funktionen werden durch spezialisierte Enzyme, die **Aminoacyl-tRNA-Synthetasen**, gewährleistet. Diese Proteinklasse sorgt bei diesem Vorgang zu einem nicht unwesentlichen Teil für die korrekte **Umsetzung des genetischen Codes**, da am Ribosom bei der Proteinbiosynthese nicht mehr überprüft wird, ob eine tRNA die passende Aminosäure „an Bord" hat. Somit handelt es sich bei der Beladung der tRNAs mit Aminosäuren um einen kritischen Schritt im Fluss der genetischen Information.

Die Bildung einer Aminoacyl-tRNA erfolgt in mehreren Reaktionsschritten unter Beteiligung von ATP. Die Kopplung der Aminosäure an die tRNA erfolgt über eine **Estergruppe** (○ Abb. 4.48). Deren Reaktivität liefert die Voraussetzungen für die Verknüpfung von Aminosäuren bei der Peptidsynthese.

Im Einzelnen läuft die Reaktion an der Aminoacyl-tRNA-Synthetase wie folgt ab:
Im 1. Schritt werden die **Aminosäuren** mit **ATP** unter Freisetzung von Pyrophosphat zum gemischten Säureanhydrid **Aminoacyl-AMP** umgesetzt, um sie für die Kopplung an die tRNA zu **aktivieren**.

$$H_3\overset{+}{N}-CH(R^1)-COO^- + ATP \rightleftharpoons H_3\overset{+}{N}-CH(R)-C(=O)-O-P(=O)(O^-)-O-CH_2-\text{Ribose(OH, OH)-Adenin} + PP$$

Aminoacyl-AMP

Die Reaktivität des Anhydrids ermöglicht im 2. Schritt die **Kopplung** der Aminosäure **an die tRNA**.

$$H_3\overset{+}{N}-CH(R)-C(=O)-O-P(=O)(O^-)-O-CH_2-\text{Ribose(OH, OH)-Adenin} + H-O-\text{tRNA-Rest}$$

Aminoacyl-AMP

$$\rightleftharpoons H_3\overset{+}{N}-CH(R)-C(=O)-O-\text{tRNA-Rest} + AMP$$

Aminoacyl-tRNA

Das im ersten Schritt freigewordene **Pyrophosphat** wird durch **Pyrophosphatasen** in einem stark exergonischen Prozess zu Phosphat gespalten. Die Kopplung dieses Schritts an die Übertragung der Aminosäure auf die tRNA sorgt für den **energetischen Antrieb** der Reaktionsfolge.

$$PP_i \xrightarrow{\text{Pyrophosphatase}} 2 \times P_i$$

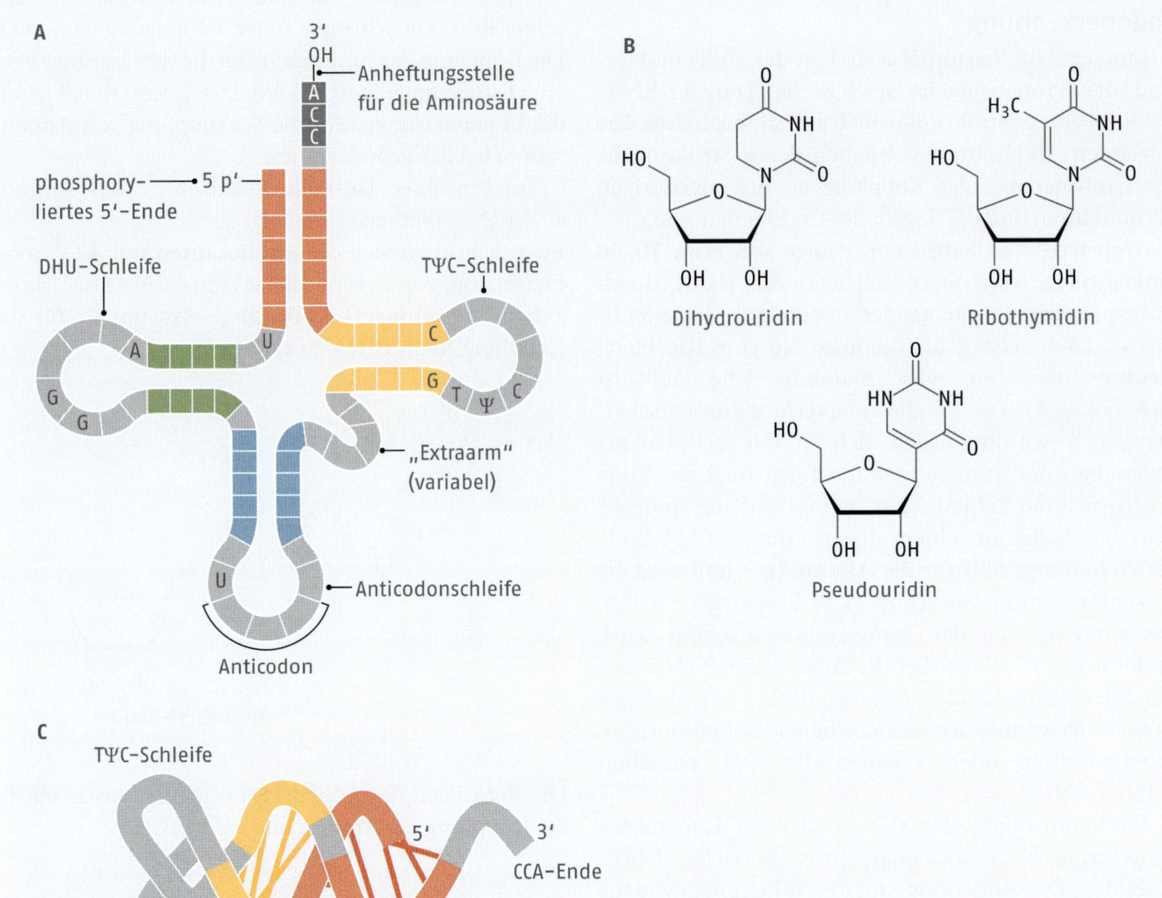

Abb. 4.47 Struktur der tRNA. **A** Allgemeine Struktur einer tRNA in zweidimensionaler Betrachtung. Charakteristisch ist die Kleeblattform mit vier Stammbereichen und fünf ungepaarten Regionen. Folgende ungepaarten Regionen sind in 5–3′-Richtung enthalten: die DHU-Schleife mit dem seltenen Nukleosid Dihydrouridin (siehe B), die Anticodon-Schleife, der Extraarm, die TψC-Schleife mit Ribothymidin (T) und Pseudouridin (ψ) und das 3-Ende mit terminalem CCA und der Anheftungsstelle für Aminosäuren. **B** Struktur einiger ungewöhnlicher Nukleoside, die in tRNAs vorkommen. Darüber hinaus finden sich in tRNAs auch methylierte Basen (nicht gezeigt). **C** L-förmige Raumstruktur einer tRNA.

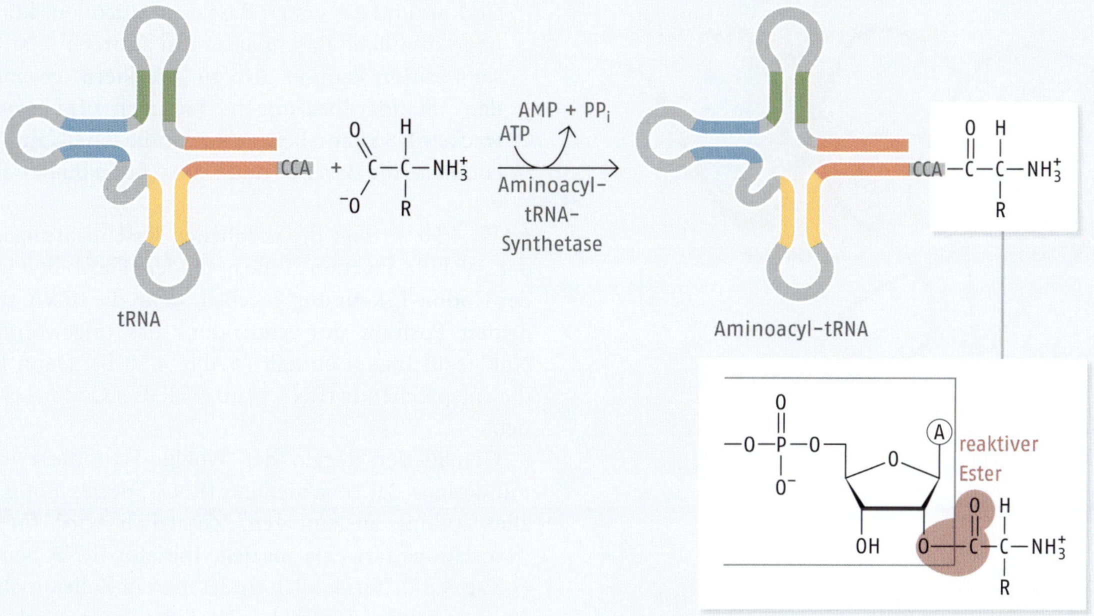

○ Abb. 4.48 Nettoreaktion der Beladung von tRNA durch die Aminoacyl-tRNA-Synthetase

Die **Aminoacyl-tRNA-Synthethasen** sind eine entwicklungsgeschichtlich alte und strukturell nicht homogene Gruppe von Enzymen, die in zwei Klassen eingeteilt wird. Die beiden Klassen unterscheiden sich in der Struktur und einigen funktionellen Eigenschaften. Unter anderem übertragen Klasse I-Aminoacyl-tRNA-Synthetasen die die anzuheftende Aminosäure zunächst auf die 2′-OH-Gruppe an der Akzeptor-Ribose der tRNA und erst danach auf die 3′-OH-Position, während Klasse II-Enzyme die Aminosäure direkt mit der 3′-OH-Gruppe der Akzeptor-Ribose verknüpfen.

Bei ihrer Aufgabe, die tRNAs korrekt mit Aminosäuren zu beladen, stehen die Aminoacyl-tRNA-Synthetasen einer beträchtlichen Herausforderung gegenüber: Sie müssen mindestens die 400 verschiedene Kombinationen aus Aminosäuren und tRNA voneinander unterscheiden können, die sich aus der Kombination von 20 proteinogenen Aminosäuren mit mindestens 20 verschiedenen tRNA-Molekülen ergeben. Wie eingangs beschrieben, leisten die Aminoacyl-tRNAs dabei einen entscheidenden Beitrag zur Umsetzung des genetischen Codes – es wird sogar von einem **zweiten genetischen Code** gesprochen, wenn es um die Strukturmerkmale geht, die die Erkennung von tRNAs in Kombination mit den zugehörigen Aminosäuren erlauben.

Für die **Erkennung der tRNAs** durch die Aminoacyl-tRNA-Synthetasen gibt es erstaunlicherweise keine allgemeine Regel zu charakteristischen Erkennungssequenzen; vielmehr erkennen die Enzyme individuelle Kombinationen mehrerer Strukturmerkmale einer tRNA. In ○ Abb. 4.49 ist die Häufigkeit dargestellt, mit der einzelne Positionen für die Erkennung herangezogen werden. Sehr häufig, jedoch nicht immer, sind dies Basen des **Anticodons** und einzelne Basen im Bereich des **Akzeptorstamms**.

Wenn eine tRNA von der Aminoacyl-tRNA-Synthetase erkannt wurde, besteht die weitere Aufgabe darin, sie mit der „richtigen" **Aminosäure** zu koppeln. Dies wird durch **sterische Restriktionen** im aktiven Zentrum sowie, bei den meisten Aminoacyl-tRNA-Synthetasen, auch durch ein **Korrekturlesezentrum** sichergestellt:

- Aminosäuren, die größer sind als die vorgesehene, werden im aktiven Zentrum aus sterischen Gründen von der Kopplung ausgeschlossen.
- Kleinere Aminosäuren können zwar mit der tRNA verknüpft werden, gelangen jedoch in eine Korrekturlesestelle, die dem aktiven Zentrum direkt benachbart und minimal enger ist. Dort werden sie hydrolytisch entfernt.
- Zur Unterscheidung von Aminosäuren, die untereinander in etwa eine vergleichbare Größe haben, ziehen die Aminoacyl-tRNA-Synthetasen spezifische Wechselwirkungen zur Zielaminosäure heran. Dies kann beispielsweise eine Metallkomplexbildung sein, die nur mit der entsprechenden Aminosäure möglich ist, jedoch nicht mit deren „Konkurrenz".

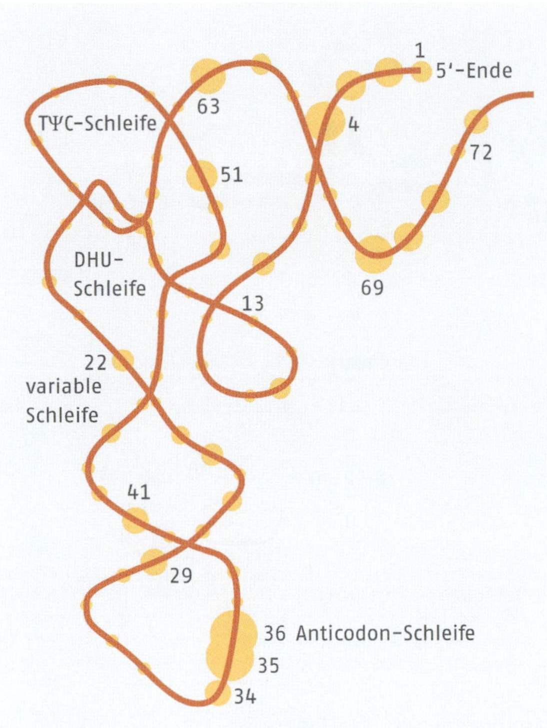

Abb. 4.49 Erkennungsstellen für Aminoacyl-tRNA-Synthetasen in tRNAs. Nukleotidpositionen, die als Erkennungsstellen dienen können, sind als gelbe Kreise dargestellt. Die Größe der Kreise ist proportional zur Häufigkeit, mit der sie zur Erkennung verwendet werden. Die Nummerierung der Nukleotide entspricht dem Standard-Nummerierungssystem für tRNAs.

Die Verhältnisse bei der **Erkennung von Codons durch tRNAs** sind variabler, als man auf den ersten Blick vermuten würde. Bekanntermaßen umfasst der genetische Code 64 Codons, von denen 61 für Aminosäuren codieren. Um alle Codons nach den Regeln der Watson-Crick-Basenpaarung zu erkennen, wären also mindestens 61 verschiedene tRNAs erforderlich. Tatsächlich findet man in Zellen häufig eine geringere Anzahl vor. Es ist seit längerem bekannt, dass tRNAs in der Lage sein können, mehrere Codons zu erkennen, sodass weniger als 61 tRNAs ausreichen, den genetischen Code abzudecken. Als Erklärung für dieses Phänomen hat Sir Francis Crick die sogenannte „**Wobble-Hypothese**" eingeführt, nach der für die Codon-Anticodon-Erkennung Folgendes gilt:

- Die ersten beiden Basen eines Codons und die letzten beiden Basen des daran bindenden Anticodons paaren stets nach Watson-Crick-Regeln (A:U- und G:C-Basenpaare).
- Bei der Interaktion zwischen der dritten Base des Codons und der ersten Base des Anticodons können ungewöhnliche Basenpaarungen auftreten – an dieser Position kann es also zu „Wacklern" gegenüber den Standardpaarungen kommen (*to wobble*, wackeln). So kann beispielswiese die Base U im Anticodon an die Basen A und G im Codon binden.

Abb. 4.50 A zeigt die möglichen Basenpaarungen an der „Wobble-Position". Eine besondere Flexibilität ist bei der Codon-Erkennung gegeben, wenn die tRNA an der dritten Position des Anticodons das ungewöhnliche Nukleosid Inosin enthält (Abb. 4.50 B). Dann kann die entsprechende tRNA prinzipiell drei Codons erkennen.

Gemäß der Regeln der Wobble-Hypothese wären mindestens 31 verschiedene tRNA-Spezies nötig, um alle Codons auszunutzen. Zusätzlich wird für den Translationsstart eine spezielle Initiator-tRNA benötigt (▸ Kap. 4.53). Tatsächlich findet man in Zellen mehr als 32 verschiedener tRNAs. In Eukaryoten sind circa 40–50 unterschiedliche tRNA-Spezies anzutreffen, die voneinander abweichende Anticodons besitzen.

Wie sich auch aus dem Vorkommen synonymer Codons im genetischen Code ergibt, kann es für eine Aminosäure mehrere tRNAs geben, die sich in ihrem Anticodon unterscheiden. Sie werden als **Isoakzeptor-tRNAs** bezeichnet. Für die Beladung der Isoakzeptor-tRNAs einer bestimmten Aminosäure kommt jedoch nur eine, spezifische Aminoacyl-tRNA-Synthetase zum Einsatz.

Ribosomen-Struktur

Die **Ribosomen** sind die „Herzstücke" der Proteinbiosynthese. In ihnen kommt es zur koordinierten Interaktion der Aminoacyl-tRNAs mit der mRNA-Matrize, sodass die Aminosäuren entsprechend der Vorschrift des genetischen Codes zu einem Protein verknüpft werden können.

Im Ablauf der Translation lagern sich einzelne Aminoacyl-tRNAs schrittweise an die mRNA-Matrize an, die am Ribosom gebunden ist. Auf diese Weise werden die antransportierten Aminosäuren in räumliche Nähe gebracht und können im Peptidyltransferase-Zentrum des Ribosoms zu einer Peptidkette verbunden werden. Den genauen Mechanismus dieses Prozesses betrachten wir im nächsten Abschnitt (▸ Kap. 4.5.3.), zunächst machen wir uns mit dem strukturellen Aufbau der Ribosomen vertraut.

Ribosomen sind hochmolekulare Komplexe aus RNA und Proteinen (Ribonukleoproteine), die aus mehreren RNA-Strängen und mehr als 50 Proteinen bestehen. Sie sind grundsätzlich aus zwei Untereinheiten aufgebaut, einer **großen** und einer **kleinen Unter-**

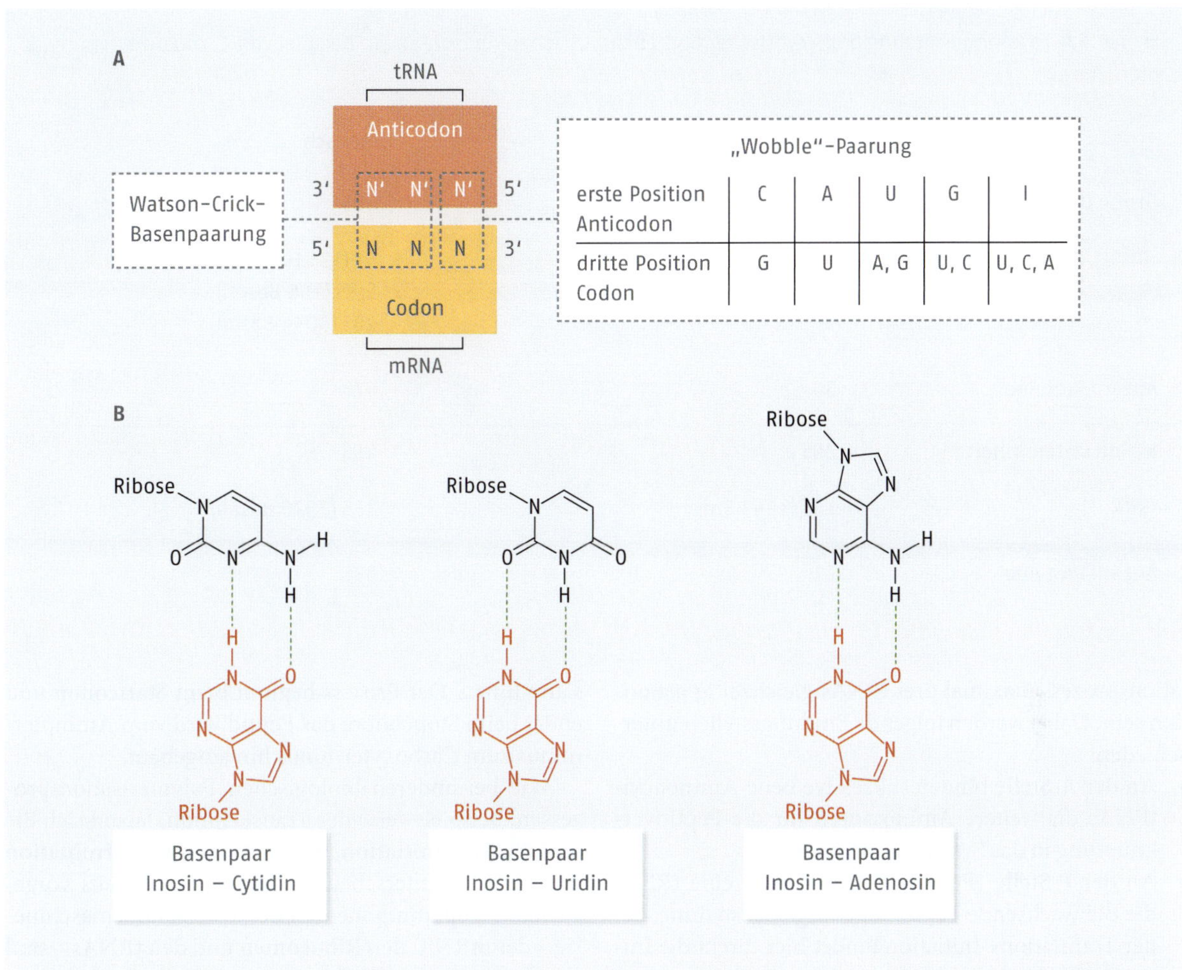

Abb. 4.50 A Mögliche Basenpaarungen bei der Codon-Anticodon-Erkennung (I = Inosin). B Mögliche Basenpaarungen des Inosins bei der Codon-Anticodon-Erkennung. Das Nukleosid Inosin beinhaltet als Base das Hypoxanthin.

einheit, die jeweils RNA- und Proteinkomponenten enthalten. Prokaryotische und eukaryotische Ribosomen sind sich strukturell recht ähnlich, was deren fundamentale Bedeutung für zelluläres Leben und die Herkunft aus einem gemeinsamen Vorläufer widerspiegelt, allerdings unterscheiden sie sich in ihrer Größe und Zusammensetzung. Wie andere makromolekulare Strukturen können Ribosomen verschiedener Größe anhand ihres Sedimentationskoeffizienten unterschieden werden. Dieser beschreibt das Verhalten des Teilchens im Schwerefeld und wird als Maß für dessen Größe herangezogen. Er wird durch Zentrifugation unter definierten Standardbedingungen bestimmt und in Svedberg-Einheiten (S) gemessen. Für **prokaryotische Ribosomen** ergibt sich dabei ein Wert von 70 Svedberg-Einheiten, prokaryotische Ribosomen werden folglich als **70S-Ribosomen** bezeichnet. Prokaryotische Ribosomen bestehen aus drei RNA-Molekülen und etwa 50 Proteinen. Im Unterschied dazu besitzen **Eukaryoten 80S-Ribosomen**, die aus vier RNA-Molekülen und etwa 80 Proteinen zusammengesetzt sind (▫ Tab. 4.4).

Bemerkenswerterweise hat der RNA-Anteil bei den Ribosomen funktionell eine größere Bedeutung als die Proteine, was sich darin zeigt, dass der wesentliche Anteil der Interaktionen mit mRNA, tRNA und den Aminosäuren bei der Peptidverknüpfung über die RNA-Komponenten stattfindet.

Bei der Translation treten die beiden Untereinheiten des Ribosoms mit den tRNAs über bestimmte Bindungsstellen in Wechselwirkung. Zunächst wird beim Aufbau des Translationsapparats die mRNA-Matrize an die kleine Untereinheit des Ribosoms gebunden, sodass eine Plattform für den Eintritt der tRNAs geschaffen wird. Bei der Bindung an das Ribosom interagieren die tRNAs mit Stellen an beiden Untereinheiten, wobei das Anticodon-Ende einer tRNA dann mit der kleinen Untereinheit wechselwirkt und das Akzeptor-Ende mit der großen Untereinheit. Insgesamt können im Trans-

■ **Tab. 4.4** Zusammensetzung prokaryotischer und eukaryotischer Ribosomen am Beispiel von *E. coli* und dem Menschen

	Escherichia coli	**Mensch**
Große Untereinheit	**50S**	**60S**
rRNA	5S (121 Basen), 23S (2904 Basen)	5S (121 Basen), 5,8S (156 Basen), 28S (5034 Basen)
Anzahl Proteine	34	47
Kleine Untereinheit	**30S**	**40S**
rRNA	16S (1542 Basen)	18S (1870 Basen)
Anzahl Proteine	21	33

lationsprozess maximal drei tRNAs gleichzeitig gebunden sein. Dabei werden folgende Bindungsstellen unterschieden:

- An der **A-Stelle** binden sukzessive neue Aminoacyl-tRNAs die weitere Aminosäuren für die Peptidverknüpfung in das System einbringen.
- An der **P-Stelle** (Peptidyl-Stelle) bindet eine tRNA, die die wachsende Peptidkette trägt (Ausnahme: bei der Translations-Initiation bindet hier direkt die Initiator-tRNA mit der Startaminosäure).
- An der **E-Stelle** (Exit-Stelle) binden die „leeren" tRNAs, nachdem ihre Aminosäuren der Kette hinzugefügt wurden. Von dieser Stelle aus verlassen die tRNAs das System.

○ Abb. 4.51 A zeigt die Ribosomenstruktur mit den Bindungsstellen für die tRNA am Beispiel des bakteriellen Ribosoms. Aus der schematisierten Darstellung in ○ Abb. 4.51 B ergibt sich, dass die tRNA-Bindungsstellen jeweils oberhalb von drei benachbarten Codon-Positionen auf der mRNA liegen. Weiterhin sind in der Abbildung der Austrittskanal für das Peptid an der P-Stelle sowie die Lokalisation des Peptidyltransferase-Zentrums dargestellt.

4.5.3 Mechanismus der Translation

Bei der Translation bewegt sich das Ribosom in 5′-3′-Richtung an der mRNA entlang. In einem zyklischen Prozess werden Aminoacyl-tRNAs an die aufeinanderfolgenden Codons der mRNA-Matrize gebunden und die Aminosäuren werden im Peptidyltransferase-Zentrum des Ribosoms zu einem wachsenden Peptid verknüpft. Dabei kommt in jedem Zyklus eine Aminosäure hinzu. Der Prozess beginnt beim Startcodon und endet beim Stopcodon; das Peptid wird vom Aminoterminus zum Carboxyterminus hin aufgebaut.

Wie bei anderen biologischen Polymerisationsprozessen, beispielsweise der Transkription, lassen sich die drei Phasen **Initiation, Elongation und Termination** voneinander unterscheiden. Neben den bereits vorgestellten Hauptkomponenten der Translationsmaschinerie – der **mRNA**, den **Ribosomen** und den **tRNAs** – sind in jeder dieser drei Phasen auch „Hilfsproteine" in Form von **Initiations-, Elongations- und Terminationsfaktoren** beteiligt. Viele dieser Proteine gehören zur Klasse der **G-Proteine**, also den Guanylnukleotid-bindenden Proteinen. Ihnen kommt eine besondere Bedeutung im Ablauf der Translation zu: Zum einen können sie durch die Hydrolyse von GTP Energie für Konformationsänderungen zur Verfügung stellen, die erforderlich sind, damit sich das Ribosom in koordinierter Weise an der mRNA entlangbewegen kann. Weiterhin tragen sie zur Qualitätssicherung der Translation bei, indem sie als „Sensoren" für den korrekten Ablauf dienen – an kritischen Punkten kommt es erst dann zur Hydrolyse von GTP am beteiligten G-Protein, und damit zum Translationsfortschritt, wenn bestimmte strukturelle Voraussetzungen gegeben sind. Ein Beispiel hierfür ist die Codon-Anticodon-Paarung in der Elongationsphase, die korrekt ablaufen muss, damit das GTP am G-Protein hydrolysiert werden kann und die Translation fortgesetzt wird.

Der Mechanismus der Translation ist für das Bakterium *E. coli* ausgiebig erforscht. Anhand dieses Prototyps werden wir im Folgenden die Grundprinzipien des Prozesses kennenlernen, anschließend betrachten wir die Unterschiede zwischen der prokaryotischen und eukaryotischen Translation.

Mechanismus der Translation am Beispiel von E. coli

Für die **Initiation** der Translation müssen die mRNA-Matrize, die tRNA mit der Startaminosäure, sowie die Komponenten des Ribosoms in koordinierter Weise zu einem Initiationskomplex zusammengesetzt werden. Dies geschieht unter Mitwirkung von Initiationsfaktor(IF)-Proteinen. Der geordnete Aufbau dieses Komplexes setzt zwei Dinge voraus: zum einen muss die mRNA am Ribosom so ausgerichtet werden, dass das **Startcodon richtig positioniert** ist, zum anderen muss die anschließende Besetzung des Startcodons durch eine spezielle tRNA erfolgen, die sogenannte **Initiator-tRNA**.

Für die Bindung und Ausrichtung der mRNA ist die kleine Untereinheit des Ribosoms zuständig. Bei Untersuchungen zum Mechanismus der mRNA-Erkennung durch das Ribosom wurde festgestellt, dass prokaryotische Transkripte in ihrer 5′-terminalen Region eine purinreiche Sequenz tragen, die hierfür entscheidend ist. Sie wird nach ihren Entdeckern als **Shine-Dalgarno-Sequenz** bezeichnet, hat das Konsensusmotiv AAGGAGGU und liegt etwa 10 Nukleotide 5-wärts des Startcodons. Sie sorgt dafür, dass das Startcodon AUG auf Höhe der **P-Stelle** des Ribosoms ausgerichtet wird. Somit sind bei den Prokaryoten zwei mRNA-Sequenzen für die Initiation erforderlich: die Shine-Dalgarno-Sequenz und das Startcodon.

Als Startcodon der Translation dient die Basenabfolge AUG, die für die Aminosäure Methionin codiert; untergeordnet können bei Prokaryoten auch die Sequenzen GUG oder UUG als seltene Startcodons dienen. Die Struktur des Initiationskomplexes bedingt, dass das Startcodon nur für eine besondere **Initiator-tRNA** zugänglich ist. Diese spezielle tRNA unterscheidet sich von derjenigen, die in der Elongationsphase an das Basentriplett AUG bindet und zum Einbau der Aminosäure Methionin in die wachsende Peptidkette führt. Bei Prokaryoten ist die Initiator-tRNA mit einer modifizierten Aminosäure beladen, dem ***N*-Formylmethionin** (fMet). Diese abgewandelte Aminosäure wird an der Initiator-tRNA ($tRNA^{fMet}$) gebildet: Die tRNA wird zunächst durch die „reguläre" Methionyl-tRNA-Syntethase zur Met-$tRNA^{fMet}$ beladen und anschließend durch das Enzym Transformylase in die fMet-$tRNA^{fMet}$ überführt (o Abb. 4.52).

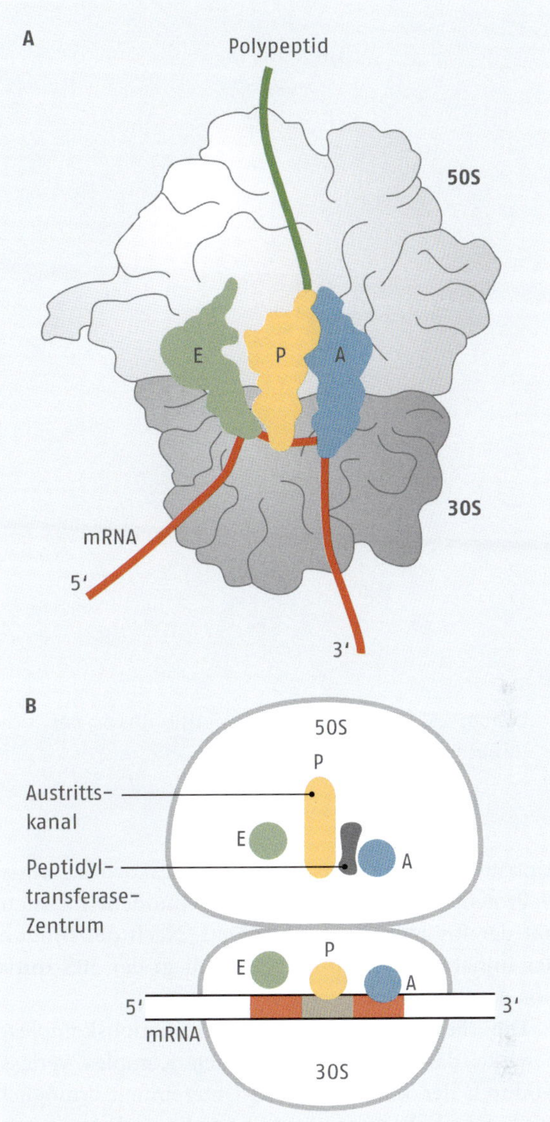

o **Abb. 4.51** Ribosomenstruktur und tRNA-Bindungsstellen. **A** Stilisierte Darstellung der Struktur eines bakteriellen Ribosoms (aus *T. thermophilus*). Die tRNA-Bindungsstellen befinden sich im Inneren des Ribosoms und wurden farbig kenntlich gemacht. **B** Schematische Darstellung der Struktur eines bakteriellen Ribosoms mit gebundener mRNA, den tRNA-Bindungsstellen, Peptidyltransferase-Zentrum und dem Austrittskanal für das Peptid.

Beim **Aufbau des Initiationskomplexes** binden zuerst die Initiationsfaktoren IF1 und IF3 an die 30S-Untereinheit des Ribosoms, gefolgt vom Eintritt der mRNA. Die mRNA wird durch Interaktion der Shine-Dalgarno-Sequenz (SD) mit der Anti-Shine-Dalgarno-Sequenz, (aSD) in der 16S rRNA der kleinen Untereinheit gebunden und ausgerichtet (o Abb. 4.53). Die IF-Proteine wirken an einem strukturierten Aufbau des Initiationskomplexes mit: IF1 blockiert den Zugang für tRNAs zur A-Stelle und IF3 verhindert das vorzeitige „Aufstülpen" der 50S-Untereinheit. Nun kann die Initiator-tRNA an das Startcodon binden. Sie wird beim

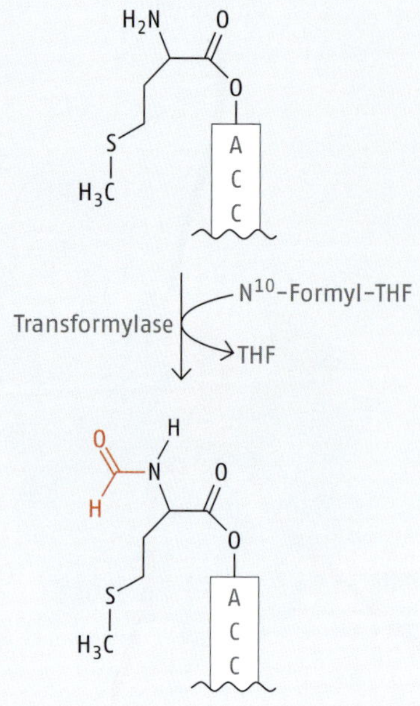

o Abb. 4.52 Formylierung des Methionins an der Initiator-tRNA

Eintritt in den Komplex von IF2 eskortiert, einem G-Protein, welches nur im GTP-gebundenen Zustand mit der Initiator-tRNA interagiert. Nach der Bindung der Initiator-tRNA an die mRNA liegt der **30S-Initiationskomplex** vor.

Die Fertigstellung des 30S-Initiationskomplexes bewirkt, dass der Faktor IF3 den Komplex verlässt, wodurch der Zutritt der 50S-Untereinheit ermöglicht wird. Das IF2-Protein stimuliert die Anlagerung der 50S-Untereinheit, was wiederum als Trigger für die Hydrolyse des GTP an IF2 dient. Dies ist das Signal für den Austritt von IF2 und IF1 und die Fertigstellung des **70S-Initiationskomplexes**. Damit ist der Weg frei für die Elongationsphase.

Beim ersten Schritt der **Elongation** wird die Startaminosäure mit der nächstfolgenden Aminosäure verknüpft. Hierzu wird die noch leerstehende A-Stelle am Ribosom nach den Vorgaben der mRNA-Matrize mit einer Aminoacyl-tRNA besetzt (also mit einer Aminoacyl-tRNA, deren Anticodon das Triplett 3′-wärts neben dem Startcodon erkennen kann). Die Aminoacyl-tRNA wird dabei von einem G-Protein, dem **Elongationsfaktor Tu (EF-Tu)**, zur A-Stelle eskortiert. Das Protein EF-Tu kann nur im Komplex mit GTP an Aminoacyl-tRNAs binden und nimmt in der Translation zwei Aufgaben wahr: Zum einen schützt es die Esterbindung zwischen Aminosäure und tRNA vor einer vorzeitigen Hydrolyse beim Antransport, zum anderen dient es der Qualitätssicherung der Translation. Wenn eine korrekte Codon-Anticodon-Paarung vorliegt, kann die 16S rRNA mit dem Codon-Anticodon-Komplex in einer Weise interagieren, die zu einer Konformationsänderung am Ribosom führt. Diese Strukturanpassung dient als Trigger für die Hydrolyse des GTP an EF-Tu und den Austritt des Elongationsfaktors aus dem Ribosom. In der Folge gelangt die Aminoacyl-tRNA vollständig an die A-Stelle und die assoziierte Aminosäure in die Nähe der Startaminosäure, sodass die Voraussetzungen für die Peptidverknüpfung vorliegen. Dieser Positionierungsvorgang wird als **Akkomodation** bezeichnet (o Abb. 4.54). Damit sorgt EF-Tu als „Schalterprotein" dafür, dass die Bedingungen eine Peptidverknüpfung erst dann geschaffen werden, wenn eine korrekte Codon-Anticodon-Paarung vorliegt.

Die Verknüpfung der beiden aktivierten Aminosäuren findet im **Peptidyltransferase-Zentrum** der 50S-Untereinheit statt, welches zwischen der A-Stelle und dem Austrittskanal der P-Stelle lokalisiert ist (o Abb. 4.51 B). Maßgeblich vermittelt durch die 23S rRNA der 50S-Untereinheit werden die Aminosäuren dort so im Raum positioniert, dass die beiden zu verknüpfenden Gruppen – die Aminogruppe der Aminosäure an der A-Stelle und die Estergruppe der Startaminosäure an der P-Stelle – optimal miteinander zur Reaktion gebracht werden können. Bei der Peptidverknüpfung greift die Aminogruppe nukleophil an der Carbonylgruppe des aktiven Esters an und setzt die Initiator-tRNA als Abgangsgruppe frei (o Abb. 4.55). Dabei entsteht am Ribosom eine „schräge Situation": Das entstandene Dipeptid ist mit der P-Stelle assoziiert, hängt jedoch an der tRNA, die mit ihrem Anticodon noch an der A-Stelle sitzt (o Abb. 4.54).

Zum Abschluss der Elongationsphase erfolgt die **Translokation**, in der die mRNA-Matrize und die tRNAs so verschoben werden, dass das Ribosom in 5′-3′-Richtung um ein Codon weitergerückt wird. Die tRNA an der A-Stelle wandert dadurch vollständig an die P-Stelle, womit die A-Stelle wieder frei wird; die leere tRNA an der P-Stelle gelangt in die Exit-Position (E-Stelle) und kann von dort aus das Ribosom verlassen. Auch die Translokation erfordert die Mitwirkung eines G-Proteins, des **Elongationsfaktors G (EF-G, Translokase)**, dessen gebundenes GTP bei der Vorwärtsbewegung hydrolysiert wird.

Alle weiteren **Elongationszyklen** verlaufen nach diesem Prinzip: eine neue Aminoacyl-tRNA wird über die A-Stelle in das System eingebracht und übernimmt das Peptid der tRNA an der P-Stelle, danach wandert das System mithilfe der Translokase um ein Codon weiter.

Sobald das Ribosom soweit am Leseraster der mRNA entlanggerückt ist, dass die A-Stelle ein Stopcodon erreicht, kommt es zur **Termination** der Translation. Die Erkennung dieser Codons erfolgt jedoch nicht wie bei den anderen Schritten der Translation durch eine tRNA, sondern über Proteine, die sogenannten Freisetzungsfaktoren. Die Freisetzungsfaktoren RF1 und RF2 können die Stopcodons UAA oder UAG bzw. UAA oder UGA erkennen. Sie ähneln dabei in Form und Ladungsverteilung auf verblüffende Weise einer tRNA – ein erfolgreicher Kunstgriff der Natur, der als molekulare Mimikry bezeichnet wird.

Die Bindung der Freisetzungsfaktoren führt zur hydrolytischen Abspaltung der fertigen Peptidkette von der tRNA an der P-Stelle und schließlich, unter Mitwirkung anderer Proteinfaktoren, zur Auflösung der Translationsmaschinerie (○ Abb. 4.56).

Unterschiede zwischen prokaryotischer und eukaryotischer Translation

Die Grundmechanismen der Proteinbiosynthese sind bei den Prokaryoten und den Eukaryoten vergleichbar, allerdings sind einige Unterschiede bemerkenswert. Diese betreffen vor allem die drei Hauptfaktoren der Translationsmaschinerie – mRNA, tRNA und Ribosomen – sowie den Initiationsvorgang und die Regulationsmöglichkeiten der Translation.

- **mRNA-Struktur:**
  - Reife, eukaryotische mRNAs tragen durch die Schritte der mRNA-Prozessierung eine Cap-Struktur und einen Poly(A)-Schwanz (▸ Kap. 4.4.5). Diese beiden Endmodifikationen werden durch Komplexbildung mit Proteinen, darunter eukaryotische Elongationsfaktoren, miteinander verbrückt, sodass die mRNA ringförmig vorliegt.
  - Eukaryotische mRNA beinhaltet keine Shine-Dalgarno-Sequenz, im Allgemeinen dient das erste Startcodon 3′-wärts der Cap-Struktur als Initiationsstelle.
  - Eukaryotische mRNA ist monocistronisch, d. h. sie codiert für ein einziges Protein, während prokaryotische mRNA polycistronisch sein können und jedem Leserahmen eine eigene Shine-Dalgarno-Sequenz vorgeschaltet ist.
- **tRNA:**
  - Auch bei der eukaryotischen Translationsinitiation kommt eine spezielle Initiator-tRNA zum Einsatz, die mit Methionin als Startaminosäure beladen wird. Allerdings wird dieses Methionin im Gegensatz zu den Prokaryoten nicht formyliert.
- **Ribosom:**
  - Die eukaryotischen 80S-Ribosomen sind komplexer aufgebaut als die prokaryotischen 70S-Ribosomen, sie beinhalten vier anstelle von drei rRNA-Komponenten und eine größere Anzahl von Proteinen (◘ Tab. 4.4), wobei es jedoch einige Homologien zwischen den rRNAs gibt.

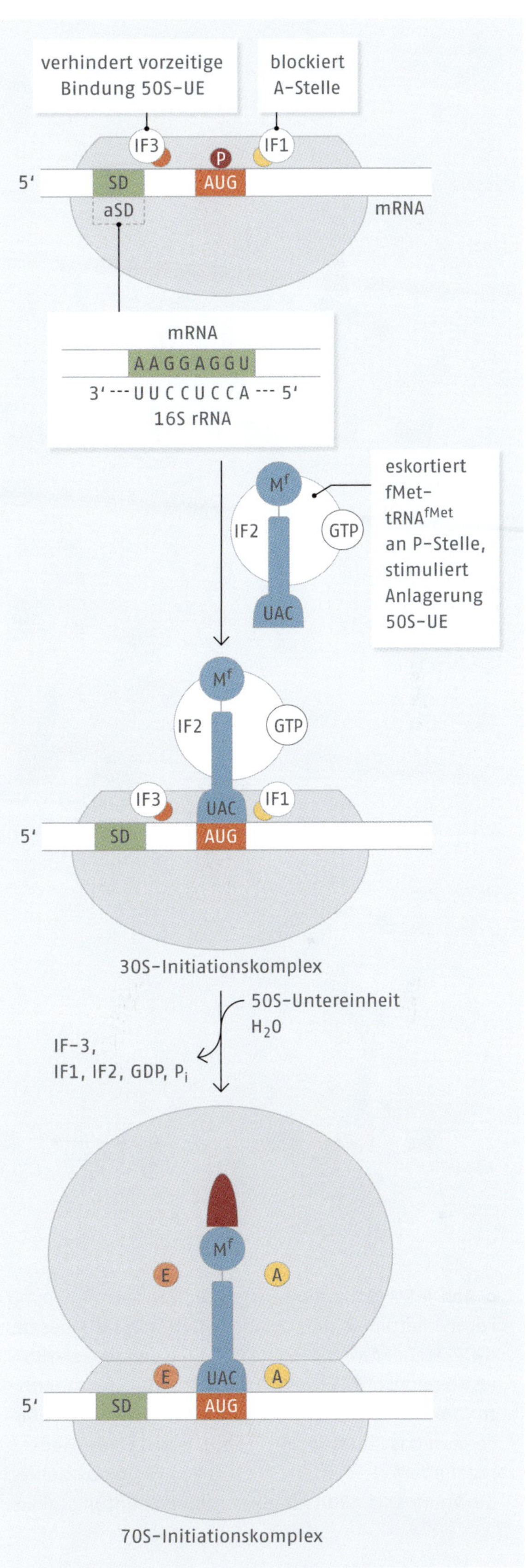

○ **Abb. 4.53** Initiation der Translation (am Beispiel von *E. coli*) Die Startaminosäure Formylmethionin wird als M^f abgekürzt

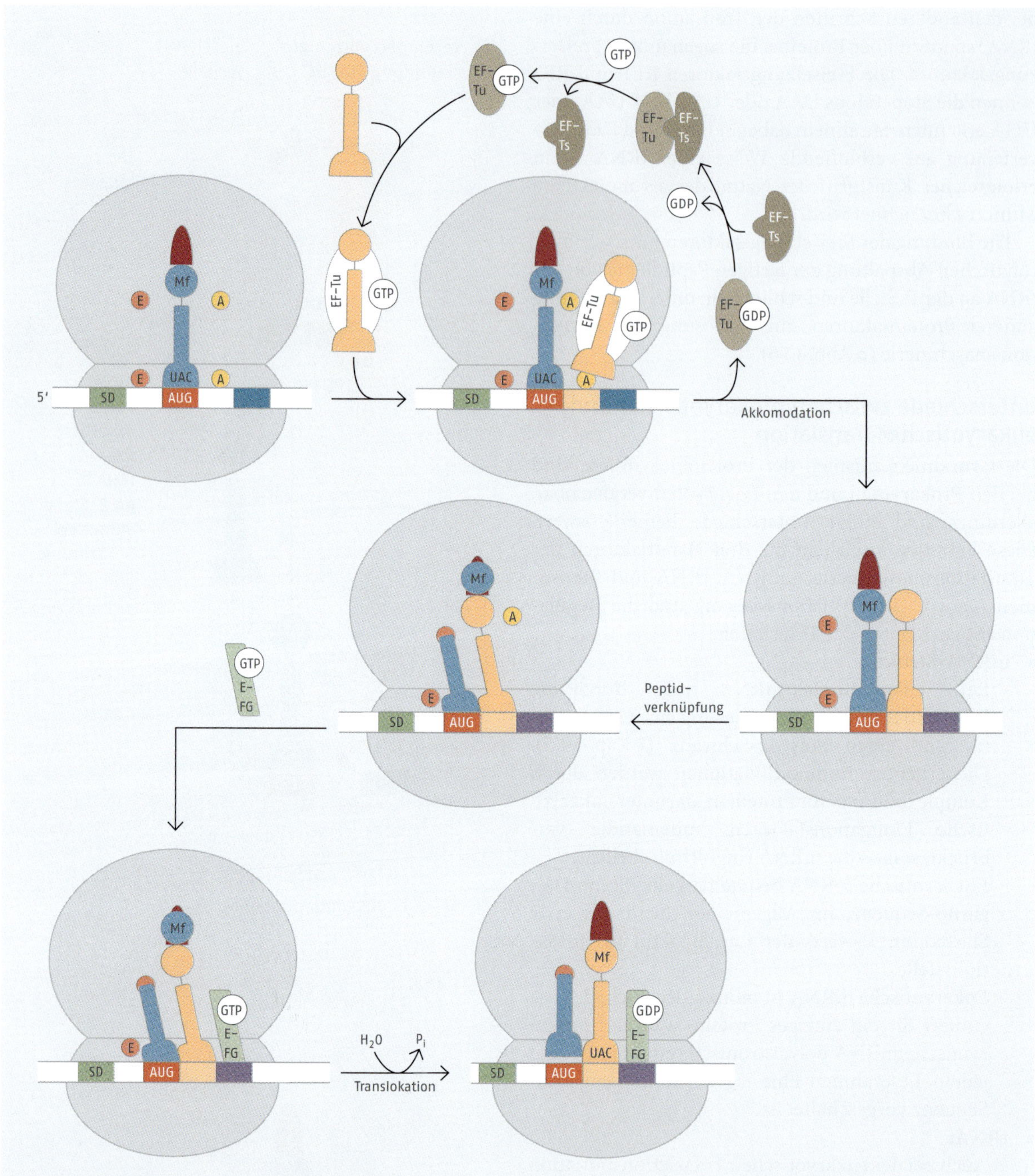

Abb. 4.54 Elongationsphase der Translation. Die mit Formylmethionin (Mf) beladene Initiator-tRNA besetzt die P-Stelle. An die A-Stelle tritt eine Aminoacyl-tRNA im Komplex mit EF-Tu-GTP; bei korrekter Codon-Anticodon-Paarung wird GTP hydrolysiert und EF-Tu-GDP verlässt das Ribosom. EF-Tu kann durch EF-Ts wieder regeneriert werden. Der Austritt von EF-Tu positioniert die Aminoacyl-tRNA für die Peptidverknüpfung (Akkomodation). Nach der Peptidverknüpfung werden mRNA und tRNAs mithilfe von EF-G so verschoben, dass das Ribosom um ein Codon weiterwandert. Die Initiator-tRNA gelangt an die E-Stelle und kann austreten; die Dipeptid-tragende Aminoacyl-tRNA besetzt die P-Stelle. Die A-Stelle ist für den nächsten Zyklus frei.

- **Initiation:**
  - Im ersten Schritt der eukaryotischen Initiation bindet die Initiator-tRNA, zusammen mit zahlreichen Initiationsfaktoren, an die kleine Untereinheit des Ribosoms. Im Gegensatz zu den Prokaryoten ist die mRNA bei diesem Schritt noch nicht beteiligt.
  - Im zweiten Schritt bindet die mRNA mithilfe der Proteinkomplexe an der Cap-Struktur an die 40S-Untereinheit. Getrieben durch Helicasen „scannt" der Initiationskomplex nach dem Startcodon auf der mRNA. Nachdem dieses identifiziert wurde, kommt die 60S-Untereinheit ins Spiel und die Translation beginnt.
- **Regulation der Translation:**
  - In eukaryotischen Zellen wird die Translation oftmals durch kleine RNAs wie microRNAs (▸ Kap. 4.6.4) oder durch Phosphorylierung bzw. Dephosphorylierung von beteiligten Proteinen reguliert. Beispielsweise wirkt sich das Wachstumsfaktor-Signalling (▸ Kap. 9.7.2) auch auf die Translationsinitiation aus. Dieser Signalweg führt dazu, dass initiationshemmende Proteine durch Phosphorylierung inaktiviert werden.

4.5.4 Hemmstoffe der Translation

Das Wirkprinzip mehrerer Klassen von **Antibiotika** beruht auf der Hemmung der Translation in Bakterien. Die für die therapeutische Anwendung nötige Selektivität der Wirkung wird durch die strukturellen Unterschiede zwischen den prokaryotischen (70S) und den eukaryotischen (80S) Ribosomen ermöglicht. Die Leitstrukturen dieser Antibiotika sind hauptsächlich Naturstoffe, die aus Bakterien der Gattung Streptomyces stammen und sich von den meisten anderen Arznei-

Abb. 4.55 Reaktionsmechanismus der Peptidverknüpfung bei der Translation. (A) Aminoacyl-tRNA, interagiert über die A-Stelle mit der mRNA (P) Peptidyl-tRNA, interagiert über die P-Stelle mit der mRNA.

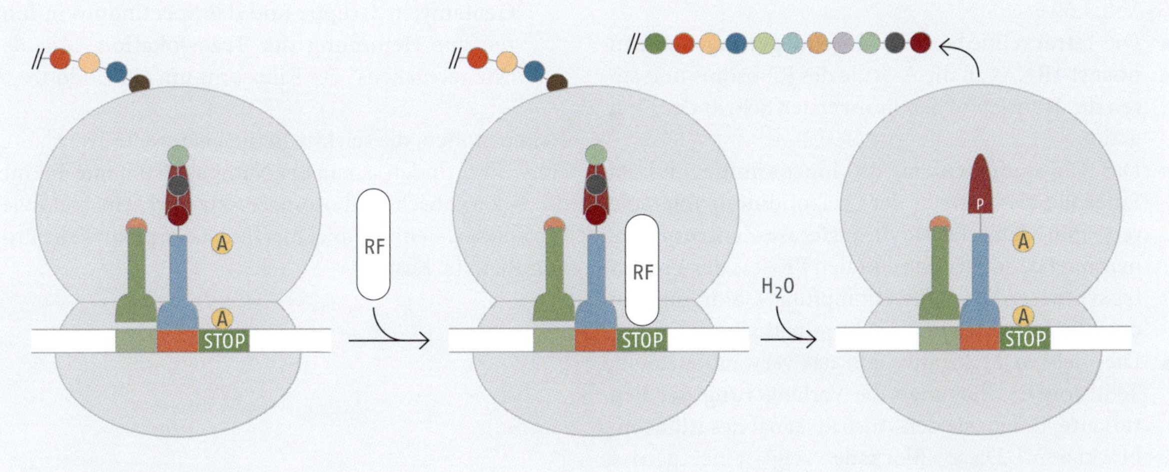

Abb. 4.56 Termination der Translation.

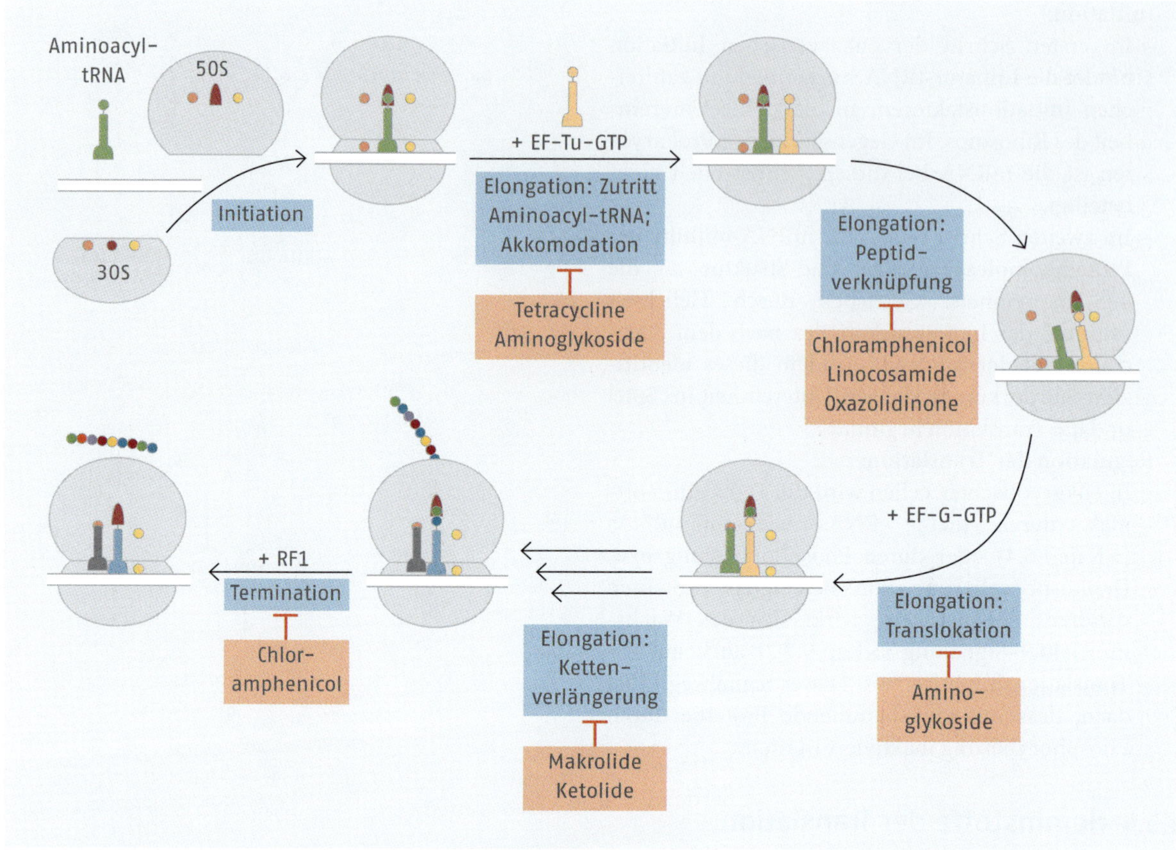

○ **Abb. 4.57** Angriffspunkte von Antibiotika in verschiedenen Phasen der bakteriellen Translation.

stoffklassen durch eine ungewöhnlich hohe Zahl an hydrophilen Elementen (OH-Gruppen, Ketogruppen, Zuckerstrukturen) abheben. Diese Eigenschaft ermöglicht die Interaktion mit der rRNA als einer Targetstruktur, die selbst über zahlreiche polare Gruppen verfügt.

Insgesamt greifen sechs Typen von Antibiotika am bakteriellen Ribosom an, wobei die Hemmung der Translation in verschiedenen Phasen erfolgt (○ Abb. 4.57):

- Die **Tetracycline** hemmen die **Anlagerung von Aminoacyl-tRNAs** an die A-Stelle des Ribosoms und stören die Translation bereits im ersten Schritt der Elongation.
- Das **Chloramphenicol**, die **Lincosamide** und das Linezolid als Vertreter der **Oxazolidinone** interagieren mit dem **Peptidyltransferase-Zentrum** und hemmen dadurch den zentralen Prozess der Proteinbiosynthese, die Peptidverknüpfung. Chloramphenicol inhibiert zusätzlich die Termination.
- Die meisten **Makrolide** und das verwandte Ketolid Telithromycin hemmen die **Verlängerung der Peptidkette**, indem sie den Austrittskanal des Ribosoms blockieren. Diese Blockade zeigt eine gewisse Sequenzabhängigkeit und wirkt sich auf die meisten aller möglichen Peptidsequenzen aus.
- Bei den **Aminoglykosiden** gibt es Untergruppen, die sich in ihrem Wirkmechanismus unterscheiden:
  - die Vertreter der Streptomycin-Gruppe bewirken die **Anlagerung falscher Aminoacyl-tRNAs**, wodurch fehlerhafte Proteine entstehen,
  - die Vertreter der Neomycin-Gruppe, Kanamycin-Gentamycin-Gruppe und das Spectinomycin führen zur **Hemmung der Translokation**, also des „Weiterrückens" des Ribosoms um ein Codon.

Neben Stoffen, die selektiv in die bakterielle Translation eingreifen, finden sich in der Natur auch potente **Toxine**, die eukaryotische Ribosomen sehr wirksam inaktivieren können – ein Beispiel hierfür ist das pflanzliche Protein Ricin (s. Kasten).

Partywissen

Ein Protein als Kampfstoff

Der Wunderbaum (*Ricinus communis*) ist in unseren Breitengraden als Zierpflanze beliebt. Seine Samen enthalten das hochgiftige Protein Ricin, das dem deutschen Kriegswaffenkontrollgesetz unterliegt. Das Protein besteht aus zwei disulfidverbrückten Ketten, von denen eine für die zelluläre Aufnahme des Proteins sorgt, indem sie an Galactosereste membrangebundener Oligosaccharide bindet und so die Endozytose ermöglicht. Die andere Kette besitzt enzymatische Aktivität, sie wirkt als Glykosidase und ist für die toxische Wirkung entscheidend: Durch sie wird ein spezifischer Adeninrest aus der 28S rRNA des Ribosoms (Position 4324) entfernt, wodurch die zelluläre Proteinbiosynthese sehr effektiv lahmgelegt wird. Bei Inhalation oder Injektion beträgt die tödliche Dosis von Ricin nur ca. 5–20 µg pro kg Körpergewicht. Ricin soll die Todesursache in einem filmreifen Attentat gewesen sein, das 1978 in London in der Öffentlichkeit an einem bulgarischen Journalisten verübt wurde: Der Mann wurde mit einem Regenschirm angegriffen, der Berichten zufolge als „Injektionswerkzeug" für ein ricinhaltiges Kügelchen präpariert war.

4.6 Kontrolle der Genexpression

4.6.1 Einführung

Für Zellen gilt, dass ihre Erscheinungsform und die Funktionseigenschaften maßgeblich davon abhängen, welche Teile ihrer genetischen Information in funktionelle Genprodukte umgesetzt werden. Letztlich definiert die Kontrolle darüber, welche Gene zu welchem Zeitpunkt und in welcher Intensität exprimiert werden, auf diese Weise den **Phänotyp** einer Zelle. Das gilt sowohl für die grundlegenden, eher gleichbleibenden zellulären Merkmale als auch für viele Anpassungen, die eine Zelle aufgrund äußerer und innerer Signale vornimmt. Solche Änderungen können beispielsweise in Abhängigkeit von der Lage des Energiestoffwechsels, durch chemischen oder physikalischen Stress und, bei mehrzelligen Lebewesen, aufgrund von Signalen anderer Zellen des Organismus stattfinden. Bei höheren Organismen ist eine gut abgestimmte Steuerung der Genexpression auch die Voraussetzung für die **Entwicklung des Lebewesens** von der Keimzelle bis hin zum ausgewachsenen Organismus.

Die Expression von Genen kann grundsätzlich nach zwei verschiedenen Kinetiken erfolgen:

- **Konstitutive Genexpression** bedeutet, dass ein Gen dauerhaft und auf gleichbleibendem Niveau exprimiert wird. Dies ist typischerweise bei den sogenannten *housekeeping genes* (Haushaltsgene) der Fall, die für Produkte codieren, die grundlegende Aufgaben im zellulären Stoffwechsel erfüllen. Beispiele für Produkte von *housekeeping genes* sind ribosomale Proteine oder viele Proteine des Kohlenhydratstoffwechsels. Bei mehrzelligen Lebewesen werden konstitutiv aktive Gene häufig in vielen oder allen Zellen des Organismus exprimiert.
- Zahlreiche Gene werden nur „auf Anforderung" aktiviert, man spricht von **regulierter Genexpression.** Diese Expressionsführung ermöglicht es dem Organismus, sich auf ökonomische und flexible Weise und an veränderte Bedingungen anzupassen.

Die Mechanismen der regulierten Genexpression sind von besonderem Interesse für die **Pharmakotherapie**, da die Wirkung zahlreicher Arzneistoffe teilweise oder ganz auf der Steuerung der Genexpression beruht (▸ Kap. 4.6.4).

4.6.2 Organisation der Genexpression bei Prokaryoten und Eukaryoten

Spezifische Eigenschaften, Regulationsebenen und allgemeine Prinzipien

Prokaryotische Organismen sind durch kernlose Zellen gekennzeichnet, in denen Stoffwechselreaktionen vereinfacht ausgedrückt in einer „Eintopfreaktion" ablaufen. Auch die einzelnen Schritte der Genexpression finden recht unkompliziert hintereinander statt: Noch während die RNA-Polymerase ein proteincodierendes Gen abliest, binden die Ribosomen an die entstehende mRNA und setzen die genetische Information in das Protein um. Die Gene sind in Prokaryoten vielfach in Funktionseinheiten organisiert, die als **Operons** bezeichnet werden. In einem Operon werden mehrere codierende Sequenzen (in diesem Zusammenhang als „Gene" bezeichnet), über eine Kontrolleinheit simultan reguliert. Die Kontrolleinheit des Operons spricht auf spezifische Stimuli an, somit können als Antwort auf den Stimulus mehrere Proteine gleichzeitig hoch- oder herunterreguliert werden. Operons werden damit im Wesentlichen auf **Ebene der Transkription** gesteuert. Die Funktionsweise der Operons in der Genregulation in Prokaryoten wird in ▸ Kap. 4.6.3 ausführlich besprochen.

Bei den **Eukaryoten** zeigt die zelluläre Organisation einige offenkundige Unterschiede zu den Prokaryoten: Zum einen sind die Zellen **kompartimentiert**, und die Prozesse der Genexpression teilen sich zwischen Nukleus und Zytoplasma auf. Weiterhin ist die Erbinformation anders organisiert, da die DNA in Form von **Chromatin** verpackt vorliegt und die Gene in **Exons** und **Introns** unterteilt sind (▸ Kap. 4.4.5). Daraus ergibt sich zum einen, dass die Expression eines Gens ein „Entpa-

4

cken" der DNA voraussetzt, zum anderen muss die RNA nach der Transkription prozessiert werden, um die Introns zu entfernen. Einzelne Prozesse der Genexpression sind dabei räumlich getrennt: Transkription und Prozessierung finden im Zellkern statt, während die Translation im Zytoplasma abläuft. Diese Unterschiede zu den Prokaryoten bieten in Eukaryoten Ansatzpunkte für eine differenzierte Regulation der Genexpression. Dazu kommen weitere, für Eukaryoten spezifische Steuerungsmöglichkeiten wie die Regulation der Stabilität und der Translatierbarkeit einer mRNA durch *noncoding* RNAs (ncRNAs).

Insgesamt findet die Kontrolle der Genexpression bei Eukaryoten auf mehreren Ebenen statt:

- **Transkription**: Regulation der Transkriptionsinitiation und -elongation,
- **RNA-Prozessierung**: Regulation von Capping, Spleißen und Polyadenylierung,
- **Transport der mRNA** in das Zytosol,
- **Stabilität der mRNA,**
- **Translation.**

Hierbei werden die Schritte auf Ebene der RNA, die nach der Transkription ablaufen, als **posttranskriptionelle Regulation** zusammengefasst.

Die hier genannten und im Folgenden näher erläuterten Ebenen der Genkontrolle beziehen sich auf die quantitative Regulation der Expression, also auf das Expressionsniveau. Als Mechanismen zur qualitativen Regulation der Genexpression – sprich: welche funktionellen Produkte aus einem Gen hervorgehen – wurden bereits das alternative Spleißen und das RNA-Editing in ▸ Kap. 4.4.5 besprochen.

Was die **prinzipiellen Mechanismen der Genregulation** angeht, die in den folgenden Kapiteln behandelt werden, gibt es trotz grundsätzlicher Unterschiede zwischen Prokaryoten und Eukaryoten einige Gemeinsamkeiten: Zentral für die Kontrolle der Genexpression sind **regulatorische Elemente** auf der DNA. Sowohl in Prokaryoten als auch in Eukaryoten gibt es im Genom Sequenzabfolgen, die von **DNA-bindenden Proteinen** der Genregulation spezifisch erkannt werden können. Oftmals haben diese Basenabfolgen **Symmetrieeigenschaften**, beispielsweise indem sie palindromisch organisiert sind. Einige der DNA-bindenden Proteine werden **signalabhängig** gesteuert, beispielsweise über Ligandenbindung oder posttranslationale Modifikationen. Diese Signale werden durch Konformationsänderungen zwischen den Proteinen der Genregulation weitergegeben, da die DNA bindenden Proteine in der Regel Interaktionen mit anderen Proteinen der Expressionmaschinerie eingehen. Somit sind **Protein-Protein-Interaktionen** und dabei stattfindende **Konformationsänderungen** für die Mechanismen der Genregulation von entscheidender Bedeutung.

4.6.3 Kontrolle der Genexpression bei Prokaryoten: Operons

Eine Besonderheit der Genregulation bei Prokaryoten ist, dass sie auf veränderte Umwelt- bzw. zelluläre Bedingungen hin bestimmte Gene in ganzen Gruppen an- oder abschalten können. Die einzelnen Gene bilden zusammen mit regulatorischen Elementen funktionelle Einheiten, die als **Operons** bezeichnet werden. Als Prototyp eines Operons gilt das von den beiden französischen Wissenschaftlern Jacob und Monod (Nobelpreis 1965) erforschte *lac*-Operon, mit dem Bakterien wie *E. coli* die Proteinausstattung für die Lactose-Verstoffwechslung simultan hoch- bzw. herunterregulieren können.

Das Prinzip des *lac*-Operons hat auch eine Bedeutung für die praktische Molekularbiologie, da die Genkontrolleinheiten aus dem *lac*-Operon in DNA-Konstrukten zur gentechnischen Herstellung von Proteinen („rekombinante Expression") verwendet werden.

In den folgenden beiden Abschnitten wird die Funktion des *lac*-Operons dargestellt und die gentechnische Anwendung seiner Kontrolleinheiten erläutert.

Das lac-Operon

Das Operonmodell von Jacob und Monod umfasst zwei Genkomplexe: ein **Regulatorgen**, welches für ein Repressorprotein (kurz: Repressor) codiert, sowie das **Operon** im engeren Sinne. Aus dem Operon geht bei der Transkription eine einzelne mRNA hervor, die jedoch die Leseraster für drei Proteine enthält. Diese drei codierenden Bereiche werden üblicherweise als Strukturgene bezeichnet (obwohl der Begriff des Gens strenggenommen auch Genkontrolleinheiten beinhaltet; ▸ Kap. 4.4). Vor den Strukturgenen befinden sich die Regulationsstellen für die Expression der mRNA, der **Promotor** und der sogenannte **Operator** (○ Abb. 4.58).

Die drei auf dem Operon codierten Proteine ermöglichen die Verwertung von Lactose im Energiestoffwechsel. Im Einzelnen handelt es sich um das Transportprotein **Galactosid-Permease**, welches die zelluläre Aufnahme der hydrophilen Lactose ermöglicht, sowie um die Enzyme **β-Galactosidase** und **Galactosid-Transacetylase**. Die β-Galactosidase spaltet das Disaccharid Lactose in die Monosaccharide Glucose und Galactose, sodass diese in den Energiestoffwechsel eingehen können (○ Abb. 4.59 A). Von der Galactosid-Transacetylase wird angenommen, dass sie an der Entgiftung von Stoffen beteiligt ist, die über die Galactosid-Permease in die Zelle gelangen.

Für das Verständnis des *lac*-Operons ist von Interesse, dass die bevorzugte Energiequelle für *E. coli* und andere Bakterienarten die **Glucose** ist. Dadurch ist die Expression der Proteine des *lac*-Operons für die Zelle erst dann sinnvoll, wenn ihr nur noch Lactose anstelle der Glucose als Energiequelle zur Verfügung steht. Wie im Folgenden

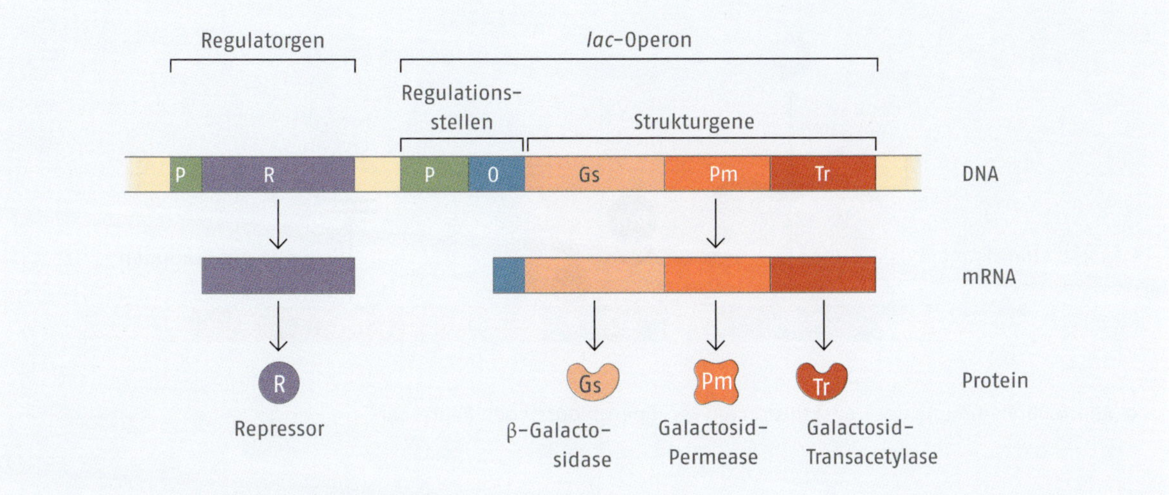

○ Abb. 4.58 Das *lac*-Operon. Zum *lac*-Operon gehört ein Regulatorgen mit einem Promotor (P) und einen transkribierten Bereich (R), der für ein Repressor-Protein codiert. Das *lac*-Operon selbst gliedert sich in die Regulationsstellen Promotor (P) und Operator (O) sowie den Bereich der Strukturgene. Dieser Bereich beinhaltet die Information für die drei Proteine β-Galactosidase, Galactosid-Permease und Galactosid-Transacetylase. Die drei Leseraster sind auf einer einzelnen, polycistronischen mRNA enthalten – also auf einer mRNA, die mehrere Gene (Cistrons) abbildet.

○ Abb. 4.59 A Enzymatische Spaltung der Lactose durch das Enzym β-Galactosidase. Es entstehen die Monosaccharide Galactose und Glucose, die anschließend in die Glykolyse eingehen (die Galactose muss hierfür zunächst in Glucose umgewandelt werden). **B** Isomerisierung der Lactose zur Allolactose als Induktor am *lac*-Operon.

erläutert wird, dienen sowohl die Verfügbarkeit der Lactose als auch der Glucose als „Stellgrößen" für die Transkriptionsaktivität am *lac*-Operon. Bevor jedoch der Einfluss der Glucose einbezogen wird, soll anhand der Schalterfunktion der Lactose die prinzipielle Funktionsweise des *lac*-Operons betrachtet werden.

Das zum *lac*-Operon gehörende **Regulatorgen** ist ein konstitutiv exprimiertes Gen, d.h. der darauf codierte Repressor wird kontinuierlich in den Zellen gebildet. Steht der Zelle keine Lactose zur Verfügung, bindet der **Repressor** hochaffin an den **Operator** und blockiert weitgehend die Transkription am *lac*-Operon. Dadurch werden die drei auf der *lac*-mRNA codierten Proteine in der Zelle nur in sehr geringem Maße gebildet (○ Abb. 4.60).

Ist jedoch Lactose in der Umgebung der Zelle vorhanden, so wird sie durch die Galactosid-Permease, die

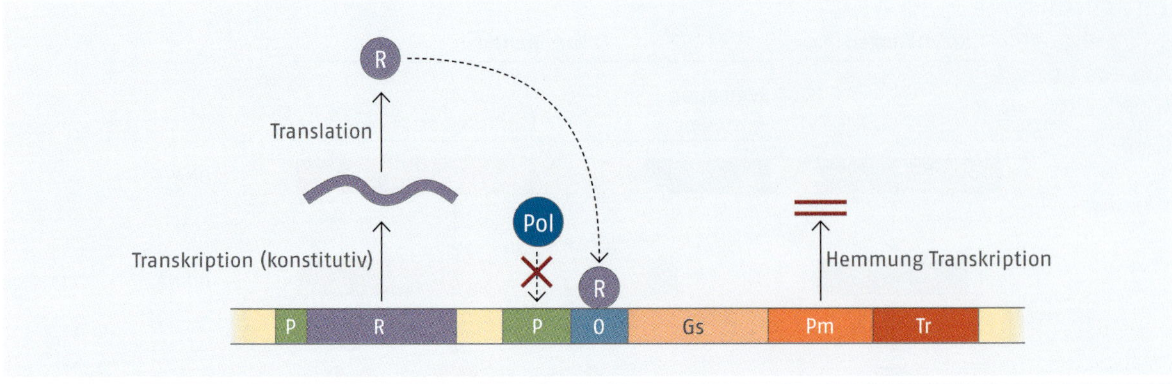

Abb. 4.60 Hemmung der Transkription am *lac*-Operon durch den Repressor

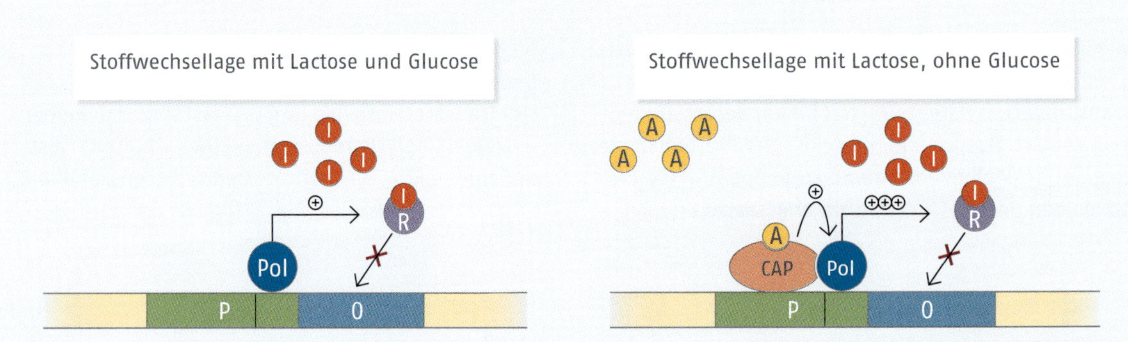

Abb. 4.61 Verfügbarkeit von Lactose und Glucose als Stellgrößen der Transkriptionsaktivität am *lac*-Operon. Steht dem Bakterium Lactose zur Verfügung, wird der Induktor (I) gebildet, der für eine Ablösung des Repressors (R) vom Operator (O) sorgt. Damit wird der Promotor (P) des Operons prinzipiell freigeschaltet, die Transkriptionsaktivität ist in dieser Situation jedoch vergleichsweise gering. Wenn allerdings gleichzeitig ein Glucosemangel vorliegt, kann die Transkriptionsaktivität um etwa das 20-Fache gesteigert werden: In der Zelle entsteht als Hungersignal verstärkt der Botenstoff cAMP (A), welcher an den Transkriptionsfaktor CAP bindet. Der CAP-cAMP-Komplex bindet gemeinsam mit der RNA-Polymerase am Promotor und sorgt für die maximale Transkriptionsaktivität.

in geringer Menge in der Zelle vorhanden ist, eintransportiert und der β-Galactosidase als Substrat zur Verfügung gestellt. Die β-Galactosidase spaltet das Disaccharid zum einen in Glucose und Galactose (Abb. 4.59 A), produziert jedoch in einer Nebenreaktion auch die **Allolactose**, ein 1,6-verknüpftes Isomer der Lactose (Abb. 4.59 B). Dieses Disaccharid hat eine hohe Affinität zum Repressor und verändert dessen Konformation so, dass er drastisch an Affinität zum Operator verliert. Damit ist das Operon prinzipiell für die Transkription freigeschaltet – die Allolactose wirkt also als **Induktor** am *lac*-Operon.

Wie erwähnt, wirkt sich jedoch auch der zelluläre Glucosespiegel auf die Transkriptionsaktivität am *lac*-Operon aus: Erst wenn er niedrig ist, ist es sinnvoll, am *lac*-Operon die maximale Transkriptionsaktivität abzurufen. Als Signalmolekül, das den Glucosestatus der Zelle in Transkriptionsaktivität am *lac*-Operon umsetzt, dient das cyclische AMP (cAMP; ▸Kap. 9.6.2). Dieser Botenstoff spielt in der Signaltransduktion vieler Organismen eine zentrale Rolle, unter anderem als „Hungersignal" – so auch in *E. coli*, wo ein niedriger Glucosespiegel zu dessen Anstieg führt. Als Sensor für cAMP fungiert das Protein CAP (*catabolite activator protein*), ein Transkriptionsfaktor, der durch cAMP als Ligand aktiviert wird. CAP-cAMP bindet kooperativ mit der RNA-Polymerase an den Promotor des *lac*-Operons und aktiviert dort die RNA-Polymerase. Insofern werden an den Kontrolleinheiten des *lac*-Operons zwei Signale integriert: Das Vorhandensein von Lactose führt zum „Freischalten" des Promotors, jedoch nur zu einer geringen Transkriptionsaktivität. Das zweite Signal, der Glucosemangel, führt schließlich über den CAP-cAMP-Komplex zur vollen Aktivierung des *lac*-Operons (Abb. 4.61).

Kontrollstellen des *lac*-Operons in der rekombinanten Expression von Proteinen

Zur **gentechnischen Expression von Proteinen** werden vielfach DNA-Plasmide, die für das gewünschte Protein codieren, als Expressionskonstrukte verwendet. Die Proteinbiosynthese findet in einem geeigneten Wirtszellsystem wie *E.-coli*-Bakterien statt (▸Kap. 5.5). Die Expressionskonstrukte sind vom Grundsatz her so aufgebaut, dass die codierende Sequenz für das Zielprotein hinter einem starken prokaryotischen Promotor liegt, sodass die Sequenz in den Wirtszellen effektiv abgelesen werden kann.

Dabei ist es jedoch nicht unbedingt wünschenswert, dass die Wirtszellen sofort nach der Aufnahme des DNA-Plasmids mit der energieaufwendigen Produktion des rekombinanten Proteins beginnen – vielmehr sollen sie zunächst die Gelegenheit bekommen, sich in der Kultur zu vermehren, bevor die Expression gestartet wird. Zu diesem Zweck wird in den entsprechenden DNA-Konstrukten häufig nach dem prokaryotischen Promotor die Operator-Stelle des *lac*-Operons eingebaut: Der in *E. coli* konstitutiv exprimierte Repressor verhindert in Abwesenheit eines Induktors weitgehend die Expression des Zielproteins. Soll nun die rekombinante Expression induziert werden, wird dem Zellkulturmedium ein geeigneter Induktor zugegeben. Anstelle der verstoffwechselbaren Allolactose wird hierfür oftmals das metabolisch stabile Analogon Isopropylthiogalactosid (IPTG) verwendet. Nach dem Freischalten der Transkription wird das Zielprotein in den hochgewachsenen Wirtszellen gebildet und kann anschließend daraus isoliert werden (o Abb. 4.62).

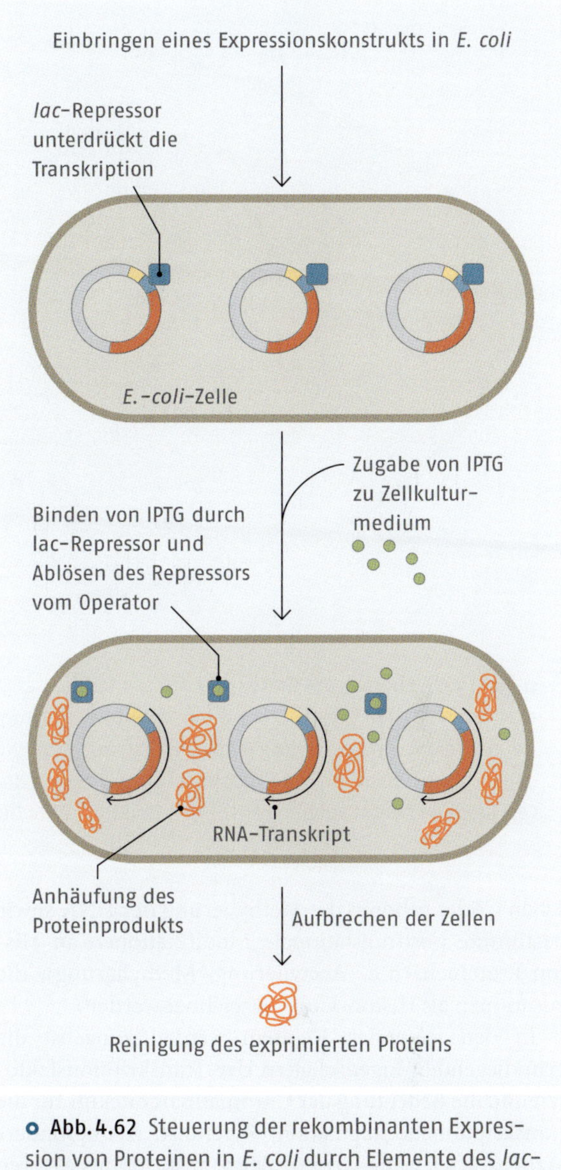

o Abb. 4.62 Steuerung der rekombinanten Expression von Proteinen in *E. coli* durch Elemente des *lac*-Operons

4.6.4 Kontrolle der Genexpression bei Eukaryoten

Übersicht

Wie wir eingangs festgestellt haben, kann die Genexpression in Eukaryoten auf folgenden fünf Ebenen kontrolliert werden: **Transkription, mRNA-Prozessierung, mRNA-Transport, mRNA-Stabilität** und **Translation** o Abb. 4.63. Von diesen Ebenen erfährt die **Transkription** die intensivste Regulation und liegt daher im Hauptfokus der folgenden Kapitel.

Für das Verständnis der **Mechanismen der Transkriptionsregulation** ist zunächst wichtig festzuhalten, dass die Transkription eines eukaryotisches Gens an zwei Voraussetzungen gekoppelt ist:

- Die **DNA** am Genort muss für den basalen Transkriptionsapparat **zugänglich** sein, d. h. es ist erforderlich, dass die Chromatinstruktur dort aufgelockert ist.
- Die **RNA-Polymerase** im basalen Transkriptionsapparat bedarf der Aktivierung durch Protein-Protein-Interaktionen. Dies ist für eine erfolgreiche Initiation notwendig, bei vielen Genen zusätzlich für den Übergang zu einer produktiven Elongation.

In beiden Fällen spielen **Transkriptionsfaktoren** eine entscheidende Rolle. Sie können im Zusammenspiel mit anderen Proteinen sowohl dafür sorgen, dass das Chromatin am Genort geöffnet wird bzw. geschlossen bleibt, als auch die RNA-Polymerase über Protein-Protein-Interaktionen aktivieren bzw. hemmen. Dabei kann die Aktivität der Transkriptionsfaktoren über das Expressionsniveau in der Zelle und/oder über regulatorische Signale gesteuert werden.

Ein weiterer Faktor, der die Zugänglichkeit der DNA steuert, ist der sogenannte **epigenetische Code** der Zelle. Zu den molekularen Merkmalen des epigeneti-

4

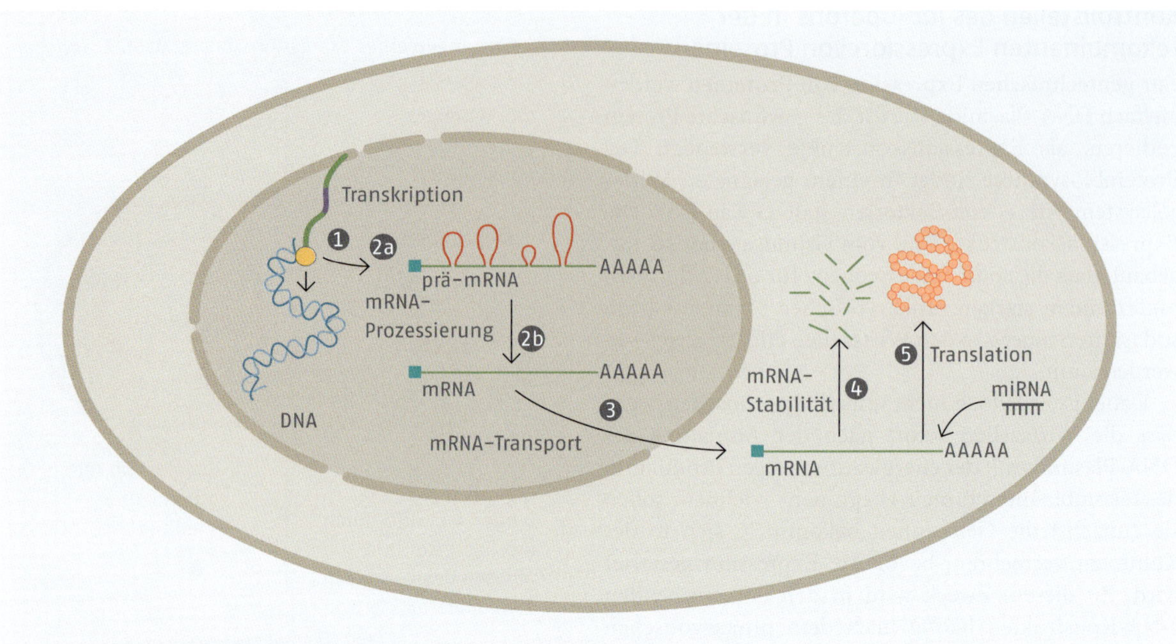

Abb. 4.63 Ebenen der Genexpressionskontrolle bei Eukaryoten. Eukaryoten können die Genexpression auf mehreren Ebenen steuern: beim Umschreiben informationstragender DNA-Abschnitte in DNA (Transkription (1), bei der mRNA-Prozessierung (Capping (2a), Polyadenylierung, Spleißen (2b), beim Übertritt der reifen mRNA vom Zellkern ins Zytosol (mRNA-Transport (3)), auf Ebene der mRNA-Stabilität (4) und der Translation (5). Bei den letzten beiden Ebenen spielen microRNAs (miRNAs) eine bedeutende Rolle (▸ Kap. 4.6.4).

schen Codes gehören die Methylierung der DNA sowie bestimmte posttranslationale Modifikationen an Histon-Proteinen (u. a. Acetylierung, Methylierung), die zusammen als Histon-Code bezeichnet werden.

In den folgenden Kapiteln werden zunächst die grundlegenden Eigenschaften der Transkriptionsfaktoren und die Bedeutung der Chromatinarchitektur für die transkriptionelle Regulation eingeführt. Als besonders arzneistoffrelevante Gruppe der Transkriptionsfaktoren werden die nukleären Rezeptoren näher besprochen. Zum Abschluss werden die epigenetischen Mechanismen der Transkriptionssteuerung und die Prinzipien der Genregulation durch miRNA und siRNA dargestellt.

Transkriptionsfaktoren

Wie bereits ausgeführt, muss bei den eukaryotischen Transkriptionsfaktoren zwischen allgemeinen und spezifischen Transkriptionsfaktoren unterschieden werden (▸ Kap. 4.4.4). Die **spezifischen Transkriptionsfaktoren** (im Folgenden nur als Transkriptionsfaktoren bezeichnet) nehmen in der eukaryotischen Kontrolle der Genexpression eine Schlüsselrolle ein: Sie stimulieren den basalen Transkriptionsapparat, der für sich alleine keine nennenswerte Transkriptionsaktivität entfalten kann. Dadurch haben sie einen wesentlichen Einfluss auf den Phänotyp einer Zelle sowie an die Anpassung einer Zelle an innere und äußere Reize.

Zur Ausübung der Transkriptionskontrolle binden Transkriptionsfaktoren durch **sequenzspezifische Erkennung** an Bindestellen in regulatorischen Genelementen, zu denen die Promotoren und Enhancer zählen. Typisch für eukaryotische Gene ist, dass sich zahlreiche Transkriptionsfaktoren, deren Bindestellen in den Promotoren und Enhancern im Gen weit voneinander entfernt liegen können, gemeinsam an der Steuerung der Transkription beteiligen. ○ Abb. 4.64 zeigt den prototypischen Aufbau eines eukaryotischen Gens mit multiplen Transkriptionsfaktor-Bindestellen, die bei der Kontrolle der Expression des Gens zusammenwirken.

Bei der Transkriptionsinitiation wirkt eine Vielzahl von Transkriptionsfaktoren orchestriert zusammen, indem sie einen übergeordneten Multiproteinkomplex mit dem basalen Transkriptionsapparat ausbilden. Um dieses Zusammenspiel möglich zu machen, ist eine besondere Raumanordnung der DNA erforderlich: Der DNA-Strang bildet eine **Schleife** aus, sodass auch solche Proteine beteiligt werden können, die an weit auseinanderliegenden Orten im Gen gebunden haben. Zentral für den Aufbau des übergeordneten Multiproteinkomplexes, der erhebliche Dimensionen annehmen kann, ist eine Struktur, die als **Mediator** bezeichnet wird. Dabei handelt es sich selbst um einen Multiproteinkomplex, der als zentrale Schaltstelle an der Transkriptionsregulation fast aller menschlichen Gene beteiligt ist. Er kann

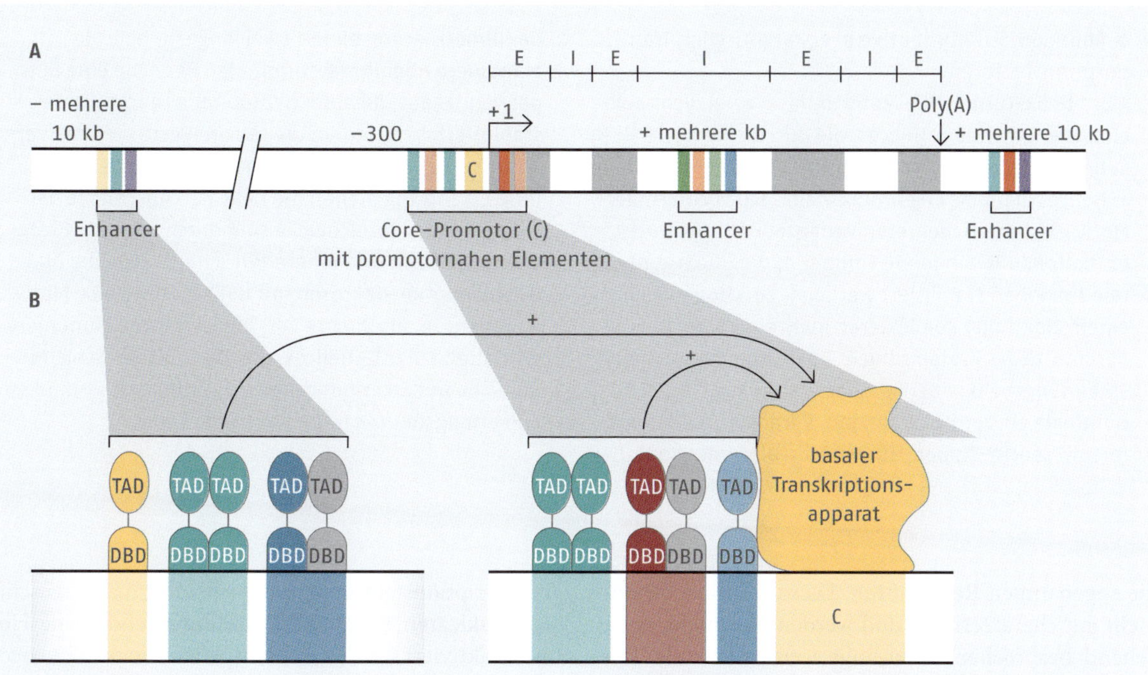

Abb. 4.64 A Schematische Darstellung des Aufbaus eines eukaryotischen Gens mit den regulatorischen Elementen. Promotornahe Elemente liegen im Abstand von ca. ± 300 bp um den Core-Promotor (C) herum und damit teilweise im ersten Exon (E). Enhancer können bis zu mehrere 10 kb (Kilobasenpaare) *upstream* oder *downstream* vom Promotor liegen und auch in Introns (I) lokalisiert sein. B Schematische Darstellung der Bindung von Transkriptionsfaktoren an promotornahe Elemente oder Enhancer. Dargestellt sind Transkriptionsfaktoren, die als Monomere, Homodimere oder Heterodimere an ihre Erkennungssequenzen binden. Die dargestellten Transkriptionsfaktoren wirken aktivierend (+) auf den basalen Transkriptionsapparat ein.

sowohl als Gerüst für den Aufbau des basalen Transkriptionsapparats dienen als auch als Brücke zwischen den Transkriptionsfaktoren der promotornahen Elemente/Enhancer und dem basalen Transkriptionsapparat fungieren. Damit spielt der Mediatorkomplex eine zentrale Rolle bei der Übermittlung eines integrierten Aktivierungssignals an die RNA-Polymerase (Abb. 4.65).

Transkriptionsaktivierende eukaryotische Transkriptionsfaktoren sind vom Grundprinzip her modulartig aufgebaute Proteine. Der allgemeine Bauplan beinhaltet eine **DNA-bindende Domäne**, die sequenzspezifisch mit DNA-Elementen interagiert, sowie eine oder mehrere **transaktivierende Domänen**. Die Funktion der transaktivierenden Domänen besteht darin, über dazwischengeschaltete Proteinkomplexe den basalen Transkriptionsapparat zu aktivieren, vielfach interagieren sie jedoch auch mit Proteinen, die die Chromatinstruktur regulieren. Bei der Bindung an die DNA treten Transkriptionsfaktoren als Mono-oder Oligomere auf; bei Oligomeren handelt es sich oftmals um Homo- oder Heterodimere (Abb. 4.63 B).

Neben den aktivierenden Transkriptionsfaktoren sind auch transkriptionshemmende Vertreter bekannt,

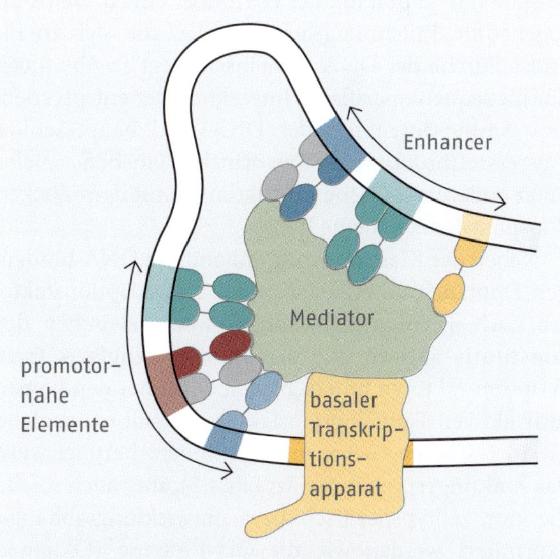

Abb. 4.65 Der Mediatorkomplex: das Zusammenwirken vieler Proteine bei der Transkriptionsinitiation wird durch Schleifenbildung der DNA ermöglicht.

○ Abb. 4.66 Strukturmotive in eukaryotischen Transkriptionsfaktoren.
A Das **Helix-Turn-Helix-Motiv** umfasst zwei dicht aufeinanderfolgende α-Helices, die durch eine kurze Kehre miteinander verbunden sind. Eine der beiden α-Helices dient als Erkennungshelix. **B** Das **Zinkfinger-Motiv** existiert in mehreren Varianten. Alle Vertreter enthalten DNA-bindende Einheiten, die durch zentrale Zinkionen stabilisiert werden („Zinkfinger"). In einem Zinkfinger komlexieren mehrere kurze Abschnitte des Proteins (hier: 2 β-Faltblätter und eine Erkennungshelix) über Cysteinreste und ggf. auch Histidinreste ein zentrales Zinkion. **C** Transkriptionsfaktoren mit **Leucin-Zipper-Motiv** treten als Dimere auf. Bei der Dimerisierung bilden zwei lange, α-helicale Monomere über ihre C-terminalen Bereiche eine Doppelwendel aus, die über hydrophobe Leucin-Reste stabilisiert wird, indem die Leucin-Reste eine reißverschlussartige Anordnung einnehmen („Zipper"). Zur DNA-Erkennung dienen die helicalen Abschnitte der N-terminalen Bereiche. Sie sind durch basische Reste positiv geladen und umgreifen scherenartig die DNA. **D** Transkriptionsfaktoren mit **Helix-Loop-Helix-Motiv** kommen i. A. als Dimere vor. Die jeweiligen Monomere enthalten kurze α-Helices, die über flexible Schleifenbereiche mit Erkennungshelices verbunden sind. Die Erkennungshelices tragen basische Reste.

die sogenannten **Repressoren**. Diese sind jedoch noch nicht gut charakterisiert und werden hier nicht weitergehend besprochen. Allerdings werden wir als Transkriptionsfaktorklasse, die sowohl aktivierend als auch repressorisch wirken kann, die **nukleären Rezeptoren** kennenlernen (▸ Kap. 4.6.4).

Damit ein Transkriptionsfaktor selektiv in die Regulation bestimmter Zielgene eingreifen kann, muss die DNA-bindende Domäne in der Lage sein, die regulatorischen Elemente des Zielgens basenspezifisch zu erkennen. Anhand charakteristischer Strukturmotive werden die Transkriptionsfaktoren in vier Hauptgruppen eingeteilt, die Helix-Turn-Helix-, Zinkfinger-, Leucin-Zipper- und die Helix-Loop-Helix-Transkriptionsfaktoren (○ Abb. 4.66). Allen Klassen ist gemeinsam, dass die spezifische Interaktion mit der DNA über eine α-Helix, die sogenannte Erkennungshelix, erfolgt, die sich in die große Furche der DNA „hineinschmiegt"(○ Abb. 4.66). Für die sequenzspezifische Interaktion der entsprechenden Aminosäuren mit der DNA sind hauptsächlich Wasserstoffbrücken verantwortlich, daneben spielen unter anderem ionische Interaktionen mit dem Zucker-Phosphat-Rückgrat eine Rolle.

Neben der Klassifizierung anhand der DNA-bindenden Domänen unterteilt man die Transkriptionsfaktoren nach ihrem Aktivitätsprofil, wobei zwischen den **konstitutiv aktiven** und den **signalabhängigen** Transkriptionsfaktoren unterschieden wird. Bei den konstitutiv aktiven Transkriptionsfaktoren kennt man solche, die in fast allen Geweben vorkommen, beispielsweise das Zinkfingerprotein Sp1 (□ Tab. 4.5), aber auch solche, die nur zelltypspezifisch bzw. entwicklungsabhängig exprimiert werden wie die Oct-Proteine (Oktamerbindende Proteine). Die Oct-Proteine sind Schlüsselfaktoren für viele Entwicklungs- und Differenzierungsprozesse und gehören zu den Helix-Turn-Helix-Transkriptionsfaktoren. Bei den signalabhängigen Transkriptionsfaktoren unterscheidet man zwischen den nukleären Rezeptoren, die durch endokrine Hormone aktiviert werden wie beispielsweise der Glucocorticoidrezeptor (□ Tab. 4.5), den Rezeptoren für innere Signale wie das p53-Protein, das als Sensor für DNA-Schäden dient (▸ Kap. 10.3.2), und den Transkriptionsfaktoren, die durch Transmembranrezeptor-Signalling aktiviert werden, beispielsweise AP-1 (□ Tab. 4.5).

Das menschliche Genom umfasst insgesamt rund 20 000 proteincodierende Gene, wovon etwa 1600 für Transkriptionsfaktoren codieren. Durch Mechanismen wie dem alternativen Spleißen entstehen aus diesen Genen etwa 3000 verschiedene Transkriptionsfaktoren – somit liegt das Verhältnis zwischen der Anzahl der Gene und den darauf einwirkenden Regulatorproteinen im Menschen unter 10:1.

Chromatinarchitektur und die Kontrolle der Transkription

Bei Eukaryoten liegt die genomische Erbinformation in Form linearer Einheiten, den **Chromosomen**, in den Kernen der Zellen vor. Das Erbgut in dieser Form platzsparend zu verpacken, stellt für die Zellen jedoch eine besondere Herausforderung dar, da die Gesamtlänge der chromosomalen DNA ein Vielfaches der durchschnittlichen Zellgröße beträgt. Bei einer menschlichen Zelle liegt der typische Zelldurchmesser bei ca. 10–100 μm, von dem der Zellkern rund die Hälfte einnimmt. Auf diesem Raum muss allerdings ein diploider Satz von 2 × 23 Chromosomen mit 6×10^9 bp DNA untergebracht werden, der sich zusammen auf eine erstaunliche Länge von etwa 2 m DNA beläuft! Diese Verhältnisse machen deutlich, dass die platzsparende Verpackung der eukaryotischen DNA eine besondere Strategie erfordert.

Um eine ausreichende Kompaktierung zu erreichen, liegt die eukaryotische DNA in den Zellen nicht nackt

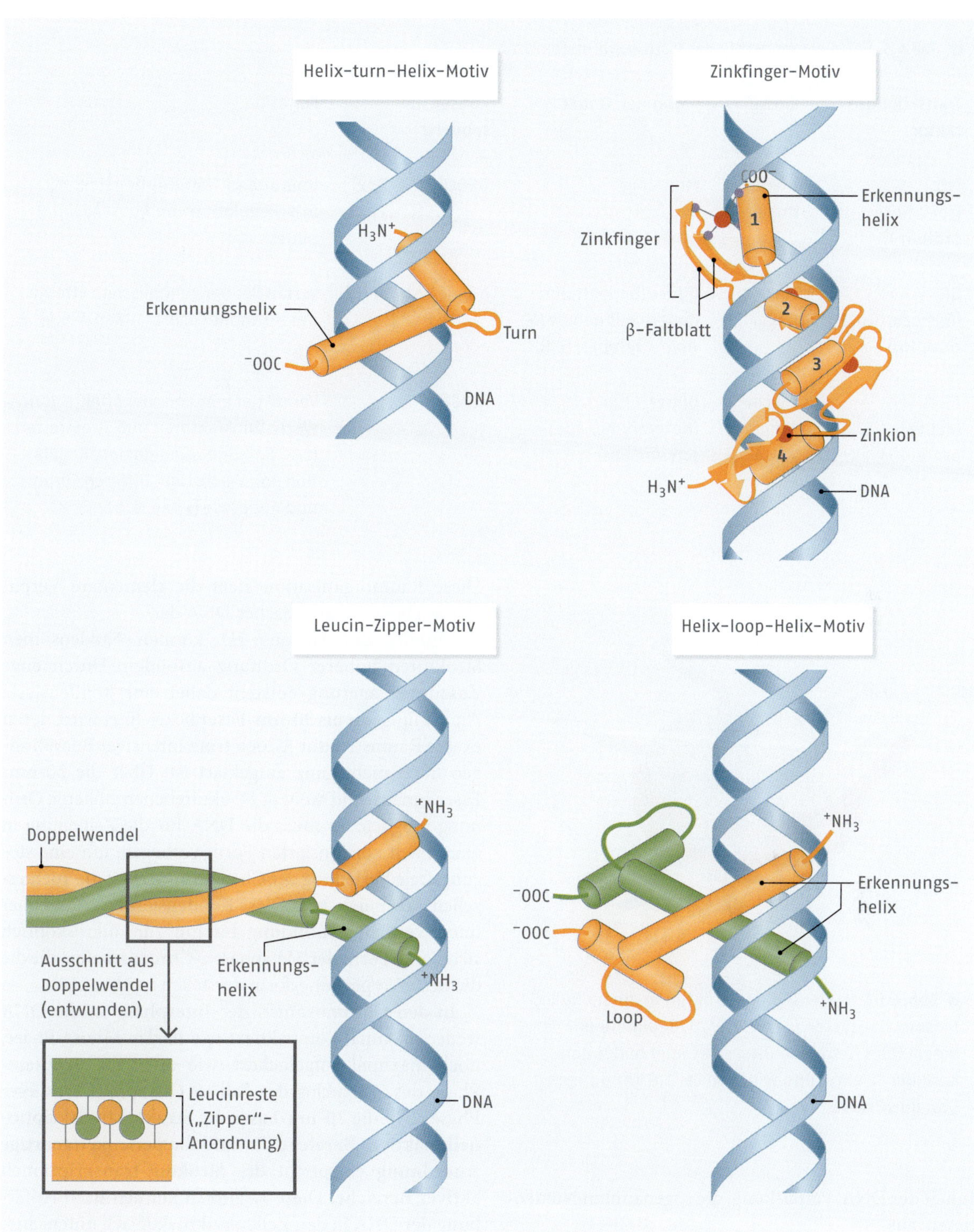

vor, sondern ist etwa im Masseverhältnis 1:1 an Proteine gebunden. Dieser Komplex aus DNA und daran assoziierten Proteinen wird als **Chromatin** bezeichnet. Von den Proteinen im Chromatin machen die **Histone** den Hauptteil aus. Histone sind Kernproteine, die durch einen hohen Anteil an den Aminosäuren Lysin und Arginin stark basisch sind, wodurch sie unter physiologischen Bedingungen positiv geladen sind und gut mit der negativ geladenen DNA interagieren können. Bei den Histonen unterscheidet man 5 Klassen, dies sind die Histone des Typs H1 und die funktionell zusammengehörigen vier Typen H2A, H2B, H3 und H4. Die Histone H2A bis H4 bilden zusammen mit der DNA die Grund-

Tab. 4.5 Beispiele menschlicher Transkriptionsfaktoren

Transkriptions-faktor	Klasse	Monomer, Dimer	Konsensus-sequenz	Funktion
Sp1 (specificity protein 1)	Zink-finger	Monomer	GGGCGG (GC-Box)	Ubiquitärer Transkriptionsfaktor, u. a. Regulation von *housekeeping genes*
GR (Glucocorticoid-rezeptor)	Zink-finger	Dimer (bildet Homodimere mit dem *retinoid X receptor* RXR)	AGAACA(N)$_3$TGTTCT	Vermittler der genomischen Effekte des Hormons Cortisol (▸Kap. 4.6.4)
AP-1 (activator protein 1)	Leucin-Zipper	Dimer (Heterodimer aus Jun und Fos)	TGACTCA	Vermittler genomischer Effekte von Wachstumsfaktoren und Stressreizen (z. B. Entzündungssignalen) Regulation von Wachstum, Differenzierung und Apoptose (▸Kap. 9.7.1)

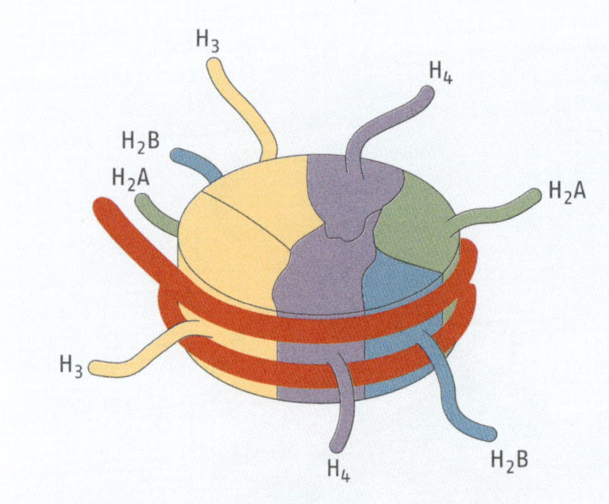

Abb. 4.67 Nukleosomen-Struktur. In einem Nukleosom assoziieren je zwei H2A/H2B-Dimere mit einem H3/4-Tetramer. Dieses Oktamer bildet den Kern der Struktur und wird von ca. 1,6 Windungen DNA umwickelt.

einheit der DNA-Verpackung, die sogenannten Nukleosomen, aus.

Nukleosomen haben einen scheibenförmigen Kern, der aus einem Oktamer von je zwei Histonen des Typs H2A, H2B, H3 und H4 besteht und von 147 bp DNA umwunden wird. Aus diesem Kern ragen die N-Termini der Histone heraus, die stark basisch sind und mit der DNA interagieren (Abb. 4.67). Ein weiterer DNA-Abschnitt von 10–90 bp Länge bildet die Verbindung zum benachbarten Nukleosom, sodass bei linearer Anordnung eine **perlenkettenartige Struktur** entsteht. Diese Raumorganisation stellt die elementare Verpackungsebene eukaryotischer DNA dar.

Mithilfe des Histons H1 können Nukleosomen Strukturen höherer Ordnung ausbilden. Durch enge Zusammenlagerung entsteht dabei eine kondensierte Anordnung, die als **30-nm-Faser** bezeichnet wird, deren exakte Raumstruktur jedoch trotz intensiver Bemühungen noch nicht ganz aufgeklärt ist. Über die 30-nm-Faser hinaus sind weitere Strukturebenen höherer Ordnung möglich: So muss die DNA für die Zellteilung in einer hoch kondensierten Form vorliegen, um eine störungsfreie Verteilung der Chromosomen auf die Tochterzellen zu ermöglichen. Diese Kondensierung erfolgt über intensive **Schleifenbildung** bis hin zur mikroskopisch sichtbaren Form der Metaphasen-Chromosomen, die die dichteste Verpackungsform darstellen (Abb. 4.68).

In den Chromosomen der **Interphase** ist die DNA weder maximal kompaktiert wie in der Mitose-Phase, noch maximal aufgelockert, wie es in der Synthese-Phase des Zellzyklus der Fall ist (▸Kap. 10). In dieser Phase stellt die **30-nm-Faser** die Struktur **transkriptionell inaktiver Bereiche** dar und die **perlenkettanartige Anordnung** entspricht der Struktur **transkriptionell aktiver Bereiche**. Diese Regionen können nach Anfärbung der DNA in den Zellen mikroskopisch unterschieden werden: Die helleren Bereiche, in denen Transkription stattfinden kann, werden als **Euchromatin** bezeichnet, die dicht erscheinenden, transkriptionell inaktiven Bereiche der DNA sind das sogenannte **Heterochromatin**.

Wie bereits einführend erläutert, ist die Zugänglichkeit der DNA eine entscheidende Voraussetzung für den Aufbau des Transkriptionsapparats. Ein Wechsel von der unzugänglichen, kompakten Form des Chromatins zur

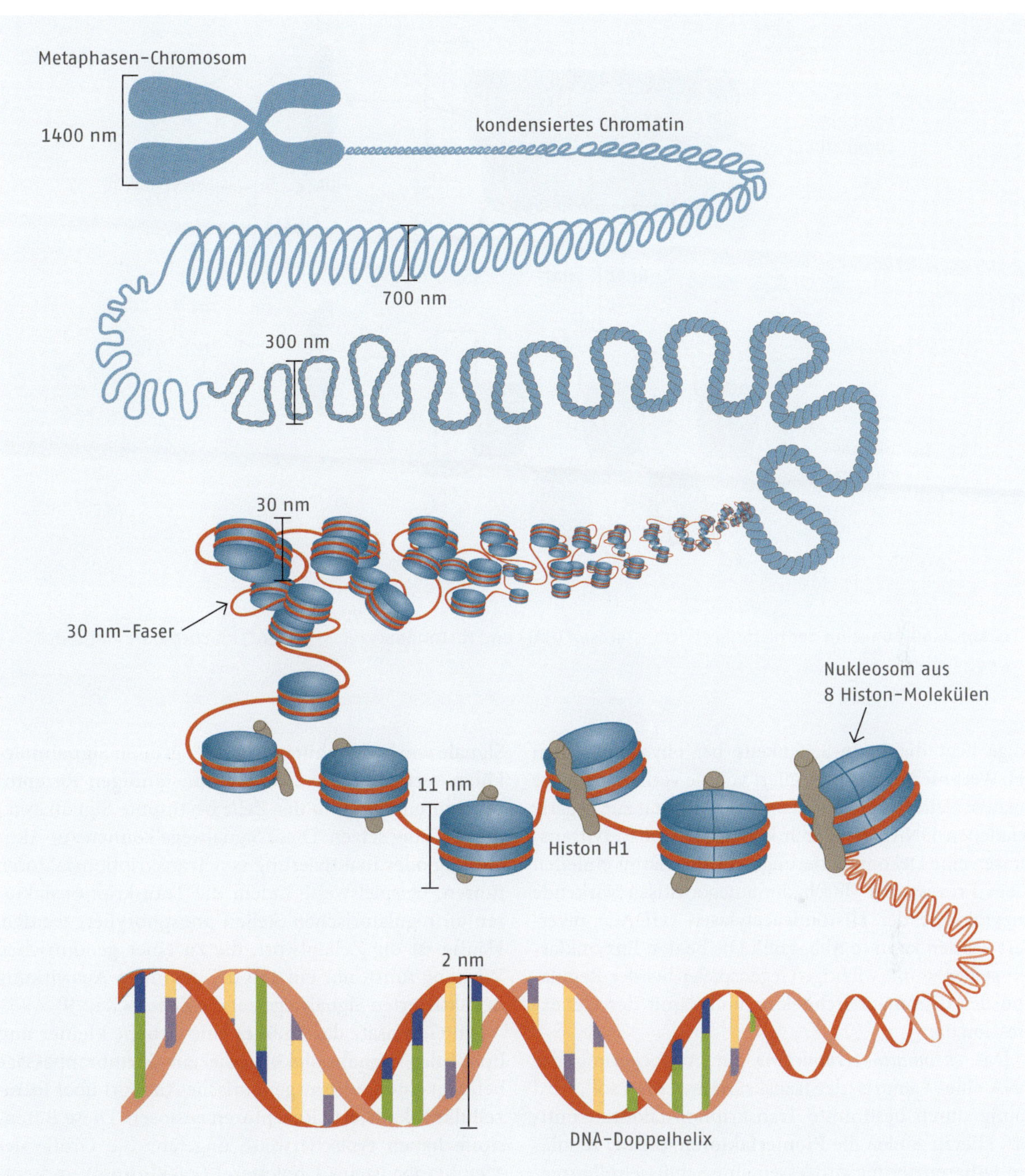

Abb. 4.68 Ebenen der Raumorganisation des Chromatins im Metaphasen-Chromosom. Durch Assoziation der Nukleosomen mit den Histonen H1, die als Verbindungselemente dienen, entstehen 30 nm lange Fasern. Die weitere Kompaktierung des Chromatins erfolgt über die Bildung von Schleifen, die sich zusammenlagern.

aufgelockerten, transkriptionell permissiven Struktur (oder umgekehrt) kann durch proteinvermittelte **Chromatinumwandlung** (*chromatin remodelling*) vollzogen werden. In diesem Prozess spielen reversible posttranslationale Modifikationen an den N-terminalen Histonresten, die zum Histon-Code gehören, eine entscheidende Rolle. Unter diesen Strukturveränderungen ist die Bedeutung der **Acetylierung/Deacetylierung von Lysinresten** besonders hervorzuheben, deren Funktion an dieser Stelle erläutert werden soll: Wird die terminale Aminogruppe in der Seitenkette des Lysins durch **Histonacetyltransferasen** (HAT) acetyliert, verliert sie ihre Basizität, da das freie Elektronenpaar des Aminrests in die Mesomerie der Acetylgruppe einbezogen ist. In der

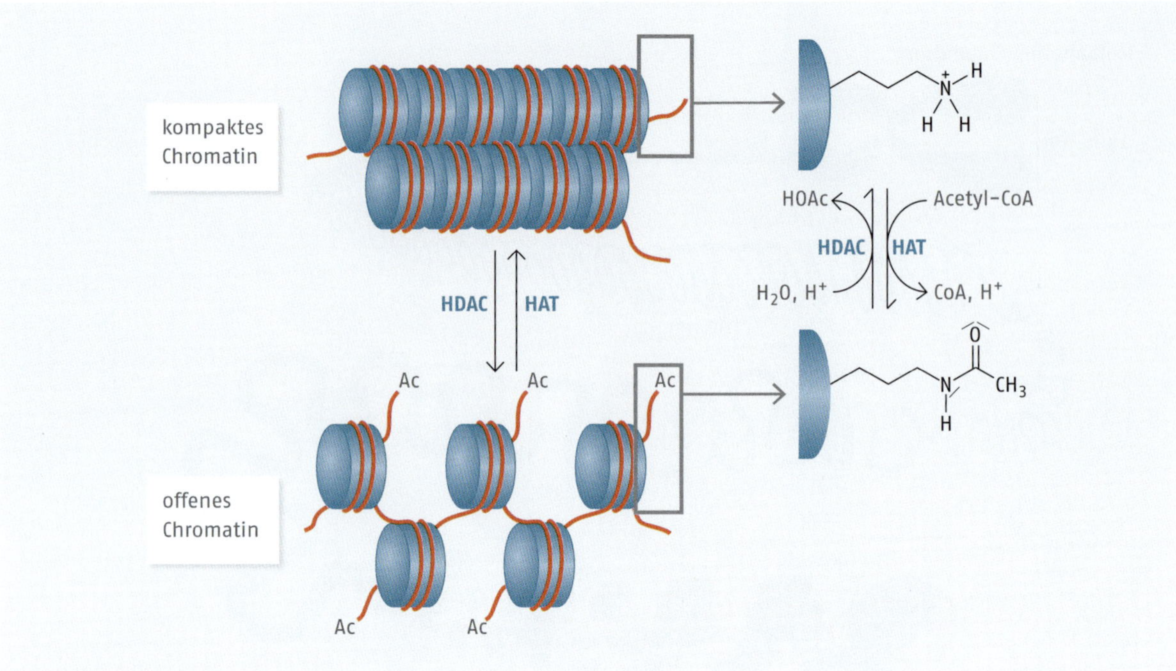

Abb. 4.69 Funktion der Histonacetyltransferasen (HAT) und Histondeacetylasen (HDAC) im *chromatin remodelling*.

Folge liegt die Lysin-Seitenkette bei physiologischem pH-Wert nicht mehr protoniert vor, sie verliert also ihre positive Nettoladung und damit die Affinität zur negativ geladenen DNA. Hierdurch können Histonacetyltransferasen eine Dekompaktierung des Chromatins einleiten – ein Prozess, der durch die antagonistisch wirkende Enzymklasse der **Histondeacetylasen** (HDAC) revertiert werden kann (Abb. 4.69). Die beiden Enzymklassen stellen somit wichtige Gegenspieler bei der Regulation der Chromatinarchitektur und damit der Genexpression dar.

Das *chromatin remodelling* zur Auflockerung der DNA eines Genorts, der transkribiert werden soll, wird häufig durch bestimmte Transkriptionsfaktoren initiiert. Hierzu zählen die **Pionierfaktoren**, die bei zellulären Differenzierungsprozessen eine Schlüsselrolle spielen. Sie verfügen über eine DNA-bindende Domäne, die an die jeweiligen Consensussequenzen auch bei kompakt vorliegender DNA-Struktur binden kann. Eine weitere Klasse von Transkriptionsfaktoren, die zur Öffnung von Chromatin in der Lage ist, sind **nukleäre Rezeptoren**, die ligandenabhängig in Zusammenarbeit mit Histonacetyltransferasen einen Genort für die Transkription zugänglich machen können.

Nukleäre Rezeptoren

Wie wir einführend erfahren haben, sind bestimmte Klassen von Transkriptionsfaktoren durch **Signale** steuerbar (▸ Kap. 4.6.2). In vielen Fällen werden diese Signale von **hydrophilen und/oder großen Signalmolekülen** vermittelt, die an **membranständigen Rezeptoren** angreifen und in der Zelle bestimmte Signalkaskaden in Gang setzen. Diese Signalwege können zur Aktivierung oder Inaktivierung von Transkriptionsfaktoren führen, beispielsweise indem die Transkriptionsfaktoren an regulatorischen Stellen phosphoryliert werden. Häufig ist die Zellantwort, die zu einer genomischen Wirkung führt, nur ein Teil der gesamten Auswirkung der aktivierten Signalwege auf die Zelle (▸ Kap. 9).

Im Gegensatz dazu gibt es eine Gruppe **kleiner und lipophiler Signalmoleküle**, die zur Membranpassage befähigt sind und eine genomische Antwort über **intrazellulär lokalisierte Rezeptoren** auslösen. Diese Botenstoffe haben typischerweise ungefähr die Größe des Membranbausteins Cholesterol (< 500 g/mol) und entfalten ihre Wirkung als Liganden von **nukleären Rezeptoren** (▸ Kap. 9.9). Diese Klasse von Transkriptionsfaktoren wirkt auf die Transkription im Allgemeinen aktivierend ein, bestimmte Typen können in Abwesenheit eines Liganden jedoch auch als Repressoren fungieren.

Im Menschen sind 48 verschiedene nukleäre Rezeptoren bekannt, die einen charakteristischen Grundaufbau gemeinsam haben. Dieser umfasst folgende Domänen:

- eine sehr variable, N-terminale Domäne (**NTD**),
- in der Mitte eine stark konservierte **DNA-bindende Domäne (DBD)** mit Zinkfinger-Motiv, über die der Rezeptor charakteristische Konsensussequenzen auf der DNA erkennt,

Abb. 4.70 Allgemeines Bauprinzip der nukleären Rezeptoren am Beispiel der Vertreter Estrogenrezeptor α und β (ERα und ERβ), Glucocorticoid-Rezeptor GR, Schilddrüsenhormonrezeptor TR und Vitamin-A-Säure-Rezeptor RAR. Die N-terminale Domäne (NTD) ist bei den einzelnen Rezeptoren in ihrer Länge und Sequenz stark variabel, während die DNA-bindende Domäne (DBD) und die Ligandenbindungsdomäne (LBD) einen hohen bzw. mittleren Konservierungsgrad zeigen. Einige Vertreter verfügen über eine ligandenunabhängige Aktivierungsfunktion in der NTD, die *activation function*-1 (AF-1), während die LBD die ligandenabhängige Aktivierungsfunktion vermittelt (AF-2). Die AF-1 spielt häufig eine untergeordnete Rolle, jedoch wird ihre Funktion beispielsweise als Erklärung für die gewebsspezifischen Effekte der Estrogenrezeptor-Isoformen ERα und ERβ betrachtet. ERα und ERβ werden gewebsspezifisch exprimiert, sie unterscheiden sich in der NTD und dadurch in der AF1. Zwischen der DBD und der LBD liegt eine flexible Scharnierregion (Hinge-Region).

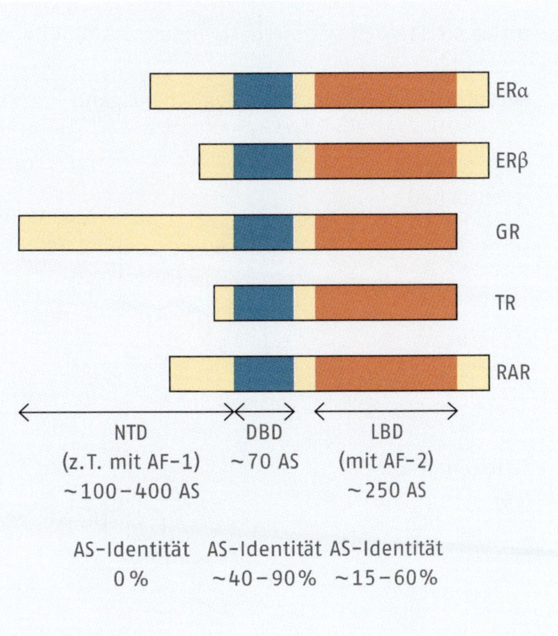

- eine etwas weniger stark konservierte C-terminale Region, die die **Ligandenbindungsdomäne (LBD)** beinhaltet; diese Domäne vermittelt die **signalabhängige Aktivität** des Rezeptors (Abb. 4.70).

Die charakteristischen Bindungsstellen (Konsensussequenzen) auf der DNA, die von den nukleären Rezeptoren erkannt werden, werden als *response elements* bezeichnet, da sie sozusagen die genomische Antwort auf das Signal vermitteln, das durch den Liganden übertragen wird.

Die beiden wichtigsten Klassen der nukleären Rezeptoren sind die **Steroidhormonrezeptoren** (Steroidrezeptoren) und die **RXR-Heterodimer-bildenden Rezeptoren**, die sich in mehrerer Hinsicht unterscheiden. Ein prominenter Unterschied besteht darin, dass die RXR-Heterodimer-bildenden Rezeptoren im Gegensatz zu den Steroidrezeptoren in Abwesenheit eines Liganden als Repressoren der Transkription wirken können (Tab. 4.6).

Zur ersten Klasse, den **Steroidrezeptoren**, gehören die Glucocorticoidrezeptoren (GR) sowie die Rezeptoren für die Sexualhormone und das Aldosteron. Bei den Liganden handelt es sich durchweg um Hormone mit Steroidgrundgerüst. Tab. 4.7 bietet einen Überblick über die entsprechenden Rezeptorbezeichnungen, ihre Liganden und deren wichtigste physiologische Funktionen.

Die Steroidrezeptoren binden typischerweise an *response elements*, die aufgrund ihrer charakteristischen

Tab. 4.6 Vergleich der beiden wichtigsten Klassen nukleärer Rezeptoren

Unterscheidungskriterium	Steroidrezeptoren	RXR-Heterodimer-bildende Rezeptoren
Dimerisierungsverhalten	Homodimere	Heterodimere (mit dem nukleären Rezeptor RXR)
Zelluläre Lokalisation ohne Ligandenbindung	Zytosolisch	Nukleär
Art der Liganden	Steroide	Nichtsteroidal, strukturell divers
Struktur der response elements	Inverse Wiederholungen (inverted repeats) von Hexamer-Basenabfolgen	Direkte Wiederholungen (direct repeats) von Hexamer-Basenabfolgen
Wirkungsweise	Ligandengebunden: Aktivatoren der Transkription	Nicht ligandengebunden: Repressoren; ligandengebunden: Aktivatoren der Transkription

Tab. 4.7 Steroidrezeptoren: Liganden und Funktionen

Rezeptor	Physiologischer Ligand	Physiologische Hauptunktionen
Glucocorticoid-rezeptor (GR)	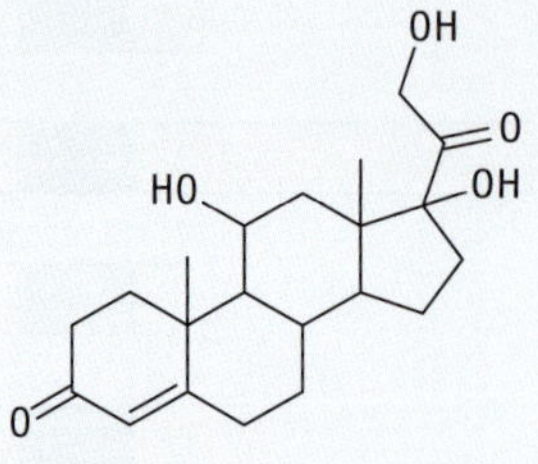 Cortisol	Metabolische Regulation: Kohlenhydrat-, Protein- und Fettstoffwechsel, Immunregulation
Estrogenrezeptor (ER)	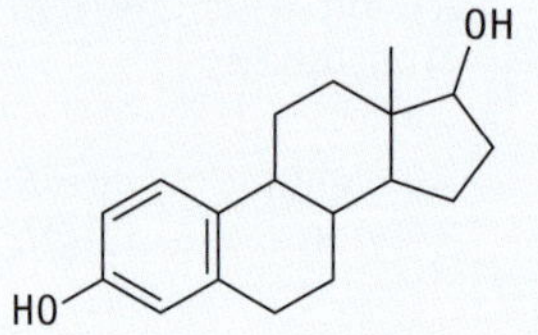 Estradiol	Steuerung reproduktives System: Ausprägung und Funktion (weiblicher) Geschlechtsmerkmale; Schwangerschaftserhaltung
Progesteron-rezeptor (PR)	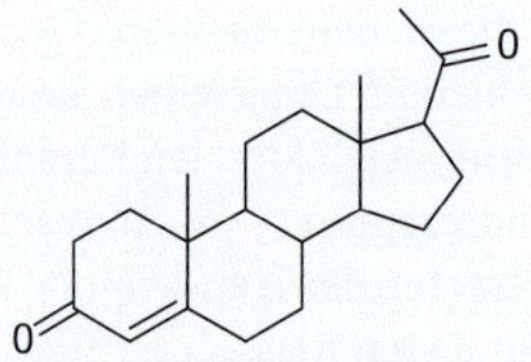 Progesteron	
Androgenrezeptor (AR)	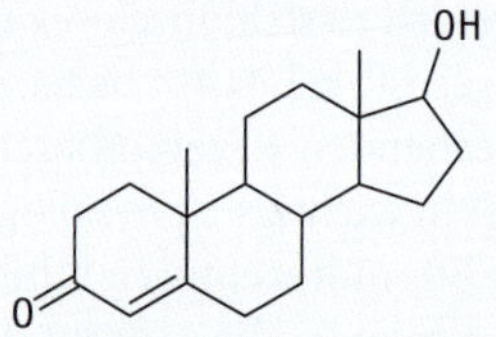 Testosteron	Steuerung reproduktives System: Ausprägung und Funktion (männlicher) Geschlechtsmerkmale, sexualunabhängige Effekte: protein-anabole Wirkung
Mineralocorticoid-rezeptor (MR)	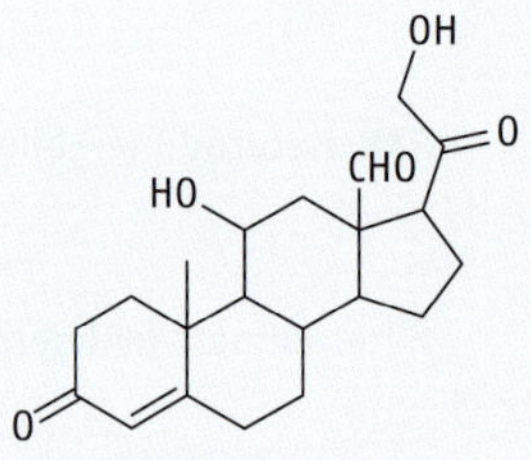 Aldosteron	Regulation des Elektrolyt- und Wasserhaushalts

Symmetrieeigenschaften als *inverted repeats* (IR) bezeichnet werden. Diese Elemente bestehen aus zwei Hälften zu je sechs Nukleotiden, die in einer umgekehrten Orientierung angeordnet sind, wodurch der Sequenzbereich palindromische Eigenschaften erhält. Da die beiden sogenannten *half sites* durch drei Spacer-Nukleotide voneinander getrennt sind, bezeichnet man diesen Typ als IR3-Elemente (Abb. 4.71).

Nach der Bindung eines Liganden translozieren Steroidrezeptoren vom Zytoplasma in den Zellkern, wo sie an die *response elements* ihrer Zielgene binden und mithilfe von **Coaktivator-Proteinen** die Transkription akti-

Abb. 4.71 Steroidrezeptoren und ihre *response elements*. A Steroidrezeptoren binden als Homodimere „Rücken an Rücken" an *inverted repeat elements*. Die beiden *half sites* des Elements werden schematisch durch zwei Pfeile in umgekehrter Orientierung dargestellt. B Prototypische Sequenz eines Glucocorticoid-*response elements* (GRE) und eines Estrogen-*response elements* (ERE) als Vertreter der IR3-Elemente.

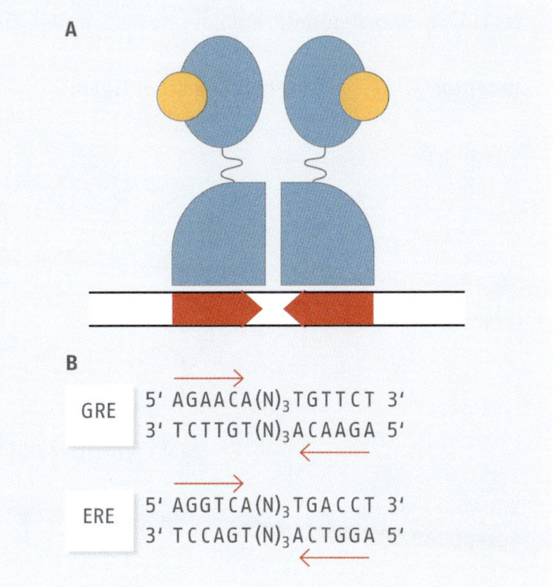

4

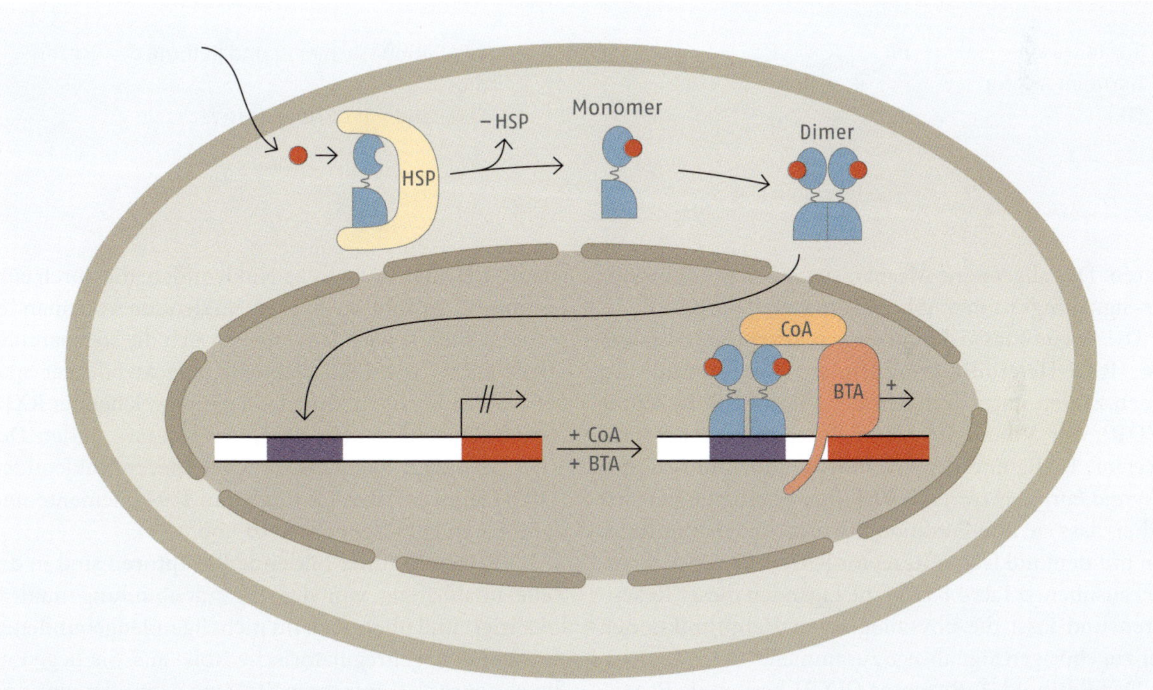

Abb. 4.72 Steroidrezeptor-Signalling. Steroidrezeptoren liegen im ligandungebundenen Zustand an Hitzeschockproteine (HSP) gebunden im Zytoplasma vor. Lipophile, niedermolekulare Liganden, die die Zellmembran durchdringen können, binden an den Rezeptor und bewirken eine Konformationsänderung, die zur Dissoziation der Steroidrezeptoren von den HSP führt. Nach der (Homo)Dimerisierung gelangen die Rezeptoren in den Nukleus, wo sie an *response elements* binden und mithilfe von Coaktivatoren (CoA) den basalen Transkriptionsapparat (BTA) rekrutieren und aktivieren. Zu den Coaktivatoren gehören Proteinkomplexe mit Histonacetyltransferase (HAT)-Aktivität, die das Chromatin auflockern (▸Kap. 4.6.4); *chromatin remodelling engines*, die durch Chromatinumbau Raum für den basalen Transkriptionsapparat schaffen und der Mediatorkomplex, der den Transkriptionsapparat rekrutiert und aktiviert (▸Kap. 4.6.4).

Tab. 4.8 RXR-Heterodimer bildende Rezeptoren: Liganden und Funktionen

Rezeptor	Physiologischer Ligand	Physiologische Hauptunktionen
Vitamin-D-Rezeptor (VDR)	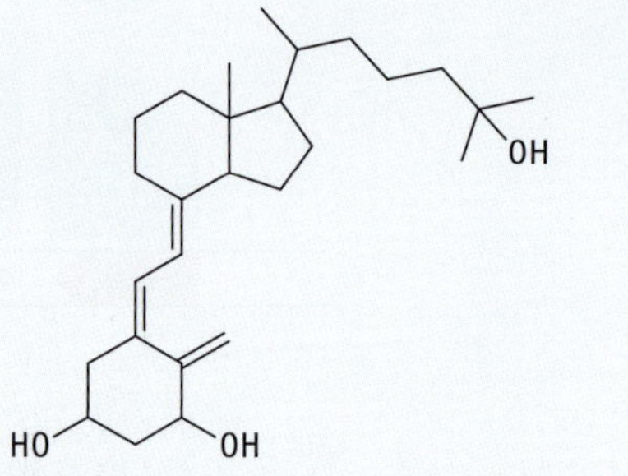 Calcitriol (1,25-Dihydroxyvitamin D_3)	Regulation des Calcium- und Phosphatstoffwechsels, Regulation der Proliferation und Differenzierung u. a. von Leukozyten, Zellen der Haut
Vitamin-A-Säure-Rezeptor (RAR)	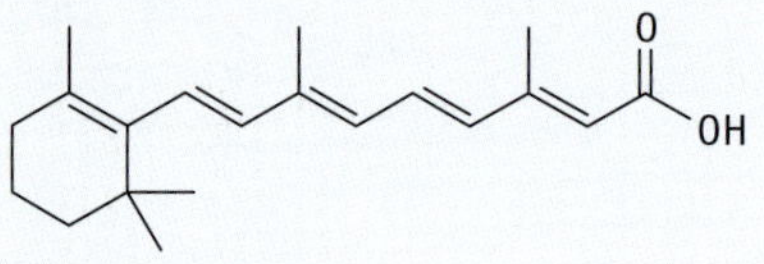 Vitamin-A-Säure	Embryonalentwicklung, Regulation der Proliferation und Differenzierung u. a. von Leukozyten, Zellen der Haut, Lungen-/Darmepithel
Schilddrüsen-hormonrezeptor (TR)	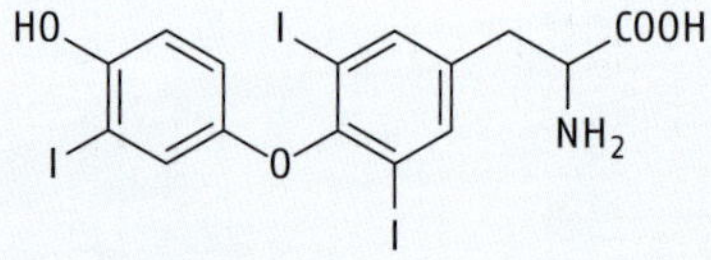 Triiodthyronin (T_3)	Regulation Wachstum und Reifung des Organismus, Regulation des Grundstoffwechsels

vieren. Der allgemeine Mechanismus des Steroidrezeptor-Signallings ist in Abb. 4.72 im Detail dargestellt.

Die zweite Klasse der nukleären Rezeptoren umfasst die **RXR-Heterodimer-bildenden Rezeptoren**. Zu ihnen zählen unter anderem der **Vitamin-D-Rezeptor** (**VDR**), der **Vitamin-A-Säure-Rezeptor** (*retinoic acid receptor*, **RAR**) und der **Schilddrüsenhormonrezeptor** (*thyroid hormone receptor*, **TR**). Ihre Bezeichnung rührt daher, dass sie ihre Funktion in Form von Heterodimeren mit dem nukleären Rezeptor RXR (*retinoid X receptor*) ausüben. Tab. 4.8 zeigt die Liganden dieser Rezeptoren und fasst die physiologischen Hauptfunktionen der zugehörigen Signalwege zusammen.

Der **Retinoid-X-Rezeptor** (**RXR**) besitzt als Rezeptorprotein eine duale Funktion. Gut charakterisiert ist seine Rolle als gemeinsamer Bindungspartner der RXR-Heterodimer-bildenden Rezeptoren VDR, RAR und TR. Diese Funktion kann der RXR im nicht ligandengebundenen Zustand ausüben, sie wird durch Ligandenbindung nur moduliert. Weiterhin ist bekannt, dass RXR auch eigenständig, in Form von Homodimeren, als Rezeptor für den Liganden 9-*cis*-Retinsäure dienen kann. Die physiologische Bedeutung dieses Signallings ist jedoch noch unklar.

Die **RXR-Heterodimere** binden auf der DNA zumeist an sogenannte *direct repeats*. Diese Elemente bestehen aus zwei Hälften zu je sechs Nukleotiden, die durch eine bestimmte Anzahl an Spacer-Nukleotide voneinander getrennt sind. Je nachdem ergeben sich die sogenannten DR3-, DR4-, bzw. DR5-Elemente. Die Anzahl der Spacer-Nukleotide ist entscheidend dafür, welcher der RXR-Heterodimer bildenden Rezeptoren daran bindet: Der VDR bevorzugt Elemente mit drei Spacer-Nukleotiden (DR3-Elemente), der TR bindet an DR4-Elemente und der RAR an DR5-Sequenzen (Abb. 4.73).

RXR-Heterodimer bildende Rezeptoren sind in der Zelle unabhängig von der Ligandenbindung nukleär lokalisiert und üben auch im nicht ligandengebundenen Zustand eine genregulatorische Rolle aus. Sie liegen an die *response elements* ihrer Zielgene gebunden vor und interagieren in Abwesenheit eines Liganden mit sogenannten Corepressoren, die für eine lokale Verdichtung des Chromatins sorgen und damit die Transkription unterdrücken (Abb. 4.74 A). Bindet jedoch ein Ligand, wird eine Konformationsänderung ausgelöst, die zum Austausch von Corepressoren durch Coaktivatoren führt. Coaktivatoren sind Proteinkomplexe, die eine Auflockerung des Chromatins bewirken und dafür sorgen, dass der basale Transkriptionsapparat rekrutiert und aktiviert wird (Abb. 4.74 B).

Wie im Bisherigen deutlich wurde, sind nukleäre Rezeptoren ansteuerbare „Genschalter“, die gewebsspezifisch die Zellproliferation, Zelldifferenzierung und den zellulären Metabolismus steuern können, wodurch sie an fast allen physiologischen Prozessen beteiligt sind. Aufgrund dieser zentralen Rolle im Organismus sind die nukleären Rezeptoren bedeutende pharmakotherapeutische Targets. In ◘ Tab. 4.9 und ◘ Tab. 4.10 werden beispielhaft Arzneistoffe gezeigt, die an den bisher vorgestellten Rezeptoren angreifen.

Von den genannten Arzneistoffen werden die Wirkmechanismen der Glucocorticoide und des Tamoxifens im Folgenden kurz erläutert.

Die **Glucocorticoide** werden vor allem aufgrund ihrer antiinflammatorischen Eigenschaften eingesetzt. Diese Wirkung beruht auf einem dualen Mechanismus: Glucocorticoide aktivieren antientzündliche Gene und unterdrücken gleichzeitig die Expression proentzündli-

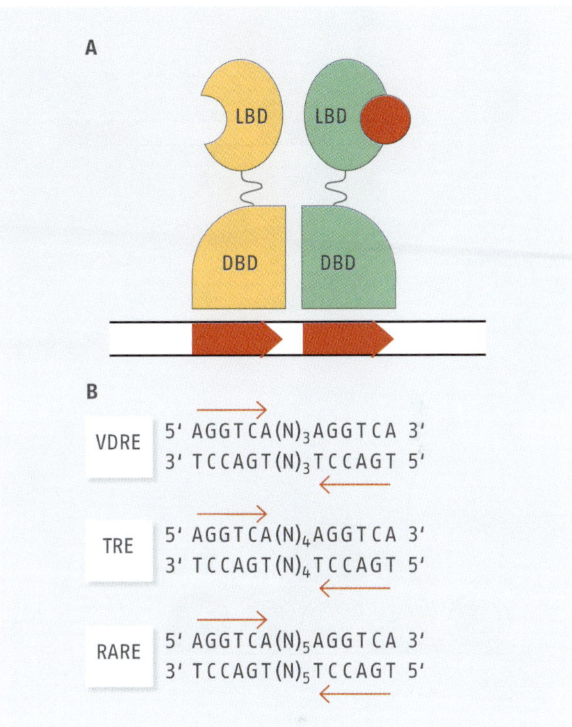

◘ Abb. 4.73 RXR-Heterodimer-bildende Rezeptoren und ihre *response elements*. **A** RXR-Heterodimer bildende Rezeptoren binden „Kopf an Rücken" mit ihrem Bindungspartner RXR (*retinoid X receptor*) an *direct repeat elements*. Die *half sites* des Elements werden schematisch durch zwei Pfeile in umgekehrter Orientierung dargestellt. **B** Prototypische Sequenz eines Vitamin-D-response elements (VDRE, ein DR3-Element), eines Thyroidhormon-*response elements* (TRE, ein DR4-Element) und eines *response elements* für Vitamin A-Säure (*retinoic acid response element*, RARE, ein DR5-Element).

◘ Tab. 4.9 Steroidrezeptoren als Arzneistofftargets

Rezeptor	Arzneistoff (Rezeptorwirkung)	Indikation
Glucocorticoid-rezeptor (GR)	Dexamethason (Agonist)	Antientzündliche und immunsupprimierende Therapie, u. a. in der Rheumatologie, Gastroenterologie, Dermatologie, Allergologie, Notfallmedizin
Estrogenrezeptor (ER)	Ethinylestradiol (Agonist), Tamoxifen (Prodrug für einen Antagonisten)	Substitutionstherapie im Klimakterium, Rezidivprophylaxe Mammakarzinom
Progesteron-rezeptor (PR)	Levonorgestrel (Agonist), Mifepriston (Antagonist)	Kontrazeption (in Kombination mit anderen Arzneistoffen), Schwangerschaftsabbruch
Androgenrezeptor (AR)	Testosteron (Agonist), Bicalutamid (Antagonist)	Substitutionstherapie, Prostatakarzinom
Mineralocorticoid-rezeptor (MR)	Eplerenon (Antagonist)	Herzinsuffizienz nach Herzinfarkt

4

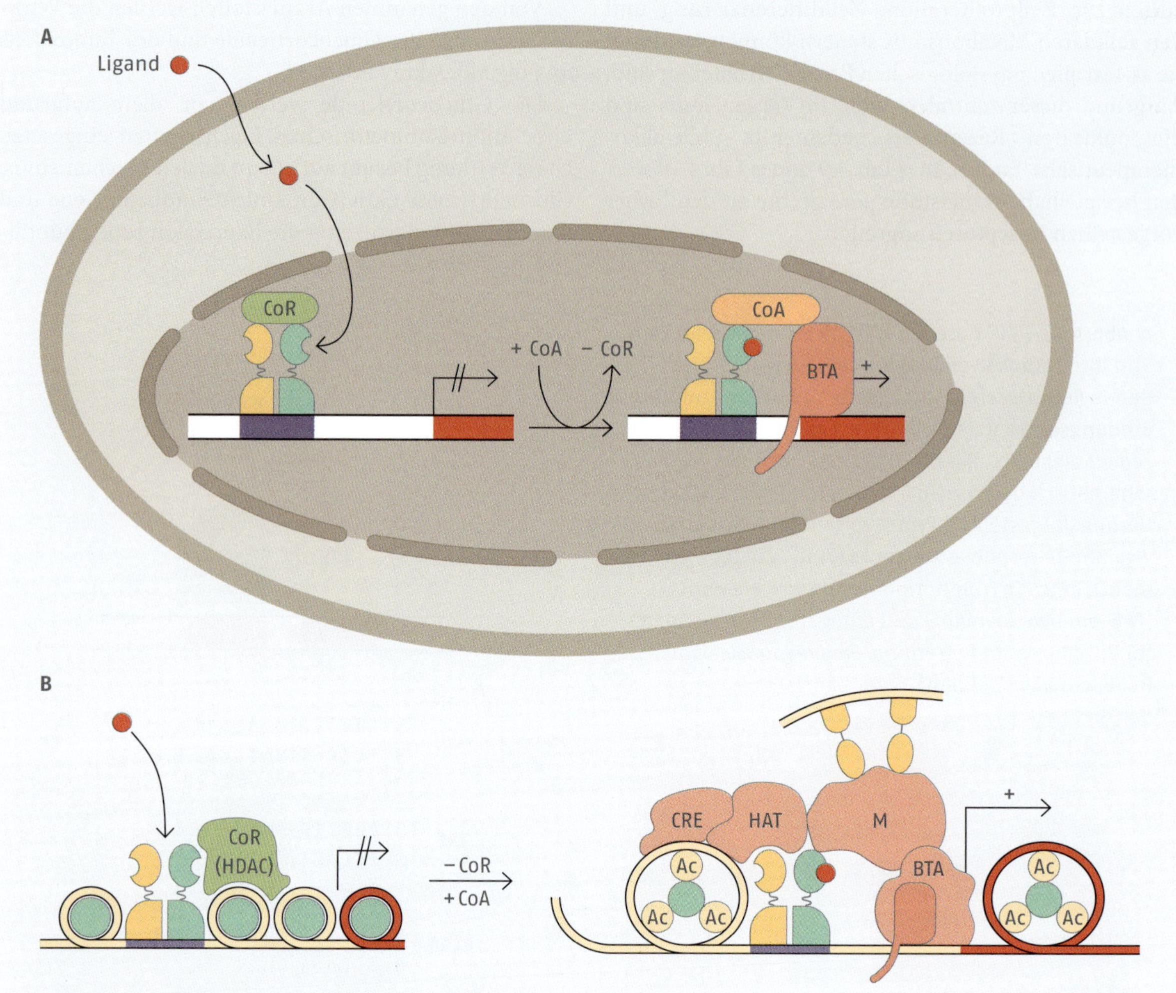

○ Abb. 4.74 Signalling der RXR-Heterodimer-bildenden Rezeptoren. **A** Vereinfachte Darstellung: Die RXR-Heterodimere binden im nicht ligandengebundenen Zustand an die *response elements* der Zielgene und unterdrücken dort im Komplex mit Corepressor-Proteinen (CoR) die Transkription. Lipophile, niedermolekulare Liganden, die die Zellmembran durchdringen können, binden an den Rezeptor und bewirken über eine Konformationsänderung den Austausch von Corepressoren gegen Coaktivatoren (CoA), die den basalen Transkriptionsapparat rekrutieren und aktivieren. **B** Mechanismus im Detail: Die im nicht ligandengebundenen Zustand am Rezeptor gebundenen Corepressoren sind Proteinkomplexe mit Histondeacetylase(HDAC)-Aktivität, wodurch die DNA kompakt gehalten und die Transkription unterdrückt wird (▸Kap. 4.6.4). Ligandenbindung führt zum Austausch von Corepressoren gegen Coaktivatoren, zu denen folgende Proteine bzw. Proteinkomplexe gehören: (1) Histonacetyltransferasen (HATs), die das Chromatin durch die Übertragung von Acetylresten (Ac) auf Histone auflockern, (2) *Chromatin remodelling engines* (CRE), die durch Verschieben von Nukleosomen Raum für den basalen Transkriptionsapparat schaffen, (3) der Mediatorkomplex (M), der aufgrund des aktivierenden Signals der RXR-Heterodimere (und anderer Transkriptionsfaktoren, nicht gezeigt) den basalen Transkriptionsapparat (BTA) rekrutiert und aktiviert (▸Kap. 4.6.4).

cher Gene. Die Aktivierung der entzündungshemmenden Gene erfolgt, wie bereits kennengelernt, indem der Glucocorticoidrezeptor (GR) an *response elements* in den Kontrollregionen der entsprechenden Zielgene bindet und deren Transkription initiiert (○ Abb. 4.72). Dieses Wirkprinzip wird auch als **Transaktivierung** bezeichnet. Die Hemmung entzündungsfördernder Gene beruht hingegen auf der sogenannten **Transrepression**. Darunter versteht man die Hemmung von Transkriptionsfaktoren proentzündlicher Signalwege durch direkte Interaktion mit dem ligandengebundenen GR. Dieses Prinzip ist für den NFκB-Signalweg gut untersucht. Das Protein NFκB (*nuclear factor kappa B*) ist ein Transkriptionsfaktor, der im Entzündungsgeschehen eine zentrale Rolle einnimmt: Auf entzündliche Zellreize hin kann NFκB das „Genprogramm" einer Entzündungsreaktion anschalten, unter anderem durch die Aktivierung verschiedener Zytokin-Gene. In dieses Signalling kann der ligandengebundene GR hemmend eingreifen, indem er entweder den aktivierten NFκB „aus dem Verkehr zieht", bevor er an die DNA bindet, oder die Aktivität von bereits an die DNA gebundenem NFκB unterdrückt (Abb. 4.75).

Tab. 4.10 RXR-Heterodimer bildende Rezeptoren als Arzneistofftargets

Rezeptor	Arzneistoff (Rezeptorwirkung)	Indikation
Vitamin-D-Rezeptor (VDR)	Tacalcitol (Agonist)	Psoriasis
Vitamin-A-Säure-Rezeptor (RAR)	Isotretinoin (Agonist)	Schwere Akne
Schilddrüsenhormonrezeptor (TR)	Triiodthyronin (T_3) bzw. Tetraiodthyronin (T_4 als Vorstufe für T_3)	Substitutionstherapie

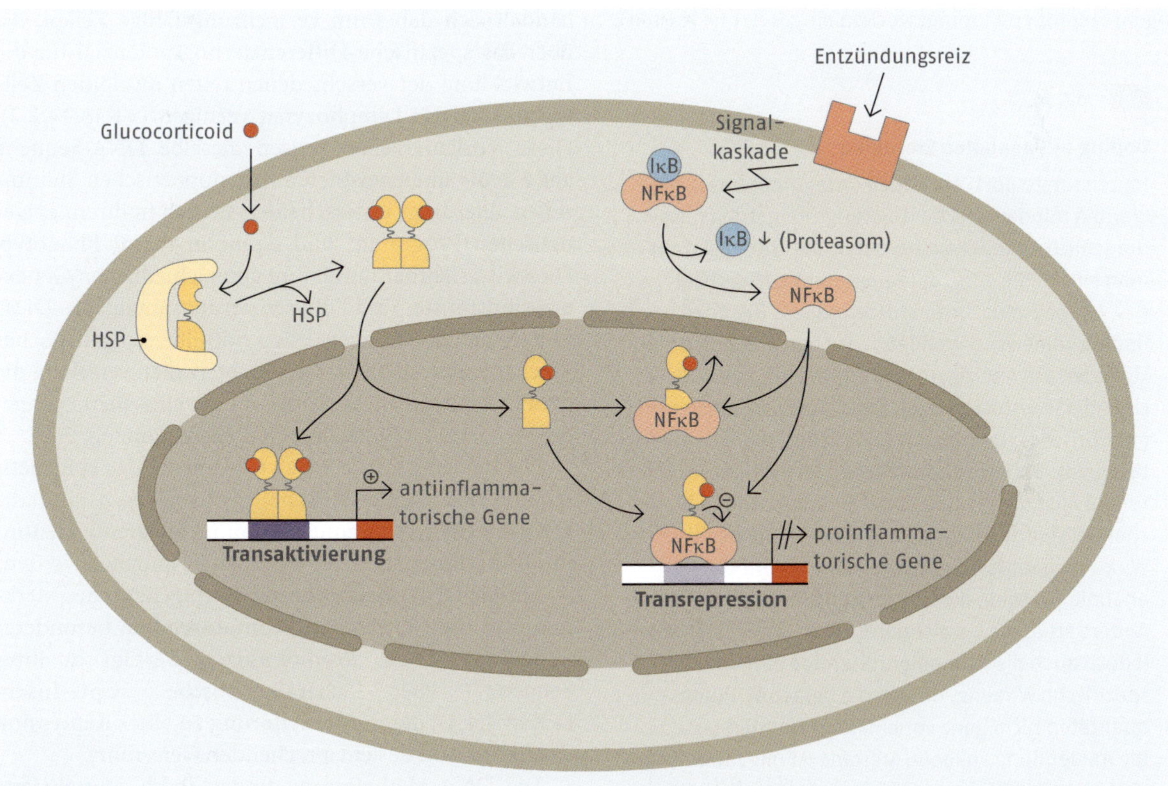

Abb. 4.75 Dualer Wirkmechanismus der Glucocorticoide. **Transaktivierung:** Durch Bindung der Glucocorticoide werden die zytosolisch lokalisierten Glucocorticoidrezeptoren von den Hitzeschockproteinen (HSP) abgelöst, translozieren in den Zellkern und aktivieren dort antientzündliche Gene. **Transrepression** durch Inhibition des NFκB-Signalwegs: In Abwesenheit eines entzündlichen Reizes wird der proentzündliche Transkriptionsfaktor NFκB durch Bindung an das Protein IκB (Inhibitor von NFκB) im inaktiven Zustand im Zytosol gehalten. Ein an membranständigen Rezeptoren ankommender **Entzündungsreiz** löst über eine Signalkaskade den proteasomalen Abbau von IκB aus, sodass NFκB in den Zellkern translozieren kann, um proentzündliche Gene zu aktivieren. Dies wird durch aktivierte Glucocorticoidrezeptoren verhindert, die (vermutlich als Monomere) NFκB vor der Bindung an das Zielgen abfangen oder bereits am Gen gebundenes NFκB hemmen.

4

Der Wirkstoff **Tamoxifen** wird zur Rezidivprophylaxe bei estrogensensitivem Brustkrebs eingesetzt. Tamoxifen wird im Körper in den aktiven Metaboliten Endoxifen umgewandelt, der als Antagonist am Estrogenrezeptor (ER) wirkt und dadurch das Wachstum estrogenabhängiger Tumorzellen hemmen kann. Aufgrund seiner Strukturähnlichkeiten zum endogenen Liganden Estradiol bindet Endoxifen an den ER, jedoch verhindern sterisch anspruchsvolle Gruppen im Molekül die aktivierende Konformationsänderung des Proteins. Dadurch wird die Expression von Zielgenen des Estrogens, die die Zellproliferation antreiben, unterdrückt. Hierzu gehören unter anderem die Gene bestimmter Zellzyklus-aktivierender Kinasen (o Abb. 4.76).

Abschließend soll erwähnt werden, dass die Anwendung von Liganden nukleärer Rezeptoren am Menschen nicht nur in therapeutisch begründeten Fällen stattfindet, sondern auch missbräuchliche Verwendung zu verzeichnen ist – beispielsweise werden Agonisten am Androgenrezeptor zu Dopingzwecken eingesetzt (s. Kasten).

 Partywissen

Doping mit anabolen Steroiden

Im **Leistungssport**, aber auch unter Amateuren, werden mit dem Ziel der Leistungssteigerung missbräuchlich **Anabolika** eingesetzt. Darunter versteht man Mittel, die den „aufbauenden Stoffwechsel", den Anabolismus, unterstützen sollen. Die beim Doping zumeist verwendeten anabolen Steroide sind Liganden am Androgenrezeptor, dessen natürlicher Ligand das Testosteron ist. Testosteron ist ein genregulatorisches Hormin, das im Prinzip zwei Wirkqualitäten hat: Die sexualspezifischen Wirkungen sorgen für die Ausprägung und Funktionssteuerung männlicher Geschlechtsmerkmale, die sexualunspezifischen Wirkungen umfassen unter anderem eine eiweißanabole Wirkung, die beim Doping im Zentrum steht. Anders als es die Bezeichnung vermuten lässt, haben jedoch auch die „anabolen" Steroide eine sexualspezifische Wirkung, da sich die beiden Wirkungsqualitäten nicht ganz voneinander trennen lassen. Die Anwendung anaboler Steroide ist mit zahlreichen Risiken behaftet. Dazu gehören mögliche Veränderungen an den Geschlechtsmerkmalen wie eine Brustbildung beim Mann, die auf einer Verschiebung des Hormonhaushalts zugunsten weiblicher Sexualhormone beruht. Außerdem erhöht sich das Risiko für kardiovaskuläre Ereignisse und es können psychische Veränderungen auftreten, darunter eine erhöhte Aggressivität oder Depressivität.

Epigenetische Mechanismen in der Kontrolle der eukaryotischen Genexpression

Wie in der einführenden Übersicht bereits kurz skizziert wurde, greifen bei der Kontrolle der eukaryotischen Genexpression mehrere Mechanismen ineinander (▸ Kap. 4.6.4). Einer der entscheidenden Faktoren in diesem Zusammenspiel ist der sogenannte **epigenetische Code**, der im Feld der **Epigenetik** eine wichtige Rolle spielt.

Die Epigenetik beschäftigt sich mit den Mechanismen, durch die phänotypische Veränderungen von Zellen vererbt werden können, die nicht auf Veränderungen in der DNA-Sequenz beruhen. Diese Art der Erblichkeit lässt sich anhand bestimmter Zelltypen in der Hämatopoese verdeutlichen (▸ Kap. 14). Bei der Entstehung der menschlichen Blutzellen entwickeln sich aus den hämatopoetischen Stammzellen zunächst Vorläuferzellen für die einzelnen Blutzelltypen, die sogenannten myeloischen und lymphatischen Stammzellen. Es handelt sich dabei um vermehrungsfähige Zellen, die über das spezifische Differenzierungspotenzial für die Entwicklung der verschiedenen reifen myeloiden Zelltypen bzw. der Lymphozyten verfügen (▸ Kap. 14.2.2). Diese Vorläuferzellen weisen dieselbe DNA-Sequenz auf wie die übergeordneten hämatopoetischen Stammzellen, allerdings unterscheiden sie sich in ihrem epigenetischen Programm und damit in ihrem Phänotyp. Dies wird sichtbar durch ihre unterschiedlichen Genexpressionsmuster und Differenzierungspotenziale. Diese Eigenschaften können sie mithilfe epigenetischer Mechanismen stabil an ihre Tochterzellen vererben, die damit weiterhin als Vorläufer für die einzelnen nachgeordneten, reifen Blutzelltypen dienen können.

Die beiden prominentesten Elemente des epigenetischen Codes (epigenetische Markierungen) sind die **DNA-Methylierung** und bestimmte **kovalente Histonmodifikationen**, die im Folgenden besprochen werden.

Für die **DNA-Methylierung** als epigenetisches Merkmal sind die **GC-reichen Promotoren** von besonderer Bedeutung. Diese Promotorklasse verfügt in ihrer Sequenz über charakteristische **CpG-Inseln** (▸ Kap. 4.4.4), deren **Methylierung** zu einer **Repression** der Expression des entsprechenden Gens führt.

Die DNA-Methylierung findet durch spezialisierte Enzyme an definierten Positionen der CpG-Inseln statt, und zwar durch DNA-Methyltransferasen, die jeweils eine Methylgruppe an die Position Nr. 5 der Base Cytosin in der Basenabfolge CpG übertragen. Das entstehende **5-Methylcytosin** (o Abb. 4.77) wird oftmals als fünfte Base der DNA bezeichnet, was insofern berechtigt ist, als mehr als 4 % der Cytosin-Basen im menschlichen Genom methyliert vorliegen.

Mechanistisch beruht dieses *gene silencing* durch DNA-Methylierung hauptsächlich darauf, dass die methylierten CpG-Sequenzen durch spezialisierte Pro-

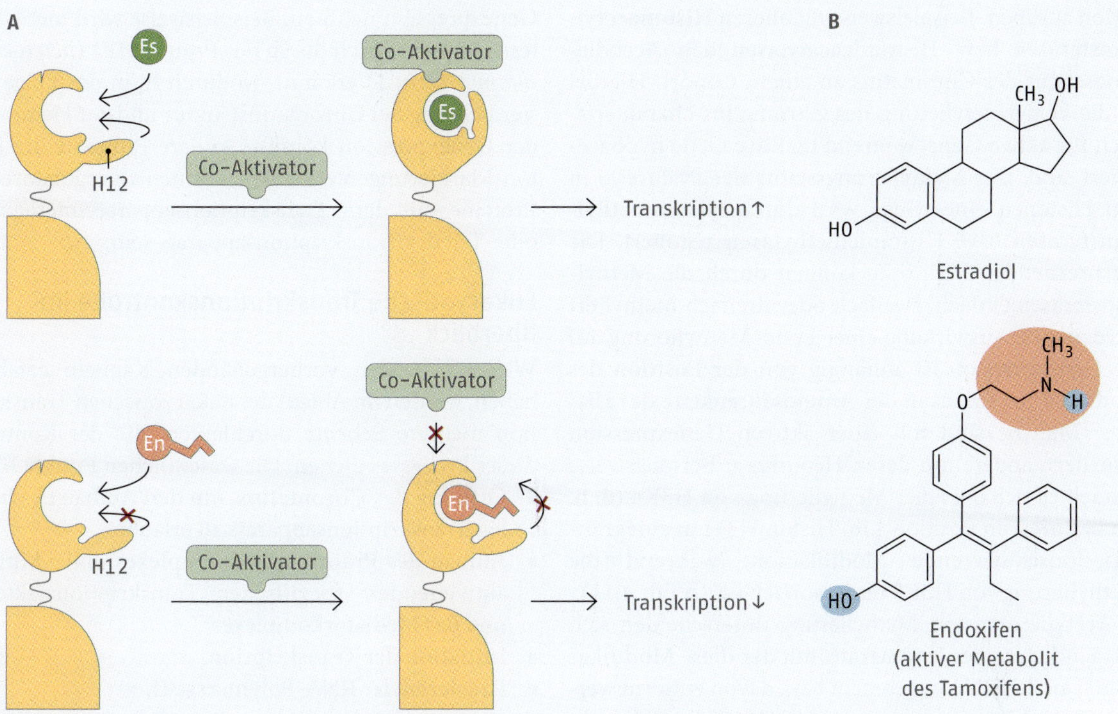

Abb. 4.76 Aktivierung des Estrogenrezeptors und Wirkmechanismus von Tamoxifen
A Bindung des Estrogens (Es) an seinen Rezeptor führt zum Umklappen der Helix 12 der Ligand-Bindedomäne. Durch diese Konformationsänderung kommt es zur Bindung von Coaktivatoren und damit zur Transkriptionsaktivierung. Endoxifen (En), der aktive Metabolit des Tamoxifens, bindet ebenfalls am Estrogenrezeptor, verhindert jedoch durch sterisch anspruchsvolle Gruppen am Molekül (siehe B) das Umklappen der Helix 12 und damit die Transkriptionsaktivierung. B Strukturformeln des Estradiols und des Endoxifens. Endoxifen entsteht aus Tamoxifen durch N-Demethylierung und Hydroxylierung (blaue Markierungen). Der für die Wirkung entscheidende, sterisch anspruchsvolle Rest ist rot markiert.

teine erkannt werden, die Methyl-bindende Domänen besitzen. Diese sogenannten **MBD-Proteine** rekrutieren Proteinkomplexe, die zur Verdichtung des Chromatins führen. Maßgebliche Bestandteile der rekrutierten Proteinkomplexe sind Histondeacetylasen, deren Aktivität die Affinität der Histone zur DNA erhöht, wodurch die Chromatinstruktur kompaktiert wird (▸ Kap. 4.6.4).

Das spezifische **DNA-Methylierungsmuster** einer Zelle kann im Zuge der DNA-Replikation bei der Zellteilung **vererbt** werden (Abb. 4.78 A).

Die zweite bedeutende Klasse epigenetischer Markierungen umfasst eine Reihe **posttranslationaler Modifikationen von Histonen**. Die spezifischen Modifikationen treten an charakteristischen Positionen der aminoterminalen Histonreste auf. In ihrer Gesamtheit stellt die Kombination der einzelnen Markierungen den sogenannten **Histon-Code** eines Gens dar. Die beiden am besten erforschten Modifikationen im Histon-Code sind die **Acetylierung** und die **Methylierung von Lysinresten**, deren Vorhandensein mit einem bestimmten Status der Transkription assoziiert ist (Tab. 4.11). Neben diesen beiden Markierungen sind unter anderem die Ubiquitinylierung von Lysinresten, die Methylierung von Argininresten und die Phosphorylierung von Serin- oder Threonin-Seitenketten an bestimmten Positionen einzelner Histon-Klassen bekannt.

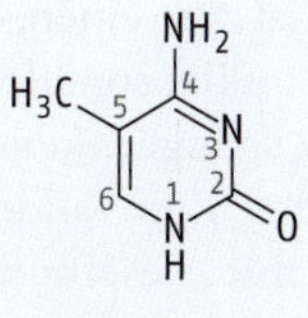

Abb. 4.77 5-Methylcytosin

Die Struktur des Histon-Codes eines Gens wird für die einzelnen Modifikationen durch **antagonistisch wirkende Enzyme** bestimmt, die sozusagen die

„Schreib- bzw. Löschfunktion" für die jeweilige Modifikation ausüben. Beispielsweise regulieren **Histonacetyltransferasen** bzw. **Histondeacetylasen** den Acetylierungsstatus des Chromatins an einem Genort. Hierbei ist die Hyperacetylierung des Chromatins charakteristisch für aktive Gene, während inaktive Gene hypoacetyliert sind. Der Methylierungsstatus der Lysinreste in den Histonen eines Gens wird durch **Histonmethyltransferasen** bzw. **Histondemethylasen** reguliert. Die entsprechenden Lysinreste können durch die Methyltransferasen einfach, zweifach oder dreifach methyliert werden. Die Auswirkung einer Lysin-Methylierung auf die Genexpression ist **abhängig von der Position** des modifizierten Lysins in der Aminosäurenkette des Histons: Manche sind mit einer aktiven Genexpression assoziiert, andere mit deren Hemmung: Beispielsweise handelt es sich bei einer Methylierung von H3K4 (d. h. am Lysinrest an Position 4 im Histon H3) um eine transkriptionsaktivierende Modifikation, während die Methylierung von H3K9 repressorisch ist. (▫ Tab. 4.11).

Acetylierung und Methylierung unterscheiden sich beträchtlich in der Umsatzrate, mit der diese Modifikationen an der DNA angebracht bzw. davon entfernt werden. Der Acetylierungsstatus der Histone wird recht kontinuierlich und dynamisch angepasst, während die Umsatzrate bei der Lysin-Methylierung an den meisten Positionen im Gen zumeist sehr langsam ist. Dadurch ist die **Methylierung** tendenziell die **langlebigere Histonmodifikation** und gilt hinsichtlich der Vererbbarkeit des Histon-Codes demzufolge als die bedeutendere Markierung. Abbildung ∘ Abb. 4.78 B stellt die Aufrechterhaltung des Methylierungsmuster im Chromatin der Tochterzellen nach der Zellteilung dar.

Der genaue Mechanismus, durch den die einzelnen Histon-Modifikationen mit der Regulation der Transkription zusammenhängen, ist noch nicht entschlüsselt. Bereits bekannt ist zum einen, dass sich der **Histon-Code** direkt auf die **nukleosomale Chromatinstruktur** auswirkt, was die Zugänglichkeit für den Transkriptionsapparat reguliert. Zum anderen kann er durch bestimmte **Proteine mit „Lesefunktion"** erfasst werden, die zusammen mit weiteren Proteinen Einfluss auf die Genexpression nehmen. Beispielsweise wird methyliertes H3K9 spezifisch durch das Protein HP1 (*heterochromatin protein 1*) erkannt, wodurch es in der Folge zur Verdichtung der Chromatinstruktur und zur Hemmung der Genexpression kommt. Andere Proteine, die Histon-Markierungen erkennen, können als regulatorische Proteine mit dem Transkriptionsapparat interagieren oder Teil des Transkriptionsapparats sein.

Eukaryotische Transkriptionskontrolle im Überblick

Wie wir in den vorhergehenden Kapiteln erfahren haben, werden im Ablauf der eukaryotischen Transkription mehrere Schritte durchlaufen, die der Kontrolle dieses Prozesses dienen. Die wesentlichen Punkte sind:

- **Öffnung des Chromatins**, um den Aufbau des basalen Transkriptionsapparats zu erlauben,
- Aufbau **des Präinitiationskomplexes** unter Mithilfe aktivierender, spezifischer Transkriptionsfaktoren und des Mediatorkomplexes,
- **Initiation der Transkription**,
- **Pausieren** der RNA-Polymerase II,
- weitere Aktivierung der RNA-Polymerase II und Übergang zur **Elongation.**

Der gesamte Ablauf ist in ∘ Abb. 4.79 im Überblick dargestellt.

Regulation der Genexpression durch miRNA und siRNA

In den Neunzigerjahren wurde bei Experimenten mit dem Fadenwurm *Caenorhabditis elegans*, eines in der Entwicklungsbiologie beliebten Modellorganismus, eine neue Art zellulärer RNA entdeckt. Es handelte sich um eine sehr kleine RNA-Spezies, die dazu imstande war, die Expression proteincodierender Gene zu unterdrücken. Die identifizierten RNAs waren nur knapp über 20 Nukleotide lang, beeinflussten aber maßgeblich die Entwicklung der Fadenwürmer. In der Folgezeit wurde für diese RNA-Spezies die Bezeichnung

▫ **Tab. 4.11** Elemente des Histon-Codes und Transkriptionsstatus

Histon-Modifikation	Modifizierte Histon-Klasse (charakteristische Position im Protein)	Assoziierter Status der Transkription
Lysin-Acetylierung	H2A, H2B, H3, H4 (diverse Positionen)	Aktivierung
Lysin-Methylierung	H3 (K4)	Aktivierung
	H3 (K9, K27), H4 (K20)	Repression

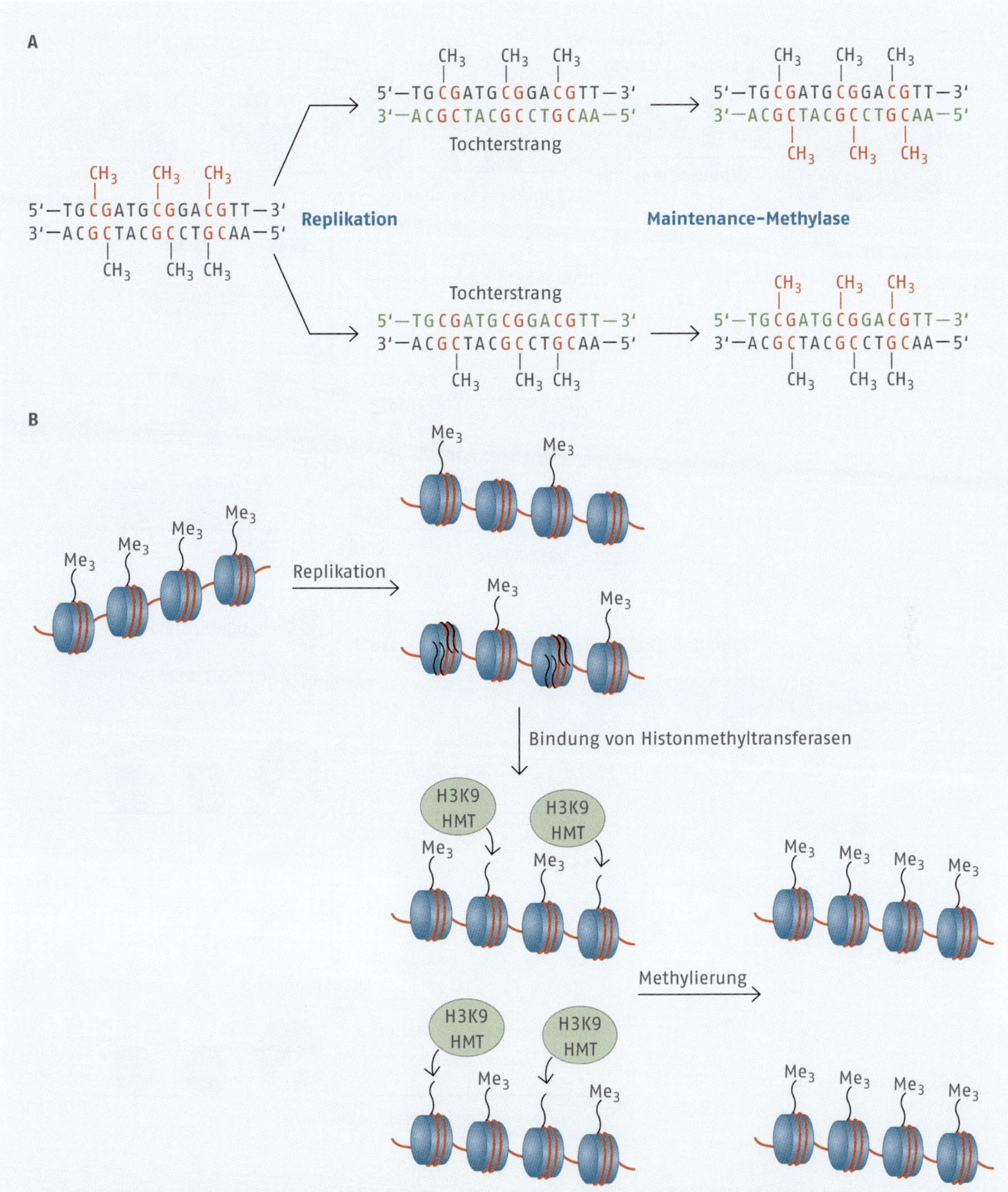

Abb. 4.78 Aufrechterhaltung des DNA- (A) bzw. Histon-Methylierungsmusters (B) im Zuge der Zellteilung. **A** Jede bei der DNA-Replikation gebildete doppelsträngige DNA-Kopie enthält einen (methylierten) Elternstrang und einen (unmethylierten) Tochterstrang. Spezialisierte *Maintenance*-Methylasen ergänzen das Methylierungsmuster im Tochterstrang des neugebildeten Doppelstrangs. **B** Aufrechterhaltung des Histon-Methylierungsmusters am Beispiel der H3K9-Trimethylierung. Bei der DNA-Replikation werden die methylierten Histone zufällig auf die neu gebildeten DNA-Kopien verteilt, es kommen unmethylierte Histone hinzu. Die am Elternstrang gebundene H3K9-spezifische Histonmethyltransferase (H3K9 HMT) überträgt das Methylierungsmuster auf die benachbarten unmethylierten Histone.

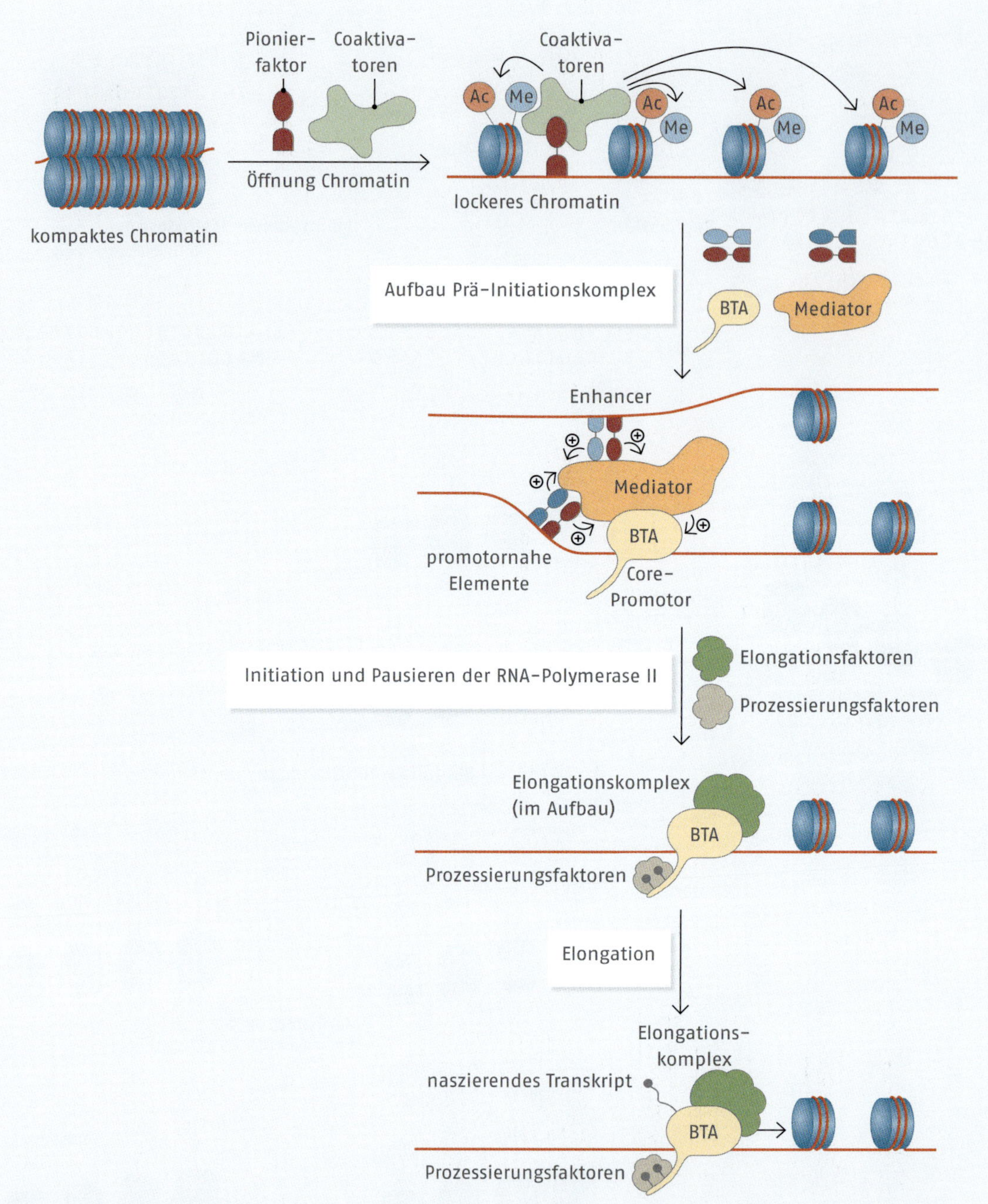

Abb. 4.79 Eukaryotische Transkriptionskontrolle. Für die Transkription eines eukaryotischen Gens ist am Genort die Öffnung des Chromatins erforderlich. Dies kann durch Pionier-Transkriptionsfaktoren initiiert werden. Diese sind imstande, auch bei kompaktem Chromatin an die DNA zu binden. Auch nukleäre Rezeptoren (▸Kap. 4.6.4) können diese Funktion übernehmen. Die initiierenden Transkriptionsfaktoren rekrutieren Coaktivatorkomplexe, welche lokal eine Öffnung des Chromatins herbeiführen. Der Chromatinumbau geht mit der Acetylierung und Methylierung von Histonen (H3K4-Methylierung) einher. Am geöffneten Promotor kann sich nun der Präinitiationskomplex aufbauen: Die allgemeinen Transkriptionsfaktoren und die RNA-Polymerase bilden zusammen am Core-Promotor den basalen Transkriptionsapparat (BTA) aus. Dessen Aufbau wird über den Mediatorkomplex und die damit interagierenden Transkriptionsfaktoren (gebunden an promotornahen Elementen und Enhancern) unterstützt. Aktivierungssignale durch die Transkriptionsfaktoren führen zur Initiation der Transkription und zur Rekrutierung von Elongations- und RNA-Prozessierungsfaktoren, jedoch stoppt die RNA-Polymerase häufig rasch wieder. Weitere Aktivierungssignale führen schließlich zum vollständigen Übergang zur Elongation und Ausbildung des vollständigen Elongationskomplexes.

microRNA (miRNA) geprägt, und inzwischen weiß man, dass sie in vielen mehrzelligen Organismen Teil der Genregulation ist. Für den Menschen geht man davon aus, dass etwa die Hälfte seiner Gene durch miRNA reguliert ist.

Der **Wirkmechanismus** der miRNAs ist inzwischen gut verstanden. Zentraler Effektor der miRNA-vermittelten Genregulation ist der sogenannte **RISC** (*RNA-induced silencing complex*), der entsteht, wenn Proteine der Argonaute-Familie mit miRNA-Molekülen beladen werden. Dieser Komplex kann mithilfe der enthaltenen miRNA die mRNA von Zielgenen erkennen und für deren Inaktivierung sorgen. Zusammensetzung und Funktion der RISCs wurde im Wesentlichen bei der Erforschung eines verwandten RNA-Typs, der ***small interfering*** *RNA* (**siRNA**) charakterisiert, der ebenfalls in den 1990er-Jahren bei Arbeiten mit *Caenorhabditis elegans* entdeckt wurde. In diesen Experimenten wurde zunächst beobachtet, dass man die Expression einer bestimmten Ziel-mRNA effektiv unterdrücken kann, indem man eine genspezifische, doppelsträngige RNA (dsRNA) durch Mikroinjektion in die Fadenwürmer einbringt – ein Phänomen, für welches der Begriff **RNA-Interferenz (RNAi)** geprägt wurde. Anschließend wurde herausgefunden, dass nicht die exogene dsRNA selbst für den Effekt verantwortlich war, sondern die daraus in der Zelle erzeugten Fragmente, die sogenannten *small interfering RNAs* (siRNAs). Seither hat sich die künstliche Einführung von dsRNA (bzw. direkt von siRNA) zu einer gängigen Labormethode für den spezifischen *knockdown* von Genen, z. B. in Zellkulturen, entwickelt. Da mittlerweile bekannt ist, dass die Prozesse im *gene silencing* durch miRNA und siRNA sehr ähnlich verlaufen, wird der Begriff RNA-Interferenz inzwischen für das Wirkprinzip beider RNA-Arten verwendet.

Die beiden RNA-Spezies unterscheiden sich in einigen Punkten, unter anderem in der Struktur und dem genauen Ablauf bei der zellulären Prozessierung ihrer Vorläufer. Die wichtigsten Unterschiede betreffen jedoch ihre Spezifität gegenüber den Ziel-mRNAs und die Mechanismen, durch die sie die Proteinbiosynthese hemmen: Für **miRNAs** gilt, dass sie typischerweise nur mit einem Teil ihrer Sequenz komplementär an die Ziel-mRNA binden, d. h. es treten bei der Erkennung des Targets zumeist einige **Fehlpaarungen** auf. Dadurch sind miRNAs etwas „toleranter" und können **mehrere Gene als Targets** haben. Mechanisch beruht ihr Effekt darauf, dass die **Translation** der Ziel-mRNAs unterdrückt und deren **Degradation** eingeleitet wird. Die miRNA-induzierte Degradation erfolgt über die Prozesse Deadenylierung, Decapping und exonukleolytischen Abbau. Im Gegensatz dazu bindet eine **siRNA** vollständig, d. h. **ohne Fehlpaarungen**, mit ihrer Ziel-mRNA und hat dadurch nur **ein einzelnes Gen als Target**. Vom Mechanismus her lösen siRNAs die **sofortige Degradation** der erkannten mRNA aus. Der Abbau erfolgt durch Argonaute-Proteine, die die mRNA endonukleolytisch zerschneiden und dann für den weiteren, exonukleolytischen Abbau freigegeben. ○ Abb. 4.80 und ○ Abb. 4.81 stellen die Abläufe der RNA-Interferenz durch miRNA bzw. siRNA vor.

Mit dem Arzneistoff Patisiran wurde bereits das erste RNAi-Therapeutikum zugelassen. Es handelt sich um eine siRNA in Form eines kurzen RNA-Duplex mit teilweise methylierten Basen, die im Komplex mit Lipiden verabreicht wird und bei der hereditären ATTR-Amyloidose, einer seltenen Erbkrankheit, eingesetzt.

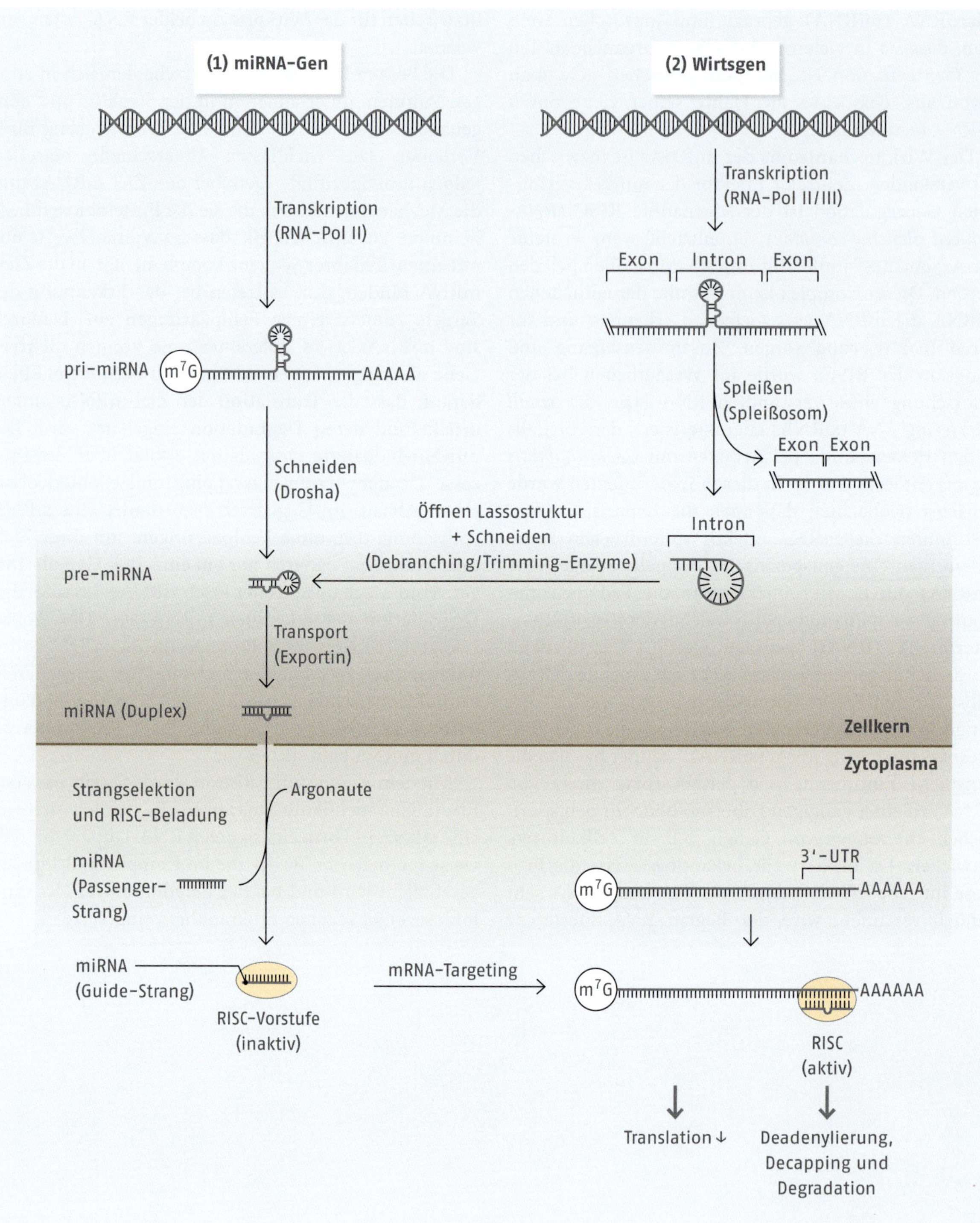
(1) miRNA-Gen
(2) Wirtsgen
Transkription
(RNA-Pol II)
Transkription
(RNA-Pol II/III)
Exon
Intron
Exon
pri-miRNA
m7G
AAAAA
Spleißen
(Spleißosom)
Exon Exon
Schneiden
(Drosha)
Öffnen Lassostruktur
+ Schneiden
(Debranching/Trimming-Enzyme)
Intron
pre-miRNA
Transport
(Exportin)
miRNA (Duplex)
Zellkern
Zytoplasma
Strangselektion
und RISC-Beladung
Argonaute
miRNA
(Passenger-
Strang)
3'-UTR
m7G
AAAAAA
miRNA
(Guide-Strang)
mRNA-Targeting
m7G
AAAAAA
RISC-Vorstufe
(inaktiv)
RISC
(aktiv)
Translation ↓
Deadenylierung,
Decapping und
Degradation

◀ **Abb. 4.80** RNA-Interferenz durch miRNA. MiRNAs entstammen entweder Genen, die eigens miRNA-codieren (1), oder sie sind „Zweitprodukte" bei der Transkription und Prozessierung von Wirtsgenen (z. B. proteincodierenden Genen). In diesen liegt die Information für die miRNAs typischerweise in den Introns (2). Bei der Expression eines miRNA-Gens (1) entsteht zunächst ein Primärtranskript, die sogenannte pri-miRNA. Daraus schneidet die RNase Drosha die sogenannte pre-miRNA, eine etwa 70 Nukleotide lange Stamm-Schleife-Struktur, heraus. Bei einer intronisch in einem Wirtsgen codierten miRNA (2) sorgt das Spleißosom für die Freisetzung des Introns. Debranching-Enzyme öffnen das lassoförmige Spleißprodukt und Trimming-Enzyme schneiden dieses so, dass eine pre-miRNA entsteht. Die pre-miRNA wird mithilfe des Proteins Exportin in das Zytoplasma transportiert. Dort schneidet die RNase Dicer aus der pre-miRNA die reifen miRNA als kurzes, doppelsträngiges RNA-Molekül (Länge durchschnittlich 22 Nukleotide) heraus. Diese wird von Proteinen der Argonaute-Familie gebunden, wodurch die inaktive Vorstufe des sogenannten RISC (*RNA-induced silencing complex*) entsteht. In diesem Komplex kommt es zur Selektion desjenigen Strangs der miRNA, der schließlich an die Ziel-mRNA binden wird (Guide-Strang). Der zweite Strang (Passenger-Strang) verlässt den Komplex und wird abgebaut. Nun kann der inaktive RISC mithilfe des Guide-Strangs an eine Ziel-mRNA binden. Die Bindung erfolgt zumeist über Bindungsstellen in der 3'-UTR der Ziel-mRNA. Damit kommt es zur Aktivierung des RISC als zentralem Effektorkomplex der RNA-Interferenz, der für die Unterdrückung der Genexpression auf Ebene der Translation und der mRNA-Stabilität sorgt.

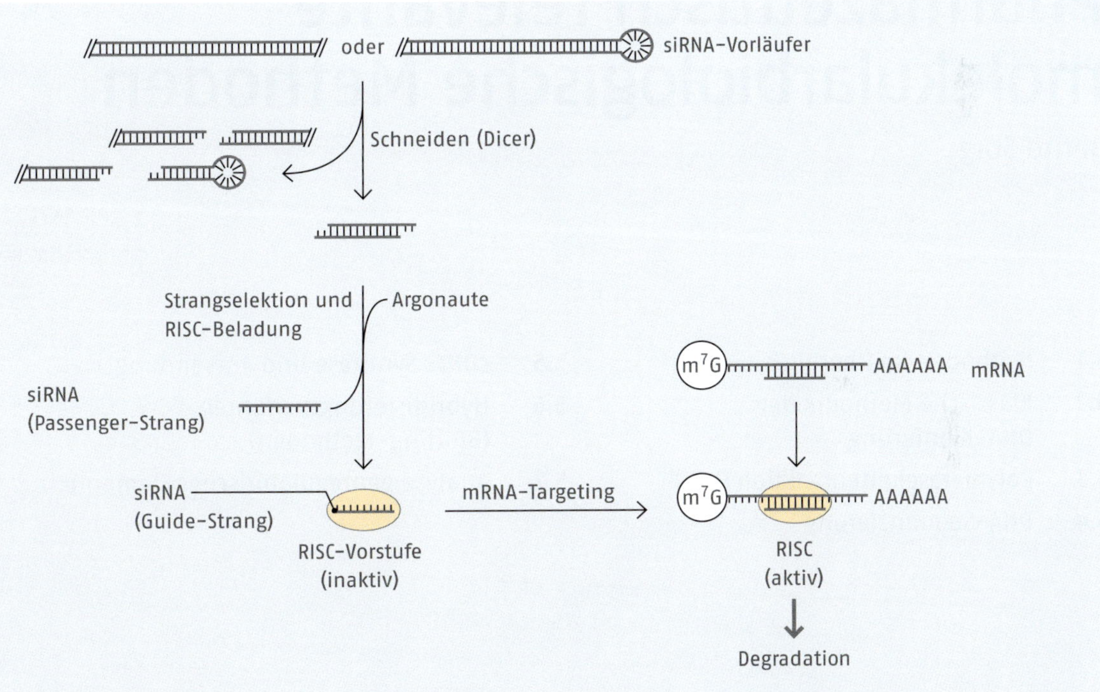

Abb. 4.81 RNA-Interferenz durch siRNA. Als Vorläufer der siRNA dient RNA mit langen, vollständig basengepaarten Doppelstrangabschnitten, entweder zwei komplementäre, aneinander gebundene Einzelstränge oder als Stamm-Schleife-Strukturen. In der experimentellen Anwendung von siRNA sind die Vorläufer exogenen Ursprungs, weiterhin ist auch die Bildung natürlich auftretender, endogener siRNA aus nichtcodierenden RNAs beschrieben. Aus den Vorläufern schneidet die RNase Dicer die siRNA (Länge durchschnittlich 21 Nukleotide) heraus. Die fertige siRNA wird von einem Komplex mit Proteinen der Argonaute-Familie gebunden, es entsteht die inaktive Vorstufe des sogenannten RISC (*RNA-induced silencing complex*). In diesem Komplex wird einer der beiden siRNA-Stränge als sogenannter Guide-Strang ausgewählt. Der zweite Strang (Passenger-Strang) wird aus dem Komplex entlassen und abgebaut. Der inaktive RISC kann nun durch den guide-Strang per vollständig komplementärer Basenpaarung an seine Ziel-mRNA binden und deren Inaktivierung herbeiführen. Im Falle der siRNA erfolgt dies durch Aktivierung der Endonuklease-Aktivität der Argonaute-Proteine, welche die mRNA endonukleolytisch zerschneiden und für den anschließenden exonukleolytischen Abbau freigeben

4

Pharmazeutisch relevante molekularbiologische Methoden

Bernd Sorg

Einleitung

In den 1970er- und 1980er-Jahren wurde eine Reihe von Labormethoden entwickelt, die die Welt der DNA und RNA auf der Ebene einzelner Gene für die Wissenschaft und die gentechnische Nutzung erschlossen haben. Durch die neu eingeführten Methoden waren erstmalig einzelne Gensequenzen der Analyse, Manipulation und der funktionellen Verwendung zugänglich. Diese revolutionären Fortschritte ebneten den Weg für den raschen Aufstieg eines neuen Wissenschaftsfelds, der Molekularbiologie.

Die Einführung dieser Techniken beeinflusst das Feld der Arzneistoffforschung und -entwicklung seither in steigendem Maße. So werden beispielsweise durch die **Analyse genetischer Faktoren** bei der Entstehung von Krankheiten neue Arzneistofftargets erschlossen, weiterhin ist es mit molekularbiologischen Methoden möglich, **genomische Arzneistoffwirkungen** wie eine Regulation der mRNA-Expression nachzuweisen. Dadurch eignen sich solche Verfahren sowohl zur **Arzneistofftestung** als auch zur mechanistischen Untersuchung der Arzneistoffwirkung. Weiterhin hat die **DNA-Rekombinationstechnologie**, die im Zuge der molekularbiologischen Revolution eingeführt wurde, die Entwicklung rekombinant hergestellter Arzneistoffe möglich gemacht. Darunter versteht man arzneilich verwendete Proteine, die mithilfe künstlich erzeugter Genkonstrukte hergestellt werden.

5.1 Methoden im Überblick

Je nach Aufgabenstellung werden im pharmazeutischen Kontext verschiedene molekularbiologische Methoden mit bestimmten Anwendungsbereichen benötigt.

Oftmals ist es bei molekularbiologischen Arbeiten zunächst erforderlich, eine DNA-Sequenz von Interesse in ausreichender Menge zu gewinnen, sodass eine weiterführende Anwendung möglich gemacht wird. Hierfür eignen sich die Techniken der klassischen **DNA-Klonierung**, bei der die entsprechende Sequenz in ein DNA-Trägermolekül eingebaut und in Wirtszellen vermehrt wird, sowie die **Polymerase-Kettenreaktion (PCR)**. Diese Verfahren werden im Folgenden als erstes besprochen.

Weiterhin sind in der Molekularbiologie Techniken notwendig, die eine qualitative und quantitative Analyse von Nukleinsäuren erlauben. In diesem Zusammenhang werden wir als erstes die **Didesoxymethode nach Sanger** als Werkzeug zur **Sequenzierung von DNA** kennenlernen. Als Methode zur Durchführung von **Genexpressionsstudien** wird das **Northern Blotting** vorgestellt, das zu den Hybridisierungsverfahren gehört. Anschließend wird das Umschreiben von mRNA-Sequenzen in sogenannte copy-DNA (cDNA) eingeführt. Diese Technik ist unter anderem die Basis für die **RT-PCR** (*reverse transcription polymerase chain reaction*), die als weitere Methode zur Genexpressionsanalyse eingesetzt werden kann.

Das Verfahren der cDNA-Synthese macht es außerdem möglich, Gensequenzen für die Expression in Wirtszellsystemen zu verwenden. In diesem Kontext werden die Grundlagen der **rekombinanten Proteinexpression** in Bakterienzellen besprochen.

Abschließend werden Methoden zur **Analyse genregulatorischer Elemente** eingeführt. Diese sind der *electrophoretic mobility shift assay* (EMSA), der zur Analyse von DNA-Protein-Interaktionen dient, sowie der Reportergenassay, der eine funktionelle Analyse der regulatorischen Elemente ermöglicht.

5.2 Klassische Methodik der DNA-Klonierung

Zu den größten Durchbrüchen der Molekularbiologie der 1970er-Jahre gehört die Etablierung des ersten Verfahrens zur **DNA-Klonierung**. Mit dieser Methode kann ein DNA-Abschnitt von Interesse vervielfältigt werden, indem man ihn in ein vermehrungsfähiges DNA-Trägermolekül (**Vektor**) einbaut und das Konstrukt von einer Wirtszelle replizieren lässt.

Das klassische Verfahren der DNA-Klonierung beruht auf mehreren methodischen Fortschritten aus jener Zeit, die zusammen Folgendes möglich gemacht haben:

- das zielgerichtete **Zerschneiden** von DNA-Molekülen,
- die **Aufreinigung** von DNA-Fragmenten,
- die **In-vitro-Verknüpfung** von DNA-Fragmenten zu artifiziellen DNA-Konstrukten, d. h. die Erzeugung **rekombinanter DNA.**

Durch diese Verfahren gelang es erstmals, DNA-Abschnitte, die aus verschiedenen Quellen stammen, nach Wunsch neu zusammenzusetzen. Allerdings kann eine rekombinante DNA durch In-vitro-Verknüpfung nur in kleinen Mengen in einem Reaktionsgemisch, das daneben auch unverknüpfte Ausgangsfragmente enthält, erzeugt werden. Um die gewünschten Konstrukte aus dem Ansatz zu isolieren und zu vermehren, wird die DNA in Wirtszellen eingebracht, die in Form von Einzelzellklonen angezüchtet werden. In diesen können die aufgenommenen DNA-Konstrukte repliziert werden. Um diesen Schritt möglich zu machen, werden bei der Klonierung spezielle Vektoren als Trägermoleküle verwendet – zumeist sind dies DNA-Plasmide (s. Kasten), die im Bakterium *E. coli* autonom vermehrt werden können, die sogenannten *E.-coli*-Klonierungsvektoren.

Fachgebietstransfer

DNA-Plasmide als Vektoren in der Molekularbiologie

Plasmide sind kleine, ringförmige, doppelsträngige DNA-Moleküle, die neben dem Bakterienchromosom („extrachromosomal") in Bakterien vorkommen und in diesen autonom repliziert werden können. Sie können genetische Informationen tragen, die für den bakteriellen Wirt von Vorteil sind, beispielsweise Antibiotikaresistenzgene. Aufgrund ihrer Stabilität, übersichtlichen Größe (zumeist wenige Kilobasenpaare) und leichten Vermehrbarkeit in Bakterien sind sie als Vektoren in der Molekularbiologie sehr beliebt. Allgemein versteht man in der **Molekularbiologie** unter einem Vektor ein autonom vermehrbares Trägermolekül, mit dem DNA-Sequenzen von Interesse in Wirtszellen eingebracht werden können.

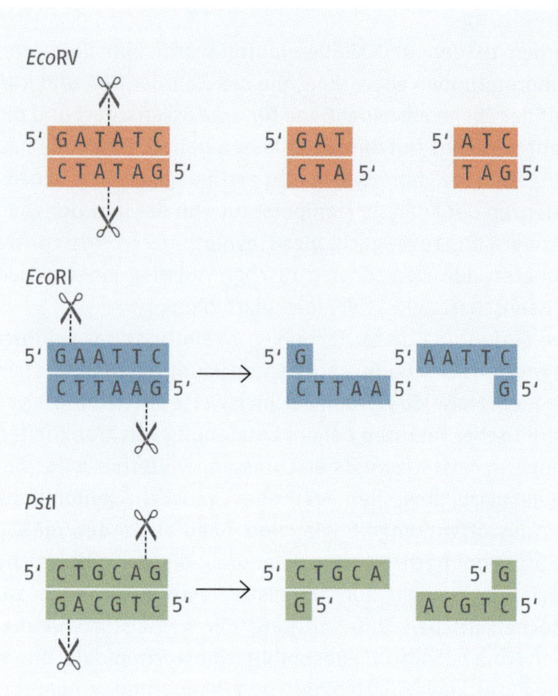

Abb. 5.1 Erkennungssequenzen und Schnittmuster der Restriktionsenzyme *Eco*RV, *Eco*RI und *Pst*I. Die Enzymbezeichnungen setzten sich aus den Abkürzungen für den Herkunftsorganismus (hier: *Escherichia coli* bzw. *Providenzia stuartii*), ggf. der Abkürzung für einen bestimmten Stamm (hier: „R" für den *E.-coli*-Stamm RY13) und einer römischen Zahl zusammen. Die Zahl dient dazu, verschiedene Enzyme aus einem Organismus/Stamm zu unterscheiden. Es sind verschiedene Schnittmuster möglich, entweder entstehen „stumpfe" Enden (*blunt ends*, bei *Eco*RV) oder solche mit „klebrigen" Überhängen (*sticky ends*, bei *Eco*RI mit 5'-Überhang und bei *Pst*I mit 3'-Überhang).

Eine der Hauptvoraussetzungen für die Entwicklung der Klonierungsmethodik, die die oben genannten Schritte umfasst, war die Entdeckung neuer Enzymarten. So wurde das gezielte Zerschneiden von DNA erst durch die Entdeckung der **Restriktionsenzyme** (Restriktionsendonukleasen) möglich. Dies sind Enzyme, die den Zugang von Fremd-DNA in Zellen restringieren, also beschränken. Diese Aufgabe erfüllen sie in Bakterien, wo sie als Abwehrwaffen gegen den Befall durch Viren dienen, da sie das zellfremde, virale Erbgut zerstören können.

Restriktionsenzyme erkennen in DNA-Doppelsträngen spezifische Sequenzen (Restriktionsschnittstellen), die zumeist 4–8 Basenpaare lang sind und charakteristische Symmetrieeigenschaften aufweisen. Oftmals handelt es sich dabei um **Palindrome**, d. h. die Sequenzen der beiden Einzelstränge in den Erkennungssequenzen wiederholen sich in umgekehrter Richtung. Die DNA-Stränge werden dort nach einem bestimmten Schnittmuster gespalten (Abb. 5.1).

Die Entdeckung der Restriktionsenzyme war ein entscheidender Faktor bei der Erforschung der DNA-Moleküle zellulärer Genome, die aufgrund ihrer außerordentlichen Länge für lange Zeit nicht näher untersucht werden konnten. Durch Restriktionsverdau war es möglich geworden, sie reproduzierbar und an definierten Stellen in „handliche" Stücke zu zerschneiden, um die DNA auf Ebene einzelner Gene zu analysieren.

DNA-Fragmente, die bei einem Restriktionsverdau entstehen, lassen sich über **Agarose-Gelelektrophorese** auftrennen und in weiteren Schritten auch aus dem Gel isolieren. Die Agarose-Gelelektrophorese wird unter leicht alkalischen Bedingungen durchgeführt, sodass das Phosphat-Rückgrat der DNA negativ geladen ist und die DNA-Fragmente im Gel nach ihrer Größe aufgetrennt werden. Die DNA-Moleküle können anschließend im Gel sichtbar gemacht werden, indem sie mit Fluoreszenzfarbstoffen angefärbt werden, die durch UV-Licht angeregt werden können.

Beim Restriktionsverdau eines DNA-Moleküls können, je nach Vorhandensein und Verteilung von Restriktionsstellen in der jeweiligen DNA-Sequenz, charakteristische **Fragmentmuster** entstehen. Diese dienen oftmals als einfache Möglichkeit zur **Identifikation** von DNA-Molekülen. Abb. 5.2 zeigt beispielhaft das Muster, das beim Verdau des Plasmids pBR322 (einem der ersten, allgemein verwendeten Klonierungsvektoren) mit dem Restriktionsenzym *Bst*NI entsteht.

Im Rahmen der DNA-Klonierung wird die Agarose-Gelelektrophorese dazu verwendet, diejenigen **DNA-Stücke** zu **isolieren**, die zu einer rekombinanten DNA zusammengefügt werden sollen. Dazu kann man Gel-

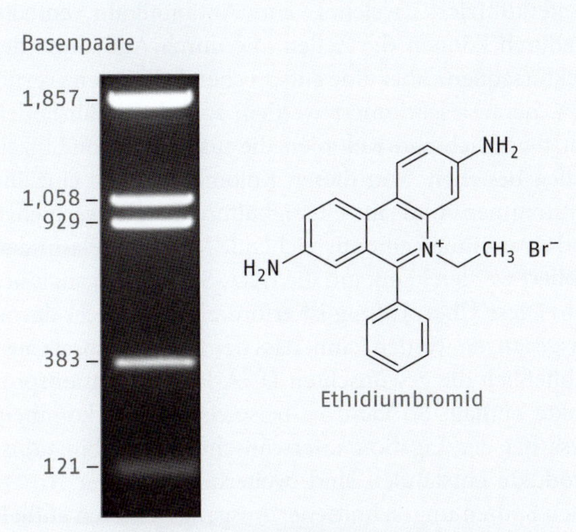

Abb. 5.2 DNA-Fragmentmuster des Plasmids pBR322 nach Verdau mit dem Restriktionsenzym *Bst*NI. Die DNA-Fragmente wurden durch Agarose-Gelelektrophorese aufgetrennt, mit dem Farbstoff Ethidiumbromid markiert und unter UV-Licht sichtbar gemacht. Ethidiumbromid ist ein sogenannter Interkalator, d. h. der planare Fluoreszenzfarbstoff lagert sich in die DNA ein, indem er sich zwischen die Basenstapel schiebt.

stücke, die die gewünschten DNA-Bande enthalten, auf einem UV-Tisch mithilfe eines Skalpells aus dem angefärbten Gel ausschneiden und das DNA-Fragment daraus extrahieren. Für die klassische DNA-Klonierung wird das DNA-Stück von Interesse, das sogenannte **Insert**, mit geeigneten Restriktionsenzymen aus einer Ausgangs-DNA ausgeschnitten. Die Restriktionsenzyme werden dafür so ausgesucht, dass sie gleichzeitig dazu verwendet werden können, den aufnehmenden **Vektor** an speziell dafür vorgesehenen Stellen zu öffnen (zu „linearisieren"). Durch Verwendung derselben Restriktionsenzyme in den beiden Ansätzen wird sichergestellt, dass Insert und Vektor **kompatible Enden** haben. Nach Aufreinigung durch Agarose-Gelelektrophorese und Extraktion werden die beiden Teile mithilfe der DNA-Ligase zu einer **rekombinanten DNA** verknüpft (Abb. 5.3).

In einem zweiten Schritt wird die rekombinante DNA in eine geeignete Wirtszelle eingebracht, damit sie dort vermehrt wird (Abb. 5.4). Zumeist wird hierfür das Bakterium *E. coli* – das beliebteste „Arbeitstier" der Molekularbiologen – verwendet. Da die Übertragung der DNA nur bei einem kleinen Anteil der eingesetzten Zellen gelingt, müssen bei diesem Schritt zudem die Bakterien herausselektioniert werden, die das Konstrukt aufgenommen haben. Für diese Zwecke verfügen die Vektoren über einen Replikationsursprung, der die

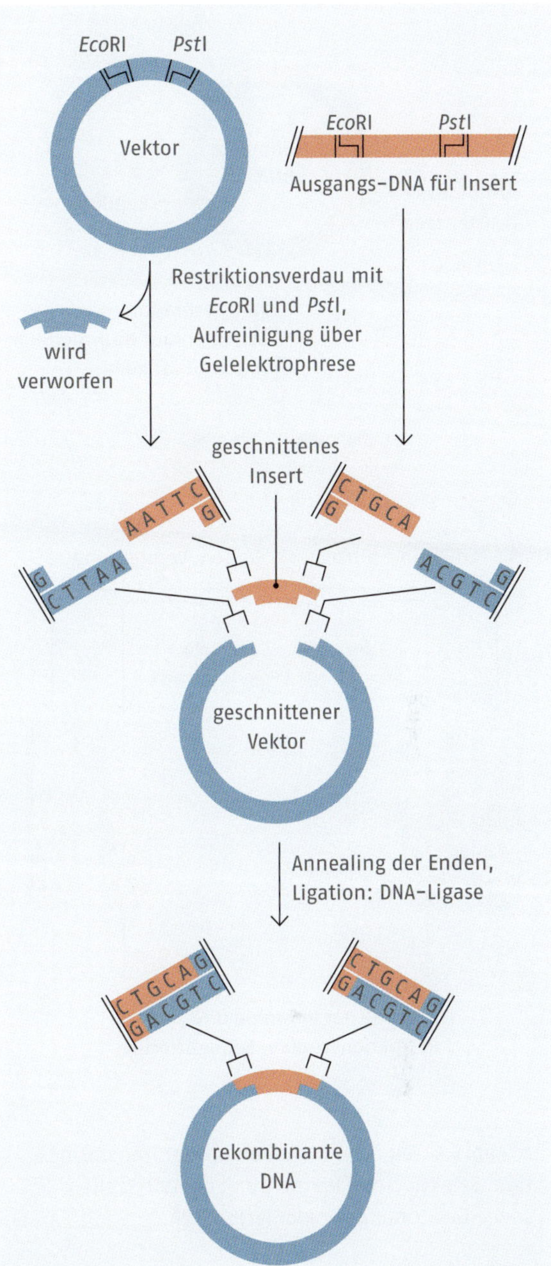

Abb. 5.3 Teil 1 der DNA-Klonierung: Erzeugung rekombinanter DNA. Sowohl der Vektor als auch die DNA, aus der das Insert gewonnen wird, werden mit denselben Restriktionsenzymen geschnitten und die gewünschten Fragmente über Agarose-Gelelektrophorese aufgereinigt. Für den Verdau wurden hier werden beispielhaft die Enzyme *Eco*RI und *Pst*I verwendet. Als Ausgangs-DNA kommen verschiedene Quellen in Frage, unter anderem Fragmente genomischer DNA oder PCR-Produkte (▸ Kap. 5.3). Durch Ligation entsteht die rekombinante DNA.

5

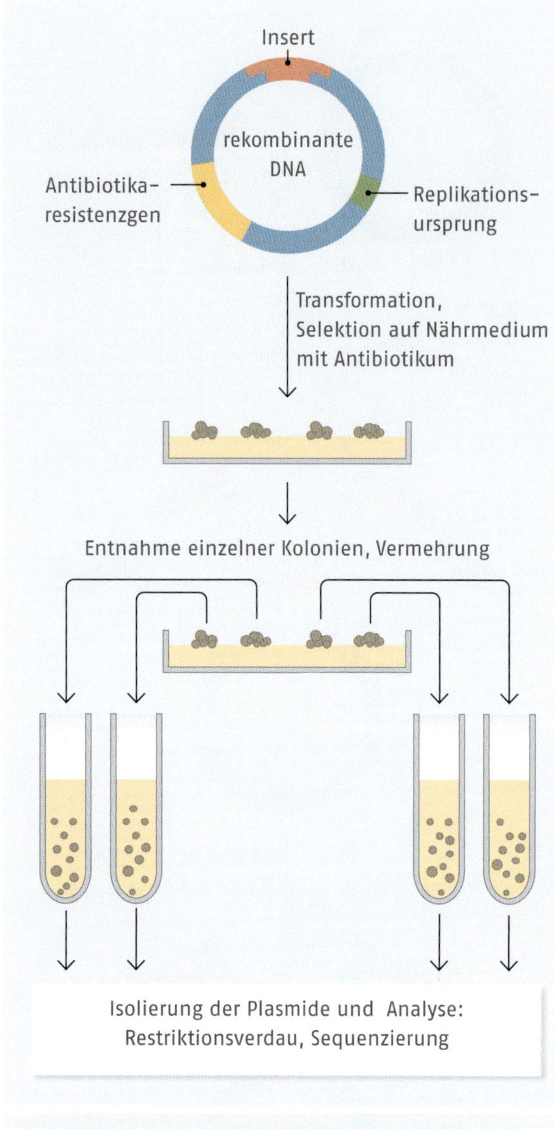

Abb. 5.4 Teil 2 der DNA-Klonierung: Transformation, Selektion und Vermehrung der Wirtszellen sowie Gewinnung der klonierten DNA.

autonome Vermehrung in *E. coli* ermöglicht, und über ein Antibiotikaresistenzgen, das eine Selektion der Empfängerzellen möglich macht.

Das Einbringen der rekombinanten Plasmide in die *E.-coli*-Zellen geschieht bei der sogenannten **Transformation**. Hierbei werden Bakterien, die sich in einem Puffer mit divalenten Kationen befinden, mit dem Ligationsansatz vereinigt und einem kurzen Hitzeschock ausgesetzt. Unter diesen Bedingungen werden die Bakterien in einem gewissen Ausmaß permeabilisiert und ein Teil von ihnen (<0,1 %) nimmt die Fremd-DNA auf. Nach einer kurzen Erholungsphase, die die Bakterien benötigen, um die Resistenzgene zu exprimieren, werden die Zellen auf einer Platte mit einem Nährmedium weiterkultiviert, welches ein Antibiotikum enthält. Dadurch können die Zellen, die durch Aufnahme der Vektorsequenz über eine entsprechende Resistenz verfügen, herausselektioniert werden. Auf dem Nährboden entstehen sichtbare Kolonien, die aus Klonen von Einzelzellen bestehen. Von diesen Kolonien werden einzelne entnommen und in Flüssigkulturen weitervermehrt, sodass aus ihnen eine ausreichende Menge an Plasmiden isoliert werden kann, um die DNA-Sequenz zu analysieren. Diese Überprüfung ist erforderlich, da nicht davon ausgegangen werden kann, dass der Ligationsansatz ausschließlich die gewünschten DNA-Rekombinationsprodukte enthält. So kann es beispielsweise vorkommen, dass bei der Ligation unerwünschte Rekombinationsprodukte entstanden sind, weiterhin kann der Ansatz auch Spuren ungeschnittener Ausgangsvektoren enthalten haben, die unverändert in den Bakterienklonen vermehrt wurden. Zur Prüfung der Plasmidarchitektur kann zunächst durch Restriktionsverdau festgestellt werden, ob zwischen den gewählten Restriktionsschnittstellen ein Insert mit der erwarteten Länge eingebaut wurde. Anschließend gibt eine DNA-Sequenzierung (▸ Kap. 5.4) genauen Aufschluss darüber, ob die gewünschte DNA-Sequenz kloniert wurde.

5.3 Polymerasekettenreaktion (PCR)

Mithilfe der **Polymerase-Kettenreaktion** (*polymerase chain reaction*, **PCR**) ist es möglich, einen DNA-Abschnitt nach Wahl exponentiell zu vermehren. Die Länge des Abschnitts kann dabei bis zu mehrere Kilobasenpaare betragen. Aufgrund der breiten Anwendbarkeit dieser Methode in der Molekularbiologie und molekularen Medizin gilt ihre Entwicklung als einer der bedeutendsten wissenschaftlichen Durchbrüche des 20. Jahrhunderts – eine Innovation, die im Jahr 1993 mit dem Nobelpreis gewürdigt wurde.

Zur Vervielfältigung (Amplifikation) eines definierten DNA-Abschnitts ist es erforderlich, dass dessen Sequenz zumindest teilweise bekannt ist. Dies beruht darauf, dass für die PCR kurze DNA-Oligonukleotide erforderlich sind, die an das Template binden und als Ansatzstücke für die DNA-Strangsynthese dienen (**Primer**). Somit muss im Vorfeld zumindest der Sequenzbereich an den entsprechenden Bindestellen am Anfang bzw. Ende des gewünschten DNA-Abschnitts bekannt sein.

Insgesamt werden für einen PCR-Ansatz folgende Komponenten benötigt:

- ein doppelsträngiges **DNA-Template**, das den zu amplifizierenden DNA-Abschnitt enthält und als Matrize für den Polymerisationsvorgang dient,

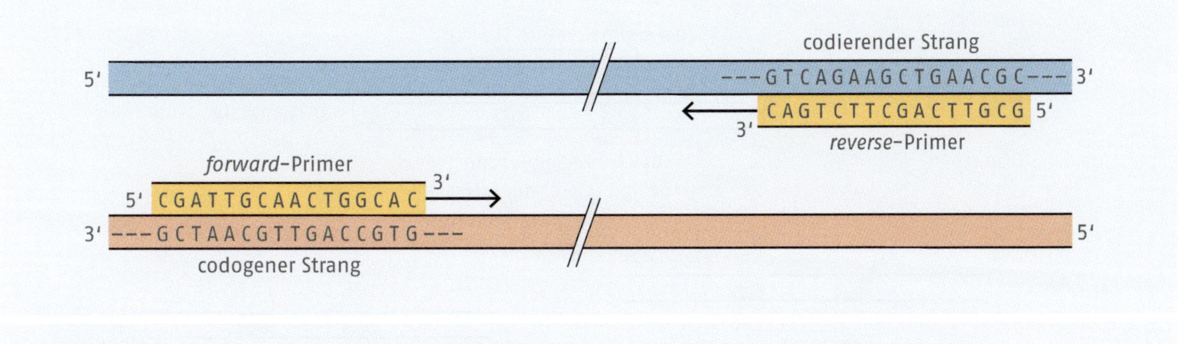

Abb. 5.5 Schematische Darstellung von PCR-Primern und den zugehörigen Template-Strängen

- ein Primerpaar aus *forward-* und *reverse-Primer*, der komplementär an die beiden Einzelstränge des Templates bindet und damit den zu amplifizierenden Bereich festlegt (Abb. 5.5); PCR-Primer haben üblicherweise eine Länge von 16–30 Basenpaaren (bp),
- eine **hitzestabile DNA-Polymerase** wie die *Taq*-DNA-Polymerase aus dem thermophilen Bakterium *Thermus aquaticus*,
- die vier **Desoxyribonukleosidtriphosphate** (dNTPs: dATP, dCTP, dGTP, dTTP) als Bausteine zur Synthese der DNA-Fragmente,
- ein geeignetes **Puffersystem** mit Magnesium als Cofaktor der DNA-Polymerase (zur Funktion des Magnesiums: ▸ Kap. 4.3.1).

Die Vermehrung der DNA wird in speziellen Geräten (Thermocyclern) durchgeführt, in denen die Ansätze nach einem bestimmten Temperaturprogramm rasch erhitzt bzw. abgekühlt werden können. Die Reaktionsführung bei der PCR ist zyklisch, wobei ein PCR-Zyklus grundsätzlich drei Schritte umfasst (Abb. 5.6):

- **Denaturierung** der DNA-Doppelstränge: der PCR-Ansatz wird für mindestens 15 s auf 95 °C erhitzt, was zur Trennung der DNA-Stränge des Templates führt, sodass diese als einzelsträngige Matrizen zugänglich werden.
- **Annealing** der Primer: Abkühlen des PCR-Ansatzes auf die optimale Anlagerungstemperatur der gewählten Primer. Diese liegt meist zwischen 50 und 65 °C und wird für mindestens 15 s gehalten.
- **DNA-Synthese**: der PCR-Ansatz wird auf das Temperaturoptimum der verwendeten Polymerase erwärmt. Bei der klassisch verwendeten *Taq*-Polymerase und anderen gängigen Enzymen beträgt dies 72 °C. Ausgehend von den Primersequenzen werden nun in 5′-3′-Richtung die neuen DNA-Stränge synthetisiert. Die Zeitdauer des Syntheseschritts wird nach der Länge des Zielfragments und der Synthesegeschwindigkeit der verwendeten Polymerase ausgewählt, und zwar so, dass die resultierenden Stränge eine ausreichende Länge haben, um in den nachfolgenden Schritten als Matrize für die Gegenstrangsynthese dienen zu können. Diese Voraussetzung ist erfüllt, wenn das vom *forward*-Primer ausgehende Produkt mindestens so lang ist, dass es die Bindestelle des *reverse*-Primers enthält und umgekehrt.

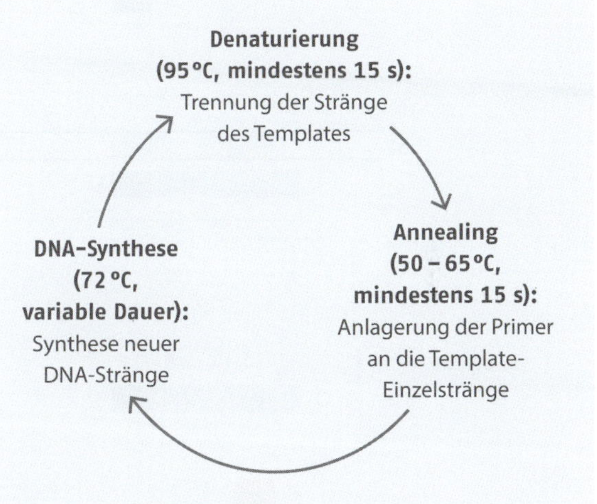

Abb. 5.6 Schritte eines klassischen PCR-Programms

Für das Verständnis der Polymerase-Kettenreaktion ist es wichtig zu wissen, dass in den ersten drei Zyklen unterschiedliche Produkte entstehen (Abb. 5.7):

- Im **1. Zyklus** werden Stränge variabler Länge gebildet. Die Länge der Stränge wird hier durch die Dauer des Syntheseschritts determiniert, da eine Kettenverlängerung nur bis zum Übergang zum Denaturierungsschritt stattfindet. Wie erwähnt, muss dieser Schritt von ausreichender Dauer sein, damit die Produkte im nächsten Schritt als Templates dienen können.
- Im **2. Zyklus** stehen die Stränge variabler Länge als Template für die Synthese komplementärer Stränge zur Verfügung. Dadurch entstehen erstmals DNA-Fragmente, deren Länge durch das Primerpaar vorgegeben ist, allerdings nur in Form von Einzelsträn-

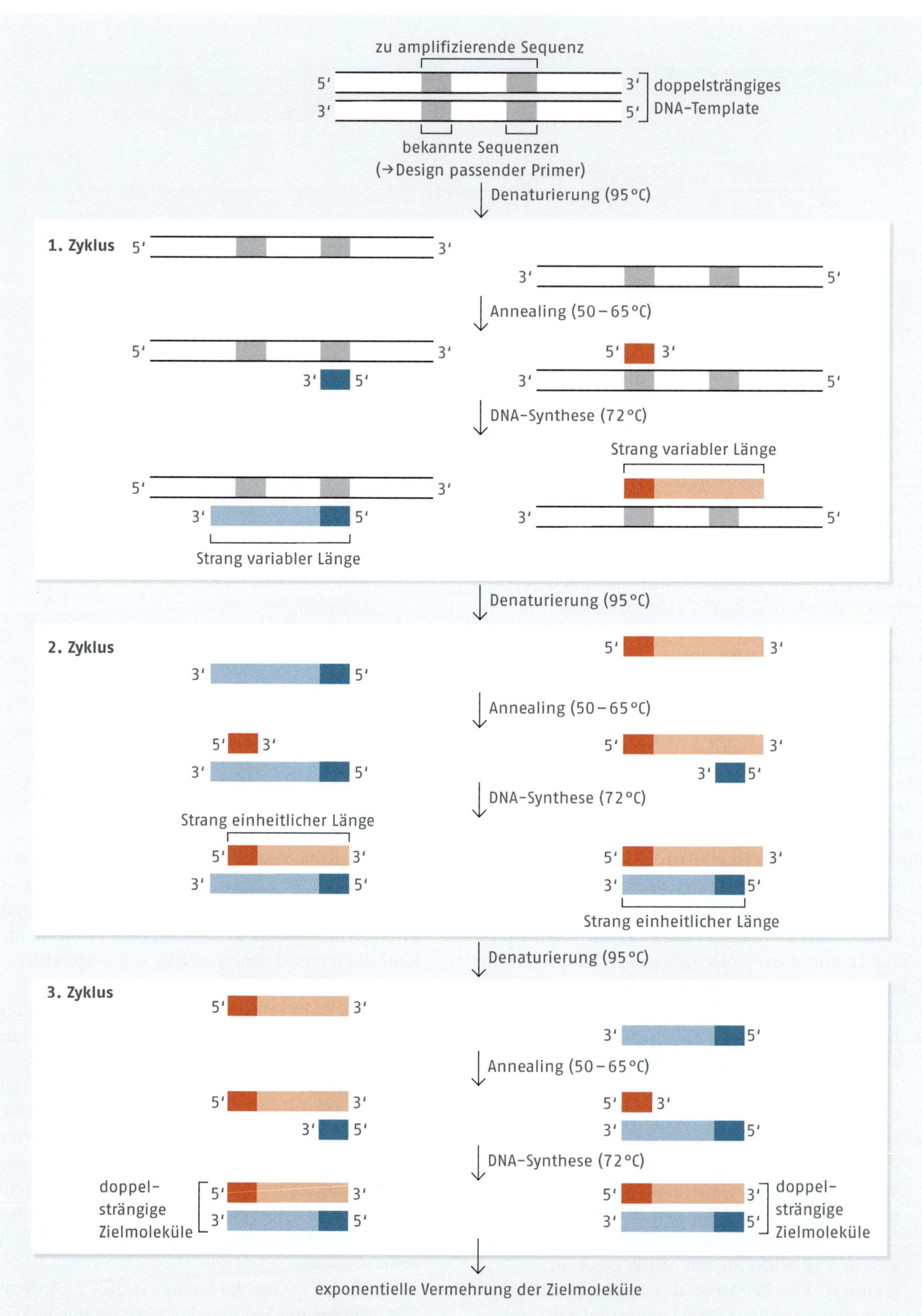

Abb. 5.7 Produktbildung in den ersten drei Zyklen einer PCR. Beachte: Für den 2. und 3. Zyklus sind lediglich die Vorgänge dargestellt, bei denen die Produkte des vorangegangenen Zyklus als Templates dienen.

gen, die im Komplex mit den Templates variabler Länge vorliegen.

- Im **3. Zyklus** entstehen nun die eigentlichen Zielprodukte: doppelsträngige DNA-Fragmente, deren Länge dem Abstand des Primerpaars auf dem Template entspricht.

Alle genannten Prozesse laufen in den weiteren Zyklen parallel ab. Allerdings wird nur das doppelsträngige Zielprodukt, das ab dem dritten Zyklus entsteht, exponentiell vermehrt und setzt sich daher als Hauptprodukt durch. Theoretisch verdoppelt sich die Anzahl der Produktmoleküle in jedem Zyklus, nach etwa 30 Zyklen würde man dabei eine Vermehrung um mehr als den Faktor 10^7 erreichen. In der Praxis findet jedoch nicht in jedem Umlauf eine vollständige Verdoppelung statt, was unter anderem daran liegt, dass bei der Umsetzung der dNTPs Pyrophosphat frei wird, welches die Aktivität der DNA-Polymerase hemmt.

Die PCR findet in der Molekularbiologie und der Medizin eine breite Anwendung. Da durch sie die fast beliebige Vermehrung eines DNA-Fragments von Interesse möglich ist, und somit die Erzeugung eines „Klons“ von DNA-Molekülen, gilt die PCR in der Molekularbiologie im weitesten Sinne als Methode zur DNA-Klonierung (▸Kap. 5.2). Prinzipiell wird sie immer dann angewandt, wenn ausreichende Mengen an DNA für analytische oder synthetische Zwecke zur Verfügung gestellt werden müssen. In der Medizin findet sie in der **Diagnostik** Anwendung, beispielsweise zum Nachweis spezifischer DNA-Sequenzen von Infektionserregern (z. B. HIV oder *Mycobacterium tuberculosis*) oder zum Nachweis spezifischer Mutationen (z. B. Gentranslokationen) in der Tumordiagnostik. Weiterhin ist sie von großer Bedeutung in der **Rechtsmedizin**. Anhand von DNA-Spuren an Tatorten lassen sich gezielt solche Sequenzen des menschlichen Genoms amplifizieren und analysieren, die bekanntermaßen eine hohe interindividuelle Variabilität aufweisen und damit die eindeutige Identifikation von Tatverdächtigen erlauben. Über die PCR ist auch eine **Quantifizierung von DNA** möglich. Ein Beispiel für eine solche quantitative Anwendung der PCR ist die in ▸Kap. 5.5 vorgestellte RT-PCR.

Partywissen

Für Neulinge im Labor kann die Durchführung einer PCR eine Herausforderung sein, aber auch alte Hasen können mit bestimmten Aufgabenstellungen (z. B. GC-reiche Templates) ordentliche Schwierigkeiten haben. Das mag der Grund dafür sein, dass die Bezeichnung PCR – zumindest bei Pechvögeln im Labor – auch als Abkürzung für „Pipette – Cry – Repeat“ gesehen wird.

5.4 DNA-Sequenzierung

Um in der Molekularbiologie mit Genen und deren Informationsgehalt arbeiten zu können, ist es oftmals erforderlich, die Basensequenz eines bestimmten DNA-Abschnitts zu bestimmen. Hierfür hat Frederick Sanger Ende der 1970er-Jahre eine elegante Methode eingeführt, die unter dem Namen **Didesoxymethode** oder **Sanger-Sequenzierung** bekannt wurde. Das Verfahren beruht im Grundsatz auf einer In-vitro-DNA-Polymerisationsreaktion, bei der die zu sequenzierende DNA als Template eingesetzt wird. Der besondere methodische Kniff dieses Verfahrens besteht darin, dass bei der Polymerisation mithilfe kettenabbrechender Nukleotide gezielt DNA-Abbruchfragmente erzeugt werden, mit deren Hilfe sich die Sequenz entschlüsseln lässt.

Für den DNA-Polymerisationsvorgang ist, wie bei der PCR, der Einsatz von kurzen DNA-Stücken als Primer erforderlich. Im Gegensatz zur PCR wird hier allerdings nur ein einzelner „Sequenzierprimer“, und kein Primerpaar, eingesetzt. Um entsprechende Primer konstruieren zu können, muss daher bereits im Vorfeld zumindest ein kurzer Sequenzabschnitt des Templates bekannt sein, von dem aus die benachbarten Abschnitte abgelesen werden können.

Für einen Sequenzieransatz werden zunächst einmal alle Bausteine benötigt, die für eine fortlaufende DNA-Polymerisation erforderlich sind. Diese sind das zu untersuchende Template, der Sequenzierprimer, DNA-Polymerase und die vier DNA-Bausteine in Form von Desoxyribonukleosidtriphosphaten (dNTPs). Um zusätzlich eine gezielte Induktion von Kettenabbrüchen zu erreichen, werden dem Ansatz bei der Reaktion **Didesoxyribonukleosidtriphosphate (ddNTP)** zugegeben. Diesen Bausteinen fehlt die 3′-OH-Gruppe eines „normalen“ dNTP, sodass deren Einbau in die Kette eine Sackgasse darstellt, da eine Kettenverlängerung durch 3′-5′-Verknüpfung mit weiteren dNTP nicht mehr möglich ist (◦ Abb. 5.8 A).

Die Mengenverhältnisse zwischen dNTP und ddNTP sind in den Ansätzen so gewählt, dass die Polymerisation an jeder Position der Sequenz nur bei einem kleinen Teil der neu synthetisierten Stränge abbricht. Somit entsteht ein Gemisch aus Fragmenten, die in ihrer Länge jeweils nur um ein Nukleotid differieren. Diese Abbruchfragmente können durch Kapillar-Gelelektrophorese voneinander getrennt werden (◦ Abb. 5.8 B, C).

Zur Detektion der Fragmente tragen die eingesetzten vier ddNTPs individuelle Fluoreszenzmarkierungen. Die Fluorophore (*) erlauben die eindeutige Identifizierung der Bausteine (ddATP*, ddCTP*, ddGTP* und ddTTP*). Entsprechend kann den einzelnen Abbruchfragmenten, je nachdem, welche Endmarkierung vor-

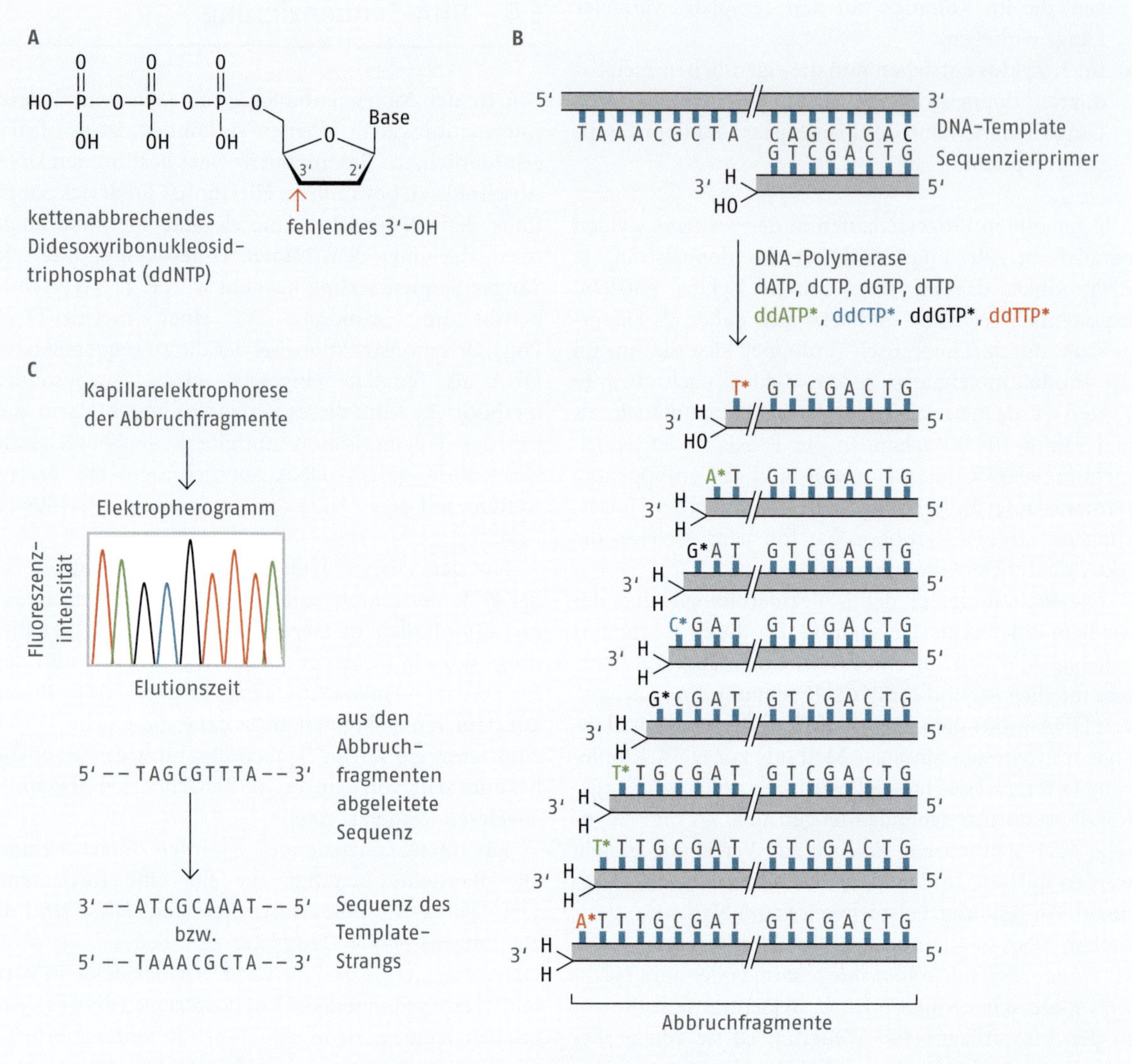

Abb. 5.8 DNA-Sequenzierung nach Sanger. A Struktur kettenabbrechender Didesoxyribonukleosidtriphosphate. B Entstehung markierter Abbruchfragmente bei der Sequenzierreaktion. Die DNA-Polymerase verlängert den Sequenzierprimer in 5'-3'-Richtung, an jeder Position kann es durch die ddNTP zum Kettenabbruch kommen. C Kapillarelektrophoretische Auftrennung der Abbruchfragmente und Ableitung der gesuchten Sequenz.

liegt, im Elektropherogramm eine bestimmte Farbe zugeordnet werden. Aus der Elutionsreihenfolge der Fragmente, die sich aus deren Größenunterschieden von je einem Nukleotid ergibt, kann nun die Basensequenz der neu syntethisierten Stränge abgelesen werden. Daraus lässt sich anhand des bekannten Watson-Crick-Basenpaarungsmusters leicht die gesuchte Sequenz des Templates ableiten. Typischerweise kann in einem einzelnen Elektrophoreselauf eine Sequenz mit einer Länge von etwa 1000 Nukleotiden aufgeklärt werden.

Die Möglichkeit, DNA-Stränge zu sequenzieren, kann letztendlich die Grundlage für bemerkenswerte Fortschritte in der Wirkstoffentwicklung der letzten Jahre betrachtet werden. Durch vergleichende Sequenzierung der DNA von Tumorpatienten wurden bislang zahlreiche Mutationen in tumorrelevanten Genen identifiziert, darunter solche, die zu aktivierenden Aminosäureaustauschen in wachstumsfördernden Tyrosinkinasen führen. Auf Basis dieser Informationen konnten Kinaseinhibitoren entwickelt werden, die spezifisch an den mutierten Proteinen angreifen. Diese Wirkstoffe stellen eine bedeutende Weiterentwicklung auf dem Weg zu verträglicheren Tumortherapien dar.

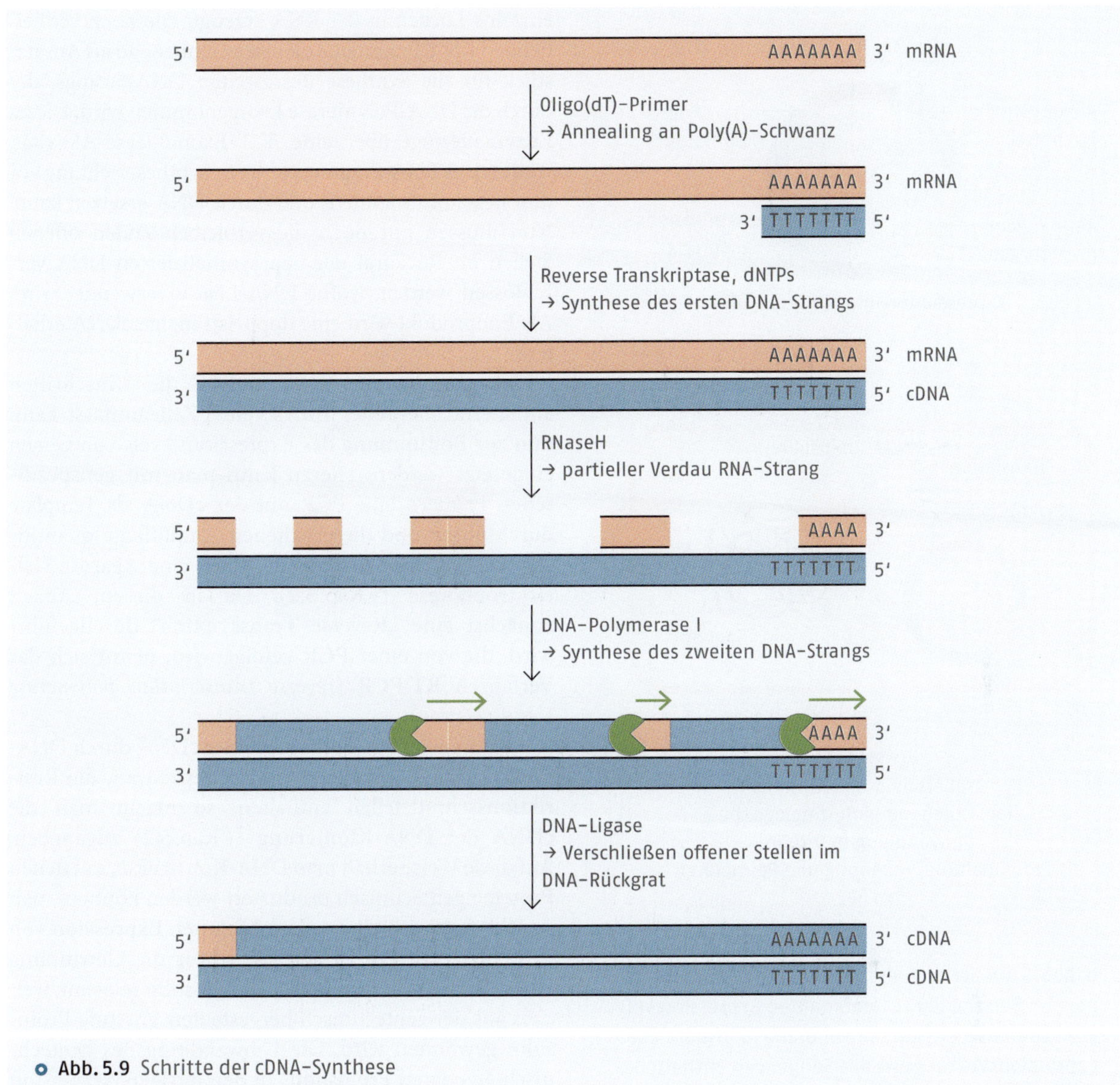

Abb. 5.9 Schritte der cDNA-Synthese

5.5 cDNA: Synthese und Anwendung

Für einige Anwendungen in der Molekularbiologie ist es äußerst nützlich, **RNA-Moleküle in DNA umkopieren** zu können. Dieser Kunstgriff eröffnet die Möglichkeit, die auf der RNA enthaltene Sequenz per PCR (▸Kap. 5.3.1) oder DNA-Klonierung (▸Kap. 5.2) zu vervielfältigen und so für die weitere Anwendung nutzbar zu machen.

Das Verfahren ist vor allem für die Analyse und funktionelle Verwendung von mRNAs interessant. Zum einen können die Umschriften dazu verwendet werden, das zelluläre Expressionsniveau der mRNAs mittels quantitativer PCR zu bestimmen, sodass dadurch eine Möglichkeit für **Genexpressionsstudien** eröffnet wird. Zum anderen erhält man über die Umschrift einer mRNA Zugriff auf das fortlaufende Leseraster bzw. die codierende Sequenz des darauf codierten Proteins (wir erinnern uns, dass das Leseraster in eukaryotischen Genen durch Introns unterbrochen wird, die bei der mRNA-Reifung entfernt wurden, ▸Kap. 4.4.5). Wird diese codierende Sequenz nun in ein geeignetes DNA-Trägerkonstrukt eingebaut, ist eine **rekombinante Expression** des entsprechenden Proteins in Wirtszellen möglich.

Das zentrale Werkzeug für das Umschreiben von mRNA in DNA ist die **Reverse Transkriptase (RT)**. Das Enzym stammt aus Retroviren und kann als RNA-abhängige DNA-Polymerase arbeiten. Das Produkt des Umschreibeprozesses wird als **copy DNA (cDNA)** bezeichnet. Als Ausgangsmaterial für die cDNA-Synthese wird zunächst RNA aus Zellen isoliert. Im ersten Schritt des Umschreibeprozesses wird die RNA wird mit Oligo(dT)-Primern versetzt, die an die Poly(A)-Schwänze der reifen mRNAs binden (○Abb. 5.9). Sie die-

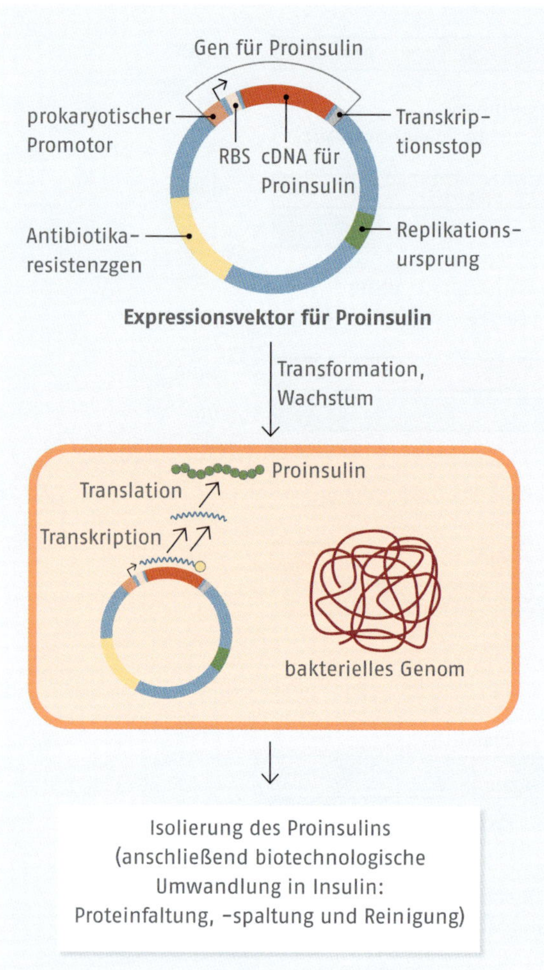

Abb. 5.10 Gentechnische Produktion von Proteinen am Beispiel der rekombinanten Expression von Proinsulin und dessen Umwandlung in Insulin. Ein Expressionsvektor muss alle Sequenzen enthalten, die für die Umsetzung der genetischen Information des Inserts (hier: cDNA für Proinsulin) notwendig sind: prokaryotischer Promotor, Ribosomenbindungsstelle (RBS, hier: Shine-Dalgarno-Sequenz) und Transkriptionsstopstelle. Das Plasmid wird durch Transformation in das Bakterium übertragen, wo die zelleigene Maschinerie für die Expression des darauf codierten Peptids sorgt.

nen der Reversen Transkriptase als Ansatzpunkt für die Synthese eines komplementären DNA-Strangs, wodurch DNA-RNA-Heteroduplexe entstehen. Um anschließend den störenden RNA-Anteil dieser Hybridmoleküle loszuwerden und durch DNA zu ersetzen, wird zunächst das Enzym Ribonuklease H (RnaseH) eingesetzt. Es verdaut den RNA-Strang partiell, indem es Strangbrüche und einzelne Lücken in der RNA erzeugt. Die noch verbleibenden RNA-Fragmente dienen anschließend als Ansatzstück für die Synthese des zweiten DNA-Strangs, der durch die DNA-Polymerase I vorgenommen wird. Dieses Enzym verfügt über eine 5′-3′-Exonuklease-Aktivität, wodurch es RNA-Fragmente, die in Syntheserichtung vor ihm liegen, „abräumen" und durch DNA ersetzen kann. Nun müssen nur noch die verbleibendenden offenen Stellen im Rückgrat der neu synthetisierten DNA verschlossen werden, wofür DNA-Ligase verwendet wird. Als Endprodukt wird eine doppelsträngige cDNA erhalten.

Die gewonnene cDNA, welche die Umschriften annähernd aller reifer mRNAs einer Zelle umfasst, kann nun zur Bestimmung des Expressionslevels von Genen eingesetzt werden. Hierzu kann man mit genspezifischen Primern eine PCR mit der cDNA als Template durchführen und die erhaltenen Amplifikate quantifizieren – im einfachsten Falle durch eine Agarose-Gelelektrophorese (▸Kap. 5.2). Da in diesem Ablauf zunächst eine „Reverse Transkription" durchgeführt wird, die von einer **PCR** gefolgt wird, nennt sich das Verfahren **RT-PCR** (*reverse transcription polymerase chain reaction*).

Fügt man an beiden Enden einer cDNA durch DNA-Ligation kurze Oligonukleotidsequenzen an, die Restriktionsschnittstellen enthalten, so macht man die cDNA der **DNA-Klonierung** (▸Kap. 5.2) zugänglich. Auf diese Weise erhält man DNA-Konstrukte, mit denen Proteine gentechnisch produziert werden können, man spricht dann von einer **rekombinanten Expression von Proteinen**. Dies ist beispielsweise für die Gewinnung von Peptid-Arzneistoffen wie dem Insulin relevant, welches aus der gentechnisch hergestellten Vorstufe Proinsulin gewonnen wird. Die Umwandlung des gentechnisch erzeugten Proinsulins in den fertigen Arzneistoff Insulin erfolgt anschließend durch weitere biotechnologische Prozessschritte.

Für die rekombinante Expression eines Proteins wie dem Proinsulin wird die entsprechende humane cDNA durch DNA-Rekombination in einen geeigneten Expressionsvektor eingefügt. Dieser muss über Sequenzen verfügen, welche die Transkription der codierenden Sequenz und die Translationsinitiation auf der mRNA ermöglichen (Abb. 5.10). Ein solches Expressionskonstrukt kann anschließend durch Transformation in *E.-coli*-Bakterien als Wirtszellen eingebracht werden, die dann in Massenkulturen angezüchtet werden. Dort kann das Protein in großem Maßstab gebildet werden. Wie in ▸Kap. 4.6.3 besprochen, werden zur Steuerung der rekombinante Expression oftmals die Regulationselemente des *lac*-Operons herangezogen.

5.6 Hybridisierungsverfahren (Blotting-Methoden)

Die Fähigkeit von komplementären Nukleinsäuresequenzen, miteinander zu hybridisieren, ist eine der Grundlagen für zahlreiche molekularbiologische Methoden. Im einfachsten Falle nutzt man diese Eigenschaft direkt für die Identifikation und Quantifizierung von Nukleinsäuren. Dies geschieht bei den sogenannten **Blotting-Methoden**, wo man ein markiertes DNA- oder RNA-Fragment als **Sonde** verwendet, um komplementäre DNA- oder RNA-Fragmente durch Bindung nachzuweisen.

Das erste Blotting-Verfahren wurde in den 1970er-Jahren von Sir Edwin Southern eingeführt und nach ihm benannt. Dieses „Southern Blotting" diente dem Nachweis von DNA-Fragmenten und wird heute kaum noch angewendet. Davon ausgehend wurde eine entsprechende Methode zum Nachweis von RNA entwickelt, die scherzhaft als **Northern Blotting** bezeichnet wurde. Dem Wortspiel folgend wurde auch das Western Blotting eingeführt, das für den Nachweis von Proteinen eingesetzt wird und bereits in ▸ Kap. 3.4.5 besprochen wurde.

Für das Northern Blotting wird das zu untersuchende RNA-Gemisch zunächst einer **Gelelektrophorese** unterzogen (◘ Abb. 5.11). Hierbei werden die RNA-Fragmente nach ihrer Größe aufgetrennt. Danach wird die RNA auf eine **Filtermembran** übertragen, sodass ein „Abklatsch" (engl. *blot*) des RNA-Fragmentmusters auf der Membran entsteht. Die Membran wird anschließend mit der markierte Nukleinsäuresonde inkubiert, sodass die Sonde an die Zielfragmente binden kann, d. h. es kommt zur **Hybridisierung** zwischen den beiden Nukleinsäuren. Anhand der Markierung der Sonde können die Zielfragmente nun sichtbar gemacht werden. Beispielsweise kann bei Verwendung einer radioaktiv markierten Sonde ein sogenanntes Autoradiogramm erzeugt werden, indem man die Membran auf einen Fotofilm auflegt. Damit die Identifizierung der Ziel-RNA durch die Sonde eindeutig erfolgt, muss zuvor sichergestellt werden, dass die Sonde eine ausreichende Spezifität für die Zielsequenz aufweist. Die Intensität des Signals der Sonde erlaubt auch die Quantifizierung der detektierten Ziel-RNA.

5.7 Analyse genregulatorischer Elemente

In Genexpressionsstudien stellt sich oftmals zuerst die Frage, ob und in welchem Ausmaß bestimmte Gene auf Ebene der RNA exprimiert werden. Diese Aufgabenstellung kann durch die bereits vorgestellten Methoden RT-PCR (▸ Kap. 5.2.2) und Northern Blotting (▸ Kap. 5.4) angegangen werden. Die Klärung dieser grundsätzlichen Aspekte wirft jedoch im Anschlus oftmals weitergehende, mechanistische Fragen zur Regulation der betreffenden Gene auf. Beispielsweise muss häufig geklärt werden, ob **bestimmte regulatorische Elemente** bzw. theoretisch **daran bindende Proteine** an der **Regulation eines bestimmten Zielgens** beteiligt sind. Antworten hierzu lassen sich aus Bindungsassays und Reportergenanalysen erhalten.

5.7.1 Bindungsassays: EMSA

Der *electrophoretic mobility shift assay* (EMSA) ist eine In-vitro-Methode, mit der sich aufklären lässt, ob ein bestimmtes Protein an einen definierten DNA-Abschnitt bindet. Das Verfahren beruht darauf, dass die elektrophoretische Mobilität von DNA-Fragmenten verringert wird, wenn Proteine daran gebunden haben.

Zur Durchführung eines EMSA werden benötigt:

- ein markiertes DNA-Fragment des zu untersuchenden Genabschnitts (Markierung z. B. mit radioaktivem ^{32}P),
- nukleäre Extrakte (Kernextrakte) aus Zellen, bei denen die entsprechenden Proteine in aktiver Form im Zellkern vorliegen.

Im ersten Schritt des Assays wird das DNA-Fragment mit dem nukleären Extrakt inkubiert und das Laufverhalten des Fragments per Gelelektrophorese untersucht. Anhand einer Verschiebung (*shift*) der Gelbande im Vergleich zur freien DNA kann auf eine Protein-DNA-Bindung geschlossen werden, da sich die Masse des freien DNA-Fragments durch die Bindung des Proteins erhöht und somit seine Mobilität in der Gelmatrix sinkt. Allerdings ist damit die Identität der Proteine, die an das Fragment gebunden haben, noch nicht klar. Um zu zeigen, dass spezifische Proteine für den *shift* verantwortlich sind, können in einem weiteren Ansatz spezifische Antikörper gegen diese Proteine eingesetzt werden. Führen diese zu einem sogenannten *supershift* des Fragments, also zu einer weiteren Verringerung der elektrophoretischen Mobilität, liefert dies ein deutliches Indiz dafür, dass es sich um das vermutete Protein handelt (◘ Abb. 5.12). Alternativ ist es möglich, die Spezifität der DNA-Protein-Interaktion zu untersuchen, indem man das Experiment mit aufgereinigten Proteinen bekannter Identität anstelle des nukleären Extrakts durchführt.

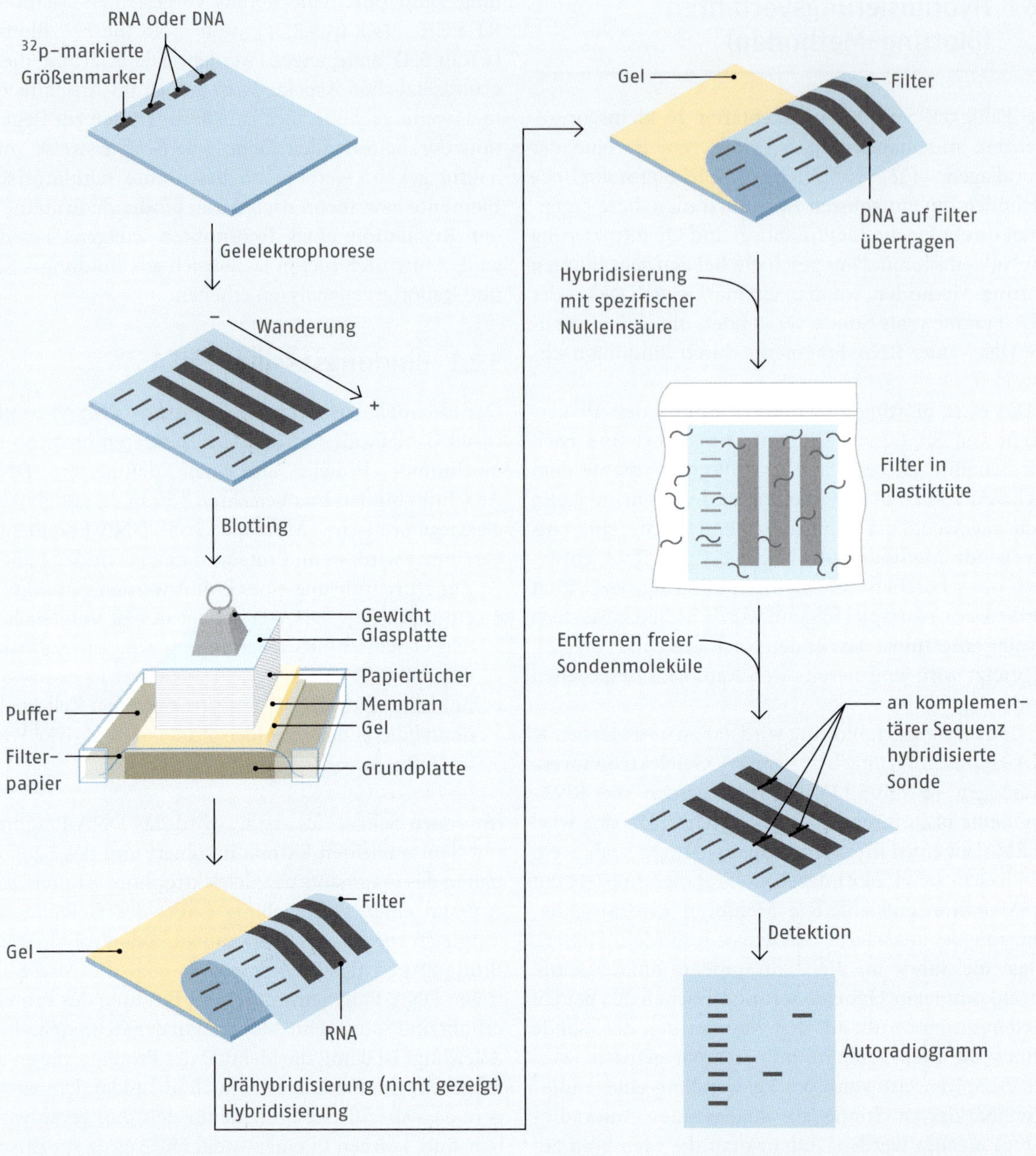

Abb. 5.11 Northern Blotting. Die Auftrennung der RNA-Fragmente erfolgt durch Gelelektrophorese unter denaturierenden Bedingungen. Dabei werden vorhandene RNA-Sekundärstrukturen aufgelöst, sodass das Laufverhalten der RNA im Wesentlichen von der Molekülgröße abhängt. Neben der RNA-Probe wird auf dem Gel ein markiertes Größenstandardgemisch (Markierung z. B. mit radioaktivem ^{32}P) aufgetrennt. Für den anschließenden „Abklatsch" der RNA (Blotting) wird das Gel nach dem klassischen Verfahren auf ein Filterpapier gelegt, das mit Puffer in Kontakt ist. Darauf werden die Blotting-Membran (aus Nitrozellulose oder Nylon) und saugfähige Papiertücher geschichtet. Der Stapel wird mit einer Glasplatte und einem Gewicht beschwert. Über Kapillarkräfte dringt der Puffer zu den Papiertüchern vor, wobei die RNA-Fragmente vom Gel auf die Membran übertragen werden. Unspezifische Bindungsstellen auf der Membran können anschließend durch Prähybridisierung (z. B. Inkubation mit *salmon sperm* DNA, nicht gezeigt) abgedeckt werden. Danach wird die einzelsträngige, markierte Sonde mit der Blotting-Membran inkubiert (Hybridisierung) und die Membran durch Waschen von nicht gebundenen Sondenmolekülen befreit. Das Auflegen der Membran auf einen Fotofilm (Autoradiographie) erlaubt die Sichtbarmachung der Zielfragmente und des Größenmarkers. Anhand der relativen Intensitäten von Signalen kann eine Quantifizierung vorgenommen werden, der Größenmarker ermöglicht die Bestimmung der Fragmentlängen.

5.7.2 Reportergenanalysen

Reportergenanalysen bieten im Gegensatz zu reinen Bindungsassays wie dem im vorhergehenden Abschnitt besprochenen EMSA die Möglichkeit, das Zusammenspiel zwischen regulatorischen DNA-Elementen und den daran bindenden Proteinen auf funktioneller Ebene zu untersuchen. Dabei wird in lebenden Zellen die transkriptionelle Aktivität artifizieller Genkonstrukte, sogenannter Reporterkonstrukte, bestimmt. Auf diese Weise können beispielsweise die Promotorregionen von Genen charakterisiert werden.

Die für einen Reportergenassay benötigten Reporterkonstrukte müssen im Vorfeld durch DNA-Klonierung (▸ Kap. 5.2) individuell hergestellt werden. Hierfür werden die zu untersuchenden regulatorische DNA-Bereiche in einem geeigneten Vektor vor ein sogenanntes **Reportergen** geschaltet. Unter diesem Begriff versteht man die codierende Sequenz für ein Protein, das sich möglichst einfach detektieren lässt. Im Assay wird jedoch zumeist nicht das Reporterprotein selbst quantitativ erfasst, vielmehr verfügen diese Proteine im Allgemeinen über eine leicht zu messende Aktivität, die bestimmt wird. Ein Paradebeispiel für ein Reporterprotein ist das Enzym Luciferase, das für das Leuchten der Glühwürmchen verantwortlich ist und dessen Aktivität sich bequem mithilfe eines Luminometers erfassen lässt.

Der Aufbau eines prototypischen Reporterkonstrukts ist in ◦ Abb. 5.13 dargestellt. Das zu untersuchende Promotorfragment, das die Transkriptionsstartstelle beinhaltet, wird vor die codierende Sequenz des Reporters gesetzt. Im Anschluss an die Reportersequenz liegt ein Transkriptionsstopsignal, sodass alle notwendigen genetischen Elemente für die Expression des Reporters im Konstrukt vorhanden sind.

Für den Assay wird das Reporterkonstrukt in eine Zielzelle eingebracht, in der das Reportergen in Abhängigkeit von der Aktivität des Promotors exprimiert wird. Das gebildete Protein kann nun gezielt aktiviert werden, im Falle der Luciferase durch Zugabe eines spezifischen Substrats. Die am Ende erfasste Signalintensität dient als indirektes Maß für die Aktivität des zu untersuchenden Promotors. Es wird bei einem Reportergenassay also davon ausgegangen, dass sich die Promotoraktivität – über die zwischengeschalteten Prozesse Transkription, Prozessierung und Translation – durch die Reporteraktivität erfassen lässt.

Eine Herausforderung des Assays liegt darin, verschiedene Ansätze, beispielsweise mit Reporterkonstrukten verschieden langer Promotorregionen, valide miteinander vergleichen zu können. Die Vergleichbarkeit zwischen den Ansätzen kann unter anderem darunter leiden, dass die Zellzahlen in den einzelnen Ansätzen variieren, oder dass verschiedene Reporterkonstrukte nicht mit vergleichbarer Effizienz in die Zellen aufgenommen werden. Um diese Aspekte zu adressieren, wird eine Normierungsmöglichkeit eingeführt: In jedem Ansatz wird neben dem zu untersuchenden Reporterkonstrukt ein zweites DNA-Konstrukt eingesetzt, welches ebenfalls Reporterfunktion hat (dualer Reportergenassay). Das Kontrollkonstrukt codiert für ein Reporterprotein, welches sich unabhängig detektieren lässt. Zur Steuerung der Expression dieses zweiten Reporters wird ein konstitutiv aktiver, möglichst zelltypunabhängig und robust funktionierender Promotor eingesetzt, sodass ein stabiles Signal zu erwarten ist. Zur Normierung werden die Signale des Reporterkonstrukts

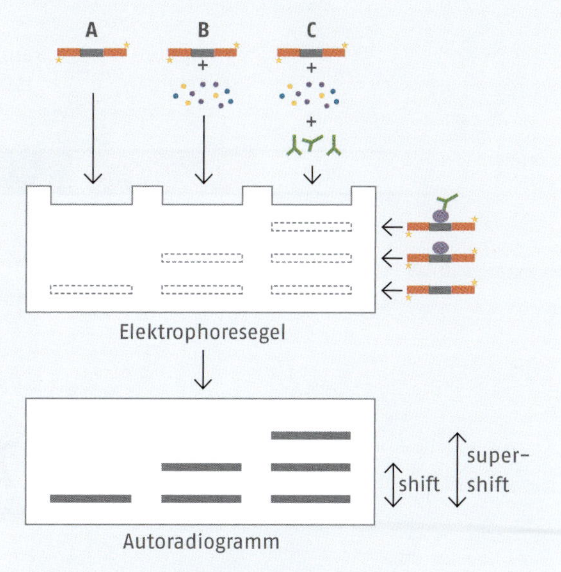

◦ **Abb. 5.12** *Electrophoretic mobility shift assay* (EMSA). Es werden drei Ansätze untersucht: **A** Radioaktiv markiertes DNA-Fragment, welches ein vermeintliches regulatorisches Element (grauer Bereich) enthält, **B** Inkubation des markierten DNA-Fragments mit einem nukleären Extrakt. Dieser enthält das Protein, welches vermutlich an das DNA-Fragment bindet. **C** Inkubation aus DNA-Fragment, nukleärem Extrakt und einem Antikörper, der gegen das zu untersuchende Protein gerichtet ist. Die Ansätze werden einer nichtdenaturierenden Gelelektrophorese unterzogen. Anschließend wird das Gel wird auf einen Fotofilm aufgelegt (Autoradiographie). Die Signale, die von Gelbanden mit einer geringeren elektrophoretische Mobilität als das freie DNA-Fragment stammen, weisen auf die Bildung von Protein-DNA-Komplexen hin (*shift* in Ansatz B), die noch stärker retardierten Banden in Ansatz C auf Komplexe aus DNA, Protein und spezifischem Antikörper (*supershift*).

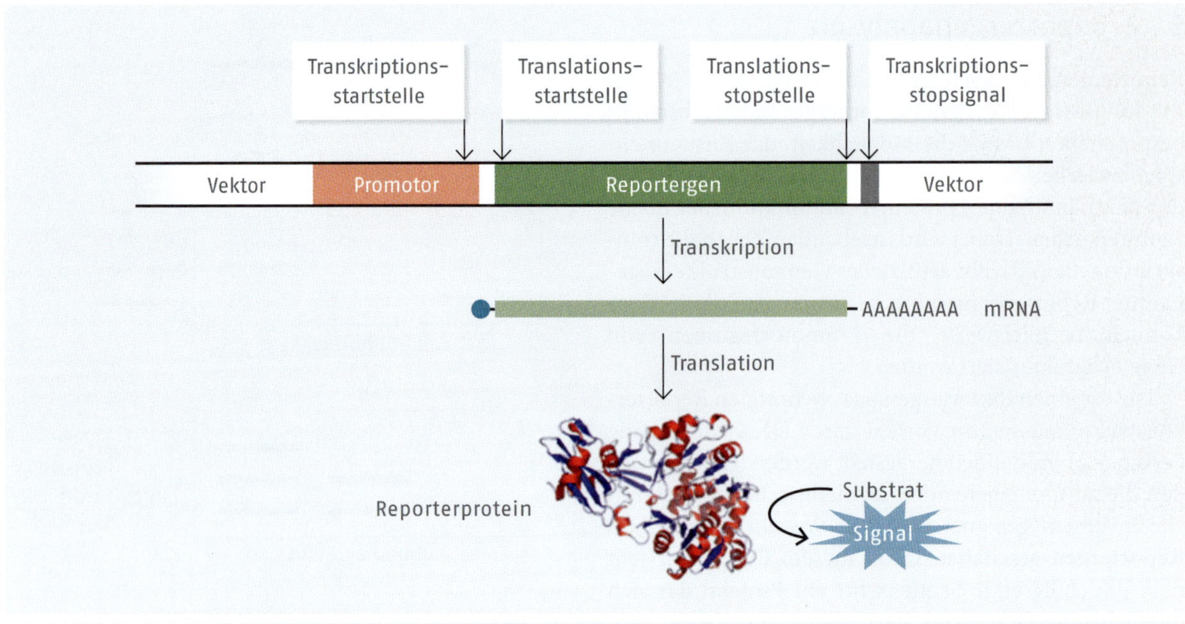

Abb. 5.13 Aufbau eines Reporterkonstrukts und zelluläre Abläufe bis zur Bestimmung der Reporteraktivität.

für jeden Ansatz in Bezug zu den Signalen des Kontrollkonstrukts gesetzt.

Als Vektoren für die Klonierung von Reporterkonstrukten dienen im Allgemeinen bakterielle Plasmide. Die damit klonierten Reporterplasmide lassen sich durch den Prozess der **Transfektion** in eukaryotische Zellen einbringen, wo sie auch als Fremd-DNA in den Zellkern transportiert und von der zellulären Transkriptionsmaschinerie erkannt und „prozessiert" werden können. Für die Transfektion von DNA existieren verschiedene Techniken: Bei der klassischen Calciumphosphat-Methode werden Cokristalle aus Calciumphosphat und DNA, die auf einen Zellrasen gegeben werden, von den Zellen aufgenommen, die später entwickelte Lipofektion arbeitet mit kationischen Lipiden, welche die DNA komplexieren und die Membranpassage der DNA vermitteln.

Wie wir bereits erfahren haben, können bestimmte Promotoren auch durch Arzneistoffe angesteuert werden (▸ Kap. 4.6.4). Daher sind Reportergenassays auch für die Wirkstoffentwicklung von Bedeutung. Beispielsweise kann die Potenz genregulatorischer Arzneistoffe wie der Glucocorticoide anhand von Reportergenassays mit Reporterkonstrukten, welche GRE (*glucocorticoid response elements*) enthalten, vergleichend eingeordnet werden.

Energiestoffwechsel

Diana Imhof

Einleitung

In unseren Zellen laufen zahlreiche chemische Reaktionen ab, deren Zusammenspiel innerhalb eines wohl definierten und regulierten Netzwerkes den **Stoffwechsel (Metabolismus)** darstellt. Diese Reaktionen steuern den Abbau **(Katabolismus)** und die Biosynthese bzw. den Aufbau **(Anabolismus)** der in ▸Kap. 1 besprochenen Biomoleküle. Für die Biosynthese aller Moleküle, die zu Aufrechterhaltung, Wachstum und Fortpflanzung der Zelle, aber auch für andere Aktivitäten wie Transport oder Bewegung notwendig sind, benötigt der Organismus **Energie.** Gewonnen wird diese Energie durch katabole Reaktionen beim Abbau großer Biomoleküle, die vorrangig aus der Nahrung stammen, zu kleinen Verbindungen und anorganischen Produkten. Ist diese **Energieversorgung reduziert**, so kann der Energiebedarf zeitweilig aus **internen Speichern** gedeckt oder durch Herabsetzen der Stoffwechselreaktionen gesenkt werden, wie es beispielsweise bei einigen Tieren während des Winterschlafs passiert. Eine länger anhaltende **mangelhafte Energieversorgung** führt jedoch zum **Tod** des Organismus, weil die (über-)lebenswichtigen Reaktionen nicht mehr durchgeführt werden können. Die Bedeutung des Energiestoffwechsels soll deshalb in diesem Kapitel näher beleuchtet werden.

6.1 Grundzüge des Energiestoffwechsels

Für den normalen Ablauf von Stoffwechselreaktionen sind **Enzyme** entscheidend. Ihre Eigenschaften und Funktionen haben wir bereits in ▸Kap. 2.5 kennengelernt. In der Beschreibung des Energiestoffwechsels wird nun auch deutlich werden, welche große Bedeutung Enzyme für die dabei ablaufenden Reaktionen besitzen und wie sie im Hinblick auf ihre Aktivität reguliert werden können. Es wird sich herausstellen, dass in den verschiedenen Abfolgen von Reaktionen, den sogenannten **Stoffwechselwegen**, bestimmte Schaltstellen existieren, über die der jeweilige Pfad streng kontrolliert wird. Ein weiterer wichtiger Aspekt ist die Verzweigung von Stoffwechselwegen, an denen Zwischenprodukte (**Metaboliten**) den Weg verlassen können oder zugefügt werden. Wie bei chemischen Reaktionen beeinflusst die Konzentration des Ausgangsstoffes (**Substrat**) und die des Endprodukts die weitere Abfolge der betroffenen Stoffwechselsequenz.

Stoffwechselwege laufen an verschiedenen Orten in der Zelle ab. So gibt es beispielsweise Reaktionen, die im Zytosol ablaufen und von löslichen Enzymen katalysiert werden, und andere, die in oder an einer Membran stattfinden. Ein Beispiel für einen membrangebundenen Weg stellt die oxidative Phosphorylierung (▸Kap. 6.1.5) dar, die in und an der inneren Mitochondrienmembran erfolgt. In eukaryotischen Zellen sind bestimmte Bereiche (**Kompartimente**) von Membranen umgeben und somit von der Umgebung abgegrenzt (Zellorganellen, ▸Kap. 8). Diese **Kompartimentierung** erlaubt es, dass **Stoffwechselwege ungestört voneinander ablaufen** (z. B. entgegengesetzte Wege) und dass innerhalb der Zelle getrennte Speicher (Pools) für Metaboliten gleichzeitig bestehen können. Eine weitere Funktion der Kompartimentierung ist die durch sie ermöglichte **Spezialisierung der Zellen** und dadurch der Gewebe und Organe. Verschiedene Gewebetypen teilen sich dabei die Arbeit und ermöglichen dadurch eine ortsgebundene Regulation des Metabolismus. Darum unterscheidet sich auch die Zusammensetzung der Enzyme in den einzelnen Zelltypen, wie den Herzzellen, Gehirnzellen, Muskelzellen oder Erythrozyten.

6.1.1 Wichtige Moleküle im Stoffwechsel

Enzyme existieren in einer großen Vielfalt und Komplexität (▸Kap. 2.5). Das liegt zum einen in ihrem Aufbau aus Aminosäuren begründet, denn viele katalytische Zentren resultieren aus der Anordnung bestimmter reaktiver Gruppen von Aminosäureseitenketten. Beispiele hierfür sind die Verdauungsenzyme Trypsin, Chymotrypsin und Elastase (Serinproteasen, ▸Kap. 2.5.2) mit ihrer katalytischen Triade aus Asp, His und Ser. Zum anderen sind in bestimmten Enzymen **Cofaktoren** (▸Kap. 2) an der Katalyse beteiligt, die entweder anorganische Ionen (Metalloenzyme) oder organische Verbindungen, die **Coenzyme** (▸Kap. 2), darstellen. Bei Letzteren muss man zusätzlich zwischen am Enzym fest gebundenen (prosthetische Gruppen) und nicht fest gebundenen (Cosubstrate) Coenzymen unterscheiden. Viele dieser Coenzyme werden aus Vorstufen synthetisiert, die Säugetiere, einschließlich des Menschen, mit der Nahrung aufnehmen müssen. Sie stellen also essenzielle Nährstoffe dar. Der Biochemiker **Casimir Funk** (1884–1967) hat irrtümlich geglaubt, dass alle diese Nahrungsinhaltstoffe Aminogruppen enthalten und ihnen deshalb den Namen **Vitamin** für vitales (lebenswichtiges) Amin gegeben. Er isolierte als Erster das zur Gruppe der B-Vitamine gehörende **Thiamin** (▸Kap. 6.1.1) aus den Schalen von Reiskörnern. Werden Vitamine nicht in ausreichender Menge aufgenommen, können **Vitamin-Mangelerkrankungen** entstehen (○ Abb. 6.1).

Basierend auf ihren physikochemischen Eigenschaften werden Vitamine in zwei Klassen eingeteilt, die wasserlöslichen (z. B. B-Vitamine, Vitamin C) und die fettlöslichen Vitamine (z. B. Vitamine A, D, E und K). Im Gegensatz zu den wasserlöslichen Vitaminen können die fettlöslichen aufgrund ihrer Hydrophobizität/Lipophilie im Fettgewebe gespeichert werden. Das wiederum kann bei einer übermäßigen Aufnahme zu einer toxischen Anreicherung und infolgedessen zu soge-

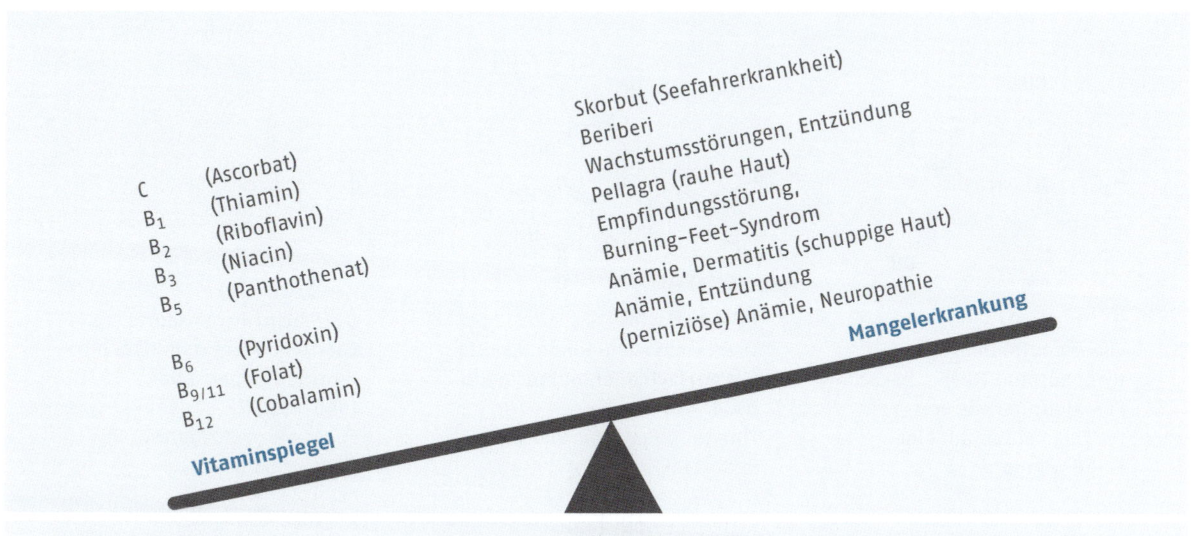

Abb. 6.1 Ausgewählte Vitamine und mit ihnen in Verbindung stehende Mangelerkrankungen

nannten **Hypervitaminosen** (durch unphysiologisch hohe Vitaminzufuhr verursachte Krankheiten) führen. Allerdings können auch wasserlösliche Vitamine durch Aufnahme exzessiver pharmakologischer Dosen zu Überdosierungserscheinungen führen.

Vitamine der B-Gruppe

Insbesondere den Vitaminen der B-Gruppe kommt eine wesentliche Rolle im Stoffwechsel zu, weil sie die Vorstufe für wichtige Coenzyme darstellen. Die Strukturen und Funktionen ihrer wichtigsten Vertreter sind in Abb. 6.2 gezeigt.

Energieträger

In einer einzelnen Reaktion eines Stoffwechselwegs werden nicht mehr als maximal 60 kJ/mol produziert. Die Synthese von Glucose aus Kohlendioxid und Wasser, beispielsweise, erfordert jedoch ca. 2800 kJ/mol. Es ist thermodynamisch unmöglich, diese Reaktion in einem Schritt durchzuführen, weil das Vorkommen einer so großen Energiemenge schädlich für die Zellen wäre. Aus diesem Grund wird die für die Stoffwechselreaktionen notwendige Energie in Portionen freigesetzt (katabole Prozesse) bzw. aufgenommen (anabole Prozesse). Der Organismus besitzt dafür Moleküle, die als Energieträger fungieren. Die wichtigsten Energieträger, die in allen Lebensformen vorkommen, sind **Adenosintriphosphat** (ATP) und **Nicotinamidadenindinukleotid** (NAD^+ und die reduzierte Form NADH, Abb. 6.3). An ausgewählten Stellen treten noch weitere wichtige Moleküle als Energieträger und/oder Reduktionsmittel in Erscheinung. Dazu gehören **Flavinadenindinukleotid** (FAD und dessen reduzierte Form $FADH_2$), **Nicotinamidadenindinukleotidphosphat** ($NADP^+$/NADPH) und **Guanosintriphosphat** (GTP; Abb. 6.3).

Im Gegensatz zu den oxidierten Formen NAD^+ und $NADP^+$ absorbieren die reduzierten Formen NADH und NADPH Licht im UV-Bereich bei einer Wellenlänge von 340 nm. Dieser Sachverhalt wird häufig für biochemische Tests ausgenutzt, um beispielsweise die Aktivität von Enzymen über Reaktionen, die mit der Bildung der reduzierten Formen dieser Cosubstrate einhergehen, zu bestimmen (Enzymatischer Test, ▸ Kap. 15).

6

6.1.2 Glykolyse

Das Monosaccharid Glucose ist die Hauptenergiequelle des menschlichen Organismus. Der Abbau von einem Molekül Glucose im Zytosol bis zum Pyruvat wird als Glykolyse bezeichnet (Abb. 6.4). Dabei entstehen aus einem Molekül Glucose zwei Moleküle Pyruvat. Dieser Abbau verläuft unter aeroben und anaeroben Bedingungen gleich, was für das weitere Schicksal des Pyruvats (▸ Kap. 6.1.3) allerdings nicht zutrifft. Netto entstehen beim glykolytischen Abbau neben Pyruvat je zwei Moleküle **ATP** und **NADH**.

Bevor die Glucose, die im Blut vorliegt, jedoch abgebaut werden kann, muss sie in die Zellen aufgenommen werden. Bereits hier – vor dem Eintritt in die Glykolyse – wird dieser Stoffwechselweg reguliert. Für den Transport aus dem Blut (hohe Glucosekonzentration) in die Zelle (niedrige Glucosekonzentration) besitzen alle Säugerzellen unter anderem gewebespezifische **Glucosetransporter** der GLUT-Familie (GLUT1-GLUT7), d. h. für den passiven Transport der Glucose verantwortliche membrandurchspannende Proteine. Der Transporter GLUT4 ist beispielsweise für die Aufnahme der Glucose in Skelett- und Herzmuskelzellen sowie in Adipozyten verantwortlich und wird durch das Hormon Insulin (▸ Kap. 9) reguliert. Nach Bindung des Insulins an sei-

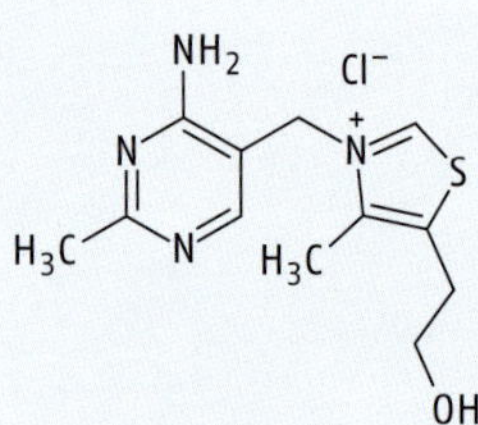

B_1 (Thiamin)
Coenzym: Thiaminpyrophosphat (TPP)
Funktion: Transfer von C2-Fragmenten mit einer Carbonylgruppe

B_2 (Riboflavin)
Coenzym: Flavinmononukleotid (FMN)/Flavinadenindinucleotid (FAD)
Funktion: Redoxpartner in Redoxreaktionen

B_3 (Niacin/Nicotinsäure)
Coenzym: Nicotinamidadenindinucleotid/phosphat (NAD^+/$NADP^+$)
Funktion: Redoxpartner in Redoxreaktionen

B_5 (Pantothensäure)
Coenzym: Coenzym A (CoA)
Funktion: Acylgruppen-Transfer

B_6 (Pyridoxin)
Coenzym: Pyridoxalphosphat (PLP)
Funktion: Aminogruppen-Transfer

B_7 (B_8, H; Biotin)
Coenzym: Biotin
Funktion: Carboxylierung oder Carboxygruppentransfer zwischen Substraten

B_9 (B_{11}, M; Folat)
Coenzym: Tetrahydrofolat
Funktion: Transfer von C1-Gruppen (Formyl-, Hydroxymethylgruppen)

Cyanocobalamin: R = –CN
Methylcobalamin: R = $-CH_3$
Adenosylcobalamin: R = 5'-Desoxyadenosyl

B_{12} (Cobalamine)
Coenzym: Methylcobalamin, Adenosylcobalamin
Funktion: Transfer von Methylgruppen, intramolekulare Umlagerungen

Abb. 6.2 B-Vitaminquellen wichtiger Coenzyme und deren Funktion im Stoffwechsel. Cholin wurde ursprünglich fälschlicherweise als Vitamin B_4 bezeichnet; B_{10} (*p*-Aminobenzoesäure) ist Bestandteil von Vitamin B_9.

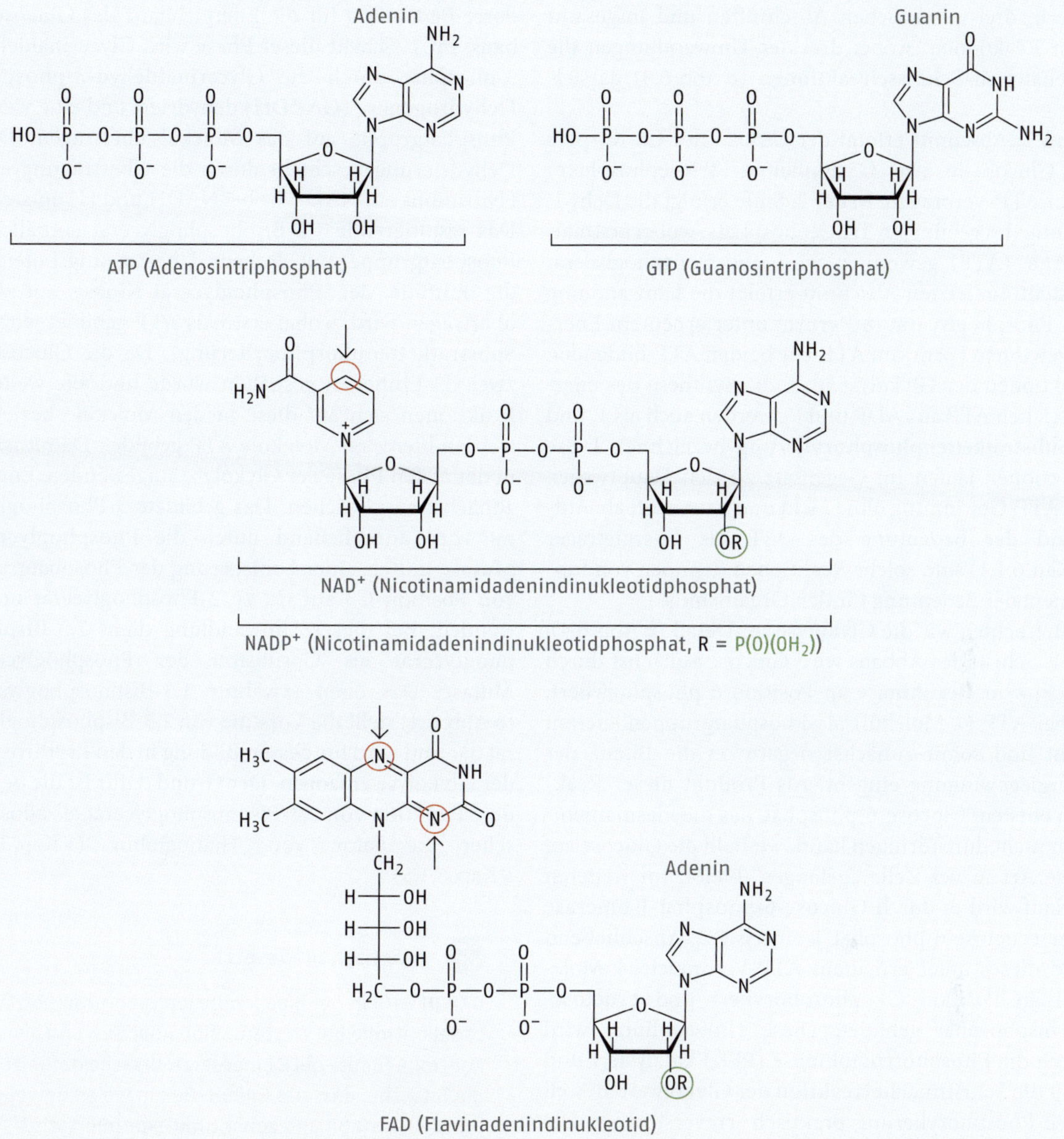

Adenin

ATP (Adenosintriphosphat)

Guanin

GTP (Guanosintriphosphat)

NAD^+ (Nicotinamidadenindinukleotidphosphat)

$NADP^+$ (Nicotinamidadenindinukleotidphosphat, R = P(O)(OH₂))

Adenin

FAD (Flavinadenindinukleotid)

Abb. 6.3 Wichtige Moleküle, die als Energieträger oder Reduktionsmittel im Metabolismus von Bedeutung sind. Rot markiert sind die Positionen, an denen sich die oxidierten Formen NAD^+, $NADP^+$ und FAD von den reduzierten NADH, NADPH und $FADH_2$ unterscheiden.

nen Rezeptor (▸ Kap. 9) auf der Zelloberfläche kommt es zur Fusion intrazellulärer Vesikel, die GLUT4 auf ihrer Oberfläche tragen, mit der Plasmamembran. Dadurch erhöhen sich die Anzahl der Transporter auf der Zelloberfläche und damit die Kapazität der Zellen, Glucose aufzunehmen. In anderen Geweben, wie den Hepatozyten (Leberzellen), wird der Glucosetransport durch GLUT2 (▸ Kap. 6.3) bewerkstelligt.

Merke

Die Bezeichnung Glykolyse leitet sich vom griechischen glykos (süß) und lysis (Auflösung) ab. Sie wird nach ihren Entdeckern auch als **Embden-Meyerhof-** bzw. **Embden-Meyerhof-Parnas-Weg** benannt.

Auf dem Weg zum Pyruvat erfolgt der Abbau der Glucose in drei wesentlichen Abschnitten und insgesamt zehn Reaktionen, wobei drei der Umwandlungen die sogenannten **Schlüsselreaktionen** (○ Abb. 6.4) darstellen.

Im 1. Abschnitt erfolgt der Umbau des C6-Körpers der Glucose in zwei C3-Einheiten (Triosephosphate) unter ATP-Verbrauch. In der 2. Stufe erfolgt die Dehydrierung des gebildeten Triosephosphats, wobei erstmals Energie (ATP) gewonnen wird und Phosphoglycerat entsteht. Im letzten Abschnitt erfolgt die Umwandlung von Phosphoglycerat in Pyruvat unter erneutem Energiegewinn in Form von ATP. Die beiden ATP-bildenden Reaktionen der Glykolyse, d. h. die Synthese des energiereichen ATP aus ADP und P_i, werden auch als 1. und 2. **Substratkettenphosphorylierung** bezeichnet. Diese Reaktionen laufen im Gegensatz zu den Hauptwegen der ATP-Gewinnung ohne Licht und Sauerstoff ab. Aufgrund der Bedeutung des ATP als Energieträger (▸ Kap. 6.1.1) sind solche Reaktionen dennoch von fundamentaler Bedeutung für den Organismus.

Betrachten wir die Glykolyse im Detail (○ Abb. 6.4): Im 1. Schritt des Abbaus wird Glucose zunächst durch das Enzym **Hexokinase** an Position 6 phosphoryliert, wobei ATP (1 Molekül) als Phosphatgruppenlieferant dient und somit zunächst negativ in die Bilanz der Energiegewinnung eingeht. Als Produkt dieser Reaktion entsteht Glucose-6-phosphat, das die Plasmamembran nicht durchdringen kann, weshalb die Glucose auf diese Art in der Zelle „gefangen" bleibt. Im weiteren Verlauf wird es durch **Glucose-6-phosphat-Isomerase** zum Fructose-6-phosphat isomerisiert. Anschließend wird dieses unter erneutem ATP-Verbrauch (1 Molekül) an Position C1 phosphoryliert und Fructose-1,6-bisphosphat gebildet. Diese Umwandlung wird durch die **Phosphofructokinase** (PFK) katalysiert und stellt die **Schrittmacherreaktion** der Glykolyse dar, weil diese Phosphorylierung praktisch irreversibel ist. Die Phosphofructokinase ist somit das Schlüsselenzym der Glykolyse (▸ Kap. 6.2.1). Fructose-1,6-bisphosphat wird anschließend von der **Aldolase** in Dihydroxyacetonphosphat (Ketotriose) und weiter durch die **Triosephosphat-Isomerase** in Glycerinaldehyd-3-phosphat (Aldotriose) gespalten. Dadurch wird der C6-Körper Glucose in zwei C3-Einheiten geteilt. Dihydroxyacetonphosphat und Glycerinaldehyd-3-phosphat stehen in einem Gleichgewicht, das zu ca. 96 % auf der Seite der Ketoform liegt. Die Verschiebung des Gleichgewichts auf die Seite der Aldotriose wird durch das Enzym **Triosephosphat-Isomerase** bewirkt, das sehr schnell die Ketoform in die Aldehydform umwandelt und somit Glycerinaldehyd-3-phosphat beständig für die nachfolgende Reaktion nachliefert.

Die nun folgenden fünf Reaktionen sind von besonderer Bedeutung für die Energiebilanz des Glucoseabbaus. Im 1. Schritt dieser Phase wird Glycerinaldehyd-3-phosphat durch die **Glycerinaldehyd-3-phosphat-Dehydrogenase** (GAPDH) dehydriert und eine weitere Phosphatgruppe auf das Molekül übertragen. Diese Dehydrierung geschieht durch die Übertragung eines Hydridions auf NAD^+, wobei NADH und H^+ entstehen. Das resultierende 1,3-Bisphosphoglycerat enthält eine Phosphatgruppe mit hohem Übertragungspotenzial, die mithilfe der **Phosphoglycerat-Kinase** auf ADP übertragen wird, wobei erstmals ATP gebildet wird (**1. Substratkettenphosphorylierung**). Da die Glucose in zwei C3-Einheiten gespalten wurde und alle weiteren Reaktionen sich auf diese beiden Moleküle beziehen, werden hier zwei Moleküle ATP gebildet. Damit ist die in der ersten Phase der Glykolyse aufgewendete Energie zunächst ausgeglichen. Das gebildete 3-Phosphoglycerat wird anschließend durch die **Phosphoglycerat-Mutase** mittels einer Umlagerung der Phosphatgruppe von Position C3 auf C2 zu 2-Phosphoglycerat umgewandelt. Bei dieser Umwandlung dient **2,3-Bisphosphoglycerat** als Cosubstrat der Phosphoglycerat-Mutase. Das oben erwähnte 1,3-Bisphosphoglycerat (○ Abb. 6.4) stellt die Vorstufe von 2,3-Bisphosphoglycerat dar und wird für dessen Bildung in den Erythrozyten der Glykolyse entzogen. Der Grund dafür ist die besondere Funktion von 2,3-Bisphosphoglycerat als allosterischer Regulator von Hämoglobin (▸ Kap. 2.4.3, ▸ Kap. 6.1.5).

Praktisch umgesetzt

GAPDH wird in der biochemischen Laborpraxis oft **als Ladekontrolle** bei Western-Blot-Analysen und als Kontrolle für die qPCR eingesetzt. Ursache dafür ist die Tatsache, dass das GAPDH-Gen in vielen Geweben und Zellen stabil und konstitutiv exprimiert wird. Man betrachtet es deshalb als sogenanntes **Haushaltsgen**.

Die Glykolyse wird nach der Bildung von 2-Phosphoglycerat mit einer Wasserabspaltung durch Enolase und der darauffolgenden Bildung von **Phosphoenolpyruvat** in die letzte Phase überführt. Phosphoenolpyruvat ist eine energiereiche Verbindung (Phosphorsäureester), deren Phosphatgruppe im letzten, irreversiblen Schritt des glykolytischen Abbaus durch **Pyruvatkinase** auf ADP übertragen und somit erneut ATP gebildet wird (**2. Substratkettenphosphorylierung**). Als Endprodukt entsteht **Pyruvat**, das aufgrund seiner vielfältigen Verwertungsmöglichkeiten einer der Knotenpunkte im Stoffwechsel ist.

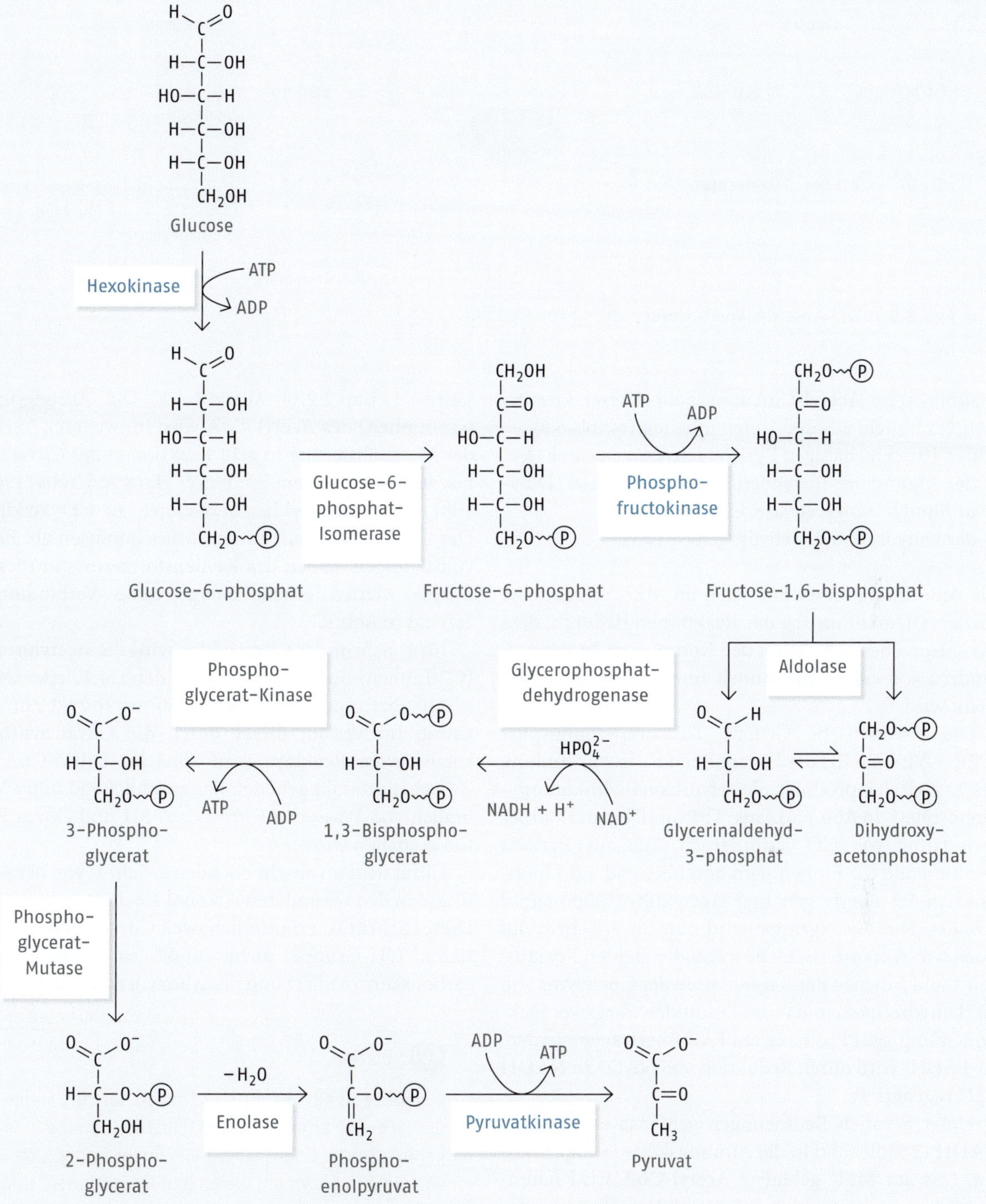

Glucose
Hexokinase
ATP
ADP
Glucose-6-phosphat
Glucose-6-phosphat-Isomerase
Fructose-6-phosphat
ATP
ADP
Phospho-fructokinase
Fructose-1,6-bisphosphat
Aldolase
Glycerinaldehyd-3-phosphat
Dihydroxy-acetonphosphat
Glycerophosphat-dehydrogenase
HPO_4^{2-}
NADH + H^+
NAD^+
1,3-Bisphospho-glycerat
Phospho-glycerat-Kinase
ATP
ADP
3-Phospho-glycerat
Phospho-glycerat-Mutase
2-Phospho-glycerat
$-H_2O$
Enolase
Phospho-enolpyruvat
ADP
ATP
Pyruvatkinase
Pyruvat

Abb. 6.4 Reaktionen der Glykolyse im Überblick

6

6.1.3 Pyruvatdecarboxylierung

Wie in ▸ Kap. 6.1.2 gezeigt, endet die Glykolyse im Pyruvat, das auch als Transaminierungsprodukt des Alanins entsteht und umgekehrt auch als Vorstufe bei der Biosynthese von Aminosäuren eine Rolle spielt. Pyruvat kann auf verschiedenen Wegen weiter umgesetzt werden, je nachdem welche Bedingungen vorliegen und wo diese Umsetzung stattfindet (Abb. 6.5).

Im Zuge der aeroben Verstoffwechselung in den Mitochondrien wird Pyruvat an einen **Multienzymkomplex** (MEK) gebunden und in einer Folge von

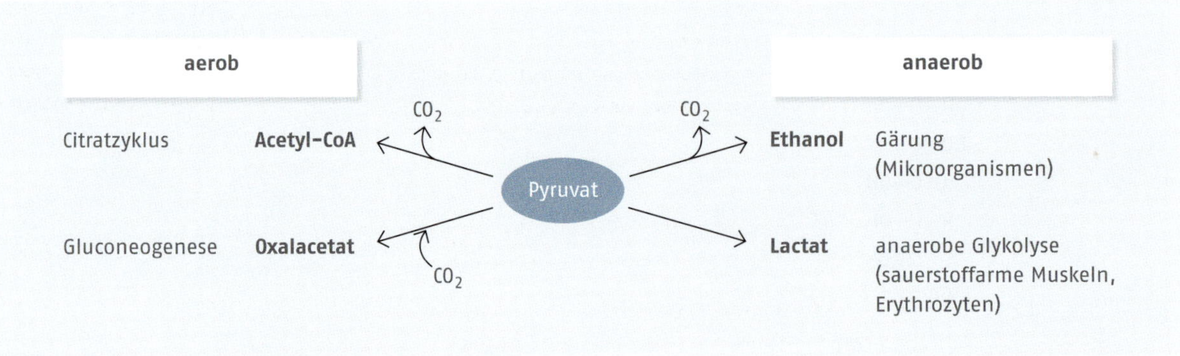

aerob | anaerob

Citratzyklus **Acetyl-CoA** ← (CO_2) ← Pyruvat → (CO_2) → **Ethanol** Gärung (Mikroorganismen)

Gluconeogenese **Oxalacetat** ← (CO_2) ← Pyruvat → **Lactat** anaerobe Glykolyse (sauerstoffarme Muskeln, Erythrozyten)

Abb. 6.5 Hauptwege der Verstoffwechselung von Pyruvat

Reaktionen zu **Acetyl-CoA** umgebaut. Dieser Enzymkomplex besteht aus drei Untereinheiten (Abb. 6.6):

1. der Thiamin-haltigen Pyruvatdehydrogenase (E1),
2. der Liponsäure-tragenden Acetyltransferase (Dihydrolipoyl-Transacetylase, E2),
3. der Dihydrolipoyl-Dehydrogenase (E3).

Die Anordnung dieser Einheiten im MEK erlaubt eine effiziente Durchführung der Reaktionen dadurch, dass das entsprechende Substrat den Komplex nicht verlässt, sondern von einer Untereinheit zur nächsten weitergereicht wird.

Die prosthetische Gruppe Thiaminpyrophosphat (TPP, → Vitamin B_1) der Untereinheit E1 ist zur Bildung des 1. Zwischenprodukts, des Hydroxyethylthiaminpyrophosphats (Abb. 6.6), aus TPP und Pyruvat unter Freisetzung von CO_2 erforderlich. Die aus Pyruvat resultierende C2-Einheit wird anschließend auf Liponamid in E2 übertragen und Acetyldihydroliponamid gebildet. Die Acetylgruppe wird nun im 3. Schritt auf Coenzym A transferiert. Die folgenden beiden Reaktionen 4 und 5 dienen der Regeneration des Coenzyms von E2 (Dihydroliponamid) zum Disulfid, wobei zwei Elektronen und zwei Protonen auf FAD übertragen werden. E3-$FADH_2$ wird durch Reduktion von NAD^+ zu **NADH + H^+** regeneriert.

Unter **aeroben** Bedingungen geht das entstandene **NADH** (2 Moleküle) in die **Atmungskette** (▸Kap. 6.1.5) ein. Das am MEK gebildete **Acetyl-CoA** wird hauptsächlich im **Citratzyklus** (▸Kap. 6.1.4) verbraucht. Im Falle eines Überangebots und ausreichend vorhandenem **NADPH** wird Acetyl-CoA für die **Fettsäuresynthese** (▸Kap. 7.3) verwendet.

6.1.4 Citratzyklus

Wie das Pyruvat kann auch Acetyl-CoA auf verschiedenen Wegen entstehen. Neben der bereits betrachteten Bildung aus Pyruvat aus dem glykolytischen Abbau (▸Kap. 6.1.3) liefern Fettsäuren (▸Kap. 7.2) und Aminosäuren (▸Kap. 2.2.1) Acetyl-CoA. Die Acetylgruppe (C2-Einheit) des Acetyl-CoA wird im weiteren Verlauf der Metabolisierung in acht Reaktionen des **Citratzyklus**, auch nach seinem Entdecker **Hans A. Krebs** (1900–1981) als **Krebs-Zyklus** bezeichnet, zu CO_2 oxidiert. Der Citratzyklus läuft in den Mitochondrien ab. Beim vollständigen Abbau des Kohlenstoffgerüsts in diesem Zyklus werden erneut energiereiche Verbindungen erzeugt (Abb. 6.7).

Im 1. Schritt des Citratzyklus wird die Acetylgruppe (C2-Einheit) des Acetyl-CoA auf den C4-Körper Oxalacetat übertragen. Als Kondensationsprodukt entsteht Citrat. Im Verlauf dieser durch die **Citrat-Synthase** katalysierten Reaktion wird zunächst Citryl-CoA als Zwischenprodukt gebildet, das anschließend unter Verbrauch von Wasser in Citrat, CoA-SH und einem Proton gespalten wird.

Citrat wird im anschließenden 2. Schritt von der **Aconitase** in den sekundären Alkohol Isocitrat isomerisiert. Dieser Schritt ist erforderlich, weil Citrat mit seiner tertiären OH-Gruppe nicht direkt zu einer α-Ketocarbonsäure oxidiert und decarboxyliert werden kann.

Merke

Aconitase ist ein besonderes Enzym, das zur Familie der (4Fe-4S)-Eisen-Schwefel-Cluster-Proteine gehört. Solche **Eisen-Schwefel-Cluster** finden sich vor allem in Enzymen, die an Redoxreaktionen, und hier speziell am Elektronentransport (▸Kap. 6.1.6) beteiligt sind. Aconitase bildet jedoch eine Ausnahme dahingehend, dass hier die Eisen-Schwefel-Cluster keine Rolle für die Elektronenübertragung, sondern für die Bindung des Substrats spielen.

Im 3. Schritt des Citratzyklus erfolgt die oxidative Decarboxylierung des Isocitrats zum α-Ketoglutarat durch das Enzym **Isocitrat-Dehydrogenase**, die dabei den Wasserstoff auf NAD^+ überträgt. Diese Umwand-

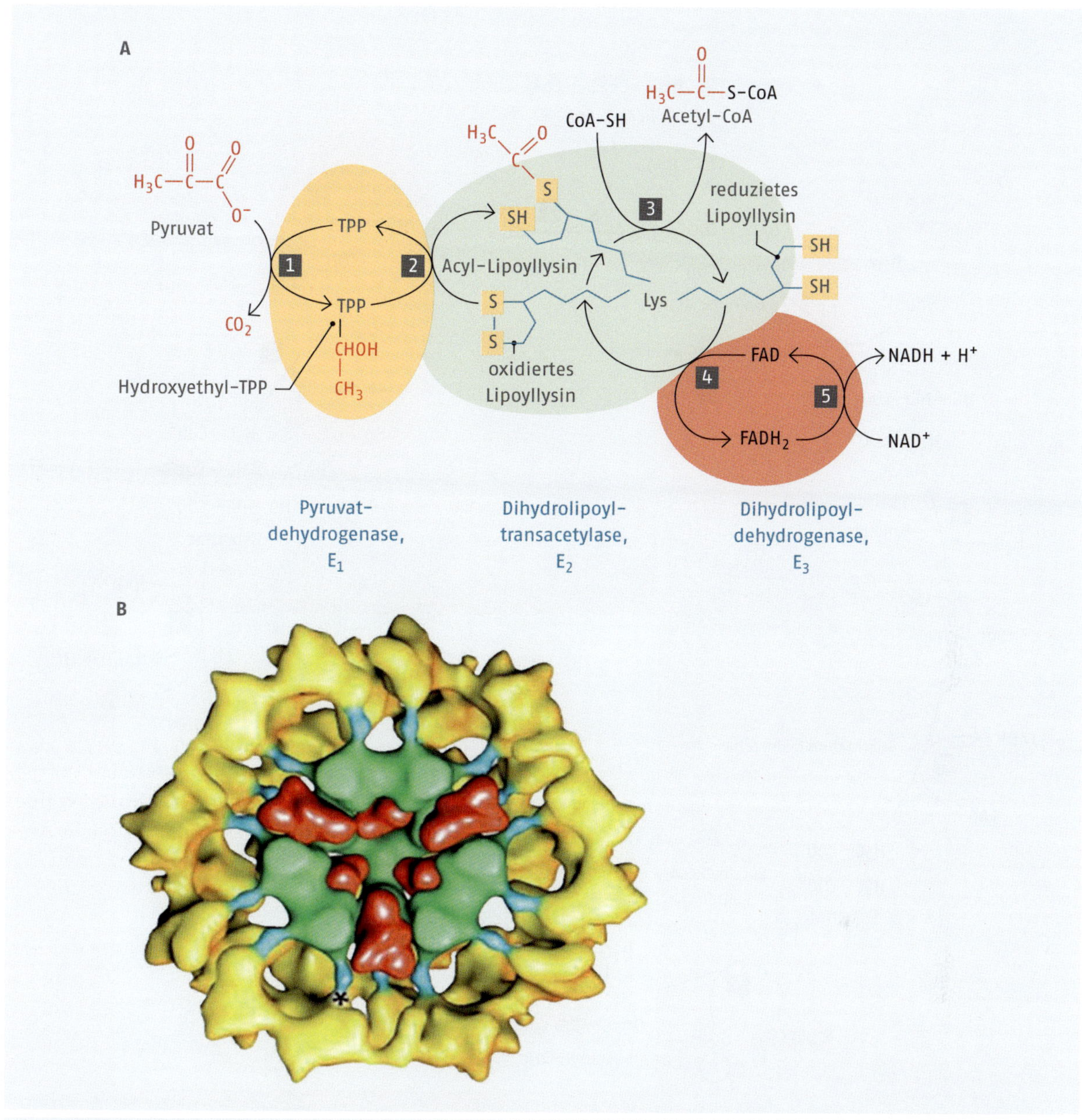

Abb. 6.6 Oxidative Decarboxylierung des Pyruvats zum Acetyl-CoA (A) am Pyruvat-Dehydrogenase-Multienzymkomplex (B)

lung erfolgt in zwei Schritten über das Zwischenprodukt Oxalsuccinat. Der zweite Teilschritt dieser Reaktion ist irreversibel und somit stellt dieser Schritt die Schlüsselreaktion des Citratzyklus dar. Tatsächlich ist diese Reaktion Ursache dafür, dass der Zyklus nicht in umgekehrter Richtung abläuft. Das Produkt α-Ketoglutarat stellt darüber hinaus einen wichtigen Knotenpunkt (→ vgl. auch Pyruvat, Abb. 6.5) im Stoffwechsel dar. Es liefert durch Transaminierung Glutamat und kann umgekehrt durch oxidative Desaminierung aus Glutamat entstehen.

In der anschließenden 4. Reaktion erfolgt die zweite Decarboxylierung des Citratzyklus (Abb. 6.7), wobei aus α-Ketoglutarat Succinyl-CoA entsteht. Diese Reaktion erfolgt an einem Multienzymkomplex, dem **α-Ketoglutarat-Dehydrogenase-Komplex**, wie wir ihn für die Pyruvat-Dehydrogenase bereits kennengelernt haben (▸ Kap. 6.1.3). Tatsächlich ähneln die beiden Komplexe sich sowohl strukturell als auch funktionell. Der α-Ketoglutarat-Dehydrogenase-Komplex enthält drei Komponenten, die ebenfalls mit den Kürzeln E1 bis E3 bezeichnet werden: die Thiamindiphosphat (TPP)-haltige **α-Ketoglutarat-Dehydrogenase** (E1), die **Dihydrolipoyl-Succinyltransferase** (E2) und die **Dihydrolipoyl-Dehydrogenase** (E3). Bei der letztgenannten Kompo-

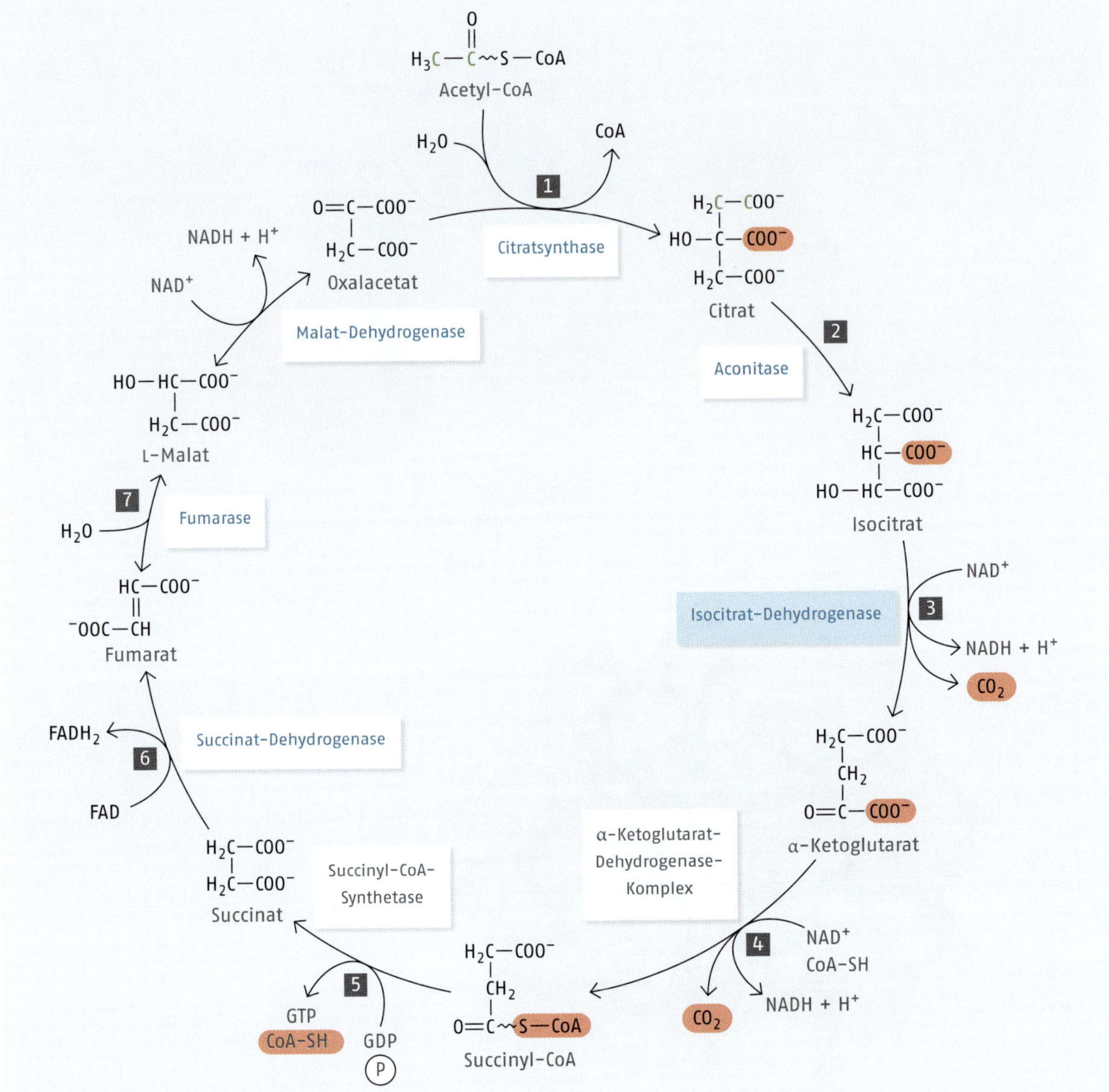

Acetyl-CoA
H_2O CoA
1 Citratsynthase
Oxalacetat
Citrat
2 Aconitase
Isocitrat
3 Isocitrat-Dehydrogenase
NAD^+ $NADH + H^+$ CO_2
α-Ketoglutarat
4 α-Ketoglutarat-Dehydrogenase-Komplex
NAD^+ CoA-SH $NADH + H^+$ CO_2
Succinyl-CoA
5 Succinyl-CoA-Synthetase
GDP P GTP CoA-SH
Succinat
6 Succinat-Dehydrogenase
FAD $FADH_2$
Fumarat
7 Fumarase
H_2O
L-Malat
Malat-Dehydrogenase
NAD^+ $NADH + H^+$

Abb. 6.7 Reaktionen des Citratzyklus im Überblick

nente handelt es sich um das gleiche Protein wie es auch im Pyruvat-Dehydrogenase-Komplex vorkommt. Neben der Bildung von CO_2 ist auch diese Reaktion mit der Bildung von Reduktionsäquivalenten (NADH) verbunden.

Merke

Wie viele Metabolite kann auch **Succinyl**-CoA auf anderen Wegen entstehen und in den Citratzyklus einfließen (Abb. 6.7). Beispielsweise liefert der Abbau der Aminosäuren Methionin, Valin und Isoleucin das Succinyl-CoA. Diesem Zwischenprodukt des Zyklus kommt außerdem eine wichtige Bedeutung für die **Häm-Biosynthese** zu (→ Protoporphyrin-IX, ▸Kap. 6.1.5). Im ersten Schritt der Porphyrin-Synthese im tierischen Organismus wird aus Glycin und Succinyl-CoA δ-Aminolävulinsäure (5-Aminolävulinsäure) mithilfe des Enzyms **δ-Aminolävulinatsynthase** (**ALAS**) gebildet. Pyridoxalphosphat (PLP, Abb. 6.2) dient hier als Coenzym. Genetisch bedingte oder erworbene Enzymstörungen bei der Biosynthese von Häm führen zu einer Akkumulation von Vorläufermolekülen des Häms, wodurch verschiedene Typen der Krankheit **Porphyrie** entstehen können.

Der verbleibende Teil des Succinyl-CoA wird im 5. Schritt des Citratzyklus mithilfe der **Succinyl-CoA-Synthase** in Succinat und CoA-SH umgewandelt. Dabei wird die Energie des Thioesters auf GDP überführt, um die energiereiche Verbindung GTP aufzubauen. Demnach führen energieliefernde Stoffwechselwege nicht immer direkt zur Bildung von ATP, jedoch kann dieses über das Gleichgewicht GTP + ADP = GDP + ATP und Vermittlung durch das Enzym **Nukleosiddiphosphat-Kinase** indirekt gebildet werden. Diese Reaktion ist die einzige **Substratkettenphosphorylierung** des Citratzyklus.

Die **Succinat-Dehydrogenase** katalysiert im nachfolgenden Schritt die Umwandlung von Succinat zu Fumarat. Es handelt sich hierbei um eine Oxidation, bei der durch Abgabe von zwei Protonen und zwei Elektronen eine Doppelbindung gebildet wird. Im Enzym wird das aktive Zentrum aus Aminosäuren zweier verschiedener Untereinheiten gebildet, eine davon enthält Eisen-Schwefel-Cluster (▸ Kap. 6.1.6) und die andere kovalent gebundenes FAD (○ Abb. 6.3). Die Succinat-Dehydrogenase ist Teil eines Komplexes, der in der Atmungskette eine Rolle spielt und dort genauer besprochen wird (▸ Kap. 6.1.6). Der auf FAD übertragene Wasserstoff ($FADH_2$) wird in der Elektronentransportkette auf Ubichinon (Q; ▸Kap. 6.1.5) übertragen, wobei FAD reoxidiert wird.

Eine ähnliche Struktur wie Succinat weist Malonat auf. Tatsächlich fungiert es aus diesem Grund als kompetitiver Inhibitor im aktiven Zentrum der Succinat-Dehydrogenase, weil in der Struktur keine Doppelbindung durch Oxidation wie im Succinat gebildet werden kann.

Im 7. Schritt des Citratzylus katalysiert die **Fumarase** durch stereospezifische Addition von Wasser die Umwandlung von Fumarat in L-Malat. Fumarat ist wie Citrat prochiral. Die Bindung von Fumarat an das Enzym bewirkt, dass der Angriff des Wassermoleküls nur auf eine bestimmte Weise stattfinden kann. Somit wird das L-Stereoisomer des hydroxylierten Produkts, d. h. L-Malat, gebildet.

Schließlich stellt die Oxidation von Malat zur Startverbindung des Citratzyklus, dem Oxalacetat, durch das Enzym **Malat-Dehydrogenase** die letzte Reaktion dieses Stoffwechselwegs dar. Die Reaktion ist an die Reduktion von NAD^+ zu NADH gekoppelt. Wie bereits die Reaktion davor läuft auch diese im annähernden Gleichgewicht ab. Der Citratzyklus ist mit diesem letzten Schritt geschlossen.

Es erscheint auf den ersten Blick kompliziert, diesen Kreislauf durchzuführen, um die C2-Einheit der Acetylgruppe, also der aktivierten Essigsäure, in zwei Moleküle CO_2 abzubauen. Die Ursache für diesen Verlauf des Zyklus liegt einerseits in der Stabilität von Essigsäure, die durch chemische Reaktion in instabilere, decarboxylierbare Produkte umgewandelt werden muss, und andererseits im Vorhandensein der Wasserstoff-übertragenden Enzyme (Dehydrogenasen). Die Zwischenprodukte des Citratzyklus, genauer Citrat und Isocitrat, bieten Angriffspunkte für Dehydrogenasen, sodass letztlich die initiale Übertragung der C2-Komponente auf den C4-Körper Oxalacetat und die zwei Decarboxylierungsreaktionen innerhalb der sieben Reaktionsschritte (Schritte 3 und 4) eine clevere Lösung für den Umbau des Acetyl-CoA darstellen. Zudem ist der Citratzyklus durch die Gewinnung von drei Molekülen NADH, einem Molekül GTP (bzw. ATP) und einem Molekül QH_2 sowie durch die Regenerierung von CoA-SH ein energieliefernder Prozess, der in der Nettobilanz schließlich eine Ausbeute von 18 ATP generiert (▸ Kap. 6.1.6).

6.1.5 Oxidative Phosphorylierung (Atmungskette)

Der **mitochondriale Elektronentransport** (auch Elektronentransportkette bzw. Atmungskette) und die **Synthese von ATP** sind im Prozess der **oxidativen Phosphorylierung** miteinander kombiniert. Die einzelnen Reaktionen dieses Stoffwechselwegs laufen an membrangebundenen Enzymkomplexen der inneren Mitochondrienmembran ab mit dem Ziel, einen Protonengradienten aufzubauen, der die endergone – also thermodynamisch ungünstige – ATP-Synthese antreibt. Der Protonengradient dient demnach als Energielieferant für die Synthese. Tatsächlich bildet diese Erklärung die Grundlage der sogenannten **chemiosmotischen Theorie**, die bereits in den 1960er-Jahren von **Peter Mitchell** (1920–1992) formuliert wurde und ihm 1978 den Nobelpreis für Chemie einbrachte. Um zu verstehen, wie genau Elektronentransport, Protonenfluss und Energieumwandlung erfolgen, müssen wir uns die vier Komplexe (I – IV) sowie die ATP-Synthase (Komplex V) genauer ansehen.

Die Reaktionen an den Komplexen der Atmungskette laufen in Richtung steigenden Redoxpotenzials ab (○ Abb. 6.9 A). NADH als starkes Reduktionsmittel besitzt ein Reduktionspotenzial von -0,32 V, Sauerstoff als Oxidationsmittel dagegen von +0,82 V. Letzterer wird schließlich am Ende der Kette zu Wasser reduziert.

Im **Komplex I** (○ Abb. 6.9 B), der **NADH-Ubichinon-Oxidoreduktase**, werden insgesamt zwei Elektronen von NADH auf Ubichinon (Q) übertragen. Strukturell charakteristisch für diesen Enzymkomplex sind mehrere miteinander verknüpfte Eisen-Schwefel-Cluster (Fe-S-Cluster) und der Cofaktor Flavinmononukleotid (FMN; ○ Abb. 6.2). Zunächst werden die zwei Elektronen und ein Hydridion (H^-) von NADH auf FMN transferiert, das nach Aufnahme eines Protons in $FMNH_2$ übergeht. Die Elektronen werden anschließend in Ein-Elektronen-Übertragungen an die hintereinander

6

o Abb. 6.8 Die drei in Proteinen vorkommenden Häm-Moleküle

geschalteten Fe-S-Cluster abgegeben. Diese Cluster bilden einen Kanal, in dem die Elektronen bis zum Ubichinon geleitet werden. Das Ubichinon geht dabei über ein Semichinon-Radikalanion in Ubichinol (QH_2) über (o Abb. 6.9 B). Zusätzlich zum Elektronentransport und der Oxidation von NADH werden über den Komplex I Protonen in den Intermembranraum transportiert.

Bei **Komplex II** (o Abb. 6.9 C) handelt es sich um die **Succinat-Ubichinon-Oxidoreduktase**, die bereits im Citratzyklus (▸ Kap. 6.1.4) beschrieben wurde. Der Komplex nimmt Elektronen von Succinat auf und verwendet diese wie Komplex I ebenfalls zur Reduktion von Q zu QH_2. Komplex II liegt als Trimer aus drei identischen Enzymen vor, die aus mehreren Untereinheiten bestehen. FAD ist an eine der Untereinheiten kovalent gebunden, während eine andere Untereinheit drei Fe-S-Cluster enthält. Die Untereinheiten der Membrankomponente enthalten meist ein Häm-b-Molekül (o Abb. 6.8), weshalb für sie oft die Bezeichnung Cytochrom b verwendet wird. Außerdem weisen alle membranständigen Untereinheiten eine Bindestelle für Ubichinon auf (o Abb. 6.9 C). Im Komplex II werden vom Succinat zwei Elektronen auf Ubichinon übertragen. Hierbei erfolgt zunächst die Reduktion von FAD. Im Anschluss an diese Reaktion folgen zwei weitere Ein-Elektronen-Transferschritte, an denen wie im Komplex I Fe-S-Cluster beteiligt sind. Dagegen nimmt Cytochrom b hier nicht am Elektronentransport teil. Komplex II trägt außerdem im Gegensatz zum oben beschriebenen Komplex I nicht zur Erzeugung des Protonengradienten, sondern nur zur Elektronenübertragung auf Ubichinon, bei (o Abb. 6.9 C).

Wichtiges in Kürze

Häme (o Abb. 6.8) sind Komplexe aus einem Porphyrinringsystem (Protoporphyrin IX) und einem zentralen Eisen-Ion (FeII/III), die sich in zahlreichen Proteinen als prosthetische Gruppe befinden. Eine besonders große Bedeutung haben die Häm-tragenden Globine **Hämoglobin** und **Myoglobin**, die für den Sauerstofftransport verantwortlich sind, sowie die **Cytochrome**, die in der Atmungskette als Elektronentransporter eine wesentliche Rolle besitzen.

Die in diesen Proteinen vorkommenden Häm-Moleküle unterscheiden sich. Am häufigsten tritt dabei das **Häm b** (o Abb. 6.8) auf, das im Protein Hämoglobin für die Farbe der Erythrozyten verantwortlich ist. Auch das Enzym **Cytochrom P450**, eine Oxidoreduktase, enthält Häm b und ist insbesondere in der Leber an **Biotransformationen** von Arzneistoffen beteiligt.

Das in **Cytochrom-c-Oxidase** vorkommende **Häm a** und **Häm b** sind nicht kovalent an das Protein assoziiert, während **Häm c** (z. B. **Cytochrom c**) kovalent über die Thiolgruppen von Cysteinresten an das entsprechende Protein gebunden ist.

Komplex III ist systematisch betrachtet **Ubichinol-Cytochrom-c-Oxidoreduktase**, wird aber auch vereinfacht Cytochrom bc1-Komplex genannt. Dieser Komplex ist für die Oxidation von Ubichinol (QH_2) und die Reduktion von Cytochrom c an der Oberfläche der Membran verantwortlich (o Abb. 6.9 D). Strukturell besteht er hauptsächlich aus den drei Untereinheiten Cytochrom c1, Cytochrom b und dem Rieske-Eisen-Schwefel(Fe-S)-Protein, die den Elektronentransport bewerkstelligen. Gleichzeitig ist die Elektronenübertragung an den Transfer von Protonen durch die Membran gekoppelt (o Abb. 6.9 D). Insgesamt vier Elektronen werden über den sogenannten **Q-Zyklus** in zwei getrennten Schritten (Halbzyklen) übertragen. Im 1. Halbzyklus gibt zunächst Ubichinol QH_2 ein Elektron an einen Fe-S-Cluster und anschließend an Häm als prosthetische Gruppe in Cytochrom c1 ab. Dieses Cytochrom-c1-Molekül ist membrangebunden und übergibt das Elektron dann auf ein lösliches Cytochrom-c-Molekül im Intermembranraum. Diese Übergabe ist gleichzeitig an den Transport von zwei Protonen über die innere Mitochondrienmembran gekoppelt (o Abb. 6.9 D). Im zweiten Weg dieses Schrittes wird ein zweites Elektron nacheinander auf verschiedene Häm-b-Gruppen, genauer auf Häm b_L und b_H, und final auf Ubichinon Q übertragen. Hierbei wird dieses Elektron in Form eines Semichinon-Radikalanions zwischengelagert.

Im 2. Teil des Zyklus werden erneut zwei Elektronen eines zweiten QH_2-Moleküls auf die beiden beschriebenen Wege verteilt. Allerdings wird nun im Unterschied zum ersten Abschnitt das vierte Elektron auf das eben beschriebene Radikalanion übertragen und schließlich durch die Aufnahme von zwei Protonen aus der Matrix das Ubichinol QH_2 regeneriert (o Abb. 6.9 D). Netto werden also insgesamt zwei Protonen von der Matrix in den Intermembranraum überführt und Elektronen auf lösliches Cytochrom c als Verbindungselement zum Komplex IV transferiert.

Der 4. Komplex (**Komplex IV**: **Cytochrom-c-Oxidase**) katalysiert schließlich die Oxidation des Cytochrom c durch Elektronenübertragung auf Sauerstoff unter Bildung von Wasser. Gleichzeitig werden Protonen über die innere Mitochondrienmembran gepumpt (o Abb. 6.9 E). Der Komplex ist aus zwei Cytochrom-c-Oxidase-Einheiten aufgebaut, jede dieser Einheiten wiederum aus mehreren Untereinheiten mit zahlreichen membrandurchspannenden α-Helices. Für die Funktion entscheidend sind die in jeder Einheit vorkommenden drei Untereinheiten I, II und III (o Abb. 6.9 E). Die Untereinheit I enthält zwei Hämgruppen, Häm a und Häm a3, und ein Kupferion (Cu_B) als Redoxzentren. In der Untereinheit II befindet sich das Redoxzentrum Cu_A aus zwei Kupferionen, während Untereinheit III keine Redoxzentren aufweist. Der Prozess der Elektronenübertragung im Komplex IV beginnt mit der Bindung von Cytochrom c an die Untereinheit II, wo ein Elektron an das Cu_A-Zentrum abgegeben wird. Dieses Kupferionenpaar nimmt immer nur ein Elektron auf. Für die Reduktion von Sauerstoff zu Wasser ($O_2 + 4\,H^+ \rightarrow 2\,H_2O$) sind jedoch vier Elektronen notwendig. Viermal muss also ein Cytochrom-c-Molekül ein Elektron an das Cu_A-Zentrum abgeben. Die Elektronen werden von hier weiter an Häm a und den Häm-a3-Cu_B-Komplex übertragen. Letzterer enthält ein Fe-Cu-Zentrum, an dem die Reduktion des Sauerstoffs erfolgt (o Abb. 6.9 E).

Wie wir eben gesehen haben, trägt Komplex IV zur Erzeugung des Protonengradienten bei, der nun für die **ATP-Synthese** aus ADP und Pi notwendig ist. Diese Synthese erfolgt im **Komplex V**, der ATP-Synthase (auch ATPase; o Abb. 6.9 F). Auch dieser Enzymkomplex besteht aus zahlreichen Untereinheiten und ist membrangebunden. Charakteristisch für die Struktur von Komplex V ist jedoch die Zweiteilung in eine Kopf-Komponente, die in die Matrix ragt (F1-Teil), und eine in der inneren Mitochondrienmembran sitzende Stiel-Komponente (F0-Teil; o Abb. 6.9 F). Jeder Teil besteht aus mehreren Untereinheiten; der F0-Teil besitzt einen membrandurchspannenden Protonenkanal. Im Prinzip ist der durch den Protonengradienten angetriebene Protonenfluss durch F0 gekoppelt mit der ATP-Synthese in F1. Für das Zusammenspiel der beiden Komponenten der ATPase sind Rotationen bestimmter Bestandteile, die weitere, für die Funktion wichtige Konformationsänderungen zur Folge haben, ganz entscheidend. Sie bilden die Grundlage des Katalysezyklus der ATP-Synthese (o Abb. 6.9 G). Dieser Mechanismus umfasst verschiedene Schritte bzw. Konformationszustände der aktiven Zentren. In der offenen Konformation (O, engl. *open*) können zunächst ADP und P_i binden, was eine Drehbewegung einer zentralen Untereinheit (γ) um 120° entgegen dem Uhrzeigersinn zur Folge hat. Dadurch werden die beiden Substrate fester an das aktive Zentrum gebunden und können es nicht mehr verlassen (L-Konformation, engl. *loose*). Nach der nächsten Rotation (erneut um 120°) erfolgt die ATP-Synthese in der T-Konformation (engl. *tight*) und schließlich dessen Freisetzung (o Abb. 6.9 G). Der gleiche Ablauf wie eben beschrieben erfolgt auch in den anderen beiden aktiven Zentren aufgrund von Konformationsänderungen nach Rotation der Untereinheit γ. Allerdings befinden sich die drei aktiven Zentren nie zur gleichen Zeit in der gleichen Konformation. Stattdessen sind sie sequentiell aktiv – solange Protonen fließen. Die Umwandlung der O-, L- und T-Formen ermöglicht die kontinuierliche Produktion von ATP im System. Schließlich werden insgesamt drei Moleküle ATP gebildet.

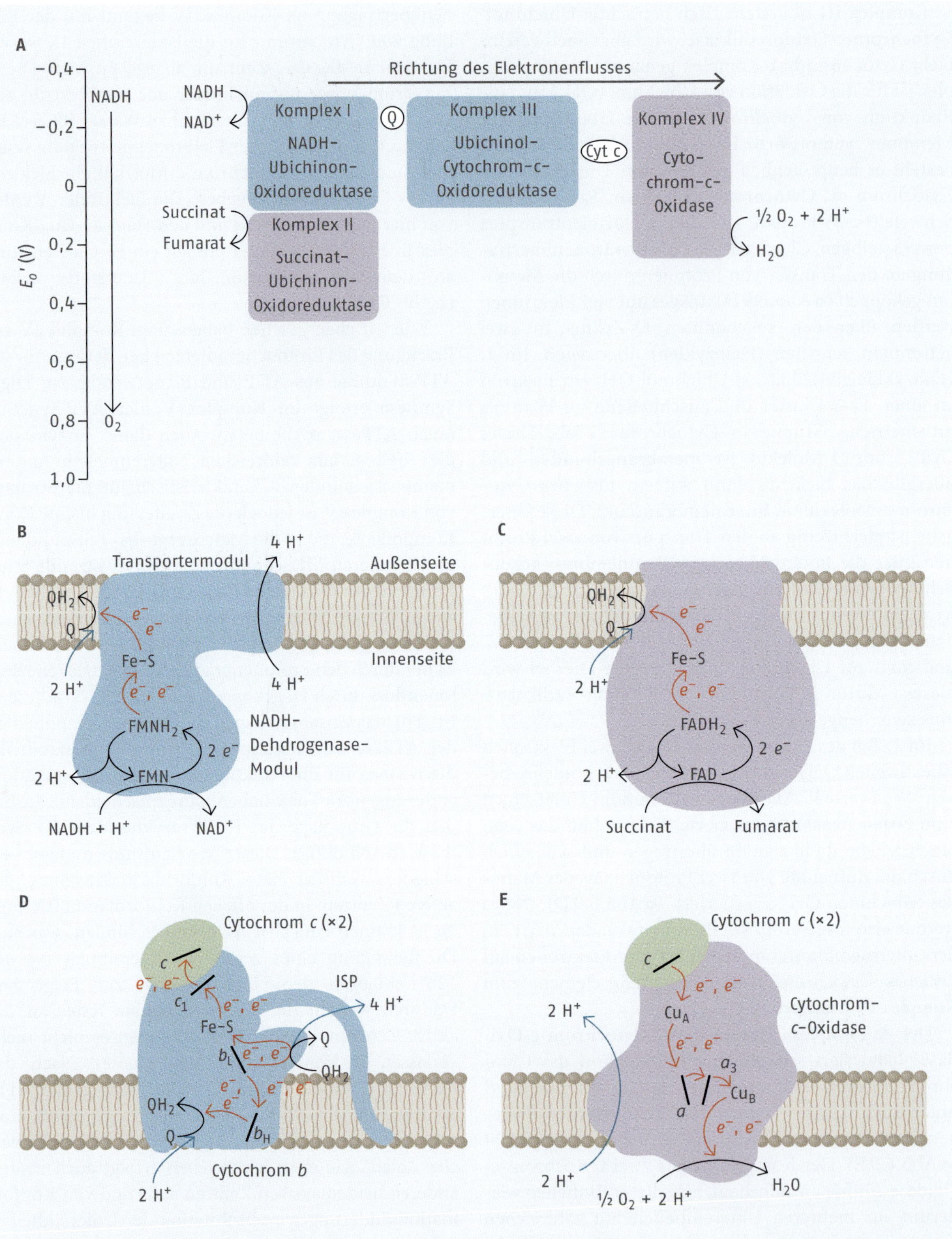

Abb. 6.9 Elektronentransfer und Protonentransport in den Komplexen der Atmungskette. A Anordnung der Enzymkomplexe in der Membran nach steigendem Redoxpotenzial, B Komplex I, C Komplex II, D Komplex III, E Komplex IV und F, G ATP-Synthase, ISP iron sulfur protein.

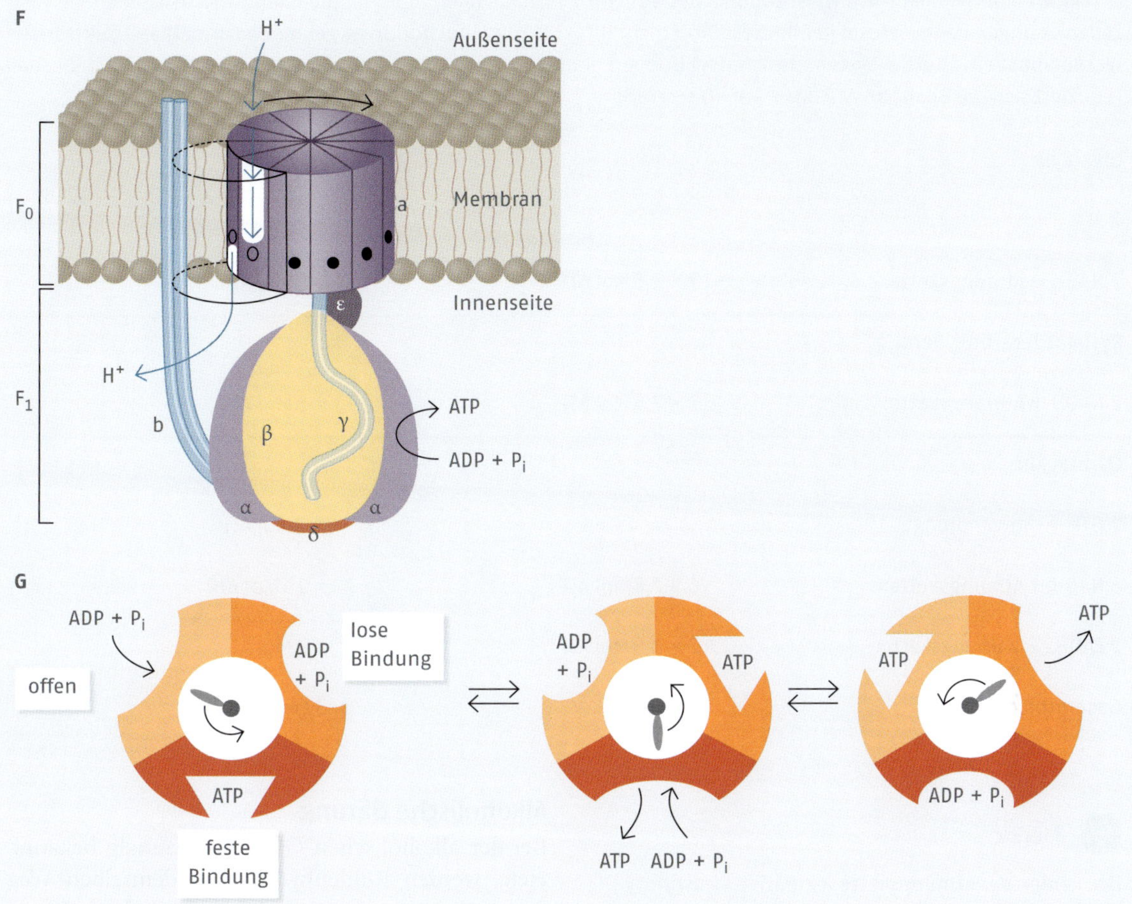

Abb. 6.9 Fortsetzung

Cave

Die **oxidative Phosphorylierung** kann durch unterschiedliche Substanzen auf unterschiedlichen Ebenen **gehemmt werden.** Einige Beispiele sind Blausäure (HCN), Cyanid (CN^-), Kohlenmonoxid (CO), Schwefelwasserstoff (H_2S) und Azide.

6.1.6 Energiebilanz von Glykolyse, Citratzyklus und Atmungskette

Glykolyse, Citratzyklus und Atmungskette haben im gesamten Stoffwechsel einen besonderen Stellenwert. Von großer Relevanz ist dabei die Nettobilanz der vollständigen Verstoffwechselung von einem Molekül Glucose zu CO_2 und H_2O (Tab. 6.1). Im Verlauf des Abbaus von Glucose entstehen an verschiedenen Stellen die Reduktionsäquivalente NADH und $FADH_2$, deren Elektronen über Komplex I bzw. Komplex II in die Atmungskette eingehen und hier zu NAD^+ und FAD regeneriert werden. Am Ende der Atmungskette werden die Elektronen auf Sauerstoff, den finalen Elektronenakzeptor, übertragen. Unter Berücksichtigung der direkt anfallenden ATP- bzw. GTP-Moleküle werden pro Molekül Glucose insgesamt ca. 30 ATP-Moleküle gebildet (Tab. 6.1).

6.1.7 Anaerobe Reaktionen

Die bisherigen Betrachtungen des Energiestoffwechsels wurden alle unter der Voraussetzung geführt, dass Sauerstoff vorhanden ist (aerober Stoffwechsel). Im tierischen Organismus, so auch im Menschen, kann es unter bestimmten Umständen wie beispielsweise bei erhöhter Muskelarbeit aber auch zu Sauerstoffmangel kommen, d. h. es laufen anaerobe Prozesse ab. Solche anaeroben Stoffwechselwege, die ebenfalls der ATP-Gewinnung dienen, spielen sehr häufig eine entscheidende Rolle in Mikroorganismen. Man spricht von sogenannten **Gärungsprozessen**.

Tab. 6.1 Energiebilanz des vollständigen Abbaus von 1 Molekül (Mol) Glucose. Die Bilanz an ATP ist in einigen Zellen geringer, da im Cytosol gebildetes NADH nicht direkt in die Mitochondrien gelangen kann. Diese Elektronen werden über ein Shuttle-System transferiert und auf dem Level des $FADH_2$ in die Atmungskette eingeführt. Deshalb reduziert sich die Bilanz an ATP um 2 auf 30 Mol ATP.

Glykolyse		
2 ATP		= 2 Mol ATP
2 NADH → Atmungskette:	2 × 2,5 Mol ATP	= 5 Mol ATP
Pyruvatdecarboxylierung		
2 NADH → Atmungskette:	2 × 2,5 Mol ATP	= 5 Mol ATP
Citratzyklus		
2 GTP → Umwandlung:		= 2 Mol ATP
6 NADH → Atmungskette:	6 × 2,5 Mol ATP	= 15 Mol ATP
2 FADH2 → Atmungskette:	2 × 1,5 Mol ATP	= 3 Mol ATP
Gesamtbilanz:		**32 Mol ATP**

Merke

Das Fehlen der Atmungskette (oxidative Phosphorylierung) führt dazu, dass Gärungsprozesse viel **weniger ATP** liefern als die Atmung.

Prinzipiell ist festzuhalten, dass in Atmungsprozessen organische Substrate (z. B. Glucose, ▸Kap. 6.1.5) vollständig zu Kohlendioxid und Reduktionsäquivalenten oxidiert werden. Im Gegensatz dazu werden bei Gärungen verschiedene Gärungsprodukte gebildet, bei denen die Kohlenstoffatome noch nicht vollständig oxidiert sind. In den nachfolgenden Abschnitten werden zwei Formen der Gärung näher betrachtet, die alkoholische Gärung (▸Kap. 6.1.7) und die Milchsäuregärung (▸Kap. 6.1.7).

Partywissen

Das Phänomen, dass Hefe in Abwesenheit von Sauerstoff (anaerobe Bedingungen) mehr Glucose verbraucht als in dessen Gegenwart (aerobe Bedingungen), wird als Pasteur-Effekt bezeichnet und geht auf Beobachtungen des französischen Wissenschaftlers **Louis Pasteur** (1822–1895) zurück. Im Hinblick auf den Energiestoffwechsel spielt dieser Sachverhalt bei der Produktion von Lactat (Milchsäure) in Skelettmuskelzellen mit reduzierter Verfügbarkeit von Sauerstoff eine Rolle.

Alkoholische Gärung

Bei der alkoholischen Gärung, vorrangig bekannt für Hefe, werden Kohlenhydrate auf demselben Weg zu Pyruvat abgebaut wie bei der Glykolyse. Demnach resultieren auch hier aus einem Molekül Glucose zwei Moleküle ATP durch **Substratkettenphosphorylierung** (▸Kap. 6.1.2) bei der Umwandlung der Triosephosphate zu Pyruvat. Es entstehen somit je zwei Moleküle Pyruvat, ATP und NADH. In der Folge wird aber das Pyruvat durch die **Pyruvatdecarboxylase** (Coenzym TPP, ○Abb. 6.2) umgesetzt, wie wir es von der oxidativen Decarboxylierung bereits kennen (▸Kap. 6.1.3). Allerdings wird hierbei nicht eine Acetylgruppe und ein Wasserstoffatom auf die beiden Schwefelatome der Liponsäure-tragenden Untereinheit E2 (○Abb. 6.6) des Enzyms übertragen, sondern es entsteht Acetaldehyd, der durch die **Alkoholdehydrogenase** mithilfe von NADH zu Ethanol reduziert wird (○Abb. 6.10). Damit wäre eine weitere Route der in ○Abb. 6.5 (▸Kap. 6.1.3) dargestellten (alternativen) Verwertung von Pyruvat beschritten.

Dieser Prozess findet breite Anwendung, z. B. bei der Herstellung alkoholischer Getränke wie Bier und Wein, aber auch bei der Gewinnung von Bioethanol als Kraftstoff für Fahrzeuge. Dafür wird hauptsächlich Backhefe (*Saccharomyces cerevisiae*) eingesetzt.

Milchsäuregärung

Unter anaeroben Bedingungen wird aus Pyruvat Lactat gebildet. Diese Reaktion wird unter anaeroben Bedingungen durch die NAD^+-abhängige **Lactatdehydroge-**

Pyruvat
Pyruvat-decarboxylase
H^+
CO_2
NADH + H^+
NAD^+
Lactat-dehydrogenase
Acetaldehyd
Alkohol-dehydrogenase
NADH + H^+
NAD^+
Ethanol
Lactat

Abb. 6.10 Ethanol- (links) und Lactatbildung (rechts) aus Pyruvat durch verschiedene Prozesse der Gärung

nase (**LDH**) katalysiert (Abb. 6.10). In bestimmten Bakterien wird Lactat gebildet und freigesetzt oder weiter zu Produkten wie beispielsweise Propionat umgesetzt. Säugetiere können dagegen Lactat nur wieder in Pyruvat zurückverwandeln. Lactat ist allerdings für Zellen entscheidend, in denen Glucose die Hauptquelle für Kohlenstoff darstellt, die Reduktionsäquivalente aber nicht zur Erzeugung von ATP durch oxidative Phosphorylierung an der Mitochondrienmembran (▸Kap. 6.1.5) verwendet werden können (z. B. Erythrozyten, Skelettmuskeln). In diesen Zellen erfolgt die Regeneration von NADH, das wiederum für die Glykolyse benötigt wird, anaerob durch die LDH-Reaktion. An verschiedenen Stellen wurde bereits auf die Situation in stark beanspruchten, sauerstoffarmen Skelettmuskeln verwiesen, aber auch in den Erythrozyten wird ständig Lactat gebildet, da Mitochondrien fehlen. Aus solchen Quellen wird Lactat in den Blutstrom abgegeben und zur Leber transportiert, wo es durch die hepatische Lactatdehydrogenase (**LDH-Isoenzyme**, ▸Kap. 16.1.1) wieder zu Pyruvat oxidiert wird. Diese kann hier direkt für die Gluconeogenese (▸Kap. 6.1.8) verwendet werden. So entsteht Glucose aus Lactat in der Leber, die zur Versorgung anderer Gewebe ins Blut abgegeben wird. Dieser Kreis-

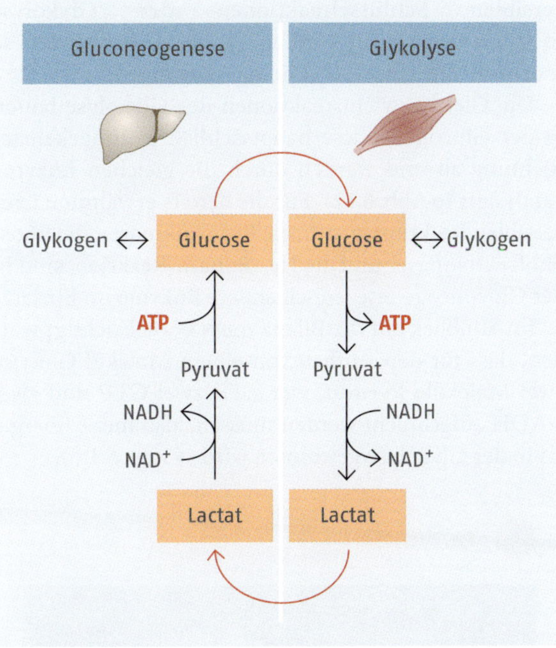

Abb. 6.11 Der Cori-Zyklus beschreibt den gegenseitigen Austausch von Glucose aus der Leber und Lactat aus dem Muskel.

lauf wird nach seinen Entdeckern **Gerty Theresa Cori** (1896–1957) und **Carl Ferdinand Cori** (1896–1984) **Cori-Zyklus** (Abb. 6.11) genannt. Er verlagert einen Teil der Stoffwechsellast der Muskelzellen in die Leber. Für dessen Ablauf ist Energie (ATP) notwendig, die aus der Oxidation von Fettsäuren gewonnen wird.

Merke

In der Skelettmuskulatur der Säugetiere wird bei der anaeroben Verstoffwechselung des Pyruvats ausschließlich **L-Lactat** gebildet. Dagegen produzieren **Milchsäurebakterien** (Lactobacteriaceae) in Abhängigkeit von der Stereospezifität der Lactatdehydrogenase und von der Anwesenheit einer Racemase D- und/oder **L-Lactat**.

6.1.8 Gluconeogenese

Organismen können Kohlenhydrate wie die Glucose biosynthetisch bevorzugt aus C2- und C3-Vorläufermolekülen herstellen. Dieser Stoffwechselweg ist die **Gluconeogenese**, die bezüglich ihres Ablaufs einige Gemeinsamkeiten mit der Glykolyse hat: Dabei handelt es sich um genau diejenigen Reaktionen, bei denen das Gleichgewicht nicht extrem auf eine Seite verschoben ist und die wir in der Glykolyse (▸Kap. 6.1.2) als Gleichgewichtsreaktionen kennengelernt haben. Die drei **irre-**

6

versiblen Schlüsselreaktionen der Glykolyse (Abb. 6.4) dagegen werden in der Gluconeogenese spezifisch durch vier Reaktionen umgangen.

Die Gleichgewichtsreaktionen der Glykolyse laufen in der Gluconeogenese hauptsächlich in umgekehrter Richtung ab und werden durch die gleichen Enzyme katalysiert (Abb. 6.12). Für die bereits erwähnten irreversiblen Reaktionen, d. h. die Pyruvatkinase-, die Phosphofructokinase- und die Hexokinase-Reaktion, sind in der Gluconeogenese jedoch andere Enzyme im Einsatz.

Im Hinblick auf die Bilanz muss berücksichtigt werden, dass für den Aufbau von einem Molekül Glucose zwei Moleküle Pyruvat, vier ATP, zwei GTP und zwei NADH aufgebracht werden müssen, also mehr Energie als in der Glykolyse gewonnen wird (▸ Kap. 6.1.6).

Partywissen

Unter bestimmten Umständen, z. B. Nahrungskarenz vor Operationen oder Hungerbedingungen, kommt es dazu, dass die Glykogenreserven aus der Leber aufgebraucht sind, der Glucosebedarf, insbesondere der des Gehirns, aber weiterhin gedeckt werden muss. Dies erfolgt über die **Gluconeogenese**. Sie ist auch einer der Gründe dafür, dass Säugetiere viel länger ohne Nahrung auskommen als ohne Wasseraufnahme.

Die Gluconeogenese startet mit Pyruvat, dessen Umsetzung zu Phosphoenolpyruvat (PEP) gleich zwei Enzyme bzw. zwei Reaktionen benötigt. Zunächst erfolgt die Carboxylierung von Pyruvat unter Bildung von Oxalacetat durch die **Pyruvatcarboxylase** unter ATP-Hydrolyse. Im zweiten Schritt katalysiert die **PEP-Carboxykinase** ebenfalls unter Verbrauch von ATP die Decarboxylierung des Oxalacetats zu PEP. (Neben dieser Umwandlung wird Oxalacetat natürlich auch als Zwischenprodukt des Citratzyklus verbraucht, wie wir in ▸ Kap. 6.1.4 gesehen haben.) Im weiteren Verlauf der Gluconeogenese von PEP zu Fructose-1,6-bisphosphat (fünf Schritte) laufen die Reaktionen der Glykolyse mit den gleichen Enzymen in umgekehrter Richtung ab (Abb. 6.13). Erst die Umwandlung von Fructose-1,6-bisphosphat in Fructose-6-phosphat (im glykolytischen Verlauf eine irreversible Reaktion) wird durch ein anderes, für die Gluconeogenese spezifisches Enzym, die **Fructose-1,6-Bisphosphatase**, katalysiert. Fructose-6-phosphat wird nun in Glucose-6-phosphat umgewandelt (**Glucose-6-phosphat-Isomerase**), bevor dieses im letzten Schritt der Gluconeogenese durch die **Glucose-6-Phosphatase** gespalten und so Glucose gebildet wird. Die Glucose-6-Phosphatase findet sich nur im endoplasmatischen Reticulum in Zellen der Leber, Nieren und des Dünndarms, weshalb nur diese Zellen Glucose herstellen können.

Zu den Enzymen der Gluconeogenese sind noch einzelne Aspekte erwähnenswert: In der Pyruvat-Carboxylase ist Biotin (Vitamin B_7/H, Abb. 6.2) als Coenzym kovalent über eine Amidbindung mit der ε-Aminogruppe eines Lysins des Enzyms verbunden. An diesem Biotin-Molekül findet die Reaktion statt. Sie stellt ein Beispiel für den Einsatz von Biotin bei Carboxygruppen-Transferreaktionen dar und macht gleichzeitig die Bedeutung dieses Vitamins für den Stoffwechsel deutlich. Die Regulation der PEP-Carboxykinase findet auf der Ebene der Transkription (▸ Kap. 4.4) statt und verdeutlicht beispielhaft das Zusammenspiel von Stoffwechsel und hormoneller Regulation (▸ Kap. 15). Tatsächlich wird das Hormon Glucagon während längerer Hungerphasen in der Bauchspeicheldrüse ausgeschüttet, was zu einem erhöhten cAMP-Spiegel (▸ Kap. 9) und in der Folge zu einer gesteigerten Transkriptionsrate des Gens für die PEP-Carboxykinase führt (hormonelle Induktion). Damit wird schließlich die Biosynthese des Enzyms gesteigert und so die Geschwindigkeit der Gluconeogenese reguliert. Sobald wieder ausreichend Nahrung aufgenommen wird, wirkt Insulin dem Glucagon entgegen (▸ Kap. 6.2).

Wichtiges in Kürze

Bei einem erwachsenen Menschen beträgt der tägliche Glucosebedarf etwa 200 g, wovon ca. 75 % vom Gehirn und darüber hinaus ein großer Teil von den Erythrozyten verbraucht werden. Erythrozyten besitzen, im Gegensatz zu anderen Zellen, keine Mitochondrien und sind deshalb hinsichtlich ihrer Energieversorgung auf diese Zufuhr von Glucose angewiesen. Die Glucose wird dabei über die Glykolyse und anschließende Milchsäuregärung abgebaut. Auch das Gehirn wird schnell und hauptsächlich über die Glykolyse versorgt. In Hungerperioden ist deshalb die Synthese von Glucose sehr wichtig, um die notwendige Glucosekonzentration aufrecht zu erhalten. Pro Tag können dabei etwa 180–200 g Glucose gebildet werden.

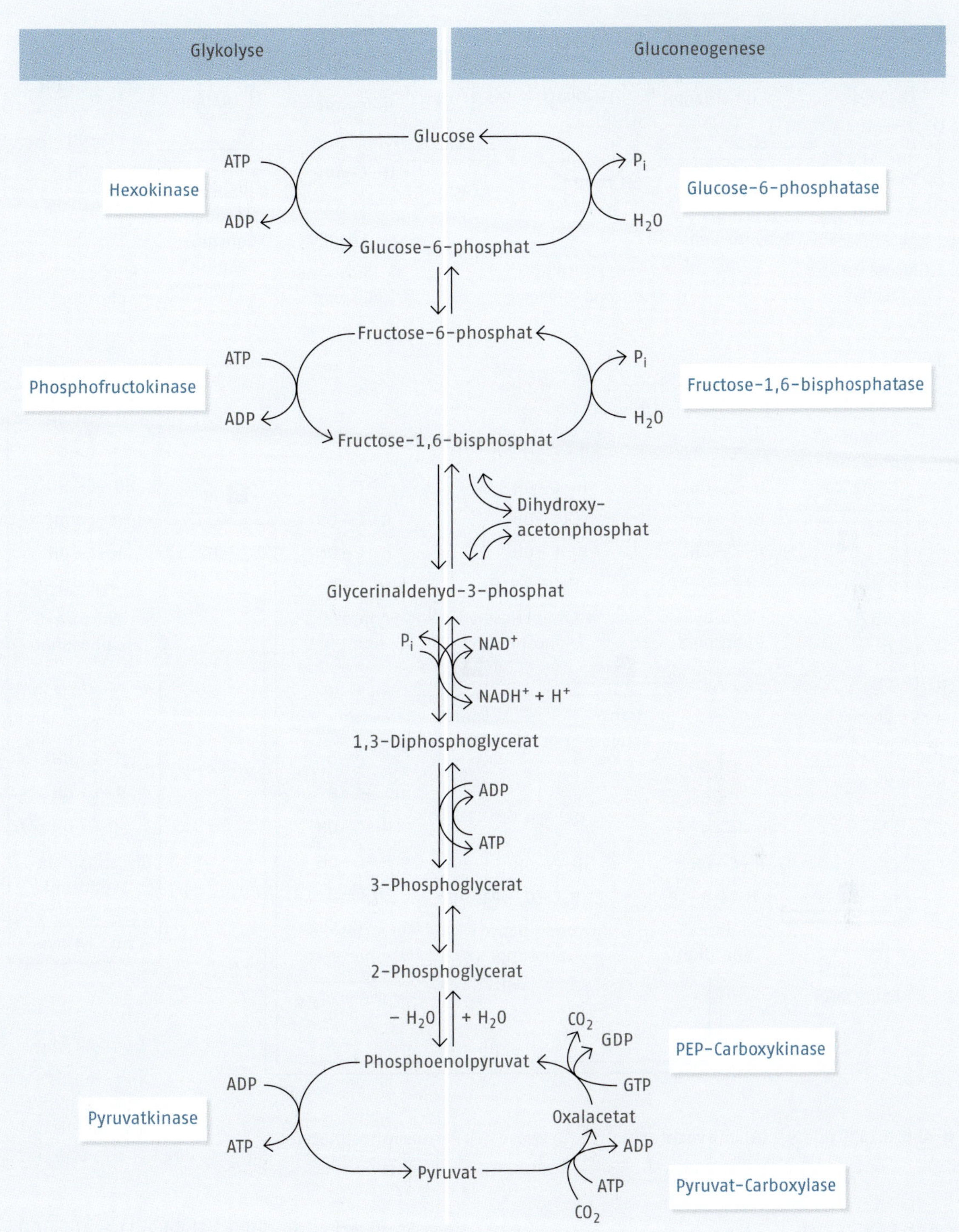

Abb. 6.12 Reaktionen der Gluconeogenese im Vergleich zur Glykolyse. PEP Phosphoenolpyruvat

6

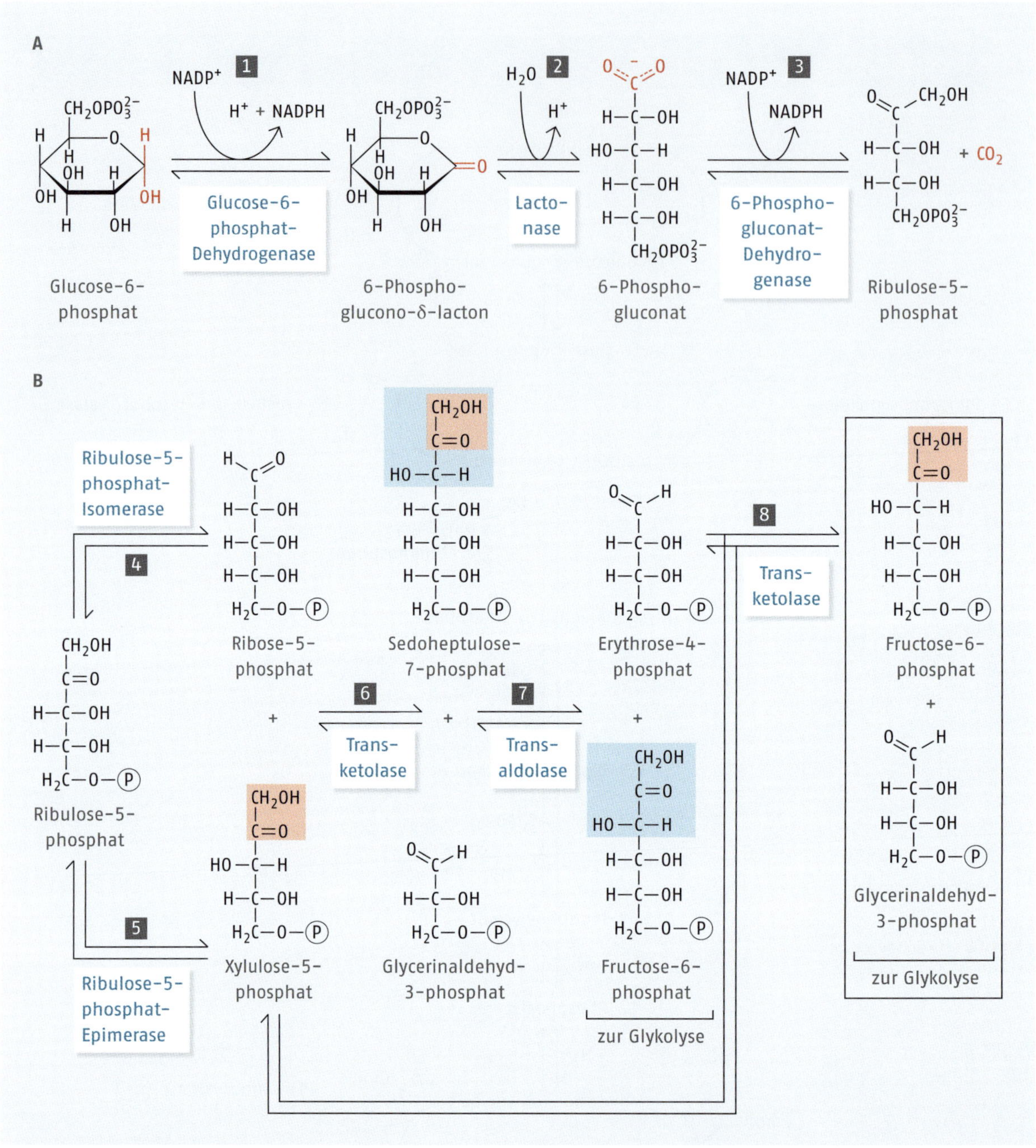

Abb. 6.13 Oxidative (A) und nichtoxidative (B) Phase des Pentosephosphatwegs

6.1.9 Pentosephosphatweg

Die **Glucose** hat im Stoffwechsel mehrere Bedeutungen: Einerseits ist sie durch die Produktion von ATP und Reduktionsäquivalenten (NADH) in der Glykolyse ein wichtiger Energielieferant, andererseits dient sie der Synthese von Nukleotiden und Desoxynukleotiden (▸Kap. 4) sowie der Gewinnung von **NADPH** für die Biosynthese von Fettsäuren (▸Kap. 7.3). Im Pentosephosphatweg werden unter anderem diese beiden wichtigen Stoffwechselprodukte gebildet. Der Ablauf dieses Stoffwechselwegs wird in zwei Phasen eingeteilt: die oxidative und die nichtoxidative Phase (Abb. 6.13).

In der oxidativen Phase ist die Umwandlung von Glucose-6-phosphat in Ribulose-5-phosphat an die Bildung von **NADPH** (Abb. 6.3) gebunden. Besteht Bedarf an Nukleotiden und dem Reduktionsäquivalent NADPH, wird nahezu das gesamte Ribulose-5-phosphat des oxidativen Teils in **Ribose-5-phosphat** umgewandelt, welches als **Vorstufe** für die Bildung von

(Desoxy-)**Nukleotiden** dient. Damit wäre der Pentosephosphatweg hier beendet. Läuft jedoch der nichtoxidative Teil ab, dann wird hier das Schicksal der Pentosephosphate **Xylulose-5-phosphat** und **Ribose-5-phosphat** besiegelt (o Abb. 6.13). Die Umsetzung dieser beiden Metabolite in verschiedene Produkte dient unter anderem der Bereitstellung von Glycerinaldehyd-3-phosphat und Fructose-6-phosphat für die Glykolyse oder die Gluconeogenese.

Zunächst wird im 1. Schritt des Pentosephosphatwegs Glucose-6-phosphat in Anwesenheit von $NADP^+$ durch die **Glucose-6-phosphat-Dehydrogenase** zu 6-Phosphogluconolacton oxidiert und NADPH (1. Molekül) gebildet. Diese Reaktion stellt die Schlüsselreaktion dieses Stoffwechselwegs dar, da Glucose-6-phosphat-Dehydrogenase durch NADPH allosterisch gehemmt wird (**Produkthemmung**). Mithilfe der **Gluconolactonase** wird anschließend 6-Phosphogluconolacton zu 6-Phosphogluconat hydrolysiert, bevor im letzten Schritt der oxidativen Phase – und unter erneuter Bildung von NADPH (2. Molekül) durch die **6-Phosphogluconat-Dehydrogenase** – ein Molekül Ribulose-5-phosphat und ein Molekül CO_2 gebildet werden. Die nachfolgenden Reaktionen der nichtoxidativen Phase stellen ausnahmslos Gleichgewichtsreaktionen dar und dienen der Bereitstellung von C5-Zuckern für Biosynthesen (bzw. von Bausteinen für die Glykolyse und Gluconeogenese). Im gesamten Ablauf des Pentosephosphatwegs wird die Gesamtzahl der C-Atome beibehalten. Vor dem Eintritt in die nichtoxidative Phase wird zunächst Ribulose-5-phosphat entweder durch **Ribulose-5-phosphat-Epimerase** in Xylulose-5-phosphat umgewandelt oder durch **Ribulose-5-phosphat-Isomerase** in Ribose-5-phosphat (Aldose). Das heißt, am Anfang des 2. Abschnitts des Pentosephosphatwegs stehen die beiden Pentosen Xylulose-5-phosphat und Ribulose-5-phosphat. Nun wird im folgenden Schritt eine C2-Einheit von Xylulose-5-phosphat auf Ribulose-5-phosphat durch die **Transketolase** übertragen, wodurch Glycerinaldehyd-3-phosphat (C3) und Sedoheptulose-7-phosphat (C7) entstehen. In der nächsten Reaktion wird unter dem Einfluss der **Transaldolase** ein C3-Körper von Sedoheptulose-7-phosphat auf Glycerinaldehyd-3-phopshat transferiert und Erythrose-4-phopshat (C4) sowie Fructose-6-phosphat (C6) gebildet. Letzteres Intermediat ist bereits in der Glykolyse (▸ Kap. 6.1.2) aufgetreten, d. h. diese Stelle des Pentosephosphatwegs stellt eine direkte Verbindung zur Glykolyse her. Schließlich erfolgt im letzten Schritt die durch die **Transketolase** katalysierte Übertragung einer C2-Einheit von erneut zugeführtem Xylulose-5-phosphat auf Erythrose-4-phosphat, woraus Glycerinaldehyd-3-phosphat und Fructose-6-phosphat resultieren. Es ist ersichtlich, dass final zwei Moleküle Fructose-6-phosphat und ein Molekül Glycerinaldehyd-3-phosphat im Ergebnis des nichtoxidativen Teils entstehen (o Abb. 6.13 B).

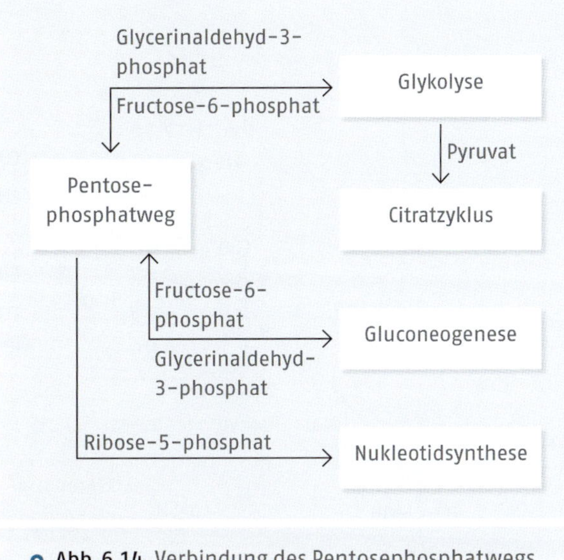

o Abb. 6.14 Verbindung des Pentosephosphatwegs mit anderen Stoffwechselwegen über bestimmte Zwischenprodukte

Nukleotidbiosynthese, Fettsäurebiosynthese, Gluconeogenese und Glykolyse – der Pentosephosphatweg ist ganz offensichtlich ein Stoffwechselweg, der sich dem physiologischen Bedarf der Zellen hinsichtlich bestimmter Metabolite und Redoxäquivalente anpasst (o Abb. 6.14).

6.1.10 Glyoxylatzyklus

In Bakterien, Pflanzen und Pilzen findet sich eine alternative, anabole Route für die Verwertung von Acetyl-CoA, die der Produktion von Glucose dient. Es handelt sich hier um den sogenannten Glyoxylatzyklus (auch: Glyoxylatweg). Betrachtet man die einzelnen Reaktionen dieses Stoffwechselwegs genauer, so werden einige Gemeinsamkeiten mit dem Citratzyklus (▸ Kap. 6.1.4) deutlich. Der Glyoxylatzyklus ist jedoch kürzer. Genau genommen weicht er in zwei Reaktionen vom Citratzyklus ab (o Abb. 6.15).

In der ersten dieser beiden Reaktionen wird Isocitrat durch die **Isocitrat-Lyase** in Glyoxylat (C2) und Succinat (C4) gespalten. Die zweite Reaktion stellt die Synthese von Malat aus Glyoxylat und Acetyl-CoA unter Abspaltung von Coenzym A dar. Katalysiert wird diese Reaktion von der Malat-Synthase (o Abb. 6.15). Demnach betrifft die 1. Abweichung vom Citratzyklus die Abzweigung auf der Stufe des Isocitrats und die zweite die Wiederaufnahme der Reaktionsfolge auf der Stufe des Malats. Im Gegensatz zum Citratzyklus wird somit im Glyoxylatzyklus kein Kohlendioxid abgespalten.

6

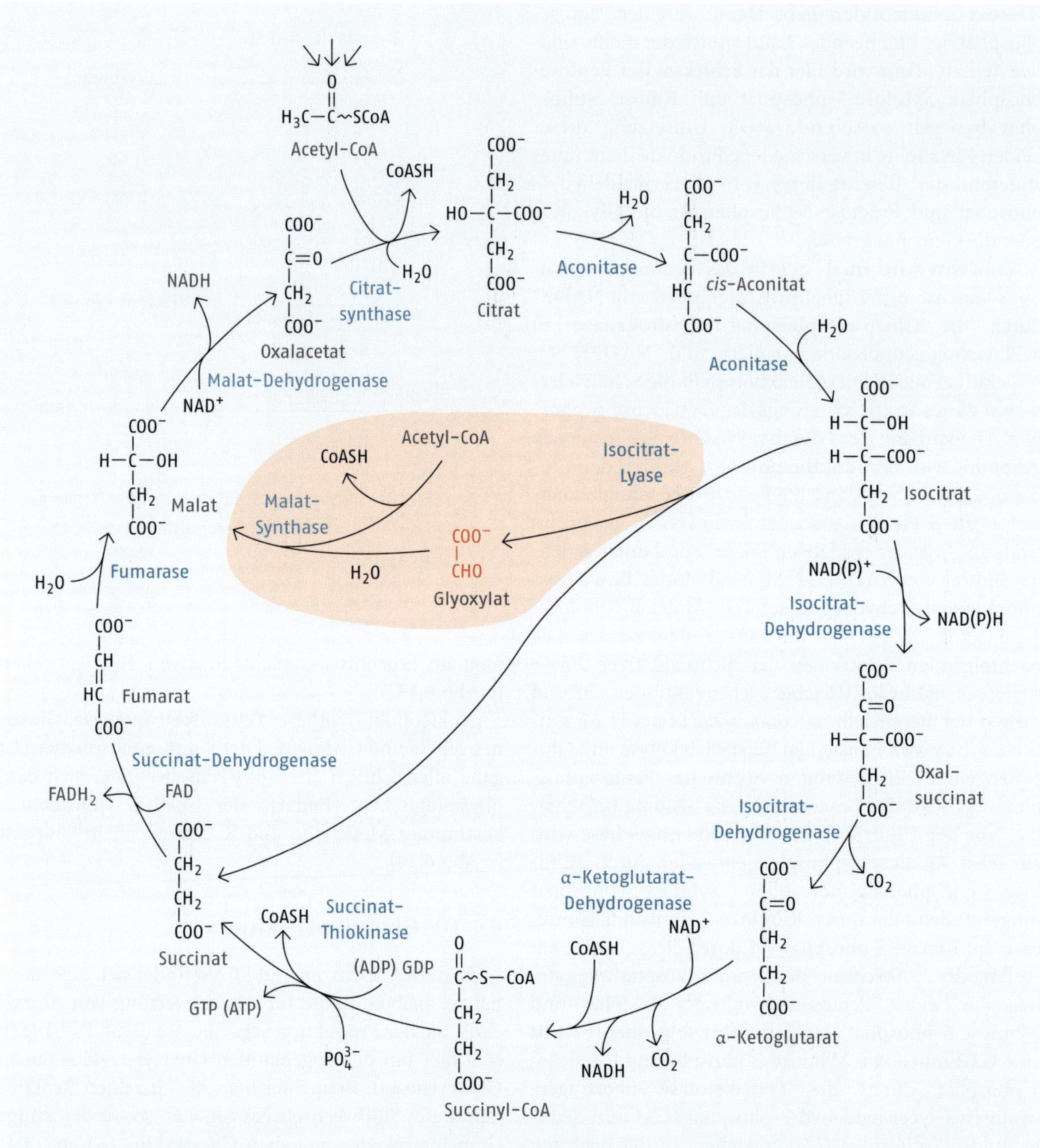

Abb. 6.15 Reaktionen des Glyoxylatzyklus im Vergleich zum Citratzyklus. Die Abweichungen der beiden Stoffwechselprozesse voneinander sind rot markiert.

6.2 Physiologische Regulation des Energiestoffwechsels

Stoffwechselreaktionen müssen streng reguliert werden. Dieser Sachverhalt resultiert unter anderem aus der Anpassung an eine unterschiedliche Zusammensetzung und Verfügbarkeit von Nährstoffen, an Krankheitszustände oder veränderte Lebensbedingungen. Genetisch kontrollierte Prozesse wie die Embryonalentwicklung, das Wachstum oder die Fortpflanzung haben ebenso großen Einfluss und können Stoffwechselwege bestimmter Zellen mitunter drastisch verändern. Die jeweilige Stoffwechsellage des Organismus, insbesondere die Versorgung mit Kohlenhydraten und deren Abbau in der Glykolyse, beeinflusst die Gluconeogenese, den Pentosephosphatweg und den Glykogenstoffwechsel (▸ Kap. 6.3). Deshalb sind alle diese Prozesse

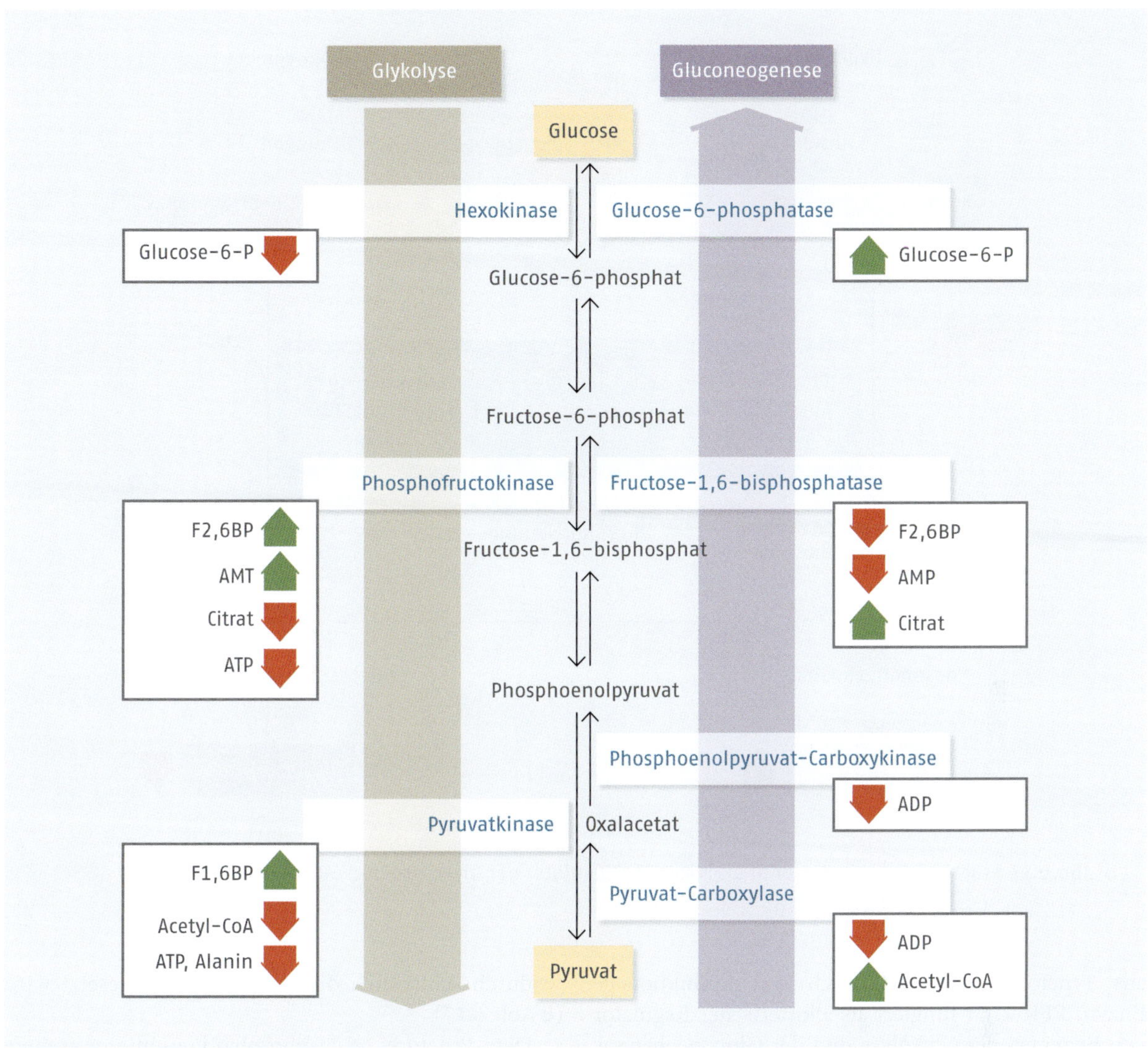

Abb. 6.16 Wechselseitige Regulation der Glykolyse und Gluconeogenese durch Aktivierung (grüne Pfeile) und Hemmung (rote Pfeile) von Schlüsselenzymen.

sehr eng kontrolliert und miteinander verwoben. Die Kenntnis der Mechanismen ihrer Regulation ist wiederum essenziell für die Diagnose pathologischer Zustände des Organismus.

6.2.1 Regulation von Glykolyse und Gluconeogenese

Um die Regulation der Glykolyse zu verstehen, müssen wir uns mit ihren Kontroll- bzw. Schaltstellen näher befassen (Abb. 6.16) und dabei insbesondere mit den regulierenden Effekten bestimmter Metabolite. Zu Beginn des Kapitels 6 ist bereits beschrieben, dass die Glykolyse aktiviert wird, wenn Energie in Form von ATP für energieverbrauchende Prozesse wie die Muskelkontraktion (▸ Kap. 2) benötigt wird. Die Schlüsselenzyme der Glykolyse werden wiederum gehemmt, wenn eine fortdauernde Umsetzung der Glucose nicht mehr erforderlich ist (Abb. 6.16). So wird die **Hexokinase** (▸ Kap. 6.1.2) durch hohe Konzentrationen an **Glucose-6-phosphat** inhibiert (Produkthemmung), während die **PFK-1** (▸ Kap. 6.1.2) durch **ATP** (allosterischer Inhibitor) und **Citrat** gehemmt wird, d. h. durch Intermediate oder Produkte nachgeschalteter Stoffwechselwege. Dies ist als Signal dafür zu deuten, dass keine zusätzliche Energieerzeugung (ATP-Lieferung) notwendig ist. Wird jedoch ATP verbraucht und dadurch übermäßig AMP gebildet, so wird die ATP-abhängige Hemmung der PFK-1 wieder aufgehoben.

PFK-1 wird außerdem auch durch **Fructose-2,6-bisphosphat** aktiviert (Abb. 6.16). Dieser Metabolit entsteht in der Leber in einer Nebenreaktion der Glykolyse

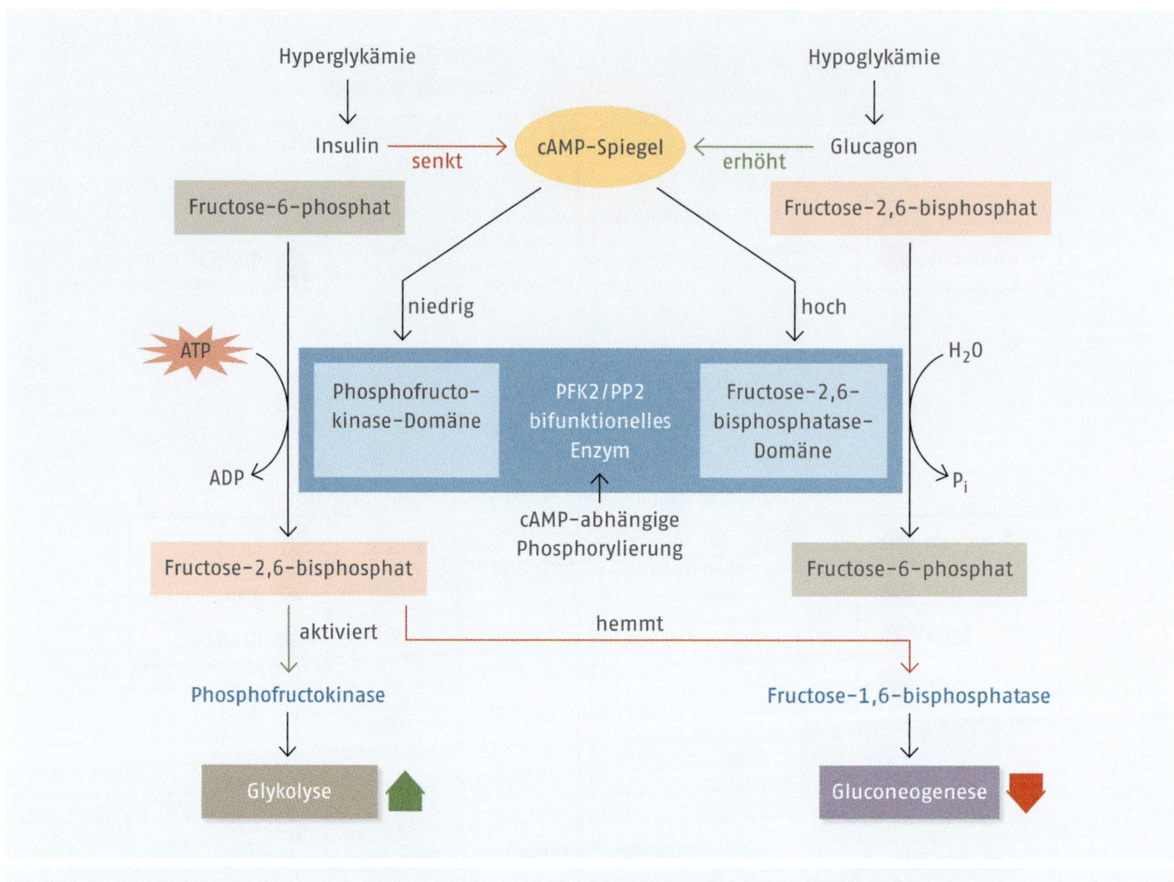

Abb. 6.17 Fructose-2,6-bisphosphat als wichtiger Regulator der Glykolyse und Gluconeogenese

aus Fructose-6-phosphat durch das bifunktionelle Enzym **PFK-2**. Er fungiert als allosterischer Regulator von Enzymen der Glykolyse und der Gluconeogenese, wobei die beiden Stoffwechselwege in gegensätzlicher Weise beeinflusst werden (reziproke Regulation).

PFK-2, ein homodimeres Enzym, kann sowohl die Phosphorylierung von Fructose-6-phosphat an Position 2 als auch dessen Dephosphorylierung katalysieren. Dies geschieht in Abhängigkeit vom Phosphorylierungszustand seiner Kinase- und Phosphatasedomäne (Abb. 6.17). Die Aktivität der PFK-2 wird durch Glucagon hormonell reguliert. Bei hohen Insulinspiegeln steigt nach Aktivierung der PFK-2 die Konzentration von Fructose-2,6-bisphosphat in den Hepatozyten. Dadurch wird PFK-1 aktiviert, was zur Steigerung der Fructose-1,6-bisphosphat-Konzentration und in der Folge zur Aktivierung der Pyruvatkinase führt. Die Glykolyserate wird beschleunigt und gleichzeitig die Gluconeogenese gehemmt (**reziproke Regulation**). Bei hohen Glucagonspiegeln wird dagegen die Dephosphorylierung von Fructose-2,6-bisphosphat zu Fructose-6-phosphat katalysiert. Demnach ist die PFK-2 nun für die Reduktion der intrazellulären Konzentration von Fructose-2,6-bisphosphat verantwortlich, wodurch schließlich die Glykolyse herabgesetzt wird (Abb. 6.17).

Dem Fructose-2,6-bisphosphat kommt eine weitere wichtige Bedeutung als allosterischer Inhibitor der **Fructose-1,6-bisphosphatase** (Abb. 6.17) in der Gluconeogenese zu. Dadurch kann die PFK-1 ihre Reaktion weiter fortsetzen, sprich die Glykolyse läuft vermehrt ab.

Schließlich erfolgt eine weitere Regulation auf der Ebene der **Pyruvatkinase** (Glykolyse) bzw. **Pyruvatcaboxylase/PEP-Carboxykinase** (Gluconeogenese; Abb. 6.13), wobei erstere durch **Fructose-1,6-bisphosphat** aktiviert, aber durch hohe Konzentrationen an **Acetyl-CoA** und **ATP** inhibiert wird. Diese Enzyme katalysieren die Umwandlung von Phosphoenolpyruvat in Pyruvat und umgekehrt. Pyruvat besitzt eine besondere Funktion im Stoffwechsel, wie wir bereits in den ▸Kap. 6.1.3 und ▸Kap. 6.1.8 kennengelernt haben. Bei übermäßiger Muskelarbeit läuft die Glykolyse unter anaeroben Bedingungen ab, d. h. Muskelzellen reduzieren Pyruvat zu Lactat (▸Kap. 6.1.3). Um Lactat aber verwerten zu können, muss es wieder in Pyruvat zurück verwandelt werden. Diese Aufgabe kommt den Leberzellen zu. Über den bereits in ▸Kap. 6.1.3 erwähnten

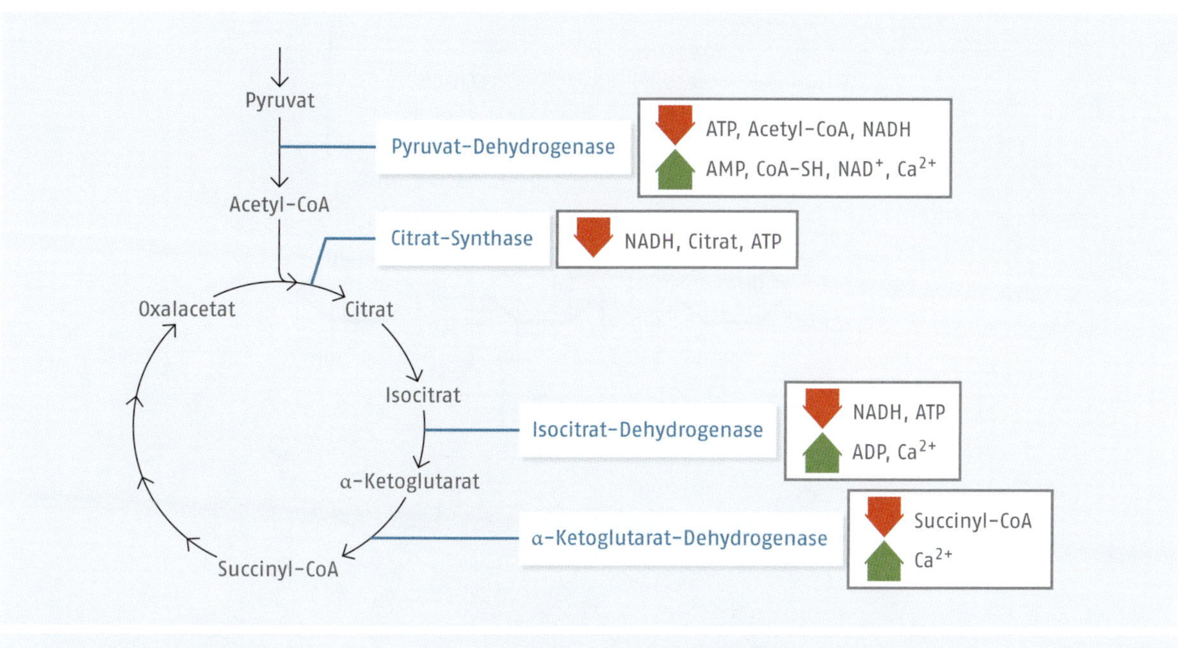

Abb. 6.18 Regulation des Citratzyklus durch Aktivierung (grüne Pfeile) und Hemmung (rote Pfeile) von Schlüsselenzymen

Cori-Zyklus (Abb. 6.12) sind somit die in den Muskelzellen ablaufende Glykolyse und die in den Leberzellen ablaufende Gluconeogenese miteinander gekoppelt. Dadurch werden die Glucosevorräte (in Form des körpereigenen Kohlenhydratspeichers Glykogen, ▸Kap. 6.3) im Muskel geschont. Die Verfügbarkeit von Glucose ist somit nicht nur aus verschiedenen Quellen – der Nahrung, der Neusynthese über Gluconeogenese und durch den Abbau von Glykogen (▸Kap. 6.3.2) – für den Organismus abgedeckt, sondern auch fein abgestimmt und organspezifisch reguliert.

6.2.2 Regulation des Citratzyklus

Dem Citratzyklus kommt wie der Glykolyse eine herausragende Rolle im Stoffwechsel zu, deshalb ist auch er ähnlich strikt reguliert. Diese Regulation erfolgt über allosterische Effektoren oder über Modifikationen der beteiligten Enzyme (Abb. 6.18). Außerdem muss natürlich auch das Angebot an Acetyl-CoA, das zu Beginn in den Zyklus einfließt (z. B. durch die Reaktion der Pyruvat-Dehydrogenase) berücksichtigt werden.

Im Hinblick auf den Citratzyklus selbst sind es drei Enzyme, deren Aktivität streng reguliert ist: Die Citrat-Synthase, die Isocitrat-Dehydrogenase und die α-Ketoglutarat-Dehydrogenase (Abb. 6.18). Erneut handelt es sich hierbei um die Schaltstellen bzw. Reaktionen, die irreversibel verlaufen und somit die Richtung dieses Stoffwechselwegs bestimmen. Mit der Reaktion der Citrat-Synthase startet der Citratzyklus; in den durch die Isocitrat-Dehydrogenase und die α-Ketoglutarat-Dehydrogenase katalysierten Reaktionen wird jeweils ein Molekül CO_2 gebildet. Bei genauerer Betrachtung fällt auf, dass jedes der Enzyme durch Reduktionsäquivalente (NADH) und/oder ATP gehemmt wird. Die Regulation des Citratzyklus ist direkt vom Energiebedarf der Zelle abhängig. Bei einem Mangel an Energie wird der Zyklus durch Aktivatoren wie beispielsweise AMP, ADP und NAD^+ angekurbelt (Abb. 6.18).

6.3 Glykogensynthese und Glykogenolyse

Die tägliche Nahrungsaufnahme geht einher mit einer Erhöhung der Blutglucosekonzentration. Die aufgenommene Glucose dient uns zwar als Energiequelle, wie wir in den vorangegangenen ▸Kap. 6.1.2 bis ▸Kap. 6.1.5 gesehen haben, jedoch wird auch ein weiterer Prozess in Gang gesetzt. Unter Verwendung verfügbarer (bzw. zu viel aufgenommener) Glucose erfolgt die Synthese von **Glykogen**, dem Kohlenhydratspeicher des Menschen. Aufgrund eines erhöhten **Blutglucosespiegels** erhöht sich auch die Aktivität des **GLUT1-Transporters** in den β-Zellen des Pankreas. Dieser bewirkt die Aufnahme von Glucose in die Zellen, was wiederum die **Insulinausschüttung** initiiert (▸Kap. 9, ▸Kap. 15). Eine erhöhte Insulinkonzentration im Blut stimuliert die Glykogensynthese, weil dadurch eine Reduktion des Blutglucosespiegels

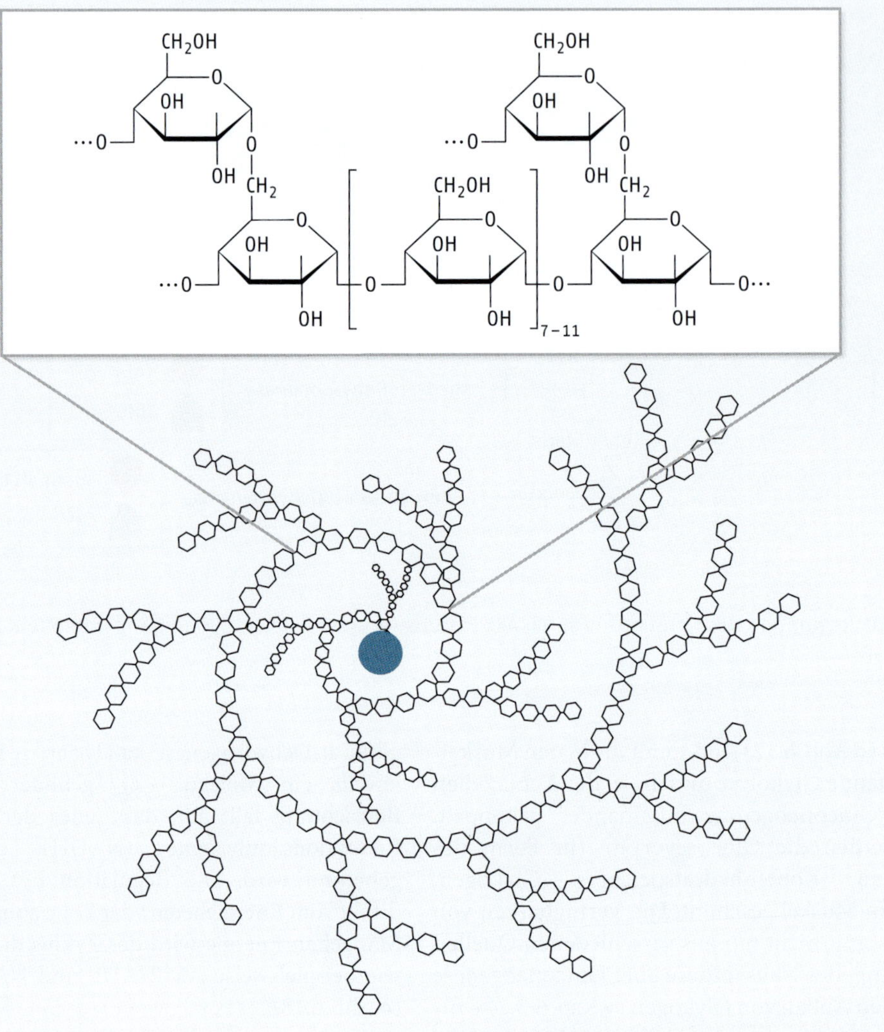

Abb. 6.19 Die hoch verzweigte Struktur von Glykogen ermöglicht den Verbrauch von Glucose aus dem Blut bei erhöhtem Blutzuckerspiegel, aber auch die schnelle Nutzung der gebundenen Glucoseeinheiten in Zeiten der Nahrungskarenz.

bewirkt wird. Somit handelt es sich um einen wichtigen Prozess, der an der Regulation des Blutzuckerspiegels beteiligt ist, der aber auch in umgekehrter Form, der **Glykogenolyse** (Glykogenabbau, ▸Kap. 6.3.2), bei Nahrungskarenz Glucose für die Energieversorgung zur Verfügung stellt. In den beiden folgenden Abschnitten sollen deshalb beide Prozesse kurz erläutert werden.

6.3.1 Glykogensynthese

Glykogen ist ein stark verzweigtes Polysaccharid (Abb. 6.19), das aus α-D-Glucoseeinheiten aufgebaut ist und am Protein Glykogenin gebunden vorliegt. Die Glucoseeinheiten sind zum einen in lineare Ketten integriert, die durch α-1,4-glykosidische Bindung miteinander verknüpft sind. Zum anderen gibt es bestimmte Verzweigungsstellen (ca. an jedem 8. bis 12. Rest, Abb. 6.19), an die Glucose über eine α-1,6-glykosidische Bindung geknüpft ist. Von dieser Einheit aus kann wieder eine lineare Kette wachsen. Durch diesen strukturellen Aufbau resultiert ein sehr großes Molekül (Homoglycan), das in Granula im Zytosol von Leberzellen (ca. 150 g) und Skelettmuskelzellen (ca. 250 g) gespeichert wird.

Glykogen wird im Zytosol synthetisiert. Hauptsächlich findet der Glykogenaufbau in der Leber und in der Skelettmuskulatur statt. Vier Enzyme sind am Aufbau des Makromoleküls beteiligt (Abb. 6.20). Im ersten Schritt wird Glucose in Glucose-6-phosphat umgewan-

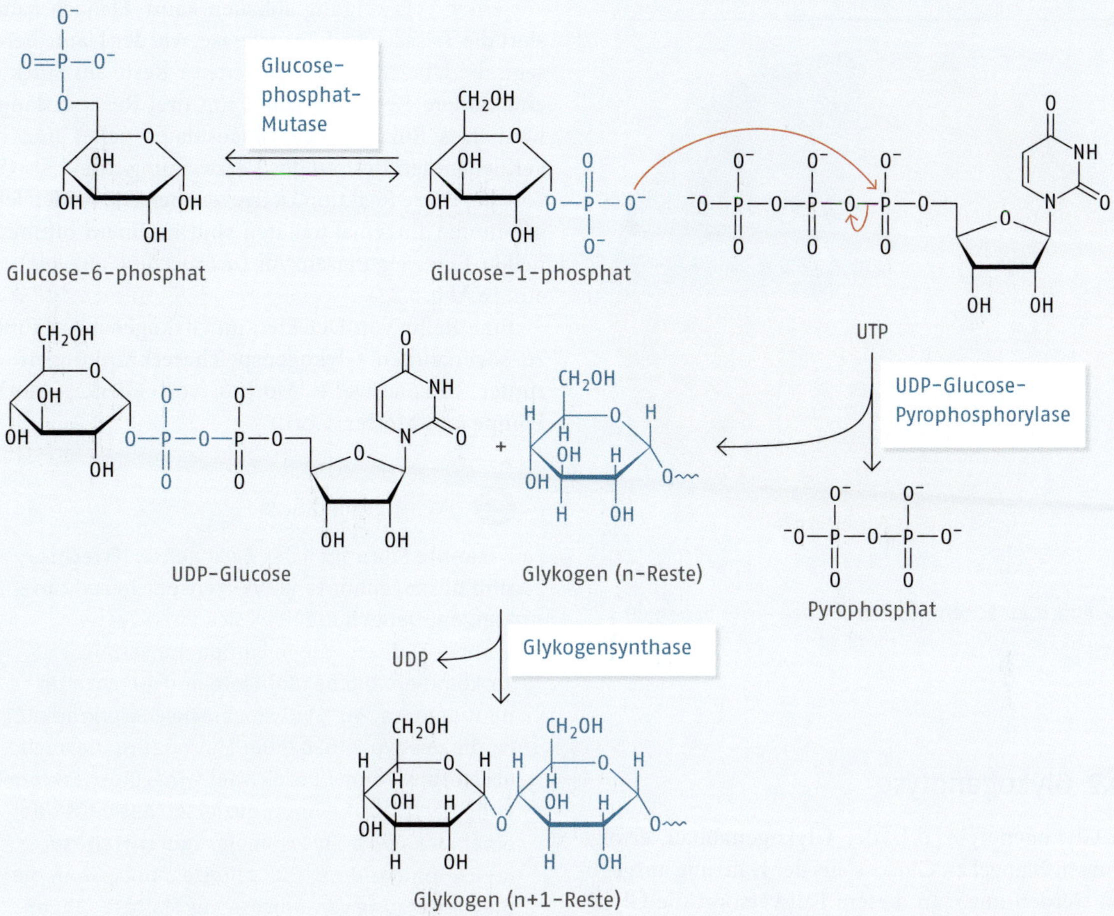

○ Abb. 6.20 Stufen der Glykogensynthese ausgehend von Glucose-6-phosphat. Im letzten Schritt wird ein Glucoserest in Form von UDP-Glucose auf das nichtreduzierende Ende (C4-Position) der Kette übertragen.

delt. Diese durch die **Hexokinase** katalysierte Reaktion leitet die Glykolyse ein und wurde bereits in ▸ Kap. 6.1.2 erwähnt. Für die Verknüpfung muss die Glucose aktiviert werden, dazu muss im zweiten Schritt zunächst Glucose-6-phosphat durch die **Glucosephosphat-Mutase** in Glucose-1-phosphat umgewandelt werden. Anschließend wird durch das Enzym **UDP-Glucose-Pyrophosphorylase** unter Verwendung von Uridintriphosphat (UTP) die aktivierte Form Uridindiphosphat-Glucose (UDP-Glucose) gebildet. UDP-Glucose enthält eine glykosidische Phosphoesterbindung mit hohem Gruppenübertragungspotenzial und ist somit vorbereitet für die Kopplung im letzten Schritt (○ Abb. 6.20). Dieser wird von der **Glykogensynthase** katalysiert und stellt die Schlüsselreaktion der Glykogensynthese dar.

Ein weiteres Enzym ist schließlich für die Verzweigungen zuständig, da die Glykogensynthase nur die Bildung von α-1,4-glykosidischen Bindungen katalysiert. Bei diesem Enzym handelt es sich um die **Amylo-α-(1,4 → 1,6)-Transglykosylase**, die im Englischen *branching enzyme* genannt wird. Sie überträgt eine verzweigte Kette (ca. 7 Glucoseeinheiten) eines wachsenden Glykogenstrangs auf die C6-Position eines anderen Strangs. Dabei wird eine α-1,6-glykosidische Bindung geknüpft. Der Donorstrang muss dabei bereits mindestens elf Glucosereste tragen, sonst würde die Transglykosylase nicht angreifen. Am verbleibenden, verkürzten Strang kann dann die Glykogensynthase erneut Glucosereste über 1,4-glykosidische Bindung anbringen. Die Verzweigungen dienen der effizienten Verpackung der Glucose in einem Glykogenpartikel, wobei innerhalb dieser Struktur bis zu zwölf Verzweigungsebenen auftreten können (○ Abb. 6.21).

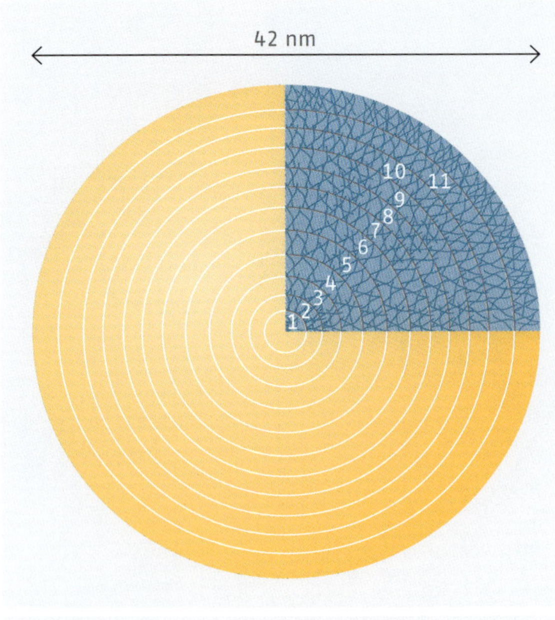

o Abb. 6.21 Schematischer Aufbau eines Glykogenpartikels

6.3.2 Glykogenolyse

Die **Glykogenolyse**, d. h. der **Glykogenabbau**, erfolgt, wenn ein Mangel an Glucose aus der Nahrung ausgeglichen werden muss. In diesem Fall versorgt die Glykogenolyse der Leber andere Organe mit Glucose, um deren Energiebedarf zu decken. Auch dieser Prozess ist hormonell reguliert: Glucagon und Adrenalin stimulieren den Abbau (▸ Kap. 9), während Insulin die Glykogenolyse hemmt.

Wie für Glykolyse und Gluconeogenese bereits diskutiert (▸ Kap. 6.1.2, ▸ Kap. 6.1.8), haben wir auch beim Glykogenabbau erneut den Fall vorliegen, dass der rückläufige Weg keine einfache Umkehr des Synthesewegs ist. Es müssen vier Enzyme in fünf Reaktionen tätig werden, um Glucose aus einem Glykogenpartikel zurückzugewinnen. Das Schlüsselenzym ist hierbei die **Glykogenphosphorylase**, die gleich den ersten Schritt, d. h. die Spaltung der α-1,4-glykosidischen Bindung zwischen zwei Glucoseresten vom nichtreduzierenden Ende her katalysiert. Es handelt sich hierbei um eine **Phosphorolyse**, eine Spaltung mithilfe von Orthophosphat, aus der Glucose-1-phosphat hervorgeht (o Abb. 6.22). Diese kann durch die **Glucosephosphat-Mutase** schnell in Glucose-6-phosphat umgewandelt werden und steht somit für die Glykolyse zur Verfügung. Zwei weitere Enzyme, die **Trisaccharid-Transferase** und die **α-1,6-Glucosidase** (o Abb. 6.22), werden benötigt, um die Verzweigungen abzubauen. Grund dafür ist die Tatsache, dass die Glykogenphosphorylase die linearen Glykogenketten nur bis zum vierten Rest vor einer Verzweigung abbauen kann. Danach katalysiert die Trisaccharid-Transferase, wie der Name bereits sagt, die Übertragung drei weiterer Reste am Stück auf eine andere Kette, die somit um drei Reste verlängert wird. Das Enzym α-1,6-Glucosidase spaltet nun den verbleibenden Rest an der Verzweigung direkt als Glucose ab. Diese Reaktion ist irreversibel. Die beiden letztgenannten Enzymaktivitäten sind in einem bifunktionellen Entzweigungsenzym (*debranching enzyme*) vereint (o Abb. 6.22).

Eine Reihe von Defekten im Glykogenabbau führen zu sogenannten **Glykogenspeichererkrankungen**, darunter beispielsweise Morbus von Gierke, Morbus Pompe und Morbus Cori.

Wichtiges in Kürze

Bekannte Störungen des Glykogenstoffwechsels sind die sogenannten **Glykogenspeichererkrankungen.** Dabei handelt es sich um rezessiv erbliche Defekte, die in Europa nur selten vorkommen. Die bekannteste und gleichzeitig häufigste (ca. 40 %) Glykogenspeichererkrankung ist die des Typ 2 (GSD2) der Muskulatur, die auch als **Morbus Pompe** bezeichnet wird. Diese Erkrankung basiert auf einer reduzierten Aktivität oder einem Mangel an lysosomaler **saurer Maltase** (α-1,4-Glucosidase, Glucosidase alpha, GAA), die die Freisetzung von Glucose aus Maltose, Oligosacchariden und auch Glykogen bewirkt. Ein Mangel an saurer Maltase resultiert in einer verstärkten intralysosomalen Glykogenspeicherung in Skelettmuskel, Herz, Leber und Nervensystem. Zur Behandlung des Morbus Pompe ist seit 2006 ein biotechnologisch hergestelltes rekombinantes Enzympräparat zugelassen, welches eine, wenn auch lebenslange, Enzymersatztherapie erlaubt.

Partywissen

Im Hollywood-Film **Extraordinary Measures** (deutscher Titel: **Ausnahmesituation**), mit Harrison Ford in einer der Hauptrollen, wird die Entdeckung und Entwicklungsgeschichte des Arzneimittels Myozyme®, d. h. des Enzyms Glucosidase alpha, dargestellt. Der Film erzählt die wahre Geschichte eines Vaters, der seinen Job aufgibt und ein biotechnologisches Unternehmen gründet, um zwei seiner Kinder, die an der zu diesem Zeitpunkt unheilbaren Krankheit Morbus Pompe leiden, therapieren zu können.

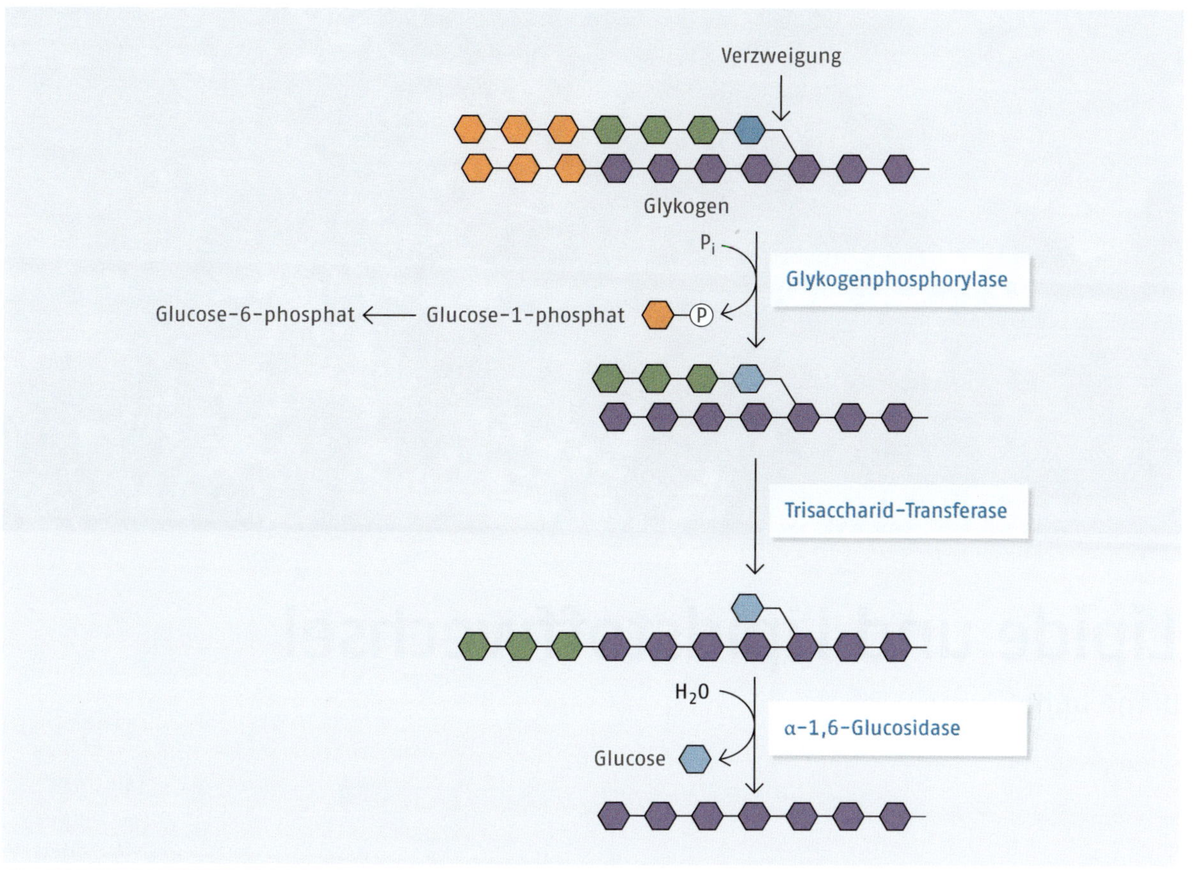

Abb. 6.22 Der Glykogenabbau ist keine direkte Umkehr der Glykogensynthese.

Lipide und Lipidstoffwechsel

Diana Imhof

Einleitung

Fettstoffwechselstörungen, erhöhtes LDL-Cholesterol, reduzierter HDL-Cholesterolspiegel und damit im Zusammenhang stehende Herzerkrankungen sind in unserer Gesellschaft allgegenwärtig. Tatsächlich sind ischämische Herzkrankheiten (z. B. Angina Pectoris, akuter Myokardinfarkt) immer noch Todesursache Nummer eins weltweit. Hauptursache für diese Erkrankungen ist die Entwicklung einer Arteriosklerose, die durch Verengung der Arterien zunächst zu einem verminderten Blutfluss und in der Folge zu dessen Unterbrechung und damit einem Herzinfarkt führen kann. Arteriosklerose tritt insbesondere im fortgeschrittenen Alter auf und wird durch eine fettreiche Ernährung und Bewegungsmangel begünstigt. Ein funktionierender Stoffwechsel der Lipide und ihrer Metaboliten (▸Kap. 7.1 bis ▸Kap. 7.7), inklusive der Fettreserven zu Zwecken der Energiespeicherung, und die Regulation dieser Prozesse sind somit von großer Bedeutung für die Aufrechterhaltung lebenswichtiger Körperfunktionen. Aber auch für den Aufbau unserer Zellen und Gewebe (▸Kap. 7.6, ▸Kap. 7.7) sowie für die Biosynthese von Steroiden und Gallensäuren (▸Kap. 7.6) spielen Lipide eine wesentliche Rolle. Pharmazeutisch relevant ist darüber hinaus die Entstehung der Arachidonsäure als Vorstufe der Eicosanoide (▸Kap. 7.8), die an Prozessen der Blutgerinnung, Entzündung und Schmerzentstehung beteiligt sind.

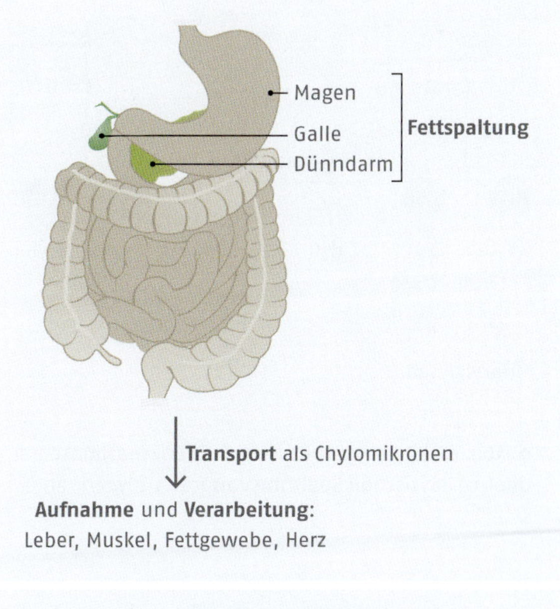

Abb. 7.1 Erste Schritte der Fettverdauung

7.1 Aufnahme, Transport und Verdauung von Fetten

Viele pflanzliche und tierische Nahrungsmittel enthalten Fette (Lipide). Der Fettgehalt und die Struktur (▸Kap. 1) sind dabei in Abhängigkeit von der Quelle sehr verschieden. Daraus resultiert wiederum eine sehr unterschiedliche Zusammensetzung aus ungesättigten und gesättigten Fettsäuren (▸Kap. 1), die in diesen Fetten verestert vorliegen. Die Verdauung dieser Fette beginnt bereits im Mund, wo die **Zungengrundlipase**, die bei einem niedrigen pH-Wert arbeitet, als Hydrolase Neutralfette spaltet. Ebenfalls im sauren Milieu aktiv ist die von der Magenschleimhaut gebildete **Magenlipase**. Beide Enzyme bevorzugen kurzkettige Fettsäuren, wie z. B. Milchfette. Die Zungengrundlipase und die Magenlipase haben jedoch keine große Bedeutung beim Erwachsenen (Magenlipase nur ca. 10 % Lipolysebeitrag), da die Lipidaufnahme hier vorwiegend über das Duodenum (Zwölffingerdarm, 1. Abschnitt des Dünndarms) und das obere Jejunum (Leerdarm) erfolgt (Abb. 7.1). Dagegen spielt die Magenlipase eine entscheidende Rolle bei Säuglingen, weil die abgespaltenen kurzkettigen Fettsäuren der Muttermilch direkt in das venöse Blut des Magens resorbiert und so in den Blutkreislauf aufgenommen werden können (**präpylorische Lipolyse**). Dieser Vorgang wird solange aufrechterhalten, bis die Sekretion der **Pankreaslipase**, die bei Erwachsenen für die Fettspaltung verantwortlich ist, vollumfänglich funktioniert.

Erste Schritte der Fettverdauung und -resorption

Die Verdauung der Nahrungsfette findet hauptsächlich im Dünndarm statt. Die mit der Nahrung aufgenommenen Lipide, vorrangig Triacylglycerine, Phospholipide und Cholesterol, müssen für die weitere Verwertung aus dem zerkleinerten Nahrungsbrei (Chymus) zunächst in winzig kleine Tröpfchen verteilt werden, um den Lipasen zugänglich gemacht zu werden. Im Duodenum wird der Brei aus Lipidtröpfchen mit Pankreassaft und Gallenflüssigkeit versetzt (Abb. 7.1) und die im leicht basischen Milieu aktive **Pankreaslipase** (Abb. 7.2) sezerniert und aktiviert. Den Bestandteilen der Gallenflüssigkeit (Gallensäuren/Gallensalze) kommt hier die Aufgabe zu, **Mizellen** durch Anlagerung an die Fettpartikel zu bilden und dadurch deren Oberflächenladung (siehe Lipide ▸Kap. 1.3) zu reduzieren. Das hat die Bindung einer **Co-Lipase** zur Folge. Diese Co-Lipase wiederum rekrutiert die zur Hydrolyse notwendige Pankreaslipase, wodurch diese ihre Funktion ausüben kann. Die Pankreaslipase katalysiert die Hydrolyse der Esterbindungen an den Kohlenstoffatomen C1 und C3 der Triacylglycerine (**Stellungsspezifität**), wodurch freie Fettsäuren und 2-Monoacylglycerine freigesetzt werden (Abb. 7.2). Die dadurch verkleinerten Mizellen sind nun für die Resorption in die Darmwand vorbereitet.

7

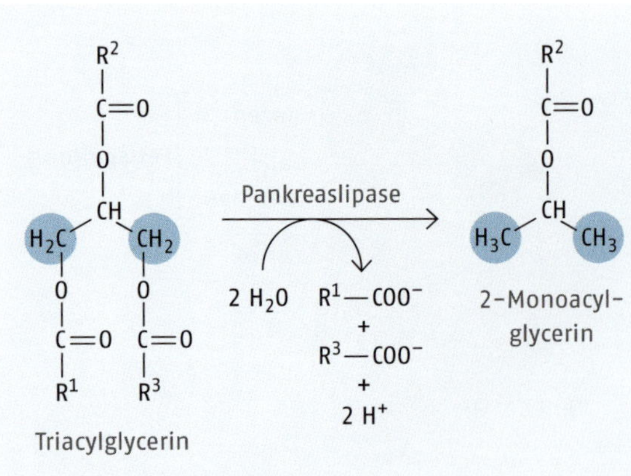

Abb. 7.2 Stellungsspezifität der Pankreaslipase bei der hydrolytischen Spaltung von Triacylglycerinen

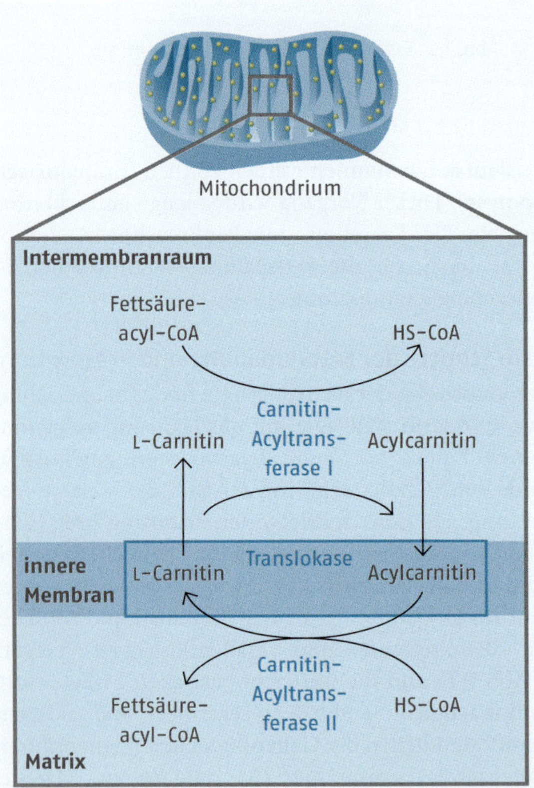

Abb. 7.3 Transport von Fettsäureacyl-CoA in die Mitochondrienmatrix über den Carnitin-Shuttle

Hier werden sie von den Epithelzellen der Darmmukosa aufgenommen, während die Gallensalze im Lumen des Darms verbleiben. Innerhalb der Darmepithelzellen findet dann die Bildung von **Fettsäureacyl-CoA-Molekülen** aus den freien Fettsäuren statt. Dies erfolgt durch Übertragung der Fettsäure auf Coenzym A mithilfe der **Fettsäure-CoA-Ligase**. Es entsteht eine energiereiche Thioesterbindung zwischen der Fettsäure und Coenzym A, die für die weiteren Reaktionsschritte erforderlich ist. Dies ist die notwendige Aktivierung für weitere Prozesse, wie beispielsweise dem Abbau (β-Oxidation, ▸Kap. 7.2) oder auch der erneuten Reaktion mit Glycerin oder Monoacylglycerinen zum Aufbau anderer Triacylglycerine. Die in den intestinalen Epithelzellen gebildeten Triacylglycerine werden zusammen mit Cholesterol, Phospholipiden und bestimmten Proteinen als **Chylomikronen** zu anderen Geweben transportiert.

Im Pankreassaft sind noch weitere Lipasen enthalten, die alle nach dem gleichen Prinzip wie die Pankreaslipase arbeiten: die **Cholesterolesterase** (auch Carboxyesterase genannt) hydrolysiert Cholesterolester; die **Phospholipasen A1** und **A2** hydrolysieren Phospholipide (▸Kap. 7.7).

7.2 Fettsäureabbau (β-Oxidation)

Damit Fettsäuren dem Energiestoffwechsel zur Verfügung gestellt werden können, müssen sie zunächst in kleinere Einheiten zerlegt werden. Dies geschieht durch die in den Mitochondrien ablaufende **β-Oxidation** (Fettsäureoxidation). Sie findet in der Matrix der Mitochondrien statt und erfordert zunächst zwei vorbereitende Schritte. Dies ist zum einen die bereits im ▸Kap. 7.1 beschriebene Aktivierung der Fettsäuren zu Fettsäureacyl-CoA-Molekülen und zum anderen der aktive Transport dieser aktivierten Fettsäuren aus dem Zytosol in die Mitochondrienmatrix. Letzteres wird durch den sogenannten **Carnitin-Shuttle** bewirkt. Dabei handelt es sich um ein Transportsystem, durch das unter Beteiligung verschiedener Enzyme folgende Schritte erfolgen:

1. die Übertragung der Acylgruppe des Fettsäureacyl-CoA auf Carnitin im Zytosol,
2. der Austausch des gebildeten Acylcarnitin durch Carnitin über die innere Mitochondrienmembran,
3. die Rückübertragung der Acylgruppe auf Coenzym A in der Matrix (Abb. 7.3).

Das so der β-Oxidation zugeführte Fettsäureacyl-CoA unterliegt schließlich dem Abbau, indem es um eine **C2-Einheit** verkürzt wird. Diese C2-Einheit wird in einem vierstufigen Prozess unter Bildung von **Acetyl-CoA** auf Coenzym A übertragen (Abb. 7.4). Die vier Reaktionen umfassen eine Oxidation, eine Hydratation, eine weitere Oxidation und eine Thiolyse. Zunächst soll hier der Ablauf der β-Oxidation am Beispiel einer gesättigten Fettsäure mit einer geraden Anzahl von Kohlenstoffatomen betrachtet werden (Abb. 7.4 A).

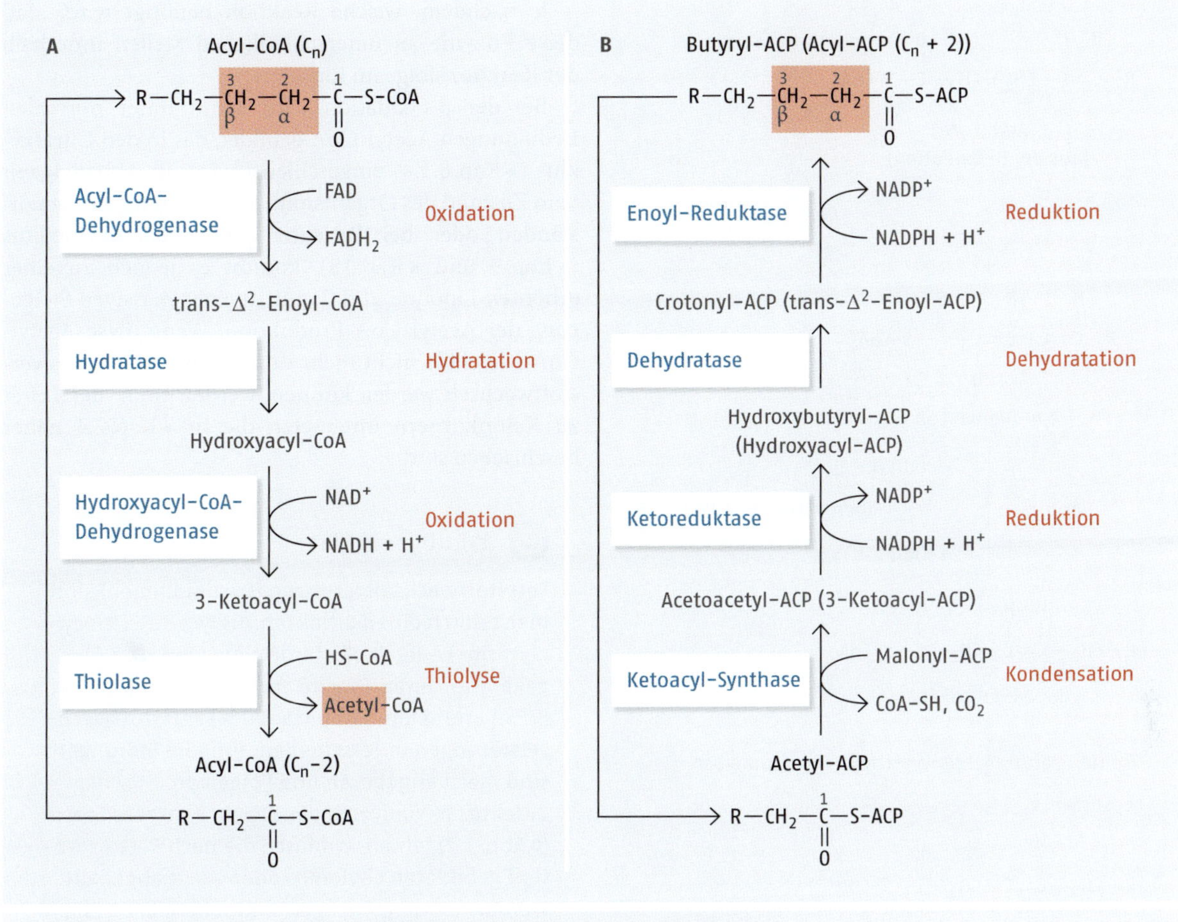

Abb. 7.4 A Fettsäureoxidation und B Fettsäurebiosynthese im Vergleich

Im ersten Schritt erfolgt die Bildung von *trans*-Δ^2-Enoyl-CoA, indem die **Acyl-CoA-Dehydrogenase** das Acyl-CoA-Molekül mithilfe von FAD oxidiert. Die Abspaltung der Wasserstoffatome erfolgt an den C2 (α)- und C3 (β)-Atomen des Fettsäureacylrests unter Bildung einer Doppelbindung. Anschließend katalysiert die **2-Enoyl-CoA-Hydratase** in der zweiten Reaktion die regio- und stereospezifische Addition von Wasser an diese Doppelbindung, wodurch L-3-Hydroxyacyl-CoA gebildet wird.

In der dritten Reaktion wird mithilfe des Enzyms **L-3-Hydroxyacyl-CoA-Dehydrogenase** L-3-Hydroxyacyl-CoA in 3-Ketoacyl-CoA unter Verwendung von NAD^+ als Wasserstoffakzeptor umgesetzt und NADH + H^+ gebildet. Im letzten Schritt der β-Oxidation spaltet die **3-Ketoacyl-CoA-Thiolase** thiolytisch, d.h. durch Angriff des nukleophilen Schwefelatoms des CoA-Moleküls an das elektrophile Carbonylkohlenstoffatom der Ketogruppe, 3-Ketoacyl-CoA unter Freisetzung von Acetyl-CoA und einem um eine C2-Einheit verkürzten Fettsäureacyl-CoA-Molekül.

Die Elektronen des gebildeten $FADH_2$ sowie des NADH können in die Atmungskette (▸Kap. 6.1.5) eingeschleust und zur ATP-Gewinnung genutzt werden. Das um zwei Kohlenstoffatome verkürzte Acyl-CoA durchläuft nun den Prozess erneut und zwar so lange, bis der Fettsäurerest vollständig zu Acetyl-CoA abgebaut worden ist. Für den Abbau von Lauroyl(C12)-CoA bedeutet das beispielsweise, dass der Zyklus fünfmal durchlaufen wird und 6 Acetyl-CoA-Moleküle gebildet werden. Die Gesamtreaktion lautet demnach:

Lauroyl-CoA + 5 FAD + 5 NAD^+ + 5 CoA + 7 H_2O → 6 Acetyl-CoA + 5 $FADH_2$ + 5 NADH + 5 H^+

Berücksichtigt man die in ▸Kap. 6.1.2 festgestellten ATP-Äquivalente für jedes $FADH_2$ und jedes NADH-Molekül, den vollständigen Abbau von Acetyl-CoA zu CO_2 und H_2O im Citratzyklus (▸Kap. 6.1.4) sowie die zwei für die Aktivierung und Bildung von Lauroyl-CoA investierten ATP-Äquivalente, so ergibt sich in der Nettobilanz für den Abbau von Lauroyl-CoA eine Ausbeute von 78 ATP.

Obwohl die Mehrheit der natürlichen Fettsäuren gesättigt ist und eine gerade Anzahl an Kohlenstoffato-

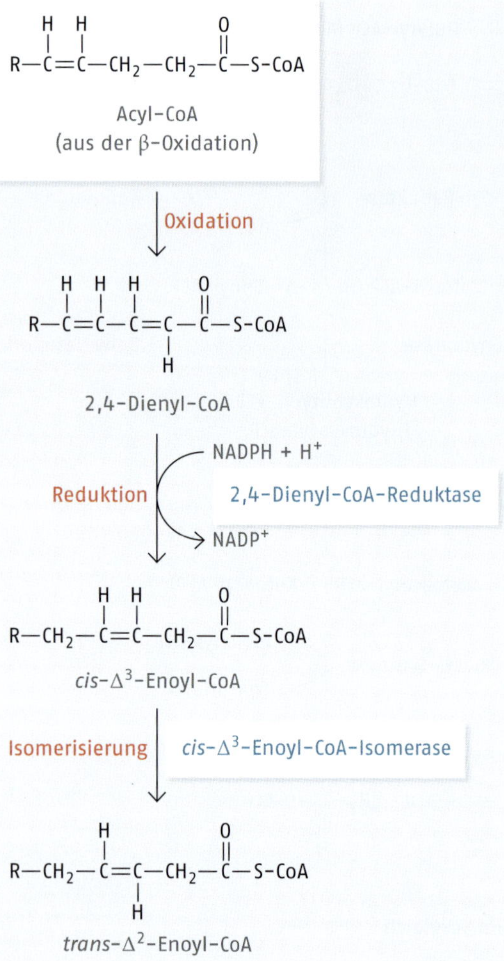

$R-CH=CH-CH_2-CH_2-CO-S\text{-}CoA$

Acyl-CoA
(aus der β-Oxidation)

Oxidation

$R-CH=CH-CH=CH-CO-S\text{-}CoA$

2,4-Dienyl-CoA

Reduktion — NADPH + H⁺ → $NADP^+$ — 2,4-Dienyl-CoA-Reduktase

$R-CH_2-CH=CH-CH_2-CO-S\text{-}CoA$

cis-Δ^3-Enoyl-CoA

Isomerisierung — *cis*-Δ^3-Enoyl-CoA-Isomerase

$R-CH_2-CH=CH-CH_2-CO-S\text{-}CoA$

trans-Δ^2-Enoyl-CoA

Abb. 7.5 Zusätzlich erforderliche Reaktionen beim Abbau ungesättigter Fettsäuren unter Beteiligung der Enzyme *cis*-Δ^3-Enoyl-CoA-Isomerase und 2,4-Dienyl-CoA-Reduktase

men aufweist, werden durch Bakterien und andere Organismen auch ungesättigte, ungeradzahlige und verzweigte Fettsäuren synthetisiert und vom Menschen über die Nahrung aufgenommen. Für deren Abbau werden im Prinzip die gleichen Reaktionen der β-Oxidation verwendet wie für gesättigte, geradzahlige Fettsäuren. Allerdings sind für die Oxidation von ungesättigten Fettsäuren zwei weitere Enzyme erforderlich: die **Enoyl-CoA-Isomerase** und die **2,4-Dienoyl-CoA-Reduktase**. Das erste Enzym wird für die Umwandlung von *cis*-Δ^3-Enoyl-CoA in *trans*-Δ^2-Enoyl-CoA als Substrat für die Hydratase-Reaktion der β-Oxidation benötigt. Das zweite setzt 2,4-Dienoyl-CoA zu *cis*-Δ^3-Enoyl-CoA um, welches anschließend wieder durch die Enoyl-CoA-Isomerase zum *trans*-Δ^2-Isomer umgewandelt werden kann (Abb. 7.4).

Je nachdem, welche Reaktion benötigt wird, sind diese Enzyme an unterschiedlichen Stellen innerhalb der Reaktionsfolge im Einsatz.

Bei der β-Oxidation wird somit unter normalen Bedingungen Acetyl-CoA gebildet, das in den Citratzyklus (▸ Kap. 6.1.4) eingeschleust wird. In Abhängigkeit vom Zustand des Organismus, z. B. während Hungerzuständen oder bei Patienten mit Diabetes mellitus (▸ Kap. 9 und ▸ Kap. 15), kommt es jedoch zu einer erhöhten Lipolyse und damit zu einer massiven Steigerung der Acetyl-CoA-Produktion. Wenn diese Acetyl-CoA-Moleküle nicht mehr durch den Citratzyklus verstoffwechselt werden können, werden sie in der Leber zu Ketonkörpern umgesetzt, die in ▸ Kap. 7.4 näher beschrieben sind.

Wichtiges in Kürze

Fettstoffwechselstörungen (**Dyslipidämien**) sind meist durch einen erhöhten Triglycerid- (Triacylglycerin-) oder Cholesterolspiegel (▸ Kap. 7.6) gekennzeichnet. Es wird zwischen primären (ca. 80 %) und sekundären (ca. 20 %) Fettstoffwechselstörungen unterschieden. Primäre Störungen sind meist angeboren und Folgen genetischer Defekte. So kann z. B. das Enzym Pankreaslipase (Abb. 7.2) fehlen, wodurch die nach Fettresorption gebildeten Chylomikronen nicht abgebaut werden können. Dagegen sind sekundäre Dyslipidämien die Folge einer anderen, den Fettstoffwechsel ebenfalls beeinflussenden Erkrankung. Häufig wird die vererbte Krankheitsanfälligkeit noch zusätzlich durch äußere Faktoren (Ernährung) verstärkt.

7.3 Fettsäurebiosynthese

Die Biosynthese von Lipiden ist ein wichtiger Teil des Zellstoffwechsels. Insbesondere für den Aufbau der Zellmembranen (▸ Kap. 8) stellen Lipide die essenziellen Bausteine dar. In diesem Zusammenhang ist die Synthese von Fettsäuren als Hauptbestandteil der Triacylglycerine (▸ Kap. 7.7) für den Organismus unentbehrlich. Vergleicht man die Reaktionen der Fettsäuresynthese mit denen der β-Oxidation (Abb. 7.2), stellt man wesentliche Unterschiede fest, denn der anabole Prozess ist keine Umkehrung des katabolen Stoffwechselwegs. Zwar werden die Fettsäuren aus Acetyl-CoA als dem Endprodukt der β-Oxidation gebildet, während jedoch der Fettsäureabbau in der mitochondrialen Matrix erfolgt, läuft die Fettsäuresynthese im Zytosol ab

(○ Abb. 7.4). Das bedeutet, dass das Acetyl-CoA aus den Mitochondrien ins Zytosol transportiert werden muss. Acetyl-CoA kann jedoch nicht über den Carnitin-Shuttle (○ Abb. 7.3) transportiert werden, weil dieser auf längerkettige Acylreste spezialisiert ist. An dieser Stelle nutzt es deshalb den sogenannten **Citrat-Shuttle** (○ Abb. 7.6 A). Die C2-Einheit des Acetyl-CoA wird dabei auf Oxalacetat übertragen, sodass Citrat entsteht, welches über die innere Mitochondrienmembran transportiert werden kann (**Antiport mit Malat**). Im Zytosol wird die C2-Einheit durch die Übertragung auf Coenzym A unter Verbrauch von ATP wieder freigesetzt. Dabei entsteht wieder Oxalacetat, das über Malat zu Pyruvat umgewandelt wird. Hierfür werden insgesamt ein NADH verbraucht und ein NADPH gebildet. Pyruvat wird im **Symport mit Protonen** in die Mitochondrienmatrix überführt. Aus dem Pyruvat entsteht im Mitochondrium wieder Oxalacetat, wodurch sich der Kreis schließt.

Ein weiterer wesentlicher Unterschied zwischen Fettsäureabbau und -synthese ist, dass die zu verknüpfenden Komponenten bei der Synthese kovalent an ein Trägerprotein, das **acyl carrier protein** (**ACP**), gebunden sind. ACP-Domänen sind Bestandteil des Multienzymkomplexes der **Fettsäuresynthase**, die aus zwei identischen Untereinheiten aufgebaut ist (○ Abb. 7.6 B). In diesem multifunktionellen Protein liegen die sechs für die Fettsäuresynthese notwendigen Domänen, d. h. **Malonyl-Acetyl-Transferase** (1), **ACP** (2), **Ketoacyl-Synthase** (3), **Ketoreduktase** (4), **Dehydratase** (5), **Enoyl-Reduktase** (6) und **Thioesterase** (7); jeweils auf einer der beiden ca. 2500 Aminosäuren umfassenden Polypeptidketten (○ Abb. 7.6). Die Domänen sind dabei so angeordnet, dass die für einen geordneten Ablauf notwendigen Zentren in räumlicher Nähe zueinander liegen.

Startpunkt der Fettsäurebiosynthese ist die Aktivierung der **Acetyl-CoA-Carboxylase** (▸ Kap. 7.5), des geschwindigkeitsbestimmenden und damit regulatorischen Schlüsselenzyms, das die Bildung von Malonyl-CoA aus Acetyl-CoA und Bicarbonat (HCO_3^-) unter Verbrauch von ATP katalysiert. In der Folge werden sowohl Acetyl-CoA als auch Malonyl-CoA von einer **Transferase** (auch Transacylase) auf ACP übertragen und damit in den multifunktionellen Synthesekomplex eingebracht (○ Abb. 7.6). Die anschließende Verknüpfung der Acetyl- mit der Malonylgruppe zu Acetoacetyl-ACP übernimmt die **Ketoacyl-Synthase**, wobei der Malonylrest gleichzeitig decarboxyliert wird. Die CO_2-Freisetzung ist dabei die Triebkraft der Reaktion. Der Acetoacetylrest wird nun der nächsten Domäne, der **β-Ketoacyl-Reduktase**, präsentiert. Dieses Enzym reduziert stereoselektiv die Carbonylgruppe an C3 unter Verbrauch von NADPH zu einer Hydroxygruppe. Aus dem entstandenen 3-Hydroxybutyryl-ACP wird von der nachgeschalteten **Dehydratase** Wasser abgespalten, wodurch Crotonyl-ACP mit einer *trans*-Δ^2-Doppelbindung gebildet wird. Die **Enoyl-ACP-Reduktase** hydriert dann Crotonyl-ACP zu Butyryl-ACP, wobei erneut NADPH verbraucht wird. Bis zu diesem Schritt wurde somit eine Carbonsäure mit vier C-Atomen aufgebaut. Der Butyrylrest wird nun vom Träger ACP auf die SH-Funktion der Ketoacyl-Synthase übertragen. Gleichzeitig wird eine neue Malonyleinheit auf ACP transferiert. Jetzt kann die Reaktionsfolge (Elongation) erneut durchlaufen werden. Als Hauptprodukt entsteht bei diesem zyklischen Prozess nach sieben Elongationsrunden die Palmitinsäure in Form eines C16-Fettsäurerests, der schließlich durch die **Thioesterase** vom ACP hydrolysiert und freigesetzt wird.

 Merke

Bei der **Fettsäurebiosynthese** werden für den Durchlauf einer Reaktionsabfolge (Schritte 1–6) zwei Moleküle NADPH verbraucht.

Da die Ketoacyl-Synthase im Wesentlichen Fettsäureacylreste mit einer Länge von 16 C-Atomen synthetisieren kann (auch 18 C-Atome sind möglich), sind weitere Reaktionen und zusätzliche Enzyme für die Produktion von längerkettigen und ungesättigten Fettsäuren notwendig. Längere Fettsäuren werden ausgehend von Palmityl-CoA oder Stearyl-CoA synthetisiert. Die Verlängerung der Acylreste wird dabei von sogenannten **Elongasen** katalysiert. Im Unterschied zur oben beschriebenen Reaktionsfolge nutzen die Elongasen für das Einbringen einer C2-Einheit nicht Malonyl-ACP, sondern Malonyl-CoA. Kettenlängen mit bis zu 22 C-Atomen kommen dabei noch relativ häufig vor, dagegen sind längere Fettsäuren (> 24 C-Atome) eher selten.

Zur Bildung von ungesättigten Fettsäuren durch Einführung einer Doppelbindung muss die Kettenverlängerung bereits stattgefunden haben, denn während der Fettsäuresynthese verbleibt die wachsende Kette am Enzym, der Ketoacyl-Synthase, gebunden. Ungesättigte Fettsäuren werden durch das aktive Zentrum der Ketoacyl-Synthase jedoch nicht als Substrate erkannt und somit nicht verlängert. Deshalb sind weitere Enzyme, die sogenannten **Desaturasen**, notwendig, um an Palmityl-CoA oder Stearyl-CoA Veränderungen vorzunehmen. Für mehrfach ungesättigte Fettsäuren ist außerdem das Einwirken verschiedener, spezialisierter Desaturasen in aufeinanderfolgenden Reaktionen erforderlich.

7

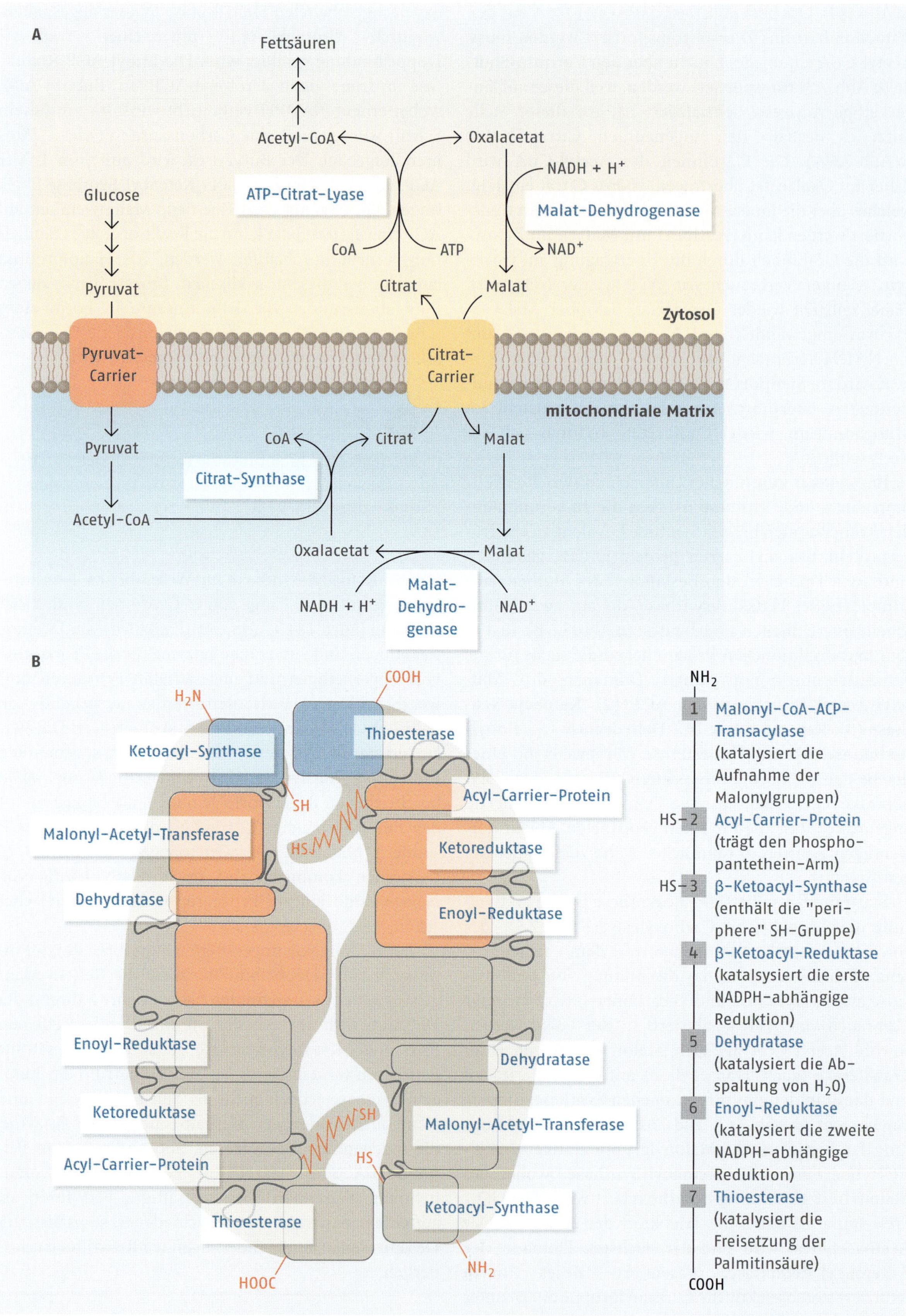

Abb. 7.6 A Citrat-Shuttle, B Schematische Darstellung der Fettsäuresynthase mit den beiden Untereinheiten in antiparalleler Anordnung. Die Reaktionen laufen an den Enzymen in der angegebenen Reihenfolge ab.

 **Merke**

Säugerzellen besitzen keine Desaturasen, die eine oder mehrere Doppelbindungen nach Position 9 der Fettsäurekette einführen können. Deshalb ist die Synthese von **Linolsäure** oder **α-Linolensäure** bei Säugetieren nicht möglich. Solche mehrfach ungesättigten Fettsäuren sind aber für ihre Lebensfähigkeit essenziell (essenzielle Fettsäuren, ▸Kap. 1), u. a. weil sie Vorstufen für **Eicosanoide** (▸Kap. 7.8) darstellen. Die Nahrung des Menschen, insbesondere Pflanzenöle, enthält normalerweise ausreichende Mengen an mehrfach ungesättigten Fettsäuren.

7.4 Ketonkörperbildung

Bei **Insulinmangel**, wie er bei Patienten mit Diabetes mellitus (vorrangig Typ 1, ▸Kap. 15.1.2) auftreten kann, wird nicht ausreichend Glucose aus dem Blut in die Zellen transportiert. Deshalb werden in einem solchen Fall Fette anstelle des Zuckers abgebaut (**Lipolyse**). Dies führt zu einer gesteigerten **Ketogenese** aus dem anfallenden Acetyl-CoA, d. h. zu einer erhöhten Produktion von sogenannten **Ketonkörpern** wie Aceton (○Abb. 7.7). Die Bildung von Aceton kann über die Ausatemluft und den entsprechenden Geruch festgestellt werden, was bei bewusstlosen Diabetes-Patienten auch zur Diagnose herangezogen wird. Darüber hinaus wird eine solche **Ketoazidose** mithilfe eines speziellen Ketontests im Blut oder Urin nachgewiesen.

Zu einer erhöhten Bildung von Ketonkörpern kommt es auch nach längerem Hungern (**Nahrungskarenz**). Wenn die Glykogenvorräte (▸Kap. 6.3) in der Leber verbraucht sind, kommt es hier ebenfalls zu einem Mangel an Blutzucker als Energielieferant (ATP-Synthese). Als Folge des reduzierten Blutzuckerspiegels sinkt auch der Insulinspiegel, was den Fettabbau steigert. Der Organismus versucht in dieser Situation, über die **Gluconeogenese** (▸Kap. 6.1.8) den Blutzuckerspiegel konstant zu halten. Die dafür benötigte große Menge an Energie (ATP) muss aus den Fettreserven des Körpers durch Fettabbau gewonnen werden. Durch das erhöhte Angebot an Fettsäuren wird die β-Oxidation und damit die Produktion von Acetyl-CoA in der Leber gesteigert. Läuft die Gluconeogenese jedoch verstärkt ab, wird Oxalacetat im Übermaß verbraucht und kann somit nicht für den Citratzyklus (▸Kap. 6.1.4) zur Verfügung stehen, der dadurch gedrosselt wird. Ein reduzierter Citratzyklus, und damit ein verminderter Abbau von Acetyl-CoA, verbunden mit dessen gesteigertem Anfallen durch eine verstärkte β-Oxidation, liefern also eine Unmenge an Acetyl-CoA, das schließlich zur Synthese der drei Ketonkörper **Acetoacetat**, **Aceton** und **β-Hydroxybutyrat** verwendet wird (○Abb. 7.7). Diese kleinen Moleküle sind im Gegensatz zu Fettsäuren wasserlöslich und werden ins Blut abgegeben, von wo aus sie den peripheren Geweben (z. B. Gehirn, Herz, Niere, Darm) als Energieträger (Acetyl-CoA) zugänglich gemacht werden. Tatsächlich dienen Ketonkörper während einer Hungerphase als Hauptenergielieferant für die Gehirnzellen.

 **Merke**

Normalerweise wird Acetyl-CoA über den Citratzyklus und die Atmungskette zur Energiegewinnung genutzt und das in diesen Prozessen produzierte ATP für die Gluconeogenese verwendet. In bestimmten Situationen kommt es jedoch zu einem **Überangebot an Acetyl-CoA**, das dann zur Ketonkörperbildung verwendet wird.

Der Stoffwechselweg zur Bildung von Ketonkörpern kann in vier Schritte unterteilt werden (○Abb. 7.7):

1. Zwei Moleküle Acetyl-CoA reagieren unter dem Einfluss der **β-Keto-Thiolase** (auch 3-Keto-Thiolase, Acetoacetyl-CoA-Thiolase) zu einem Molekül Acetoacetyl-CoA.
2. Durch Kondensation eines dritten Moleküls Acetyl-CoA an das Produkt Acetoacetyl-CoA entsteht mithilfe der **HMG-CoA-Synthase** das 3-Hydroxy-3-methylglutaryl-CoA (HMG-CoA).
3. Die **HMG-CoA-Lyase** katalysiert die Spaltung von HMG-CoA unter Bildung des ersten Ketonkörpers **Acetoacetat** und Acetyl-CoA.
4. Acetoacetat kann auf zwei Wegen weiterreagieren:
   - In einer enzymatischen Reaktion (**β-Hydroxybutyrat-Dehydrogenase**) wird der größte Teil zum Ketonkörper **β-Hydroxybutyrat** reduziert.
   - Acetoacetat wird in einer **nichtenzymatischen** Reaktion spontan zu **Aceton** decarboxyliert.

7.5 Regulation des Lipidstoffwechsels

Fette bzw. Fettsäuren werden solange abgebaut, wie es für die Energieversorgung erforderlich ist. Nicht verbrauchte Fettsäuren werden zum Fettgewebe transportiert und als Reserve für Zeiten eines Energiemangels angelegt (▸Kap. 6). Sowohl die Mobilisierung als auch die Speicherung von Lipiden ist im Körper streng hormonell reguliert und außerdem im Einklang mit dem Kohlenhydratstoffwechsel koordiniert (▸Kap. 15). Es verwundert somit nicht, dass der Lipidstoffwechsel von den gleichen Hormonen reguliert wird wie der der Koh-

7

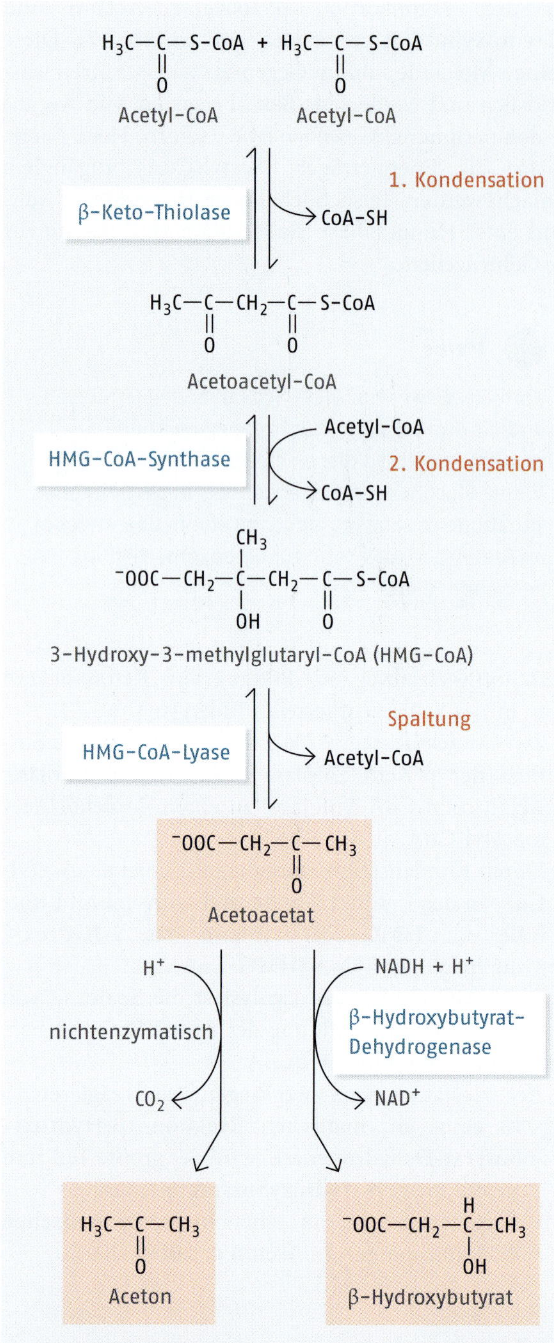

○ Abb. 7.7 Synthese der Ketonkörper aus Acetyl-CoA. Die Ketogenese läuft ausschließlich in den Mitochondrien der Leberzellen ab, weil nur diese das Enzym HMG-CoA-Synthase enthalten.

lenhydrate. Die wichtigsten Hormone dabei sind **Glucagon**, **Adrenalin** und **Insulin** (○ Abb. 7.8, ▸ Kap. 15). Daneben spielen auch Glucocorticoide, Somatostatin und Schilddrüsenhormone eine Rolle.

In Hungerphasen (Fasten, leere Kohlenhydratspeicher) liegen Glucagon und Adrenalin in hohen Konzentrationen vor, da sie für die Erhöhung des Blutzuckerspiegels zuständig sind. Diese Hormone führen in der Leber die Gluconeogenese und im Fettgewebe die Lipolyse herbei, weil nun Fettsäuren als Energielieferanten dienen (○ Abb. 7.8). Ein erhöhter Glucagonspiegel führt zur Inaktivierung der bereits in ▸ Kap. 7.3 erwähnten **Acetyl-CoA-Carboxylase** (○ Abb. 7.9) in der Leber, d. h. die Synthese von Malonyl-CoA als Baustein der Fettsäurebiosynthese wird gehemmt. Analog wird die Acetyl-CoA-Carboxylase in den Fettzellen, den **Adipozyten,** gehemmt.

In Zeiten der Nahrungssättigung, d. h. wenn eine hohe Glucosekonzentration im Blut vorliegt, ist dagegen der Insulinspiegel erhöht. Dadurch wird die Hydrolyse von gespeicherten Triacylglycerinen gehemmt und die Synthese von Malonyl-CoA durch die Aktivität der **Acetyl-CoA-Carboxylase** stimuliert. Neben seiner Funktion als Baustein der Fettsäurebiosynthese dient Malonyl-CoA als allosterischer Inhibitor der **Carnitin-Acyltransferase I** (○ Abb. 7.3, ▸ Kap. 7.2). Deshalb werden die Fettsäuren nicht zum Abbau in die Mitochondrien transportiert, sondern verbleiben im Zytosol. Die einzelnen Lipidstoffwechselwege regulieren sich demnach wechselseitig, indem entweder die Synthese von Fettsäuren aktiviert und gleichzeitig deren Abbau gehemmt wird oder umgekehrt. Die Aktivität der Acetyl-CoA-Carboxylase unterliegt je nach Bedarf einer umfassenden wechselseitigen Regulation (○ Abb. 7.9), die neben allosterischen Effektoren (AMP, Citrat) auch streng hormonell kontrolliert wird. Die bereits genannten Hormone Glucagon, Adrenalin und Insulin sind über die durch sie ausgelösten Signaltransduktionswege (▸ Kap. 9) und der daraus resultierenden Aktivierung oder Hemmung von Enzymen ebenfalls an ihrer Regulation beteiligt.

7.6 Cholesterolstoffwechsel

Wie wir bereits kennengelernt haben, ist Acetyl-CoA der Ausgangsstoff für die Synthese langkettiger, unverzweigter Fettsäuren (▸ Kap. 7.3) und Ketonkörper (▸ Kap. 7.4). Darüber hinaus können aber auch verzweigte Ketten aus Acetyl-CoA aufgebaut werden, die sogenannten **Isoprenoide. Isopren** ist der Grundkörper für die Isoprenoid-Bildung (○ Abb. 7.10), für die drei Moleküle Acetyl-CoA zusammenfinden müssen. Zunächst wird dabei Acetoacetyl-CoA gebildet, an das ein drittes Acetyl-CoA ankondensiert wird. Es entsteht 3-Hydroxy-3-methylglutaryl-CoA (HMG-CoA), das uns bereits bei der Ketonkörperbildung (○ Abb. 7.7) begegnet ist. Unter Verbrauch von 2 NADPH wird die-

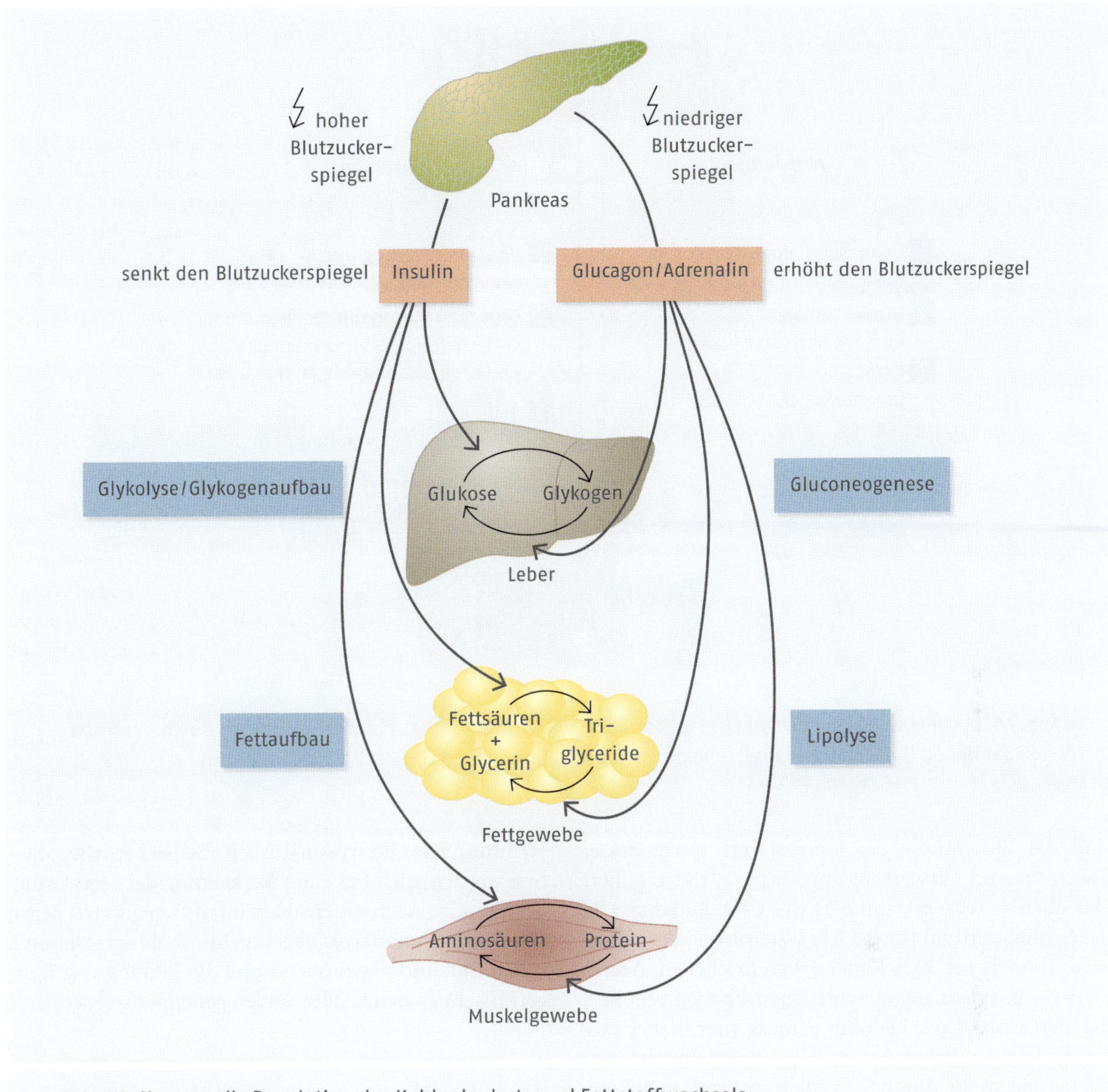

Abb. 7.8 Hormonelle Regulation des Kohlenhydrat- und Fettstoffwechsels

7

ses Molekül im nächsten Schritt durch das Schlüsselenzym **HMG-CoA-Reduktase** zu Mevalonsäure umgesetzt. Mevalonsäure wird nun in mehreren Schritten zu Isopentenyldiphosphat („aktives Isopren") umgewandelt, wobei drei ATP-Moleküle eingesetzt werden müssen. Der Umbau erfordert u.a. zwei Phosphorylierungen zum Diphosphat sowie die Abspaltung von CO_2. Isopentenyldiphosphat ist der Vorläufer der **Isoprenoid-Lipide**, deren Synthese mit der Polymerisation zwischen Prenyldiphosphat und Isopentenyldiphosphat startet und im Farnesyldiphosphat mündet (Abb. 7.10). Aus zwei Molekülen Farnesyldiphosphat entsteht anschließend durch Kopf-Kopf-Kondensation das Triterpen Squalen.

Aus Abb. 7.10 ist leicht ersichtlich, dass Squalen (30 C-Atome) bereits Ähnlichkeit mit seinen zyklischen Produkten, wie z.B. Lanosterin, hat. In der ersten Reaktion dieser Abfolge von mehreren Umwandlungsschritten wird Squalen an der 1. Doppelbindung epoxidiert, woraus später die Hydroxygruppe an C3 des Lanosterins entsteht. Weitere ca. 20 Reaktionen, darunter die oxidative Entfernung überflüssiger Methylgruppen, Hydrierung und Verschiebungen von Doppelbindungen sind notwendig, um aus Lanosterin Cholesterol (27 C-Atome) zu bilden.

Cholesterol ist ein wichtiger Bestandteil der Membranen in Eukaryoten (▸Kap. 8) und dient als Vorstufe von zahlreichen Molekülen wie z.B. Steroidhormonen (▸Kap. 4.6.4 und ▸Kap. 9.9) und Gallensäuren. Deshalb

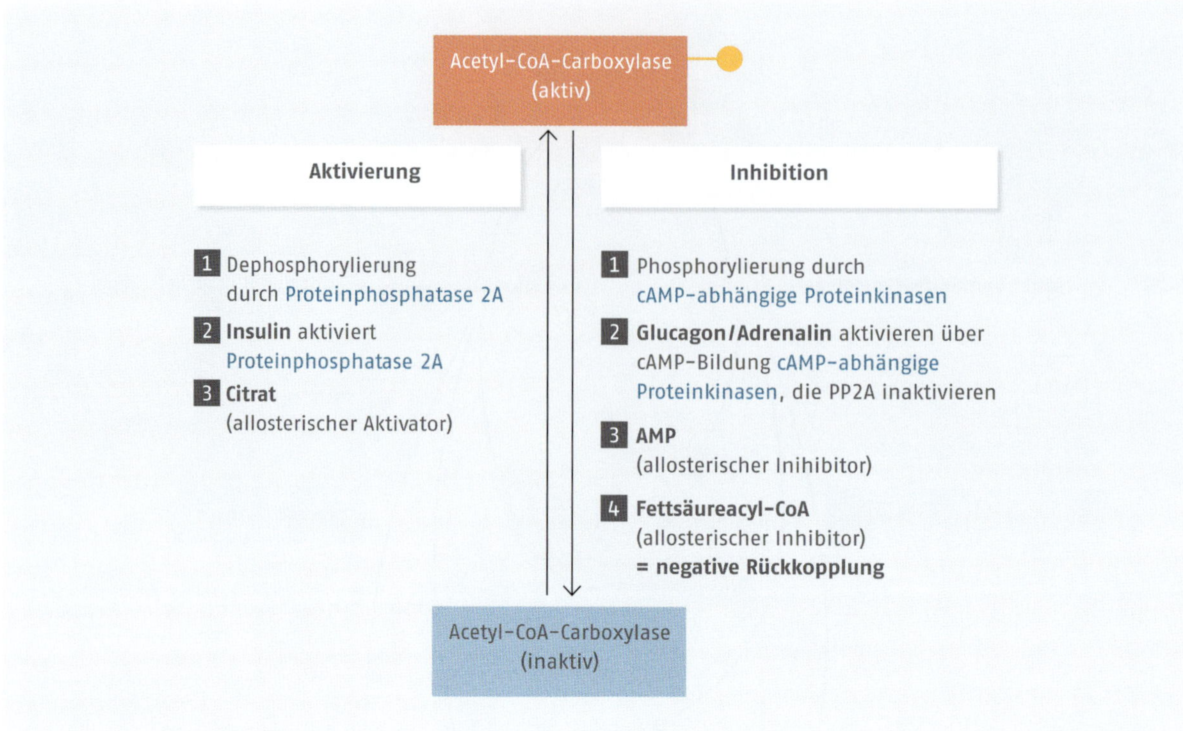

Abb. 7.9 Die Regulation der Acetyl-CoA-Carboxylase-Aktivität erfolgt auf mehreren Ebenen durch modifizierende Reaktionen (Phosphorylierung), allosterische Inhibitoren und Aktivatoren.

sind die Biosynthese des Cholesterols sowie dessen Transport und Verwertung im Körper strikt reguliert. Die oben bereits erwähnte HMG-CoA-Reduktase ist das Schlüsselenzym für die Cholesterolproduktion und wird ähnlich der in ▸Kap. 7.3 beschriebenen Acetyl-CoA-Carboxylase auf verschiedenen Ebenen reguliert. Bei der HMG-CoA-Reduktase muss man dabei zwischen der Regulation der vorhandenen Enzymmenge, die beispielsweise durch Steroide transkriptionell kontrolliert wird (Regulation der Expression), und der Aktivität des Enzyms unterscheiden. Letztere wird wie im Falle der Acetyl-CoA-Carboxylase der Fettsäurebiosynthese durch Phosphorylierung einer **AMP-abhängigen Kinase** beeinflusst. Die Cholesterolbiosynthese fällt bei einem Energiemangel der Zelle aus, d. h. bei hoher AMP-, aber niedriger ATP-Konzentration.

Bestimmte Wirkstoffe, die sogenannten **Statine** (z. B. Lovastatin, Simvastatin, Pravastatin), sind potente kompetitive Inhibitoren der HMG-CoA-Reduktase und werden häufig in der Therapie einer **Hypercholesterolämie** (Hyperlipidämien) eingesetzt, weil sie den Cholesterolspiegel im Blut effektiv senken können. Jedoch muss beachtet werden, dass die HMG-CoA-Reduktase nicht uneingeschränkt ein geeignetes Zielmolekül für diese Behandlung darstellt, denn die Biosynthesen wichtiger Zwischen- und Folgeprodukte der Cholesterolsynthese (z. B. **Ubichinon**, ▸Kap. 6) sind von einer Hemmung des Enzyms natürlich ebenso betroffen. Statine werden auch bei einer Verkalkung der Herzkranzgefäße oder nach einem Herzinfarkt eingesetzt, selbst wenn der Cholesterolspiegel nicht erhöht ist. Dadurch sollen Entzündungsprozesse und die Bildung von Blutgerinnseln an den Gefäßwänden gehemmt werden.

7.7 Synthese von Triacylglycerinen, Phospho-, Sphingo- und Glykolipiden

Fettsäuren findet man am häufigsten in Triacylglycerinen und Phospholipiden (▸Kap. 1). Triacylglycerine bilden den größten Anteil an Lipiden in Säugetieren (u. a. gespeichert in den Adipozyten), kommen jedoch nicht in den biologischen Membranen (▸Kap. 8) vor. Für deren Aufbau sind vorrangig die **Phospholipide** (Glycerophospholipide, Phosphoglyceride) verantwortlich. Die Synthese von Triacylglycerinen und Phospholipiden läuft über das **Phosphatidat** (Abb. 7.11), das seinen Ursprung im Glycerin-3-phosphat hat. Durch die Übertragung von Acylgruppen aus Fettsäureacyl-CoA-Molekülen (▸Kap. 7.3) werden nacheinander die Hydroxygruppen an den Kohlenstoffatomen C1 und C2 des Glycerin-3-phosphats verestert, weil zwei verschie-

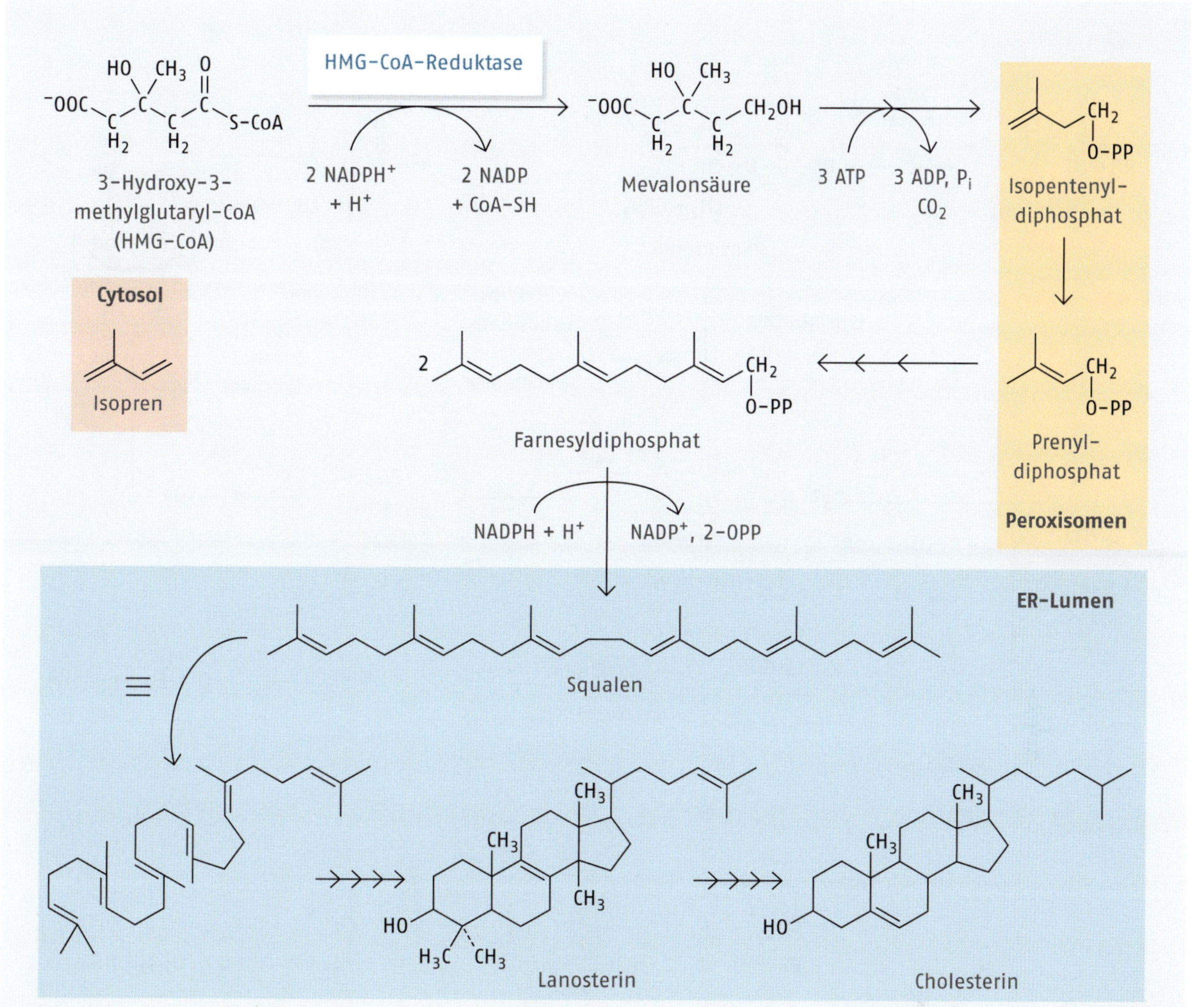

Abb. 7.10 Die Cholesterolbiosynthese ausgehend von Acetyl-CoA läuft in den drei Zellkompartimenten Zytosol, Peroxisomen und ER-Lumen ab.

dene **Acyltransferasen** die jeweilige Reaktion katalysieren. Das erste Enzym bevorzugt gesättigte Fettsäureacyl-CoA-Moleküle, während das zweite ungesättigte Acylreste anbringt. Für die Synthese von Triacylglycerinen und neutralen Phospholipiden aus dem gebildeten Phosphatidat ist zunächst eine Dephosphorylierung durch die **Phosphatidphosphatase** erforderlich. Das resultierende 1,2-Diacylglycerin kann anschließend direkt in verschiedene Produkte, d. h. Triacylglycerin, Phosphatidylcholin und Phosphatidylethanolamin, umgewandelt werden (Abb. 7.11). Die Knüpfung der Phosphodiesterbindung erfolgt dabei mittels Cytidintriphosphat (CTP)-Coenzym-aktivierter Intermediate wie z. B. CDP-Cholin und CDP-Ethanolamin.

Etwas anders erfolgt der Aufbau von sauren Phospholipiden wie **Phosphatidylinositol** (Abb. 7.11). Aber auch hier ist Phosphatidat der Ausgangsstoff, der durch Reaktion mit CTP aktiviert werden muss. Aus dem gebildeten CDP-Diacylglycerin kann nun durch Austausch von CMP gegen Inositol Phosphatidylinositol erhalten werden, das durch Phosphorylierung mit ATP in **Phosphatidylinositolphosphat** (PIP) und **Phosphatidylinositol-2-phosphat** (PIP_2) umgewandelt werden kann. PIP_2 ist ein wichtiger Vorgänger für die Synthese der Botenstoffe **Inositol-3-phosphat** (IP_3) und **Diacylglycerin** (DAG) bei der Signalübertragung (▸ Kap. 9).

Neben den Phospholipiden stellen die **Sphingolipide** eine wichtige Klasse von Membranlipiden dar, die insbesondere in den Geweben des zentralen Nervensystems auftreten. In diesen Lipiden bildet der Aminoalkohol Sphingosin (▸ Kap. 1) anstelle des Glycerins das Rückgrat. Von Sphingosin leiten sich Ceramide, die Vorstufen aller Sphingolipide ab (Tab. 7.1). Dazu gehö-

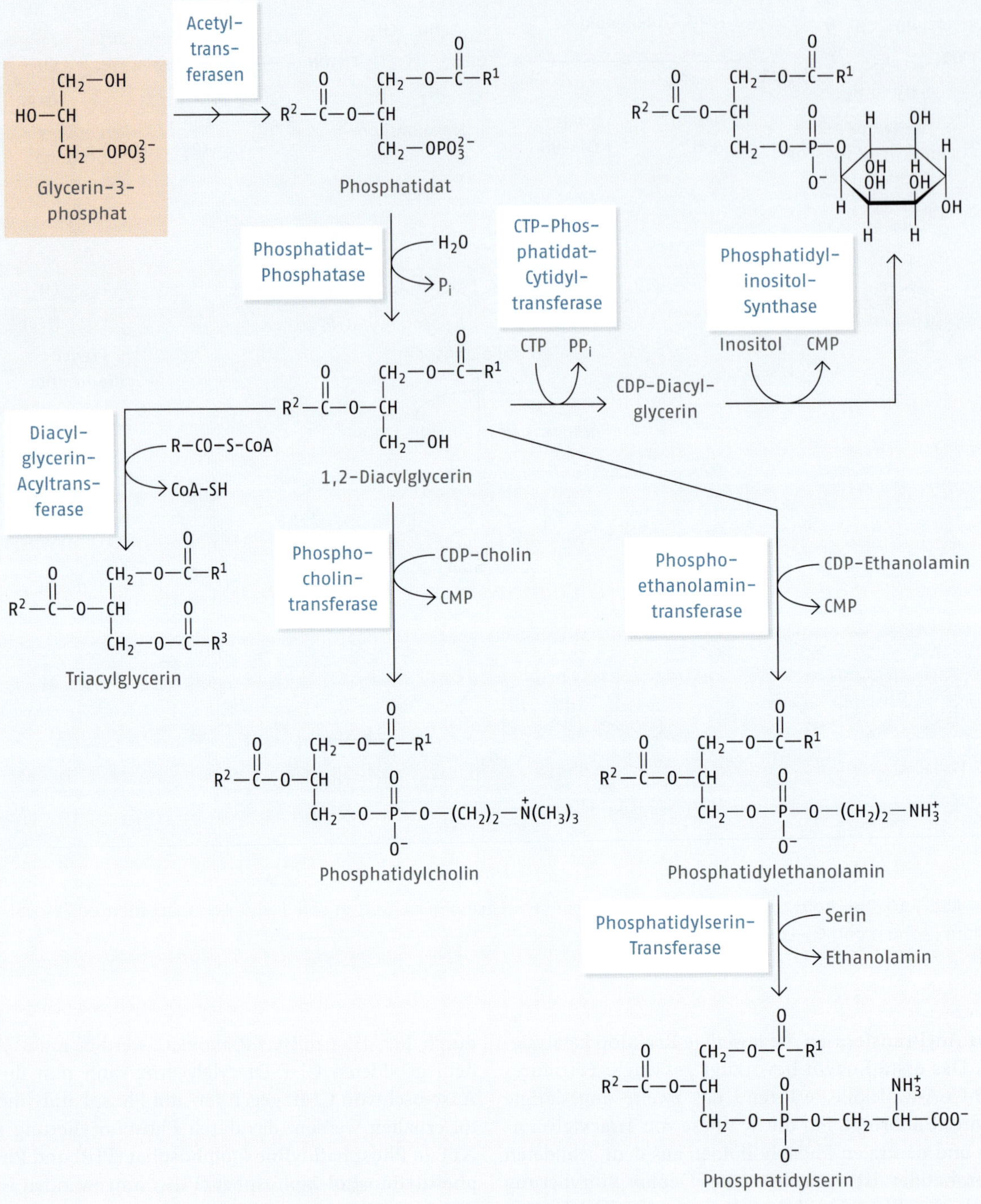

Abb. 7.11 Biosynthese von Triacylglycerinen und Phospholipiden

ren die Sphingomyeline, Cerebroside und Ganglioside, wobei die beiden Letztgenannten Kohlenhydratreste enthalten und deshalb auch als Glycosphingolipide (**Glykolipide**) bezeichnet werden. Die strukturell größte Vielfalt weisen dabei die Ganglioside auf, weil die in ihnen enthaltenen Oligosaccharidketten variabel zusammengesetzt sind. Von Glycerin oder Sphingosin abgeleitete Lipide, die einen oder mehrere Mono- bzw. Oligosaccharidreste, aber keine Phosphatgruppe enthalten, werden demnach auch als **Glykolipide** bezeichnet. Sie sind wichtige Bestandteile von Zellmembranen aller Gewebe, ihre Kohlenhydratkette kommt dabei aus-

Tab. 7.1 Familien der Sphingolipide: Eigenschaften und Vorkommen

Klasse	Strukturelle Merkmale	Vorkommen
Ceramide	Gerüst: Sphingosin, Fettsäure an C2-Aminogruppe	Vorrangig in der Hornschicht (Stratum corneum) der Haut
Sphingomyeline	Gerüst: **Ceramid**, Phosphocholin an C1-Hydroxygruppe	In allen Plasmamembranen von Säugetierzellen, Hauptkomponenten der Myelinscheiden der Axone größerer Nervenzellen
Cerebroside	Gerüst: **Ceramid**, 1–3 Monosaccharidreste (z. B. β-D-Gal) an C1-Hydroxygruppe	Primär im Nervengewebe, ca. 15 % Galactocerebroside in Myelinscheiden
Ganglioside	Gerüst: **Ceramid**, Oligosaccharidkette an C1-Hydroxygruppe, die mit β-D-Glc-β-D-Gal-Einheit beginnt und einen *N*-Acetylneuraminsäurerest (Sialinsäure) enthält	Auf den Oberflächen der Zellen (→ AB0-System der Blutgruppen, ▸Kap. 13)

schließlich auf der Außenseite der Membran vor (Tab. 7.1).

Phospholipasen (PL) sind in der Lage, die strukturell vielfältigen Phospholipide abzubauen, was insbesondere für die Aufklärung der Identität verschiedener Lipide und der in ihnen enthaltenen Fettsäuren ausgenutzt werden kann. Die Phospholipasen A_1, A_2, C und D spalten dabei spezifisch Fettsäuren an bestimmten Positionen des Lipids ab (Abb. 7.12). Phospholipase A_1 (PLA_1) und PLA_2 katalysieren die Spaltung der Esterbindungen an C1 bzw. C2 des Glycerins, während PLC und PLD an verschiedenen Bindungen des Phosphatrests angreifen und dadurch Diacylglycerin im Falle von PLC sowie Phosphatide bei Spaltung durch PLD gebildet werden. Die wichtigste Phospholipase ist PLA_2, die im Pankreassekret vorkommt und bei der Verdauung von Phospholipiden aus der Nahrung eine wichtige Rolle spielt.

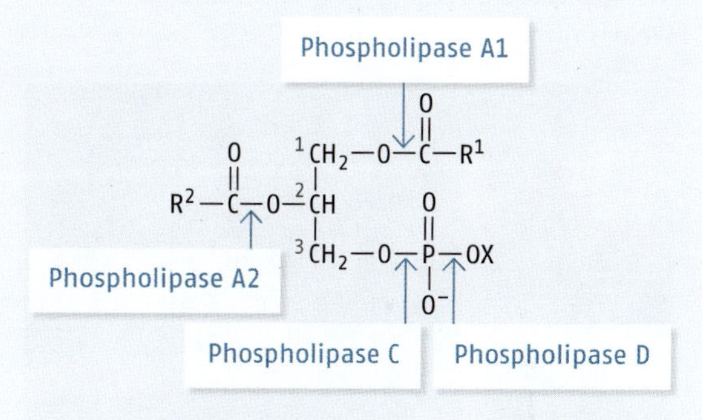

Abb. 7.12 Spezifische Spaltpositionen der Phospholipasen A1, A2, C und D in Glycerophospholipiden

Cave

Gifte verschiedener Tiere wie Bienen, Spinnen, Skorpione und Schlangen enthalten oft eine Reihe von Polypeptiden und Proteinen, darunter auch die **Phospholipase A2** (PLA2). Der Anteil von PLA2 im Gift der **Europäischen Honigbiene** beträgt sogar 10–12 %. Als eines der schädlichsten Bestandteile des Bienengiftes löst das Enzym durch Phospholipidhydrolyse die Zellmembran von Blutkörperchen auf und hemmt die Blutgerinnung. Außerdem gehört PLA2 zu den wichtigsten Allergenen des Bienengifts.

7.8 Stoffwechsel der Arachidonsäure

Linolsäure, genauer Linoyl-CoA, ist die Ausgangsverbindung für die Synthese von Arachidonyl-CoA bzw. **Arachidonat**, das wiederum als Vorstufe der meisten **Eicosanoide** betrachtet werden kann (Abb. 7.13). Im Arachidonsäurestoffwechsel unterscheidet man zwei Wege, die zu verschiedenen Produkten führen. Auf dem ersten Weg wird Arachidonat in Prostaglandin H_2 (PGH_2) umgewandelt, wobei zunächst die **Cyclooxygenase** (**COX**)-Aktivität der bifunktionellen **Prostaglandin-Synthase** zum Einsatz kommt. Das intermediär gebildete, instabile Hydroperoxid Prostaglandin G_2 (PGG_2) verbleibt am Enzym, um anschließend in PGH_2

umgewandelt zu werden. Aus PGH_2 werden in der Folge verschiedene Signalmoleküle, d. h. **Prostaglandine**, **Prostacycline** und **Thromboxane**, gebildet.

Es gibt zwei Isoformen der Prostaglandin-Synthase, **COX-1** und **COX-2**. Während COX-1 an der Regulation der Sekretion der Magenschleimhaut beteiligt ist, fördert COX-2 die Entstehung von Entzündung, Schmerz und Fieber. Acetylsalicylsäure ist ein Inhibitor der COX-Aktivität beider Isoenzyme. Auch andere Wirkstoffe (nicht steroidale entzündungshemmende Wirkstoffe, NSAID) inhibieren COX, aber nur durch Acetylsalicylsäure erfolgt eine irreversible Hemmung des Enzyms.

Fachgebietstransfer

Salicis cortex, die **Weidenrinde**, wurde bereits in der Antike zur **Behandlung von Schmerzen** eingesetzt. Dazu wurde ein Extrakt verwendet, dessen Inhaltstoff (Saligenin) erst im Körper durch enzymatische Reaktionen zum Wirkstoff (Salicylsäure) umgewandelt wird (Prodrug). Durch die von Felix Hoffmann 1897 eingeführte Synthese der Acetylsalicylsäure (ASS) schwand das therapeutische Interesse an Weidenrinde.

Leukotriene (○ Abb. 7.13) werden auf dem zweiten Weg des Arachidonsäurestoffwechsels gebildet. Die ersten Schritte werden durch das ebenfalls bifunktionelle Enzym **5-Lipoxygenase** katalysiert. Das Enzym enthält eine Lipoxygenase- und eine Dehydratase-Aktivität. Intermediär tritt dabei zunächst das instabile Leukotrien 4 (LTA_4) auf, ein Epoxid, das anschließend durch eine Reihe von Enzymen zu weiteren Leukotrienen umgewandelt wird. Man unterscheidet zwischen den Leuktrienen LTA_4 (instabiles Zwischenprodukt), LTB_4 und den Cysteinylleukotrienen LTC_4, LTD_4 und LTE_4, wobei vor allem LTB_4 und LTC_4 eine biologische Rolle zukommt.

Leukotriene vermitteln ihre Wirkung über G-Protein-gekoppelte Rezeptoren (▸ Kap. 9). LTB_4 wirkt chemotaktisch auf Leukozyten und bewirkt deren Adhäsion an der Gefäßinnenwand. Außerdem stimuliert es die Bildung von Sauerstoffradikalen zur Abwehr von Pathogenen und die Freisetzung von lysosomalen Enzymen in z. B. Phagozyten. Dagegen ist LTD_4 ein effizienter Bronchokonstriktor mit um ein Vielfaches stärkerer Wirkung als Histamin (▸ Kap. 9) und steigert darüber hinaus die Kapillarpermeabilität. Eine zu große Menge an Leukotrienen kann jedoch in Überempfindlichkeitsreaktionen des Körpers gegenüber Antigenen (z. B. Pollen, Hausstaub) und dadurch zu extremen allergischen Reaktionen wie Heuschnupfen und Asthma bronchiale führen.

Wichtiges in Kürze

Etwa 20 % der Menschen in Deutschland leiden an einer **Pollenallergie (Heuschnupfen)**, die Tendenz ist steigend. Leider ist das Risiko, zu allergischen Reaktionen zu neigen, vererbbar. Das Allergierisiko eines Kindes beträgt beispielsweise ca. 60–80 %, wenn beide Elternteile die gleiche Allergie haben. Allerdings bedeutet dies nicht, dass zwangsläufig jedes Kind von betroffenen Eltern auch zum Allergiker wird. Die auslösenden **Allergene** sind in den meisten Fällen kleine bis mittlere Proteine oder Glycoproteine (▸ Kap. 2), die zu 15–30 % in den Pollen vorkommen und sehr verschieden aufgebaut sind.

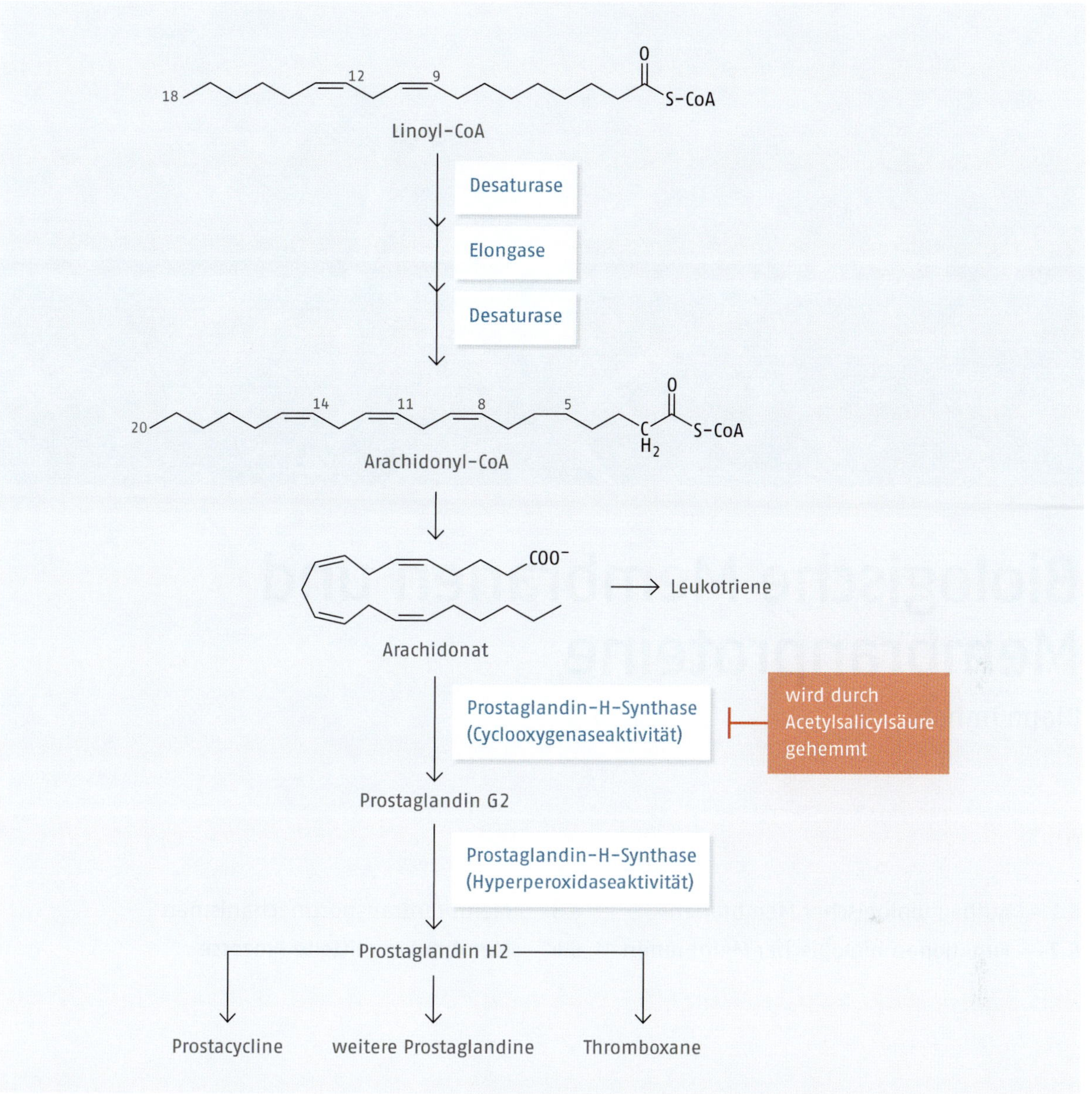

Abb. 7.13 Biosynthese von Eicosanoiden über zwei Wege des Arachidonsäurestoffwechsels

Biologische Membranen und Membranproteine

Diana Imhof

Einleitung

Lebende Zellen zu betrachten, ihren Aufbau zu analysieren und darüber ihre Funktion genauer zu verstehen, beschäftigt die Wissenschaft schon seit vielen Jahrhunderten. Einen wesentlichen Beitrag dazu haben zwei Wissenschaftler geleistet: Anton van Leeuwenhoek (1632–1723) entwickelte das erste Mikroskop, und Robert Hooke (1635–1702) erweiterte diese Untersuchungen und veröffentlichte 1665 die erste Arbeit zu mikroskopischen Studien überhaupt, die „Micrographia". Insbesondere die Beobachtungen von Hooke an Kork und Flöhen waren von herausragender Bedeutung, weil er bestimmten Strukturen bereits den Begriff „Zelle" verlieh. Es dauerte jedoch noch bis ins 19. Jahrhundert, bis Theodor A. H. Schwann (1810–1882) und Matthias J. Schleiden (1804–1881) eine erste **Zelltheorie** aufstellten und Zellen darin als die Elementareinheiten von Pflanzen und Tieren bezeichneten. Die Entdeckung der Abgrenzung von Zellen untereinander über Plasmamembranen und die Kompartimentierung von Zellbestandteilen sind eng verbunden mit der Entwicklung von sowohl verbesserten Mikroskopieverfahren als auch anspruchsvollen Präparier-, Schnitt- und Färbetechniken. Entscheidend für die Abgrenzung der Zellen nach außen ist die **Zellmembran**, die vielfältige Funktionen erfüllt. Die in die Zellmembran eingebetteten Rezeptorproteine gehören zu den bedeutendsten Zielstrukturen für Arzneistoffe.

8.1 Aufbau biologischer Membranen

Membranen dienen einerseits der äußeren Begrenzung von Zellen (**Plasmamembran**) und andererseits der Abtrennung ihrer inneren Kompartimente (**intrazelluläre Membranen**). In der Biochemie wird der Begriff **Kompartimente** für bestimmte, durch intrazelluläre Membranen voneinander getrennte Regionen verwendet, in denen Prozesse separiert ablaufen können. Dazu gehören beispielsweise Zellorganellen wie der Zellkern, das endoplasmatische Retikulum (ER), die Mitochondrien, der Golgi-Apparat und verschiedene Vesikel. Die Funktion dieser subzellulären Organellen variiert, weshalb sich auch der Aufbau ihrer Membranen und der Plasmamembran voneinander unterscheiden.

Merke

Jede Membran ist einzigartig in ihrer Zusammensetzung, Struktur und Organisation, um eine bestimmte zelluläre Funktion auszuüben.

8.1.1 Struktur und Organisation von Membranen

In ▸ Kap. 7 haben wir Phospho- und Sphingolipide, d. h. Membranlipide, und deren Zusammensetzung kennengelernt. Aufgrund ihrer speziellen Konstitution und der daraus resultierenden amphipatischen Eigenschaften neigen diese Lipide in wässriger Lösung zur Bildung von Doppelschichten (*lipid bilayer*). Biologische Membranen sind aus eben solchen **Lipiddoppelschichten** aufgebaut. Sie haben einen Durchmesser von ca. 5–10 nm (○ Abb. 8.1 A).

Die Monoschichten ordnen sich in dieser Doppelschicht so an, dass die hydrophoben Seiten zueinander zeigen. Die hydrophilen, polaren Kopfgruppen befinden sich an der Oberfläche, also zum wässrigen Milieu

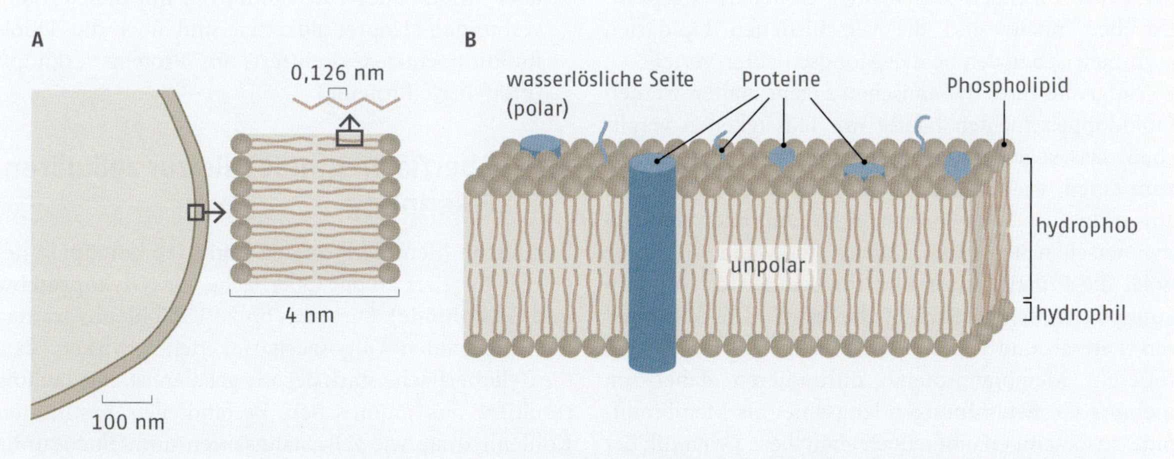

○ **Abb. 8.1** Aufbau und Eigenschaften der Lipiddoppelschicht einer Zellmembran. A Größenverhältnisse, B Bestandteile einer Lipiddoppelschicht

8

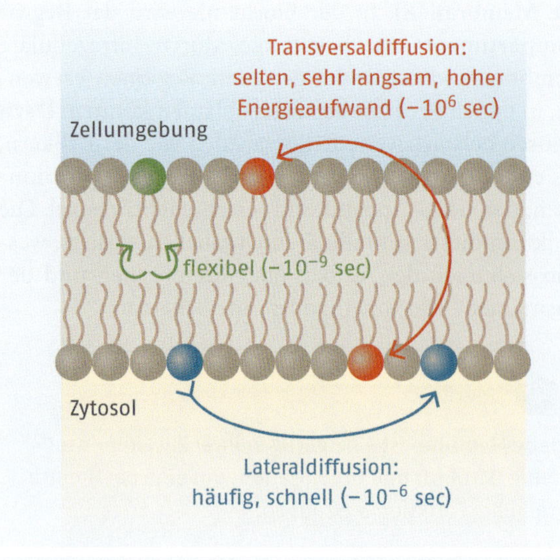

Abb. 8.2 Flüssig-Mosaik-Modell einer Membran und Darstellung von Lateral- und Transversaldiffusion der Phospholipide

gerichtet. Neben den Phospho- und Sphingolipiden, die ca. 70 % der Membranbestandteile ausmachen und zusätzlich unterschiedlich glykosyliert (Glykophospholipide, Glykosphingolipide) vorliegen können, enthalten tierische Membranen Cholesterol (▸ Kap. 1) und andere Lipide (zusammen ca. 30 %), die der Stabilisierung der Membranstruktur dienen. Bei Pflanzen und Pilzen kommt Cholesterol dagegen nicht vor. Außerdem enthalten tierische Membranen zahlreiche Proteine (Abb. 8.1 B), die verschiedene Funktionen erfüllen (▸ Kap. 8.1.2).

Die Lipidzusammensetzung der verschiedenen Membranen ist nicht gleich, sondern der Funktion in den entsprechenden Zellen oder Geweben angepasst. Darüber hinaus sind die verschiedenen Lipidarten asymmetrisch in den beiden Monoschichten verteilt.

Aufgrund ihrer dynamischen Eigenschaften werden Lipiddoppelschichten häufig mit Flüssigkeiten verglichen. Das sogenannte **Flüssig-Mosaik-Modell** erklärt zum einen, wie Lipide und Proteine in der Membran angeordnet sind und andererseits Membranen selbst zu dynamischen Strukturen. Danach sind weder die Lipide noch die Proteine starr und unveränderlich, sondern können sich in ihrer Schicht „bewegen", d. h. diffundieren (Lateral- und Transversaldiffusion, Abb. 8.2) oder rotieren. Membranproteine diffundieren dabei um mehrere Größenordnungen langsamer als Membranlipide. Insgesamt erlaubt jedoch eben diese Dynamik der Membranen eine schnelle Reaktion auf externe Reize. Gleichzeitig ist eine sich ständig ändernde Oberfläche eine Folge dieser Dynamik.

Praktisch umgesetzt

Die Eigenschaften der Fettsäuren in den Membranlipiden beeinflusst die **Fluidität** der Membran. Diese kann bestimmt werden über den **Schmelzpunkt** der Membran, der zwischen 10–40 °C liegt und davon abhängt, wie hoch der Anteil an langkettigen Fettsäuren ist. Mit zunehmender Kettenlänge steigt der Schmelzpunkt.

8.1.2 Membranproteine

Membranen mit verschiedenen Funktionen unterscheiden sich durch ihren Proteingehalt. Beispielsweise sind die innere Mitochondrienmembran (Atmungskette, ▸ Kap. 6.1.5) und die Plasmamembran von Erythrozyten reich an Proteinen. Membranproteine werden aufgrund ihrer Verankerung in der Lipiddoppelschicht in drei Klassen unterteilt: periphere, integrale und lipidverankerte Membranproteine (Abb. 8.3).

- **Periphere Membranproteine** sind mit nur einer Schicht der Membran über nichtkovalente Wechselwirkungen mit integralen Membranproteinen oder den polaren Kopfgruppen der Lipide assoziiert.
- **Integrale Membranproteine** enthalten mindestens eine hydrophobe Domäne (Transmembranhelix), die in den hydrophoben Teil der Lipiddoppelschicht integriert ist und die Membran entweder komplett durchspannen (Transmembranproteine) oder in nur einer Monoschicht zu finden sind.
- **Lipidverankerte Membranproteine**: ein Lipidanker ist kovalent am Protein gebunden und verankert das Protein auf der zytoplasmatischen Seite der Membran; Fettsäureketten wie Myristat oder Palmitat sind über Amid- oder Esterbindungen mit dem Protein verbunden, Isoprenoidketten sind über die Thiolfunktion eines Cysteinrests im Protein verknüpft (prenylierte Proteine).

8.1.3 Oberflächenmoleküle zur zellulären Erkennung

Zahlreiche Membranproteine und Membranlipide liegen glykosyliert an der Oberfläche vor (**Glykoproteine** und **Glykolipide**). Diese aus bis zu 15 Kohlenhydratresten aufgebauten Oligosaccharidketten bewirken, dass die Zelloberfläche stark negativ geladen ist. Die Ladung resultiert aus anionischen Bestandteilen bestimmter Kohlenhydrate wie z. B. Sialinsäuren und Glucosamin. Die Auswahl an Zuckern ist außerdem auf neun begrenzt, wobei Glucose, Mannose und Galactose am häufigsten vorkommen.

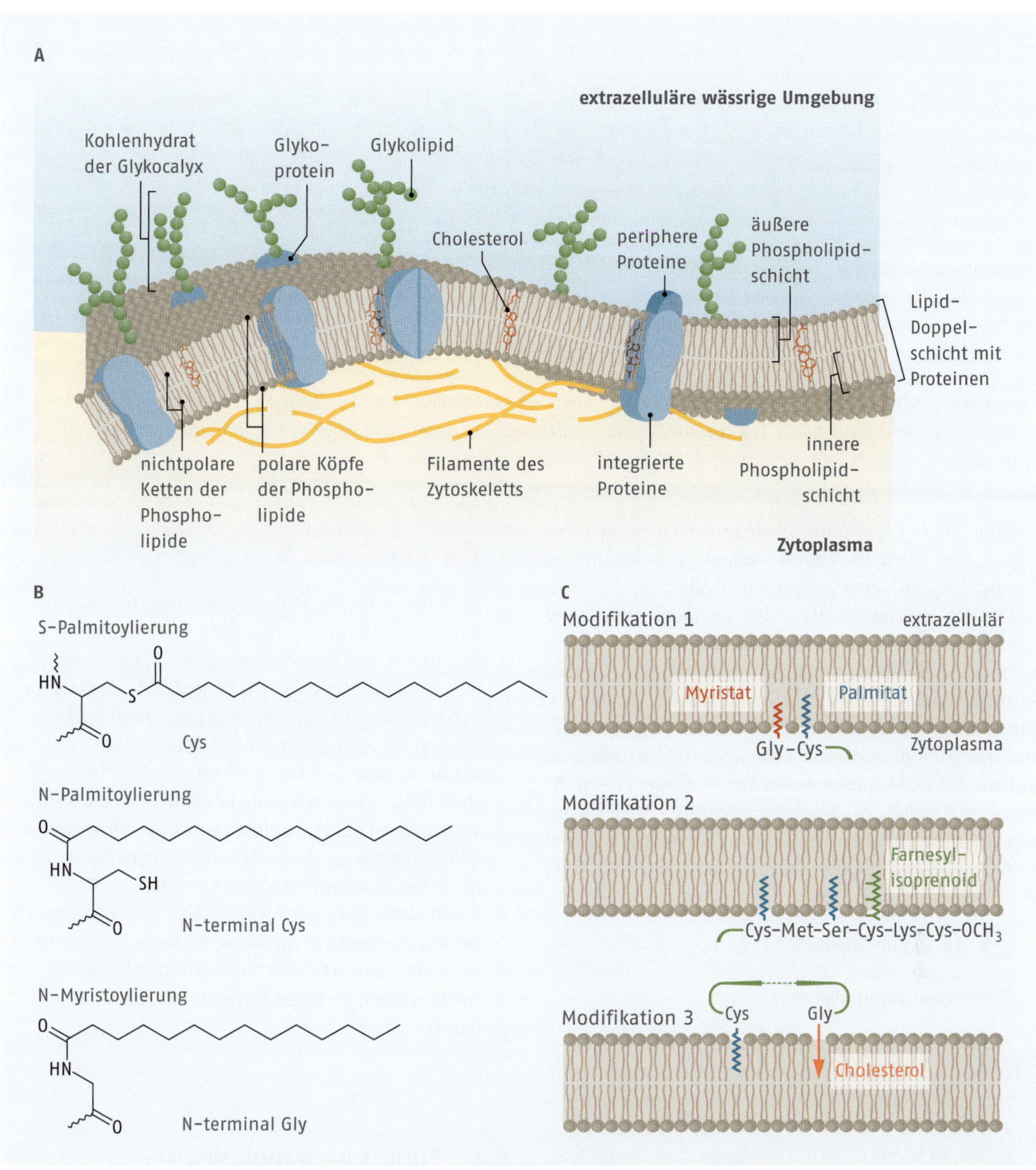

Abb. 8.3 A Einbindung peripherer und integraler Proteine in die Membran und B, C Fixierung der Proteine in der Membran über verschiedene Lipidanker. Die Art der Bindung des Lipidankers an das Protein ist unterschiedlich. Neben der Palmitoylierung und Myristoylierung (B) gibt es auch weitere Modifikationen, die zur Verankerung eines Proteins in der Membran führen können, z. B. die Farnesylierung (C).

Ebenfalls aus einem Protein und einem kovalent gebundenen Polysaccharid aufgebaut sind **Proteoglykane**. Allerdings bestehen deren Polysaccharidketten aus sich wiederholenden Disaccharideinheiten aus Glucosamin oder Galactosamin, einer Uronsäure (z. B. **Glucuronsäure**) und kovalent gebundenen Sulfatgruppen (z. B. **Chondroitin-6-sulfat**). Diese Polysaccharide bilden auf der Oberfläche der Zellmembran die sogenannte **Glykokalyx** (Abb. 8.3 A und 8.4), die spezifisch für einen Zelltyp und von großer Bedeutung für die Erkennung der Zelle durch andere Zellen ist. Die Zell-Zell-Erkennung erfolgt über Membranproteine vom Typ der **Selectine**, die spezifisch an die Kohlenhydratstrukturen der Glykokalyx einer anderen Zelle binden

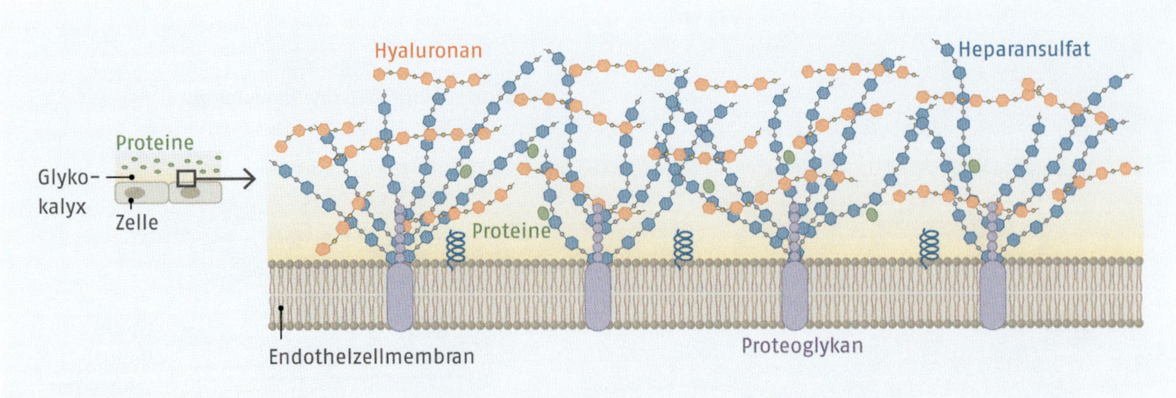

Abb. 8.4 Die Glykokalyx einer Zelle mit Glykolipiden, Glykoproteinen und Proteoglykanen befindet sich auf der Oberfläche der Zellmembran (extrazellulär) und ist nicht auf der Innenseite der Plasmamembran zu finden.

können. Diese Erkennung spielt in verschiedenen Prozessen, vor allem im Immunsystem (z. B. in Entzündungsprozessen), eine bedeutende Rolle.

Die Polysaccharidketten der Proteoglykane interagieren darüber hinaus mit Bestandteilen der extrazellulären Matrix (ECM), wie z. B. **Hyaluronan** (**Glucosaminoglykan, GAG**) und **Heparansulfat** (Abb. 8.4). Die ECM ist essenziell für die Verankerung der Zellen und Integrität der Gewebe. Eine wesentliche Rolle beim Aufbau der ECM spielen außerdem Kollagenfasern. Bei **Kollagen** handelt es sich um das wichtigste Strukturprotein des menschlichen Organismus, es macht mehr als 30 % der Gesamtheit aller Proteine im Körper aus.

Fachgebietstransfer

Wissenswertes zur Glykokalyx

Hyaluronan, früher Hyaluronsäure, ist ein Glucosaminoglykan (GAG) bestehend aus einer sich wiederholenden Disaccharideinheit aus D-Glucuronsäure und *N*-Acetyl-D-glucosamin, welches in der **extrazellulären Matrix (ECM)** des Bindegewebes vorkommt. Es sorgt für die Wassereinlagerung in der Haut und damit für einen hohen Feuchtigkeitsgehalt. Im Alter nimmt die Konzentration an Hyaluronan drastisch ab. Im Gegensatz zu anderen GAGs der ECM, d. h. Heparin und Chondroitin-6-sulfat, liegt es unsulfatiert vor.
Bei dem GAG **Heparin** handelt es sich um ein Polysaccharid, welches aus D-Glucosamin und einer Uronsäure, entweder D-Glucuronsäure oder L-Iduronsäure, aufgebaut ist und an vielen Einheiten sulfatiert vorliegt. Heparin wird therapeutisch als **Antikoagulans** (Blutgerinnungshemmer) verwendet.

Partywissen

Skorbut (*scorbutus*, Mundfäule) war bis ins 18. Jahrhundert hinein eine gefürchtete Krankheit unter Seefahrern. Erst dann erkannte man, dass die Krankheit ernährungsbedingt ist. James Cook verabreichte den Männern auf seiner dritten Expedition Sauerkraut und bekam so die Krankheit in den Griff, die sich sonst nach 2–3 Monaten auf dem Schiff eingestellt hätte. Skorbut ist eine Vitamin-C-Mangelerkrankung (Kap. 6), die durch eine unzureichende **Kollagenbildung** gekennzeichnet ist. In der Biosynthese des Kollagens werden im zweiten Schritt Prolin- und Lysinreste hydroxyliert. Diese **Hydroxylierung** ist essenziell für den Aufbau der Kollagentripelhelix und erfordert die Aktivität spezifischer Hydroxylasen, in denen Ascorbinsäure als Cofaktor dient.

8.2 Funktionen biologischer Membranen

Hinsichtlich der Funktion von Membranen muss, wie in Kap. 8.1 bereits erwähnt, zwischen der Plasmamembran und den verschiedenen, die Zellbestandteile umgebenden, intrazellulären Membranen unterschieden werden (Abb. 8.5).

Die grundlegendste und gleichzeitig unerlässliche Aufgabe der Plasmamembran ist der **Schutz der Zelle** vor einer variierenden äußeren Umgebung und vor möglichen Störfaktoren, um ein bestimmtes intrazelluläres Milieu aufrechtzuerhalten. Darüber hinaus muss sie die überlebensnotwendige **Kommunikation der Zel-**

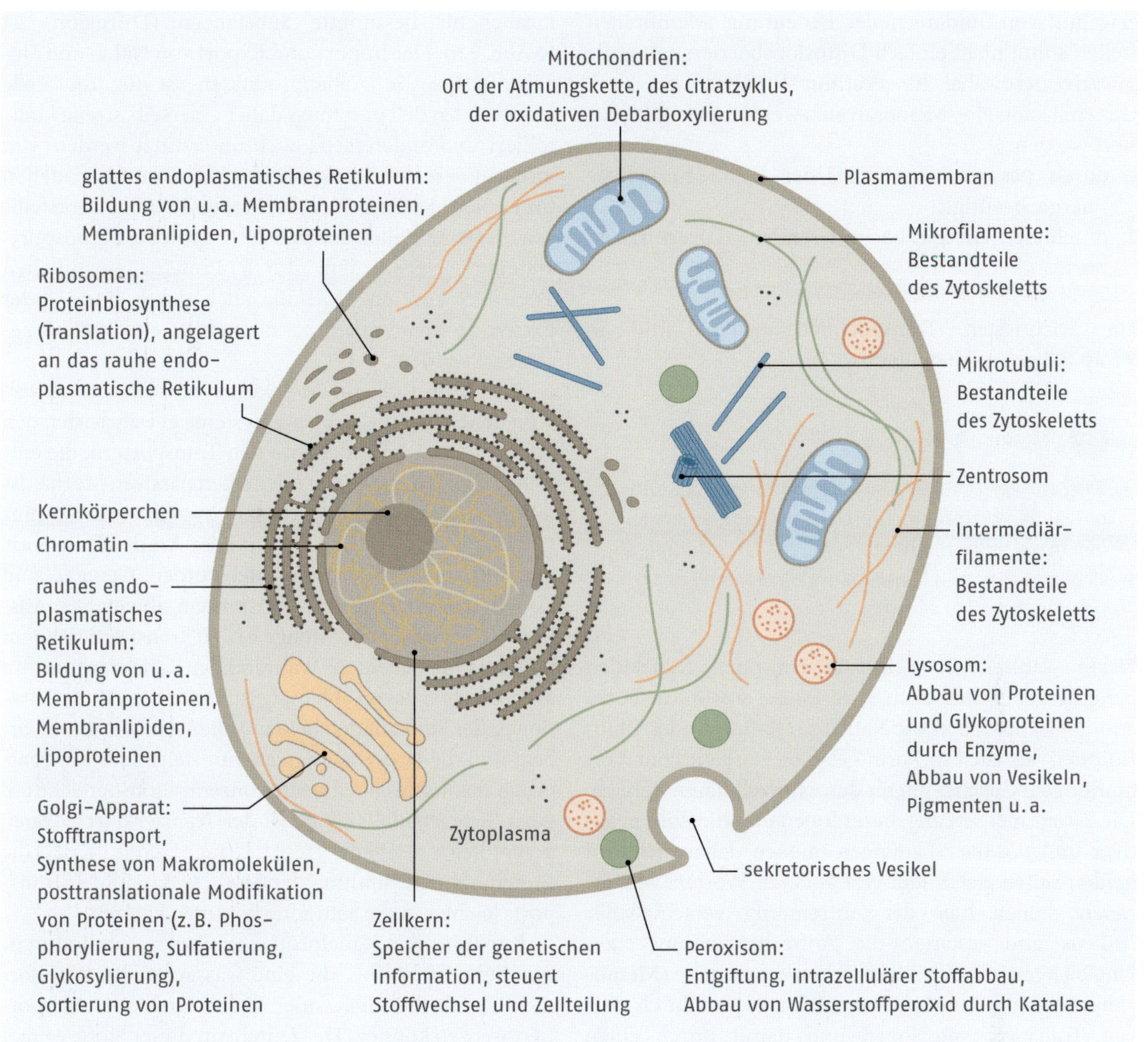

Abb. 8.5 Zelluläre Membranen begrenzen die Zelle nach außen und bestimmte Regionen, d.h. Zellorganellen, im Inneren der Zelle.

len untereinander ermöglichen, wofür Plasmamembranen unter anderem zahlreiche ausgefeilte Transportsysteme (▸Kap. 8.3) und Signaltransduktionsmechanismen (▸Kap. 9) entwickelt haben. Über die Plasmamembran erfolgen so die Aufnahme bzw. der Austausch von Nährstoffen, aber auch die Entsorgung von Abfallprodukten.

Intrazelluläre Membranen eukaryotischer Zellen sind wesentlich an der **Kompartimentierung**, also der räumlichen Begrenzung der Zellorganellen, beteiligt. Sie erlauben es somit, dass in bestimmten Regionen hohe Konzentrationen von Substraten auftreten können und interagierende Komponenten in eine räumliche Nähe gebracht werden, die beispielsweise für das Zustandekommen einer metabolischen Reaktion erforderlich ist. Damit haben diese Membranen eine Kontrollfunktion hinsichtlich metabolischer Prozesse, die innerhalb von Zellorganellen ablaufen. Prozesse, die um einen bestimmten Metaboliten konkurrieren, können voneinander getrennt werden, indem die für den jeweiligen Prozess erforderlichen Enzyme nur in einem bestimmten Kompartiment vorkommen und die Membran außerdem den Ein- bzw. Austritt bestimmter Metabolite kontrolliert.

Eine weitere wichtige Funktion der Plasmamembran resultiert aus ihrer **strukturbildenden Eigenschaft**, die sie zusammen mit dem **Zytoskelett** als einem komplexen, aus verschiedenen Proteinen aufgebauten Struktursystem ausüben. Die Form und Architektur, aber auch die Mobilität der Zelle und der intrazelluläre Transport von Molekülen, sind durch diese Einheit gewährleistet. Neben dem intrazellulären Transport ist auch der **Transfer von Stoffen** durch die Membran, wie bereits erwähnt, von fundamentaler Bedeutung. Membranen stellen somit nicht einfach Diffusionsbarrieren dar, die selektiv permeabel für bestimmte Substanzen sind. Generell kann eine Membran auf zwei Hauptwegen passiert werden:

1. durch passiven Transport, der keine zusätzliche Energie benötigt,
2. durch den energiekonsumierenden aktiven Transport.

Die wichtigsten Transportmechanismen sind in ▸Kap. 8.3 genauer erläutert.

 **Merke**

Das Zytoskelett besteht aus drei wichtigen Bestandteilen, den **Aktinfilamenten** (auch Mikrofilamente), den **Intermediärfilamenten** und den **Mikrotubuli**, die sich in Aufbau und Funktion unterscheiden.

Neben zahlreichen elektrisch neutralen Molekülen beherbergen Zellen auch viele Ionen, sowohl in Form anorganischer Ionen wie Natrium-, Kalium- oder Chloridionen, als auch in Form geladener organischer Verbindungen. Gleiches gilt für den extrazellulären Bereich. Die Zusammensetzung dieser Ionen und die Zahl negativer und positiver Ladungen müssen dabei nicht auf beiden Seiten gleich sein. Mit anderen Worten: Membranen dienen hier der Abtrennung verschiedener Milieus und gestatten die Aufrechterhaltung eines Ungleichgewichts an elektrischen Ladungen (**Membranpotenzial**). Das Membranpotenzial kann durch aktiven Transport von Ionen und damit durch einen bestimmten Konzentrationsgradienten aufrechterhalten werden, d.h. es liegt ein **elektrochemischer Gradient** von Ionen vor. Einen wichtigen biochemischen Prozess, bei dem der Aufbau eines Protonengradienten für die Synthese des Energieträgers ATP von Bedeutung ist, stellt beispielsweise die Atmungskette (▸Kap. 6.1.5) dar.

Schließlich ist es von Bedeutung, dass Zellen einander bzw. andere Zellen erkennen. **Zellerkennung und -adhäsion** sind von speziellen Molekülen auf der Oberfläche der Plasmamembran abhängig, wie wir sie in ▸Kap. 8.1.3 kennengelernt haben.

8.3 Membrantransportmechanismen

Die die Zelle umgebenden Plasmamembranen trennen den intrazellulären Bereich von der extrazellulären Umgebung ab, d.h. sie stellen Barrieren für den Stoffaustausch dar. Dieser Austausch ist zusätzlich eingeschränkt, weil die Lipiddoppelschicht nur begrenzt permeabel für bestimmte Substanzen (**Diffusion**) ist (○Abb. 8.6). Der Import und Export von Nähr- und Signalstoffen sowie Abbauprodukten ist für die Zelle jedoch essenziell und muss daher einerseits streng kontrolliert und andererseits auch unterstützt werden. Um insbesondere den Transport von polaren und geladenen (ionischen) Stoffen über die Membran zu bewerkstelligen, besitzen Zellen spezialisierte Proteine (**Transportsysteme**). Neben dem durch Proteine vermittelten Transport können Moleküle auch durch Endo- oder Exozytose Membranen passieren bzw. ein- und ausgeschleust werden.

Der Transport von Molekülen wird über zwei verschiedene integrale Transportsysteme gewährleistet: den Kanälen (oder Poren), sowie den Transportern, die entweder über einen aktiven oder einen passiven Mechanismus verfügen (○Abb. 8.6). Diese Systeme müssen hinsichtlich ihrer Eigenschaften und der Art des Transports getrennt voneinander betrachtet werden. Generell sind Kanaltransport und Transportprotein abhängiger Austausch bezüglich der Menge an zu transportierendem Stoff zu unterscheiden: Während der Kanaltransport im Wesentlichen davon abhängig ist, in welchen Konzentrationen der Stoff auf den beiden Seiten der Membran vorliegt und die Übertragungsrate mit steigender Konzentration des Stoffes über weite Konzentrationsbereiche auf einer Seite ebenfalls steigt, ist der Transfer durch Transportproteine rascher begrenzt. Ursache dafür ist, dass die Proteine durch Bindung der Stoffe während des Transports leichter in die Sättigung kommen können.

Kanäle (oder Kanalproteine) sind membrandurchspannende Proteine, die eine wassergefüllte Pore formen, durch die Ionen oder kleine Moleküle transportiert werden können. Der Durchtritt dieser Stoffe erfolgt dabei durch Diffusion als Folge eines Konzentrationsgradienten, der die Richtung des Transports bestimmt. Da hier ein Konzentrationsausgleich vom Bereich hoher zum Bereich niedriger Konzentration erfolgt, benötigt dieser Prozess keine Energiezufuhr. Kanäle liegen in verschiedenen, streng durch Liganden oder Spannung (▸Kap. 9.8) regulierten Zuständen vor (z.B. offen oder geschlossen), d.h. der Öffnungszustand des Kanals beeinflusst den Stofftransport. Die Plasmamembranen (z.B. von Nervenzellen) des menschlichen Organismus besitzen zahlreiche spezifische Kanäle, die in ▸Kap. 9.8 hinsichtlich Aufbau und Funktionsweise genauer besprochen werden.

Im Gegensatz zu den Kanalproteinen binden passive und aktive Transportproteine die zu befördernden Stoffe, d.h. ihre „Substrate", hochspezifisch. Außerdem kommt es bei diesen Prozessen darauf an, in welche Richtung die Substrate transportiert werden (○Abb. 8.6). Man unterscheidet zwischen:

- **Uniport**: Transport eines Substrats,

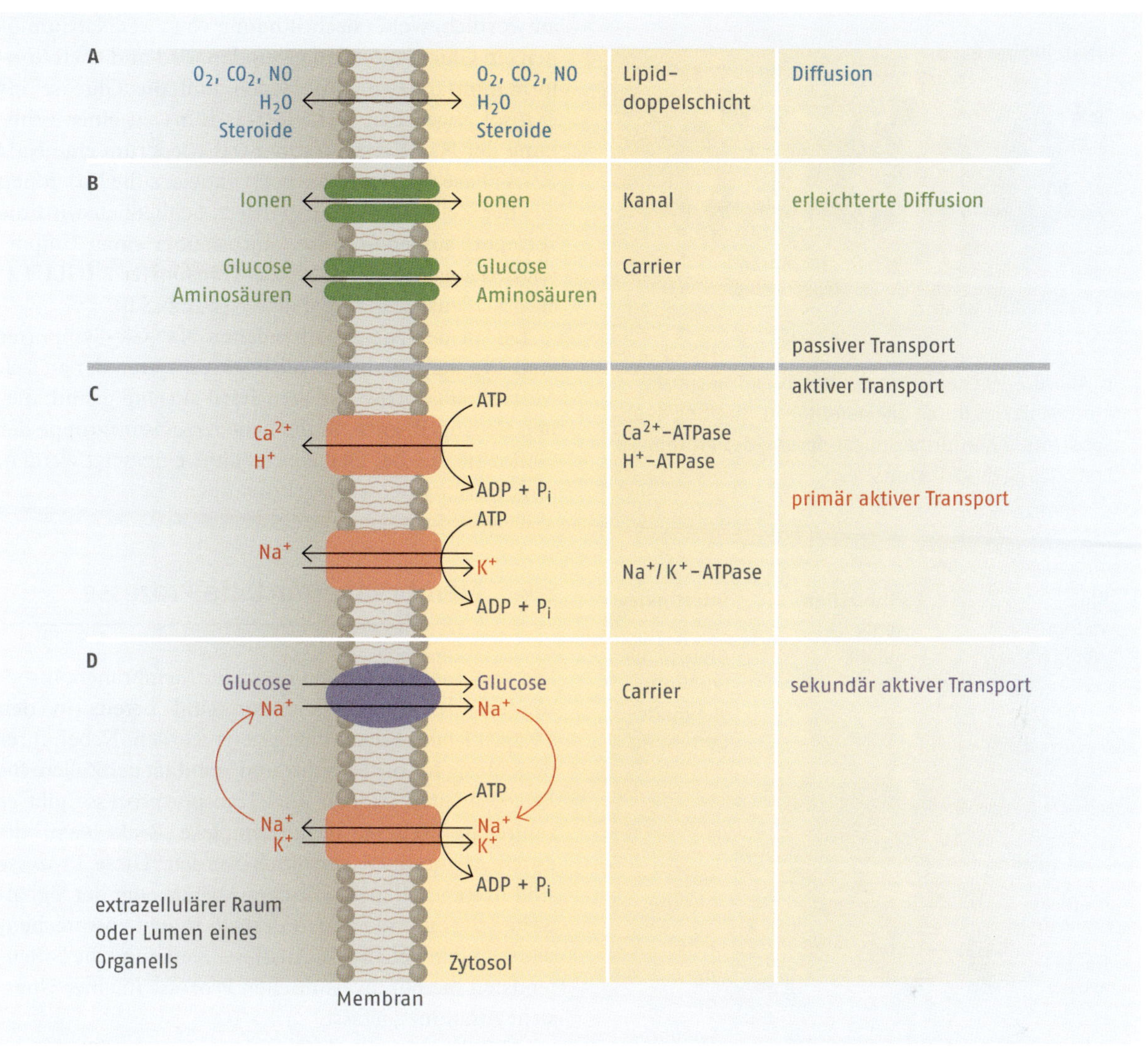

Abb. 8.6 Membrantransport-Mechanismen: **A** Diffusion, **B** erleichterte Diffusion durch Kanäle, **C** passiver Transport und **D** aktiver Transport

- **Symport**: Transport von zwei Substraten in dieselbe Richtung (Cotransport),
- **Antiport**: Transport von zwei Substraten in entgegengesetzte Richtungen.

Der **passive Transport**, oft auch erleichterte Diffusion genannt, bewirkt eine erhöhte Geschwindigkeit des Stofftransports in Richtung niedrigerer Konzentration. Nach Bindung des zu transportierenden Moleküls kommt es im Transporter zu einer Konformationsänderung (Abb. 8.7), durch die das Molekül auf der anderen Seite der Membran freigesetzt werden kann. Nach der Freisetzung nimmt das Protein dann wieder seine Ausgangskonformation ein.

Der gleiche Ablauf trifft für den **aktiven Transport** zu – mit dem Unterschied, dass hier die Konformationsänderung durch die Hydrolyse von ATP oder anderen Energiequellen bewirkt wird. Für den aktiven Transport ist also generell eine Energiezufuhr erforderlich, was aber im Gegensatz zum passiven Transport nun den Membrandurchtritt entgegen eines Konzentrationsgradienten oder eines Membranpotenzials ermöglicht. Die ATP-Hydrolyse ist die mit Abstand häufigste Energiequelle in tierischen Zellen. Beispiele hierfür sind u. a. die Na^+/K^+-ATPase oder die Ca^{2+}-ATPase (Abb. 8.6).

Die verschiedenen Transportmechanismen können exemplarisch anhand des **Glucosetransports im Darmepithel** veranschaulicht werden (Abb. 8.8), dessen Zellen Transportproteine mit unterschiedlichen Funktionen an verschiedenen Stellen in der Membran exprimieren. Ein **Na^+-Glc-Symporter** (*sodium coupled glucose transporter 1,* SGLT1) ist für die Glucoseaufnahme ver-

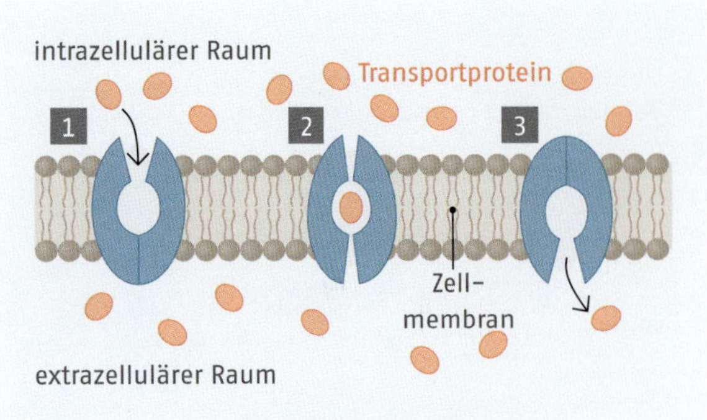

intrazellulärer Raum
Transportprotein
1 2 3
Zell-membran
extrazellulärer Raum

Abb. 8.7 Mechanismus des passiven Transports eines Moleküls durch die Membran: 1 Bindung des Substrats, 2 Konformationsänderung des Proteins, 3 Freisetzung des Substrats

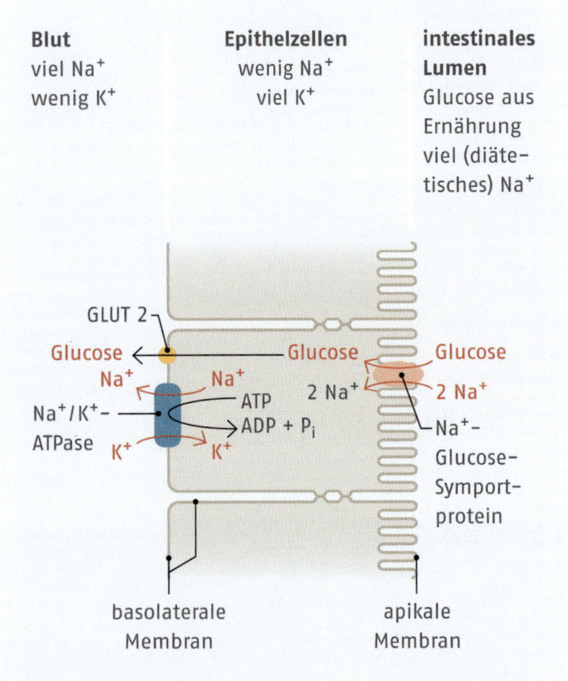

Blut viel Na^+ wenig K^+
Epithelzellen wenig Na^+ viel K^+
intestinales Lumen Glucose aus Ernährung viel (diätetisches) Na^+
GLUT 2
Glucose
Na^+
Na^+/K^+-ATPase
K^+
ATP
ADP + P_i
2 Na^+
Na^+-Glucose-Symportprotein
basolaterale Membran
apikale Membran

Abb. 8.8 Transepithelialer Glucosetransport im Darm: Durch aktiven Transport erfolgt die Aufnahme von Glucose aus dem Darmlumen, weil hier eine niedrige Glucosekonzentration vorliegt. Das Transportprotein ist ein Na^+-getriebener Glucose-Symport. Die Glucose wird durch die Membran der Mikrovilli durch diese Transporter in die Zelle hinein gepumpt. Um von dort ins Blut zu gelangen, tritt die Glucose mithilfe eines Glucosetransporters am basalen Ende der Zelle wieder aus. Eine Na^+/K^+-ATPase sorgt für das Aufrechterhalten des den Glucose-Symport antreibenden Na^+-Gradienten.

antwortlich, wobei nach Bindung von zwei Natriumionen ein Glucosemolekül gebunden wird und nach Konformationsänderung die Ionen und die Glucose ins Zytosol abgegeben werden. Das führt zu einer Erhöhung der Na^+-Konzentration, was wiederum eine **Na^+/K^+-ATPase** (aktiver Transport) aktiviert, die Na^+-Ionen aus der Zelle heraustransportiert. Schließlich wird die vermehrt aufgenommene Glucose über einen Uniporter, den sogenannten **Glucose-Transporter 2** (GLUT2) ausgeschleust, z. B. in Kapillaren (Abb. 8.8).

Die in der Niere vorhandenen Na^+-Glc-Symporter vom Typ SGLT2, die für die Rückresorption der an sich wertvollen Glucose aus dem Harn zuständig sind, dienen als Angriffsorte für die neue Arzneistoffgruppe der Gliflozine, die bei Diabetes mellitus eingesetzt werden, um den Blutglucosespiegel zu senken.

8.4 Membranvermittelte Prozesse

Die verschiedenen Funktionen der Membranen, insbesondere der Plasmamembran, sind bereits in den ▸Kap. 8.1 bis ▸Kap. 8.3 aufgezeigt worden. Neben ihrer Bedeutung für die Struktur und Stabilität der Zellen, für Zell-Zell-Interaktionen und Transportprozesse gibt es zahlreiche weitere, hoch komplexe Reaktionen, die durch Membranen vermittelt werden. Diese Prozesse sind Bestandteil metabolischer Abläufe oder der Signalweiterleitung und werden deshalb in den entsprechenden Kapiteln behandelt. An dieser Stelle sind die bedeutendsten membranvermittelten Prozesse in einer Übersicht zusammengefasst:

- ATP-Synthese und Energiegewinnung (Atmungskette, ▸Kap. 6),
- neuronale (synaptische) Signalübertragung (Aktionspotenzial, ▸Kap. 9),
- neuromuskuläre Verbindung,
- Ionenkanäle, Acetylcholin- und andere Neurotransmitterrezeptoren (▸Kap. 9),
- Hormonrezeptoren und intrazelluläre Signalübertragung (▸Kap. 9),
- Apoptose (▸Kap. 11).

Signaltransduktion

Diana Imhof

Einleitung

Im ▸Kap. 8 **Biomembranen** ist beschrieben, wie Zellen sich bzw. ihren Inhalt nach außen abgrenzen. Die Membranen stellen aber auch gleichzeitig die Schnittstelle zwischen den Zellen dar und dienen damit der **interzellulären Kommunikation**. Es stellt sich die Frage, wie Zellen auf Einflüsse und Informationen von außen (externe Reize) reagieren, d.h. wie die **intrazelluläre Kommunikation** abläuft. Die diesen Prozessen zugrundeliegenden biochemischen Mechanismen werden unter dem Begriff **Signaltransduktion** zusammengefasst. Wachstum, Entwicklung, Differenzierung, Funktion und Leistung lebender Zellen, Gewebe und Organe werden von einem Netzwerk fein aufeinander abgestimmter biochemischer Reaktionen aufrechterhalten und reguliert. Evolutionär haben sich zwei wesentliche Systeme zur Verwirklichung der intra- und interzellulären Kommunikation herauskristallisiert: die **neuronale** und die **hormonelle Signalweiterleitung**. Dieses Kapitel widmet sich den Mechanismen der Signaltransduktion der Zellen, wobei Hauptaugenmerk auf die zentralen Strategien des Empfangs und der Verarbeitung von Signalen gelegt wird.

9.1 Aufbau und Funktionen von Signalwegen

Vielzellige Organismen sind aufgrund ihrer Komplexität und ihres hohen Leistungsvermögens darauf angewiesen, dass sich ihre Zellen aufeinander abstimmen (interzelluläre Kommunikation, neuronale Reizweiterleitung) und auf externe Reize innerhalb der Zelle nachgeschaltet reagieren (intrazelluläre Kommunikation). Zellen eines Typs reagieren dabei gleichzeitig und in derselben Weise auf ein eintreffendes Signal. Auf einer höheren Ebene ermöglichen Signalwege die Koordinierung der zellulären Reaktionen, wie z. B. bei der Zellteilung (▸Kap. 10). Prinzipiell sind drei Schritte für das Funktionieren von Signaltransduktionswegen notwendig:

1. Erzeugung und Aussenden eines Signals, z. B. durch eine Zelle (**Signalgeber**),
2. Empfang des Signals durch eine andere Zelle (**Zielzelle**),
3. Initiation der Signalkaskade, Verarbeitung und Umsetzung des Signals (**zelluläre Antwort**).

Nach dem letzten Schritt muss das initiale Signal wieder abgeschaltet werden (**Termination**), um eine dauerhafte, unerwünschte Zellaktivierung zu verhindern. Die Art des auslösenden Signals (chemischer Botenstoff, elektrischer Reiz, optische und akustische Signale) bestimmt den nachgeschalteten Mechanismus des Signalempfangs, der Signalweiterleitung und der Termination des Signals. Für die Registrierung des Signals sind vorrangig auf der Zelloberfläche hochspezialisierte **Membranproteine (Rezeptoren)** verantwortlich, deren Aufbau maßgeblich die Funktion des jeweiligen Proteins bestimmt und deshalb in den nachfolgenden Kapiteln ausführlicher besprochen werden soll.

In Bezug auf die interzelluläre Signalübertragung wird anhand der Entfernung zwischen Signalgeber und Zielzelle zusätzlich unterschieden zwischen autokriner, parakriner und endokriner Form (○Abb. 9.1). Bei der **autokrinen** Signalvermittlung erfolgt die Kommunikation zwischen Zellen eines Typs, d. h. das Signal, z. B. das sezernierte Hormon, wirkt auf dieselben Zellen zurück. Im Falle der **parakrinen** Signalleitung wirkt das von einer Zelle ausgesandte Hormon an einer in unmittelbarer Reichweite und über passive Diffusion zu erreichenden Zielzelle. Dagegen ist bei der **endokrinen** Signalübertragung die Zielzelle viel weiter entfernt und das von der signalgebenden Zelle sezernierte Hormon muss zunächst über den Blutkreislauf im Körper verteilt werden, bevor es an den Zielzellen des entsprechenden Organs angelangt (○Abb. 9.1).

Definition

Membranrezeptoren sind hochspezifische Bindungsstellen, die endogene Liganden (*ligare* = binden) wie Hormone und Neurotransmitter über reversible Bindungskräfte mit hoher Affinität (Gleichgewichtsdissoziationskonstanten K_D im pm- bis nm-Bereich) binden. Sie sind Teil eines intrazellulären Signalweiterleitungssystems. Diese Bindung resultiert in einem biologischen Effekt, auch biologische Antwort genannt. Man unterscheidet G-Protein-gekoppelte Rezeptoren (▸Kap. 9.6), enzymgekoppelte Rezeptoren (▸Kap. 9.7) und einen intrinsischen Ionenkanal (▸Kap. 9.8.1).

Merke

Die Bindung von endogenen Liganden kann durch exogen applizierte Liganden (**Wirkstoffe**) imitiert werden. Diese wirken entweder wie die endogenen Liganden (**Agonisten**) oder blockieren die Bindungsstelle des Rezeptors für endogene Liganden (**Antagonisten**).

An der Signalweiterleitung sind verschiedene Komponenten, vor allem Proteine und kleine, niedermolekulare Botenstoffe, beteiligt. Die eintreffenden Signale (primärer Botenstoff, ▸Kap. 9.2) werden von einem Rezeptorprotein empfangen und an ein nachgeschaltetes Protein übertragen. Man spricht vom **Signaltransport**. Aufgrund der konformationellen Änderung, die dieses Protein erfährt, ist es in der Lage, die eingegangene Information an ein weiteres Protein in der Signalkette (**Signalkaskade**) weiterzugeben. Die Proteine einer solchen Kaskade können verschiedene Funktionen besitzen, z. B. enzymatische Aktivität (**Enzyme**) oder Adapterfunktion (**Adapterproteine**). Häufig resultieren aus den enzymatischen Reaktionen weitere kleine Botenstoffe, die sogenannten **second messenger**, die wiederum andere Proteine oder Interaktionspartner aktivieren können, wodurch die Kaskade fortgesetzt wird. Die Enzyme, die in der Signaltransduktion die größte Bedeutung haben, sind **Proteinkinasen**, **Proteinphosphatasen**, **regulatorische GTPasen** und **Adapterproteine**. Im Falle der beiden erstgenannten Enzymklassen spielt die Proteinphosphorylierung bzw. -dephosphorylierung die entscheidende Rolle hinsichtlich Aktivierung und Inaktivierung der entsprechenden Signalkomponenten. Der Phosphorylierungszustand eines Proteins ist somit durch diese beiden Enzymarten reguliert, aber auch ihre eigene Aktivität unterliegt einer strikten Regulation. Die regulatorischen GTPasen können ebenfalls in aktiver und inaktiver Form vorliegen und so Informationen an nachgeschaltete Proteine übertragen bzw. dies unterbinden. Im Gegensatz dazu besteht die Aufgabe der Adapterproteine darin, zwei Signalkomponenten in räumliche Nähe zu bringen und dadurch die Interaktion dieser Proteine miteinander zu ermöglichen. Sie stellen somit Verbindungselemente zwischen einem Teil des Signalwegs und einem anderen, nachgeschalteten Abschnitt dar.

Merke

Eine Signalkaskade steht im Gesamtkontext des Organismus immer in Verbindung mit anderen Signalwegen (▸Kap. 9.4), was letztlich die fein abgestimmte inter- und intrazelluläre Kommunikation überhaupt möglich macht. Im Hinblick auf die **Arzneistoffentwicklung** ist diese vielfältige Verknüpfung und Regulation jedoch problematisch, weil sogenannte **Off-Target-Effekte** auftreten können, obwohl lediglich eine bestimmte Komponente eines Signalwegs adressiert werden sollte. Bei Off-Target-Effekten handelt es sich um gegenläufige Effekte als Resultat der Modulation anderer Moleküle als des eigentlich angestrebten Zielmoleküls. Diese können mit dem Zielmolekül verwandt oder auch vollkommen verschieden davon sein. In der Konsequenz können unerwünschte Nebenwirkungen auftreten, die die therapeutische Anwendung der untersuchten Verbindung nicht erlauben.

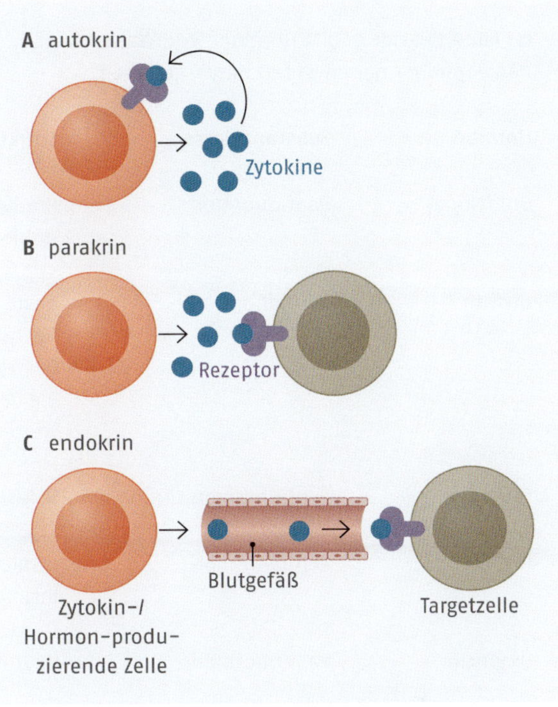

Abb. 9.1 Verschiedene Formen der Signalübertragung sind abhängig davon, wie weit Signalgeber und Zielzelle voneinander entfernt sind: **A** autokrine, **B** parakrine und **C** endokrine Signalübertragung.

9.2 Chemische Signalmoleküle als Komponenten von Signalwegen

Hat eine signalauslösende Zelle ein chemisches Signal (**primärer Botenstoff**) ausgesendet, gelangt dieses im Falle der endokrinen Regulation über den Blutkreislauf zu den Zielzellen. Zu solchen chemischen Botenstoffen gehören Hormone, Neurotransmitter und Wachstumsfaktoren. Andere Botenstoffe, z. B. neurosekretorische Peptide, werden über Nervenzellen zu ihren Zielzellen transportiert.

Hormone (◘ Tab. 9.1) ermöglichen die Kommunikation zwischen Zellen verschiedener Organe, d. h. nicht benachbarter Zellen, während **Wachstumsfaktoren** (auch Wachstumshormone) spezielle Signalmoleküle sind, die die Zellproliferation regulieren. Chemisch betrachtet sind Hormone sehr vielfältig und gehören verschiedenen Substanzklassen an, darunter Proteine, Peptide, Aminosäuren und Aminosäurederivate, Steroide, Retinoide, Fettsäurederivate, Nukleotide und kleine anorganische Moleküle. **Neurotransmitter** (◘ Tab. 9.2, ▸ Kap. 9.8.2) sind im Gegensatz zu Hormonen an der Nervenreizweiterleitung im synaptischen Spalt zwischen zwei Nervenzellen beteiligt.

Tab. 9.1 Ausgewählte Hormone und Wachstumsfaktoren. Die Sequenzidentität hinsichtlich der Aminosäuren in den Peptidhormonen ist fett hervorgehoben.

Hormon	Substanzklasse	Struktur
Bradykinin	Peptidhormon	Bradykinin: **RPPGFSPFR** Lysyl-Bradykinin: **KRPPGFSPFR**
Gastrin	Peptidhormon	Gastrin-6: **YGWMDF** Gastrin-14: WLEEEEEA**YGWMDF** Gastrin: QGPWLEEEEEA**YGWMDF** Big Gastrin: QLGPQGPPHLVADPSKKQGPWLEEEEEA**YGWMDF** Weitere (z. B. Gastrin-52, Gastrin-71)
Glucagon	Peptidhormon	HSQGTFTSDYSKYLDSRRAQDFVQWLMNT
Insulin	Peptidhormon	Insulin A Kette: GIVEQCCTSICSLYQLENYCN, Insulin B Kette: FVNQHLCGSHLVEALYLVCGERGFFYTPKT (-S-S-Brücken)
Oxytocin	Peptidhormon	Oxytocin : CYIQNCPLG (-S-S-Brücke)
Sekretin	Peptidhormon	Sekretin : HSDGTFTSELSRLREGARLQRLLQGLV
Somatostatin	Peptidhormon	Somatostatin-14: **AGCKNFFWKTFTSC** (-S-S-Brücke), Somatostatin-28: SANSNPAMAPRERK**AGCKNFFWKTFTSC** (-S-S-Brücke)
Triiodthyronin (T_3)	Iodothyronin (Aminosäurederivate)	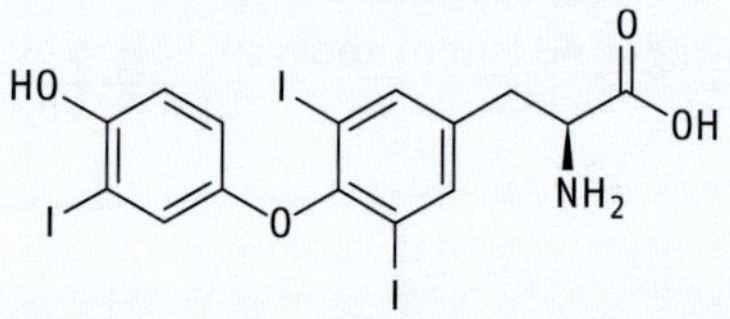
Thyroxin (T_4)	Iodothyronin (Aminosäurederivate)	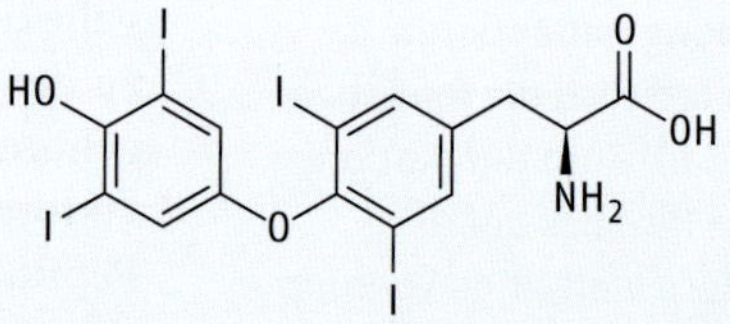
Aldosteron	Steroidhormon	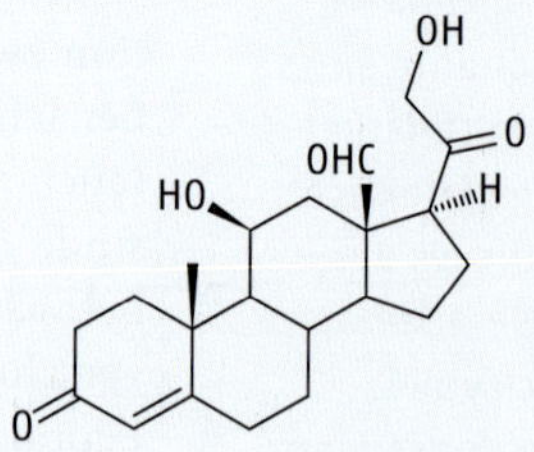

Tab. 9.1 Ausgewählte Hormone und Wachstumsfaktoren. Die Sequenzidentität hinsichtlich der Aminosäuren in den Peptidhormonen ist fett hervorgehoben. (Fortsetzung)

Hormon	Substanzklasse	Struktur
Cortisol	Steroidhormon	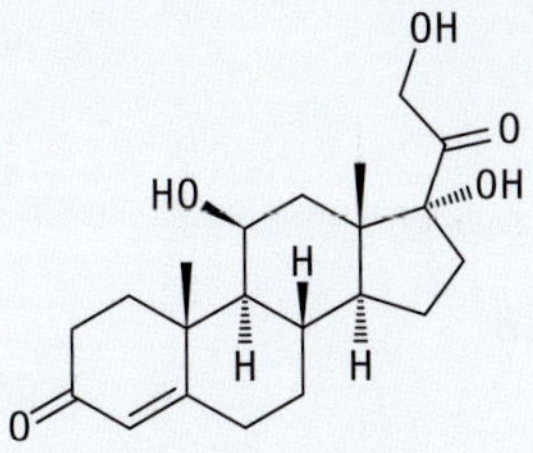
Estradiol	Steroidhormon	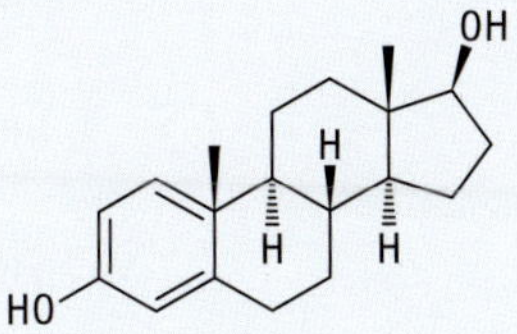
Progesteron	Steroidhormon	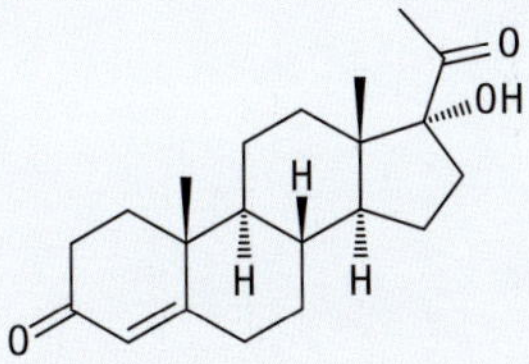
Testosteron	Steroidhormon	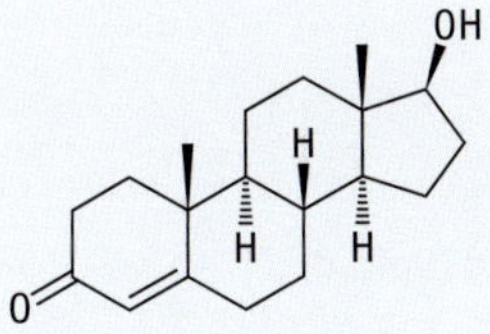
Vitamin D_3	Vitamin	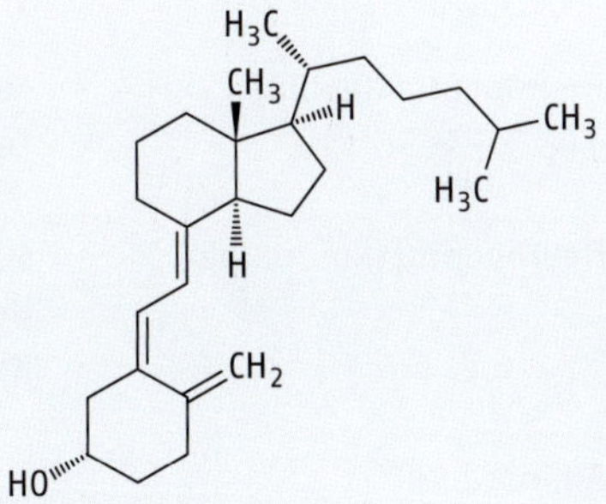

Tab. 9.2 Ausgewählte Neurotransmitter

Neurotransmitter	**Substanzklasse**	**Struktur**
Adrenalin	Monoamin	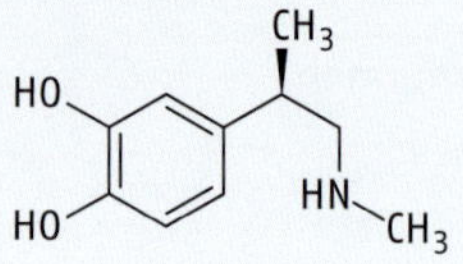
Noradrenalin	Monoamin	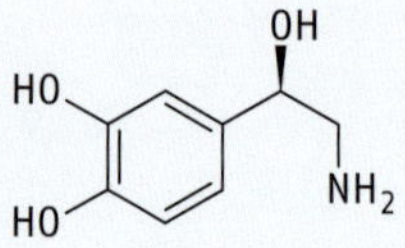
Dopamin	Monoamin	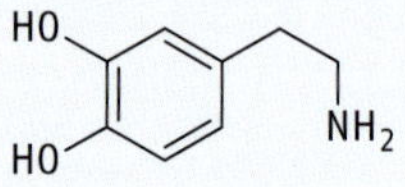
Histamin	Monoamin	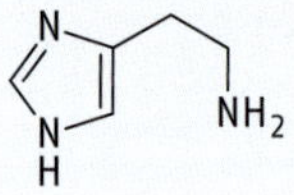
Serotonin	Monoamin	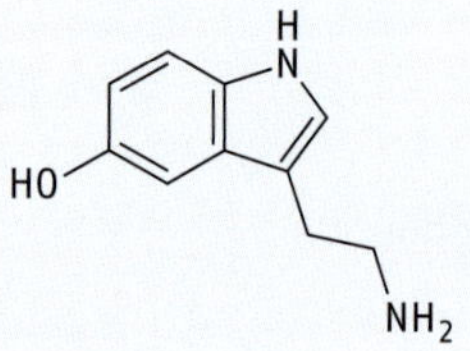
Endorphine (Peptide mit ca. 12–32 Aminosäuren)	Neuropeptid (Opioid)	α-Endorphin: **YGGFMTSEKSQTPLVT** β-Endorphin: **YGGFMTSEKSQTPLVTL**FKNAIIKNAYKKGE γ-Endorphin: **YGGFMTSEKSQTPLVTL**
Enkephaline	Neuropeptid (Opioid)	Met-Enkephalin: **YGGFM** Leu-Enkephalin: **YGGFL**
Tachykinine	Neuropeptid (Neurokinin)	Substanz P: RPKPQQ**FFGLM**-NH_2 Neurokinin A: HKTDS**FVGLM**-NH_2 Neurokinin B: DMHD**FFVGLM**-NH_2
γ-Aminobuttersäure (GABA)	Aminosäure	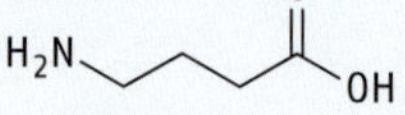
Aspartat	Aminosäure	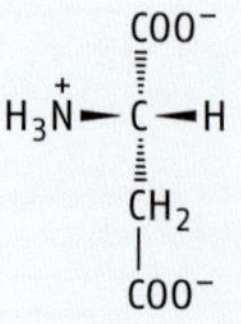

Tab. 9.2 Ausgewählte Neurotransmitter (Fortsetzung)

Neurotransmitter	Substanzklasse	Struktur
Glutamat	Aminosäure	H_3N^+–C(H)(COO^-)–CH_2–CH_2–COO^-
Acetylcholin	Kleine organische Moleküle	$(H_3C)_2N^+(CH_3)$–CH_2–CH_2–O–C(=O)–CH_3
Stickstoffmonoxid (NO)	Kleine anorganische Moleküle	N=O

9.3 Amplifikation von Signalen

Unter Signalamplifikation versteht man die Verstärkung des eingehenden Signals, wobei sich die Anzahl der aktivierten Moleküle im Laufe des Signaltransduktionsprozesses schrittweise erhöht (Abb. 9.2). Dadurch ist es der Zelle möglich, auch auf schwache eingehende Signale zu reagieren. Es handelt sich hier um eine generelle Eigenschaft von Signalwegen, denn häufig wird eine Zelle nur von wenigen Hormonmolekülen aktiviert. Die ausgelöste Reaktion bewirkt dann nachgeschaltet die Bildung einer großen Zahl an Molekülen, wie den sekundären Botenstoffen, oder es werden viele Effektorproteine aktiviert. Ein Beispiel für eine solche Signalamplifikation ist die Wirkung der Adenylatcyclase (▸ Kap. 9.6.2), die nach ihrer Aktivierung viele cAMP-Moleküle produziert.

Wie stark diese Amplifikation ausfällt, hängt von verschiedenen Faktoren ab, u. a. der Art des signalgebenden Hormons und des gebildeten Hormon-Rezeptor-Komplexes, dessen Lebensdauer, der Dauer der Interaktion bzw. Aktivierung der Effektorproteine und dem Zeitpunkt der Inaktivierung des Hormon-Rezeptor-Komplexes.

9.4 Integration, Divergenz und Vernetzung von Signalen

Zellen enthalten in der Regel nicht nur einen Typ von Membranrezeptoren, sondern meist viele verschiedene. Weiterhin werden Zellen zu einem bestimmten Zeitpunkt nicht nur von einem, sondern in der Regel mehreren Signalen kontaktiert. So kann ein für verschiedene Rezeptoren einheitliches Signalweiterleitungssystem (Effektormolekül, wie z. B. die Adenylatcyclase, Abb. 9.2) von diesen Rezeptoren gleichzeitig aktiviert werden und so die unterschiedlichen Signale integrieren (**Signalintegration**; Abb. 9.3). Andererseits kann auch ein Rezeptor, z. B. über verschiedene G-Proteine (▸ Kap. 9.6.1), unterschiedliche Effektorsysteme aktivieren oder inaktivieren und so ein Signal auf verschiedene intrazelluläre Ebenen verteilen. Hierbei spricht man von **Signaldivergenz** (Abb. 9.3). Über diese Mechanismen sind nun die Signalwege in einer Zelle miteinander verknüpft und bilden ein sogenanntes Signalnetzwerk. Diese gegenseitige Regulation von Signalwegen basiert auf ihrer Kommunikation miteinander, die man auch als *crosstalk* bezeichnet. So können sie sich gegenseitig sowohl positiv als auch negativ regulieren. Häufig passiert das über gemeinsame Komponenten der beteiligten Wege. Wie in anderen Kaskaden auch (Stoffwechselwege, ▸ Kap. 6 und ▸ Kap. 7) tritt der Effekt der Rückkopplung (*feedback*) ein, wenn eine nachgeschaltete (stromabwärts, *downstream*) Komponente die Funktion einer vorangegangenen (stromaufwärts, *upstream*) Komponente des Signalwegs beeinflusst.

9

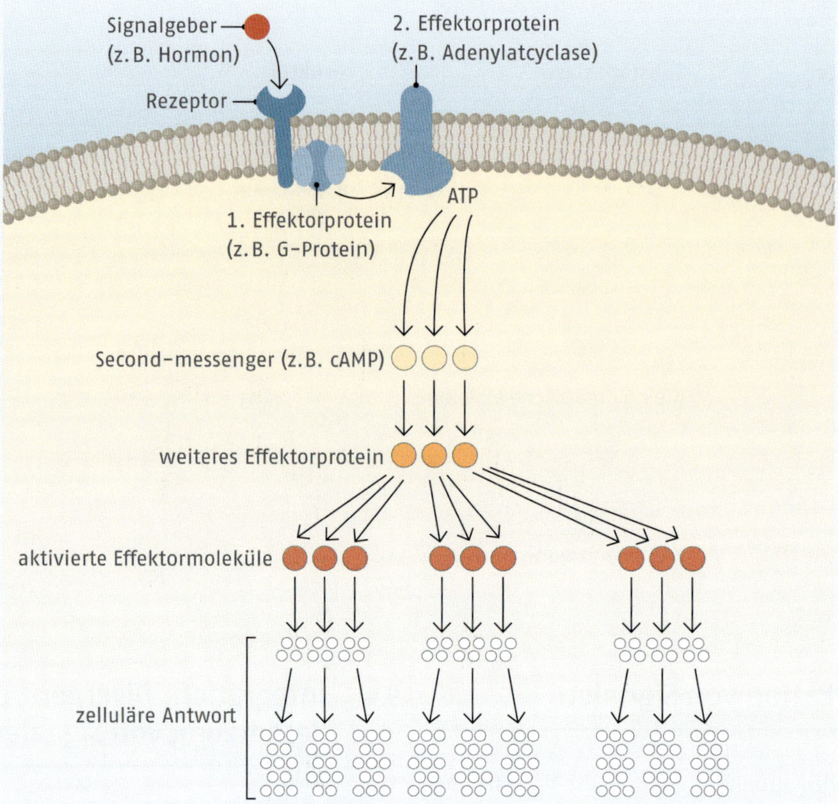

Abb. 9.2 Schematische Darstellung der Amplifikation von Signalen

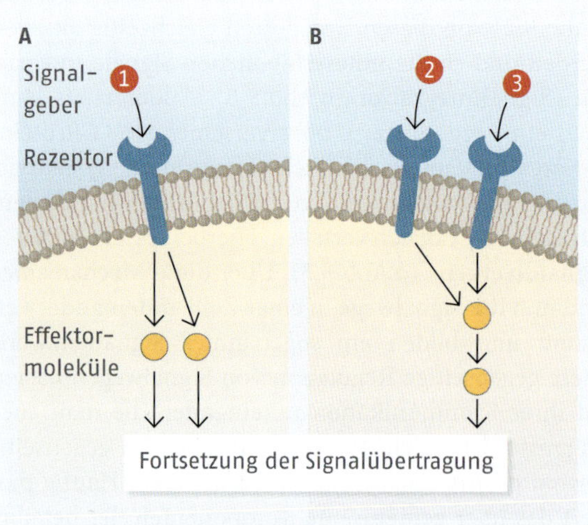

Abb. 9.3 A Divergenz von Signalen. Ein Signalgeber (1) aktiviert zwei Effektormoleküle. **B** Integration von Signalen. Zwei Signalgeber (2, 3) aktivieren ein Effektormolekül.

9.5 Regulation der Signaltransduktion

Ziel der Kommunikation zwischen den Zellen und der intrazellulären Kommunikation ist es, eine gewünschte, dem jeweiligen Zustand des Organismus angepasste biochemische Reaktion hervorzurufen (→ biologische Antwort). Die dafür notwendigen Prozesse der Signaltransduktion sind von zahlreichen Faktoren beeinflusst und streng kontrolliert. Die Regulation einer bestimmten Signalkomponente oder eines Signalwegs kann dabei direkt oder indirekt erfolgen (Abb. 9.4). Insbesondere im Hormonsystem werden einzelne Prozesse multifaktoriell reguliert, was bereits mit der Synthese eines Hormons beginnt. Handelt es sich beispielsweise um ein Peptid- oder Proteohormon (Tab. 9.1) kann dessen Produktion auf verschiedenen Ebenen, d.h. transkriptionell, translational oder posttranslational, reguliert sein. Darüber hinaus sind auch die Sekretion, der Transport zur Zielzelle, der Empfang, die Vermittlung und Weiterleitung des Signals sowie dessen Termination reguliert (Abb. 9.4). Im Hinblick auf das Abschalten des Signals spielen Prozesse wie die Rezep-

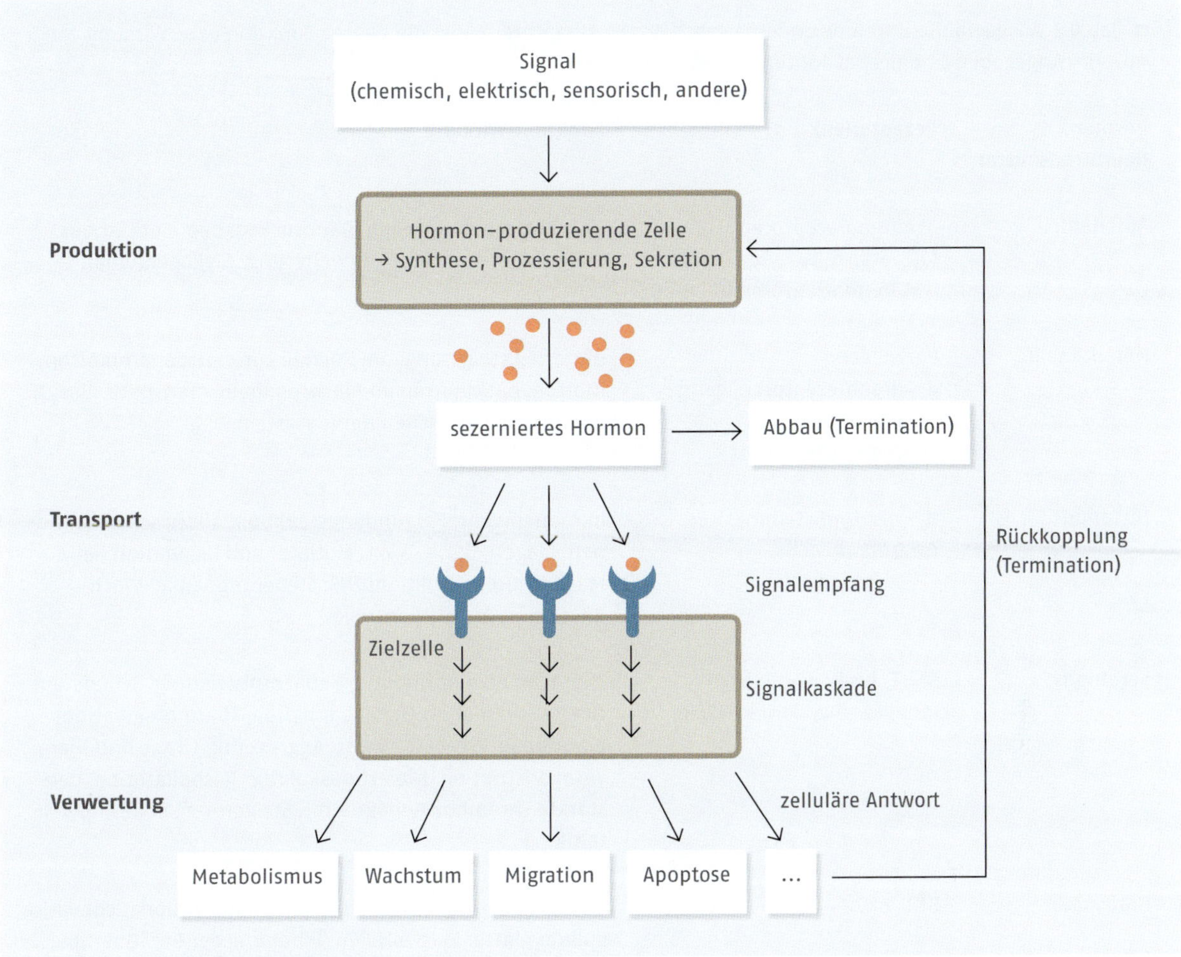

Signal
(chemisch, elektrisch, sensorisch, andere)
Produktion
Hormon-produzierende Zelle
→ Synthese, Prozessierung, Sekretion
sezerniertes Hormon
Abbau (Termination)
Transport
Rückkopplung
(Termination)
Signalempfang
Zielzelle
Signalkaskade
Verwertung
zelluläre Antwort
Metabolismus
Wachstum
Migration
Apoptose
...

Abb. 9.4 Regulation und Verlauf der hormonellen Signalübertragung auf verschiedenen Ebenen

torinternalisierung und der proteasomale Abbau eine wichtige Rolle.

Wichtiges in Kürze

Proteasomen sind hochkomplexe Systeme, die Zielproteine proteolytisch abbauen und somit in den Zellen für die Entsorgung des „Proteinmülls" verantwortlich sind.

9.6 G-Protein-gekoppelte Rezeptoren (GPCR)

Die Hormone **Glucagon** und **Adrenalin** regulieren neben dem **Insulin**, dessen Rezeptor wir in ▸ Kap. 9.7 näher beleuchten, den Kohlenhydrat- (▸ Kap. 6) und den Lipidstoffwechsel (▸ Kap. 7). Viele Hormone wie Glucagon und Adrenalin, aber auch Neurotransmitter, Duft- und Geschmackstoffe sowie Photonen übermitteln ihre Funktion(en) durch Membranrezeptoren (◘ Tab. 9.3), die sieben Transmembranhelices (TM) aufweisen und deshalb auch als **7TM-Rezeptoren** bezeichnet werden (○ Abb. 9.5). Mit mehr als 2000 Vertretern stellen sie die größte Klasse der Rezeptoren und gleichzeitig bedeutende Zielmoleküle für Therapeutika dar. Bereits ein Drittel der zugelassenen Arzneistoffe adressieren diese Rezeptorklasse, Tendenz steigend.

Von vielen dieser Rezeptoren wurden Subtypen identifiziert. Rezeptorsubtypen werden durch die gleichen Liganden aktiviert, zeigen aber ein unterschiedliches Verhalten gegenüber Wirkstoffen, z. B. verschiedene Bindungsaffinitäten oder Antagonistenprofile. Sie besitzen meist kleine Unterschiede in ihrer Aminosäuresequenz und folglich in ihrer Struktur und können so verschiedene G-Proteine und Effektorsysteme beeinflussen.

Tab. 9.3 Ausgewählte Hormone und ihre spezifischen Rezeptoren, über die sie ihre Funktion bzw. Wirkung vermitteln. Angegeben sind die bekannten Rezeptorsubtypen.

Hormon, Neurotransmitter	Rezeptor(en)	Funktion/Wirkung
Adrenalin	α-Adrenorezeptoren (α_{1A}, α_{1B}, α_{1D}, α_{2A}, α_{2B}, α_{2C}), β-Adrenorezeptoren (β_1, β_2, β_3)	Herzfrequenzsteigerung, Blutdruckanstieg, Gefäßtonussteigerung, Bronchiolenerweiterung, Glykogenabbau
Noradrenalin	Vorwiegend α-Adrenorezeptoren, geringere Affinität zu β-Adrenorezeptoren	Blutdrucksteigerung; am Herzen: chronotrop, dromotrop, inotrop, bathmotrop und lusitrop; Neurotransmitter im ZNS und im sympathischen Nervensystem
Histamin	H_1- bis H_4-Histaminrezeptoren	Immunabwehr: Entzündungsreaktion, allergische Reaktionen; Magen-Darm-Trakt: Motilität und Regulation der Magensäureproduktion; ZNS: Steuerung Schlaf-Wach-Rhythmus, Appetitkontrolle
Serotonin	5-HT_1 bis 5-HT_7, 5-HT_3: Ionenkanäle, übrige: GPCRs	ZNS: Schmerzempfindung, Gedächtnisleistung. Schlafsteuerung, Essverhalten, Sexualverhalten, Thermoregulation; emotionale Prozesse (Angst, Aggression); Lunge und Niere: Vasokonstriktion; Skelettmuskulatur: Vasodilatation; verstärkte Thrombozytenaktivität, Steigerung der Darmperistaltik
Bradykinin	BK1, BK2	Endothelabhängiger Vasodilatator, Kontraktion nicht vaskulärer glatter Muskelzellen, Erhöhung der Gefäßpermeabilität, Entzündungsmediator, Schmerzerzeugung
Vasopressin	V_1- bis V_3-Rezeptoren	Blutdrucksteigerung, Wasserresorption in der Niere
Oxytocin	OXTR	Wehenauslösung, Milchinjektion, Blutdrucksenkung, Cortisolspiegelsenkung, Sedierung
Somatostatin	SSTR1–SSTR5	Inhibierendes Hormon des Hypothalamus, Hemmung der Ausschüttung von Somatotropin, Gastrin, Cholecystokinin, Sekretin, Motilin, VIP, GIP, GLP, Insulin, Glucagon, TSH, Cortisol
Glucagon	GCGR (Glucagonrezeptor)	Erhöhung der Blutglucosekonzentration (Stimulation der Gluconeogenese, Lipasenaktivierung)
Insulin	IRA, IRB (Insulinrezeptor)	Senkung der Blutglucosekonzentration (Förderung der Glucoseaufnahme über GLUT4 und Glucosespeicherung durch Glykogensynthese, Hemmung der Lipolyse und der hepatischen Gluconeogenese, Regulation von Zellwachstum/Proliferation)

▫ Tab. 9.3 Ausgewählte Hormone und ihre spezifischen Rezeptoren, über die sie ihre Funktion bzw. Wirkung vermitteln. Angegeben sind die bekannten Rezeptorsubtypen. (Fortsetzung)

Hormon, Neurotransmitter	Rezeptor(en)	Funktion/Wirkung
Gastrin	CCKBR (Gastrin/*cholecystokinin type B receptor*)	Stimulation der Magensaftsekretion, der glatten Magenmuskulatur und der Pepsinogen-, Salzsäure- und Histaminproduktion; Förderung von Insulin-, Glucagon- und Somatostatinausschüttung (Bauchspeicheldrüse)
Adrenocorticotropes Hormon (ACTH)	MC1R-MC5R, (Melanocortinrezeptoren)	Regulation der Corticoid-Abgabe: Hautbräunung, Hunger- und Sättigungsgefühl, Libido, Unterdrückung der Fieberreaktion
Luteinisierendes Hormon (LH)	LHR (LH-Rezeptor)	Fortpflanzung: Frau: Stimulation der weiblichen Ovulation, Bildung und Progesteron-Inkretion des Corpus luteum Mann: Anregung der Testosteronabgabe aus interstitiellen Zellen
Follikelstimulierendes Hormon (FSH)	FSHR (FSH-Rezeptor)	Sexualhormon: Frau: Wachstum und Reifung des Ovarialfollikels, Estrogen-Inkretion Mann: Förderung der Spermatogenese
Parathormon (PH)	PTH1R (*parathyroid hormone 1 receptor*)	Calciumhomöostase in Geweben (über Calciumspiegel im Plasma)

 Merke

Adrenalin wird auch als das **Stress- und Fluchthormon** bezeichnet, weil es als Antwort auf interne und externe Stresssignale von der Nebenniere ausgeschüttet wird und zahlreiche „Fluchtreaktionen" hervorruft. Dazu gehören beschleunigte Muskelaktivität und Herzfrequenz, Dehnung der glatten Muskulatur der Atemwege und Aktivierung des Glykogen- und Fettsäureabbaus.

Der erste Rezeptor der 7TM-Familie, dessen dreidimensionale Struktur zu Beginn des 21. Jahrhunderts aufgeklärt wurde, war das **Rhodopsin**. Dieses Protein kommt in der Netzhaut des Auges vor und wird durch Photonen (sensorische Signale) aktiviert. Die dadurch in Gang gesetzte Signalkaskade ist für den Sehvorgang essenziell. Die Kristallstrukturanalyse des Rhodopsins erlaubte es, einen tieferen Einblick in Struktur und Funktion der 7TM-Rezeptoren zu erhalten (○ Abb. 9.5). Einige Jahre später folgte die Aufklärung der Struktur des β_2-adrenergen Rezeptors (▫ Tab. 9.3).

7TM-Rezeptoren bestehen aus einer Proteinkette, die die Zellmembran siebenmal durchspannt, wobei die transmembranalen Strukturelemente Helices sind. Diese Helices umfassen ca. 20–25 vorrangig hydrophobe Aminosäuren und sind durch drei intrazelluläre und drei extrazelluläre Schleifen miteinander verbunden. Der N-Terminus der Sequenz ist extrazellulär und der C-Terminus intrazellulär lokalisiert (○ Abb. 9.5). Es existiert eine bei vielen dieser Rezeptoren konservierte Disulfidbrücke, die die erste extrazelluläre Schleife mit der zweiten kovalent verbindet. Die Rezeptoren binden einen Liganden spezifisch an eine extrazelluläre oder transmembranale Bindungsdomäne. Hinsichtlich ihrer Klassifizierung werden sie basierend auf Sequenzhomologie und funktioneller Ähnlichkeit in sechs Familien eingeteilt:

Klasse 1 – Rhodopsin/β_2-adrenerger Rezeptor-ähnliche Rezeptoren: Diese Klasse ist die größte und am besten untersuchte Gruppe. Rezeptoren dieser Familie enthalten hochkonservierte Aminosäuren, die entschei-

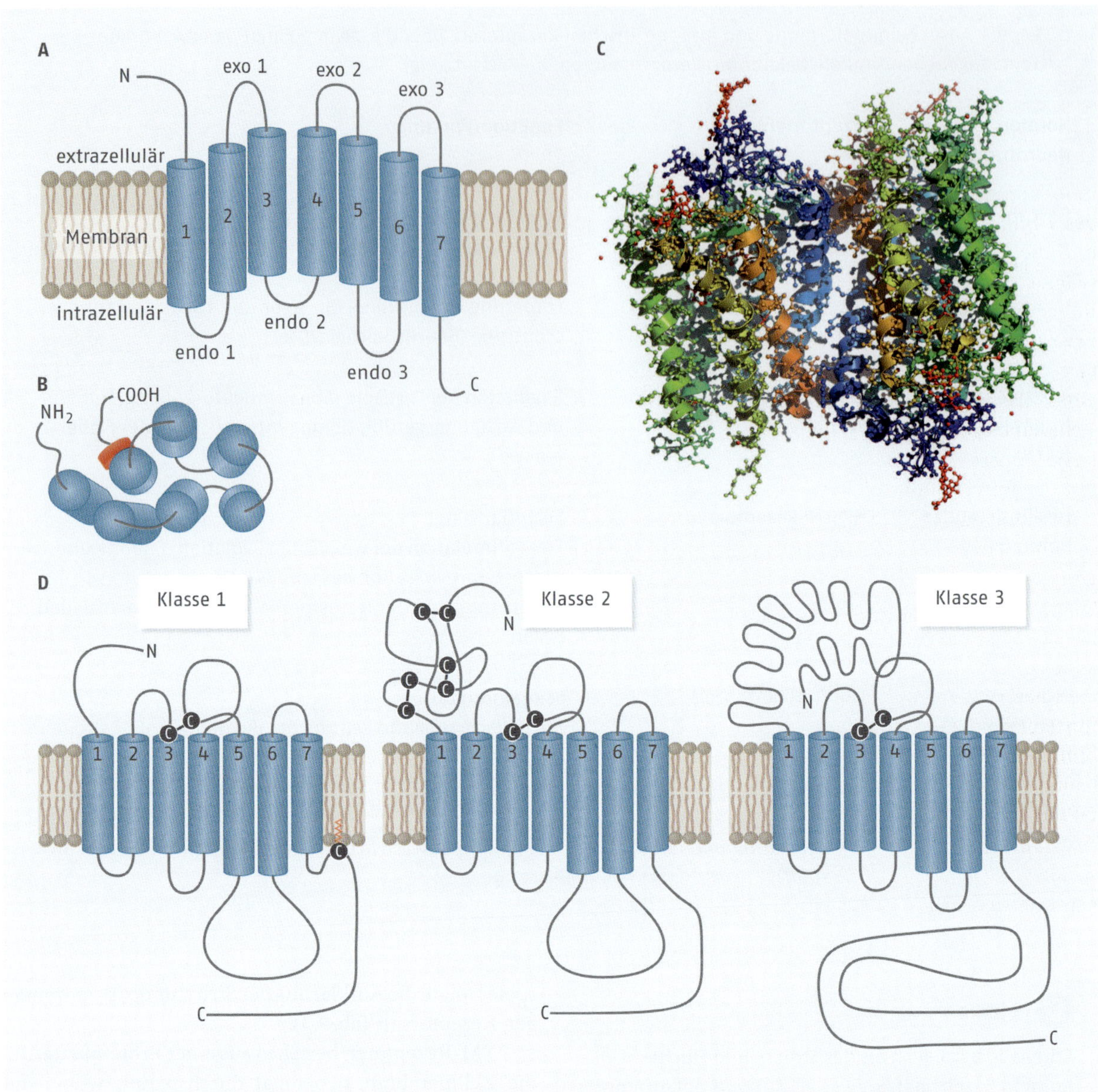

Abb. 9.5 Struktur und Aufbau von 7TM-Rezeptoren: **A** schematische Darstellung des Rezeptors in Seitenansicht und **B** in Ansicht von oben, **C** Kristallstruktur des Rhodopsins, **D** die drei großen Klassen von 7TM-Rezeptoren

dend für die Rezeptorstruktur und -funktion sind. Außerdem besitzen sie ca. 12–20 Aminosäurereste im C-Terminus, darunter Cysteinreste, die oft palmitoyliert (▸Kap. 7) vorliegen und so der Membranverankerung dienen (Abb. 9.5). Die Helices der Transmembrandomänen sind entgegen dem Uhrzeigersinn angeordnet. Die Mitglieder der Klasse 1 werden anhand der Ligandeneigenschaften noch weiter unterteilt in Subfamilien.

Klasse 2 – Calcitonin/Glucagon-ähnliche Rezeptoren: Diese Klasse besteht aus ca. 20 verschiedenen Rezeptoren, darunter den *Corticotropin-Releasing-Factor*-Rezeptoren (CRFR), dem Parathyroidhormon-Rezeptor (PTHR) und den Sekretin-Rezeptoren. Sie werden durch Liganden mit hohem Molekulargewicht aktiviert. Die Sequenzhomologie mit anderen GPCRs ist bei ihnen eher gering ausgeprägt. Die Rezeptoren der Klasse 2 zeichnet ein großer N-Terminus (ca. 100 Aminosäuren) mit mehreren Disulfidverbrückungen aus.

Klasse 3 – Metabotrope GABA/Glutamat-Rezeptoren: Die Rezeptoren der Klasse 3 weisen einen bedeutend längeren N-Terminus (ca. 500–600 Aminosäuren) als die der Klasse A auf. Konserviert ist in dieser Klasse eine Disulfidbrücke zwischen der ersten und der zweiten extrazellulären Schleife, weitere Übereinstimmungen mit Klassen 1 und 2 gibt es nicht. Wahrscheinlich liegt die Ligandenbindungsstelle dieser Rezeptoren innerhalb des N-Terminus. Daneben besitzen diese Rezeptoren eine sehr kurze, aber hochkonservierte dritte intrazelluläre Schleife (o Abb. 9.5).

Klassen 4–6 Neben den oben genannten Klassen 1, 2 und 3, die die größten Familien darstellen, gibt es noch drei kleinere Gruppen an Rezeptoren: die Hefe-Pheromon-Rezeptoren (**Klasse 4**), die vier cAMP-Rezeptoren des Schimmelpilzes *Dictyostelium discoideum* (**Klasse 5**) und die sogenannten *Frizzled/Smoothened*-Rezeptoren (**Klasse 6**). *Frizzled*-Rezeptoren spielen eine wichtige Rolle während der Embryonalentwicklung, beim Erwachsenen sind sie wichtig für die Gewebshomöostase. Sie sind prinzipiell aufgebaut wie Rezeptoren mit einem langen N-Terminus, der die Ligandenbindungsstelle, eine Cystein-reiche Domäne, besitzt. Intrazellulär ist besonders ein konservierter Bereich im C-Terminus mit der Bezeichnung PDZ-Domäne bedeutend für die Interaktion mit Effektormolekülen.

Bindet ein Ligand (Hormon, Neurotransmitter, Duft- oder Geschmackstoff, Photonen) an den extrazellulären, teilweise auch transmembranalen Bereich seines spezifischen Rezeptors, wird eine Konformationsänderung im Rezeptorprotein ausgelöst, die zur Aktivierung intrazellulär lokalisierter Effektormoleküle führt. Die 7TM-Rezeptoren sind an **Guaninnukleotid-bindende Proteine** (**G-Proteine**) gekoppelt, weshalb sie häufiger als **G-Protein-gekoppelte Rezeptoren**, kurz **GPCR**, bezeichnet werden. In den folgenden Kapiteln sind die verschiedenen G-Proteine und deren nachgeschaltete Effektormoleküle und Signalwege näher beschrieben.

9.6.1 Heterotrimere G-Proteine

Heterotrimere G-Proteine (o Abb. 9.6 A) gehören zur Superfamilie der regulatorischen GTPasen, (neben der Ras-Familie (▸ Kap. 9.7.1) und den Faktoren der Proteinbiosynthese (▸ Kap. 2)), d. h. sie sind Enzyme, die **Guanosintriphosphat** (GTP) hydrolysieren. Sie fungieren als On-off-Schalter in der Signalübertragung von GPCRs und nehmen damit eine zentrale Stellung in der Reaktionsfolge ein. Die Schalterfunktion wird am besten verdeutlicht durch den zyklischen Mechanismus der Aktivierung (aktive Form → GTP-gebunden) und Inaktivierung (inaktive Form → GDP-gebunden) der G-Proteine, der nur in eine Richtung abläuft und von verschiedenen Faktoren beeinflusst wird (o Abb. 9.6 B). Durch die Bindung von GTP kann die inaktive Form in die aktive überführt werden, während die intrinsische GTPase-Aktivität für die Spaltung von GTP in GDP und damit die Inaktivierung verantwortlich ist. Bei Vorliegen der aktiven Form wird das Signal an das nachgeschaltete Effektormolekül übertragen, umgekehrt wird durch die inaktive Form die Reaktionskette abgebrochen.

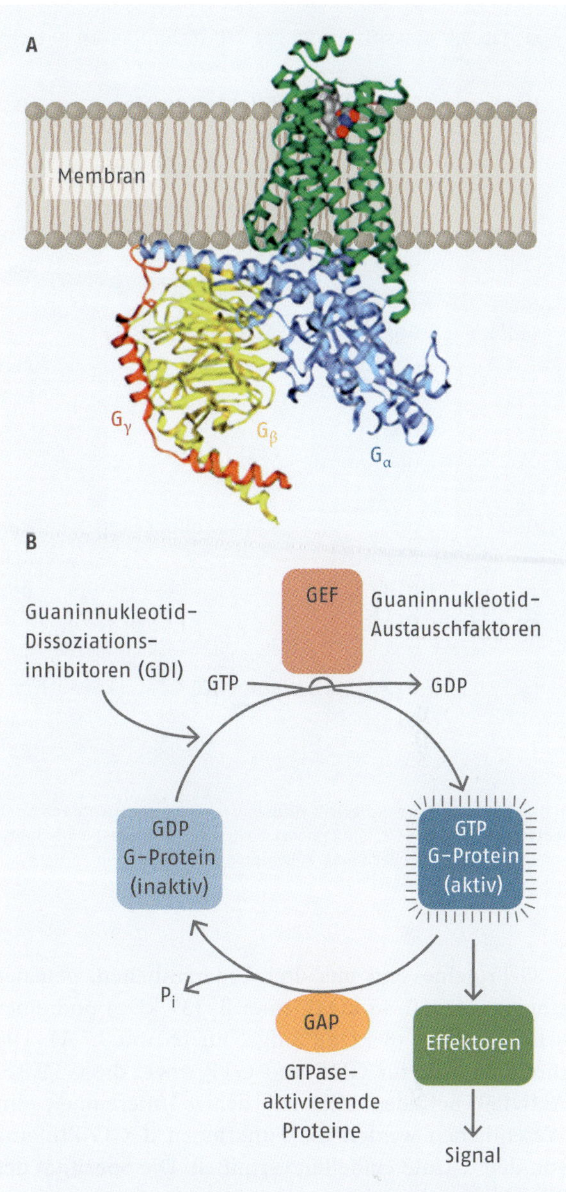

o **Abb. 9.6** A Kristallstruktur des aktivierten β_2-adrenergen Rezeptors im Komplex mit dem heterotrimeren Gs-Protein. Der Rezeptor ist in grün gezeigt, die G-Protein-Untereinheiten in blau (Gα), gelb (Gβ) und orange (Gγ). B Zyklischer Mechanismus der G-Proteinaktivierung und Regulation der GTPase-Aktivität

Die Schalterfunktion unterliegt einer spezifischen Regulation, an der drei wichtige Moleküle beteiligt sind: 1. Guaninnukleotid-Austauschfaktoren (*guanine nucleotide exchange factors*, **GEF**), 2. Guaninnukleotid-Dissoziationsinhibitoren (*guanine nucleotide dissociation inhibitors*, **GDI**) und 3. GTPase-aktivierende Proteine (**GAP**; o Abb. 9.6 B).

9

Tab. 9.4 Klassifizierung der α-Untereinheiten heterotrimerer G-Proteine

Untereinheit	Subtyp[1] (Auswahl)	Effektorprotein[2] (Beispiel)	Assoziierte Rezeptoren (Beispiele)	Inhibition durch (Beispiele)
Gαs	$Gs_{(S)/(L)}$ $Gs_{(xl)}$ Golf	Adenylatcyclase ↑	β_2-adrenerger R., Glucagon-R., Dopamin (D1)-R., Vasopressin (V2)-R., Secretin-R., Calcitonin-R., u. a.	Choleratoxin (aus Cholerabakterium *Vibrio cholerae*)
Gαi/o	$Gt_{(r,\,c)}$ Ggust Gi1 Gi2 Gi3	Adenylatcyclase ↓	α_2-adrenerger R., muscarinischer ACh-R. (M1/M3), Dopamin (D2)-R., u. a.	Pertussistoxin (aus Keuchhustenerreger *Bordetella pertussis*)
Gαq	Gq G11 G14 G15/16	Phospholipase C-β ↑	α_1-adrenerger R., muscarinischer ACh-R. (M2), Angiotensin-II-R., Vasopressin (V1)-R., u. a.	YM-254890 (aus *Chromobacterium* sp. QS3666)
Gα12/13	G12 G13	Rho-GEF ↑	Lysophosphatid (LPA)-R., Thromboxan A2-R., Endothelin-R., Thrombin-R.	–

[1] (S) und (L) bezeichnen die jeweils kurze und lange Spleißvariante von Gs, (xl) eine 74 kDa-Variante von Gs. Gt(r/c) bezeichnen Transducine, d. h. Photorezeptoren, in Stäbchen- (r) und Zapfenzellen (c) der Retina. Bestimmte Subtypen, z. B. Golf, Ggust und Gt, sind zellspezifisch,
[2] ↑ – Stimulation, ↓ – Hemmung, R. Rezeptor, Ach Acetylcholin

G-Proteine sind aus drei Untereinheiten, genauer einer α- (ca. 40–46 kDa), einer β- (37 kDa) und einer γ-Untereinheit (8 kDa), aufgebaut (Abb. 9.7 A). Die Bindungsstelle für GDP und GTP sowie die GTPase-Aktivität befinden sich auf der α-Untereinheit. Im Wesentlichen werden die Funktionen der G-Proteine von den α-Untereinheiten vermittelt. Die Spezifität der Signalübertragung kommt dabei durch die Wechselwirkung mit verschiedenen Rezeptoren und Effektormolekülen zustande. Dazu existieren verschiedene α-Untereinheiten, die sich in ihrer Struktur unterscheiden und die anhand ihrer Sequenzen klassifiziert werden. Die bedeutendsten dieser Familien sind in Tab. 9.4 näher erläutert.

Cave

Das **Choleratoxin** verursacht durch die Modifikation von Gαs die Inaktivierung der GTPase-Aktivität, wodurch die Adenylatcyclase permanent aktiviert ist. Dies führt zu einer Überproduktion von cAMP. Bei einer **Cholerainfektion** vermittelt der erhöhte cAMP-Spiegel die Aktivierung verschiedener Transportproteine in der Membran der Epithelzellen des Dünndarms. Es kommt zur Wasser- und Ionenausscheidung über Erbrechen und Durchfall und damit zu einem massiven Flüssigkeitsverlust, der ohne Ausgleich zur Austrocknung führt und den Patienten in einen lebensbedrohlichen Zustand versetzt.
Im Gegensatz dazu kommt es im Falle von **Pertussistoxin** zur kovalenten Modifikation des Gαi-Proteins. Dies wiederum bewirkt die Unterbindung des GDP-GTP-Austauschs, wodurch es seine Funktion, die Adenylatcyclase zu hemmen, verliert. Dadurch ist das Enzym dauerhaft aktiviert und der cAMP-Spiegel steigt. In der Folge zeigen sich die typischen Symptome bei **Keuchhusten**, vor allem Hustenanfälle.

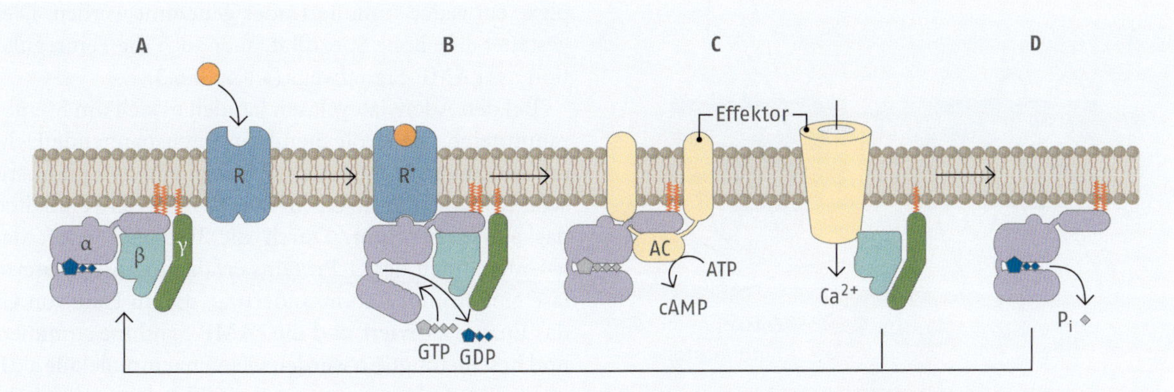

Abb. 9.7 Die Funktionen heterotrimerer G-Proteine werden in einem Zyklus gesteuert: **A** Im Grundzustand liegt der heterotrimere Komplex Gα-GDP-gebunden vor und das G-Protein ist inaktiv. **B** Nach Aktivierung des Rezeptors bindet dieser das heterotrimere G-Protein und der Austausch von GDP gegen GTP erfolgt. **C** GTP-Gα und der βγ-Komplex dissoziieren, beide wandern zu ihren Effektorproteinen und lösen so die Signalkaskade aus. **D** Nach erfolgter Reaktion erfolgt die Spaltung des GTP in Gα. Die Untereinheiten reassemblieren zum Heterotrimer des inaktiven Grundzustands.

Die Untereinheiten der G-Proteine liegen im inaktiven Grundzustand assoziiert, d.h. als Gαβγ-Heterotrimer, und an GDP gebunden vor (Abb. 9.7). In diesem Zustand ist der Rezeptor unbesetzt. Bindet jedoch das signalgebende Molekül (Hormon, Neurotransmitter) an den Rezeptor, assoziiert dieser mit dem heterotrimeren GDP-G-Proteinkomplex. Die Aktivierung des Rezeptors induziert eine Konformationsänderung, die in der Dissoziation von GDP von der α-Untereinheit und der Bindung von GTP resultiert. Als Folge dessen dissoziiert der **βγ-Komplex** von der α-Untereinheit und Letztere verlässt den Verbund mit dem Rezeptor. Die aktive GTP-Gα-Untereinheit interagiert nun mit dem Effektormolekül (▸ Kap. 9.6.2), wodurch die Signalkaskade in Gang gesetzt wird. Das von GTP-Gα ausgehende Signal ist beendet, sobald GTP durch die intrinsische GTPase-Aktivität zu GDP hydrolysiert wurde. Die Reassoziation von GDP-Gα mit dem βγ-Komplex schließt den Zyklus, das heterotrimere G-Protein liegt wieder im Grundzustand vor (Abb. 9.7).

Nachgeschaltete Effektorsysteme können nicht nur durch die Gα-Untereinheit, sondern auch durch den βγ-Komplex reguliert werden. Das bedeutet, dass ein Rezeptor über Gα einen Signalweg und über den βγ-Komplex einen anderen Signalweg anschalten kann (**Divergenz**, ▸ Kap. 9.4). Eine hohe Spezifität ist durch verschiedene β- (mindestens fünf sind bekannt) und γ-Untereinheiten (mindestens 13) gewährleistet, die unterschiedlich kombiniert sein können. Für die Aktivierung verschiedener G-Proteine und deren Effektoren über einen Rezeptor werden noch weitere Mechanismen diskutiert. So kann beispielsweise die Phosphorylierung von GPCRs an Serin-, Threonin- oder Tyrosinresten zu einem Austausch von einem G-Protein zu einem anderen führen (*G protein switch*).

9.6.2 Effektormoleküle von G-Proteinen

Die Effektormoleküle der G-Proteine sind sehr vielfältig und häufig Enzyme. Die ersten identifizierten Effektorenzyme der Gα-Untereinheit waren die **Adenylatcyclasen** (▸ Kap. 9.6.2), die den *second messenger* **cAMP** bilden. Daneben werden von **Phospholipasen** (▸ Kap. 9.6.2) und **Phosphoinositid-3-Kinasen** sogenannte lipidabgeleitete *second messenger* gebildet. Die **Guanylatcyclase** kann sekundär (nachgeschaltet) über GPCRs aktiviert werden und bildet cGMP als *(third) messenger*. In den Netzwerken der Signaltransduktion spielen aber auch solche Enzyme eine wesentliche Rolle, die für die Signalabschwächung und Signalabschaltung zuständig sind, wie z.B. cAMP- und cGMP-spezifische Phosphodiesterasen. Außerdem interagieren Gα-Proteine mit Ionenkanälen, genauer K^+- und Ca^{2+}-Kanälen. Die Öffnung dieser Ionenkanäle führt zur Änderung der intrazellulären Ionenkonzentrationen, wodurch weitere Reaktionen ausgelöst werden. Wechselwirkungen mit diesen Effektoren sind dabei nicht auf Gα beschränkt, denn viele dieser Moleküle werden auch durch den βγ-Komplex aktiviert, wie beispielsweise Phospholipasen und Ionenkanäle. Aufgrund ihrer zentralen Rolle in der G-Protein-Signalübertragung werden nachfolgend insbesondere die Adenylatcyclase und die Phospholipase vorgestellt.

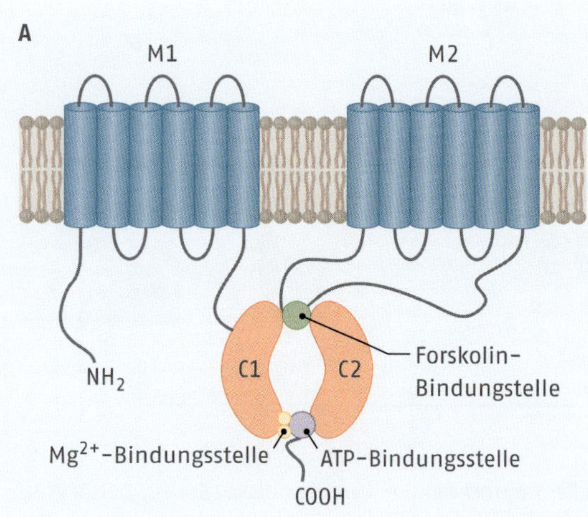

o Abb. 9.8 A Schematische Darstellung der Adenylatcyclasen: M1, M2 = Membrandomänen mit insgesamt 12 Helices, C1, C2 = katalytische Domänen. B Umwandlung von ATP in cAMP. Das gebildete Pyrophosphat wird schnell gespalten (2 Pi), weshalb die Reaktion irreversibel verläuft.

Adenylatcyclasen und cAMP

Adenylatcyclasen sind Enzyme, die die Umsetzung von Adenosintriphosphat (ATP) zu 3′-5′-zyklischem Adenosinmonophosphat (cAMP) katalysieren (o Abb. 9.8). Im Menschen sind mindestens zehn Adenylatcyclasen, die eine hohe Sequenzhomologie aufweisen, bekannt. Alle werden durch Gαs aktiviert. Verschiedene Isoformen können jedoch auch durch Gβγ-Komplexe, Phosphorylierung und/oder Calcium-Calmodulin-Komplexe entweder stimuliert oder gehemmt werden. Dies gestattet eine hohe Spezifität, aber auch die Feinregulation des **cAMP-Signalwegs** (▸ Kap. 9.6.3).

Bei den Adenylatcyclasen handelt es sich um Membranproteine, die zwölf membrandurchspannende Helices und zwei, für die Katalyse essenzielle, zytoplasmatische Domänen besitzen (o Abb. 9.8). Letztere enthalten das aktive Zentrum. Durch die Interaktion mit der α-Untereinheit des G-Proteins erfährt die Adenylatcyclase eine Konformationsänderung, die im Falle von Gs das Enzym aktiviert und die cAMP-Synthese stimuliert und beschleunigt. So werden viele Enzymmoleküle aktiviert, die wiederum eine große Zahl Substratmoleküle, also ATP, umsetzen können. Es kommt zu einer massiven Erhöhung der cAMP-Konzentration, womit das eingehende Signal erneut verstärkt wird (▸ Kap. 9.3). Der sekundäre Botenstoff cAMP setzt nun die Signalkaskade, die sogenannte **cAMP-Kaskade** (▸ Kap. 9.6.3) fort. **Proteinkinase A** (PKA; ▸ Kap. 9.6.3) ist das wichtigste signalweiterleitende Enzym für cAMP. Es besteht aus zwei regulatorischen und zwei katalytischen Untereinheiten. Jede regulatorische Untereinheit bindet jeweils zwei Moleküle cAMP, was zur Freisetzung der katalytischen Untereinheiten und damit zu deren Aktivierung führt. Diese sind dann in der Lage, eine Vielzahl anderer Proteine durch Phosphorylierung an Ser/Thr-Resten zu regulieren.

Merke

Adenylatcyclasen besitzen eine **Forskolin-Bindungsstelle** (o Abb. 9.8 A). Forskolin ist ein pflanzliches Diterpen aus der tropischen Arzneipflanze *Plectranthus barbatus*, das alle Adenylatcyclase-Isoformen direkt an der katalytischen Untereinheit in Abwesenheit des G-Proteins aktiviert. Forskolin wird deshalb häufig im Labor zur experimentellen Aktivierung der Adenylatcyclase eingesetzt, während *Plectranthus barbatus* seit langer Zeit in der ayurvedischen Medizin als Heilpflanze gegen hohen Blutdruck und Asthma bekannt ist.

Für die Termination der Signaltransduktion von cyclischen Nukleotiden wie dem cAMP sind eine Vielzahl von **Phosphodiesterase** (**PDE**)-Isoformen zuständig, die in elf Familien zusammengefasst werden. Diese unterscheiden sich hauptsächlich durch ihre unterschiedliche Affinität für cAMP und cGMP. Deshalb wird die Hemmung verschiedener PDEs auch als therapeutische Strategie genutzt. Beispiele hierfür sind die für cAMP-spezifische **PDE4** für die Behandlung von Asthma oder die chronisch obstruktive Lungenerkrankung (COPD) bzw. die cGMP-spezifische **PDE5** als Target für Sildenafil (Viagra®).

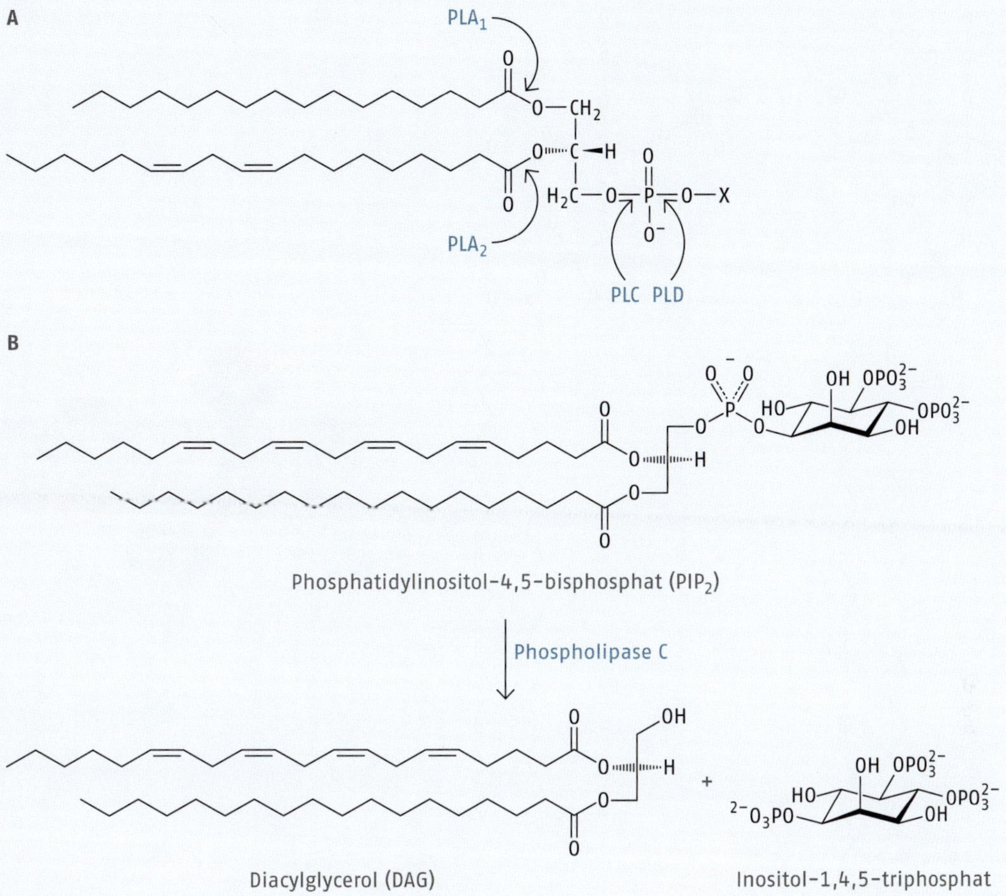

Abb. 9.9 A Stereospezifität der Phospholipasen A1, A2, C und D. **B** Spaltung von Phosphatidylinositol-4,5-bisphosphat (PIP$_2$) durch Phospholipase C.

9

Phospholipasen C

Die Phospholipide-spaltenden Phospholipasen C (Phosphodiesterasen), stellen ebenfalls eine wichtige Klasse von Enzymen dar, die Effektoren von G-Proteinen sein können. Anhand ihrer Spezifität, d. h. der Position die sie am Phospholipid angreifen, werden Phospholipasen allgemein in die Typen A1, A2, C und D unterteilt (Abb. 9.9).

In der Signalübertragung der G-Proteine hat die Phospholipase C, insbesondere die β-Isoform (**PLC-β**), die größte Bedeutung. Sie wird durch Gq-Proteine aktiviert und ist somit an die Kommunikation verschiedener GPCRs, wie z. B. dem muscarinischen Acetylcholin-Rezeptor und dem Angiotensin-II-Rezeptor (Tab. 9.4), gekoppelt. Das Enzym spaltet das in der Zellmembran vorhandene Phosphatidylinositol-4,5-bisphosphat (**PIP$_2$**) in die beiden *second messenger* Inositol-1,4,5-trisphosphat (**IP$_3$**) und Diacylglycerol (**DAG**; Abb. 9.9) und setzt damit die sogenannte **Phosphoinositolkaskade** in Gang. IP$_3$ diffundiert von der Membran ab und führt zur intrazellulären Freisetzung von Ca^{2+}-Ionen aus Speichern des endoplasmatischen Retikulums (ER; ▸ Kap. 9.6.3). Das geschieht über die Bindung von IP$_3$ an spezifische ligandgesteuerte Ca^{2+}-Kanäle (▸ Kap. 9.6.3) in der Membran des endoplasmatischen Retikulums, wodurch diese sich öffnen und Ca^{2+} ins Zytosol entlassen. Eine erhöhte Ca^{2+}-Konzentration leitet wiederum Signalwege ein, da Ca^{2+} selbst ein Signalmolekül darstellt:

1. Ca^{2+} bindet an das Protein **Calmodulin** und setzt weitere Reaktionen in Gang.
2. Ca^{2+} bindet an eine Klasse von **Proteinkinasen C** (PKCs), den sogenannten **klassischen PKCs** α, β_1, β_2 und γ, und ist für deren Aktivierung durch DAG essenziell. PKC leitet das Signal weiter, indem Serin- und Threoninreste in den Zielproteinen phosphoryliert werden, d. h. sie sind Serin-/Threonin-Kinasen.

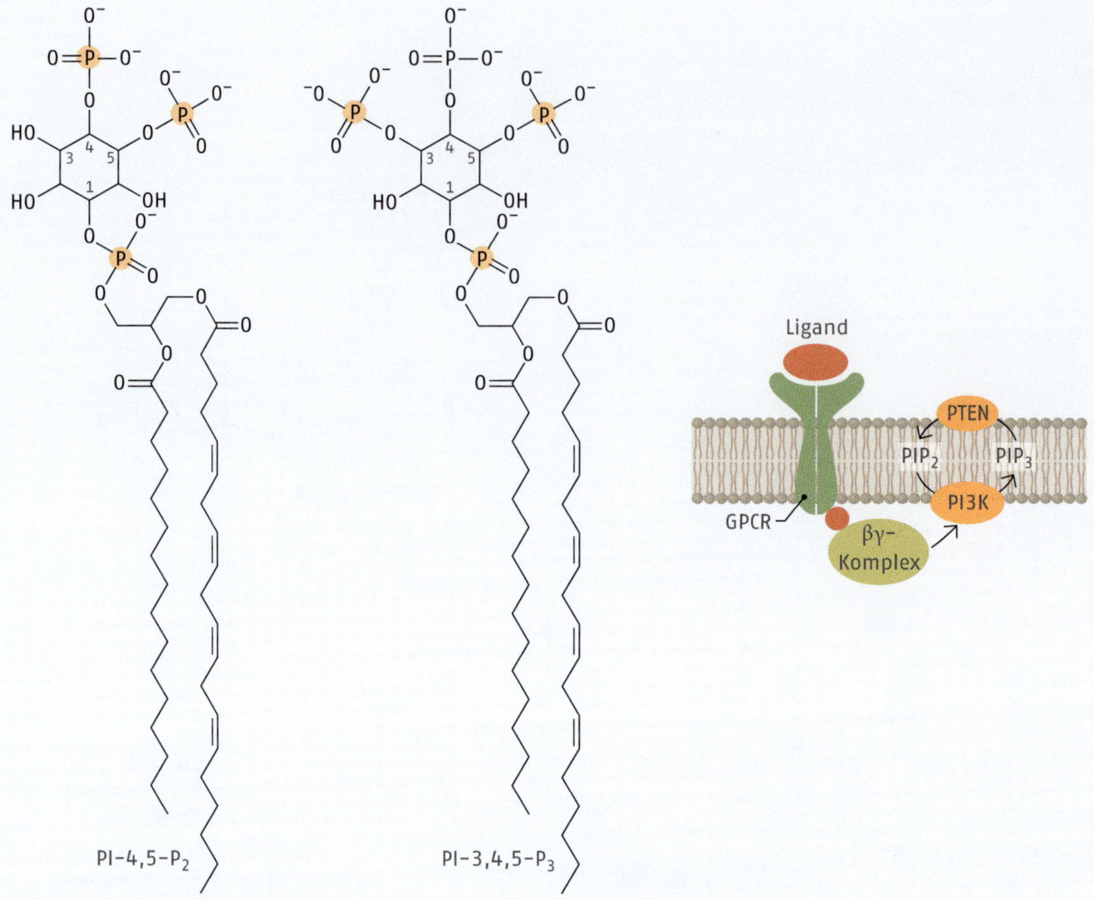

Abb. 9.10 Bildung von PIP_3 aus PIP_2 durch die PI3-Kinase γ ausgelöst vom βγ-Komplex nach GPCR-Aktivierung.

Merke

Neben den **klassischen PKCs** unterscheidet man zwei weitere Klassen von PKCs mit verschiedenen Strukturdomänen und Aktivierungsmechanismen: die **neuen PKCs** (δ, ε, θ und η), die durch DAG aktiviert werden und kein Ca^{2+} benötigen und die **atypischen PKCs** (ζ), die nicht durch DAG, sondern verschiedene andere Mechanismen, aktiviert werden.
PKCs sind in eine Reihe von Krankheiten involviert, z. B. Krebs (verschiedene PKC-Isoformen), Herzerkrankungen (α, β_1, β_2), Psoriasis (δ) und Schmerzerkrankungen (ε), und stellen deshalb wichtige Therapietargets dar.

Neben der PLC-β gibt es weitere fünf Subfamilien (γ, δ, ε, ζ, η) dieser Enzyme im Menschen. Die Phospholipase Cγ (**PLC-γ**) ist interessant im Zusammenhang mit der Signaltransduktion von Rezeptor-Tyrosinkinasen (▸Kap. 9.7) sie wird selbst durch Phosphorylierung an Tyrosinresten aktiviert. PLC-γ besitzt außerdem **SH2-** und **SH3-Domänen** in der Struktur (▸Kap. 9.7.1), die als **Adapter** das Enzym an andere Proteine stromabwärts koppeln.

Phosphoinositid-3-Kinase

Die Phosphoinositid-3-Kinase (PI3K) phosphoryliert **PIP_2** (Phosphatidylinositol-4,5-bisphosphat) an Position 3 zu Phosphatidylinositol-3,4,5-trisphosphat, **PIP_3** (Abb. 9.10). Die PI3-Kinasen bilden eine Familie. Die für die Signaltransduktion wichtigen Enzyme gehören zur sogenannten Klasse I. Die Klasse IA PI3-Kinasen α, β und δ besitzen eine katalytische Domäne p110 (110 kDa) und eine regulatorische Domäne p85 (85 kDa). Letztere ist aus einer SH3-Domäne und zwei SH2-Domänen (▸Kap. 9.7.1) aufgebaut. Die SH2-Domänen docken an Sequenzen mit phosphorylierten Tyrosinres-

Tab. 9.5 Wichtigste intrazelluläre Botenstoffe und einige Beispiele ihrer Funktionen im Überblick

Botenstoff	Funktion
cAMP	▪ Aktivierung von Proteinkinasen, z. B. PKA, die Proteine an Ser/Thr-Resten phosphorylieren, ▪ Regulation des Ca^{2+}-Transports durch Kationenkanäle (z. B. während Geruchswahrnehmung)
cGMP	▪ Regulation von cGMP-abhängigen Proteinkinasen, ▪ Regulation von Kationenkanälen (z. B. beim Sehvorgang)
PIP_3	▪ Rekrutierung von Proteinkinasen (z. B. Proteinkinase B/AKT) und Aktivierung des PI3K/AKT-Signalwegs
IP_3	▪ Freisetzung von Ca^{2+} aus Speichern des endoplasmatischen Retikulums über die Regulation ligandgesteuerter Ca^{2+}-Kanäle (z. B. bei der Zellproliferation)
DAG	▪ Stimulation der Proteinkinase C, ▪ Freisetzung von Arachidonsäure und folglich Biosynthese von Prostaglandinen
Ca^{2+}	▪ Regulation (Aktivierung) Ca^{2+}-abhängiger Proteine und Ca^{2+}-Rezeptoren (z. B. Calmodulin, verschiedene Ionenkanäle, Annexine), ▪ Aktivierung Ca^{2+}-abhängiger Enzyme, Beteiligung an Katalyse (z. B. Phospholipase A2, Proteinkinase C)
NO	▪ Relaxation von Blutgefäßen, ▪ Beteiligung an zellulärer Immunantwort, ▪ Regulation der Freisetzung von Neurotransmittern, ▪ Regulation von Proteinen durch chemische Modifikation (z. B. NO-sensitive Guanylatcyclase, Hämoglobin, Cytochrom P450)

ten (pTyr) in aktivierten Tyrosinkinase-Rezeptoren (z. B. EGFR, Insulinrezeptor, ▸ Kap. 9.7) und werden nur über solche Rezeptoren aktiviert. Die Klasse IB wird durch die PI3-Kinase γ repräsentiert. Diese enthält neben der katalytischen Untereinheit p110 eine regulatorische Untereinheit p101 ohne SH3- und SH2-Domänen, aber mit einer Bindungsstelle für βγ-Komplexe von G-Proteinen (▸ Kap. 9.6.3). Ausschließlich die PI3Kγ wird so über GPCRs aktiviert (○ Abb. 9.10).

PIP_3 ist als Lipid-abgeleiteter *second messenger* in die Regulation einer Vielzahl von zellulären Abläufen (z. B. Apoptose (▸ Kap. 11), Zellwachstum, Zellzyklusregulation (▸ Kap. 10), aber auch Kohlenhydratstoffwechsel (▸ Kap. 6)) involviert. Deshalb sind PI3-Kinasen selbst, aber auch die PIP_3-spaltende Phosphatase **PTEN** (*phosphatase and tensin homologue deleted from chromosome 10*) wichtige therapeutische Ansatzpunkte. PTEN dephosphoryliert PIP_3 an Position 3 und fungiert somit als negativer Regulator der PI3K-vermittelten Signalübertragung.

9.6.3 Signalkaskaden durch intrazelluläre Signalmoleküle und Botenstoffe

In ▸ Kap. 9.6.2 wurden bereits verschiedene Effektormoleküle vorgestellt, die in unmittelbarer Nähe der Membran die Signalkaskaden im Zellinneren in Gang setzen. Prinzipiell wurden zwei wichtige Mechanismen vorgestellt, die Signalübertragung durch:

1. Proteine (Enzyme, Adapterproteine), die sich in räumlicher Nähe zur oder in der Membran befinden, und
2. niedermolekulare sekundäre Botenstoffe, die leicht zum Zielprotein diffundieren können und dieses regulieren.

Neben den bereits erwähnten cAMP und Ca^{2+}-Ionen gibt es weitere Botenstoffe. Aufgrund ihrer Bedeutung für zelluläre Prozesse sind die wichtigsten Botenstoffe und ihre Funktionen in ◻ Tab. 9.5 zusammengefasst.

9.6.4 Signalkaskaden G-Protein-gekoppelter Rezeptoren: Beispiele

In der ○ Abb. 9.11 sind die wichtigsten Signalwege G-Protein-gekoppelter Rezeptoren ausgehend von den G-Proteinuntereinheiten Gαs, Gαi, Gαq, Gα12/13 sowie dem Gβγ-Komplex im Überblick dargestellt. Alle Kaskaden resultieren in einer bestimmten zellulären Antwort, die von der Regulation des Stoffwechsels, dem Zellwachstum und der Zellwanderung bis hin zu Tumorwachstum und Metastasierung (▸ Kap. 10) reichen kann. Dies wird erreicht, indem die spezifischen Wege beispielsweise Enzyme des Stoffwechsels (▸ Kap. 6 und ▸ Kap. 7) oder im Zellkern die Transkription bestimmter Gene (▸ Kap. 4) aktivieren. So kann die über Gαs-aktivierte Kaskade die cAMP-abhängige Ser-Thr-Kinase A (PKA) aktivieren, die in diesem Zustand in den Kern wandert und dort den Transkriptionsfaktor **CREB** (*CRE binding protein*) phosphoryliert (○ Abb. 9.11). Phosphoryliertes CREB ist aktiv und kann wiederum an Bindungsmotive in Promotorsequenzen der DNA, den *cAMP responsive elements* (**CRE**), binden und so die Transkription aktivieren.

Für die Betrachtung spezieller Beispiele der GPCRs wird zunächst der Glucagonrezeptor der Leberzellen (□ Tab. 9.3 und □ Tab. 9.4), der an Gs koppelt, herangezogen. Durch Bindung des Hormons Glucagon an den Rezeptor wird dessen assoziiertes G-Protein durch GDP-GTP-Austausch aktiviert und spaltet sich in die Gαs-Untereinheit und den βγ-Komplex auf. Gαs aktiviert die Adenylatcyclase, die daraufhin große Mengen an cAMP produziert. cAMP als sekundärer Botenstoff setzt die Kaskade fort, in dem es die Proteinkinase A aktiviert. Die PKA aktiviert das Enzym **Phosphorylase-Kinase** durch Phosphorylierung. Dieses wiederum aktiviert die **Glykogenphosphorylase** (PYG). PYG katalysiert den Abbau von Glykogen zu Glucose-1-phosphat, d. h. Glucagon stimuliert die **Glykogenolyse**. Proteinkinase A phosphoryliert simultan aber auch das Enzym UDP-Glykogensynthase (GYS), das damit inaktiviert wird und folglich die Reaktion im Zuge der Glykogensynthese nicht mehr katalysieren kann. Außerdem regt Glucagon auch die fettverdauenden Lipasen an, wodurch die Konzentration der Fettsäuren im Blut steigt. Demnach kann die zelluläre Antwort auf Glucagon als „Hungersignal" gewertet werden, denn sowohl der Kohlenhydrat- (▸ Kap. 6) als auch der Lipidstoffwechsel (▸ Kap. 7) werden durch dieses Hormon angeschaltet.

Der **muscarinische Acetylcholin-Rezeptor** (M2, □ Tab. 9.4), der auf Herzmuskelzellen vorkommt, stellt ein weiteres interessantes Beispiel für einen GPCR dar. Der Neurotransmitter Acetylcholin (▸ Tab. 9.2) wird bei einer Aktivierung des Parasympathikus ausgeschüttet und bewirkt die **Verlangsamung des Herzschlags**. Dazu bindet Acetylcholin an den M2-Rezeptor, wodurch das assoziierte Gi-Protein aktiviert wird und der βγ-Komplex vom Heterotrimer abdissoziiert. Der βγ-Komplex aktiviert die Öffnung von rezeptorgesteuerten Kaliumkanälen (▸ Kap. 9.8.2), woraufhin K^+-Ionen in den extrazellulären Raum strömen (Hyperpolarisation der Zelle).

Als drittes Beispiel für die Signaltransduktion ausgehend von einem GPCR soll die **Kontraktion der glatten Muskulatur** betrachtet werden. Die Aktivierung der Phospholipase C-β über Gαq des α_1-adrenergen Rezeptors führt zur Bildung der Botenstoffe IP_3 und DAG (▸ Kap. 9.6.2, □ Tab. 9.5) aus dem Phospholipid PIP_2. IP_3 induziert die Ausschüttung von Ca^{2+} aus den intrazellulären Speichern. Ca^{2+} bindet an das Bindeprotein Calmodulin (▸ Kap. 9.6.2) und der daraus gebildete Ca^{2+}-Calmodulin-Komplex aktiviert weitere Enzyme wie die **Myosin-leichte-Ketten-Kinase** (MLCK), die wiederum die Phosphorylierung der regulatorischen leichten Kette des Myosins katalysiert. Durch diese Phosphorylierung ist die Bindung an Aktin möglich und die glatte Muskelzelle kontrahiert (**Motorproteine**, ▸ Kap. 2).

Schließlich sollen die Signalwege, die wie z. B. der **MAP-Kinase-Weg** (▸ Kap. 9.7.1) zur **Zellproliferation** führen, nicht unerwähnt bleiben. Diese spielen eine entscheidende Rolle in der **Tumorentstehung** und werden deshalb in ▸ Kap. 12.5 noch einmal betrachtet.

9.7 Rezeptor-Tyrosinkinasen

Schon bei den Signalwegen der G-Protein-gekoppelten Rezeptoren (GPCR) wurde ersichtlich, dass Phosphorylierungsreaktionen, die durch Proteinkinasen (z. B. PKA, PKC) ausgelöst werden, eine wichtige Rolle in der Signalübertragung spielen können. Im Gegensatz zu diesen Enzymen ist die Kinaseaktivität bei den im vorliegenden Kapitel beschriebenen Rezeptoren ein Teil der Struktur des Rezeptorproteins. Eine große Gruppe dieser Rezeptoren sind die **tyrosinspezifischen Proteinkinasen** (Rezeptor-Tyrosinkinasen, RTK), die maßgeblich an der Signaltransduktion zur Steuerung von Wachstum und Differenzierung beteiligt sind. Peptid- und Proteinhormone, insbesondere **Wachstumsfaktoren** (*growth factor*, GF) und **Zytokine** (□ Tab. 9.6), sind häufig Auslöser von RTK-Signalwegen. Man unterscheidet zwischen zwei Rezeptortypen, den **Rezeptoren mit intrinsischer Tyrosinkinaseaktivität** (▸ Kap. 9.7.1) und den **Rezeptoren mit assoziierter Tyrosinkinaseaktivität** (▸ Kap. 9.7.2).

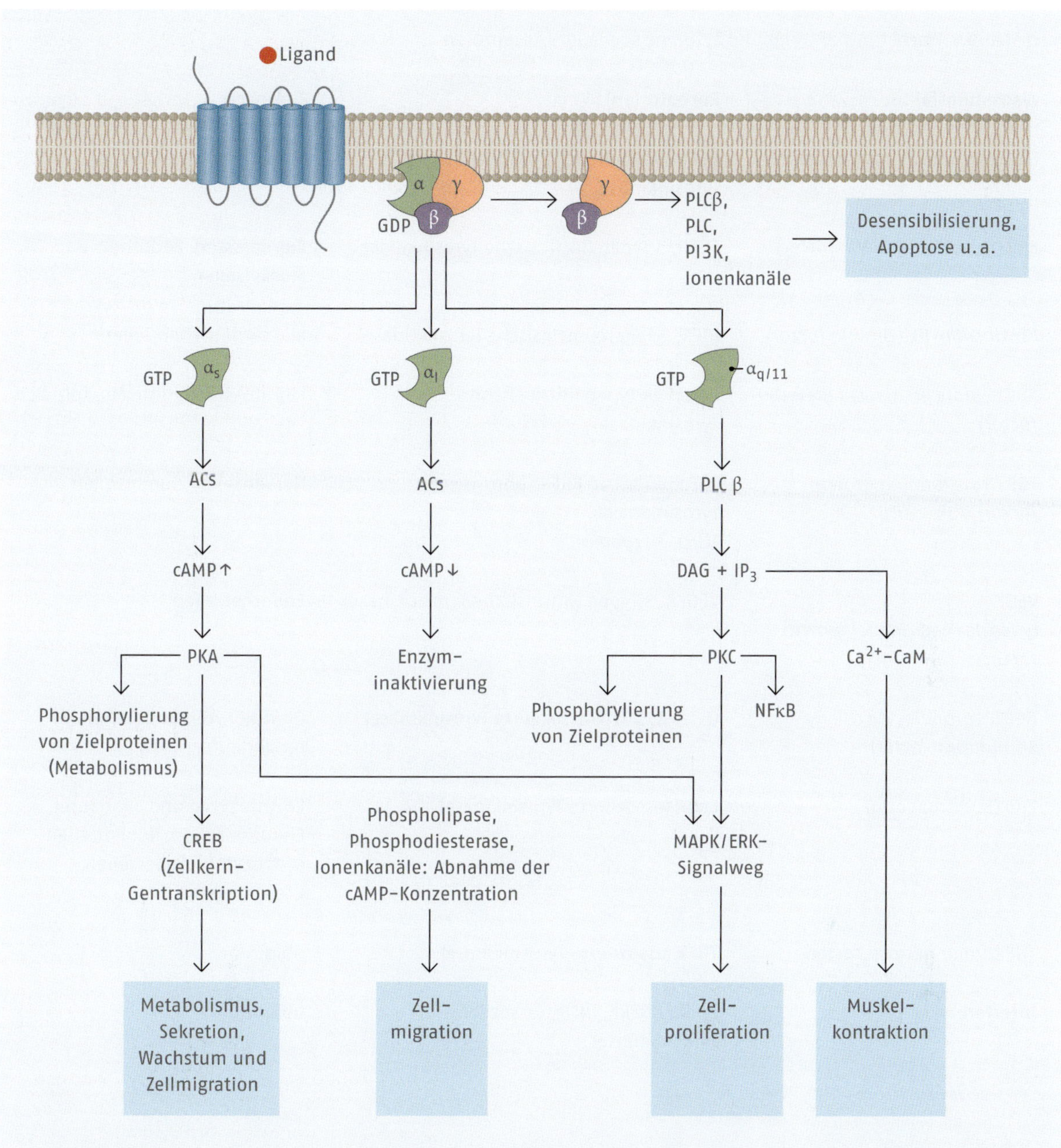

Abb. 9.11 Überblick über die wichtigsten Signalkaskaden G-Protein-gekoppelter Rezeptoren und die resultierende zellulärer Antwort.

9.7.1 Rezeptoren mit intrinsischer Tyrosinkinaseaktivität

Wie GPCRs werden auch **Rezeptor-Tyrosinkinasen** (RTK) durch extrazelluläre Liganden aktiviert. Als Folge dessen wird die intrazellulär lokalisierte Tyrosinkinase des Rezeptors aktiviert und Phosporylierungsreaktionen am Rezeptor selbst (**Autophosphorylierung**) und an Effektorproteinen (**Substratphosphorylierung**) vorgenommen. Diese initialen Phosphorylierungen lösen die Signalkaskade aus, bis die zelluläre Antwort erfolgt. Auch hier können bestimmte Wege – wie bei den GPCRs (▸ Kap. 9.5) – in die Aktivierung der Transkription bestimmter Gene im Zellkern münden. Wichtige Antworten stellen die Regulation der Zellteilung, die Differenzierung und die Morphogenese der Zellen, aber auch die Kontrolle des Stoffwechsels, Zell-Zell-Interaktionen und der Aufbau des Zytoskeletts dar. In den

9

Tab. 9.6 Wachstumsfaktoren und Zytokine sowie ihre Rezeptoren

Wachstumsfaktor	Rezeptor(en)	Zielzellen
EGF (*epidermal growth factor*)	EGFR, 4 Typen (HER1–4) (intrinsische Tyrosinkinase)	alle somatischen Zellen
FGF (*fibroblast growth factor*)	FGFR, 5 Typen (intrinsische Tyrosinkinase)	Fibroblasten, Endothel- und Muskelzellen
IGF (*insulin-like growth factor*)	IGFR, 2 Typen (intrinsische Tyrosinkinase)	alle somatischen Zellen
PDGF (*platelet-derived growth factor*)	PDGFR, 4 Typen (intrinsische Tyrosinkinase)	Fibroblasten, glatte Muskelzellen
TGF (*transforming growth factor*), TGFα, TGFβ*	TGFα bindet an EGFRs (intrinsische Tyrosinkinase), TGFβ, 3 Typen[1]	Nervenzellen, Tumorzellen
VEGF (*vascular endothelial growth factor*)	VEGFR, 3 Typen (intrinsische Tyrosinkinase)	Endothelzellen
G-CSF (*granulocyte colony stimulating factor*)	G-CSFR, 1 Typ (assoziierte Tyrosinkinase)	Granulozyten und Granulozytenvorläufer
Epo (Erythropoetin)	EpoR (assoziierte Tyrosinkinase)	Erythrozyten und -vorläufer, Endothelzellen, Nervenzellen (Astrozyten), Leberzellen, Uteruszellen
TNF (*tumor necrosis factor*)	TNFR (assoziierte Tyrosinkinase)	ubiquitär
Interferone (α, β, γ)	INFRα, INFRβ, INFRγ (assoziierte Tyrosinkinase)	ubiquitär

[1] Der TGFβ-Rezeptor besitzt eine Ser/Thr-spezifische Kinaseaktivität.

folgenden Kapiteln werden die wesentlichen Informationen und zentralen Wege im Zusammenhang mit Rezeptor-Tyrosinkinasen besprochen.

Struktur und Klassifizierung von Rezeptor-Tyrosinkinasen

Als integrale Membranproteine bestehen Rezeptor-Tyrosinkinasen aus drei Teilen: dem extrazellulären Teil mit der Ligandenbindungsstelle (**Ligandenbindungsdomäne**), dem transmembranalen Abschnitt (**Transmembrandomäne**) und dem zytoplasmatischen Teil mit der intrinsischen Tyrosinkinase (**Tyrosinkinasedomäne**; Abb. 9.12).

Die extrazelluläre Domäne kann je nach RTK-Typ und spezifischem Liganden sehr verschieden aufgebaut sein. Tatsächlich erfolgte die Klassifizierung in Subfamilien auf der Basis der Liganden und der Struktur dieser Domäne. Innerhalb des extrazellulären Abschnitts können beispielsweise Cys-reiche Regionen (z. B. EGFR, Insulinrezeptor), Asp/Glu-reiche oder Leu-reiche Sequenzabschnitte (z. B. FGFR) und immunglobulinähnliche Domänen (z. B. PDGFR) in unterschiedlicher Anzahl und Anordnung vorkommen. Darüber hinaus können zwei dieser Domänen aus zwei RTK-Monomeren über Disulfidbrücken miteinander verbunden sein (z. B. Insulinrezeptor). Im Gegensatz zu den GPCR gibt es nur ein Element in der Transmembrandomäne, während die Domäne im Zellinneren zum einen mehrere der **konservierten** Tyrosinkinasedomänen und zum anderen weitere **regulatorische** Sequenzen enthalten kann. Wie deren Name bereits andeutet, kann an diesen Sequenzen durch Phosphorylierung (Autophosphorylierung oder Phosphorylierung durch andere Proteinkinasen) sowie Dephosphorylierung (Tyrosinphosphatasen) die Tyrosinkinaseaktivität reguliert werden.

Der **Insulinrezeptor** (IR) ist ein Beispiel für eine Rezeptor-Tyrosinkinase mit intrinischer Tyrosinkinaseaktivität. Im Gegensatz zu allen anderen RTKs, die als Monomere vorliegen und erst durch Ligandenbindung dimerisieren, liegt der Insulinrezeptor bereits als Dimer aus zwei gleichen, über eine Disulfidbrücke miteinander verbundenen Untereinheiten vor und stellt damit eine Ausnahme unter den RTKs dar (Abb. 9.12, Abb. 9.13). Jede dieser Untereinheiten des IR besteht aus einer extrazellulär lokalisierten α-Kette und einer β-Kette, die die Membran durchspannt und eine große intrazelluläre Domäne besitzt. Im Zuge der Aktivierung des Rezeptors (▸ Kap. 9.7.1) durch Bindung eines Insulinmoleküls an die beiden α-Untereinheiten wird die Signalkaskade, die unmittelbar mit der Aktivierung der Kinaseaktivität im Zellinneren verbunden ist, initiiert (Abb. 9.14). Insulin, das als Reaktion auf einen erhöhten Blutzuckerspiegel ausgeschüttet wird, bewirkt durch den ausgelösten Signaltransduktionsweg u. a. die Mobilisierung von **Glucosetransportern** (▸ Kap. 6) an die Zelloberfläche und somit die Möglichkeit für die Zelle, Glucose aus dem Blut aufzunehmen und zu verwerten (▸ Kap. 6).

Aktivierung von Rezeptor-Tyrosinkinasen und der intrinsischen Tyrosinkinaseaktivität

Für **Rezeptor-Tyrosinkinasen (RTK)** charakteristisch ist die ligandenabhängige Änderung des Oligomerzustands des Rezeptors, auch als **Rezeptor-Oligomerisierung** bezeichnet. Die natürlichen Liganden von RTK (Tab. 9.6) sind große Biomoleküle und besitzen deshalb häufig mehrere Bindungsstellen für die extrazelluläre Domäne des Rezeptors. Ohne Ligand liegen solche RTK zunächst monomer vor (Ausnahme: Insulinrezeptor). Bindet ein monomerer Ligand (z. B. EGF, FGF) an ein Rezeptormonomer, wird die Zusammenführung (Dimerisierung) zweier solcher ligandengebundener Rezeptormonomere bewirkt (Abb. 9.13). Andere Liganden (z. B. PDGF) liegen bereits als Dimer vor und induzieren die Dimerbildung durch Stabilisierung eines vorgebildeten Rezeptordimers (Abb. 9.13). Im Falle des Insulinrezeptors wird ein Insulinmolekül von beiden α-Untereinheiten des Rezeptordimers (▸ Kap. 9.1.1) gebunden. Unabhängig von diesen Mechanismen existieren auch Heterodimere aus verschiedenen Rezeptoruntereinheiten, wodurch ein Wachstumsfaktor verschiedene Kombinationen von Monomeren verbinden und aktivieren kann. Solche Heterodimere wurden beispielsweise für den PDGFR identifiziert.

Prototyp aller RTKs ist der **EGF-Rezeptor**: Ligandenbindung an die extrazelluläre Domäne führt zur

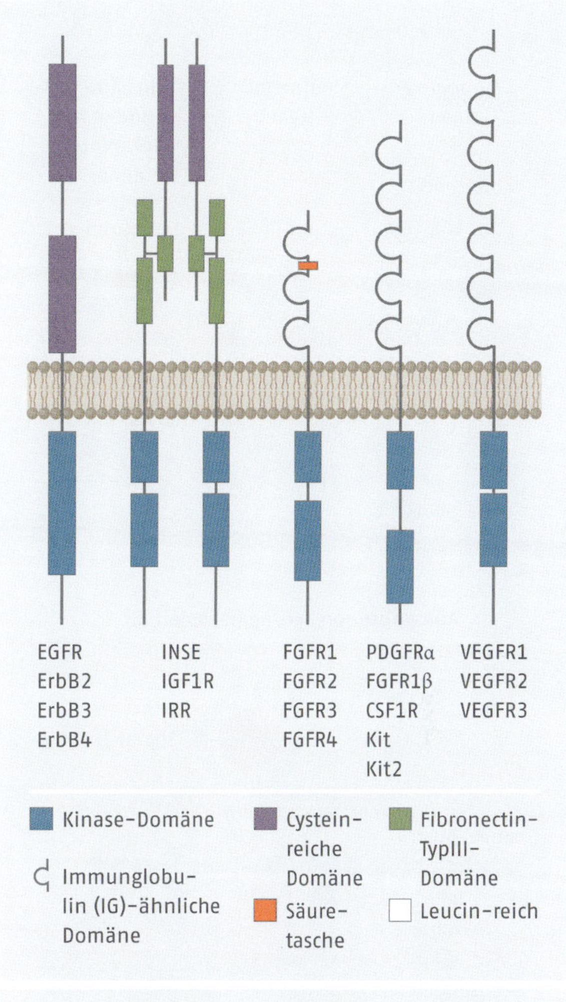

Abb. 9.12 Schematische Darstellung des Aufbaus ausgewählter Subfamilien der Rezeptor-Tyrosinkinasen

Dimerisierung und Aktivierung der **Tyrosinkinase** (Abb. 9.13). Dann erfolgt die Autophosphorylierung an spezifischen Tyrosinresten der RTK unter **ATP-Verbrauch.** Diese Phosphotyrosine (pTyr) sind Signalgeber für nachgeschaltete Prozesse, indem sie als Erkennungsmerkmal für Effektor- oder Adapterproteine mit **SH2-** oder **PTB-Domänen** dienen (▸ Kap. 9.7.1), die hochspezifisch nur an Phosphotyrosin binden.

Beim **Insulinrezeptor** ($\alpha_2\beta_2$-Struktur) erfolgt nach Bindung eines Insulinmoleküls an die beiden α-Untereinheiten Autophosphorylierung durch die aktivierte Tyrosinkinase und anschließend die Rekrutierung von IRS (Insulinrezeptorsubstrat) an die phosphorylierten Tyrosinreste, was die nachfolgende Signalkaskade auslöst (Abb. 9.14). Erst am IRS können andere Signalproteine durch die Tyrosinkinase des IR aktiviert werden.

9

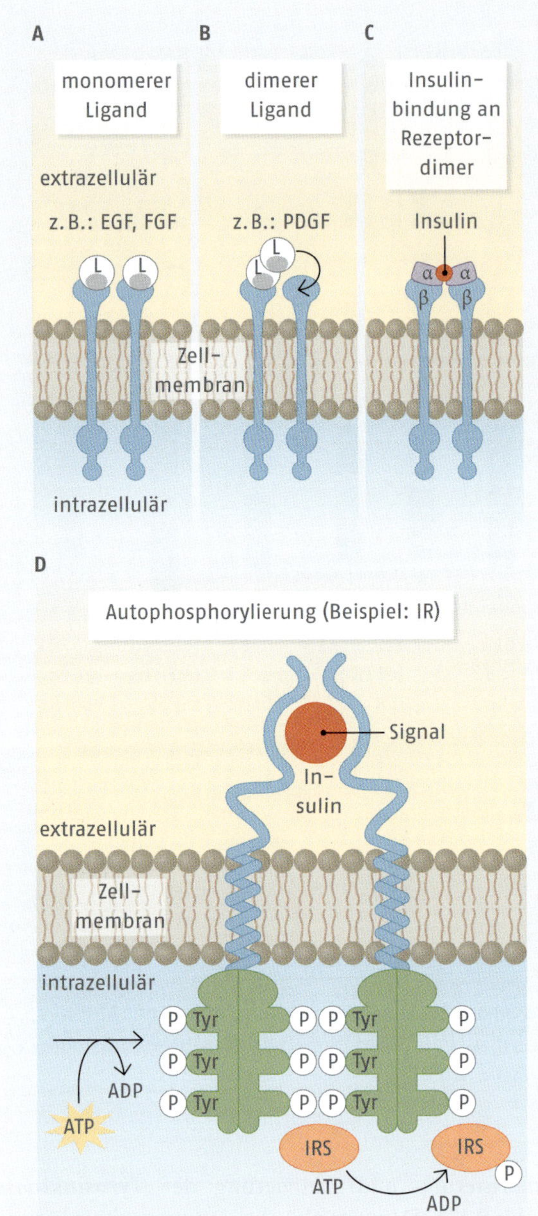

Abb. 9.13 Aktivierungsmechanismen von Rezeptor-Tyrosinkinasen: **A** Zwei extrazelluläre Domänen von zwei Rezeptormonomeren binden jeweils ein Ligandenmolekül (L). Der Rezeptor dimerisiert. **B** Ein Ligandendimer bindet an die extrazelluläre Domäne eines Rezeptormonomers. Der Rezeptor dimerisiert. **C** Ein Insulinmolekül bindet an den Insulinrezeptor (IR), der bereits als Dimer vorliegt. **D** Autophosphorylierung am Beispiel des Insulinrezeptors. Die Phosphotyrosinreste dienen beim IR als Erkennungssignale für das nachgeschaltete Effektormolekül IRS (Insulinrezeptorsubstrat), das ebenfalls phosphoryliert wird. Weitere Signalproteine werden in der Folge aktiviert.

Effektormoleküle und Signalkaskaden von intrinsischen Rezeptor-Tyrosinkinasen

Die phosphorylierten Tyrosinreste am Rezeptor (▸ Kap. 9.7.1) sind in der Folge wichtig für die Bindung nachgeschalteter Effektormoleküle. Sie dienen als Andockstellen, d. h. die daran bindenden Proteine besitzen spezifische Regionen zur Erkennung dieser Phosphotyrosine (pTyr). Es handelt sich dabei um sogenannte **SH2**(Src Homologie 2)- oder **PTB** (Phosphotyrosin-bindende)-Domänen (▫ Tab. 9.7). Durch Bindung des Effektorproteins, also eines Enzyms oder eines Adapterproteins, wird die Signalkaskade stromabwärts ausgelöst. Spezifität und Variabilität in diesen Signalwegen werden über die unterschiedlichen Sequenzmuster erreicht, die die Rezeptoren auf der Oberfläche in der Umgebung der Phosphotyrosinreste aufweisen bzw. die die Erkennungsregion auf dem Interaktionspartner, also dem Adapterprotein, darstellen. Es handelt sich dabei um hochspezifische **Protein-Protein-Interaktionen**, die nicht nur für Phosphotyrosin, sondern auch für andere Erkennungsmerkmale existieren (▫ Tab. 9.7).

 **Merke**

Eine **SH2-Domäne** besteht aus ca. 100 Aminosäuren. Die Spezifität, d. h. welches SH2-haltige Protein an ein pTyr-haltiges Protein (z. B. RTK) andockt, wird vorrangig durch die Aminosäuren C-terminal des pTyr-Rests bestimmt. Es gibt hochspezifische SH2-Domänen mit kurzen Erkennungssequenzen von 3 Aminosäuren C-terminal des pTyr, aber auch solche mit längeren Motiven (bis zu 6 Aminosäuren nach pTyr).
PTB-Domänen bestehen aus ca. 100–150 Aminosäuren. Sie erkennen ebenfalls Sequenzen, die Phosphotyrosin enthalten, ihre Spezifität wird jedoch von den 3–6 Aminosäuren N-terminal von pTyr bestimmt.

In RTK-Signalwegen finden sich Effektorproteine, die neben einer katalytischen Domäne für die Enzymaktivität eine oder mehrere Adapterdomänen besitzen (Bsp.: Src, Syp), aber auch solche, die nur aus Adapterdomänen aufgebaut sind (Bsp.: Grb2; ◦ Abb. 9.14). Letztere verbinden in einem Signalweg zwei Proteine miteinander, ohne eine Reaktion zu katalysieren. RTK besitzen normalerweise viele Autophosphorylierungsstellen. Die Umgebung dieser Phosphotyrosine unterscheidet sich (siehe Kasten), sodass verschiedene Effektorproteine an diese verschiedenen Motive binden können. Das erhöht die Komplexität der von RTK ausgehenden Signalwege immens.

Tab. 9.7 Ausgewählte Proteindomänen mit Adapterfunktion

Domänenbezeichnung	Erkennungsmerkmal	Vorkommen (Beispielproteine)
PTB (Phosphotyrosin-Bindedomäne)	pTyr-haltige Sequenzen	Shc, Insulinrezeptorsubstrat-1 (IRS-1)
SH2 (Src-Homologie-Domäne 2)	pTyr-haltige Sequenzen	Src (PTK), Syp, SHP-1, SHP-2 (alle PTP), PLC-γ, PI3K, Grb2, GAP, STAT
SH3 (Src-Homologie-Domäne 3)	Pro-reiche Sequenzen	Src (PTK), PLC-γ, PI3K, Grb2, GAP, STAT
PH (Pleckstrin-Homologie-Domäne)	Phosphoinositollipide	Insulinrezeptorsubstrat-1 (IRS-1), Ser/Thr-Kinasen (AKT/Rac), PLCγ/δ

PTK: Protein-Tyrosinkinase, PTP: Protein-Tyrosinphosphatase, Shc, IRS-1, Grb2: Adapterproteine, GAP: GTPase-aktivierendes Protein, STAT: Transkriptionsfaktor

Wichtige Effektormoleküle von RTK sind u. a. die aus ▸Kap. 9.6.2 bereits bekannten Enzyme **PI3K** und **PLC-γ**, **tyrosinspezifische Kinasen der Src-Familie**, **tyrosinspezifische Phosphatasen wie SHP-2** und **Adapterproteine wie Grb2** (○ Abb. 9.14 A). Drei Mechanismen der Aktivierung dieser Effektorproteine sind von zentraler Bedeutung (○ Abb. 9.14 B):

1. tyrosinspezifische Phosphorylierung des Effektors (PLC-γ),
2. Rekrutierung des Effektorproteins in die Nähe der Plasmamembran (Grb2-Sos) und
3. Konformationsänderung im Effektormolekül (PI3K).

1. Tyrosinspezifische Phosphorylierung: Während für die Signalübertragung der G-Proteine die Phospholipase C-β bedeutend ist, spielt die Isoform γ eine wichtige Rolle bei RTK wie dem EGFR. Die SH2-Domänen von **PLC-γ** können an phosphorylierte Tyrosine der Rezeptor-Kinase-Domäne binden und selbst durch diese phosphoryliert und somit aktiviert werden. Das aktivierte Enzym katalysiert die bereits von den GPCR-Signalwegen bekannte Umsetzung von PIP_2 (▸Kap. 9.6.2) in IP_3 und DAG. Dadurch steigt die intrazelluläre Ca^{2+}-Konzentration und weitere Enzyme werden aktiviert (○ Abb. 9.14 B).

2. Rekrutierung des Effektorproteins: Viele RTK schalten einen der zentralen Signalwege an, der die Aktivierung des **Ras**(*rat sarcoma*)-Proteins involviert. Das Signal wird dabei über Adapterproteine (**Grb2-Sos-Komplex**) und Guaninnukleotid-Austauschfaktoren (**GEF**) übermittelt. Bei Ras-Proteinen handelt es sich um regulatorische GTPasen, die wie G-Proteine in einer GDP-gebundenen inaktiven und einer GTP-gebundenen aktiven Form vorkommen und in der Plasmamembran über einen Lipidrest verankert sind. Unmittelbar nach dem Ras-Protein ist die Ser/Thr-spezifische Kinase **Raf** in den Weg integriert und so die Verbindung zum MAPK-Weg hergestellt (○ Abb. 9.14 B). Über die **MAPK (mitogen aktivierte Proteinkinase,** mitogen = zellteilungsfördernd)-**Signalkaskade** wird die Transkription von Genen reguliert, die für Wachstums- und Differenzierungsprozesse bedeutend sind. MAP-Kinasen werden häufig auch als **extrazellulär regulierte Kinasen (ERK)** bezeichnet. In der Hierarchie dieser Proteinkinasen sind MAPK/ERK zwei Proteinkinasen, nämlich MAPKK (MAPK-Kinase) und MAPKKK (MAPKK-Kinase, z. B. Raf) vorgeschaltet (○ Abb. 9.14 B). Die nachgeschaltete Kinase ist dabei jeweils das Substrat der stromaufwärts befindlichen Kinase. Zentrale Aufgabe dieses Signalwegs ist die Aktivierung der Genexpression, z. B. durch positive Regulation des **Transkriptionsfaktors (TF) Elk-1**. Elk-1 bindet mit dem Serum-Response-Faktor an das sogenannte **Serum-Response-Element (SRE)**, einer bestimmten Genen vorgelagerten regulatorischen Sequenz und reguliert so deren Transkription. Elk-1 phosphoryliert z. B. den TF **Fos**, der mit dem aktivierten TF **Jun** den Komplex **AP-1** bildet und so den nächsten Genexpressionsprozess aktiviert.

3. Konformationsänderung im Effektormolekül: Die Aktivierung des PI3Kα,β/AKT-Signalwegs (○ Abb. 9.14 B) führt zur Proliferation und ist an Differenzierung, Migration, Zelladhäsion und Überleben der Zelle beteiligt. Nach Aktivierung einer RTK wird PI3K an die Zellmembran rekrutiert und bindet über ihre SH2-Domäne der p85-Untereinheit (○ Abb. 9.14 A) an den phosphorylierten Rezeptor. Durch Phosphorylierung von PIP_2 durch PI3K wird der sekundäre Botenstoff **PIP_3** gebildet, was wiederum die Proteine **AKT** (auch als Proteinkinase B bezeichnet) und **PDK1** (**Phosphatidylinositol-abhängige Kinase 1**) an die Zellmembran rekrutiert. AKT wird durch PDK1 phosphoryliert und somit aktiviert. Nach Aktivierung kann AKT als Kinase ebenfalls weitere Effektorproteine phosphorylieren, wie z. B. **mTOR**

9

(*mammalian target of rapamycin*). Wichtige Effektoren der **Proteinbiosynthese**, die vom mTOR-Komplex reguliert werden, sind die **p70-S6-Kinase** (p70-S6K, ▫ Abb. 9.14 B) und das an den **eukaryotischen Initiationsfaktor 4E bindende Protein-1** (4EBP-1). Aktivierte p70-S6-Kinase phosphoryliert das ribosomale Protein S6 und induziert die Translation der mRNA ribosomaler Proteine. Phosphoryliertes 4EBP-1 dissoziiert vom eukaryotischen Initiationsfaktor 4E ab und hebt damit die Hemmung auf den Translationsinitiationskomplex auf, wodurch die Proteinsynthese eingeleitet wird.

 Merke

Ras-Proteine sind besondere Regulatoren und Schaltstellen in der Signaltransduktion. Ihre große Bedeutung erklärt sich außerdem über die Tatsache, dass in mehr als einem Viertel der **bösartigen (malignen) Tumore** beim Menschen, insbesondere bei Colon-, Pankreas- und Bronchialkarzinomen, Mutationen im *ras*-Gen vorliegen. Ras ist demzufolge ein **Proto-Onkogen**. Solche Mutationen bewirken, dass das Protein seine GTPase-Aktivität verliert und somit in einer dauerhaft aktiven (auch: konstitutiv aktiven) Form verbleibt. Eine permanente Aktivierung von Ras führt zu anhaltender **Stimulation des Zellwachstums** (Proliferation) über die Aktivierung der Zellteilung in der S-Phase des Zellzyklus (▸Kap. 10). Ein Ansatz zur Behandlung dieser Tumorerkrankungen setzt an der Beeinflussung der Reifung des Ras-Proteins, genauer an der Farnesylierung, durch die das Protein in der Membran verankert ist, an (▸Kap. 7). Beispiele dafür sind die sogenannten **Farnesyltransferase-Inhibitoren** (▸Kap. 12).

 Fachgebietstransfer

Zytosolische tyrosinspezifische Proteinkinasen und Proteinphosphatasen

Tyrosinspezifische Proteinkinasen kommen nicht nur als integrale Membranproteine wie die Rezeptor-Tyrosinkinasen vor, sondern auch zytosolisch (Nicht-Rezeptor-Tyrosinkinasen). Oft findet sich für diese Proteine die Bezeichnung **Protein-Tyrosinkinasen** (PTK). Sie sind wie PI3K, PLC-γ und andere Proteine ebenfalls intrazelluläre Effektormoleküle, allerdings neben Wachstumsfaktorrezeptoren wie PDGFR sehr viel häufiger in die Signalübertragung von Zytokinrezeptoren (▸Kap. 9.7.2) und T-Zell-Rezeptoren (▸Kap. 9.7.2) involviert. Die Familie der **Src-Kinasen** (z. B.: Src, Yes, Fyn, Lyn, Lck) ist die bisher am besten untersuchte. Src selbst besitzt neben einer katalytischen Kinasedomäne noch eine SH2- und eine SH3-Domäne (▫Abb. 9.14). Die Bezeichnung Src leitet sich von der Entdeckung dieser Tyrosinkinase im **Rous-Sarkom-Virus** (RSV) ab, einem Retrovirus, das vor ca. 100 Jahren in Hühnertumoren (Sarkomen) entdeckt wurde. Ein zweites wichtiges Beispiel einer PTK ist die **Abl-Kinase**, die sehr viel komplexer aufgebaut ist als Src und in verschiedenen Regionen der Zelle lokalisiert sein kann. Src und Abl können durch Mutationen in **Onkoproteine** umgewandelt werden. Beispielsweise wird Abl in Kombination mit dem Bcr-Protein (als **Bcr-Abl-Fusionsprotein**) in nahezu allen Fällen der **chronisch myeloischen Leukämie** (CML) und teilweise bei der **akuten lymphatischen Leukämie** (ALL) gefunden. Für die onkogenen Wirkungen von Bcr-Abl ist dabei die konstitutive Tyrosinkinaseaktivität von Abl verantwortlich.

Eine ebenso wichtige Rolle wie die PTKs spielen die tyrosinspezifischen Phosphatasen, auch **Protein-tyrosinphosphatasen** (PTPs), in zahlreichen Signalwegen. Tatsächlich regulieren beide Enzymklassen gegenläufig den Grad der Phosphorylierung der einzelnen Signalkomponenten. PTPs sind neben der Integration in die Signalübertragung von Wachstumsfaktorrezeptoren vor allem an der Regulation der Zell-Zell-Interaktionen und des Zellzyklus beteiligt. Die Familie der PTPs ist durch große Vielfalt und Diversität gekennzeichnet. Es werden vier Hauptklassen mit mindestens 107 Familienmitgliedern unterschieden. Zwei dieser PTPs enthalten SH2-Domänen: SHP-1 und SHP-2. Während SHP-1 eine PTP mit Tumor-suppressiver Wirkung darstellt, dient SHP-2 der Signalweiterleitung und besitzt onkogenes Potenzial: **SHP-2** wird ubiquitär exprimiert und besteht aus zwei SH2-Domänen und einer katalytischen Phosphatase (PTP)-Domäne (▫Abb. 9.14). In ca. einem Drittel der Patienten mit **juveniler myelomonozytärer Leukämie** (JMML) tritt eine *gain-of-function*-Mutation des für SHP-2 kodierenden Gens auf. Aber auch andere Tumorerkrankungen (Brust, Prostata, Lunge, Niere) sind mit Mutationen bei SHP-2 in Verbindung gebracht worden.

9.7.2 Rezeptoren mit assoziierter Tyrosinkinaseaktivität

Neben den Rezeptor-Tyrosinkinasen mit intrinsischer Tyrosinkinaseaktivität gibt es Rezeptoren, die nach Bindung eines Liganden mit einer Tyrosinkinase assoziieren und diese aktivieren. In den folgenden Kapiteln wird kurz auf ausgewählte, zu diesem Rezeptortyp gehörende

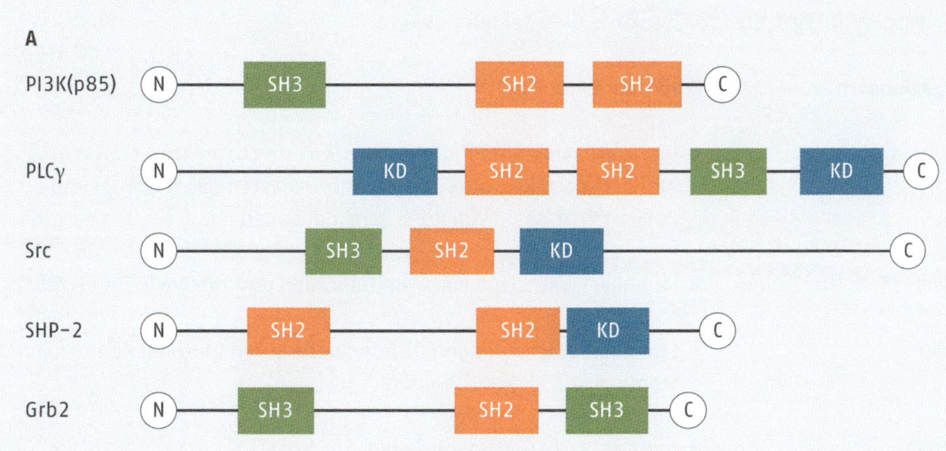

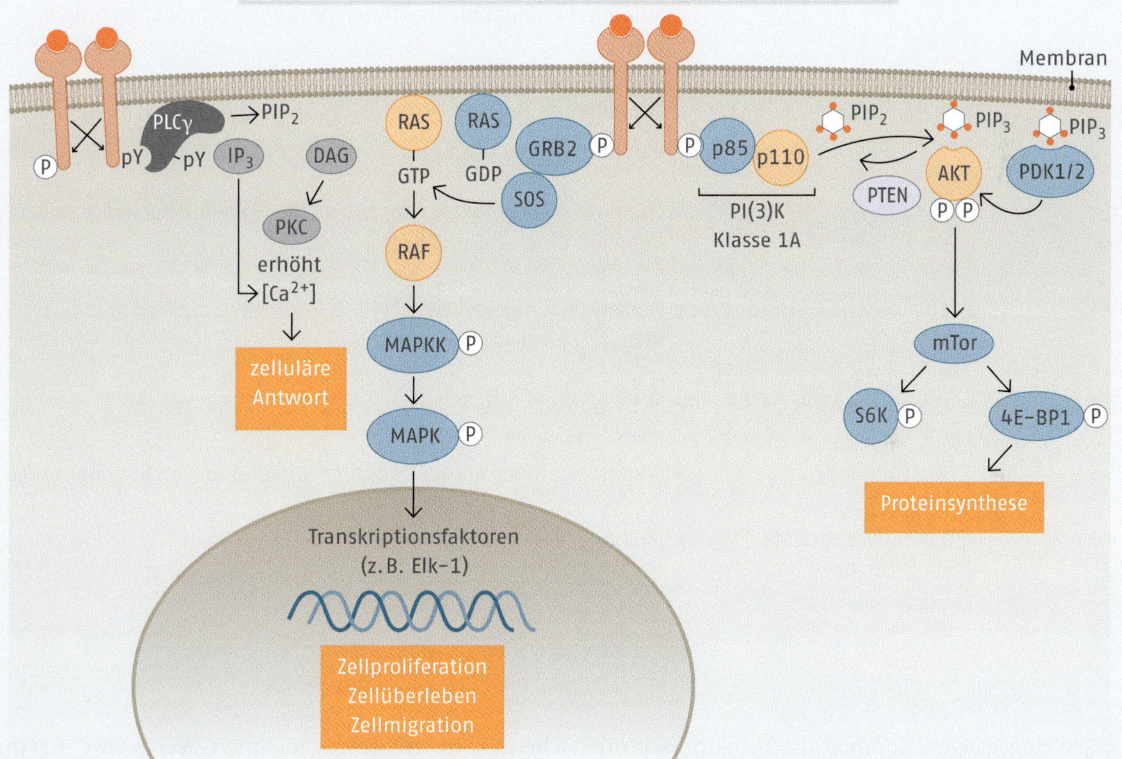

o Abb. 9.14 Signaltransduktion von Rezeptor-Tyrosinkinasen. **A** Schematische Darstellung verschiedener Effektormoleküle, die Proteindomänen enthalten, **B** Wichtige Signalwege im Überblick: PLCγ-Signalweg (links), MAPK-Signalkaskade (Mitte) und PI3K/AKT-Signalweg (rechts)

9

Tab. 9.8 Wichtige ausgewählte Vertreter der Zytokinfamilie der Interleukine

Interleukin	Produktionsort	Funktion, Wirkung
IL-1	Makrophagen	▪ Induziert akute Entzündungsreaktion und Chemokinproduktion, ▪ Aktiviert nach Rekrutierung durch Leukozyten das Endothel und initiiert Expression von Adhäsionsmolekülen
IL-2	Aktivierte T-Helfer-Zellen	▪ Stimuliert Wachstum von T-Helfer-Zellen und zytotoxischen T-Zellen
IL-3	T-Zellen	▪ Stimuliert Wachstum und Differenzierung von blutbildenden Stammzellen im Knochenmark
IL-4	TH2-Helfer-Zellen	▪ Initiiert Wachstum von B-Zellen, ▪ Fördert die Synthese von IgE und IgG
IL-5	TH2-Helfer-Zellen	▪ Fördert Differenzierung von B-Zellen und Synthese von IgA, ▪ Stimuliert Produktion und Aktivierung von eosinophilen Granulozyten
IL-6	T-Helfer-Zellen, Makrophagen	▪ Stimuliert Produktion von Akut-Phase-Proteinen und Immunglobulinen
IL-8	Makrophagen	▪ Chemotaktischer Faktor für neutrophile Granulozyten (wird selbst induziert durch TNF und IL-1)
IL-10	Regulatorische T-Zellen	▪ Hemmt Wirkungen aktivierter T-Zellen und so die Produktion von INFγ (Zytokinsynthese-Inhibitor)
IL-12	B-Zellen, Makrophagen	▪ Aktiviert natürliche Killerzellen und TH1-Helfer-Zellen
IL-13	TH2-Helfer-Zellen	▪ Fördert humorale Immunität durch Stimulation von B-Lymphozyten
IL-18	Aus inaktiver Vorstufe (Pro-IL-18) durch Caspase-1 gebildet	▪ Wichtiger Entzündungsmediator

Beispiele eingegangen, darunter die Zytokinrezeptoren und die Integrine.

Zytokinrezeptoren

Weitreichende biologische Prozesse wie die Proliferation, Differenzierung und Funktionalisierung von Immunzellen und blutbildenden Zellen, aber auch die Zell-Zell-Kommunikation, werden durch besondere Signalmoleküle, die sogenannten **Zytokine**, initiiert. Eine wesentliche Bedeutung haben Zytokine auch bei **Entzündungsprozessen**, die beispielsweise für Krankheiten wie Morbus Crohn, Asthma, Rheuma, rheumatoide Arthritis, Multiple Sklerose, Colitis ulcerosa, Psoriasis und Neurodermitis charakteristisch sind. Neben den bereits in Tab. 9.6 genannten Vertretern **Erythropoetin**, **Interferone**, Tumornekrosefaktor (▸ Kap. 9.7) und dem Wachstumshormon **Somatotropin** (*growth hormone*, GH), stellen die von Leukozyten und Makrophagen sezernierten **Interleukine** (IL) eine der wichtigsten Gruppe innerhalb dieser Signalvermittler dar (Tab. 9.8). Bei den bisher bekannten 40 Vertretern der Interleukine handelt es sich um Peptide aus ca. 75–125 Aminosäuren. Eine ihrer Hauptaufgaben ist die Rekrutierung und Steuerung der Funktion von Leukozyten an den Herd der Entzündung.

Merke

Interleukine sind wichtige Botenstoffe zur Regulation des Immunsystems. Aufgrund ihrer vielfältigen Funktionen wurde insbesondere der Einsatz rekombinant hergestellter Vertreter, z. B. IL-2, in der **Immuntherapie** verschiedener Erkrankungen wie beispielsweise Krebs erforscht. Ziel dieser Therapie ist es, die Immunabwehr des Körpers anzukurbeln, d. h. mit körpereigenen Verbindungen die Erkrankung, beispielsweise Krankheitserreger bei einer Infektion oder im Falle von malignen Tumoren die Metastasierung, anzugreifen. Häufig kommen jedoch bei solchen komplexen Krankheiten „Cocktails" verschiedener Medikamente, darunter Interleukine, zum Einsatz.

Fachgebietstransfer

Entzündung

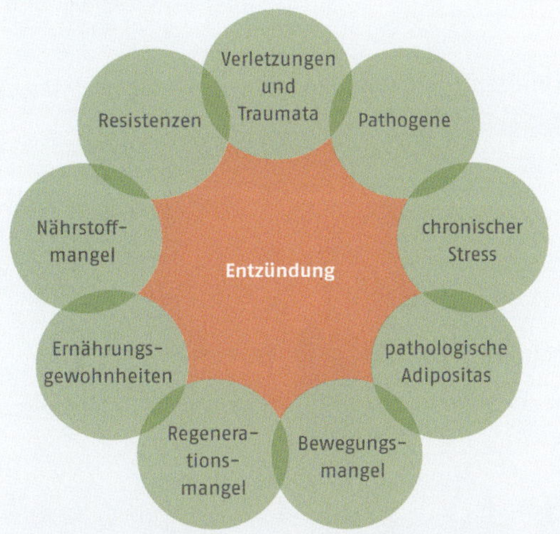

Viele Krankheiten (z. B. Asthma, Colitis ulcerosa, Parodontitis, Rheuma, Multiple Sklerose, u. a.) werden durch chronische Entzündung ausgelöst. Ursachenforschung und Behandlung sind jedoch unausgereift, weil bisher unverstanden ist, wodurch (Auslöser) und wie (Mechanismen) aus Reaktionen des Körpers, die normalerweise zur Abwehr von Krankheiten beitragen und so für den Gesundheitszustand essenziell sind, pathologische Zustände wie die einer Entzündung entstehen. Außerdem ist die Entstehung einer Entzündung multifaktoriell, was die Aufklärung der zugrundeliegenden Mechanismen und die Entwicklung von Behandlungsstrategien zusätzlich erschwert. Aktuell stehen die genetischen, epidemiologischen, biochemischen und ernährungsbedingten Ursachen sowie Umwelteinflüsse im Mittelpunkt der Erforschung der Entzündung.

Struktur, Aktivierung und Signalübertragung von Zytokinrezeptoren

Die tyrosinkinaseassoziierten Rezeptoren sind generell aus einem Ligandbindungsteil, einer transmembranalen Domäne und einem intrazellulären Abschnitt aufgebaut, allerdings unterscheiden sich die einzelnen Typen bezüglich bestimmter Details wie der extrazellulären Einheit und somit dem Mechanismus der Ligandenbindung und Rezeptoraktivierung (Abb. 9.15). Die Rezeptordimerisierung spielt erneut eine wichtige Rolle für die nachfolgende Autophosphorylierung, durch die sich die assoziierten Kinasen gegenseitig aktivieren. Die Phosphorylierungsstellen dienen auch hier als Andockstellen für Signalkomponenten wie SH2-Domänen-haltige Proteine. Neben den Zytokinen, die ihre Wirkung über tyrosinkinaseassoziierte Rezeptoren vermitteln, gibt es einige, die GPCR aktivieren, wie IL-8 oder RANTES (Abb. 9.15).

Intrazellulär hat die Familie der **Janus-Kinasen** (JAK) eine wesentliche Bedeutung für Zytokinrezeptoren. Das resultiert aus ihrer Signalweiterleitung, die wie bei der MAPK-Kaskade (▸ Kap. 9.7.1) im Zellkern endet. Auf diesem Weg sind Signalkomponenten wie die **STAT**(*signal transducers and activators of transcription*)-**Proteine** zwischengeschaltet, weshalb man diese Signalkaskade auch als **JAK-STAT-Signalweg** bezeichnet (Abb. 9.15). Werden Janus-Kinasen aktiviert, binden die STAT-Proteine über ihre SH2-Domänen an Phosphotyrosinreste und werden selbst durch JAK an einem Tyrosin phosphoryliert. Dadurch kommt es zur Dimerisierung der STAT-Proteine, ebenfalls durch Interaktion von Phosphotyrosin mit den SH2-Domänen. Die gebildeten STAT-Dimere werden direkt in den Zellkern transloziert und regulieren dort über Transkriptionsfaktoren die Expression ihrer Zielgene (Abb. 9.16).

Physiologisch spielt dieser Weg eine entscheidende Rolle bei der Kontrolle von Entzündungsprozessen durch **Aktivierung von Phagozyten** (Makrophagen, Granulozyten, denritische Zellen), die für die „Entsorgung" von Fremdkörpern und Mikroorganismen notwendig sind. Ebenso wichtig ist die Beteiligung dieses Weges an der **Reifung von Blutzellen** wie Erythrozyten und Thrombozyten im Knochenmark in der **Hämatopoese**.

Integrine

Adhäsionsproteine wie die Integrine zählen zu den wichtigsten Molekülen der **Zell(Zytoskelett)-Matrix-Interaktion** und der **Zell-Zell-Kontakte**, über die Zellen miteinander kommunizieren und auf ihre Umgebung reagieren. Sie haben damit einen direkten Einfluss auf den Zusammenhalt des Zellverbands und beeinflussen darüber hinaus die Zellmigration, Proliferation und Differenzierung, die Blutgerinnung und Entzündungsprozesse. Außerdem spielen sie eine Rolle in der Tumorentstehung, dem Tumorwachstum und der Metastasie-

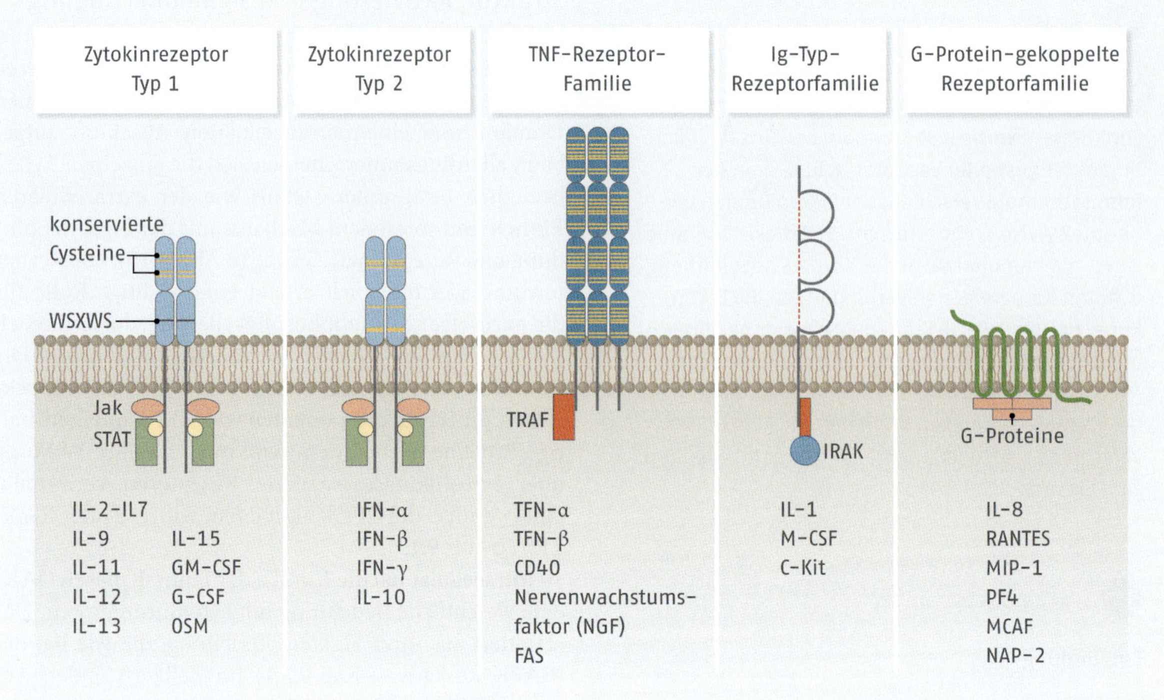

Abb. 9.15 Aufbau verschiedener Typen von Rezeptoren (Zytokinrezeptoren) und Liganden, durch die sie aktiviert werden.

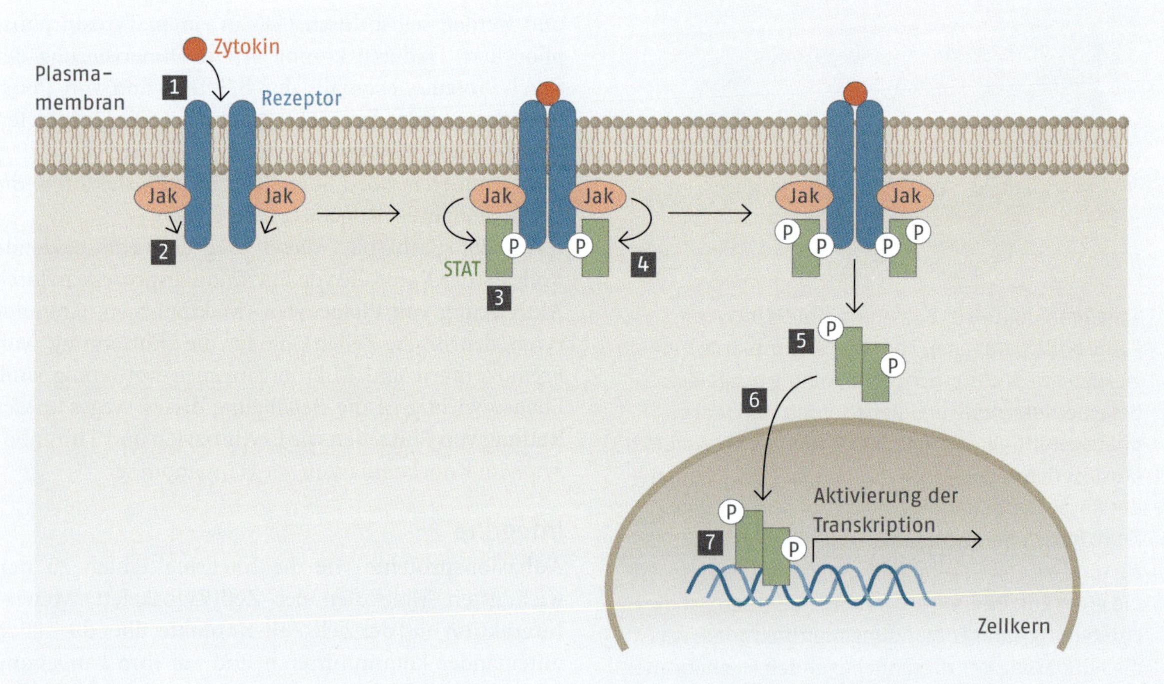

Abb. 9.16 Stationen des JAK-STAT-Signalwegs. 1. Ligandenbindung, 2. Dimerisierung des Rezeptors aktiviert JAK, Rezeptor wird phosphoryliert, 3. STAT bindet an den phosphorylierten Rezeptor, 4. JAK phosphoryliert STAT, 5. Bildung des STAT-Dimers, 6. STAT-Dimer wandert in den Zellkern, 7. STAT-Dimer bindet an DNA und ändert die Genexpression.

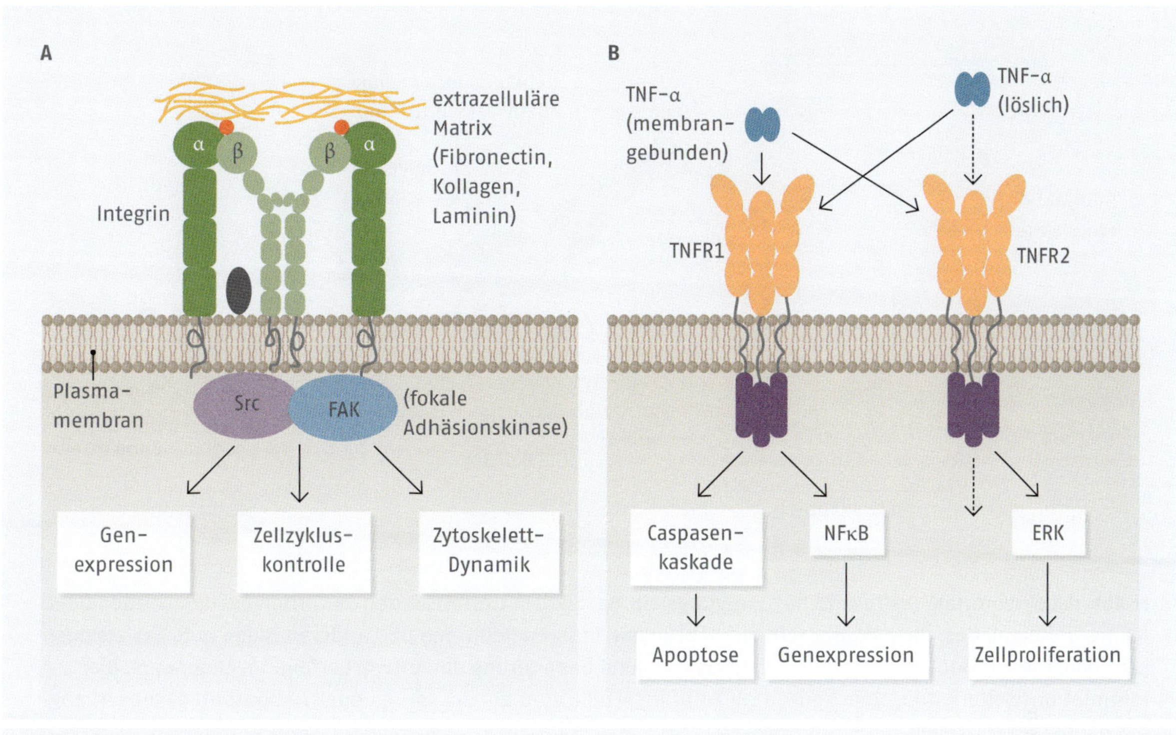

Abb. 9.17 Signalwege von Integrinen (A) und Tumornekrosefaktor-Rezeptoren (B)

rung (▸ Kap. 12). Für die spezifischen Wechselwirkungen sind bestimmte Oberflächenrezeptoren, die **Integrin-Rezeptoren** (kurz **Integrine**), verantwortlich, die verschiedene intrazelluläre Signalwege aktivieren können (○ Abb. 9.15).

Integrin-Rezeptoren besitzen membrandurchspannende α- und β-Ketten und bilden auf allen Zelltypen Heterodimere aus je einer dieser Ketten (○ Abb. 9.17 A). So vielfältig wie die Zusammensetzung der heterodimeren Integrine aufgrund der zahlreichen α- und β-Ketten ist, so vielfältig ist auch das Repertoire an ihren Liganden. Zu den Liganden aus der extrazellulären Matrix (EZM) gehören u. a. Kollagen, Fibronectin und Laminin (▸ Kap. 2). Im Zellinneren interagieren Integrine mit Adapterproteinen, die eine Verbindung an Komponenten des Zytoskeletts wie Actin und α-Actinin herstellen. Dadurch kann die **Fokale Adhäsionskinase** (**FAK**) mit dem Integrin-Rezeptor assoziieren und unterliegt dadurch selbst der Autophosphorylierung. Diese phosphorylierten Tyrosine werden von anderen Signalkomponenten erkannt, wie beispielsweise von den SH2-Domänen der **Proteinkinase Src** (○ Abb. 9.14, ○ Abb. 9.17), die so rekrutiert und aktiviert wird und dadurch FAK wiederum an anderen Stellen phosphorylieren kann. Dies führt zur Rekrutierung des **Grb2-Sos-Komplexes** und damit der Aktivierung des **Ras-** bzw. **MAPK-Signalwegs** (○ Abb. 9.17).

Ähnlich den Integrinen besitzen auch die **Tumornekrosefaktor-Rezeptoren** (**TNFR**, ○ Abb. 9.15, □ Tab. 9.6) keine enzymatische Aktivität. Aufgrund ihrer Beteiligung an der Immunantwort und an Entzündungsprozessen sind die an diese Rezeptoren gekoppelten Signalwege von großer Bedeutung. Einer dieser Wege involviert eine Reihe von Signalkomponenten wie TRAF (TNFR-assoziierte Faktoren) und TAK1 (Kinase). Letztere generiert den **nukleären Faktor κB** (**NF-κB**), einen Transkriptionsfaktor, der eine Vielzahl von Zielgenen aktivieren kann (○ Abb. 9.17 B). Diese Kaskade wird deshalb auch als **NF-κB -Signalweg** bezeichnet.

9.8 Neuronale Signalübertragung

Die Reizweiterleitung im Nervensystem erfolgt mithilfe der Kommunikation über **chemische Botenstoffe** und über die **elektrische Erregungsleitung**. Dafür sind Milliarden von **Neuronen** (Nervenzellen) verantwortlich, die über spezialisierte Kontaktstellen (**Synapsen**) miteinander bzw. mit anderen Zellen (z. B. Muskelzellen) kommunizieren. Die Besonderheiten der elektrischen Erregungsleitung in Wirbeltieren, auch **saltatorische Erregungsleitung** genannt, beruht auf einem bestimmten Aufbau der **Axone** bzw. ihrer Isolierung (○ Abb. 9.18). Die aus fettreichen Lipiden bestehenden **Myelinscheiden**

9

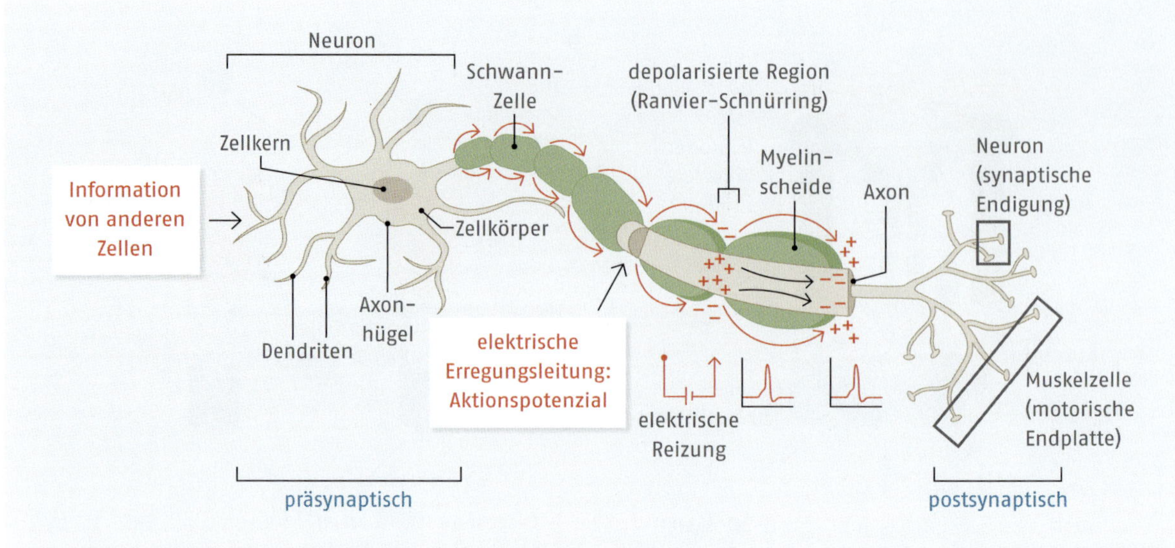

Abb. 9.18 Neuronale „saltatorische" Erregungsleitung: Signale treffen an den Dendriten ein und werden über Axone weitergeleitet. Über Axone steht ein Neuron mit anderen Neuronen und anderen Zellen (z. B. Skelettmuskelzellen) in Kontakt. Die Informationsverarbeitung und Generierung der Antwort erfolgt im Axonhügel. Die Informationsweiterleitung vom Neuron zur Empfängerzelle wird durch „springende" Aktionspotenziale entlang des Axons bewerkstelligt.

umhüllen ein Axon und sind an bestimmten Stellen durch die nicht isolierten **Ranvierschen Schnürringe** voneinander getrennt. Die elektrische Signalübertragung basiert auf Änderungen des **Membranpotenzials**. Ein **Aktionspotenzial** (Abb. 9.19), d. h. eine Depolarisation der Membran, kann aufgrund des Aufbaus des Axons nur an den nicht isolierten Ranvierschen Schnürringen gebildet werden. Das Aktionspotenzial muss demnach nicht fortwährend über das gesamte Axon aufgebaut werden, wie bei der **kontinuierlichen Erregungsleitung** der Wirbellosen, sondern springt innerhalb des Axons von Ranvierschem Schnürring zu Ranvierschem Schnürring und überwindet somit die isolierenden Myelinscheiden. Dieser Ablauf macht die saltatorische Erregungsleitung um ein Vielfaches schneller als die kontinuierliche: Geschwindigkeit bis zu 100 m/s vs. ca. 30 m/s.

Merke

Extra- und intrazellulärer Raum unterscheiden sich in Art und Konzentration der vorliegenden Ionen. Während Na^+- und Cl^--Ionen extrazellulär 10-fach höher konzentriert sind als im Zytosol (145 mM und 110 mM), befindet sich eine vielfach höhere K^+-Konzentration (140 mM) im Zellinneren. In diesem Zustand, dem Ruhezustand, ist die Membraninnenseite negativ (**Ruhepotenzial**, -70 mV) und die Außenseite positiv geladen. Ist der Reiz für eine Nervenfaser stark genug, kommt es zum **Aktionspotenzial**, der elektrischen Fortleitung des Signals. In Neuronen sind die Änderung des Membranpotenzials und der Aufbau eines Aktionspotenzials ausschlaggebend für die Weiterleitung eines Reizes zwischen den Zellen. Für die Änderung des Membranpotenzials sind Ionenkanäle (▶ Kap. 9.8.1) maßgeblich verantwortlich:

- Na^+-Einstrom führt zur **Depolarisation** → positives Membranpotenzial,
- K^+-Ausfluss und Cl^--Einstrom führen zur **Hyperpolarisation** → negatives Ruhepotenzial (Abb. 9.19).

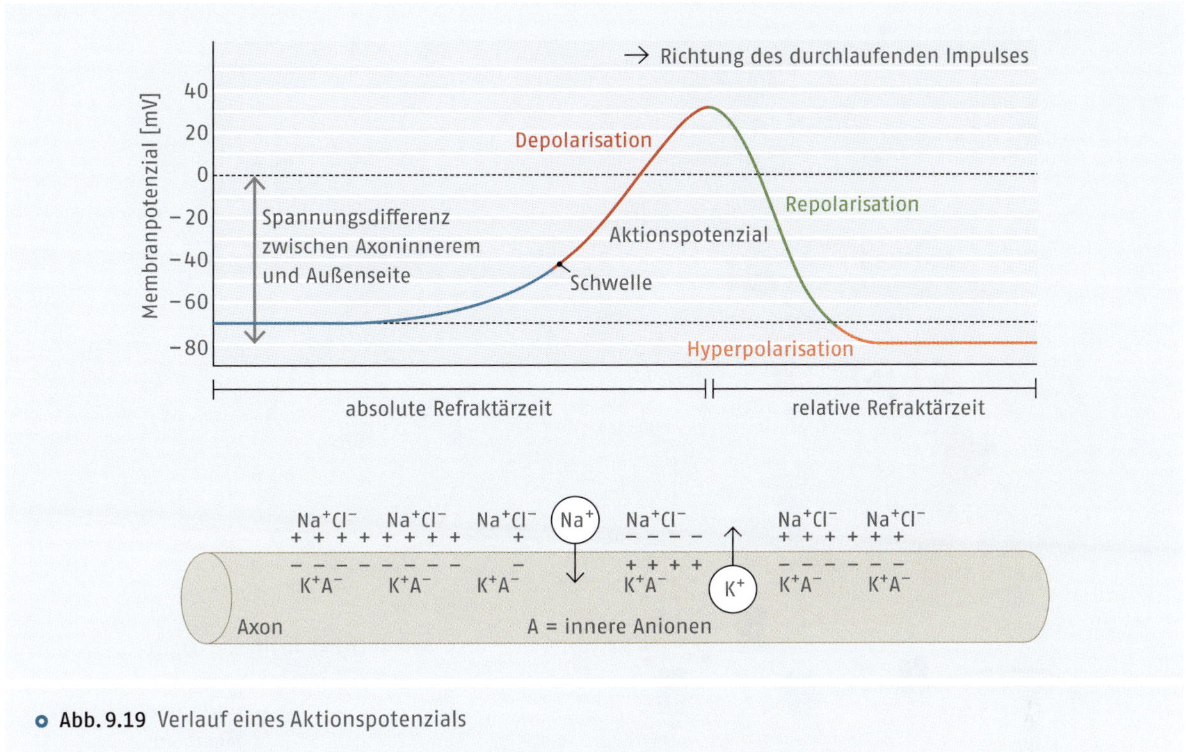

Abb. 9.19 Verlauf eines Aktionspotenzials

Elektrische Synapsen dienen der interzellulären Kommunikation und geben Potenzialänderungen direkt an die Nachbarzelle weiter. Weitere wichtige Bestandteile der elektrischen Kommunikation stellen die **spannungsgesteuerten Ionenkanäle** (▸Kap. 9.8.2) dar. **Chemische Synapsen** reagieren dagegen auf chemische Botenstoffe zur Umsetzung der Informationsübertragung zwischen der prä- und der postsynaptischen Zelle. Diese Botenstoffe sind die **Neurotransmitter**, die bereits in ▸Kap. 9.2 Erwähnung fanden (Tab. 9.2). Ihre Wirkung entfalten sie über spezifische Rezeptoren auf der postsynaptischen Zelle. Die Rezeptoren sind gekoppelt an einen Ionenfluss, sie werden deshalb auch als **ligandgesteuerte Ionenkanäle** bezeichnet (▸Kap. 9.8.1). Neurotransmitter wie Acetylcholin sind in der präsynaptischen Zelle in Vesikeln „zwischengelagert", bis ein eintreffendes Signal ihren Austritt initiiert. Beispielsweise löst der Einfluss von Ca^{2+} durch spannungsgesteuerte Ca^{2+}-Kanäle in der präsynaptischen Zelle eine schnelle Erhöhung der Ca^{2+}-Konzentration aus, was wiederum das Verschmelzen der Vesikel mit der Membran verursacht. Der Neurotransmitter wird daraufhin in den synaptischen Spalt abgegeben und diffundiert zu seinem Rezeptor auf der gegenüberliegenden Seite, d. h. der postsynaptischen Zelle. Nach Bindung des Neurotransmitters werden verschiedene Effekte intrazellulär ausgelöst, z. B. die Öffnung anderer Ionenkanäle. Die Selektivität des Ionenkanals gibt dabei vor, welche Ionen transportiert werden.

9.8.1 Rezeptoren mit intrinsischem Ionenkanal: ligandgesteuerte Ionenkanäle

In ▸Kap. 9.8 wurden die chemischen Synapsen, die Signale über **ligandgesteuerte Ionenkanäle** vermitteln, bereits kurz vorgestellt. Die Liganden dieser Ionenkanäle, die Neurotransmitter (Tab. 9.2, ▸Kap. 9.2), werden von der präsynaptischen Zelle aus Vesikeln in den ca. 40–50 nm breiten **synaptischen Spalt** abgegeben und diffundieren zur Membran der postsynaptischen Zelle (Abb. 9.20). Demnach entfalten Neurotransmitter im Gegensatz zu Hormonen ihre Wirkung auf kürzester Distanz.

Bindet der Neurotransmitter an seinen Rezeptor, so wird der Ionenkanal vorrübergehend geöffnet und Ionen werden transportiert. Bei den neurotransmitterabhängigen Rezeptoren mit intrinsischem Ionenkanal unterscheidet man zwei grundlegende Klassen:

1. Rezeptoren für die Neurotransmitter Acetylcholin (ACh), γ-Aminobuttersäure (GABA), Glycin und Serotonin, die sich in Struktur und Funktionsweise sehr ähneln, und
2. die Glutamat-Rezeptoren (z. B. NMDA-Rezeptoren).

Der **nicotinische Acetylcholin-Rezeptor** ist ein sehr gut untersuchter Vertreter der ersten Klasse (Abb. 9.21). Er vermittelt die Erregungsleitung zwischen Nervenfaser und Muskelzellen (**motorische Endplatte**). Der

9

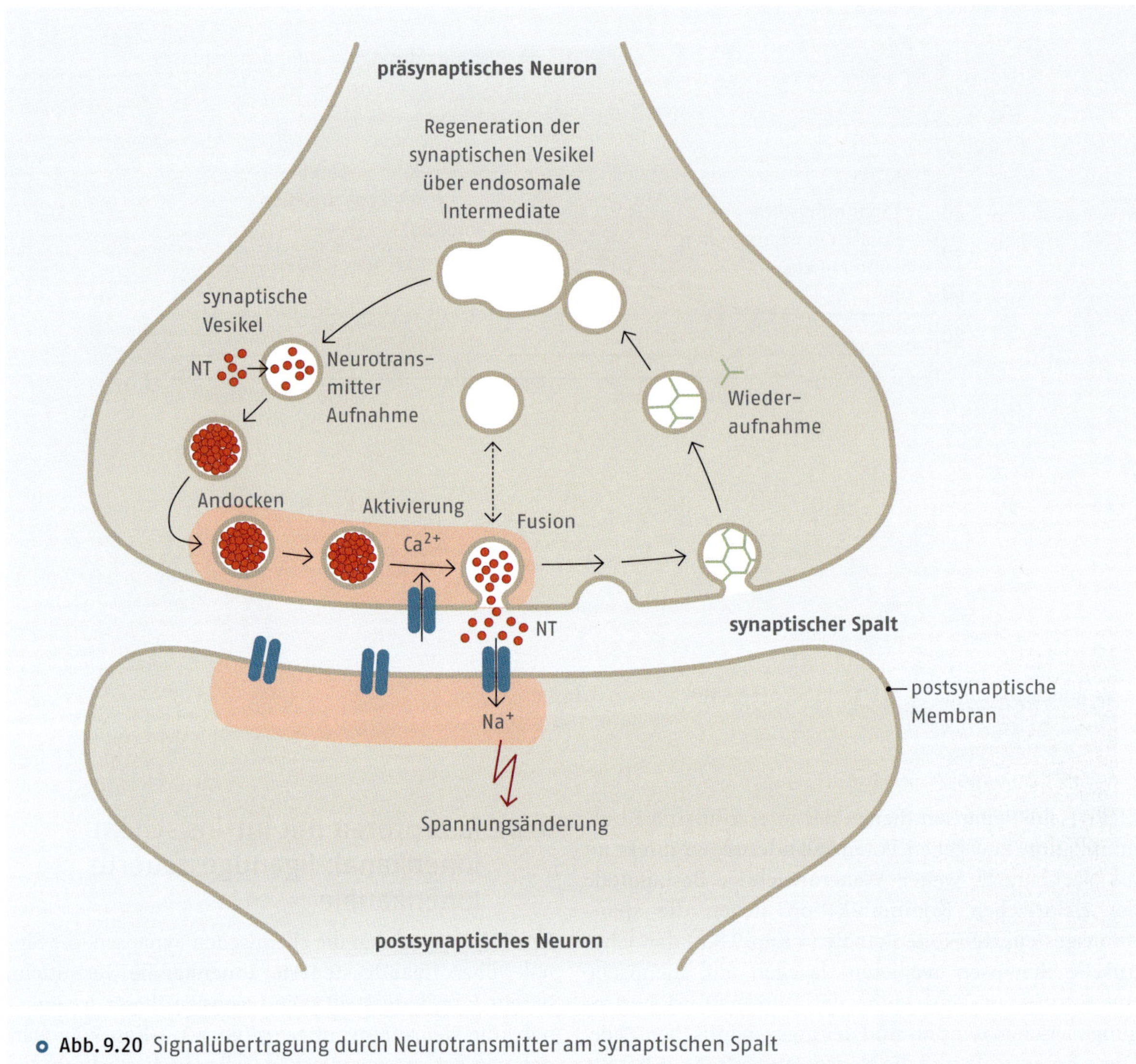

Abb. 9.20 Signalübertragung durch Neurotransmitter am synaptischen Spalt

Name des Rezeptors resultiert aus dessen Hemmbarkeit durch Nikotin, was ihn von den **muscarinischen Acetylcholin-Rezeptoren** unterscheidet, die durch das Pilzgift Muscarin gehemmt werden, aber zu den G-Protein-gekoppelten Rezeptoren (▸ Kap. 9.6) gehören.

Im aktivierten Zustand ist der nicotinische Acetylcholin-Rezeptor für Na^+- und K^+-Ionen permeabel. Dazu müssen aber vorher verschiedene Prozesse ausgelöst werden, die mit der Freisetzung von Acetylcholin aus mehreren Hundert Vesikeln in den synaptischen Spalt beginnen. Der Neurotransmitter bindet anschließend an seinen Rezeptor in den postsynaptischen Membranen (cholinerge Membranen). Der nicotinische Acetylcholin-Rezeptor besteht aus fünf membranständigen Untereinheiten (2 α, β, γ, δ), die einen Ring bzw. eine Pore durch die Membran bilden (Abb. 9.21). Zwei Moleküle Acetylcholin binden extrazellulär an die beiden α-Untereinheiten, was durch Konformationsänderungen zur Öffnung der Kanalpore führt. Vorrangig Na^+-Ionen strömen durch den Kanal entsprechend des Konzentrationsgradienten, aber auch K^+ und Li^+ können transportiert werden, während Ca^{2+}-Ionen zu groß sind. Jeweils ein Ring aus negativ geladenen Aminosäuren am Eingang sowie im Inneren des Kanals verhindert den Transport von Anionen.

Merke

Das aus der im zentralen und südlichen Amerika beheimateten Liane *Chondrodendron tomentosum* (Behaarter Knorpelbaum) isolierte Alkaloid **Tubocurarin** ist eines der ältesten **Muskelrelaxanzien**. Die indigene Bevölkerung Südamerikas benutzte Curare als Pfeilgift für die Jagd. Tubocurarin besetzt kompetitiv die Bindestellen für Acetylcholin auf dem **nicotinischen Acetylcholin-Rezeptor** und führt in der Folge zur Lähmung der Skelettmuskulatur.

9.8.2 Spannungsgesteuerte Ionenkanäle

Spannungsgesteuerte Ionenkanäle sind Transmembranproteine, deren Funktion die Erzeugung und Weiterleitung von elektrischen Signalen an Zellmembranen in Nerven- und in Muskelzellen ist. Diese Ionenkanäle liegen in unterschiedlichen Zuständen, d.h. offen oder geschlossen, vor. Die Öffnung eines spannungsgesteuerten Ionenkanals wird z.B. durch die Depolarisation der Membran und andere Reize herbeigeführt. In Abhängigkeit von der Selektivität des Kanals werden daraufhin spezifisch entweder Na^+-, K^+- oder Ca^{2+}-Ionen transportiert. Die Ionenselektivität dieser Kanäle ist stark ausgeprägt, beispielsweise sind spannungsgesteuerte Natriumkanäle (**Na_V**) mehr als zehnfach selektiver für Na^+ als für K^+. Ca^{2+}-Kanäle haben sogar eine ca. 1000-fache Selektivität für Ca^{2+}.

Im Gegensatz zu Transportproteinen sind spannungsgesteuerte Ionenkanäle **durchgängige, wassergefüllte Membranporen**, die Ionen schnell und effizient (hohe Flussraten) entlang des **elektrochemischen Gradienten**, der sich aus **Konzentrationsgradient** (chemische Triebkraft) und **Potenzialdifferenz** (elektrische Triebkraft) zusammensetzt, passieren lassen. Aufgrund der Tatsache, dass sich die drei Klassen der spannungsgesteuerten Kanäle (Na^+-, K^+- und Ca^{2+}-Kanäle) aus einem gemeinsamen Vorläufergen entwickelt haben, ähneln sie sich in Struktur und Funktionsweise (Abb. 9.22).

Spannungsgesteuerte Ionenkanäle sind aus vier Untereinheiten (Domänen) aufgebaut, wobei diese im Falle der Natrium- und Calciumkanäle aus einer Proteinkette gebildet werden, während die Pore der spannungsabhängigen Kaliumkanäle durch Zusammenlage-

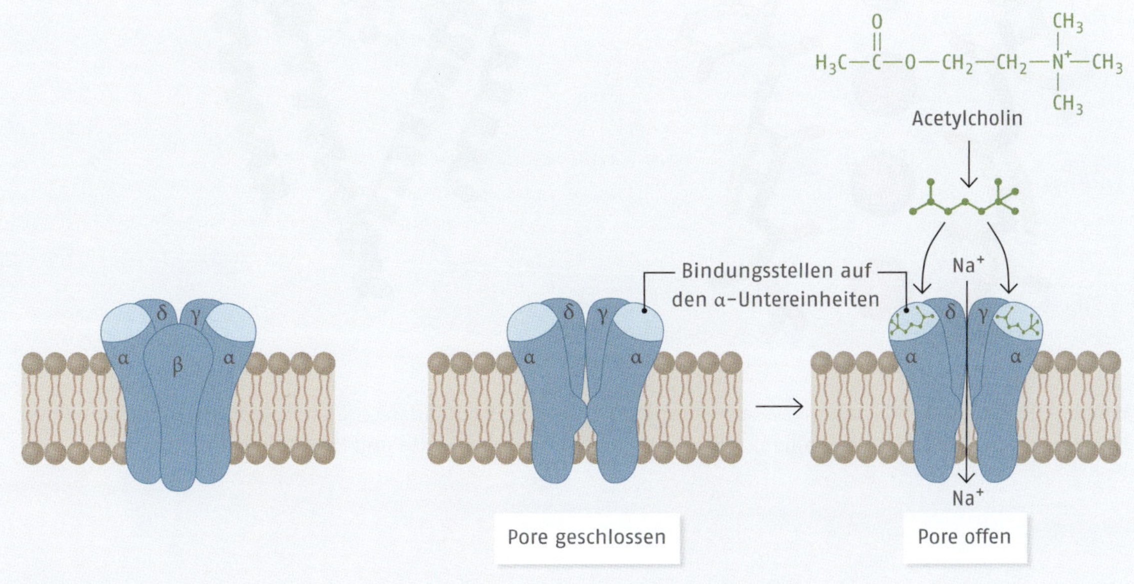

Abb. 9.21 Acetylcholin-Struktur und Funktion des nicotinischen Acetylcholinrezeptors

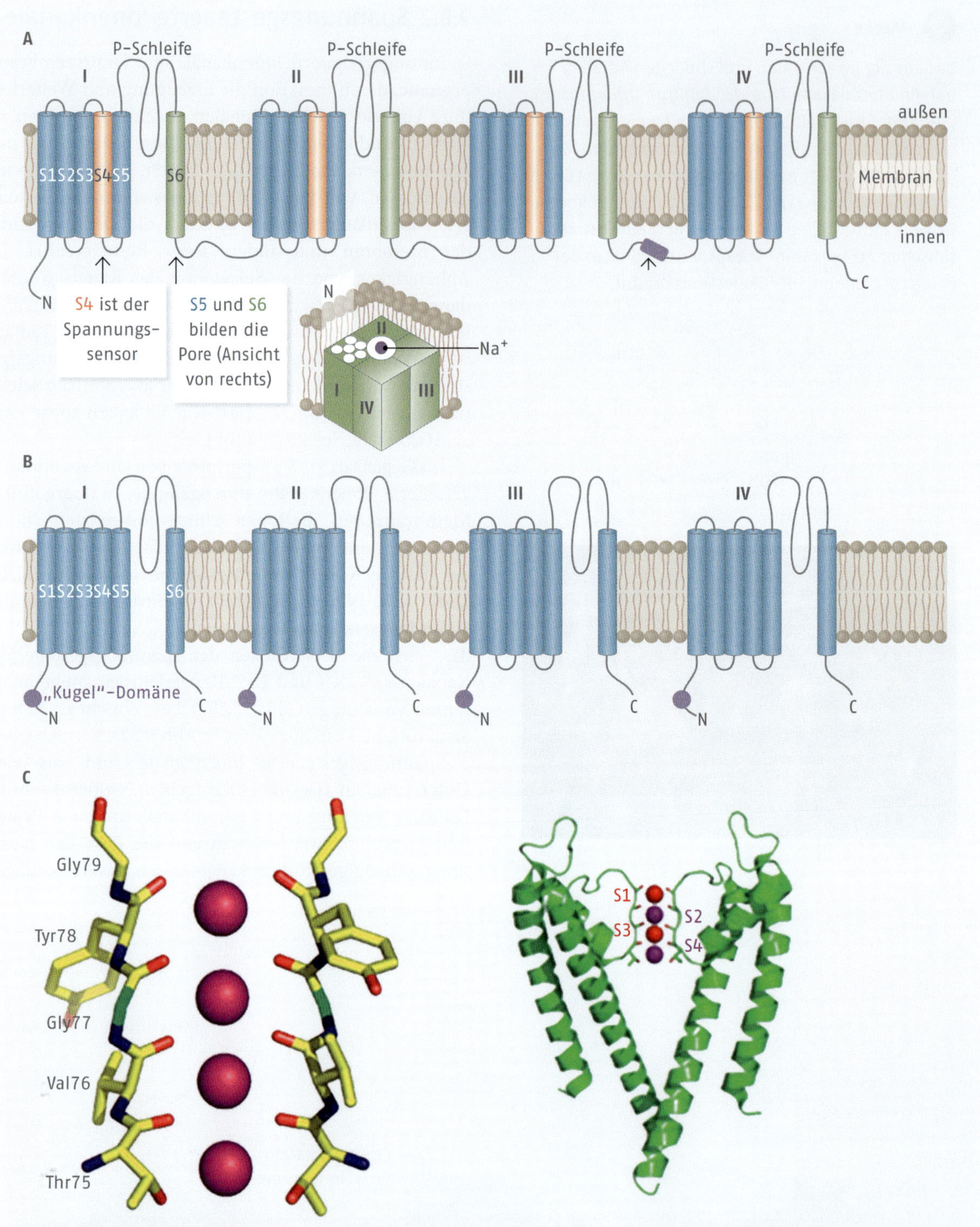

Abb. 9.22 Struktur und Funktionsweise von spannungsgesteuerten Ionenkanälen: **A** Aufbau von Natrium- und Calciumkanälen, **B** Aufbau von Kaliumkanälen, **C** Selektivitätsfilter von K^+- und Na^+-Kanälen

rung von vier identischen, einzelnen Untereinheiten zu einem Tetramer entsteht (o Abb. 9.22). Jede der Untereinheiten besteht wiederum aus sechs helikalen Transmembransegmenten (S1–S6), die über Linker miteinander verbunden sind. Das Segment S4 ist der **Spannungssensor**, während die Segmente S5 und S6 – verbunden durch die Porenschleife P (**P-Schleife**) – die Pore bilden. Die P-Schleifen stellen den sogenannten **Selektivitätsfilter** dar (o Abb. 9.22). Dieser ist innerhalb der Kanalklassen verschieden, setzt sich aber in der Regel aus wenigen (meist 4–8) Aminosäuren zusammen. Damit die Ionen durch die Pore hindurchtreten können, müssen sie ihre Hydrathülle abstreifen, wobei gleichzeitig andere polare Gruppen die fehlende Interaktion mit Wasser ersetzen. Genau dafür sind die Aminosäuren des Selektivitätsfilters zuständig. Bei Kaliumkanälen (K_V) wird diese hochkonservierte Sequenz aus den Aminosäuren **TVGYG** gebildet, während bei Natrium- und Calciumkanälen vorrangig saure Aminosäuren in diesen Prozess involviert sind, genauer **DEKA** für Na_V- sowie **EEEE** oder **EKEE** (und andere Abfolgen) für Ca_V-Kanäle (o Abb. 9.22). Die Aminosäuren der TVGYG-Sequenz liegen im Kanal in einer linearen Anordnung vor, wobei die Carbonylgruppen der Peptidbindungen in Richtung der Kanalpore orientiert sind und somit mit den Kaliumionen interagieren können. Für eben diese Wechselwirkungen ist das Natriumion jedoch zu klein (Ionenradius 0,095 nm), wodurch sich die hohe Selektivität für Kalium (Ionenradius 0,133 nm) erklärt. Umgekehrt ist die Selektivität für Natrium der Na_V-Kanäle mit dem kleineren Ionenradius und dem Durchmesser der Pore begründet, die die größeren Kaliumionen nicht passieren können.

Über den bereits erwähnten Spannungssensor „realisiert“ ein Kanal die Spannungsänderung an der Membran, was zu einer Konformationsänderung führt, durch die der Kanal geöffnet wird. In diesem Zustand können Ionen entlang ihres Gradienten durch den Kanal strömen. Ein Ionenkanal verweilt nicht lang im geöffneten (aktivierten) Zustand, sondern geht nach einer gewissen Zeit (eine bis mehrere Millisekunden) wieder in die inaktive Konformation zurück. Der Prozess der Inaktivierung unterscheidet sich zwischen Kalium- und Natriumkanälen, jedoch ist beiden Mechanismen gemeinsam, dass ein flexibler Teil der Proteinsequenz auf der intrazellulären Seite der Membran die Pore vorrübergehend blockiert. Im Falle der Na_V-Kanäle ist dafür ein ca. 20 Aminosäuren langes Segment der Schleife zwischen S3 und S4 verantwortlich, das mehrere positiv geladene Reste enthält. Bei K_V-Kanälen geht diese Blockade auf ein Segment im N-Terminus zurück, das aufgrund seiner globulären Struktur als **Kugel** (*ball*) beschrieben wird und das über einen flexiblen Abschnitt (**Kette**, *chain*) mit dem Kanal verbunden ist. Zur Inaktivierung des Kanals bewegt sich die Kugel in Richtung der Pore und lagert sich schließlich dort ein. In diesem inaktivierenden Strukturelement sind erneut positiv geladene und hydrophobe Reste zu finden. Diese schnelle Form der K_V-Kanalinaktivierung wird als **Kugel-Ketten-Modell** (*ball-and-chain model*) bezeichnet.

 **Partywissen**

Kennen Sie Bandō Mitsugorō VIII (1906–1975)?

Er war seinerzeit einer der bekanntesten **Kabuki-Darsteller** (Theater mit Gesang, Pantomine und Tanz) in Japan, der inzwischen als Living National Treasure zum nationalen Kulturgut Japans gehört. Seine Leidenschaft war der japanische **Kugelfisch Fugu**, dessen Leber das Gift **Tetrodotoxin** enthält, das ca. 1200-fach stärker wirkt als Cyanid. Speziell unterwiesene Köche entfernen deshalb dem Fisch vor der Zubereitung die Leber, die das Gift enthält. Bandō Mitsugorō VIII. glaubte jedoch, dass man sich gegen das Gift immunisieren könne und aß regelmäßig die aus der Fuguleber zubereitete Suppe *fugu kimo*. Im Januar 1975 besuchte Bandō mit Freunden ein Restaurant in Kyoto und verzehrte vier Portionen davon. Er glaubte, das Gift könne ihm nichts anhaben. Nachdem er in der Nacht in sein Hotelzimmer zurückgekehrt war, traten erste Vergiftungserscheinungen auf, darunter Paralyse (Lähmung der Skelettmuskulatur), aussetzende Atmung, zerebrale Krampfanfälle. Er starb an Atemlähmung und Versagen des Herz-Kreislauf-Systems. Tetrodotoxin blockiert bestimmte spannungsgesteuerte Natrium-Kanäle (Na_V) in Nervenzellen und stört so die neuronale Signalweiterleitung. 10 ng des Giftes sind letal für einen Erwachsenen.

9.9 Nukleäre Rezeptoren

Steroid- und **Schilddrüsenhormone** (▸Kap. 9.2, ◘Tab. 9.1), **Vitamin-A-Säure** und **Vitamin-D-Abkömmlinge** (◘Tab. 4.8) sind lipophil und können deshalb die Zellmembran durchdringen. Ihre Rezeptoren (▸Kap. 4.6.4), die **nukleären Rezeptoren** oder auch **Kernrezeptoren**, befinden sich im Zellinneren, sodass die Hormon-Rezeptor-Interaktion nach Eindringen des Hormonliganden in die Zelle erfolgt. Der aus beiden Partnern gebildete Komplex ist in der Lage, an die DNA zu binden, genauer an spezifische Promotorregionen bestimmter Zielgene. In der Folge wird die Transkription dieser Gene positiv oder negativ reguliert, d. h. es erfolgt eine **Kontrolle der Genexpression**. Aus diesem Grund werden solche Rezeptoren auch als **ligandenaktivierte Transkriptionsfaktoren** bezeichnet.

In ▸Kap. 4.6.4 wurde bereits ausführlich auf nukleäre Hormonrezeptoren eingegangen, weshalb diese hier nur kurz in Erinnerung gerufen werden sollen. Hinsichtlich ihres Aufbaus ähneln sich nukleäre Rezeptoren. Wie Transkriptionsfaktoren besitzen sie eine **DNA-bindende Domäne** (DBD), mit der sie an bestimmte Motive (*hormone responsive element*, HRE) auf der DNA binden (vgl. auch ○Abb. 4.70 in ▸Kap. 4.6.4). Die DNA-Bindemotive liegen in Promotorbereichen von hormonregulierten Genen und ermöglichen die Interaktion der Kernrezeptoren mit anderen Transkriptionsfaktoren. Außerdem weisen nukleäre Rezeptoren eine dritte Strukturdomäne auf, die **Ligandenbindungsdomäne** (LBD). Diese ist für die spezifische Interaktion mit dem entsprechenden Hormon verantwortlich. Durch Bindung des Hormonliganden an den nukleären Rezeptor kommt es zu einer Konformationsänderung der Ligandenbindungsdomäne, die durch entsprechende Positionierung des transaktivierenden Bereichs die Bindung des Rezeptors an die DNA stabilisiert. Viele dieser Kernrezeptoren liegen zunächst im inaktiven Zustand vor und werden durch Ligandenbindung aktiviert, was eine **Dimerisierung des Rezeptors** zur Folge hat (▸Kap.4.6.4). Die DNA wird vom gebildeten Dimer gebunden. Dabei werden zwei konservierte Sequenzen, die jeweils aus sechs Basen bestehen, erkannt. Diese Sequenzen können direkt hintereinander (*direct repeat*) oder gegenläufig auf einem Strang oder als **Palindrom** auf gegenüberliegenden Strängen (*inverted repeat*) liegen.

Definition

Bei einem **Palindrom** (griech. *palindromos*, zurücklaufend) handelt es sich um einen DNA-Abschnitt, der in jedem der beiden Stränge die gleiche Basensequenz enthält, diese aber in entgegengesetzter Richtung (*inverted repeats*, **invers repetitive Sequenz**).
Bsp.: AGGCCT, TCCGGA.

Für eine detaillierte Beschreibung der Rezeptoren und der zugrundeliegenden Mechanismen wird auf ▸Kapitel 4.6.4 verwiesen.

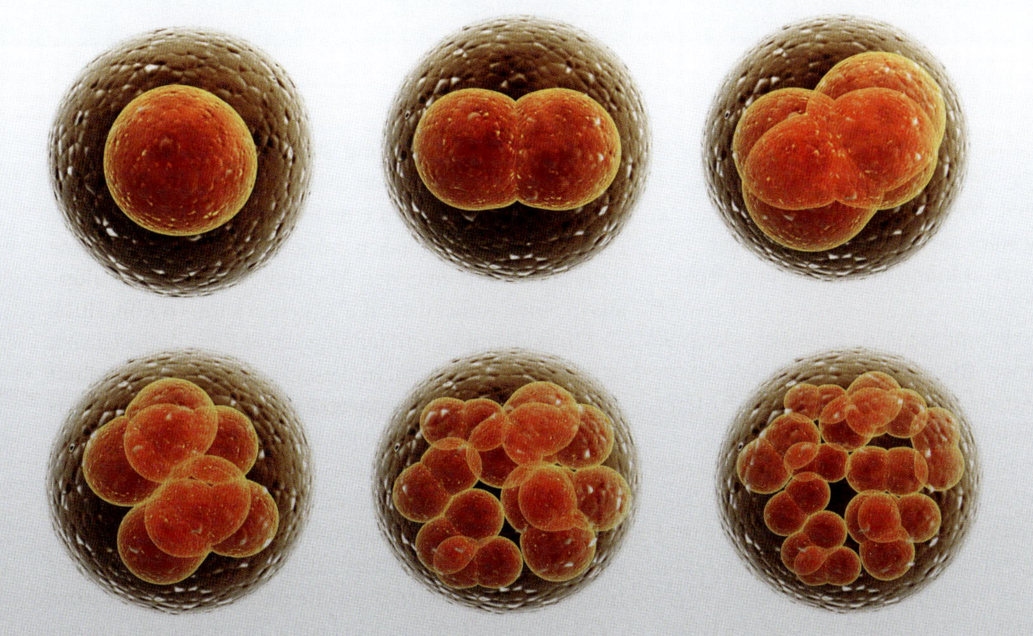

Zellzyklus

Toni Kühl

Einleitung

Omnis cellula e cellula – Jede Zelle entsteht aus einer Zelle (Rudolf Virchow, 1855). Dieser Grundsatz der Zelltheorie begründet neben vielen weiteren Aspekten auch das zentrale Interesse am Verständnis der Teilung und Neubildung von Zellen.

Es ist bekannt, dass eine menschliche Zelle sich maximal 40–60-mal teilen kann (**Hayflick-Grenze**), bevor Sie in einen ausdifferenzierten, nicht mehr teilbaren Zustand übergeht. Für eine Teilung benötigt sie in Zellkultur ca. 24 Stunden. Diese läuft in verschiedenen Phasen innerhalb eines Kreislaufs ab, dem sogenannten **Zellzyklus.** Der Zellzyklus ist das Herzstück der zellulären Neusynthese und unterliegt strengen Kontrollmechanismen, um die Bildung einer exakten Kopie der Mutterzelle zu garantieren. Dabei durchläuft er definierte Phasen, deren Abfolge universell in eukaryotischen Organismen ist. Kommt es zu Störungen im Ablauf des Zyklus kann dies jedoch fatale Folgen haben, die unter anderem für die Tumorentstehung relevant sind.

10.1 Phasen des Zellzyklus

Eine Zelle vermehrt sich, indem sie verschiedene Stadien durchläuft, die in ihrer Gesamtheit den **Zellzyklus** darstellen. Grobschematisch wird der Zellzyklus in zwei Phasen unterteilt: die **Mitose-Phase** (M-Phase), in der die eigentliche Zellteilung stattfindet, und die **Interphase** mit den Prozessen zwischen den Zellteilungen. Für die Interphase wird eine Feinaufteilung in drei aufeinanderfolgende Phasen vorgenommen, wobei eine Zelle auch aus dem ersten Abschnitt der Interphase heraus in einen Ruhezustand übergehen kann (o Abb. 10.1).

Eine ruhende, nicht teilungsaktive Zelle befindet sich in der **G0-Phase** (*gap*). In dieser kann sie sich dauerhaft aufhalten und muss während ihrer gesamten Lebensdauer nicht in den Zellzyklus eintreten. Dies trifft beispielsweise für spezialisierte Fett- und Leberzellen zu. Nach geeigneter Stimulation ist es jedoch wieder möglich, sie zur Teilung anzuregen und in die **G1-Phase** zu überführen. Die G1-Phase ist der erste Abschnitt der **Interphase.** Hier wird die Zelle darauf vorbereitet, ihre DNA zu replizieren und an Größe zuzunehmen, um für eine bevorstehende Teilung in zwei Tochterzellen und damit ein jeweils unabhängiges Fortbestehen ausreichend Zellsubstanz anzureichern.

Ebenfalls Bestandteil der Interphase ist die darauf folgende **S-Phase** (Synthese). Hier findet die möglichst fehlerfreie Replikation der DNA statt, sodass für die bevorstehende Teilung für beide Zellen jeweils ein vollständiger Chromosomensatz zur Verfügung gestellt werden kann. Es wird für jedes Chromatid ein sogenanntes Schwesterchromatid erzeugt. Beide werden gemeinsam über einen Proteinkomplex aus Cohesinmolekülen, der für die Stabilität des Chromatingerüsts

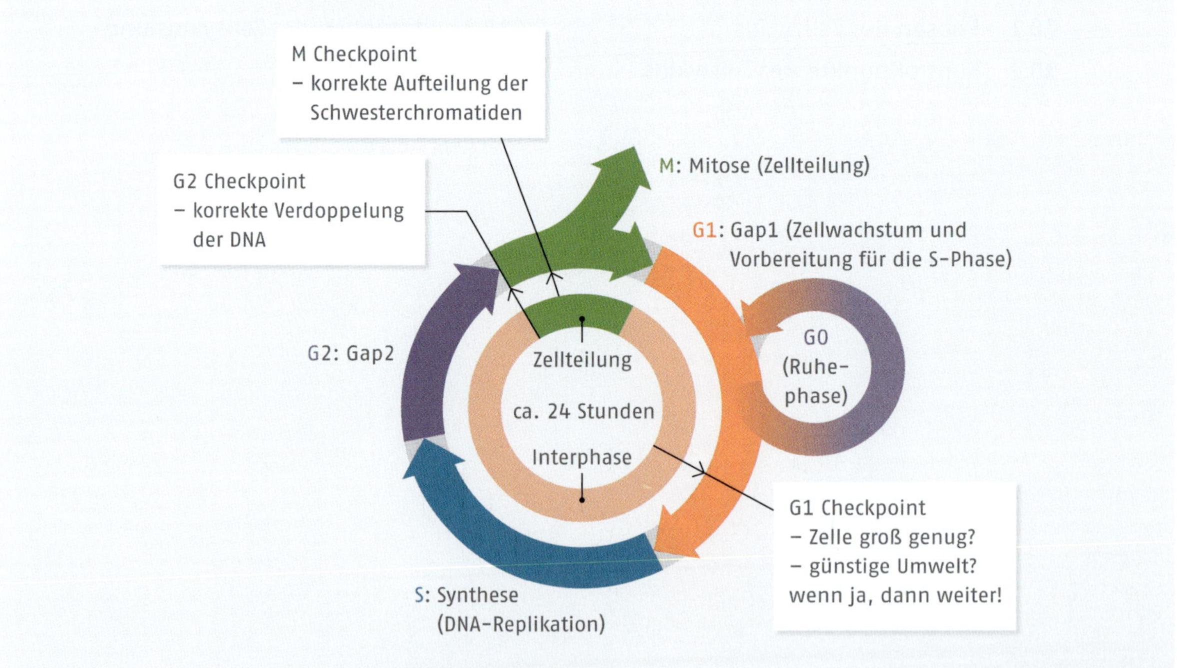

o **Abb. 10.1** Die vier Phasen der Zellteilung werden an bestimmten Kontrollpunkten streng reguliert: der G1-Phase, der G2-Phase und der M-Phase. Es entstehen zwei Tochterzellen, die erneut über die G1-Phase einen neuen Zyklus starten können oder ausdifferenzieren und sich nicht mehr teilen (Eintritt in die G0-Phase).

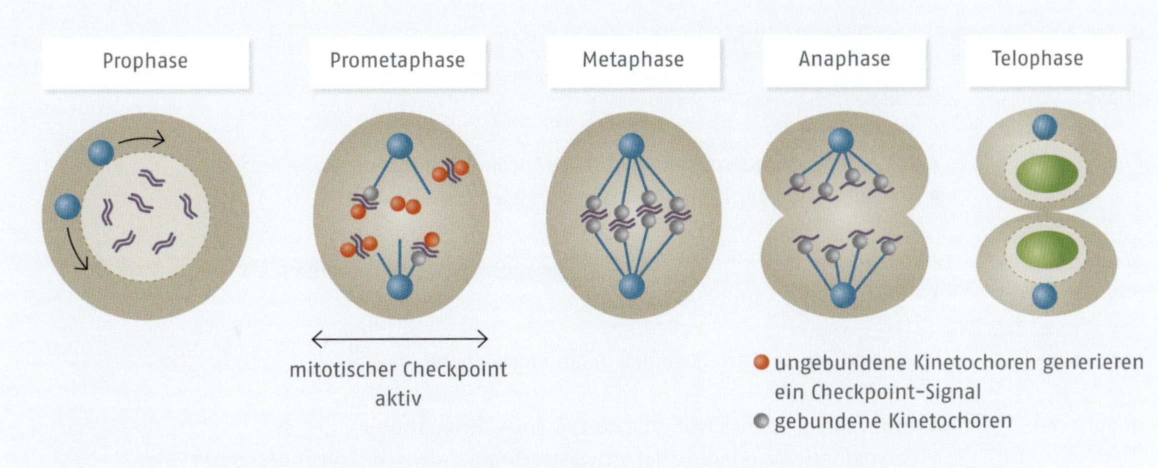

Abb. 10.2 Die Abschnitte der M-Phase werden differenziert in Prophase, Prometaphase, Metaphase, Anaphase und Telophase. Hier erfolgen die Aufteilung der DNA und die anschließende Teilung der Zelle in zwei voneinander unabhängige Zellen.

von besonderer Bedeutung ist, zusammengehalten. Außerdem erfolgt in dieser Phase des Zellzyklus die Produktion der Histone (▸ Kap. 4), um die neusynthetisierte DNA vernünftig verpacken zu können (▸ Kap. 4).

Die korrekte DNA-Synthese wird in der auch noch zur Interphase gehörenden **G2-Phase** sichergestellt. Hier werden gegebenenfalls Reparaturen an der DNA vorgenommen und die Zelle auf die anschließende Teilung in der **M-Phase** vorbereitet. Es werden dazu weitere Proteine (z. B. Bestandteile der Mikrotubuli) synthetisiert, die speziell für diesen Prozess benötigt werden.

Ist die G2-Phase überwunden, geht die Zelle in die **M-Phase (Mitose)** über, in der nun die eigentliche Teilung stattfindet. Hier werden nicht nur die Chromosomen als wesentliche Bestandteile des Zellkerns an die äußeren Enden der Zelle verteilt (**Karyokinese**), sondern anschließend auch unter Einschnürung der Zellmembran die zytosolischen Bestandteile zwischen den Tochterzellen aufgeteilt (**Zytokinese**).

10.1.1 Phasen der Mitose

Während der M-Phase werden die deutlichsten Veränderungen in der Morphologie der Zelle sichtbar. In den unterteilten Abschnitten Prophase, Prometaphase, Metaphase, Anaphase und Telophase beobachtet man charakteristische Vorgänge, die im Folgenden beschrieben werden und in Abb. 10.2 und Tab. 10.1 zusammengefasst sind.

Der erste Abschnitt der M-Phase ist die **Prophase.** Hier beobachtet man vor allem die starke Kondensation der DNA, die auch die Auflösung der Nucleoli zur Folge hat. Es bilden sich die Chromosomen. Neben den strukturellen Veränderungen der Anordnung der DNA kommt es außerdem zu einer Umorganisation der Mikrotubuli. Hierdurch wandern die Zentriolen an die Zellpole.

Definition

Zentriolen sind zylinderförmige Organellen, die hauptsächlich aus dem Protein Tubulin bestehen und als Ausgangspunkt für die Zellteilungsspindel dienen.

In der anschließenden **Prometaphase** werden schließlich die Spindelfasern ausgehend von den Zentriolen gebildet, die mit den Kinetochoren der Chromosomen assoziieren. Zu diesem Zweck kommt es zu einer Auflösung der Kernhülle, woraufhin die Chromosomen freigelegt werden und nun speziell die Kinetochor-Spindelfasern direkten Zugriff auf die Chromosomen erhalten.

Definition

Bestandteil von Chromsomen zur Verbindung von zwei Schwesterchromatiden ist das **Zentromer**, das die Verbindungsstelle der DNA von zwei Schwesterchromatiden darstellt. Diese werden u. a. durch Proteinstrukturen zusammengehalten, die man als **Cohesine** bezeichnet. Außerdem findet man auch weitere Proteinstrukturen, die an das Zentromer der Chromatiden angelagert sind und an die sich die Spindelfasern der Zentriolen anlagern können. Diese Proteinstrukturen bezeichnet man als das **Kinetochor.**

Tab. 10.1 Wesentliche Prozesse in den Abschnitten der M-Phase

Phase	Prozess
Prophase	▪ Vollständige Kondensation der DNA zu Chromosomen, Auflösung Nucleoli, ▪ Anordnung der Zentriolen an entgegengesetzten Zellpolen
Prometaphase	▪ Anlagerung der Spindelfasern an Kinetochore der Chromosomen, ▪ Auflösung der Kernmembran
Metaphase	▪ Ausrichtung der Chromosomen in Äquatorialebene
Anaphase	▪ Auflösung des Cohesinkomplexes zwischen Chromatiden, ▪ Karyokinese: Wanderung der Schwesterchromatide zu entgegengesetzten Polen
Telophase	▪ Bildung der Kernmembran um dem Chromatidensatz an dem jeweiligen Zellpol, ▪ Dekondensieren der Chromosomen und Bildung der Nucleoli, ▪ Zytokinese: Teilung der Zelle durch Membraneinschnürung

Sind alle Kinetochor-Spindelfasern von beiden Seiten der Zellpole an die Schwesterchromatiden der einzelnen Chromosomen assoziiert, kommt es durch Zug und Gegenzug von den jeweiligen Polen zur Orientierung der Chromosomen in der Äquatorialebene. Dieser Abschnitt wird als **Metaphase** bezeichnet. Hier wird sichergestellt, dass alle Chromosomen über die jeweiligen Spindelfasern mit den Zellpolen verbunden sind. Ist das nicht der Fall, kann es ansonsten im weiteren Verlauf der Zellteilung zu Fehlverteilungen von ganzen Chromosomen kommen. Die Folge ist die Entstehung von Trisomien und Monosomien in den resultierenden Zellen.

 Merke

Paclitaxel (Synonym Taxol), das aus der Rinde und den Nadeln der pazifischen Eibe (*Taxus brevifolia*) gewonnen wird, gehört zu einem der bekanntesten Mitosehemmstoffe. Das Alkaloid hemmt die Zelle an der Ausbildung der Mitosespindel durch Interaktion mit den Mikrotubuli und findet daher Anwendung als **Zytostatikum**, unter anderem bei der Therapie von Brust- und Eierstockkrebs.

Als Reaktion auf die korrekte Anordnung der Chromosomen wird in der **Anaphase** der Cohesinkomplex, der die Schwesterchromatide zusammengehalten hat, aufgelöst und die Chromatide zu den jeweils gegenüberliegenden Zellpolen gezogen (Karyokinese). Die Zellpole schieben sich in diesem Abschnitt zum Ende hin immer weiter auseinander. Es folgt die **Telophase**, in der sich zunächst an jedem Pol um den dort befindlichen Chromatidensatz eine neue Kernmembran bildet. Die Chromosomen dekondensieren und die Nucleoli werden wieder gebildet. Es kommt außerdem zur Ausbildung eines Teilungsrings, der sich sukzessive vertieft und dafür sorgt, dass die Zellen geteilt werden. Hierfür werden bereits in der Mutterzelle eingelagerte Membranvesikel verwendet, um den höheren Bedarf an Membranlipiden auszugleichen. Dabei kommt es zu einer Verteilung der Organellen. Jede Zelle erhält außerdem ein Zentriolenpaar und der Spindelapparat wird wieder abgebaut. Die Zytokinese findet aber nicht in den Zellteilungsvorgängen aller Zellen statt. So wird dieser Prozess z. B. beim Aufbau der Muskelfasern ausgelassen und es formen sich langgestreckte Strukturen, die in einem kollektiven Plasmalemma (= Sarkolemma) die Besonderheit haben, zahlreiche Zellkerne zu besitzen. Bei den meisten Zellen liegen aber nach der Zellteilung zwei Tochterzellen vor, womit ein Zellzyklus am Ende der M-Phase mit der Zytokinese abgeschlossen ist.

10.2 Kontrollpunkte des Zellzyklus

10.2.1 Komponenten der Zellzyklus-Regulation

Das Fortschreiten des Zellzyklus in den vier Phasen (G1, S, G2, M) wird maßgeblich über spezifische Kinasen gesteuert. Diese können über das Zusammenwirken verschiedener Interaktionen und transienter Modifikationen ihren Aktivierungszustand maximal entfalten.

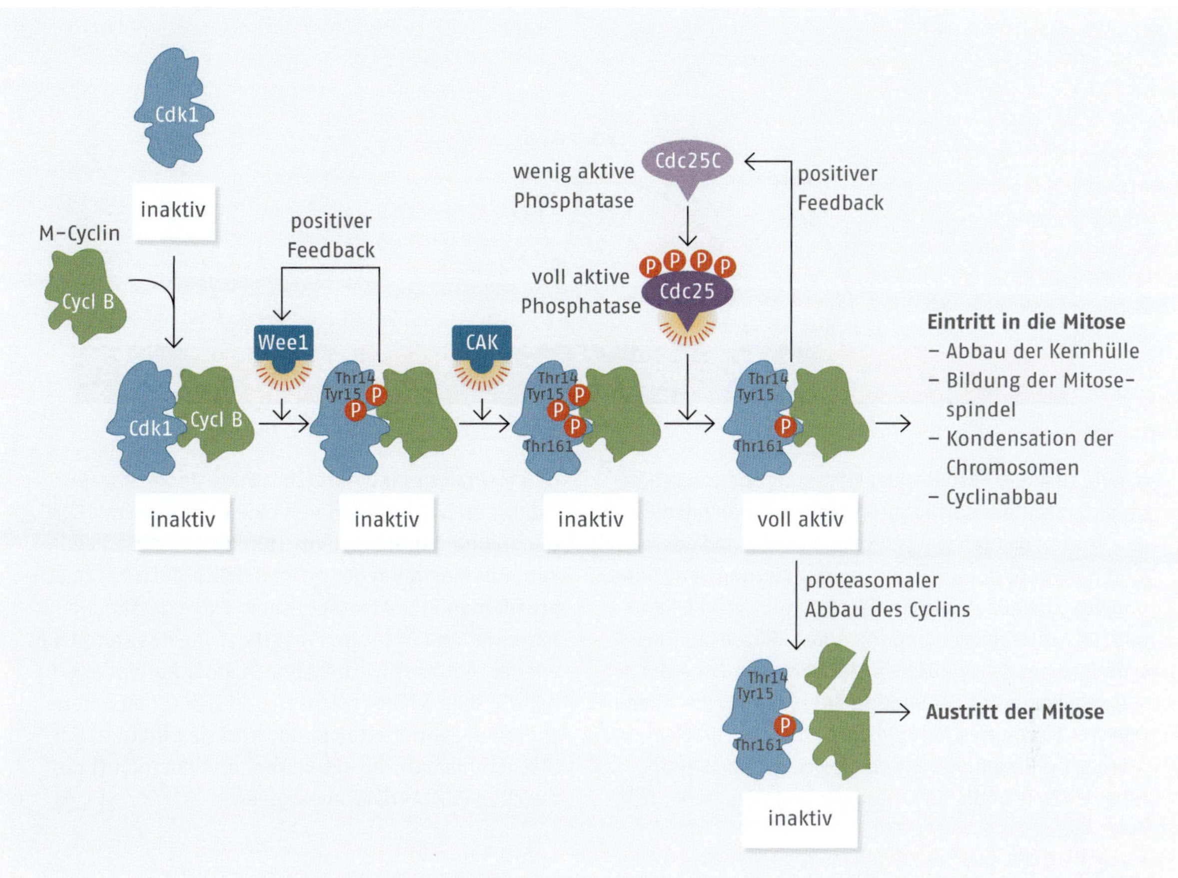

○ Abb. 10.3 Regulation der Aktivität cyclinabhängiger Kinasen am Beispiel von CDK1: CDKs bilden mit Cyclinen einen inaktiven Komplex, der durch spezifische Phosphorylierung ausgewählter Aminosäurereste aktiviert werden kann. Dabei findet man eine Überphosphorylierung durch spezifische Kinasen (z. B. das humane Analogon zum Protein Wee1 aus der Spalthefe *Schizosaccharomyces pombe*) oder CDK-aktivierende Kinase (CAK), die anschließend durch selektive Dephosphorylierung über Cdc25 zur Aktivierung des Cyclin-CDK Komplexes führt. Erst der zeitlich versetzte proteasomale Abbau der Cycline führt zur Inaktivierung des Komplexes. Im Fall des Cyclin-B-CDK1-Komplexes, der als MPF (*mitose-promoting factor*) bezeichnet wird, führt diese Assoziation und Aktivierung durch entsprechende Phosphorylierung und Dephosphorylierung zum Eintritt in die M-Phase des Zellzyklus.

Einer der wichtigsten Parameter ist die Interaktion dieser Kinasen mit sogenannten **Cyclinen**, weshalb sie auch als **cyclinabhängige Kinasen** (**CDK**, *cyclin-dependent kinases*) bezeichnet werden (○ Abb. 10.3). In tierischen Zellen findet man mindestens 10 Cycline (Cycline A, B usw.) und mindestens 8 CDKs (CDK1 bis CDK8). Diese treten in verschiedenen Kombinationen zu verschiedenen Zeiten des Zellzyklus auf.

Entscheidend für die Aktivität der CDKs sind:

- für die Aktivierung:
  - Interaktion mit Cyclinen,
  - optimal eingestellter Phosphorylierungszustand (Einwirkung von Kinasen/Phosphatasen),
- für die Inaktivierung:
  - proteasomaler Abbau der Cycline,
  - Interaktion mit spezifischen CDK-Inhibitoren (CKI).

10.2.2 Regulation der CDK-Aktivität

Aktivierung von CDKs durch periodische Synthese von Cyclinen

Cyclinabhängige Kinasen wie CDK1 liegen im Verlauf des Zellzyklus in nahezu konstanter Konzentration in der Zelle vor. Im Gegensatz dazu werden jedoch deren Interaktionspartner, die Cycline (z. B. Cyclin A, B, D und E), periodisch gebildet und abgebaut. Von diesen periodisch wiederkehrenden Mengen wurde letztlich auch ihr Name abgeleitet. Nach Synthese der Cycline wird der Komplex des hergestellten Cyclins mit der kor-

10

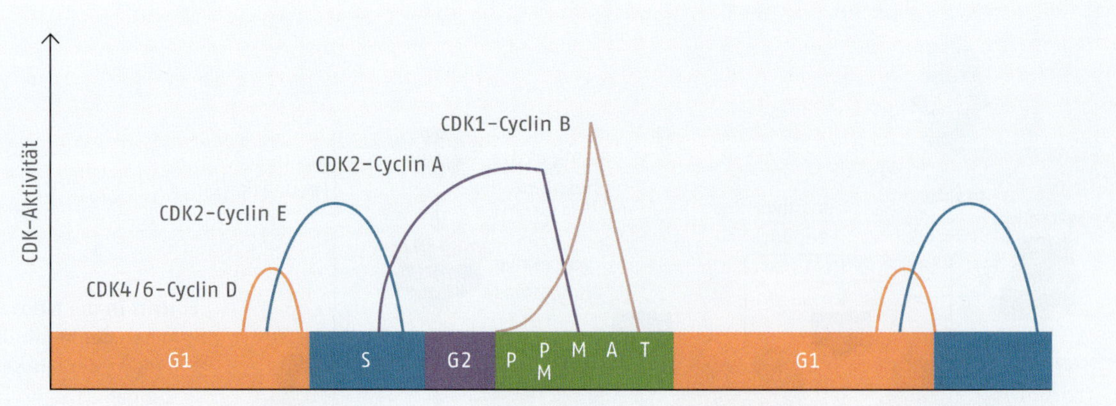

Abb. 10.4 Die Aktivität der CDKs steigt periodisch in Abhängigkeit der verfügbaren Cycline in den jeweiligen Phasen des Zellzyklus. Cyclin D wird zum Ende der G1-Phase gebildet und trägt zur Aktivierung von CDK4 und CDK6 bei. Das gleichzeitig gebildete Cyclin E kann mit CDK2 interagieren und über die S-Phase das Fortschreiten des Zellzyklus beeinflussen. Zum Ende der S-Phase kommt es zur Bildung des Cyclins A, das ebenfalls mit CDK2 einen Komplex bildet und Cyclin E verdrängt. Der so aktivierte Komplex trägt zur Überleitung der Zelle in die G2-Phase bei und wird in der frühen M-Phase inaktiviert. Zum Ende der M-Phase erzeugtes Cyclin B kann nun einen Komplex mit CDK1 bilden und damit den Eintritt in die M-Phase bewirken. Das Maximum der Cyclin B-CDK1-Aktivität beobachtet man in der Metaphase, in Folge dessen die Aktivität der CDK1 durch Inaktivierung des Komplexes wieder reduziert wird. Erst nach einer Ruhephase, in der die Zelle wieder wachsen und sich für eine neue Zellteilung vorbereiten kann, wird sie erneut durch Wachstumsfaktoren aktivierbar und durchläuft die gleichen CDK-Aktivierungszyklen.

respondierenden CDK gebildet (Abb. 10.4). So detektiert man erhöhte Mengen an Cyclin-D-CDK4- und Cyclin-D-CDK6-Komplexen am Übergang von der G1- in die S-Phase. Während dieser Komplex anschließend in seiner Konzentration abnimmt, wird zeitgleich eine Erhöhung des Cyclin-E-CDK2-Komplexes gemessen, die bereits am Ende der G1-Phase startet. In der S-Phase findet die Konzentration ihr Maximum und wird dann durch den schnellen Abbau des Cyclin E zum Ende der S-Phase wieder reduziert. Während des Übergangs in die G2-Phase steigt der Anteil an Cyclin A-CDK2 erheblich an und wird erst wieder in der M-Phase gesenkt. Der Übergang in die M-Phase wird durch die Bildung des Cyclin-B-CDK1-Komplexes eingeleitet, die während der Metaphase der Mitose ihr höchstes Ausmaß besitzt und zum Ende der M-Phase wieder rapide abfällt (Abb. 10.4). Die katalytische Aktivität der ansonsten inaktiven CDKs kann durch Interaktion mit den Cyclinen bis um das 10 000-fache gesteigert werden, da hierbei das aktive Zentrum der CDKs geöffnet und damit für deren Substrate zugänglich gemacht wird.

Wesentlich für die Bildung der Cycline sind außerdem aktivierende Signale, wie z. B. Wachstumsfaktoren, die über Rezeptor-Tyrosinkinase vermittelte Signalwege (▸ Kap. 9.7) die Bildung des **Transkriptionsfaktors E2F** und der Cycline D und E initiieren. Die resultierende Genexpression des Cyclins D ermöglicht die Bildung der Cyclin-D-CDK4- und Cyclin-D-CDK6-Komplexe, die entscheidend für den Übergang der Zelle von der G1- in die S-Phase sind. E2F ist in seiner Funktion wiederum maßgeblich an der Transkriptionskontrolle für die Synthese von Proteinen zur Replikation der DNA beteiligt und wird wesentlich durch Cyclin-D-CDK4/6-Komplexe reguliert (▸ Kap. 10.3.1).

Von besonderem Interesse ist der Cyclin-B-CDK1-Komplex, der auch als **MPF** (*mitose-promoting-factor*) oder Cdc2 (*cell division cycle 2*) bezeichnet wird, da durch ihn der Übergang der Zelle von der G2 in die M-Phase des Zellzyklus eingeleitet wird (Abb. 10.4). Dessen Regulation ist in Modellorganismen wie dem Spaltpilz *Schizosaccharomyces pombe* gut untersucht und ist beim Menschen analog.

Cyclin B wird gegen Ende der S-Phase gebildet und findet sein Maximum am Ende der späten G2-Phase. Der entstehende Komplex hat somit kurz darauf in der frühen M-Phase seine höchste Konzentration. Zur vollständigen Aktivierung dieses Komplexes werden aber noch bestimmte Modifikationen der CDK1 benötigt.

Phosporylierung und Dephosphorylierung von CDKs

CDK1 kann an verschiedenen Stellen phosphoryliert werden, die je nach Lage die Kinasefunktion aktivieren oder inhibieren können. Im inaktiven Zustand findet man in der Regel eine Phosphorylierung an einem Threonin- und einem Tyrosinrest (Thr14, Tyr15) vor, die in *Schizosaccharomyces pombe* durch die Kinase Wee1 erzeugt wird. Da beide Modifikationen in unmittelbarer Nähe zum aktiven Zentrum liegen, wird dadurch die ATP-Bindestelle blockiert, die essenziell für die Phosporylierung der CDK1-Substrate ist, und damit CDK1 inaktiviert (o Abb. 10.3). Erst eine Inaktivierung der Kinase Wee1 im Zuge des Fortschreitens des Zellzyklus und eine damit einhergehende Dephosphorylierung der beiden Reste Thr14 und Tyr15 durch die Phosphatase Cdc25 sowie die Phosphorylierung eines Threoninrests (Thr161) durch einen Komplex aus Cyclin H und CDK7 (CAK, **C**DK-**a**ktivierende **K**inase) führt zur vollen Aktivität des Cyclin-B-CDK1-Komplexes und gewährleistet so den Übergang in die M-Phase (o Abb. 10.3). Eine positive Feedback-Schleife, bei der der aktive MPF zur Aktivität der Phosphatase Cdc25 über Phosphorylierungen beiträgt, bewirkt eine Potenzierung der Aktivität des MPF und garantiert so das weitere Voranschreiten des Zellzyklus (o Abb. 10.3).

Merke

Entdeckungen von verschiedenen Proteinen werden häufig zunächst in Modellorganismen wie der **Bäckerhefe** (*Saccharomyces cerevisiae*) oder der **Fruchtfliege** (*Drosophila melanogaster*) gemacht. Meistens lassen sich aber bei hinreichend großer evolutionärer Nähe vergleichbare Proteine und deren Mechanismen auch im **Menschen** (*Homo sapiens*) wiederfinden. So wurde Wee1 zunächst im Hefepilz *Schizosaccharomyces pombe* entdeckt. Später konnte aber die Identität eines homologen Proteins im Menschen (Wee1-ähnliche Proteinkinase) nachgewiesen werden.

Eine der Reaktionen, die nun in der initiierten M-Phase folgen, ist unter anderem die Phosphorylierung des Proteins Lamin (o Abb. 11.3), das ein wesentliches Strukturprotein beim Aufbau der Kernmembran darstellt. Die reversible Phosphorylierung der Lamine durch MPF bewirkt die vorübergehende Fragmentierung und Auflösung der Kernmembran während der Prophase der M-Phase (o Abb. 10.3). Es werden aber auch andere Effekte, wie die Umorganisation des Zytoskeletts und die Bildung der Mitosespindel, die Kondensation der Chromosomen (über Phosphorylierung des Histons H1) oder die Synthese von Proteinen zur Induktion des proteasomalen Cyclin-B-Abbaus durch die Aktivierung des MPF bewirkt.

Proteasomaler Abbau von Cyclinen

Der Komplex aus Cyclin B und CDK1 wird im Laufe der M-Phase inaktiviert. Dies geschieht durch Ubiquitin-Ligasen, die den N-Terminus von Cyclin B mit dem Protein Ubiquitin verknüpfen. Diese Markierung ist ein Erkennungsmerkmal für den Abbau dieser Proteine und wird nun durch verstärkte **Polyubiquitinierung** ausgehend von dem ersten kovalent angelagerten Ubiquitin erweitert. Im Rahmen dieses ubiquitinabhängigen Abbausystems kann nun das Protein vom **Proteasom** erkannt und abgebaut werden. Es kommt dadurch zu einer schnellen Reduktion der Cyclin-B-Konzentration. Damit CDK-1 wieder im inaktiven Zustand für neue Aktivierungszyklen zur Verfügung steht, wird das Protein gleichzeitig durch eine Phosphatase an Thr161 dephosphoryliert.

Definition

Das **Proteasom** ist ein Proteinkomplex, der für den Abbau von überflüssigen oder fehlgefalteten Proteinen zuständig ist. Dazu werden in der Regel die abzubauenden Proteine mit einem kleinen Protein, dem Ubiquitin, kovalent verknüpft und so für den Abbau markiert. Das Proteasom verbindet zahlreiche proteolytische Aktivitäten, die final unter ATP-Verbrauch den Abbau von Proteinen katalysieren.

CDK-Inhibitoren

Einzelne Cyclin-CDK-Komplexe werden zusätzlich noch durch die Bindung eines CDK-Inhibitors (CKI), z. B. INK4-Inhibitoren (**In**hibitoren von CD**K4**) oder CIP/KIP-Inhibitoren (CDK **i**nteragierende **P**roteine/ **K**inase **i**nhibiriende **P**roteine, z. B. p21, p27) gehemmt (o Abb. 10.5). Hierdurch können die CDKs nicht aktiviert werden und der Zellzyklus wird zum betreffenden Zeitpunkt angehalten.

10.2.3 Kontrolle durch Cyclin-CDK Komplexe

Im Verlauf des Zellzyklus hat die Zelle drei wesentliche Zeitpunkte, zu denen dieser gestoppt werden kann (o Abb. 10.1). Das ist notwendig, um das vorbereitende Wachstum der Zelle (**G1-Kontrollpunkt**), die korrekte Verdopplung der DNA (**G2-Kontrollpunkt**) und die richtige Aufteilung der Schwesterchromatiden (**Metaphase-Kontrollpunkt**) zu garantieren.

Der Übergang der Zelle von der G1 in die S-Phase wird wesentlich durch die Regulation der Aktivität der Komplexe Cyclin D-CDK4 und Cyclin E-CDK2 bestimmt. An diesem Punkt wird sichergestellt, dass die DNA funktional in vollständigem Zustand (ohne Schä-

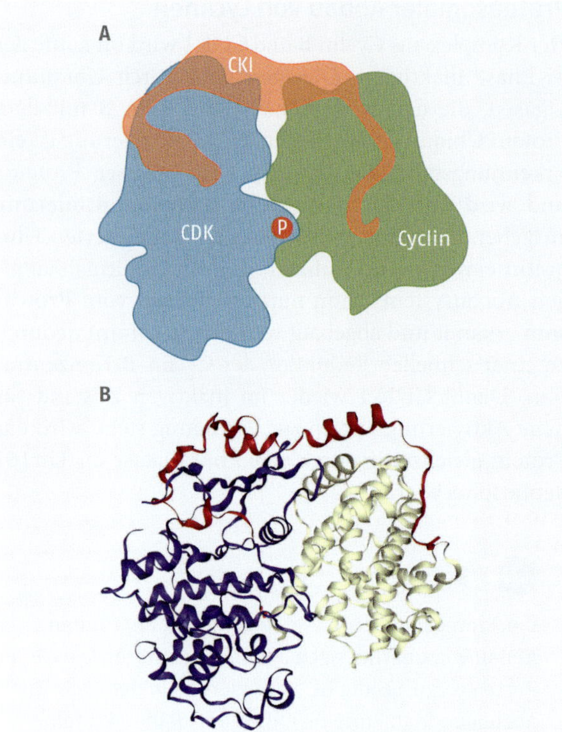

Abb. 10.5 A Cyclin-CDK-Komplexe wie Cyclin E-CDK2 oder Cyclin A-CDK2 können während der Zellzykluskontrolle durch CKIs wie p21 oder p27 gehemmt werden. Der so gebildete Komplex hat keine Kinaseaktivität mehr und ist damit in seiner Funktion gehemmt. **B** Bändermodell des Cyclin-A-CDK2-Komplexes (blau – CDK2, weiß – Cyclin A) gehemmt durch die Interaktion mit p27 (rot; PDB-ID: 1JSU).

den) vorliegt. Es wird außerdem geprüft, ob die Zelle ausreichend Nährstoffe zur Verfügung hat. Ist beides der Fall, induzieren die genannten Cyclin-CDK-Komplexe unter anderem die Bildung von Enzymen für die DNA-Replikation und überführen die Zelle damit in die S-Phase. Entscheidend ist hierbei die Hyperphosphorylierung des **Rb-Proteins** (**R**etino**b**lastomprotein; ▸ Kap. 10.3.1). Bei der Kontrolle der Integrität der DNA spielt speziell das **Protein p53** eine wichtige Rolle (▸ Kap. 10.3.2).

Der zweite Kontrollpunkt, der über die Fortführung des Zellzyklus bestimmt, befindet sich am Übergang der G2-Phase in die M-Phase. Kommt es zu Schädigungen der DNA, z. B. Einzelstrangbrüchen, kann dies die Inaktivierung der Cdc25 bewirken und damit die Aktivierung des MPF verhindern. Die Zelle kann dadurch nicht in die M-Phase übergehen und verweilt bis zur Reparatur der DNA in der G2-Phase.

Während der M-Phase kann an einer dritten Stelle, dem Metaphase-Kontrollpunkt oder Spindel-Kontrollpunkt, der Zellzyklus vorübergehend angehalten werden, um zu gewährleisten, dass es zur korrekten Verteilung der Chromosomen kommt. Hierbei ist entscheidend, dass die Anordnung der Chromosomen in der Äquatorialebene der Zelle und damit die korrekte Verbindung der Zellspindeln mit den Chromosomen gewährleistet ist, damit im Anschluss bei der Aufteilung der Schwesterchromatiden auf die beiden Pole der Zelle keine Fehlverteilungen auftreten. Entscheidend für die Auflösung der Verbindung der jeweiligen Schwesterchromatiden für den Übergang der Metaphase zur Anaphase ist die Aktivierung des **Anaphase-Promotor-Komplexes** (APC). Dieser führt zur Auflösung der Verbindung zwischen den Schwesterchromatiden, wodurch es möglich wird, diese jeweils zu den entgegengesetzten Polen der Zelle zu bewegen. Gleichzeitig initiiert APC aber auch den Abbau der Cycline wie Cyclin B und reguliert damit das Fortschreiten des Zellzyklus. So wird das Ende der M-Phase und der Übergang in die G1-Phase ermöglicht und die Zellteilung kann abgeschlossen werden.

10.3 Störungen des Zellzyklus und Onkogenese

10.3.1 Rb-Protein in der Zellzykluskontrolle

Ein für die Tumorentstehung bedeutendes Protein der Zellzyklusregulation ist das **Retinoblastomprotein** (Rb-Protein). Dessen Aufgabe besteht darin, unter Kontrolle cyclinabhängiger Kinasen die Aktivität von Transkriptionsfaktoren der E2F-Familie zu steuern. Die Transkriptionsfaktoren der E2F-Familie regulieren direkt die Expression zellzyklusrelevanter Gene.

Wird der Zellzyklus durch Wachstumsfaktoren aktiviert, kommt es zur Expression von E2F-Transkriptionsfaktoren. Diese können nun an ihre Zielgenpromotoren binden, werden jedoch durch das Rb-Protein inhibiert, solange bestimmte Cyclin-CDK-Komplexe nicht aktiv sind (○ Abb. 10.6). Dadurch bleibt die Expression der E2F-Zielgene (DNA-Polymerase α, Ribonukleotid-Reduktase u. a.) aus; die Zelle verbleibt in der G1-Phase und tritt nicht in die S-Phase über.

Treten im Verlauf des Zellzyklus die aktivierten Komplexe Cyclin D-CDK4/6 auf, können sie das Rb-Protein phosphorylieren. Dadurch kommt es zur Dissoziation des Komplexes aus Rb-Protein und E2F und die Genexpression der E2F-gesteuerten Gene wird induziert. Dazu gehört auch die Expression von Cyclin E, das im Komplex mit CDK2 zusätzlich die Hyperphosphorylierung des Rb-Proteins propagiert (○ Abb. 10.6).

Es folgen die vollständige Aktivierung der durch E2F kontrollierten Gene und damit der Übergang in die S-Phase.

Kommt es zu einer Mutation des Retinoblastomgens auf Chromsom 13 (Punktmutationen oder Deletion eines Exons), kann es bei gleichzeitiger Onkogen-Aktivierung zur Entstehung von Tumoren der Retina (Retinoblastom) kommen. Da das Genprodukt des Retinoblastomgens an der Unterdrückung des unkontrollierten Zellwachstums beteiligt ist und damit bei einer Mutation die Entstehung von Tumoren nicht mehr ausreichend verhindern kann, spricht man in einem solchen Fall von einem **Tumorsuppressor** (▸ Kap. 12).

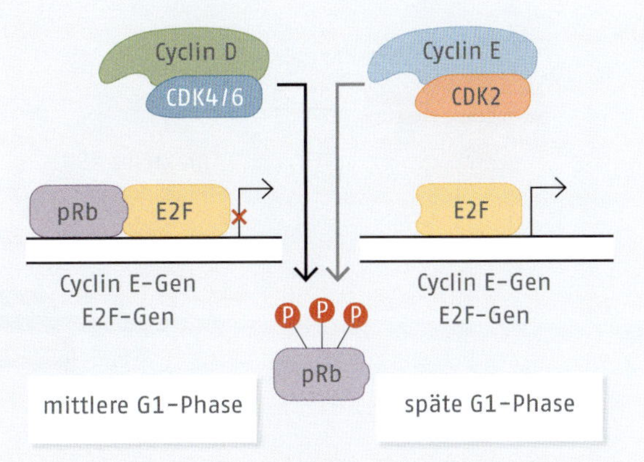

Abb. 10.6 Der Übergang von der G1- zur S-Phase wird durch die Aktivierung der durch den Transkriptionsfaktor E2F-vermittelten Transkription über das Rb-Protein reguliert. Unphosphoryliertes Rb-Protein hemmt die Transkription durch Bindung an E2F. Hyperphosphoryliertes Rb-Protein, das durch Cyclin D-CDK4/6 und Cyclin E-CDK2 Komplexe entsteht, kann nicht mehr an E2F binden. Es erfolgt der Übergang der G1 in die S-Phase.

10.3.2 p53 in der Zellzykluskontrolle und Krebsentstehung

Um zu garantieren, dass vor Eintritt in die S-Phase die DNA fehlerfrei vorliegt, hat die Zelle eine komplexe Maschinerie entwickelt, die eine Prüfung der DNA auf Schäden durchführt. Entscheidende Bedeutung für die Regulation des G1-Kontrollpunktes auf dieser Stufe hat das Protein p53.

> **Fachgebietstransfer**
>
> Der Name des **Proteins p53** ist abgeleitet von seiner Molekülmasse in der SDS-Polyacrylamid-Gelelektrophorese (53 kDa). Sein tatsächliches Molekulargewicht beträgt jedoch nur 43,7 kDa. Aufgrund der hohen Anzahl an Prolinresten ist aber das Wanderungsverhalten des Proteins im elektrischen Feld wesentlich beeinflusst und es lässt sich ein scheinbares Molekulargewicht von ca. 53 kDa beobachten.

Im Fall einer Fehlsequenz oder eines DNA-Schadens wird p53 durch spezifische Proteinkinasen phosphoryliert. Das ansonsten schnell abgebaute p53 wird dadurch stabilisiert und akkumuliert im Zellkern. Es kann nun als Transkriptionsfaktor wirken und die Proteinexpression von p21 auslösen (Abb. 10.7). Das Protein p21 ist ein CDK-Inhibitor, der an die vorhandenen Cyclin-CDK-Komplexe binden kann und dadurch die Hyperphosphorylierung des Rb-Proteins verhindert (▸ Kap. 10.3.1, Abb. 10.6). Gleichzeitig kann p21 auch an die DNA-Polymerase δ binden und auf diesem Weg die Aktivität des Enzyms reduzieren. Es wird somit direkt die DNA-Replikation gehemmt. Der Übergang in die S-Phase ist damit verhindert und die Zelle verbleibt in der späten G1-Phase, in der es nun zunächst zur Reparatur der DNA kommt. Erst wenn diese erfolgt ist, wird die Hemmung durch p53 aufgehoben und so die Replikation der DNA in der S-Phase wieder freigegeben. Ist keine Reparatur mehr möglich, kann das gleiche System auch zum Tod der Zelle (**Apoptose**, ▸ Kap. 11) führen. So kann dieses System Proliferation bzw. das Überleben von fehlerhaften und schlimmstenfalls entarteten Zellen und damit in letzter Konsequenz Krebs verhindern. Auch p53 zählt daher zu den Tumorsuppressoren.

Es ist daher nicht verwunderlich, dass in vielen Tumoren beim Menschen (> 50 %) Mutationen im Gen für p53 gefunden werden. Hiervon betroffen sind unter anderem verschiedene Tumore des Gehirns, der Lunge, der Brust, aber auch des Blutes (Leukämien). In der Forschung war p53 daher zunächst einer der interessantesten Schwerpunkte für Untersuchungen zur Krebsentstehung und -bekämpfung. Mutationen in p53 haben nicht nur zur Folge, dass bei Schäden der DNA p21 nicht mehr gebildet werden kann, sondern führen vor allem dazu, dass eine fehlerhafte DNA repliziert und auf die Tochterzellen verteilt wird. Nach Durchlaufen mehrerer Zellzyklen kann es so dauerhaft zur Akkumulation von verschiedenen Mutationen der Zellen kommen und es steigt das Risiko, dass eine Zelle entartet und unkontrolliert proliferiert.

Neben p53 versucht man in der Tumortherapie mittlerweile ganz verschiedene Abschnitte und Abläufe des Zellzyklus durch **Zytostatika** zu adressieren (▸ Kap. 12). Dabei sind auch verstärkt verschiedene künstliche CDK-Inhibitoren in der Entwicklung und im Einsatz, um die unterschiedlichen Abschnitte des Zellzyklus zu beeinflussen.

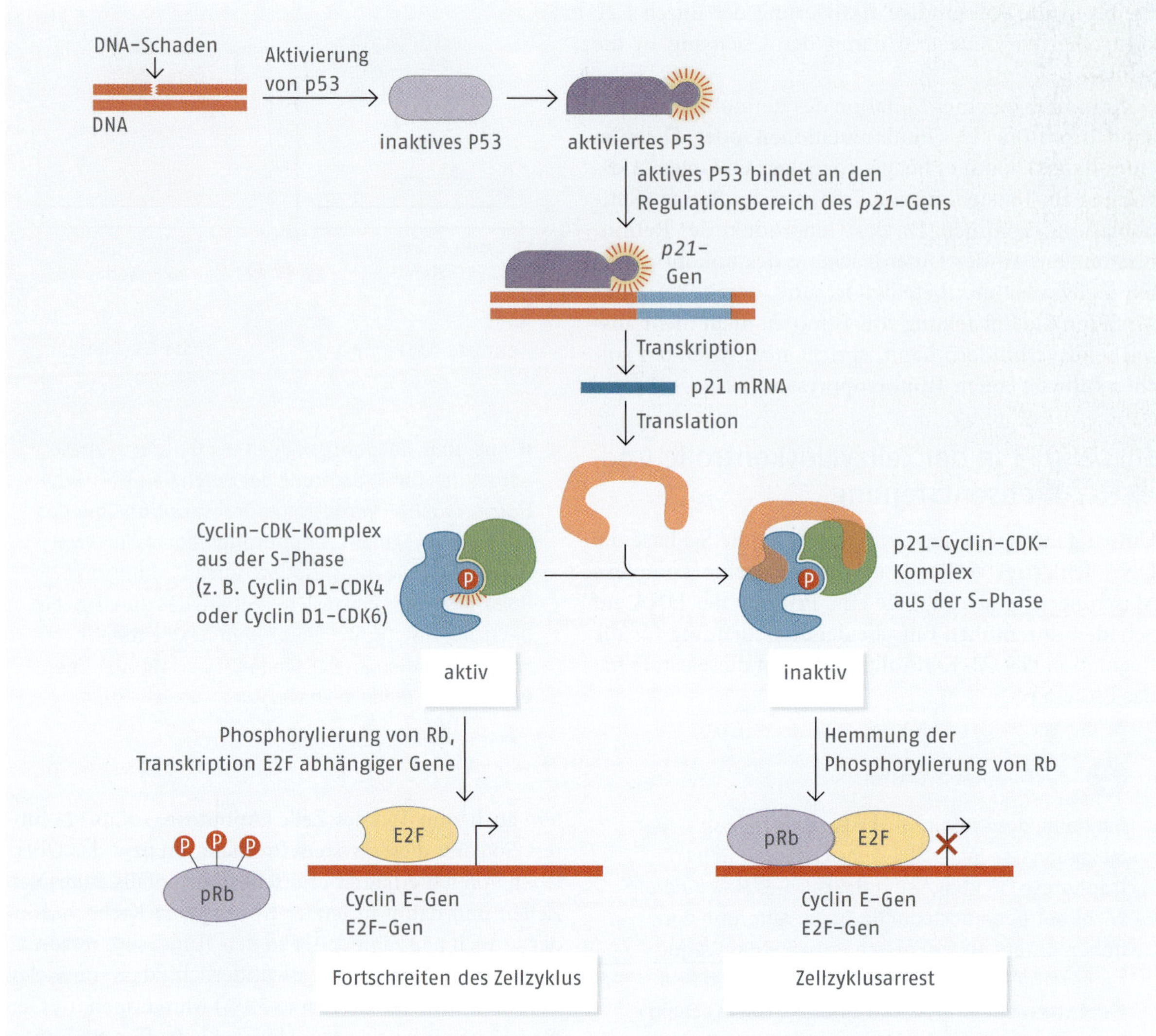

Abb. 10.7 Schädigungen der DNA werden am G1-Kontrollpunkt erkannt und führen zur Phosphorylierung und Aktivierung von p53. Aktiviertes p53 leitet die Expression des CKI p21 ein, der an die Cyclin-CDK-Komplexe binden kann. Die dadurch reduzierte Kinase-Aktivität der Komplexe verhindert die Phosphorylierung des Rb-Proteins und stoppt die Transkription E2F-abhängiger Gene. Die Zelle verharrt in der G1-Phase, bis die DNA repariert wurde.

Apoptose und Nekrose

Diana Imhof

Einleitung

Im normalen Verlauf der Entwicklung und des Wachstums des Organismus sterben täglich Zellen. Hierbei handelt es sich um einen physiologischen Prozess. Dieser planmäßigen Eliminierung von Zellen, der Apoptose (▸Kap. 11.1), steht die Nekrose (▸Kap. 11.2) gegenüber. Bei einer Nekrose geht dem Zelltod eine massive Schädigung der Zellstruktur voraus, die beispielsweise durch drastische mechanische Verletzungen, Sauerstoffmangel, Infektionen mit Krankheitserregern oder Kontakt mit Toxinen ausgelöst sein kann. Folglich kommt es zu Membrandefekten, die zur Zelllyse (▸Kap. 3.2) und schließlich zu einer Entzündungsreaktion führen.

11.1 Apoptose – programmierter Zelltod

Bestimmte biochemische Mechanismen, die in charakteristischen morphologischen Veränderungen einer Zelle resultieren (○ Abb. 11.1), gehören zum streng kontrollierten Prozess der Apoptose, dem programmierten Zelltod. Der Begriff ist aus dem Altgriechischen abgeleitet und bedeutet sinngemäß „Abfallen der Blätter eines Baumes im Herbst". Die einzelne Zelle durchläuft dabei ein physiologisch geregeltes Selbstmordprogramm, das für die Entwicklung, die Erhaltung und das Altern des Organismus essenziell ist. Darüber hinaus ist die Apoptose von großer Bedeutung für Prozesse wie beispielsweise Zellumsatz und Embryonalentwicklung, für die Entwicklung und Funktionsfähigkeit des Immun- und des Nervensystems, bei hormonabhängiger Atrophie (Gewebsschwund) sowie bei durch Chemotherapie induziertem Zelltod.

11.1.1 Merkmale apoptotischer Zellen

Ein wichtiger Unterschied zwischen apoptotischen und nekrotischen Zellen ist die Tatsache, dass im Falle der Apoptose individuelle Zellen betroffen sind. Man erkennt sie in einer mikroskopischen Untersuchung anhand bestimmter morphologischer Veränderungen wie dem Brechen von interzellulären Kontakten und dem Schrumpfen der Zelle (○ Abb. 11.1 A), der Chromatinkondensation, der Fragmentierung des Zellkerns und der DNA, was schließlich zur Auflösung der gesamten Zelle führt. Die produzierten Zellfragmente (*apoptotic bodies*) werden durch Phagozytose (Makrophagen) entfernt. Die beschriebene DNA-Fragmentierung ist charakteristisch für apoptotische Zellen und lässt sich mithilfe der Gelelektrophorese als Leitermuster (*DNA-laddering*) nachweisen (○ Abb. 11.1 B).

A

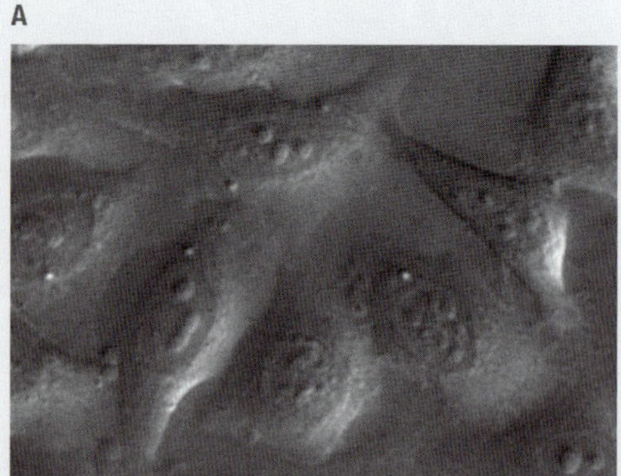

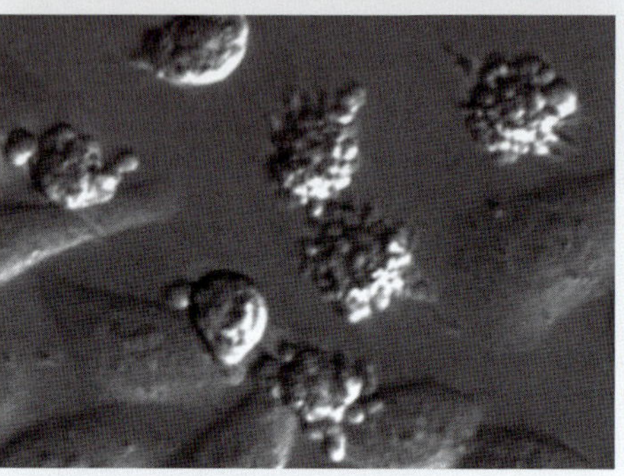

B

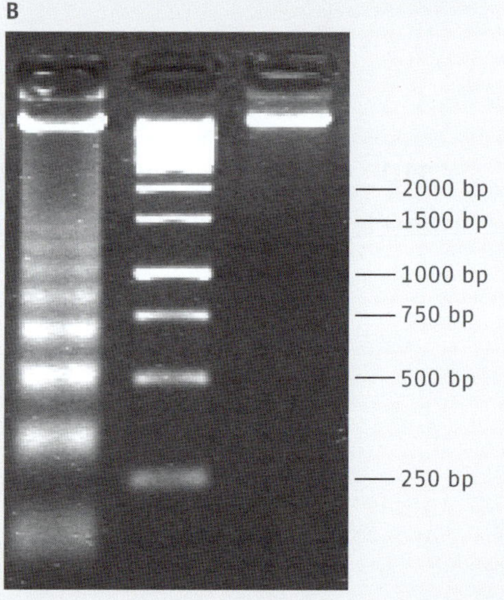

○ **Abb. 11.1** A Apoptose einer Leberzelle nach Chemotherapie: Kinetik der morphologischen Veränderungen, B DNA-laddering

 Merke

Bei der **Apoptose** handelt es sich im Gegensatz zur **Nekrose** nicht um einen entzündlichen Prozess.

11.1.2 Physiologische Bedeutung der Apoptose

Die Apoptose ist von großer Bedeutung für die Homöostase von Geweben und für die Eliminierung von alten oder mutierten Zellen. Während der Entwicklung des Organismus, z. B. in der Embryonalentwicklung, müssen zudem bestimmte Zellpopulationen entfernt werden, wenn sie keine Funktion mehr besitzen oder in zu großer Anzahl vorhanden sind. So werden die Interdigitalhäute, d. h. die Häute zwischen Fingern und Zehen (○ Abb. 11.2), durch Apoptose eliminiert. Gleiches gilt für Nervenzellen, die während der Entwicklung des Embryos angelegt werden, aber in großer Anzahl vor der Geburt bereits wieder absterben. Im adulten Organismus ist die Apoptose ebenfalls wichtig zur Kontrolle der Zellzahl und damit der Regulation der Größe von Geweben, aber auch hinsichtlich der Eliminierung von Zellen des Immunsystems oder entarteter Zellen, die zu Tumorzellen werden können. Der Einstieg einer Zelle in apoptotische Vorgänge und schließlich ihren Tod erfordert bestimmte Signale, die innerhalb der Zelle oder von anderen Zellen in der Umgebung ausgesendet werden und daraufhin entsprechende Signalkaskaden im Inneren der zu eliminierenden Zelle initiieren (▸ Kap. 11.1.3).

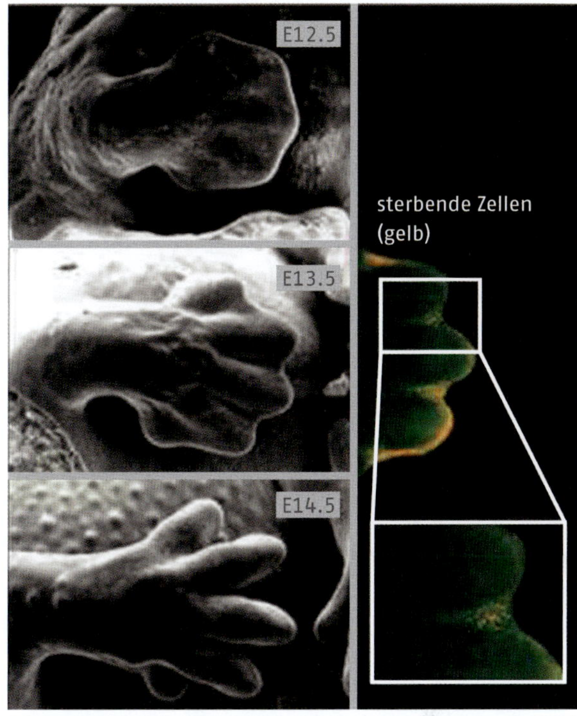

○ **Abb. 11.2** Apoptotische Zellen sind durchlässig für Acridinorange, einen Farbstoff, der zum Nachweis von DNA verwendet wird (wirkt interkalierend).

11.1.3 Signalkaskaden der Apoptose

Ausgelöst wird die Apoptose u. a. durch bestimmte Hormone (▸ Kap. 9.2), Mangel an Wachstumsfaktoren (▸ Kap. 9.2) und Zytostatika, aber auch durch Faktoren wie Virusinfektionen, UV- und ionisierende Strahlung oder Sauerstoffmangel (Hypoxie). Alle diese Signale münden in Wegen, die eine **Effektorkaskade** bestimmter Enzyme, sogenannter **Caspasen**, aktivieren. Der Begriff Caspase ist von deren katalytischer Aktivität gegenüber ihren Substraten abgeleitet, denn es handelt sich um **C**ystein-Prote**asen**, die nach **Asp**artat (Asp-Xaa) spalten. Mehr als 100 Proteine wurden bereits als Substrate der Caspasen identifiziert. Im Hinblick auf die Initiation der Signalwege (**Initiationsphase**) unterscheidet man zwischen intrinsischem (**mitochondrialer Weg**) und extrinsischem (**TNF-Todesrezeptorweg**) Weg. An beide Initiationswege schließt sich die Effektorphase (**Caspasen-Kaskade**) an (○ Abb. 11.3), wobei sie in einem gemeinsamen Endpunkt, der Aktivierung der **Caspase 3** münden.

Initiationsphase: Intrinsischer Weg

In ▸ Kap. 10 wurde die Bedeutung des **Tumorsuppressors p53** bereits ausführlich dargestellt. p53 kommt unter bestimmten Umständen, die eine Reparatur von DNA-Schädigungen nicht mehr ermöglichen (z. B. Schäden durch energiereiche Strahlung), eine weitere Funktion zu: Es kann den apoptotischen Tod einer Zelle vermitteln, indem es die Expression des *BAX*-Gens anregt. Das daraus resultierende Protein (**BAX**) gehört zur **BCL-2-Familie** und induziert die Freisetzung von **Cytochrom c** aus dem mitochondrialen Intermembranraum ins Zytosol. Cytochrom c bindet daraufhin an **APAF-1** (apoptotischer Protease-Aktivierungsfaktor-1), was letztlich über weitere Prozesse zur Autoaktivierung von **Caspase 9** führt. Die aktive Caspase 9 kann dann die **Effektorcaspase 3** aktivieren und damit den Zelltod in Gang setzen (○ Abb. 11.3).

11

Initiationsphase: Extrinsischer Weg

Die Apoptose kann auch über die Stimulation des **Fas (CD95)-Rezeptors**, der in der Plasmamembran sitzt, ausgelöst werden. Der Fas-Rezeptor gehört zu den Todesrezeptoren der **TNF** (**Tumornekrosefaktor**)-Rezeptorfamilie. Sie werden durch **Fas-Liganden** (**Fas-L**) stimuliert, was deren Trimerisierung und in der Folge die Bildung einer Interaktionsfläche für Adapterproteine in den sogenannten Todesdomänen (DD, *death domains*) bewirkt. An diese Todesdomänen binden anschließend Proteine des **FADD** (Fas-assoziierte Proteine mit Todesdomäne)-Typs und bilden einen Multiproteinkomplex, an den zwei Moleküle der **Procaspase 8** rekrutiert werden. Procaspasen sind die Vorläufer der aktiven Caspasen. Im Falle der Procaspase 8 aktivieren

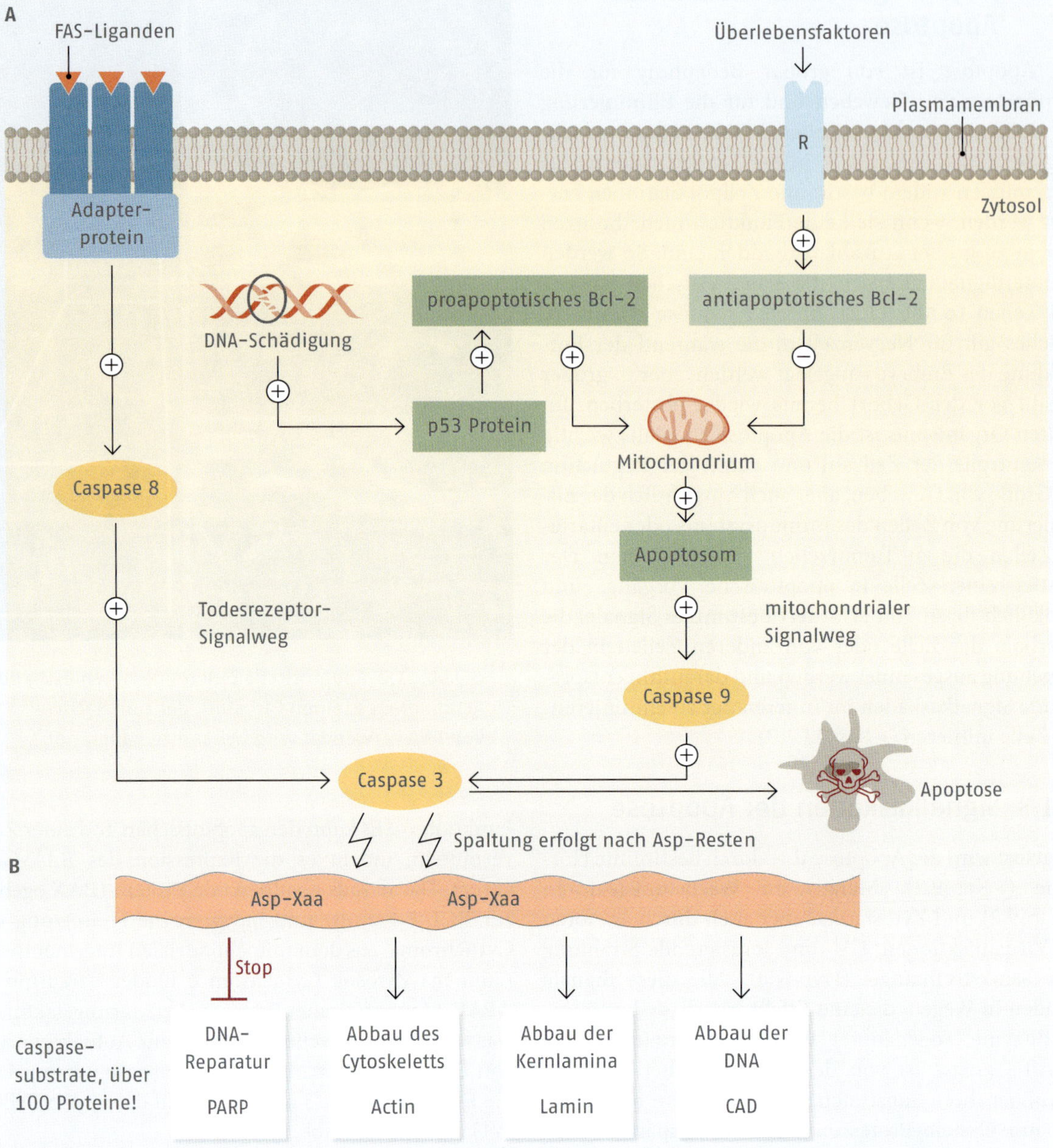

Abb. 11.3 Apoptosevermittelnde Signalwege: **A** Initiationsphase mit intrinsischem (rechts) und extrinsischem Weg (links) und **B** Effektorphase, die durch die Aktivierung der Caspase 3 eingeleitet wird. **PARP** Poly-ADP-ribose-Polymerase , **CAD** Caspase-aktivierte DNAse

die beiden Moleküle sich gegenseitig. Die aktive **Caspase 8** löst dann die nachfolgende Effektorkaskade über **Caspase 3** aus (Abb. 11.3).

Effektorphase: Caspasen-Kaskade

In die Caspasen-Kaskade, die schließlich zur Endphase der Apoptose, dem Zelltod, führt, sind vorrangig die **Caspasen 3, 6** und **7** involviert (Abb. 11.3). Diese Enzyme bauen verschiedene Proteine ab, darunter Lamin und Actin, die am Aufbau der Zellstrukturen, wie der Kernmembran bzw. des Zytoskeletts (▸Kap. 8.2), beteiligt sind. Darüber hinaus aktivieren sie beispielsweise die Caspase-aktivierte DNase CAD, die den Abbau der genomischen DNA in apoptotischen Zellen einleitet, was sich in der bereits erwähnten Leiter charakteristischer DNA-Fragmente äußert (Abb. 11.1). Die Zelle schnürt schrittweise membranumhüllte Vesikel ab, die dann von spezialisierten Makrophagen „gefressen" werden.

Tab. 11.1 Ausmaß an apoptotischen Prozessen und damit im Zusammenhang stehende Erkrankungen

Reduzierte Apoptose	Erhöhte Apoptose
Unzureichende Entsorgung bakterieller oder viraler Zellen bei ständigen bzw. anhaltenden **Infektionen**	**Zerebrale Ischämie** (Hirn-/Herzinfarkt), einschließlich Nekrose
Verminderte oder versagende Apoptose bei **Tumorzellen** (z. B. B-Zell-Lymphome, → Leukämie), Resistenz von Krebszellen gegen Chemotherapeutika und Bestrahlung	Verletzungen von Gehirn und Rückenmark bei **Trauma**, einschließlich Nekrose
Unzureichende Entsorgung zytotoxischer T-Zellen (CTLs, cytotoxic T lymphocytes) oder Antikörper produzierender B-Zellen bei **Autoimmunerkrankungen**	**Neurodegenerative Erkrankungen** (z. B. multiple Sklerose, Alzheimer, Parkinson, Huntington, ALS)
	Erkrankungen der Leber (z. B. Hepatitis, Leberschäden durch Alkoholkonsum)
	Progression bei HIV/AIDS durch gesteigerte Apoptose der Lymphozyten und Schwundrate von T-Helferzellen
	Abstoßung von (Organ-)Transplantaten (Alloreaktivität, z. B. durch T-Zellenreaktion gegen fremde MHC-Moleküle)

11.1.4 Pathophysiologische Bedeutung der Apoptose

Der Apoptose wird heute eine zentrale Rolle in der Pathophysiologie vieler Krankheiten, wie z. B. neurodegenerativer Erkrankungen, Infektionen, Sepsis, Autoimmun- und Tumorerkrankungen, zugesprochen (Tab. 11.1). Art, Zeitpunkt und Intensität des Stimulus entscheiden dabei nicht nur darüber, ob die Zelle den Prozess der Apoptose oder Nekrose (▸ Kap. 11.2) ansteuert, sondern auch in welchem Ausmaß der jeweilige Prozess ausgeführt wird. Eine vermehrte Apoptose wird im Nervensystem z. B. durch Sauerstoff- und Nährstoffmangel induziert, bei einem Schlaganfall (Hirninfarkt) treten jedoch beide Prozesse auf. In unmittelbarer Nähe des Gefäßverschlusses tritt nekrotischer Zelltod auf, während apoptotische Prozesse vorrangig in den geringer durchbluteten Regionen, die an das Nekrosezentrum angrenzen, ablaufen. Dadurch vergrößert sich der Gewebeschaden zusätzlich.

Im Falle der Apoptose wurden sowohl Situationen einer reduzierten Apoptose als auch erhöhter Apoptose erkannt (Tab. 11.1). In welchem Umfang die Apoptose abläuft, ist entscheidend von der Balance zwischen den oben bereits erwähnten proapoptotischen **BCL-2-Proteinen** (z. B. **BAX**, **BAK**) und den zur selben Familie gehörenden antiapoptotischen BCL-2-Familienmitgliedern abhängig. Zu letzteren gehören **BCL-2** und **BCL-xL** sowie die Apoptose-inhibitorischen Proteine (IAPs), wie z. B. **Survivin**. So sind Zellen, denen beispielsweise BCL-2 fehlt, sensitiver für Apoptose. Durch Bindung von BCL-2/BCL-xL an Bax wird das apoptotische Signal neutralisiert. Letztlich ist es entscheidend, ob die pro- oder die antiapoptotischen Proteine überwiegen. Die BCL-2-Proteine werden auf unterschiedlichen Ebenen reguliert: transkriptionell über die erhöhte Expression von entweder BCL-2 (reduzierte Apoptose) oder BAX (erhöhte Apoptose) und posttranslational über Phosphorylierungs- und Dephosphorylierungsreaktionen durch Stress-aktivierte Proteinkinasen bzw. -phosphatasen.

11.1.5 Apoptosebasierte Therapiestrategien

Therapiestrategien im Zusammenhang mit Apoptose zielen darauf ab, entweder die oben beschriebene Erhöhung zurückzusetzen oder die Reduktion, wie z. B. bei Tumoren, auf ein Normalmaß anzupassen. Essenzielle Voraussetzung für die Entwicklung solcher Ansätze ist das Verständnis der molekularen Grundlagen der Apoptose (▸ Kap. 11.1.2 und ▸ Kap. 11.1.3). Problematisch bleibt jedoch die Tatsache, dass dieses Selbstmordprogramm in allen Körperzellen angelegt ist und es somit

11

Tab. 11.2 Therapeutische Ansatzpunkte und Strategien im Zusammenhang mit Apoptose. Nach Fischer/Schulze-Osthoff, Cell Death and Differentiation, 12, 942, 2005 und Baig et al., Cell death and Disease, 7, e2058, 2016

Molekulares Ziel	Typ	Apoptoseeffekt
1. Strategien für den intrinsischen Weg		
Antiapoptotische BCL-2-Proteine	Niedermolekulare synthetische Inhibitoren, Naturstoffe, Hochdurchsatzscreening-identifizierte Verbindungen, Antisense-Oligonukleotide	Proapoptotisch
Proapoptotische BCL-2-Proteine	BH3-abgeleitete Peptide, Peptidomimetika	Proapoptotisch
IAPs (*inhibitory apoptosis proteins*)	Niedermolekulare (nichtpeptidische) Inhibitoren, kleine Peptide, Antisense-Oligonukleotide, Naturstoffe	Proapoptotisch
p53	p53-Ersatz, kleine p53-abgeleitete Peptide, entwickelte Peptide, niedermolekulare Verbindungen, HDM2 (*human double minute 2 homolog*)-Inhibitoren	Proapoptotisch
2. Strategien für den extrinsischen Weg		
TNF[1]- und Decoy-Rezeptoren	TNF-α-Antikörper (rek)	Proapoptotisch,
	TNF-spezifische monoklonale Antikörper	Antiapoptotisch
TRAIL[2]-Rezeptor	TRAILR-spezifische monoklonale Antikörper	Proapoptotisch
Fas (CD95)-Rezeptor	CD95-Fc-Konstrukt (Protein)	
3. Strategien für die Caspasenkaskade		
Caspase 3	Niedermolekulare Caspase-3-spezifische Inhibitoren, monoklonale Antikörper fusioniert mit Caspase 3	
Caspase 6	Monoklonaler Antikörper fusioniert mit Caspase 6	
Caspase 9	Caspase-9-Fusionsprotein (induziert Dimerisierung von Caspase 9)	

[1] TNF: tumor necrosis factor,
[2] TRAIL: TNF-related apoptosis-inducing ligand

erschwert ist, kranke von gesunden Zellen gezielt zu unterscheiden. Aktuelle therapeutische Ansätze, die sich in unterschiedlichen Phasen der Entwicklung befinden, umfassen z. B. Caspase-Inhibitoren, virale antiapoptotische Proteine sowie die Modulation der Expression körpereigener anti- bzw. proapoptotischer Proteine und Todesrezeptor-Blocker (Tab. 11.2) für verschiedene Krebserkrankungen wie Melanome, Myelome, Leukämien und Lymphome.

11.2 Nekrotischer Zelltod

11.2.1 Physiologie der Nekrose

Im Gegensatz zur Apoptose handelt es sich bei einer Nekrose um eine akute Schädigung der Zellstruktur, die mit Membrandefekten, Zelllyse und schließlich Zelltod einhergeht. Diese massiven Defekte können infolge von mechanischen Verletzungen, Infektionen mit Krankheitserregern, Toxineinwirkung, Hypoxie oder Hypothermie ausgelöst werden und münden letztlich in einer

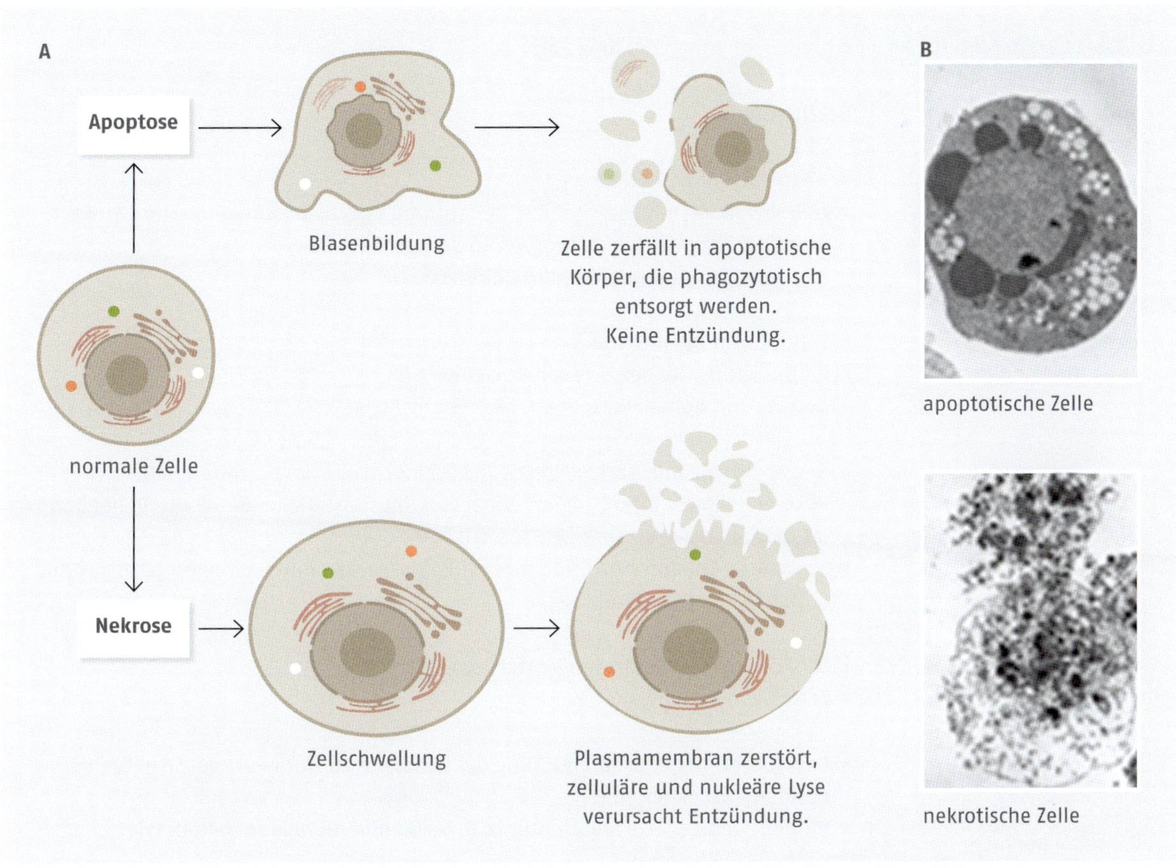

Abb. 11.4 A Schematische Darstellung der Zellmorphologie bei einer Nekrose im Vergleich zu einer Apoptose. B Mikroskopische Aufnahmen zeigen Unterschiede zwischen nekrotischen (unten) und apoptotischen (oben) Zellen

Entzündungsreaktion. Ursache für diese Reaktion sind Stoffwechselstörungen, die eine solche Schädigung der Zelle hervorrufen.

Da die Nekrose eine Form des Zelltodes ist, die auf eine akute Verletzung bzw. Zellschädigung zurückgeht, zeigen sich hier enorme Abweichungen von physiologischen Umständen und die Vorteile der Apoptose für den Lebenszyklus des Organismus treten nicht zutage. Die Nekrose lässt sich mikroskopisch erfassen, weil die morphologischen Veränderungen der Zellen, z. B. der Zerfall der Zellorganellen und die Denaturierung bzw. Aggregation von Proteinen im Zytoplasma, deutlich erkennbar sind (Abb. 11.4). Die beschädigten Organellen bilden mit den präzipitierten Proteinen großflächige Zusammenlagerungen, während die Zellkerne schrumpfen, fragmentieren und zerfallen. Allerdings geschieht dieser DNA-Abbau zu einem späteren Zeitpunkt im Vergleich zur Apoptose.

Morphologisch wird zu Beginn einer Nekrose zunächst eine Zunahme des Zellvolumens, eine Zellschwellung, beobachtet (Abb. 11.4). Ursache dafür ist der Funktionsverlust der Plasmamembran, deren Permeabilität steigt, wodurch ihr schützender Effekt gegenüber äußeren Einflüssen fehlt. Folglich sind osmotische Veränderungen für das Anschwellen der Zelle verantwortlich. Anschließend kommt es zur Fragmentierung und Auflösung des Zellkerns. Die weitere Auflösung der Membran wird durch den vermehrten Austritt lysosomaler Enzyme beschleunigt, deren Aktivität sich dann auch auf das benachbarte Gewebe ausbreitet, wodurch die Zerfallsreaktion in der betroffenen Geweberegion voranschreitet. Wird dieser Prozess nicht aufgehalten, sind das Absterben ganzer Gewebepartien und Gliedmaßen die schwerwiegendsten Folgen einer Nekrose.

11.2.2 Pathophysiologie der Nekrose

In Abhängigkeit vom befallenen Gewebe und von der Art der morphologischen Veränderungen (▸ Kap. 11.2.1) unterscheidet man verschiedene Formen der Nekrose (Tab. 11.3). Die durch Nekrose gebildeten Zelltrümmer (Abb. 11.4) werden von neutrophilen Granulozyten entfernt. Prinzipiell werden bei nekrotischen Schäden lokale Reaktionen ausgelöst, dazu gehören u. a. die Aktivierung von Monozyten, Makrophagen und Thrombozyten, die Freisetzung von chemotaktischen

Tab. 11.3 Charakteristika verschiedener Formen der Nekrose

Formen der Nekrose	Beschreibung
Koagulationsnekrose	▪ Häufigste Form der Nekrose, ▪ Zellschwellung mit Eosinophilie, Denaturierung zytosolischer Proteine (Strukturproteine, Enzyme), Zersetzung von Zellorganellen, ▪ alle Gewebe mit Ausnahme des Gehirns
Kolliquationsnekrose	▪ Sonderform der Nekrose, ▪ Verflüssigung der betroffenen Geweberegion, ▪ Gewebe mit hohem Fettgehalt, aber wenig Kollagen (z. B. Gehirn, Pankreas)
Hämorrhagische Nekrose	▪ Gewebezerfall mit starker Einblutung (Hämorrhagie) im betroffenen Bereich, z. B. Rückstrom in die Infarktregion durch Verschluss arterieller Gefäße (z. B. bei Darminfarkten), ▪ Gewebezerfall durch Arrosion arterieller Blutgefäße mittels freigesetzter Enzyme (z. B. bei akuter Pankreatitis)
Fettgewebsnekrose	▪ Zerstörung der Adipozyten (Fettzellen), ▪ Zerfall von Fettgewebe
Fibrinoide Nekrose	▪ Gewebezerfall durch Veränderung des Kollagens zu Fibrin-artiger Struktur, verbunden mit Eosinophilie, ▪ Bindegewebe, glatte Muskulatur (z. B. bei Autoimmun-krankheiten wie Kollagenosen und Rheuma), ▪ arterielle Gefäße bei Hypertonie, Verschluss des betroffenen Blutgefäßes mit Infarktfolge
Verkäsende Nekrose	▪ Sonderform der Koagulationsnekrose, ▪ weißlich-gelbe, bröckelige („käsige") Nekrosemasse, ▪ verursacht durch Mykobakterien (*Mycobacterium tuberculosis*) und charakteristisch für Tuberkulose
Gangrän	▪ Sonderform der Koagulationsnekrose, ▪ arterielle Durchblutungsstörungen (→ Ischämie), die zu Gewebeschaden und Absterben des betroffenen Bezirkes führt, sehr schmerzhaft, ▪ Gewebeschrumpfung, schwarze Verfärbungen („Faulbrand" bei bakterieller Infektion), ▪ diabetischer Fuß, Raucherbein

Faktoren und Zytokinen (▸Kap. 9.7), die Leukozytenmigration, die Steigerung von Durchblutung und Kapillarpermeabilität sowie die Aktivierung von Enzymen (z. B. ATPasen, Proteasen, Lipasen). Systemisch äußert sich eine Nekrose in Fieber, Schüttelfrost, dramatischer Zunahme der Leukozytenzahl und verstärkter Gerinnung, also einem massiven Abwehrzustand des Körpers.

Praktisch umgesetzt

Ansätze zur **Therapie einer Nekrose** verfolgen das gleiche Ziel, d. h. noch lebende Gewebe zu erhalten, wozu zunächst das tote Gewebe operativ entfernt werden muss. Handelt es sich um eine oberflächliche Nekrose der Haut, kann das abgestorbene Gewebe entweder autolytisch (z. B. mithilfe einer Wundauflage) oder durch Aufweichen mit Hydrogel aufgeweicht und dann abgetragen werden. Mitunter kommen aber auch **Maden** zum Einsatz, die unter einem Verband für eine bestimmte Zeit auf der Wunde belassen werden. Das nekrotische Gewebe wird durch die Maden verflüssigt und aufgenommen, bevor die Maden wieder abgenommen werden. Bei diesem Ansatz handelt es sich um die sogenannte **Maggot-Therapie**. Speziell gezüchtete Fliegenlarven werden auf die schlecht heilende Wunde aufgesetzt, um die toten Zellen zu entfernen. Das gesunde Gewebe bleibt unbeschädigt (Abb. 11.5).
Weitere Maßnahmen, wie z. B. die Gabe eines Antibiotikums oder Antimykotikums, immunstimulierender Substanzen und Medikamente, die die Durchblutung anregen, sind in Abhängigkeit vom Zustand der betroffenen Person meist postoperativ angezeigt.

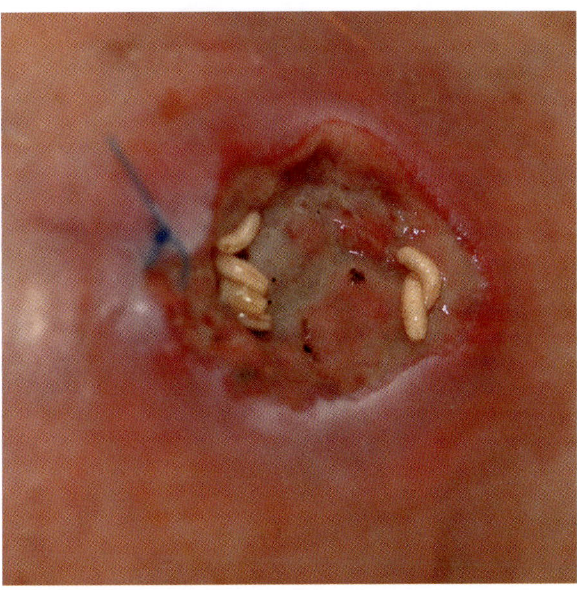

Abb. 11.5 Madentherapie zur Wundbehandlung: Speziell gezüchtete Fliegenlarven werden auf die schlecht heilende Wunde aufgesetzt, um die toten Zellen zu entfernen. Das gesunde Gewebe bleibt unbeschädigt.

11

Tumorentstehung und Arzneistofftargets im Tumorgeschehen

Diana Imhof

Einleitung

In den Kapiteln Fluss der genetischen Information (▸ Kap. 4), Signaltransduktion (▸ Kap. 9), Zellzyklus (▸ Kap. 10) und Apoptose (▸ Kap. 11) wurden Mechanismen beleuchtet, die die Funktionsfähigkeit von Zellen, Geweben, Organen und somit des gesamten Organismus kontrollieren. Genetische und epigenetische Veränderungen und daraus resultierende Störungen in den molekularen Mechanismen der genannten Prozesse sind ursächlich für die Entstehung von **Tumorerkrankungen**, wobei die Unterschiede in der Ausprägung (z. B. die Organlokalisation) multifaktoriell bedingt sind. Jede Tumorerkrankung ist deshalb einzigartig und muss hinsichtlich ihrer genetischen Ursache und ihrer Entstehung hinreichend untersucht sein, um eine adäquate Therapie zu entwickeln. Diese Vielfalt und Variabilität machte es, trotz der Erfolge der vergangenen Jahrzehnte, bisher unmöglich, den Durchbruch in der Tumortherapie zu verkünden. Dieses Kapitel widmet sich den grundlegenden Erkenntnissen zur Tumorentstehung und wichtigen Schlüsselmolekülen, die hierbei als Arzneistofftargets erkannt wurden.

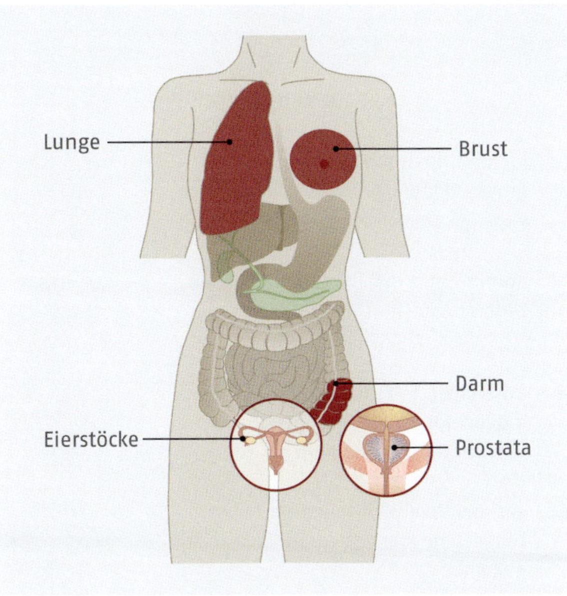

Abb. 12.1 Häufig treten Todesfälle durch bösartige Tumorerkrankungen in den Organen Lunge, Brust, Prostata, Darm und Eierstöcke auf.

12.1 Eigenschaften von Tumoren

Nach Herz-Kreislauf-Erkrankungen stellen bösartige Tumoren heute die zweithäufigste Todesursache bei Männern und Frauen in den modernen Industrieländern dar. Begrifflich erfasst man unter der Bezeichnung **Tumor** im Allgemeinen eine Geschwulst oder Schwellung, d. h. eine Gewebeproliferation (**Hyperplasie**), wie sie beispielsweise bei einer Entzündung auftritt. Medizinisch wird zwischen einer gutartigen (**benignen**, z. B. Adenom) oder bösartigen (**malignen**, umgangssprachlich: **Krebs**) Gewebsneubildung (**Neoplasie**) unterschieden, wobei eine genaue Trennung beider Arten mitunter nicht möglich ist und auch Mischformen vorliegen können. **Benigne Tumoren** wachsen langsam und führen somit nur langsam zu einer Verdrängung des umliegenden Gewebes. Sie sind nicht invasiv und bilden keine **Metastasen** (Tochtergeschwülste). Dagegen wachsen **maligne Tumoren** schnell, invasiv und aggressiv in das umgebende Gewebe, was zu dessen Zerstörung führt. Sie bilden Metastasen. Bei Todesfällen, die durch bösartige Tumoren verursacht werden, sind die am häufigsten befallenen Organe die Lunge, die Brust, die Prostata, der Darm und die Eierstöcke (Abb. 12.1), hinzukommen Magen, Pankreas, Speiseröhre, Niere und Haut.

Morphologisch sind **Krebszellen (maligne Zellen)** durch bestimmte Merkmale von gesunden Zellen zu unterscheiden (Abb. 12.2 A). Wir haben oben bereits festgestellt, dass sie invasiv in andere Gewebe, d. h. über Grenzen (Basallamina) hinweg, einwachsen und Metastasen bilden. Darüber hinaus findet sich in Krebszellen ein vergrößerter Zellkern mit unregelmäßiger Begrenzung (Form und Größe des Zellkerns), eine Kondensation des Chromatins, eine ungeordnete Anordnung von sich unbegrenzt teilenden Zellen im Gewebe und folglich keine definierte Begrenzung des Tumors (Abb. 12.2 A).

Krebszellen weisen somit bestimmte Veränderungen in ihrer Physiologie auf, die sie von gesunden Zellen unterscheiden lassen. Die Eigenschaften, die die Zellen während der Entartung erhalten und zu unkontrolliertem Wachstum führen (Abb. 12.2 B), wurden wie folgt definiert:

- Ihre **Proliferation** erfolgt schnell und unabhängig von externen Wachstumssignalen.
- Sie wachsen unabhängig von wachstumshemmenden Faktoren.
- Sie durchlaufen nicht den programmierten Zelltod (Apoptose, ▸ Kap. 11).
- Sie sind unbegrenzt teilbar (Replikation, ▸ Kap. 4).
- Sie sind in der Lage, ihre Versorgung über neugebildete Blutgefäße aufrechtzuerhalten (**Angiogenese**).
- Sie dringen in fremde Gewebe ein (**Invasion**) und befallen entfernte Organe im Organismus (**Metastasierung, Sekundärtumorbildung**).

Letzteres erfolgt, sobald der Tumor in Blut- und Lymphgefäße eingedrungen ist. Tatsächlich führt die Metastasierung bei ca. 90 % der Patienten zum Tod.

12

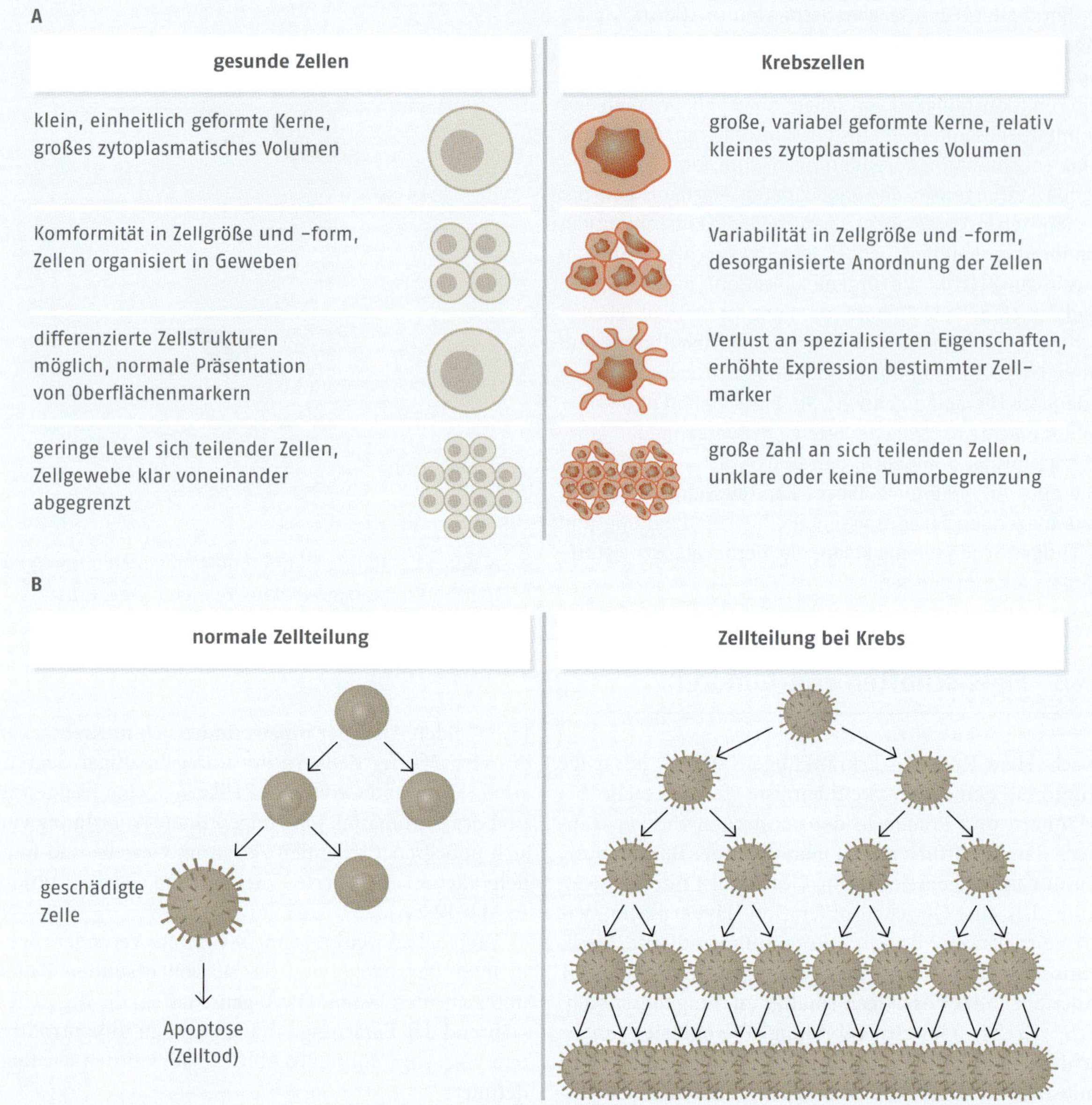

A

gesunde Zellen	Krebszellen
klein, einheitlich geformte Kerne, großes zytoplasmatisches Volumen	große, variabel geformte Kerne, relativ kleines zytoplasmatisches Volumen
Komformität in Zellgröße und -form, Zellen organisiert in Geweben	Variabilität in Zellgröße und -form, desorganisierte Anordnung der Zellen
differenzierte Zellstrukturen möglich, normale Präsentation von Oberflächenmarkern	Verlust an spezialisierten Eigenschaften, erhöhte Expression bestimmter Zellmarker
geringe Level sich teilender Zellen, Zellgewebe klar voneinander abgegrenzt	große Zahl an sich teilenden Zellen, unklare oder keine Tumorbegrenzung

B

normale Zellteilung

geschädigte Zelle

Apoptose (Zelltod)

Zellteilung bei Krebs

Abb. 12.2 Merkmale (A) und Wachstumsverhalten (B) von Krebszellen im Vergleich zu gesunden Zellen.

Darüber hinaus ist der Zelltyp ausschlaggebend für die Art des sich entwickelnden Tumors. Man unterscheidet zwischen **Karzinomen** (ca. 90 % aller malignen Tumorerkrankungen), **Sarkomen** (< 3 %) und **hämatoonkologischen Tumoren** (Tab. 12.1).

Definition

Bei der **Angiogenese** handelt es sich um die Entstehung neuer Blutgefäße aus bereits vorgebildeten Blutgefäßen (anders als bei der Vaskulogenese, der De-novo-Gefäßneubildung). Sie spielt sowohl in physiologischen (z. B. Wundheilung) als auch in pathologischen Prozessen (z. B. Tumorwachstum) eine wesentliche Rolle.

Tab. 12.1 Tumoren sind abhängig vom Zelltyp

Tumorart	Gewebe/Zellen	Beispiele
Karzinome	Epithelzellen	Plattenepithelkarzinom, Adenokarzinom (Drüsengewebe)
Sarkome	Binde- und Stützgewebe	Rhabdomyosarkom (quergestreifte Muskulatur), Angiosarkome (Blutgefäße)
Hämatoonkologische Tumoren	Blutzellen, Blutstammzellen	Leukämien, Lymphome

12.2 Ursachen der Tumorentstehung

Wir wissen heute, dass Krebs verschiedene Ursachen bzw. Auslöser hat (▸Kap. 12.3). Bei einem genetischen Defekt, wie im *RB1*-Gen bei **Retinoblastomen**, dem *APC*-Gen beim **Kolonkarzinom** und *BCRA1/BCRA2* beim **Mammakarzinom**, geht die Erkrankung auf bestimmte **Mutationen**, d. h. Änderungen in der Abfolge der Nukleotide in der DNA (▸Kap. 4), zurück. Es zeigte sich aber auch, dass mehrere solcher Mutationen vorliegen müssen, damit ein Tumor entstehen kann. Schon vor mehr als 20 Jahren wurde berichtet, dass es zur Entartung einer Epithelzelle in eine Darmkrebszelle Mutationen in 7 Genen braucht.

Solche genetischen Veränderungen sind mitunter mikroskopisch nachweisbar, wie das Beispiel des **Philadelphia-Chromosoms** zeigt (○Abb. 12.3). Bei **chronisch myeloischer Leukämie** (CML) ist das Chromosom 22 aufgrund einer Translokation verkürzt, wobei auch Chromosom 9 eine Rolle spielt. Beide Chromosomen verändern sich in den Bereichen bestimmter Gene, genauer dem *abl1*-Gen (Chromosom 9) und dem *bcr*-Gen (Chromosom 22) so, dass ein **Fusionsgen bcr-abl** und folglich ein **Fusionsprotein BCR-ABL** entstehen. Bei ABL handelt es sich um eine Tyrosinkinase (▸Kap. 9.7), die durch diese Veränderung verkürzt exprimiert wird und dadurch **konstitutiv** (permanent) **aktiv** ist. Da ABL in die Wachstumsregulation von Zellen involviert ist, kommt es in diesem Fall zur unkontrollierten Proliferation. Man bezeichnet solche Gene wie das Fusionsgen *bcr-abl* als **Onkogene** *(gain-of-function)*, d. h. eine Neoplasie verursachende mutierte Form eines Gens (**Protoonkogen**).

 Fachgebietstransfer

Das **Philadelphia-Chromosom** wurde nach dem Ort seiner Entdeckung benannt, nachdem es erstmals 1960 durch den Pathologen Peter C. Nowell und den Zoologen David Hungerford in Leukämiezellen eines Patienten mit chronisch myeloischer Leukämie (CML) identifiziert wurde. Seither ist bekannt, dass Chromosomenveränderungen mit der **Entstehung von Krebs** in Verbindung stehen können. 95 % der CML-Patienten, aber auch Patienten mit akuter lymphatischer Leukämie (ALL) und seltener mit akuter myeloischer Leukämie (AML) tragen diese Veränderung.

Neben der beschriebenen Veränderung von Chromosomen durch Translokation stellen auch Änderungen in der Anzahl der Chromosomen sowie fehlende oder vermehrte chromosomale Bereiche Ursachen für die Entstehung von Tumorerkrankungen dar. Außer Onkogenen werden zwei weitere Gruppen von Genen unterschieden, die im Falle von Mutationen maßgeblich an malignen Tumoren beteiligt sind. Eine Gruppe bilden die **Tumorsuppressorgene**, deren Proteinprodukte die unkontrollierte Zellteilung unterdrücken und Apoptose auslösen. Liegen Mutationen in diesen Genen vor, durch die ein nicht funktionsfähiges Protein entsteht *(loss-of-function)*, ist die schützende Funktion ausgeschaltet. Zu den wichtigsten Beispielen von Genprodukten der Tumorsuppressorgene gehören die Proteine **p53** (▸Kap. 9, ▸Kap. 10), **p21**, **Retinoblastom(Rb)-Proteine** (▸Kap. 10) und **BAX** (▸Kap. 11).

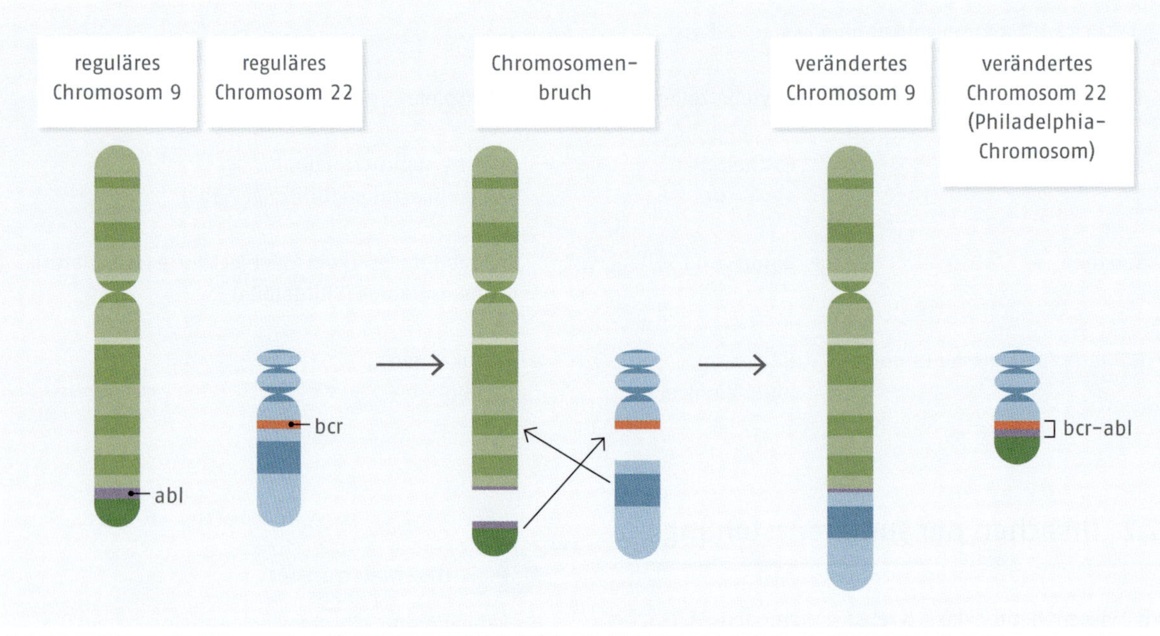

Abb. 12.3 Entstehung des Philadelphia-Chromosoms durch Translokation

Praktisch umgesetzt

Seit 2001 steht der **Tyrosinkinase-Inhibitor Imatinib** (Glivec®/Gleevec®) für die Behandlung der **chronisch myeloischen Leukämie** (CML), aber auch anderer Tumoren wie beispielsweise gastrointestinaler Stromatumoren (GIST), zur Verfügung. Imatinib ist ein Tyrosinkinase-Inhibitor, der die permanente Aktivität des Fusionsproteins BCR-ABL hemmt. Dadurch wird im Falle der CML die unkontrollierte Vermehrung von weißen Blutkörperchen blockiert und damit die Entstehung und Progression der Erkrankung unterdrückt.

Sogenannte **Mutatorgene** können die Mutationsrate anderer Gene, allerdings nicht aller, unterschiedlich stark beeinflussen und sorgen für den Erhalt der Integrität des Genoms sowie die ordnungsgemäße Weitergabe der genetischen Information. Zu ihnen gehören u. a. die Gene der Replikationsmaschinerie und die am Aufbau der Reparatursysteme beteiligten Gene bzw. deren Produkte. Mit anderen Worten: Sie kontrollieren den Ablauf der DNA-Replikation und verringern die Fehlerrate und damit Mutationen in Onkogenen oder Tumorsuppressorgenen.

Merke

Mutationen in drei Arten von Genen, genauer den **Onkogenen** (und Protoonkogenen), den **Tumorsuppressorgenen** oder den **Mutatorgenen** (Gene der DNA-Replikation, Reparatur und der Zellzykluskontrolle) sind für die Entstehung von malignen Tumoren verantwortlich.

Zu tumorrelevanten Veränderungen der DNA gehören auch bestimmte **epigenetische Veränderungen** (▸ Kap. 4.6.4), insbesondere die DNA-Methylierung und Veränderungen der Chromatinstruktur. **DNA-Methylierungen** betreffen vor allem Cytosine in sogenannten CpG-Inseln, die gehäuft in Promotorregionen auftreten (▸ Kap. 4.4.4). Diese methylierten Cytosine führen zur Inaktivierung des betreffenden Gens. In Tumoren

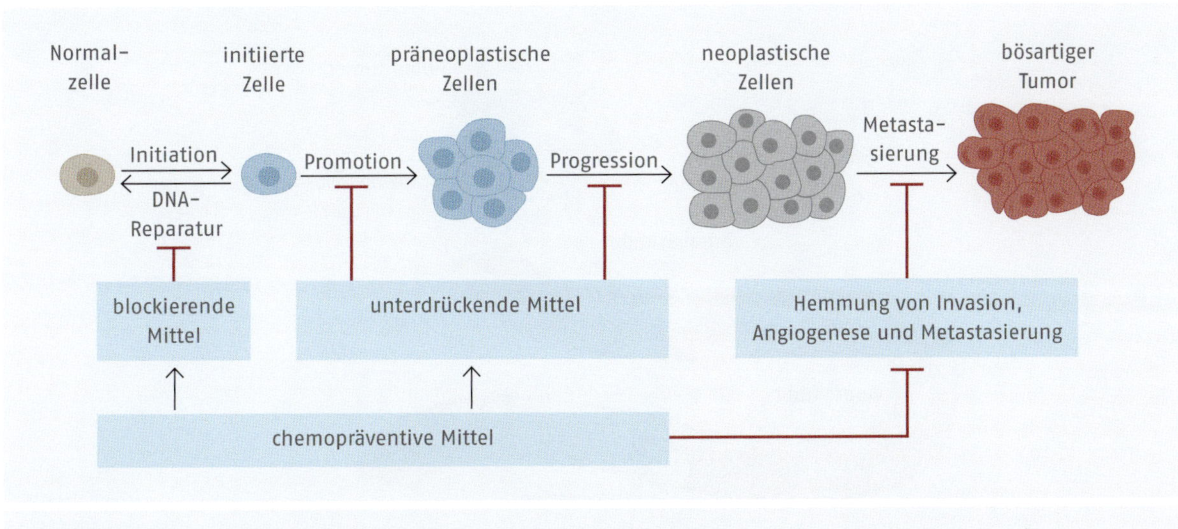

Abb. 12.4 Mehrstufenmodell der Karzinogenese und Möglichkeiten der therapeutischen Intervention

wurde eine erhöhte Cytosin-Methylierung vor allem in den CpG-Inseln von Tumorsuppressorgenen gefunden.

Veränderungen in der **Chromatinstruktur** gehen auf **Histon-Modifikationen** zurück (▸Kap. 4.6.4). Von Bedeutung sind dabei die **Methylierung** und **Acetylierung** von Histonen an bestimmten Aminosäureseitenketten, z. B. Lysin, die zur Up- oder Downregulation bestimmter DNA-Abschnitte führen.

Definition

Die **Epigenetik** ist ein Spezialgebiet der Genetik, das sich mit erblichen genetischen Modifikationen ohne Änderung der DNA-Sequenz beschäftigt.

12.3 Prozess der Tumorentstehung

Neben hereditärer Defekte kann Krebs auch spontan oder durch **chemische**, z. B. Toxine (Aflatoxine), Dioxine, Tabakrauchinhaltsstoffe (Nitrosamine, Benzpyrene) und Alkylanzien (Senfgas) (▸Kap. 4.2.1), **physikalische** (z. B. UV- und radioaktive Strahlung) und **biologische Einflüsse** (z. B. Viren (▸Kap. 12.4), Bakterien) induziert werden (**Initiation**). Solche Auslöser, **Karzinogene** genannt, führen zu einem der in ▸Kap. 12.2 beschriebenen Mutationen bzw. Modifikationen der DNA. Werden diese Mutationen nicht durch Reparaturmechanismen oder Einleitung der Apoptose behoben und kommen sie in mehreren Genen vor, wird die betroffene Zelle dauerhaft verändert und der Prozess der Tumorentstehung, die **Karzinogenese**, in Gang gesetzt (○ Abb. 12.4). Die Karzinogenese wird in verschiedene Phasen unterteilt: die **Initiation**, die **Promotion**, die **Progression** und die **vaskuläre Phase/Metastasierung**, die im Folgenden näher erläutert werden.

Initiation: Im ersten Schritt der Karzinogenese, der Initiation, entstehen **potenzielle Tumorzellen**. Die Initiation beruht auf der irreversiblen Veränderung des genetischen Materials durch die eingangs erwähnten Karzinogene und wird hinsichtlich ihrer Effizienz im Zusammenhang mit DNA-Replikation und Zellteilung diskutiert. Das bedeutet, dass die hierfür zu erfolgende DNA-Synthese bereits zu einer Manifestation der vorliegenden Schädigung führen kann und somit die Initiation irreversibel wird. Die resultierende, primär veränderte Zelle trägt folglich eine defekte Erbinformation und gibt diese an gesunde Zellen weiter. Wenn solche defekten bzw. **transformierten Zellen** nicht „entsorgt" werden, sind die Voraussetzungen für die zweite Phase, die Promotion, begünstigt.

Promotion: In der Phase der Promotion werden aus den **initiierten Zellen** morphologisch unterscheidbare **präneoplastische Zellen** gebildet. Diese Zellen nennt man **entartet**. Um initiierende Zellen zum Wachstum anzuregen braucht es jedoch **Promotoren**, die durch ihre Wirkung die Tumorbildung stimulieren. Solche tumorpromovierenden Agenzien besitzen selbst, anders als die Karzinogene, ein geringes onkogenes Potenzial, begünstigen und steigern jedoch das Wachstum und die Vermehrung von Zellen, wenn sie direkt auf eine primär veränderte, also initiierte Zelle einwirken. Die daraus entstehenden präneoplastischen Zellen stellen eine Karzinomvorstufe dar. Im frühen Stadium ist die Promotion reversibel.

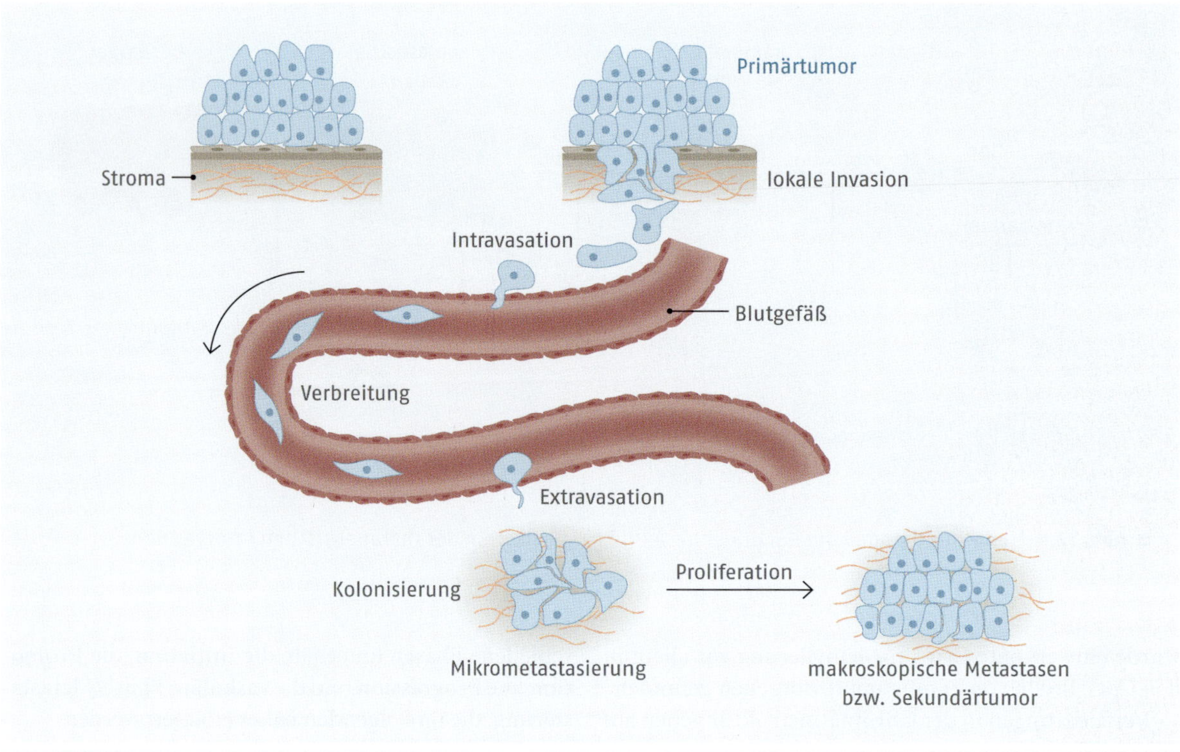

Abb. 12.5 Mechanistische Abläufe bei der Tumorprogression

Progression und vaskuläre Phase: Die Progression ist kennzeichnend für den Übergang eines gutartigen in einen bösartigen Tumor, was mit einer erhöhten Invasivität und gesteigerten Wachstumsrate einhergeht und über Jahre hinweg erfolgen kann. Voraussetzung für die Tumorprogression ist die Invasion von Tumorzellen durch die Basalmembran in das benachbarte Gewebe. Danach wandern diese Zellansammlungen in das Blutgefäßsystem ein und werden so mit dem strömenden Blut im Organismus verbreitet. Nach Adhäsion der Zellen an der Gefäßwand kommt es zum Schritt der **Extravasation**, an die sich die Prozesse der Invasion und Proliferation analog derer des **Primärtumor**s anschließen und daraus zunächst Micrometastasen und schließlich Makrometastasen bzw. manifestierte Metastasen (**Sekundärtumor**) bilden (Abb. 12.5).

12.4 Tumorauslösende Viren (Onkoviren)

Viren, die eine tumorauslösende Wirkung besitzen, nennt man **Onkoviren** oder **Tumorviren**. Inzwischen gehen 15–20 % aller Krebserkrankungen weltweit auf Virusinfektionen zurück. Die bekanntesten Viren und die durch sie verursachten Tumoren sind das **humane Papillomavirus** (HPV, Zervixkarzinom), **Hepatitis-B-Virus** (HBV, Leberkarzinom), **Hepatitis-C-Virus** (HCV, Leberzellkarzinom), **Epstein-Barr-Virus** (EBV, u. a. Burkitt-Lymphom, B-Zell-Lymphom und Hodgkin-Lymphom) sowie humane Herpesviren wie das **Kaposi-Sarkom-assoziierte-Herpesvirus** (KSHV, multiple Tumoren bei HIV-Infektionen/Kaposi-Sarkom; Abb. 12.6). Insbesondere die Hochrisiko-Arten der humanen Papillomviren sind von Bedeutung, da sie bei nahezu allen Fällen von **Zervixkarzinomen (Gebärmutterhalskrebs)** identifiziert worden sind. Der Zusammenhang zwischen humanen Papillomviren und Gebärmutterhalskrebs wurde von Harald zur Hausen an der Universität Freiburg entdeckt. Dafür erhielt er 2008 den Nobelpreis für Physiologie oder Medizin.

Tumorverursachende **DNA-Viren** benötigen die DNA und die dazugehörigen Biosyntheseprozesse des Wirts für ihre eigene Replikation und Vermehrung, während die **RNA-Viren** eine eigene RNA-Polymerase dazu nutzen (Abb. 12.6). Die unterschiedlichen Viren beeinflussen verschiedene Prozesse des Wirts, die letztlich zur Tumorbildung führen. Dazu werden regulatorische Mechanismen (z. B. Zellzyklus, Apoptose, Reparatur von DNA-Schäden) gehemmt oder ausgeschaltet (z. B. HPV, EBV), Einfluss auf Abwehrmechanismen des Immunsystems genommen (z. B. HIV) oder Entzündungen hervorgerufen (z. B. HBV, HCV).

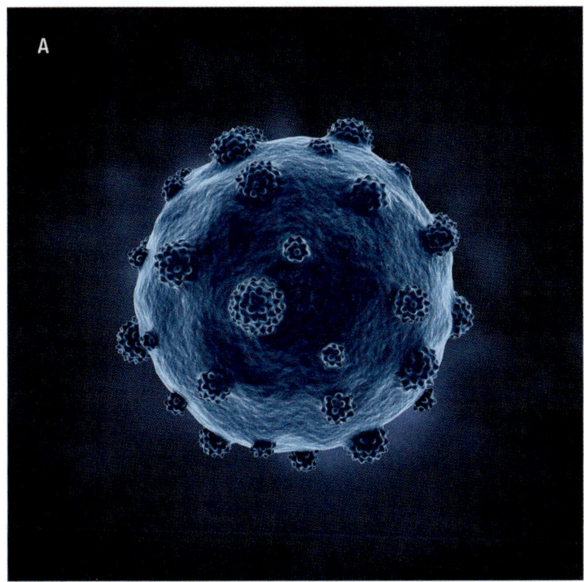

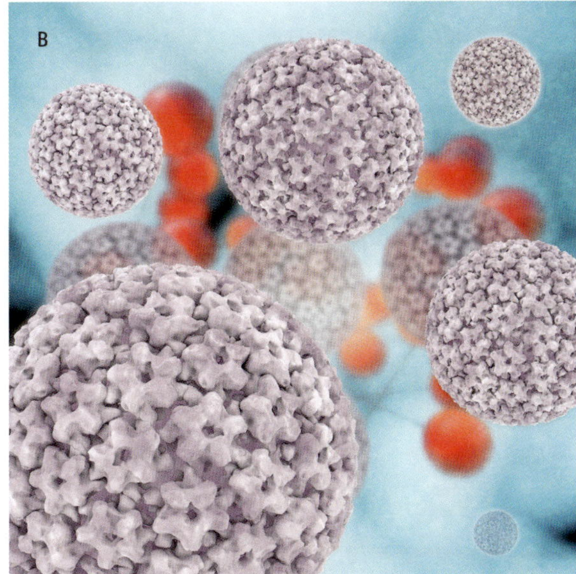

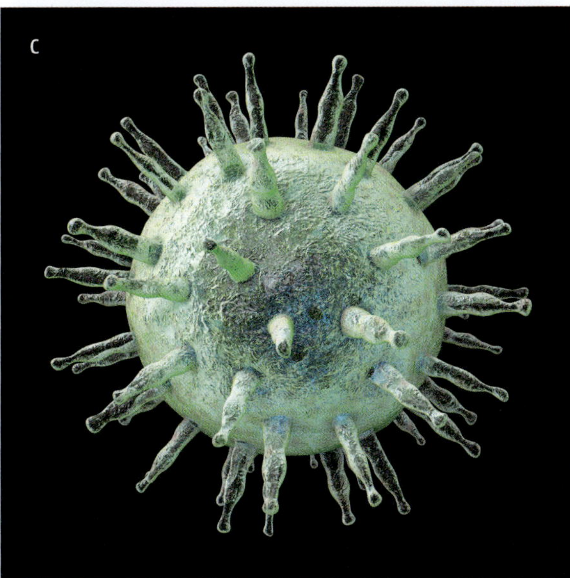

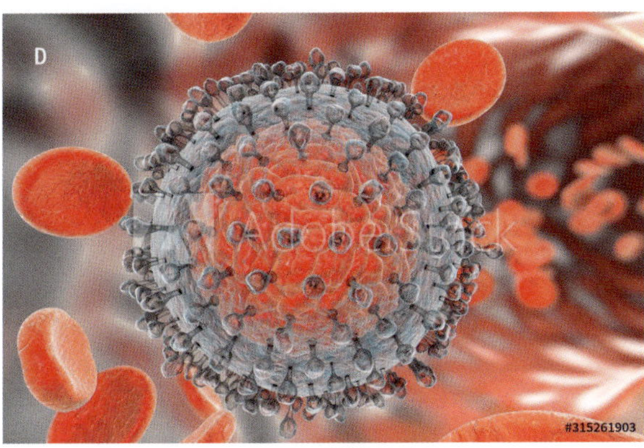

Abb. 12.6 Darstellung ausgewählter DNA- (A–C) und RNA-Tumorviren (D). **A** Hepatitis-B-Virus (HBV), **B** humanes Papillomavirus (HPV), **C** Epstein-Barr-Virus (EBV), **D** Hepatitis-C-Virus (HCV)

12.5 Schlüsselmoleküle häufiger Tumorerkrankungen

12.5.1 Lungenkrebs: EGF-Rezeptor und Ras-Proteine

Seit langem ist bekannt, dass der epidermale Wachstumsfaktorrezeptor (*epidermal growth factor receptor*, EGFR/HER1), eine Rezeptor-Tyrosinkinase (Abb. 12.7, ▸Kap. 9.7), bei einer Vielzahl von Karzinomen (z. B. Lungenkarzinom, nichtkleinzelliges Bronchialkarzinom, Mammakarzinom) überexprimiert und/oder mutiert vorliegt. In 20 % bis 50 % der humanen epithelialen Tumoren liegt eine Veränderung des EGF-Rezeptors vor, diese reichen von Überexpression des Rezeptors bis zur Produktion eines konstitutiv aktiven Rezeptors. Somit hängen auch die Therapiemaßnahmen durch z. B. die Anwendung von **monoklonalen Antikörpern** (z. B. **Cetuximab, Erbitux®**) gegen den extrazellulären Teil des EGFR oder **Tyrosinkinase-Inhibitoren (TKI)** von der jeweils vorliegenden Mutation ab, was heute bereits im Vorfeld der Behandlung bestimmt wird.

Praktisch umgesetzt

Neben dem bereits erwähnten Imatinib gibt es eine Reihe von **Tyrosinkinase-Inhibitoren**, die für die Behandlung verschiedener Tumorerkrankungen zugelassen sind. Beispiele zur Behandlung des **nicht-kleinzelligen Bronchialkarzinoms** sind **Gefitinib** (Iressa®) und **Erlotinib** (Tarceva®). Diese kommen im Falle von bestimmten Mutationen des EGFR-Gens zum Einsatz, bei denen die Behandlung mit einer Chemotherapie mittels **Carboplatin/Cisplatin** und **Paclitaxel** (Taxol®) nicht angezeigt bzw. nicht wirksam ist.

Gefitinib

Erlotinib

Wie wir in ▸ Kap. 9.7 gesehen haben, wird der EGF-Rezeptor durch Bindung seines Liganden, dem EGF, aktiviert, was die Dimerisierung des Rezeptors und anschließende Aktivierung seiner Kinaseaktivität zur Folge hat. Die dadurch bewirkte Autophosphorylierung des intrazellulären Teils des Rezeptorproteins stellt daraufhin spezifische Bindungsstellen für Phosphotyrosin-bindende Adapterproteine (z. B. Grb2) und andere Signalkomponenten bereit. Der bedeutendste, durch den EGFR ausgelöste Signalweg ist der Ras-abhängige **MAPK-Signalweg** (○ Abb. 12.7 A, ▸ Kap. 9.7.1). Deshalb sind die darin involvierten **Ras-Proteine** besonders gut geeignete Kandidaten für bestimmte Tumortherapien. Genau genommen sind in ca. 20–30 % der humanen Karzinome des Darms, des Pankreas und der Bronchien Mutationen in den Ras-Genen zu finden. Eine der häufigsten Mutationen äußert sich in einem permanent aktiven Ras-Protein, das seine GTPase-Aktivität verloren hat und somit nicht mehr in der Lage ist, GTP zu GDP zu hydrolysieren. Die Folge ist eine anhaltende Aktivierung des MAPK-Signalwegs, der zur ungehemmten Proliferation führt. Ein Therapieansatz verfolgt die Eindämmung der Aktivität der Ras-Proteine, wobei die direkte Inhibition bisher nicht erfolgreich war und man deshalb auf die **Reifung der Proteine** im Zytoplasma fokussiert. Ras-Proteine, genauer ihr C-Terminus, unterliegen einer wichtigen posttranslationalen Modifikation, die die letzten vier Aminosäuren Cys-Ala-Ala-X (X, beliebige Aminosäure) betrifft (○ Abb. 12.7 B). An dieser **CAAX-Box** finden drei wichtige Reaktionen statt, die für die Reifung des Proteins essenziell sind:

1. Das Enzym **Farnesyltransferase** (FTase) überträgt einen Isoprenylrest auf die Seitenkette des Cysteins.
2. Die drei endständigen Aminosäuren (AAX) werden anschließend abgespalten.
3. Final wird das Cystein zusätzlich methyliert.

FTase-Inhibitoren sollen den ersten und wichtigsten Schritt in diesem Reifungsprozess unterbinden. Verschiedene Typen von Inhibitoren befinden sich aktuell in der klinischen Testung.

Darüber hinaus gibt es Mutationen im Gen des EGFR, die zu einer permanenten Aktivierung des **PI3-K/AKT (PKB)-Signalwegs** (▸ Kap. 9.7.1, ○ Abb. 9.14) führen. AKT initiiert hierbei die Hemmung von Apoptose-Signalwegen und fördert Wege des Kohlenhydratstoffwechsels.

12.5.2 Brustkrebs: HER2-Rezeptor

Der EGFR (HER1) kann im Prozess der Aktivierung nicht nur mit sich selbst (▸ Kap. 9.5.1), sondern auch mit anderen Rezeptormonomeren der HER-Familie (4 Mitglieder, ▸ Kap. 9.7) Dimere bilden (z. B. mit HER2). Bei HER2 handelt es sich um einen Rezeptor, der aufgrund einer fehlenden extrazellulären Domäne keine Liganden binden kann (*orphan receptor*). Bei Interaktion mit dem EGFR wird HER2 deshalb über EGF aktiviert. In vielen Tumorerkrankungen, wie z. B. bei bestimmten Formen von Brust- und Magenkrebs, ist HER2 überexprimiert. Im Fall von HER2-positivem metastasierendem Mammakarzinom (ca. 20 % der Patientinnen) wird nach einer Primäroperation seit einiger Zeit der anti-HER2-monoklonale Antikörper **Trastuzumab** (**Herceptin**®) erfolgreich in der Therapie verwendet (○ Abb. 12.8). Trastuzumab hat unterschiedliche Wirkungen sowohl extrazellulär als auch intrazellulär. Zum einen ermöglicht es die Rekrutierung von Immunzellen (z. B. NK-Zellen), die die Brustkrebszellen entsorgen bzw. Apoptose einleiten. Zum anderen wird die intrazelluläre Signalübertragung auf verschiedene Weise gehemmt (○ Abb. 12.7), wodurch u. a. die Proliferation und die Angiogenese (▸ Kap. 12.1) unterdrückt werden.

Trastuzumab gehört zu den therapeutischen monoklonalen Antikörpern (*monoclonal antibodies*: Suffix -mab) (▸ Kap. 3.4), die gentechnologisch hergestellt werden. Beispielsweise werden dafür Säugerzellen wie CHO

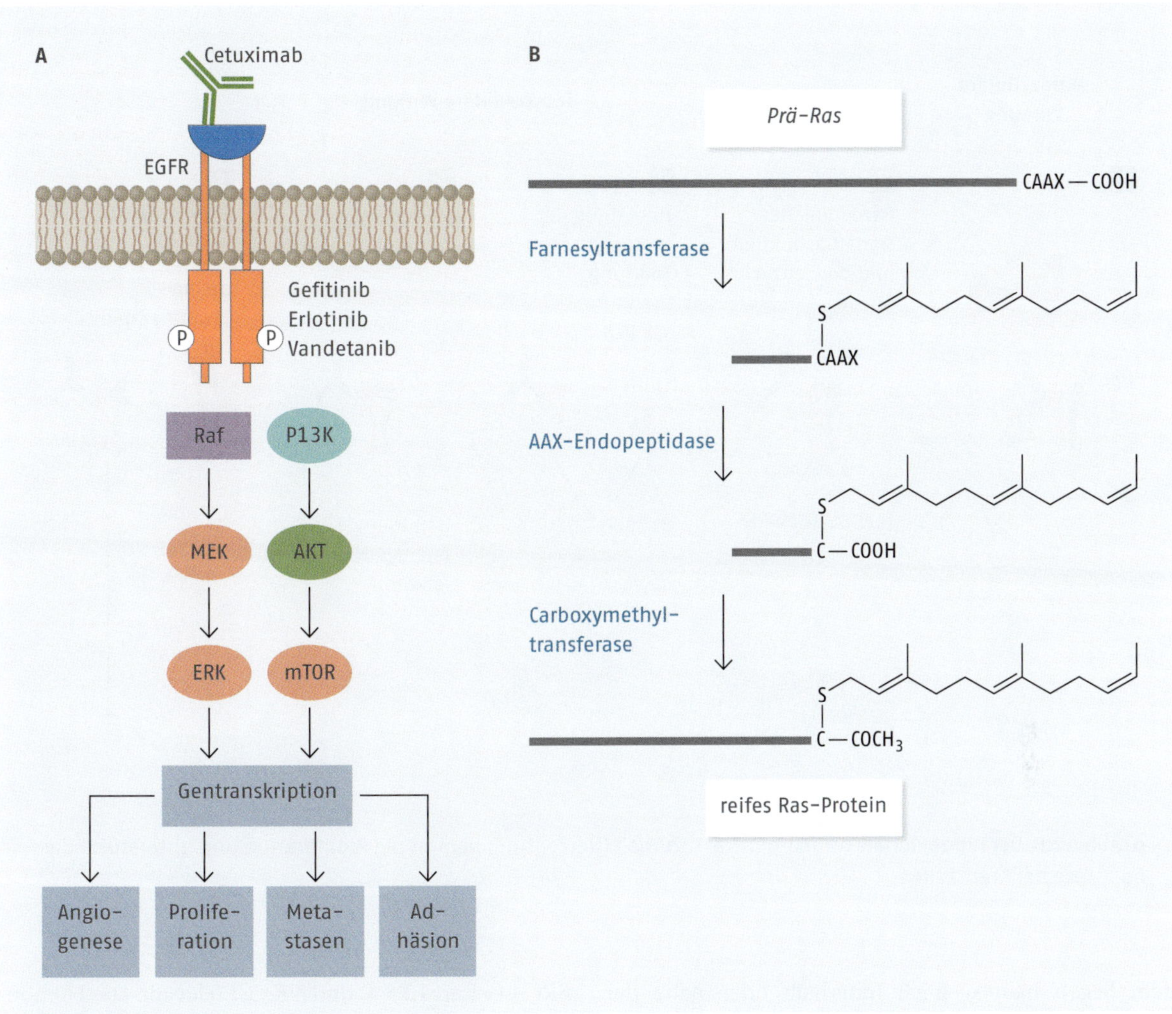

Abb. 12.7 A Ras-Protein-abhängige Signalwege werden wird durch den aktivierten EGF-Rezeptor ausgelöst. Bei Gefitinib, Erlotinib und Vandetanib handelt es sich um RTK-Inhibitoren. **B** Für ihre Aktivierung müssen Ras-Proteine einen mehrstufigen Reifungsprozess durchlaufen.

(*chinese hamster ovary*)-Zellen verwendet. Ein weiterer monoklonaler Antikörper zur Behandlung von HER2-positivem Brustkrebs, der in Kombination mit Trastuzumab und Docetaxel (Zytostatikum) eingesetzt wird, ist das Pertuzumab (Perjeta®). Pertuzumab wird insbesondere bei lokal rezidivierendem, inoperablem Brustkrebs angewendet.

Beide Antikörper weisen eine Gemeinsamkeit im Namen auf, nämlich die Endung „zumab". Tatsächlich folgt diese Bezeichnung einer Nomenklatur, die den Ansatz bezüglich der gentechnologischen Modifikationen berücksichtigt: Man unterscheidet u. a. **chimäre (-ximab), humanisierte (-zumab) und humane (-umab) Antikörper**. Bei chimären Antikörpern stammt der variable Teil der Antigen-bindenden Fragmente (fab) vom Mausprotein, während der konstante Teil des Immunglobulins aus humanen Proteinsequenzen besteht. Im Fall von humanisierten Antikörpern sind nur noch die Antigenbindungsstellen der Maus enthalten, die in das humane IgG eingebaut werden. Bei vollhumanen rekombinanten Antikörpern liegt dagegen kein Anteil des Mausproteins mehr vor. Reine Mausantikörper tragen die Endung „-omab".

12.5.3 Prostatakrebs: PI3K/AKT-Signalweg

Seit 1997 ist das **Tumorsuppressorgen** *PTEN* (*phosphatase and TENsin homolog deleted on chromosome TEN*) bekannt. Es codiert für ein Protein, das multifunktional als **Lipidphosphatase** und **dualspezifische Phosphatase** (Ser/Thr, Tyr) fungiert. Außerdem besitzt das Protein eine weitere Domäne, die Homologie zu den Proteinen Tensin und Auxilin des Zytoskeletts aufweist. Mutationen in PTEN, die mit der Bildung von Tumoren, insbesondere **Prostatatumoren**, in Verbindung gebracht wer-

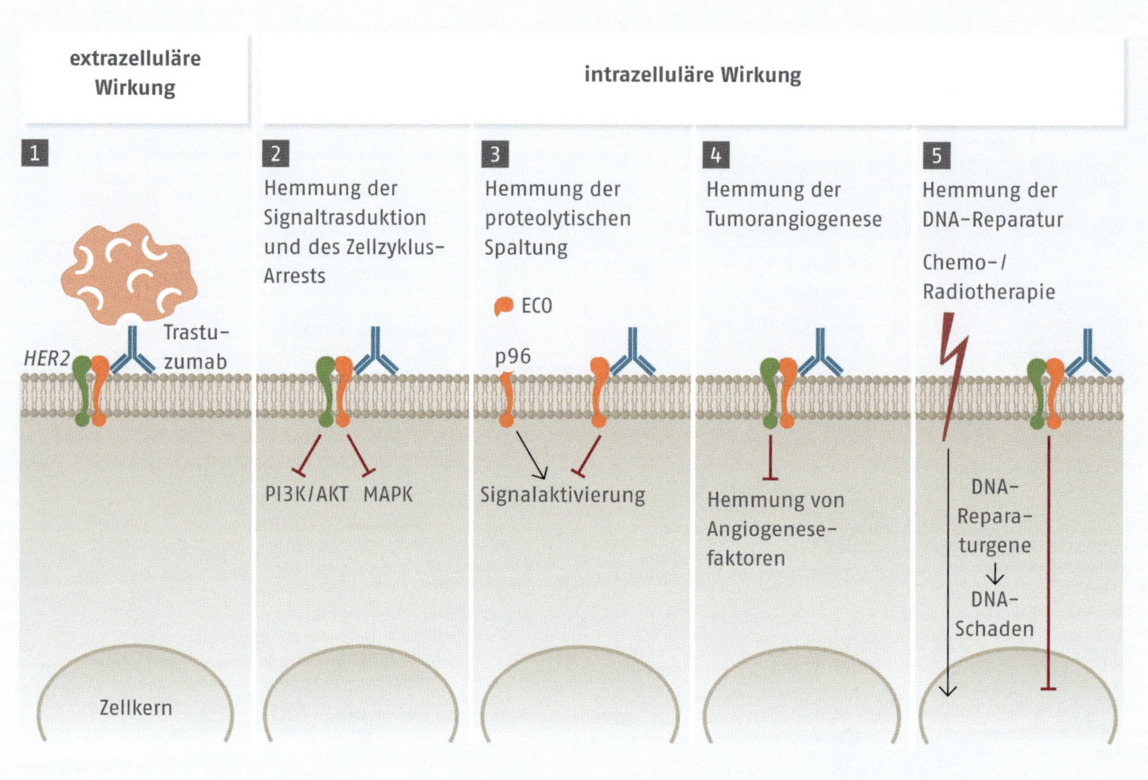

Abb. 12.8 Der monoklonale Antikörper Trastuzumab (Herceptin®) hemmt die Proliferation und unterstützt die Apoptose der Krebszellen.

den, liegen hauptsächlich innerhalb oder nahe der Phosphatasedomäne. Man findet vermehrt **Deletionen** und folglich die **Inaktivierung** des *PTEN*-Gens in späten Tumorstadien und Metastasen, d. h. in ca. 30 % der Prostatakrebserkrankungen.

Die Phosphatase PTEN ist in mehreren Signaltransduktionswegen aktiv, wobei der **PI3K/AKT (PKB)-Signalweg** die größte Bedeutung besitzt. Die Phosphatase AKT vermittelt der Zelle über diesen Weg lebenserhaltende Signale durch die Regulation von **Cyclin D1** und **CDK4** im Zellzyklus (▸ Kap. 10, ○ Abb. 12.9). Die **Tumorsuppressoraktivität von PTEN** wird der Fähigkeit zugeschrieben, Phosphatidylinositol-3,4,5-trisphosphat (PIP_3) an Position 3 zu dephosphorylieren (▸ Kap. 9), wodurch die Aktivität von AKT (PKB) verringert wird, denn PIP_3 ist ein Aktivator für AKT. Der von AKT abhängige PI3K/AKT-Signalweg läuft dadurch nicht ab, weshalb man die Phosphatase PTEN als Gegenspieler von PI3K/AKT bezeichnen kann (○ Abb. 12.9).

Neben den genannten Onkogenen (*EGFR*, *K-ras*, *HER2*) und Tumorsuppressorgenen (*PTEN*) finden sich zahlreiche weitere Beispiele in den am häufigsten auftretenden Karzinomen.

Im Falle des Prostatakarzinoms ist beispielsweise neben *PTEN* auch der Verlust der Suppressorgene *BRCA* (▸ Kap. 12.5.4) und *NKx3.1* relevant. Das Homöoboxprotein Nkx-3.1 ist Androgen-reguliert und wird vorrangig im Prostataepithelium exprimiert. Das Protein fungiert als Transkriptionsfaktor mit kritischen Aufgaben hinsichtlich der Entwicklung der Prostata sowie der Tumorsuppression. Es ist außerdem ein negativer Regulator des Epithelzellwachstums im Prostatagewebe.

12.5.4 BCRA-Mutationen und Krebsentstehung

Das bereits erwähnte Tumorsuppressorgen ***BRCA1*** (***B****reast* ***C****ancer* ***1***) sowie ***BRCA2*** (□ Tab. 4.3 und ▸ Kap. 12.5.3) und die davon abgeleiteten Proteine spielen eine wichtige Rolle in der DNA-Reparatur. Mutationen, z.B. Loss-of-function-Mutationen, oder Deletion dieser Gene erhöhen die Wahrscheinlichkeit der Entstehung von Krebserkrankungen, darunter Brustkrebs (Mammakarzinom), Eierstockkrebs (Ovarialkarzinom) und Prostatakarzinom. Im Falle des Prostatakarzinoms sind Mutationen im *BRCA1*-Gen zwar selten, jedoch mit einem sehr aggressivem Tumorwachstum, einer erhöhten Rate an Lymphknotenbefall und Fernmetastasierung des Tumors verbunden. Frauen mit Mutationen

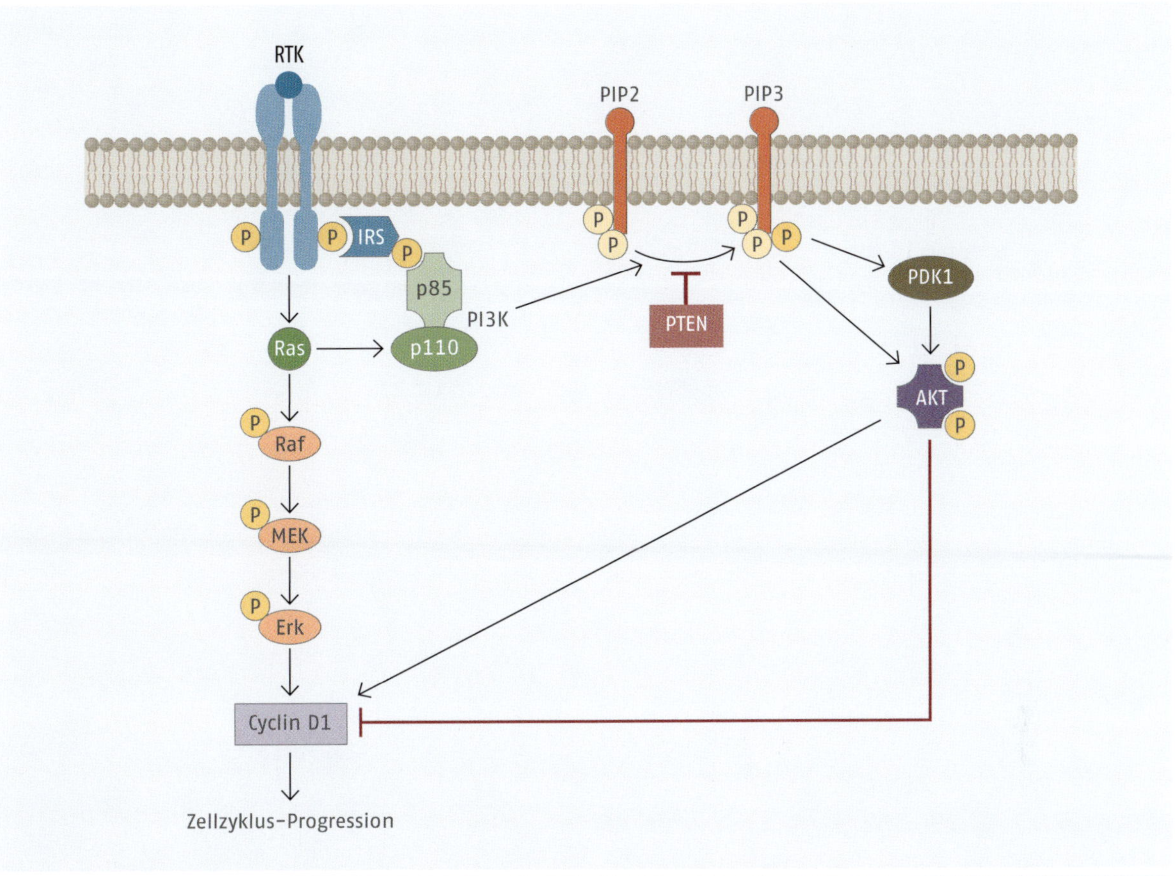

Abb. 12.9 Funktion des Tumorsuppressors *PTEN* im PI3K/AKT-Signaltransduktionsweg: Durch die von *PTEN* bewirkte Dephosphorylierung von PIP3, einem Aktivator der AKT-Kinase, wird der durch PI3K vermittelte Signalweg unterbrochen. Cyclin D1 bestimmt u. a. die Proliferation von Tumorzellen, was im Fall einer vorliegenden *PTEN*-Aktivität unterdrückt wird.

im *BRCA1*-Gen haben ein erhöhtes Lebenszeitrisiko, an einem Mammkarzinom zu erkranken (ca. 65% bis zum 50. Lebensjahr), und zwar zehn Jahre früher als Frauen mit *BRCA2*-Mutationen (ca. 45%). Der Anteil dieser Frauen in der Allgemeinbevölkerung liegt dagegen unter 15%.

Die Behandlung von Brust- und Eierstockkrebs bei vorliegender BRCA1- oder BRCA2-Mutation erfolgt unter anderem mit sogenannten PARP-Inhibitoren. Dabei handelt es sich um Verbindungen, die die Poly(ADP-ribose)-Polymerasen (PARPs) hemmen und somit verhindern, dass die durch eine Chemotherapie eingeleiteten DNA-Schäden in Krebszellen repariert werden.

Klinische Chemie

B

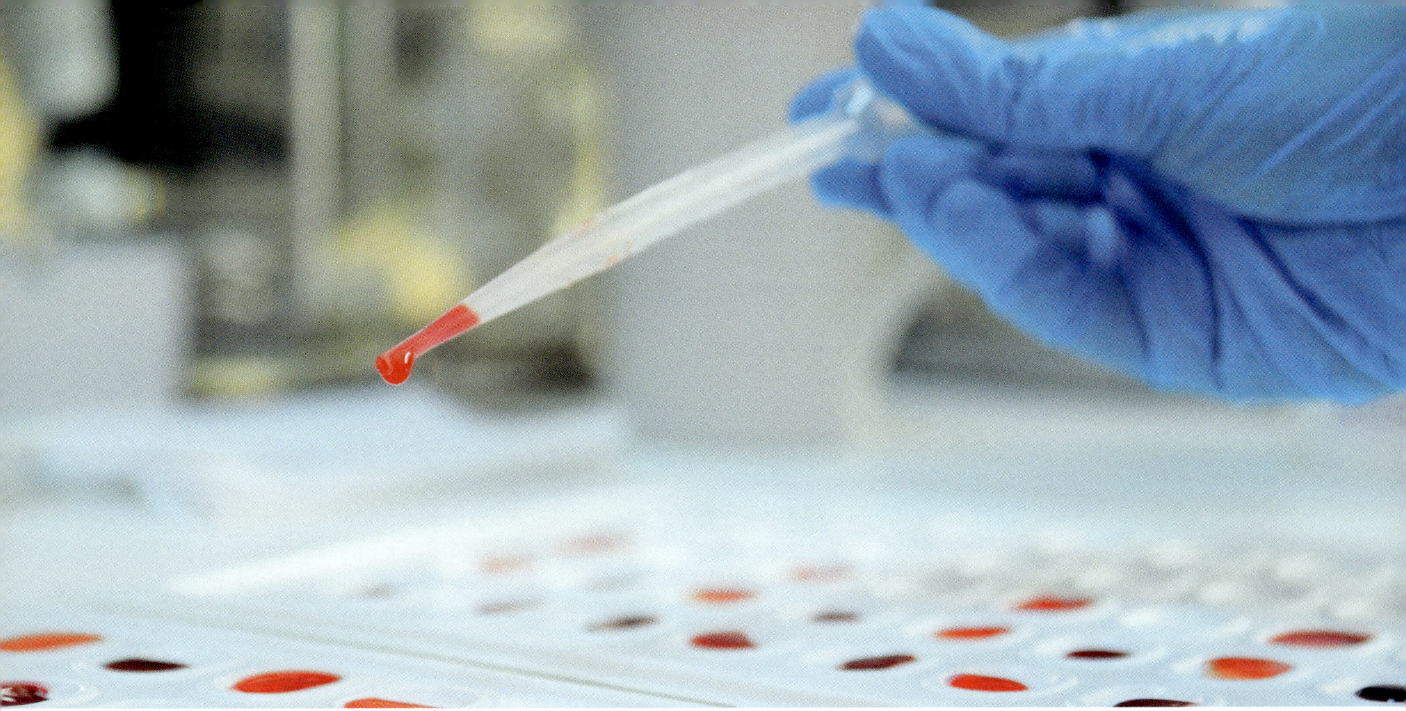

Immunhämatologie

Bernd Sorg

Einleitung

Die **Immunhämatologie** befasst sich im weitesten Sinne mit der Interaktion zwischen dem Immunsystem und Bestandteilen des hämatopoetischen Systems, insbesondere dessen zellulären Bestandteilen. Häufig finden solche Interaktionen im Rahmen der Fremderkennung statt, also bei der Erkennung fremder Blutkomponenten durch das Immunsystem, jedoch können sie auch als Autoimmunreaktionen auftreten. Besondere Bedeutung hat hierbei die Interaktion zwischen roten Blutzellen (Erythrozyten) und Antikörpern, die gegen die entsprechenden Antigene auf der Erythrozytenoberfläche gerichtet sind.

Immunhämatologische Untersuchungen sind ein fester Bestandteil der medizinischen Laboratoriumsdiagnostik. Zentrale Ziele dieser Untersuchungen sind die Identifikation von **Blutgruppenmerkmalen** auf der Erythrozytenoberfläche sowie der Nachweis von immunhämatologisch relevanten **Antikörpern (Immunglobulinen)** im Blut. Die bedeutendsten Blutgruppensysteme sind das AB0-System und das Rhesus-System.

Immunhämatologische Nachweise sind medizinisch vor allem in zweierlei Hinsicht relevant. Zum einen sind sie für die **Transfusion von Blutkomponenten** wie Erythrozyten oder Plasma zwingend erforderlich, um deren Verträglichkeit so weit als möglich sicherzustellen. Zum anderen dienen sie der **Diagnostik antikörpervermittelter Krankheitsbilder oder -risiken** und ermöglichen damit deren Therapie oder Prävention. Beispiele hierfür sind Inkompatibilitäten von Blutgruppenmerkmalen zwischen Mutter und Kind in der Schwangerschaft, oder auch bestimmte Autoimmunreaktionen.

13.1 Antigene und Antikörper im Blut

Im Blut des Menschen befinden sich zahlreiche **Antigene**. Darunter versteht man molekulare Strukturen, die eine Immunreaktion auslösen können. Antigen wirksame Strukturen kommen auf allen Zellarten im Blut vor (Erythrozyten, Leukozyten, Thrombozyten), aber auch auf Plasmaproteinen. Innerhalb der genannten Strukturen haben die antigenwirksamen Blutgruppenmerkmale auf den **Erythrozyten** die größte Bedeutung in der Immunhämatologie.

Auch die **Antikörper** als Gegenspieler der Antigene nehmen in der Immunhämatologie eine besondere Rolle ein. Der prototypische Aufbau und die grundlegende Funktion von Immunglobulinen wurde bereits im ▸Kap. 3.4.1 beschrieben Wie dort erläutert wurde, existieren im Menschen die fünf Antikörper-Hauptklassen IgG, IgA, IgD, IgE und IgM, die sich in Aufbau und Funktion bei der Immunabwehr unterscheiden (s. Kasten). Unter diesen Klassen haben die **Isotypen IgG und IgM**, die beide das Komplementsystem aktivieren können, die größte Bedeutung in der Immunhämatologie.

 Fachgebietstransfer

Die Immunglobulin-Klassen des Menschen

Die **Immunglobuline der Klasse IgG**, die als Monomere vorliegen, machen den Hauptanteil der Antikörper im menschlichen Blut aus. Bei der Immunabwehr dienen sie zur Neutralisation von Erregern wie z. B. Viren, sodass diese nicht mehr an ihre Zielzellen binden können. Weiterhin markieren sie die Erreger für die Erkennung und Aufnahme durch Phagozyten (Opsonisierung). IgG-Antikörper können auch die Zerstörung erkannter Fremdzellen einleiten, indem sie das Komplementsystem aktivieren und so deren Lyse induzieren.

Die im Blut als Pentamere vorliegenden **Immunglobuline der Klasse IgM** werden nach dem Antigenkontakt einer B-Zelle als erster Antikörpertyp gebildet. Sie eignen sich gut zur Erkennung von Antigenen, die mehrere Epitope derselben Art an ihrer Oberfläche tragen, wie z. B. bei Bakterien oder Viren. Daneben sind sie starke Aktivatoren des Komplementsystems und wirken ebenfalls opsonisierend.

Die anderen Isotypen der Immunglobuline nehmen etwas spezialisiertere Funktionen wahr: Die dimeren **Immunglobuline des Typs IgA** kommen hauptsächlich in Körpersekreten wie Speichel oder Muttermilch vor und dienen dem Schutz von „Außenflächen" des Körpers, also der Epithelien inklusive des Magen-Darm-Trakts. Der Isotyp IgE spielt in der Abwehr von Parasiten wie Würmern und im Allergiegeschehen eine Rolle. Er kommt unter anderem auf Mastzellen vor und kann deren Aktivierung vermitteln. Die Rolle des Isotyps IgD ist noch nicht vollständig geklärt, es ist jedoch bekannt, dass er als Rezeptor auf B-Lymphozyten vorliegt und auf deren Funktion Einfluss nimmt.

Im menschlichen Blut sind unter der Vielzahl der darin enthaltenen Antikörper häufig auch solche vertreten, die gegen charakteristische Antigene von Blutbestandteilen gerichtet sind. Zumeist sind sie spezifisch für Strukturen von Blutbestandteilen fremder Individuen, es können jedoch auch Auto-Antikörper vorkommen.

Treten im Blut **Antigen-Antikörper-Reaktionen** mit Blutkomponenten auf, so kann dies schwerwiegende Konsequenzen haben. Ein prominentes Beispiel hierfür ist die Reaktion eines im Blut vorliegenden Antikörpers mit dem korrespondierenden Erythrozyten-Antigen im Rahmen einer nicht verträglichen Bluttransfusion. Eine solche Antigen-Antikörper-Reaktion kann einen **Transfusionszwischenfall** mit Schock, Nierenversagen und Tod auslösen. Voraussetzung für das mögliche Auftreten solcher Ereignisse ist, dass bereits ein Antikörper gegen eine entsprechende Komponente im Blut vorliegt. Ist dies nicht der Fall, hat die Transfusion nichtkompatibler Blutkomponenten zwar keine akuten Konsequenzen, sie kann jedoch dazu führen, sodass die entsprechenden Antikörper gebildet werden; es kommt also zur **Sensibilisierung.** In der Folge besteht bei wiederholter Gabe dieser Blutkomponenten das Risiko eines Transfusionszwischenfalls.

Um möglichst auszuschließen, dass es bei der Therapie mit Blutkomponenten zu akuten Antigen-Antikörper-Reaktionen oder zu Sensibilisierungen kommt, ist die Bestimmung der charakteristischen Blutgruppenmerkmale sowie der im Blut enthaltenen Antikörper von erheblicher medizinischer Bedeutung.

13.1.1 Immunhämatologisch relevante Antikörperklassen und deren Bedeutung

Bei den immunhämatologisch relevanten Antikörpern bzw. Immunglobulinen muss nach deren Entstehungsgeschichte, Struktur und Spezifität zwischen zwei Arten unterschieden werden:

- Die **regulären Antikörper** des AB0-Blutgruppensystems werden während der frühkindlichen Entwicklung gebildet (▸ Kap. 13.2.1) und gehören in der Regel der Klasse Immunglobulin M (**IgM**) an. Sie liegen als Pentamere im Blut vor und sind gegen **Antigene des AB0-Systems** gerichtet.
- **Irreguläre Antikörper** können entstehen, wenn das Immunsystem mit Fremdblut in Kontakt kommt, beispielsweise durch die Transfusion von Blutkomponenten oder durch Übertritt von kindlichem Blut in den Mutterleib bei Schwangerschaften. Im Allgemeinen gehören die irregulären Antikörper der **Klasse IgG** an und liegen als Monomere vor. Sie können gegen die **Antigene aller anderen Blutgruppensysteme** gerichtet sein.

Diese Immunglobuline sind in der Immunhämatologie sowohl aufgrund ihrer Fähigkeit zur In-vivo-Reaktion als auch für die In-vitro-Diagnostik von Bedeutung.

Kommt es in vivo zu einer **Reaktion** zwischen Antikörpern und Blutzellen, können sich physiologische Konsequenzen ergeben, die sich in Art und Ausmaß unterscheiden. Dies hängt unter anderem vom quantitativen Umfang der Reaktion und den Eigenschaften der Antikörper, wie deren Fähigkeit zur Komplementaktivierung, ab. Durch die Bindung von Antikörpern kann zum einen eine komplementvermittelte Zelllyse oder die Phagozytose der Antikörper-markierten Zellen initiiert werden. Dies bewirkt den Untergang dieser Zellen und hat – je nach Ausmaß – einen Mangel an diesem Zelltyp zur Folge. Wenn eine Antigen-Antikörper-Reaktion in sehr großem Umfang stattfindet bzw. sehr effektiv zur Zelllyse führt, kann die ausgeprägte Freisetzung von Zellinhaltsstoffen die Körperabwehr in einem Maße aktivieren, dass massive physiologische Reaktionen (Schock, Nierenversagen) mit Todesfolge auftreten. Für die antierythrozytären Antikörper der Klasse IgM ist bekannt, dass sie das Komplementsystem besonders effektiv aktivieren können und damit ausgeprägt zur Hämolyse führen. Dadurch geht von Ihnen prinzipiell eine noch größere Gefahr aus als von den IgG-Antikörpern.

Für die in vitro stattfindende serologische **Blutgruppendiagnostik** (Blutgruppenserologie, Nachweis von Blutgruppenmerkmalen mittels Antikörpern) spielt darüber hinaus die Quervernetzung von Erythrozyten durch Antikörper eine bedeutende Rolle. Eine Quervernetzung von Erythrozyten führt zur Hämagglutination (kurz: Agglutination), d. h. zum Verklumpen der Zellen. Prinzipiell weisen Erythrozyten an ihrer Oberfläche ein negatives elektrisches Potenzial auf, was zur Abstoßung zwischen den Zellen führt und einer Agglutination effektiv entgegenwirkt. Die Quervernetzung ist allerdings dennoch möglich, wenn die Antikörper eine ausreichend große Überbrückungsdistanz zwischen den sich abstoßenden Erythrozyten schaffen – eine Voraussetzung, die bei den großen, pentameren Antikörpern des Isotyps IgM gegeben ist, jedoch nicht bei den kleinen, monomeren IgG-Antikörpern. Aufgrund dieser Fähigkeit werden Antikörper der Klasse IgM aus labordiagnostischer Sicht als **„komplette“ Antikörper** bezeichnet, Antikörper der Klasse IgG hingegen als **„inkomplette“ Antikörper**. Antikörper des Typs IgG erfordern den Einsatz von überbrückenden Zusatzreagenzien, um eine Agglutination zu erreichen (◘ Abb. 13.1 und ▸ Kap. 13.3). Die Eigenschaften regulärer und irregulärer (antierythrozytärer) Antikörper werden in ◘ Tab. 13.1 gegenübergestellt.

13.2 Blutgruppen

Blut lässt sich anhand von erblich festgelegten molekularen Strukturen der Blutbestandteile in Gruppen einteilen. Besondere Bedeutung haben hierbei charakteristische Oberflächenantigene der Erythrozyten. Diese gehören strukturell entweder zur Klasse der Kohlenhydrate oder zu den Proteinen.

Bislang sind mehr als 30 verschiedene Blutgruppensysteme bekannt, wobei das **AB0-Blutgruppensystem** (Landsteiner, 1901) sowie das **Rhesus(Rh)-System** (Landsteiner und Wiener, 1940) die weitaus größte medizinische Bedeutung haben. Neben dem AB0- und dem Rh-System erfährt auch das **Kell-System** routinemäßige Beachtung in der Klinik.

Tab. 13.1 Reguläre und irreguläre Antikörper im Blutgruppensystem

	Reguläre Antikörper	Irreguläre Antikörper
Antigene	Antigene des AB0-Systems (ubiquitär vorkommende Kohlenhydratstrukturen)	Antigene aller anderen Blutgruppensysteme (speziesspezifische Strukturen, meist Proteine)
Erwerb	Reguläre Bildung innerhalb der ersten Lebensmonate	Bildung nach Kontakt mit Fremdblut durch Transfusion/Schwangerschaft
Im Regelfall vorliegende Antikörperklasse (strukturelle Eigenschaften)	IgM (Pentamere)	IgG (Monomere)
Fähigkeit zur In-vitro-Agglutination	Ja („komplett")	Nein („inkomplett")
Plazentagängigkeit	Nein	Ja

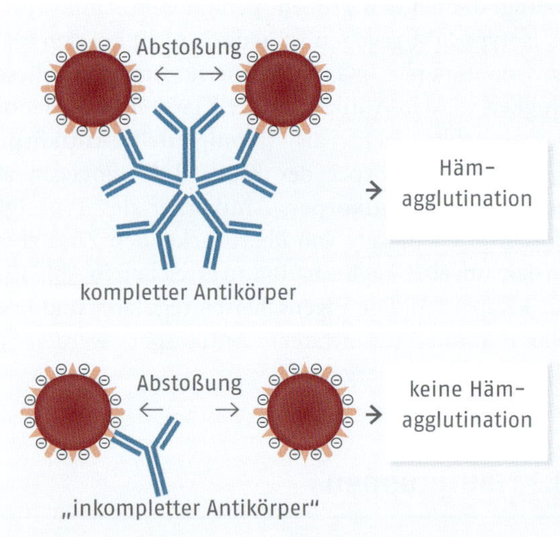

Abb. 13.1 „Komplette" und „inkomplette" Antikörper in der Blutgruppenserologie. „Komplette" Antikörper des Typs IgM (Pentamere) können die Distanz zwischen sich abstoßenden Erythrozyten überbrücken und führen zur Agglutination. Antikörper des Typs IgG (Monomere) können die Abstoßungskräfte nicht überwinden, die Agglutination bleibt aus („inkomplette" Antikörper).

Die besondere Bedeutung des AB0-Systems beruht auf der hohen Immunogenität der AB0-Antigene sowie auf dem Vorkommen regulärer Antikörper, die für die Blutgruppenkompatibilität entscheidend sind (▸ Kap. 13.4). Neben den Antigenen des AB0-Systems weisen auch bestimmte Merkmale im Rhesus- und Kell-System eine relativ hohe Immunogenität auf.

Die Immunogenität von Blutgruppenmerkmalen korreliert mit dem Risiko für die Bildung irregulärer Antikörper, wenn ein Individuum das entsprechende Merkmal nicht trägt. In diesem Zusammenhang ist jedoch zu beachten, dass das Risiko für eine Sensibilisierung nicht mit der Gefährlichkeit der entsprechenden Antikörper bei Transfusionszwischenfällen in Zusammenhang steht: Es gibt bestimmte irreguläre Antikörper (z. B. gegen Antigene des Duffy-Systems), die zwar recht selten auftreten, jedoch aufgrund der Stärke der von ihnen ausgelösten Transfusionsreaktionen in der Klinik gefürchtet sind.

Das AB0-System umfasst auf der Ebene des Phänotyps die vier Blutgruppen A, B, AB und 0 (Null); das Rhesus-System beinhaltet fünf Merkmale, das Antigen D („Rhesusfaktor") sowie die Rhesusuntergruppen C, c, E und e. Das Antigen D spielt hierbei die prominenteste Rolle, dessen Vorhandensein oder Abwesenheit im Phänotyp definiert den Status „Rhesus-positiv" (Rh-positiv, Rh^+, D^+) oder „Rhesus-negativ" (Rh-negativ, Rh^-, D^-).

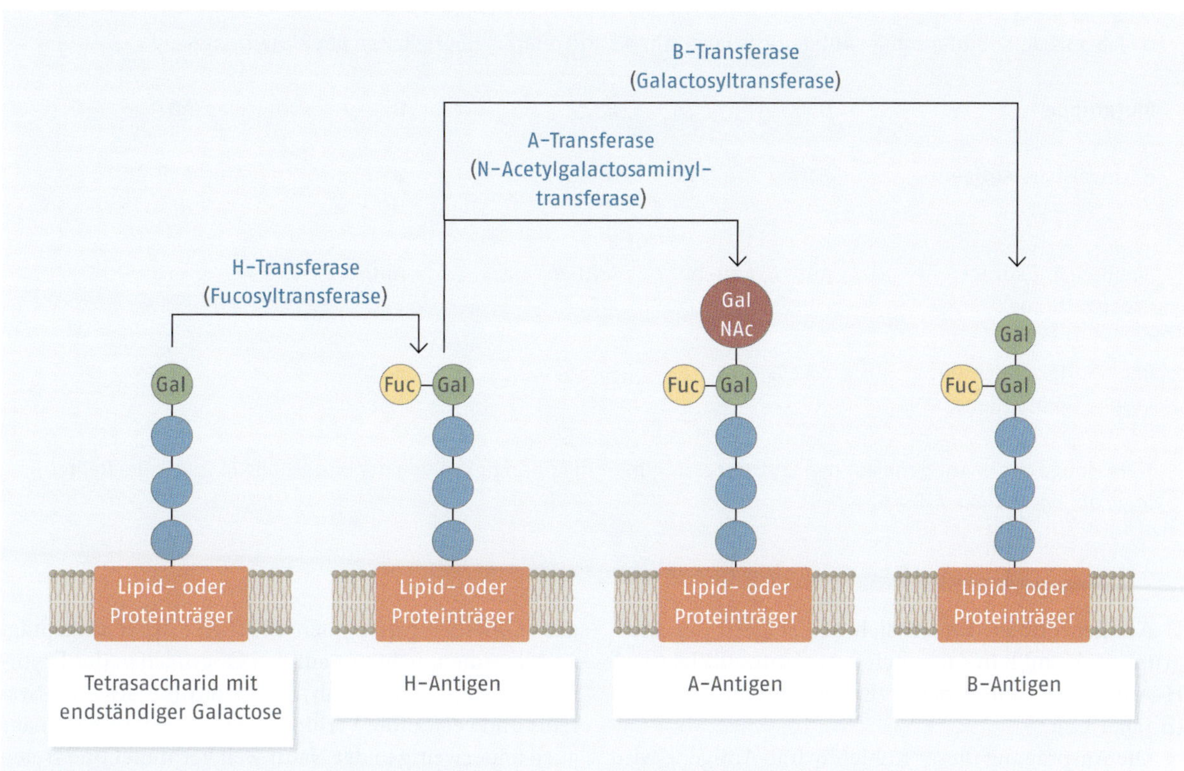

Abb. 13.2 Entstehung der Antigene im AB0-Blutgruppensystem. Die Antigene im AB0-System sind Kohlenhydratstrukturen auf der Membran der Erythrozyten, die über Glykosyltransferasen aufgebaut werden. Das H-Antigen kommt auf den Erythrozyten der Blutgruppe 0 vor, sowie als Vorstufe für die A- und B-Antigene auf den Erythrozyten der Blutgruppen A, B und AB. Gal Galactose, Fuc Fucose, GalNAc *N*-Acetylgalactosamin

Partywissen

In unserem Kulturkreis wird die Blutgruppenzugehörigkeit meist ganz nüchtern als eine körperliche Eigenschaft betrachtet, die vor allem medizinisch von Interesse ist. In Teilen Asiens, vor allem in Japan, werden die Blutgruppen vielfach noch aus einem ganz anderen Blickwinkel wahrgenommen: nach der dortigen Sichtweise soll ein ausgeprägter Zusammenhang zwischen der AB0-Blutgruppenzugehörigkeit und charakteristischen Persönlichkeitsmerkmalen bestehen. Dabei gelten Träger der Blutgruppe A als gütige, teilnahmsvolle, eher introvertierte Menschen, während Trägern der Blutgruppe B Kontaktfreude, Neugier und Ausdrucksstärke zugeschrieben wird. Personen mit der Blutgruppe AB sollen besonders unabhängig, rational und anpassungsfähig sein, während die Blutgruppe 0 mit Organisiertheit, Zielstrebigkeit und Verantwortungsbewusstsein in Verbindung gebracht wird.

13.2.1 Das AB0-Blutgruppensystem – Antigene und Antikörper

Die **Antigene des AB0-Systems** bestehen aus Kohlenhydratstrukturen. Korrespondierend zu den Blutgruppenbezeichnungen A, B und 0 gibt es drei charakteristische Antigene, die die Bezeichnungen A, B und H tragen. Vom Aufbau her basieren sie auf einem linear verknüpften Tetrasaccharid mit endständiger Galactose, das über Lipide oder Proteine in der Erythrozytenmembran verankert ist. Aus diesem Baustein werden die Antigene A, B und H durch enzymatische Übertragung weiterer Saccharideinheiten aufgebaut (Abb. 13.2). Das Antigen H wird erzeugt, indem die endständige Galactose mit einer Fucose verknüpft wird. Das alleinige Auftreten dieses Antigens (aus der Reihe der AB0-Merkmale) ist charakteristisch für die Blutgruppe 0. Weiterhin dient das Antigen H als Grundstruktur für die Biosynthese der Antigene A und B: Zur Bildung des Antigens A wird die H-Struktur mit *N*-Acetylgalactosamin verknüpft, während beim Antigen B ein weiterer Galactoserest an die H-Struktur angefügt wird (Abb. 13.2). Da diese Umwandlung jedoch nicht bei jedem einzelnen auf der Membran vorliegenden

13

Tab. 13.2 AB0-Blutgruppen: Antigene, Isoagglutinine und relative Häufigkeiten der Blutgruppen

Blutgruppe	0	A	B	AB
Nachweisbare Antigene	H*	A H*	B H*	A, B H*
Reguläre Antikörper (Isoagglutinine)	Anti-A, Anti-B	Anti-B	Anti-A	-
Rel. Häufigkeit der Blutgruppe (Deutschland)	~41 %	~43 %	~11 %	~5 %

* Die Menge der H-Antigene auf den Erythrozyten nimmt in Abhängigkeit von der Blutgruppe in folgender Reihenfolge ab: 0 > A_2 > B > A_2B > A_1 > A_1B

H-Antigen erfolgt, finden sich bei Trägern der Blutgruppen A und B immer noch Reste „unmodifizierter" H-Antigene auf den Erythrozytenmembranen (Tab. 13.2).

Die Ausprägung dieser Kohlenhydrat-Antigene wird durch proteincodierende Gene determiniert. Die zugrundeliegenden Gene tragen die Information für diejenigen Glykosyltransferase-Enzyme, welche die jeweiligen Zucker auf die endständige Galactose übertragen. Somit handelt es sich bei den AB0-Antigenen um sekundäre Genprodukte.

Im AB0-Blutgruppensystem weist die Blutgruppe A die Besonderheit auf, dass bei ihr noch zwischen den **Untergruppen A_1 und A_2** differenziert wird. Etwa 80 % der Träger der Blutgruppe A gehören der Untergruppe A_1 an, die verbleibenden 20 % der Untergruppe A_2. Die Unterschiede zwischen den Untergruppen A_1 und A_2 sind überwiegend quantitativer Natur: Individuen mit der Blutgruppe A_1 verfügen über eine aktivere A-Transferase als Träger der Blutgruppe A_2, sodass Erythrozyten der Blutgruppe A_2 im Vergleich zu A_1weniger A-Antigene tragen. Umgekehrt bleibt bei A_2-Erythrozyten ein höherer Anteil an „unmodifiziertem" H-Antigen zurück als bei den Zellen der Untergruppe A_1. Jenseits der Mengenunterschiede sind auch qualitative Unterschiede zwischen den Antigenen A_1 und A_2 bekannt. Diese sollen unter anderem durch die Lipidstrukturen zustande kommen, über welchen die Saccharide in der Membran verankert sein können. Insgesamt sind die Unterschiede zwischen den Untergruppen A_1 und A_2 jedoch klinisch nicht besonders relevant, da nur in seltenen Fällen irreguläre Antikörper festgestellt werden, dabei handelt es sich hauptsächlich um Anti-A_1-Antikörper bei Trägern der Blutgruppe A_2.

Allgemein sind die AB0-Antigene im Gegensatz zu den Merkmalen der anderen Blutgruppensysteme auf allen Gewebetypen im menschlichen Körper ausgeprägt und kommen nicht nur auf den Oberflächen der Erythrozyten vor. Die Kohlenhydratstrukturen des AB0-Systems und verwandte Verbindungen sind darüber hinaus auch anderweitig in der Natur weit verbreitet und treten z. B. auf Bakterien, Viren oder Pflanzenzellen auf.

Ein besonderes Charakteristikum des AB0-Systems ist, dass der Mensch gegen diejenigen Antigene, die er selbst nicht besitzt, Antikörper ausbildet (**Landsteiner-Regel**). Diese Antikörper sind obligat auftretende Allo-Antikörper („reguläre" Antikörper), die als **Isoagglutinine** bezeichnet werden (Begriffserläuterungen siehe Kasten). Die Isoagglutinine treten so zuverlässig auf, dass sie neben der Bestimmung der Blutgruppenantigene zur Blutgruppenbestimmung im AB0-System herangezogen werden.

Definition

Allo-Antikörper: Antikörper gegen ein Antigen eines (genetisch unterschiedlichen) Organismus derselben Spezies. Synonym: Iso-Antikörper.
Isoagglutinin: Iso-(Allo-)Antikörper, der eine Hämagglutination, d. h. die Agglutination (Verkleben/Verklumpen) von Erythrozyten hervorrufen kann.

Die Isoagglutinine werden in den ersten Lebensmonaten gebildet. Als Ursache für diese Sensibilisierung gelten die oben erwähnten blutgruppenantigenartigen Kohlenhydratstrukturen, die ubiquitär in der Natur vorkommen und zu einer inapparenten (d. h. klinisch unauffälligen) Immunisierung im Menschen führen. Da nur Antikörper gegen diejenigen AB0-Antigene gebildet werden, die die entsprechende Person nicht hat,

▫ **Tab. 13.3** Antigene des AB0-Systems, Antigene bzw. Epitope des Rh-Systems

Parameter	AB0-Antigene	Rh-Antigene
Chemische Struktur	Kohlenhydrate	Proteine
Expressionsmuster im Menschen	Alle Zelltypen	Erythrozyten
Zeitpunkt vollständige Ausreifung der Antigene	Nachgeburtlich	Vorgeburtlich innerhalb weniger Wochen
Antigene bzw. Epitope (Bezeichnungen)	A, B, H (Bombay-Phänotyp: Tetrasaccharid-Grundstruktur)	D C, c, E, e

besteht eine komplementäre Beziehung zwischen den vorhandenen Isoagglutininen und den AB0-Blutgruppenantigenen (▫ Tab. 13.2).

Die **Häufigkeit von Blutgruppen** variiert weltweit je nach Region. In Deutschland ist die Blutgruppe A mit ~43 % am häufigsten vertreten, gefolgt von der Blutgruppe 0 mit ~41 % sowie von B (~11 %) und AB (~5 %; ▫ Tab. 13.2). Im Gegensatz dazu ist beispielsweise die Blutgruppe B im asiatischen Raum, wo sie die häufigste oder zweithäufigste Blutgruppe darstellt, deutlich stärker repräsentiert als in Europa. Gleichzeitig ist die Blutgruppe A dort deutlich weniger verbreitet.

Denkanstoß

Eine extrem seltene, aber erwähnenswerte Erscheinung innerhalb des AB0-Systems ist der sogenannte **Bombay-Phänotyp.** Dieser kommt auf dem indischen Subkontinent bei einer kleinen Population vor. Das Charakteristikum der Bombay-Blutgruppe ist das Fehlen des Antigens H auf den Erythrozyten, was zur Konsequenz hat, dass die Träger dieser Blutgruppe Isoagglutinine gegen das Antigen H ausbilden und damit für die Transfusion von Erythrozyten aller AB0-Blutgruppen inkompatibel sind. Ursache ist ein Defekt im Gen für die H-Transferase (Fucosyltransferase). Das Vorliegen regulärer Anti-H-Antikörper schränkt die Auswahl von Konserven für eine Erythrozyten-Transfusion bei diesen Personen im Wesentlichen auf seltenes Blut von Spendern mit derselben genetischen Konstellation, d. h. auf Blut der Bombay-Blutgruppe, ein.

13.2.2 Das Rhesus-System

Das **Rhesus-(Rh-)System** umfasst mehrere Blutgruppenmerkmale, von denen das **Antigen D** (Rhesusmerkmal D, Rh-D, Rhesusfaktor) das Hauptmerkmal darstellt. Im Gegensatz zum AB0-System handelt sich bei diesen Merkmalen um Proteinantigene und es somit um primäre Genprodukte. Ein weiterer Unterschied zum AB0-System ist, dass die Rhesus-(Rh-)Antigene im Menschen ausschließlich auf den Erythrozyten und deren Vorläufern und nicht in allen Geweben anzutreffen sind. Wird das Antigen D bei einer Person exprimiert, so ist sie Rh-positiv, bei dessen Fehlen Rh-negativ. Neben dem Antigen D gehören zum Rh-System die Antigene C (groß C) bzw. c (klein c) und E bzw. e, die als **Rh-Untergruppen** bezeichnet werden. Streng genommen sind dies keine selbständigen Antigene, auch wenn diese Bezeichnung geläufig ist und im Folgenden verwendet wird, sondern verschiedene Epitope eines einzigen Proteins. Das Protein trägt die Bezeichnung RHCE und besitzt entweder das Epitop C oder c in Kombination mit Epitop E oder e – folglich sind die Merkmale C und c bzw. E und e Varianten von Epitopen bzw. „Antigenen", die sich in ihrem Vorkommen wechselseitig ausschließen („antithetische Antigene"). Strukturell sind sich diese Varianten recht ähnlich, beispielsweise unterscheiden sich die Antigene E und e nur in der Identität einer Aminosäure. In ▫ Tab. 13.3 werden die Antigene der Blutgruppensysteme AB0 und Rhesus gegenübergestellt.

13

Das Antigen D ist ein Transmembranprotein, für welches mehr als 30 verschiedene Epitope bekannt sind. Bei einem kleinen Teil der Bevölkerung (< 1 %) variiert die Expression dieses Proteins in quantitativer oder qualitativer Hinsicht.

Als **quantitative Variante** treten Erythrozyten mit unterdurchschnittlichen Expressionsdichten des D-Antigens auf. Diese Phänotypen werden als **D weak** bezeichnet. Hauptursache für das Auftreten dieser Variante ist der Austausch einer einzigen Aminosäure in einer Transmembrandomäne des Rh-D-Proteins, der die Integration des Proteins in die Erythrozytenmembran behindert.

Als **qualitative Varianten** sind mehrere Formen des Rh-D-Proteins bekannt, die auf genetischen Polymorphismen beruhen und dadurch gekennzeichnet sind, dass nur ein Teil der Epitope des Wildtyp-Proteins exprimiert wird. Diese Varianten tragen die Bezeichnung **D partial**. Häufig entstehen sie als Folge einer Genkonversion und werden dann als **D-Kategorien** bezeichnet (▸ Kap. 13.2.3). Die zugehörigen Blute sind die sogenannten Kategorieblute.

Das Auftreten der Kategorieblute hat insbesondere im Hinblick auf Bluttransfusionen wichtige Implikationen. Erhält beispielsweise ein Träger eines Kategorieblutes bei einer Transfusion „normale" Rh-positive Spendererythrozyten (d. h. Erythrozyten mit der Wildtyp-Form D), so besteht die Gefahr der Sensibilisierung gegen diejenigen Epitope, die nicht auf der Proteinvariante des Empfängers vertreten sind. Dies hätte bei einer erneuten Transfusion von Blut mit dem „vollständigen" Rh-Merkmal D das Risiko eines Transfusionszwischenfalls zur Folge, da ja potenziell Antikörper vorliegen, die gegen alle Epitope des Wildtyp-Proteins gerichtet sind.

Diagnostisch hat dies Konsequenzen für die Gestaltung des Rh-Testverfahrens im Rahmen der Blutgruppenbestimmung von Erythrozyten-Empfängern. Das Verfahren wird dabei so ausgerichtet, dass die Träger der bedeutendsten Variante von D partial (Kategorie D VI, (▸ Kap. 13.2.3) zuverlässig als Rh negativ bestimmt werden. Dadurch wird gewährleistet, dass diese Personen bei einer Transfusion in der Regel Rh-negatives Blut erhalten würden (▸ Kap. 13.4.1). Soll jedoch die Blutgruppe im Rahmen einer Blutspende bestimmt werden, sind Verfahren anzuwenden, die auch die Detektion aller „unvollständigen" Antigene erlauben, sodass diese Personen zuverlässig als Rh positiv kategorisiert werden. Damit wird sichergestellt, dass dieses Blut bei einer Transfusion nicht an Rh-negative Personen gegeben wird, die durch die vorhandenen Epitope sensibilisiert werden könnten. Für diese Untersuchungen kommen molekularbiologische Methoden (sequenzspezifische PCR) zum Einsatz.

13.2.3 Genetik der Blutgruppensysteme AB0 und Rhesus (Rh)

Die **Merkmale des Blutgruppensystems AB0** werden durch zwei getrennte Genloci determiniert, die **Genloci H und AB0** (internationale Schreibweise: ABO).

Wie bereits erläutert, codiert das H-Gen für eine Fucosyltransferase, welche das Antigen H aus einer Tetrasaccharid-Grundstruktur auf der Erythrozytenoberfläche aufbaut (○ Abb. 13.2). Sehr selten kommen nichtfunktionelle Varianten dieses Gens vor, die Allele h. Es handelt sich dabei um „stumme" bzw. amorphe Allele, deren fehlende Funktionalität auf diversen genetischen Variationen beruhen kann, unter anderem auf Nonsense-Mutationen mit vorzeitigen Stopcodons. Derartige Genvarianten liegen dem „Bombay-Phänotyp" zugrunde, der bei Trägern des Genotyps hh auftritt (▸ Kap. 13.2.1).

Der AB0-Genlocus umfasst die Allele A, B und 0. Das Allel A codiert für eine Glykosyltransferase, die *N*-Acetylgalactosamin auf die Grundsubstanz H überträgt, durch das Allel B wird eine Galactosyltransferase codiert (○ Abb. 13.2). Die beiden Allele unterscheiden sich bei einer Gesamtlänge von 354 Aminosäuren nur in den Codons für vier Aminosäuren – diese Änderung der Primärstruktur reicht zur Festlegung der unterschiedlichen Substratspezifität der beiden Enzyme aus.

Das Allel 0 codiert nicht für ein funktionsfähiges Protein, sondern stellt eine „defekte" Variante des Gens für A dar. Häufigste Ursache für diese Variante ist die Deletion eines einzelnen Nukleotids im Gen, wodurch sich in der mRNA eine Leserasterverschiebung ergibt und bei der Translation ein verkürztes, nicht funktionelles Protein entsteht.

Aus der Kombination der Allele im Genotyp ergibt sich der **Phänotyp**, also welche Blutgruppe eine Person aufweist. Hierbei verhalten sich die Allele A und B dominant gegenüber dem Allel 0, dementsprechend ist das Allel 0 rezessiv gegenüber A bzw. B. Daraus folgt, dass aus den Genotypen A0 bzw. B0 auf Ebene des Phänotyps die Blutgruppen A bzw. B hervorgehen und dass das Auftreten der Blutgruppe 0 den homozygoten Genotyp 00 voraussetzt. Wenn die Allele A und B gleichzeitig im Genotyp vorliegen, kommen beide gleichermaßen zur Ausprägung. Sie verhalten sich also zueinander codominant und führen im Phänotyp zur Blutgruppe AB. Darüber hinaus gilt, dass sich das Allel H dominant gegenüber dem (äußerst seltenen) Allel h verhält.

Aus ○ Abb. 13.3 ergeben sich die Beziehungen zwischen den elterlichen Genotypen, möglichen kindlichen Genotypen und den entsprechenden Blutgruppenzugehörigkeiten.

Die **Merkmale des Rh-Systems** werden durch zwei direkt benachbarte Gene codiert, die gemeinsam einen Gencluster bilden und zusammen vererbt werden (Hap-

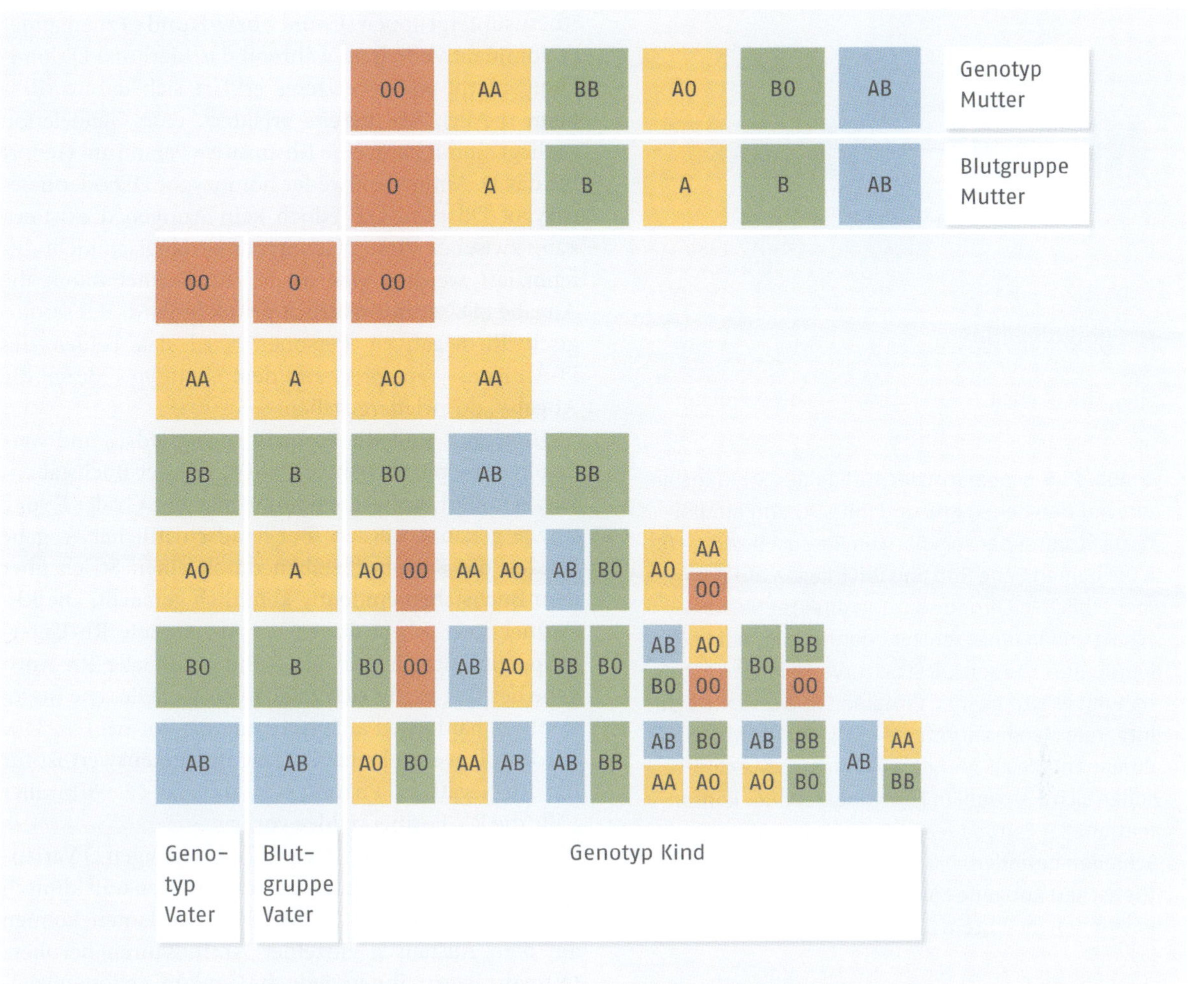

Abb. 13.3 Vererbung der Blutgruppenmerkmale im AB0-System. Beziehung zwischen den Genotypen der Eltern, ihren Blutgruppenzugehörigkeiten und den möglichen Genotypen der Kinder. Anhand des Farbcodes (rot = Blutgruppe 0, gelb = Blutgruppe A, grün = Blutgruppe B, blau = Blutgruppe AB) lässt sich für einen Genotyp die jeweilige Blutgruppenzugehörigkeit erkennen. Weiterhin ergibt sich für eine gegebene elterliche Genkonstellation aus den Größenverhältnissen der Felder für die kindlichen Genotypen die relative Wahrscheinlichkeit für deren Auftreten.

lotypen). Die beiden Gene tragen die Bezeichnung **RHD** und **RHCE** und codieren für den Rhesusfaktor D bzw. die Antigene C oder c und E oder e. Dieser Gencluster ist während der Entwicklung des Menschen durch eine Genverdoppelung entstanden. Die meisten anderen Säuger besitzen nur ein einziges RH-Gen, welches sich an einer Position befindet, die der des RHCE-Gens beim Menschen entspricht. Die Gensequenzen von RHD und RHCE weisen eine sehr hohe Ähnlichkeit auf und liegen in umgekehrter Reihenfolge nebeneinander auf dem menschlichen Chromosom 1 (Abb. 13.4). Dementsprechend sind sich auch die Rh-D- und RH-CE-Proteine sehr ähnlich, sie unterscheiden sich nur in bis zu 36 von 417 Aminosäuren. Zur Proteinstruktur ist bekannt, dass es sich um Transmembranproteine handelt. Es wird davon ausgegangen, dass sie 12 Transmembrandomänen besitzen und sechs extrazelluläre Schleifen aufweisen, auf welchen die antigenen Positionen lokalisiert sind.

Der Rh-Status einer Person wird über das Vorhandensein des Gens RHD determiniert. Rh-positive Personen tragen mindestens ein funktionelles RHD-Gen, wohingegen Rh-negative über keine funktionelle Kopie dieses Gens verfügen, da es auf beiden Chromosomen vollständig deletiert ist. In Deutschland sind ungefähr 17 % der Bevölkerung Rh-negativ, während mit 83 % der überwiegende Anteil der Bevölkerung Rh-positiv ist.

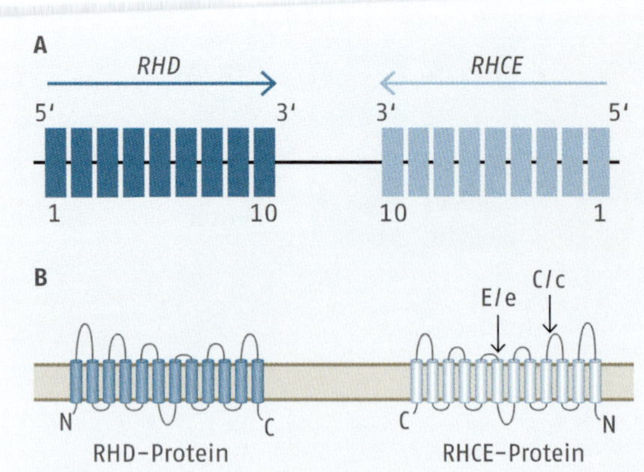

Abb. 13.4 Schematischer Aufbau des RH-Genclusters mit den Genen RHD und RHCE (A) und modellhafte Struktur der zugehörigen Rhesus-Proteine (B). **A** Die beiden Gene RHD und RHCE liegen auf dem menschlichen Chromosom 1 in direkter Nachbarschaft und in umgekehrter Orientierung; beide Gene beinhalten 10 Exons. **B** Strukturvorhersagen zufolge handelt es sich bei den Proteinen RHD und RHCE um integrale Membranproteine mit 12 Transmembrandomänen. Die als Antigene wirksamen Abschnitte sollen sich – sowohl in Form linearer oder konformationeller Epitope – auf den extrazellulären Schleifen befinden. Die für die Ausprägung der antithetischen Antigene E/e bzw. C/c maßgeblichen Positionen im Protein RHCE sind durch Pfeile gezeigt.

Bei der Angabe der Rhesus-Haplotypen wird das Vorhandensein des RHD-Gens durch ein „D" gekennzeichnet, das Fehlen des RHD-Gens wird durch die Angabe „d" kenntlich gemacht. Da für das RHCE-Gen vier Allele (C, c, E und e) existieren, sind im Rh-System insgesamt acht Haplotypen möglich (cde, Cde, cDe, cdE, CDe, cDE, CdE und CDE). Aus der Kombination zweier Haplotypen ergibt sich der Genotyp einer Person, beispielsweise CDE/cDe. Die Feststellung des Genotyps einer Person ist durch aufwendige Familienuntersuchungen oder molekulargenetische Methoden möglich, sie spielt jedoch in der Praxis keine große Rolle.

Von großer Bedeutung für die klinische Routine ist die Bestimmung des Rh-Phänotyps. Dieser wird im Allgemeinen durch serologische Methoden ermittelt, d. h. durch Antigen-Antikörper-Reaktion (siehe Blutgruppenbestimmung, ▸ Kap. 13.3) und durch die sogenannte **Rh-Formel** angegeben.

Bei der serologischen Ermittlung der Rh-Formel sind die fünf Antigene C, c, D, E und e erfassbar. Das phänotypische Auftreten der Antigene ergibt sich aus dem Genotyp der Person, wobei sich die Antigene der Rhesusuntergruppen (C und c bzw. E und e) zueinander codominant verhalten, während das Merkmal D dominant vererbt wird. Letzteres erklärt sich daraus, dass beim d-Allel, wie bereits erläutert, eine Gendeletion vorliegt. Somit kann eine Rh-positive Person am Genort für das D-Antigen entweder homozygot DD oder heterozygot Dd sein. Da jedoch kein Antigen d existiert, kann zwischen diesen Genotypen serologisch nicht differenziert werden, was in der Rh-Formel durch die Angabe „D." zum Ausdruck gebracht wird. Bei serologisch Rh-negativen Personen wird das Fehlen des D-Antigens – entsprechend dem Genotyp – durch die Angabe „dd" wiedergegeben.

Insgesamt sind Rh-Formeln sechsgliedrig und werden in der alphabetischen Reihenfolge der Buchstabenkürzel notiert, wobei die Großbuchstaben C oder E vor c bzw. e genannt werden. Bei handschriftlicher Angabe werden die Kleinbuchstaben durch einen Strich über dem Buchstaben eindeutig kenntlich gemacht. Die Rh-Formel einer Rh-positiven Person, die alle Rh-Untergruppenmerkmale aufweist (und somit alle Rh-Antigene besitzt), ergibt sich folglich als CcD.Ee. Die insgesamt am häufigsten anzutreffende Rh-Formel (ca. 34 % der Bevölkerung) lautet CcD.ee. Bemerkenswert ist für die Rh-negativen Phänotypen, dass in ca. 90 % aller Fälle die Rh-Formel ccddee vorliegt.

Wie bereits erwähnt, treten für das Antigen D Varianten auf, die als **D partial** bezeichnet werden und klinisch relevant sind (▸ Kap. 13.2.2). Diese Varianten können auf dem Austausch einzelner Aminosäuren beruhen. Oftmals liegen ihnen jedoch Genkonversionen zwischen den Genen RHCE und RHD zugrunde, die zu Hybridproteinen führen. Letzteres ist der klassische Mechanismus für die Entstehung der **D-Kategorien** als Untergruppe der Partial-D-Phänotypen (Abb. 13.5). Bei einer solchen Genkonversion bildet die DNA am Rhesus-Gencluster eine Haarnadelschleife aus, sodass die beiden Genabschnitte RHCE und RHD nebeneinander liegen und eine Übertragung von DNA-Abschnitten vom RHCE-Gen auf das RHD-Gen möglich ist. Entsprechend resultieren aus diesen Hybridgenen auf Proteinebene „Mischformen", die nur noch bestimmte Abschnitte des Wildtyp-D-Proteins beinhalten und dadurch auch einen Teil der D-Epitope tragen. Insgesamt wird zwischen den Kategorien D II bis D VII unterschieden, wobei die meisten davon sehr selten (< 0,02 %) vorkommen. Kategorie D VI ist mit einer Häufigkeit von immerhin 0,02 % vertreten und gilt als die klinisch bedeutsamste Kategorie. Unter deren Träger sind einige Fälle von Anti-D-Immunisierung nach Kontakt mit „normalem" D-Antigen bekannt. Abb. 13.5 zeigt die Anzahl der D-Epitope, die bei einzelnen D-Kategorien serologisch erfassbar sind. Daraus ist ersichtlich, dass bei Kategorie D VI vergleichsweise wenige Epitope vorhanden sind.

Tab. 13.4 Serologisch erfassbare Epitope einzelner D-Kategorien. Die Angaben stammen aus Untersuchungen mit ca. 100 verschiedenen Anti-D-Antikörpern, die insgesamt die serologische Unterscheidung von 30 verschiedenen D-Epitopen erlauben.

D-Kategorie	Serologisch erfassbare D-Epitope (von 30)
IV	19–20
VI	6
VII	27

13.3 Blutgruppenbestimmung

Blutgruppenbestimmungen werden unter anderem im Rahmen der präoperativen Diagnostik, vor Transfusionen oder Transplantationen und bei der Schwangerschaftsvorsorge durchgeführt. Zu einer vollständigen Blutgruppenbestimmung gehören mindestens folgende Untersuchungen:

- **AB0-Blutgruppenbestimmung**: Nachweis der Antigene und der korrespondierenden Antikörper (die Serumeigenschaften),
- Bestimmung des **Rh-Merkmals D**,
- **Antikörpersuchtest**.

Der Antikörpersuchtest dient dem Ausschluss oder Nachweis irregulärer Antikörper, die gegen Erythrozytenantigene gerichtet sind. Dies ist vor allem im Hinblick auf die Verträglichkeit von Transfusionen relevant. Bei bestimmten Personengruppen (Kinder, Frauen < 45 Jahre, polytransfundierte Patienten) und bei Blutspendern ist neben der Bestimmung der AB0-Merkmale und des Rh-Faktors auch die Bestimmung der Rh-Untergruppen und der Kell-Merkmale vorgesehen, da die Immunogenität dieser Merkmale mit einem relativ hohen Sensibilisierungsrisiko durch nichtkompatible Erythrozyten einhergeht. Bei der Blutgruppenuntersuchung im Rahmen einer Blutspende ist darüber hinaus die Erfassung von Varianten des D-Antigens (D weak, D partial) wichtig, um sicherzugehen, dass das Blut dieser Personen als Rh-positiv kategorisiert wird.

Die **AB0-Blutgruppenbestimmung** erfolgt mit zwei sich ergänzenden Testverfahren, wodurch die Sicherheit der Bestimmung erhöht wird. Zum einen werden die auf den Erythrozyten lokalisierten Antigene des AB0-Systems erfasst, zum anderen werden die korrespondierenden Antikörper im Plasma nachgewiesen. Daher wird eine Blutprobe für die AB0-Bestimmung zunächst

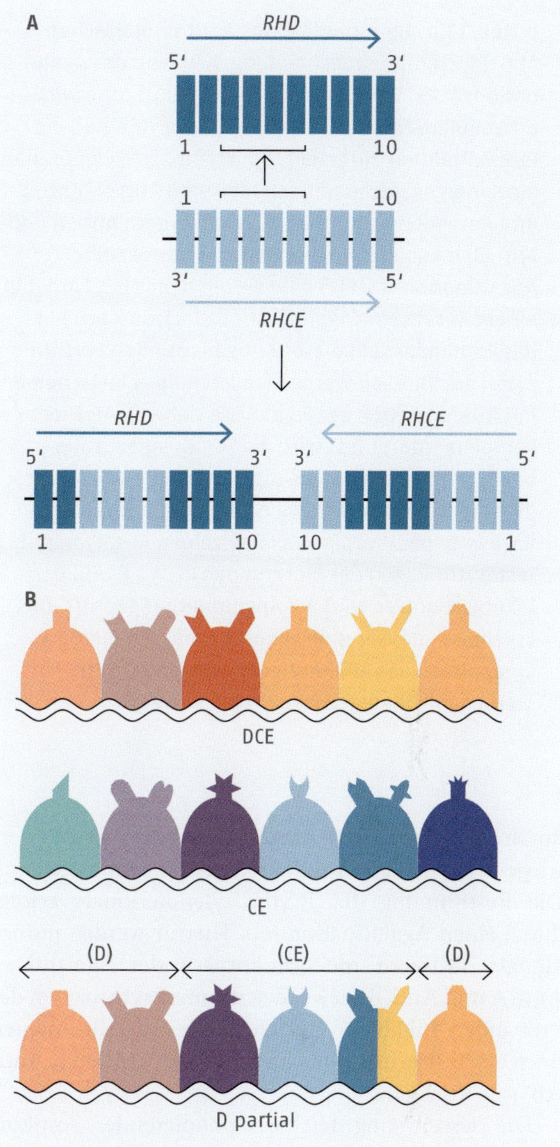

Abb. 13.5 Genkonversion als genetischer Mechanismus bei der Entstehung der D-Kategorien (A) und schematische Darstellung dadurch entstehender Hybridproteine (B). Abbildung A zeigt eine Genkonversion, die zur Entstehung einer Rhesus D-Kategorie führt. Im gezeigten Falle handelt es sich um die Kategorie VI, Subtyp 3, bei der die Exons 3–6 aus dem RHCE-Gen auf das RHD-Gen übertragen werden. B Modellhaft dargestellt sind die extrazellulären Anteile des D- bzw. CE-Proteins sowie eines D-partial-Proteins als D/CE-Hybridprotein. Die geometrischen Formen an der Oberseite symbolisieren die antigen wirksamen Positionen. Das D partial-Protein enthält durch die ausgetauschten Sequenzen weniger antigen wirksame Positionen als das „normale" D-Protein.

13

Abb. 13.6 Agglutinationstests zur serologischen AB0-Bluttgruppenbestimmung. **A** Prinzip des Agglutinationstests. Die zu untersuchende Blutprobe wird in die zelluläre Fraktion mit den Erythrozyten und die Plasmafraktion aufgeteilt. Die Erythrozyten werden in einzelnen Ansätzen mit den Testseren Anti-A, Anti-B und Anti-AB (ein Gemisch aus Antikörpern Anti-A und Anti-B) inkubiert. Hierbei findet entweder eine Agglutination statt (+) oder sie bleibt aus (–). Findet in einem Ansatz eine Agglutination statt, so kann auf das Vorhandensein dieses Antigens auf den Erythrozyten geschlossen werden (vollständiges Testschema mit Interpretation der Ergebnisse siehe B). Als hierzu komplementärer Test wird die Serumgegenprobe durchgeführt, bei der die regulären AB0-Antikörper (Isoagglutinine) im Plasma nachgewiesen werden. Dazu wird das Blutplasma in einzelnen Ansätzen mit Testerythrozyten der Blutgruppen A_1, A_2, B und 0 inkubiert und es wird auf Agglutination geprüft. Die Ergebnisse der Serumgegenprobe müssen mit den Ergebnissen des AB0-Antigennachweises korrespondieren (vollständiges Testschema siehe C). **B** Testschema beim serologischen Nachweis der AB0-Antigene auf einer Tüpfelplatte. Die zu bestimmenden Erythrozyten werden mit den Testseren Anti-A, Anti-B und Anti-AB inkubiert. Die den Agglutinationsreaktionen entsprechenden AB0-Blutgruppenzugehörigkeiten sind rechts aufgetragen. **C** Testschema bei der Bestimmung der AB0-Antikörper auf einer Tüpfelplatte. Das zu untersuchende Plasma wird mit Testerythrozyten der Blutgruppen A_1, A_2, B und 0 inkubiert. Die den Agglutinationsreaktionen entsprechenden AB0-Blutgruppenzugehörigkeiten sind rechts aufgetragen. **D** Serologischer Nachweis der AB0- (und Rhesus-) Antigene mithilfe einer Geldiffusionskarte. In den Ansätzen mit dem Antiserum Anti-B (Ansatz über gelbem Feld „B“) und Anti-AB (Ansatz über weißem Feld „AB“) sind Agglutinate über der Gelschicht sichtbar. Dies ist im Ansatz mit dem Antiserum Anti-A (Ansatz über blauem Feld „A“) nicht der Fall, dort sind die Erythrozyten an der Unterseite der Gelschicht als Sediment erkennbar. Demzufolge handelt es sich bei der untersuchten Probe um Blut der Blutgruppe B.

durch Zentrifugation in die zelluläre Fraktion (die überwiegend Erythrozyten enthält) und das Plasma getrennt. Die Bestimmung der Erythrozytenmerkmale erfolgt durch einen Agglutinationstest. Hierfür werden monoklonale Testseren mit Antikörpern der Spezifitäten Anti-A und Anti-B verwendet, die mit Erythrozyten des Probanden inkubiert werden, sowie im Allgemeinen noch ein Testserum mit beiden Antikörperarten („Anti-AB“) als Kontrolle.

Die Bestimmung der korrespondierenden Antikörper erfolgt durch die „Serumgegenprobe“. Diese beruht ebenfalls auf einem Agglutinationstest, hierbei werden jedoch als Probenmaterialien das Plasma des Probanden (oder wie früher üblich, das Serum) und kommerziell erhältliche Testerythrozyten der Blutgruppen A_1, A_2, B und 0 miteinander inkubiert. Die Ergebnisse der Antigenuntersuchung und der Serumgegenprobe müssen sich entsprechen. Die Detektion der Agglutinationsreaktionen (oder deren Ausbleiben) im Rahmen der Blutgruppenbestimmung erfolgt im einfachsten Falle auf einer Tüpfelplatte vor deren weißem Hintergrund sich die Agglutinate visuell gut erfassen lassen, oder aber in Reaktionsröhrchen. Die vollständigen Testschemata für die AB0-Antigenbestimmung und die Serumgegenprobe auf der Tüpfelplatte sind in Abb. 13.6 A–C dargestellt. Eine besonders niedrige Nachweisgrenze wird durch die Verwendung von Geldiffusionskarten erreicht. Diese bestehen aus einem kartenartigen Träger aus Kunststoff mehrere Reaktionsröhrchen, die in ihrer unteren Hälfte ein Gel enthalten. Das Gel weist eine Porengröße auf, die zwar den Durchtritt einzelner Erythrozyten erlaubt, nicht jedoch von Agglutinaten. Das Probandenplasma/-serum und das jeweilige Antiserum werden nun über dem Gel vermischt und eine gewisse Zeit inkubiert. Die Karte kann anschließend in einer passenden Halterung abzentrifugiert werden, sodass die Erythrozyten sich am Grund des Röhrchens sammeln, die Agglutinate jedoch in konzentrierter Form im oberen Teil des Gels sichtbar sind (Abb. 13.6 D).

Ein Sonderfall bei der AB0-Blutgruppenbestimmung stellen Probanden dar, bei denen die Isoagglutinine fehlen können. Dies ist u. a. bei Säuglingen, alten Menschen oder immunsupprimierten Patienten der Fall. Für diese kann aufgrund einer fehlenden validen Serumgegenprobe nur eine „vorläufige Blutgruppe“ angegeben werden.

Die Bestimmung der **Rhesus-Merkmale** erfolgt ebenfalls durch einen Agglutinationstest. Allerdings liegen im Rh-System keine regulären Antikörper vor, die eine Serumgegenprobe erlauben würden (es können höchstens irreguläre Antikörper gegen das Rh-Merkmal D vorliegen), weshalb bei der Bestimmung der Rh-Merkmale anstelle zweier komplementärer Testverfahren zwei monoklonale Testseren aus verschiedenen Zellklonen verwendet werden. Dabei bringt das Auftreten von „Kategoriebluten“, welche Varianten des Rh-Merkmals D tragen (D partial, ▸ Kap. 13.2.2), besondere Anforderungen an die Gestaltung des Testverfahrens

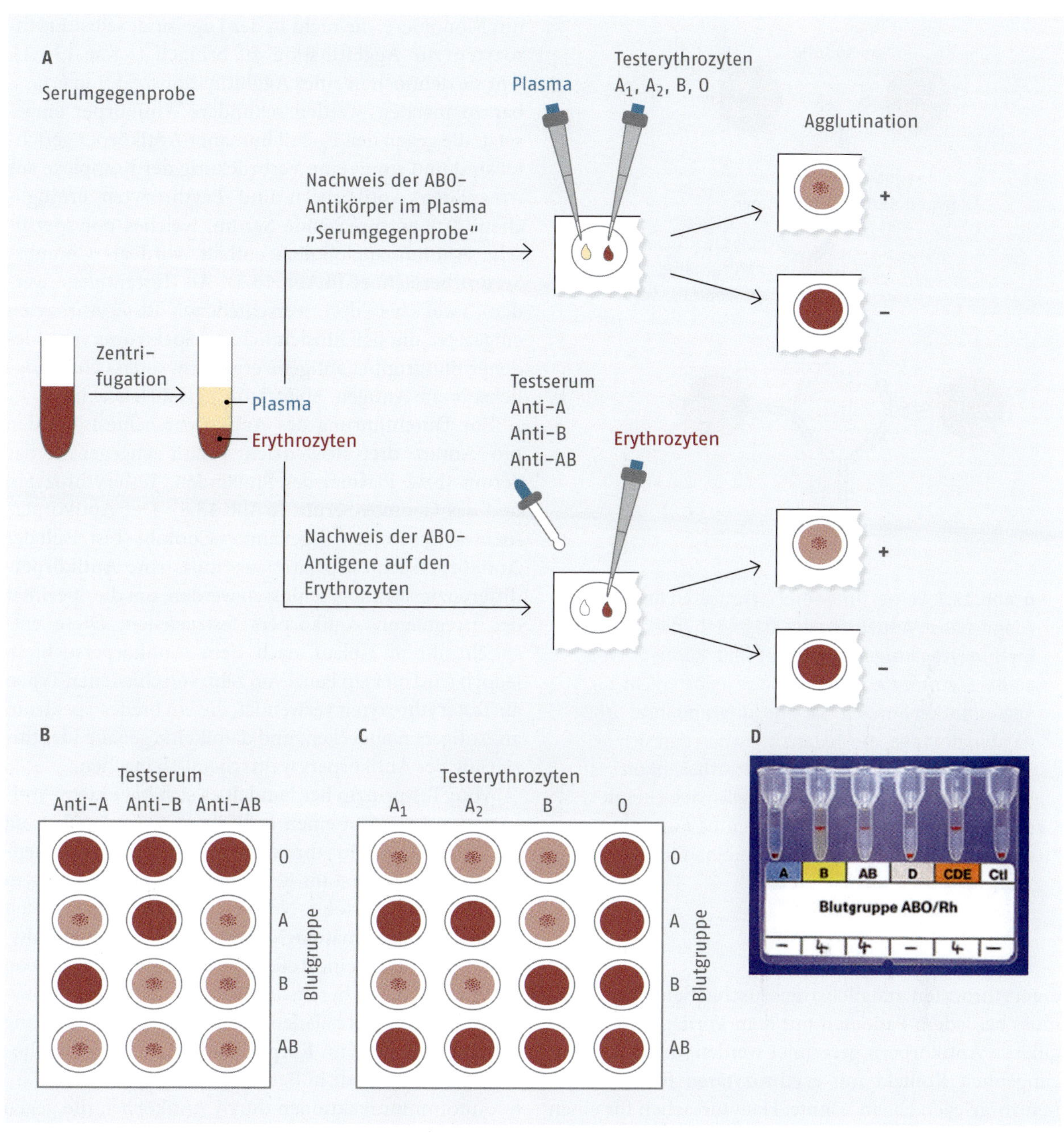

für das D-Antigen mit sich. Werden Blutproben von Patienten im Hinblick auf deren (potenzielle) Funktion als Empfänger einer Erythrozytenspende untersucht, werden monoklonale Testseren verwendet, die gegen Epitope gerichtet sind, welche bei der häufigsten Variante (Kategorieblut IV) nicht exprimiert sind. Dies ermöglicht eine zuverlässige Bestimmung dieser Personen als Rh-negativ wodurch bei einer Transfusion im Regelfalle Rh-negatives Blut verabreicht würde, was für diese Patienten unschädlich ist (▸Kap. 13.4.1). Weiterhin müssen die Tests so ausgelegt sein, dass auch schwach exprimierte Varianten „D weak" zuverlässig erfasst werden können. Für beide D-Varianten muss die Blutgruppe als Rh-positiv bestimmt werden. Wie bereits erwähnt, müssen bei Blutgruppenbestimmungen von Erythrozytenspendern noch andere Testverfahren verwendet werden (▸Kap. 13.2.2).

Wie oben ausgeführt, ist neben der AB0- und Rh-Bestimmung ein **Antikörpersuchtest** fester Bestandteil einer vollständigen Blutgruppenuntersuchung. Der Antikörpersuchtest dient der Erfassung möglicherweise vorhandener, irregulärer Antikörper im Plasma (bzw. Serum) eines Patienten, die durch Sensibilisierung gegen ein Blutgruppenantigen entstanden sind. Ein positives Testergebnis ist bei der Auswahl der Konserven für eine Transfusion von Erythrozyten zwingend zu berücksichtigen, um Transfusionszwischenfälle durch Interaktion der irregulären Antikörper mit den Spen-

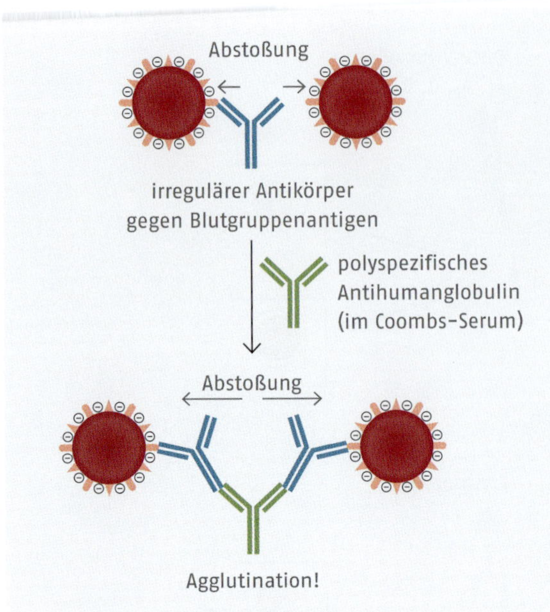

Abb. 13.7 Vernetzung von Erythrozyten beim Coombs-Test. Antikörper der Klasse IgG, die gegen Erythrozytenantigene gerichtet sind, können zwar an die Erythrozyten binden, diese jedoch nicht zur Agglutination bringen. Sie sind aufgrund ihrer Größe nicht in der Lage, die Distanz zwischen den sich abstoßenden Erythrozyten zu überbrücken. Dies ist jedoch durch Coombs-Serum möglich, welches polyspezifisches Antihumanglobulin enthält und die antierythrozytären Antikörper miteinander vernetzen kann.

dererythrozyten möglichst auszuschließen. Prinzipiell muss bei jedem Patienten mit dem Vorliegen von irregulären Antikörpern gerechnet werden, da in der Vergangenheit Kontakt mit erythrozytären Fremdantigenen vorgelegen haben könnte. Hauptursachen für einen solchen Antigenkontakt sind vorangegangene Transfusionen, Transplantationen oder eine Schwangerschaft, bei der eine Blutgruppeninkompatibilität zwischen Mutter und Kind bestand (▸Kap. 13.5). Dabei gilt, dass es bei Transfusionen praktisch unmöglich ist, Spendererythrozyten zu verwenden, die in ihre Antigenmusters vollständig mit dem Empfänger übereinstimmen, sodass eine Sensibilisierung durch die Transfusion von Erythrozyten nie auszuschließen ist.

Auch der Antikörpersuchtest basiert auf dem Prinzip des Agglutionationstests. Allerdings handelt es sich bei den hier nachzuweisenden irregulären Antikörpern meist um Immunglobuline der Klasse IgG und damit um Monomere, die nicht in der Lage sind, selbst Erythrozyten zur Agglutination zu bringen (▸Kap. 13.1.1). Um sie dennoch in einer Agglutinationsreaktion erfassbar zu machen, werden sekundäre Antikörper eingesetzt, die gegen den F_C-Teil humaner Antikörper gerichtet sind und somit eine Verbrückung der Komplexe aus irregulären Antikörpern und Erythrozyten ermöglichen. Das entsprechende Serum, welches polyspezifische Antihumanglobuline enthält, wird als Coombs-Serum bezeichnet (Abb. 13.7). Als Testantigene werden zwei bis drei verschiedene Testerythrozyten eingesetzt, die sich hinsichtlich des Spektrums verschiedener Blutgruppenantigene ergänzen, sodass eine möglichst breite Antigen-Abdeckung gewährleistet ist.

Zur Durchführung des Antikörpersuchtests werden pro Ansatz drei Reagenzien zusammengegeben: das Serum (bzw. Plasma) des Probanden, Testerythrozyten und das Coombs-Serum (Abb. 13.8). Der Antikörpersuchtest ist somit ein sogenannter **Coombs-Test**. Fällt der Antikörpersuchtest positiv aus, muss eine **Antikörperdifferenzierung** angeschlossen werden, um die Spezifität des irregulären Antikörpers festzustellen. Diese entspricht ihrem Ablauf nach dem Antikörpersuchtest, jedoch wird hier ein Panel von zehn verschiedenen Typen an Testerythrozyten verwendet, die ein breites Spektrum an Antigenen abdecken, und damit eine genaue Identifizierung des Antikörpers wahrscheinlich machen.

Vom Testprinzip her handelt es sich bei einem Antikörpersuchtest um einen **indirekten Coombs-Test**, da die Beladung der Erythrozyten mit dem nachzuweisenden Antikörper erst im Reaktionsgefäß (und in diesem Sinne indirekt) erfolgt. Neben diesem Verfahren spielt in der Immunhämatologie auch der **direkte Coombs-Test** diagnostisch eine Rolle. Er dient zum Nachweis von Erythrozyten, die bereits im Körper mit antierythrozytären Antikörpern beladen wurden. Für die Entstehung solcher Komplexe im Körper kommen folgende pathologischen Umstände in Betracht:

- Autoimmunreaktionen durch Antikörper, die gegen die körpereigenen Erythrozyten gerichtet sind (z. B. bei autoimmunhämolytischer Anämie),
- mütterliche Antikörper, die gegen die Erythrozyten des ungeborenen Kindes gerichtet sind, in den kindlichen Kreislauf übergehen und an die kindlichen Erythrozyten binden (▸Kap. 13.5, Morbus haemolyticus neonatorum),
- die Bindung von antierythrozytären Antikörpern an nicht kompatible Spendererythrozyten im Rahmen einer Transfusionsreaktion.

Abb. 13.9 zeigt den Ablauf des direkten Coombs-Tests.

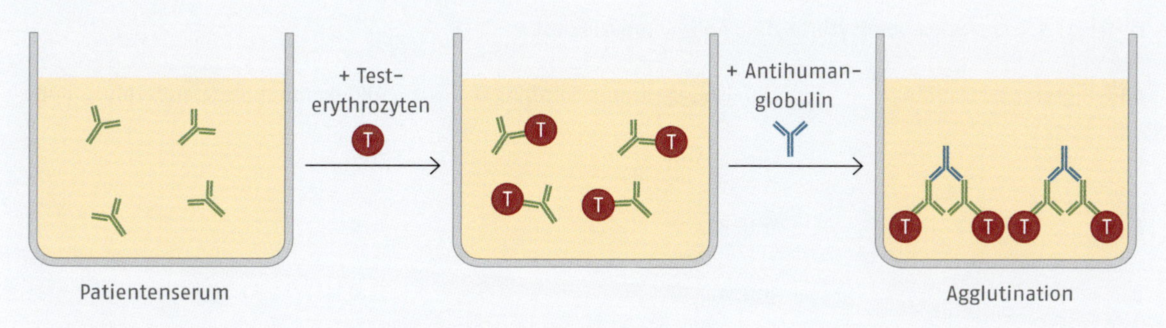

o Abb. 13.8 Ablauf des Antikörpersuchtests (ein indirekter Coombs-Test). Im ersten Schritt wird das Serum (oder Plasma) des Probanden mit Testerythrozyten inkubiert. Dadurch können gegebenenfalls im Serum vorhandene irreguläre Antikörper, die in der Regel der Antikörperklasse IgG angehören, an die Erythrozyten binden, ohne jedoch eine Agglutination auszulösen. Die anschließende Zugabe von Antihumanglobulin (Coombs-Serum) führt zur Quervernetzung der Komplexe aus Testerythrozyten und irregulären Antikörpern und damit zur Agglutination.

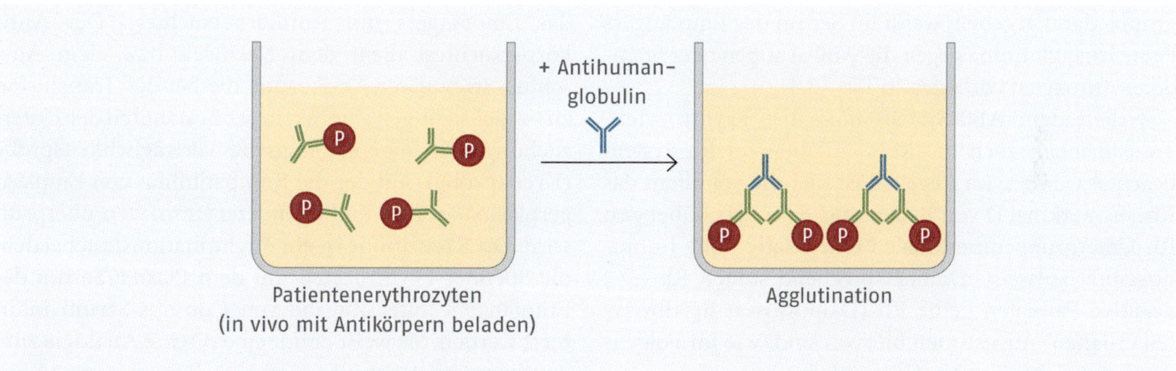

o Abb. 13.9 Prinzip des direkten Coombs-Tests. Patientenerythrozyten werden in einem Reaktionsgefäß mit Antihumanglobulin (Coombs-Serum) inkubiert. Wird dadurch eine Agglutination ausgelöst, lässt dies darauf schließen, dass die Patientenerythrozyten in vivo mit irregulären Antikörpern (die in der Regel der Antikörperklasse IgG angehören) beladen wurden.

13.4 Transfusionsmedizinische Grundlagen

Die **Transfusion** ist ein medizinisches Verfahren, bei dem einem Patienten über einen venösen Zugang Blutkomponenten wie Erythrozyten oder Plasma verabreicht werden, um einen Mangel an Blutbestandteilen auszugleichen.

Transfusionen müssen von Ärzten angeordnet und durchgeführt werden. Sie erfordern aufgrund der mit ihnen verbundenen Risiken eine strenge Indikationsstellung. Die Transfusion von Erythrozyten kann unter anderem bei einem größeren akuten Blutverlust angezeigt sein, oder um den Folgen einer chronischen Anämie zu begegnen. Die Übertragung von Plasma ist unter anderem indiziert, wenn durch starke Blutverluste ein genereller Mangel an Gerinnungsfaktoren besteht (Verlustkoagulopathie), oder um Mangelzustände bei bestimmten Gerinnungsfaktoren auszugleichen, für die es noch keine einzelnen Substitutionspräparate gibt.

13

13.4.1 Transfusion von Erythrozyten

Die Auswahl von Erythrozyten für die Transfusion muss so erfolgen, dass eine Reaktion von (regulären oder irregulären) Antikörpern des Patienten mit den Spendererythrozyten möglichst ausgeschlossen wird. Weiterhin ist zu berücksichtigen, dass das Risiko einer Sensibilisierung des Patienten gegenüber Erythrozytenantigenen, die er selbst nicht besitzt, möglichst gering gehalten wird.

Hinsichtlich des Risikos einer Fehltransfusion durch Verwechslungen ist das AB0-System das bedeutendste System. Erythrozytenkonzentrate sollten AB0-gleich

Tab. 13.5 Transfusion von Erythrozyten: AB0-Kompatibilität

AB0-Blutgruppe Empfänger	AB0-Isoagglutinine Empfänger	AB0-kompatible Spenderblutgruppe
0	Anti-A, Anti-B	0
A	Anti-B	A, 0
B	Anti-A	B, 0
AB	--	0, A, B, AB

transfundiert werden, d.h. Spender- und Empfängerblutgruppe sollen identisch sein. Es sind jedoch auch AB0-kompatible Transfusionen möglich. Dabei ist die Kompatibilität zwischen Spender- und Empfängerblutgruppe dann gegeben, wenn im Serum des Empfängers keine Isoagglutinine gegen die AB0-Antigene der Spendererythrozyten vorliegen (Tab. 13.4).

Neben dem AB0-System muss bei Erythrozyten-Transfusionen auch die Kompatibilität im Rh-System beachtet werden. Im Regelfall ist hier die vor allem das Rhesusmerkmal D von Bedeutung, da es gegenüber den Rh-Untergruppenmerkmalen eine relativ hohe Immunogenität aufweist. Dementsprechend sollten Rh-(D-) negative Patienten keine Rh-(D-)positiven Erythrozyten erhalten. Ausnahmen hiervon sind, wie im Folgenden beschrieben, im Notfall möglich.

Bei besonderen Personengruppen (Kinder, Frauen im gebärfähigen Alter, Polytransfundierte) sollten neben dem Rhesusmerkmal D auch die Rhesusuntergruppen (C, c, E, e) und das Kell-Merkmal (siehe Einführung zu ▸ Kap. 13.2) bei der Transfusion von Erythrozyten beachtet werden, um eine Sensibilisierung gegen diese Merkmale zu verhindern.

Spenderblutgruppe im Notfall

Besondere Regeln gelten bei der Auswahl der Spenderblutgruppe im Notfall. Ist die Blutgruppe des Empfängers unbekannt, werden Erythrozyten der Blutgruppe 0 transfundiert, falls möglich wird Rh-negatives Blut verwendet. In akuten Notfällen ist auch eine Gabe von Rh-positiven Erythrozyten an Rh-negative Patienten möglich, da ein Anti-D-Antikörper erst nach einer Sensibilisierung entsteht und somit der erste Kontakt eines Rh-negativen Patienten mit Rh-positivem Blut keine akuten Folgen hat. Allerdings sollte dann nach einigen Wochen ein Antikörpersuchtest durchgeführt und bei Nachweis eines Anti-D-Antikörpers ein Notfallausweis ausgehändigt werden.

Um eine möglichst verträgliche Behandlung mit den Blutkomponenten sicherzustellen, sind vor einer Transfusion bestimmte Laboruntersuchungen erforderlich. Dazu gehört eine vollständige Blutgruppenbestimmung des Empfängers mit Antikörpersuchtest. Der Antikörpersuchtest dient dem Nachweis bzw. dem Ausschluss irregulärer Antikörper, die bei der Transfusion zu berücksichtigen sind. Weiterer Bestandteil der Untersuchungen ist eine serologische Verträglichkeitsprobe (**Kreuzprobe**), mit der die Kompatibilität von Empfängerplasma/-serum und Spendererythrozyten überprüft wird. Die Kreuzprobe ist ein Agglutinationstest, bei dem die Spender-Erythrozyten mit dem Plasma/Serum des Empfängers unter Zugabe von Coombs-Serum inkubiert werden. Sie weist damit eine direkte Analogie zum Antikörpersuchtest auf ▸ Kap. 13.3. Beide Untersuchungen sind indirekte Coombs-Tests, jedoch werden bei der Kreuzprobe anstelle der Testerythrozyten des Antikörpersuchtests die Erythrozyten der Spenderkonserve verwendet. Sinn der Kreuzprobe ist die Erkennung von Antikörpern, die im Antikörpersuchtest gegebenenfalls nicht erfasst werden konnten. Zusätzlich können bei der Kreuzprobe auch AB0-Inkompatibilitäten aufgedeckt werden.

13.4.2 Transfusion von Plasma

Das Plasma des Menschen enthält neben den Gerinnungsfaktoren und anderen Proteinen auch die körpereigenen Antikörper. Diese können bei einer Plasmaspende zu Interaktionen mit dem Empfängerorganismus, insbesondere mit den Erythrozyten, führen. Standardmäßig sind bei Plasmatransfusionen die regulär auftretenden Antikörper des AB0-Blutgruppensystems zu berücksichtigen. Grundsätzlich darf das zu transfundierende Plasma keine Isoagglutinine enthalten, die gegen die Erythrozyten des Empfängers gerichtet sind. Wie sich aus der Kompatibilitätsübersicht in Tab. 13.6 ersehen lässt, sind Träger der Blutgruppe AB Universal-Plasmaspender.

13.5 Morbus haemolyticus neonatorum (MHN)

Das Krankheitsbild des **Morbus haemolyticus neonatorum, MHN,** (genauer: Morbus haemolyticus fetalis/neonatorum bzw. Hämolytische Erkrankung des Fetus und Neugeborenen) ist eine Schwangerschaftskomplikation, die auf einer Blutgruppeninkompatibilität zwischen Mutter und Kind beruht. Auslöser sind plazentagängige, mütterliche Antikörper vom Typ IgG. Diese Antikörper können während der Schwangerschaft auf das Kind übergehen und dort eine Hämolyse hervorrufen, die zur Anämie führt. Je nach Schweregrad kann es beim Kind zur Bildung generalisierter Ödeme, einer gestörten Entwicklung des zentralen Nervensystems und im schlimmsten Falle zum intrauterinen Fruchttod kommen. Die hämolytisch wirksamen Antikörper sind gegen Erythrozytenantigene gerichtet, die das Kind vom Vater geerbt hat, dem mütterlichen Organismus jedoch fremd sind. In den meisten Fällen handelt es sich beim zugrundeliegenden Fremdantigen um das Rhesusmerkmal D, die häufigste dem MHN zugrundeliegende Konstellation ist demnach die einer Rh-negativen Mutter mit einem Rh-positiven Kind. Seltener sind andere Blutgruppenantigene (Kell, c) für einen MHN verantwortlich. Der für die Sensibilisierung der Mutter erforderliche Antigenkontakt findet oftmals bei der Geburt statt, da es bei der Ablösung der Plazenta zu einem Übertritt von kindlichen Erythrozyten zur Mutter (fetomaternaler Blutaustausch) kommen kann. Im Allgemeinen tritt ein MHN daher erst ab einer zweiten Schwangerschaft auf, bei der das Kind die entsprechenden Antigene exprimiert. In einigen Fällen kommt es schon während der späten Schwangerschaft zum Blutaustausch und zur Sensibilisierung, was jedoch für das heranwachsende Kind im Allgemeinen relativ milde Folgen hat.

Tab. 13.6 Kompatibilität bei Plasmatransfusion

ABO-Blutgruppe Patient	Kompatible ABO-Blutgruppe Plasmaspender
0	0, A, B, AB
A	A, AB
B	B, AB
AB	AB

Um die Entstehung eines MHN zu verhindern, sind Präventionsmaßnahmen möglich. Hierbei werden der Mutter während der Schwangerschaft und kurz nach der Geburt Antikörper verabreicht, um die entsprechenden Fremdantigene auf den kindlichen Erythrozyten, die in den Mutterleib übergehen, durch Bindung zu „maskieren". Hierdurch kann die Erkennung der Fremdantigene durch das mütterliche Immunsystem, und damit eine Sensibilisierung, effektiv unterdrückt werden.

Zur Therapie eines MHN sind bereits im Mutterleib Austauschtransfusionen beim Fetus möglich, beim Neugeborenen Blut- oder Austauschtransfusionen. Diese Behandlung erfolgt zumeist in spezialisierten medizinischen Zentren.

In der Diagnostik ist beim Neugeborenen mit MHN ein positiver direkter Coombs-Test zu finden (▸ Kap. 13.3), der auf der Beladung der kindlichen Erythrozyten mit inkompletten, mütterlichen Antikörpern beruht.

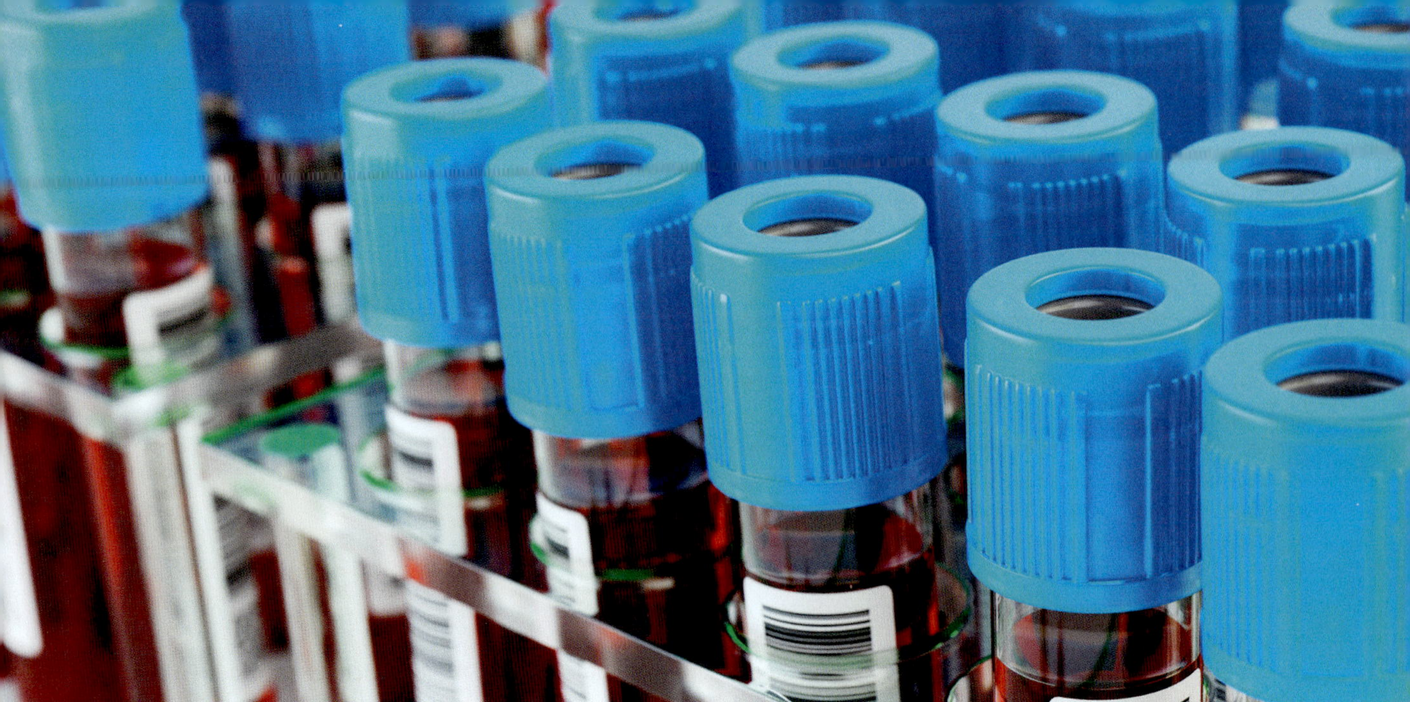

Hämatologie

Bernd Sorg

Einleitung

Fast alle körperlichen Erkrankungen wirken sich direkt oder indirekt auf das Blutbild des Menschen aus. Daher liefert die Hämatologie – begrifflich verstanden als ein Teilgebiet der klinischen Labordiagnostik – zentrale Informationen für die ärztliche Arbeit.

Die gängigsten hämatologischen Untersuchungen im klinischen Alltag sind die Bestimmung des sogenannten kleinen und großen Blutbildes. In den folgenden Abschnitten werden die bei der Blutbilduntersuchung erfassten Parameter, die wichtigsten pathologischen Blutbildveränderungen sowie die typischen, damit assoziierten Krankheitsbilder besprochen.

14.1 Blut und Blutbestandteile; Untersuchungsmaterialien in der Hämatologie

Bei der Zusammensetzung des Blutes kann man grundsätzlich zwischen zellulären Anteil, den Blutzellen, und dem umgebenden Blutplasma als flüssigem Anteil unterscheiden.

Wird eine Blutprobe direkt für Untersuchungen eingesetzt, ohne dass zelluläre und flüssige Anteile voneinander getrennt werden, spricht man von Vollblut als Probenmaterial. Vollblutproben, die mit Antikoagulanzien ungerinnbar gemacht wurden, sind das Hauptuntersuchungsmaterial für Blutbildbestimmungen in der Hämatologie.

Für andere Untersuchungszwecke wird jedoch der flüssige Anteil des Blutes verwendet, wobei begrifflich und funktionell zwischen Plasma und Serum differenziert werden muss.

Plasma ist der flüssige Anteil des Blutes, den man erhält, wenn man dem Vollblut Antikoagulanzien zugibt und die Blutzellen abtrennt. Hierzu wird die ungerinnbar gemachte Vollblutprobe zentrifugiert und der Überstand wird abgenommen, während die Zellen im Pellet verbleiben (o Abb. 14.1).

Beim **Serum** handelt es sich hingegen um den flüssigen Anteil des Blutes, der nach Gerinnung des Blutes und Abtrennen der festen – inklusive der zellulären – Bestandteile erhalten wird (o Abb. 14.1). Somit enthält das Serum im Gegensatz zum Plasma keine Gerinnungsfaktoren mehr, da diese nach der Gerinnung als Fibrin ausfallen und sich nach der Zentrifugation zwischen den Blutzellen im Pellet befinden.

Plasma und Serum sind als Untersuchungsmaterialien vor allem wichtig in der Immunhämatologie (▸Kap. 13), für die Untersuchung von Stoffwechselparametern (▸Kap. 15) sowie in der Enzymdiagnostik (▸Kap. 16).

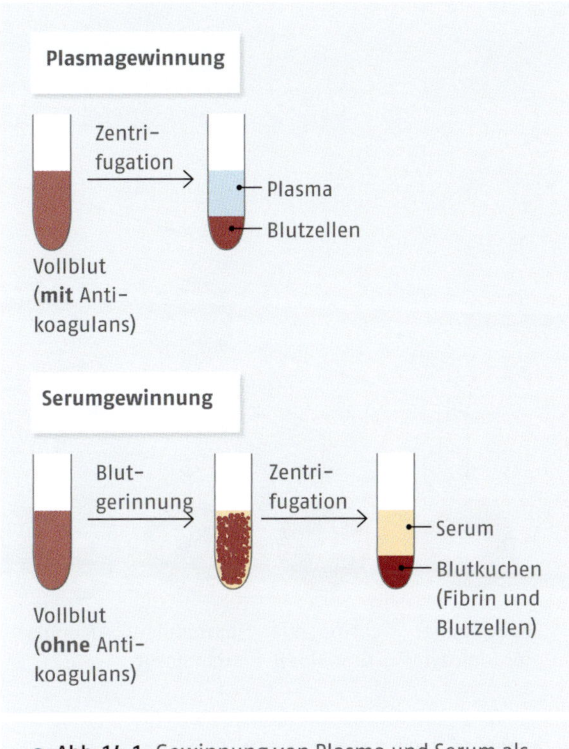

o **Abb. 14.1** Gewinnung von Plasma und Serum als Probenmaterialien in der Hämatologie

Die Wahl der Antikoagulanzien für die Gewinnung und Verwendung der Untersuchungsmaterialien erfolgt verfahrensspezifisch. Für Blutbilduntersuchungen mit Vollblut wird standardmäßig Ethylendiamintetraacetat (EDTA) zur Gerinnungshemmung eingesetzt. EDTA ist jedoch unter anderem mit bestimmten Enzymbestimmungen oder Gerinnungsuntersuchungen inkompatibel, weshalb dort beispielsweise Heparin oder Citrat als Antikoagulanzien verwendet werden, wenn Plasma als Probenmaterial benötigt wird.

14.2 Blutzellen: Typen, Hämatopoese, Eigenschaften und Funktionen

14.2.1 Blutzelltypen

In der Hämatologie stehen die Blutzellen als Untersuchungsobjekte im Vordergrund. Man unterscheidet dabei drei Haupttypen, die Erythrozyten, Thrombozyten und Leukozyten. Eigentlich sind die Erythrozyten und Thrombozyten keine voll funktionsfähigen Zellen, da sie keinen Zellkern besitzen, sich nicht mehr teilen können und das Stoffwechselrepertoire auf ihre spezialisierte Funktion hin ausgerichtet ist, jedoch werden sie aus Gründen der Einfachheit im Allgemeinen zu den

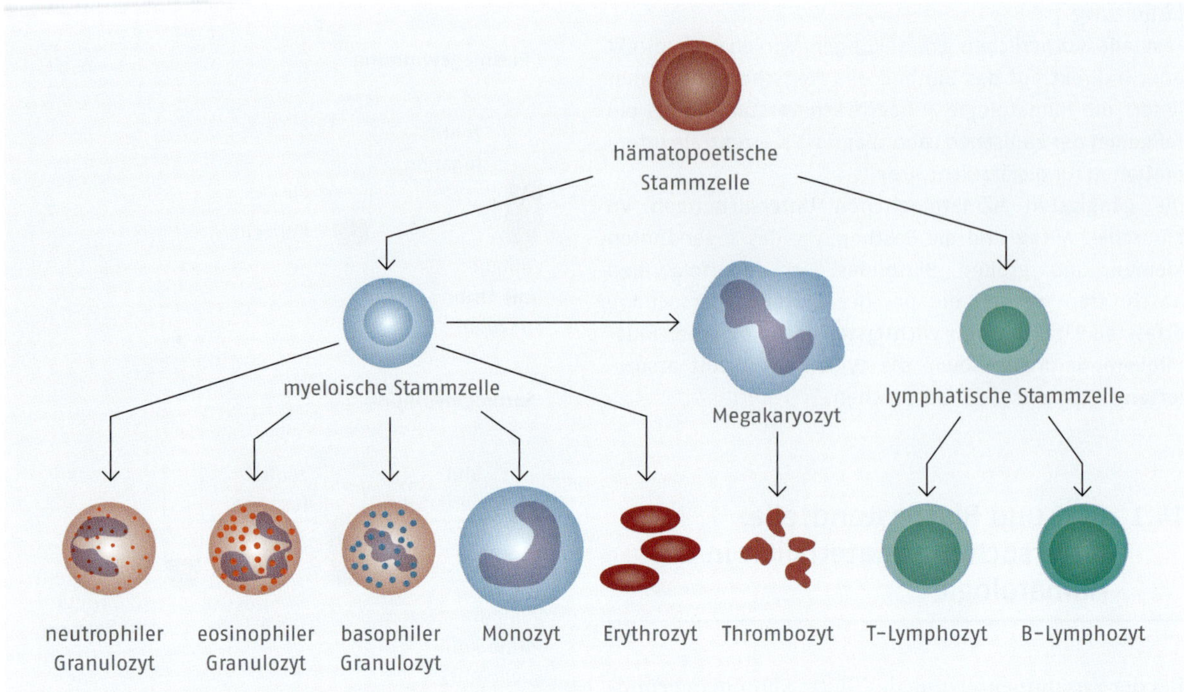

Abb. 14.2 Die Entstehung der Blutzellen aus hämatopoetischen Stammzellen. Die Steuerung der einzelnen Entwicklungsschritte erfolgt im Wesentlichen durch spezifische Wachstumsfaktorproteine, wozu verschiedene Interleukine und die Kolonie-stimulierenden Faktoren (*colony-stimulating factors*, CSF) gehören ▸Kap. 9.7).

Blutzellen gezählt. Unter der Bezeichnung Leukozyten werden mehrere Zelltypen zusammengefasst, die jeweils spezielle Funktionen bei der Immunabwehr wahrnehmen. Im Einzelnen sind dies die Monozyten; neutrophile, eosinophile und basophile Granulozyten sowie B- und T-Lymphozyten.

Die Bildung dieser Zelltypen im Körper und deren spezifischen Funktionen im Blut werden im Folgenden kurz erläutert.

14.2.2 Hämatopoese

Blutzellen weisen eine begrenzte Lebensdauer auf, die häufig im Bereich von Tagen oder Monaten liegt. Daher werden sie im Prozess der Hämatopoese (Blutbildung) kontinuierlich nachgebildet.

Die Hämatopoese findet im Knochenmark und in den lymphatischen Organen statt. Als gemeinsamer Vorläufer aller Blutzelltypen dienen die **hämatopoetischen Stammzellen** des Knochenmarks. Aus ihnen gehen in einem ersten, bestimmenden Entwicklungsschritt die **myeloische** und die **lymphatische Linie** als Hauptstammzelllinien hervor. Durch weitere Proliferations- und Differenzierungsprozesse entstehen über mehrere Vorläuferzellstadien die einzelnen, reifen Blutzelltypen dieser beider Linien. Die Thrombozyten entstehen als Abschnürungen aus Megakaryozyten (Abb. 14.2).

14.2.3 Eigenschaften und Funktionen der Blutzellen

Die einzelnen Zelltypen im Blut erfüllen ein breites Spektrum an Aufgaben:

- Die **Erythrozyten** gewährleisten die **Sauerstoffversorgung** des Körpers. Für diesen Zweck enthalten Sie einen hohen Anteil an Hämoglobin, der etwa ein Drittel ihrer Gesamtmasse ausmacht. Weiterhin üben sie eine Hilfsfunktion bei der Blutgerinnung aus.
- Die **Thrombozyten** sorgen bei der Verletzung von Blutgefäßen durch den Prozess der **Hämostase** für die Beendigung der Blutung. Sie erfüllen diese Aufgabe im Zusammenspiel mit den plasmatischen Gerinnungsfaktoren und den Erythrozyten.
- Die **Leukozyten** sind die wichtigsten Effektorzellen des **Immunsystems**. Sie können das Blutgefäßsystem verlassen und nehmen im Gewebe zelltypspezifische Immunfunktionen wahr.
  - Die **Granulozyten** und **Monozyten** sind die wichtigsten Effektoren der **unspezifischen Abwehr**,

▫ **Tab. 14.1** Funktionen der grundlegenden Blutzelltypen

Zelltyp	Funktion
Erythrozyten	▪ O_2-Transport Lunge → Peripherie durch O_2-Bindung an Hämoglobin ▪ Hilfsfunktion bei der Gerinnung (Wundverschluss)
Thrombozyten	▪ Effektoren der Hämostase; Primäre Hämostase durch Thrombozytenaggregation, dadurch Aktivierung sekundäre Hämostase = Gerinnungskaskade
Neutrophile Granulozyten	▪ Haupteffektoren der unspezifischen Abwehr; vor allem gegen Bakterien, Pilze
Eosinophile Granulozyten	▪ Abwehr großer Parasiten (z. B. Würmer) ▪ Pathophysiologisch: Komponente pathologischer Immunprozesse, z. B. Asthma bronchiale
Basophile Granulozyten	Soweit bekannt: ▪ Abwehr Parasiten ▪ Pathophysiologisch: Komponente pathologischer Immunprozesse, z. B. IgE-vermittelte allergische Reaktionen
Monozyten	▪ Vorläufer der Gewebsmakrophagen und Dendritischen Zellen als Effektoren der unspezifischen Abwehr und Aktivatoren der spezifischen Abwehr.
T-Lymphozyten	Zelluläre Immunität, subtypspezifische Funktion: ▪ T-Helferzellen und regulatorische T-Zellen: Aktivierung/Steuerung der spezifischen Immunantwort ▪ Zytotoxische T-Zellen: direkte Zytotoxizität gegenüber Zielzellen, die Fremdstrukturen tragen (Viren-, Tumor- Bakterienantigene)
B-Lymphozyten	▪ Humorale Immunität: Antikörperproduktion
NK-Zellen	▪ Virusabwehr, direkte Zytotoxizität gegenüber virusinfizierten Zellen

- die **Lymphozyten** sind die bedeutendsten Effektorzellen der **spezifischen Abwehr** – mit Ausnahme der Natürlichen Killerzellen (NK-Zellen), die zur unspezifischen Immunabwehr gerechnet werden.

▫ Tab. 14.1 zeigt die Funktionen der einzelnen Zelltypen im Überblick.

14.3 Diagnostik des Blutbilds

Eine Fehlfunktion von Körperorganen spiegelt sich in den meisten Fällen direkt oder indirekt im Blutbild wider. Dadurch kommt die Blutbilddiagnostik recht breit zur Anwendung, wie zum Beispiel bei Erstuntersuchungen, zur Verlaufskontrolle akuter oder chronischer Erkrankungen oder auch bei Generaluntersuchungen.

14.3.1 Kleines und großes Blutbild

Überblicksartig zusammengefasst, besteht eine Blutbilduntersuchung aus der Bestimmung des Hämoglobingehalts, der Zählung einzelner Blutzelltypen und gegebenenfalls der morphologischen Beurteilung der im Blut vorhandenen Zellen.

- Zum **kleinen Blutbild** gehört hierbei die Bestimmung des Hämoglobins sowie der Gesamtzahl der Erythrozyten, Leukozyten und Thrombozyten. Mithilfe eines weiteren Messwerts, des Hämatokrits, werden zudem die sogenannten Erythrozytenindices ermittelt.

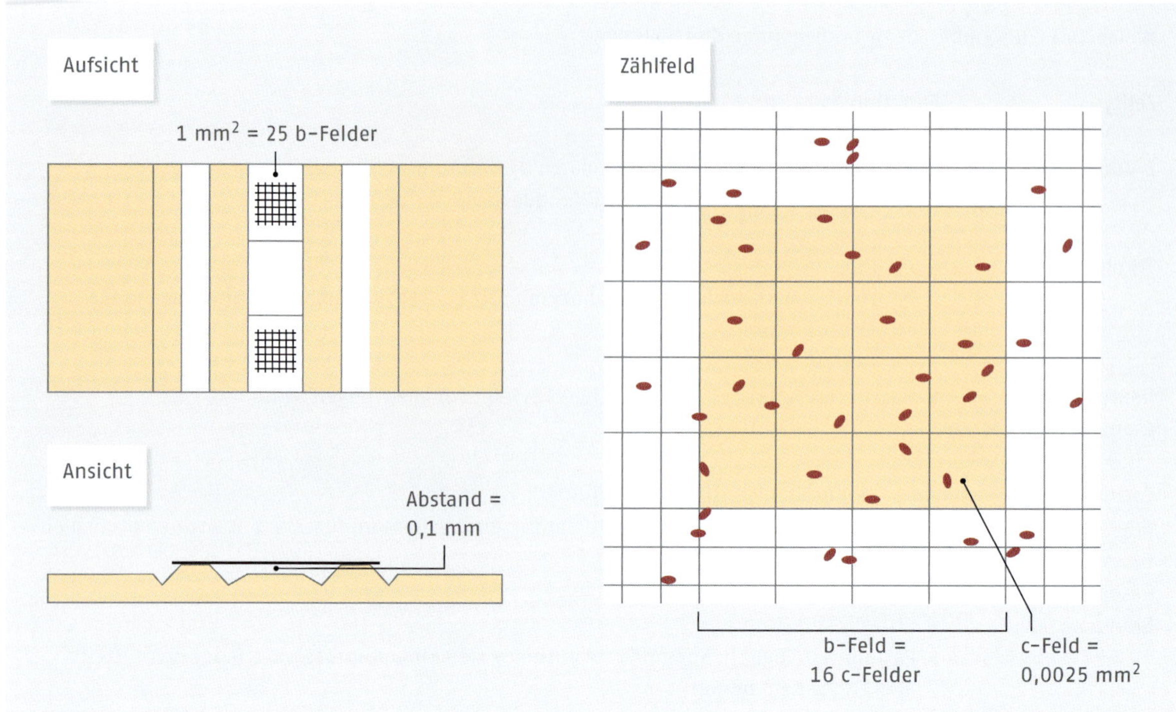

Abb. 14.3 Mikroskopische Blutzellzählung mittels Zählkammern. Zählkammern sind spezielle Objektträger, die eine quadratische Graduierung an der Probenauftragsfläche haben. Stege an den Seiten der Probenauftragsfläche bewirken, dass das Deckgläschen in einem genau definierten Abstand zur Ebene liegt. Dadurch wird bei der Zählung der Zellen in den einzelnen Quadraten jeweils ein genau definiertes Probenvolumen erfasst. Aus der durchschnittlichen Zellzahl pro Quadrat kann die Zellkonzentration im Blut errechnet werden.

- Das **große Blutbild** beinhaltet zusätzlich eine Bestimmung des relativen Anteils der einzelnen Leukozyten-Subtypen, das Differentialblutbild. Neben der Leukozyten-Analyse werden beim Differentialblutbild auch Auffälligkeiten in der Morphologie der Leukozyten, Erythrozyten und Thrombozyten untersucht und geprüft, ob gegebenenfalls pathologische Vorläuferzellen aus dem Knochenmark im Blut vorliegen, die beim Gesunden nicht vorkommen.

Bestimmung des Hämoglobins, Referenzwerte

Der Hämoglobingehalt des Blutes wird photometrisch erfasst. Hierzu wird eine Vollblutprobe mit einem Fertigreagenz gemischt und die Absorption bestimmt.

Das Reagenz enthält

- Stoffe zur Zelllyse (Freisetzung des Hämoglobins),
- Oxidationsmittel zur Umwandlung von Hämoglobin (Fe^{2+}) zu Methämoglobin (Fe^{3+}),
- Cyanidionen zur Komplexierung des oxidierten Eisens (→ Umwandlung von Methämoglobin zu Cyanmethämoglobin).

Das Cyanmethämoglobin kann bei 546 nm photometrisch erfasst werden.

Der Referenzbereich für den Hämoglobingehalt des Blutes für Erwachsene wird geschlechtsspezifisch festgelegt, er beträgt ca. 12–16 g/dl für Frauen und 14–18 g/dl für Männer.

Für Neugeborene, Säuglinge und Kinder gelten andere Referenzwerte als bei Erwachsenen. Neugeborene verfügen direkt nach der Geburt physiologischerweise über einen vergleichsweise hohen Hämoglobingehalt von ca. 16–21 g/dl, der innerhalb einiger Wochen kontinuierlich auf einen Bereich von ca. 11–14 g/dl absinkt. Dieser gilt als Referenz für Säuglinge und Kinder, die älter als 12 Wochen sind.

Identifizierung und Zählung der Blutzellen

Die Identifizierung und Zählung der Blutzellen kann entweder visuell am Mikroskop oder automatisiert durch elektronische Analysegeräte vorgenommen werden.

Bei den früher angewandten **mikroskopischen Verfahren** wurden verdünnte, angefärbte Blutzellproben auf speziellen Objektträgern (Zählkammern, Abb. 14.3) durch geschultes Laborpersonal ausgewertet.

Die heute eingesetzten **automatisierten Zählgeräte** arbeiten nach dem Prinzip der **Durchflusszytometrie**.

Hierbei werden verdünnte Blutzellsuspensionen über eine sehr enge Kapillare durch eine Detektoreinheit geführt, in der sich z. B. ein laseroptischer Detektor befindet, mit dem sich zelltypabhängige Lichtstreuungseffekte erfassen lassen (o Abb. 14.4).

14.3.2 Hämatokrit

Unter dem **Hämatokrit** versteht man den Volumenanteil der Erythrozyten am Vollblut. Früher wurde dieser durch Zentrifugation einer Vollblutprobe in einer heparinisierten Kapillare bestimmt (o Abb. 14.5). Mithilfe des Hämatokrits konnten dann die sogenannten Erythrozytenindices, wie z. B. das MCV (das durchschnittliche Erythrozytenvolumen, ▸ Kap. 14.3.3) berechnet werden.

Im modernen klinischen Labor wird der Hämatokrit nicht mehr als direkt gemessener Wert ermittelt, sondern automatisch aus den Ergebnissen der durchflusszytometrischen Zellzählung berechnet: Hierfür werden der MCV-Wert sowie die „Erythrozytenzahl" (i. S. der Erythrozytenkonzentration) gemessen; miteinander multipliziert ergeben sie den Hämatokrit (▸ Kap. 14.3.3).

Der Hämatokrit ist als Diagnosegröße bei Störungen im Wasserhaushalt von Bedeutung:

- Dehydratation → Hämatokritwert ↑,
- Überwässerung → Hämatokritwert ↓.

Der Referenzwert des Hämatokrits liegt bei Frauen bei 0,35–0,47 (Vol/Vol), bei Männern bei 0,40–0,52 (Vol/Vol).

14.3.3 Erythrozytenindices

Die Erythrozytenindices dienen der Beurteilung des roten Blutbildes. Sie sind insbesondere für die Unterscheidung verschiedener Anämieformen von Bedeutung. Dabei dient das **mittlere korpuskuläre Volumen** (*mean corpuscular volume*, MCV) als Maß für die durchschnittliche Zellgröße der Erythrozyten, das **mittlere korpuskuläre Hämoglobin** (*mean corpuscular hemoglobin*, MCH) kennzeichnet den absoluten Hämoglobingehalt pro Erythrozyt und die **mittlere korpuskuläre Hämoglobinkonzentration** (*mean corpuscular hemoglobin concentration*, MCHC) gibt den relativen (d. h. volumenbezogenen) Hämoglobingehalt pro Erythrozyt wieder.

Die Erythrozytenindices lassen sich wie folgt errechnen:

- mittleres korpuskuläres Volumen:

$$\text{MCV} = \frac{\text{Hämatokrit}}{\text{Erythrozytenzahl}}[\text{fl}]$$

- mittleres korpuskuläres Hämoglobin:

$$\text{MCH} = \frac{\text{Hämoglobin}}{\text{Erythrozytenzahl}}[\text{pg}]$$

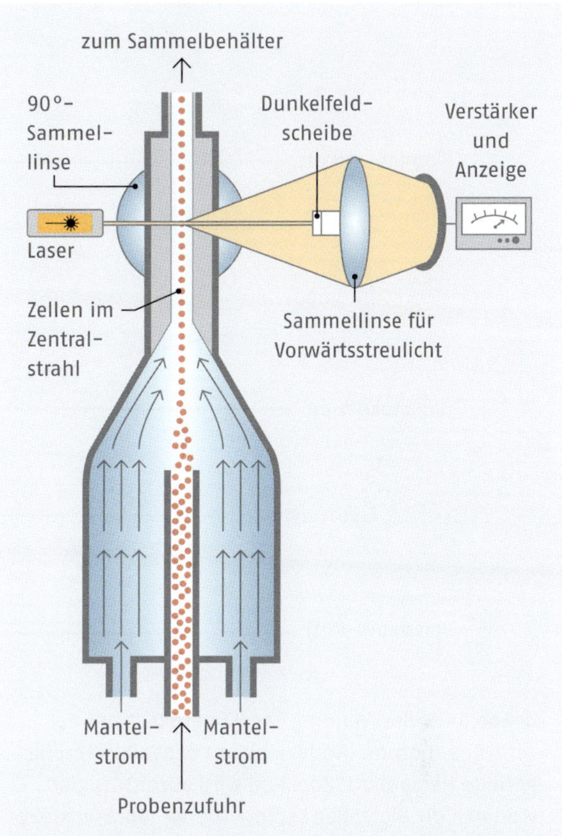

o **Abb. 14.4** Schematischer Aufbau eines Durchflusszytometers mit Laserdetektion. Die Blutzellen werden in einer engen Kapillare mithilfe eines schnell fließenden „Mantelstroms" an Messreagenzlösung fokussiert und durch die Detektoreinheit geführt. Das Licht des Detektorlasers wird an den Blutzellen gestreut und über Sammellinsen aufgefangen (gezeigt: Sammellinse für Vorwärtsstreulicht). Durch die gestreuten Lichtimpulse können die Zellen gezählt werden und qualitative Daten zur Zellpopulation gewonnen werden.

- mittlere korpuskuläre Hämoglobinkonzentration:

$$\text{MCHC} = \frac{\text{Hämoglobin}}{\text{Hämatokrit}}[\text{g/dl}]$$

Hierbei ist zu beachten, dass der Begriff Erythrozytenzahl für die Konzentration der Erythrozyten im Blut steht (s. auch Erläuterung in ▸ Kap. 14.4.1).

Das mittlere korpuskuläre Volumen (MCV) wurde früher nach der obigen Formel aus den Messwerten Hämatokrit und Erythrozytenzahl errechnet. Dazu wurde der Hämatokrit mit der Zentrifugationsmethode bestimmt (▸ Kap. 14.3.2) und die Erythrozytenzahl mikroskopisch in der Zählkammer ermittelt. Wie bereits erwähnt, wird der MCV-Wert bei der heute gängigen

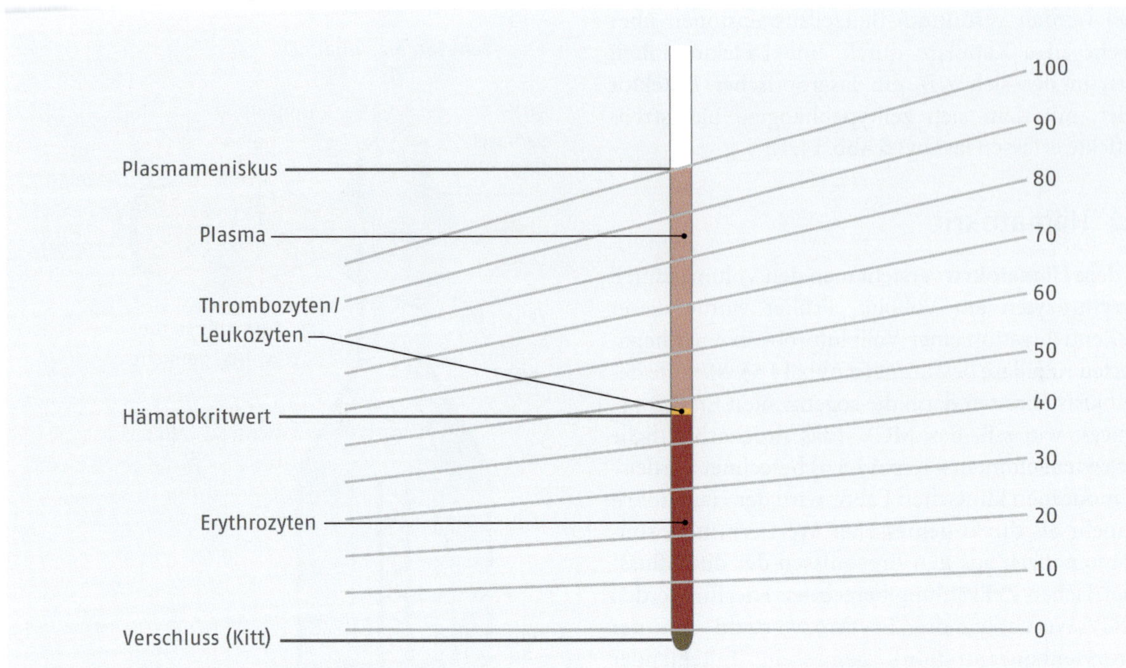

Abb. 14.5 Bestimmung des Hämatokrits mit der Zentrifugationsmethode. Eine mit der Vollblutprobe gefüllte Hämatokrit-Kapillare wird abzentrifugiert, wodurch die Blutzellen sedimentieren. Die Erythrozyten befinden sich in der unteren Phase des Sediments. Zum Ablesen des Hämatokrits wird die Kapillare so vor einer Auswerteschablone verschoben, dass das untere Ende des Erythrozytensediments bei 0 % und der Plasmameniskus bei 100 % liegt. Am oberen Ende der Erythrozytenphase wird der Hämatokrit in % abgelesen. Die über den Erythrozyten liegenden Zellen (i. A. schmale Phase aus Thrombozyten/Leukozyten) dürfen nicht in den Hämatokrit einbezogen werden.

durchflusszytometrischen Analyse direkt gemessen und der Hämatokrit berechnet. Das mittlere korpuskuläre Hämoglobin (MCH) und die mittlere korpuskuläre Hämoglobinkonzentration (MCHC) werden jedoch auch bei der automatisierten Zellerfassung durch Berechnung ermittelt.

Der Referenzbereich für die MCV-Werte liegt bei ca. 80–105 fl, bei diesem durchschnittlichen Korpuskelvolumen bezeichnet man die Erythrozyten als normozytär. Wird es unterschritten, gelten die Erythrozyten als mikrozytär, bei Überschreitung als makrozytär (Mikro- bzw. Makrozytose).

Für die MCH-Werte wird ein Referenzbereich von ca. 28–34 pg (pro Erythrozyt) angegeben. Erythrozyten mit diesem absoluten Hämoglobingehalt sind normochrom. Bei Unterschreitung werden sie als hypochrom bezeichnet, bei Überschreitung als hyperchrom (Hypo- bzw. Hyperchromie, Synomym: Hypo- bzw. Hyperchromasie). Bei diesen Begriffen muss beachtet werden, dass sie sich auf den absoluten Hämoglobingehalt beziehen, nicht auf dessen Konzentration (den MCHC-Wert).

Der Referenzbereich für die MCHC-Werte liegt bei 32–36 g/dl.

14.4 Blutbilder: pathologische Veränderungen und assoziierte Krankheitsbilder

Beim kleinen und großen Blutbild werden die Zellzahlen und Morphologien der Blutzellen untersucht und es wird der Hämoglobingehalt des Blutes bestimmt. Aus diesen Informationen können Hinweise auf pathologische Geschehnisse und daraus folgende Krankheitsbilder gewonnen werden. Hierzu zählen unter anderem Anämien, Blutgerinnungsstörungen, Infektionen, Entzündungsprozesse oder Tumorerkrankungen. Speziell anhand des „roten Blutbilds“, also der Erythrozytenwerte, lassen sich Anämieformen klassifizieren, während die Thrombozytenzahl und -morphologie Hinweise auf Gerinnungsstörungen gibt.

14.4.1 Kleines Blutbild: pathologische Veränderungen und assoziierte Krankheitsbilder

Beim kleinen Blutbild können Veränderungen des Hämoglobins sowie der Blutzellzahlen von Erythrozyten, Thrombozyten und der Leukozytengesamtzahl erkannt werden.

 Merke

Der Begriff der **Zellzahl** wird im medizinischen Kontext im Sinne der Zellkonzentration im Blut verwendet. Bei der Interpretation von Zellzahlen muss daher stets der Volumenbezug im Auge behalten werden. So können Veränderungen von Zellzahlen auch durch Veränderungen des Blutvolumens, z. B. durch in das Blutgefäßsystem einströmende Gewebsflüssigkeit nach einer Blutung, oder aber durch Störungen im Wasserhaushalt (z. B. Exsikkose), bedingt sein.

Eine der häufigsten aus dem kleinen Blutbild abgeleiteten Erscheinungen ist die Anämie.

Anämien

Eine **Anämie** liegt vor, wenn der Referenzbereich des Hämoglobingehalts im Blut unterschritten wird. Somit beruht die Definition der Anämie an sich nur auf einem einzigen Parameter, dem Hämoglobingehalt, wobei einer Anämie sehr unterschiedliche Ursachen zugrunde liegen können.

Die Anämien werden in mehrere Formen eingeteilt, wobei die Zuordnung nach verschiedenen Kriterien erfolgen kann. Zu diesen Einteilungskriterien gehören die Ursache, die Erythrozyteneigenschaften wie Hämoglobingehalt und Größe oder die morphologische Erscheinung der Erythrozyten. Je nachdem kann man dann z. B. von einer Eisenmangelanämie; einer makrozytären, hyperchromen Anämie oder einer Sichelzellanämie sprechen.

Als Ursachen für Anämien kommen verschiedene pathologische Geschehnisse infrage:

- eine gestörte Erythropoese durch:
  - Störung der Hämoglobinsynthese,
  - Störung der Erythrozytenreifung,
  - Störung der Knochenmarksfunktion/Knochenmarksdepression,
- ein gesteigerter Abbau von Erythrozyten (Hämolyse),
- ein Blutverlust.

Eine **Störung der Hämoglobinsynthese** wird häufig durch einen Mangel an Eisen oder durch Störungen in der Eisenverwertung hervorgerufen. Als weitere Ursache kommen genetische Defekte im Hämoglobin-Gen in Frage, was z. B. bei den sogenannten Thalassämien der Fall ist. In der Regel sind Störungen der Hämoglobinsynthese mit mikrozytären, hypochromen Erythrozyten assoziiert. Diese Erscheinung ist vor allem typisch für Eisenmangelanämien, bei bestimmten Thalassämien ist sie jedoch nicht so stark ausgeprägt. Bei Eisenmangel erscheinen die Zellen zudem aufgrund des verminderten Hämoglobingehalts im Mikroskop zentral aufgehellt und werden als Anulozyten bezeichnet.

Bei einer **Störung der Erythrozytenreifung** liegen auf zellulärer Ebene Hemmnisse vor, die die Differenzierung der Erythrozytenvorläufer beeinträchtigen. Dies macht sich durch auffällige Erythrozytenindices oder abnorme Morphologien bei mikroskopischer Betrachtung bemerkbar. Häufige Ursachen für eine solche Störung sind ein Folsäure- oder Vitamin-B_{12}-Mangel. Typischerweise beobachtet man hier makrozytäre, hyperchrome Erythrozyten.

Bei einer **Störung der Knochenmarksfunktion** liegen auf Ebene des Knochenmarksgewebes pathologische Veränderungen vor, durch welche die Funktion der hämatopoetischen Stamm- oder Vorläuferzellen beeinträchtigt wird. Dabei kommen folgende Ursachen in Frage:

- Knochenmarksschädigende (myelosuppressive) Stoffe, beispielsweise bestimmte Arzneistoffklassen (z. B. Zytostatika) oder toxischen Chemikalien (z. B. Benzol),
- Schädigung durch (auto)immunvermittelte Mechanismen oder als direkte Folge eines Befalls mit Viren.
- Bei Infekt- und Tumoranämien liegt ein komplexes, immunvermitteltes Krankheitsgeschehen vor, welches ebenfalls die Knochenmarksfunktion stört. Hierbei spielen Zytokine, die bei Infektionen, im Tumorgeschehen oder bei sonstigen entzündungsassoziierten Erkrankungen entstehen können, eine zentrale Rolle. Die Zytokine führen zu Störungen im Eisenstoffwechsel, hemmen die Bildung von Erythropoetin sowie dessen Signalweiterleitung und beeinträchtigen direkt die Blutzellreifung im Knochenmark. Bestimmte Tumorformen (z. B. Leukämien und Knochenmetastasen) können darüber hinaus direkt die blutbildenden Zellen im Knochenmark verdrängen.

Soweit derartige Mechanismen zur Abnahme von blutbildendem Gewebe im Knochenmark, also zu dessen Hypo- bzw. Aplasie führen, spricht man von einer aplastischen Anämie. Zumeist ist bei einer aplastischen Anämie jedoch nicht nur isoliert die Erythropoese betroffen, sondern auch die Bildung anderer Blutzelltypen.

Ein **gesteigerter Abbau der Erythrozyten** kann auf genetischen Defekten beruhen. In Mitteleuropa ist hier vor allem die Kugelzellenanämie zu nennen, bei der Mutationen in Genen für Membranproteine vorliegen, welche für die Formgebung der Erythrozyten relevant sind. Durch die veränderte Form werden die Erythrozyten schneller durch die Milz abgebaut. Weiterhin können Erythrozyten durch antikörpervermittelte Reaktionen zerstört werden, wie dies bei der immunhämolytischen Anämie der Fall ist.

Auch ein **Blutverlust** kann zur Anämie führen. Hierbei ist zu beachten, dass bei einem akuten Blutverlust z. B. die Hämoglobinwerte (bestimmt als Hämoglobinmenge pro Volumeneinheit) und die Erythrozytenzahl (Zahl der Erythrozyten pro Volumeneinheit) zunächst nicht verändert sind. Änderungen sind erst nach mehreren Stunden bzw. Tagen sichtbar, wenn sich das Blutvolumen durch Einstrom von Gewebsflüssigkeit ins Gefäßsystem erhöht und die beiden Werte damit absinken. Ein chronischer Blutverlust über längere Zeit führt dagegen zu einer Eisenmangel-Anämie.

Eine weithin verwendete **Einteilung der Anämien** beruht auf den Erythrozytenindices. Danach lassen sich folgende Formen unterscheiden:

- makrozytäre hyperchrome Anämie: MCV ↑, MCH ↑,
- normozytäre normochrome Anämie: MCV normwertig, MCH normwertig,
- mikrozytäre hyperchrome Anämie: MCV ↓, MCH ↓.

Bei der **makrozytären hyperchromen Anämie** sind das Erythrozytenvolumen und der erythrozytäre Hämoglobingehalt erhöht, die Erythrozytenzahl ist stark erniedrigt. Klassische Ursachen für diese Störung sind, wie bereits erwähnt, ein Vitamin B_{12}- oder Folsäuremangel. Da beide Vitamine an der Biosynthese der Pyrimidinnukleotide als DNA-Bausteine beteiligt sind, führt deren Fehlen zu einer Blockade der Zellteilung, aus der große Zellformen (Makrozyten) hervorgehen. Grund für den Vitaminmangel kann ein chronischer Alkoholmissbrauch sein, der zur Schädigung von Gastrointestinaltrakt, Leber und Niere führt. In der Folge kommt es zu einer Störung der Aufnahme und Verstoffwechslung der beiden Stoffe, vor allem der Folsäure. Ein Vitamin-B_{12}-Defizit kann auch durch einen Mangel an Intrinsic Factor (IF) bedingt sein. Dieses Protein ist für die Vitamin-B_{12}-Aufnahme im Darm essenziell. Die durch IF-Mangel bedingte Form wird als perniziöse Anämie bezeichnet und ist unter anderem durch makrozytäre Erythrozytenvorstufen (Megaloblasten) gekennzeichnet.

Die **normozytäre normochrome Anämie** tritt nach einem akuten Blutverlust auf. Als dessen Folge strömt kompensatorisch Gewebsflüssigkeit in die Blutbahn ein, wodurch der Hämoglobinwert und die Erythrozytenzahl erniedrigt werden, die Erythrozyten jedoch hinsichtlich ihrer Morphologie nicht verändert (normozytär) sind. Ebenso ist diese Form der Anämie bei akuter Hämolyse anzutreffen. Diese kann unter anderem antikörpervermittelt auftreten.

Wie bereits erwähnt, tritt die **mikrozytäre hypochrome Anämie** klassischerweise bei Eisenmangel oder Störungen der Eisenverwertung (sideroachrestische Anämien) sowie bei genetisch bedingten Störungen der Hämoglobinsynthese auf. Weiterhin kann ein chronischer Blutverlust zum Eisenmangel und damit zu dieser Anämieform führen.

 Merke

Bei den Begriffen der **Hyperchromie** und **Hypochromie** ist zu beachten, dass diese auf die absolute Menge an Hämoglobin pro Erythrozyt bezogen sind, nicht jedoch auf die Hämoglobinkonzentration (den MCHC-Wert). So kann der MCHC-Wert bei einer vergrößerten Zelle mit vermehrtem Hämoglobin (makrozytäre, hyperchrome Anämie) durchaus in der Norm sein.

In den meisten Fällen geht eine Anämie mit einer verminderten Erythrozytenzahl einher. Diese kann jedoch auch nur leicht erniedrigt sein, wobei die Anämie dann zusammen mit anderen Parametern, z. B. erniedrigtem MCH bei einer Eisenmangelanämie, zustande kommt.

Erythrozytosen: Polyglobulie und Polyzythämie

Wird diagnostisch ein Hämoglobingehalt über dem Referenzbereich festgestellt, so liegt dem zumeist eine erhöhte Erythrozytenzahl (Erythrozytose) zugrunde. In den meisten Fällen beruht die Erhöhung der Erythrozytenzahl auf einer Anpassungsreaktion des Körpers an chronischen Sauerstoffmangel, die eine verstärkte Ausschüttung des Wachstumsfaktors Erythropoetin (▸ Kap. 9) bedingt. Diese Form der Erythrozytose ist also sekundärer Natur, sie wird als **Polyglobulie** bezeichnet. Beispielsweise tritt sie bei längerem Höhenaufenthalt oder als Folge von Herz-/Lungenerkrankungen auf, ist jedoch im klinischen Alltag am häufigsten bei Rauchern zu beobachten. Des Weiteren findet man sie bei Sportlern nach Erythropoetingabe.

Vergleichsweise selten tritt eine primäre Erythrozytose (primäre Polyzythämie, Polycythaemia vera) auf, die oft vereinfacht als **Polyzythämie** bezeichnet wird. Einer Polyzythämie liegen genetische Ursachen zugrunde, die z. B. eine Störung in den Wachstumssignalkaskaden der erythropoeitischen Vorläuferzellen zur Folge haben. In der Regel entstehen solche Defekte jedoch erst in den Knochenmarkszellen und sind damit nicht erblich. Die Polyzythämien gehören zu den neoplastischen Krankheitsbildern.

Leukozytopenien und Leukozytosen

Bei der Bestimmung des kleinen Blutbilds wird die Gesamtzahl der Leukozyten erfasst. Aus dieser lassen sich wertvolle Hinweise zum Vorliegen von Infektionen, Entzündungsprozessen, Tumorerkrankungen, Stoffwechselentgleisungen, toxischen Einwirkungen oder anderen Krankheitsbildern gewinnen.

Der Referenzbereich für die Leukozytenzahlen liegt bei 4–10/nl (bzw. 4–10 × 10^3/µl). Eine Unterschreitung wird als Leukozytopenie, die Überschreitung als Leukozytose bezeichnet.

Für **Leukozytopenien** kommen hauptsächlich folgende Grundursachen in Betracht:

- Störungen der Leukopoese durch gestörte Knochenmarksfunktion (▸ Kap. 14.4.1).
- Gesteigerter Verbrauch oder Abbau der Leukozyten. Ein gesteigerter Verbrauch von Leukozyten kann im Zuge der Abwehr schwer verlaufender Infektionen (z. B. Typhus) auftreten, ein vermehrter Abbau ist durch Autoimmunprozesse möglich.
- Umverteilung der Leukozyten im Körper. Eine solche Umverteilung kann beispielsweise als Begleiterscheinung von Virusinfektionen auftreten, wenn beim Abwehrprozess zahlreiche Leukozyten an die Gefäßwände adhärieren und damit aus dem Blutfluss entfernt werden.

Leukozytosen können reaktiv bedingt sein, wenn der Körper auf einen Stress- oder Immunstimulus reagiert, sie können aber auch Ausdruck einer primären hämatologischen Erkrankung sein. Die meisten primären Leukozytosen gehören zu den Leukämien und werden durch somatische genetische Defekte in den unreifen Leukozytenvorstufen verursacht, die zur autonomen, klonalen Vermehrung der Zellen führen.

Die **reaktiven Leukozytosen** treten häufig als Folge einer physischen oder psychischen **Stresssituation** auf. Beispiele für solche Situationen sind körperliche oder emotionale Überanstrengung, Operationen, Krampfanfälle und Infarkte, weiterhin können sie bei Schwangerschaften und nach der Entbindung auftreten. Die Leukozytose beruht in diesem Fall jedoch nicht im Wesentlichen auf der verstärkten Neubildung von Leukozyten im Knochenmark, sondern auf dem stresshormonbedingten Anstieg von neutrophilen Granulozyten im Blut. Durch die Ausschüttung von Katecholaminen und Cortisol können die neutrophilen Granulozyten aus den Reservepools im Knochenmark und weiteren Speichern mobilisiert und ins Blut ausgeschwemmt werden. Ein weiterer, häufiger Grund für eine reaktive Leukozytose ist eine **Immunreaktion** durch Infektionen und Entzündungsprozesse, einschließlich der Allergien. Je nach Ursache variieren dabei das Ausmaß der Leukozytose und die beteiligten Leukozytenarten. Für viele bakterielle Infektionen ist eine Leukozytose durch einen starken Anstieg von neutrophilen Granulozyten bereits während der Initialphase typisch, wohingegen bei Virusinfektionen oft nur geringe Leukozytenanstiege oder sogar eine Leukozytopenie zu beobachten sind. Zwar steigen bei viralen Infektionen auch die Leukozytenzahlen (vor allem die Lymphozyten) insgesamt an, jedoch kann es durch die verstärkte Bindung von Neutrophilen an Gefäßwände in der Summe zur Feststellung einer Leukozytopenie kommen.

Thrombozytopenien und Thrombozytosen

Der Referenzwert der Thrombozytenzahlen für Erwachsene liegt bei 150–450/nl bzw. 150–450 × 10^3/µl.

Eine Unterschreitung des Referenzwerts wird als Thrombozytopenie bezeichnet, die Überschreitung als Thrombozytose.

Die **Thrombozytopenie** kann im Wesentlichen drei Ursachen haben:

- Störung der Thrombozytopoese, beispielsweise durch Knochenmarksdepression (▸ Kap. 14.1.1).
- Gesteigerter Abbau der Thrombozyten, beispielsweise über immunologische Mechanismen, die auch durch Arzneimittel induziert werden können (▸ Kap. 14.5.2).
- Starke Blutverluste. Diese können kurzfristig eine Thrombozytopenie zur Folge haben, da zum einen Thrombozyten bei Blutungen im Rahmen der Gerinnungsprozesse verbraucht werden und es zweitens durch den kompensatorischen Anstieg des Plasmavolumens nach der Blutung zu einer „Verdünnung" der noch im Blut vorhandenen Thrombozyten kommt.

Die Konsequenz einer Thrombozytopenie kann ein erhöhtes Blutungsrisiko sein. Bei einer gravierenden Thrombozytopenie sind sogar spontane Blutungen möglich. Allerdings hängen das Blutungsrisiko und die Behandlungsbedürftigkeit (z. B. mit Thrombozytenkonzentraten) von mehreren Parametern ab und sind nicht einfach zu beurteilen. So richtet sich z. B. die für einen operativen Eingriff geforderte Thrombozytenzahl nach der Art des Eingriffs, wobei die höchsten Thrombozytenzahlen für Eingriffe an Hirn, Rückenmark und Auge gefordert werden.

Eine **Thrombozytose** kann im Wesentlichen zwei Gründe haben: Zum einen kann sie die Folge einer unkontrollierten Vermehrung thrombozytopoetischer Zellklone im Knochenmark sein (primäre Thrombozytose), oder sie tritt als reaktiver Prozess auf (sekundäre Thrombozytose).

- Primäre Thrombozytosen haben genetische Ursachen. Sie gehören zu den myeloproliferativen Neoplasien und damit zum Kreis der Tumorerkrankungen.
- Reaktive Thrombozytosen treten als Antwort auf Gewebeschäden auf, durch die es zur Bildung entzün-

dungsassoziierter **Zytokine** und zur Anregung der Neubildung von Thrombozyten kommt. Beispielsweise können nach Operationen oder bei Infektionen Thrombozytenzahlen bis zum Mehrfachen der Norm beobachtet werden. Diese werden durch die Zytokine der „Akute-Phase-Reaktion" ausgelöst. Weiterhin gehört die Bildung derartiger Zytokine zum Krankheitsgeschehen bei Tumorerkrankungen (▸Kap. 12) und chronisch-entzündlichen Erkrankungen, sodass man auch dort erhöhten Thrombozytenzahlen beobachtet. Darüber hinaus kann körperliche Anstrengung eine Thrombozytose bewirken, diese wird jedoch vor allem auf die Katecholamin-vermittelte Freisetzung von Thrombozyten aus retikulären Speichern (Milz) zurückgeführt.

Eine stark ausgeprägte Thrombozytose kann zu Störungen der Blutgerinnung führen (z. B. Thrombose mit der Folge einer Lungenembolie).

 Fachgebietstransfer

Zytokine und Blutzellzahlen

Zytokine, die im Rahmen entzündlicher Erkrankungen (Infektionen, Allergien) oder Krankheitsbildern mit starker Entzündungskomponente (z. B. Tumorerkrankungen) freigesetzt werden, können unterschiedliche Auswirkungen auf die Zahlen der einzelnen Zellen im Blutbild haben. Dies ist der Komplexität der gebildeten Zytokinmuster, jedoch auch den Besonderheiten der einzelnen Hämatopoesewege und den unterschiedlichen Eigenschaften der einzelnen Blutzelltypen geschuldet. So spielt z. B. bei der **Erythropoese** der Eisenstoffwechsel eine zentrale Rolle, der durch Zytokine gestört werden kann, was sinkende Erythrozytenzahlen nach sich zieht. Im Gegensatz dazu führt die Wirkung von Zytokinen, die nach **Gewebeschäden** oder bei **Tumorerkrankungen** freigesetzt werden, unter anderem zu einem Anstieg der Zellzahlen bei den Thrombozyten.

14.4.2 Differenzialblutbild: Referenzwerte und pathologische Veränderungen

Durch das **Differenzialblutbild** wird das kleine Blutbild zum großen Blutbild ergänzt. Das Differenzialblutbild beinhaltet die Bestimmung der relativen Zusammensetzung der Leukozytensubpopulationen und die Beurteilung der Leukozyten-, Erythrozyten- und Thrombozytenmorphologie. Aus den relativen Anteilen der Leukozytenarten können mithilfe der Gesamtleukozytenzahl (aus dem kleinen Blutbild) auch deren absolute Zellzahlen berechnet werden. Eine relative oder absolute Erhöhung bzw. Erniedrigung einzelner Leukozytenpopulationen ist häufig mit charakteristischen Krankheitsbildern verbunden. Das Differenzialblutbild erlaubt darüber hinaus den direkten Nachweis bestimmter Krankheitserreger wie z. B. einzelliger Parasiten.

Die Bestimmung des Differenzialblutbilds erfolgt entweder maschinell mittels Durchflusszytometrie oder durch visuelle Analyse eines gefärbten Blutausstrichs am Mikroskop. Bei der maschinellen Bestimmung können jedoch nur die Anteile der Blutzellen bei unauffälliger Zellmorphologie bestimmt werden, zur Abklärung morphologischer Veränderungen oder anderer Fragestellungen (z. B. Parasiten) ist immer ein Blutausstrich zu mikroskopieren.

14.4.3 Quantitative Auswertung des Blutbilds

Im Differenzialblutbild wird bei der Zählung der Leukozytenarten zwischen folgenden Formen differenziert:

- stabkernige neutrophile Granulozyten,
- segmentkernige neutrophile Granulozyten,
- eosinophile Granulozyten,
- basophile Granulozyten,
- Monozyten,
- Lymphozyten.

Die stabkernigen und segmentkernigen Neutrophilen repräsentieren verschiedene Reifegrade dieses Zelltyps, da die Reifung der neutrophilen Granulozyten mit einer zunehmenden Segmentierung des Zellkerns einhergeht: Die „jungen" Zellformen sind unsegmentiert, also „stabkernig", während die „alten" Neutrophilen fünf, selten sechs Kernsegmente aufweisen (◉ Abb. 14.9). Eine Verschiebung der Anteile dieser Zellformen im Blutbild wird als Kernverschiebung bezeichnet und kann wichtige diagnostische Hinweise liefern. Man unterscheidet hierbei zwischen der Linksverschiebung mit dem vermehrten Auftreten junger, stabkerniger Formen und der Rechtsverschiebung, mit einem hohen Anteil an alten, segmentkernigen (eventuell auch hypersegmentierten) Formen.

Eine **Linksverschiebung** hin zu den stabkernigen Neutrophilen ist ein Kennzeichen von Infektionen, insbesondere bei bakteriellen Infekten. Sie beruht auf dem hohen, infektionsbedingten Verbrauch an Neutrophilen, der die Freisetzung junger Formen anregt. Diese Form, bei der vermehrt Stabkernige, vereinzelt auch Neutrophilen-Vorläufer (Metamyelozyten) auftreten können, wird als reaktive Linksverschiebung bezeichnet. Werden jedoch im Differenzialblutbild weitere Vorläuferzellen bis hin zu den Blasten als den unreifsten Formen detektiert,

Tab. 14.2 Referenzwerte für die Anteile und Zellzahlen der Leukozytenarten im Differenzialblutbild

Zelltyp		Relativer Anteil (%)	Absolut (nL^{-1})
Neutrophile Granulozyten	Stabkernige	0–5	2,5–7,5
	Segmentkernige	40–75	
Eosinophile Granulozyten		0–5	0,04–0,4
Basophile Granulozyten		0–1	0–0,1
Monozyten		2–8	0,2–0,8
Lymphozyten		20–45	1,5–3,5

ist dies ein Zeichen für eine primäre hämatologische Erkrankung. Eine **Rechtsverschiebung** hin zu hypersegmentierten, alten Formen kann auf eine Reifungsstörung, z. B. durch Vitamin-B_{12}-Mangel, hindeuten.

Die Verwendung der Begriffe Links- und Rechtsverschiebung ist historisch begründet. Sie stammt von der früher üblichen Erfassung der Zellzahlen von Stab- und Segmentkernigen in den rechten bzw. linken Tabellenspalten standardisierter Dokumentationsvorlagen.

Neben den relativen Anteilen der stabkernigen und segmentkernigen neutrophilen Granulozyten wird auch die Gesamtzahl der neutrophilen Granulozyten im Blut beurteilt. Werden die Referenzwerte unter- bzw. überschritten (◻ Tab. 14.2), spricht man von einer **Neutropenie** bzw. **Neutrophilie**. Mögliche Ursachen hierfür wurden bereits bei der Besprechung der Leukozytopenien bzw. Leukozytosen beschrieben (▸ Kap. 14.4.1). Wie dort erläutert wurde, kann eine Neutropenie unter anderem auf einem gesteigerten Verbrauch von Neutrophilen bei schwer verlaufenden Infektionen (z. B. Typhus) beruhen. Als häufige Ursachen für eine Neutrophilie kommen physischer bzw. psychischer Stress oder Immunreaktionen bei Infektionen und Entzündungsprozessen in Frage. Eine besondere Störung der Granulozytenzahlen ist die Agranulozytose: Bei ihr liegt ein gravierender Mangel an Granulozyten vor, im Wesentlichen eine Neutropenie. Oftmals stellt diese Erscheinung eine seltene, aber bedrohliche medikamentöse Nebenwirkung dar (▸ Kap. 14.5).

Neben den neutrophilen Granulozyten können auch die anderen Arten von Leukozyten vermehrt oder vermindert auftreten. Die wichtigsten dieser Zellzahlveränderungen und ihre charakteristischen Ursachen sind wie folgt:

- **Eosinophilie:** Die Eosinophilie deutet prinzipiell auf einen Befall mit Parasiten (z. B. Würmer) hin. In den Industrienationen ist ein solcher Befund allerdings eher durch Allergien zu erklären, weiterhin tritt sie in der Abklingphase von Infektionen auf. Eine Eosinophilie kann jedoch auch Zeichen einer myeloischen Leukämie sein.
- **Basophilie:** Diese ist selten, sie tritt bei manchen Allergieformen oder aber im Zuge bestimmter myeloproliferativer Erkrankungen auf.
- **Monozytose:** Eine Monozytose ist charakteristisch für den „mittleren" zwischen Initial- und Abklingphase liegenden Abschnitt einer Infektion (○ Abb. 14.6). Außerdem tritt sie als Begleiterscheinung von chronisch-entzündlichen Erkrankungen oder aber als Zeichen einer myeloischen Leukämie auf.
- **Monozytopenie** Diese kann bei bestimmten Leukämietypen auftreten.
- **Lymphozytose** Eine Lymphozytose ist häufig in der Abklingphase eines Infektes zu beobachten, besonders bei viralen Infekten (○ Abb. 14.6).
- **Lymphozytopenie** Sie tritt in der Initialphase von Infekten auf (○ Abb. 14.6).

Die Referenzwerte für die relativen Anteile und absoluten Zellzahlen der einzelnen Leukozytenarten im Differenzialblutbild sind in ◻ Tab. 14.2 zusammengefasst. ○ Abb. 14.6 stellt den prototypischen Verlauf der Änderungen in den Leukozytenpopulationen während der einzelnen Phasen einer Infektion dar.

14.4.4 Qualitative Auswertung des Blutbilds

Neben der Betrachtung der relativen und absoluten Anteile der einzelnen Blutzelltypen im gesamten Blutbild ist die Beurteilung der Blutzellmorphologie von großer diagnostischer Bedeutung. Qualitative Veränderungen bei den Blutzellen, d. h. das Auftreten atypischer Morphologien, sind wichtige Faktoren zur Erkennung

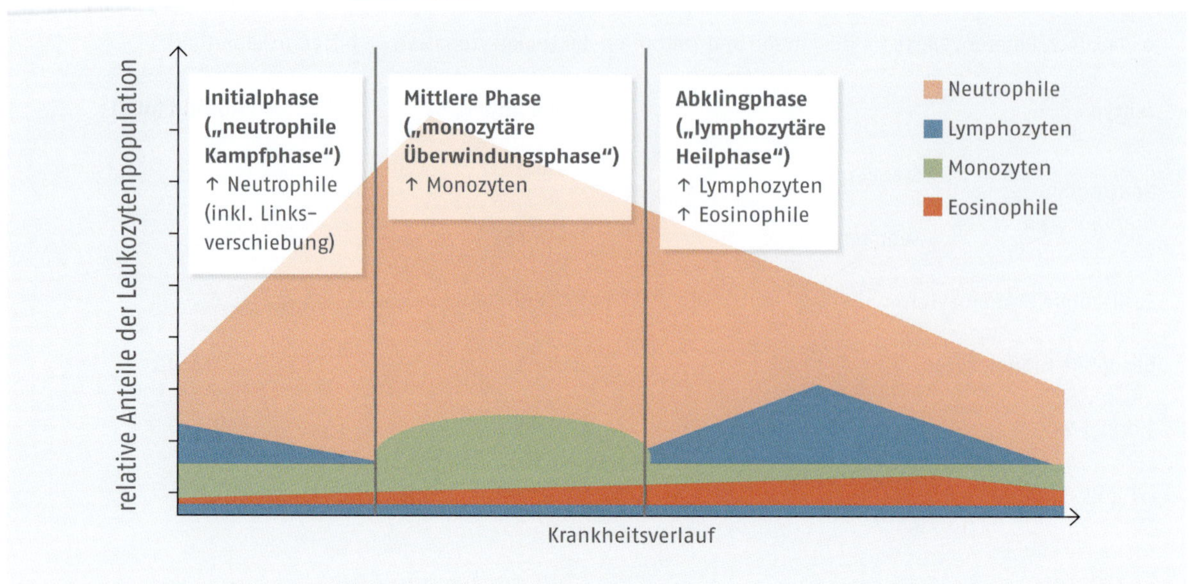

Abb. 14.6 Prototypischer Verlauf der Veränderungen der Leukozytenpopulationen im Blutbild bei einer Infektion. Der gezeigte Verlauf ist für bakterielle Infektionen charakteristisch. Bei viralen, parasitären oder pilzbedingten Infektionen sind andere Verläufe möglich, dort kann eine schwächere Leukozytose auftreten (bei viralen Infekten bis hin zur Leukopenie) und eine Neutrophilie tritt oft nur in Initialphase auf.

spezifischer Krankheitsbilder. Wie bereits erwähnt, kann die qualitative Untersuchung nur dann automatisiert durchgeführt werden, wenn es um die Erfassung der Anteile der Blutzellen bei unauffälliger Zellmorphologie geht. Zur sicheren Beurteilung pathologischer Befunde ist immer die visuelle Untersuchung eines Blutausstrichs am Mikroskop erforderlich.

Für die mikroskopische Analyse des Blutausstrichs werden die Zellen angefärbt. Als Standardverfahren gilt die Methode nach Pappenheim, bei welcher der rote Farbstoff Eosin sowie blaue Methylenblau- und Azurfarbstoffe verwendet werden. Abb. 14.7 zeigt die Eigenschaften dieser Farbstoffe und welche zellulären Strukturen jeweils von ihnen angefärbt werden.

Physiologische Blutzellmorphologie im Blutausstrich

Im angefärbten Blutausstrich können die einzelnen Blutzelltypen anhand charakteristischer Merkmale differenziert werden. Zu diesen Merkmalen gehören die unterschiedliche Zellgröße, das Färbeverhalten von Kern und Zytoplasma, die Form des Zellkerns und das Färbeverhalten zelltypspezifischer Granula. Abb. 14.8 zeigt die Blutzellen in einem Ausstrich, der mit der Standardmethode nach Pappenheim angefärbt wurde. Für die einzelnen Zelltypen gilt dabei im mikroskopischen Bild Folgendes:

- Die **Monozyten** fallen vor allem als die größten Zellen im Blutbild auf. Im Gegensatz zu den anderen mononukleären Zellen, den Lymphozyten, können sie vielgestaltige Kernformen haben und weisen gegenüber diesen im Allgemeinen einen geringeren Kernanteil mit hellerem Chromatin auf.
- Die **Granulozyten** sind mittelgroße Zellen und v. a. aufgrund ihrer charakteristischen Kernformen sowie den verschieden angefärbten Granula (Details siehe Tab. 14.3) zu unterscheiden. Zur Unterscheidung von stabkernigen und segmentkernigen Granulozyten wird die „Drittelregel" angewendet: Wenn der Durchmesser des Zellkerns an einer Einschnürung < 1/3 der breitesten Stelle des ganzen Kerns beträgt, spricht man von segmentkernigen Granulozyten.
- Der Hauptanteil der **Lymphozyten** stellt kleine, mononukleäre Zellen mit relativ großem Kernanteil dar. Es existiert jedoch auch eine kleine Population, die an die Größe der Monozyten heranreichen kann und weniger Kernanteil hat.
- **Erythrozyten** sind kleine, bikonkave, rosafarbene Scheiben. Sie machen den Hauptanteil der Zellen im Blutbild aus.
- **Thrombozyten** sind die kleinsten Partikel im Blutbild. Bei sehr starker Vergrößerung kann ihre flache, unregelmäßig runde Form erkannt werden.

Tab. 14.3 fasst die wichtigsten Merkmale der einzelnen Blutzelltypen im nach Pappenheim gefärbten Blutausstrich zusammen.

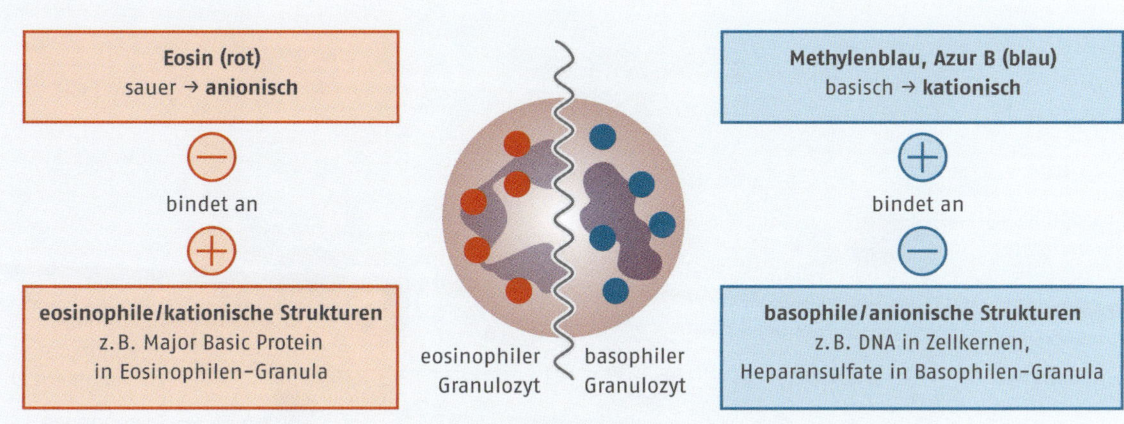

Abb. 14.7 Anfärbung eosinophiler und basophiler Strukturen durch Pappenheim-Farbstoffe

Tab. 14.3 Blutzellen im nach Pappenheim gefärbten Blutausstrich: wichtige Eigenschaften und Erkennungsmerkmale

Zelltyp	Größe	Zellkern	Zytoplasma
Stabkerniger Granulozyt	Mittel (12–15 µm)	C-förmig/unsegmentiert, rotviolett	Hellrosa (hellviolette Granula, schwach erkennbar)
Segmentkerniger Granulozyt		Segmentiert, meist 3–5 Segmente; rotviolett.	
Eosinophiler Granulozyt		Segmentiert, meist 2 Segmente; rotviolett	Hellrosa, rote Granula
Basophiler Granulozyt		Schwach segmentiert/gelappt; rotviolett	Hellrosa, dunkel-violette Granula, überdecken oft Kern
Monozyt	Groß (12–20 µm)	Unsegmentiert, vielgestaltig: häufig nierenförmig, seltener oval oder gelappt; rotviolett, Kern liegt exzentrisch	Blaugrau
Lymphozyt	Zu 90 % klein (7–10 µm), zu 10 % groß (10–14 µm)	Unsegmentiert, meist rund; hoher Kernanteil am Zellvolumen, dünner Plasmasaum	Bläulich
Erythrozyten	Klein (längs 7,5 µm)	Diskusförmig mit zentraler Aufhellung	Rosa
Thrombozyten	Sehr klein (längs 1–4 µm)	z.T. in Aggregaten zusammenliegend	Blassblau

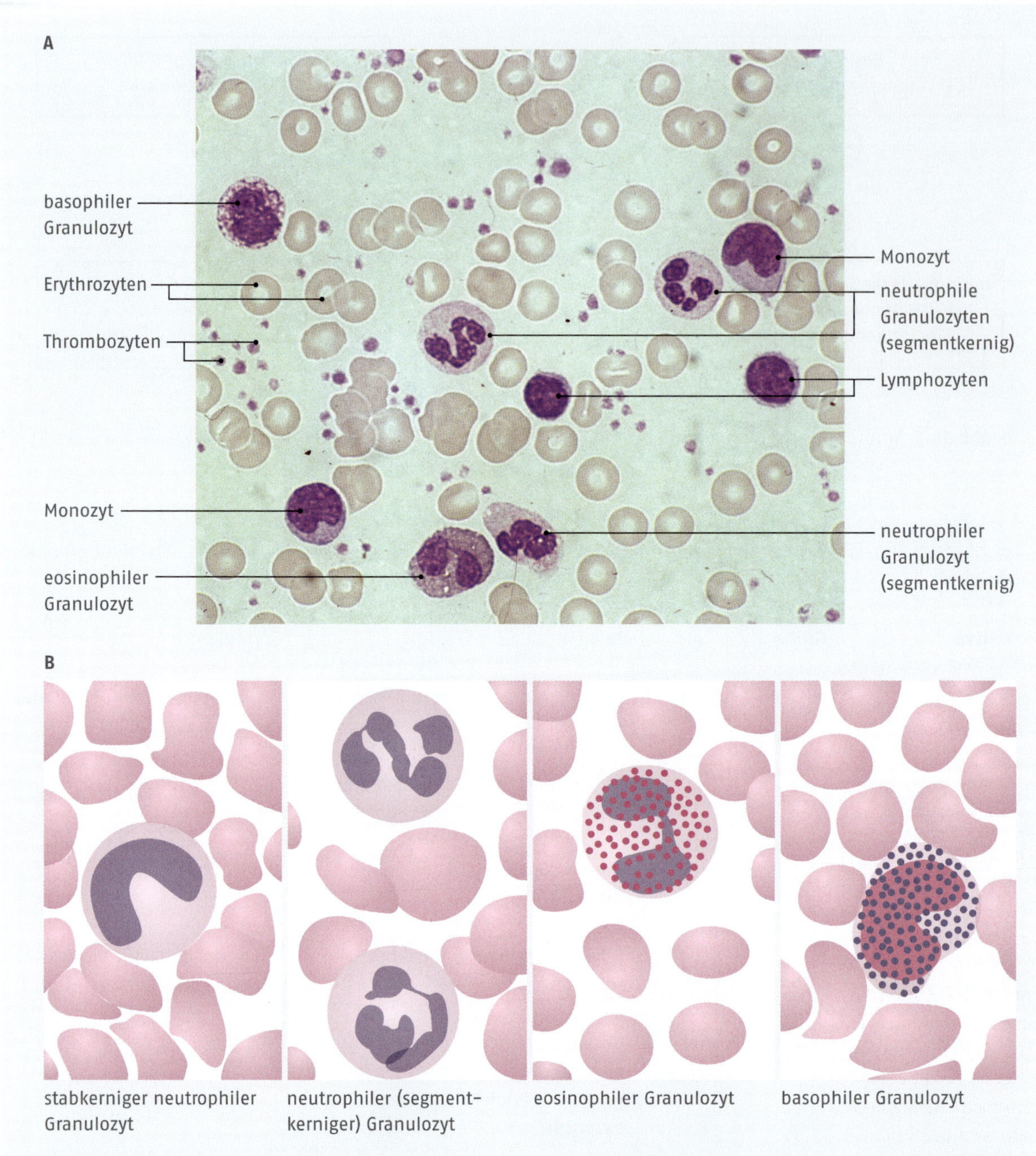

Abb. 14.8 Blutzellen im Blutausstrich (Färbung nach Pappenheim). **A** Übersicht der Blutzelltypen im mikroskopischen Bild, **B** Granulozytenarten im Vergleich (stilisierte Darstellung)

Qualitative Veränderungen im weißen und roten Blutbild

Bei Atypien im **weißen Blutbild** kann man, wie bereits in (▸ Kap. 14.4.3) in Zusammenhang mit der Links- oder Rechtsverschiebung der neutrophilen Granulozyten beschrieben, zwischen „reaktiven“ und „pathologischen“ Veränderungen unterscheiden. Atypische Morphologien, die reaktiv sind, sind Ausdruck der physiologisch vorgesehenen Immunreaktion gegenüber Erregern und sind bei Abklingen der Infektion reversibel. Im Gegensatz dazu spricht man von pathologischen Veränderungen, wenn die Morphologien auf eine neoplastische, und damit auf eine primäre hämatologische Erkrankung schließen lassen.

Beispielhaft für eine **reaktive Veränderung** im weißen Blutbild können die atypischen Lymphozytenfor-

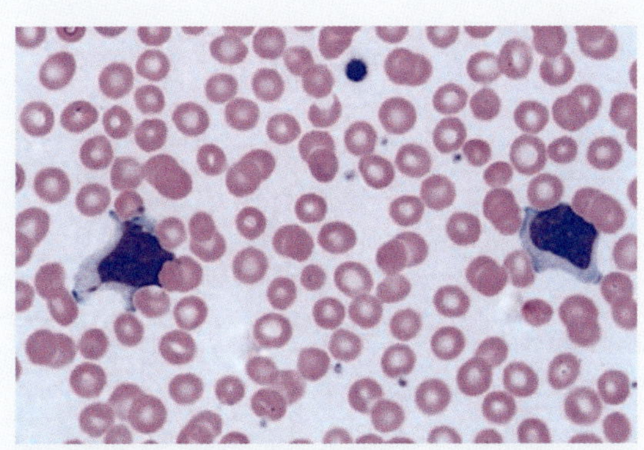

Abb. 14.9 Reaktive Lymphozyten. Das Auftreten reaktiver Lymphozyten ist charakteristisch für bestimmte virale Infektionen wie z. B. die infektiöse Mononukleose (Pfeiffer'sches Drüsenfieber). Die Zellen sind größer als im Normalzustand, haben ein breiteres Zytoplasma, zeigen unregelmäßige Formen und auch ein anderes Färbeverhalten. Sie sind nicht immer sicher von Blasten bei myeloproliferativen Erkrankungen zu unterscheiden.

men stehen, die bei der Infektiösen Mononukleose (Pfeiffersches Drüsenfieber) auftreten. Diese Erkrankung wird durch Epstein-Barr-Viren (EBV) verursacht, die im Blutbild zu beobachtenden Reizformen der Lymphozyten werden als reaktive Lymphozyten oder als Virozyten bezeichnet (Abb. 14.9).

Die wichtigsten neoplastischen hämatologischen Erkrankungen sind die **Leukämien**, bei denen zwischen verschiedenen Arten unterschieden wird. Eine einfache Klassifizierung der Leukämien erfolgt nach der Zugehörigkeit der entarteten Zellen zu einer der beiden Hauptlinien der Hämatopoese, der myeloiden und der lymphatischen Stammlinie. Aus klinischer Sicht wird weiterhin zwischen akut oder chronisch verlaufenden Leukämien unterschieden. Akute Leukämien machen sich oft innerhalb weniger Wochen klinisch bemerkbar, da durch die starke Blastenvermehrung die reguläre Hämatopoese im Knochenmark gestört ist und damit die Immunabwehr, Sauerstoffversorgung und Blutgerinnung akut beeinträchtigt sind. Chronische Leukämien entwickeln sich langsamer, im Blutbild sind neben den Blasten auch reifere Zellen (mit Atypien) zu finden. Entsprechend ist die Symptomatik bei Diagnosestellung zumeist schwächer ausgeprägt, oft handelt es sich um zufällige Befunde. Insgesamt ergeben sich damit vier Haupttypen von Leukämien: die **akute myeloische Leukämie** (AML), die **akute lymphatische Leukämie** (ALL), die **chronische myeloische Leukämie** (CML) und **die chronische lymphatische Leukämie** (CLL). Diese können heute noch weiter in einzelne Typen differenziert werden.

A

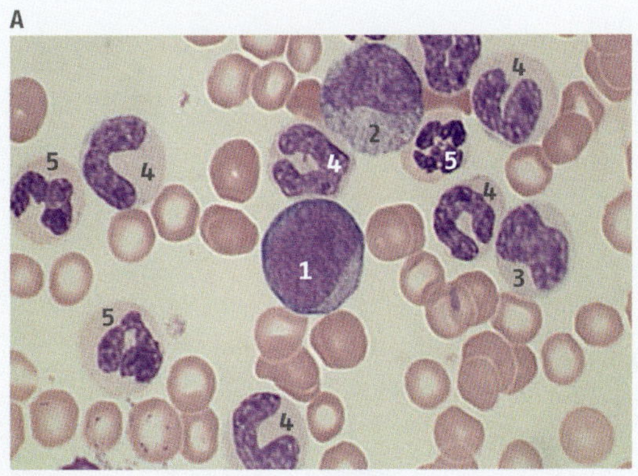

B

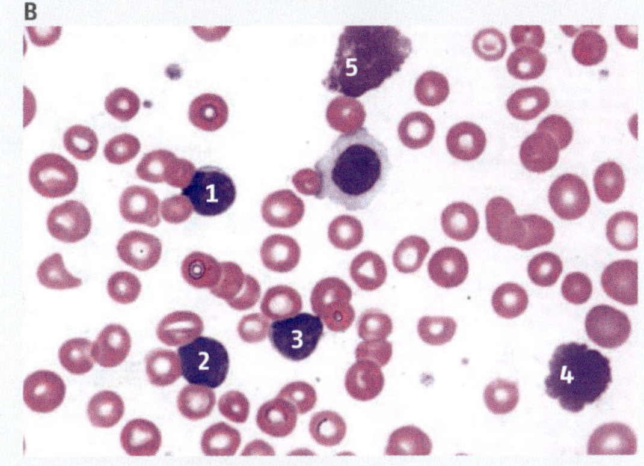

Abb. 14.10 Pathologische Veränderungen im Blutbild bei A chronischer myeloischer Leukämie (CML). Zu erkennen ist eine pathologische Linksverschiebung mit dem Auftreten aller Reifegrade der Granulozyten. 1: Myeloblast, 4: Stabkerniger neutrophiler Granulozyt, 5: Segmentkerniger neutrophiler Granulozyt, 2–3: Reifungszwischenstufen aus dem Knochenmark, die üblicherweise nicht im Blut auftreten. Weiterhin können bei der CML vermehrt eosinophile und basophile Granulozyten beobachtet werden (nicht im Bild). B Pathologische Veränderungen im Blutbild bei chronischer Leukämie (CLL). Zu erkennen sind drei neoplastische Lymphozyten mit sehr hohem Kernanteil (z. T. unregelmäßig geformten Kerne) mit dichtem Chromatin (1–3). Besonders charakteristisch sind „Gumprecht-Kernschatten". Dabei handelt es sich um neoplastische Lymphozyten, die aufgrund ihrer Fragilität beim Blutausstrich zerquetscht wurden (4–5).

Die beiden chronisch verlaufenden Formen, CML und CLL, sind im Blutbild vergleichsweise gut erkennbar. In beiden Fällen ist die Leukozytenzahl zumeist deutlich erhöht und charakteristische Zellveränderungen sind im Blutausstrich relativ gut auszumachen. Abb. 14.10 zeigt

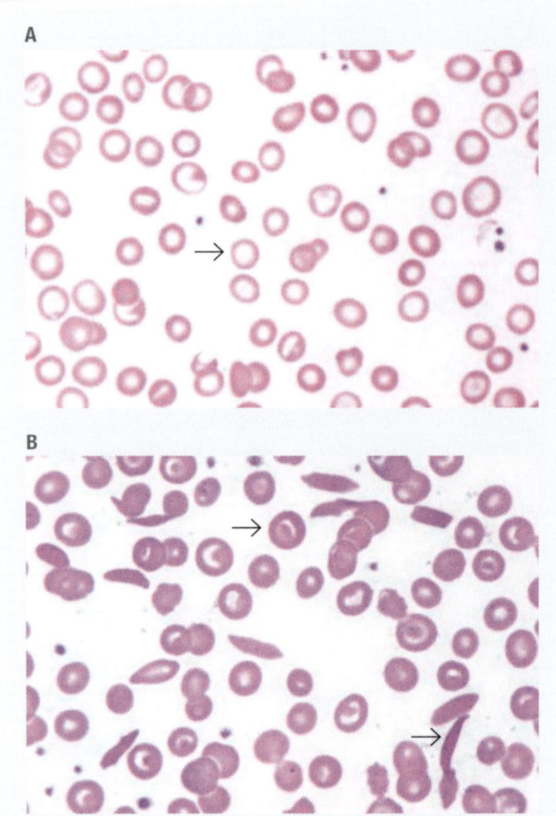

Abb. 14.11 Erythrozytenmorphologie bei Eisenmangelanämie (A) und Sichelzellanämie (B). **A** Die Erythrozyten weisen verschiedene Grade der Mikrozytose auf und sind durch den Hämoglobinmangel innen stark aufgehellt (schmaler roter Randsaum mit Hämoglobin). Diese Formen werden als Anulozyten bezeichnet (Pfeil). **B** Bestimmte genetischer Varianten der Hämoglobin-Gene führen zu einem fehlgefalteten Hämoglobin-Protein, welches aggregiert und zur Ausbildung sichelförmiger Erythrozyten (Pfeil) mit verringerter Lebensdauer führt.

pathologische Veränderungen im Blutbild bei CML und CLL.

Die Erkennung akuter Leukämien im Blutbild ist schwierig, da in etwa der Hälfte der Fälle sogar erniedrigte Leukozytenzahlen vorliegen. Auch ist die zuverlässige Zuordnung von Blasten zu einer bestimmten Reihe im Blutausstrich nicht einfach.

Neben der Blutbilddiagnostik werden weitere Verfahren wie die (immun)zytochemische und molekularbiologische Untersuchung von Blutzellen und Knochenmarksgewebe zur Diagnose von Leukämien angewendet.

Partywissen

Auch Blutzellen können ausdrucksstark sein!

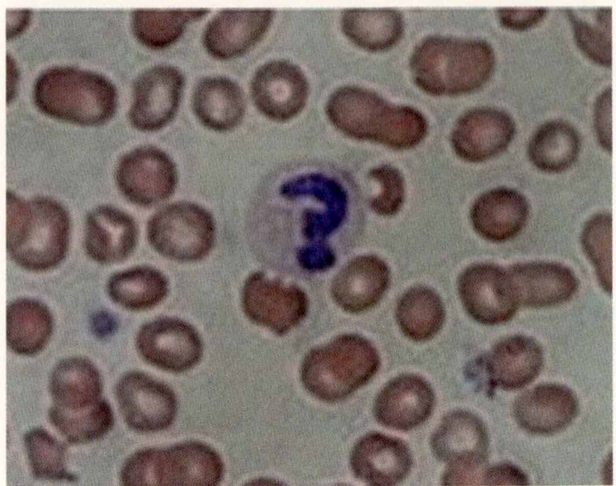

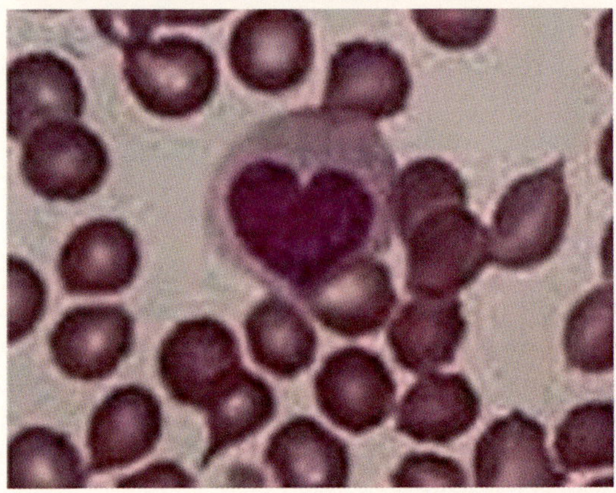

Im **roten Blutbild** ist morphologisch eine breite Palette von atypischen Formen von Erythrozyten bekannt. Von diesen sollen beispielhaft die bereits in ▸Kap. 14.4.1 erwähnten Anulozyten und Sichelzellen genannt werden (Abb. 14.11). Die Sichelzellenanämie beruht pathophysiologisch auf der Fehlfaltung von Proteinen (▸Kap. 2.4.3).

14.5 Der Einfluss von Arzneistoffen auf das Blutbild

Aus pharmazeutischer Sicht ist von besonderem Interesse, dass Arzneistoffe Einfluss auf das Blutbild nehmen können. Einige Arzneistoffe haben bereits aufgrund ihrer Pharmakologie zu erwartende Wirkungen bzw. Nebenwirkungen auf das blutbildende System (z. B. wenn sie allgemein die Zellteilung hemmen), andere können jedoch durch nicht vorhersehbare Wirkungen Effekte auf das Blutbild haben (z. B. durch Hämolysen).

Prominente Arzneistoffgruppen mit erwartbaren Wirkungen auf das Blutbild sind die Zytostatika (Hemmung der Hämatopoese, ▸Kap. 14.4.1), hämatopoetische Wachstumsfaktoren (zelltypspezifische Steigerung der Hämatopoese) sowie die bei vielen Indikationen eingesetzte Gruppe der entzündungshemmenden Glucocorticoide. Die Glucocorticoide zeigen über einen Zeitraum von etwa 24 Stunden nach Verabreichung einen Einfluss auf das weiße Blutbild: Die Anzahl der neutrophilen Granulozyten steigt deutlich an, die restlichen Leukozytenzahlen nehmen jedoch ab. Insgesamt nimmt die Leukozytenzahl durch den Anstieg der neutrophilen Granulozyten zu. Auch die kernlosen Blutzellen werden beeinflusst, es kommt zu einer Zunahme der Thrombozytenzahlen und einem leichten Anstieg der Erythrozytenzahl.

Weiterhin gibt es an der Blutbildung beteiligte Stoffe, die bei entsprechenden Mangelzuständen arzneiliche Anwendung finden, um das Blutbild zu normalisieren. Hier sind beispielsweise Vitamin B_{12}, Folsäure und Eisen zu nennen (▸Kap. 14.4.1).

Für zahlreiche Arzneistoffe gilt, dass sie durch nicht vorhersagbare Effekte Einfluss auf das Blutbild nehmen können. Diese Nebenwirkungen sind im Allgemeinen sehr selten, dennoch sind sie von großer Relevanz, da sie äußerst bedrohlich verlaufen können. Dabei können die arzneistoffinduzierten Blutbildstörungen entweder einzelne Blutzelltypen betreffen (z. B. die Granulozyten bei einer Agranulozytose) oder alle drei Blutzellreihen umfassen (i. A. in Form einer Panzytopenie, also eines Mangels aller drei Blutzelltypen). Als Mechanismus für die Wirkung dieser Arzneistoffe auf die blutbildenden Zellen bzw. die Blutzellen kommen eine direkte oder indirekte (d. h. metabolitenvermittelte) Toxizität oder immunvermittelte Mechanismen in Frage. Aufgrund der mangelnden Vorhersagbarkeit der Nebenwirkungen ist es wahrscheinlich, dass genetisch bedingte Faktoren, z. B. individuelle Unterschiede im Arzneistoffmetabolismus, eine entscheidende Rolle für das Auftreten dieser Effekte spielen. Ein Beispiel für eine solche gravierende Nebenwirkung im blutbildenden System ist die **Agranulozytose**, d. h. eine ausgeprägte Erniedrigung der Granulozytenzahlen, vor allem der neutrophilen Granulozyten, durch die sich ein potenziell lebensbedrohliches Infektionsrisiko ergibt. Zu den Arzneistoffen mit bekanntem Agranulozytoserisiko gehören beispielsweise das Neuroleptikum Clozapin oder das Analgetikum Metamizol. Auch die **Erythrozyten** können durch Arzneistoffe beeinträchtigt werden, dies ist z. B. bei einer medikamenteninduzierten autoimmunhämolytischen Anämie der Fall. Hier induziert der Einsatz von Arzneistoffen die Bildung von Autoantikörpern, die zu einer Hämolyse führen.

Ein weiterer Blutzelltyp, der häufiger durch Arzneistoffe beeinflusst wird, sind die **Thrombozyten**. Vergleichsweise häufig tritt eine Thrombozytopenie durch den Gerinnungshemmer Heparin auf, die heparininduzierte Thrombozytopenie (HIT). Bei der HIT wird zwischen zwei Varianten unterschieden: eine nichtimmunvermittelte Form, die zumeist mild verläuft, und eine immunvermittelte Form, die durch thromboembolische Komplikationen gefährlich sein kann. Als Ursache für die immunvermittelte HIT wird angenommen, dass Antikörper, die gegen einen Komplex aus Heparin und dem Plättchenfaktor 4 gerichtet sind, die Thrombozyten und damit die Gerinnungskaskade aktivieren und so die Bildung von Thrombosen begünstigen. Durch den Thrombozytenverbrauch kommt es dann zur paradoxen Situation, dass aus dem Einsatz eines Antikoagulans eine Kombination von Thromboembolien mit einer Thrombozytopenie resultiert. Neben dem Heparin sind zahlreiche niedermolekulare Arzneistoffe bekannt, die über verschiedene Mechanismen ein erhöhtes Risiko von Thrombozytopenien oder Panzytopenien bergen.

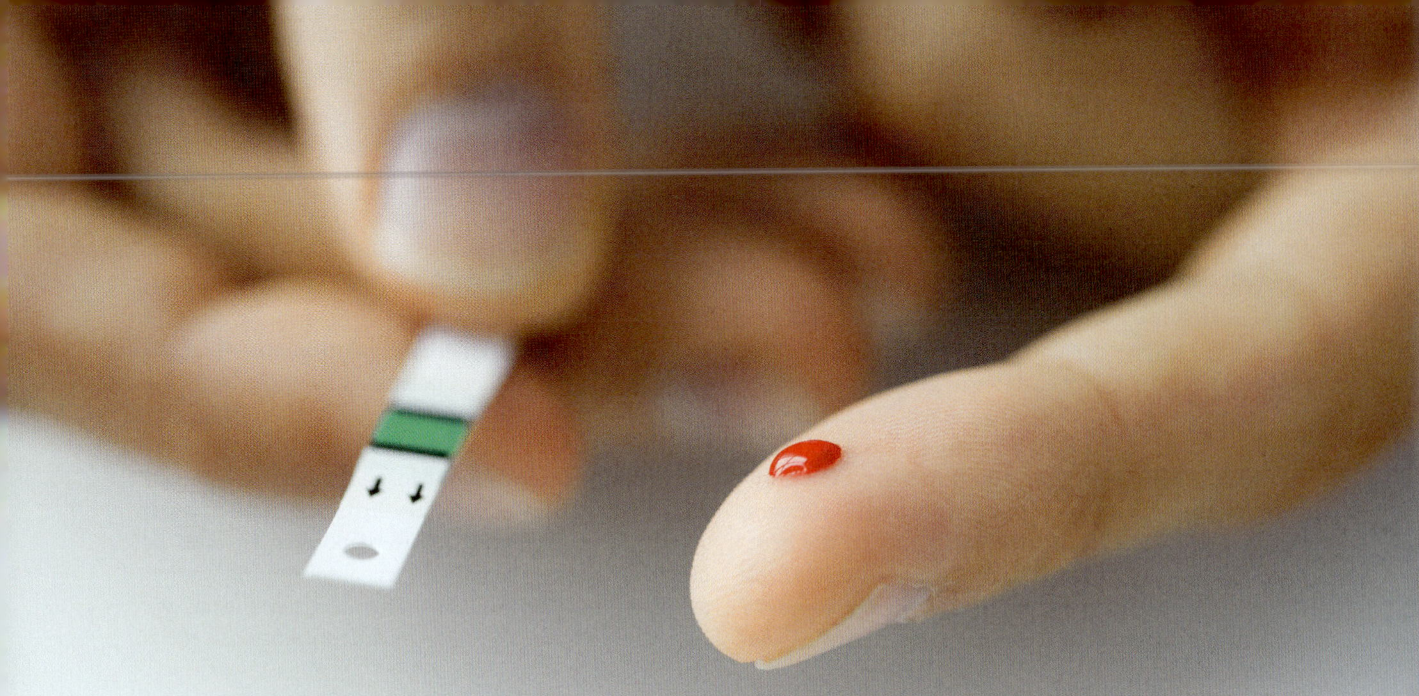

Klinisch-chemische Untersuchungen des Kohlenhydrat- und Lipidstoffwechsels

Sandra Ulrich-Rückert

Einleitung

Kohlenhydrat- und Fettstoffwechselstörungen gehören zu den häufigsten Stoffwechselstörungen und gehen mit einem hohen Morbiditäts- und Mortalitätsrisiko einher. Für die Basisdiagnostik werden in erster Linie enzymatische Untersuchungsmethoden (▸Kap. 16) eingesetzt. Meist handelt es sich dabei um zusammengesetzte kolorimetrische oder optische Testverfahren, die eine einfache photometrische Bestimmung der klinischen Parameter ermöglichen.

15.1 Störungen des Kohlenhydratstoffwechsels

Kohlenhydrate sind die in der Natur am häufigsten vorkommenden organisch-chemischen Verbindungen, Hauptbestandteil der Nahrung und quantitativ dominanter Energielieferant des Menschen (▸Kap. 6). Die wesentlichen Bausteine aller Kohlenhydrate sind D-Glucose, D-Fructose, D-Galactose und deren Derivate, wobei in der Energieversorgung des Menschen der D-Glucose die Hauptrolle im Stoffwechsel zukommt. Gewebsspezifisch wird Glucose dabei entweder über die Glykolyse oder den Pentosephosphatweg zu ATP und verschiedenen Reduktionsäqivalenten abgebaut (▸Kap. 6.1.2). **Störungen des Kohlenhydratstoffwechsels** umfassen in erster Linie den Diabetes mellitus, die Malassimilation (Störungen der Kohlenhydratverdauung und -aufnahme, z. B. Lactose- und Fructosemalabsoption) und verschiedene genetisch bedingte Enzymstörungen (z. B. Galactosämie, hereditäre Fructoseintoleranz und Glykogenspeichererkrankungen).

15.1.1 Pathophysiologie des Diabetes mellitus

Die Konzentration der Glucose im Blut wird üblicherweise als **Blutzucker** bezeichnet und beträgt beim gesunden Menschen im nüchternen Zustand etwa 70 bis 100 mg/dl (4–5,5 mmol/l). Die Regulation des Blutzuckerspiegels erfolgt über die Peptidhormone Insulin und Glucagon, die bei Bedarf aus den Langerhans'schen Inseln der Bauchspeicheldrüse (Pankreas) sezerniert werden. Unter dem Begriff **Diabetes mellitus** werden verschiedene Krankheitsbilder mit einer Dysregulation des Glucosestoffwechsels zusammengefasst. Von der WHO wird der Diabetes mellitus auch als Zustand der **chronischen Hyperglykämie** definiert. Ursachen der Hyperglykämie sind in der Regel ein absoluter oder ein relativer Insulinmangel, der auf einer ungenügenden Insulinwirkung an der Zelle (Insulinresistenz) beruht. Unbehandelt kann eine fortdauernde Hyperglykämie zu chronischen **Komplikationen und Folgeerkrankungen** führen. Diese umfassen Mikro- und Makroangiopathien (Schädigung kleiner bzw. großer arterieller Blutgefäße) sowie diabetische Neuropathien (Schädigungen der peripheren Nerven). Die wesentlichen Krankheitsbilder, die daraus resultieren, sind koronare Herzerkrankungen/Herzinfarkt, Erkrankungen der Hals- und Hirnarterien/Schlaganfall, die periphere Verschlusskrankheit, das diabetische Fußsyndrom sowie Retinopathien (Schäden am Augenhintergrund) und Nephropathien (Schädigung der Nieren). Die häufigsten akut lebensbedrohlichen Stoffwechselkomplikationen des Diabetikers sind die **diabetische Ketoazidose** (▸Kap.7.4) oder das hyperosmolare **diabetische Koma** durch einen absoluten oder relativen Insulinmangel und die **Hypoglykämie**, als Folge einer absoluten oder relativen Insulinüberdosierung.

15.1.2 Diabetes Typ 1

Die klinische **Klassifikation** des Diabetes erfolgt nach den Empfehlungen der WHO und orientiert sich an ätiologischen Gesichtspunkten, d. h. an der Ursache und auslösenden Faktoren.

Beim Typ-1-Diabetes kommt es, meist immunologisch vermittelt, zu einer β-Zellzerstörung in den Langerhans'schen Inseln des Pankreas, die in einem absoluten Insulinmangel resultiert. Der Typ-1-Diabetes macht sich meist durch Symptome wie Polyurie (starker Harndrang), Polydipsie (Durst) und Müdigkeit bemerkbar und wird in der Regel schnell diagnostiziert. Zur Diagnosestellung eignet sich im Weiteren der Nachweis verschiedener Antikörper (AK), wie Inselzell-AK, Insulin-Auto-AK (nur bei Kindern und Jugendlichen) und Autoantikörper gegen die Glutamatdecarboxylase der β-Zelle, die Tyrosinphosphatase oder den Zink-Transporter 8 der β-Zelle. Der Typ-1-Diabetes tritt meist in jüngeren Lebensjahren auf, kann sich aber auch erst im Erwachsenenalter manifestieren (z. B. LADA, *latent autoimmune diabetes in adults*). Auch wenn genetische Faktoren sicherlich eine prädisponierende Rolle spielen (90 % weisen eine charakteristische **HLA-Konstellation** auf, siehe Kasten), ist das Vererbungsrisiko bzw. die familiäre Häufung mit 10 % vergleichsweise gering.

Therapie: Aufgrund der vorliegenden Pathogenese ist die Indikation zur Insulintherapie immer und lebenslang gegeben.

Definition

Humane Leukozytenantigene (HLA) sind in der Zellmembran von Leukozyten verankerte Glykoproteine, die eine Schlüsselfunktion bei der Unterscheidung zwischen körpereigenen und körperfremden Strukturen durch das Immunsystem übernehmen. Sie bilden die individuelle „Signatur" der Zelle und dienen beispielsweise der Bestimmung der Histokompatibilität (Verträglichkeit von Geweben), die für den Erfolg von Transplantationen wichtig ist. Weiterhin sind spezielle HLA-Konstellationen mit dem Auftreten bestimmter Krankheiten assoziiert, sodass durch gezielte HLA-Typisierungen Rückschlüsse auf individuelle Krankheitsrisiken abgeleitet werden können. So wird beispielsweise eine Vorhersage des Risikos möglich, ob man an Diabetes mellitus Typ 1 erkranken kann.

15.1.3 Diabetes Typ 2

Beim Typ-2-Diabetes liegt ein relativer Insulinmangel infolge einer Insulinresistenz der Zielzellen, häufig in Verbindung mit einem Insulinsekretionsdefizit unterschiedlichen Ausmaßes, vor. Im Gegensatz zum Typ-1-Diabetes entwickelt sich der Typ-2-Diabetes in der Regel schleichend und zunächst meist symptomlos. Daher zeigen ca. 20 % der Typ-2-Diabetiker bei Diagnosestellung bereits Spätkomplikationen.

Der Typ-2-Diabetes tritt oft familiär gehäuft auf, d. h. die genetische Disposition ist hier der entscheidende Faktor in der Pathogenese. Neben der Genetik spielen aber auch Übergewicht und mangelnde körperliche Aktivität eine ausschlaggebende Rolle. Der Typ-2-Diabetes ist daher häufig mit weiteren Erkrankungen assoziiert, meist im Kontext des metabolischen Syndroms.

Therapie: In der Frühphase der Erkrankung kann der Typ-2-Diabetes oft gut mit einer Änderung des Lebensstils (Gewichtsreduktion und Steigerung der körperlichen Aktivität) behandelt werden. Weitere Therapieoptionen stellen der Einsatz oraler Antidiabetika und die Gabe von Insulin dar.

15.1.4 Diabetes Typ 3

Unter die Bezeichnung Typ-3-Diabetes fallen Diabetesformen, die im Zusammenhang mit genetischen Störungen der Insulinsekretion und -wirkung, mit Erkrankungen des exokrinen Pankreas, Endokrinopathien und anderen seltenen Erkrankungen auftreten:

- Genetische Defekte der β-Zellfunktion: z. B. MODY (**M**aturity-**O**nset **D**iabetes of the **Y**oung; untypischerweise vor dem 25. Lebensjahr auftretender Diabetes).
- Genetische Defekte der Insulinwirkung: z. B. Typ-A-Insulinresistenz (seltene angeborene Erkrankung, bei der eine Mutation im Gen der Tyrosinkinase, einem Schlüsselenzym der Insulin-Signaltransduktion (▸ Kap. 9), vorliegt.
- Erkrankungen des exokrinen Pankreas: z. B. Pankreatitis (Bauchspeicheldrüsenentzündung), Hämochromatose (Eisenspeicherkrankheit), cystische Fibrose (Mukoviszidose).
- Medikamenten- bzw. chemikalieninduzierte Formen: z. B. Glucocorticoide, Neuroleptika, Pentamidin,
- Infektionen: z. B. Zytomegalievirus, kongenitale Rötelninfektion,
- Genetische Syndrome/Chromosomenstörungen, die mit einem Diabetes assoziiert sein können: z. B. Down- und Turner-Syndrom.

Die Therapie richtet sich nach Ursache und Schweregrad und orientiert sich an den Empfehlungen der Behandlung des Typ-1- und Typ-2-Diabetes.

15.1.5 Diabetes Typ 4 (Gestationsdiabetes)

Aufgrund der veränderten hormonellen (Belastungs-) Situation des Körpers, kann es im Rahmen einer Schwangerschaft zu Störungen der Glucosetoleranz kommen.

Unbehandelt kann der Gestationsdiabetes sowohl ein Risiko für das Kind als auch für die Mutter darstellen. Beim Kind kommt es durch die anabole Wirkung der erhöhten Plasmainsulinspiegel in der Regel zur Makrosomie (erhöhtes Geburtsgewicht über der 95. Perzentile) bei gleichzeitiger Unreife. Weiterhin ist das Risiko postnataler Hypoglykämien (Auftreten von lebensbedrohlichem Unterzucker direkt nach Geburt, durch die weiterhin erhöhte kompensatorische Insulinproduktion des Kindes, nachdem es vom Blutkreislauf der Mutter getrennt wurde) deutlich erhöht. Bei der Mutter steigt dagegen das Risiko für das Auftreten einer Hypertonie (Bluthochdruck), oder auch einer Präeklampsie („Schwangerschaftsvergiftung").

Auch hier kann therapeutisch zunächst eine Ernährungsumstellung und Steigerung der körperlichen Aktivität indiziert sein. Führen diese Maßnahmen in kurzer Zeit nicht zum gewünschten Therapieziel, ist eine Insulintherapie zu initialisieren. Orale Antidiabetika sind aufgrund des Nebenwirkungsprofils in der Regel nicht zu empfehlen eine Ausnahme bildet das Metformin, das in Einzelfällen zur Blutzuckerstabilisierung eingesetzt wird.

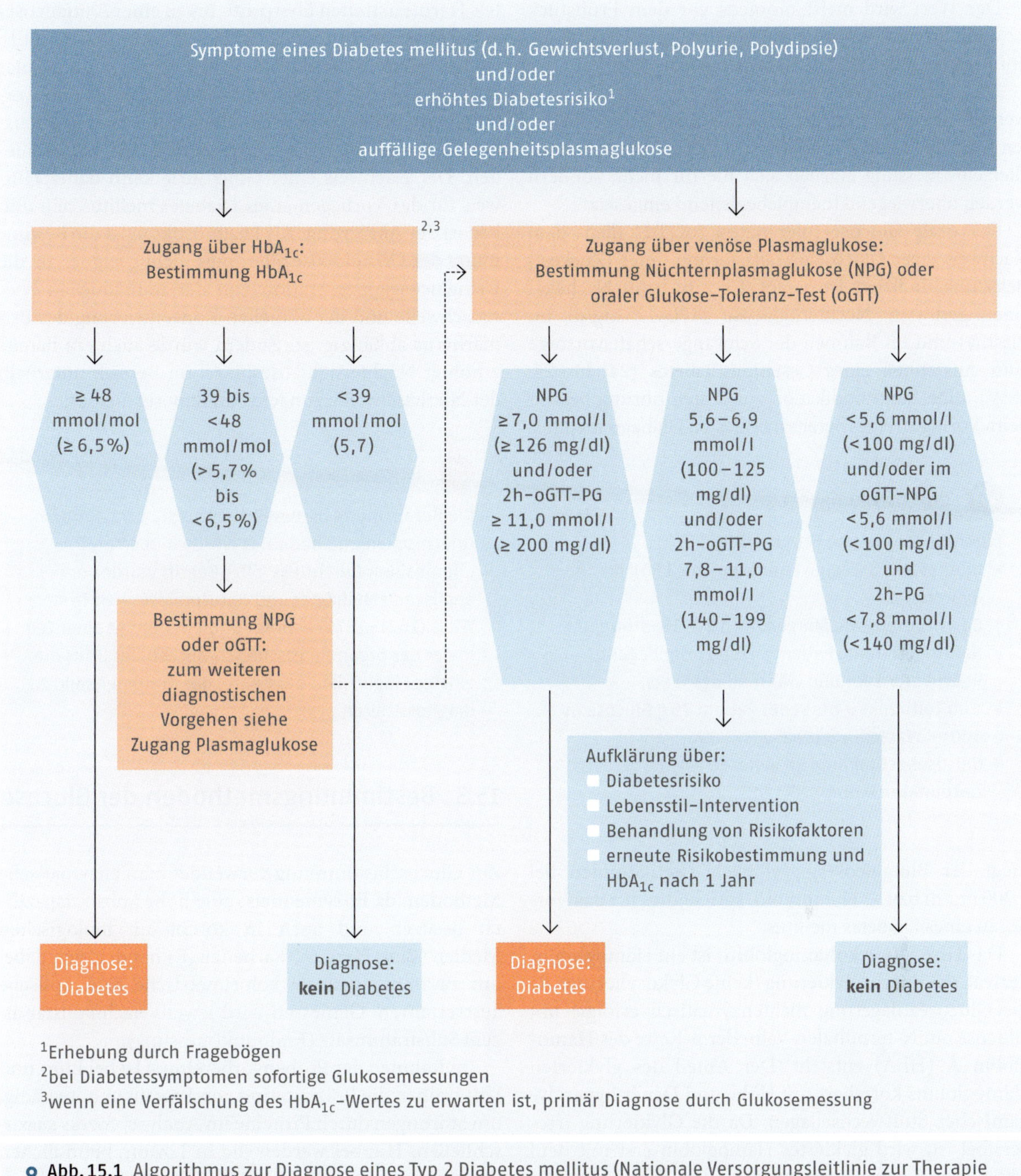

Abb. 15.1 Algorithmus zur Diagnose eines Typ 2 Diabetes mellitus (Nationale Versorgungsleitlinie zur Therapie des Typ 2 Diabetes mellitus)

15

15.2 Diagnostik des Diabetes mellitus

Zur Diagnostik des Diabetes mellitus sind mehrere Herangehensweisen möglich, bei denen drei **Blutparameter** berücksichtigt werden können: die Nüchternplasmaglucose (NPG), der Plasmaglucosewert, der nach oralem Glucosetoleranztest ermittelt wird, oder das Glykohämoglobin (HbA_{1c}, Abb. 15.1):

Die **Nüchternplasmaglucose** (**NPG**; Nüchternblutzucker) beweist das Vorliegen eines Diabetes, wenn der Wert im venösen Plasma ≥ 126 mg/dl (entspricht 110 mg/dl im Serum) bzw. ≥ 7,0 mmol/l liegt. Da Glucose im Vollblut auch in vitro weiter verstoffwechselt wird, muss das Vollblut entweder sofort (hämolysefrei) oder mit Glykolysehemmern (z. B. Natriumfluorid/Citrat) versetzt, zu einem späteren Zeitpunkt zentrifugiert und gemessen werden.

Der Wert wird meist morgens vor dem Frühstück bzw. nüchtern bestimmt, das bedeutet: mindestens 8–12 Stunden nach der letzten Nahrungsaufnahme.

Die Diagnose eines Diabetes darf nur mit Glucosewerten gestellt werden, die mit einer qualitätskontrollierten Labormethode gemessen wurden. Geräte zur Blutzuckerselbstmessung eigenen sich hierfür nicht, sondern werden überwiegend therapiebegleitend eingesetzt.

Der **orale Glucose-Toleranztest** (oGTT) dient dem Nachweis einer Glucosetoleranzstörung unter (Zucker-) Belastung. Indiziert ist der oGTT z.B. beim Nachweis einer gestörten Nüchternglucose (100–125 mg/dl im Plasma) und im Rahmen der Schwangerschaftsvorsorge zum Ausschluss eines Gestationsdiabetes (24. bis 28. SSW). Eine Kontraindikation zur Durchführung besteht beim Vorliegen eines bereits manifesten Diabetes mellitus.

Praktisch umgesetzt

Durchführung des oGTT (nach WHO):
- mindestens 3-tägige Ernährung mit 150 g Kohlenhydraten/d,
- Durchführung am Morgen nach 10–16-stündiger Nahrungskarenz, Patient sitzend oder liegend, Rauchverbot vor und während des Tests,
- zum Zeitpunkt 0 trinkt der Patient 75 g Glucose in 300 ml Wasser innerhalb von 5 min,
- Glucosebestimmung im venösen Plasma zu den Zeitpunkten 0 und 120 min.

Liegt der Blutglucosespiegel nach zwei Stunden bei ≥ 200 mg/dl bzw. ≥ 11,1 mmol/l, spricht dies für das Vorliegen eines Diabetes mellitus.

Das **HbA_{1c} (Glykohämoglobin)** ist ein Hämoglobinderivat, das durch Glykierung (keine Glykosylierung, da die Glucoseanlagerung nichtenzymatisch erfolgt) mit Glucose am N-terminalen Valin der β-Kette des Hämoglobin A (HbA) entsteht. Der Anteil des glykierten Hämoglobins korreliert mit Höhe und Dauer hyperglykämischer Stoffwechsellagen. Da die Glykierung irreversibel ist, wird glykiertes Hämoglobin erst mit dem Abbau der Erythrozyten aus dem Blut eliminiert, d. h. aufgrund der Halbwertszeit (120 d) der Erythrozyten erfasst man mit dem HbA_{1c}-Wert rückwirkend einen Zeitraum von 4–6 Wochen (Blutzuckergedächtnis). Ein Diabetes liegt vor, wenn das HbA_{1c} ≥ 6,5 % bzw. ≥ 48 mmol/mol liegt. Da die Messung des Werts im Jahr 2010 standardisiert (massenspektrometische Referenzmethode, International Federation of Clinical Chemistry) und damit die Messergebnisse vergleichbar wurden, kann das HbA_{1c} heute gemäß Leitlinie der Deutschen Diabetes Gesellschaft als Diagnostikum dienen.

Bei ärztlichen Routineuntersuchungen wird häufig auch noch das Vorkommen von **Glucose im Urin** mittels Harnteststreifen überprüft. Bis zu einer Blutglucosekonzentration von 160–180 mg/dl (8,9–10,0 mmol/l), auch als Nierenschwelle bezeichnet, wird die glomerulär filtrierte Glucose tubulär reabsorbiert. Bei Glucosewerten oberhalb der Nierenschwelle kommt es zur Glucosurie, d. h. Glucose wird dann über den Urin ausgeschieden. Der Nachweis einer Glucosurie kann daher Hinweis für das Vorliegen eines Diabetes mellitus sein und bedarf der Abklärung. Als Diagnostikum ist die Bestimmung der **Uringlucose** allerdings nicht geeignet, da die Uringlucosekonzentration von der individuellen Nierenschwelle und der aktuellen Konzentrierung des Primärharns abhängig ist. Zudem würde auch ein bereits erhöhter Nüchternglucosespiegel im Bereich unterhalb der Nierenschwelle zunächst unbemerkt bleiben.

Partywissen

Die Bezeichnung Diabetes mellitus stammt aus dem Griechischen und bedeutet wörtlich übersetzt „honigsüßer Durchfluss". Der Begriff wurde vom englischen Mediziner und Naturphilosophen Thomas Willis (1621–1675) geprägt und entstammt einer Zeit, in der das organoleptische Schmecken des Urins die einzige Möglichkeit darstellte, das Krankheitsbild zu diagnostizieren.

15.3 Bestimmungsmethoden der Glucose

Zur Glucosebestimmung verwendet man enzymatische Methoden, da Enzyme meist eine hohe Substratspezifität besitzen und auch in komplexen biologischen Medien (Blut, Harn etc.) arbeiten. Es handelt sich dabei um zusammengesetzte kolorimetrische bzw. optische Testverfahren. Gemessen wird jeweils nach vollständigem Substratumsatz (Endpunktmessung).

Im Rahmen der Probenvorbereitung ist bei Blut- und Urinproben die Präzipitation von Proteinen notwendig, um Störungen durch Proteine im Analyseprozess auszuschließen. Hierbei werden die in Lösung befindlichen Proteine mithilfe von Säure (oft Perchlorsäure) durch Zerstörung ihrer Quartärstruktur präzipitiert. Dieser Prozess wird auch als Deproteinierung oder Proteinfällung bezeichnet.

Es werden üblicherweise zwei Nachweismethoden angewendet.

15.3.1 Glucoseoxidase-Peroxidase-Methode

Die Glucoseoxidase-Peroxidase-Methode (GOD-POD-Methode; o Abb. 15.2) ist ein enzymatisches Nachweisverfahren, das sowohl im Blut als auch im Urin angewen-

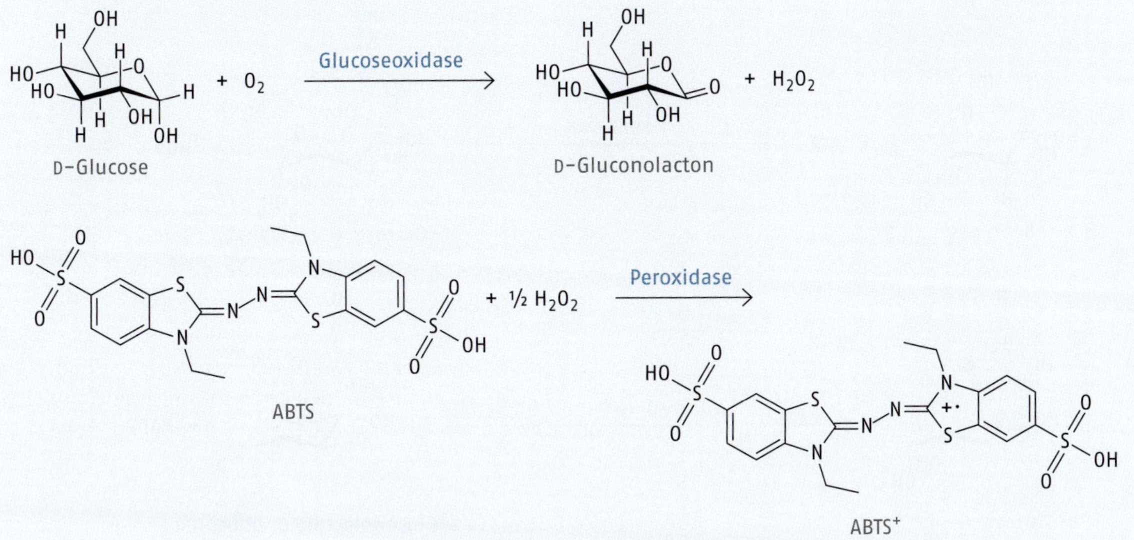

Abb. 15.2 Glucoseoxidase-Peroxidase-Methode zur Glucosebestimmung im Blut oder Urin

det werden kann. Hierbei setzt zunächst die Glucoseoxidase Glucose und Sauerstoff zu Gluconolacton und Wasserstoffperoxid (H_2O_2) um. Das entstandene Wasserstoffperoxid oxidiert im nächsten Schritt unter Einwirkung der Peroxidase ein geeignetes Substrat (Chromogen; z. B. 2,2'-Azino-di(3-ethylbenzthiazolin-6-sulfonsäure), ABTS), das dann zu einem Farbstoff umgewandelt wird, dessen Konzentration photometrisch ermittelt werden kann. Die Farbintensität des Ansatzes ist dabei proportional der Glucosekonzentration, da die vorhandene Glucose vollständig umgesetzt wird.

Das Chromogen fungiert in der Reaktion als Reduktionsmittel, diese Rolle kann jedoch auch durch physiologisch vorkommende Stoffe, wie z. B. Glutathion oder auch Ascorbinsäure übernommen werden, wodurch diese potenzielle Störfaktoren der Glucosemessung darstellen können. Da Ascorbinsäure in größerer Menge aufgenommen über die Nieren ausgeschieden wird, stört diese beispielsweise die Glucosebestimmung im Urin. Im Blut wurden Interferenzen durch Ascorbinsäure nach intravenöser Gabe höherer Konzentrationen, nicht aber nach oraler Aufnahme üblicher Mengen beschrieben.

Diese Methode wird üblicherweise in trockenchemischen Messverfahren (Teststreifensysteme) und In-vivo-Biosensoren eingesetzt, gilt aber trotz hoher Präzision nicht als Referenzmethode.

15.3.2 Hexokinase-Methode

Eine weitere enzymatische Methode der Glucosebestimmung ist die Hexokinase-Methode (Abb. 15.3). Dabei wird Glucose zunächst durch Hexokinase zu Glucose-6-Phosphat umgesetzt, das dann durch Glucose-6-Phosphatdehydrogenase (G6P-DH) zu D-Gluconolacton-6-Phosphat umgewandelt wird. Dabei wird $NADP^+$ zu NADPH + H^+ reduziert.

In der reduzierten Form verschiebt sich das Absorptionsmaximum der Nicotinamid-Partialstruktur des $NADP^+$ in den längerwelligen Bereich. Der Anstieg der Absorption durch die Bildung von NADPH + H^+ kann also problemlos photometrisch im UV-Bereich (340 nm) gemessen werden (Abb. 15.4). Dieser „optische Test" wurde vom Nobelpreisträger Otto Warburg in die biochemische Praxis eingeführt.

Die Hexokinase-Methode gilt als **Referenzmethode zur Glucosebestimmung**. Dies beruht auch auf der hohen Spezifität, durch die Kopplung der Reaktion der relativ unspezifischen Hexokinase (die auch Fructose und Galactose umsetzen würde), mit der hochspezifischen G6P-DH (die selektiv nur Glucose-6-Phosphat, nicht aber Fructose-/Galactose-6-Phosphat umsetzt).

15.4 Kohlenhydrat-Malassimilation

Unter dem Oberbegriff Malassimilation werden unterschiedlichste Störungen im Verdauungstrakt zusammengefasst, darunter die Maldigestion und die Malabsorption. Unter Kohlenhydrat-Maldigestion versteht man eine gestörte Verdauung der Poly-, Oligo- und Disaccharide zu resorbierbaren Monosacchariden, meist bedingt durch einen Enzymmangel unterschiedlicher Genese. Die Malabsorption beschreibt im Weite-

D-Glucose + ATP —Hexokinase, Mg^{2+}→ D-Glucose-6-phosphat + ADP

D-Glucose-6-phosphat + $NADP^+$ —Glucose-6-P-Dehydrogenase→ D-Gluconolacton-6-phosphat + NADPH + H^+

Abb. 15.3 Ablauf der Hexokinase-Methode der Glucosebestimmung

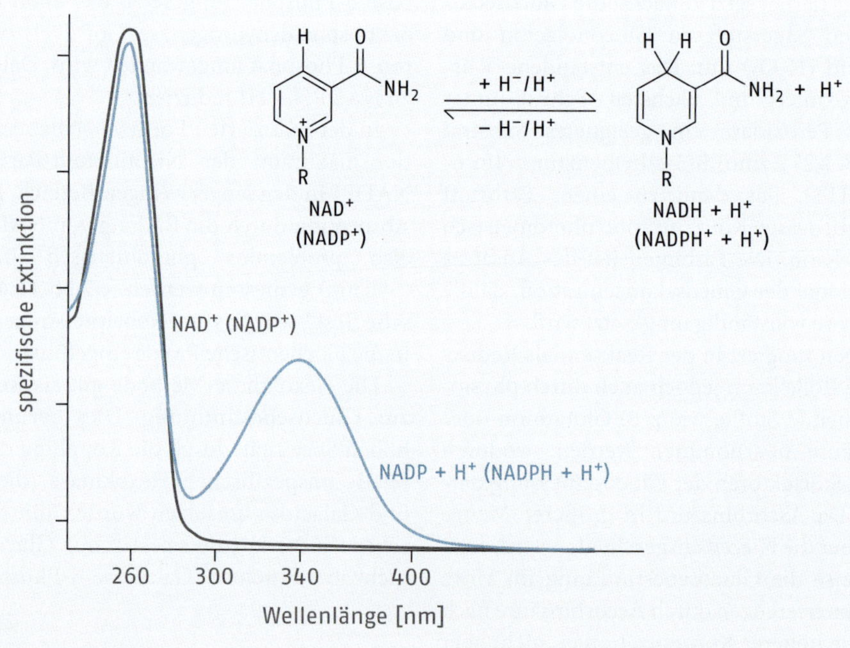

Abb. 15.4 Absorptionsspektrum von NADH (NADPH) und NAD (NADP). NADH bzw. NADPH haben bei 340 nm ein zusätzliches Absorptionsspektrum.

ren die gestörte Aufnahme der Monosaccharide über die entsprechenden Transportsysteme. Die häufigsten Assimilationsstörungen stellen die **Lactoseintoleranz** und die **Fructosemalabsorption** dar.

Diagnostisch erfolgt der Nachweis über den **Wasserstoffatemtest (H_2-Atemtest)**, wo beim nüchternen Patienten der H_2-Gehalt der exspiratorischen Atemluft basal und halbstündig über 120–180 min nach oraler Gabe von 50 g Lactose bzw. 25 g Fructose in 400 ml Wasser gemessen wird (elektrochemisch oder gaschromatographisch). Ein positiver Befund liegt beim H_2-Anstieg von > 20 ppm vor. Der in der Atemluft gemessene Was-

Tab. 15.1 Eigenschaften der Plasmalipoproteine. Aus: Berg/Tymoczko/Stryer, Biochemie 2018

Plasmalipoprotein	Dichte ($g\ ml^{-1}$)	Durchmesser (mm)	Apolipoprotein	Physiologische Rolle	TAG (%)	CE (%)	C (%)	PL (%)	P (%)
Chylomikron	0,95	75–1200	B-48, C, E	Transport von Nahrungsfetten	86	3	1	8	2
Lipoprotein sehr geringer Dichte (VLDL)	0,95–1,006	30–80	B-100, C, E	Transport von endogenem Fett	52	14	7	18	8
Lipoprotein mittlerer Dichte (IDL)	1,006–1,019	15–35	B-100, E	LDL-Vorstufe	38	30	8	23	11
Lipoprotein geringer Dichte (LDL)	1,019–1,063	18–25	B-100	Cholesteroltransport	10	38	8	22	21
Lipoprotein sehr hoher Dichte (HDL)	1,063–1,21	7,5–20	A	Cholesterolrücktransport	5–10	14–21	3–7	19–29	33–57

TAG Triacylglycerin, CE Cholesterolester, C freies Cholesterol, PL Phospholipid, P Protein

serstoff stammt dabei aus der bakteriellen Fermentation nichtresorbierter Kohlenhydrate im Dickdarm, und ist demnach ein unspezifischer Indikator für Störungen auf Ebene der Kohlenhydratdigestion oder -absorption.

15.5 Fettstoffwechselstörungen

Die Lipide des Plasmas umfassen hauptsächlich Triglyceride, Cholesterol, Cholesterolester, Phospholipide und freie Fettsäuren. Durch ihren überwiegend hydrophoben Charakter müssen sie im Komplex mit Proteinen transportiert werden. Dabei handelt es sich um kugelförmige Partikel unterschiedlicher Größe, Funktion und Dichteklasse, deren polare Anteile (u. a. Cholesterol, Phospholipide) eine Hülle um die im Kern lokalisierten unpolaren Triglyceride und Cholesterolester bilden. Die als Apolipoproteine bezeichneten Eiweißanteile sind dabei an der Oberfläche lokalisiert, tragen gemeinsam mit polaren Lipiden zur Hydrophilie bei, dienen als Cofaktoren lipolytischer Enzyme und ermöglichen als Liganden die rezeptorvermittelte Gewebeaufnahme. Die Lipoproteine werden anhand ihrer spezifischen Dichte unterteilt in Chylomikronen, Very-low-density-Lipoproteine (VLDL), Intermediate-density-Lipoproteine (IDL), Low-density-Lipoproteine (LDL) und High-density-Lipoproteine (HDL; ◘ Tab. 15.1).

Beim Lipidstoffwechsel des Menschen kann zwischen einem exogenen und einem endogenen Teil unterschieden werden (○ Abb. 15.5).

Exogener Lipidstoffwechsel: Nahrungsfette werden nach intestinaler Hydrolyse von den Enterozyten der Dünndarmschleimhaut resorbiert, dort reverestert und mithilfe von **Chylomikronen** über periphere Lymphbahnen in das venöse Kreislaufsystem geleitet. Das endothelständige Enzym Lipoproteinlipase (LPL) katalysiert die Hydrolyse der in den Chylomikronen transportierten Triglyceride zu freien Fettsäuren, die von verschiedenen Organen und Geweben aufgenommen und als Energiequelle genutzt (▸ Kap. 7), z. T. aber auch wieder zu Triglyceriden aufgebaut und gespeichert werden können. Das Endprodukt sind Chylomikronen-Remnants mit einem kleinen Lipidkern, die über den hochaffinen Liganden Apolipoprotein E (Apo-E) über spezifische Rezeptoren von der Leber aufgenommen und dort weiter abgebaut werden.

Endogener Lipidstoffwechsel: Die Synthese der **VLDL**-Partikel erfolgt in den Leberzellen. Ähnlich wie bei den Chylomikronen wird der Triglyceridanteil der VLDL-

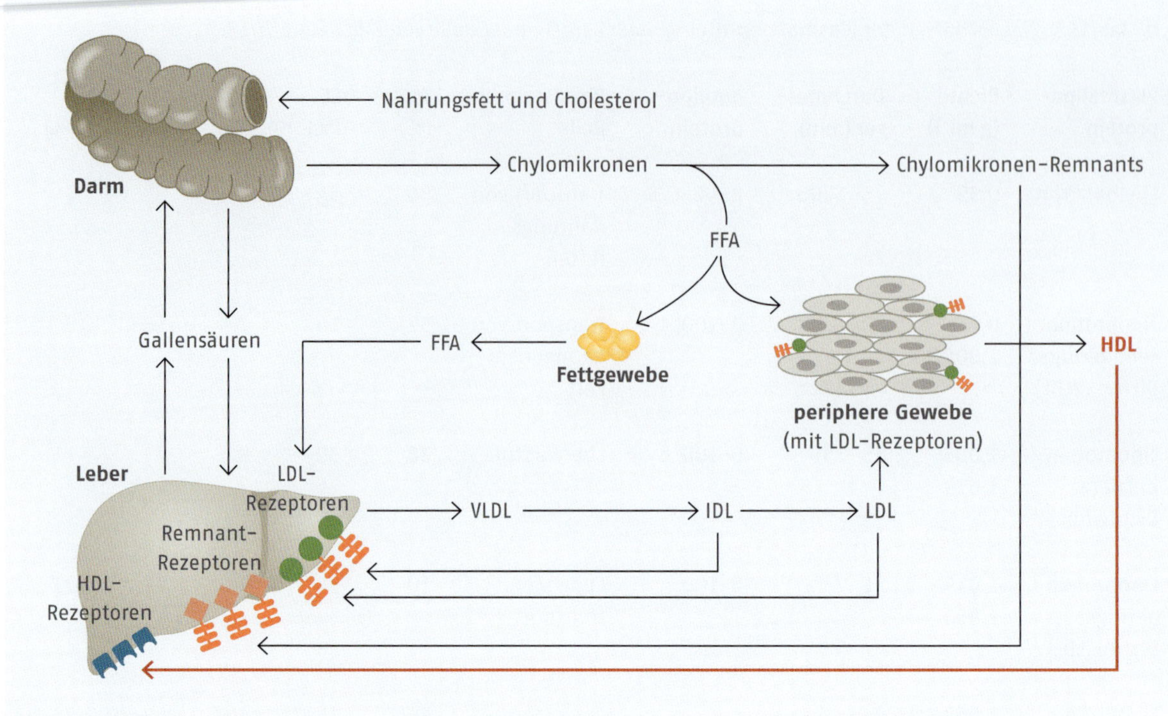

Abb. 15.5 Stoffwechsel der Lipoproteine. **FFA** Fettsäuren

Partikel in der Zirkulation durch die Lipoproteinlipase hydrolysiert und die freigesetzten Fettsäuren an verschiedene Zielgewebe abgegeben. Die resultierenden kurzlebigen VLDL-Remnants werden als **IDL**-Partikel bezeichnet. Diese werden entweder rezeptorvermittelt wieder in die Leber aufgenommen, oder durch die hepatische Lipase weiter zu **LDL**-Partikeln abgebaut, die dann wieder in die Peripherie abgegeben werden können. LDL bestehen überwiegend aus Cholesterolestern und nur zu einem geringen Teil aus Triglyceriden. Sie transportieren 80 % des gesamten Plasmacholesterols, das bei Bedarf über LDL-Rezeptoren in Körperzellen aufgenommen und metabolisiert wird. Überschüssiges Cholesterol wird nach Modifikation (z. B. nach Oxidation, Aggregation) über sogenannte Scavenger Rezeptoren in die Blutgefäße aufgenommen, wo es bei höheren Konzentrationen zu einer Akkumulation von Cholesterol in Makrophagen der Gefäßwände zur Ausbildung von Schaumzellen kommen kann, was entscheidend zur Entstehung artherosklerotischer Plaques beiträgt Ein Gegenspieler dieses Prozesses stellt das **HDL** dar, das in Leber und Darmepithelien gebildet wird. Die HDL-Partikel transportieren überschüssiges Cholesterol aus den peripheren Geweben zur Leber, wo es unter anderem in Gallensäuren umgewandelt und biliär ausgeschieden werden kann. Entsprechend werden HDL antiartherogene Eigenschaften zugesprochen.

Fettstoffwechselstörungen bzw. **Hyperlipoproteinämien** sind durch die Konzentrations- und/oder Kompositionsveränderungen eines oder mehrerer Lipoproteine im Plasma gekennzeichnet und können primäre (genetisch bedingte) und/oder sekundäre Fettstoffwechselstörungen als Ursachen haben, d. h. Folge einer anderen Grunderkrankung sein.

Als ursächlich für die sekundären Fettstoffwechselstörungen gelten u. a. Alkoholismus, Diabetes mellitus, Adipositas, Nephrotisches Syndrom (krankhafter Verlust von Eiweiß über die Nieren), Pankreatitis, Lebererkrankungen, Hyperurikämie oder Hypothyreose.

Häufig liegt eine Kombination aus Lebensstil, genetischen und sekundären Faktoren vor, z. T. kommt es bei genetischen Prädispositionen auch erst durch bestimmte Lebensstilfaktoren und/oder Begleiterkrankungen zu einer klinischen Manifestation, sodass eine klare Trennung zwischen primären und sekundären Fettstoffwechselstörungen mitunter schwierig ist. Weiterhin können auch verschiedene Medikamente zu Störungen im Lipidstoffwechsel beitragen (z. B. Cortison, Antidepressiva, Betablocker).

Fettstoffwechselstörungen/Hyperlipoproteinämien gelten neben Bluthochdruck, Diabetes mellitus, Adipositas und Rauchen als ein Hauptrisikofaktor für die Entstehung der Arteriosklerose, deren Pathophysiologie durch inflammatorische und gestörte metabolische Prozesse charakterisiert ist.

Tab. 15.2 Einteilung der Fettstoffwechselstörungen nach Fredrickson (1965)

Typ	Bezeichnung	Erhöhte Lipoproteinfraktion	Plasma	CHOL	TG
I	Chylomikronämie	Chylomikronen	Trüb, rahmt auf	+	+++
IIa	Hypercholesterolämie	LDL	Klar	++	Normal
IIb	Kombinierte Hyperlipidämie	LDL, VLDL	Trüb	++	+
III	Dysbetalipoproteinämie	Remnants	Trüb	++	++
IV	Hypertriglyceridämie	v. a. VLDL	Trüb	+	++
V	Kombinierte Hypertriglyceridämie	Chylomikronen, VLDL	Trüb, rahmt auf	+	++

15.5.1 Klassifikation und Pathophysiologie

Fettstoffwechselstörungen können nach verschiedenen Aspekten eingeteilt werden, je nachdem, ob man die transportierten Blutfette, oder die sie transportierenden Lipoproteine in den Vordergrund stellt. Eine erste und heute noch gängige Einteilung wurde 1965 von Fredrickson eingeführt. Sie leitet sich aus dem Muster der Lipidelektrophorese ab und richtet sich nach der jeweils erhöhten Lipoproteinfraktion (Tab. 15.2). Weiterhin wird die Farbe des Nüchternserums berücksichtigt. Diese Klassifikation erlaubt allerdings kaum Rückschlüsse auf die zugrundeliegenden Pathomechanismen, da die genetischen Ursachen nicht berücksichtigt werden.

Alternativ findet heute in der ärztlichen Praxis auch eine rein klinische Einteilung Anwendung, die sich an der Veränderung der jeweiligen Lipidfraktion orientiert. Diese sieht die drei Gruppen der primären Hypercholesterolämien, primären Hypertriglyceridämien und der gemischten Hyperlipidämien vor, die im Folgenden näher erläutert werden.

Primäre Hypercholesterolämien (erhöhtes LDL-Cholesterol)

Die **familiäre Hypercholesterolämie (FH)** gehört zu den häufigsten monogenetischen Erkrankungen und wird überwiegend durch Defekte in der codierenden Sequenz des LDL-Rezeptors (heterozygote Form; Prävalenz: 1:200–500) oder dem nahezu vollständigen Fehlen dieses Gens (homozygote Form; Prävalenz: 1:1 000 000) verursacht. Dadurch ist die Aufnahme von LDL in die Zellen gestört und die LDL-Cholesterolspiegel im Plasma steigen an. Bei heterozygoten FH-Patienten finden sich Plasma LDL-Cholesterol-Konzentrationen von 190–500 mg/dl und es treten meist koronare Herzerkrankungen im frühen Erwachsenenalter auf. Bei homozygoten Patienten werden LDL-Cholesterolkonzentrationen von 400–1000 mg/dl beschrieben. Unbehandelt kann es bereits im Kindesalter zu einer schweren Atherosklerose, Aortenstenosen und zum Herzinfarkt kommen.

Bei der **polygenen LDL-Hypercholesterolämie** kommt es durch verschiedene genetische Polymorphismen zu Funktionseinschränkungen unterschiedlicher Enzyme und Proteine des Fettstoffwechsels. Die Auswirkungen der verschiedenen Störungen können sich dabei addieren. Diese genetische Prädisposition führt zunächst nur zu einer allenfalls mäßigen Erhöhung der LDL-Cholesterolkonzentration im Blut. Treten aber gleichzeitig sogenannte Manifestationsfaktoren auf (Übergewicht, Diabetes mellitus, Ernährung kalorienreich oder reich an gesättigten Fettsäuren, Schilddrüsenstörungen, spezielle Medikamente (z. B. Cortison, Betablocker), kommt es zur Überlastung der Stoffwechselwege, zum Anstieg des LDL-Cholesterols und damit zur Steigerung des Risikos für eine koronare Herzkrankheit (KHK). Die polygene Hypercholesterolämie ist die häufigste Form der LDL-Hypercholesterolämie und stellt eine Mischform zwischen primärer und sekundärer Fettstoffwechselstörung dar.

Therapeutische Interventionsstrategien für die Hypercholesterolämien orientieren sich am kardiovaskulären Gesamtrisiko (*Systematic Coronary Risk Evaluation*, SCORE-System), von dem sich auch die empfohlenen LDL-Cholesterolzielkonzentrationen ableiten. Das SCORE-System ist ein von der Europäischen Gesellschaft für Kardiologie sowie der Europäischen Arteriosklerosegesellschaft empfohlenes Punktesystem, welches das Risiko abschätzt in den nächsten zehn Jahren

◘ **Tab. 15.3** Das SCORE-System der Europäischen Gesellschaft für Kardiologie und der Europäischen Arteriosklerosegesellschaft

Risiko	Beschreibung	LDL-Cholesterol (primärer Zielwert)
Sehr hoch	Nachgewiesene koronare Herzkrankheit oder andere Atherosklerosemanifestation, Typ-1- oder Typ-2-Diabetes mit Endorganschäden, chronische Niereninsuffizienz, 10-Jahres-Risiko für tödliches kardiovaskuläres Ereignis ≥ 10 % (SCORE)	< 70 mg/dl und/oder ≥ 50 % Absenkung vom Ausgangswert
Hoch	Deutlich erhöht Risikofaktoren wie bei familiärer Hypercholesterolämie, schwerem Hypertonus oder 10-Jahres-Risiko ≥ 5 bis < 10 % (SCORE)	< 100 mg/dl
Moderat	10-Jahres-Risiko ≥ 1 bis < 5 % (SCORE)	< 115 mg/dl

ein tödlich verlaufendes kardiovaskuläres Ereignis zu erleiden (◘ Tab. 15.3). Neben Störungen im Fettstoffwechsel werden dabei weitere Faktoren, wie Geschlecht, Alter, Blutdruck und Raucherstatus, berücksichtigt.

Zur Senkung des LDL-Cholesterols empfiehlt sich in den allermeisten Fällen zunächst eine Änderung des Lebensstils (Ernährungsumstellung, Gewichtsreduktion, Steigerung der körperlichen Aktivität etc.). Insbesondere bei den polygenen LDL-Hypercholesterolämien sollte dies die erste Therapieoption darstellen. Weiterhin werden verschiedene Medikamente (u. a. Statine, Gallensäurebinder, Ezetimib) zur LDL-Cholesterolsenkung eingesetzt.

Wichtiges in Kürze

Statine sind die am häufigsten eingesetzten cholesterolsenkenden Medikamente. Statine hemmen kompetitiv die HMG-CoA-Reduktase (▶ Kap. 7.6), das Schlüsselenzym der Cholesterolbiosynthese, sodass die körpereigene Synthese von Cholesterol reduziert wird.

Gallensäurebinder bzw. Ionenaustauscherharze binden nach oraler Gabe Gallensäuren und hemmen zudem die Resorption von Cholesterol. Es kommt so zu einer Unterbrechung des enterohepatischen Kreislaufs sowie einer erhöhten Ausscheidung von Gallensäuren über den Stuhl. Kompensatorisch steigert die Leber die Synthese von Gallensäuren unter dem Verbrauch von endogenem Cholesterol.

Ezetimib hemmt die Resorption des exogen zugeführten Cholesterols über eine Inaktivierung des in den Enterozyten lokalisierten Cholesteroltransporters NPC1L1, und somit auch die Cholesterolplasmaspiegel.

Primäre Hypertriglyceridämien

Mehr als 95 % der **familiären Hypertriglyceridämien** weisen eine polygenetische Grundlage auf, wobei inzwischen Polymorphismen in mehr als 30 Genen des Triglyceridstoffwechsels beschrieben sind. Ähnlich zur polygenen Hypercholesterolämie kommt es häufig erst durch bestimmte Lebensstilfaktoren und/oder Begleiterkrankungen (Ernährung, Alkohol, Adipositas, metabolisches Syndrom) zur Manifestation des Krankheitsbildes. Die Triglyceridspiegel sind in der Regel mäßig erhöht (200–400 mg/dl). Liegen keine weiteren Risikofaktoren vor, ist das Arterioskleroserisiko nicht erhöht, allerdings sind z. T. andere Formen der Gefäßschädigung beschrieben. Therapeutisch stehen auch hier Änderungen des Lebensstils im Vordergrund, insbesondere da durch Ernährungsfehler und/oder übermäßigem Alkoholkonsum das Risiko für akute Komplikationen, wie die **Chylomikronämie** bzw. das **Chylomikronämie-Syndrom,** drastisch ansteigen kann. Diese schwere Form der Hypertriglyceridämie (> 1000 mg/dl) ist meist gekennzeichnet durch eine übermäßige Vermehrung der VLDL und der Chylomikronen im Blut, wodurch sowohl die Plasma- als auch die Blutviskosität ansteigen. Als Folge können unter anderem Entzündungen der Bauchspeicheldrüse oder Angina Pectoris auftreten. Sollte eine Senkung der Triglyceride durch Lebensstiländerungen nicht ausreichend erfolgreich sein (Zielwert < 150 mg/dl), kann eine ergänzende medikamentöse Therapie erfolgen (u. a. Fibrate, Omega-3-Fettsäuren).

 Wichtiges in Kürze

Fibrate aktivieren den Fettsäureabbau und führen sowohl zu einer Cholesterol- als auch einer Triglyceridsenkung. Sie sind allerdings umstritten, da sie, im Gegensatz zu den Statinen, keinen lebensverlängernden Effekt zeigen. Sie gelten daher eher als Mittel der 2. Wahl.

Omega-3-Fettsäureethylester bestehen hauptsächlich aus den Ethylestern von Eicosahexaensäure (EPA) und Docosahexaensäure (DHA). Ab einer Dosis von 2 g/Tag kommt es zu einer Senkung der Plasmatriglyceridspiegel, wobei der Wirkmechanismus nicht vollständig geklärt ist. Postuliert wird eine Synthesehemmung, sowie ein gesteigerter Abbau triglyceridreicher Lipoproteine.

Gemischte Hyperlipidämien

Eine gemischte Hyperlipidämie liegt beim gleichzeitigen Vorliegen erhöhter LDL-Cholesterol- und Triglyeridwerte vor. Hierzu zählen die **Familiäre kombinierte Hyperlipidämie (FCHL)** und die **Familiäre Dysbetalipoproteinämie.** Die FCHL stellt mit einer Prävalenz von 1 % der Gesamtbevölkerung die häufigste primäre Hyperlipoproteinämie dar. Triglyceride und Cholesterol sind meist nur mäßig erhöht. Es finden sich allerdings zusätzlich erhöhte Apolipoprotein B-Konzentrationen und eine Vermehrung der kleinen dichten Lipoproteine (*small dense lipoproteins*) mit hoher Atherogenität. Die FCHL ist somit mit einem erhöhten Risiko einer vorzeitigen koronaren Herzerkrankung vergesellschaftet. Häufig finden sich in der Familienanamnese Herzinfarkte vor dem 55. Lebensjahr. Sekundäre Faktoren (Ernährung, Übergewicht, Insulinresistenz) können das klinische Bild zusätzlich beeinflussen. Die Familiäre Dysbetalipoproteinämie ist eine seltene autosomalrezessiv vererbte Störung, die durch eine Strukturanomalie des Apolipoproteins E verursacht wird. Charakteristisch ist die hohe Konzentration an VLDL/IDL und Chylomikronen-Remnants im Serum, da die Aufnahme in die Leber durch den Funktionsverlust des Liganden stark vermindert ist. Weiterhin finden sich in gleichem Maße stark erhöhte Cholesterol- und Triglyceridspiegel (300–600 mg/dl; Quotient: Chol:TG: 0,7–1,3) Das Risiko für koronare Herzkrankheiten, Schlaganfall und periphere arterielle Verschlusskrankheiten ist deutlich erhöht.

15.5.2 Enzymatische Bestimmung der Triglyceride

Auch für die Ermittlung der klassischen Lipidparameter Triglyceride, Gesamtcholesterol, sowie HDL- und LDL-Cholesterol werden üblicherweise enzymatische Analyseverfahren herangezogen. Es handelt sich dabei um zusammengesetzte optische oder kolorimetrische Tests. Gemessen wird jeweils nach vollständigem Substratumsatz (Endpunktmessung).

Zur weiterführenden Diagnostik können zusätzlich der Nachweis von Lipoprotein(a), small dense LDL und spezifischer Apoproteine, sowie spezielle molekulargenetische Untersuchungen zielführend sein.

Bei der enzymatischen Bestimmung der Triglyceride handelt es sich um einen zusammengesetzten optischen Test mit Mess- und Indikatorreaktion, sowie zwei Hilfsreaktionen. In der ersten Reaktion werden durch eine Lipase die durch Chylomikronen und Lipoproteide emulgierten Triglyceride zu freiem Glycerin und freien Fettsäuren hydrolysiert (**Messreaktion**).

Im nächsten Schritt wird Glycerol durch den Enzymkomplex Glycerokinase-Pyruvatkinase unter ATP-Verbrauch zu Glycerol-3-phosphat phosphoryliert. ATP wird dann bei der Umsetzung von Phosphoenolpyruvat (PEP) zu Pyruvat regeneriert.

Pyruvat dient in der letzten Reaktion als Substrat für die Lactatdehydrogenase und liefert die übliche NADH-abhängige photometrisch messbare Reaktion (**Indikatorreaktion**; vgl. Hexokinase-Methode, ○ Abb. 15.6).

Alternativ kann die Triglyceridkonzentration auch über die GPO-PAP-Methode nach Wahlefeld bestimmt werden (○ Abb. 15.7).

Hierbei wird das entstehende Glycerol-3-phosphat mittels Glycerol-Phosphat-Oxidase (GPO) zu Dihydroxyacetonphosphat und Wasserstoffperoxid oxidiert. Das entstandene Wasserstoffperoxid wird unter der Katalyse einer Peroxidase mit 4-Aminophenazon zu einem roten Farbstoff umgesetzt, der ebenfalls photometrisch erfasst werden kann. Entsprechend handelt es sich hier um einen zusammengesetzten kolorimetrischen Test.

15.5.3 Bestimmung von Cholesterol

CHOD-PAP-Methode

Bei der CHOD-PAP-Methode werden die im Serum vorhandenen Cholesterolester unter Einwirkung einer Cholesterolesterase in Cholesterol und Fettsäuren gespalten (**Messreaktion**). Das freie Cholesterol wird

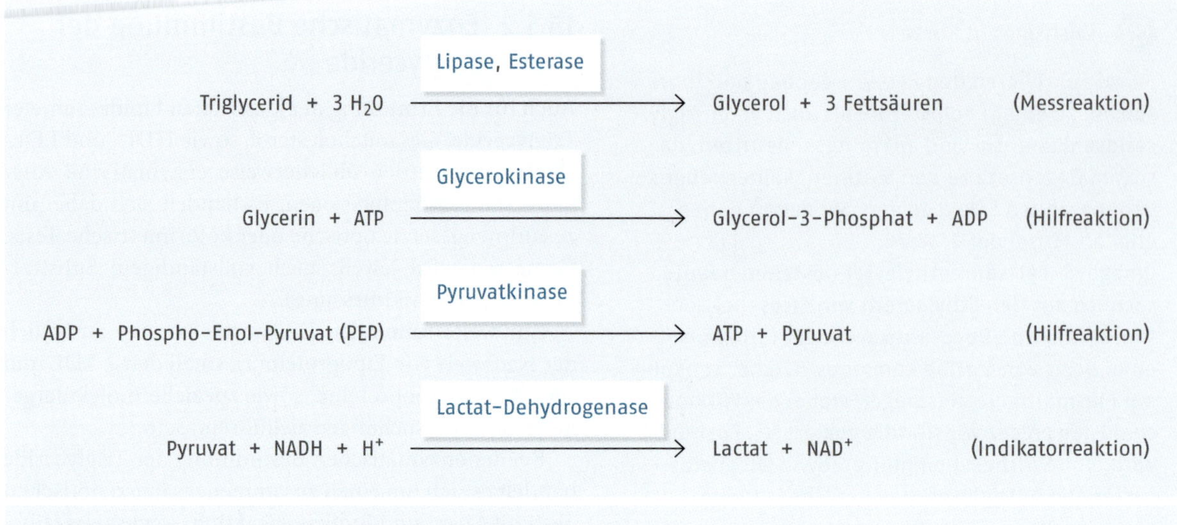

Abb. 15.6 Enzymatische Bestimmung der Triglyceride

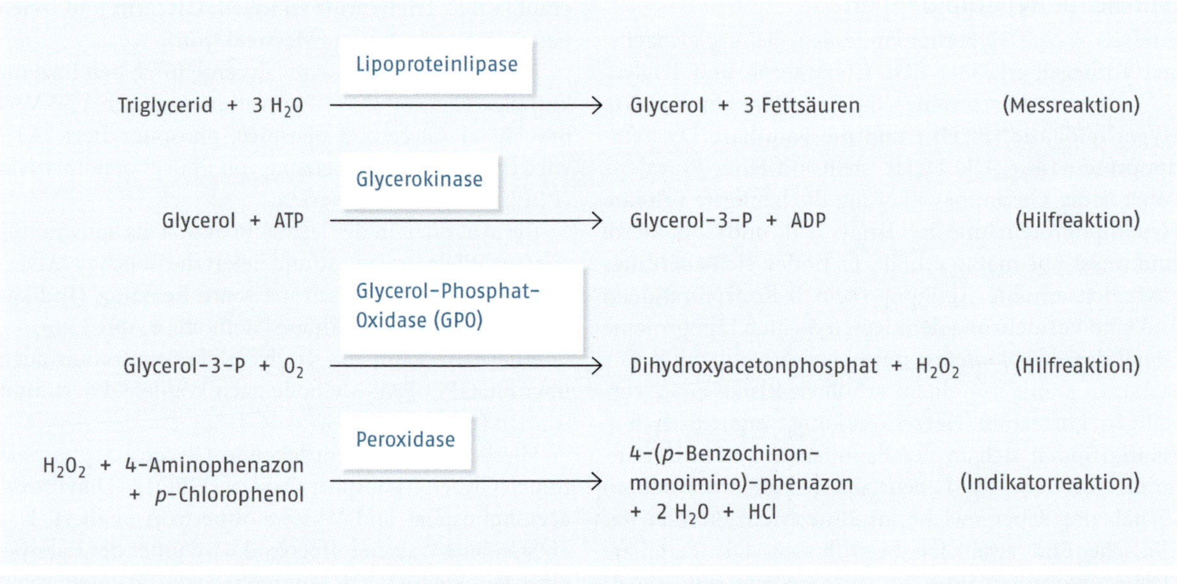

Abb. 15.7 GPO-PAP-Methode zur Bestimmung von Triglyceriden

mittels Sauerstoff unter Mitwirkung einer Cholesteroloxidase zu Cholestenon und Wasserstoffperoxid umgesetzt (**Hilfreaktionen**). Anschließend bildet das entstandene Wasserstoffperoxid mit 4-Aminophenazon und Phenol unter katalytischer Wirkung der Peroxidase einen roten Farbstoff (**Indikatorreaktion**), dessen Farbintensität direkt proportional zur Cholesterolkonzentration ist und photometrisch gemessen werden kann (Abb. 15.8). Es handelt sich um einen zusammengesetzten kolorimetrischen Test mit Mess-, Hilfs- und Indikatorreaktion.

Bestimmung der HDL-Cholesterol-Fraktion

Zur Bestimmung des HDL-Cholesterols stehen heute Fällungsmethoden und direkte Methoden zur Verfügung. Bei den Fällungsmethoden werden die ApoB-haltigen Lipoproteine aus der Probe ausgefällt, sodass nur noch HDL zurückbleibt. Als Fällungsreagenzien werden Phosphorwolframsäure/MgCl, Heparin/MgCl, Dextransulfat/MgCl oder Polyethylenglykol 6000 eingesetzt. Das Cholesterol der in Lösung bleibenden HDL-Fraktion wird dann mittels CHOD-PAP-Methode bestimmt.

Bestimmung der LDL-Cholesterol-Fraktion

Die LDL-Konzentration kann entweder über die Friedewald-Formel berechnet oder analog zum HDL-Choles-

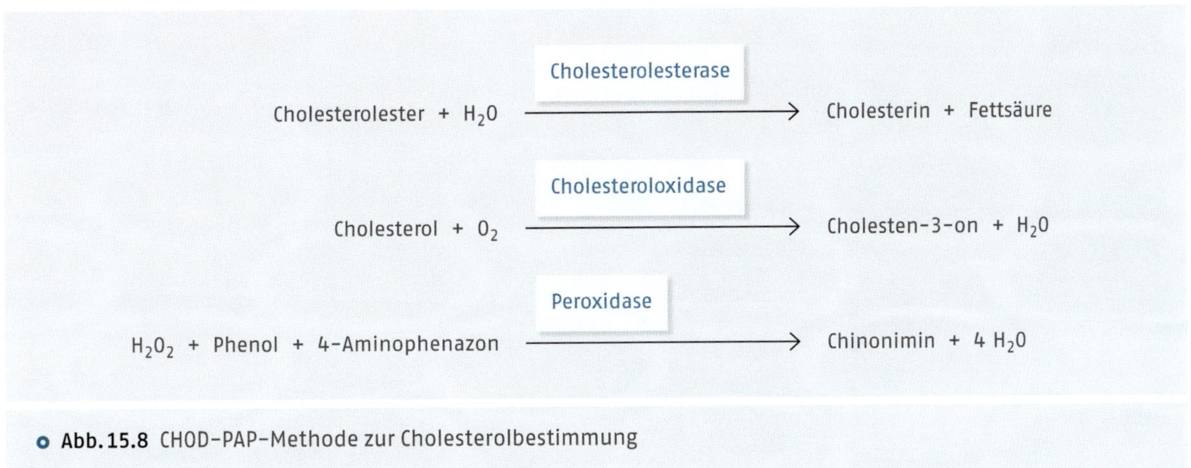

Abb. 15.8 CHOD-PAP-Methode zur Cholesterolbestimmung

terol ebenfalls enzymatisch nach Fällungsreaktionen ermittelt werden. Die Friedewaldformel ist allerdings nur anwendbar, wenn die Triglyceride < 400 mg/dl liegen.

Friedewald-Formel:

LDL-Cholesterol (mg/dl) =
Gesamtcholesterol – HDL-Chol – (Trigl/5)

Alternativ kann die Präzipitation von LDL aus dem Serum mithilfe von hochmolekularem Dextransulfat, polyzyklischen Anionen oder Heparin (pH 5,12) erfolgen. Mittels CHOD-PAP-Methode kann dann wiederum der Cholesterolgehalt im Überstand gemessen werden. Die LDL-Cholesterolkonzentration ergibt sich indirekt aus der Differenz zwischen Gesamtcholesterol und der Cholesterolkonzentration im Überstand.

15

Grundlagen der allgemeinen Enzymdiagnostik, Nierenfunktions- und Tumordiagnostik

Diana Imhof

Einleitung

Enzyme haben als spezielle Marker eine breite und vielfältige Anwendung in der Labordiagnostik und Klinik gefunden. Sie werden zum einen für die Bestimmung und Lokalisierung der Ursache und zum anderen zur Verlaufskontrolle von Erkrankungen herangezogen. Um diesen Anforderungen, auch in der pharmazeutischen Praxis, gerecht zu werden ist es notwendig, Kenntnisse über den Aufbau, die Funktionsweise, die Verteilung und die Regulation von Enzymen und deren Analyse zu besitzen. Die Klassen von Enzymen unterscheiden sich anhand der durch sie katalysierten Reaktion sowie der umgesetzten Substrate (▸Kap. 2.5). In Bezug auf die Anwendung in der Labordiagnostik werden Enzyme darüber hinaus in plasmaspezifische Enzyme (Plasmaenzyme), Sekretenzyme und Zellenzyme unterschieden (◘Tab. 16.1). Im Wesentlichen werden in der modernen Labordiagnostik die Aktivitäten von Enzymen und das Verhältnis spezifischer **Isoenzyme** (▸Kap. 16.1) bestimmt, zusätzlich gewinnt aber auch die Konzentrationsbestimmung über immunoassaybasierte Techniken immer mehr an Bedeutung. Die Nierenfunktionstests und die Methoden der Tumordiagnostik werden eingesetzt, um Funktionsverluste bzw. die Entstehung von Tumoren frühzeitig zu erkennen.

16.1 Allgemeine Enzymdiagnostik

Nahezu die Hälfte der Untersuchungen in der Klinischen Chemie geht auf die allgemeine Enzymdiagnostik zurück. Dabei ist es zur Lokalisierung von Erkrankungen von Vorteil, wenn ein spezifisches Markerenzym einen Hinweis auf das geschädigte Organ bzw. Organsystem gibt. Inzwischen sind Markerenzyme für alle Organe und Zellarten bekannt. In der Routinediagnostik beschränkt man sich jedoch aufgrund des geringeren technischen und methodischen Aufwands auf ausgewählte Enzyme, die mitunter nicht nur in einem Organ vorkommen (◘Tab. 16.2). Eine Organspezifität, und damit verbunden die Möglichkeit zur krankheitsspezifischen Erfassung dieser Enzyme in der Diagnostik, liegt dann vor, wenn zwischen den einzelnen Organen große Aktivitätsunterschiede auftreten. Diese Unterschiede lassen sich am Enzymgehalt der entsprechenden Organe feststellen. Dabei werden Enzymkonzentrationen häufig als katalytische Aktivitätskonzentration in (Units/L) angegeben, aber auch andere wie die Stoffmengen- oder Massenkonzentration (z. B. Kreatinkinase, ▸Kap. 16.1.1) werden in Abhängigkeit vom Enzym verwendet. Beispielsweise ist der Gehalt an Kreatinkinase im Skelettmuskel (2030 U/g) weitaus höher als in anderen Organen wie Herzmuskel (350 U/g)), Leber (0,7 U/g) oder Niere (2 U/g).

16.1.1 Isoenzyme in der Klinischen Diagnostik

Einige der in Tabelle ◘Tab. 16.2 aufgeführten Enzyme werden in verschiedenen Isoformen exprimiert. Dazu gehören die Lactatdehydrogenase (LDH)-Isoenzyme, die Isoenzyme der Kreatinkinase, der Alkalischen Phosphatase, der Sauren Phosphatase und der Amylase.

Isoenzyme sind von verschiedenen Genen codierte Enzyme, die die gleiche biochemische Reaktion katalysieren. Sie unterscheiden sich in der Primärsequenz, der Art ihrer Regulierung und ihrem Vorkommen, d. h. am gleichen Ort in der Zelle, in unterschiedlichen Zellkompartimenten oder in verschiedenen Organen.

Die wichtigsten Eigenschaften und Informationen zu bedeutenden, diagnostisch relevanten Isoenzymen sind nachfolgend zusammengefasst. Ob eine Bestimmung der Aktivität bestimmter Isoenzyme tatsächlich erfor-

◘ **Tab. 16.1** Einteilung von Enzymen in der Labordiagnostik

Enzymtyp	Eigenschaften	Beispiel
Plasmaenzyme	▪ Aktivierung im Wirkort (Plasma), ▪ im Krankheitsfall reduzierte Aktivität im Blut	Gerinnungsfaktoren, Cholinesterase, Lipoproteinlipase, Lecithin-Cholesterol-Acyltransferase
Sekretenzyme	▪ Organspezifisch, ▪ Sekretion aus exokrinen Organen, ▪ im Krankheitsfall erhöht im Blut	Amylase, Lipase, Trypsin, Chymotrypsin, Prostataphosphatase
Zellenzyme	▪ Intrazellulär, ▪ an Stoffwechselreaktionen beteiligte Enzyme, ▪ bei (schweren) Organschäden im Blut nachweisbar	Transaminasen, Lactatdehydrogenase, Alkalische Phosphatase, Saure Phosphatase

Tab. 16.2 Organspezifität ausgewählter in der Routinediagnostik erfasster Enzyme

Organsystem	Enzym-katalysierte Reaktion
Leber	Alanin-Aminotransferase (ALAT, auch GPT) – Transaminierung
Leber und Muskel	Aspartat-Aminotransferase (ASAT, auch GOT) – Transaminierung
Leber und Gallenwege, Niere	Gamma-Glutamyl-Transpeptidase (γGT) – Glutamyl-Transfer auf Peptide
Leber	Glutamatdehydrogenase (GlDH) – Desaminierung und Oxidation von Glutamat
Pankreas	Pankreaslipase – Spaltung von Triacylglyceriden (▸Kap. 7)
Pankreas und Speicheldrüsen	Amylase – Spaltung von Polysacchariden (▸Kap. 6)
Herzmuskel, Erythrozyten	Lactatdehydrogenase-Isoenzym 1 (LDH-1) – Lactatabbau zu Pyruvat (▸Kap. 6)
Herz- und Skelettmuskeln	Kreatinkinase/Creatinkinase (CK) – Phosphorylierung von ADP
Prostata, Erythrozyten	Saure Phosphatase (SP) – Spaltung von Phosphatestern im sauren Milieu
Leber, Osteoblasten (Knochen), Gallenwege, Dünndarm, Plazenta	Alkalische Phosphatase (AP) – Spaltung von Phosphatestern im alkalischen Milieu

derlich ist, entscheidet der Arzt im Kontext der Anamnese.

Lactatdehydrogenase: Die zytosolische Lactatdehydrogenase (LDH 1 – LDH 5) kommt in fünf Isoenzym-Formen vor. Das Molekül besteht aus vier Untereinheiten, von denen es die beiden Typen H (Herz) und M (Muskel) gibt. Der H-Typ findet sich in Geweben mit hohem Sauerstoffverbrauch, während der M-Typ in Geweben mit starker glykolytischer Aktivität vorliegt. Die Isoenzyme resultieren durch unterschiedliche Kombination dieser Typen, Zellschädigungen führen zu einer Aktivitätserhöhung einzelner LDH-Isoenzyme im Plasma:

- LDH 1: HHHH (Herz, Niere, Erythrozyten), ↑ Herzinfarkt, ↑ Nierenerkrankungen, ↑ Malaria, ↑ Thalassämie, Sichelzellanämie, ↑ Vit. B_{12} und Folsäuremangel,
- LDH 2: HHHM (Herz, Niere, Erythrozyten), ↑ Herzinfarkt, ↑ Nierenerkrankungen, ↑ Malaria, ↑ Thalassämie, Sichelzellanämie, ↑ Vit. B_{12} und Folsäuremangel,
- LDH 3: HHMM (Lunge, Pankreas, Milz), ↑ Lungenembolie, ↑ Lungeninfarkt, ↑ Bronchialkarzinom,
- LDH 4: HMMM (Skelettmuskel, Leber),
- LDH 5: MMMM (Skelettmuskel, Leber), ↑ Virushepatitis, ↑ Leberkarzinom, ↑ Durchblutungsstörungen der Leber bei Herzversagen, ↑ Muskelerkrankungen.

Kreatinkinase: Die Kreatinkinase findet man ebenfalls in Form verschiedener Isoenzyme vor. Sie wird unter anderem in der Herzinfarktdiagnostik angewendet. Das Enzym ist ein Dimer, welches aus zwei Untereinheiten besteht. Aufgrund seiner Rolle in der ATP-Regeneration ist es besonders wichtig für die Energiegewinnung der Muskelzellen, in denen es in sehr großen Mengen vorkommt. Basierend auf den Untereinheiten M (Muskel) und B (*brain*, Gehirn) lassen sich folgende Isoenzyme der Kreatinkinase unterscheiden:

- CK-MM: vorwiegend in der Skelettmuskulatur, Bestimmung der Gesamtaktivität bei Abklärung von Skelettmuskelerkrankungen, ↑ Duchenne-Muskeldystrophie, ↑ myodegenerative Erkrankungen, multiples Trauma (Verletzungen), intramuskuläre Injektionen, körperliche Belastung,
- CK-BB: vorrangig im Gehirn, Lunge,
- CK-MB: vorwiegend im Herzmuskel, bei Herzmuskelschädigung (↑) und zur Infarktdiagnostik (↑).

Im Serum liegt CK immer als CK-MM, CK-MB und CK-BB vor.

Neben CK-Enzymen, die aus Kombinationen der beiden Subtypen M und B bestehen, existiert noch eine mitochondriale CK (CK-MiMi), die aber nur eine geringe diagnostische Bedeutung besitzt.

Alkalische Phosphatase: Die im Blut vorkommenden Alkalischen Phosphatasen stammen primär aus den Knochen (ca. 50 %) und der Leber (ca. 50 %). Die verschiedenen Isoenzyme werden nach den Geweben benannt, in denen sie vorkommen: Leber-AP, Knochen-AP, Dünndarm-AP (auch intestinale-AP), Plazenta-AP.

Diese AP-Isoenzyme können mit speziellen Tests einzeln gemessen werden. Je nach Methode lassen sich noch einige andere Untergruppen unterscheiden. Wenn man aber von der Alkalischen Phosphatase spricht, so ist damit die Gesamtaktivität aller im Blut befindlichen Alkalischen Phosphatasen gemeint – genauer müsste man dies „Gesamt-AP" nennen. Meist reicht die Bestimmung der Gesamt-AP aus, für spezielle Fragestellungen oder Situationen muss man einzelne AP-Isoenzyme bestimmen. Das kann eine unklare Gesamt-AP Erhöhung sein, bei der man wissen möchte, ob sie von der Leber oder vom Knochen verursacht wurde. Oder man möchte die Knochen-AP bei Vorliegen einer bekannten Lebererkrankung, die die Leber-AP erhöht, abschätzen. Auch wenn man den Verlauf der AP bei einer Erkrankung kontrollieren möchte, gelingt dies exakter durch Bestimmung des interessierenden AP-Isoenzyms. Die Konzentration der Alkalischen Phosphatase im Blut wird meist bei Verdacht auf Leber-, Gallenwegs- oder Knochenkrankheiten bestimmt, sowie zur Beobachtung des Verlaufs dieser Erkrankungen. Bei Verschlüssen der Gallenwege findet man die höchsten Werte, bei Erkrankungen der Leber findet man weniger starke Erhöhungen. Auch Erkrankungen der Knochen können Ursache einer Erhöhung sein. Bei Kindern und in der Schwangerschaft finden sich ebenfalls normalerweise höhere AP-Spiegel.

Amylase: Die Gesamtaktivität an Amylase im Blut und im Urin entsteht durch die Pankreas-Amylase- und Speichel-Amylase-Isoenzyme. Die Bestimmung der Amylase im Serum (oder Plasma) und Urin dient vorrangig der Diagnose von Pankreaserkrankungen (z. B. akute und chronische Pankreatitis) und deren Verlauf. Jedoch ist die Spezifität für Pankreaserkrankungen nicht sehr ausgeprägt, sodass erhöhte Werte an Amylase auch bei anderen, nicht pankreatischen Erkrankungen (Parotitis und Niereninsuffizienz) gefunden werden, was die zusätzlichen Bestimmungen anderer Enzyme (z. B. Lipase bei akuter Pankreatitis) erfordert. Amylase wird aus dem Blut über die Nieren eliminiert und im Urin ausgeschieden, dadurch korrespondiert ein Anstieg der Amylaseaktivität im Serum auch mit einem Anstieg im Urin.

16.1.2 Leberfunktionsdiagnostik

Wie in ◘ Tab. 16.2 ersichtlich, kommt der Leber aufgrund ihrer Bedeutung im **Energiestoffwechsel** („Kraftwerk" des menschlichen Organismus) eine besondere Rolle zu. Verschiedene Stoffwechselwege wie beispielsweise der Citratzyklus (▸ Kap. 6.1.4), die oxidative Dephosphorylierung (▸ Kap. 6.1.5) und der Aminosäureaufbau und -abbau (▸ Kap. 2) finden in der Leber statt. Darüber hinaus ist die Leber für die **Entgiftung** entscheidend. Um einen Hinweis auf Auftreten, Art und Grad einer Leberschädigung zu erhalten, werden Leberfunktionstests („Leberwerte") durchgeführt. In der Labordiagnostik werden dazu unter anderem Bilirubin, Aminotransferasen (◘ Tab. 16.2) und γGT (◘ Tab. 16.2) erfasst.

Insbesondere der **Alanin-Aminotransferase** (ALAT, GPT) kommt eine besondere Bedeutung hinsichtlich der Früherkennung von Lebererkrankungen zu. ALAT ist leberspezifisch, denn es liegt eine ca. zehnfach höhere spezifische Aktivität in der Leber im Vergleich zu Herzmuskel (Myokard) und Skelettmuskel vor. Das Enzym dient somit als Marker für entzündliche Schädigungen des Leberparenchyms.

Zur Überprüfung der Leberfunktionen (◘ Abb. 16.1) werden weitere Parameter erfasst, wobei zwischen der Indikation von Einschränkungen der Lebersyntheseleistung und des Gallenflusses unterschieden wird. Zur Beurteilung der Syntheseleistung werden z. B. Albumin (Gesamtproteingehalt) und der sogenannte **Quick-Wert** erfasst. Bei Letzterem handelt es sich um einen Laborparameter, der im Zusammenhang mit der Produktion von Gerinnungsfaktoren in der Leber steht und somit auch einen wichtigen Parameter der Gerinnungsdiagnostik darstellt. Vorrangig werden mit dem Quick-Test die Gerinnungsfaktoren Prothrombin, Faktor V, VII und X – und damit der extrinsische Teil der Blutgerinnungskaskade – überprüft. Gemessen wird die Bildung von Thrombin nach Aktivierung mit Thromboplastin.

Das **Bilirubin** ist ein Abbauprodukt des Häms (◘ Abb. 16.1, ▸ Kap. 6.1.5), welches auch als prosthetische Gruppe des Hämoglobins eine besondere Rolle spielt (▸ Kap. 2.1). Bilirubin kommt aufgrund seiner schlechten Wasserlöslichkeit an Albumin gebunden vor und wird in Leberzellen an **Glucuronsäure** konjugiert (**Metabolismus, Phase II Reaktionen**). Im weiteren Verlauf gelangt nun das wasserlösliche Konjugat in die Galle. Bei einer Blockade der Gallenwege (Gallenwegsobstruktion) kann Bilirubin jedoch nicht ausgeschieden werden, weshalb die Serumkonzentration steigt. Eine übermäßig erhöhte Bilirubinkonzentration (> 1,2 mg/dl) im Plasma führt zu **Gelbsucht (Ikterus)**, d. h. einer Gelbfärbung der Haut, der Schleimhäute und der Lederhaut der Augen.

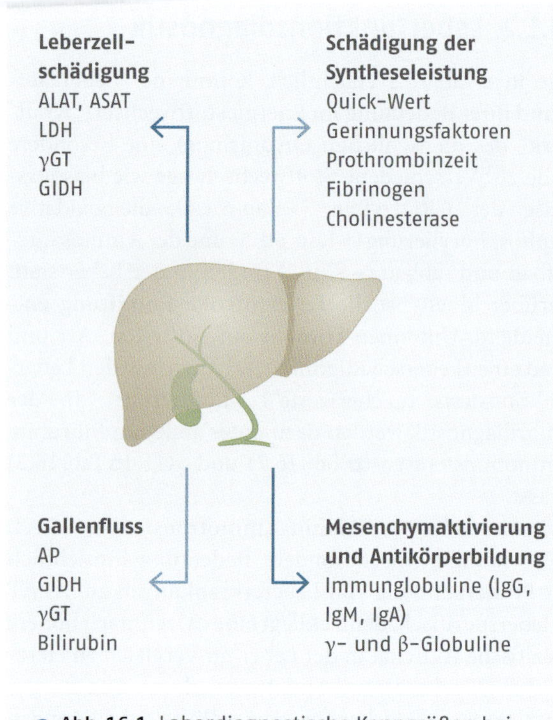

Abb. 16.1 Labordiagnostische Kenngrößen bei Lebererkrankungen

Definition

Unter dem Begriff **Biotransformation** werden alle Reaktionen zusammengefasst, die zur Umwandlung von Stoffen (und damit auch von Arzneistoffen, also der **Arzneistoff-Metabolismus**) in wasserlösliche Substanzen und schließlich zu deren Ausscheidung (Niere, Galle) führen. Diese Vorgänge finden primär in der Leber statt. Man unterscheidet zwei Phasen: Phase I (**chemische Umwandlung**, z. B. Oxidation, Reduktion, Hydrolyse) und Phase II (**Konjugationsreaktionen**), die jeweils durch spezifische Enzyme bewirkt werden.

16.2 Nierenfunktionsdiagnostik

Die Niere sorgt für einen physiologisch ausgeglichenen Wasser-, Elektrolyt- und Säure-Basen-Haushalt (Homöostase) sowie die Exkretion endogener und exogener Stoffe, was mit einer enormen Stoffwechselleistung einhergeht. Außerdem besitzt die Niere endokrine Funktionen, wie z. B. die Bildung von Renin und Erythropoetin, und ist an einem Teilschritt in der Biosynthese von Vitamin D beteiligt. Die Nierenfunktionsdiagnostik spielt deshalb im klinischen Alltag eine wesentliche Rolle. Zur Abschätzung einer Nierenfunktionsstörung werden verschiedene Parameter ermittelt, die auf die glomerulären (▸ Kap. 16.2.1) und tubulären Funktionen (▸ Kap. 16.2.2) der Niere zurückgehen. Darüber hinaus kommt den Untersuchungen des Urinstatus (▸ Kap. 16.2.3) eine wichtige Bedeutung zu.

16.2.1 Glomeruläre Funktion

Im Glomerulus wird aus dem Blut, das die Glomeruluskapillare durchströmt, der sogenannte Primärharn (proteinarm) filtriert. Mit Ausnahme großer Proteine (MW > 10 kDa) werden alle anderen Bestandteile des Plasmas im Glomerulus ohne Einschränkung filtriert. Wichtige Stoffe werden in der Folge aktiv und passiv rückresorbiert. Der renale Blutfluss beträgt ca. 20 % des Herzzeitvolumens im Ruhezustand und ca. 10 % des renalen Blutflusses werden filtriert. Diese Menge wird als **glomeruläre Filtrationsrate (GFR)** bezeichnet. Die Messung der GFR gilt heute als einer der besten Marker zur Kontrolle der Nierenfunktion. Die einzelnen Stadien einer chronischen Niereninsuffizienz und bei akutem Nierenversagen (◘ Tab. 16.3) können über den GFR eingeschätzt werden (○ Abb. 16.2). Ein erniedrigter GFR kann auf ein erhöhtes Toxizitätsrisiko bei Medikamenten und Diagnostika hinweisen. Zudem wird die sogenannte **Clearance (Cl)** bestimmt, d. h. das von einer bestimmten Substanz pro Minute befreite Plasmavolumen. Die Clearance entspricht demnach der GFR, wenn der Stoff frei filtriert und weder sezerniert, noch resorbiert oder metabolisiert wird. Als besonders geeignet hat sich hierfür das körpereigene **Kreatinin** (◘ Tab. 16.3), das aus Kreatinphosphat im Muskelgewebe gebildet wird, erwiesen. Die Serumkreatininkonzentration steigt an, wenn die GFR auf 50 % (oder darunter) reduziert ist. Neben Kreatinin wird die **Harnstoffkonzentration** im Serum zur Überprüfung der Nierenfunktion herangezogen. Beide Parameter dienen auch der Kontrolle von Dialyse- und medikamentös therapierten Patienten, im letztgenannten Fall insbesondere bei der Gabe von Zytostatika (z. B. Cisplatin) und Antibiotika (z. B. Aminoglykoside). Der Harnstoffspiegel im Serum ist zudem ein wichtiger Kontrollwert bei Niereninsuffizienz bis hin zu akutem Nierenversagen (Azotämie, ◘ Tab. 16.3, ◘ Tab. 16.4).

Eine weitere, hoch sensitive Methode zur Anzeige einer reduzierten GFR besteht in der Bestimmung des Plasmaproteins **Cystatin C**, einem Cysteinprotease-Inhibitor. Nach seiner Bildung wird es ins Plasma abgegeben, glomerulär filtriert und von den proximalen Tubuluszellen reabsorbiert und metabolisiert. Im Unterschied zu anderen Parametern ist die Serumkonzentration an Cystatin C unabhängig von Muskelmasse, Geschlecht und Alter (zwischen 1–50 Jahre), allerdings steigt sie ab dem 50. Lebensjahr an. Im

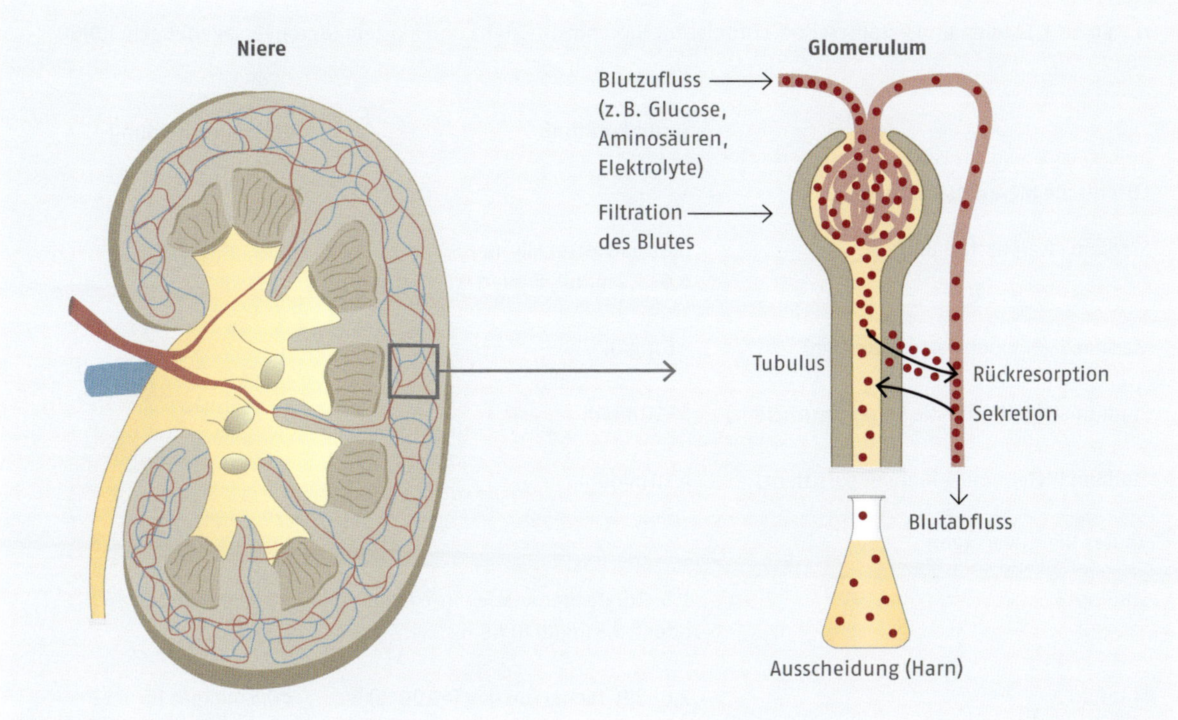

Abb. 16.2 Zur Untersuchung der Nierenfunktion wird die Clearance herangezogen. Dabei werden Sekretion und Rückresorption bestimmt.

Gegensatz zum Kreatinin führt bereits eine diskrete Einschränkung der GFR (auf 70–40 %) zu einer signifikanten Erhöhung von Cystatin C im Blut. Die Überlegenheit der Bestimmung zeigt sich daher besonders bei Patienten mit beginnender Nierendysfunktion bei noch normalem Kreatinin, da dieses erst bei einer etwa 50%igen GFR-Reduktion ansteigt.

Merke

Die glomeruläre Filtrationsrate (GFR) ist das Gesamtvolumen des Primärharns, das alle Einzelglomerula beider Nieren pro Zeiteinheit bilden. Die Normwerte liegen beim Mann um 127 ± 20 ml/min und bei der Frau bei 118 ± 20 ml/min. Das entspricht ca. 170–180 Litern pro Tag.

16.2.2 Tubuläre Funktion

Das Tubulussystem hat die Aufgabe, 99 % des glomerulären Filtrats (Wasser, Elektrolyte, Aminosäuren, Glucose) aus dem Primärharn zurückzugewinnen. Als Maß für die Funktionsfähigkeit des Tubulus dient die Konzentrierfähigkeit des Harns, genauer ein Vergleich zwischen **Serum- und Urinosmolalität**. Die menschliche Niere kann den Urin (tägliches Volumen ca. 1 l) bei Wassermangel auf das ca. 4-Fache konzentrieren. Die Normalwerte (> 600 mosmol/kg) gehen in dem Fall auf ca. 290 mosmol/kg zurück. Ist der Quotient aus Urinosmolalität und Serumosmolalität ≤ 1 (Quotient bei intakter Funktion > 3), so findet nahezu keine Wasserrückresorption statt. Eine Einschränkung der tubulären Funktion lässt z. B. auf Tubulopathien, Nephrokalzinose oder Gichtniere schließen.

16.2.3 Urinstatus

Urin ist als Endprodukt der renalen Filtrations-, Sekretions- und Resorptionsleistung ein ideales Untersuchungsmaterial zur Erfassung unerkannter Nierenerkrankungen und zur Verlaufskontrolle bei einer Therapie. Die Stoffwechselleistung der Niere wird anhand der Konzentration geeigneter Parameter im Urin und mit Clearance-Untersuchungen (▸ Kap. 16.2.1) eingeschätzt. Quantitative Messungen werden mit Sammelurin über 24 Stunden für eine allgemeine Beurteilung der Stoffwechselprodukte, d. h. Proteinmetaboliten, Glucosemetaboliten und Elektrolyte, durchgeführt. Zur semiquantitativen Urinuntersuchung sind Teststreifen verfügbar, die einfach und schnell erste Hinweise auf Proteinurie, Hämaturie, Leukozyturie und Bakteriurie geben können. Durch Befeuchten der mit den entsprechenden Reagenzien versehenen Streifen mit Urin wird

Tab. 16.3 Stadien und Parameter bei chronischer Niereninsuffizienz und akutem Nierenversagen. Nach: KDIGO 2012

	Serumkreatinin	Urin-Ausscheidung
Chronische Niereninsuffizienz		
Stadium I (Latenzstadium)	(Normalwerte: Männer 0,6–1,2 mg/dl, Frauen 0,5–1,0 mg/dl)	
Stadium II (Kompensierte Retention)	< 6 mg/dl	
Stadium III (Präterminale Niereninsuffizienz)	6–10 mg/dl	
Stadium IV (Terminale Niereninsuffizienz)	> 10 mg/dl	
Akutes Nierenversagen		
Stadium 1	1,5–1,9-facher Anstieg in 7 Tagen oder ≥ 0,3 mg/dl in 48 h	< 0,5 ml/kg/h für > 6 h
Stadium 2	2,0–2,9-facher Anstieg (> 100 %)	< 0,5 ml/kg/h für > 12 h
Stadium 3	≥ 3-facher Anstieg (> 200 %) oder Anstieg um > 0,5 mg/dl bei > 4 mg/dl Serumkreatinin	< 0,3 ml/kg/h für ≥ 24 h oder fehlende Urin-Ausscheidung (Anurie) für ≥ 12 h

die entsprechende Nachweisreaktion ausgelöst. Darüber hinaus wird der Urin makroskopisch (▸ Kap. 16.2.3) und mikroskopisch (▸ Kap. 16.2.3) beurteilt.

Prinzipiell beinhalten die Untersuchungen des Urins den Nachweis von Blut, Albumin, Glucose und Sediment. Im Harn eines gesunden Menschen finden sich Spuren an Albumin und Glucose, aber auch mitunter hohe Mengen an Harnsäure, Harnstoff und Elektrolyten. Letztere sind nahrungsabhängige Größen, genau wie der pH-Wert des Urins. Problematisch hinsichtlich der Einschätzung dieser Parameter ist die Tatsache, dass nicht jede Abweichung von Normwerten einen Hinweis auf eine Nierenfunktionsstörung darstellt und deshalb eine Reihe von physiologischen und pathophysiologischen Ursachen in Betracht gezogen werden müssen.

Makroskopische Beurteilung des Urins (Urinstatus)

Der Urinstatus wird weitgehend zur Überprüfung der Nierenfunktion und Diagnose von Infektionen der Niere und Harnwege erfasst. Wichtige Kriterien zur Beurteilung sind **Klarheit, Farbe und Geruch**. Eine Trübung des Urins weist auf einen pathologischen Zustand hin (◘ Tab. 16.4), während ein auffälliger Geruch verschiedene Ursachen, z. B. Genuss bestimmter Nahrungsmittel, Ausscheidung von Ketonkörpern bei Hunger oder Diabetes (▸ Kap. 15) sowie Medikamenteneliminierung, haben kann.

Außerdem kann die **Menge an ausgeschiedenem Urin** von großer Bedeutung sein, wobei die folgende Einteilung vorgenommen wird: **Normale Ausscheidung** (600–1800 ml pro Tag), **Oligurie** (bei Dehydratation und bestimmten Nierenerkrankungen, < 400 ml/d), **Anurie** (bei Nierenversagen, obstruktiver Harnabflussstörung, < 100 ml/d), **Polyurie** (krankhaft erhöhte Ausscheidung, > 2–2,5 l/d), **Pollakisurie** (häufiges Wasserlassen in kleinen Mengen ohne erhöhte Ausscheidung pro Tag, z. B. bei Harnwegsinfekten) und **Nykturie** (häufiges nächtliches Wasserlassen, z. B. bei Herzinsuffizienz).

Mikroskopische Beurteilung des Urins

Bei positiven Ergebnissen mit Teststreifen (▸ Kap. 16.2.3) werden mikroskopische Untersuchungen angeschlossen. Diese Beurteilung wird aber auch zur Verlaufskontrolle bei Nierenerkrankungen durchgeführt. Verwendet wird Spontanurin (Nacht- oder Morgenurin), der innerhalb von vier Stunden untersucht werden muss. Hauptsächlich wird auf drei Methoden fokussiert:

- Sedimentuntersuchung,
- semiquantitative Urinzellzählung und
- Addis-Count.

Tab. 16.4 Makroskopische Veränderungen des Urins und deren Ursachen

Status	Ursache
Klarheit (Urintrübung)	
Klar	(Normalbefund)
Hell	Massenhaft Leukozyten, Bakterien, Hefen
Hell nach Stehenlassen	Phosphate, Carbonate im alkalischen Urin; Urate, Harnsäure im sauren Urin
Rotbraun	Erythrozyten
Flockig nach Stehenlassen	Bakterien, Lipide
Farbe (Urinfärbung)	
Wasserklar	Polyurie
Intensiv gelb	Flavine, Phenacetin
Gelborange	stark konzentrierter Urin, Bilirubin/Urobilin, bei Fieber
Gelbgrün	Biliverdin, Pseudomonas-Infektion
Gelbbraun	Bilirubin, Biliverdin
Rot	Hämoglobin, Erythrozyten, Myoglobin, Porphyrine, auch rote Beete
Rotbraun	Methämoglobin
Braunschwarz	Methämoglobin, Homogentisinsäure, Porphyrine, Melanin, Methyldopa, L-Dopa

Sedimentuntersuchung: Feste, ungelöste Bestandteile des Harns, die unter physiologischen Bedingungen vorkommen, aber auch Hinweise auf einen pathologischen Zustand darstellen können, bilden das Sediment. Dazu wird eine bestimmte Menge Urin zentrifugiert und das Sediment anschließend ungefärbt auf einem Objektträger mikroskopisch untersucht. Es wird eine Auszählung der Zellen und Bestandteile im Sediment in einer Zählkammer vorgenommen (Abb. 16.3). Mehr als 20 Erythrozyten pro Gesichtsfeld gelten als **zahlreich**, während > 50 als **massenhaft** bezeichnet werden (Tab. 16.4), der Normalwert liegt bei zwei Erythrozyten/Gesichtsfeld.

Semiquantitative Urinzellzählung: Hierfür wird unzentrifugierter Urin verwendet, der in eine Zählkammer überführt wird. Die Erfassung der Zellen erfolgt ebenfalls mikroskopisch. Die Werte werden dabei in Zellzahl/µl Urin angegeben, z. B. liegen die Referenzwerte für Erythrozyten hier bei < 5/µl und bei Leukozyten bei < 10/µl.

Addis-Count: Für diese Beurteilung muss der Urin in einer bestimmten Zeit (2 bis 4 Stunden) unter Diuresebedingungen gesammelt und in die Zählkammer gefüllt werden. Die Referenzwerte liegen hier für Erythrozyten bei < 2000/min und bei Leukozyten bei < 4000/min.

Die Urinbestandteile werden in **organisierte** (Erythrozyten, Leukozyten, Zylinder, Epithelien, Bakterien, Trichomonaden) und **nicht organisierte** Bestandteile (kristalline, z. B. Harnsäure, Oxalat, Tyrosin) unterteilt (Abb. 16.3). Die größte Bedeutung haben die Zylinder, weil deren Auftreten mit einem hohen Zell- und Proteingehalt einhergeht und einen Hinweis auf eine Nierenparenchym-Schädigung gibt.

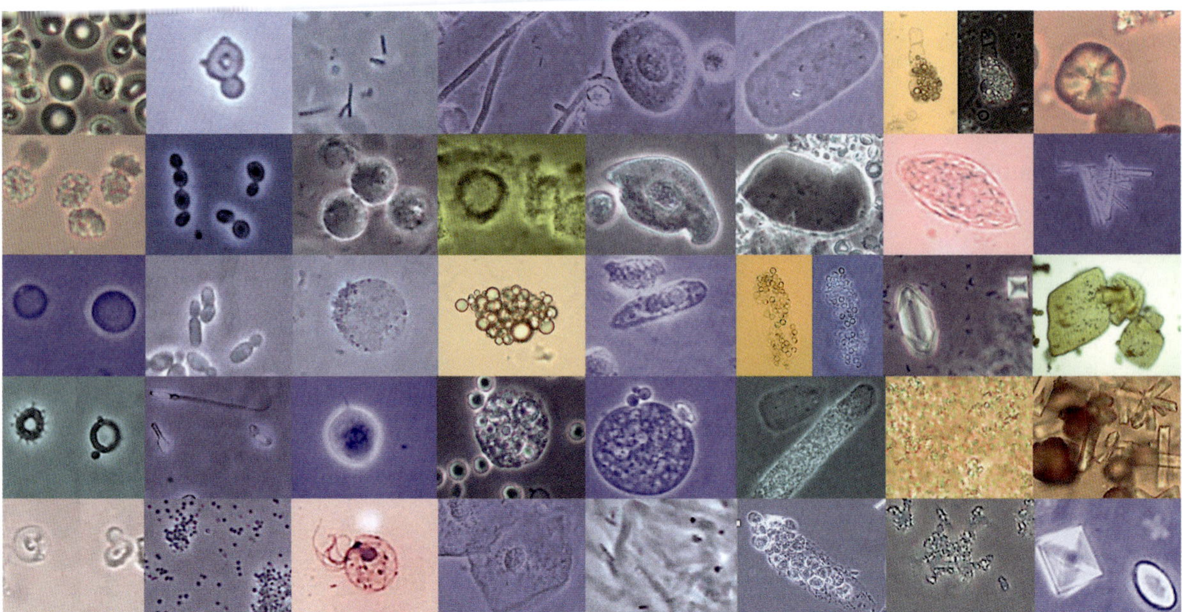

Abb. 16.3 Urinsedimente im Überblick. **1. Reihe**, von oben nach unten: Eumorphe Erythrozyten, Diskusform; dto., Stechapfelform; dto., Blutschatten. Dysmorpher Erythrozyt und Akantozyt (Phasenkontrast); dto., (Hellfeld). **2. Reihe:** Akantozyt (Phasenkontrast). Hefezellen, rund; Hefezellen, oval; Spermien; Bakterien (Kokken). **3. Reihe:** Bakterien (Stäbchen); Leukozyten; Alter degenerierter Leukozyt; Trichomonade. Trichomonade (gefärbt). **4. Reihe:** Pseudomycel; Nierenepithel; Fettkörnchenzelle; Histiozyt; Plattenepithelien. **5. Reihe:** Übergangsepithel; Übergangsepithel, geschwänzt; tiefe Urothelzelle. Altes, degeneriertes Epithel. Schleimfäden. **6. Reihe:** Hyaliner Zylinder. Wachszylinder; Erythrozytenzylinder; granulierter Zylinder; Leukozytenzylinder. **7. Reihe:** Lipidzylinder; *Schistosoma haematobium* (Ei); Tripelphosphate; Urate; Amorphe Erdalkaliphosphate. **8. Reihe:** Leucin; kristalliner Artefakt; Harnsäurekristall (Rautenform); Ammoniumurate (rund, braun) und Calciumphosphate; Calciumoxalate (eckig und rundoval).

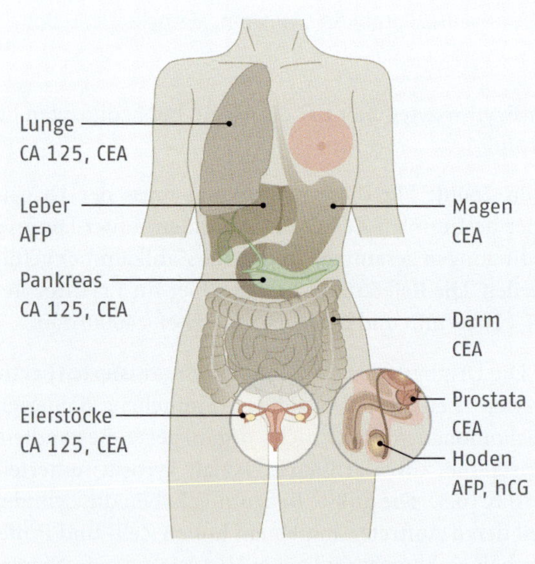

Abb. 16.4 Ausgewählte Tumormarker und korrespondierende Krebserkrankungen

16.3 Tumordiagnostik

Unter dem Begriff Tumordiagnostik werden die zum Nachweis von Tumoren (maligne Erkrankungen, ▸Kap. 12) verwendeten Verfahren zusammengefasst. Dazu gehören zytogenetische Verfahren zum Nachweis bestimmter DNA-Sequenzen auf Chromosomen, biochemische Nachweismethoden basierend auf Tumormarkern oder Tumorantigenen und molekularbiologische Verfahren, mit deren Hilfe mutierte Gene z. B. durch Polymerasekettenreaktion (PCR, ▸Kap. 3) direkt nachgewiesen werden können. Im Folgenden werden ausschließlich Tumormarker (Abb. 16.4) betrachtet.

Bei Tumormarkern handelt es sich um körpereigene Substanzen (Hormone, Enzyme, Serumproteine, Antigene), die auf eine Krebserkrankung hinweisen können. Eine solche Substanz kann sowohl von den Tumorzellen selbst als auch von gesunden Zellen als Antwort auf das Vorhandensein eines Tumors gebildet werden. Tumormarker weisen auf einen Tumor hin, weil sie entweder nur bei einer Krebserkrankung vorliegen oder weil sie bei Krebspatienten in auffällig anderer Menge gebildet werden als bei Gesunden. Klassische Tumormarker werden in Blutproben oder anderen Körperflüssigkeiten nachgewiesen. Für die oben erwähnten anderen Analysen, insbesondere Untersuchungen von genetischen Veränderungen, ist meist ein höherer Aufwand erforderlich.

Prinzipiell können Tumormarker hilfreich bei der Identifizierung und Lokalisierung bestimmter Tumoren (Abb. 16.4), der Beurteilung der Prognose und der Verlaufskontrolle bei Therapie sein. Zu den bewährten Tumormarkern gehören Alpha-Fetoprotein (AFP), humanes Choriongonadotropin (hCG), karzinoembryonales Antigen (CEA), CA15.3, CA19.9, CA125, Calcitonin (CT), Thyreoglobulin (TG), prostataspezifisches Antigen (PSA) und die neuronenspezifische Enolase (NSE; Tab. 16.5).

Neben den durch Tumorerkrankungen induzierten oder gebildeten Tumormarkern können auch die bereits in ▸ Kap. 16.1 besprochenen Marker (z. B. Enzyme) und andere laborchemische Parameter Veränderungen im Falle einer Tumorerkrankung aufweisen (Tab. 16.6). Außerdem können tumorbedingt Folgeerkrankungen auftreten. Das ist insbesondere bei hormonsezernierenden Tumoren der Fall, wie z. B. das Auftreten von

Tab. 16.5 Ausgewählte Tumormarker einschließlich korrespondierender Erkrankung und Referenzwerte

Marker	Indikation	Referenzwert	Erhöhter Wert unabhängig von Tumor bei	Beschreibung
AFP	Leberzellkarzinom, Keimzelltumor (Eierstock, Hoden), Hepatoblastom bei Kindern	(8,6–10,9 ng/ml)	Fötus bildet AFP, postnatal ersetzt durch Albumin	Sensitivität bei Leberzellkarzinom 60–80 %, bei Keimzellkarzinomen 50–70 %
hCG	Trophoblastentumor, Keimzelltumor (Eierstock, Hoden), Chorionkarzinom	< 5 ml/IU	Anstieg in der Schwangerschaft, Maximum zwischen 8. bis 19. Woche (→ Schwangerschafts-test)	gleichzeitige Bestimmung von AFP und hCG erhöht Sensitivität (Keimzelltumor), Sensitivität bei Trophoblastentumoren < 11 %
CEA	Kolorektales Karzinom, Brustkrebs, Lebermetastasen, Bronchialkarzinom	< 3 ng/ml (Nichtraucher), < 5 ng/ml (Raucher)	Vom Fötus gebildet, in Gelenkflüssigkeit bei rheumatoider Arthritis, im Urin bei bakterieller Blasenentzündung	Nicht organspezifisch
CA 15.3	Brustkrebs, Eierstockkrebs	< 28 U/ml	Entzündungen (Leberzirrhose)	Bestimmung mit Antikörpern, Sensitivität ca. 50–80 %
CA 19.9	Tumorerkrankung von Bachspeicheldrüse, Gallenwegen, Leber, Magen, Dickdarm	< 37 U/ml	Benigne Erkrankungen von Bauspeicheldrüse, Galle, Leber, Magen, Darm; Nikotinkonsum	Bestimmung mit Antikörpern, Verlaufskontrolle gastrointestinaler Karzinome (Sensitivität bei Pankreaskarzinomen ca. 70–95 %), Dickdarmkarzinom 76 %, Magenkarzinom 32 %
CA 125	Eierstockkrebs, Pankreaskrebs, Tumor der Gallenwege, Leber	< 35 U/ml	Schwangerschaft, benigne Erkrankungen der Organe	Zweit- oder Drittmarker bei gastrointestinalen Tumoren, Sensitivität beim Eierstockkrebs 82–96 %

Tab. 16.5 Ausgewählte Tumormarker einschließlich korrespondierender Erkrankung und Referenzwerte (Fortsetzung)

Marker	Indikation	Referenzwert	Erhöhter Wert unabhängig von Tumor bei	Beschreibung
CT	Bestimmte Schilddrüsentumore (v. a. medulläres Schilddrüsenkarzinom)	< 10 ng/l (Männer: 11,5 ng/l, Frauen: 4,6 ng/l)	–	Nur in Schilddrüse gebildet (C-Zellen)
TG	Bestimmte Schilddrüsentumore (v. a. follikuläres und papilläres Schilddrüsenkarzinom)	< 50 µg/l	–	Nur in Schilddrüse gebildet
PSA	Prostatakrebs	< 4 ng/ml	Entzündungen (Prostatitis), benigne Prostatahyperplasie	Organspezifisch, aber nicht karzinomspezifisch, 90 % gebunden an Antichymotrypsin, 10 % frei
NSE	Kleinzelliges Bronchialkarzinom, Nierentumore	15,7–17,0 ng/ml	Entzündungen/benigne Erkrankungen der Lunge, des ZNS	Zur Einschätzung einer Hirnschädigung bei Trauma oder nach Reanimation

Tab. 16.6 Parameter der klinischen Diagnostik, die durch Tumorwachstum beeinflusst werden

Betroffenes Organ, Tumor	Konsequenz, Symptomatik	Parameter
Verschiedene Tumoren	Lebermetastasen	γGT ↑, AP ↑
Verschiedene (Leukämien, Lymphome)	Schnelles Tumorwachstum	LDH ↑
Pankreaskarzinom	Gallenwegsobstruktion	Bilirubin ↑, γGT ↑, AP ↑
Kleinzelliges Bronchialkarzinom	Hormonsekretion	ACTH ↑

Hyperkalzämie durch tumorbedingte Sekretion des Parathyroid hormone-related peptide (PTHrP). Tumormarker geben, wie in Tab. 16.5 gezeigt, nicht immer eindeutige Hinweise auf das Vorliegen einer Tumorerkrankung und sollten deshalb mit der entsprechenden Vorsicht interpretiert werden. Besondere Bedeutung haben Tumormarker allerdings in der Verlaufskontrolle nach Therapie einer malignen Erkrankung und der Rezidiverkennung.

Bildnachweis

Abb. 1.5 modifiziert nach: Berg/Singer, Die Sprache der Gene, Spektrum-Verlag, 1993
Abb. 2.13 modifiziert nach: Voet/Voet/Pratt, Lehrbuch der Biochemie, Wiley VCH 2019
Abb. 2.14 modifiziert nach: Voet/Voet/Pratt, Lehrbuch der Biochemie, Wiley VCH 2019
Abb. 2.15 aus: Müller-Esterl, Biochemie, 3. Aufl., Springer 2018
Abb. 2.16 modifiziert nach: Moran/Horton/Scrimgeour/Perry, Principles of Biochemistry, Pearson 2014
Abb. 2.21 modifiziert nach: Karlson, Biochemie, 14. Aufl., Thieme 1994
Abb. 2.23 modifiziert nach: Laskowski et al., FEBS Letters 583, 1692, 2009
Abb. 2.24 modifiziert nach: Berg/Tymoczko/Stryer, Biochemie, 6. Aufl., Spektrum 2007
Abb. 2.25 modifiziert nach: Berg/Tymoczko/Stryer, Biochemie, 6. Aufl., Spektrum 2007
Abb. 2.32 modifiziert nach: Müller-Esterl, Biochemie, 3. Aufl., Springer 2018
Abb. 2.33 modifiziert nach: Müller-Esterl, Biochemie, 3. Aufl., Springer 2018
Abb. 2.34 modifiziert nach: Berg/Tymoczko/Stryer, Biochemie, 6. Aufl., Spektrum 2007
Abb. 2.35 modifiziert nach: Berg/Tymoczko/Stryer, Biochemie, 6. Aufl., Spektrum 2007
Abb. 2.36 modifiziert nach: Sweeny et al, Nat Rev Cardiol, 6: 273, 2009
Abb. 2.37 B, C aus: Geisslinger/Menzel/Gudermann/Hinz/Ruth, Mutschler Arzneimittelwirkungen, 11. Aufl., Wissenschaftliche Verlagsgesellschaft 2019
Abb. 3.9 modifiziert nach: www.bio-rad.com/webroot/web/pdf/lsr/literature/Bulletin_6040.pdf
Abb. 3.13 modifiziert nach: Jäck HM, History of Immunology, Immunochemistry – The Antibody Problem, Doctoral Training Group GK 1660, Erlangen 2011
Abb. 3.19 modifiziert nach: Current Opinion in Biotechnology, 11: 391, 2000
Abb. 3.20 modifiziert nach: Current Opinion in Biotechnology, 11: 391, 2000
Abb. 3.21 modifiziert nach: Moran/Horton/Scrimgeour/Perry, Principles of Biochemistry, Pearson 2014
Abb. 3.23 modifiziert nach: http://www.bch.cuhk.edu.hk/kbwong/pymol_tutorial.html
Abb. 3.24 aus: Vollhardt/Schore, Organische Chemie, 5. Aufl., Wiley-VCH 2011
Abb. 3.25 modifiziert nach: Berg/Tymoczko/Stryer, Biochemie, 6. Aufl., Spektrum 2007
Abb. 3.26 modifiziert nach: Oeemig et al., NMR structure of the C-terminal domain of TonB protein from Pseudomonas aeruginosa, Peer J, 6:e5412, DOI 10.7717, 2018
Abb. 4.3 modifiziert nach: Berg/Tymoczko/Stryer, Biochemie, 6. Aufl., Spektrum 2007
Abb. 4.4 modifiziert nach: Berg/Tymoczko/Stryer, Biochemie, 6. Aufl., Spektrum 2007
Abb. 4.5 modifiziert nach: Berg/Tymoczko/Stryer, Biochemie, 6. Aufl., Spektrum 2007
Abb. 4.12 A und B modifiziert nach: Berg/Tymoczko/Stryer, Biochemie, 6. Aufl., Spektrum 2007
Abb. 4.13 modifiziert nach: Steinhilber/Schubert-Zsilavecz/Roth, Medizinische Chemie, 2. Aufl., Deutscher Apotheker Verlag 2010
Abb. 4.20 modifiziert nach. Nature Structural & MolecularBiology 20: 251–253, 2013
Abb. 4.23 modifiziert nach: Lodish/Berk/Zipursky/Matsudaira/Baltimore/Darnell, Molecular Cell Biology, 4. Aufl., Palgrave Macmillan 2000
Abb. 4.29 modifiziert nach: Garrett/Grisham, Biochemistry, 5. Aufl., Cengage Learning 2017
Abb. 4.30 modifiziert nach: Biomolecules 2015, 5 Seite 669
Abb. 4.40 modifiziert nach: https://de.wikipedia.org/wiki/Alternatives Spleißen
Abb. 4.42 modifiziert nach: Berg/Tymoczko/Stryer, Biochemie, 6. Aufl., Spektrum 2007
Abb. 4.43 C Alexander Limbach/stock.adobe.com
Abb. 4.44 modifiziert nach: Voet/Voet, Fundamentals of Biochemistry, Wiley 1999
Abb. 4.45 modifiziert nach: www.chemgapedia.de/vsengine/vlu/vsc/de/ch/5/bc/vlus/gen_protein.vlu/Page/vsc/de/ch/5/bc/gen_protein/genet_code.vscml.html
Abb. 4.46 modifiziert nach: Lodish/Berk/Zipursky/Matsudaira/Baltimore/Darnell, Molecular Cell Biology, 8. Aufl., Palgrave Macmillan 2016
Abb. 4.47 modifiziert nach: Berg/Tymoczko/Stryer, Biochemie, 6. Aufl., Spektrum 2007
Abb. 4.49 Modifiziert nach: Sprinzl et al., Nucleic Acids Research, 26: 148, 1998
Abb. 4.50 modifiziert nach: Berg/Tymoczko/Stryer, Biochemie, 6. Aufl., Spektrum 2007
Abb. 4.51 A und B A modifiziert nach: Lodish/Berk/Zipursky/Matsudaira/Baltimore/Darnell, Molecular Cell Biology, 8. Aufl., 2016 B modifiziert nach: Berg/Tymoczko/Stryer, Biochemie, 2018
Abb. 4.62 modifiziert nach: Watson u.a., Rekombinante DNA, 2. Aufl., Spektrum 1993
Abb. 4.66 modifiziert nach: Moran/Horton/Scrimgeour/Perry, Principles of Biochemistry, Pearson 2014
Abb. 4.68 modifiziert nach: www.zum.de
Abb. 4.70 modifiziert nach: Lodish/Berk/Zipursky/Matsudaira/Baltimore/Darnell, Molecular Cell Biology, 4. Aufl., Palgrave Macmillan 2000
Abb. 4.71 Modifiziert nach: Lodish/Berk/Zipursky/Matsudaira/Baltimore/Darnell, Molecular Cell Biology, 8. Aufl., 2016
Abb. 4.73 modifiziert nach: Lodish/Berk/Zipursky/Matsudaira/Baltimore/Darnell, Molecular Cell Biology, 8. Aufl., 2016
Abb. 4.78 A und B A modifiziert nach: King, Integrative Medical Biochemistry Examination and Board Review, www.accesspharmacy.com
B modifiziert nach: Lodish/Berk/Zipursky/Matsudaira/Baltimore/Darnell, Molecular Cell Biology, 4. Aufl., Palgrave Macmillan 2000
Abb. 4.79 modifiziert nach: Lodish/Berk/Zipursky/Matsudaira/Baltimore/Darnell, Molecular Cell Biology, 8. Aufl., Palgrave Macmillan 2016
Abb. 5.2 modifiziert nach: https://international.neb.com/products/n3031-pbr322-dna-bstni-digest#Product%20Information
Abb. 6.6 modifiziert nach: Nelson/Cox, Lehninger Biochemie, 4. Aufl., Springer 2009 und Moran/Horton/Scrimgeour/Perry, Principles of Biochemistry, 4. Aufl., Pearson 2006
Abb. 6.9 modifiziert nach: Moran/Horton/Scrimgeour/Perry, Principles of Biochemistry, Pearson 2014
Abb. 6.11 modifiziert nach: Müller-Esterl, Biochemie, 3. Aufl., Springer 2018
Abb. 6.12 modifiziert nach:. Rehner/ Daniel, Biochemie der Ernährung, Spektrum Akademischer Verlag, Heidelberg, 1999
Abb. 6.16 modifiziert nach: Müller-Esterl, Biochemie, S. 607, 3. Aufl., Springer 2018
Abb. 6.17 modifiziert nach: Müller-Esterl, Biochemie, 3. Aufl., S. 608, Springer 2018
Abb. 6.18 modifiziert nach: Müller-Esterl, Biochemie, 3. Aufl., S. 580, Springer 2018
Abb. 6.19 http://www.mennel.net/chemorganstart/2015-06-16.htm

Abb. 6.21 Conti, U. et al., Trends in Plant Science, Volume 19, Issue 1, January 2014, Pages 18-28

Abb. 7.6 B: modifiziert nach: www.spektrum.de/lexikon/ernaehrung/fettsaeure-synthase-komplex/2988 lk: Quelle angeben? A: Citrat-Shuttle: https://roempp.thieme.de/roempp4.0/do/data/RD-03-04482

Abb. 8.4 modifiziert nach: Rabelink/Dick de Zeeuw, The glycocalyxlinking albuminuria with renal and cardiovascular disease, Nature Reviews Nephrology, 11: 667, 2015 und www.researchgate.net/publication/331630687_Resuscitation_Fluid_Choices_to_Preserve_the_Endothelial_Glycocalyx/figures?lo=1&utm_source=google&utm_medium=organic, 2019

Abb. 8.5 modifiziert nach: www.lecturio.de/magazin/histologie-zelle

Abb. 8.6 modifiziert nach: https://viamedici.thieme.de/lernmodul/540780/subject/physiologie/allgemeine+und+zellphysiologie+zellerregung/stofftransport

Abb. 9.2 www.slideshare.net/422459/swan-chapter 11101207075325phpapp01

Abb. 9.5 C: Dr. N. Lange/stock.adobe.com

Abb. 9.6 A: modifiziert nach: https://jcs.biologists.org/content/123/24/4215

Abb. 9.8 modifiziert nach: Pierre, Eschenhagen, Geisslinger, Scholich, Capturing adenylyl cyclases as potential drug targets, Nature Reviews Drug Discovery, 8: 321, 2009

Abb. 9.12 modifiziert nach: https://regi.tankonyvtar.hu/hu/tartalom/tamop425/0011_1A_Jelatvitel_en_book/ch02s02.html

Abb. 9.13 modifiziert nach: www.pharmazeutische-zeitung.de/index.php?id=43309

Abb. 9.14 B: modifiziert nach: Marmor et al., Int J Radiat Oncology, 58: 903, 2004

Abb. 9.15 modifiziert nach: www.creative-diagnostics.com/cytokines-and-cytokine-receptors-elisa-kits.htm

Abb. 9.16 modifiziert nach: https://courses.washington.edu/conj/bess/jakstat/jakstat.html

Abb. 9.17 modifiziert nach: A: http://clincancerres.aacrjournals.org/content/17/23/7219, B: Arzanol, a Potent mPGES-1 Inhibitor: Novel Anti-Inflammatory Agent, in: The Scientific World Journal 986429, 2013

Abb. 9.18 modifiziert nach: http://docplayer.org/15829970-Zellulaere-kommunikation.html und www.zum.de/Faecher/Materialien/beck/12/bs12–29.html

Abb. 9.19 modifiziert nach: www.abiweb.de/biologie-neurobiologie/neurobiologie-allgemein/ionen-und-erregungsleitung/das-aktionspotential.html und www.spektrum.de/lexikon/neurowissenschaft/aktionspotential/293

Abb. 9.22 A, B: modifiziert nach: www.thieme-connect.de/products/ebooks/pdf/10.1055/b-0034–88994.pdf

Abb. 9.23 aus: Michaela Herdick, Dissertation, Abb. 1, Seite 8, Düsseldorf 2000

Abb. 9.24 modifiziert nach: Müller-Esterl, Biochemie, 3. Aufl., Springer 2018

Abb. 10.1 modifiziert nach: http://slideplayer.org/slide/11448002/41/images/3/Die+4+Phasen+des+Zellzyklus.jpg

Abb. 10.3 modifiziert nach: Alberts/Johnson/Lewis/Raff/Roberts/Walter, Molekularbiologie der Zelle, 4. Aufl., Wiley-VCH 2003 und http://slideplayer.org/slide/11448002/41/images/31/Die+Aktivierung+von+M-Cdks+zu+Beginn+der+Mitose.jpg

Abb. 10.4 modifiziert nach: http://slideplayer.com/slide/7705367/25/images/16/Waves+of+cyclin-CDK+kinase+activity+during+the+human+cell+cycle.jpg

Abb. 10.6 modifiziert nach: https://themedicalbiochemistrypage.org/tumor-suppressor-genes-and-cancer/

Abb. 10.7 modifiziert nach: Alberts/Johnson/Lewis/Raff/Roberts/Walter, Molekularbiologie der Zelle, 4. Aufl., Wiley-VCH 2003 und www.nature.com/articles/3800387.pdf

Abb. 11.1 A: aus: https://currentprotocols.onlinelibrary.wiley.com/doi/full/10.1002/0471142735.im1438s112
B: aus: https://en.wikipedia.org/wiki/DNA_laddering

Abb. 11.2 aus: Pollard/Earnshaw, Cell Biology, Elsevier 2002. Mit freundlicher Genehmigung Thomas Pollard, William Earnshaw und Graham Johnson

Abb. 11.4 modifiziert nach: A: https://de.123rf.com/photo_34339603_apoptotischen-gegen-nekrotischen-morphologie-apoptose-und-nekrose-ist-eine-form-des-zelltods-struktu.html, B: http://slideplayer.com/slide/5233320/ (lecture 14: cell cycle)

Abb. 11.5 Schäfer/Strandperle GmbH, Hamburg

Abb. 12.2 modifiziert nach: https://drjockers.com/cancer-cells/

Abb. 12.3 https://de.dreamstime.com/stock-abbildung-philadelphia-chromosom-image61658106

Abb. 12.5 modifiziert nach: Saxena/Christofori, Rebuilding cancer metastasis in the mouse, Mol Oncol, 7: 283, 2013

Abb. 12.6 A: sveta/stock.adobe.com, B: fotoliaxrender/stock.adobe.com, C: Kateryna Kon/123RF, D: Science RF/stock.adobe.com

Abb. 12.7 A: modifiziert nach: http://www.ajnr.org/content/31/4/626, B: https://d-nb.info/1071842137/34, Dissertation Uni Bremen

Abb. 12.8 modifiziert nach: https://slideplayer.com/slide/4850597/

Abb. 12.9 modifiziert nach: Carnero/Paramio, Front Oncol, 2014, www.frontiersin.org/articles/10.3389/fonc.2014.00252/full

Abb. 13.3 aus: Diplomarbeit Häufigkeit und Analyse serologisch auffälliger ABO- und Rhesus-Blutgruppenbefunde, eingereicht von Florian Otto Schützer

Abb. 13.4 modifiziert nach: Brit J Haematol, 161: 461, 2013

Abb. 13.6 Vorlesung Dr. Dr. Rupert Klosson, Klinikum Hanau, mit freundlicher Genehmigung

Abb. 14.4 modifiziert nach: Dörner, Klinische Chemie und Hämatologie, Thieme 2013

Abb. 14.5 modifiziert nach: Dörner, Klinische Chemie und Hämatologie, Thieme 2013

Abb. 14.8 A: aus: Vollmar-Heese, I, et al., www.histonet2000.de/praeparat.php?pzid=004_004. Mit freundlicher Genehmigung Ilse Vollmar-Hesse, Universität Ulm
B: modifiziert nach:Aumüller et al., Duale Reihe Anatomie, Thieme, 2014, https://viamedici.thieme.de/lernmodul/546419/subject/histologie/herz-kreislauf-system+und+blut/blut/granulozyten+histologie
dort Verweis auf: Kühnel Taschenatlas Histologie, Thieme, 2014

Abb. 14.9 http://www.pathpedia.com/education/eatlas/histopathology/blood_cells/reactive_lymphocyte.aspx

Abb. 14.10 A: www.uniklinik-ulm.de/struktur/kliniken/innere-medizin/klinik-fuer-innere-medizin-iii/home/medizinische-spezialgebiete/haematologie/myeloproliferative-neoplasien.html wird verlinkt auf: https://www.uniklinik-ulm.de/innere-medizin-iii/schwerpunkte.html
B: modifiziert nach: www.pathpedia.com/education/eatlas/histopathology/blood_cells/chronic_lymphocytic_leukemia_(cll)_b-cell.aspx

Abb. 14.11 www.pathpedia.com/education/eatlas/histopathology/blood_cells/anemia_-_iron_deficiency.aspx
www.pathpedia.com/education/eatlas/histopathology/blood_cells/anemia-hemoglobin_sc_disease.aspx

Abb. 15.5 nach: Berg/Tymoczko/Stryer, Biochemie 2018

Abb. 16.3 aus: https://docplayer.org/2060350-Qualitaetsmanagement-fuer-die-urindiagnostik-teil-2.html. Mit freundlicher Genehmigung Josefine Neuendorf, Neuendorf Labordiagnostik

Sachregister

A

B

C

D

E

F

G

H

I

J

K

L

M

N

R

U

V

W

Z

Die Autoren

Dr. Bernd Sorg

Bernd Sorg studierte Pharmazie an der Ruprecht-Karls-Universität Heidelberg und wurde 1997 als Apotheker approbiert. Anschließend fertigte er am Deutschen Krebsforschungszentrum Heidelberg (DKFZ) eine Dissertation an, mit der er 2001 durch die Universität Heidelberg zum Dr. rer. nat. promoviert wurde. Nach einer Postdoktorandenzeit am DKFZ wechselte er 2002 an das Institut für Pharmazeutische Chemie der Goethe-Universität Frankfurt, wo er 2006 zum Akademischen Rat bzw. Oberrat (2009) ernannt wurde. In der Lehre ist er dort im Praktikum „Biochemische Untersuchungsmethoden einschließlich Klinischer Chemie" und in der Vorlesung „Biochemie und Molekularbiologie" aktiv. Im Jahr 2013 erhielt er den 1822-Universitäts-Preis für exzellente Lehre. Sein wissenschaftliches Arbeitsfeld ist die Regulation der Genexpression und der Aktivität entzündungsrelevanter Proteine.

Prof. Dr. Diana Imhof

Diana Imhof studierte Chemie und Biologie an der Universität in Jena und der Dublin City University, Irland. Sie erhielt ihr Diplom in Chemie (1996) und den Doktortitel (Dr. rer. nat.) in Biochemie (1999) an der Friedrich-Schiller-Universität Jena. Nach Postdoc-Aufenthalten an der Universität Jena und der Ohio State University in Columbus, Ohio (USA), setzte sie ihre akademische Laufbahn als Nachwuchsgruppenleiterin und Leiterin der Core Facility „Chemie und Biologie der Peptide" am Zentrum für Molekulare Biomedizin in Jena fort. 2008 habilitierte sie sich im Fach Biochemie. 2011 folgte sie einem Ruf an die Rheinische Friedrich-Wilhelms-Universität Bonn als Professorin für Medizinische Chemie und Wirkstoffsynthese. Seit 2016 hat sie eine Professur für Pharmazeutische Biochemie und Bioanalytik in Bonn inne. Ihre Forschung fokussiert auf bioaktive Peptide und Proteine mit therapeutischem Potenzial, einschließlich komplexer Disulfid-reicher und makrozyklischer Peptide, sowie auf die Erforschung von Häm als regulatorischem Effektormolekül.